Paul Ehrlich

Enzyklopädie der mikroskopischen Technik

Zweiter Band

Verlag
der
Wissenschaften

Paul Ehrlich

Enzyklopädie der mikroskopischen Technik

Zweiter Band

ISBN/EAN: 9783957006875

Auflage: 1

Erscheinungsjahr: 2016

Erscheinungsort: Norderstedt, Deutschland

Hergestellt in Europa, USA, Kanada, Australien, Japan
Verlag der Wissenschaften in Hansebooks GmbH, Norderstedt

Enzyklopädie
der
Mikroskopischen Technik.

In Verbindung mit

Prof. Dr. E. Ballowitz, Münster i. W. — Prof. Dr. C. Benda, Berlin — Prof. Dr. A. Bethe, Straßburg — Prof. Dr. F. Blum, Frankfurt a. M. — Dr. W. Cowl, Berlin † — Prof. Dr. A. Dogiel, St. Petersburg — Prof. Dr. A. Fischel, Prag — Dr. F. F. Friedmann, Berlin — Dr. R. Gonder, Hamburg — Prof. Dr. M. Heidenhain, Tübingen — Prof. Dr. H. Herzog, Berlin — Prof. Dr. B. Heymann, Breslau — Prof. Dr. H. Hoyer, Krakau — Dr. F. Juliusberg, Posen — Prof. Dr. C. Kaiserling, Berlin — Prof. Dr. E. Kallius, Greifswald — Prof. Dr. V. Klingmüller, Kiel — Prof. Dr. F. Krzysztalowicz, Krakau — Prof. Dr. A. Künnemann, Hannover — Dr. R. Ledermann, Berlin — Prof. Dr. O. Lubarsch, Düsseldorf — Prof. Dr. W. Magnus, Berlin — Prof. Dr. P. Mayer, Neapel — Prof. Dr. R. Metzner, Basel — Prof. Dr. F. Meves, Kiel — Prof. Dr. L. Michaelis, Berlin — Prof. Dr. E. Müller, Stockholm — Prof. Dr. C. Neuberg, Berlin — Prof. Dr. L. Neumayer, München — Prof. Dr. F. Nissl, Heidelberg — Prof. Dr. R. Oestreich, Berlin — Prof. Dr. K. Peter, Greifswald — Prof. Dr. H. Poll, Berlin — Prof. Dr. J. Schaffer, Wien — Dozent Dr. J. Schwenter-Trachsler, Bern — Geh. Medizinalrat Prof. Dr. H. Senator, Berlin — Prof. Dr. B. Solger, Neisse — Prof. Dr. W. Spalteholz, Leipzig — Prof. Dr. A. Spuler, Erlangen — Geh. Medizinalrat Prof. Dr. F. Strassmann, Berlin — Prof. Dr. L. Szymonowicz, Lemberg — Prof. Dr. K. v. Tellyesniczky, Budapest — Prof. Dr. P. G. Unna, Hamburg — Prof. Dr. Th. v. Wasielewski, Heidelberg — Prof. Dr. F. Weidenreich, Straßburg — Prof. Dr. G. Wetzel, Breslau — Geh. Regierungsrat Prof. Dr. O. N. Witt, Charlottenburg — Prof. Dr. O. Zoth, Gra

herausgegeben von

Prof. Dr. Paul Ehrlich,
Geh. Ober-Medizinalrat und Direktor des königlichen Institutes für experimentelle Therapie zu Frankfurt a. M.

Dr. Rudolf Krause,
a. o. Professor der Anatomie und Prosektor am anatomisch-biologischen Institut der Universität Berlin

Prof. Dr. Max Mosse,
Berlin

Prof. Dr. Heinrich Rosin,
Berlin

weil. **Prof. Dr. Karl Weigert,**
Geh. Medizinalrat und Direktor des Senckenbergisch pathologisch-anatomischen Institutes zu Frankfurt a. M.

Zweite, vermehrte und verbesserte Auflage.

II. Band: L—Z

und Autoren-Register.

Mit 111 Abbildungen.

URBAN & SCHWARZENBERG

BERLIN — N., FRIEDRICHSTRASSE 105b

WIEN — I., MAXIMILIANSTRASSE 4

1910.

L.

Lab siehe: Enzyme.

Labyrinth siehe: Gehörorgan.

Laccase siehe: Enzyme.

Lackmoid wird erhalten durch Erhitzen eines Gemisches von Resorcin, Natriumnitrat und Wasser und bildet rote amorphe Massen, die sich leicht in Alkohol, Aceton und Eisessig, schwerer in Wasser und Äther lösen und in Benzol und Chloroform unlöslich sind. Die Eigenschaft der roten Lackmoidlösung, sich durch minimale Spuren von Alkali blau zu färben, findet in der analytischen Chemie ausgedehnte Anwendung.

KULTSCHITZKY färbt Milzschnitte aus Müller einen oder mehrere Tage lang in einer gesättigten Lösung von Lackmoid in Äther. Es färben sich die Muskeln blau, das Bindegewebe rot, Erythrocyten schwarz, Leucocyten grau.

Literatur: KULTSCHITZKY (Arch. Mikr. Anat., Bd. 46, 1895).

Lackmus. Der käufliche Lackmus wird dargestellt aus den verschiedensten Flechtenarten, wie Rocella, Lecanora, Variolaria. Die gemahlenen Flechten werden mit Ammoniumcarbonat oder Harn, Pottasche und Kalk gemischt und der Gärung überlassen, dann mit Gips durchgearbeitet und in Würfel gepreßt. Es enthält diese Masse neben den anorganischen Bestandteilen hauptsächlich drei Farbstoffe: das Erythrolein, das Erythrolitmin und das Azolitmin, von denen das letzte das wichtigste ist. Wahrscheinlich ist das wirksame Prinzip des Lackmus eine schwache Säure von roter Farbe, die mit Alkalien blaugefärbte Salze bildet. Reduktionsmittel wirken entfärbend auf sie. Für die Mikrotechnik ist der Lackmus nur von untergeordneter Bedeutung, weit wichtiger ist das ihm nah verwandte Orcein.

Lactophenol, ein Gemisch von Phenol (kryst.) 20 *g*, Milchsäure (spez. Gew. 1,21) 20 *g*, Glycerin (spez. Gew. 1,25) 40 *g* und destilliertem Wasser 20 *g*. Es ist von AMANN in Verbindung mit Kupferchlorid und Kupferacetat zur Konservierung von Algen und Moosen empfohlen worden. Das Chlorophyll soll sich darin vorzüglich halten. LANGERON rühmt das Lactophenol zum Aufhellen von Nematoden.

Literatur: AMANN (Zeitschr. Wiss. Mikr., Bd. 13, 1896), LANGERON (C. R. Soc. Biol. Paris, Bd. 58, 1905).

Lähmen siehe: Narkose.

Lävulose, Fruchtzucker: $C_6H_{12}O_6$, farbloser Sirup, der in Wasser sehr leicht und auch in absolutem Alkohol leicht (20%) löslich ist. Brechungsindex = 1,5.

Die Lävulose ist von verschiedenen Seiten als Einschlußmedium für tierische und pflanzliche Präparate empfohlen worden. Man stellt sich eine sirupdicke Lösung her, z. B. 10 *g* Lävulose gelöst in 8 *ccm* warmem destillierten Wasser. Eine Umrandung ist auf jeden Fall zu empfehlen.

Lamellibranchier siehe: Mollusken.

Lauth's Violett, syn. für Thionin.

Lavendelöl, Ol. Lavandulae, wird in England, Frankreich und Italien durch Destillation der Blüten von Lavandula vera gewonnen. Schwach gelblich gefärbtes, linksdrehendes Öl von angenehmem Geruch. Spez. Gew. 0,89. Es mischt sich klar mit 85%igem Alkohol, löst Celloidin nicht und hat gewöhnlich schwach saure Reaktion durch freie Essigsäure. Sein Hauptbestandteil ist das Linaloolacetat.

Lebendes und überlebendes Objekt, Beobachtung desselben.

Einleitung. Die moderne histologische Technik mit ihrem Reichtum an vortrefflichen Methoden, den feineren Bau der lebenden Objekte zu untersuchen, hat verschiedene Perioden der Entwicklung durchlaufen. Eine der ersten Perioden beschreibt HENLE sehr bezeichnend in dem schönen Bilde, das er im Archiv für mikroskopische Anatomie, Bd. 21, von seinem Jugendfreunde SCHWANN gegeben hat, folgendermaßen: „Es waren die glücklichen Tage, die uns die heutige Generation beneiden mag, da aus den Werkstätten von PLÖSSL in Wien, von PISTOR und SCHIECK in Berlin die ersten guten, handlichen und aus den Ersparnissen eines studentischen Wechsels erschwinglichen Mikroskope hervorgingen, die glücklichen Tage, da es noch möglich war, durch Schaben mit der Schneide des Skalpells oder mit dem Fingernagel über eine tierische Membran fundamentale Entdeckungen zu machen."

In diesen wenigen Worten finden wir die beste Charakteristik jener Zeit, wo die Beobachtung der lebenden und überlebenden Objekte die Hauptmethode der histologischen Forschung war. Seit diesen Tagen sind indessen viele Jahre verflossen. Die histologische Technik ist außerordentlich bereichert worden. Viele Färbungs- und Fixierungsmethoden sind erfunden, vermittelst welcher man mit beinahe gleich großer Leichtigkeit wie in HENLES Jugendzeit histologische Entdeckungen machen kann. Kein Wunder darum, daß die alten Methoden und Verfahren: die Gewebe so frisch wie möglich zu untersuchen, vernachlässigt und vergessen wurden.

In der letzten Zeit haben indes die Histologen eine wichtige Mahnung erhalten, die alte Untersuchungsweise etwas mehr zu beachten. Wie bekannt, hat der Botaniker FISCHER eine scharfe Kritik gegen die modernen histologischen Untersuchungsmethoden, besonders die Fixierungsmethoden gerichtet, indem er meint, daß diese durch ihre fällenden Wirkungen auf die flüssigen Zellenbestandteile in vielen Fällen die beschriebenen Strukturverhältnisse hervorrufen, wonach also viele von den modernen histologischen Errungenschaften nur Kunstprodukte seien.

Nach meinem Dafürhalten haben diese Untersuchungen ganz kritiklos von allzu vielen Seiten eine Zustimmung erhalten, die sie durchaus nicht verdienen. Ich muß daher mit BENDA scharf betonen, daß die FISCHERschen Untersuchungen bisher kein einziges histologisches Ergebnis aus der Welt geschafft haben. Die größte Bedeutung, welche diese Untersuchungen erhalten könnten, wäre die, daß sie ein lebhafteres Interesse für das Studium frischer Gewebe erwecken würden. Dies ist auch der Grund, warum sie hier erwähnt werden.

Meiner Ansicht nach besteht die Schwäche unserer Fixierungsmittel nicht so sehr in einer fällenden als vielmehr in einer lösenden und destruierenden Einwirkung auf die teils weichen, halbfesten, teils flüssigen Zellbestandteile. Die Fixierungsmittel entfernen also teilweise die Zellbestandteile, teilweise verändern sie dieselben und lassen sie unter einer anderen Form als der natürlichen hervortreten. Es wäre an der Zeit, daß das kritiklose Verfahren einiger moderner Histologen, welche ohne die geringste Rücksicht auf die von ihnen angewandte Behandlung der Zelle nur die abenteuerlichsten „Entdeckungen" zu machen streben, durch eine mehr exakte und nüchterne Arbeitsmethode ersetzt würde. Der Anfang zu einer solchen kann dadurch gemacht werden, daß der Untersucher die in früheren Zeiten viel mehr gebrauchte Methode aufnimmt, die Bilder von den frischen und den fixierten Geweben miteinander zu vergleichen, und zu erfahren sucht, ob die fixierten Formen den frischen wirklich entsprechen und, wenn dies nicht der Fall ist, nachforscht, worin die verändernde Wirkung der Fixierung besteht. So wird die Untersuchung der Wirkung der Fixierungsmittel auf die Zellenbestandteile eine zeitgemäße Aufgabe der histologischen Technik, auch wenn man nicht auf dem nihilistischen Standpunkt von FISCHER steht. Daß die genannte Aufgabe: die Vergleichung des fixierten und frischen Materiales in vielen Fällen eine recht schwierige ist, hebt nicht die Berechtigung dieser Forderung auf. Die Schwierigkeit dieser Aufgabe wird dadurch nicht umgangen, daß man in unserer Zeit sehr wenig Interesse zeigt, eine besondere Methodik zur Untersuchung frischer Gewebe zu erfinden.

Die vorstehenden Erörterungen motivieren die Aufnahme des Kapitels: „Beobachtung am lebenden und überlebenden Objekt" in eine Enzyklopädie der mikroskopischen Technik. Die einleitenden Worte sind, wie man wohl leicht versteht, von dem Standpunkte der Zoo-Histologie geschrieben. Die hervorgehobenen Verhältnisse beziehen sich nämlich vor allem auf diese Disziplin der biologischen Wissenschaften. Bei den Botanikern und Bacteriologen findet viel häufiger eine Untersuchung der Objekte in natürlichem Zustande statt, und darum wird bei ihnen die Technik der Untersuchung von lebenden Geweben in der Gegenwart besser gepflegt. Aus diesem Grunde haben auch die Zoo-Histologen von den genannten Forschern viel zu lernen.

Für viele Literaturangaben aus dem bacteriologischen, zoologischen und botanischen Gebiete, die ich von meinen hiesigen Kollegen, den Professoren E. ALMQUIST, HJ. THÉEL und G. LAGERHEIM erhalten habe, sage ich denselben hiermit meinen besten Dank.

Feuchte Kammern und ähnliche Einrichtungen.

Die einzelligen Organismen sowie die frei umherwandernden Zellen und die Embryonalformen der höheren Organismen bilden das Material, welches sich am besten eignet, direkt unter dem Mikroskope in ihren natürlichen Medien untersucht zu werden. Solche Untersuchungen müssen selbstverständlich während einer gewissen Zeit ohne äußere störende Einflüsse fortgesetzt werden. Vor allem muß man eine Abdunstung der umgebenden Flüssigkeit vermeiden und dies hat zu der Aufstellung verschiedener Formen von „feuchten Kammern" geführt. Es findet sich in der Literatur eine ungemein große Menge solcher Kammern von in den Details verschiedenen Konstruktionen, aber einander insoweit prinzipiell ähnlich, als sie einen geschlossenen Raum um das zu untersuchende Objekt bilden.

Eine Durchmusterung der älteren Literatur lehrt auch, daß die Erfindung einer feuchten Kammer in der prinzipiellen Form, die noch gebraucht wird, unabhängig voneinander von mehreren biologischen Forschern gemacht worden ist. Das Ausdenken dieser einfachen, aber doch für die Forschung so wichtigen Einrichtung fällt in die Zeit, aus der die Gewebelehre, die Bacteriologie in der Botanik wurzelnd, und die experimentelle Pathologie ihren modernen Aufschwung datieren.

Die feuchte Kammer von v. RECKLINGHAUSEN entstand im Zusammenhang mit den klassischen Untersuchungen dieses Autors: „Über Eiter- und Bindegewebskörperchen". Bei dem Studium dieser Körperchen fand RECKLINGHAUSEN, wie wichtig es war, alle schädlichen äußeren Einflüsse, zunächst den Druck und die Verdunstung zu vermeiden. Darum konstruierte er folgende Einrichtung (Fig. 1): Ein Glasring, z. B. der abgesprengte Teil eines Lampencylinders, wird mit einem Tropfen Öl an den Objektträger festgeklebt. Über dem Ring befindet sich ein Beutel, der sowohl mit dem Ringe wie mit der Mikroskophülse fest verbunden ist. Um den Raum mit Flüssigkeit gesättigt zu erhalten, legt man in Wasser getränkte Filtrierpapierstücke

Fig. 1.

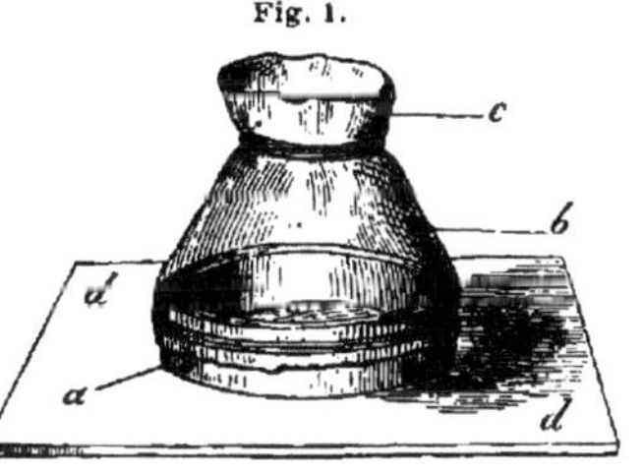

oder Hollundermarkstreifen sowohl innerhalb des eingeschlossenen Raumes wie außerhalb von dessen Peripherie. Man untersucht ohne Deckglas direkt das auf dem Boden der Kammer liegende Objekt.

Einen weiteren bedeutenden Fortschritt in der Konstruktion der feuchten Kammer machte dann KÜHNE. Der Fehler in der Kammer von RECKLINGHAUSEN bestand natürlich darin, daß man ohne Deckglas untersuchen mußte. Diesem Fehler wird von KÜHNE abgeholfen, ohne dabei die anderen Vorteile zu beschränken. Bei seinen Untersuchungen über die Endigungen der Nerven in dem quergestreiften Muskelgewebe bediente er sich der folgenden Einrichtung: Auf die Cylinderblendung des Mikroskopes wurde nach Entfernung des feineren Diaphragmas ein fast bis zum Boden abgesprengtes Becherglas gesetzt, dessen abgeschliffener Rand mit einem sehr großen Deckglase bedeckt wird. Auf den Boden des Gläschens wird zur Sättigung des eingeschlossenen Raumes mit Wasserdampf etwas Wasser gegossen, hierauf das Präparat in einer Spur von Serum auf der unteren Fläche des Deckglases ausgebreitet und dieses mit der reinen Fläche nach oben als Deckel auf das Becherglas gelegt. KÜHNE gebührt also das Verdienst, das prinzipiell so wichtige Untersuchungsverfahren im hängenden Tropfen in die Biologie eingeführt zu haben.

Diese von KÜHNE erfundene Kammer wurde auch von COHNHEIM bei seinen berühmten Untersuchungen über den feineren Bau der quergestreiften Muskelfasern gebraucht, und dies muß die Ursache sein, daß diese Einrichtung in der Literatur den Namen „COHNHEIMS Kammer“ erhalten hat.

Die feuchte Kammer von KÜHNE wurde dann von BOETTCHER modifiziert und in den bacteriologischen Handbüchern wird sie allgemein BOETTCHERS Kammer genannt. Nach der oben gegebenen Darstellung gehört indes KÜHNE das Verdienst an dem prinzipiell Wichtigen in dieser Einrichtung. BOETTCHER fixierte einen 5—6 *mm* hohen dickwandigen Glasring von beliebigem Durchmesser (1—3 *cm*) mit Asphaltlack auf dem Objektträger. Ein Deckglas schließt mit Hilfe von Fett die Zelle luftdicht ab. Eine dünne Schicht von Wasser liegt an dem Boden der Kammer, das Objekt hängt an der unteren Fläche des Deckglases.

Soviel ich in der Literatur gesehen habe, sind die oben genannten Forscher diejenigen, die in die Tierhistologie die Konstruktion der feuchten Kammer zuerst eingeführt haben. Ähnliche Anordnungen für mycologische und bacteriologische Zwecke scheinen von den Forschern auf diesen Gebieten ganz selbständig ausgedacht worden zu sein.

Die erste Angabe in der botanisch-bacteriologischen Literatur über eine feuchte Kammer finde ich bei DUCLAUX 1863, also ungefähr gleichzeitig mit der Erfindung der RECKLINGHAUSENschen Kammer. Eine kleine „Cuve de brai“ wird unter das Mikroskop plaziert. Dieser Kasten ist in drei kleine Kammern geteilt, die durch permeable Wände voneinander geschieden sind. Die mittlere von diesen enthält das Objekt in der Nahrungsflüssigkeit und wird durch eine Glasplatte verschlossen. Die beiden seitlichen Zellen sind nur mit der Nahrungsflüssigkeit gefüllt und stehen mit der Luft offen in Verbindung.

Eine feuchte Kammer von ganz derselben Konstruktion wie die von KÜHNE-BOETTCHER wurde dann in die botanische Technik von VAN TIEGHEM und LEMONNOIR eingeführt.

PASTEUR brauchte bei seinen mycologischen Beobachtungen kleine runde Glasschalen, auf deren Boden die Vegetationen in der Nährflüssigkeit sich befanden und die durch Glasscheiben zu geschlossenen Kammern verwandelt wurden. Untersucht wurde von unten durch besondere Mikroskope.

Die erste Angabe über eine sehr praktische und wichtige Konstruktion der feuchten Kammer finde ich bei ROBERT KOCH, in dessen epochemachenden „Untersuchungen über Bacterien“ COHNS Beiträge zur Biologie der Pflanzen, Bd. 2, 1876. Um die Entwicklung des Bacillus Anthracis auf dem Mikroskoptisch verfolgen zu können, benutzte er den MAX SCHULTZEschen heizbaren Objekttisch und als feuchte Kammer einen gewöhnlichen Objektträger, dessen obere Seite matt geschliffen und mit einer sphärischen Aushöhlung von 14 *mm* Diameter und 1,5 *mm* Tiefe versehen war. Das Deckglas liegt über dieser Aushöhlung mit dem Objekt in dem hängenden Tropfen an dessen unteren Seite und wird mit etwas Öl an dem Objektglas fixiert.

Ohne Zweifel ist KOCHs feuchte Kammer diejenige, die am meisten gebraucht wird. Wie aus dem Vorhergehenden deutlich hervorgeht, ist das Neue in der KOCHschen Einrichtung das, daß er das von KÜHNE in die Konstruktion der feuchten Kammer aufgenommene Prinzip: Untersuchung im hängenden Tropfen, mit dem schon lange bekannten, aber für andere Zwecke gebrauchten ausgehöhlten Objektträger verband. Der berühmte französische Optiker CHARLES CHEVALIER, der Verfertiger der Instrumente, mit welchen EHRENBERG seine bekannten Untersuchungen über die Organisation der Infusorien ausführte und DUJARDIN die Cilien entdeckte, hat eine mikroskopische Technik herausgegeben, in der, so viel ich weiß, die hohlen Objektträger zum ersten Mal besprochen worden sind. „Zuweilen," sagt er, „schleift man eine kleine Vertiefung in einen Glasstreifen, worin man das Objekt legt, deckt dieselbe mit einem anderen Plättchen zu und verklebt dasselbe mit Papier." Seitdem wurden sie immer mehr gebraucht, wenn es galt, dicke Objekte für die mikroskopische Beobachtung einzuschließen.

Nach dieser Darstellung von den prinzipiell wichtigsten Punkten in der Geschichte der Entstehung der feuchten Kammer füge ich jetzt die Beschreibung einiger wichtigen Formen von solchen zu.

DE BARYS feuchte Kammer bestand aus einer dicken Glasplatte mit kreisförmiger Rinne versehen, in welche der krumme Rand eines Deckels von Deckglasdicke übergreift.

v. RECKLINGHAUSENs neue feuchte Kammer ist von dem geschickten Glasbläser GEISSLER angefertigt worden und besteht aus einem runden Kammerraum aus deckglasdickem Glase, der an einer Seite flach, an der anderen so weit vertieft ist, daß die Ober- und Unterseite in der Mitte einen capillaren Zwischenraum begrenzen. Zu dem Kammerraum führen ein Zu- und ein Ableitungsrohr, die gerade einander gegenüber einmünden. Durch diese Rohre werden die Objekte und die Untersuchungsflüssigkeit in die Kammer eingeführt. Sie können auch als Gasleitung dienen.

KLEBS' feuchte Kammer ist nach demselben Prinzip wie eine von KÜHNE schon 1865 konstruierte Gaskammer gemacht, welche unten beschrieben wird. Seine Kammer ist, wie die neue v. RECKLINGHAUSENsche, von GEISSLER geblasen und besteht aus einem cca. 20 *cm* langen Rohr, welches in der Mitte zu einer kreisrunden niederen Zelle mit planparallelen Wänden von der Dünnheit eines Deckglases ausgeblasen ist. Man füllt das Rohr mit der Nahrungsflüssigkeit und, nachdem diese herausgenommen ist, bleibt immer eine dünne Schicht zurück, die an der unteren Seite der oberen Fläche ausgebreitet ist und jetzt von oben untersucht werden kann.

BREFELD gibt bei seinen mycologischen Studien dieser Kammer den Vorzug.

STRICKER konstruierte eine feuchte Kammer, indem er auf den gewöhnlichen Objektträger einen Ring von Glaskitt aufsetzte und das Deckglas mit dem Objekte auf der unteren Seite auf diesen Ring legte. Ein Tropfen Wasser an dem Boden der Kammer hielt diese feucht.

THANHOFFERs feuchte Kammer — schon 1872 konstruiert — besteht aus einem Objektträger mit einer runden oder viereckigen eingeschliffenen Rinne, welche einen Teil des Objektträgers begrenzt, der etwas niedriger als dessen obere Fläche ist. Über der Rinne liegt das Deckglas entweder ganz lose oder in eine feine Fuge eingefügt.

Eine sehr praktische feuchte Kammer verdanken wir STRASSBURGER. Man schneidet aus gewöhnlicher Pappe einen Rahmen, der in der Mitte einen Ausschnitt von viereckiger oder runder Form hat und kleiner als das Deckglas ist. Dieser Rahmen wird in Wasser gelegt, bis er sich vollsaugt, und dann auf den Objektträger festgedrückt. Über den Ausschnitt kommt das Deckglas mit dem hängenden Tropfen, und nun ist die Kammer fertig. Ihre Feuchtigkeit kommt von der Pappe her, und um diese zu halten, bringt man dann und wann einige Tropfen Wasser an den Papprahmen.

RANVIER empfiehlt, eine Kammer so zu machen, daß man auf einen Objektträger 1 *cm* breite Glasstreifchen mit Terpentinharz aufkittet, um einen rechtwinkeligen Raum einzuschließen. In der Mitte der so gebildeten Zelle wird ein kleines viereckiges Glasstück so festgekittet, daß zwischen dem Rande der Zelle und dem Glasstück selbst eine kleine Rinne offen gelassen wird. Seine Dicke muß ungefähr $^{1}/_{10}$ *mm* weniger betragen als die Höhe des Randes der Zelle. Auf die Oberfläche dieses Stückes wird das Objekt gelegt. Das aufgelegte Deckglas ruht auf dem Rande der Zelle, wo man es mit Paraffin festkittet. Gewöhnlich benutzt man wohl einen nach Ranviers Vorschlag besonders zubereiteten Objektträger, welcher eine ringförmige Rinne trägt. Der innerhalb der Rinne befindliche Teil des Objektträgers ist 0,5—1 *mm* niedriger als die Ebene des Objektträgers, und hier ruht das Objekt.

Malassez bediente sich eines Objektträgers, welcher mit einer kreisrunden Rinne von 1,5 *mm* Breite und 1 *mm* Tiefe versehen war und einen inneren Durchmesser von 7,5 *mm* hatte. Das Deckglas ruht dort auf Schrauben und kann hierdurch gehoben und gesenkt werden, wodurch sich das Volum der Kammer verändern läßt. Das Objekt ruht auf dem durch die Rinne abgegrenzten Teil des Objektträgers, und ein Tropfen Wasser, an das Deckglas gebracht, bewirkt einen luftdichten Abschluß, ohne das Präparat zu beschädigen, da das Wasser die Rinne nicht überschreiten kann.

Einer ähnlichen Einrichtung wie die Kühne-Böttchersche Kammer bediente sich Selenka bei seinen Untersuchungen über die Echiniden-Larven. Die Kammer bestand aus einem cca. 3 *mm* dicken Spiegelglasringe von cca. 40 *mm* Durchmesser, welcher durch einen zufließenden Tropfen Seewasser an dem Objektträger fixiert wurde. Auf den Boden der Kammer wird ein anderer Tropfen gebracht. Das Deckglas trägt auf der unteren Seite im hängenden Tropfen die untersuchten Larven und wird auch mit Wasser an dem Ringe fixiert. Die Larven halten sich lebend einen halben oder ganzen Tag.

Unter dem Namen Selenka-F. E. Schulzes feuchte Kammer wird in der Literatur eine Einrichtung beschrieben, welche aus einem Objektträger mit kreisrunder Rinne besteht. Auf diesem ruht ein anderer Objektträger mit einem konisch nach unten sich erweiternden Loch, das genau die Rinne umfaßt. Über das Loch kommt das Deckglas mit dem hängenden Tropfen.

Hansens feuchte Kammer besteht aus einem Objektträger, welcher in der Mitte mit einem kreisrunden Loch versehen ist. Dieses ist von einem Ringe umgeben und in einiger Entfernung von diesem befindet sich ein zweiter, etwas höherer Ring, dessen Öffnung durch eine Glasplatte verschlossen ist, und dessen Wand von zwei Luftröhren durchbohrt ist. Zwischen den beiden Ringen befindet sich das Wasser, das für die Feuchtigkeit der Kammer sorgt. Das zu untersuchende Objekt liegt auf der oberen Seite eines Deckglases, das mit Vaselin unter der erstgenannten kreisrunden Öffnung angebracht wird. Es wird daher von unten mit einem „Microscope renversé“ von Nachet in Paris untersucht.

Legans „Life slide“ besteht aus einem Objektträger, welcher eine kreisrunde Rinne von 6,5 *mm* Breite hat. Außerhalb dieser verläuft eine zweite, weniger tiefe. Diese ist dazu bestimmt, mittelst geschmolzenen Wachses das Deckglas luftdicht zu verschließen. Innerhalb des von der Rinne umgebenen Raumes liegt der zu untersuchende Tropfen.

Hayem benutzt bei seinen Blutuntersuchungen eine Kammer von folgender Zusammensetzung. Auf einen durchaus ebenen Objektträger ist in der Mitte ein dünnes Glasplättchen festgekittet, das mit einem kreisrunden Ausschnitt von 1 *cm* Durchmesser versehen ist. Sowohl diese Scheibe wie das bedeckende Deckglas muß durch Schleifen absolut eben gemacht werden. Die Höhe der Kammer, d. h. die Dicke des festgekitteten Deckglases beträgt bei einigen Objekten 0,2 *mm*, bei einer zweiten Reihe 0,1 *mm*. Der zu untersuchende Bluttropfen darf die Kammer nicht ganz ausfüllen.

Pfeffer beschreibt viele Anordnungen für feuchte Kammern. Ein Objektträger, dessen kreisförmige Durchbohrung durch ein aufgekittetes Deckglas geschlossen ist, wird auf einen zweiten, ebenfalls abgeschliffenen Objektträger mittelst schwer schmelzbaren Fettes luftdicht aufgesetzt und durch starke Kautschukringe fest angepreßt. In der so erhaltenen Kammer wird ein Luftwechsel herbeigeführt, indem ein Glasröhrchen der oberen Objektträger durchbohrt und mit der Kammer kommuniziert. Eine andere Kammer besteht aus zwei durchbohrten Nickelplatten von den Dimensionen der gewöhnlichen Objektträger. Zwischen diesen liegt ein Gummiring, welcher den Raum der Durchbohrungen umschließt. Dieser Raum wird dadurch geschlossen, daß zwei Deckgläser zwischen den Nickelplatten und dem Gummiring eingefügt werden. Zwei Schraubklammern halten die ganze Einrichtung zusammen.

Braatz' feuchte Kammer zur Untersuchung anaerober Bacterien im hängenden Tropfen besteht aus einem Objektträger mit einem festgekitteten Ringe. Unter dem Objektträger sitzt ein niedrigerer Behälter, welcher durch ein Rohr, das den Boden der feuchten Kammer durchbohrt, mit diesem kommuniziert. Der Behälter enthält Pyrogallollösung, welche den Sauerstoff der Kammer, die durch ein festgedichtetes Deckglas geschlossen wird, absorbiert.

Die oben besprochenen „feuchten Kammern“ repräsentieren bei weitem nicht alle in der Literatur vorkommenden. Der Raum gestattet hier nicht alle diese anzuführen. Einige sind auch von so einfacher Konstruktion, daß ihre Zusammensetzung nur zu den gewöhnlichen kleinen Laboratorienhandgriffen gerechnet werden kann. Andere sind nur ganz einfache Modifikationen der schon bekannten. Die oben genannten Autoren sind herausgegriffen worden, teils weil sie die verschiedenen biologischen Wissenschaften repräsentieren, und teils weil sie sich um die Erfindung des prinzipiell Wichtigsten in der Konstruktion der feuchten Kammer verdient gemacht haben. Wer noch mehr über die verschiedenen Vorschläge zu den einfacheren feuchten Kammern erfahren will, sei auf die Jahrgänge des Journal of the royal microscopical Society hingewiesen.

Im Zusammenhang mit den feuchten Kammern müssen auch die sogenannten Mikroaquarien besprochen werden.

Das Aquarium-Mikroskop von F. E. SCHULZE besteht aus einem horizontal und in drei Richtungen beweglichen Mikroskoptubus, mit welchem man ein dünnes, vertikal gestelltes Aquarium untersucht. Dies besteht aus einem Rahmen von schwarzgebeiztem Messing, in dem eine entsprechend große Cuvette von Deckglasplatten eingeschlossen ist. Ein Hohlspiegel wirft das Licht durch das Aquarium, welches auch mit Blendvorrichtungen versehen ist.

Das Objekttischaquarium von CORI wird mittelst Klammern auf den horizontal umgelegten Mikroskoptisch befestigt (Fig. 2). Es besteht aus dem eigent-

Fig. 2.

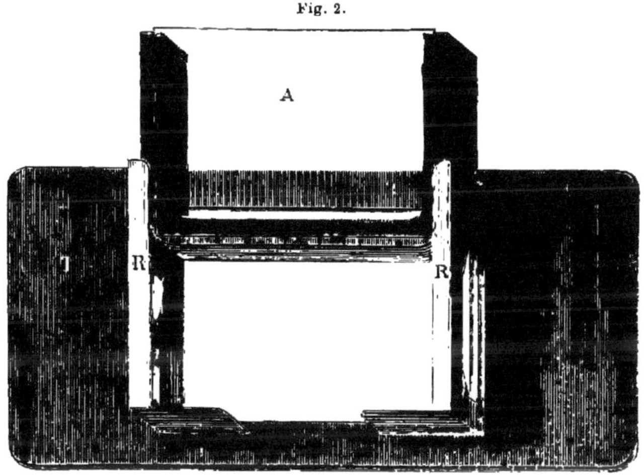

lichen Aquarium und einem Träger. Jenes besteht aus einem ⌴förmig gebogenen Glasstreifen von 8 *mm* Breite, auf welchem zwei Deckgläser im Format von 30 : 40 *mm* so mit Canadabalsam festgekittet werden, daß eine Kammer von 9 *cm* Fassung gebildet wird. Der Träger besteht aus einer Metallplatte von 4 : 9 *cm* Dimension, mit einem Ausschnitt, über welchen der Glaskasten in einen Rahmen von Blechstreifen fixiert wird.

Sehr vorzüglich für die Beobachtung kleiner lebender Objekte ist auch der Objektträger von CORI. Dieser besteht aus einer oblongen 9 *cm* langen und 4 *cm* breiten Messingplatte mit einem rechteckigen Ausschnitt von den Dimensionen 30 : 35 *mm* in der Mitte. Auf zwei Falzen im Ausschnitte liegt das Deckglas, welches das Objekt trägt. Über dieses wird ein zweites Deckglas mit Wachskügelchen befestigt und das Ganze wird durch eine von der Seite verschiebbare Platte zusammengehalten.

Ein prinzipiell ähnlicher Objektträger von Aluminium ist von M. HEIDENHAIN konstruiert und von der Firma Karl Zeiss zum Preise von 2 Mark auf den Markt gebracht worden.

Das Mikroaquarium von SCHAUDINN scheint von großem Nutzen zu sein, wenn es gilt, kleine lebende Objekte zu untersuchen. Es besteht aus einem gewöhnlichen Objektträger, in den man von der Längsseite einen viereckigen Einschnitt eingeschliffen hat. Auf beide Flächen des Objektträgers werden über dem Einschnitt Deckgläschen mit Canadabalsam festgekittet und so eine kleine, von der Seite offene Kammer gebildet. Zu beiden Seiten der Deckgläser kittet man schmale Glasstreifen als Schutzleisten auf. Der Objektträger kann horizontal auf den Objekttisch des Mikroskopes gelegt werden, weil infolge der Capillarität kein Wasser herausfließt. Zur Lüftung des Aquariums benutzt man grüne Algen oder leitet mittelst Wollfäden frisches Wasser durch dasselbe.

Viele Untersuchungen der lebenden Objekte fordern notwendig eine Durchströmung frischen Wassers, und dies hat zu der Konstruktion komplizierter Apparate geführt. Solche sind auch sowohl von zoologischen wie botanischen Forschern vorgeschlagen worden.

Rhumbler bediente sich bei seinen Infusorienuntersuchungen der folgenden Einrichtung. Auf dem Objekttisch steht ein schmales Reagensglas, mit Wasser oder Nährflüssigkeit gefüllt. Ein zweimal rechtwinkelig gebogenes Capillarrohr steht mit dem einen Ende im Wasser, mit dem anderen an dem Rande des Deckglases. Durch dieses Rohr fließt also ein Strom nach dem Präparat hin und durch die Verwendung von sehr feinen derartigen Rohren läßt sich der Zufluß so regulieren, daß nur das Wasser ersetzt wird, das am Deckglasrande unaufhörlich verdunstet. Um die Nährflüssigkeit zu lüften, wurden Luftbläschen von einer Kochflasche, deren Luftinhalt unter erhöhtem Drucke steht, durch ein anderes feines Capillarrohr in dieselbe hineingepreßt.

Pagans „Crowing Slide“ hat folgende Zusammensetzung: Der Objektträger wird von einem Stück Löschpapier bedeckt. In diesem ist ein rundes Loch ausgeschnitten, in dem das Objekt in einer Wasserschicht unter dem Deckglas liegt. Zu dieser Kammer leitet ein Kanal, welcher auch im Papier ausgeschnitten ist. In diesem Kanal tröpfelt das Wasser von einem Heber, der mit einem höher stehenden Wassergefäß in Verbindung steht. Von der entgegengesetzten Seite der Kammer fließt das Wasser längs eines Streifens von Löschpapier, das in ein niedrig stehendes Gefäß eintaucht.

Schönfeld modifizierte die von Pagan angegebene Einrichtung. Ein Objektträger von gewöhnlichem Aussehen, aber von solcher Länge, daß er auf beiden Seiten über den Objekttisch hervorragt, wird mit einem Streifen Fließpapier bedeckt, der in der Mitte mit einem viereckigen Ausschnitt versehen ist. Auf der einen Seite tropft das Wasser vermittelst eines feinen Haarrohres aus einem höher gestellten Gefäße nieder. Auf der anderen Seite ist der Papierstreifen in eine spitze Zunge ausgezogen, die in einen Wassertopf eintaucht. Durch diese Einrichtung strömt ein konstanter Strom von frischem Wasser durch die Kammer.

Besondere Aufmerksamkeit verdient eine sinnreiche Methode, die von I. af Klercker erfunden ist, um lebende Organismen unter dem Mikroskope zu kultivieren. Auf einem Objektträger von englischem Format sind in einer Entfernung von 5 *mm* voneinander und parallel mit der Längsseite des Glases zwei dünne, schmale Glasleisten mittelst Canadabalsam festgekittet. In die so erhaltene Rinne wird das Objekt gebracht und mit einem Deckglase bedeckt. In die Rinne zwischen dem Objekt- und Deckglas sind zwei Leinwandstreifen eingeschoben, so daß ein Teil von ihnen sich außerhalb des Deckglases befindet. Das Ganze wird durch zwei schmale Kautschukringe zusammengehalten. Der so bereitete Objektträger ruht auf einem anderen und wird durch weiße Wachskügelchen mit ihm verbunden. Das Wasser fließt aus einem großen Becherglase, dessen Rand den Objekttisch des Mikroskopes um 5 *cm* überragt, durch einen zweimal gebogenen Heber, in den ein Leinwandstreifen so eingepaßt ist, daß das Wasser nur tropfenweise ausfließt. Dieser Streifen berührt den einen von den in der Wasserkammer steckenden Streifen und bewerkstelligt also den Zufluß. Der Abfluß erfolgt in gleicher Weise durch einen Leinwandstreifen, welcher den anderen unter dem Deckglase eingesteckten Streifen berührt und in ein unter dem Niveau des Objekttisches stehendes Becherglas eintaucht. Die Stromgeschwindigkeit des Wassers läßt sich teils durch die Stellung des Wasserreservoirs, teils durch festeres oder loseres Einzwängen des Leinwandstreifens in den zuführenden Heber regulieren.

A. Scheffel veränderte die Klerckersche Wasserkammer so, daß er statt der Kautschukringe das Deckglas mit zwei Kügelchen Terpentinharz befestigte, wodurch man das untere Objektglas entbehren kann.

Unter dem Namen Kompressorium verstand man in der älteren histologischen Technik Instrumente, deren Zweck es war, die Objekte durch allmählich wirkenden Druck in einen solchen Zustand von Dünnheit zu bringen, daß sie im durchfallenden Lichte untersucht werden konnten. Ihre allgemeine Konstruktion war die folgende: Sie bestanden aus zwei Platten, welche gegen einander durch eine Schraube gepreßt werden konnten. Sie sind in der Mitte von Löchern durchbohrt, in die dünne Gläser eingefügt wurden. Zwischen diese kommen die Objekte und durch Zusammenschrauben der Platten werden sie auf einmal fixiert und ausgebreitet. Diese alte Idee bildet die Grundlage für einen modernen Apparat, welche ganz besonders geeignet ist, die Aufmerksamkeit der Biologen auf sich zu ziehen, wenn es gilt, kleine lebende Objekte in ihren natürlichen Medien zu untersuchen. Ich meine das Durchströmungskompressorium von H. E. ZIEGLER.

Es findet seine Anwendung bei der „Untersuchung kleiner Würmer, pelagischer Larven und anderer kleiner durchsichtiger Objekte, besonders auch beim Studium der Furchung und bei entwicklungsmechanischen Experimenten" (Fig. 3). Der Erfinder beschreibt zwei Instrumente dieser Art. Das kleine Kompressorium

Fig. 3.

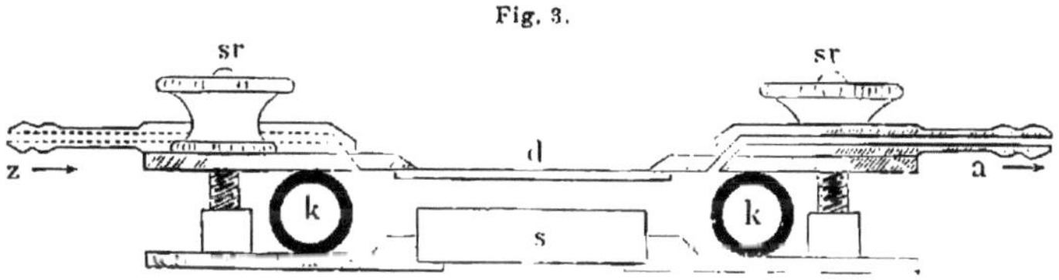

besteht aus zwei Metallplatten: einer unteren runden und einer oberen dreieckigen. Beide haben in ihrer Mitte ein rundes Loch. In demjenigen der unteren Platte ist eine Glasscheibe festgekittet, welche als Objektträger dient. In dem Loche der oberen Platte sitzt ein Deckglas, das mit Paraffin befestigt ist. Zwischen den beiden Platten befindet sich ein Kautschukring, welcher eine abgeschlossene Zelle zwischen den beiden Platten bildet. Die beiden Platten werden durch drei Schrauben zusammengehalten. Durch die auf obengenannte Weise gebildete Zelle fließt Wasser, indem die obere Platte mit einem zu- und einem abführenden Rohre versehen ist.

Das Durchströmungskompressorium der zweiten Form ist nach demselben Prinzip gebaut. Es dient zur Aufbewahrung größerer Beobachtungsobjekte, z. B. Froschlarven oder kleiner Fische. Es hat eine rechteckige Gestalt und weicht in den Details von jenem etwas ab. Der Preis für die beiden Durchströmungskompressorien ist 22, bzw. 28 Mark. Sie sind zu haben bei der Firma Hermann Elbs, Werkstätte für Präzisionsinstrumente in Freiburg i. Br.

Im Zusammenhang mit dem Durchströmungskompressorium sind auch Einrichtungen erdacht, um das Beobachtungsmedium auf einer höheren bestimmten Temperatur zu halten. KANTOROWICZ schlägt so vor, die Flüssigkeit in einem Glascylinder zu erwärmen, welcher mit einem Regulierungsapparat für konstante Temperatur versehen und so konstruiert ist, daß nur eine kleine Menge Wasser erwärmt wird, damit das Wasser nicht zu viel Luft verliere. ZIEGLER erhielt dasselbe Resultat dadurch, daß er die Durchströmungsflüssigkeit durch ein langes Spiralrohr fließen ließ, das von erwärmtem Wasser von bestimmter Temperatur umgeben war. Ein kleines, in das Abflußrohr eingesetztes Thermometer zeigt die Temperatur.

Gaskammern.

Das Bestreben der Forscher, den Einfluß, welchen verschiedene Gase auf die Zellenelemente, vor allem auf die Blutkörperchen ausüben, kennen zu lernen, führte zu der Konstruktion der Gaskammer. Sie ist den feuchten Kammern im allgemeinen ähnlich gebaut und nur darin verschieden, daß zu- und ableitende Röhren sich in der Kammer öffnen, wodurch die Gase von einem Gasentwicklungsapparat durch diese geleitet werden können.

Harless'. Einrichtung scheint die älteste zu sein. Sie wurde aus zwei Glasplatten zusammengesetzt, die übereinandergelegt und durch Korkplatten an ihren Rändern so von einander geschieden wurden, daß ein Spaltraum von 0,5–1 *mm* zwischen den Platten entstand. Zwei knieförmig gebogene Glasröhren durchbohren die Korkwände der Kammer. Vorhandene Öffnungen werden durch Wachs gedichtet.

Kühnes Gaskammer besteht aus einem von Geissler geblasenen Glasgefäße. Dasselbe ist ein niedrigerer, kreisrunder, von planparallelen Wänden begrenzter Glaskasten, dessen obere Fläche so dünn und eben ist, daß sie eine Untersuchung auch mittelst der stärksten Vergrößerungen gestattet. Einander gegenüber münden zwei Glasröhren, eine kurze gerade und eine längere, zweimal rechtwinkelig gebogene Röhre. Auf den Boden der Kammer bringt man Wasser und auf die untere Seite der oberen Fläche einen Tropfen Blut.

Böttchers Gaskammer hat dasselbe Aussehen wie seine feuchte Kammer, in die zwei Röhren eingesetzt sind.

Huizingas Gaskammer ist ungefähr wie die vorige konstruiert.

Heidenhains Gaskammer besteht aus einem Metallkästchen, welches oben und unten mit Glasplatten verschlossen ist. An zwei Seiten sind Metallröhren eingefügt.

Engelmanns Gaskammer besteht aus einem Kästchen von 80 *mm* Länge, 42 *mm* Breite und 6 *mm* Höhe, dessen Seitenwände von Messing und der Boden von einer Glasscheibe gebaut ist. Auf einem 1 *mm* breiten, stufenartigen Ausschnitt der Seitenwände ruht ein Messingdeckel, der in der Mitte mit einem kreisrunden Loch von 15 *mm* Durchmesser versehen ist. Das Loch ist nicht cylindrisch, sondern nach unten konisch, wodurch man das auf der unteren Seite des Loches sitzende Präparat in größerer seitlicher Ausdehnung untersuchen kann. In dem Loch nämlich wird auf der unteren Seite des Deckels das Deckglas festgekittet, das im hängenden Tropfen das Präparat trägt. Der Rand des Deckels wird mit etwas Fett in der Einfassung fixiert oder im Falle größeren Druckes in der Gaskammer mit Metallklammern fixiert. In der Mitte von jeder der zwei kürzeren Seitenwände ist eine Messingröhre von 4 *mm* Dicke und 3 *mm* Lumen eingeschraubt, durch welche die Gase zu- und abgeführt werden. Die Gaskammer kann auch auf dem Max Schultzeschen Objekttisch untersucht werden, und elektrische Reizung kann man auch ausführen, indem man den Deckel mit kleinen cylindrischen Durchbohrungen versieht, durch welche die Elektroden eingesteckt werden.

Die Anordnung von Rollett bei seinen Versuchen über die Einwirkung verschiedener Gase auf die Blutkörperchen verdient besondere Aufmerksamkeit. Dieselbe bestand aus einem Gasentbindungsapparat von Deville, einer Gaskammer und einem Gaswechsler. Die Gaskammer bestand aus einer Platte von ausgesuchter dichter Kammasse von der Größe eines Objektträgers und einer Dicke von 8 *mm*. Diese Platte war von oben nach unten in der Mitte von einem 10 *mm* im Durchmesser haltenden Loche durchbohrt, von rechts nach links liefen feine Bohrungen horizontal gegen diese mittlere Bohrung. Die Platte wurde mit Glaskitt auf einem Objektträger festgekittet. Das genannte Loch wurde zu einer geschlossenen Gaskammer verwandelt, indem ein Ring von Kammasse, an den ein Deckglas festgesetzt war, auf die über dem Objektträger befindliche Platte mit Fett fest aufgedrückt wurde. In die seitlichen Enden der feinen Bohrungen wurden kleine Röhrchen zum Ansatze der Kautschukschläuche eingekittet. Die Schläuche führten zu je einem Gabelrohr, dessen zwei Enden mit zu- resp. ableitenden Schläuchen verbunden wurden. Der Gaswechsler besteht aus hebelartig angeordneten Kupferplatten, welche um eine Achse hin und her bewegt werden konnten und bald die eine, bald die andere der unter ihnen liegenden Kautschukröhren zusammendrückten, wodurch das Gas bald aus dem einen, bald aus dem anderen Rohre in die mit dem Apparate verbundene Gaskammer gelangt. Hinsichtlich der Details sei auf das Original hingewiesen.

Strickers Gaskammer in ihrer einfachsten Form ist wie seine feuchte Kammer konstruiert, nur mit dem Zusatze, daß zu- und abführende Gasrohre den Kittwall durchbohren.

Stricker beschreibt auch eine Gaskammer von weiter entwickelter Konstruktion. Sie besteht aus einem Objektträger von Hartgummi, dessen Mitte durchbrochen und an dessen einer Fläche eine Glasplatte eingesetzt ist. Um diese Glasplatte ist in dem Hartgummi eine Rinne eingegraben und mit Quecksilber gefüllt. In dieser Rinne steckt der Rahmen eines Deckglases, das die Form eines Schachteldeckels besitzt. In der Platte verlaufen von entgegengesetzter Seite zwei Rohre, welche die Gase ab- und zuleiten. Siehe auch die von Stricker konstruierten, heizbaren Gaskammern.

CLASON empfiehlt eine Gaskammer von Glas, nach demselben Prinzip gebaut, wie die von BÖTTCHER und HUISINKA. Gegen die von STRICKER konstruierten Gaskammern hebt er hervor, daß sowohl der Glaskitt, wie der Hartgummi die Gase aufsaugen und ein Wechsel der Gase in der Kammer dadurch unmöglich wird. Um eine mit Heiztisch verbundene Gaskammer zu erhalten, ersetzte er in dem Heiztisch von STRICKER das Kupfer in den Röhren und der Kammerhülse durch Stahl, weil das Kupfer von vielen Gasen angegriffen wird, und richtete dieselbe im übrigen wie die STRICKERsche Gaskammer mit Quecksilberrinne und Deckglasdeckel ein.

PRINGSHEIMS Gaskammer scheint im Prinzipe der von ENGELMANN eingeführten ähnlich zu sein. Es ist also ein niedriger Metallkasten, in dessen untere Seite eine Glasscheibe eingefügt ist. Das Deckglas ist in ein Loch in dem Deckel fest eingefügt, der durch Metallarme mit dem Kästchen sehr fest verbunden ist.

RANVIERS Gaskammer besteht aus einer Messingplatte von der Dimension und Form eines gläsernen Objektträgers (Fig. 4). In der Mitte dieser Platte ist eine Glasscheibe so eingesetzt, daß zwischen ihrem Rande und dem Loch in der Metallplatte eine kreisförmige Furche entsteht. Zwischen der Glasscheibe und dem Deckglas ist ein Zwischenraum von $^1/_{10}$ *mm* Höhe. Es sind ferner in die

Fig. 4.

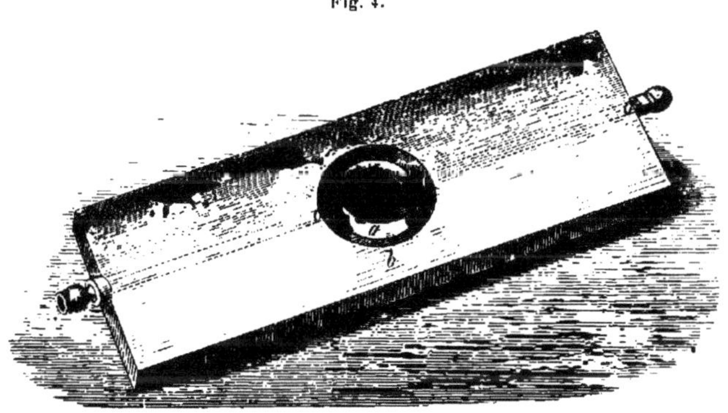

Messingplatte zwei Kanäle gebohrt, die sich in die Rinne öffnen und nach außen mit Kautschukröhren in Verbindung stehen.

NACHETS Gaskammer ist ebenso wie die von RANVIER, nur daß die untere Glasplatte, auf der das Objekt ruht, gehoben und gesenkt werden kann.

LOPRIORE benutzte eine Gaskammer, deren ursprüngliche Konstruktion von Professor KNY angegeben war. Sie besteht aus einer kreisrunden Dose von starkem Messing. Sie wurde je nach dem Versuchsobjekt in verschiedener Größe vom Mechaniker Himmler in Berlin angefertigt. Ihren Boden bildet eine planparallele, gut eingepaßte und luftdicht angekittete Glasplatte. Die vertikale Metallwand trägt an dem oberen Teile der Innenwand ein sorgfältig geschnittenes Gewinde, welches dazu bestimmt ist, einen Metalldeckel aufschrauben zu lassen, in dessen Mitte sich ein geschliffenes, sorgfältig eingepaßtes und mittelst eines Lackringes gedichtetes Deckglas befindet. Der dem Deckglas als Rahmen dienende Deckelteil überragt mit seinem zur leichteren Handhabung fein gerippten Rande die aufsteigende Kammerwand und trägt an seiner Unterseite eine die sichere Dichtung des aufgeschraubten Deckels bewirkende Lederscheibe, welche nach Bedürfnis von Zeit zu Zeit mit Paraffinöl benetzt wird. Der Gebrauch ist wie der einer gewöhnlichen feuchten Kammer. Das Präparat kommt im hängenden Tropfen an die Unterseite des Deckglases, und eine dünne Schicht destillierten Wassers bedeckt den Boden der Kammer. Zum Durchleiten dienen zwei etwa 6 *cm* lange, einander gegenüberstehende Messingröhren. Die Gaskammer wird durch eine gleichfalls vom Mechaniker Himmler angefertigte Klammer auf dem Objekttisch fixiert. Da die genannte Kammer nur zu Versuchen von kürzerer Dauer 8 bis 14 Tage benutzt werden kann, wurde eine andere Gaskammer konstruiert, um die Objekte eventuell monatelang einem annähernd stationären Gasstrom auszusetzen. Diese Kammer bestand aus einem runden Gefäß von größeren Dimensionen (6 *cm* Höhe und 10 *cm* Durchmesser), welches eine Halsöffnung in der oberen Wand trug. Außerhalb des Halses verlief eine mit Quecksilber gefüllte Rinne und in diese reichte der Rand des deckelförmigen Deckglases, welches durch eine besondere Klemmeinrichtung fixiert wurde.

Die feuchte Kammer von FRITSCH besteht aus einem Objektträger mit einer aufgeschliffenen Glasglocke, welche zwei Zu- und Ableitungsröhren für Gase besitzt.

Vorrichtungen zur Untersuchung der Gewebe von kaltblütigen Tieren im lebenden Zustande.

Wie bekannt, ist es MALPIGHIs unvergängliches Verdienst, den Schlußstein in der HARVEYschen Lehre von der Blutcirculation gefunden zu haben, als es ihm gelang, auf dem Wege der direkten Beobachtung den Übergang des Blutes von den Arterien zu den Venen, d. h. den Capillarkreislauf zu entdecken. MALPIGHIs Objekt, die Froschlunge, ist seitdem das klassische Untersuchungsmaterial geworden, welches kein histologischer Kursus entbehren kann, da es eines der schönsten Bilder, das man mit dem Mikroskope beobachten kann, demonstriert.

Der beste Apparat, der dabei benutzt werden kann, ist der von FRITHIOF HOLMGREN erfundene. Sein Verfahren ist das folgende: Die Lunge von Rana esculenta bildet das vorzüglichste Objekt. Nach dem Curarisieren des Frosches macht man einen Schnitt durch die Körperwand dicht an der Achselhöhle und zieht die Lunge durch diese Wunde heraus. Jetzt muß die Lunge aufgeblasen und in diesem Zustande gehalten werden. Die Aufblasevorrichtung wird aus zwei durch einen dünnen Kautschukschlauch von beliebiger Länge verbundenen Messingröhren gebildet. Die eine trägt das Mundstück, welches mit einem Hahn versehen ist, die andere — die Kanüle, welche in die Glottis eingeführt ist — ist mit einer besonderen Einrichtung zum Schließen der Glottis versehen. Die Kanüle ist nämlich an ihrem Ende zu einem die Röhre umgebenden Ringe verdickt, dessen peripherischer Rand rinnenförmig vertieft ist. 2—3 *mm* von diesem Ringe entfernt befindet sich ein zweiter, ganz analoger, mit ähnlicher Rinne versehener Ring. In der Einsenkung zwischen den beiden Erhebungen durchbohren vier auf den Röhrenumfang verteilte kleine Löcher die Röhren. Auf diesen Teil der Kanüle wird jetzt ein Stück Froschdarm gezogen, mit zwei Ligaturen an den obengenannten Ring festgebunden und bildet auf diese Weise ein geschlossenes Säckchen, das durch Einblasen von der Kanüle aus gespannt werden kann. Das mit dem Darme überzogene Ende der Kanüle wird zu mäßiger Tiefe in die Kehlritze eingeführt und die Kanüle an der Mundöffnung des Tieres fest angenäht. Jetzt wird die Luft durch das Mundstück eingeblasen und spannt die Lunge genügend aus, so daß diese für die direkte Beobachtung in durchfallendem Licht geeignet ist. Gleichzeitig füllt sich das oben beschriebene Luftsäckchen, tamponiert die Glottis und hindert die Luft, aus der Lunge zu entweichen. Der Hahn an dem Mundstücke tut denselben Dienst für die im Inneren eingeschlossene Luft. Der Frosch wird jetzt auf ein Brett gelegt, welches die Lungenkammer von folgender Zusammensetzung trägt. Das Brett ist von einem hohlen Messingcylinder durchbrochen, dessen Lichtung ungefähr dieselbe Größe hat wie der Durchmesser des Loches im Objekttische eines gewöhnlichen Mikroskopes. In den oberen Rahmen dieses Messingcylinders ist ein rundes Deckglas eingesetzt, auf dem die Lunge ruht. Über diesem Deckglas befindet sich ein anderes in einem horizontal gestellten Ringe eingefügt, welcher auf einer vertikal gestellten Zahnstange festsitzt, die mittelst Trieb auf und nieder bewegt werden kann. Die Lunge kann also zwischen zwei parallele dünne Glasplatten eingelagert werden und eignet sich vorzüglich für direkte mikroskopische Beobachtung auch mit den stärksten Vergrößerungen.

Es steht wohl außer allem Zweifel, daß ein Präparat, lege artis nach der HOLMGRENschen Methode gewonnen, das beste Bild von dem Capillarkreislauf liefert. „Die Erscheinung des Kreislaufes in der Lunge kann durch ihre Schönheit das Auge stundenlang fesseln.“ Oft können doch die Versuche mißlingen. Besonders deshalb, weil das kleine Luftsäckchen die Glottis nicht genügend tamponiert. Die Darmwand legt sich nicht innig genug an die Larynxwand, sondern läßt die Luft vorbeistreichen. Auf Initiative von WALDEYER hat darum G. ARNDT eine Modifikation des HOLMGRENschen Apparates ausgeführt.

Sein Apparat (Fig. 5) besteht aus zwei ineinander steckenden Metallröhren: die äußere Röhre mit einem Diameter von 2 *mm*, die innere mit einem solchen von 0,9 *mm*. Die innere Röhre ragt aus der äußeren 3 *mm* hervor. Die äußere Röhre findet ihren Abschluß durch ein Kautschuksäckchen, welches durch diese aufgeblasen werden kann. Mit beiden Röhren ist ein Hahn verbunden, welcher sie beide oder nur eine verschließen kann. Die Röhren stehen mit einem Kautschukballon in Verbindung. Nach Einführung der Röhre in die Luftwege des Frosches, wobei das Kautschuksäckchen gerade hinter die Stimmritze plaziert wird, pumpt man Luft hinein, welche den kleinen Kautschukballon dann prall anfüllt, wonach die äußere Röhre durch Umdrehung des Hahnes geschlossen wird. Die innere Röhre ist noch frei, und durch weiteres Einpumpen strömt hierdurch die Luft in die Lunge hinein und bläht sie auf. Die Haltbarkeit des Säckchens erstreckt sich nur auf einige Monate. Diese Modifikation scheint dem HOLMGRENschen Apparat ganz wesentlich verbessert zu haben.

Fig. 5.

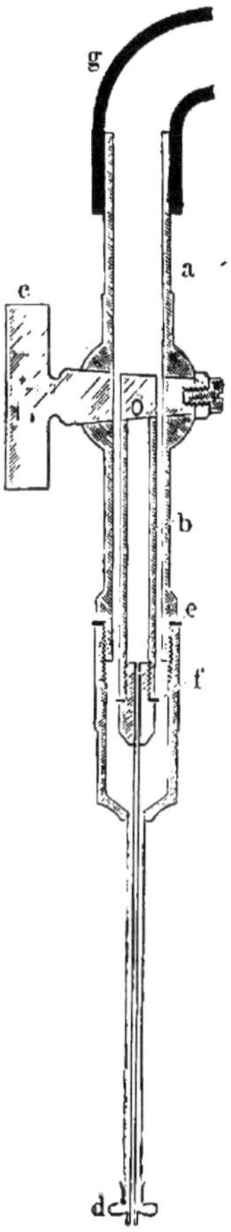

Neben der Lunge des Frosches bilden die Zunge, das Mesenterium und die Schwimmhaut dieses Tieres vorzügliche Objekte, lebende Gewebe zu studieren. Von verschiedenen Forschern sind darum Apparate für diese Zwecke konstruiert.

Um das lebende Mesenterium des Frosches beobachten zu können, bediente sich HERING des folgenden Verfahrens: Nach Einschnitt in die rechte Bauchseite eines Frosches wird eine Darmschlinge hervorgezogen und auf den Bauch des Frosches gelegt. Dann wird der Frosch auf den Objekttisch in die Nähe eines niedrigen Hohlcylinders aus Messing fixiert, der auf das Objektglas gekittet ist, und dessen obere Öffnung ein gewöhnliches Deckglas zuschließt. Unter die Darmschlinge schiebt man jetzt ein Deckglas so, daß das Mesenterium innig an dem Glase haftet. Legt man nun das letzterwähnte Deckglas mit der ihm anhaftenden Darmschleife vorsichtig um, so daß es auf das erste Deckglas zu liegen kommt, so befindet sich die Darmschleife zwischen den beiden Deckgläsern, das Mesenterium klebt an der Unterseite des oberen Deckglases und bildet die Decke einer völlig geschlossenen Luftkammer, die unten von dem anderen Deckglase, ringsum von der Darmschleife begrenzt wird. Das Mesenterium ist dann vor Verdunstung, Luftzutritt und Zerrung vollständig geschützt und kann mit den stärksten Vergrößerungen untersucht werden.

THOMA erfand einen Objektträger, welcher in erster Linie zur Untersuchung der lebenden Froschzunge bestimmt war, doch auch bei der Untersuchung anderer durchsichtiger Organe Anwendung fand. Derselbe bestand aus einer Messingplatte, in die eine viereckige Glasplatte eingefügt war, deren untere Seite in demselben Niveau wie die untere Fläche der Metallplatte lag, während die obere Fläche sich über die obere Ebene der Metallplatte erhob und in solchem Grade geneigt war, daß die Verschiedenheit der Dicke der auf die Platte gespannten Froschzunge dadurch kompensiert wurde. Um die Verdunstung zu vermeiden, wird die Zunge mit einem Strom von einer indifferenten Flüssigkeit irrigiert. Für diesen Zweck ist der Objektträger mit folgender Einrichtung versehen: In einiger Entfernung von der Glasplatte verläuft auf dem Objektträger eine 7 *mm* hohe, geschwärzte Messingleiste, welche bei einer mäßigen Neigung des ganzen Mikroskopes die von der Glasplatte abfließende Flüssigkeit auffängt und durch zwei Tubuli, welche die Messingleiste durchbohren, ableitet. Auf der Grundplatte sitzen ferner zwei Träger, welche die Kanüle tragen, die die Irrigationsflüssigkeit auf die Zunge leiten. Diese sind sowohl um eine senkrechte wie um eine horizontale Achse beweglich. Im Raume zwischen der Glasplatte und der Messingleiste werden dünne Korkplatten eingeschoben, welche dazu dienen, die Nadeln zu tragen, durch welche die Zunge in ausgespanntem Zustande erhalten wird.

F. E. SCHULZE benutzte einen besonders eingerichteten Objektträger, um durchsichtige Teile von Larven oder ganze kleine Tiere zu untersuchen. Der Objektträger hat an der oberen Seite eine Vertiefung, in die der ganze Körper des Tieres nebst Wasser kommt, neben dieser findet sich eine seichtere zur Aufnahme des Schwanzes vor. Die schmale Wand, an die der Kopf stößt, wird abgeschrägt, so daß derselbe in einem Falz ruht, wodurch das Emporheben des Kopfes verhindert wird. Die jetzt beschriebene Vorrichtung verschafft man sich, indem man auf die obere Fläche eines gewöhnlichen Objektträgers zwei Glasplatten mit passenden Ausschnitten durch Canadabalsam festkittet. Nachdem das Tier in die Vertiefung gebracht worden ist, wird es mit dem Deckglase bedeckt.

Unter dem Namen CATONS Fish-trough wird ein einfacher und, wie es scheint, sehr praktischer Apparat beschrieben, der den Zweck hat, einen lebenden Fisch während der mikroskopischen Beobachtung einzuschließen und am Leben zu erhalten. Er besteht aus einem konischen Metallkasten, der genau das Tier umgibt und mit zwei Tubulierungen versehen ist, durch welche stets frisches Wasser circuliert. Der Kasten ist auf einer durchlöcherten Scheibe so angebracht, daß der durchsichtige Schwanz z. B. über dem Loch festgehalten werden kann. Der ganze Apparat wird an dem schräggestellten Objekttisch so angebracht, daß der konische Kasten mit der geschlossenen Spitze nach unten gewandt wird.

Auch muß in diesem Zusammenhang noch einmal an das vorzügliche ZIEGLERsche Kompressorium (oben zitiert) erinnert werden, das in seinem gröberen Format dazu bestimmt ist, kleine Tiere während der mikroskopischen Beobachtung einzuschließen.

Vorrichtungen zur Untersuchung der lebenden Gewebe bei warmblütigen Tieren.

Die mikroskopische Untersuchung der lebenden Gewebe der warmblütigen Tiere kompliziert sich dadurch, daß man die Beobachtungen bei höheren Temperaturen als der gewöhnlichen Zimmertemperatur ausführen muß. Darum ist man gezwungen, Einrichtungen zu erfinden, welche es erlauben, die betreffenden Objekte bei einer beliebig konstanten und exakt meßbaren Temperatur während einer längeren Zeit zu beobachten. Eine weitere an eine solche Einrichtung zu stellende Forderung ist die, daß die Beweglichkeit des Objektes und die Leistungsfähigkeit des Mikroskops keine Einbuße erleiden. Auch ist es nötig, daß die Temperatur nach Belieben erhöht und erniedrigt werden kann. Alle diese Ansprüche zu erfüllen, ist keine leichte Aufgabe. Das merkt man sofort, wenn man in der Literatur die verschiedenen Vorschläge zu Heizapparaten durchmustert.

Verschiedene Forscher haben jetzt verschiedene Prinzipien in die Konstruktion der Heizvorrichtungen eingeführt. Von einfacheren Verfahren ist man zu immer komplizierteren gekommen.

Die ersten Versuche, die Objekte während der Beobachtung zu erwärmen, stammen, so viel ich weiß, von CHEVALIER, SCHWEIGGER-SEIDEL, BEALE und ROLLETT. Schon 1839 beschreibt CHEVALIER eine Heizvorrichtung, welche aus einer Metallplatte mit centraler Öffnung bestand, die auf den Objekttisch gelegt wurde. Unter den Enden der Metallplatte hängen zwei kleine Lampen, welche längs vertikaler Stangen verschiebbar sind und die Platte erwärmen. SCHWEIGGER-SEIDEL und ROLLETT brachten das Präparat auf einen gefensterten Streifen von Eisenblech, welcher auf einer Seite über den Objekttisch hervorragte. Unter diesen wurde eine Flamme gesetzt und die Wärme so zum Objekt geleitet. BEALES Heiztisch bestand aus einem niederen, an den beiden Enden offenen Kupferkasten, welcher in der Mitte mit einem Loch versehen war. In diesem liegt das Präparat. Das eine Ende des Kastens ist nach unten, das andere nach oben gebogen. Eine Spirituslampe erwärmt jenes und die warme Luft strömt dann an dem Objekt vorbei und erwärmt es.

Nach dem Prinzip von BEALE ist später von SENARMONT ein Heiztisch konstruiert worden. Derselbe besteht aus einem hohlen Kasten, an dem einen Ende offen und an dem anderen Ende mit einem nach unten offenen Tubus versehen. In diesem steckt eine Lampenflamme, welche einen heißen Luftstrom durch den Kasten treibt. Durch die Mitte des Kastens geht ein Loch. In der unteren Wand ist dieses durch eine Glasscheibe geschlossen, auf der das Objekt ruht. In der oberen Wand ist eine Öffnung von dem Quecksilbergefäß eines Thermometers umgeben. Der Kasten wird durch eine dünne Scheibe aus Ebenholz von dem Mikroskoptisch isoliert.

Der erste mehr allgemein gebrauchte Heiztisch ist nach dem Prinzip von SCHWEIGGER-SEIDEL und ROLLETT von MAX SCHULTZE konstruiert worden.

Sein Heiztisch besteht aus einer hufeisenförmig gebogenen Metallplatte, deren mittlerer Teil die Ausdehnung und Form eines gewöhnlichen Objektträgers hat und in der Mitte mit einem runden Loch versehen ist (Fig. 6). Nach den Seiten läuft dieser Teil in 3 *cm* breite Arme aus, welche nach kurzem Verlaufe rechtwinkelig in die Seitenarme übergehen, die eine Länge von 17 bis 20 *cm* haben. Der mittlere Teil trägt an seiner unteren Fläche, dicht angelagert, ein Thermometer. Auf der unteren Seite sitzen dünnere Holzplatten, welche die Metallplatte von dem Mikroskoptisch isolieren. Unter jedem Seitenarme befindet sich eine Spiritusflamme, welche die Heizung besorgt. Die Länge der Arme ist so gewählt, daß bei Erhitzung ihrer Enden durch kleine Flammen die Mitte des Objekttisches ungefähr Körperwärme, also 35—40° C annimmt. Durch Regulierung der Flammengröße soll man beinahe konstante Temperaturen erhalten können. In der letzten Zeit sind Heiztische ganz nach dem SCHULTZEschen Prinzip von Dr. ROBERT REYBURN (Amer. Mon. Micr. Journ. 1890) und EBERLEIN konstruiert worden. Da diese keinen eigentlichen Vorzug vor den ursprünglichen SCHULTZEschen zu haben scheinen, können sie hier übergangen werden.

Fig. 6.

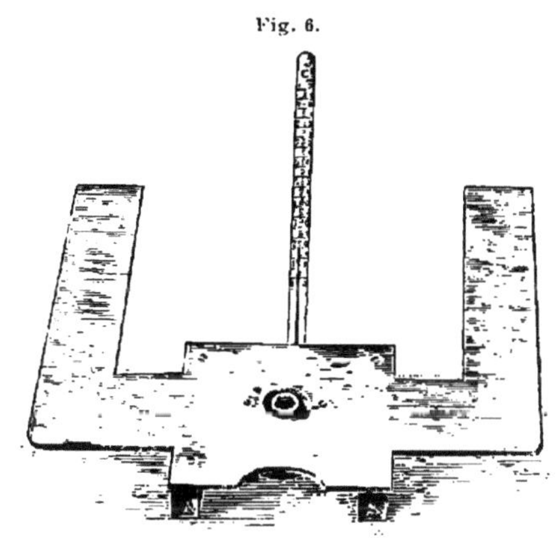

Sehr einfache Heizapparate, in denen die Metalleitung das Prinzip ist, verdanken wir STRICKER. Sie bestehen aus einem Kupferring oder einem Kupferstück von der Form eines Objektträgers, in der Mitte durchbohrt. Auf diesen liegt das Objekt. Von ihnen geht ein Stab von Metall aus, welcher von einer Flamme erwärmt wird. Die Temperatur wird ermittelt durch die Schmelzung von kleinen Fettfragmenten, deren Schmelzpunkt bekannt ist, und die Regulierung wird durch die Verschiebung der Flamme längs des Stabes ausgeführt.

BELLS Heiztisch besteht aus einer Scheibe von Mahagoni, auf der oberen Seite für den Objektträger in der Länge ausgehöhlt. In der Mitte ist ein Loch, das von einem Kupferring umgeben ist. Dieser steht in Verbindung mit einem Kupferdraht, welcher in die Platte eingegraben ist und von dem einen Ende ausgeht. Er wird durch eine Spiritusflamme erhitzt.

SYMONS Heiztisch besteht aus einem Kupferblock 6 *cm*, 4 *cm*, 2 *cm* in Dimensionen und mit einem Loch von 2,5 *cm* Durchmesser versehen. Von der Seite ist ein Kanal eingebohrt, in dem ein Thermometer steckt. Das Loch wird in folgender Weise geschlossen: Von zwei Korkscheiben, die von Löchern durchbohrt sind, entsprechend dem Loche im Kupfer, wird die eine auf die obere, die andere auf die untere Seite des Kupfers gelegt, zwischen diese und das Kupfer werden dünne Glasscheiben eingeschoben und zwischen die untere Korkscheibe und das Kupfer eine längere Kupferscheibe, welche etwas herausreicht. Dies alles wird durch Schrauben festgehalten. Der Raum zwischen den Glasscheiben wird mit Öl gefüllt. Das Kupferstück wird durch eine Flamme erhitzt. Das Objekt liegt auf der oberen Glasplatte.

Der Heiztisch nach der Konstruktion von SCHULTZE ist sehr bequem zu handhaben und darum auch viel benutzt worden. Es haften ihm aber viele Fehler an. Der größte von diesen ist, wie ENGELMANN hervorhebt, der, daß die Temperatur des Präparates sehr wesentlich von der Temperatur des Objektives beeinflußt wird. Die Fehler in der Temperaturbestimmung können sogar 20—30° C betragen.

* *

Das Problem der Darstellung von Heiztischen mit konstanten Temperaturen hat dann die Mikroskopiker bis in unsere Tage beschäftigt und verschiedene Konstruktionen sind angegeben worden. Einer von den gewöhnlichsten basiert auf dem Prinzip, daß man das Präparat auf einen Kasten oder dergleichen bringt, der durch fließendes warmes Wasser erwärmt wird. Wer der erste ist, der einen solchen Heiztisch erfunden hat, kann ich nicht bestimmt angeben. Vielleicht sind viele Forscher selbständig und unabhängig voneinander auf diese Idee gekommen. Ich zitiere in chronologischer Reihenfolge diejenigen, welche ich in der Literatur gefunden habe.

Ranvier hat schon 1865 einen Heiztisch konstruiert, welcher aus einem rechtwinkligen Messingkästchen besteht, das in seiner mittleren Partie eine horizontale Spalte trägt, um das Präparat einschieben zu können. In der Mitte ist es von oben nach unten von einer Öffnung durchbohrt, welche das Licht durchgehen läßt und auch so weit ist, daß man das Objekt bis auf das Präparat herabsenken kann. Der Kasten ist mit einem Thermometer versehen und steht durch zwei Kautschukröhren mit einem Messingkessel in Verbindung, in dem das Wasser erhitzt wird, welches durch den Wärmekasten circuliert und diesen erwärmt.

Polaillon benutzte einen niedrigeren Kasten von 1,0—1,5 *cm* Höhe, dessen obere und untere Seite von Glas waren. Durch den Kasten floß von einem höher gestellten Gefäß warmes Wasser aus.

Eckhards Heiztisch besteht aus einem Blechkästchen von 8,5 *cm* Länge, 6,5 *cm* Breite und 1,2 *cm* Höhe. In der Mitte der oberen Wand sind Glasplatten eingesetzt, von denen die obere als Objektträger dient. Zwei Tubulierungen von Messing sind mit Kautschukschläuchen verbunden, durch welche erwärmtes Wasser ab- und zufließt. In das Wasser gestellte Thermometer zeigen die Temperatur an. Das Wasser wird aus einem Wasserbade bezogen, welches auf einen etwas höheren Temperaturgrad gebracht wird als derjenige, den man wünscht. Der Zug des Wassers wird durch einen Quetschhahn reguliert, welcher an der Abzugsröhre angebracht ist.

Schklarewskys Heiztisch besteht aus einem niedrigeren Metallkasten von der Größe eines gewöhnlichen Objekttisches, ist in der Mitte durchbohrt und im Innern durch senkrechte Scheidewände in ein System kommunizierender Räume geteilt. Der Objektträger ruht in der centralen Öffnung auf einer dünnen, glattgeschliffenen Blechplatte. Die sinnreiche Erwärmungsvorrichtung besteht aus einem Behälter, in dem das Wasser erwärmt wird und der mit dem Tische durch zwei Röhren verbunden ist, von denen die obere mit den oberen Flüssigkeitsschichten, die untere mit den unteren verbunden ist; durch die obere Röhre fließt das erwärmte Wasser zum Tische und durch das untere zum Behälter zurück, bis eine gleichmäßige Temperatur resultiert. Durch eine vertikal gestellte Abflußröhre fließt das Wasser aus dem Kasten heraus.

Dallinger konstruierte 1869 einen Heiztisch mit circulierendem warmen Wasser, welches in einem Behälter mit Gasquecksilberregulator erwärmt wird. Für die nähere Beschreibung siehe Journ. Roy. Micr. Soc. 1897, Part II.

Strickers Heiztisch hat die Form eines Kastens mit einem Loch für das hindurchgehende Licht. Durch den Kasten fließt warmes Wasser von einem Behälter mit kochendem Wasser. Der zufließende Strom läuft, bevor er zum Kasten geht, durch eine Spiralröhre, welche um das Objektiv gewickelt ist, das also auch erwärmt wird. Durch langsames Abfließen des Wassers wird die Temperatur reguliert. Dieser Tisch bildet einen Teil einer sehr sinnreichen Einrichtung zur Untersuchung des Mesenteriums warmblütiger Tiere, die auf pag. 21 ausführlich beschrieben wird.

Hartleys Wärmevorrichtung besteht ganz einfach aus einem U-förmig gebogenen Rohr, das auf dem Objekttisch fixiert wird und das zu untersuchende Präparat umgibt. Der eine Schenkel des Rohres steht mit einem Erwärmungsgefäß in Verbindung. Von diesem Behälter, der kochendes Wasser enthält, fließt das Wasser durch das Rohr und fließt tropfenweise durch den anderen Schenkel ab, welcher in eine feine Spitze ausgezogen ist. Die Schnelligkeit des Abflusses und also die Temperatur des Wassers wird durch die höhere oder tiefere Stellung des Heizgefäßes reguliert.

Samons zweiter Heiztisch besteht aus einer mit Wasser gefüllten Metallkapsel, die zwei eingesetzte Deckgläser trägt, um das Licht durchgehen zu lassen. In dem Behälter liegt ein Spiralrohr, durch welches warmes Wasser strömt. Das Zuflußrohr hat zwei Schenkel, von denen der eine mit kaltem, der andere mit warmem Wasser in Verbindung steht. Sperrhaken regulieren den Zufluß.

Maddox beschreibt mehrere Anordnungen, in denen Heiztisch und feuchte Kammer miteinander verbunden sind. Eine Scheibe von Ebenholz ist in der Mitte von einem Loch durchbohrt, das unten durch ein Deckglas geschlossen ist. Außerhalb des Loches verläuft eine seichte Rinne und außerhalb dieser eine tiefere, in welche sich zwei Bohrungen öffnen, die mit Röhren verbunden sind. Über diese Platte kommt eine dünne Metallplatte, welche in der Mitte durchbohrt ist, und hier sitzt das Deckglas. In die der Kammer zunächst liegende Rinne kommt ein Falz, welcher die Kammer verschließt. In der äußeren Rinne, die durch die letztgenannte Platte zu einem geschlossenen Ringe umgeformt ist, circuliert heißes Wasser, welches aus einem Behälter mit kochendem Wasser kommt. Die obere Metallplatte wird durch Schrauben an die untere fixiert. Eine andere Einrichtung hat die Form von einem Ringtische. Er besteht aus einem hohlen Metallringe, in den auf der einen Seite eine Scheidewand eingesetzt ist. Auf jeder Seite von dieser sitzt eine Tubulierung, und durch diese wie durch den Ring kann das warme Wasser circulieren. In die Mitte des Ringes kommt eine feuchte Kammer von verschiedener Konstruktion. Die einfachste kommt so zustande, daß in den oberen und in den unteren Rand des Loches zwei Ebenholzplatten mit centralen Löchern eingefügt sind. In diese werden Deckgläser eingekittet. Eine andere besteht aus einer dünnen Ebenholzplatte mit centraler Öffnung. Über dieser Öffnung steht ein runder Ebenholzblock in der Mitte von einer konisch, nach unten sich erweiternden Öffnung durchbohrt. Über diese Öffnung kommt ein Deckglas, das den Boden der feuchten Kammer bildet. Außerhalb dieser ist eine Rinne, die ein wenig Wasser enthält, um den Feuchtigkeitsgrad zu regulieren. Über dem runden Ebonitblock sitzt ein dünner Kautschukring, auf dem das Deckglas ruht. Die Dimensionen dieser feuchten Kammer sind derartig, daß letztere von der ringförmigen Heizkammer dicht umfaßt werden kann.

Flesch beschreibt einen von ihm konstruierten Heiztisch folgendermaßen. Er besteht aus einer rechteckigen Metallkammer, die in der Mitte mit einem Loch versehen und mit einem Thermometer verbunden ist. Ein T-förmiges Rohr führt durch den einen seiner Schenkel heißes, durch den zweiten kaltes Wasser zu. Der Wasserzufluß von den beiden Quellen des heißen und kalten Wassers wurde durch Benutzung von Quetschhähnen reguliert. Das Wasser fließt tropfenweise aus der Kammer heraus. Um einen schnellen Temperaturwechsel bewirken zu können, wurde eine ziemlich komplizierte Abflußvorrichtung eingeführt. Aus der Kammer führt ein T-förmiges Rohr, dessen beide Querschenkel mit denen eines zweiten T durch Gummischläuche verbunden sind; der Vertikalschenkel des letzteren öffnet sich frei als Abflußrohr. „Von den verbindenden Gummischläuchen war der eine gewöhnlich durch eine Sperrpinzette geschlossen; der andere trug einen Quetschhahn, mittelst dessen die Circulation auf eine bestimmte Stromschnelligkeit eingestellt wurde. Sollte der heiße Strom durch kaltes Wasser ersetzt werden, so wurde im Moment der Öffnung des für den Zufluß von kaltem Wasser bestimmten Hahnes die Sperrpinzette geöffnet. In wenigen Sekunden konnte so die Temperatur der Kammer um mehr als 30° variiert werden; sobald der Temperaturwechsel erreicht war, wurde die Sperrpinzette geschlossen und so der Abfluß wieder verlangsamt.“

Löwit setzte in die obere Platte des Heiztisches von Stricker (siehe oben) einen kleinen, aus zwei Konvexlinsen bestehenden Kondensor, dessen obere Fläche plangeschliffen war und konnte dadurch starke Vergrößerungen anwenden.

Schäfers Heiztisch besteht aus einem gewöhnlichen niedrigen, in der Mitte durchbohrten Kasten, durch welchen warmes Wasser von einem Behälter rinnt, dessen Temperatur von einem Gasquecksilberregulator reguliert wird. Betreffend die Details sei auf das Journ. of the royal microscopical Society, 1887, Part II, hingewiesen.

Die oben beschriebenen Einrichtungen mit Ausnahme von denen von Ranvier und Stricker leiden an demselben Hauptfehler wie die von Max Schultze, daß nämlich die Objektive nicht erwärmt werden und darum die Temperatur der Objekte verändert wird. Die folgenden Apparate von Israel, Vignal und Babes suchen besonders diesen Fehler zu vermeiden.

Israel empfiehlt statt des erwärmten Objekttisches eine Heizvorrichtung, welche den Objektträger von oben erwärmt. Ihre Anwendung erfordert besondere Objektträger, in die das Deckglas eingeschliffen ist, so daß es in demselben Niveau wie das Objektglas liegt. Der Wärmeapparat besteht aus einer flachen, runden, im Centrum durchbohrten, an der Unterfläche plangeschliffenen, vernickelten Metallkapsel, in die ein metallenes, rechtwinkelig gebogenes Zuleitungsrohr das erwärmte Wasser hineinführt, während in der gläsernen Abflußröhre die Gradeinteilung des Thermometers sich befindet, dessen Kugel sich in das Innere der Metallkapsel hineinerstreckt. Die Kapsel ist in der Mitte mit einem trichterförmigen Loch versehen, in dem das Objekt steckt.

Vignals Heiztisch ist eine Modifikation von dem Ranvierschen, indem sein Apparat aus zwei miteinander verbundenen Metallkästchen besteht, welche durch einen Spalt von 5 *mm* Höhe getrennt sind. In diesem Spalt liegt das Objektglas, und der so entstehende Raum wird durch einen Schieber völlig geschlossen. Die Abkühlung des Präparates durch das Objekt ist ausgeschlossen, weil dieses von dem oberen Kasten umgeben und also erwärmt wird.

Babes' Heiztisch besteht aus einem hohlen Metallkasten, welcher sowohl das Objektglas wie das Objektiv und den Kondensor teilweise umgibt. Er ist mit Wasser oder Glycerin gefüllt. Das Wasser wird durch einen dicken Kupferstab erhitzt, dessen eines Ende in der Flamme steht, während das andere in mehreren Windungen im Wasser liegt.

Eine bequeme Form hat man dem Heiztisch dadurch gegeben, daß man ihn ganz aus Glas hergestellt hat. Bei solcher Einrichtung kann man ihn nämlich direkt als gewöhnlichen Objektträger oder als feuchte Kammer anwenden.

Pfeiffers Heiztisch besteht aus einem niedrigen Glaskasten, in dessen Wand zwei Tubulierungen für das zu- und abfließende Wasser nebst einem Thermometer eingesetzt sind. Auf der oberen Seite befinden sich Vertiefungen, worin die Objekte untersucht werden.

Im Prinzip ähnliche Objekttische sind ferner von Orosten und Dibdins vorgeschlagen worden.

Behrens hat einen sehr sinnreichen Heiztisch erfunden, der wie die vorstehenden durch heißes Wasser erwärmt wird, dessen Regulierung sich aber auf

Fig. 7.

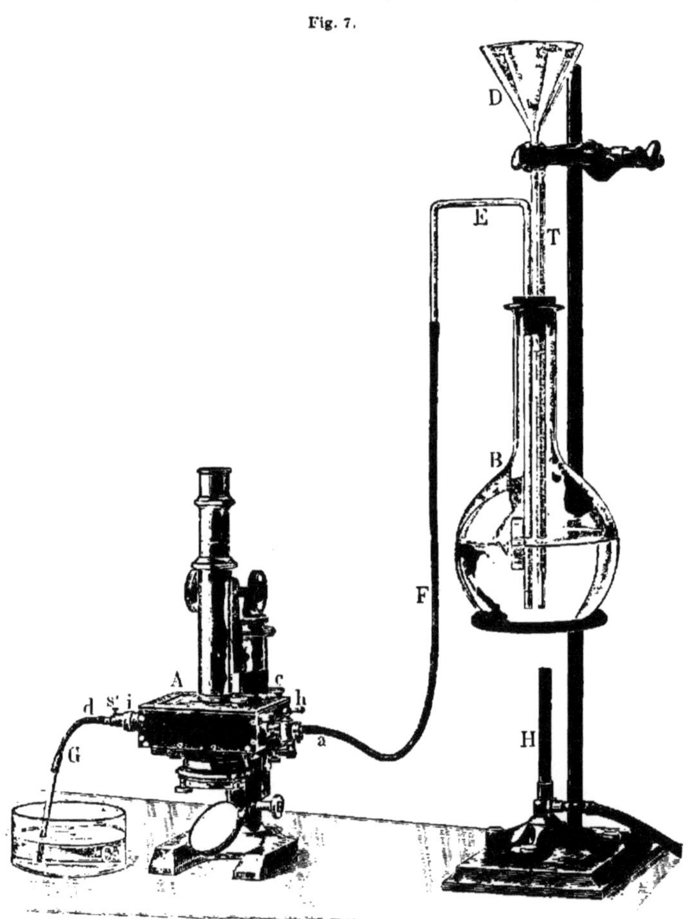

ein ganz neues Prinzip gründet (Fig. 7). Ohne Zweifel ist dieser Tisch allen übrigen konstruierten Heiztischen überlegen, da er, nach den sorgfältigen Untersuchungen des Erfinders zu urteilen, es erlaubt, die Temperatur des untersuchten Objektes auf $^1/_{10}{}^0$ zu bestimmen und konstant zu erhalten.

Der Tisch hat die Form eines niedrigen Metallkastens, der hinten durch zwei kurbelförmige Klemmen fest auf den Mikroskoptisch geschraubt werden kann. Nur vorn und hinten berührt der Kasten den Mikroskoptisch. In der Mitte ist ein niedriger Hohlraum, in welchen das Präparat von der Seite hineingeschoben wird. In der Mitte ist der Apparat mit einem Loch versehen, in dem das Objektiv steckt. In Inneren ist der Tisch sehr kompliziert, um die Selbstregulierung auszuführen.

Das auf 60° C erbitzte Wasser fließt von einer hochgestellten Flasche durch eine verschiebbare Röhre, welche mit einem Hahn und einer Stellschraube versehen ist, in den Kasten hinein und fließt auf der anderen Seite durch eine andere solche Röhre hinaus. Während der Passage wirkt es auf eine Einrichtung, welche das Einfließen reguliert und folgende Zusammensetzung hat: Innerhalb des Kastens, dem Einflußrohr gegenüber liegt ein Messingcylinder. Hinten ist ihm eine dünnwandige, allseitig geschlossene Hülse eingelötet; in die Höhlung dieser Hülse reicht das Einflußrohr. Vorn verengt sich der Cylinder in den cylindrischen Stiefel, und in diesem ist ein sehr gut eingeschliffener Kolben frei beweglich. Dieser verlängert sich in eine Kolbenstange, welche in eine ebene Platte endigt. Diese Platte liegt dem Ausflußrohr des Apparates genau gegenüber. Befestigt ist die ganze Vorrichtung in eine Scheidewand, welche zugleich den vorderen Teil des Heiztisches in zwei gesonderte Räume teilt. Die Regulierung des Ab- und Zuflusses des Wassers kommt folgendermaßen zustande. Der durch den Kolben luftdicht verschlossene Cylinder ist im Innern mit Luft gefüllt. Wird diese eingeschlossene Luft durch das umgebende Wasser erwärmt, so dehnt sie sich aus und treibt dementsprechend den beweglichen Kolben im Stiefel vor. Erkaltet die Luft in dem Cylinder, so verringert sich ihr Volumen und der Kolben wird entsprechend zurückgezogen. Wenn der Kolben sich um eine gewisse Größe verschoben hat, so berührt seine Platte das Ende des Ausflußrohres und verschließt dieses. Der Apparat läßt sich auf jedem viereckigen Mikroskoptische mittlerer Größe befestigen. Die übrige Anwendung ist im Original nachzusehen.

* * *

Die unbefriedigenden Resultate, welche man mit vielen von den älteren Heiztischen bekommt, gab die Veranlassung zu noch radikaleren Verfahren, die Objekte in konstanter Temperatur zu erhalten. Eines von diesen Verfahren besteht darin, daß man das ganze Mikroskop mit dem dazu gehörenden Präparate in einen Wärmeschrank brachte. So viel ich weiß, stammen die ersten Vorschläge in dieser Richtung von dem dänischen Physiologen PANUM und dem deutschen Botaniker SACHS, welche unabhängig voneinander solche Apparate konstruiert haben.

Der Wärmekasten von PANUM hat folgende Zusammensetzung: Die untere Hälfte des Mikroskops mit dem Objektive wird von einem hufeisenförmigen hohlen Blechkasten umgeben. Der von dem Wasserbehälter eingeschlossene Luftraum wird unten durch die Ebene des Arbeitstisches geschlossen. Oben wird er von einem Deckel begrenzt, welcher mit zwei Löchern für den Mikroskoptubus und die Schraube versehen ist. Vorn wird der Luftraum begrenzt, teils im oberen Teile durch ein hohles Verbindungsrohr zwischen den beiden Hälften des Kastens, teils darunter durch eine Glasplatte für den nötigen Lichteinfall. Der Wasserbehälter ist an beiden Seiten in der Höhe des Objekttisches mit einer Öffnung versehen, um den Objektträger bewegen zu können. Diese Öffnungen können durch Korkplatten verschlossen werden. Der Behälter ist in seinem unteren Seitenteile mit einer hohlen ringförmigen Ausbuchtung versehen. Unter dieser steht die kleine Spiritusflamme, die das Wasser erhitzt. Die eingeschlossene Luftmasse hält eine konstante Temperatur 1—2° C niedriger als das umgebende Wasser, dessen Temperatur durch die Größe der Flamme reguliert wird.

Der Apparat von SACHS besteht aus einem Kasten mit doppelten Wänden aus Zinkblech, der das Mikroskop bis zu dem den Tubus tragenden Arm einschließt. An der vorderen Seite des Kastens ist ein großes Fenster von einer Glasscheibe geschlossen. Oben ist der Kasten durch einen Pappdeckel verschlossen, in welchem Öffnungen für den Tubus und die Mikrometerschraube angebracht sind. An der einen Seite ist eine verschließbare Öffnung, durch welche man das Präparat verschieben kann. Der Kasten mit Inhalt steht auf einem metallenen Dreifuß und wird von einer Spirituslampe erhitzt.

2*

NUTTALL hat den SACHSschen Apparat modifiziert. Die ganze untere Hälfte des Mikroskopes nebst dem Objektive ist in einem heizbaren Kasten eingeschlossen. Die vier Seiten und der Boden sind doppelt. Die zwei Seitenwände sind durch Scharniere beweglich und können nach außen geklappt werden. Sie sind mit Asbest, die übrigen Wände mit Wasser gefüllt. Das ganze ist mit Filz überzogen. Durch diese Konstruktion ist es möglich, mit Hilfe einer kleinen Flamme die Temperatur im Innern äußerst genau konstant zu erhalten. Durch eine ovale Öffnung in der linken Seitenwand in der Höhe des Objekttisches kann man mit dem Finger die Verschiebung des Objektes ausführen. Für gewöhnlich ist das Loch durch einen konischen Deckel geschlossen. Ein großes viereckiges, durch eine Glasplatte geschlossenes Loch in der vorderen Seite des Apparates dient zum Eindringen des Lichtes. Der ganze Apparat steht auf vier Füßen und wird von unten durch eine regulierbare Flamme erhitzt. Ein ähnlicher Apparat wie der jetzt beschriebene ist von Zeiss in Jena auf den Markt gebracht worden.

Wärmekasten, die das ganze Mikroskop erwärmen, sind auch von PLEHN, FRIEDRICH, PFEIFFER, KLEBS und ROHRBECK konstruiert. Da dieselben nur in den Details von den vorigen abweichen, so muß auf eine Beschreibung derselben verzichtet werden.

* *

Das gewünschte Ziel, das Präparat in einer genau meßbaren Temperatur untersuchen zu können, hat man auch dadurch zu gewinnen versucht, daß man das Objekt in ein Wasserbad von regulierbarer Temperatur bringt.

RANVIER führte ein ganz neues Verfahren beim Untersuchen frischer Gewebe bei höheren Temperaturen ein, indem er ein ganzes Mikroskop in ein Wasserbad von 36—39° C setzte. Er benutzte ein einfaches Mikroskop mit Wasserimmersion. Dieses kommt in einen niedrigeren Glaskasten, der so weit mit Wasser gefüllt werden kann, daß das Wasser 0,5—1 *cm* über dem Objekttisch steht. Ein Thermometer reicht in das Wasser hinab. Neben dem Mikroskop steht ein Wasserbehälter, in dem das Wasser auf 40° C erhitzt wird. Von hier läuft es durch einen Gummischlauch mit regulierbarer Stellschraube in den Behälter und wird hier um ein paar Grad abgekühlt, so daß es die gewünschte Temperatur erhält. Durch einen Heber läuft das Wasser aus dem Gefäß, der Ausfluß wird gleichfalls durch eine Stellschraube reguliert. RANVIER findet diese Methode dem zuvor von ihm erfundenen Heiztische sehr überlegen.

An dieses von RANVIER angegebene Verfahren schließt sich ein von PFEFFER erfundener Apparat, dessen Prinzip darin besteht, daß der ganze Objektträger in Wasser von regulierbarer Temperatur gebracht wird.

Der Apparat ist folgendermaßen zusammengesetzt. Als Wasserbehälter dient ein rechtwinkliger Glaskasten von ungefähr 110 *mm* Länge, 70 *mm* Breite und 35 *mm* Höhe. Auf dessen Boden ruht der Objektträger auf 4—8 *mm* breiten Glasbrückchen. Die Heizung des Wassers wird durch eine von Gasflammen erhitzte Kupferplatte ausgeführt, auf welcher der Glastrog direkt steht, und welche mit Weglassung des Thermometers nach dem Prinzip des M. SCHULTZEschen Objekttisches gebaut ist. Die Platte, welche in der Mitte mit einem Loch für den Lichtdurchlaß versehen ist, wird durch zwei 3—4 *mm* dicke Hartgummistreifen von dem Mikroskoptisch isoliert. Der Glaskasten ist auf der Kupferplatte unbehindert verschiebbar, und durch leichtes Verschieben desselben können auch während der Versuche die Beobachtungsobjekte in dem Gesichtsfelde des Mikroskopes verrückt werden. Behufs Beleuchtung der Objekte besitzt die Kupferplatte einen größeren kreisrunden Ausschnitt. Die Regulierung der Gasflamme besorgt ein empfindlicher STRICKERscher Regulator, dessen rechtwinklig abgebogenes Quecksilbergefäß horizontal im Wasser liegt. Ein Thermometer, dessen Quecksilbergefäß in der Nähe des Objektglases sich befindet, gibt die Temperatur des Wassers und des Objektes an. Verträgt das untersuchte Objekt das Wasser, so wird das Objekt mit dem Deckglas direkt im Wasser untersucht, in anderem Falle müssen an Stelle der gewöhnlichen Objektträger irgend welche für das Außenwasser undurchdringliche Luftkammern treten. Untersucht wird natürlich am besten mit Wasserimmersionen. Eine Untersuchung mit Trockenlinsen wird indes auch dadurch möglich, daß man auf das Deckglas eine dünnwandige Hülse aus Metall oder Glas mit etwas Baumwolle festkittet, welche über das Wasserniveau hervorragt und also eine Luftkammer direkt über dem Präparate bildet. Die einfachen Objektträger sowie die Feuchtkammern nehmen schnell und vollständig die Temperatur des umspülenden Wassers an. Die Schwankungen des neben dem Objektträger fixierten Thermometers betrugen bei einer Wassertemperatur von 50° C während 12 Stunden + 0,1° C. Der Vorteil des Apparates gegen viele der früheren liegt also darin, daß man eine exakte Kenntnis der Temperatur des untersuchten Objektes erhält. Die Nachteile liegen wohl in der unmittelbaren Nähe des Wassers zum Objekt und Objektiv, sowie in der unbequemen und beschränkten Beweglichkeit des unsersuchten Objektes.

* * *

Eine Art von Heiztischen zeichnet sich dadurch aus, daß man den elektrischen Strom als Heizquelle benutzt. Die ersten Apparate in dieser Richtung wurden von STRICKER angegeben. Er schnitt aus Stanniol einen viereckigen Rahmen, welcher mit zwei größeren Stanniolstreifen in Verbindung stand. Das Ganze kam auf einen Objektträger, wobei der Rahmen als Kammer für das eingeschlossene Objekt funktioniert. Mit dem Stanniolstreifen stand ein elektrischer Strom in Verbindung und erwärmte den Objektträger und dadurch das Objekt. Eine andere Heizvorrichtung besteht aus einem Objektträger von Kautschuk, in dessen Mitte ein ringförmiges Quecksilbergefäß eingegraben ist, so daß es eine runde Kammer einschließt, auf der das Deckglas ruht. Zu der Kammer führen gleichfalls in die Kautschukplatte eingemauert zwei Röhren, welche die Gase zu- und ableiten sowie ein Thermometer, welches in dem Quecksilbergefäß ruht. Die Kammer wird dadurch geheizt, daß das Quecksilbergefäß mit dem Drahte einer elektrischen Leitung umwickelt ist.

STEIN benutzte die folgende Einrichtung: Ein Objekttisch enthält eine Platinaspirale, welche die Lichtöffnung des Tisches umgibt. Beim Schließen des Stromes wird die Spirale erwärmt und diese Wärme pflanzt sich so bis zu dem untersuchten Objekt fort.

Ein Heiztisch mit elektrischer Heizung ist ferner auch von KRAUS beschrieben worden. Nach ihm ist der Tisch von STEIN sehr unvollkommen. Eine feinere Regulierung ist nicht möglich und große Temperaturschwankungen finden darum statt. In Verbindung mit dem Ingenieur EHMANN konstruierte nun KRAUS folgenden Apparat: Der Objekttisch ist ein hohler Metallkasten, in dem sich eine Silberspirale befindet, welche mit der Hauptleitung verbunden ist. Der Tisch ist mit Paraffinöl gefüllt, welches nicht elektrolytisch zersetzt wird und sich vollkommen als Wärmeleiter eignet. Bei Schließung des Kontaktes tritt der Hauptstrom in die Spirale ein und erhitzt sie. Das Paraffinöl wird erwärmt und die Temperatur des Kastens steigt. Im Tisch sitzt weiter ein Kontaktthermometer, das mit einem sehr sinnreichen Regulierapparate verbunden ist. Der Quecksilberfaden des Kontaktthermometers kommt nämlich während des Steigens schließlich in Berührung mit einem Platinadraht, wodurch ein Nebenstrom geschlossen wird, welcher seinerseits den Hauptstrom öffnet. Die Temperatur sinkt, und da jetzt der Quecksilberfaden auch sinkt, wird der Hauptstrom wieder geschlossen. Da außerdem das Kontaktthermometer sehr empfindlich ist, gelingt es, die Temperatur auf 0,1° zu regulieren und konstant zu erhalten.

* * *

Die Untersuchung von lebenden Geweben bei warmblütigen Tieren erfordert aber nicht nur konstante höhere Temperaturen. Man muß auch die Gewebe vor Verdunstung und Austrocknung schützen, und dies scheint am besten durch Irrigationseinrichtungen vermieden zu werden. Um die Ausbildung einer derartigen Technik haben sich besonders STRICKER und THOMA Verdienste erworben.

In Verbindung mit BURDON SANDERSON arbeitete STRICKER eine Methode für mikroskopische Untersuchung des Säugetierkreislaufes aus. Das Prinzip seines Apparates ist folgendes: Das Tier ruht in der Nähe des Objekttisches auf einer Glasplatte, die vermittelst eines Stativs verschiebbar fixiert wird. Das aus der Bauchwunde hervorgezogene Omentum ruht in einem Kochsalzbade, das auf einem Heiztisch über dem Objekttische liegt. Von dem mit kochendem Wasser gefüllten Behälter fließt das Wasser erst in einer Röhre um die Objektivlinse, dann durch den Tisch. Das Abflußrohr endigt in ein Capillarrohr, durch dessen Erhöhung oder Senkung der Abfluß und also die Temperatur des Wassers reguliert wird. Von diesem Abflußrohre geht auch ein Ast ab, durch den warmes Wasser in das Kochsalzbad tröpfelt und dadurch die abdunstende Flüssigkeit ersetzt. Betreffend die näheren Details der sinnreichen, aber komplizierten Einrichtung muß auf das Original hingewiesen werden.

THOMAS Versuchsanordnung für die Untersuchung der lebenden Gewebe bei warmblütigen Tieren ist die folgende:

Die Tiere werden auf ein stark lackiertes, 50 *cm* langes, 26 *cm* breites, 1 *cm* dickes Brett aus Eichenholz gelagert. Dieses Brett besitzt 1,5 *cm* von seinem gegen den Beobachter gewendeten längeren Rande entfernt einen kreisförmigen, sich nach unten hin konisch erweiternden Ausschnitt von 4 *cm* Durchmesser. Auf dem Ausschnitt steht ein Kasten, welcher in der oberen und unteren Seite mit Glasscheiben, dem Ausschnitt entsprechend, versehen ist. Durch den Kasten fließt warmes Wasser. Das Brett ist mit einem darunter stehenden Tische beweglich verbunden. Auf der oberen Fläche des Brettes erhebt sich ferner eine Eisenstange, welche mittelst eines langarmigen Bürettenhalters eine Glaskanüle trägt. Durch diese fließt die Irrigationsflüssigkeit über die auf dem Metallkasten ruhenden, zu untersuchenden Organe. Die Irrigationsflüssigkeit, sowie das Wasser, welches durch den Kasten fließt, werden in einem Luftbade mit konstanter Temperatur erhitzt. Als optisches Instrument wird ein Mikroskop ohne Objekttisch benutzt, welches so gestellt ist, daß der obengenannte Wärmekasten den Objekttisch bildet.

Die Einrichtung, welche Hayem benutzte, um das Mesenterium der lebenden Warmblüter zu studieren, zeichnet sich durch praktische Einfachheit aus. Sie besteht aus einer Holzplatte, in der sich ein kreisförmiges Loch von 1—1,5 *cm* Durchmesser befindet. Dieses ist von einem schmalen Korkringe von 3—4 *mm* Höhe umgeben, auf dessen innerer Peripherie eine kreisförmige Glasplatte ruht. Auf dieser Platte breitet man den betreffenden Teil des Mesenteriums aus und fixiert den Darm durch Nadeln an den Korkring. Eine Irrigation von warmer 0,5—0,6%iger Kochsalzlösung schützt gegen Vertrocknung.

Eine Untersuchung lebender Gewebe, die leider in unseren Tagen beinahe ganz unberücksichtigt ist, ist die von Kühne und Lea: Beobachtung über die Absonderung des Pancreas. Untersuchungen aus dem physiologischen Institute der Universität Heidelberg, Bd. 2, H. 4, 1882. Diese Untersuchung demonstriert in dem frischen Drüsengewebe die Umwandlungen der Drüsengranula von stark lichtbrechenden Körnern bis zu Secretvacuolen, Vorgänge, die von prinzipieller Bedeutung für die Drüsenphysiologie sind, welche aber von vielen neueren Drüsenhistologen nicht nur angezweifelt, sondern direkt bestritten worden sind. Gewiß wäre die Aufnahme der Kühneschen Pancreas-Beobachtungen mit unseren neueren optischen Einrichtungen eine zeitgemäße und fruchtbare histologische Aufgabe.

Der Versuch wird folgendermaßen ausgeführt: Ein Kaninchen wird mit Äther narkotisiert. Darauf wird das mit Wattebinden umwickelte Tier auf einem vertikal verstellbaren, in beliebiger Neigung zu fixierenden Brette befestigt, das mittelst zweier Metallsäulen auf einem eisernen Fuße ruht. Dieser Apparat steht vor dem Objekttisch eines größeren englischen Stativs, welches mit seinem weit vorspringenden Tubusträger und dem vielfach beweglichen, weit durchbrochenen Tische für den vorliegenden Zweck sehr brauchbar ist. Die Duodenumschlinge mit dem Pancreas wird aus dem Bauchschnitte hervorgezogen und auf einen besonders konstruierten Objektträger gelegt. Das Präparat wird alsdann nach dem Thomaschen Irrigationsverfahren mit auf Bluttemperatur erwärmter Salzlösung berieselt. Bei dieser Anordnung lassen sich die Blutcirculation sowie die Zellenveränderungen des lebenden Pancreas schön studieren.

Kältevorrichtungen.

Gewisse mikroskopische Untersuchungen verlangen es, die Objekte bei niedrigeren Temperaturen als der gewöhnlichen Zimmertemperatur zu untersuchen. Die dazu nötigen Einrichtungen können so erhalten werden, daß man in den „Heiztischen“ statt des erwärmten kaltes Wasser oder Alkohol, dessen Temperatur durch Kältemischungen herabgesetzt wird, circulieren läßt. Dazu hat man auch Gefrierapparate für mikroskopische Beobachtungen erfunden.

H. Molisch hat einen zweckmäßigen Gefrierapparat konstruiert, der von C. Reichert-Wien sorgfältig ausgeführt wurde. Der Gefrierapparat besteht aus einem Kasten, der ebenso wie die oben beschriebenen Wärmekasten das Mikroskop ganz umgibt, mit doppelten Wänden versehen ist und bei dem der so entstehende Raum mit Eis gefüllt ist. Der Objekttisch und der Spiegel sind beweglich und können durch aus dem Kasten hervorragende Schlüssel in Bewegung gesetzt werden.

Vorrichtung zur elektrischen Untersuchung der Gewebe.

Die Untersuchungen über die Einwirkung elektrischer Ströme auf die lebenden Zellen und Gewebe hat zu besonderen Anordnungen geführt.

Im Journal of the royal microscopical Society, Vol. V, Part. 5, findet man eine Zusammenstellung verschiedener solcher Apparate bis zum Jahre 1885, welche ich hier zitiere:

Plössls Entlader besteht aus zwei Spitzen aus Platina, welche in Röhren eingesetzt sind und mit Leitungsdrähten in Verbindung stehen. Die Röhren befinden sich auf einem Stativ, welches in seiner Mitte mit einer Glasscheibe versehen ist, auf der das untersuchte Objekt ruht.

Schacht und Kühn erhielten dadurch einen elektrischen Apparat, daß sie zwei Platinastücke auf ein Objektglas so festkitteten, daß sie unter das Deckglas hineinragten, wonach die Stücke mit einer elektrischen Batterie in Verbindung gebracht wurden.

Jendrassik und Mezey benutzten bei ihren mikroskopischen Untersuchungen über die Contraction quergestreifter Muskelfäden die folgende Anordnung. Auf einem Objektglase befinden sich zwei linsenförmige Einsenkungen parallel und in 3,5 *mm* Entfernung von einander. Am Ende jeder Einsenkung ist das Objektglas durchbohrt, und in den Einsenkungen liegen Platinadrähte, welche durch die Löcher zu den unter dem Objektglase liegenden Metallplatten führen, welche mit den Polen einer elektrischen Batterie in Verbindung stehen.

Thanhoffer erfand folgenden Apparat: 2 T-förmige Platinastreifen werden auf ein Objektglas befestigt, so daß die Querschenkel parallel zueinander stehen und ein Zwischenraum von einigen Millimetern zwischen ihnen ist. Das Objektglas ist in einen Holz- oder Kautschukrahmen eingesetzt. Auf der einen Seite des Rahmens sitzen zwei Kupferplatten mit kupfernen Schrauben festgeschraubt. Diese Platten, welche die Form der gewöhnlichen Klammern auf unseren Objekttischen haben, berühren die Platinastücke und die Schrauben stehen mit einer elektrischen Batterie in Verbindung.

Brückes Apparat besteht aus einem Objektglas, an den Enden mit dünnen Blechblättern bekleidet, welche gegen die Mitte in zwei Spitzen unter das Deckglas reichen. Das Objektglas sitzt in einem entsprechenden Ausschnitt in einer Holzplatte, welche bandförmige Kupferplatten trägt, die die Blechstücke des Objektglases berühren.

Ströbelts Anordnung ist wie folgt: Ein Objektglas wird an beiden Enden mit dünnen Stanniolscheiben bekleidet. In den Falz zwischen ihnen und dem Glase werden zwei Stanniolspitzen eingeschoben, so daß die Spitzen unter dem Deckglas gegen einander gerichtet sind. Dieses Objektglas ruht auf einem anderen, auf das die zwei Stanniolscheiben, eine auf jeder Seite, festgekittet sind, welche teils die Blechscheiben des vorerwähnten Objektglases berühren, teils mit einer Batterie in Verbindung stehen.

Stricker kombinierte die elektrische Untersuchung mit einer Gaskammer. Ein Ring aus Kitt begrenzte einen Raum auf dem Objektglase. Auf jeder Seite des Ringes bekleiden dünne Blechscheiben das Objektglas und auf dem Ringe ruht ein Deckglas, das auch auf der unteren Seite mit zwei Blechstreifen bekleidet ist, welche mit denen, die den Wall bekleiden, in Kontakt sind.

Harting benutzte ein Objektglas von 100 *mm* Länge und 30 *mm* Breite, an dessen Enden zwei dünne Blechstreifen je einer auf jeder Seite, mit einem Zwischenraum von 25 oder 30 *mm* befestigt sind. In diesem letzteren liegt das Objekt entweder in einer feuchten Kammer oder direkt unter dem Deckglase. Die Leitung zum Objekt wird durch zwei C-förmig gebogene Platinadrähte vermittelt, deren eines Ende unter das Deckglas hineingesteckt ist, während das andere auf der Metallplatte ruht.

Dippels Apparat besteht aus einer Glasscheibe von der Größe eines gewöhnlichen Mikroskoptisches. An den Enden dieser Scheiben stehen zwei mit Kupferdraht umwickelte Glasröhren. Das eine Ende derselben steht mit der Batterie in Verbindung, das andere ist zu einer Spitze gebogen, welche sich dicht an das Objektglas schmiegt und von zwei an das Objektglas festgekitteten Glasstreifen heruntergehalten wird und unter das Deckglas geschoben werden kann.

Schäfer schlägt vor, auf das gewöhnliche Objektglas oder an die feuchte Kammer zwei schmale, zugespitze Metallstreifen festzuleimen, deren zugespitzte Enden unter das

Deckglas gesteckt werden; die anderen werden mit dem Stativ in Verbindung gesetzt, das mit elektrischen Batterien verbunden ist.

Engelmann benutzte auch die von ihm konstruierte Gaskammer für elektrische Untersuchungen. Anstatt des gewöhnlich gebrauchten Messingdeckels wird ein solcher von Glas benutzt. Derselbe ist mit zwei Durchbohrungen versehen, und von jeder von diesen führt eine Rinne zur Kammer. Die Durchbohrungen und die Rinnen werden mit Ton ausgefüllt und die aus den Durchbohrungen hervorragenden Tonpfröpfchen mit den du Boisschen Elektroden in Verbindung gebracht.

In Anbetracht der schönen Resultate, welche Verworn bei galvanischer Reizung mikroskopischer Objekte erhalten hat, müssen natürlich seine Einrichtungen besondere Aufmerksamkeit auf sich lenken (Fig. 8).

Auf einen Objektträger werden zwei Leisten von porösem Ton parallel nebeneinander aufgekittet. An ihren Enden werden sie durch je einen kleinen Wall von isolierendem Kitt (Kolophonium und Wachs) verbunden, so daß ein kleines offenes Kästchen auf dem Objektträger entsteht, in das man die Wassertropfen mit den zu untersuchenden Objekten hineinbringen kann. An die beiden parallelen Tonleisten werden die Pinsel der unpolarisierbaren Elektroden angelegt. Diese bestanden aus kurzen, an einem Ende mit einem Pfropfen von plastischem Ton geschlossenen Glasröhren, die mit einer gesättigten Lösung von Zinksulfat gefüllt waren. In dem Tonpfropfen steckte der mit physiologischer Kochsalzlösung angefeuchtete Pinsel und in die Lösung ragte vom anderen Ende der Röhre ein amalgamierter Zinkstab hinein, an welchem die Poldrähte befestigt waren. Wurden spitze Elektroden notwendig, so wurden solche aus porösem Ton in der Form von runden Stäben mit gebogenen Spitzen gemacht, welche mit Kittklötzen auf dem Objektträger so befestigt wurden, daß sie nur mit ihren Spitzen in einem Wassertropfen eintauchten, welcher auf dem Objektträger das Objekt enthielt.

Fig. 8.

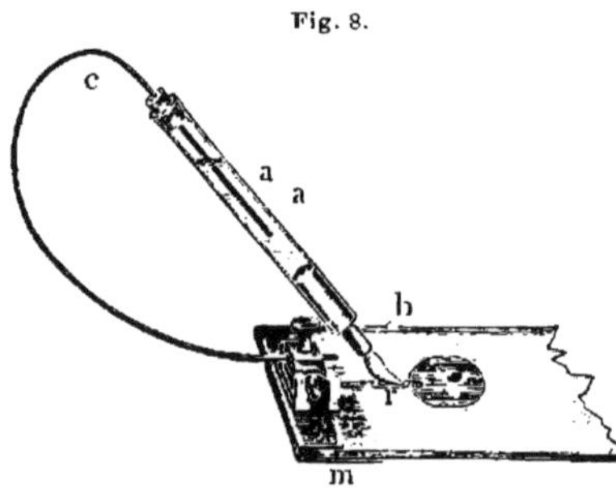

W. Kaiser berichtete über einen einfachen Apparat zur Elektrolyse unter dem Mikroskope auch bei geringem Fokalabstande der benutzten Objektive, welcher sich auch zu elektrophysiologischen Versuchen mit Infusorien und Bacterien eignet. Der Apparat besteht aus einer sinnreich konstruierten feuchten Kammer aus Glas, deren Boden mit Bohrungen versehen ist, in denen die leitenden Platinadrähte verlaufen.

Der beste und darum auch empfehlenswerteste unter den Apparaten für die elektrische Untersuchung lebender Objekte scheint der von Schaper in der neuesten

Fig. 9.

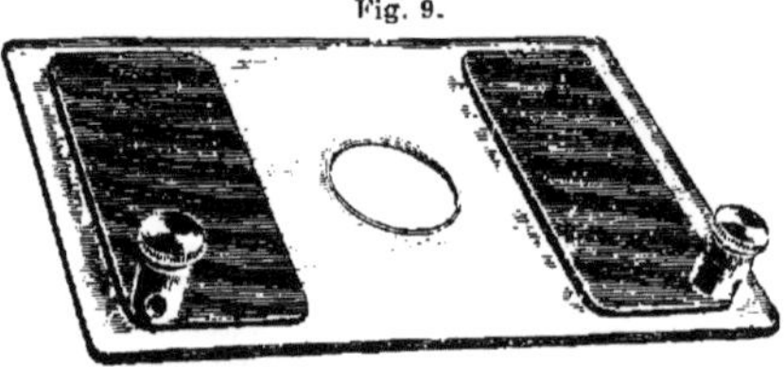

Fig. 10.

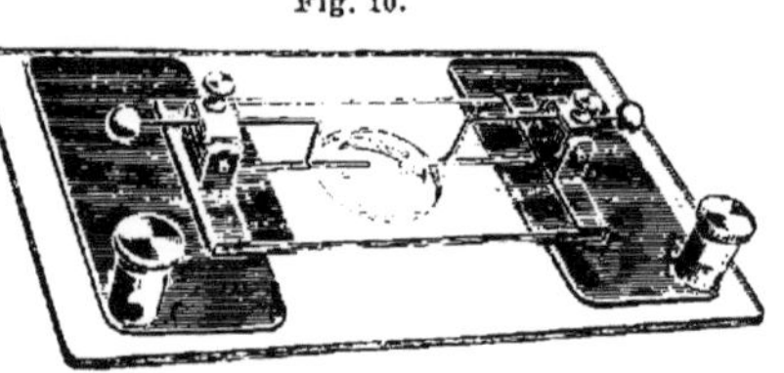

Zeit beschriebene zu sein (Fig. 9 u. 10). Der Apparat besteht aus einer Konduktorplatte, die direkt auf dem Mikroskoptisch ruht und darum in der Mitte mit einem kreisrunden, 20 *mm* weiten Ausschnitt versehen ist. Die Platte besteht aus starkem Spiegelglas, ist 12 *cm* lang und 7 *cm* breit. Auf diese Glasplatte werden nahe der Breitseite je eine starke, vernickelte Metallplatte von 6 *cm* Länge und 3 *cm* Breite aufgekittet, deren jede in einer äußeren Ecke eine Klemmschraube zur Aufnahme der beiden Poldrähte trägt. Auf diese Konduktorplatte kommt ein Objektträger von solchen Dimensionen zu ruhen, daß er für die mikroskopische

Untersuchung sehr bequem nach verschiedenen Richtungen verschoben werden kann, ohne die Polarität aufzuheben. Diese kommt dadurch zustande, daß die beiden Enden des Objektträgers mit einem klammerartigen Metallstück versehen sind, das die Kanten des Objektträgers umfaßt und mit einer breiteren Platte der Unterfläche, mit einer schmäleren der Oberfläche desselben fest anliegt. Diese Metallplatten des Objektträgers berühren jene der Konduktorplatte, und hierdurch entsteht der Kontakt. Auf der der oberen Fläche des Objektträgers aufliegenden Platte befinden sich Vorrichtungen, die zur Aufnahme der Elektroden dienen. Diese sind so eingerichtet, daß sie sich teils gegeneinander verschieben können, teils können sie durch die Drehung der befestigenden Klammerschraube um eine Horizontalachse gehoben und gesenkt werden, was einerseits ein Auswechseln der Poldrähte erleichtert, andrerseits eine genaue Adaptierung der Polspitzen auf die Oberfläche des Objektträgers gestattet.

Für verschiedene Zwecke hat der Erfinder zwei in den Details verschiedene Objektträger konstruiert, die von der Firma E. Zimmermann, Leipzig, Emilienstraße 21, angefertigt und auf den Markt gebracht worden sind. Der Preis für den Gesamtapparat ist auf 20 Mk. festgesetzt worden.

Verfahren bei der Untersuchung überlebender Gewebe.

Die Ursache, daß die gegenwärtigen Histologen so wenig die Gewebe im frischen Zustande untersuchen, liegt ohne Zweifel darin, daß man allgemein der Ansicht huldigt, daß in unserer Zeit auf dem Wege der frischen Untersuchung überhaupt nichts zu beobachten ist. Diese Vorstellung ist aber nicht richtig. Es gibt gewiß Gewebe, deren Untersuchung im frischen Zustande vermittelst der modernen Apochromate ebenso schöne Bilder wie nach der Fixierung und Färbung liefert. Ich erinnere z. B. an die Drüsenzellen. Gestützt auf meine Erfahrungen auf diesem Gebiete der Histologie darf ich behaupten, daß ein lege artis dargestelltes Präparat (d. h. von genügender Dünnheit und mit beibehaltener Orientierung) dieses Gewebes jedes fixierte und gefärbte Präparat, auch wenn es nach den besten Methoden angefertigt ist, bei weitem übertrifft, abgesehen davon, daß die allermeisten von den Fixierungsmitteln, die man in der Drüsenhistologie gebraucht, die Zelle nur in der Form eines sehr verstümmelten Leichnams darzustellen vermögen. Daß man bis jetzt noch so wenig Erfahrung über die Untersuchung frischer Gewebe überhaupt besitzt, hat seinen Grund ganz gewiß darin, daß man keine passenden Methoden für diesen Zweck hat. Es wäre also gewiß von großem Nutzen, wenn die Technik der Untersuchung frischer Gewebe etwas Interesse zu erwecken vermöchte und sie durch die Erfindung neuer Methoden bereichert werden könnte. Im allgemeinen scheint die Technik einfach darin zu bestehen, daß kleine Stücke des Gewebes in einem Tropfen indifferenter Zusatzflüssigkeit verzupft oder einfach unter dem Deckglase zerquetscht wurden. Die so erhaltenen Resultate lassen oft viel zu wünschen übrig. Die genaue Zerzupfung disloziert oft in allzu hohem Grade den Zusammenhang der Elementarteile; eine ungenügende Zerzupfung führt aber oft zu dem Resultate, daß man nichts sieht.

Sehr gute Resultate habe ich durch die Anwendung eines kleinen Apparates erhalten, den ich hier beschreiben will. Es kam mir darauf an, Schnitte durch die frischen Drüsen und Schleimhäute in kürzester Zeit und von möglichst größter Dünne unter Beibehaltung der gegenseitigen Verhältnisse der Elementarteile zu erhalten. Diesen Zweck habe ich durch das Zermahlen der Drüse erreicht. Der hierbei in Anwendung kommende Apparat besteht aus einem Metallcylinder von 11 *cm* Länge und 1,6 *cm* Durchmesser. In der Mitte des Cylinders sitzt eine Platte, die den Innenraum des Cylinders in zwei Räume teilt. Die Platte ist von vielen Löchern durchbohrt. Zum Apparate gehören mehrere solche Platten, deren Löcher von verschiedenem Durchmesser sind. Der Cylinder besteht aus zwei Röhren, welche durch ein Schraubengewinde zusammengehalten werden. Auf der einen Seite der Platte wird in den Cylinder die zu untersuchende Drüse hineingestopft und durch eine Schraube gegen die Platte gedrückt, so daß ihr Parenchym durch die feinen Löcher gepreßt werden kann. In der anderen Abteilung des Apparates befinden sich vier kleine, kreuzförmig angeordnete Messerblätter, die durch eine spiralförmige Feder dicht an die Platte gedrückt und durch einen Motor um eine in der Längsrichtung des Cylinders gehende Achse in schnell rotierende Bewegung gesetzt werden. Das durch die Löcher gepreßte Drüsenparenchym wird von den Messern sehr fein zerschnitten, und man erhält dasselbe durch diese Prozedur in einen dicken Brei umgewandelt. Ein weniges von diesem Brei auf das Objektglas gestrichen und mit einem Deckglas bedeckt, zeigt kleine durchsichtige Gewebefetzen, in denen der Zusammenhang und die typische Anordnung der Elemente gut bewahrt ist. Der Cylinder wird durch eine Klemme in einem Schraubstock fixiert. Der Apparat ist auf meinen Vorschlag von dem hiesigen Instrumentenmacher Alb. Stille konstruiert und verfertigt worden.

Auch für einen anderen Zweck, als dünne Schnitte zu erhalten, kann man den beschriebenen Apparat gebrauchen. Er eignet sich vorzüglich, wenn man bestrebt ist, die festen und flüssigen Zellenbestandteile voneinander zu unterscheiden. Wie mir gewiß jeder Histologe beistimmen wird, sind unsere Kenntnisse von dem Aggregatzustande der Zellbestandteile sehr unzureichend. Es leuchtet auch ein, daß diese Frage sehr wenig weitergeführt wird, wenn man seine Schlüsse über den festen oder flüssigen Zustand der Zellbestandteile aus dem Aussehen derselben in den fixierten Präparaten zieht. Auch vor Analogieschlüssen im Sinne von Fischer muß ich nach meinen Erfahrungen entschieden warnen. Man muß die lebenden Gewebe selbst mit Hilfe einer Methode, welche für diesen Zweck geeignet ist, untersuchen.

Daß die genannte Frage betreffend den physikalischen Zustand eine heikle und nicht im ersten Augenblicke zu lösende Frage ist, beweisen die einander widersprechenden Ansichten über die Natur der Drüsenkörner, welche von einigen (Held u. a.) als Flüssigkeitstropfen angesehen werden, von anderen als festere Bestandteile aufgefaßt werden. Daß diese letztere Meinung die richtige ist, habe ich aus dem folgenden Versuch ganz bestimmt erfahren.

Wenn man in den oben beschriebenen Apparat eine Scheibe mit sehr feinen Durchlöcherungen einsetzt und dann eine Eiweißdrüse durchpreßt, so findet man, wenn man ein wenig von dem erhaltenen Brei in einem Tropfen von Serum untersucht, neben kleinen Gewebsfetzen und isolierten Zellen und Kernen massenhaft freie Drüsenkörner, welche in der Flüssigkeit umherschwimmen, ohne ihre Form zu ändern. Sie legen sich oft sehr dicht aneinander und bilden schöne regelmäßige Felder, welche sich stundenlang beobachten lassen. Eigentümliche Eiweißtropfen, welche in einer Serumflüssigkeit sich nicht auflösen und nicht zusammenfließen, sondern ihre charakteristische Form vollständig beibehalten! Man kann auch die Drüsenkörner in noch freierem Zustande gesondert erhalten. Wenn man in einem Probierglas den durch den Apparat gewonnenen Brei mit Serum und Sand tüchtig schüttelt und dann durch Leinwand filtriert, erhält man eine trübe Flüssigkeit. Wenn man nun diese durch Centrifugierung separiert, erhält man eine deutliche Oberflächenschicht, die bei mikroskopischer Untersuchung nur das regelmäßige Körnerbild zeigt, während die vorhandenen Gewebefetzen sich am Boden gesammelt haben. Weitere Untersuchungen in dieser Richtung anzustellen, habe ich bis jetzt nicht Zeit und Muße gehabt, nachdem ich mein Ziel erreicht habe, zu zeigen, daß die Drüsenkörner in den Eiweißdrüsen keine Eiweißtropfen sind, sondern ein solches Gefüge haben, daß sie in sich selbst zusammengehalten werden können.

Vielleicht könnte das von mir benutzte Verfahren auch für andere Gewebe von Nutzen sein.

Doch muß ich betonen, daß die erwähnten Untersuchungsverfahren lange nicht so leicht sind, wie man vielleicht auf den ersten Blick glauben könnte. Wer sich mit Untersuchungen über die frischen Gewebe beschäftigen will, muß vor allem Geduld und Ausdauer besitzen.

Schließlich noch einige Worte über das Untersuchungsmedium frischer Gewebe. (Näheres siehe: Beobachtungsmedien, indifferente.) Zur Untersuchung frischer Gewebe braucht man eine sogenannte indifferente Flüssigkeit, um die Objekte darin zu untersuchen. Als solche wird von altersher eine Kochsalzlösung von 0,6%, die sogenannte physiologische Kochsalzlösung empfohlen. Es ist aber zu bemerken, daß diese Flüssigkeit nicht indifferent ist. Weit unschädlicher sind dann Blutserum, Amniosflüssigkeit oder Humor aqueus. Viel gebraucht ist das Jodserum von Max Schultze, worunter man bekanntlich eine Serumlösung versteht, zu der man Jod gesetzt hat, um deren Zersetzung zu verhindern. Nach meiner Erfahrung ist es am besten, stets frisches Serum zu benutzen, das man ja sehr schnell bereiten kann, wenn man eine von den jetzt so allgemeinen Handcentrifugen in seinem Laboratorium zur Hand hat. Eine praktische Centrifuge für biologische Zwecke wird von Cori beschrieben.

Literatur: Arndt (Zeitschr. Wiss. Mikr., Bd. 16, 1899), Babes (Centralbl. Bact., Bd. 5, 1888), de Bary (zit. nach Brefeld), Beale (How to work with the Microscope, 1865), Behrens (Zeitschr. Wiss. Mikr., Bd. 12, 1895), Bell (Journ. Roy. Micr. Soc. 1887), Benda (Verh. Physiol. Ges. Berlin 1899/1900), Braatz (Centralbl. Bact., Bd. 8, 1890), Brefeld (Unters. über die Schimmelpilze, H. 4), Boettcher (Arch. Pathol. Anat., Bd. 32 u. 36, 1865 u. 1866), Caton (Journ. Roy. Micr. Soc. 1883), Chevalier (Des microscopes et de leur usage, 1839), Clason (Upsala Läk. För. Förh., Bd. 6, 1870/71). Cohnheim (Arch. Pathol. Anat., Bd. 34, 1865), Cori (Zeitschr. Wiss. Mikr., Bd. 10 u. 12, 1893 u. 1895), Dibdins (Journ. Roy. Micr. Soc. 1883), Duclaux (C. R. Ac. Sc. Paris, Bd. 56, 1863), Eberlein (Zeitschr. Wiss. Zool., Bd. 59, 1895), Eckhard (Zeitschr. Rat. Med., Bd. 29, 1867), Engelmann (Jena. Zeitschr. Nat., Bd. 4, 1868), Flesch (Zeitschr. Wiss. Mikr., Bd. 1, 1884). Friedrich (Arb. Gesundheits-A., Bd. 8, 1892), Hansen (Meddelser fra Carlsbergs Lab., 1881), Harless (zit. nach Thanhoffer), Hartley (Zool. Jhber. 1880), Hayem (Zeitschr. Wiss. Mikr., Bd. 6, 1889), M. Heidenhain (Ebenda, Bd. 13, 1896), R. Heidenhain (zit. n. Thanhoffer), Hering (Sitzungsb. Ak. Wiss. Wien 1868), Holmgren (Festschr. Ludwig 1874), Huizinga (Arch. Pathol. Anat., Bd. 42, 1868), Israel (Zeitschr. Wiss. Mikr., Bd. 2, 1885), Kaiser (Sitzungsb. Ak. Wiss. Wien 1895). Kantorowicz (Zeitschr. Wiss. Mikr., Bd. 14, 1897), af Klerker (Zeitschr. Wiss. Mikr., Bd. 1889), Kraus (Centralbl. Bact., Bd. 23, 1898), Kühne (Arch. Pathol. Anat., Bd. 30 u. 34, 1864 u. 1865), Legan (Journ. Roy. Micr. Soc. 1886), Löwit (Zeitschr. Wiss. Mikr., Bd. 2, 1885), Lopriore (Jhb. Wiss. Bot., Bd. 28, 1895), Maddox (Journ. Roy. Micr. Soc. 1883). Malassez (Gaz. Méd. 1879). Molisch (Unters. über das Erfrieren der Pflanzen, zit. nach Österr. Chem.-Zeitg. 1898), Nuttal (Zeitschr. Hyg., Bd. 4, 1888), Orosten (Bull. Soc. Belge Micr., Bd. 18, 1891), Pagan (Journ. Roy. Micr. Soc. 1887). Panum (Nord. Med. Arkiv, Bd. 6, 1874), Pasteur (Etudes sur la bière, Paris 1876), Pfeffer (Zeitschr. Wiss. Mikr., Bd. 7, 1890), Pfeiffer (Die Protozoen als Krankheitserreger, 1891), Plehn (Ätiologische und klinische Malariastudien, Berlin 1890), Polaillon (Journ. de l'Anat. 1866), Pringsheim (Zeitschr. Instrumentk. 1881), Ranvier (Technisches Lehrb.), derselbe (C. R. Ac. Sc. Paris, Bd. 110, 1890), Recklinghausen (Arch. Pathol. Anat., Bd. 28, 1863), Rhumbler (Zeitschr. Wiss. Zool., Bd. 46, 1888). Rollett (Sitzungsb. Ak. Wiss. Wien, Bd. 50, 1864), derselbe (Unter. Physiol. Inst., Graz 1870), Sachs (Lehrb. der Bot., 4. Aufl., 1874), Schaper (Zeitschr. Wiss. Mikr., Bd. 15, 1898), Schaudinn (Ebenda, Bd. 11, 1894), Scheffel (Ebenda Bd. 10, 1893), Schklarewski (Arch. Mikr. Anat., Bd. 4, 1868). Schönfeld (Journ. Roy. Micr. Soc. 1888), Schultze (Arch. Mikr. Anat., Bd. 1, 1865), derselbe (Ebenda, Bd. 2, 1866), Schulze (zit. Zeitschr. Wiss. Mikr., Bd. 4, 1867). Schweigger-Seidel (Arch. Pathol. Anat., Bd. 27, 1863), Selenka (Zeitschr. Wiss. Zool., Bd. 33, 1880), Senarmont (zit. Journ. Roy. Micr. Soc. 1887), Stein (Zeitschr. Wiss. Mikr., Bd. 1, 1884), Strassburger (Gr. Bot. Prakt., Jena 1897), derselbe (Befruchtung u. Zellteilung, Jena 1878), Stricker (Wien. Med. Jhb. 1871), derselbe (Handbuch der Lehre von den Geweben, Leipzig 1871). Symon (Journ. Roy. Micr. Soc. 1882 u. 1887), Thanhoffer (Das Mikroskop, Stuttgart 1880), Thoma (Arch. Pathol. Anat., Bd. 65 u. 74, 1875 u. 1878), van Tieghem und Lemonnoir (Ann. des Sc. Nat. Bot., Bd. 17, 1873), Verworn (Arch. Ges. Physiol., Bd. 45, 1889). derselbe (Allgem. Physiol., Jena 1895). Vignal (Arch. de Physiol., Bd. 17, 1885). Ziegler (Zeitschr. Wiss. Mikr., Bd. 14, 1897).

Müller, Stockholm.

Lebensreaktion nach LOW siehe: Eiweißstoffe in Pflanzenzellen.

Leber. Um Leberzellen in frischem Zustand zu untersuchen, genügt es, einfach mit einem Skalpell über die frische Schnittfläche des Organs zu streichen und den erhaltenen Gewebssaft unter das Deckglas zu bringen. Man wird, wenn angängig, am besten dazu die Leber von Tieren wählen, die gut ausgeblutet sind.

Als Fixationsmittel für die Leber sämtlicher Wirbeltiere steht obenan das Sublimat und die Sublimatgemische, eine Ausnahme macht nur die Leber vieler Fische, vor allem der Selachier, die sich ihres enormen Fettgehaltes wegen zur Sublimatfixation nicht empfiehlt, hier wählt man besser Formol, Carnoy, oder Alkoholchloroform (HOLM). Für die meisten Wirbeltiere leistet am meisten die konzentrierte Sublimatlösung in 0,6°/₀iger Kochsalzlösung, nur für Amphibien empfiehlt sich ein Zusatz von 0,5—1°/₀ Eisessig. BRAUS empfiehlt allgemein eine 5°/₀ige Sublimatlösung mit 5°/₀ Essigsäure oder ein Gemisch von 75 *ccm* konzentrierter Sublimatlösung und 25 *ccm* Formalin. Die chromsauren Salze, am besten in Verbindung mit Sublimat, haben den Vorteil, daß sie die Gallenbestandteile, besonders bei den Fleischfressern besser konservieren, als das reine Sublimat, ihre Anwendung dürfte deshalb in vielen Fällen indiziert sein. Etwas Ähnliches gilt vielleicht auch von dem Formol. Um die Plasmosomen des Zelleibes gut zur Anschauung zu bringen fixiert ARNOLD 2—4 Tage lang in 10—20°/₀igem Formol und überträgt dann dünne Scheiben in Chromsäure von steigender Konzentration oder in FLEMMINGsche Flüssigkeit für 2—4 Tage. Färbung der Paraffinschnitte in dem Dreifarbengemisch von PIANESE (siehe Malachitgrün). In 10—15°/₀igem Formalin fixiert auch HEINZ, MOTTRAM in konzentriertem Formalin 4 Stunden lang. Zur Darstellung der Granula färbt er Gefrierschnitte in Formolfuchsin. Am besten entfernt man vorher das Glycogen, indem man die Tiere vor dem Tode 1 bis 2 Tage hungern läßt.

Zum Nachweis des Glycogens benutzt man entweder frische Rasiermesser- und Doppelmesserschnitte oder man greift zum Gefriermikrotom. Zur Fixation des Glycogens kann der absolute Alkohol oder Sublimat Verwendung finden, doch sind die Resultate nicht immer einwandsfrei. Eine besondere Methode ist kürzlich von NEUKIRCH angegeben worden. Er fixiert in konzentriertem Formalin, das mit Dextrose gesättigt ist, 6—16 Stunden lang, überträgt in mit Dextrose gesättigten 80°/₀igen Alkohol, dann in reinen 96°/₀igen Alkohol und bettet in gewöhnlicher Weise in Colloidin ein. Oder man überträgt aus der Formol-Dextroselösung in reine konzentrierte wässerige Dextroselösung, schneidet auf dem Gefriermikrotom und überträgt die Schnitte direkt in 90°/₀igen Alkohol. Zur Färbung eignet sich am besten die BESTsche Carminfärbung. Über ihre Ausführung und die Einzelheiten des Glycogennachweises vergleiche man den Artikel Glycogen.

Zur Konservierung des Fettes muß man zur Osmiumsäure greifen. Von den Osmiumgemischen empfehlen sich für die Leber vor allem die FLEMMINGsche Flüssigkeit und das ALTMANNsche Osmiumbichromatgemisch. Beide geben für die Leber der Amphibien insbesondere instruktive Bilder.

Die Gallencapillaren können auf verschiedene Art sichtbar gemacht werden: durch Injektion, Imprägnation und Färbung. Man kann einmal von dem Ductus choledochus oder noch besser von der vorher entleerten Gallenblase aus mit einer leichtflüssigen Masse, am besten mit löslichem Berlinerblau, injizieren und wird bei vorsichtigem Vorgehen neben massenhaften Extravasaten auch gut injizierte Capillaren erhalten. Mehr als diese künstliche Injektion empfiehlt sich aber die physiologische Injektion von indigschwefelsaurem Natron. (Näheres siehe Injektion, physiologische.) Mit ihr wird man bei allen Wirbeltierklassen verhältnismäßig gute Resultate erhalten, am leichtesten bei Frosch, Krähe und Hund. Recht schöne, aber wenig zuverlässige und beweisende Bilder vom Verlauf der Gallencapillaren liefert die GOLGI-Methode (Näheres siehe dort), (RETZIUS, GEBERG, BRAUS u. a.). Von denjenigen Färbungen, die für unsere Zwecke in Betracht kommen, leistet die Eisenhämatoxylinfärbung von M. HEIDENHAIN entschieden das meiste, doch hängt hier sehr viel von der Fixation ab. Man verwendet am besten frisch hergestellte konzentrierte Sublimatlösung oder ZENKERsche Flüssigkeit körperwarm. Leber von hungernden Tieren gibt meist bessere Resultate, als von gefütterten Tieren. Noch besser wirkt eine kurzdauernde (24 Stunden) Ligatur des Ductus choledochus.

Neben der Eisenhämatoxylinmethode leistet aber auch die EHRLICH-BIONDIsche Dreifachfärbung Vorzügliches, besonders wieder bei der Amphibienleber. Hier springen die Capillarwände bei richtiger Ausführung der Methode außerordentlich scharf und dinstikt rot gefärbt hervor. Nach LETULLE und LARRIER soll 24stündige Färbung mit Eosin die Gallencapillaren sehr gut hervortreten lassen. Auch die WEIGERTsche Neurogliamethode liefert auf die Leber angewandt recht hübsche Bilder der Gallencapillaren. Ebenso ist die WEIGERTsche Markscheidenmethode zu ihrer Darstellung sehr gut zu verwenden. Man verfährt nach SCARPATETTI und EPPINGER dabei folgendermaßen. Fixation des nicht zu frischen Materials 10 Tage lang in 10%igem Formol, dann übertragen für die gleiche Zeit in die WEIGERTsche Neurogliabeize (siehe Artikel Neuroglia). Einbettung in Celloidin. Die Schnitte kommen in 1%ige wässerige Hämatoxylinlösung (je älter die Lösung, um so kürzere Zeit), dann für 5 Minuten in konzentrierte wässerige Kupferacetatlösung und über Nacht in Wasser. Differenzieren in verdünnter WEIGERTscher Differenzierungsflüssigkeit (siehe Artikel Nervenfasern, Markscheiden), CIECHANOWSKI fixiert ebenfalls in Formol, bettet in Celloidin ein und beizt die Schnitte zunächst zwei Stunden in 0,5%iger Chromsäure und nach Abspülen in Wasser in halbgesättigter Kupferacetatlösung. Dann wird 15 Minuten in 1%iger Hämatoxylinlösung gefärbt und wie oben differenziert.

Eine natürliche Injektion der Gallencapillaren erhält man durch Vergiftung der Tiere mit Toluylendiamin.

Das intralobuläre Bindegewebe der Leber, die sogenannten Gitterfasern, lassen sich mittelst einer modifizierten GOLGI-Methode darstellen; entweder benutzt man nach OPPEL Alkoholmaterial und legt die Stückchen für 24 Stunden in $^1/_2$%iges Kaliummonochromat, spült in ganz dünner Silbernitratlösung ab und legt in $^3/_4$%ige gleiche Lösung ein oder man legt nach BÖHM frisches Material für 48 Stunden in $^1/_2$%ige Chromsäure und dann 3 Tage in $^3/_4$%iges Silbernitrat. Ausgezeichnete Dienste zur Darstellung des Leberbindegewebes leistet auch die Versilberungsmethode von BIELSCHOWSKY (siehe Neurofibrillen).

Zur Darstellung der Lebernerven hat man sowohl die GOLGI-Methode als auch die Methylenblaufärbung herangezogen. BERKLEY legt dünne Scheibchen ganz frisch in eine mit gleichen Teilen warmen Wassers verdünnte konzentrierte Pikrinsäure für 15—30 Minuten, dann direkt in eine im Sonnenlicht gesättigte, wässerige Bichromatlösung, die auf 100 Teile 16 Teile 2%ige Osmiumsäure enthält. Nachdem die Stücke 48 Stunden im Dunkeln in dieser Lösung verweilt haben, kommen sie erst in $^1/_4$%ige, dann in $^3/_4$%ige Silbernitratlösung. Uns hat die vorstehende Methode trotz vielfacher Versuche niemals ein positives Resultat ergeben. Etwas besser fielen dagegen die Färbungen mit Methylenblau auf dem Objektträger aus, doch haben die Leberzellen leider die unangenehme Eigenschaft, sich so lebhaft mit dem Farbstoff zu färben, daß bald alles andere verdeckt wird. Sehr vollständige Methylenblaufärbungen scheint KOROLKOW erzielt zu haben bei der Taube, doch hat er über die Technik leider gar nichts angegeben.

Die in ihrer Natur wohl immer noch nicht ganz sicher gekannten Sternzellen der Leber lassen sich durch Injektion von Tusche- oder Carminaufschwemmungen in die Blutbahn des lebenden Tieres leicht darstellen, wobei die fraglichen Zellen sich stark mit dem Farbstoff beladen. Auch die Injektion von Lösungen von kolloidalem Silber ergibt sehr gute Resultate (COHN). BERKLEY hat sie mittelst der GOLGI-Methode dargestellt. BROWICZ fixiert in 2%igem Formalin und färbt die Gefrierschnitte mit Hämatoxylin und Pikrofuchsin nach VAN GIESON. NATHAN fixiert in 70%igem Alkohol, in ZENKERscher oder in BOUINscher Flüssigkeit und färbt mit Eisenalaunhämatoxylin-Lichtgrün oder nach GIEMSA. Viel schwieriger ist die Vergoldung dieser Zellen nach ROTHE und KUPFFER. Man fertigt von der frischen Leber Gefrier- oder Doppelmesserschnitte an, bringt sie für 10 Minuten in ganz dünne Chromsäure ($^1/_{2000}$—$^1/_{10000}$) und dann in 0,01%iges Goldchlorid mit einem Zusatz von 0,01% Formol oder offizineller Salzsäure für 36 Stunden ins Dunkle. Die Schnitte werden dann in 0,1—0,2%iger Ameisensäure reduziert, Alkohol, Nelkenöl, Balsam.

Literatur: Arnold (Arch. Pathol. Anat., Bd. 166, 1901), Berkley (Anat. Anz., Bd. 8, 1893), Böhm (Sitz. Ges. Morph. Physiol. München 1889), Braus (Jena. Denkschr., Bd. 5, 1896), Browicz (Arch. Mikr. Anat., Bd. 55, 1900), Ciechanowsky (Anat. Anz., Bd. 21, 1901), Cohn (Beitr. Pathol. Anat., Bd. 36, 1904), Eppinger (Ebenda, Bd. 31, 1902), Geberg (Int. Monatsschr. Anat., Bd. 10, 1893), Heinz (Arch. Mikr. Anat., Bd. 58, 1901), Hering (Strickers Handbuch der Lehre von den Geweben. Leipzig 1871), Holm (Zool. Jhb., Bd. 10, 1897), Krause (Arch. Mikr. Anat., Bd. 42, 1893), v. Kupffer (Ebenda, Bd. 54, 1899), Letulle und Larrier (Journ. de Physiol. Pathol. Génér., Bd. 9, 1907), Mottram (Journ. of Physiol., Bd. 36, 1907), Nathan (Journ. de l'Anat. 1908), Neukirch (Centralbl. Pathol. Anat., Bd. 20, 1909), Oppel (Anat. Anz., Bd. 5, 1890), Peszke (Inaug.-Diss. Dorpat, 1874), Retzius (Biol. Untersuch. N. F. 3 u. 4, 1892).

Lecithin. Das Lecithin ist ein fettartiger Körper, der sich in allen tierischen Zellen, vor allem aber in den Nervenzellen, dem Myelin der Nervenfasern, dem Dotter und sehr weit verbreitet auch im Pflanzenreich findet. Es ist in Alkohol, Äther, Chloroform und Benzol löslich, in Wasser unlöslich. Trägt man Lecithinkrystalle in Wasser ein, so quellen sie auf und liefern Myelinformen, ähnlich wie die absterbende Nervenfaser. Mit Osmiumsäure behandelt schwärzt sich das Lecithin, doch ist das eine durchsichtige Schwärzung, während Fett ein Deckschwarz liefert. Behandelt man Lecithin zuerst mit Chromsalzen und dann mit Osmiumsäure, so verliert es im Gegensatz zum Fett die Fähigkeit, sich zu schwärzen. Bei der Weigertschen Markscheidenfärbung gibt das Lecithin die Farbe sehr rasch ab. Um Lecithin und Fett im histologischen Präparate zu unterscheiden, fixiert Deflandre in 4%igem Formalin und überträgt dann in Aceton. Hierin lösen sich die Fette, während Lecithin erhalten bleibt und dann durch Räucherung mit Osmiumdämpfen oder durch Einlegen in Flemmingsche Flüssigkeit geschwärzt werden kann.

Literatur: Deflandre (Journ. de l'Anat. 1904).

Leinöl, Oleum lini, wird hergestellt durch Auspressen des Samens von Linum usitatissimum. Sein spezifisches Gewicht beträgt 0,94, sein Brechungsindex 1,47. Es ist zu 20% in absolutem Alkohol löslich, außerdem in Äther, Petroleumäther und Schwefelkohlenstoff. Läßt man Leinöl in dünner Schicht trocknen, so wird es fest und verwandelt sich in das in den vorhergenannten Medien unlösliche Linoxin. Durch Kochen von Leinöl mit Metalloxyden (Blei, Zink etc.) erhält man den noch rascher trocknenden Leinölfirnis. Durch anhaltendes Kochen von Leinöl unter Zusatz von verdünnter Schwefelsäure erhält man eine harte Masse, die in warmem Wasser knetbar ist. Schwefel löst sich in Leinöl zu einer zähen, in Terpentinöl löslichen Masse.

Das Leinöl dient in der Mikrotechnik hauptsächlich zur Herstellung von Deckglaskitten und Injektionsmassen; auch als Einschlußmedium ist es empfohlen worden.

Lepidopteren siehe: Arthropoden.

Leprabacillus. In leprösen Krankheitsprodukten wurde zuerst von Hansen (1874) ein Stäbchen beschrieben. Aber erst Neisser (1879) brachte den einwandsfreien Beweis, daß fast in allen Organen Lepröser ein dem Tuberkelbacillus ähnliches Stäbchen, und zwar nur dieses gefunden wird. Seitdem ist durch zahlreiche Untersuchungen bei jeder Form von Lepra dieser Bacillus nachgewiesen worden, so daß man an seiner Spezifität nicht mehr zweifelt.

Er ist leicht zu finden bei der tuberösen Form der Lepra, schwerer, aber auch hier gelingt es fast immer, bei der anästhetischen. In den Knoten ist er so zahlreich vorhanden, daß es zur Sicherung der Diagnose meist genügt, nach Einstich in den Knoten etwas Blut und Gewebssaft herauszupressen, auf Objektträger zu fixieren und mit den gebräuchlichen Methoden zu färben.

Der Leprabacillus ist ein solides Stäbchen, welches dem Tuberkelbacillus in Aussehen und Färbung gleicht. Er ist ebenso groß und breit, ist ebenfalls oft gekörnt, zeigt aber auch ebenso oft solide Stäbchenform. Er unterscheidet sich von ihm insofern, als sich öfter Formen finden, welche an einem Ende zugespitzt oder aufgequollen sind. Selten sieht man beim Leprabacillus die gekrümmte Form wie beim Tuberkelbacillus. Im allgemeinen färbt und entfärbt sich der Leprabacillus leichter und ist meist in größeren Anhäufungen (Garben-, Zigarrenbundform) zu finden. Verzweigungen sind auch beim Leprabacillus beschrieben worden (BABES).

UNNA vertritt die Ansicht, daß der Leprabacillus kein solides Stäbchen sei, sondern ein Kettencoccus (Coccotrix). Ob die von MUCH aus dem Auftreten granulärer, nach ZIEHL-NEELSEN nicht, dagegen nach GRAM färbbarer Formen für die Tuberkulose gezogenen Schlüsse auch für die Lepra zutreffen, ist noch nicht bekannt. v. BETECH glaubt, mit einer neuen Färbemethode das Vorhandensein von Sporen, und zwar an Reinkulturen KEDROWSKYs nachgewiesen zu haben.

Der Leprabacillus färbt sich in Ausstrich- und Schnittpräparaten (Celloidin und Paraffin) wie der Tuberkelbacillus mit den gebräuchlichen Anilinfarben: Fuchsin, Safranin, Gentianaviolett, Methylviolett, Methylgrün, Malachitgrün, Dahlia, polychromem Methylenblau, Methylenblau. Färbezeit: mehrere Minuten bis mehrere Stunden. Man kann entfärben mit Wasser, Alkohol, schwach saueren Lösungen, doch läßt sich eine bestimmte Zeit dafür nicht angeben. Der Bacillus färbt sich in Osmiumsäurelösungen bräunlich, die Körner im Bacillenleib sind meist dunkler tingiert. Fixierung von Gewebsstücken in Osmiumsäurelösungen bräunt nicht alle Bacillen.

KOCHs Vorschrift für Tuberkelbacillen (s. d.) ist nicht ganz sicher, besser die EHRLICHsche Methode, GRAM, GRAM WEIGERT, ZIEHL-NEELSEN (s. Tuberkelbacillen). Ferner BABES: Anilinwassersafranin, Jodjodkalium, Alkohol, Methylenblau (gut und zuverlässig). ISRAEL (für Tuberkelbacillen, von DOUTRELEPONT für Leprabacillen angewandt): Hämatoxylin oder Hämalaun, Carbolfuchsin, Jodjodkali, Anilin, Xylol, Balsam. Carbolfuchsin läßt sich ersetzen durch Anilinwasserfuchsin (gibt eine hellrote Färbung der Bacillen, Verf.) oder Mischung von Fuchsin mit Kreosot (OGAWA). FICK: Carbolfuchsin 20—25 Minuten, Abspülen in Wasser und 95%igem Alkohol $^1/_4$ Minute, wässerige Carboljodgrünlösung 2 Minuten, 98%iger Alkohol, bis der Schnitt hellgrün aussieht. Bacillen rot, Kerne grün, Collagen farblos.

Die beiden letzten Methoden wie die nach ZIEHL-NEELSEN lassen sich kombinieren mit einer Nachfärbung in VAN GIESON oder HANSEN (Pikrinsäurefuchsin).

UNNA hat eine besondere Methode zur Färbung des Leprabacillenschleims angegeben. Fixierung der frischen, möglichst kleinen Knotenstückchen in 1%iger Salpetersäure 2 Stunden, Härtung in Alkohol, Einbettung in Celloidin, Entfernung des Celloidins aus den Schnitten. Die Schnitte werden auf Objektträger mäßig angetrocknet, Färbung in Carbolfuchsin, Abspülen in Wasser, 33%iger Salpetersäure, Spiritus dilutus und Wasser, wobei sie allmählich in ein Schälchen, schwach rosa gefärbt, zurückgespült werden. Färbung des Protoplasmas, der Kerne, des Collagens und des Bacillenschleims mit polychromer Methylenblaulösung $^1/_2$ Stunde im Schälchen, Abspülung in Wasser. Ent- und Umfärbung des Collagens durch neutrale 1%ige Orceinlösung (GRÜBLER) $^1/_2$ Stunde, Abspülung in absolutem Alkohol 5 Minuten, Wasser. Der Schnitt wird auf dem Objektträger mit Fließpapier angetrocknet und mit Anilinöl + 1% Salpetersäure so lange entfärbt, bis der Schnitt einen reinen Orceinton annimmt, Abspülen in Anilinöl, Xylol und Einbettung in harten Canadabalsam, welcher vorher durch Kochen mit Chloroform von ätherischen Ölen befreit ist und durch Erwärmung verflüssigt wird. (Nur in solchem Balsam hält sich die Färbung der Leprabacillen unbeschränkt.)

UNNA hat neuerdings eine zweite Methode dafür angegeben: Fixierung in absolutem Alkohol, Schnitte in 1‰iger HNO_3 1—2 Stunden, in Wasser abspülen,

Thymen-Viktoriablau (Viktoriablau 1 *g* auf 100 Thymenwasser, hergestellt wie Anilinwasser) 12 Stunden, Wasser, 30%ige HNO_3 5 Sekunden, Alkohol bis zur vollständigen Entfärbung, Wasser, 1%iges Safranin 10 Minuten, Wasser, 30%ige HNO_3 5 Sekunden, Alcohol abs., bis keine Farbe mehr abgeht, Bergamottöl, Balsam.

UNNA will durch diese Methoden bewiesen haben, daß die Gloea nur aus teils roten (lebenden), teils blauen (abgestorbenen) Bacillenleibern besteht, daß also eine Zwischensubstanz, welche von anderen Autoren als degeneriertes Zellprotoplasma angesehen wird, nicht existiert.

Die zur Differentialdiagnose zwischen Lepra- und Tuberkelbacillen angegebenen Methoden sind nicht sicher, jedenfalls lassen sie gerade dann im Stich, wenn wenig Bacillen vorhanden sind.

Nach YAMAMOTO unterscheiden sich Lepra- und Tuberkelbacillen durch die Silberimprägnation: Ausstrichpräparate ohne Beimengung von Blut, lufttrocken, vorsichtiges Erhitzen in der Flamme, 5%iges Silbernitrat bei 55—60° C 10 Minuten, Mischung von Acid. pyrogall. 2,0, Acid. tannic. 1,0, Aqua dest. ad 100,0 5 Minuten; der auf dem Deckglas vorhandene schwarze Niederschlag wird entfernt, indem man mit einem zusammengefalteten, mit Wasser erweichten Stück Filtrierpapier mehrmals darüberfährt; Trocknen, Balsam. Tuberkelbacillen tiefschwarz, Leprabacillen durchsichtig und hell, können nach ZIEHL-NEELSEN nachgefärbt werden.

Die bisherigen Kulturversuche haben keine einwandfreien Resultate ergeben, neuere Mitteilungen von KARLINSKI und KEDROWSKI bedürfen noch der Bestätigung. Übertragung auf Affen scheint NICOLLE geglückt zu sein. Eine Vermehrung von Leprabacillen im Netz beim Meerschweinchen nach intraperitonealer Impfung glaubt IWANOW nachgewiesen zu haben. Alle Tierversuche sind auch deshalb schon skeptisch aufzunehmen, seit STEFANSKY, RABINOWITSCH, WHERRY und WALKER lepraähnliche Erkrankung bei Ratten beschrieben haben.

Die Komplementablenkung nach WASSERMANN ergibt nach EITNER, WECHSELMANN, JUNDELL, ALMKVIST und SANDMANN auch bei Lepra positive Reaktion.

Literatur: BABES (Unters. über d. Leprabacillen und d. Hist. d. Lepra, Berlin 1898). v. BETEGH (Centralbl. Bact., Bd. 47). DOUTRELEPONT (Verh. Deutsch. Derm. Ges., Leipzig 1891), EITNER (Wien. Klin. Wochenschr. 1906 u. 1908), FICK (Petersburg. Med. Wochenschr. 1907, Nr. 27). HANSEN (Nord. Med. Arkiv, Bd. 1). derselbe (Arch Pathol. Anat., Bd. 71, 1880), JUNDELL, ALMKVIST und SANDMANN (Centralbl. Inn. Med. 1908). IWANOW (Ann. de l'Inst. PASTEUR, 1902), KARLINSKI (Verh. Deutsch. Derm. Ges., Sarajewo 1903), KEDROWSKI (Zeitschr. Hyg., Bd. 37). derselbe (Centralbl. Bact., Bd. 35), MUCH (Berlin. Klin. Wochenschr. 1908, Nr. 14). NEISSER (Breslau. Ärztl. Zeitschr. 1879), NICOLLE (Ann. de l'Inst. PASTEUR 1906), derselbe (Semain Méd. 1905), OGAWA (Mitt. Med. Ges. Tokio. Bd. 17. ref. Centralbl. Bact., Bd. 36), RABINOWITSCH (Centralbl. Bact., Bd. 33). STEFANSKY (Ebenda), UNNA (Monatschr. Prakt. Derm.. Bd. 26 u. 42. 1898 u. 1906), WALKER (Journ. Amer. Assoc. 1908). WECHSELMANN (Deutsch. Med. Wochenschr. 1908), WHERRY (Journ. Amer. Assoc. 1908), YAMAMOTO (Centralbl. Bact., Bd. 47).

Klingmüller, Kiel.

Leptonin siehe: Enzyme.

Leucin ist ein Zersetzungsprodukt der Eiweißkörper und des Leimes, es ist eine Amidoisokapronsäure.

$$\begin{matrix} CH_3 \\ CH_3 \end{matrix} \!\!> CH—CH_2—CH(NH_2)—CO \,.\, OH.$$

Es tritt in Form von Knollen, Kugeln und Krystallbüscheln auf, ist in Wasser zu 3—4%, in kaltem Alkohol sehr wenig löslich, in Chloroform und Benzol unlöslich. Es findet sich normalerweise nur in Spuren im Pancreas, tritt aber in größeren Mengen bei pathologischen Prozessen in der Leber und im Harn auf, außerdem findet es sich in alten Eiterherden und in Atherombälgen. Auch im Darm vieler Arthropoden ist es gefunden worden.

Zur Erkennung des Leucins dient neben seiner eigenartigen Krystallform hauptsächlich die SCHERERsche Probe: Man verdampft mit Salpetersäure auf dem

Platinblech, dann setzt man einige Tropfen Natronlauge zu und erhitzt weiter, es bildet sich dann eine ölige Flüssigkeit.

Leucin tritt auch als pflanzliches Amid in den Keimpflanzen verschiedener Leguminosen auf. Durch seinen Schmelzpunkt, durch das sofort erfolgende Sublimieren und durch die BORODINsche Probe läßt es sich von dem Asparagin unterscheiden.

Literatur: BORODIN (Arb. Petersburg. Nat. Ges., Bd. 13, ref. Bot. Centralbl., Bd. 17, 1884).

Leucocyten siehe: Blut.

Leucoplasten siehe: Chromatophoren, pflanzliche.

Lichtblau, Syn. für Diphenylaminblau (Höchst), wohl auch für Anilinblau, Bleu lumière.

Lichtgrün, Natriumsalz der Dimethyl- oder Diäthyldibenzyldiamidotriphenylcarbinoltrisulfosäure.

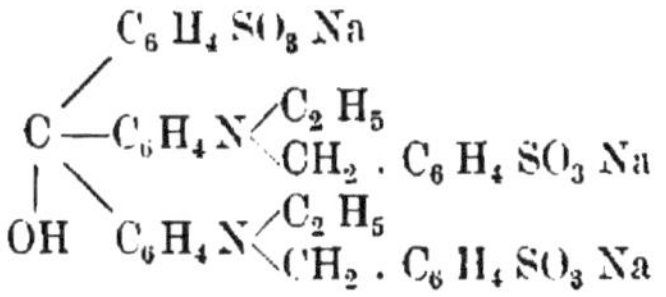

$$C \begin{cases} C_6H_4SO_3Na \\ C_6H_4N\begin{cases} C_2H_5 \\ CH_2 \, . \, C_6H_4SO_3Na \end{cases} \\ OH \\ C_6H_4N\begin{cases} C_2H_5 \\ CH_2 \, . \, C_6H_4SO_3Na \end{cases} \end{cases}$$

Syn. Säuregrün (Ludwigshafen). Ein Abkömmling des Benzaldehydgrüns. Grünes, in Wasser und Alkohol lösliches Pulver, in Schwefelsäure mit brauner Farbe löslich. Die wässerige Lösung färbt sich bei Zusatz von Salzsäure gelbbraun, bei Zusatz von Natronlauge entfärbt und trübt sie sich.

Dient in der Wollfärberei im schwefelsauren Bad hauptsächlich zum Nüancieren anderer Färbungen.

Das Lichtgrün ist ein vorzüglicher Plasmafarbstoff und als solcher von GRIESBACH in die Mikrotechnik eingeführt worden. Vor allem eignet es sich für Flemming- und Hermannpräparate in Verbindung mit Safranin (BENDA). (Die Kombinationen von Lichtgrün und Safranin siehe Safranin.) PETER verwendet es auch in 0,25%iger Lösung in absolutem Alkohol zur Nachfärbung von Eisenhämatoxylinpräparaten von Hermannmaterial des Hodens. Die Zellgrenzen sollen dadurch schärfer hervortreten. PRENANT färbt Schnitte zuerst mit Eisenhämatoxylin nach HEIDENHAIN, dann mit Eosin oder Erythrosin, wäscht in Wasser aus und färbt nach mit einer starken wässerigen Lichtgrünlösung. Protoplasma und Muskulatur rosa, collagenes Gewebe und Schleim grün. BRASIL färbt ebenfalls nach Eisenhämatoxylin mit einer Lösung von Lichtgrün in Pikrinsäure. GRYNFELTT empfiehlt mit Lichtgrün gefärbte Schnitte nicht in Xylol-, sondern in Chloroformbalsam einzuschließen, um das Ausblassen zu verhindern.

Literatur: BRASIL (Arch. de Zool. Expér., Bd. 4, 1905), GRIESBACH (Zeitschr. Wiss. Mikr., Bd. 3, 1886), GRYNFELTT (Montpellier Méd. 1908), PETER (Arch. Mikr. Anat., Bd. 53, 1898), PRENANT (Arch. d'Anat. Micr., Bd. 5, 1902).

Lignin siehe: Zellmembranen, pflanzliche.

Ligroin. Als Ligroine bezeichnet man diejenigen Bestandteile des amerikanischen Petroleums, die zwischen 120 und 130° sieden und hauptsächlich aus Heptan und Oktan bestehen. Ligroin mischt sich nicht mit Wasser, wohl aber mit Alkohol von 90%. Es löst Paraffin besser als Chloroform.

Von PRANTER ist das Ligroin als Intermedium für die Paraffineinbettung empfohlen worden.

Linaloeöl, Aloeholzöl, gewonnen durch Destillation aus dem Holze von Bursera Delpechiana, einer in Amerika vorkommenden Burseracee. Öl von anfangs wenig angenehmem Geruch, der beim Stehen an der Luft besser wird, vom spez. Gew. 0,87 bis 0,89. Hauptbestandteil des Öls ist das Linalool, $C_{10}H_{17}-OH$.

Um kleine Objekte unter dem Mikroskope mit Nadeln zu präparieren, benutzen LEE und MAYER u. a. das Linalocöl, indem sie einen Tropfen als Intermedium auf den Objektträger bringen.

Nach JORDAN, der das Öl auf seine Verwendbarkeit zum Aufhellen von Celloidinschnitten untersucht hat, ruft Zusatz von 96%igem, 93%igem Alkohol sowie von zwei Teilen 96%igen und einem Teil 70%igen Alkohols keine Trübung hervor; 80%iger Alkohol erzeugt nach einer Minute verschwindende Trübung. Siehe Celloidin.

Literatur: JORDAN (Zeitschr. Wiss. Mikr., Bd. 25, 1898), LEE-MAYER (Technik, 3. Aufl.). *Mosse,* Berlin.

Linimentum exsiccans siehe: Traganth.

Linin siehe: Zellchemie.

Linse siehe: Auge.

Lipasen siehe: Enzyme.

Lipochrome siehe: Fettfarbstoffe.

Lipocyankrystalle siehe: Fettfarbstoffe.

Liquidambar, ein Harz, das im rohen Zustande eine schmierige dem Styrax ähnliche Masse darstellt, ist von VAN HEURCK als Ersatzmittel des Canadabalsams als Einschlußmittel empfohlen worden. Der rohe Liquidambar muß für den Gebrauch in der Wärme durch eine Mischung von gleichen Teilen echten Steinkohlenbenzins und absoluten Alkohols gelöst werden; die Lösung wird filtriert, durch die Lösungsmittel verdünnt und in ziemlich dünnflüssigem Zustand benutzt. DEBES empfiehlt die Lösung des Harzes in gutem Benzin, Benzol, Toluol oder Xylol; dann wird durch Papier filtriert. PERAGALLO löst in Benzin oder einem Gemisch von Benzin und absolutem Alkohol.

Von allen drei Autoren ist dieses Harz, das einen hohen Brechungsindex hat, als Einschlußmittel für Diatomeen angewandt worden.

Literatur: DEBES (Hedwigia. Bd. 24), VAN HEURCK (Bul. Soc. Belge Micr., Bd. 10, 1884), PERAGALLO (Journ. de Micrograph., Bd. 13, 1889). *Mosse,* Berlin.

Lithioncarmin siehe: Carmin.

Lithionpikrocarmin siehe: Carmin.

Lithiumcarbonat, Lithium carbonicum: Li_2CO_3, weißes, krystallinisches Pulver, das sich bei 20° zu 1,8% zu einer alkalisch reagierenden Flüssigkeit (Lithionwasser) löst. In Alkohol ist es unlöslich.

Das Lithionwasser wird als mildes Alkali in der Mikrotechnik vielfach zum Neutralisieren von Säuren, zum Ausziehen vieler Farbstoffe (Säurefuchsin, Kernschwarz, Anilinblau etc), zum Auswaschen von Hämatoxylinpräparaten benutzt. Es ist ein gutes Lösungsmittel für Carmin. Da das Pikrat des Lithiums in Alkohol und Wasser sehr leicht löslich ist, so benutzt man Lithiumcarbonat auch zum Entfernen der Pikrinsäure aus den Präparaten. (Näheres s. Pikrinsäure.)

Lithiumpikrat siehe: Pikrinsäure.

Lithiumsulfat, $Li_2SO_4 + H_2O$, farblose, monokline Krystalle, welche sich in Wasser zu 25% lösen und auch in Alkohol löslich sind.

Lithiumsulfatlösungen können zum Entsäuern nach Entkalkungen benutzt werden.

Lösliches Blau, unter diesem Namen wird teils ein wasserlösliches Anilinblau, teils Echtblau verstanden.

Lösliche Stärke in Pflanzen siehe: Stärke.

Löw und Pokornysches Reagens siehe: Eiweißstoffe in Pflanzenzellen.

Luftpumpe. Die Luftpumpe kann in der Mikrotechnik, am besten in der Form der bekannten Wasserstrahlpumpen vielfach Verwendung finden. Wenn es sich darum handelt, Objekte mit großen lufthaltigen Hohlräumen, z. B. Felsenbein, Nasenhöhle, Kehlkopf etc. in toto zu fixieren, so ist es oft außerordentlich schwer, die Luft aus jenen Räumen zu entfernen und der Fixationslösung Eingang zu verschaffen. Hier leistet dann die Fixation im luftverdünnten Raum vorzügliche Dienste, nur soll man immer mit dem Auspumpen der Luft möglichst langsam und schonend vorgehen. Man erreicht aber durch das Evakuieren auch ein leichteres Eindringen aller folgenden Flüssigkeiten einschließlich des Einbettungsmittels, was bei größeren Celloidinpräparaten von nicht zu unterschätzendem Vorteil ist.

Speziell bei der Einbettung selbst hat man das Evakuieren vielfach empfohlen, besonders für die Paraffineinbettung, wenn es sich um ein leicht flüchtiges Intermedium handelt. Man kann dann kleine Exsiccatoren verwenden, welche man mit leicht schmelzbarem Paraffin füllt und in den Thermostaten bringt. Wenn sich das Präparat in dem geschmolzenen Paraffin befindet, wird evakuiert und dadurch ein rascheres Eindringen des Paraffins erreicht. Bei allen diesen Versuchen darf man nicht vergessen, zwischen Wasserstrahlpumpe und Exsiccator eine Waschflasche einzuschalten, um das leicht eintretende Rückschlagen von Wasser in den Exsiccator zu vermeiden.

Luftröhre siehe: Kehlkopf.

Lugolsche Lösung siehe: Jodkalium.

Lunge. Um die Lungenalveolen in ausgedehntem Zustande zu fixieren, empfiehlt es sich, die Fixationsflüssigkeit mittelst eines in die Trachea eingebundenen Trichters zu injizieren. Man kann dabei entweder das ganze Organ in situ belassen oder aber die Lunge in Verbindung mit der Luftröhre herausnehmen, muß aber dabei sorgfältig vermeiden, Lunge oder Trachea anzuschneiden. Der Trichter wird mit der Flüssigkeit gefüllt und hochgehalten, ein Teil der Luft entweicht dabei in Form von in der Flüssigkeit aufsteigenden Blasen, ein anderer Teil diffundiert aus dem Lungengewebe selbst und ein großer Teil wird in dem Lungengewebe zurückgehalten. Will man alle Luft aus der Lunge entfernen, so bindet man zunächst ein weiteres mit Hahn versehenes Glasrohr in die Luftröhre ein und saugt ganz langsam die Luft aus, bis die Lungen stark collabiert sind. Dann wird der Hahn geschlossen, und der mit der Fixationslösung gefüllte Trichter durch einen kurzen Gummischlauch mit dem Rohr verbunden. Durch vorsichtiges Öffnen des Hahns läßt man die Flüssigkeit langsam in die Trachea einlaufen. Man kann auch die Lungen so luftleer bekommen, daß man das lebende Tier unter eine Glasglocke setzt und Kohlensäure einleitet (Hansemann).

Als Fixationsflüssigkeit empfiehlt sich vor allem der absolute Alkohol. Die Lunge wird mit Alkohol gefüllt und dann in ein passendes, ebenfalls mit Alkohol gefülltes Glas aufgehängt. Natürlich lassen sich auch Sublimat oder Sublimatgemische mit Vorteil benutzen. Für die Paraffineinbettung empfiehlt Müller das Cedernöl als Intermedium. Die Stücke müssen oft mehrere Tage im Paraffin bleiben, um die Luft vollkommen aus ihnen zu entfernen.

Zur Darstellung des respiratorischen Epithels kann man auf die oben angegebene Weise 0,2—0,5%ige wässerige Lösung von Silbernitrat oder eine Silbernitrat-Gelatinelösung verwenden. Kleine Stücke werden in destilliertem Wasser ausgewaschen und in Glycerin untersucht oder eingebettet. Oder man saugt nach einigen Minuten die eingeführte wässerige Silberlösung wieder ab, wäscht in gleicher Weise mit destilliertem Wasser nach, saugt auch dieses wieder ab und trocknet die aufgeblasene Lunge an der Luft. Kopsch injiziert bei einem kleinen Tier von der Trachea aus 0,25%ige Silberlösung und legt die ganze Lunge für 24 Stunden in die gleiche Lösung unter Lichtabschluß. Dann kommt die Lunge in 3 bis 5%ige Formollösung für 24 Stunden. Nach einer Stunde muß die Lösung gewechselt werden. Gefrierschnitte werden dann zur definitiven Reduktion in destilliertem Wasser dem Licht ausgesetzt. Müller injiziert 0,2%ige Silberlösung und legt die ganze Lunge oder einzelne Lappen für einige Tage in dieselbe Lösung. Dann kommen die Stücke unter Lichtabschluß in steigenden Alkohol, Xylol und Paraffin. Die entparaffinierten Schnitte werden dem Licht ausgesetzt.

Die Kittstreifen zwischen den Zellen des respiratorischen Epithels lassen sich auch so darstellen, daß man dem lebenden Tier eine gesättigte wässerige Lösung von indigschwefelsaurem Natron vorsichtig durch die Trachea in die Lungen fließen läßt. Nach einiger Zeit tötet man das Tier und fixiert Stückchen des Lungengewebes in absolutem Alkohol (KÜTTNER).

Um die elastischen Fasern der Alveolarwände zu demonstrieren, kann man einfach Schnitte durch die getrocknete Lunge mit Kalilauge behandeln, färberisch lassen sie sich außerordentlich schön mittelst der WEIGERTschen Methode darstellen an Alkohol- oder Sublimatmaterial. Man färbt die Stückchen am besten in Boraxcarmin durch, fertigt nach der Paraffineinbettung dicke Schnitte an (20 bis 30 μ) und färbt dieselben nach WEIGERT. (Näheres siehe Elastin.)

ORSÓS füllt zum Studium des elastischen Gewebes die Lunge von der Trachea aus mit einer Mischung von 70 Teilen 8%igem Formalin und 30 Teilen 96%igem Alkohol und legt sie für 2—3 Tage in dieselbe ein und dann für einige Tage in 96%igen Alkohol. Aus der gehärteten Lunge werden kleine Stücke excidiert und 2—3 Stunden in der WEIGERTschen Farblösung durchgefärbt, 1/2 bis 1 Stunde mit Salzsäurealkohol behandelt und in Paraffin eingebettet. LEFAS fixiert in 10%igem Formalin und färbt die Gefrierschnitte nach WEIGERT. Gefrierschnitte empfiehlt für das Studium des elastischen Gewebes auch MILLER, er färbt sie zunächst in Lithioncarmin, überträgt in Methylalkohol mit 1% Salzsäure für 24 Stunden und färbt dann nach WEIGERT. Sehr gute Bilder vom elastischen Gewebe erhält man auch dann, wenn man dem lebenden Tier durch eine Trachealkanüle Methylenblaulösung in die Lunge laufen läßt und dann in bekannter Weise in Ammoniummolybdat fixiert.

Die Nerven der Lunge sind vielfach untersucht worden, so von RETZIUS bei menschlichen Embryonen und von BERKLEY bei Ratten und Kaninchen mittelst der Golgimethode. PONZIO, MONDIO, TISCHUTKIN und WOLFF arbeiteten mit der vitalen Methylenblaufärbung. CUCCATI injiziert die Lösung in die Bauchhöhle. Auch die Vergoldung ergibt nach ihm brauchbare Resultate, wenn man beim Frosch die Goldlösung von der Glottis aus in die Lungen laufen läßt, die letzteren nach 20 Minuten herausschneidet und im Dunkeln in 20%iger Ameisensäure reduziert.

Die Injektion der Blutgefäße gelingt leicht von der Art. pulmonalis und bronchialis aus. Die größeren Lymphstämme verlaufen mit den Blutgefäßen und können durch Einstich gefüllt werden (RANVIER, SUCHARD).

Literatur: BERKLEY (Johns Hopkins Rep. 1894), CUCCATI (Rend. Acc. Sc. Inst. Bologna. 1888), HANSEMANN (Sitz. Ak. Wiss. Berlin, 1895), KOPSCH (Int. Monatsschr. Anat., Bd. 23, 1906), KÜTTNER (Arch. Pathol. Anat., Bd. 66, 1876), LEFAS (Arch. de Méd. Exper. 1906), derselbe (Bull. Mém. Soc. Anat. Paris, 1905), LINSER (Anat. Hefte. Bd. 13, 1900), MILLER (Journ. of Anat., Bd. 40, 1906), MONDIO (Giorn. Assoz. Nat. Med., Jg. 2, 1891), MÜLLER (Arch. Mikr. Anat., Bd. 69, 1907), ORSÓS (Beitr. Pathol. Anat., Bd. 41, 1907), PONZIO (Anat. Anz., Bd. 28, 1906), RANVIER (Technisches Lehrb.), RETZIUS (Biol. Unters., N. J., 1892/93), SUCHARD (Arch. d'Anat. Micr., Bd. 9. 1906), TISCHUTKIN (Arb. Ges. Russ. Ärzte, 1905), WOLFF (Arch. Anat., 1902).

Lymphatische Organe, Blutelemente in denselben, vgl. Blut.

Lymphdrüsen. Zur Fixation der Lymphdrüsen ist vor allem die FLEMMINGsche Flüssigkeit empfohlen worden (RAWITZ, SCHUMACHER), doch liefern auch Sublimatgemische recht gute Resultate, HOYER fixiert in konzentriertem Sublimat, SCHUMACHER in Pikrinsublimat, RETTERER in ZENKERscher Flüssigkeit, THOMÉ nach Vorfixation in 4%igem Formol ebenfalls in ZENKER. Die letztere hat den Vorzug, daß sie das Hämoglobin besonders gut fixiert. RETTERER fixiert in MÜLLERscher Flüssigkeit, die mit Sublimat gesättigt ist.

Zur Färbung empfehlen sich die FLEMMINGsche Dreifachfärbung, Eisenhämatoxylin mit Rubinnachfärbung und die EHRLICH-BIONDIsche Dreifachfärbung. SCHUMACHER bevorzugt die Doppelfärbung mit Methylblaueosin, RAWITZ seine Tannin-Brechweinstein-Fuchsinmethode. DUBREUIL färbt die Schnitte zunächst mit Carmalaun, Safranin oder Acridinrot und dann mit einer Mischung von 23 Teilen konzentrierter Pikrinsäure und 2 Teilen 1%iger Lösung von Methylblau.

Um das Endothel auf den Trabekeln darzustellen, injiziert man, am besten beim Hund, in eine Halslymphdrüse durch Einstich 0,1—0,3%ige Lösung von

Silbernitrat, bringt die Drüse auf das Gefriermikrotom und reduziert die damit hergestellten Schnitte am Licht in verdünntem Glycerin (RANVIER). SISTO und MORANDI injizieren die Drüsen durch Einstich mittelst der Pravazspritze mit der folgenden von RENAUT empfohlenen Lösung. 16 Teile konzentrierte Pikrinsäure 4 Teile 1%ige Osmiumsäure und 5 Teile 1%ige Silbernitratlösung werden unmittelbar vor dem Gebrauch gemischt. Nachbehandlung in Alkohol, Einbettung in Paraffin. Färbung der Schnitte nach VAN GIESON. Ähnlich verfährt WORONIN.

Außerdem vgl. man die Artikel Adenoides Gewebe, Blut und Injektion der Blut- und Lymphgefäße.

Literatur: DEMOOR (Arch. de Biol., Bd. 13, 1891), DUBREUIL (C. R. Assoc. Anat. Toulouse, 1904), FLEMMING (Arch. Mikr. Anat., Bd. 24, 1885), HOYER (Arch. Mikr. Anat., Bd. 34, 1889), RANVIER (Technisches Lehrbuch), RAWITZ (Arch. Mikr. Anat., Bd. 45, 1894), RETTERER (C. R. Assoc. Anat. Lyon, 1901). SAXER (Anat. Hefte, H. 19/20, 1896), v. SCHUMACHER (Arch. Mikr. Anat., Bd. 48, 1896), SISTO und MORANDI (Atti Acad. Sc. Torino, Bd. 36, 1901). THOMÉ (Arch. Mikr. Anat., Bd. 52, 1898), derselbe (Jena. Zeitschr. Nat., Bd. 37, 1902).

Lymphe siehe: Blut.

Lysol ist eine Lösung von Steinkohlenteerkresol in gleichen Teilen neutraler Leinöl-Kaliseife. Braune, ölige Flüssigkeit, die sich mit Alkohol, Äther, Chloroform klar mischt und in Wasser zu über 20% löslich ist. Die wässerige Lösung reagiert stark alkalisch. Während unverdünntes Lysol Hühnereiweiß koaguliert, besitzen die wässerigen Lösungen diese Fähigkeit nicht mehr.

Eine 10%ige wässerige Lösung mit und ohne Zusatz von Alkohol und Glycerin ist von REINKE als Isolations- und Macerationsmittel für manche tierische Gewebe empfohlen worden, so zur Demonstration der Fibrillen im Spermienschwanz, der Fibrillen der glatten Muskelfasern, des Scheibenzerfalls, der Stäbchenaußenglieder usw. (Näheres s. die erste Auflage und den Artikel Macerationsmethoden).

Literatur: REINKE (Anat. Anz., Bd. 8, 1893), derselbe (Arch. Mikr. Anat., Bd. 43, 1894), derselbe (Arch. Entw.-Mech., Bd. 9, 1900).

M.

Macerationsmethoden dienen dazu, bestimmte Teile der Gewebe (vorwiegend die Intercellular- oder Grundsubstanzen) ganz oder teilweise aufzulösen, während sie andere Teile härten oder nur wenig angreifen, so daß sich beide voneinander trennen oder durch Isolationsmethoden (siehe diese) voneinander gelöst werden können. Manchen Macerationsflüssigkeiten können Farblösungen zum gleichzeitigen Färben zugesetzt werden, oder es kann eine Färbung nach der Maceration (und vor der Isolation) vorgenommen werden.

Die ersten systematischen und ausgedehnten Untersuchungen über die Einwirkung von chemischen Reagenzien auf pflanzliche und tierischen Gewebe und damit auch über die Verwertbarkeit einzelner als Macerationsmittel sind von Mulder in Utrecht in Gemeinschaft mit Harting (für die Pflanzengewebe) und Donders (für die tierischen Gewebe) ausgeführt worden und sind veröffentlicht in Mulder, Versuch einer allgemeinen physiologischen Chemie (Deutsche Ausgabe, 2 Bände, Braunschweig 1844—1851), und Donders, Mikroskopische und mikrochemische Untersuchungen tierischer Gewebe (in: Holländische Beiträge zu den anatomischen und physiologischen Wissenschaften. Bd. 1, 1848, pag. 39 und 252). Donders untersuchte die Einwirkung von konzentrierter und verdünnter Kalilauge, Ammoniak, konzentrierter und verdünnter Essigsäure, konzentrierter Schwefelsäure und konzentrierter Salpetersäure auf Blut, Bindegewebe, Knorpel, Knochen, Muskelfasern, Nervengewebe, Haare und Horngewebe und nahm dabei teilweise auch Rücksicht auf die Temperatur. Einzelbeobachtungen waren in größerer Zahl schon vorausgegangen, nicht aber systematische Untersuchungen.

M. Schultze (62) wies zuerst darauf hin, daß gewisse Macerationsflüssigkeiten bessere Resultate geben, wenn ihnen kolloidale Lösungen, seien es solche, wie sie sich in den Körperflüssigkeiten vorgebildet finden, z. B. Serum, seien es künstlich hergestellte, wie Lösungen von Gummi arabicum, zugesetzt werden. Von späteren Forschern haben nur wenige diesen Gedanken aufgenommen, und er ist in der Neuzeit fast ganz in Vergessenheit geraten. Vielfach angewendet wird dagegen für die Herstellung von Lösungen die Anwendung von 0,5 oder 0,6%iger Kochsalzlösung oder von Meerwasser, anstatt von destilliertem Wasser, entweder ausschließlich oder nur teilweise.

Nach Gage (97) ist jede Flüssigkeit, welche ein bestimmtes Gewebe gut fixiert und härtet, auch ein gutes Macerationsmittel, wenn man sie etwa zehnmal verdünnt und nur kurze Zeit einwirken läßt; zur Verdünnung ist besser physiologische Kochsalzlösung (0,6%) als Wasser zu benutzen.

Rawitz (07) macht besonders darauf aufmerksam, nicht zu viel Flüssigkeit zu nehmen. Reagens und Gewebe müssen in einem bestimmten, aber eigentümlichen quantitativen Verhältnisse zueinander stehen. Nur soviel Flüssigkeit ist zulässig, daß das zu macerierende Objekt von ihr völlig bedeckt ist, aber in dem Reagens gewissermaßen schwimmen darf es nicht. Es soll die Quantität der Flüssigkeit nicht über ein bestimmtes Maß hinausgehen. Hier die richtigen Verhältnisse zu wahren, kann nur die Übung lehren. Ähnliche Angaben machen auch Deiters, M. Schultze (62), Ranvier (88).

Bei der Verarbeitung der durch Schütteln isolierten Gewebsteile, wie auch anderer suspendierter körperlicher Elemente, z. B. Blutkörperchen, Spermatozoen, Infusorien usw. kommt man häufig in die Lage, die Flüssigkeit von den zu Boden gesunkenen Elementen möglichst vollkommen absaugen zu müssen. Dazu empfiehlt A. Ewald (96) einen von Mays erdachten Capillarrohrheber, welcher an seinem kürzeren Schenkel nochmals hakenförmig nach oben umgebogen und kurz über der Biegung abgeschnitten ist: er gestattet, die Flüssigkeit fast bis zum letzten Tropfen abzuhebern, ohne etwas vom Bodensatz mitzunehmen. Man kann dann die verschiedenen Prozeduren: Färben, Auswaschen usw., in demselben Reagensglas vornehmen. POKROWSKI rät, die macerierten Elemente mit der Flüssigkeit in einem Reagensglas zu centrifugieren und die weitere Behandlung: Färben, Auswaschen, Entwässern und Aufhellen in Bergamottöl und Xylol in demselben Glas vorzunehmen. Man soll stets gut durchschütteln. Zuletzt soll man den Inhalt in ein Schälchen mit verdünntem Canadabalsam gießen und einen Tropfen mit der Pipette entnehmen.

Auch M. HEIDENHAIN empfiehlt die Anwendung der Centrifuge: er verfährt dabei in ähnlicher Weise und gibt speziellere Vorschriften für Epithelien, glatte Muskelzellen sowie Leucocyten und Erythrocyten.

Ebenso hat REICH durch eine analoge Methode gute Resultate für das Studium der Elemente des Nervensystems erhalten.

SCHUBERG und SCHRÖDER raten eine kleine Probe des in Xylol übertragenen Materials auf einen Tropfen Balsam auf einem Objektträger zu bringen, auf dem die Elemente durch das sich ausbreitende Xylol gut verteilt werden.

REGAUD hat mit BAYON eine Methode (Collodionage des cellules) ausgearbeitet, durch die es möglich ist, macerierte und auf der Centrifuge gesammelte Zellelemente in ein dünnes Kollodiumhäutchen einzuschließen und in diesem beliebig zu färben. Er fügte zu den in absoluten Alkohol übertragenen Zellelementen ungefähr die gleiche Menge Äther, schüttelt, gibt dann auf 10 *ccm* Alkohol-Äthergemisch 10 Tropfen offizinelles Kollodium und schüttelt wieder. Darauf entnimmt er dem Gemisch einen Tropfen mit einer Pipette und bringt ihn auf einen Objektträger, auf dem er sich in feiner Schicht ausbreitet. Nach einigen Sekunden (ohne das Kollodium trocknen zu lassen) überträgt man den Objektträger in 80%igem Alkohol und kann ihn dann wie einen Celloidinschnitt weiterbehandeln.

Für allgemeinere Anwendung eignet sich vielleicht auch die Vorschrift von HICKSON, die isolierten Elemente mit einem Tropfen Eiweiß-Glycerinlösung auf den Objektträger zu bringen und diesen dann zur Koagulation des Eiweißes in Alkohol einzutauchen: die Präparate können dann in gewöhnlicher Weise gefärbt usw. werden.

Auch empfiehlt es sich sicher, als Einschlußmittel Glycerinleim noch häufiger als bisher anstatt Glycerin anzuwenden.

Die folgende Aufstellung ist zumeist nach den Hauptbestandteilen der macerierenden Flüssigkeiten angeordnet: erst anorganische, dann organische Bestandteile. Streng durchführbar ist aber auch dieses Prinzip nicht.

1. Cadaveröse Veränderungen. Das Darmepithel eines eben getöteten Tieres stößt sich ab, wenn es nur wenige Minuten der Luft ausgesetzt wird; die Zellen schwimmen in der entstehenden milchigen Flüssigkeit [RANVIER (88)]. An der Nasenschleimhaut gelingt nach M. SCHULTZE (62) die teilweise Isolierung der Riechzellen durch Zerzupfen schon dann, wenn sie frisch in Humor aqueus gebracht werden und 1—2 Stunden oder länger in ihm gelegen haben. Auch WALDEYER (72) gibt an, daß sich die Flimmerzellen mit vortrefflicher Konservierung aller Teile leicht isolieren lassen, wenn man die Organe (z. B. Luftröhre) frisch in den Eisschrank bringt und nach 24 Stunden untersucht.

Werden Gewebe vollständig frisch, ohne Bacterien, in eine geschlossene Glasschale gebracht und der Eintritt der Fäulnis verhindert (Zufügung eines Stückes Campher oder eines mit 10%iger Carbolsäurelösung getränkten Fließpapieres), so bleiben sie mehrere Tage frisch, macerieren aber, so daß die Elemente leichter zu isolieren sind; von RANVIER (88) besonders für Geschwülste empfohlen, auch von CARNOY angegeben.

2. *a)* Wasser, kalt oder mäßig warm. Die macerierende Wirkung des kalten und mäßig warmen Wassers ist vielfach angewandt worden, teilweise für sich allein, teilweise nach Vorbehandlung der Gewebe mit anderen Reagenzien (z. B. von Osmiumsäure). Bei längerer Einwirkung des Wassers kann dabei der Eintritt von Fäulnis durch Zusatz von Antiseptica verhindert oder durch Anwendung fließenden Wassers sehr verzögert werden.

So isolierte schon SCHWANN die Muskelfibrillen durch 8—21 Tage lange Maceration bei 1—8° R in Wasser, welchem zur Verhinderung der Fäulnis etwas Sublimat zugesetzt war. HOEHL macerierte Lymphdrüsen längere Zeit in fließendem Wasser, um sie dann weiter für die Darstellung des Bindegewebs-Reticulums zu verarbeiten.

R. Heidenhein (63) macerierte feine Schnitte vom Gelenkknorpel des Frosches etwa 24 Stunden in destilliertem Wasser von 44—50° C, um die „Zellterritorien" des Knorpels darzustellen. Sudakewitsch behandelte elastisches Gewebe des Nackenbandes (mit oder ohne vorhergehende Alkoholeinwirkung) monatelang mit Wasser bei höherer Temperatur und isolierte so die periphere Schicht der Fasern als hohle Röhren. Philippson gelang es, die Epidermis der menschlichen Haut von der Cutis abzulösen dadurch, daß er die Hautstücke 2—3 Wochen lang im Wärmeschrank bei Körpertemperatur in Wasser (mit einigen Tropfen Chloroform versetzt) macerierte.

b) Wasser, warm oder kochend. Namentlich kochendes Wasser ist früher sehr viel angewandt worden, und zwar besonders, um die Muskelfasern leichter isolieren zu können. Die ersten Anwendungen für diese Zwecke hat es durch Muys 1741 und Home 1818 gefunden. Kölliker (50) empfiehlt es ebenfalls für diesen Zweck.

Rollett (56) wendet es an mit nachfolgendem Einlegen des Muskels für 24 Stunden in Glycerin, oder in der Form, daß er den Muskel in ein kleines Glasrohr bringt, dieses an beiden Enden zuschmilzt und im Sandbade etwa 10 Minuten lang auf 120—140° C erwärmt; dann zerbricht er das Glasrohr in warmem Wasser und isoliert die Muskelfasern durch Schütteln. Letzteres Verfahren wird namentlich auch von Kühne (62) (siehe auch: Kühne unten bei: Schwefelsäure) sehr gelobt. Ranvier (88) lobt besonders folgendes Verfahren: Man wirft einen Frosch in 1 *l* auf 55° C erwärmtes Wasser und läßt ihn in der allmählich erkaltenden Flüssigkeit $^1/_4$ Stunde liegen. Dann kann man leicht die Haut abziehen, die Muskeln von ihren Sehnen ablösen und durch Schütteln oder Zerzupfen in ihre Fasern zerlegen. Felix (89) empfiehlt für die Isolation von Muskelfasern menschlicher Embryonen eine ganze Extremität 10 Minuten lang in Wasser zu kochen und dann in Glycerin zu zerzupfen.

Schuberg und Schröder haben als bestes Isolationsmittel der Muskelfasern von Nephelis ein- bis mehrstündiges Kochen des in Sublimat fixierten Materials gefunden. Die Fixierung scheint dabei nicht zu leiden.

Kochendes Wasser, namentlich unter Druck, ist auch zur Untersuchung der Grundsubstanz des Knorpels und Knochenknorpels verwandt worden.

Hoppe stellte durch Kochen des entkalkten Knochens unter erhöhtem Druck (im Papinschen Topf) die Virchowschen Knochenkörperchen dar und Broesike konnte durch Kochen in Wasser am entkalkten Knochen, beim Frosch schon nach wenigen Stunden, viel langsamer beim Menschen, die Grenzscheiden der Knochenkanälchen isolieren. Morawitz konnte aus dem Knorpel die Chondrinballen herauslösen und das Balkennetz isolieren dadurch, daß er die Knorpelschnitte mit etwas Wasser in enge Glasröhren brachte, diese an beiden Enden zuschmolz und im Wasser oder Ölbade kochte oder über 100° C erhitzte. Längeres Erhitzen zerstörte auch das Balkennetz.

Schließlich wird Kochen auch zum Ablösen der Epidermis von der Cutis angewandt (Böhm-Davidoff).

In der Botanik findet nach Behrens warmes bis kochendes Wasser (kurze Zeit bis mehrere Stunden) Anwendung zur Isolierung zarterer Pflanzenteile (Epidermis von Laubblättern, Früchten usw.).

3. Kalilauge wurde zuerst von Donders in systematischer Weise für die Gewebsuntersuchungen benutzt (siehe Einleitung zu: Maceration). Er wies zuerst auf den Unterschied in der Wirkung gesättigter und schwacher Lösungen hin, namentlich auch darauf, daß nach Maceration in gesättigter Lösung der Zusatz von Wasser die isolierten Teile stark zum Aufquellen bringt.

Man kann allgemein sagen: Starke Gemische lösen die Zwischensubstanz der Zellen auf und konservieren die übrigen Gewebselemente unter leichter Schrumpfung; schwache Lösungen zerstören die Zellen und sind nur für Epidermis, Nägel und Haare zu gebrauchen. Man benutze immer frische Lösungen, untersuche in der Macerationsflüssigkeit und setze kein Wasser zu. Moleschott benutzte 30—35%ige Kalilauge zur isolierten Darstellung der glatten Muskelfasern. Er empfahl besonders eine $32^1/_2$%ige Lösung, dargestellt durch Auflösen von 32,5 Gewichtsteilen Kali causticum in bacillis in 67.5 Gewichtsteilen destillierten Wassers und ließ die Muskelhäute bei Zimmertemperatur 20—30 Minuten lang macerieren. Die Kerne sind schlecht erhalten. Weismann fand im Anschluß daran eine 35%ige Lauge ebenso brauchbar, um Fibrillen des Bindegewebes, quergestreifte und Herz-Muskelfasern sowie Zellen der Horn- und Epidermoidalgebilde voneinander zu trennen. Wenn man nach $^1/_4$stündiger Einwirkung auf den Muskel die Stelle zwischen Muskel und Sehne zerfasert, so lassen sich die Muskelfasern mit ihren Sehnenanteilen isolieren. M. Schultze (62) konnte sehr gute Isolationspräparate von Riech- und Flimmerzellen erhalten mit Lösungen, welche zwischen 28 und 40% Ätzkali enthielten. Er brachte Stücke ganz frischer Nasenschleimhaut in Uhrschälchen mit Lösungen verschiedener Konzentration und untersuchte sie nach $^1/_2$—3 Stunden (zuerst aus der stärksten Lösung, dann aus den schwächeren) auf ganz trockenem Objektträger.

Petersen isolierte mit 33%iger Kalilauge gut die Zellen der Glandulae parathyreoideae des Menschen.

Eberth und Aeby konnten mit 35%iger Kalilauge die Endothelien der Blutcapillaren isolieren. Flemming (68) erhielt für die Maceration der Fasern der Ciliarmuskeln bessere

Resultate, wenn er das Gewebe erst in Chlorpalladiumlösung (1 : 600—800) fixierte und dann etwas länger in 35%iger Kalilauge macerierte. THIN (76) übergoß 15 *g* gepulvertes trockenes Ätzkali mit 15 *ccm* destillierten Wassers, wobei die Temperatur bis auf 49° C steigt; während der langsamen Abkühlung, am besten bei 42—40° C, brachte er dann die Gewebe (Cornea vom Ochsen, Gelenkknorpel vom Frosch) für wenige Minuten hinein.

FELIX (87) fand die konzentrierte Kalilauge für die Isolierung menschlicher Muskelfasern unzuverlässig. VAN GEHUCHTEN hat für die Maceration der Insektenmuskeln mit folgendem Verfahren sehr gute Erfolge erzielt. Man zerzupft den Muskel in einem Tropfen Serum, läßt ihn dann etwas antrocknen, bis die Fasern am Objektträger haften, fügt einen Tropfen einer 1%igen Kalilauge hinzu, bedeckt ihn mit einem Deckglas und stellt das Ganze in eine mit derselben Lösung gefüllte Schale; nach 10—15 Minuten saugt man destilliertes Wasser unter dem Deckglas hindurch, bis alles Alkali ausgewaschen ist, fixiert in Osmiumdämpfen und konserviert in dem Gemisch von RIPART und PETIT. Sicherer ist folgendes Verfahren: Auf frische Muskeln läßt man absoluten Alkohol 12—15 Stunden (oder 50%igen Alkohol 36 Stunden) einwirken, wäscht dann in destilliertem Wasser aus, zerzupft und bringt einen Tropfen 1%iger Kalilauge für 5—15 Minuten darauf; dann Auswaschen in viel Wasser und Konservieren.

EWALD (90) untersuchte die Veränderungen der elastischen Fasern nach verschieden langer Einwirkung eines Gemisches von 1 Teil Ätzkali und 2 Teilen Wasser. MALL (91) benutzte Kali-(und Natron-)laugenlösungen verschiedenster Stärke bei verschiedenen Temperaturen und bei verschiedener Dauer der Einwirkung zur Untersuchung der Unterschiede zwischen elastischen, collagenen und Reticulumfasern.

EBNER (00) konnte bis zu 200 μ und darüber lange Herzmuskelfaserstücke dadurch isolieren, daß er frische Herzmuskelstückchen rasch zerzupfte, dann 35%ige Kalilauge (ohne Deckglas) zusetzte und nach einiger Zeit neuerdings vorsichtig mit Nadeln bearbeitete.

MORAWITZ löste durch 2—5%ige Kalilauge bei Zimmertemperatur in etwa 8 Tagen, schneller bei 50°, an dünnen Rasiermesserschnitten vom Rippenknorpel älterer Individuen die „Chondrinballen“ vollständig heraus, so daß nur das „Balkennetz“ übrig bleibt.

Zur Maceration der Nägel verwendet man 32½—35—40%ige Kalilauge 3—5 Stunden lang, zu derjenigen der Haare 4,6%ige Lösung für 3—4 Tage (SCHIEFFERDECKER, 89) oder 33%ige Lösung unter Erwärmen oder tagelang bei gewöhnlicher Temperatur (BÖHM und OPPEL). Die Maceration in 35%iger Lauge läßt sich auch dann vornehmen, wenn die Gewebe vorher in Alkohol, Chromsäure oder Chromsalzen, Pikrinsäure etc. gehärtet waren (GAGE, 89).

Brauchbare Dauerpräparate kann man nach folgenden Vorschriften bereiten: BORN bringt den (quergestreiften) Muskel (Säugetierembryonen) aus der Macerationsflüssigkeit vorsichtig in reines, konzentriertes Glycerin, zerteilt ihn darin und setzt 2—3 Tropfen salzsäurehaltiges Glycerin und Jodtinktur so lange zu, bis beim Umrühren die braune Jodfärbung des Glycerins nicht mehr verschwindet. Nach 24 Stunden wäscht man wiederholt mit Wasser aus, bis sich dieses kaum noch färbt. Kerne und Querstreifung sind und bleiben gut erhalten. Die Jodfärbung der Fasern verschwindet später wieder, kann aber durch eine solche in Glycerincarmin ersetzt werden. Nach SCHIEFFERDECKER (89) bringt man ein kleines Stück des macerierten Gewebes aus der Lauge direkt in Essigsäure von etwa 50% (oder etwas weniger) und bewegt es in dieser hin und her, damit die Neutralisierung möglichst schnell und gründlich erfolgt. Nach kurzer Zeit wäscht man es wiederholt in destilliertem Wasser aus, bringt es in Alauncarmin und kann es in Glycerin oder FARRANTscher Lösung zerzupfen und aufbewahren. GAGE (88, 89) empfiehlt zur Verdrängung der Kalilauge ein Gemisch von 60 *g* essigsaurem Kali und 40 *ccm* destilliertem Wasser zu benutzen, dessen Wirkung durch Zusatz von 1% Essigsäure verstärkt werden kann. Die Präparate können hierin oder in Glycerin oder in Glycerinleim aufbewahrt werden. Zur Färbung wird das essigsaure Kali entfernt und halbgesättigte wässerige Alaunlösung für 24 Stunden oder länger einwirken gelassen. Dann wird in Wasser zerzupft, in Hämatoxylin, Alauncarmin usw. gefärbt. Das Alaunwasser ist für Herzmuskeln vom Frosch weniger gut als für die von Säugetieren. EWALD (96) lobt für die Isolation von glatten Muskelfasern (Muskelschicht des Froschmagens in Stücke zerschnitten) und von Herzmuskelfasern (Stücke nicht mehr als 2 *mm* dick) das von SCHIEFFERDECKER (s. oben) empfohlene Verfahren unter Anwendung von MAYS Capillarheber (s. Einleitung zum Artikel Maceration). Nach der Essigsäure läßt er saure Hämatoxylinlösung oder DELAFIELDsches Hämatoxylin ½—2 Stunden einwirken, füllt mit Wasser auf, läßt absetzen, hebert ab und wiederholt dies, bis sich das Wasser nicht mehr färbt. Dann bringt er die Muskelelemente in 50%igen Alkohol, weiter in absoluten Alkohol, Nelkenöl und Canadabalsam.

BONGARDT isoliert gröbere Tracheenstämme einheimischer Lampyriden mit 1—3%iger Kalilauge.

Für pflanzliche, namentlich dünnwandige Gewebe wird eine etwa 50% Ätzkali enthaltende Lösung gebraucht. Die Gewebe werden zweckmäßig einige Minuten darin gekocht und dann in Wasser übertragen, in welchem sie sich leicht zerzupfen lassen (ZIMMERMANN).

4. Natronlauge wird nach M. SCHULTZE (62) für die Isolation von Riech- und Flimmerzellen am besten in einer Lösung gebraucht, welche 20—22% Ätznatron enthält, bringt aber keinen Vorteil vor der Kalilauge. Sie wird von vielen Autoren anscheinend als durchaus gleichwertig mit der Kalilauge betrachtet, verhält sich jedoch nach Brösicke gegen die Knochengrundsubstanz ganz anders als die Kalilauge. Die Grenzscheiden der Knochenkanälchen werden durch gesättigte (50%ige) Kalilauge früher als die übrige Grundsubstanz zerstört, während sie einer gesättigten oder starken Natronlauge länger als die übrige Grundsubstanz widerstehen und durch 24 stündige Einwirkung von ihr isoliert werden können. Verdünnte Natronlauge wirkt dagegen genau wie Kalilauge.

5. **Ammoniak** wirkt nach Donders viel weniger kräftig als die Kalilauge. Es wird für tierische Gewebe hauptsächlich zur Isolierung der Elemente von Haaren und Nägeln in der Konzentration von 1 Vol. Ammoniak (spez. Gew. 0,96) auf 3 Vol. destillierten Wassers angewandt und muß monatelang einwirken; jahrelange Behandlung schadet nichts. Waldeyer (84_1, 84_2) stellte durch längere Behandlung mit Ammoniak in den Rindenzellen der Haare feine Fibrillen dar. Nathusius konnte diesen Zerfall in Fibrillen teilweise auch bei gröberer Schafwolle nach 15- und 18monatlicher Einwirkung der wässerigen Ammoniaklösung bestätigen.

Richter findet Ammoniak in konzentrierter Lösung bei verschiedenen Temperaturen als geeignetes Macerationsmittel für pflanzliche Gewebe. Siedend angewandt, maceriert es in 1 Minute Kartoffelknollenparenchym, in 5 Minuten das Endosperm von Ricinus, in 15 bis 20 Minuten Stengelstückchen von Cucurbita Pepo. Bei 40° C isoliert er Holz von Taxus baccata in 4 Tagen, von Dyospyros Ebenum in 11 Tagen, und kalt angewandt maceriert er Kartoffelperiderm in 23 Tagen. In einer ausführlichen Tabelle gibt er außerdem noch die Wirkung auf eine große Anzahl anderer Pflanzengewebe an.

6. *a)* **Salpetersäure,** konzentriert oder nur schwach verdünnt mit Zusatz von etwas Glycerin, benutzte Förster namentlich zur Darstellung von Virchows Knochenkörperchen. Er behandelte Knochenschliffe oder Knochensplitter 24 Stunden lang damit auf dem Objektträger und isolierte die Körperchen dann durch leichten Druck auf das Deckglas. Neumann (63) isolierte mit starker, ja sogar kochender Salpetersäure (und Salzsäure) die Grenzscheiden der Knochenhöhlen. Brösicke fand für denselben Zweck Einlegen in kalte konzentrierte Salpetersäure für 8 Tage oder Kochen in verdünnter Salpetersäure sehr geeignet.

W. Krause (63) wandte für quergestreifte Muskelfasern gewöhnliche, reine, konzentrierte Salpetersäure an. Einwirkung 4 Stunden lang, dann kommen die Muskeln 24 Stunden in Glycerin. Macht die Fasern wellig und nach W. Felix (87) leicht brüchig, isoliert aber gut. R. Heidenhain (74) fand in der gewöhnlichen, nicht rauchenden Salpetersäure, konzentriert oder zu einem Drittel mit Wasser verdünnt, ein gutes Mittel, die Harnkanälchen auf möglichst lange Strecken mit erkennbar erhaltener Epithelstruktur (Salzsäure verwischt die besonderen Charaktere derselben zum größten Teil) zu isolieren. Für die Dauer der Einwirkung lassen sich keine bestimmten Vorschriften machen; sie muß um so größer sein, je fester das Nierengewebe ist. Dann kommen die Nierenstücke in ein Gemisch von 2 Teilen Glycerin und 1 Teil Wasser.

b) **Salpetersäure,** rauchende, 40%ig, wird von Böhm und Oppel für die Isolation der Harnkanälchen empfohlen. Einwirkung auf kleine, frische Stücke 2—4 Stunden lang, dann wird mit destilliertem Wasser gewaschen und im Uhrschälchen, manchmal durch bloßes Schütteln, isoliert. Nachfärben der gut ausgewaschenen Präparate in saurem Fuchsin, von dessen Lösung einige Tropfen dem Waschwasser zugesetzt werden. Untersuchen und Einschließen in mit Wasser verdünntem Glycerin. Sehr gute Objekte für diesen Zweck sind die Nieren der Schildkröte und Maus.

c) **Salpetersäure,** 36%ig, wurde von Kuhnt zur Isolation der Achsencylinder benutzt. Er legte frische Nerven für 24—54 Stunden in das Gemisch und zerzupfte dann.

d) **Salpetersäure,** bis 30%ig, zur Maceration der Linse und leichten Isolierung der Linsenfasern (Böhm und Oppel).

e) **Salpetersäure,** 20%ig, zuerst von Reicherts Schüler Paulsen, dann auch von Reichert selbst für die Isolierung glatter Muskelfasern angegeben. Nach einer Einwirkung von 24—28 Stunden erhielt er beim Schütteln der Objekte mit Wasser die Fasern isoliert. Man kann auch nur einige (2—3) Stunden macerieren, dann auswaschen und auf dem Objektträger in Wasser zerzupfen. Die Maceration ist in der Wärme viel schneller beendet. Wird auch für quergestreifte Muskelfasern verwendet. P. Langerhans (76) erhielt durch kräftiges Schütteln sehr gute Isolationspräparate vom Nervensystem des Amphioxus, wenn er ein Tier 3 Tage in 20%ige Salpetersäure einlegte und dann wenigstens 24 Stunden auswässerte. Marceau isolierte mit 20%iger Salpetersäure (Nachbehandlung: reines Wasser, dann Alkohol, dann Glycerin) mit Erfolg die Herzmuskelfasern niederer Wirbeltiere. G. Schwalbe (79) wendet dasselbe Verfahren zur Darstellung der Kopfnerven von Fröschen und Salamandern an; er legt die ganzen Tiere oder nur die Köpfe ein und empfiehlt, die Maceration 2 Tage lang bei 35° C vorzunehmen. Dann vorsichtig schütteln. Gage (88) maceriert ganz frische Muskeln (eventuell ausgespannt) erst für 24 Stunden bei 18° C, dann für 1 Stunde bei 40—50° C (bei über 40° C oft kontrollieren!) und wäscht $^1/_2$—24 Stunden in Wasser aus. Einige Muskelbündel werden dann auf dem Objektträger in Glycerin mit Zusatz von Pikrinsäure oder Pikrocarmin zerlegt; darauf wird das Glycerin abgesaugt, ein Tropfen Glycerinleim zugesetzt und in ihm die Fasern geordnet und eingeschlossen. Kernfärbung gelingt, wenn die ausgewaschenen Muskel für 12 Stunden in 4—5fach verdünnte Kochsche Tuberkelfärbeflüssigkeit, weiter in 20%igen Alkohol mit einem Tropfen Pikrocarmin, dann in 50%igen und schließlich in 95%igen Alkohol übertragen werden. Die Fasern sind dann leicht durch Zerzupfen isolierbar. Übertragen in Kollodiumnelkenöl, Balsam. Die Farbe blaßt manchmal ab. Er empfiehlt auch (89), die Präparate mit Wasser auszuwaschen, dieses dann abzugießen und durch eine halbgesättigte Alaunlösung zu ersetzen. Dann können sie beliebig lange aufbewahrt oder mit Hämatoxylin oder Carmin gefärbt werden. Bristol bringt zum Studium der makroskopischen Verhältnisse der Nerven bei Nephelis die Tiere frisch in 20%ige Salpetersäurelösung und läßt sie 24—36 Stunden darin, bis Haut und Muskeln leicht entfernt werden können. Dann werden sie ausgewaschen, in Boraxcarmin gefärbt und in Glycerin eingelegt. v. Ebner (00) konnte durch längere Einwirkung von 20%iger Salpetersäure an den Annuli fibrosi des Säugetierherzens natürliche, zugespitzte Enden von Muskelfasern isolieren.

f) **Salpetersäure**, 10%ig, von Schultz für die Isolation der glatten Muskeln von Wirbeltieren sehr empfohlen. Er legt die Gewebsstücke möglichst frisch für 24 Stunden in diese Lösung und bringt dann kleinere Abschnitte davon nach flüchtigem Abspülen mit destilliertem Wasser für 6—8 Tage in eine frisch bereitete Mischung von 1 Teil $^1/_{20}$%ige Osmiumsäure und 1 Teil $^1/_5$%ige Essigsäure (von Hertwig für Actinien empfohlen), anfangs im Dunklen, dann im Hellen. Dann zerzupft er in Glycerinwasser und umzieht mit Lack; oder er isoliert durch Klopfen auf das Deckglas. Eventuell Färben mit wässeriger Eosinlösung.

Salpetersäure, schwach. Metalnikoff gibt an, daß sich die Cuticula von Sipunculus bei Behandlung mit schwacher Salpetersäure leicht abhebt, sehr häufig mitsamt der Hypodermis und den in derselben eingeschlossenen Drüsen.

g) **Salpetersäure**, 3%ig, wird von Mitrophanow benutzt, um die Hautdecke junger Axolotlembryonen abzuziehen. Er legt den Embryo erst für $^1/_4$ Stunde in diese Lösung und darauf für 1 Stunde in Viertelalkohol (1 Teil Alkohol auf 3 Teile Wasser). Die Hautdecke hebt sich dann teilweise ab; bringt man das Objekt auf 24 Stunden in stärkeren Alkohol, so löst sie sich fast auf dem ganzen Körper ab. Doppelfärbung mit konzentrierter wässeriger Lösung von Wasserblau und mit Safranin.

h) **Salpetersäure, Glycerin** und **Wasser** zu gleichen Teilen verwendete Marcacci für die Isolation der glatten Muskeln der Brustwarze. Hendrickson rühmt diese Methode für die Darstellung der Muskulatur der Gallenblase und Gallengänge. Lewis (01) benutzte dieses Gemisch an menschlichem Präpariersaalmaterial, welches mit einem Carbolsäuregemisch injiziert war, zum Studium des Aufbaues des M. pectoralis major; Einwirkungsdauer: 24 bis 48 Stunden.

Salpetersäure, konzentriert (1 Teil), Glycerin (1 Teil) und Wasser (3 Teile) benutzte Freud (79_1) für die Isolation der Nerven höherer Wirbeltiere. Er maceriert 2 bis 4 Tage lang und bringt die Präparate dann 1—2 Tage in destilliertes Wasser. Das Gemisch muß „je nach Bedürfnis mehr oder weniger Untersalpetersäure enthalten" und ist auch für Schleimdrüsen, Haare usw. brauchbar. Bardeen wandte dieses Gemisch zum Studium der Beziehungen zwischen Muskel- und Nervenfasern bei Wirbeltieren mit gutem Erfolg an. Der Muskel wird vorher entweder für einige Stunden in 2—3%ige Essigsäure. dann für 1 Tag in 1%ige Osmiumsäure und dann in Glycerin gebracht, oder nach einer der gewöhnlichen Methoden mit Goldchlorid imprägniert und für einige Tage in Glycerin übertragen.

Salpetersäure (1 Teil), Glycerin (2 Teile) und Wasser (2 Teile) wird empfohlen von I. B. MacCallum. Er benutzt folgende Lösung für die Isolation der Herzmuskelfaserzüge an Embryonen und Erwachsenen. Die Herzen werden je nach Größe für 8 Stunden bis 3 Tage in eine Mischung von 1 Teil gewöhnlicher Salpetersäure, 2 Teilen Glycerin und zwei Teilen Wasser gegeben. Dann kommen sie in eine Lösung von 5% Glycerin in Wasser und können einige Tage darin liegen. Herzen, welche dann nicht sofort verarbeitet werden, werden in 5%ige Formollösung übertragen und darin aufgehoben; die eintretende Härtung erschwert die Isolierung nicht.

i) **Salpetersäure** (15 Volumteile), **Eisessig** (15 Volumteile), **Glycerin** (100 Volumteile), **absoluter Alkohol** (100 Volumteile), **Wasser** (100 Volumteile) von Apathy (93) für die Darstellung der Nerven von Hirudineen besonders empfohlen. Die Tiere werden gedehnt aufgespannt und für 24 Stunden in die Flüssigkeit gebracht, dann ohne auszuwaschen für 24 Stunden in 70%igen Alkohol übertragen, worin sie stark aufquellen und durchsichtig werden. Schließlich kommen sie in 50%iges Glycerin, welches solange gewechselt werden muß, bis es nicht mehr sauer reagiert. Die feinsten Verästelungen des peripheren Nervensystems lassen sich dann im Zusammenhang ganz leicht herauspinseln. (Anderes Verfahren von Apathy siehe unten bei: Doppeltchromsaures Kali.) Halpern benutzte bei seinen Untersuchungen am Bauchmark von Astacus fluviatilis die Apathysche Macerationsflüssigkeit.

k) **Salpetersäure-chlorsaures Kali** wurde zuerst von Franz Schulze, Professor der Chemie in Rostock, für die Isolation von Pflanzenzellen angegeben. Anfangs (50) benutzte er Salpetersäure und phosphorsaures Kali, später (56) Salpetersäure und chlorsaures Kali. Er empfahl auf 20 Gewichtsteile Salpetersäure von 1,160 spez. Gew. 3 Gewichtsteile chlorsaures Kali anzuwenden und es 14 Tage bei ungefähr 15° C einwirken zu lassen, aber nicht zu erhitzen. Für die Reindarstellung der Cellulose gab er (60) an, 15 Gewichtsteile

Salpetersäure von 1.1 spez. Gew. auf 1 Gewichtsteil chlorsaures Kali zu nehmen, das Gemisch mäßig zu erwärmen, bis das Salz gelöst ist, und dann den zu macerierenden Pflanzenteil möglichst zerkleinert hineinzuwerfen. Die Einwirkung gibt sich durch reichliche Gasentwicklung (chlorige Säure etc.) zu erkennen. Dann wäscht man sorgfältig mit Wasser und kocht wiederholt mit Weingeist aus, so lange dieser noch etwas auflöst. Strassburger und Zimmermann geben für die Isolierung verholzter Pflanzenteile die Methode in folgender Form: Man übergießt in einem weiten Reagensglas einige Stücke chlorsaures Kali mit so viel Salpetersäure, daß die Stücke vollständig bedeckt sind, legt nicht zu dünne Längsschnitte des Holzes hinein und erwärmt über einer Flamme (wegen der sich entwickelten Dämpfe am besten unter einem Abzuge), bis lebhafte Gasentwicklung eintritt. Dann läßt man das Reagens noch einige Minuten einwirken, im allgemeinen bis die Stücke völlig weiß geworden sind, und gießt hierauf das Ganze in eine größere mit Wasser gefüllte Schale. Von dort werden die Stücke entweder auf den Objektträger übertragen und zerzupft oder in einem Reagensglase mit Wasser geschüttelt.

Für tierische Objekte ist das Gemisch zuerst von J. Budge zur Isolierung der quergestreiften Muskelfasern angegeben worden. Er mischte die beiden Bestandteile beliebig, ließ die Mischung 12—24 Stunden einwirken und fand sie besonders für Froschmuskeln geeignet. Seinen Schüler Uechtritz ließ er das Gemisch dann in verschiedener Zusammensetzung auch zur Untersuchung des Nerven- und Bindegewebes, der Hornhaut und der Nieren anwenden. v. Wittich empfahl für denselben Zweck die frischen (Frosch-) Muskeln in Zusammenhang mit den Knochen in einem Gemisch: Destilliertes Wasser 200 *ccm*, Salpetersäure 1 *ccm*, chlorsaures Kali 0.06 *g* so lange zu kochen, bis die Sehnen vollkommen durchsichtig sind, und dann zu zerzupfen.

W. Kühne (62) gab dann folgende Vorschrift: Man bedeckt den Boden eines Becherglases mit Krystallen von chlorsaurem Kali, befeuchtet dieses schwach mit destilliertem Wasser und gießt etwa das vierfache Volumen reiner konzentrierter Salpetersäure hinzu. Die Mischung wird einmal umgerührt und der Muskel dann mit einem Glasstabe unter die Krystalle vergraben. Der Muskel zieht sich sofort stark zusammen und wird nach einiger Zeit bräunlich. Nach $^1/_2$ Stunde wird er herausgenommen und im Reagensglas mit Wasser heftig geschüttelt; zerfällt er nicht, so kommt er in die Mischung zurück und wird von 5 zu 5 Minuten erneut geschüttelt.

R. Heidenhain (63) benutzte die von Wittich (s. oben) angegebene Mischung, um am Gelenkknorpel vom Frosch die „Zellterritorien" zur Darstellung zu bringen, brauchte aber dazu $1^1/_2$ Monate. Den gleichen Erfolg in kürzerer Zeit (4 Tagen) erhielt er, wenn er in Salpetersäure von 1,16 spez. Gew. chlorsaures Kali im Überschuß eintrug und das Gemisch mit dem gleichen Volumen destillierten Wassers verdünnte. Waldeyer (63) benutzte das Gemisch zum Isolieren von Ganglienzellen mit Ausläufern bei Wirbellosen und bei Vertebraten und von Nervenfasern bei Vertebraten und findet, daß es dabei auf ein bestimmtes Verhältnis zwischen der Salpetersäure und dem chlorsauren Kali gar nicht ankommt, doch muß die Mischung öfters erneuert werden. Batrachier- (besonders günstig) und Fischnervenstämme bleiben bei 12—15° C gewöhnlich 18—25 Stunden, im Sommer 5 bis 8 Stunden in der Mischung, die Nervenstämme der höheren Wirbeltiere wenigstens 24 Stunden, die peripherischen Ganglien bis zu 24 Stunden. Da Mark und Schwannsche Scheide gern stellenweise abbröckeln, erhält man so auch teilweise die Achsencylinder nackt.

v. Ebner (70) isoliert die glatten Muskelfasern der Aortenwand folgendermaßen: Er bringt auf den Boden des Glasgefäßes gepulvertes chlorsaures Kali, legt ein möglichst frisches Stück der Aorta darauf und bedeckt es wieder mit einer Schicht des Salzes. Dann gießt er das 5—6fache Volumen Salpetersäure von nahezu 20$^0/_0$ (spez. Gew. 1,14) vorsichtig an der Wand des Glases herab und läßt die Mischung an einem kühlen, vor der Sonne geschützten Ort gewöhnlich 10—14 Tage stehen. Darauf wird in viel destilliertem Wasser ausgewaschen und ausgeschüttelt und auf dem Objektträger abgespalten. Bei Übertragung in Alkohol schrumpfen die Zellen etwas. Kürzere Einwirkung des Gemisches benutzte er für das Studium des Aufbaues der elastischen Fasern.

Fumi wendet ein Gemisch von 1 Gewichtsteil chlorsaures Kali und 3 Gewichtsteilen Salpetersäure zur Isolierung der Linsenfasern an. Für frische Linsen (Mensch, Säugetier, Frosch) genügen 1—2 Minuten. Man wäscht sie dann mehrmals mit destilliertem Wasser aus und zerzupft auf dem Objektträger. Aufheben in Moleschotts schwachem Essigsäure-Alkoholgemisch oder in $^1/_2$—1$^0/_0$iger Pikrinsäurelösung.

W. Felix (87) brachte zur Isolation quergestreifter Muskelfasern die Muskeln zunächst für $^1/_2$—2 Stunden in die Budgesche Salpetersäuremischung und dann bis zu 8 Stunden und mehr in reine konzentrierte Salpetersäure. Um die Fasern in ihrer natürlichen Länge zu erhalten, schlug er folgendes Verfahren ein: Er ließ den Muskel im Zusammenhang mit seiner Sehne oder einem Teile des Knochens, an dem er entsprang, und befestigte an den Enden sehr starke Fäden. Dann wurde er feucht in Krystallen von chlorsaurem Kali gewälzt und so in eine Glasröhre gebracht, daß die Fäden herausragen. Der eine Faden wird durch einen eingesetzten Gummistopfen, der andere beliebig befestigt, aber nicht zu stark angespannt. Dann wird wie oben angegeben verfahren und, immer unter Spannung, mehrere Stunden in fließendem Wasser ausgewaschen. Stöhr gibt folgende Vorschrift: Man bringt in 20 *ccm* reiner Salpetersäure (spez. Gew. 1.18) soviel chlorsaures Kali (ca. 5 *g*), daß ein Teil ungelöst bleibt. Nach 1—6 Stunden (manchmal später) wird das Objekt in 20 *ccm* destilliertes Wasser für eine Stunde eingelegt (kann 8 Tage darin bleiben) und schließlich in einem Tropfen verdünnten Glycerins (5 *ccm* Glycerin auf 25 *ccm* destilliertes Wasser) zerzupft. Wenn die Säure gut ausgewaschen ist, lassen sich die Präparate konservieren und auch unter dem Deckglase färben.

7. *a)* **Salzsäure**, konzentriert. Virchow isolierte seine „Knochenkörperchen" (d. h. die Knochenhöhlen und -zellen mit den Grenzscheiden) dadurch, daß er dünne Knochenplättchen mit oder ohne vorheriges Kochen in konzentrierter Salzsäure 4—6—12 Stunden macerierte und auf dem Objektträger zerschüttelte.

Schweigger-Seidel verwendet für die Isolierung der Harnkanälchen eine reine Salzsäure von 1,12 spez. Gew. und läßt sie 15—20 Stunden (in der Wärme weniger lange) auf feine Schnitte oder auf größere Stücke einer nicht zu frischen Niere (24 Stunden nach dem Tode) einwirken. Kleine Tiere eignen sich besser als große, junge besser als alte: besonders zu empfehlen sind: Maus, Fledermaus, Maulwurf, Meerschwein, sehr ungünstig ist Mensch. Nach beendigter Maceration kann man in Wasser gut auswaschen und aufheben: dadurch wird mitunter die Isolierbarkeit begünstigt. Schütteln und Zerzupfen sind zu vermeiden. Man fischt einzelne Abteilungen mit einem breiten Glasstäbchen heraus und sucht sie durch wiederholtes Eintauchen zu isolieren. Dann werden sie auf den Objektträger übertragen und in Glycerin untersucht. Eine Färbung (mit Carmin) ist nur schwach notwendig, da die Präparate selbst in Glycerin bedeutend nachdunkeln. Schiefferdecker (89) empfiehlt für die Isolierung der Nierenkanälchen ebenfalls die reine Salzsäure der Pharmacopöe. Bei Embryonen und jungen Tieren bringt man ganze Nieren oder Stücke davon für 10, bei älteren Tieren kleine Stücke für 20—24 Stunden in diese Säure; dann in destilliertes Wasser für 10—24 Stunden: dann zerdrückt oder zerschüttelt man. Färbung mit Vesuvin. Aufbewahren in Glycerin. Auch Peter führt die konzentrierte Salzsäure (spez. Gew. 1,124) als bestes Mittel zur Isolation der Harnkanälchen an, betont aber, daß sich eine exakte Vorschrift für ihre Anwendung nicht geben läßt; für jedes einzelne Tier müsse der Konzentrationsgrad und die Einwirkungsdauer besonders ausprobiert werden. Er benutzt stets große Stücke (Mäusenieren ganz, Nieren von Kaninchen und Katzen halbiert, von Nieren anderer Tiere Stücke von der Größe etwa des Endgliedes des kleinen Fingers), legt sie sofort nach dem Tode oder Stunden bis zwei Tage nach demselben in die Macerationsflüssigkeit ein und läßt sie bei Mäusenieren mindestens etwa 6, bei Nieren anderer Tiere mindestens etwa 20 Stunden darin liegen. Dann spült er die Stücke mehrmals mit destilliertem Wasser ab und bewahrt sie in demselben auf. Die Kanälchen lassen sich sofort oder erst bis 2 Tage später isolieren. Stücke menschlicher Nieren lassen sich schwer macerieren; bei ihnen muß das Wasser nach einem Tage durch frisches ersetzt werden; das Stück quillt erheblich auf. Ersetzt man dann das Wasser wieder durch frisches, dem etwas Salzsäure zugefügt worden ist, so schrumpft das Organ ein wenig und die Isolierbarkeit hat bedeutend zugenommen. Dauerpräparate sind sehr schwer zu erhalten. Stöhr empfiehlt für Drüsenkanälchen überhaupt kleine Stücke (von ca. 1 *cm* Seitenlänge) in 10 *ccm* reine Salzsäure einzulegen. Nach 10—20 Stunden werden die Stücke in ca. 30 *ccm* destilliertes Wasser gebracht, welches innerhalb 24 Stunden mehrmals gewechselt werden muß. Die Isolation gelingt leicht durch vorsichtiges Ausbreiten des Stückchens mit Nadeln in verdünntem Glycerin.

Mall (91) untersuchte die Einwirkung der Salzsäure in den verschiedensten Konzentrationsgraden und bei verschiedenen Temperaturen auf das elastische, collagene und reticulierte Gewebe.

b) **Salzsäure**, verdünnt. Reichert benutzte eine 20%ige Salzsäure für die Isolierung glatter Muskelfasern und ließ sie 24—28 Stunden einwirken. Dann schütteln in Wasser. Rollett (58) stellt durch Maceration des Bindegewebes in 0.1%iger Säure die elastischen Fasern und Bindegewebszellen dar. Henle (62) macerierte Nieren zur Isolierung der Harnkanälchen mit einer „eben nicht mehr rauchenden Salzsäure" 24 Stunden lang und spülte sie dann mit destilliertem Wasser ab. Aeby (62) macerierte in der gleichen Weise (wie Henle) quergestreifte Muskeln und fand die Fasern gut isoliert und erhalten. Kölliker (67) läßt für die Niere rauchende Salzsäure, welche mit 2—3 Teilen Wasser verdünnt ist, 12—24 Stunden einwirken, verdünnt dann die Flüssigkeit mit der gleichen Menge Wasser und schüttelt. Die Harnkanälchen isolieren sich leicht und das Epithel ist ziemlich gut erhalten. v. Mihalkovics ließ frische Hodenstücke in einer starken Salzsäure (2 Volumen Säure auf 1 Volum Wasser) 1—2 Tage bei 30° C macerieren und brachte sie dann in Wasser, bis die Windungen der Kanälchen anfangen zu zerfallen. Die Hodenkanälchen ließen sich dann unter Wasser mit Nadeln auf sehr lange Strecken gut isolieren, besonders wenn ihre Wände stärker sind, wie beim Menschen, während die dünnwandigen Kanälchen kleiner Säuger leicht zerreißen.

Königstein isolierte die Zellen und Nerven der Hornhaut vom Frosch und Mensch dadurch, daß er die Hornhaut zuerst mit Goldchlorid imprägnierte und dann 24 Stunden lang in ein Gemisch von gleichen Teilen der „käuflichen Salzsäure" und Wasser nebst einigen Tropfen Glycerin macerierte. Moriggia fand die 0.5—1%ige Salzsäure besonders geeignet zur Isolierung der Linsenfasern. (Auch Henle (41) erwähnt schon diese

Wirkungsweise der Salzsäure auf die Linse, gibt aber keinen Konzentrationsgrad an.) FREUD (79₂) benutzte für die Isolation der Spinalganglien von Petromyzon fast dasselbe Verfahren wie KÖNIGSTEIN. Er legte Schwänze von Petromyzon für $^1/_2$—$^3/_4$ Stunden in $^1/_4$%ige Goldchloridlösung, dann in die PRITCHARDsche Reduktionsflüssigkeit am Lichte für 24 Stunden (oder zweimal 24 Stunden), macerierte sie 24 Stunden lang in einem Gemisch von 50 Volumen rauchender Salzsäure, 35 Volumen destillierten Wassers und 15 Volumen Glycerin, übertrug sie 24 Stunden in reines Glycerin und zerfaserte sie vorsichtig unter der Lupe. KRAUS studierte den feineren Bau der MEISSNERschen Tastkörperchen an Schnitten, welche erst vergoldet, dann in Glycerin eingelegt und nachher in Salzsäure maceriert waren.

VAN GEHUCHTEN bringt zum Studium der Insektenmuskelfasern einen dem lebenden Tier abgeschnittenen Fuß der Länge nach aufgeschlitzt in ein Gefäß mit 0,4%iger Salzsäure, zerfasert ihn sofort grob und läßt ihn 3—4 Tage oder länger bei 37—42° C darin liegen. Dann wäscht er in destilliertem Wasser aus, fixiert mit Osmiumsäuredämpfen und legt in einen Tropfen des Gemisches von RIPART und PETIT ein. Außerdem wendet er unter der Bezeichnung: Methode von DANILEWSKY folgendes Verfahren an. Er bringt einen Insektenmuskel leicht zerzupft in ein Glas mit 1%iger Salzsäure, rührt von Zeit zu Zeit um, saugt die Flüssigkeit nach 6—10 Stunden ab und ersetzt sie durch destilliertes Wasser. So wäscht er 4—5mal aus, bis keine Spur von Säure mehr nachweisbar ist. Dann verfährt er wie oben.

SCHUBERG und SCHRÖDER fanden, daß 5%ige Salzsäure bei 40° C (12—24 Stunden) die Muskelfasern von Nephelis gut isoliert, aber der Färbbarkeit der Kerne schadet.

MÖRNER maceriert feine, durch Schaben mit dem Messer erhaltene Späne vom Trachealknorpel eines ausgewachsenen Tieres nach vorläufiger kurzer Extraktion mit destilliertem Wasser mit einer 0,1—0,2%igen Salzsäurelösung bei 40° C, wäscht dann in Wasser von 40° C aus und bringt sie in 0,05—0,1%ige Kalilauge. Er löst so das Chondromucoid heraus und isoliert das Albumoid als zierliches Netzwerk. MORAWITZ erhielt mit der Methode von MÖRNER die gleichen Resultate; außerdem konnte er die Chondrinballen auch durch 24stündige Einwirkung einer 25%igen Salzsäure bei 40° C herauslösen, doch zeigte dann das zurückgebliebene Balkennetz vom Rande her Spuren der Auflösung.

Über SAPPEYS Anwendung der Salzsäure zu Macerationsmethoden siehe unten bei: Schwefelsäure. RENAUT wendet 0,1%ige Salzsäure oder 1%ige Essigsäure zur Darstellung des Sarcolemms bei weißen Kaninchenmuskeln und bei Froschmuskeln an.

WIESNER zerlegte die pflanzliche Zellhaut dadurch in feinste Bestandteile, daß er die Objekte, nachdem sie während 24 Stunden der Einwirkung 1%iger Salzsäure ausgesetzt sind, abtrocknet und auf 50—60° C erwärmt; die Membranen zerfallen dann, in Salzsäure oder Kalilauge liegend, nach leichtem Druck, in ein überaus feines Pulver.

c) **Salzsäure-Alkohol** wurde von C. LUDWIG und ZAWARYKIN zur Isolation der Harnkanälchen benutzt. Sie kochten kleine Stücke der frischen Niere 4—6 Stunden lang in 90%igem Alkohol, welchem 0,5—0,75% gereinigte, möglichst stark rauchende Salzsäure zugesetzt war, auf dem Wasserbade mit Benutzung eines Rückflußkühlers, wuschen sie dann wiederholt mit Wasser aus, bis der Alkoholgeruch verschwunden war und ließen sie dann noch mehrere Tage in Wasser stehen. Durch sanfte Bewegungen ließen sich darauf sehr lange Stücke von Harnkanälchen isolieren. Sie konnten auch in Alkohol gehärtete Nieren verwenden, wenn sie vor der Maceration wieder in Wasser aufgequollen waren. Die Maceration von Nieren, deren Harnkanälchen vorher mit Berlinerblaulösung injiziert waren, gewährte gewisse Vorteile.

TOMSA benutzte dieselbe Methode für die Isolation der Nerven in der Haut der menschlichen Eichel, nur fand er es für diesen Zweck geeigneter, 0,1%ige Salzsäure (in 90%igem Alkohol) zu nehmen und 24—48 Stunden zu kochen. Die Maceration mußte dann längere Zeit in Wasser fortgesetzt werden. Alkoholpräparate waren für diese Methode im allgemeinen nicht brauchbar.

Für die Isolation nicht verholzter und nicht verkorkter pflanzlicher Gewebe ist das von MANGIN angegebene Verfahren geeignet. Man legt dünne Schnitte für 2 Stunden in ein Gemisch von 1 Teil Salzsäure und 4—5 Teilen Alkohol, wäscht sie dann mit Wasser aus und behandelt sie darauf kurze Zeit mit einem Alkali, und zwar entweder mit der Lösung eines Kali- oder Natronsalzes von alkalischer Reaktion (Carbonat, Phosphat, Oleat, Silicat usw.) oder mit einer schwachen Ammoniaklösung oder mit der Lösung des Ammoniumsalzes einer organischen Säure (Oxalsäure, Citronensäure usw.). Sobald die Gewebe vollständig von dieser Lösung durchdrungen sind, genügt ein schwaches Schütteln, um die Elemente vollständig zu isolieren.

8. *a)* **Schwefelsäure,** konzentrierte, reine, englische. (Spez. Gew. 1,84). DONDERS hat besonders genau ihre Einwirkung auf verschiedene tierische Gewebe untersucht. Er bestätigt auch die schon von anderen (MAYER, VALENTIN) gemachten Angaben über ihre macerierende Wirkung auf verhornte Gebilde (verhornte Epidermis, Haare, Nägel).

In späterer Zeit beschleunigte man die Isolierung der Bestandteile dieser Gebilde durch Erwärmen.

b) **Schwefelsäure,** verdünnt, wird von W. KÜHNE (62) zur Maceration quergestreifter Muskelfasern empfohlen. Der Muskel wird für 24 Stunden in ein Gemisch, welches im Liter Wasser 0,1 *g* konzentrierte Schwefelsäure (s. oben) enthält und welches erneut wird, sobald der Säuregrad merklich abnimmt. Dann wird die Säure sorgfältig mit destilliertem Wasser ausgewaschen und der Muskel in einem größeren Glase mit destilliertem Wasser auf 35—40° C erwärmt. Durch starkes Schütteln mit Wasser in einem Reagensglase zerfällt darauf die Muskel in seine Fasern.

M. Schultze (62) fand, daß sich Riechzellen und Stäbchen der Retina vortrefflich konservieren und isolieren lassen in einer Lösung, welche 3—4 Tropfen konzentrierter Schwefelsäure (s. oben) auf 30 *g* Wasser enthält (0,6—0,7%ige Lösung); manchmal kann man auch auf 1 Tropfen herab und bis auf 10 Tropfen hinaufsteigen. Kaltblütige Tiere vertragen stärkere Lösungen als warmblütige: bei den Vögeln dürfen nur ganz schwache Lösungen (1/4—1/2 Tropfen auf 30 *g* Wasser) genommen werden. Die einzulegenden Stücke dürfen nicht zu klein sein im Verhältnis zur Flüssigkeitsmenge. Die Untersuchung hat schon nach einigen Stunden zu beginnen. Zur vollständigen Isolierung kann man noch eine mehrstündige Behandlung mit Wasser von 35—40° C eintreten lassen, durch welche das Bindegewebe zuletzt fast vollständig gelöst wird. Schlüter macerierte aus Speicheldrüsen durch Kochen in 0,1%iger Schwefelsäure die zu den Drüsenacini verlaufenden marklosen Fasern. Odenius macerierte mit einer 0,6—0,8%igen Lösung Tasthaare 8—14 Tage lang zur Darstellung der Nervenenden in ihnen. Broesicke erwähnt, daß sich mit verdünnter Schwefelsäure schon in der Kälte die Grenzscheiden der Knochenkanälchen darstellen lassen. Patten macerierte die Augen von Mollusken und Arthropoden bis zu 20 Tagen oder länger mit einem Gemisch von 5 Tropfen Schwefelsäure auf 30 *g* Seewasser und erhielt damit die besten Resultate für die Nervenendigungen in den Retinophoren und für einige andere Verhältnisse. Sappey empfiehlt als Macerationsflüssigkeit ein Gemisch von 9 Teilen 20%iger Salz- oder Schwefelsäure und 1 Teil Essigsäure; er legt die Gewebe erst 24—30 Stunden in diese Lösung und läßt sie dann aufkochen in einer Mischung von 9 Teilen 3- oder 5%iger Schwefelsäure und 1 Teil Essigsäure. Die Methode ist vielfach variabel und fast für alle Gewebe anwendbar.

c) **Schwefelsäure und Glycerin** hat A. Fischer zur Isolation von einzelnen Zellen aus weichen Pflanzenteilen empfohlen. Er bringt die Schnitte auf den Objektträger in einen Tropfen Glycerin und bedeckt mit einem Deckglas. Dann wird am Rande des Deckglases ein Tropfen Schwefelsäure zugesetzt und höchstens eine Minute lang bis zum Sieden erhitzt. Durch Druck auf das Deckglas gelingt dann leicht die vollständige Isolierung.

9. *a)* **Schwefelige Säure** wurde zuerst von Kühne (71) zur Isolation quergestreifter Muskelfasern verwandt. Er brachte die Muskeln 24 Stunden in äußerst verdünnte schwefelige Säure, erwärmte sie dann mehrere Stunden lang auf 40° C und schüttelte sie dann heftig mit Wasser im Reagensglase. Sandmann zieht folgendes Verfahren vor: Muskeln oder der Länge nach herausgeschnittene Streifen werden für 1—8 Tage oder noch länger in ein gut verkorktes Reagensglas mit schwefeliger Säure in der gewöhnlichen Konzentration des Handels (d. h. ca. 5% SO_2 enthaltend, Spalteholz) gebracht, dann tüchtig in destilliertem Wasser ausgewaschen und in einem Reagensglas mit destilliertem Wasser 3—4mal gekocht, so daß das Wasser dazwischen erkaltet oder durch kaltes ersetzt wird. Dann wird durch Schütteln isoliert. Die so isolierten Fasern lassen sich leicht und rasch vergolden. Man übergießt sie in einem Reagensglas für wenige Minuten (bis zur gelblichen Färbung) mit Wasser, welchem für je 10 *ccm* 1—3 Tropfen einer 1%igen wässerigen Goldchloridlösung zugesetzt werden, wäscht dann mit destilliertem Wasser aus und erhitzt dann in Wasser, welchem ein Tropfen Essigsäure zugesetzt werden kann, bis zum Sieden. Untersuchen und Einbetten in Glycerin und Wasser zu gleichen Teilen, wozu ein Tropfen Essigsäure gesetzt wird. Die Nervenendigungen bleiben sehr gut erhalten.

b) **Schwefelige Säure und Rohrzuckerlösung** ist von Klebs benutzt worden für Entfernung des Epithels und Aufhellung des Bindegewebes ohne Beschädigung der Nerven- und Muskelfasern beim Studium der Nervenendigung an glatten Muskelfasern. Er benutzte eine 5%ige Rohrzuckerlösung und setzte zu je 1 *ccm* derselben 1 Tropfen einer ziemlich gesättigten schwefeligen Säure. In diesem Gemisch ließ er die Harnblase des Frosches, bis die Epithelien sich loszulösen begannen. Dann wurde sie in eine reichliche Menge einer 30%igen Lösung von phosphorsaurem Natron übertragen und das Epithel durch Schütteln (nicht durch Pinseln) entfernt. Rawitz (07) gibt an, daß er gelegentlich statt der schwefeligen Säure 1 *ccm* einer 1%igen Lösung von Natriumbisulfit zu 1 *ccm* Rohrzuckerlösung zugesetzt und an den Epithelzellen der Harnblase des Frosches gute Erfolge damit erzielt habe.

10. **Arsenige Säure** isoliert nach Thiem in kaltgesättigter Lösung nach einigen Tagen ausgezeichnet die Fibrillen der quergestreiften Muskelfasern sowie die elastischen Fasern. Golgi verwendet eine 1%ige Lösung, welcher ungefähr ein Viertel ihres Volumens Alkohol zugefügt wird, zur Isolation der Harnkanälchen. Er maceriert embryonale und postembryonale Nieren von Mensch und anderen Wirbeltieren 4—10 Tage darin und findet die Maceration leichter und das Epithel besser erhalten als mit anderen Methoden.

Peter gelang es dagegen trotz mehrfacher Versuche überhaupt nicht, mit der Golgischen Methode Nierenstücke zur Erweichung zu bringen.

11. Chromsäure wurde zuerst von Hannover in die histologische Technik eingeführt und von ihm in verdünnter Lösung angewandt. Weiteres über die Geschichte der ersten Anwendung siehe bei Weigert.

a) **Konzentrierte wässerige Lösung** wird nur zur Isolierung pflanzlicher Zellen aus verholztem Gewebe gebraucht. Man läßt nicht zu dicke Schnitte $^1/_2$—5 Minuten lang in der Lösung und wäscht dann mit viel Wasser aus. Das Verfahren steht dem Schulzeschen (s. oben bei: Salpetersäure-chlorsaures Kali) bedeutend nach (Strassburger).

b) **Verdünnte wässerige Lösung.** Hannover benutzte gewöhnlich Mischungen von 1 Teil Säure auf 16—20 Teile Wasser und untersuchte nach 2—4 Monaten. Er fand (pag. 551) daß die Muskelfasern dann leicht in ihre Fibrillen zerfallen, daß ferner (pag. 550) sich die Fasern der Linse leicht isolieren lassen und (pag. 553) daß die Gehirnzellen bei längerer Einwirkung noch erhalten sind, wenn die Nervenfasern bereits zerfielen. M. Schultze (56, 62) benutzte sie dann zur Isolation der Zellen der Riechschleimhaut und der Netzhaut und prüfte dabei genau die Wirkungsweise verschieden starker Lösungen. Es ist stets reine, von Schwefelsäure möglichst freie Chromsäure zu benutzen, welche, da sie begierig Wasser anzieht, vor dem Gebrauch bei 100° C (oder im Exsiccator über Schwefelsäure) getrocknet werden muß. Die Isolation der Stützzellen der Riechschleimhaut (56) (pag. 505) ist fast durch jede beliebig starke Lösung von Chromsäure (schwankend zwischen 0,03, 0,8 und mehr Gramm auf 100 Wasser) möglich; diejenige der Riechzellen (56) (pag. 508) ist aber an die Benutzung von ganz bestimmten Konzentrationsgraden gebunden, jedoch so, daß die Lösung je nach dem Tier und nach der Zeit zwischen dem Tod und dem Einlegen verschieden stark gewählt werden muß; je später das Gewebe eingelegt wird, um so stärker muß die Lösung sein. Die Beimischung von löslichen organischen Stoffen, wie Blut, Schleim, zur Macerationsflüssigkeit, kann namentlich bei warmblütigen Tieren günstig für die Maceration wirken, wenn gleichzeitig die Chromsäurelösung etwas konzentrierter gewählt wird; so hat M. Schultze (62) (pag. 85) von dem Zusatz wässeriger Lösungen von Gummi arabicum gute Erfolge gesehen. Die günstigsten Konzentrationen für die Isolierung der Riechzellen waren für den Frosch 0.03—0,04 *g*: 100 Wasser (56) (pag. 508), für beschuppte Amphibien und Warmblüter 0.01—0,025 *g*: 100 Wasser (56) (pag. 509), für den Menschen, wenn sie erst 12—24 Stunden nach dem Tode zur Untersuchung gelangen, 0,05 *g*: 100 Wasser (62) (pag. 84). Die Einwirkungsdauer soll 1—3 Tage dauern, kann jedoch bei gelungener Maceration verlängert werden (62) (pag. 86). Sehr wichtig ist das Verhältnis zwischen dem Volumen des Präparates und jenem der Flüssigkeit; im allgemeinen ist es nicht ungünstig, das Präparat verhältnismäßig groß zu wählen. (Ranvier (88) empfiehlt ungefähr 10 *ccm* Chromsäurelösung für ein Stückchen von ungefähr 5 *mm* Breite zu nehmen.) Bei Warmblütern ist die Sicherheit der Methode mangelhaft. An der Retina sind ähnliche Unterschiede gegen verschieden starke Lösungen der Chromsäure, wie an der Riechschleimhaut, zwischen Nervenfasern und Stützfasern vorhanden (56) (pag. 512); die Retinastäbchen werden dagegen schlecht konserviert (62) (pag. 90). Rawitz (07) führt Chromsäure 0,1—0,005% als vorzügliches Macerationsmittel an. Zarte Objekte vertragen eine stärkere, kompakte verlangen eine dünne Säure. Für alles geeignet; glatte Muskelfasern sind in 0,01—0,05%iger Lösung sehr gut nach 24—48 Stunden zu isolieren.

Buchholz verwendet die Chromsäure zur Isolation der Ganglienzellen bei Süßwassermollusken. Schnecken werden 1 Tag oder länger (vor dem Vertrocknen geschützt) liegen gelassen oder in äußerst verdünnten Alkohol oder in Chromsäure von höchstens 0,01% gebracht. Dann werden die Schlundringe heraus präpariert und in 0,02—0,05%iger Chromsäurelösung, in der schwächeren mehrere, in der stärkeren höchstens $^1/_2$ Stunde liegen gelassen. Darauf werden sie in einer indifferenten Flüssigkeit (Humor aqueus, Zuckerlösung oder dgl.), die mit Carmin gefärbt werden kann, so lange liegen gelassen, bis sich die Ganglienknoten als zusammenhängende, elastische Klumpen unverletzt herausheben lassen, selbst aber der Zerzupfung einen gewissen Widerstand entgegensetzen; in diesem Falle werden die Präparate gut. Rawitz (07) empfiehlt dieses Verfahren für Land-Evertebraten. Über Waldeyers (63) Anwendung der Chromsäure für die Isolation peripherer Nerven von Wirbellosen s. unten bei: Sublimat. Pflüger macerierte zur Isolation von Speicheldrüsenzellen mit anhängenden Nervenfäden die Drüsen 24 Stunden lang in 0,04%iger Chromsäurelösung entweder unmittelbar nach dem Tode oder nachdem er sie vorher 5 Tage in Jodserum bei Zimmertemperatur eingelegt hatte. Deiters hat für die Isolierung der Ganglienzellen ebenfalls teilweise dünne Chromsäurelösungen (nicht über 0,025%) allein, teilweise auch in Verbindung mit chromsaurem Kali (s. dieses) gebraucht. Arnold (65) isoliert sympathische Ganglienzellen mit Spiralfaser von Rana temporaria, indem er die Ganglien 4—5 Minuten in eine 0,2—0,3%ige Lösung einer Essigsäure von 1,07 spez. Gew. und dann 12—24 Stunden, höchstens 36 Stunden in eine 0,01—0,02%ige Chromsäurelösung bringt. Die Präparate dunkeln nach. Man kann in Pikrocarmin oder in 0,1%iger Goldchloridlösung mit Reduktion in angesäuertem Wasser bei Tageslicht nachfärben und erhält dann sehr schöne Bilder nach Rawitz (95). Ganglienzellen mit Ausläufern erhielt Arnold (67) ebenso gut wie mit der von Deiters angewandten Methode (s. unten bei: Doppelt-chromsaures Kali), wenn er Schnitte von gefrorenen Stücken einige Stunden in 0,01%iger Chromsäure und 0,01—0,05%iges chromsaures Kali einlegte. Rawitz (07) führt die Arnoldsche Methode als eine der besten an.

die es überhaupt gibt; sie eigne sich für alle Organe der Vertebraten. Frankenhäuser erhielt durch Zerzupfen sehr gute Präparate von den glatten Muskelfasern des schwangeren Uterus von Mensch, Kaninchen und Schaf, wenn er 0,2—1%ige Chromsäurelösung 3 bis 18 Stunden oder länger, je nach Schnittdicke und Stärke der Lösung, einwirken ließ. Präparate, die vorher in Alkohol gelegen hatten, lassen sich leichter zerlegen. Schwalbe (68) benutzte ebenfalls namentlich Chromsäurelösungen, aber nur 0,02%ige, zum Studium der glatten Muskelfasern. Er fand dafür die Harnblase des Hundes besonders geeignet und macerierte sie 1—2 Tage. Für glatte Muskelfasern verschiedener Tiere muß man verschieden starke Lösungen nehmen. Boll (68) macerierte frisch dem Tiere entnommene Zahnpulpen ungefähr eine Stunde in cca. 0,03%iger Lösung und machte dann durch Zerzupfen die feinsten Nervenverästelungen sichtbar. (Über seine Zusammenstellung: erst Jodserum, dann Chromsäure s. unten bei: Jodserum.) Gottstein fand Chromsäurelösungen von 0,05—0,03% bei 24—36stündiger Einwirkung besonders geeignet für die Untersuchung des Cortischen Organes, wenn die Schneckenkapsel vorher an einer Stelle eröffnet ist. Schwalbe (77) benutzte die 3—4wöchentliche Einwirkung von 0,05—0,03%igen Lösungen für das Studium der elastischen Fasern.

List (85) empfiehlt, zum Studium von Drüsenzellen 0,1%ige Chromsäurelösungen bis zu 8 Tagen einwirken zu lassen. Nach Rawitz (87) ist die Chromsäure weder allein, noch in der von Arnold (s. oben) angegebenen Zusammenstellung für das Nervensystem der Evertebraten brauchbar (s. dagegen oben). Kölliker (89) empfiehlt für die Untersuchung der verhornten Zellen des Stratum corneum der Haut eine kurze Maceration in 0,05%iger Chromsäure.

Mörner (89) macerierte dünne Knorpelschnitte (von der Luftröhre eines ausgewachsenen Tieres) dadurch, daß er sie abwechselnd kurze Zeit in eine konzentrierte Lösung von Chromsäure (1 Teil Chromsäure auf 3 Teile Wasser) und dann zum Abspülen in Wasser brachte. Man kann auf die Weise die Chondrinballen aus der Grundsubstanz herauslösen und das Balkennetz isolieren. Morawitz bestätigte die Angaben Mörners, gibt aber an, daß dabei auch das Balkennetz in beträchtlichem Grade vom Rande her der Lösung verfällt.

Böhm und Oppel empfehlen zur Isolation des Achsencylinders Nerven mit etwa 0,1%iger Chromsäure oder 0,2%iger Lösung von doppeltchromsaurem Kali oder in Holzessig einige Tage bis zu einer Woche zu behandeln und dann zu zerfasern.

Um die Bildung von Schimmel in Lösungen von Chromsäure und Chromsäuresalzen, welche längere Zeit stehen, zu vermeiden, kann man ein Stückchen Campher oder Thymol hineintun, oder (Ranvier) etwa 20—30 Tropfen 1%ige Carbolsäurelösung auf je 30 *g* Flüssigkeit zusetzen.

c) **Chromsäure-Essigsäure** von Mayer zum Nachweis der Sphincteren in den Flossen von Raja maculata verwandt. Frisch getötete Tiere werden in 750 Vol. Wasser, 150 Vol. 1%iger Chromsäure und 80 Vol. Essigsäure für einige Stunden eingelegt; dann läßt sich die gesamte Epidermis in Fetzen ablösen und die Sphincteren treten deutlich hervor.

d) **Chromsäure, Essigsäure, Alkohol.** Bernard empfiehlt zur Isolierung der Epithelzellen der Prosobranchier eine 3—4stündige Maceration in einem Gemisch von 90%igem Alkohol 10 *g*, 0,1%iger Chromsäure 10 *g*, Glycerin 5 *g*, Essigsäure 5 *g* und Wasser 200 *g*. Nach vorausgegangener Fixierung durch Alkohol oder eine andere Flüssigkeit kann man nachträglich noch macerieren in einem Gemisch von 90%igem Alkohol 10 *g*, Glycerin 5 *g*, Essigsäure 10 *g* und Wasser 200 *g*.

12. Borsäure, konzentrierte wässerige Lösung. Engelmann macerierte darin die Flimmerzellen von Anodonta und konnte damit, innerhalb der ersten Stunde untersucht, den Faserapparat der Zellen in seiner Lage sowie auch den Zusammenhang der Cilien mit den Stäbchen des „Deckels“ deutlich machen.

13. *a)* **Osmiumsäure** wurde zuerst von M. Schultze (66) für Isolation der Elemente der Retina angewandt. Er fand, daß Konzentrationsgrade von 0,2% an abwärts nicht mehr vorwiegend erhärtend, sondern zugleich macerierend wirken. Er benutzte deshalb für Macerationszwecke bis zu 0,1% verdünnte Lösungen und ließ sie auf isolierte Retinastücke ½ bis 24 Stunden einwirken; dann übertrug er die Präparate in Wasser und zerzupfte sie in ihm. Zum Einlegen der Präparate fand M. Schultze Glycerin nicht geeignet; dagegen empfiehlt er (71) sehr eine nahezu gesättigte wässerige Auflösung von essigsaurem Kali, welches wie Glycerin angewandt wird. Nach Ranvier (88) sollen sich jedoch darin die Präparate noch viel weniger als in Glycerin halten.

Neumann (68, 80) legte zum Studium der Nervenregeneration verletzte Nerven 24 Stunden in eine 1%ige Lösung, alsdann noch einige Tage in destilliertes Wasser und zerfaserte sie dann. Gottstein ließ Lösungen von 0,1—0,2% 24—36 Stunden lang auf die häutige Schnecke einwirken und erhielt dann durch Zerzupfen in der Macerationsflüssigkeit besonders schöne Bilder von den Pfeiler- und Haarzellen. Rindfleisch behandelte kleine Stückchen von der Hirnrinde des Kaninchens 10—14 Tage mit 0,1%iger Lösung und übertrug sie darauf für 1 Woche in reines Glycerin. Kleine Stücke von Stecknadelkopfgröße brachte er dann in Glycerin auf einen Objektträger und konnte dann durch Klopfen auf das mit Wachsfüßchen gestützte Deckglas Ganglienzellen mit ihren Ausläufern sowie verzweigt und frei endigende Nervenfasern isolieren. Kuhnt benutzte 0,15—0,3%ige Lösungen zur Maceration von markhaltigen Nervenfasern (Schwein, Kaninchen, Hund, Frosch). Nach 6—20stündiger Einwirkung ließ sich der Achsencylinder auf weite Strecken isolieren. ENGELMANN erhielt bei den Flimmerzellen der Muscheln bei mehrstündiger Einwirkung von 0,2%iger Osmiumsäurelösung nach vorausgegangener kurzer Erwärmung des Tieres auf 40—50° C sehr gut den Zusammenhang zwischen den Cilien und den Stäbchen des Deckels. 0,1%ige Lösungen lieferten manchmal ganz gute Bilder von dem Faserapparat und seinem Ursprung in der Zelle in situ. A. DOGIEL (83) legt für Macerationspräparate von den Retinazellen die ganze Retina für 3—20 Stunden in eine 1%ige Lösung von Osmiumsäure und bringt sie dann einige Tage bis Wochen in Wasser, das mit einigen Tropfen Osmiumsäure angesäuert ist. Menschliche Retina macerierte er (84) in der Weise, daß er ganz frische Augen am Äquator halbierte und nach Entfernung des Glaskörpers in mehrere kleine Stücke zerschnitten in 1%ige Lösung für 18—24 Stunden einlegte. Dann wurde die Retina vorsichtig von der Chorioidea abgetrennt, in eine geringe Menge Wasser gelegt und war 24 Stunden später zum Zerzupfen fertig. Sie kann auch monatelang im Wasser liegen, nur ist dies mehrmals im Monate zu wechseln. Nach längerer Einwirkung von Wasser ist sie leichter isolierbar. RETZIUS gibt an, daß er an mit 0,2—0,5%iger Osmiumsäure behandeltem Riechepithel von Cyclostomen die einzelnen Zellen leicht mechanisch (Präparation mit Nadeln, leichtes Schütteln, Druck am Deckglas) isolieren konnte; nicht ganz so geeignet ist mit MÜLLERscher Lösung vorbehandeltes Material. CARNOY empfiehlt für die Isolation von Nervenzellen eine 0,1%ige Lösung 15 Tage lang einwirken zu lassen; für andere Zellen (ausgezeichnet für Blut) ist eine 0,7%ige Chlornatriumlösung zuzufügen. LIST (85) rät für das Studium von Drüsenzellen kleine Gewebsstücke entweder 12—24 Stunden in eine 1%ige oder 24—48 Stunden in eine 0,5%ige Lösung einzulegen, 3—4 Tage auszuwaschen und in destilliertem Wasser oder verdünntem Glycerin (1 Vol. Glycerin, 1 Vol. destilliertes Wasser) zu zerzupfen. Man färbt mit Hämatoxylin oder verdünntem RENAUTschen Hämatoxylinglycerin. PRENANT verwendet für die Isolation der Hodenelemente Einlegen in 1%ige Osmiumsäurelösung auf 12 Stunden und alsdann in 0,02%ige Lösung auf 2—15 Tage, für die Schnecke in 1%ige Lösung auf 1 Tag, darauf in 0,1%ige Lösung auf 4—5 Tage. RAWITZ (87) hat die Osmiumsäure weder in schwacher noch in starker Lösung für die Isolation oder Härtung des centralen Nervensystems der Acephalen geeignet gefunden, er (07) rät dagegen als sehr geeignet zur Isolation von Epithelzellen und zur Erkennung der Tastkolben sehr kleine Stücke für 24 Stunden in 0,1%ige Osmiumsäure zu legen, dann sorgfältig in destilliertem Wasser auszuwaschen und in verdünntem Glycerin oder 50%igem Kali aceticum zu zerzupfen. RANVIER (88) empfiehlt für die Darstellung der Retinaelemente, das Auge von Triton cristatus für 24 Stunden in eine 1%ige Osmiumsäurelösung einzulegen, dann am Äquator zu halbieren, für 2—3 Tage in destilliertes Wasser zu übertragen und in Wasser zu zerzupfen. Färbung in Pikrocarmin, Einlegen in Glycerin. Für die Isolation von Ganglienzellen rät er, 1—2 Tropfen einer 2%igen Osmiumsäurelösung durch Einstich in die Spinalganglien zu injizieren und dieses dann in schwachem Jodserum zu zerzupfen. BÖHM und OPPEL empfehlen für denselben Zweck eine 0,01%ige Osmiumlösung (oder Drittelalkohol) in das Vorderhorn des Rückenmarkes zu injizieren, die so fixierte Stelle herauszuschneiden, zu zerzupfen und in Glycerin einzulegen. Für die Untersuchung der Tracheen einheimischer Lampyriden erhielt BONGARDT die besten Resultate durch eine längere Maceration mit Osmiumsäure (1:2000) bei 40° C.

RAUSCH maceriert menschliche Fußsohlenhaut 1—2 Tage lang bei Körpertemperatur mit 1%iger Osmiumsäurelösung und findet, daß sich dann eine zusammenhängende Schicht abheben läßt, welche jedoch nicht das ganze Stratum corneum darstellt; die noch mit der Unterlage verbundenen wenigen Lagen Hornzellen lassen sich aber leicht abheben und sind zur Untersuchung wohl geeignet.

b) **Osmiumessigsäure** nach O. und R. HERTWIG. In eine Mischung von gleichen Teilen 0,05%iger Osmiumsäure und 0,2%iger Essigsäure werden Medusen 2—3 Minuten lang eingelegt, dann mit 0,1%iger Essigsäure zur Entfernung der Osmiumsäure gewaschen und einen Tag darin gelassen, schließlich in reinem Wasser ausgewaschen, in BEALES Carmin gefärbt und in Glycerin aufbewahrt. Für Actinien benutzt man 5—10 Minuten lang ein Gemisch von gleichen Teilen 0,04%iger Osmiumsäure und 0,2%iger Essigsäure, beide in Seewasser gelöst, und wäscht in 0,2%iger Essigsäure mehrere Stunden lang aus. Dann färbt man entweder nach dem Isolieren mit Pikrocarmin oder vorher mit BEALES Carmin. Große Vorteile bietet dabei die Isolierung durch Klopfen aufs Deckglas. LEE-MAYER meint, daß Vorbehandlung mit Osmiumsäure, HERMANNS oder FLEMMINGS Gemisch und Nachbehandlung mit Pyrogallussäure ohne Zweifel oft noch bessere Resultate liefern würde.

P. SCHULTZ isolierte glatte Muskelfasern folgendermaßen: Ein Stück Gewebe wird möglichst frisch für 24 Stunden in 10%ige Salpetersäurelösung gebracht; darauf werden kleine Abschnitte nach flüchtigem Abspülen mit destilliertem Wasser in ein frisch bereitetes Gemisch von gleichen Teilen 0,05%iger Osmiumsäure und 0,2%iger Essigsäure (siehe oben) gebracht und, anfangs im Dunklen, dann im Hellen, 6—8 Tage daringelassen. Dann zerzupft man in Glycerinwasser oder isoliert durch Klopfen auf das Deckglas. Eventuell färben mit wässerigem Eosin.

IWANZOFF empfiehlt für die Nesselkapseln der Actinien Maceration nach HERTWIG (s. oben), darauf noch Fixation mit Dämpfen von Osmiumsäure 2—5 Minuten lang, dann kurzes Auswaschen in Seewasser oder destilliertem Wasser; weniger gut ist RANVIERS Drittelalkohol. Für die Nesselkapseln der Medusen maceriert er wie HERTWIG (s. oben), oder er benutzt eine Lösung von Methylgrün und Gentianaviolett mit etwas Osmiumsäure, um gleichzeitig zu fixieren und zu färben.

c) **Chrom-Osmium-Essigsäure** nach MÖBIUS: Chromsäure $2^1/_4$ *g*, Osmiumsäure 1 *g*, Essigsäure 1 *g* in 1 Liter Ostseewasser gelöst, von DROST zur Maceration der Sinnesepithelien von Ostseemuscheln benutzt. Einwirkung einige Tage lang. RAWITZ (95) gibt an, daß man mit diesem Gemisch auch bei Wirbellosen des Landes und bei Wirbeltieren gute Resultate erzielt, wenn man anstatt des Seewassers destilliertes Wasser nimmt. A. S. DOGIEL (90) benutzte die Chrom-Osmium-Essigsäure nach MÖBIUS (mit destilliertem Wasser), mit dem doppelten Volumen destillierten Wassers (also auf ein Drittel) verdünnt zur Maceration des Harnblasenepithels.

Chrom-Osmium-Essigsäure nach FLEMMING. LIST (87) schneidet zur Isolation von Actinienepithelien die Tentakel von Anthea und Sagartia unter Wasser ab, saugt dieses ab und fügt ein Gemisch von 3 Vol. starker FLEMMINGscher Lösung und 10 Vol. Seewasser hinzu. Nach 10 Minuten wäscht er sie in 0,2%iger Essigsäure 2—3 Stunden lang aus und zerzupft sie in 50%igem Glycerin. Für die Isolation der Ganglienzellen und der Stützlamelle pinselt er ab. Färbung in Pikrocarmin.

14. Phosphorwolframsäure maceriert in konzentrierter Lösung (KAHLBAUMsches Präparat) nach RAWITZ (09) sehr stark.

15. Wasserstoffsuperoxyd, käufliche Lösung, neutral gemacht, ist nach RAUSCH das beste Macerationsmittel für die Hornzellen der normalen menschlichen Haut (Fußsohle), durch welches auch das Relief der Hornzellen ausgezeichnet erhalten wird. Es genügt, kleine Hautstückchen für einen Tag bei Körpertemperatur einzulegen. Dann bringt man etwas von dem Hornzellenbrei auf den Objektträger, setzt einen Tropfen Essigsäure hinzu und breitet mit Hilfe eines anderen Objektträgers die Zellen auseinander. Nun werden die Zellen über der Flamme fixiert und gefärbt. Die beste Färbung dafür ist: 1. Polychrome Methylenblaulösung, dreimal durch die Flamme ziehen, bis sie eben aufdampft. 2. Kurz in schwach angesäuertes Wasser, dann Abspülen mit gewöhnlichem Wasser. 3. 1%ige Lösung von rotem Blutlaugensalz: 1 Minute. 4. Kurz in schwach angesäuertes Wasser, dann Abspülen mit gewöhnlichem Wasser. 5. Alkohol, Öl, Balsam. Zellen färben sich verschieden.

16. *a)* **Jodtinktur, Jodkalium,** von RAUSCH zur Maceration des Stratum corneum der menschlichen Epidermis (Fußsohle) gebraucht. Er benutzt ein Gemisch von 2 Teilen Jodtinktur und 1 Teil Wasser und wendet das Jodkalium in konzentrierter wässeriger Lösung an. Nach 1—2tägiger Einwirkung bei Körpertemperatur lassen sich die Hornzellen als Brei abheben und isolieren. Die Mittel sind sehr gut zur Darstellung des Reliefs der Hornzellen geeignet. Über Färbung derselben siehe oben bei: Wasserstoffsuperoxyd.

b) **Jodjodkaliumlösung** nach J. ARNOLD (98). 10 Teile einer 10%igen Jodkaliumlösung werden versetzt mit 5—10 Tropfen eines Gemenges, welches in 100 *g* Wasser 10 *g* Jodkali und 5 *g* reines Jod enthält. Man benutzt möglichst kleine Gewebspartikel. Wird die Flüssigkeit nach einiger Zeit heller, so fügt man wieder einen Tropfen konzentrierte Jodjodkaliumlösung hinzu. Locker gefügte Gewebselemente sind sofort zur Untersuchung geeignet; kompaktere Gebilde sind nach 12—48 Stunden, quergestreifte Muskeln und Ganglienzellen des Rückenmarkes bei öfterem Umschütteln erst nach 4—8 Tagen isolierbar. ARNOLD empfiehlt auch, die Stärke der Lösung und die Dauer der Einwirkung zu variieren. Nach der Isolierung eventuell sedimentieren oder centrifugieren und nach Abgießen der Flüssigkeit Nachbehandlung mit anderen Reagenzien (1%ige Osmiumsäure oder 4%iges Formol 24 Stunden, dann Alkohol von steigender Konzentration, Färben mit Eosin). Zur Isolierung der verschiedensten Zellarten und Untersuchung ihrer inneren Struktur. In einer späteren Arbeit (02) empfiehlt ARNOLD eine Lösung zu benutzen, bei der zu 10 *ccm* einer 10%igen Jodkaliumlösung 1—2 Tropfen LUGOLscher Lösung und Eosin in Substanz zugesetzt wird.

17. *a)* **Jodserum,** von M. SCHULTZE (64) angegeben. Man nimmt einen ganz frischen trächtigen Uterus von der Kuh oder vom Schaf (nach RANVIER, 88, bietet nur das Amnioswasser der Säugetiere wirkliche Vorteile), schneidet Uteruswand und Eihäute ein, fängt das Serum, welches klar und citronengelb sein muß, in einer Flasche auf, fügt Blättchen reinen Jods dazu und schüttelt täglich um. Die Flüssigkeitsschicht soll höchstens 2—3 *ccm* betragen. Allmählich löst sich immer mehr Jod, die Flüssigkeit wird nach 1—2 Monaten dunkelbraun und ist dann besonders geeignet, um frisches Serum zu jodieren. Oder man mischt das frische Serum mit viel reiner Jodtinktur und filtriert.

Von dieser stark jodierten Lösung gießt man alle 2—3 Tage etwas in gewöhnliches Serum, das zum Gebrauche bestimmt ist. Frische Gewebsstückchen, kleiner als eine Erbse, werden mit 4—5 *ccm* schwach jodiertem (hellbraun gefärbten) Serum in eine gut verschlossene Flasche gebracht. Gewöhnlich kann schon nach 24 Stunden die Isolierung der Elemente vorgenommen werden. Ist das Gewebe noch nicht weich genug, so muß man es länger in der Flüssigkeit lassen, muß aber jedesmal, wenn das Serum infolge der Adsorption des Jods durch die Gewebe blaß wird, wieder etwas stark jodierte Lösung zufügen. So kann das Gewebe, ohne daß Fäulnis eintritt, mehrere Wochen lang maceriert werden.

Pflüger isolierte Speicheldrüsenzellen mit anhängenden Nervenfäden dadurch, daß er Speicheldrüsen bei Zimmertemperatur 5 Tage lang in Jodserum, dann 24 Stunden in 0.04%ige Chromsäurelösung einlegte. Boll (68) lobt diese Methode (Jodserum mehrere Tage, dann 24 Stunden in Chromsäure von 0.03%, resp. Kaliumbichromat von 0,1%) für die Isolierung der Körbchenzellen in der Tränendrüse.

Rawitz (07) empfiehlt das Jodserum als vorzügliches Macerationsmittel namentlich für zarte Objekte, das aber auch bei derberen nicht versagt.

Frey hat ein künstliches Jodserum empfohlen: Destilliertes Wasser 270 *g*, Hühnereiweiß 30 *g*, Kochsalz 2,5 *g*. Man filtriert und fügt Jodtinktur hinzu. Ranvier (88) hat mit diesem Verfahren nie ein brauchbares Serum erhalten.

Viel angewendet für die verschiedenartigsten Organe.

b) **Jodserum und Müllersche Lösung oder 0,2%ige Lösung von doppelt chromsaurem Kali** (nach F. E. Schulze) wird von Flemming (69) für die Isolation der pinseltragenden Zellen in der Oberhaut der Cephalophoren als bestes empfohlen. Man benutzt Gemische, welche zwischen 6 Teilen Jodserum: 4 Teilen chromsauren Kali (oder Müllerscher Lösung) und 5 Teilen: 5 Teilen schwanken und läßt 8—36 Stunden und länger einwirken.

c) **Jodserum und Oxalsäure, kalt gesättigt, je zu gleichen Teilen**, nach M. Schultze wird von Boll (69) für die Maceration der Molluskenhaut sehr empfohlen. Sie ist für diesen Zweck besser als reine Oxalsäure. Nach Flemming (69) erhält sie dagegen die Zellenformen bei den Cephalophoren sehr mangelhaft.

18. Eau de Javelle zur Maceration der Borsten von Chätopoden und Brachiopoden empfohlen von Schepotieff. Auswaschen, Färben mit wasserlöslichem Gentianaviolett oder wässeriger Lösung von Bismarckbraun (½—1% oder stärker). In Wasser untersuchen und durch schwaches Klopfen auf das Deckglas den Zerfall der Borste herbeiführen.

Fol (nach Rawitz, 07) gibt 8 Tropfen Eau de Javelle auf 100 *ccm* Wasser und maceriert darin Nerven und Muskeln 24 Stunden lang. Danach zerfallen bei einfachem Schütteln die Objekte in die einzelnen Fibrillen. Die Konzentration muß jedesmal erst besonders ausprobiert werden; kühle Jahreszeit verlangt eine etwas stärkere, warme eine schwächere Konzentration. Rawitz (07) bezeichnet dieses Gemisch als „souveränes Macerationsmittel".

19. Salpetersaures Natron nach Lott in 10%iger Lösung für die Isolation von Epithelien, besonders der Cornea. Das Epithel läßt sich nach mehrtägiger Einwirkung in großen Lamellen abziehen, wird dann ausgewaschen und zerfällt bei sanftem Drucke in seine Elemente. Ohne auszuwaschen kann es noch versilbert werden.

20. *a)* **Kochsalz**, konzentrierte Lösung, ist nach Rausch ein gutes Mittel, die Hornzellen des Stratum corneum der menschlichen Epidermis zu isolieren. Er läßt die Lösung 1—2 Tage lang bei Körpertemperatur einwirken. Bei Anwendung schwächerer Lösungen ist das Relief der Hornzellen stellenweise aufgequollen. Über die Färbung der isolierten Hornzellen siehe oben bei: Wasserstoffsuperoxyd.

b) **Kochsalz**, 10%ige Lösung, wurde von L. Gerlach zur Maceration des Dünndarmes bei der Darstellung des Plexus myentericus benutzt. Genaueres s. unten bei: Chromsaures Kali. Auch wendete er sie an, um die Ganglienzellen des Plexus zu isolieren; für diesen Zweck ließ er die abgezogene Längsmuscularis 8—10 Tage in einer täglich erneuten 10%igen Kochsalzlösung liegen, färbte sie dann in Carmin und zerzupfte sie in Glycerin.

Tillmanns zerlegte frischen, von den Weichteilen gesäuberten hyalinen Knorpel (Hund, Kaninchen) durch 3—7tägige Maceration in 10%iger Kochsalzlösung in Fasern und Faserbündel. Baber konnte dagegen nach 4—10tägiger Maceration in 10%iger Lösung die faserige Struktur nur sichtbar machen, wenn er einen Druck auf das Deckglas ausübte. Er erhielt die Fasern aber auch nach 6 Tagen bei einer 0,5%igen Lösung, wenn er fortdauernd einen Druck ausübte.

Engelmann konnte im Darmepithel von Anodonta, wenn es frisch in 10%iger Kochsalzlösung zerzupft wird, den intracellulären Fadenapparat isolieren. List (65) empfiehlt für die Isolation geschichteter Pflasterepithelien auch 10%ige Kochsalzlösung bei ein- bis mehrtägiger Einwirkung.

Lewis (98) stellt Präparate von der Cuticula von Chätopoden dar, indem er die durch Alkohol betäubten Tiere in 10%ige Kochsalzlösung einlegt und dann die abmacerierte Cuticula mit Messer und Pinzette loslöst.

10%ige Lösung wird auch vielfach als Isolationsmittel für glatte Muskelfasern empfohlen. Einwirkungsdauer 24 Stunden.

c) **Kochsalz**, schwächere Lösungen.

Minot benutzte 0.6%ige Lösung (mit 0,1% Thymol versetzt) zur Isolierung der Epidermis bei menschlichen und anderen Embryonen. Er legt die Embryonen für einige Tage ein, löst die Haut ab und macht Flächenpräparate. Die Kerne sind gut erhalten und färbbar und die Präparate auch für das Studium der Haarentwicklung brauchbar. Minot benutzte solche Präparate zum Nachweis des Vorkommens eines Epitrichium beim menschlichen Embryo. KÖLLIKER (89) empfiehlt die Maceration der Epidermis in 0,5%iger Lösung zur Untersuchung der Hornzellen des Stratum corneum.

BALLOWITZ maceriert die Samenkörper der Arthropoden mit 0,6—3%igen Lösungen zum Nachweis der fibrillären Struktur des Endstückes. Die geeigneten Konzentrationsgrade müssen für jedes Tier erst ausprobiert werden. Er läßt die Lösungen 12 bis 24 Stunden auf dem Objektträger einwirken und umgibt das Deckglas mit einem Wachsring. Dann kann man unter dem Deckglas mit Gentiana- oder Methylviolett (0,5—1%ige wässerige Lösung) färben.

d) Kochsalz-Alkohol.

MOLESCHOTT und PISO-BORME empfehlen für die Isolierung von Flimmerepithelzellen der Säugetiere und des Menschen ein Gemisch aus 5 Vol. 10%iger wässeriger Kochsalzlösung und 1 Vol. absoluten Alkohols und lassen sie 24 Stunden und länger einwirken; auch für Darmepithelien und andere gut, nicht aber für das Flimmerepithel vom Frosch. RANVIER (74) findet es nicht so gut, empfiehlt aber für besondere Zwecke ebenfalls ein Kochsalz-Alkoholgemisch; siehe unten bei: Drittelalkohol.

21. Kohlensaures Kali oder kohlensaures Natron 10 *g*, Alkohol 30 *ccm*, Wasser 60 *ccm* ist nach RAUSCH ein vorzügliches Mittel, um damit bei Körpertemperatur in 1—2 Tagen die Hornzellen des Stratum corneum der menschlichen Epidermis abzumacerieren. Auch andere Konzentrationsgrade geben gute Resultate. Das Relief der Hornzellen ist um so besser erhalten, je konzentrierter die angewandte Lösung ist. Über Färbung der isolierten Hornzellen siehe oben bei: Wasserstoffsuperoxyd.

22. Saures kohlensaures Natron (Natriumbicarbonat) wendet MALL (01) in kaltgesättigter Lösung an, um nachzuweisen, daß an der Membrana propria der Nierenkanälchen neben der äußeren reticulierten Schicht noch eine innere homogene Schicht vorhanden ist. Er legt Gefrierschnitte für einige Tage ein, schüttelt sie dann kräftig mit Wasser aus, breitet sie auf dem Objektträger aus, trocknet sie an, färbt mit Fuchsin, differenziert mit Pikrinsäure und schließt sie in Balsam ein.

23. Kohlensaures Ammoniak, kalt gesättigte Lösung, von SOLGER für die Darstellung des Sarcolemms empfohlen. Frische, möglichst dünne Stückchen von quergestreiften Muskeln (Frosch) werden für 3—5 Minuten in die Lösung gebracht und darin oberflächlich, später auf dem Objektträger in gleicher Flüssigkeit weiter zerzupft. Das Sarcolemm hebt sich blasenförmig ab. Bei Tieren, welche schon einige Zeit in Gefangenschaft leben, scheint die Reaktion rascher und ausgiebiger einzutreten: bei anderen Tieren lege man die Muskeln erst einige Minuten bis 1/4 Stunde nach dem Tode in die Macerationsflüssigkeit.

LEE-MAYER empfehlen kohlensaure Alkalien zur Isolation der Elemente von Nägeln und Haaren.

24. Doppeltchromsaures Kali ist zuerst von C. ECKHARDT in „ziemlich konzentrierter" Lösung für die Isolation der Zellen der Regio olfactoria benutzt worden. Er legte die Stücke (Frosch) für 1 Stunde ein. M. SCHULTZE (62) erhielt mit dieser Methode am gleichen Objekt nur unvollkommene Bilder, sehr gute jedoch bei Kaltblütern dann, wenn er 0,2—0,8%ige Lösungen mehrere Tage bis Wochen (bei längerer Einwirkung Thymol oder Campher!) einwirken ließ. Bei Warmblütern werden zwar sonst alle Epithelschichten gut erhalten, selten aber die Riechzellen über größere Strecken. Je dünner die Lösung ist, um so länger müssen die Präparate darin bleiben. Die Varicositäten der Nervenfasern sind mit dünnen Lösungen (Frosch: 0,2%ige Lösung 6 Wochen lang) viel besser zu erhalten als mit stärkeren. Für warmblütige Tiere sind nur dünne Lösungen brauchbar bei kurzer Einwirkung (für Hund und Schaf 0,05—0,1%ige Lösungen 24 Stunden bis 6 Tage lang). DEITERS bediente sich bei der Anfertigung seiner Isolationspräparate der Ganglienzellen des Centralnervensystems ebenfalls hauptsächlich des doppeltchromsauren Kalis, teils allein, teils mit anderen Reagenzien kombiniert, und macht ausführliche Angaben über die Wirkungsweise verschieden starker Lösungen usw. Als Untersuchungsobjekte empfiehlt er am meisten Kalb und Rind. Lösungen von über 0,4% sind für diesen Zweck unbrauchbar. Die passende Stärke der Lösung hängt ab von dem Alter des Tieres, von dem Größenverhältnis zwischen Präparat und Macerationsflüssigkeit, von der Frische des Präparates, von der Temperatur usw. Man soll möglichst frisches Material und jedesmal nicht zu viel Flüssigkeit nehmen. Das Präparat, welches vorher nicht in Wasser gebracht worden darf, kommt anfangs in eine 0,1%ige Lösung von doppeltchromsaurem Kali (nicht gewechselt) für 2 Tage, ist dann bisweilen für die Untersuchung geeignet, oder kommt für 1 Tag in 0,2%ige und dann für 1 Tag oder ein paar Tage in 0,4%ige Lösung; darauf wird es unbrauchbar. Für manche Objekte ist es besser, sie erst bis 2 Tage lang mit 0,007 bis 0,01 bis 0,02%igen Chromsäurelösungen zu behandeln; bisweilen genügt dies für die Isolation, bisweilen müssen die Stücke noch je 1 Tag in eine 0,1%ige, 0,2%ige und 0,4%ige Lösung von doppeltchromsaurem Kali gebracht werden. Oder man bringt die Teile zuerst für zwei Tage in eine 0,007—0,02%ige Chromsäurelösung, dann für 1 Stunde in verdünnte Kalilauge (1 Tropfen Kalilauge spez. Gew. 1,264 auf 30 *g* Wasser), neutralisiert dann mit einem

Tropfen Oxalsäure oder wäscht wiederholt mit äußerst dünner Chromsäure oder chromsaurer Kalilösung aus und überträgt für je 1 Tag in 0,1%ige, 0,2%ige und 0,2—0,4%ige Lösung von doppeltchromsaurem Kali.

Boll (68) ließ erst Jodserum und dann doppeltchromsaures Kali einwirken, siehe oben bei: Jodserum. Für die Isolation der Elemente der epithelialen Decke von Mollusken maceriert er (69) sie in 1%iger Lösung von doppeltchromsaurem Kali. Flemming (69) lobt letztere Konzentration (1%) außerordentlich für Najaden und Unioniden, auch Cyclas und Tichogonia, benutzt aber auch stärkere, 4—6%ige Lösungen. Siehe auch oben bei: Jodserum. Rawitz (07) empfiehlt die 4—5%ige Lösung sehr für Süßwassermollusken und für Astacus fluviatilis. L. Gerlach untersucht den Plexus myentericus des Darmes von Warmblütern, nachdem er die Längsmuscularis, an welcher der Plexus hängen bleibt, von der Ringmuskellage abgehoben. Beim Meerschweinchen, Kaninchen, Taube geht dies leicht frisch, besser, wenn man den Darm 12—24 Stunden in verdünnten Lösungen von doppeltchromsaurem Kali (oder 10%iger Kochsalzlösung) hat liegen lassen. Den Darm vom Schaf, Schwein, Mensch muß man erst tagelang in diesen Lösungen macerieren. Dann wird das Präparat mit Carmin gefärbt und 24 Stunden in angesäuertes Glycerin gelegt. Man kann das Geflecht auch mit Gold imprägnieren, indem man das Präparat erst 3—4 Tage in eine ungefähr 0,3%ige Lösung von doppeltchromsaurem Kali, dann bis zur Violettfärbung der Ränder (höchstens 6—8 Stunden) in eine 0,01%ige Goldchloridlösung bringt, darauf tüchtig auswäscht, in Alkohol entwässert und in Canadabalsam einschließt. Engelmann konnte am Darmepithel von Anodonta, wenn es frisch in 4%iger Lösung von doppeltchromsaurem Kali zerzupft wurde, den intracellulären Fadenapparat isolieren. Brock macerierte marine Mollusken 12 bis 24 Stunden lang in einer 1%igen Lösung von doppeltchromsaurem Kali, welcher die Leibeshöhlenflüssigkeit der Tiere bis zu gleichem Volumen zugesetzt war, und erhielt damit ausgezeichnete Isolationspräparate des Centralnervensystems. Rawitz (87) fand das centrale Nervensystem der Acephalen in 0,1%iger, 0,05%iger und 0,025%iger Lösung in 8—24 Stunden vollständig maceriert und in seinen Teilen vorzüglich erhalten. Längere Einwirkung erweicht zu sehr. Eisig lobt das doppeltchromsaure Kali außerordentlich für die Maceration von Capitelliden. Er nimmt für zahlreiche ganze Tiere 1%ige, für einzelne Individuen oder Teile von ihnen 1/2%ige Lösungen in reichlicher Menge und läßt sie tage-, monate-, jahrelang einwirken. Bei längerer Einwirkung wechselt er nach 24 Stunden die Flüssigkeit und fügt ihr einige Thymolkrystalle bei. Dann wird entweder in der Macerationsflüssigkeit zerzupft, in 50%igem Glycerin ausgewaschen und in Glycerin oder Farrants Gemisch eingelegt oder im Stück gefärbt (mit kräftiger wässeriger Eosinlösung) und dann zerzupft. Ersteres ist wohl mehr zu empfehlen. Drost maceriert Ostseemuscheln (Montacuta bidentata) mit einem Gemisch von 1 Teil Ostseewasser und 4—6 Teilen einer 1/2%igen doppeltchromsauren Kalilösung. Die Sinneszellen lassen sich so isolieren, allerdings ohne die Haare. Kölliker (89) empfiehlt die Maceration der menschlichen Epidermis in 1%iger Lösung von doppeltchromsaurem Kali zur Untersuchung der Hornzellen des Stratum corneum. Fajersztajn findet als bestes Macerationsmittel für die Isolierung der Zellen in den Endscheiben der Froschzunge ein Gemisch von 96 *g* 1%iger Chloralhydratlösung und 4 *g* doppeltchromsaurem Kali. Er legt die ganze Froschzunge oder Stücke der Gaumenschleimhaut für 12—60 Stunden ein und zerzupft die Endscheiben in einer sehr schwachen Eosin-Jodgrünlösung. Apathy (93) fixiert zur Isolierung der leitenden Primitivfibrillen der Hirudineen in Sublimat-Eisessig-Alkohol für 1/2 Stunde, überträgt dann für 24 Stunden in 70%igen Alkohol, darauf für 3 Tage im Dunkeln in eine frisch bereitete 1%ige Lösung von doppeltchromsaurem Kali in 70%igem Alkohol (88), dann in 70%igen Alkohol und schließlich in 50%iges Glycerin. (Anderes Verfahren von Apathy siehe oben bei: Salpetersäure). Halpern benutzte bei seinen Untersuchungen am Bauchmark von Astacus fluviatilis eine 0,2%ige Lösung von doppeltchromsaurem Kali.

25. *a)* **Müllersche Lösung** (siehe auch oben bei Jodserum) wurde von Saviotti zur Isolation der Pancreaszellen des Kaninchens angewandt (Einwirkung 6—10 Stunden), von Schwalbe (70) zur Maceration der Elemente der Suprachorioidea. v. Wyss empfahl zur Isolation der Zellen der Geschmacksknospen als bestes Mittel, die Zungen frisch für etwa 3 Wochen in Müllersche Lösung einzulegen. v. Mihalkovics benutzte sie für die Isolierung der Hodenkanälchen, erhielt jedoch höchstens 18—20 *cm* lange Stücke. Born verwendete Müllersche Lösung für die Isolation quergestreifter Muskelfasern von Säugetierembryonen. Kleine Embryonen kommen unzerteilt, von größeren einzelne Körperteile mit der Haut auf 6—8 Wochen in die oft gewechselte Lösung. Dann werden die Muskeln herausgeschnitten, grob zerkleinert und im Reagensglas mit verdünnter Lösung (soweit verdünnt, daß sie nicht mehr schäumt) tüchtig geschüttelt. Sehnen und Fascienteile werden entfernt und das Schütteln wiederholt, bis sich eine Wolke aus isolierten Bruchstücken bildet. Darauf werden diese in Glycerin übertragen, wo sie nach 8 Wochen leicht zerlegt werden können.

J. Stilling benutzte die Müllersche Lösung als Vorbehandlung für die Zerfaserung von Gehirnteilen. Man härtet längere Zeit in Müllerscher Lösung, wäscht gut in Wasser aus und bringt die Präparate entweder längere Zeit in Alkohol, um dann zu zerfasern. Oder man überträgt sie nur kurze Zeit in Alkohol, zerfasert oberflächlich, überträgt sie dann in Glycerin, bis sie weich werden, und beendet die Zerfaserung dann unter Wasser;

solche Präparate kann man mit Pikrocarmin rasch färben, entwässern, in Nelkenöl und schließlich in Balsam einlegen. Drittens kann man gut gehärtete Präparate in Holzessig (rohen oder gereinigten) übertragen und dann unter Wasser präparieren; sie können mit Pikrocarmin gefärbt werden.

Trinkler benutzte Müllersche Lösung mit schwacher Kochsalzlösung verdünnt (nach Kutschin) zur Maceration des Epithels und der Drüsenelemente des Magens und erhielt sehr gute Resultate damit. Koganei hat für die Untersuchung der Iris die Müllersche Lösung besonders geeignet gefunden. Nach längerer Einwirkung kann man das Pigmentepithel mit einem recht feinen und ziemlich starren Pinsel entfernen und kann auch einzelne Elemente durch Zerzupfung isolieren. List (85) empfiehlt Müllersche Lösung zum Studium von Drüsenzellen. Die Gewebsstücke werden für mehrere Wochen eingelegt, dann 24—48 Stunden in Wasser ausgewaschen und lassen sich dann leicht isolieren. Sie können dann in Methylgrün (1%) oder Anilingrün (1%) oder salpetersaurem Rosanilin gefärbt werden, entfärben sich aber bei Glycerineinschluß bald wieder. Apathy (93) isoliert die Muskeln von Ascaris durch wochen- oder monatelanges Einlegen in unverdünnte Müllersche Lösung (sehr oft gewechselt, frisch bereitet); er untersucht und bewahrt sie in derselben Lösung auf. Um sie zu färben, legt er kleine Gewebsstücke aus der Müllerschen Lösung nach kurzem Abspülen auf 1—24 Stunden in eine $^1/_2$—1%ige wässerige Lösung von Hämatoxylinkrystallen. Dann wäscht er in destilliertem Wasser aus, bis kein Farbstoff mehr abgegeben wird, und zerzupft in verdünntem oder unverdünntem Glycerin. Ewald (96) findet die Müllersche Lösung für Flimmerzellen (Gaumenschleimhaut oder Oesophagus vom Frosch) besser als Drittelalkohol. Er legt die Stücke für 24 Stunden ein, wäscht dann aus, färbt in $^1/_3$%iger einfacher wässeriger Lösung von Hämatoxylin 1 Stunde lang, wäscht wiederum mehrfach aus, bringt sie in 50%igen Alkohol und schließt sie in Glycerinleim ein (s. auch Einleitung zum Artikel Maceration). Die feinere Struktur der Cilien bleibt vielfach deutlich. Kapelkin (97) maceriert die Haut von Petromyzon in Müllerscher Lösung; genaueres siehe unten bei: Drittelalkohol. v. Ebner (00) isoliert aus embryonalen Säugetier- und aus erwachsenen menschlichen Herzen, welche einige Tage in Müllerscher Lösung gelegen haben, durch Zerzupfen an den Annuli fibrosi natürliche, sich zuspitzende Enden von Muskelfasern, teilweise noch im Zusammenhang mit Sehnengewebe, wobei Färbung mit Eosin vorteilhaft ist. Friedländer-Eberth gibt an, daß sich von Präparaten, welche längere Zeit in Müllerscher Lösung oder in 2%iger Lösung von doppeltchromsaurem Kali gelegen haben und gut gehärtet sind, gute Isolationspräparate gewinnen lassen, wenn man kleine Gewebsstücke auf mehrere Stunden bis mehrere Tage in Glycerin überträgt und dann in Wasser zerzupft. Die Teile dürfen jedoch nicht zu brüchig sein.

Müllersche Lösung, 10%ig, besonders für Epithelien und Drüsen. Für Trachea, Darm usw. genügen 2—3 Stunden, für geschichtete Epithelien der Haut, Mundhöhle usw. 1—3 Tage. Dann abschaben und isolieren durch Klopfen auf das Deckglas. Färben in Eosin oder einer Mischung von 1,5 *ccm* 1%iger wässeriger Lösung von Methylgrün, 1 *ccm* $^1/_2$%iger wässeriger Lösung von Eosin und 100 *ccm* physiologischer Kochsalzlösung. Einlegen in Glycerin oder Glycerinleim (Gage und Kingsbury).

b) **Müllersche Lösung — Speichel** wurde zuerst von Czerny zur Isolierung der Epithelzellen (Stachelzellen) bei Staphyloma corneae warm empfohlen. Er vermischte Müllersche Lösung ($^1/_3$%iges doppeltchromsaures Kali und $^1/_4$%iges salpetersaures Natron) mit der vierfachen Menge einer filtrierten Mischung von gleichen Teilen frisch gesammelten Speichels und destillierten Wassers. Die Zellen lassen sich gewöhnlich schon am zweiten Tage durch leichtes Schaben mit dem Messer ablösen und eventuell durch Klopfen auf das Deckglas isolieren. Für die Maceration des Epithels einer Ochsenzunge waren 4—7 Tage erforderlich. P. Langerhans empfiehlt dieselbe Methode als ganz ausgezeichnet und wenig eingreifend für die Isolierung der Herzmuskelfasern (Vögel, Säugetiere, Mensch). Einwirkung 1—3 Tage auf kleine Stücke. Calberla erhielt mit dem gleichen Gemisch für die Isolation embryonaler Muskeln und Nerven sehr gute Resultate, konnte aber dann, wenn er an Stelle von Speichel nur entsprechende Salzlösungen anwandte, die gleichen, wenn nicht bessere Erfolge erzielen (s. folgenden Absatz).

c) **Müllersche Lösung — künstlicher Speichel** (s. auch vorhergehenden Absatz), von Calberla als bestes Macerationsmittel für embryonale Muskeln und Nerven der Amphibien und Reptilien angegeben. Man löst 4 *g* Chlorkalium, 3 *g* Chlornatrium, 2 *g* phosphorsaures Natron, 2 *g* Chlorcalcium in 1 *l* Wasser, sättigt die Lösung mit Kohlensäure und verdünnt sie mit 1 *l* Wasser und $^1/_2$ *l* Müllerscher Lösung oder (für jüngere Embryonen) $^1/_2$ *l* $2^1/_2$%iger Lösung von chromsaurem Ammoniak. Die besten Macerationsresultate erhält man, wenn man die Lösung erst kurz vor dem Gebrauche mit Kohlensäure sättigt. Durch Zerzupfen und Schütteln lassen sich die embryonalen Muskelzellen leicht isolieren. Einlegen in essigsaures Kali.

26. Chromsaures Kali. Bäcker erwies sich für die Isolierung der Pigmentzellen im Auge von Haliotis die von Hilger empfohlene 2—3%ige Lösung von Kali chromicum in Wasser sehr nützlich.

27. *a)* **Chromsaures Ammoniak** wurde zuerst von R. Heidenhain (74) in 5%iger wässeriger Lösung zur Isolation der Epithelien der Harnkanälchen verwandt und sehr gelobt. Die in die Lösung eingelegten Stücke können nach 24 Stunden untersucht, aber auch ohne Schaden monatelang darin aufbewahrt werden. Vorteilhaft ist es, die Stücke vor dem Zerzupfen noch 24—48 Stunden in destilliertes Wasser zu legen. LAVDOWSKY benutzte die gleichstarke Lösung an den Speichel- und Orbitaldrüsen als zweckmäßigstes Mittel zur Isolation der Körbchen- und Epithelzellen. BÖHMIG macerierte die Tiere auch in 0.025- bis 0,1%igen Lösungen von chromsaurem Ammoniak, chromsaurem Kali und Chromsäure, fand diese aber nicht so geeignet wie doppeltchromsaures Ammoniak.

b) **Chromsaures Ammoniak (Landois' Gemisch)**, mitgeteilt von GIERKE. Destilliertes Wasser 100 *ccm* und je 5 *g* der gesättigten Lösung von neutralem chromsaurem Ammoniak, phosphorsaurem Kali und schwefelsaurem Natron. Man legt die Stücke für 1—3, 4 oder 5 Tage ein und überträgt sie dann in ein Gemisch von Carminammoniaklösung und obiger Flüssigkeit zu gleichen Teilen. Dann auswaschen und zerzupfen in Glycerin. GIERKE lobt sie besonders für das Centralnervensystem. Auch NANSEN (88) und MAYER (in LEE-MAYER) loben es, letzterer für Wirbeltiere. FISCHEL empfiehlt das Gemisch (in etwas anderer Form) ebenfalls sehr für das Centralnervensystem. Er fixiert zuerst 4—6 Tage im Dunkeln in einer Mischung von 25 Teilen Ameisensäure, 25 Teilen destillierten Wassers und 50 Teilen 1%iger salpetersaurer Silberlösung, wäscht dann in Wasser aus und maceriert in einem Gemisch von: destilliertem Wasser 100 *ccm*, neutralem chromsauren Ammoniak, phosphorsaurem Kali und schwefelsaurem Natron je 5 *g*.

28. Doppeltchromsaures Ammoniak wurde von H. SCHULTZE zur Isolation der Nervenelemente in 0,1—0,2%iger Lösung angewandt. Er lobt besonders, daß es nicht nachschrumpfend wirke. BÖHMIG gibt dem Mittel ebenfalls den Vorzug vor anderen. Er legt die aus den Tieren herauspräparierten Schlundknochen für 2—3 Tage in eine 0,025—0,1%ige Lösung ein und färbt sie schließlich mit Pikrocarmin. RAWITZ (87), welcher 0.1%ige Lösung anwandte, hat es dagegen für Isolationen am Nervensystem der Acephalen weniger geeignet befunden, als das Kalisalz, da es das centrale Nervennetz stark verändert oder zerstört; er führt später (07) die Lösung als geeignet für Epithelien der Evertebraten an.

29. Übermangansaures Kali wurde zuerst von A. ROLLETT (59, 60) benutzt zur Isolierung der Fibrillen in der Hornhaut und in der Sehne. Kleine Hornhautstücke werden mit einer halbgesättigten Lösung des Salzes übergossen: diese entfärbt sich rasch und wird dann abgegossen. Darauf wird das gebräunte Gewebsstück mit destilliertem Wasser gewaschen und wieder mit der Salzlösung übergossen. Dies wird so lange wiederholt, bis die über dem Gewebsstück stehende Salzlösung auch nach mehrstündigem Stehen nicht mehr entfärbt wird. Dann wird in Wasser ausgewaschen und die Fibrillen durch Schütteln im Reagensglas isoliert. Um jedes Aufquellen zu vermeiden, kann man der Lösung von übermangansaurem Kali jedesmal so viel einer konzentrierten Alaunlösung zusetzen, als eben hinreicht, um blaues Lackmuspapier deutlich rot zu färben; der sich bildende feine Niederschlag von Mangansuperoxyd und Aluminiumoxydhydrat stört bei der Beobachtung nicht. TILLMANNS macerierte Stückchen hyalinen Knorpels 3—7 Tage lang in einer mittelstarken („mitteldunkelviolett gefärbten") Lösung von übermangansaurem Kali, welche täglich mindestens 4—6mal gewechselt werden muß, und wusch dann ordentlich in Wasser aus. Er isolierte so die Fibrillen der Grundsubstanz. BABER wandte für denselben Zweck Lösungen von 0,02 und 0,04% an, erhielt aber nur unsichere Resultate.

30. Molybdänsaures Ammoniak von KRAUSE (70, 84) in 5%iger wässeriger Lösung, die neutral reagieren soll, als indifferente Untersuchungsflüssigkeit und zur Maceration der Körbchenzellen in der Submaxillardrüse der Katze und des Kaninchens empfohlen. Frische Drüsen werden in ein vierfaches Volumen der Lösung für einige Tage eingelegt. R. HEIDENHAIN (74) hat für die Maceration der Epithelien der Harnkanälchen eine 2½- bis 5%ige Lösung angewandt und in manchen Fällen eine ganz vorzügliche Isolation der Zellen erhalten, während die Methode in anderen Fällen vollständig versagte.

31. Barytwasser, Kalkwasser (immer frisch bereitet!) wurde zuerst von A. ROLLETT (59, 60) verwendet zur Isolierung der Bindegewebsfibrillen. Er legt Sehnen, teilweise nachdem er sie der Länge nach durch einen Schnitt aufgeschlitzt hatte, oder Cutis oder Sclera in die Flüssigkeiten ein und kann sie aus Barytwasser nach 4—6 Stunden, aus Kalkwasser nach 6—8 Tagen auf dem Objektträger zerzupfen, nach längerer Einwirkung auch durch Schütteln im Reagensglase die Fibrillen isolieren. Der in den Geweben enthaltene Baryt oder Kalk muß entfernt werden entweder durch längeres Auswaschen in reinem oder durch Ausspülen in ganz schwach mit Essigsäure angesäuertem Wasser. BABER untersuchte Knorpel mit diesen Mitteln und konnte bei Anwendung von Barytwasser nach ¼—3 Stunden, bei Anwendung von Kalkwasser nach 2—4 Tagen die Fibrillen der Grundsubstanz isolieren, teilweise erst nach Druck auf das Deckglas.

32. Sublimat (und Chromsäure) wird von KÖLLIKER (50) als geeignetes Macerationsmittel zur leichten Isolierung von Muskelfasern angegeben.

WALDEYER (63) wendet verdünnte Sublimatlösung für die Isolation peripherischer Nerven von Wirbellosen an. Er legte kleine Gewebsstücke in eine 0,03%ige Lösung und zerzupfte sie dann. Einen rascheren und leichteren Zerfall erzielte er, wenn er die Stücke nur 24 Stunden lang der Einwirkung der Sublimatlösung oder einer Chromsäurelösung von 0,05—0,06% unterwarf, dann aber in destilliertem Wasser weiter macerierte. Später benutzte er (65) eine Lösung von 0,05—0,1% zur Isolation pathologisch (beim Abdominaltyphus) veränderter Muskelfasern und fand sie namentlich brauchbar zur Unterscheidung zwischen viel oder wenig veränderten Fasern; er legte die Muskeln für 1—2 Tage ein.

E. SERTOLI benutzte eine 0,15%ige Sublimatlösung zur Isolation einzelner Zellen der Hodenkanälchen; er macerierte Stücke von menschlichen Hoden 3—5 Tage lang in dieser Lösung und alsdann einige Tage in destilliertem Wasser.

W. FELIX (87) erzielte zur Trennung der Muskelfasern bei ganz dünnen Säugetiermuskeln und bei allen Froschmuskeln mit der gesättigten wässerigen Lösung (einen Teil Sublimat auf 16 Teile Wasser) bei 45—60° C glänzende Resultate. Bringt man Froschmuskeln (am besten in Verbindung mit dem Skelet) 5 Minuten lang in diese Lösung, so lassen sie sich sehr leicht zerzupfen, und man erhält meistens die Fasern in ganzer Länge. Längere Einwirkung verursacht an den Faserenden Zerfall in Fibrillen.

33. **Alauncarmin** nach GRENACHER wird von A. DOGIEL (87) zur Demonstration der Sehnenzellen vorgeschlagen. Er legt dünne Sehnenbündel vom Rattenschwanz in die Lösung für 2—3 Stunden, besser für einen Tag, Wochen oder Monate ein. Jahrelanger Aufenthalt schadet nicht. Die Carminlösung muß von Zeit zu Zeit gewechselt werden, und jedesmal ist ein Stück Campher beizufügen. Zur Untersuchung schneidet man ein Stückchen Sehne ab, spült etwas in destilliertem Wasser ab und zerzupft in Glycerin. Die Sehnenzellen treten rosa auf den hellen Sehnenfasern hervor. In Glycerin verliert sich die Färbung nach geraumer Zeit. Man kann Sehnenstücke kurze Zeit in Alkohol, darauf in Nelkenöl bringen und dann erst zerzupfen; Einschluß in Balsam. Denselben Erfolg erzielt man, wenn man die Sehnen erst in Kali- oder Ammoniak-Alaun kürzere oder längere Zeit einlegt und nachträglich mit GRENACHERS Carmin oder Alaun-Hämatoxylin oder Hämatoxylin-Eosin etc. färbt. Nach SCHIEFFERDECKER (89) kann man in der gleichen Weise auch marklose Nerven behandeln.

34. **Schwefelsaures Eisenoxydul** (Ferrosulfat) isoliert nach THIEM in 2,5—5%iger Lösung nach 3—5tägiger Einwirkung die glatten Muskelfasern, die elastischen Fasern, die Bindegewebsfibrillen und die Fibrillen der quergestreiften Muskelfasern. Markhaltige Nervenfasern lassen sich nach fünftägiger Einwirkung einer 5%igen Lösung leicht isolieren; auf große Strecken sind dabei die Achsencylinder bloßgelegt. Die Färbung der Elemente ist sowohl durch saure als auch durch alkalische Farblösungen möglich. Schwefelsaures Eisenoxydul-Ammonium wirkt etwas milder.

35. **Chlorruthenium** von BERNARD sehr empfohlen für das Nervensystem der Prosobranchier in einer Lösung von orangegelber Farbe (¼ Stunde lang) und für die Schleimdrüsen in konzentrierter, ziemlich hellroter Lösung.

36. **Acetonchloroform** (Chloretone) ist nach RANDOLPH für niedere Tiere in schwachen Lösungen Anästheticum, in stärkeren, 0,01—0,05%igen Lösungen Macerationsmittel. Genaueres über die je nach dem Tier verschiedenen Konzentrationsgrade siehe im Original.

37. **Methylalkohol** 25—50%ig von THIN (79) für die Isolation von Opticusfasern und Ganglienzellen der Retina (Schaf und Katze) empfohlen. Ganze Augen werden entweder 24 Stunden in ein Gemisch von Methylalkohol und Wasser zu gleichen Teilen oder 36 bis 48 Stunden in eine Mischung von 1 Vol. Methylalkohol und 2 oder 3 Vol. Wasser übertragen; ersteres ist besser für die Opticusfasern, letzteres für die Erhaltung der Ganglienzellenfortsätze. Die Präparate werden in Glycerin untersucht, können aber auch gefärbt (am besten durch wässerige Anilinblaulösung mit oder ohne Eosin) und in Balsam eingelegt werden. Die ganzen unpräparierten Augen können viele Monate aufbewahrt werden, wenn man sie nach der Maceration in Glycerin überträgt.

38. **Methylmixtur**, von SCHIEFFERDECKER (86) namentlich für die Zellen des Nerven- und Stützgewebes der Retina angegeben, besteht aus 20 Vol. destilliertem Wasser, 10 Vol. Glycerin und 1 Vol. Methylalkohol. Sie ist am besten vor dem Gebrauche frisch herzustellen, sonst in gut verschlossenem Glase aufzubewahren. In ein mäßiges Quantum wird die frische Retina für mehrere Tage hineingelegt; dann wird ein Stück in wenig Wasser in einem Reagensglas geschüttelt und, wenn es zerfällt, in ein Uhrschälchen entleert; der Flüssigkeit fügt man 6—10 Tropfen Glycerin und etwa ebensoviel konzentrierte wässerige Lösung von pikrocarminsaurem Natron (von Dr. WITTE, Rostock) zu, rührt ordentlich um und bringt das Uhrschälchen in einen Schwefelsäure-Exsiccator, bis das ganze Wasser verdunstet und nur das Glycerin übrig ist, in welchem sich die Elemente beliebig lange halten.

39. **Alkohol** (Äthylalkohol).

a) Drittelalkohol von RANVIER (74, 88) empfohlen. Die Mischung besteht aus einem Vol. Alkohol von (36° Cartier =) 89% (Volumprozent Tralles) mit 2 Vol. destillierten Wassers und eignet sich namentlich für die meisten Epithelien (12—24 Stunden), ferner für PURKINJEsche Fäden (dünne Schicht von Endocard mit Muskulatur für einen Tag eingelegt),

Ganglienzellen (1—2 Wochen), Linsenfasern. Für das Riechepithel ist es besser (88), die Stücke eine Stunde in Drittelalkohol, dann auf 5 Minuten in eine 1%ige Osmiumsäurelösung und schließlich in Wasser zu bringen. Die Ganglienzellen des Rückenmarkes isoliert man am vollständigsten durch eine ähnlich kombinierte Methode. Ein Schnitt des Rückenmarkes vom Ochsen von 2—3 *mm* Dicke wird in 8—10 *ccm* Drittelalkohol eingelegt. Nach 24—48 Stunden hebt man kleine Stücke der Vorderhörner heraus und schüttelt sie mit destilliertem Wasser heftig im Reagensglas. Dann setzt man einige Tropfen Pikrocarminlösung bis zur Rosafärbung des Wassers zu und nach einer Stunde noch etwas 1%ige Osmiumsäurelösung, z. B. 1 *ccm*. Nach einigen Stunden wäscht man mit Wasser aus und kann in Glycerinleim einschließen. Die in Drittelalkohol isolierten Elemente können in 1%iger Pikrocarminlösung gefärbt und in Glycerin aufgehoben werden. Zur Untersuchung von Blutgefäßen in Membranen benutzt Ranvier (74) eine Mischung von einem Teil Alkohol und zwei Teilen 1%iger Kochsalzlösung, in welcher das Epithel sich ablöst und die Granulationen des Protoplasmas und der roten Blutkörperchen erhalten bleiben. Dann wird mit Pikrocarmin gefärbt, in destilliertem Wasser ausgewaschen und in einer 1%igen Carbolsäure aufgehoben. Auch Goldfärbung ist möglich mit Goldchloridkalium 1:10.000. List (85) empfiehlt Drittelalkohol nur für Maceration geschichteter Epithelien (einen bis mehrere Tage lang), nicht für Drüsenzellen. Schuberg maceriert zur Darstellung von Flächenpräparaten des Coriums vom Axolotl das Epithel in 30%igem Alkohol und entfernt es dann mechanisch. J. Dogiel (86) benutzt zu Untersuchungen über den pupillenerweiternden Muskel der Säugetiere und Vögel 30%igen Alkohol oder ½%ige Essigsäurelösung, oder ein Gemenge von zwei Teilen 30%igen Alkohols und einem Teil ½%iger Essigsäurelösung. Er legt vordere Augenhälften auf einige Tage in eine dieser Lösungen und isoliert die Iris, welche sich dann besonders bei den Vögeln leicht in eine vordere und hintere Platte zerlegen läßt. Dann färbt er. Rawitz (87) hat am Nervensystem von Evertebraten nur während der ersten Tage brauchbare Bilder erhalten. Halpern hat den Drittelalkohol zur Maceration am Bauchmark von Astacus fluviatilis angewandt. Nansen (88) benutzt zur Maceration auch Drittel- bis Sechstelalkohol und findet dünnere Lösungen besser. Maceration tage- oder wochenlang, Färbung 24 Stunden lang in Ammoniakcarmin verdünnt mit dem gleichen Volumen der Macerationsflüssigkeit; Zerzupfen in Glycerin. Ewald (96) benutzte für Schleimhautepithelien, namentlich auch für Darmepithelien nach Fettfütterung Drittelalkohol 24 Stunden lang. Dann schüttelt er, hebert ab (siehe Einleitung zum Artikel Maceration), fixiert in ½%iger Osmiumsäurelösung, wäscht mehrfach mit Wasser aus, färbt eventuell mit Alaun- oder Pikrocarmin, hebt in 50%igem Alkohol auf und legt in Glycerinleim ein. Für Flimmerzellen findet er Müllersche Lösung besser als Drittelalkohol. Für die Färbung ist auch das oben bei: Methylmixtur angegebene Schiefferdeckersche Verfahren gut anwendbar. M. Heidenhain empfiehlt zur Isolation von Darmepithelzellen (Frosch) und Flimmerepithelzellen (Trachea des Hundes) die Organstücke 24 Stunden in Drittelalkohol zu macerieren, dann in Carmalaun oder verdünntem Delafieldschen Hämatoxylin zu färben, hierauf erst die Epithelzellen herunterzuschütteln oder bei der Trachea besser herunterzukratzen; dann centrifugiert er den Zellbrei (siehe Einleitung). Leberzellen isoliert er dadurch, daß er zunächst von der frischen Schnittfläche einer Rindsleber mit einem scharfen Messer eine reichliche Gewebsmasse herunterschabt, diese 24 Stunden in Drittelalkohol maceriert, dann in der Centrifuge ausschleudert, auswäscht und in Carmalaun färbt. Kapelkin fixiert die Haut von Petromyzon in Sublimat oder Sublimatplatinchlorid oder 70%igem Alkohol mit Jod, maceriert sie in Drittelalkohol oder Müllerscher Lösung und imprägniert sie mit Silber (frisch mit ½%iger Lösung von Höllenstein; oder nach Golgi) oder mit Gold (nach Ranvier). Färbung in toto oder der Schnitte wie gebräuchlich. Hoehl maceriert Organstücke (Lymphknoten, Thymus, Leber, Milz etc.) teils direkt, teils nach 48stündigem Auswaschen in fließendem Wasser mit Drittelalkohol und schüttelt sie darin aus, um das Reticulum möglichst vollständig von den anhaftenden Zellen zu befreien. Rawitz (07) erwähnt den Drittelalkohol als vorzüglich für Epithelien, Drüsenzellen, quergestreifte Muskeln und empfiehlt besonders, nicht zu viel Macerationsflüssigkeit zu nehmen.

b) **Viertelalkohol** nach Rawitz (87), für das Studium des Nervensystems der Evertebraten empfohlen, aber auch für Isolation von Epithelien geeignet. Man mischt 1 Teil absoluten Alkohol mit 3 Teilen destillierten Wassers. Die Mischung erhält die Teile vollkommen, ermöglicht schon nach 48 Stunden die leichte Isolation der Ganglienzellen und Nervenfasern, gibt aber auch noch nach 4—5 Wochen (bei Wechsel der Flüssigkeit alle 5—6 Tage) vollkommen brauchbare und einwurfsfreie Bilder.

c) **Sechstelalkohol** nach Solbrig wird bereitet aus 1 Teil käuflichen Weingeist und 5 Teilen destillierten Wassers. Schon nach 24 Stunden ist eine ausgiebige Isolation möglich. Besonders für das Nervensystem wirbelloser Tiere zu empfehlen. Wird von Rawitz (87) sehr gelobt. Siehe außerdem auch oben bei: Kochsalz.

40. Formol (40%ige wässerige Lösung von Formaldehyd) für Darstellung der Linsenfasern von Gebhardt angegeben. Ganze Bulbi kommen für 1—2 Tage (oder länger) in 4—10%ige Lösung von Formol und darauf für einige Stunden in 50—60%igen Alkohol. Dann nimmt man die Linse aus dem Auge, faßt sie am Äquator zwischen zwei Finger und zersprengt sie durch Zusammendrücken in Lamellen. Diese zerzupft man in Wasser oder

Glycerin und isoliert leicht die Fasern, gezähnte und ungezähnte, der ganzen Länge nach. Man kann (ohne Färbung) in Glyceringelatine einschließen. GAGE (97) benutzt eine Lösung von 2 *ccm* Formol auf 1 Liter physiologische Kochsalzlösung. Für viele Epithelien 1 bis 2 Stunden; etwas länger schadet nicht. Besonders günstig für die Flimmerzellen der Hirnhöhlen und die Ganglienzellen des Gehirns und Rückenmarks, 2—24 Stunden lang. Man überträgt ein Stück Gewebe dann in eine Mischung von 1 Teil Eosin auf 1000 Teile Formolmacerationsflüssigkeit und untersucht in Glycerin (versetzt mit $^1/_{10}$% Eosin). Man kann auch färben mit folgender Mischung: Glycerin 85 *ccm*, Alauncarmin 7,5 *ccm*, Eosin (0,5%ige wässerige Lösung) 7,5 *ccm*. Dann Einschluß in Schellack oder dergleichen. READ stellte mit der Lösung von GAGE an frischem und mit Goldchlorid vorbehandeltem Material die Riechzellen mit ihren Fortsätzen bei Wirbeltieren dar. Einwirkungsdauer 40 Minuten. RAWITZ (07) empfiehlt die Methode von GAGE als für alles geeignet. RUTHERFORD legt quergestreifte Muskeln in das dreißigfache Volumen von 4%iger Formaldehydlösung (1 Vol. Formol auf 9 Vol. Wasser) für 48 Stunden, überträgt sie in reinen Methylalkohol für 48 Stunden, wechselt dann diesen und läßt die Stücke bis zur Untersuchung darin. Die Fasern können mit Nadeln isoliert werden, am besten, wenn 50%iger oder unverdünnter Eisessig zugesetzt wird. Man färbt am besten nach kurzem Auswaschen in Wasser mit einer wässerigen Lösung von Heliocine, wäscht dann wieder in Wasser aus und legt in Glycerin ein oder in Balsam.

41. Chloralhydrat wurde in Lösung zuerst von BUTZKE für die Isolation der Ganglien- und Neurogliazellen der Großhirnrinde benutzt. Er wandte 10—50%ige wässerige Lösungen auf das frische Hirn an, schüttelte dann vorsichtig und wusch die Masse zwischen den Zellen aus. Besonders gut fand er auch für diesen Zweck erst $^1/_4$%ige Osmiumsäure und dann Chloralhydrat anzuwenden. ANDRÉ lobt Chloralhydrat für Nervenfasern und quergestreifte Muskelfasern, besonders aber für die Retina. Er benutzt entweder ein Gemisch von Wasser 30 *g* und Chloralhydrat 4 *g* oder von Wasser 30 *g*, Chloralhydrat 4 *g* und Glycerin 16 *g* und legt die mit Carmin gefärbte Retina für einige Stunden in die Mischung. Die Konturen der Nervenelemente werden deutlicher und scheinen etwas zu schrumpfen, die MÜLLERschen Radialfasern werden sehr deutlich, besonders bei den Batrachiern. Dann färbt er mit Anilinrot oder mit: Anilinblau 0,01 *g*, Alkohol 0,5 *g* und Wasser 20 *g*. R. HEIDENHAIN (75) empfahl die 5%ige Chloralhydratlösung sehr für die Isolation aller zelligen Gebilde des Pancreas; die Lösung muß bei längerer Einwirkung öfters erneuert werden. LAVDOWSKY fand die 5%ige Chloralhydratlösung sehr geeignet zur Isolation der glatten Muskelfasern, besonders in den Drüsen, Milz, Lungen usw., etwas schwerer in der Muscularis des Darmes. Kleine Stücke des frischen Organes werden für 20—40 Stunden in eine möglichst große Quantität der Lösung eingelegt und in ihr zerzupft. Nach KRAUSE (70, 84) übertrifft die 10%ige wässerige Chloralhydratlösung bei mehrtägiger Einwirkung zur Konservierung der Retinaelemente in mancher Beziehung die Osmiumsäure, besonders für die Außenglieder, die Radialfasern, die Ganglienzellenfortsätze. Die Elemente können dann durch Zerzupfen isoliert werden. TRINKLER erhielt für die Maceration des Epithels und der Drüsenelemente des Magens ausgezeichnete Resultate mit einer Mischung von 1 Vol. 0,02%ige Chromsäure, 1 Vol. 5%iges Chlorhydrat und einigen Tropfen Essigsäure. HICKSON legt Augen und N. opticus von Musca vomitoria für 24 Stunden in 5%ige wässerige Chloralhydratlösung, zerzupft dann und legt in Glycerin ein. GIERKE findet, daß das BUTZKEsche Gemisch (s. oben) für die Darstellung der nervösen Elemente manche Vorteile bietet, nicht aber für die Isolierung der Stützsubstanz (siehe auch unten bei: Essigsäure-Glycerinwasser).

42. Essigsäure wurde von DONDERS in den Wirkungen verschiedener Konzentrationsgrade auf die verschiedenen Gewebe geprüft. Er untersuchte genauer ihre aufquellende Wirkung auf das Bindegewebe und rühmt sie besonders als gutes Mittel, um Nervenfasern zu erkennen. Eigentlich macerierende Eigenschaften beobachtete er nicht. MOLESCHOTT empfiehlt für die Isolation von glatten Muskelfasern bei Geweben, welche vorwiegend aus glatten Muskelfasern bestehen, ein Gemisch von 1 Vol. starker Essigsäure (spez. Gew. 1,07) und 99 Vol. destillierten Wassers und läßt es 5—10 Minuten bei cca. 20° C einwirken. Am besten gelingt die Maceration, wenn die von Schleimhaut und Serosa frei präparierte Darmmuscularis erst einen Tag lang vor Vertrocknung geschützt aufbewahrt wird. Für Organe mit wenig Muskelfasern (Arterien, Lungen) nimmt er 1,5%ige Essigsäure. Zur Aufbewahrung benutzte er seine Alkohol-Essigsäuregemische (starkes und schwaches). Die von BALOGH für die Isolierung der Riechzellen usw. empfohlene Mischung: 1 Vol. Essigsäure, 1 Vol. Alkohol und 2 Vol. destillierten Wassers (nach MOLESCHOTT) ist nach M. SCHULTZE (62) für diesen Zweck weniger als die meisten der sonst von ihm angewandten Mittel anzuempfehlen. KRAUSE (70, 84) brachte die überlebende Cornea für 24 Stunden in 3%ige Essigsäure und isolierte so ihre Epithelzellen. BRODERSEN benutzte ein Gemisch von Eisessig, Glycerin und Wasser zu gleichen Teilen, in welchem er die nach ALTMANNS Methode mit Öl imprägnierten, dann entkalkten und osmierten Knochenstücke $^1/_4$—$^1/_2$ Stunde auf dem Sandbade kochte, zur Isolation der Grenzscheiden der Knochenkanälchen. Genaueres siehe im Original.

PHILIPPSON erzielte eine vollständige Ablösung der Epidermis von der Cutis dadurch, daß er die Hautstücke 1—3 Tage lang in $^1/_4$—$^1/_3$%ige Essigsäurelösungen (mit einigen Tropfen Chloroform versetzt) einlegt. Ebenso wirkt Ameisensäure, Oxalsäure, Citronensäure.

S. Mayer empfiehlt Essigsäuredämpfe, um das Epithel dünner Membranen (Nickhaut und Hornhaut von Rana und Bufo, Hornhaut von Ratten und Mäusen) im ganzen und sehr gut erhalten abzulösen. Er bringt z. B. die Nickhaut, nur mit einer Spur 0,5%iger Kochsalzlösung befeuchtet, auf den Objektträger und legt letzteren für höchstens 1 Minute über die Öffnung eines kleinen, zur Hälfte mit Eisessig gefüllten Gläschens. Nachdem die vorher durchsichtigen Häutchen sich getrübt haben, wird etwas 0,5%ige Kochsalzlösung zugesetzt, und man kann die Epithelschicht durch einfaches drückendes Streichen mit einer Nadel als Häutchen ablösen. Bestes Objekt für Kurspräparate von der Caryokinese. Einlegen der Froschhaut in $^1/_2$- bis 1%ige Essigsäure für 1—2 Minuten führt ebenfalls zur Ablösung der Epidermis, doch scheint der Erhaltungszustand der Mitosen nicht so gut zu sein wie bei der ersten Methode. Rausch findet auch reine Essigsäure (1—2 Tage bei Körpertemperatur) für die Isolation der Hornzellen der menschlichen Epidermis geeignet. Über Färbung siehe oben bei: Wasserstoffsuperoxyd.

43. *a)* **Eisessig-Glycerinwasser (Haller's Gemisch)** wurde von Haller (84) angegeben zur Isolierung des Sinnesepithels von Mollusken in der Form: Konzentrierte Essigsäure 0,4, Glycerin 0,4, destilliertes Wasser 1,2; Dauer der Einwirkung $^1/_2$ Stunde oder länger. Später (86) in der Form: Eisessig 0,5, Glycerin 0,5, destilliertes Wasser 2,0; Dauer der Einwirkung $^1/_2$—$^3/_4$ Stunden. Nansen (86) lobt das Gemisch (2. Form). Er zerzupft dann in 50%igem Glycerin und färbt eventuell (nach vorhergegangenem Auswaschen) in Ammoniakcarmin, Pikrocarmin oder in verdünntem Hämatoxylin (nach Delafield). Rawitz (87) fand dagegen das Gemisch für das Acephalengehirn unbrauchbar. Sihler (94, 95, 00) verwendet ein ähnliches Gemisch für eine leichte und sichere Methode zum Nachweis der motorischen und sensiblen Nervenendigungen an Muskelfasern und Gefäßen. Frische Muskelbündel (höchstens gänsekieldick) werden auf cca. 18 Stunden eingelegt in etwa das zehnfache Volumen eines Gemisches aus gewöhnlicher Essigsäure 1 Vol., Glycerin 1 Vol. und 1%ige Lösung (in destilliertem Wasser) von Chloralhydrat 6 Vol. Darauf kommen sie für 1—2 Stunden in Glycerin, werden dann weiter zerzupft (bis auf Stecknadeldicke) und auf 3—10 Tage übertragen in die Farblösung aus Ehrlichschem Hämatoxylin (nicht zu frisch) 1 Vol., Glycerin 1 Vol., Chloralhydratlösung (wie oben) 6 Vol. Die Präparate werden dann in Glycerin aufbewahrt. Für die Untersuchung zerzupft man vorsichtig weiter und behandelt sie mit Essigsäure oder Essigsäureglycerin, bis die dunkelblaue Farbe in violett umgewandelt ist. Die Methode ist auch für Herz und glatte Muskelfasern brauchbar. Die Stärke der Macerationsflüssigkeit muß je nach dem Tier variiert werden. Das Chloralhydrat kann mit gewissen Vorteilen durch Sublimat ersetzt werden. Weitere Einzelheiten in den Originalarbeiten. Batten findet die Methode von Sihler als beste für die Muskelspindeln unter normalen und pathologischen Verhältnissen. Die Spindeln können nach der Maceration und Isolation in Müllersche Lösung eingelegt werden, bis alle Farbe aus ihnen verschwunden ist, dann in Marchis Lösung übertragen, in Celloidin eingebettet, geschnitten und nach Pal gefärbt werden. So sind auch die geringsten Degenerationen erkennbar. Bristol benutzte sie mit Erfolg für Macerationen zum Studium der makroskopischen Verhältnisse der Nerven von Nephelis. Er schnitt z. B. den Kopf ab, spaltete ihn dann an der ventralen und dorsalen Seite, breitete die Stücke zwischen Gläsern flach aus und legte sie für 2 Tage ein. Dann Glycerin. Ramström verwandte die Sihlersche Flüssigkeit mit Vorteil für das Studium der Innervation des Peritoneums usw. an. Wunderer hat die Methode für die Untersuchung der Terminalkörperchen der Anamnier etwas abgeändert: Die Gewebsstücke kommen zunächst auf $^1/_2$—2 Stunden in ein Gemisch von 10 Teilen Formalin, 5 Teilen Ameisensäure und 100 Teilen Wasser, dann für beliebig lange Zeit in eine Mischung von konzentriertem Glycerin und 2%iger Ameisensäure zu gleichen Teilen mit geringem Formalinzusatz. Gefärbt wird 24 Stunden lang in einer der bekannten zur Kernfärbung geeigneten Hämatoxylinlösungen, der die gleiche Menge Glycerin (eventuell mit Zusatz von 1% Ameisensäure) zugesetzt ist. Schließlich kommen die Objekte in ein mehrfach zu wechselndes Gemisch von Glycerin und Wasser zu gleichen Teilen mit 1% Alaun. Hemenway maceriert die Augen von Scutigera in einem ähnlichen Gemisch (1 Teil Glycerin, je 2 Teile Essigsäure und Wasser) 1 Jahr lang.

b) **Eisessig** 1—2 Teile und **Methylgrün**, konzentrierte wässerige Lösung, 100 Teile, wird von Carnoy für „verwickelte Gewebselemente" empfohlen; er läßt das Gemisch 12 bis 24 Stunden kalt oder 2—3 Minuten bei 70° C einwirken.

44. Holzessig wurde zuerst von Purkinje empfohlen und ist in den folgenden Jahrzehnten sehr viel, später weniger gebraucht worden. Man wandte besonders den gereinigten (rektifizierten) Holzessig mit dem gleichen bis vierfachen Volumen Wasser verdünnt an und ließ die Objekte Tage bis Monate darin liegen. Da er das Bindegewebe außerordentlich durchsichtig macht, wurde er namentlich zur Darstellung der im Bindegewebe eingelagerten Teile: Drüsen, Gefäße, Muskelfasern, Nerven, pathologische Neubildungen benutzt. G. Meissner und andere nach ihm untersuchten damit den submukösen Plexus des Darmes (s. auch Blaschko). Frankenhäuser benutzte den Holzessig außer zur Darstellung der Uterusnerven auch (bei tagelanger Einwirkung) zur Isolation der glatten Muskelfasern, wie ihn zuerst Billroth für diesen Zweck empfohlen haben soll. Über die Anwendung des Holzessigs durch STILLING (80) für die Zerfaserung von Gehirnteilen siehe oben bei: MÜLLERsche Lösung.

In neuerer Zeit benutzte LOEWY eine 6%ige Holzessiglösung zur Maceration der Epidermis und erhielt damit nach 24—48stündiger Einwirkung bei 40° C stets eine sichere Ablösung der Epidermis von der Cutis. An haarreichen Stellen waren dabei die langen und dichtstehenden Haare vorher abrasiert. Für die zartesten Gewebe, wie für die Epidermis der weiblichen Geschlechtsorgane wurde auf eine dünnere Lösung, bis auf 1%, heruntergegangen. Das Verfahren bietet ebensoviel wie die PHILLIPSONsche Essigsäuremethode (s. diese). Auch RAUSCH empfiehlt reinen Holzessig (1—2 Tage bei Körpertemperatur) als gutes Macerationsmittel für die Hornzellen des Stratum corneum der menschlichen Epidermis und als sehr geeignet zur Darstellung ihres Reliefs. Über Färbung derselben siehe oben bei: Wasserstoffsuperoxyd. SCHIEFFERDECKER (89) erklärt den Holzessig (verdünnt, siehe oben) namentlich auch jetzt noch brauchbar für quergestreifte Muskeln und deren Sehnen sowie für den Zusammenhang beider, für marklose Nervenfasern und für die Maceration des Darmes, um die sympatischen Geflechte desselben darzustellen. Die Präparate färben sich braun, doch schadet das nichts, sondern nutzt eher als Färbung. Nach BLASCHKO (s. oben) kann man Dauerpräparate von dem Darmplexus herstellen, wenn man erst in wässeriger Pikrinsäurelösung härtet und dann in Holzessig maceriert.

45. **Oxalsäure,** kalt gesättigte wässerige Lösung, wurde zuerst von M. SCHULTZE (62) für die Isolation der Riechzellen und Olfactoriusfasern mit großem Erfolg angewandt. Die Zeit der Einwirkung ist von wenig Bedeutung: wenige Stunden bis Tage. Für kaltblütige Tiere kann die gesättigte Lösung mit dem gleichen Volumen destillierten Wassers verdünnt werden. In der Retina werden die Stäbchen ebenfalls ausgezeichnet erhalten, während die Stützfasern bis zum Verschwinden abblassen. Stärkere Erhärtung der Präparate wird mit alkoholischen Oxalsäurelösungen erzielt. Siehe außerdem auch oben bei: Jodserum. BROESIKE konnte mit Oxalsäure in stärkerer Konzentration die Grenzscheiden der Knochenkanälchen darstellen. RAWITZ (07) führt die gesättigte Oxalsäurelösung als vorzüglich für Epithel- und Drüsenzellen bei Vertebraten und Evertebraten an; nach 12—24stündiger Einwirkung ist oft bloß ein Schütteln des Materiales in destilliertem Wasser nötig, um ausgiebige Isolation herbeizuführen; andernfalls zerzupft man nach gutem Auswaschen in Wasser.

46. **Sulfocyan- (Rhodan-) Ammonium, -Kalium** ist nach STIRLING in zehnprozentiger Lösung ein vorzügliches Mittel zur Isolierung von Epithelzellen (Oesophagus, Magen, Darm, Harnblase, Haut etc. von Rana und Triton). Man legt kleine Stücke für 24 bis 28 Stunden ein. Man kann in Pikrocarmin färben, wenn man vorher gut in Wasser auswäscht. SOULIER findet an der Epidermis der von ihm untersuchten Tiere, daß das Gemisch die Zellen stark verändert. Er erzielt dagegen gute Erfolge durch Vermischung mit einem Fixiermittel: Gemisch von RIPART und PETIT, Sublimat, FOLsche Lösung, MÜLLERsche Lösung, Osmiumsäure usw. Bei Verwendung der Flüssigkeit von RIPART und PETIT erhält man wirksame Gemische durch Zusatz von 5%igen Rhodansalzlösungen im Verhältnis 1 : 1—39. Umgekehrt kann man zweckmäßig die Flüssigkeit von RIPART und PETIT auch mit anderen Macerationsmitteln (Jodserum, KRONECKERs künstlichem Serum, Eau de Javelle, 10%igem Natriumsulfat etc.) kombinieren.

47. *a)* **Pikrinsäure** nach RAWITZ (87, 95) 5—10 Tropfen einer kalt gesättigten wässerigen Pikrinsäurelösung werden mit 15 *ccm* destillierten Wassers verdünnt. Nach 12 bis 24 Stunden erhält man vom Nervensystem wirbelloser Tiere vorzügliche Präparate. Bei kürzerer Einwirkungsdauer (4—8 Stunden) erhält man sehr gute Isolationen von Epithel- und Drüsenzellen. Zerzupft wird in destilliertem Wasser.

b) **Pikrinsäurealkohol** nach GAGE (90) und HOPKINS besteht aus 250 *g* 95%igem Alkohol, 750 *g* Wasser und 1 *g* Pikrinsäure. Gewebe für wenige Stunden einlegen; zu lange Einwirkung ist schädlich. Es ist ein ausgezeichnetes Macerationsmittel für fast alle Gewebe, besonders für Epithelien, glatte und quergestreifte Muskelfasern, deren Struktur sehr deutlich bleibt. Einlegen in Glycerin oder in Glycerinleim.

c) **Pikrocarminsaures Ammoniak** in 1%iger Lösung wird von RANVIER (88) zur Isolierung des Achsencylinders empfohlen. Man zerzupft frische Nerven in der Flüssigkeit und läßt sie 24 Stunden darin liegen. Dann ist das Mark größtenteils ausgetreten und die Achsencylinder sind nur von der SCHWANNschen Scheide umgeben oder auch ganz frei.

48. **Lysol** ist nach REINKE für manche Gewebselemente (Haare, Epithelzellen vom Salamander, Drüsenzellen, Flimmerzellen, quergestreifte Muskelfasern) ein gutes Macerationsmittel. An den Kernen vom Salamanderepithel werden eigentümlich gekrümmte Fäden sichtbar usw. REINKE verwendet hauptsächlich 10%ige Lösung in destilliertem Wasser, jedoch auch ein Gemisch von: Lysol 10 Vol., destilliertem Wasser 60 Vol. und absolutem Alkohol 30 Vol. oder Lysol 10 Vol., destilliertem Wasser 50 Vol., Alkohol 30 Vol. und Glycerin 10 Vol.

49. **Salicylsäure** wird von A. FRORIEP zum Auflösen des Bindegewebes und Sarcolemms im quergestreiften Muskel und zur Isolation der Muskelfasern empfohlen. Der Muskel wird aufgespannt einige Tage in starken Alkohol, welcher $2^1/_2$% krystallinische Salicylsäure enthält, eingelegt, alsdann 1—2 Stunden in 1%iger wässeriger Salicylsäurelösung gekocht und schließlich noch für einige Tage in kaltgesättigte wässerige Salicylsäure-

lösung übertragen. Die Muskelbündel zerfallen bei sanfter Berührung in die einzelnen Fasern, welche in ganzer Länge erhalten werden. Die Methode ist für menschliches Material geeignet und wird auch von W. Felix (87) gerühmt. M. Heidenhain empfiehlt dieselbe sehr auch für die Isolation von glatten Muskelzellen (Katzendarm); die Zellen sind in vollständiger Länge vorzüglich erhalten. Er kocht den Darm in $2\frac{1}{2}$%iger Salicylsäurelösung und bewahrt ihn darin auf. Nach Monaten und noch später lassen sich die Muskelzellen durch Schütteln isolieren. Sie werden centrifugiert, gut ausgewaschen und mit einer alkoholischen Lösung von Congo-Corinth G (Elberfeld) gefärbt. Engelmann macerierte mit konzentrierter Salicylsäurelösung die Flimmerzellen von Anodonta und konnte damit, innerhalb der ersten Stunde untersucht, den Faserapparat der Zellen in seiner Lage gut sichtbar machen. Rausch macerierte menschliche Fußsohlenhaut mit gesättigter wässeriger Salicylsäurelösung, welche zur besseren Löslichkeit der Salicylsäure mit etwas Alkohol versetzt war, während 1—2 Tagen bei Körpertemperatur. Er fand in ihr das beste Mittel, das Relief der isolierten Hornzellen gut erhalten zur Darstellung zu bringen. Färbung der Zellen siehe oben bei: Wasserstoffsuperoxyd.

50. **Salicylsaures Natron** in gesättigter Lösung ist nach Rausch ein gutes Macerationsmittel für Isolierung der Hornzellen des Stratum corneum der menschlichen Epidermis. Einwirkung 1—2 Tage bei Körpertemperatur. Über nachträgliche Färbung siehe oben bei: Wasserstoffsuperoxyd.

51. **Gerbsäure** wird von Motta-Coco und Ferlito zur Maceration von Muskeln vom Frosch empfohlen und gibt in 0,5—1,5%iger Lösung brillante Resultate, die besten in der stärkeren Konzentration, namentlich über das Verhältnis zwischen Muskel und Sehne. Man legt den Gastrocnemius für 24—48 Stunden ein und kann zum Schluß färben.

52. **Weinsäure** 1%ige, einige Stunden auf die Media großer Gefäße angewendet, erleichtert die Isolierung der elastischen Elemente durch Spalten und Zupfen (Böhm und Oppel).

53. **Galle (oder taurocholsaures Natron) und Chlorcalcium** wird von Miescher als ein vortreffliches Mittel zur vollständigen und sicheren Isolierung der Kerne der Hodenzellen angegeben, das auch bei anderen Geweben anwendbar ist. Man behandelt die Organe mit einer Lösung, welche 0,25—0,30% krystallisierte Galle und 0,8—1,0% Chlorcalcium enthält. Sie löst das Protoplasma vollkommen auf, während die Kerne erhalten bleiben. Für mikroskopische Untersuchung nimmt man $\frac{1}{10}$ konzentrierte Lösung von schwefelsaurem Natron, welche Galle und Chlorcalcium enthält. Man kann dann centrifugieren und öfters auswaschen. Weiteres s. im Original. Zacharias wandte die Methode auf pflanzliche Gewebe an, erhielt aber keine entsprechenden Resultate.

Literatur: Aeby (Zeitschr. Rat. Med., 3. Reihe, Bd. 14, 1862), derselbe (Centralbl. Med. Wiss., Bd. 3, 1865), Andrée (Journ. de l'Anat. Physiol., Bd. 10, 1874), Apathy (Zeitschr. Wiss. Mikr., Bd. 5 und 10, 1888 und 1893), Arnold (Arch. Pathol. Anat., Bd. 32, 41 und 169, 1865, 1867 und 1902), derselbe (Arch. Mikr. Anat., Bd. 52, 1898), Baber (Journ. of Anat. Physiol., Bd. 10, 1875), Bäcker (Arb. Zool. Inst. Wien, Bd. 14, 1903), Ballowitz (Int. Monatsschr. Anat. Physiol., Bd. 11, 1894), Balogh (Sitz. Ak. Wiss. Wien, Bd. 42, 1860), Bardeen (Anat. Anz., Bd. 23, 1903), Batten (Brain, Bd. 20 und 21, 1897 und 1898), Behrens (Tabellen), Bernard (Ann. Sc. Nat. Zool., 7. Ser., Bd. 9, 1890), Blaschko (Arch. Pathol. Anat., Bd. 94, 1883), Böhm-Davidoff (Lehrbuch der Histologie, 1895), Böhm und Oppel (Taschenbuch), Böhmig (Inaug.-Diss., Leipzig 1883), Boll (Arch. Mikr. Anat., Bd. 4 und 5 Suppl., 1868 und 1869), Bongardt (Zeitschr. Wiss. Zool., Bd. 75, 1903), Born (Inaug.-Diss., Berlin 1873), Bristol (Journ. of Morphol., Bd. 15, 1898), Brock (Int. Monatsschr. Anat. Physiol., Bd. 1, 1884), Brösike (Arch. Mikr. Anat., Bd. 21, 1882), Buchholz (Arch. Anat., 1863), Budge (Arch. Physiol. Heilk., N. F., Bd. 2, 1858), Butzke (Arch. Psych., Bd. 3, 1872), Calberla (Arch. Mikr. Anat., Bd. 11, 1875), Carnoy (La biologie cellulaire, 1884), Czerny (Wien. Med. Jhb., Bd. 13, 1867), Danilewsky (Zeitschr. Physiol. Chem., Bd. 7, 1883), Deiters (Untersuchungen über Gehirn und Rückenmark, 1865), Dogiel (Arch. Mikr. Anat., Bd. 22, 27 und 35, 1883, 1886 und 1890), derselbe (Int. Monatsschr. Anat. Physiol., Bd. 1, 1884), derselbe (Anat. Anz., Bd. 2, 1887), Donders (Holländ. Beitr., Bd. 1, 1848), Drost (Morph. Jhb., Bd. 12, 1887), Eberth (Centralbl. Med. Wiss., Bd. 3, 1865), v. Ebner (Unters. Inst. Physiol. Hist., Graz, H. 1, 1870), derselbe (Sitz. Ak. Wiss. Wien, Bd. 109, 1900), Eckhard (Beitr. Anat. Physiol., H. 1, 1855), Eisig (Fauna Flora Golf Neapel, Bd. 16, 1887), Engelmann (Arch. Ges. Physiol., Bd. 23, 1880), Ewald (Zeitschr. Biol., Bd. 26 und 34, 1890 und 1896), Fajersztajn (Arch. de Zool. Expér., 2. Ser., Bd. 7, 1889), Felix (Festschr. Kölliker, 1887), derselbe (Zeitschr. Wiss. Zool., Bd. 48, 1889), Fischel (Arch. Mikr. Anat., Bd. 42, 1893), Fischer (Ber. Deutsch. Bot. Ges., 1886), Flemming (Arch. Mikr. Anat., Bd. 4 und 5, 1868 und 1869), Förster (Arch. Pathol. Anat., Bd. 18, 1860), Frankenhäuser (Die Nerven der Gebärmutter und ihre Endigung in den glatten Muskelfasern, 1867), Freud (Centralbl. Med. Wiss., Bd. 17, 1879_1), derselbe (Sitz. Ak. Wiss. Wien, Bd. 78, 1879_2), Frey (Mikroskop, 8. Aufl.), Friedländer-Eberth (Technik), Frohiep (Arch. Anat., 1878), Fubini (Unters. Naturl. Mensch., Bd. 11, 1876), Gage (The Microscope, Bd. 8, 1888), derselbe (Proc. Amer. Soc. Micr., 1889 und 1890), derselbe

(Trans. Amer. Micr. Soc., Bd. 19, 1897), Gage und Kingsbury (Vertebrate Histology, 1899), Gebhardt (Zeitschr. Wiss. Mikr., Bd. 13, 1896), Gerlach (Arb. Physiol. Anst. Leipzig, Jahrg. 7, 1872), Gierke (Arch. Mikr. Anat., Bd. 25. 1885), Golgi (Att. Acc. Lincei, 4. Ser., Bd. 5, 1889), Gottstein (Arch. Mikr. Anat., Bd. 8, 1872), Haller (Morph. Jhb., Bd. 9 und 11, 1884 und 1886), Halpern (Arb. Zool. Inst. Wien, Bd. 14, 1903), Hannover (Arch. Anat., 1840), Heidenhain M. (Zeitschr. Wiss. Mikr., Bd. 20, 1903), Heidenhain R. (Stud. Physiol. Inst. Breslau, H. 2, 1863), derselbe (Arch. Mikr. Anat., Bd. 10, 1874), derselbe (Arch. Ges. Physiol., Bd. 10, 1875), Hemenway (Biol. Bull. Boston, Bd. 1, 1900), Hendrickson (Johns Hopkins Hosp. Bull., 1898), Henle (Allgemeine Anatomie, 1841), derselbe (Abh. Ges. Wiss. Göttingen, Bd. 10, 1862), Hertwig (Das Nervensystem und die Sinnesorgane der Medusen, 1878), dieselben (Jena. Zeitschr. Nat., Bd. 13, 1879), Hickson (Quart. Journ. Micr. Sc., 2. Ser., Bd. 25, 1885), Hoehl (Arch. Anat., 1897), Hopkins (Proc. Amer. Soc. Micr., 1890), Hoppe (Arch. Pathol. Anat., Bd. 5, 1853), Iwanzoff (Bull. Soc. Nat. Moscou, 2. Ser., Bd. 10, 1896), Kapelkin (Ebenda, 2. Ser., Bd. 10, 1897), Klebs (Arch. Pathol. Anat., Bd. 32, 1865), Koganei (Arch. Mikr. Anat., Bd. 25, 1885), Kölliker (Mikroskopische Anatomie, Bd. 2, 1850), derselbe (Handbuch der Gewebelehre, 5. und 6. Aufl., 1867 und 1869), Königstein (Sitz. Ak. Wiss. Wien, Bd. 73, 1875), Kraus (Ebenda, Bd. 78, 1879), Krause (Zeitschr. Rat. Med., 3. Reihe, Bd. 20, 1863), derselbe (Arch. Anat., 1870), derselbe (Int. Monatsschr. Anat. Physiol., Bd. 1, 1884), Kühne (Über die peripherischen Endorgane der motorischen Nerven, 1862), derselbe (Strickers Handbuch der Lehre von den Geweben, Bd. 1, 1871), Kuhnt (Arch. Mikr. Anat., Bd. 13, 1877), Langerhans (Arch. Pathol. Anat., Bd. 58, 1873), derselbe (Arch. Mikr. Anat., Bd. 12, 1876), Lavdowsky (Ebenda, Bd. 13. 1877), Lee und Mayer (Grundzüge), Lewis (Zool. Bull. Boston, Bd. 1, 1898), Lewis (Johns Hopkins Hospital Bull., Bd. 12, 1901), List (Zeitschr. Wiss. Mikr., Bd. 2 und 4, 1885 und 1887), Lott (Unters. Inst. Physiol. Hist. Graz, H. 3, 1872), Löwy (Arch. Mikr. Anat., Bd. 37, 1891), Ludwig und Zawarykin (Ber. Ak. Wiss. Wien, Bd. 48, 1863), dieselben (Zeitschr. Rat. Med., 3. Reihe, Bd. 20, 1863), Mac Callum (Contributions to the science of medecine, dedicated by his pupils to W. H. Welch, 1900), Mall (Abh. Sächs. Ges. Wiss., Bd. 17, 1891), derselbe (Johns Hopkins Hosp. Rep., Bd. 1), derselbe (Bull. Johns Hopkins Hosp., Bd. 12, 1901), Mangin (C. R. Ac. Sc. Paris, Bd. 110, 1890), Marcacci (Arch. Ital. Biol., Bd. 4, 1883), Marceau (Annal. Sc. Nat., 8. Ser., Zool., T. 19, 1903, Thèse de Paris), Mayer P. (Mitt. Zool. Stat. Neapel, Bd. 8, 1888), Mayer S. (Lotos, Bd. 40, 1892), Meissner (Zeitschr. Rat. Med., N. F., Bd. 8, 1857), Metalnikoff (Zeitschr. Wiss. Zool., Bd. 68, 1900), Miescher (Arch. Exp. Pathol. Pharmakol., Bd. 37, wieder abgedruckt in: Die histochemischen und physiologischen Arbeiten von F. Miescher, Bd. 2, 1897), v. Mihalkovics (Abh. Physiol. Anst. Leipzig, 8. Jahrg., 1873), Minot (Amer. Nat., Bd. 20. 1886), Mitrophanow (Ref. Zeitschr. Wiss. Mikr., Bd. 5, 1888), Moleschott (Unters. Naturl. Mensch., Bd. 6, 1859), Moleschott und Piso-Borme (Ebenda, Bd. 11, 1876), Morawitz (Arch. Mikr. Anat., Bd. 60, 1902), Moriggia (cit. Fubini), Mörner (Skand. Arch. Physiol., Bd. 1, 1889), Motta-Coco und Ferlito (Mon. Zool. Ital., Bd. 10, 1899), Muys und Home (cit. Hildebrandt, Handbuch der Anatomie, 4. Aufl., Bd. 1. 1833), Nansen (Bergens Museum Aarsberetning for 1886), derselbe (Ref. Zeitschr. Wiss. Mikr., Bd. 5, 1888), Nathusius (Zool. Anz., Jahrg. 15, 1892), Neumann (Beiträge zur Kenntnis des normalen Zahnbein- und Knochengewebes, 1863), derselbe (Arch. Heilk., Bd. 9, 1868), derselbe (Arch. Mikr. Anat., Bd. 18, 1880), Odenius (Ebenda, Bd. 2, 1866), Patten (Mitt. Zool. Stat. Neapel, Bd. 6, 1886), Paulsen (Inaug.-Diss., Dorpat 1848), Peter (Untersuchung über Bau und Entwicklung der Niere, 1. H., 1909), Petersen (Arch. Pathol. Anat., Bd. 174, 1903), Pflüger (Centralbl. Med. Wiss., 3. Jahrg., 1865), Philippson (Monatsh. Prakt. Derm., Bd. 8, 1889), Porkowski (Ref. Zeitschr. Wiss. Mikr., Bd. 15, 1898), Prenant (Int. Monatsschr. Anat. Physiol., Bd. 4 und 9, 1887 und 1892), Ramström (Anat. Hefte, Bd. 29, 1905), Randolph (Zool. Anz., Bd. 23, 1900), Ranvier (Arch. de Physiol., 2. Ser., Bd. 1, 1874), derselbe (Technisches Lehrbuch, 1888), Rausch (Monatsh. Prakt. Derm., Bd. 24, 1897), Rawitz (Jena. Zeitschr. Nat., Bd. 20, 1887), derselbe (Leitfaden, 1895), derselbe (Lehrbuch Mikr. Technik, 1907), derselbe (Zeitschr. Wiss. Mikr., Bd. 25, 1909), Read (Amer. Journ. Anat., Bd. 8, 1908), Regaud (Zeitschr. Wiss. Mikr., Bd. 21, 1904), Reich (Neurol. Centralbl., Bd. 21, 1902), Reichert (Arch. Anat., 1849), Reinke (Anat. Anz., Bd. 8, 1893), Renaut (Traité, Bd. 1), Retzius (Arch. Anat., 1880), Richter (Öst. Bot. Zeitschr., Bd. 50, 1900), Rindfleisch (Arch. Mikr. Anat., Bd. 8. 1872), Rollet (Sitz. Akad. Wiss. Wien, Bd. 28, 30 und 33, 1856, 1858 und 1860), derselbe (Unters. Nat. Mensch., Bd. 6, 1859), Rutherford (Journ. of Anat. Physiol., Bd. 31, 1897), Sandmann (Arch. Physiol., 1895), Sappey (Traité d'anatomie générale, 1894), Saviotti (Arch. Mikr. Anat., Bd. 5. 1869), Schepotieff (Zeitschr. Wiss. Zool., Bd. 74, 1903), Schiefferdecker (Arch. Mikr. Anat., Bd. 28, 1886), derselbe (Behrens, Kossel und Schiefferdecker, Das Mikroskop, 1889), Schlüter (Inaug.-Diss., Breslau 1865 und Henle und Meissners Jahresber., 1865), Schuberg (Zeitschr. Wiss. Zool., Bd. 74, 1903), Schuberg und Schröder (Ebenda, Bd. 76, 1904), Schultz (Arch. Physiol., 1895), Schultze H. (Arch. Anat., 1878), Schultze M. (Monatsber. Preuß. Akad. Wiss. Berlin, 1856), derselbe (Abh. Nat. Ges. Halle, Bd. 7, 1862), derselbe (Arch. Pathol. Anat., Bd. 30, 1864), derselbe (Arch. Mikr. Anat., Bd. 2 und 7, 1866 und 1871), Schulze (Flora, 1850), derselbe (Bot. Zeitschr., 1850), derselbe (Beitr. Kenntnis des Lignins, 1856), derselbe (Lehrb. Chemie für Landwirte, Bd. 2, 1860), Schwalbe (Arch. Mikr. Anat., Bd. 4 und 6, 1868 und 1870), derselbe (Zeitschr. Anat., Bd. 2, 1877), derselbe (Jena. Zeitschr. Nat., Bd. 13, 1879), Schwann (cit.

Kölliker, Handbuch der Gewebelehre, 5. Aufl., 1867), Schweigger-Seidel (Die Niere des Menschen und der Sänger, 1865), Sertoli (Morgagni, 1864), Smirnow (Verh. Physiol. Ges. Berlin 1894), derselbe (Arch. Mikr. Anat., Bd. 46, 1895), derselbe (Zeitschr. Wiss. Zool., Bd. 68, 1900), Solbrig (Über die feinere Struktur der Nervenelemente bei den Gastropoden, 1872), Solger (Zeitschr. Wiss. Mikr., Bd. 6, 1889), Soulier (Thèse de Paris, 1891), Stilling (Arch. Mikr. Anat., Bd. 18, 1880), Stirling (Journ. of Anat. Physiol., Bd. 17, 1883), Stöhr (Lehrbuch der Histologie, 12. Aufl., 1906), Strasburger (Gr. Bot. Pract., 3. Aufl., 1897), Sudakewitsch (Ref. Hoffmann-Schwalbe, Bd. 11, 1882), Thiem (Inaug.-Diss., Greifswald 1876), Thin (Quart. Journ. Micr. Sc., Bd. 16, 1876), derselbe (Journ. of Anat. Physiol., Bd. 13, 1879), Tillmanns (Arch. Mikr. Anat., Bd. 10, 1874), Tomsa (Sitz. Akad. Wiss. Wien, Bd. 51, 1865), Trinkler (Arch. Mikr. Anat., Bd. 24, 1885), Uechtritz (Inaug.-Diss., Greifswald 1858), van Gehuchten (Cellule, Bd. 2, 1887), Virchow (Würzburg. Verh., Bd. 1 und 2, 1850 und 1851), Waldeyer (Zeitschr. Rat. Med., 3. Reihe, Bd. 20, 1863), derselbe (Centralbl. Med. Wiss., Bd. 3, 1865), derselbe (Virchow-Hirsch f. 1872), derselbe (Festschr. f. Henle, 1884_1), derselbe (Atlas der menschlichen und tierischen Haare, 1884_2), Weigert (Ergebn. Anat., Bd. 5, 1895), Weismann (Zeitschr. Rat. Med., 3. Reihe, Bd. 10, 1860), Wiesner (Sitz. Akad. Wiss. Wien, Bd. 93, 1. Abh., 1886), v. Wittich (Königsberg. Med. Jhb., Bd. 3, 1861), Wunderer (Arch. Mikr. Anat., Bd. 71, 1908), v. Wyss (Ebenda, Bd. 6, 1870), Zacharias (Ber. Deutsch. Bot. Ges., Bd. 16, 1898), Zimmermann (Das Mikroskop, 1895). *Spalteholz*, Leipzig.

Macerationsverfahren bei pflanzlichen Geweben. Außer der bei vielen Objekten zur Trennung der einzelnen Elemente ausreichenden Zerstörung der pektinreichen Mittellamelle durch salzsauren Alkohol (s. Zellmembrane, pflanzliche), das auch unter Umständen durch einfaches Kochen in verdünnten Säuren und selbst Wasser (Epidermis von Laubblättern, Fruchtfleisch) zu erreichen ist, hat nur das Schulzsche Gemisch allgemeine Bedeutung zumal zur Isolierung der Holzelemente (wobei auch die Verholzung entfernt wird). In einem Regenerator werden einige Stücke chlorsaures Kali mit Salpetersäure gerade überdeckt und die zu macerierenden kleinen Pflanzenteile hineingebracht und über der Flamme erwärmt, bis lebhafte Gasentwicklung eintritt. Man läßt das Reagens noch einige Minuten einwirken und gießt dann in eine Schale reinen Wassers und überträgt vor der Untersuchung die Fetzen noch einmal in reines Wasser. Korkzellen werden am leichtesten durch Kochen in verdünnter Kalilauge isoliert. Neuerdings wird auch noch Ammoniak empfohlen. Es löst die Zellen des Kartoffelparenchyms in 5 Minuten, das Holz von Taxus bei 40° in 4 Tagen, und zwar ohne die Inhaltsbestandteile der Zellen wesentlich zu schädigen.

Literatur: Richter (Öst. Bot. Zeitschr., Bd. 55, 1900). *Magnus*, Berlin.

Mäusesepticämiebacillus. Bacillus murisepticus verhält sich gegen Farbstoffe ganz so wie der Bacillus des Schweinerotlaufs. Er färbt sich mit den gebräuchlichen wässerigen Farblösungen, auch nach der Gramschen Methode. Schnitte färbt man erst nach Vorfärben mit Pikrocarmin nach der Gramschen Methode. *Künnemann*, Hannover.

Magdalarot, Syn. Naphthylaminrosa, Sudanrot, ein Rosindulin, und zwar ein Gemisch der salzsauren Salze des Naphthyldinaphtosafranins und des Naphthylnaphtorosindulins (Durand). Dunkelbraunes Pulver, das in kaltem Wasser schwer, leichter in heißem Wasser und Alkohol löslich ist. Die alkoholische Lösung fluoresciert. Die wässerige Lösung färbt sich mit Salzsäure violett, mit Natronlauge entsteht ein rotvioletter Niederschlag. Wird in der technischen Färberei im Seifenbad für Seide viel benutzt, da es auf ihr prachtvolle, außerordentlich haltbare und sowohl säure- als alkalifeste Färbungen ergibt.

Das Magdalarot ist ähnlich wie das Safranin zur Kernfärbung von Flemming empfohlen worden. Kultschitzky empfiehlt eine Kombination von Magdalarot und Methylenblau zur Färbung der elastischen Fasern in der Milz. Das Material wird in Alkohol mit 1% Essigsäure fixiert. Die Schnitte werden 18 bis 24 Stunden lang gefärbt in: Magdalarot 0,5 *g*, Methylenblau 0,25 *g*, 1%iges wässeriges Kaliumcarbonat 10 *ccm* und 96%iger Alkohol 200 *ccm*. Auch zur Nachfärbung von Golgi-Präparaten hat es mehrfach Verwendung gefunden. (Pal, Tal).

Literatur: Flemming (Arch. Mikr. Anat., Bd. 19, 1881), Kultschitzky (Ebenda, Bd. 46, 1895), Pal (Wien. Med. Jhb., N. F., Bd. 1, 1886), Tal (Gazz. Ospitali, Bd. 7, 1886).

Magen. Daß das Sublimat und die Sublimatgemische zur Fixation der Magenschleimhaut das geeignetste Mittel ist, wurde von den meisten Autoren zugegeben und ist von uns vielfach erprobt worden. Die Frage ist nur, wie man es am geeignetsten anwendet. Während die einen empfehlen, die Sublimatlösung direkt in den Magen mit der Schlundsonde einzuführen (WARBURG, SCHMIDT), spülen die anderen vor der Fixation den Magen erst mit erwärmter Kochsalzlösung aus (DAMASCHINO. EWALD, MEYER). Wir geben dieser letzteren Methode den Vorzug und empfehlen, der physiologischen Kochsalzlösung eine Spur kohlensaures Natron zuzusetzen, mittelst der Schlundsonde den Magen mit der warmen Lösung gut auszuspülen und dann erst die Fixationslösung ebenfalls warm zu injizieren. Man erhält so viel schönere und reinlichere Bilder vom Oberflächenepithel, das andernfalls häufig von einer zusammenhängenden Schicht von Schleim bedeckt ist. Wenn irgendwie möglich, soll man zur Untersuchung hungernde Tiere wählen mit leerem Magen. Man kann aber auch ohne Injektion auskommen, wenn man den Magen öffnet, vorsichtig abspült und dann Stücke der Magenwand auf Wachsplatten aufspannt. FRÖHLICH, der im übrigen vor der Anwendung reinen Sublimats warnt, benutzt Wachsplatten mit Leisten, wie sie in der Bienenzucht Verwendung finden. Sie haben den Vorteil, daß die Fixationslösung von beiden Seiten angreifen kann.

Außer der reinen konzentrierten Sublimatlösung (STEIN, LUKJANOW, HOPKINS, CARLIER, DEIMLER, HAMBURGER, ZIMMERMANN, LIEBERT) ist dann von DE HAANE Sublimatessigsäure, von SCHMIDT Sublimatalkohol (2,5% Sublimat in 50%igem Alkohol) empfohlen worden. WARBURG injiziert die gleiche Lösung und legt dann in reine konzentrierte Sublimatlösung ein. CARLIER empfiehlt Sublimatpikrinsäure nach MANN, HARVEY und FRÖHLICH eine Mischung von gleichen Teilen konzentrierter Sublimatlösung, 3%iger Bichromatlösung, Formalin und Wasser, FRÖHLICH die GILSONsche, MONTI die MINGAZZINIsche Flüssigkeit, NOLL und SOKOLOFF rühmen die CARNOYsche Flüssigkeit, sie gibt nach FRÖHLICH die besten und gleichmäßigsten Resultate. Auch die Formalinfixation hat manche Anhänger gefunden, so fixiert THÉOHARI in 10%igem. REERRINCK in 4%igem Formalin, CADE in der BOUINschen Flüssigkeit. 70%iger Alkohol wird von JOUVENEL benutzt, absoluter Alkohol von TICHERA. Zur Darstellung der Zymogenkörnchen fixieren NOLL und SOKOLOFF in der ALTMANNschen Osmium-Bichromatmischung mit Zusatz von etwas Sublimat. DEKHUYZEN fixiert zur Untersuchung des Oberflächenepithels in FLEMMING.

Will man recht dünne Schnitte herstellen, so wird man gut tun, von den im 95%igen Alkohol befindlichen Stücken die Schleimhaut abzuschneiden und allein einzubetten.

Die Färbung der Magenschleimhaut soll vor allem eine gute Differenzierung der Haupt- und Belegzellen liefern. Es empfehlen sich dazu Doppelfärbungen mit Alauncarmin-Indigocarmin (Hauptzellen schwach rot, Belegzellen tief blau), mit Hämatoxylin Säurefuchsin (Hauptzellen blau, Belegzellen rot). KOLSTER färbt in Hämatoxylin, entfärbt in Salzsäurealkohol bis zur schwachen rosa Tinktion, neutralisiert in 1%igem Ammoniakalkohol, wäscht aus und färbt 1—5 Minuten in dünnem Säurefuchsin. Congorot färbt die Belegzellen intensiv blau, während die Hauptzellen ungefärbt bleiben (STEIN). Man kann auch zunächst mit Hämatoxylin und dann mit Congorot färben (STINTZING). Es färben sich dann die Hauptzellen blau, die Belegzellen rot. Sehr gut heben sich die Belegzellen auch bei der HEIDENHAINschen Eisenalaun-Hämatoxylinmethode ab (JOUVENEL). Mit ihr lassen sich die Secretcapillaren der Belegzellen und die Centralkörperchen und HOLMGRENschen Kanälchen in den Zellen des Oberflächenepithels darstellen. HARVEY empfiehlt für dieselben Zwecke folgendes Verfahren. Schnitte 1 Minute in konzentrierte Kupferacetatlösung, abspülen in Wasser, 1 Minute 3%ige Kaliumbichromatlösung, abspülen in Wasser, einlegen in konzentrierte wässerige Hämatoxylinlösung, einlegen in konzentriertes Kupferacetat (1 Minute), abspülen in 3%iger Bichromatlösung, abspülen und differenzieren in WEIGERTscher Differenzierungsflüssigkeit. Die Methode leistet auch nach FRÖHLICH bei Carnoymaterial vorzügliches. Vorzüglich differenzierte Präparate liefert schließlich die EHRLICH-BIONDIsche Dreifachfärbung (HAMBURGER).

Zur Differenzierung der oesophagealen und cardialen Drüsen färbt JOUVENEL mit einem Gemisch von Methylenblau, Toluidinblau, Eosin und Formalin. Es färben sich die oesophagealen Drüsen blau, die cardialen rot.

Die Golgimethode liefert für den Magen außerordentlich instruktive Bilder. Die Ausführungsgänge der Magendrüsen erscheinen, ebenso wie die Secretkörbe der Belegzellen imprägniert. (LANGENDORFF und LASERSTEIN, MÜLLER, MONTI u. a. m.); mit der SMIRNOWschen Modifikation (s. Golgimethode) lassen sich auch die Nerven der Magenschleimhaut darstellen.

Zur Isolation der Magendrüsen empfiehlt HOPKINS einlegen in $20^0/_0$ige Salpetersäure, auswaschen in Wasser und übertragen in konzentrierte wässerige Alaunlösung, zur Isolation des Epithels eine Lösung von 0,1 *g* Pikrinsäure in $95^0/_0$igem Alkohol 25 *ccm* und Wasser 75 *ccm*, aufheben in Glycerin.

Zur Anregung der Magensecretion dient am einfachsten die Fütterung, Fleischnahrung gibt den an Salzsäure reichsten, Brotnahrung den an Pepsin reichsten Magensaft. Einen außerordentlich fermentreichen Magensaft liefert auch die Scheinfütterung von Hunden mit Oesophagusfistel (PAWLOW).

Literatur: CADE (Arch. d'Anat. Micr., Bd. 4, 1901), CARLIER (Cellule, Bd. 16, 1899), DAMASCHINO (Gazz. Med. 1880), DEIMLER (Inaug.-Diss. Zürich 1904), DEKHUYZEN (Verh. Anat. Ges. Heidelberg, 1904), EWALD (Klinik der Verdanungskrankheiten, Berlin 1890), FRÖHLICH (Inaug.-Diss., Leipzig 1907), DE HAANE (Arch. Anat., 1905), HAMBURGER (Arch. Mikr. Anat., Bd. 34, 1889), HARVEY (Amer. Journ. Anat., Bd. 6, 1907), HOPKINS (Proc. Amer. Soc. Micr. Detroit, 1890). JOUVENEL (Journ. de l'Anat., 1906), KUTMANOW (Int. Monatschr. Anat., Bd. 13, 1896), LANGENDORFF und LASERSTEIN (Arch. Ges. Physiol., Bd. 55, 1894), LIEBERT (Anat. Hefte, Bd. 23. 1904), LUKJANOW (Arch. Anat., 1887), MEYER (Zeitschr. Klin. Med., Bd. 16, 1889), MONTI und MONTI C., (Ric. Lab. Anat. Roma, Bd. 9. 1902), dieselben (Arch. Ital. Biol., Bd. 39, 1903), MÜLLER (Om inter-och intracellulära Körtelgångar. Stockholm 1894), NOLL und SOKOLOFF (Arch. Physiol., 1905), REERINCK (Beitr. Pathol. Anat., Bd. 28, 1900), SCHMIDT (Arch. Pathol. Bd. 143, 1896), STEIN (Mitt. Embr. Inst. Wien, 1892). STINTZING (Sitz. Ges. Morph. Physiol. München, 1889). THÉOHARI (Arch. d'Anat. Micr., Bd. 3, 1889), derselbe (C. R. Soc. Biol. Paris, 1901), TICHERA (Ric. Lab. Anat. Roma, Bd. 10, 1904), WARBURG (Inaug.-Diss., Bonn. 1894), ZIMMERMANN (Arch. Mikr. Anat.. Bd. 52, 1898).

Mageninhalt. Über die mikroskopische Untersuchung des Mageninhalts, die zwar für die Diagnose und Prognose der Krankheit an Bedeutung hinter der chemischen Untersuchung im allgemeinen zurücksteht, jedoch in keinem Falle unterlassen werden sollte, mögen die folgenden kurzen Bemerkungen genügen. Im übrigen ist über die Deutung der Befunde in den Lehr- und Handbüchern der Magenkrankheiten nachzulesen.

Der zu untersuchende Mageninhalt, der entweder aus erbrochenen oder aus ausgeheberten Massen besteht, wird filtriert. Das Filtrat dient zur chemischen Untersuchung; vom Filterrückstand werden Proben zur mikroskopischen Besichtigung verwandt. Hierzu werden zunächst ungefärbte Präparate hergestellt und mit schwacher, dann eventuell stärkerer Vergrößerung untersucht. Mit dieser Untersuchung kommt man in der Regel zum Ziele.

Zur Untersuchung auf Carcinom ist es nach SAHLI öfters erforderlich, bei leerem Magen eine Ausspülung zu machen, das Spülwasser zu centrifugieren und alsdann das Centrifugat nach Abgießen der Flüssigkeit auf Geschwulstelemente zu untersuchen. Eventuell ist der Vorgang des Centrifugierens mit gewechselter Flüssigkeit zu wiederholen, wobei man natürlich die untere Kuppe des Centrifugenröhrchens nicht mit entleeren darf; der so erhaltene Rückstand enthält naturgemäß mehr Formelemente, als wenn man nur einmal centrifugiert.

Im einzelnen gelten die an anderen Stellen dieses Buches entwickelten Regeln. So kommt für die Untersuchung auf Stärkekörner ihre Blaufärbung mit sehr verdünnter LUGOLscher Lösung in Betracht (s. auch bei Jod und Jodkalium). Blut wird durch den Nachweis der Körperchen oder durch den positiven Ausfall der TEICHMANNschen Probe erkannt. Eiterkörperchen sind ebenfalls im ungefärbten Präparat als solche zu erkennen. Sollte es aus irgend einem Grunde erforderlich sein, Trockenpräparate der roten und weißen Blutkörperchen zu machen, so erfolgt dies nach den allgemeinen Regeln (s. Blut). Dasselbe gilt von der Untersuchung auf Bacterien, sowie dem Nachweise von Hefen. Für letztere empfehlen sich stark verdünnte Lösungen von Bismarckbraun oder Methylenblau.

Sollten bei der Ausheberung kleine Schleimhautstückchen erhalten werden, so können diese nach allgemeinen Regeln eingebettet, geschnitten und gefärbt werden.

Wenn es sich darum handelt, Mageninhalt zu konservieren, so kommt man mit verdünnten Formollösungen aus; so kann man nach ROHNSTEIN ein Formolglyceringemisch (Formol 20,0, Glycerin 125,0, Aq. dest. ad 200) zu diesem Zwecke verwenden.

Literatur: Die Lehr- und Handbücher der Magenkrankheiten, ROHNSTEIN (Fort. Med., Bd. 20, 1902), SAHLI (Klinische Untersuchungsmethoden, 1909). *Mosse,* Berlin.

Magensaft, künstlicher, Darstellung desselben siehe: Zellchemie.

Magenta oder **Magentarot,** Syn. für Fuchsin, vor allem in England gebräuchlich.

Magnesia, Magnesia usta, gebrannte Magnesia, Magnesiumoxyd: MgO. Weißes, geschmackloses Pulver, das sich in Wasser nur spurenweise zu einer ganz schwach alkalischen Flüssigkeit löst. (Die Angaben über die Löslichkeit der Magnesia schwanken zwischen 1 : 5142 und 1 : 100.000.) Leichter löslich ist es bei Gegenwart von Ammoniumsalzen, leicht löslich in verdünnten Säuren. Wird künstlich dargestellte Magnesia mit wenig Wasser angerührt, so erstarrt sie zu einer festen Masse (hydraulische Magnesia). An der Luft zieht Magnesia allmählich Kohlensäure an unter Bildung von Magnesiumcarbonat.

Von MAYER ist die Magnesia zur Herstellung von Carmin und Hämatoxylinlösungen verwendet worden.

Magnesiacarmin } siehe: Carmin.
Magnesiapikrocarmin }

Magnesiumcarbonat, basisch-kohlensaure Magnesia, Magnesia alba: $3\,MgCO_3 + Mg(OH)_2 + 3\,H_2O$, weißes amorphes Pulver, das in Wasser etwas leichter als Magnesiumoxyd löslich ist (1 : 2500). Mit der Erhöhung der Temperatur nimmt die Löslichkeit ab. Von kohlensäurehaltigem Wasser wird es leicht gelöst. Die wässerige Lösung reagiert schwach alkalisch.

Von MAYER zur Herstellung von Carminlösungen benutzt.

Magnesiumchlorid. $MgCl_2 + 6\,H_2O$, farblose, monoklino Krystalle, die in Wasser zu 140% und auch in Alkohol leicht löslich sind. Beim Erhitzen zerfällt es unter Abgabe seines Krystallwassers in Magnesiumoxyd und Salzsäure.

Das Magnesiumchlorid ist von TULLBERG zum Narkotisieren von Actinien benutzt worden. (Näheres s. Cölenteraten).

Magnesiumchromat. $MgCrO_4 + 7\,H_2O$, bildet gelbe, leicht lösliche Krystalle (s. auch chromsaure Salze).

Magnesiumpikrat, $[C_6H_2(NO_2)_3]_2Mg$, gelbe Krystalle, die in Wasser und Alkohol leicht löslich sind.

Von MAYER zur Herstellung von Pikromagnesiacarmin benutzt (s. Carmin und Pikrinsäure).

Magnesiumsuperoxyd. Das unter diesem Namen im Handel befindliche Präparat besteht aus einem Gemisch von MgO und MgO_2. Es bildet ein trockenes Pulver, das bei Berührung mit Wasser Sauerstoff abspaltet. Trägt man es in verdünnte Schwefelsäure ein, so bildet sich, neben Sauerstoff, Wasserstoffsuperoxyd.

MAYER benutzt es zum Bleichen, indem er es mit einigen Tropfen Salzsäure befeuchtet und 70%igen Alkohol überschichtet.

Magnesiumsulfat, Magnesia sulfurica, Bittersalz: $MgSO_4 + 7 H_2O$, farblose Prismen, die sich in Wasser bei 15° zu 70% lösen, in Alkohol unlöslich sind. Die wässerige Lösung reagiert neutral. Bei 200° verliert es sein Krystallwasser. Mit den Alkalisulfaten verbindet es sich zu Doppelsalzen.

Das Magnesiumsulfat ist ähnlich wie das Magnesiumchlorid zum Betäuben von niederen Seetieren empfohlen worden von REDENBAUGH für Anneliden, von DUERDEN für Actinien, von GEROULD für Holothurien. Man bringt dieselben entweder in eine konzentrierte Lösung oder setzt dem Seewasser das trockene Salz zu.

Literatur: DUERDEN (Journ. Inst. Jamaica, Bd. 1, 1898), GEROULD (Bull. Mus. Harvard, Bd. 29, 1896), REDENBAUGH (Amer. Nat., Bd. 26, 1895).

Malachitgrün. Syn. für Benzoylgrün (Höchst, Berlin).

Das Malachitgrün wird heute in der mikroskopischen Technik kaum mehr verwendet, es ist durch das Methylgrün fast völlig verdrängt worden. v. BENEDEN und seine Schüler haben es vor allem zur Färbung von Ascariseiern in toto empfohlen, entweder allein oder in Verbindung mit Bismarckbraun in $^1/_4$%iger wässeriger, mit etwas Glycerin versetzter Lösung. PETROFF empfiehlt es zur Färbung der Erythrocyten in 20%iger wässeriger Lösung. Schnitte von Müller- oder Formolmaterial werden zunächst in Boraxcarmin gefärbt, in Salzsäurealkohol differenziert, in Wasser abgespült und dann in Malachitgrün 10—15 Minuten gefärbt. Differenzieren in 4—5fach verdünntem GIESONschen Pikrinfuchsin, rasch in absolutem Alkohol entwässern, Xylol, Balsam. Auch MAAS empfiehlt es zum Nachfärben nach Boraxcarmin in schwach alkoholischer Lösung. (Über die Doppelfärbung von HERLA vgl. Bismarckbraun.) PIANESE löst 0,05 *g* Malachitgrün, 0,1 *g* Säurefuchsin und 0,01 *g* Martiusgelb in 150 *ccm* destilliertem Wasser und 50 *ccm* 96%igem Alkohol. Schnittfärbung 24 Stunden, abspülen in Wasser und differenzieren in Salzsäurealkohol (1:1000), bis die anfangs grünen Schnitte rot werden. Kernchromatin rot, Nucleolen violett, Plasmosomen leuchtend rot, bei Flemmingfixation grün.

Größere Bedeutung kommt dem Malachitgrün als Lichtfilter zu, es hat nach GIFFORD vor dem Kupferchromfilter den Vorzug, daß es mehr monochromatisches und intensiveres Licht als jenes liefert.

Malariaplasmodien siehe: Blutparasiten.

Maltase siehe: Enzyme.

Malzauszug siehe: Enzyme.

Manchesterbraun, Syn. für Bismarckbraun (Cassella und englische Fabriken).

Manchestergelb, Syn. für Martiusgelb.

Mandarin G extra, Syn. für Orange II (Berlin).

Manganchlorür: $MnCl_2 + 4 H_2O$, hellrote, krystallinische und sehr zerfließliche Masse. Bei gewöhnlicher Temperatur zu cca. 65% mit grüner Farbe in Wasser und zu 50% in absolutem Alkohol löslich.

Von PICTET ist eine 5—10%ige wässerige Lösung von Manganchlorür mit etwas Dahliazusatz als Untersuchungsmedium für Seetiere empfohlen worden. Für Landtiere soll man nach LEE nur 1—3% nehmen.

Literatur: LEE und MAYER (Grundzüge), PICTET (Mitt. Zool. St. Neapel, Bd. 10, 1891).

Marchimethode siehe: Nervensystem.

Markierapparat siehe: Finder.

Markscheide siehe: Nervenfaser.

Martiusgelb, Syn. Manchestergelb, Naphtolgelb; Nitrofarbstoff, erhalten durch Behandlung von α-Naphtoldisulfosäure mit Salpetersäure: $C_{10}H_5\begin{matrix}ONa\\(NO_2)_2\end{matrix}$. Gelbes, in Wasser zu 2—3%, in Alkohol leichter lösliches Pulver. Die wässerige Lösung gibt mit Salzsäure einen Niederschlag von Dinitronaphtol.

Dieser der Pikrinsäure nahestehende Farbstoff dient hauptsächlich in der Mikrophotographie zur Herstellung von Lichtfiltern.

Maskenlack, eine Firnissorte, die in Alkohol löslich ist und schnell eintrocknet. Nach FOL werden vom Maskenlack manche, namentlich glycerinhaltige Einschlußmedien angegriffen, so daß das Präparat alsdann verdirbt. Wenn der Lack zu fest geworden ist, ist er mit absolutem Alkohol zu verdünnen. Er wird von PAUL MAYER auch heute noch mit gutem Erfolge angewandt. (Bezugsquelle des Maskenlacks Nr. 3: Lackfabrik von Besler, Berlin.)

Literatur: FOL (Lehrbuch), LEE-MAYER (Technik, 3. Aufl.). *Mosse,* Berlin.

Mastix, aus der Rinde der auf Chios heimischen Pistacia lentiscus gewonnen. Gelbliche, spröde Körner, die aus einem Terpen, dem indifferenten Masticin und der Mastixsäure bestehen. Er schmilzt bei 100—183° und ist völlig löslich in Alkohol, Äther, Chloroform, Amylalkohol, teilweise in Benzol, Petroleumäther, Aceton, Terpentin und Schwefelkohlenstoff. Die alkoholische Lösung reagiert sauer. Brechungsexponent bei 17° 1,535.

Der in der Technik zum Herstellen von Lacken, Firnissen, Kitten vielfach verwendete Mastix dient in der Mikrotechnik in Verbindung mit Kollodium, um brüchige Schnitte zusammenzuhalten. HEIDER vermischt eine sirupdicke ätherische Lösung von Mastix mit Kollodium, verdünnt vor dem Gebrauch stark mit Äther und überstreicht vor jedem Schnitt die Fläche des Paraffinblocks mit der Lösung. Der Überschuß wird mit dem Finger fortgewischt.

Literatur: HEIDER (Die Embryonalentwicklung von Hydrophilus, Jena 1889).

Mastzellen. Unter Mastzellen versteht man im Bindegewebe und im Blute vorkommende Zellen, in deren Protoplasma sich Körnchen finden, welche eine starke Affinität zu basischen Anilinfarben besitzen und sich bei Anwendung von violetten und roten basischen Anilinfarben in einer violettroten oder gelblichen Farbe präsentieren, die von der Farbe des zur Darstellung verwendeten Farbstoffes abweicht (Metachromasie). Die Größe der Zellen ist verschieden; die kleinsten sind ungefähr so groß, wie ein weißes Blutkörperchen.

Nachdem schon COHNHEIM, FRIEDLÄNDER u. a. von Zellen berichtet hatten, die als identisch mit den Mastzellen anzusehen sind, wurden sie auch von WALDEYER beschrieben, der sie in die Gruppe seiner Plasmazellen einreihte. Er beschrieb sie als Zellen von embryonalem Charakter, protoplasmareich, vorkommend im Unterhautbindegewebe, in den serösen und fibrösen Häuten. KORYBUTT-DASKIEWICZ schilderte sie als Zellen von langgestreckter Form in den Nerven des Frosches und sah sie als in der Entwicklung begriffene Nervenfasern an. Ein sicheres Verfahren, die Mastzellen nachzuweisen, hat EHRLICH (77) angegeben. Er wies nach, daß die granulierten Zellen des lockeren Bindegewebes ein auffälliges Verhalten gegenüber basischen Anilinfarben zeigen. Die Befunde EHRLICHS wurden von seinem Schüler WESTPHAL noch des genaueren ausgearbeitet und damit war der Begriff Mastzellen tinktoriell festgelegt gegenüber der weniger genau bestimmten Gruppe der „Plasmazellen“ von WALDEYER, in welcher unter anderen Zellen auch EHRLICHS Mastzellen enthalten waren. Nachdem nun später UNNA (91) auch noch den Namen Plasmazellen für die von ihm entdeckten basophilen, nicht metachromatischen Zellen vorgeschlagen, zog WALDEYER seinen früheren nicht mehr haltbaren Gruppennamen Plasmazellen zurück.

Zellen mit Körnern, welche sich den basischen Anilinfarben gegenüber genau so verhalten wie die der Mastzellen des Bindegewebes kommen, wie bereits gesagt wurden, auch im Blute vor; es sind dieselben daher auch als Mastzellen anzusehen. EHRLICH hat diese Zellen (Mastleucocyten) als besondere Leucocytengruppe (γ-Gruppe) hingestellt. WESTPHAL hat das gleiche tinktorielle Verhalten der histiogenen Mastzellen und der Mastleucocyten direkt tinktoriell nachgewiesen nach Härten und Schneiden des mit Blut gefüllten Tritonherzens.

Dabei betont WESTPHAL, daß der Protoplasmaleib der Bindegewebsmastzellen mächtiger sei als bei den Mastleucocyten. Auch PAPPENHEIM (01) nimmt eine histiogene und leucocytoide Entstehung der Mastzellen an. MAXIMOW hält das Verhalten der Mastzellen des Blutes und des Bindegewebes zu einander für noch unaufgeklärt und glaubt konstatiert zu haben, daß die Körner der Mastleucocyten löslicher sind als die der histiogenen Mastzellen. EHRLICH und WESTPHAL fanden Mastzellen im Blute von Triton, Frosch, Schildkröte, Kaninchen und Kalb, sowie im Blute leukämischer Menschen. An letzterem Orte fand sie auch SPILLING. JOACHIM beschreibt einen Fall von eigentlicher Mastzellenleukämie. Ob die Mastzellen im normalen menschlichen Blute vorkommen, steht noch nicht unbestritten fest: EHRLICH verneint es, ebenso NEUMANN, während MICHAELIS und WOLF ein derartiges Vorkommen annehmen. DANTSCHAKOFF betont, daß sie im Blute des Hühnchens nur r e i f e Mastzellen gefunden habe.

Mit dem Namen Mastzellen wollte Ehrlich darauf hinweisen, daß man diese Zellen häufig da im Gewebe findet, wo eine mehr als normale Ansammlung von Gewebssaft Anlaß zu einer Übernährung des Bindegewebes gibt. Bäumer stimmt mit dieser Ansicht überein und hat dieselbe durch Untersuchungen an der künstlich erzeugten Quaddel zu stützen gesucht. Die Annahme, eine Gewebsübernährung sei die Veranlassung zur Entstehung von Mastzellen, ist indessen nicht unwidersprochen geblieben. — Audry nennt diese Zellen isoplastische Zellen. Die Clasmatocyten Ranviers sind wahrscheinlich auch als Mastzellen anzusehen; Schreiber und Neumann betonen diese Identität. Marchand läßt diese Frage offen, während Maximow in den Mastzellen und Clasmatocyten zwei verschiedene Zellformen sieht.

Der Zellleib der Mastzellen enthält basophile Körnchen, deren Größe variieren kann; Rabl hat als größten Durchmesser 1 μ gefunden. Die Zelle ist einkernig, wenigstens die histiogene, während bei den Mastleucocyten mehrkernige Zellen beobachtet wurden (Pappenheim). Der Kern scheint öfters central zu liegen. er findet sich aber auch an der Peripherie des Zellleibes. Nach Dantschakoff hat der Kern keine Kernkörperchen, enthält dagegen viel dunkelgefärbtes Chromatin. Er koloriert sich meist gar nicht oder dann meistens nicht im metachromatischen, sondern im ursprünglichen Farbenton; eine metachromatische Färbung des Kernes kann, wenn auch seltener, bei Mastzellen mit aufgelösten Körnern beobachtet werden und ist dann wohl mehr als eine Auflagerung aufgelöster Körnersubstanz auf die Oberfläche des Kernes anzusehen. — Die Form der Mastzellen im Gewebe variiert sehr stark; man findet flache und kugelige, keulenförmige und spindelförmige Mastzellen; es gibt auch Mastzellen mit langen Protoplasmaausläufern. Die letztere Form findet sich sehr schön in der Haut des Alpensalamanderembryos. Beim erwachsenen Menschen sind die Mastzellen rundlich, oval, eckig, beim neugeborenen sind sie in der Mehrzahl rundlich.

Die Mastzellen sind im Tierreiche weit verbreitet; Hardy konstatierte sie bei den Wirbellosen und bei den Wirbeltieren sind sie regelmäßig zu finden; sie sind schon beim Fetus vorhanden. Dantschakoff konstatierte sie beim Hühnerembryo vom neunten Tag der Bebrütung an; auch sonst wurden bei Embryonen Mastzellen beobachtet, unter anderem beim Rinderembryo. Je jünger das Tier, um so leichter lösen sich die Körner seiner Mastzellen auf, am leichteten beim Embryo. Es wird angenommen, daß die Mastzellen sich aktiv amöboid bewegen können.

In Präparaten von fixiertem Gewebe sieht man häufig außerhalb der Mastzellen sich befindende Mastzellenkörner; sie können vereinzelt und in Gruppen außerhalb des Bereiches der Mastzellen liegen; sie finden sich auch einzeln oder in größerer Zahl dicht bei der Zelle und können dieselbe kranzartig umgeben.

Wie im normalen so sind auch im pathologischen Gewebe häufig Mastzellen zu finden. Bei Urticaria pigmentosa kommen sie geradezu geschwulstartig vor (Unna). In den Miliariabläschen findet man ebenfalls Mastzellen (Unna, Michaelis); desgleichen in den Bläschen des Erythema multiforme; Wolf konstatierte sie im pleuritischen Exsudate. Von sonstigen pathologischen Prozessen sind zu nennen: Rhinosclerom, Rhinophym, Vitiligo, Elephantiasis, Myrosis fungoides, Lupus, Epitheliome, Papillome, Fibrosarkom, Carcinom, Uterusmyom, spitze Condylome, periphere Neuritis. in der Wand der Corticalgefäße bei progressiver Paralyse, bei brauner Lungeninduration, im Blute und in Exsudaten Leukämischer. Neisser konstatierte bei einem Fall von Gonorrhöe, daß das eitrige Secret hauptsächlich aus Mastzellen bestand (Ehrlich und Lazarus: Die Anämie).

Das Vorkommen der Mastzellen ist an den Bereich des Mesoderms gebunden, woselbst sie sich im Bindegewebe befinden; ausnahmsweise können einzelne dieser Zellen in die Stachelschicht der Epidermis einwandern.

In der normalen Haut sind zahlreiche Mastzellen; ist die Haut dicht, derb, so sind sie hauptsächlich im Papillarkörper und im Unterhautzellgewebe anzutreffen; ist das Gewebe mehr locker, so sind die Mastzellen auch gleichmäßiger verteilt. — In den Muskeln sind wenig Mastzellen, ausgenommen in der Zunge, wo sie, besonders bei der Fledermaus, reichlich zu finden sind. — In der Lunge hat man sie zahlreich beim Schwein und beim Hammel konstatiert. — In den Drüsen finden sich die Mastzellen meist in den bindegewebigen Septis; im Drüsengewebe selber sind sie nur vereinzelt. Im Hoden fand sie Münchheimer bei Pferd, Ratte, Schwein; bei Reh, Hammel, Hund, Kaninchen vermißte er sie.

Was die Herkunft der Mastzellen anbelangt, so sehen, wie bereits erwähnt, Ehrlich, Westphal und Bäumer die histiogenen Mastzellen als veränderte Bindegewebszellen an, entstanden durch Übernährung. An syphilitischen Papeln im Abheilungsstadium konnte Unna den Übergang von spindelförmigen und elipsoiden Zellen in Mastzellen nachweisen. Nach Audry können sämtliche Zellen, welche das normale und das pathologische Bindegewebe bilden, also fixe Bindegewebszellen, große mononucleäre Leucocyten, Wanderzellen, Plasmazellen usw. zu Mastzellen werden. Ranvier erblickt in seinen „Clasmatocytes“ aus den Blutgefäßen ins Bindegewebe eingewanderte Leucocyten. Marchand glaubt, daß die Mastzellen des Bindegewebes sich beim Embryo aus Zellen entwickeln, welche aus der ursprünglichen Blut- und Gefäßanlage hervorgegangen sind. Nach Pappenheim entstehen die Mastzellen im Bindegewebe; er beobachtete auch die Umwandlung von großen lymphocytoiden Plasmazellen in Mastzellen. In lymphoiden Organen, z. B. in der Milz von niederen Vertebraten konstatierte er auch Mastzellen. Im Knochenmark fand Ehrlich Mastzellen. Schridde verlegt deren Entstehung hauptsächlich ins Knochenmark und nimmt an, daß die Mastzellen von da durch die Wand der Capillaren ins Blut wandern. Nach DANTSCHAKOFF entstehen die ersten Mastzellen aus den kleinen Lymphocyten; für nachher nimmt sie eine Vermehrung durch Teilung an. Sonst wird eine Vermehrung der Mastzellen durch Teilung bestritten; MAXIMOW allerdings gibt an, daß er Mitosen der Mastzellen bei der Katze beobachtet habe.

Was das Wesen und die physiologische Bedeutung der Mastzellen anbelangt, so ist hierüber Sicheres nicht bekannt. Ihnen bei ihrer weiten Verbreitung im Tierreiche und bei ihrem regelmäßigen Vorkommen jede physiologische Bedeutung abzusprechen, wie es WESTPHAL tut, geht wohl nicht an. RAUDNITZ weist darauf hin, daß sich die Granula der Mastzellen in gleicher Weise wie Mucin metachromatisch färben und sieht daher die Mastzellen als mucinös degenierte Zellen an. Aus dem gleichen Grunde ist auch HOYER geneigt, eine nahe Verwandtschaft, wenn auch vielleicht nicht völlige Identität zwischen Mastzellen und Mucin anzunehmen. Er weist darauf hin, daß das Mucin verschiedene, wenn auch verwandte Stoffe enthalte, und zwar mindestens zwei, einen gallertartigen, quellungsfähigen und einen zweiten, der große Verwandtschaft zu den basischen Farbstoffen zeige und sich in den Mastzellen vielleicht in Form von Körnchen und selbst Krystallen abscheiden kann. EHRLICH dagegen hält nach den Angaben von HOYER an der gesonderten Natur der Mastzellengranula fest, indem er sagt, er habe an den Körnern ein krystallinisches Aussehen wahrgenommen (v. HOYER); auch seien diese Granula gegen Wasser viel resistenter als Mucin, das im Wasser aufquillt. PAPPENHEIM nimmt auch an, daß diese Körner mit Schleim und Pseudomucin nichts zu tun haben. Nach den Untersuchungen von SCHWENTER-TRACHSLER ist eine Identität von Mucin und Mastzellenkörnern ebenfalls sehr unwahrscheinlich; auch ob eine Verwandtschaft zwischen Mucin und Mastzellenkörnern besteht, ist nicht sicher; es ist ebensogut möglich, daß keine besteht. RANVIER nimmt an, daß bei Entzündung von den Clasmatocyten die Produktion von Eiterzellen ausgehe; METSCHNIKOFF schreibt ihnen ebenfalls eine Rolle bei der Entzündung zu. SCHNEIDER rechnet die Clasmatocyten des Bindegewebes zu den „Speicherzellen"; auch für die Mastzellen des Blutes nimmt er an, daß sie in den Körnern Reservestoffe aufspeichern. Nach FAHR kommen den Mastzellen gegenüber Bacterien und Toxinen ähnliche Eigenschaften zu wie den anderen Leucocyten. STOFFEL glaubt dieselben in Beziehung zur Genese des melanotischen Pigmentes bringen zu sollen, eine Ansicht, mit welcher PAPPENHEIM nicht übereinstimmt.

In bezug auf das Verhalten der Mastzellen gegenüber äußeren Einwirkungen ist zu bemerken, daß sich deren Körner in alkalischen Lösungen auflösen (UNNA); auch wird bei besonders leicht beeinflußbaren Mastzellenkörnern, bei embryonalen z. B., angegeben, daß sie sich in Wasser auflösen. Salzlösungen wirken ebenfalls auflösend auf Mastzellengranula; es ist dies eine Alkaliwirkung. Sauerstoff setzt die metachromatische Tinktionsfähigkeit der Mastzellenkörner herab, ohne deren Aggregatzustand zu verändern; reduzierende Substanzen tun dies ebenfalls. Auch die Säuren setzen die Tinktionsfähigkeit der Mastzellen herab, ohne sie aufzulösen; Osmium- und Chromsäure vernichten die Färbbarkeit der Mastzellenkörner in kurzer Zeit. — Werden die Körner von Mastzellen durch alkalische oder Salzlösungen zur Auflösung gebracht, so bleibt in einem gewissen Stadium nur noch ein Teil dieser Substanz metachromatisch färbbar in der Zelle zurück und durchtränkt das Zellgerüst (Spongioplasma nach UNNA, Linoma nach SCHNEIDER). Dieses Zellgerüst kann zur Anschauung gebracht werden, indem man derartig vorbehandelte Schnitte nach der weiter unten angegebenen Alkoholmethode auf Mastzellen färbt; das Spongioplasma ist dann metachromatisch gefärbt zu sehen, da es mit dem sich metachromatisch tingierenden Körnersaft imbibiert ist. Nicht beeinflußt werden die Mastzellenkörner durch Alkohol, weder in ihrem Aggregatzustande, noch in ihrer Tinktionsfähigkeit. Untersuchungen von Mastzellen werden daher einstweilen noch am besten an in Alkohol fixiertem Gewebe ausgeführt (SCHWENTER-TRACHSLER).

Es ist nicht unwahrscheinlich, daß sich die Mastzellenkörner im lebenden Organismus auflösen können. UNNA hat Mastzellen mit Imbibitionshöfen beschrieben. PAPPENHEIM hat diffuse, metachromatische Verfärbung in der Darmschleimhaut gesehen und SCHWENTER-TRACHSLER fand solche um schwachtingierte Mastzellen herum in der Haut des Menschen, in der Nasenschleimhaut des Kalbes, des Rindes, in der Nasenhaut des Kaninchens; da seine Gewebsstücke sofort zur Fixation in absoluten Alkohol kamen, so ist eine Auflösung der Körner post mortem wohl auszuschließen. MAXIMOW bestreitet allerdings eine Auflösung der Mastzellenkörner in vivo.

Zur Darstellung der Mastzellen werden seit den Arbeiten von EHRLICH und von WESTPHAL basische Anilinfarben verwendet. EHRLICH empfahl zuerst eine Mischung von Alcoh. absol. 50,0, Aq. 100,0, Acid. acet. glacial. 12,5, die mit Dahlia beinahe gesättigt wurde; er entwässerte dann in Alkohol und untersuchte in verharztem Terpentin. Statt Dahlia benutzte EHRLICH auch Primula, Jodviolett, Methylviolett, Purpurin, Safranin und Fuchsin.

WESTPHAL verwendete besonders violette basische Anilinfarben (Methylviolett, Jodviolett, Dahlia) wegen ihrer Fähigkeit die Mastzellengranula in einer von der Grundfarbe abweichenden Farbennuance zu tingieren (metachromatische Färbung).

Die Lösung von Dahlia in verdünntem Alkohol mit Eisessig (EHRLICH) läßt bloß die Mastzellen gefärbt erscheinen, und zwar in einem rötlichen Farbenton; das übrige Gewebe ist farblos oder nur schwach koloriert. Um auch sämtliche Kerne mitzufärben, schlägt WESTPHAL folgende Mischung vor:

100,0 Carmin von PARTSCH-GRENACHER, 100,0 Glycerin, 100,0 stark dahliahaltigen absoluten Alkohol, 20,0 Eisessig; nach 24 Stunden Einwirkung sind sämtliche Kerne schön rot tingiert, die Mastzellen blauviolett.

NORDMANN (32) empfiehlt das Phenylbraun, HOYER das schon von EHRLICH empfohlene Thionin. Später empfahlen EHRLICH und MEYNERT Kresylechtviolett und, damit das übrige Gewebe weniger hervortrete, Vorfärbung mit Alauncarmin. Dasselbe erreicht man bei Vorfärbung mit Alaunhämatoxylin und Nachfärbung in Rhodamin-S (PAPPENHEIM).

Neben Jodgrün und Methylgrün, Safranin, Nilblausulfat kommen für die Granulafärbung noch die folgenden blauen und violetten Farbstoffe in Betracht: Gentianaviolett, Amethyst, Neutralviolett, Pyronin, Acridinrot. Methylenazur und Toluidinazur färben die Mastzellenkörner ultramarinblau (PAPPENHEIM).

GÜTIG empfiehlt Methylenblau 2,0, Alcoh. absol. 100,0, Aq. dest. 80,0; die Lösung wird während der Koloration erwärmt.

VAN DEN SPECK und UNNA haben die Agentien zusammengestellt, die zur Entfärbung der mit stark alkalischer Methylenblaulösung (Methylenblau 1,0, Kal. caust. 0,05, Aq. ad 100,0) tingierten Mastzellen geeignet sind; es sind folgende:

A. Physikalische Agentien: 1. Glycol, 2. Kreosol, 3. Styron, 4. H_2O_2 neutral und Alkohol.

B. Chemische Agentien: 5. durch Reduktion und Alkohol: *a)* Resorcin, *b)* Hydrochinon, *c)* Phenylhydracin, *d)* Anilin; 6. Säure und Alkohol: *a)* arsenige Säure, *b)* Osmiumsäure; 7. Jodsalze und Alkohol: *a)* Kochsalz, *b)* Seife, *c)* Hydroxylamin, *d)* Ichthyol, *e)* Kal. arsenicos.

Bei dieser Darstellung sind die Körner der Mastzellen rot, die Kerne blau gefärbt.

Später hat UNNA zur Färbung der Mastzellenkörner seine polychrome Methylenblaulösung angegeben; sie färbt die Mastzellenkörner rot, die übrigen Gewebsteile teils blau, teils violett, und zwar distinkt ohne irgend welche Übergänge.

Um die Mastzellenkörner recht deutlich hervortreten zu lassen, werden am besten Methoden angewendet, welche das übrige Gewebe recht schwach färben.

Zu dem Zwecke koloriert man mit verdünnter polychromer Methylenblaulösung und entfärbt mit Glycerinäthermischung oder mit spirituöser, neutraler Lösung von Orcein; das gleiche Ziel erreicht man, und zwar in höherem Maße, wenn man der verdünnten polychromen Methylenblaulösung etwas Alaun zusetzt.

Man kann nach UNNA die folgenden Vorschriften benutzen:

I. Metachromatische Färbung der Mastzellen neben Plasmazellen und Protoplasma überhaupt:

a) 1. Färbung in verdünnter polychromer Methylenblaulösung (GRÜBLER) $^1/_4$—12 Stunden (z. B. eine Nacht).

2. Entfärbung in einer Mischung von einigen Tropfen Glycerinäthermischung mit einem Schälchen Wasser.

3. Gründliches Abspülen in Wasser.
4. Alcoh. absol., Bergamottöl, Balsam.

b) 1. Färbung in verdünnter polychromer Methylenblaulösung, 5—15 Minuten.
2. Abspülen in Wasser.
3. Entfärbung und Entwässerung in $^1/_4$%iger spirituöser, neutraler Lösung von Orcein (GRÜBLER) cca. $^1/_4$ Stunde.
4. Alcoh. absol., Bergamottöl, Balsam.

II. Isolierte metachromatische Färbung der Mastzellen in sehr schwach gefärbtem Gewebe.

a) 1. Färbung in verdünnter polychromer Methylenblaulösung mit Zusatz von einer Messerspitze Alaun auf ein Schälchen Farblösung, 3—12 Stunden.
2. Abspülen in Wasser.
3. Alcoh. absol., Ol. Bergamott., Canadabalsam.

b) 1. Färbung in verdünnter polychromer Methylenblaulösung, $^1/_4$ Stunde.
2. Abspülen in Wasser.
3. Entfärben in Glycerinäthermischung, 5—10 Minuten.
4. Langes Abspülen in Wasser.
5. Alcoh. absol., Bergamottöl, Balsam.

Diese Methoden lassen die Mastzellenkörnung deutlich erkennen, haben einen scharfen und angenehmen Farbkontrast und werden daher in neuerer Zeit häufig angewandt.

Will man jede noch so geringe Auflösung der Mastzellenkörner während ihrer Sichtbarmachung durch die alkalische polychrome Methylenblaulösung ausschließen, so verdünnt man dieselbe statt mit Wasser mit Alkohol, und zwar nimmt man hierzu, wenn man ganz sicher gehen will, je nach der schwereren oder leichteren Löslichkeit der Körner, 75—95%igen Alkohol. Diese Farblösung soll daneben etwas Alaun enthalten; da aber bei direktem Zusatze von Alaun zur Farblösung nicht gelöste Alaunkörner nachher die mikroskopische Betrachtung stören, so wird der Alaun besser dem Alkohol schon in der Flasche zugefügt; der geschüttelte Alkohol wird dann in die Farblösung filtriert. Zur Verstärkung der etwas schwachen Coloration wird dann nachgefärbt mit der gleichen Farblösung ohne Alaun. Die Vorschrift zu diesem Vorgehen lautet:

Polychrome Methylenblaulösung-Alaun-Alkohol (75—95%) 15 Minuten, abspülen in Alkohol gleicher Konzentration, dann in

Polychrome Methylenblaulösung-Alkohol (75—95%) 15 Minuten, abspülen in gleichem Alkohol, sorgfältig entwässern in absolutem Alkohol, Bergamottöl, Balsam (SCHWENTER-TRACHSLER).

MICHAELIS macht darauf aufmerksam, daß die Mastzellenkörner der myelogenen Leukämie außerordentlich wasserlöslich sind und benutzt zu deren Coloration eine gesättigte Lösung von Thionin in 50%igem Alkohol; nachher wird in absolutem Alkohol entwässert und in Canadabalsam eingelegt. Er fixiert die Präparate mit Hitze oder Alkohol. Einbettung in Paraffin soll schädigend auf diese Mastzellen einwirken.

Werden auf Mastzellen kolorierte Substrate mit Glycerin nachbehandelt, so lösen sich die Körner auf und der Mastzellensaft läßt den Kern deutlich in der gleichen Farbennuance gefärbt erscheinen; es wird angenommen, es sei ein in den Kern Hineindiffundieren („Inversion" nach EHRLICH); es ist aber wohl möglich, daß der Kern einfach von der kolorierten und gelösten Körnersubstanz dicht umlagert wird.

Über die Basophilie der Mastzellengranula läßt sich nach PAPPENHEIM folgendes sagen.

1. Die Körner sind basophil. Dies geht natürlich in erster Linie aus der Kombinationsfärbung mit neutralen Gemischen hervor, indem sie die basische Komponente auswählen.

2. Die Körner haben stärkere Basophilie als der Kern, ähnlich wie das Protoplasma der Lymphocyten und der Plasmazellen, d. h. bei singulärer Färbung

mit einem basischen Farbstoff färben sich die Körner intensiver als der Kern. Eine Sonderstellung nimmt das chemisch reine Methylgrün ein, das nur Kerne färbt.

3. Die Körner sind von absoluter Basophilie, d. h. nur mit basischen Farben bei singulärer Färbung tingibel, während alle sonstigen histologischen Substrate bei singulärer Färbung sowohl mit basischen als mit sauren Farben färbbar sind.

4. Die Körner sind von sehr starker Basophilie, insofern als sie den basischen Farbstoff sogar gegenüber sauren Differenzierungsmitteln festhalten bzw. den basischen Farbstoff auch aus einer stark angesäuerten Farbflotte (vgl. z. B. Dahlia-Essigsäuregemisch Ehrlich aufnehmen.

Die metachromatische Färbung durch die polychrome Methylenblaulösung soll nach Michaelis durch den Methylenazur, nach Unna durch das Methylenrot hervorgerufen werden, während Pappenheim eher an die Carbinolbase und an das Methylenviolett denkt.

Was die metachromatische Färbung im allgemeinen anbelangt, so wird sie von Witt in der Weise erklärt, daß sie auf der verschiedenen Natur der physikalischen Lösungsmittel beruhe, indem z. B. der gleiche Farbstoff mit den γ-Granulis eine rote, mit den Kernen usw. eine violette Bindung gibt, so wie Jod das Wasser gelb, Chloroform violett färbt.

Demgegenüber beruft sich Pappenheim darauf, daß im Reagensglase die Carbinolbase des Farbstoffes durch freies Alkali in Freiheit gesetzt wird. Nach ihm sollen die Mastzellenkörner die Rolle des Alkali übernehmen und mit ihr eine physikalische Bindung eingehen.

Hiergegen macht Unna geltend, daß, wenn Bindung einer freien Base vorläge, nachträgliche Behandlung des gefärbten Substrates mit Säuren Violettfärbung der roten, Rotfärbung der gelben Granula erzeugen müßte, während die Mastzellengranula sich gerade durch ihre Säurefestigkeit auszeichnen.

Literatur: Audry (Monatschr. Prakt. Derm., Bd. 22, 1896), Bäumer (Arch. Derm. Syph., Bd. 24, 1896), Cohnheim (Arch. Pathol. Anat. 1869), Dantschakoff (Arch. Mikr. Anat., Bd. 73, 1908), Ehrlich (ebenda, Bd. 13, 1877), derselbe (Verh. Physiol. Ges. Berlin, Jg. 1878/79), Fahr (Arch. Pathol. Anat., Bd. 179), Friedländer (Unters. Physiol. Inst. Würzburg 1867), Güthig (Arch. Mikr. Anat., Bd. 70, 1907), Hardy (Journ. of Physiol. 1892), Hoyer (Arch. Mikr. Anat., Bd. 36, 1890), Joachim (Münch. Med. Wochenschr. 1906). Korybutt-Daskiewicz, (Arch. Mikr. Anat., Bd. 12, 1878). Marchand (Sitz. Ges. Nat. Marburg 1897), derselbe (Verh. Deutsch. Pathol. Ges. I u. IV, 1898 u. 1901), Maximow (Arch. Mikr. Anat., Bd. 67, 1906), Metschnikoff (Paris 1902), Michaelis (Centralbl. Bact., Bd. 29, 1901), derselbe (Münch. Med. Wochenschr. 1902), Münchheimer (Fort. Med. 1895), Naumann (Inaug.-Diss., 1885). Nordmann (Int. Monatschr. Anat. Physiol., Bd. 2, 1885), Pappenheim (Grundriß der Farbchemie. 1901), derselbe (Arch. Pathol. Anat., Bd. 166, 1901), derselbe (Sitz. Ärzt. Ver. Hamburg, Biol. Sect. 1901), derselbe (Fol. Haemat. 1906), Rabl (in Mraček, Handb. Hautkrankh. 1902), Ranvier (C. R. Ac. Sc. Paris 1890 u. 1891), derselbe (Arch. d'Anat. Micr., Bd. 3, 1900), Raudnitz (Centralbl. Med. Wiss. 1883), Schneider (Lehrb. Vergl. Histol., Jena 1902). Schreiber u. Neumann (Festschr. Jaffe, Braunschweig 1901), Schridde (Münch. Med. Wochenschr. 1906), Schwenter-Trachsler (Monatschr. Prakt. Derm., Bd. 43 u. 47, 1906 u. 1908), derselbe (Fol. Haemat. 1906), Spilling (Zeitschr. Klin. Med. 1880), Stoffel (Münch. Med. Wochenschr. 1896), Unna (Zeitschr. Wiss. Mikr., Bd. 8, 1891), derselbe (Berl. Klin. Wochenschr. 1892), derselbe (Histopathol. der Hautkrankh. 1894), derselbe (Monatschr. Prakt. Derm., Bd. 22, 33 u. 38, 1896, 1901 u. 1904), derselbe (Arch. Derm. Syph. 1893), Van den Speck und Unna (Monatschr. Prakt. Derm., Bd. 13, 1891), Waldeyer (Arch. Mikr. Anat., Bd. 11, 1875). Westphal (Inaug.-Diss. 1880), Wolff (Münch. Med. Wochenschr. 1902).

Schwenter-Trachsler, Bern.

Mauvein. Syn. Mauve, Rosolan, Anilein, Violein.

$$H_2N \,.\, C_7H_5 \langle {}^{N}_{N} \rangle C_7H_5 \,.\, NH \,.\, C_6H_5$$

$$\begin{array}{c} \diagup \quad \diagdown \\ Cl \qquad C_7H_7 \end{array}$$

der erste fabrikatorisch dargestellte Anilinfarbstoff (Perkin, 1856, Oxydation von toluidinhaltigem Anilinöl mittelst Bichromat und Schwefelsäure), gegenwärtig nur noch in England und Frankreich wenig benutzt. Rote Paste, die in kaltem Wasser gar nicht, in heißem Wasser schwer, leichter in Alkohol löslich ist. In Schwefelsäure mit grüner Farbe löslich. Die wässerige Lösung gibt mit Natronlauge violetten Niederschlag.

Medien siehe: Beobachtungsflüssigkeiten und Einschlußmittel.

Medusen siehe: Coelenteraten.

Meeresalgen, über ihre Kultur vgl. Artikel Algen. Zur Fixierung hat sich ganz allgemein FLEMMINGsche Lösung mit gleichen Teilen Seewasser verdünnt bewährt.

Magnus, Berlin.

MEISSNERsche Körperchen siehe: Nervenendkörperchen.

Mélange tetrachrome siehe: Säurefuchsin.

Membranen, pflanzliche siehe: Zellmembranen, pflanzliche.

Meningococcus. Der Erreger der epidemischen Genickstarre, der Diplococcus intracellularis meningitidis, kürzer Meningococcus genannt, wurde 1887 von WEICHSELBAUM entdeckt, später von JÄGER bei einer größeren Epidemie wiedergefunden und als wahrscheinlicher Erreger der Krankheit erwiesen. Die Beschreibung, die JÄGER und später andere Autoren von den von ihnen gefundenen und gezüchteten Cokken geben, weicht aber in wichtigen Punkten von der WEICHSELBAUMs ab. Es herrschte daher lange Zeit eine große Unsicherheit über die Eigenschaften des Meningococcus. Erst die Erfahrungen der großen oberschlesischen Epidemie (1905, v. LINGELSHEIM) haben völlige Sicherheit darüber gebracht, daß der Meningococcus wirklich der Erreger der epidemischen Genickstarre ist [wenn auch bei Meningitiden andere Erreger auftreten können, häufiger der Pneumococcus lanceolatus], sowie daß es sich um einen durch färberisches und kulturelles Verhalten wohlcharakterisierten Mikroorganismus handelt, und zwar stimmen seine Eigenschaften durchaus mit der Beschreibung von WEICHSELBAUM überein.

Der Meningococcus hat die größte Ähnlichkeit mit dem Gonococcus; er liegt zu Paaren angeordnet, die sich häufig in Gruppen von je zwei Paaren vereinigen, so Tetraden bildend, die besonders charakteristisch sind. Die Cokken sind semmelförmig abgeplattet. Ihre Größe wechselt sehr; neben den gewöhnlichen Typen finden sich stets auch kleine Formen und sogenannte Riesencokken, die oft 5- bis 6mal so groß sind wie die gewöhnlichen Formen. Sie färben sich leicht mit den gewöhnlichen Farblösungen, doch ist die Färbbarkeit der einzelnen Cokken häufig ungleichmäßig, so daß sich neben intensiv gefärbten schwach oder fast gar nicht gefärbte vorfinden — wahrscheinlich Degenerationsformen. Bei der Färbung nach GRAM werden die Meningocokken stets entfärbt. Alle noch jetzt gelegentlich vorkommenden anderen Angaben, — die Meningocokken seien gram-positiv oder gram-zweifelhaft (d. h. in demselben Präparat finden sich nebeneinander entfärbte und nicht entfärbte Cokken), oder sie würden bei längerem Fortzüchten allmählich gram-zweifelhaft und gram-positiv, — beruhen auf Verunreinigungen und Irrtümern. (Häufig handelt es sich dabei um den sogenannten Diplococcus crassus [v. LINGELSHEIM], der mit dem von JÄGER beschriebenen identisch sein dürfte.) Der Meningococcus findet sich in erster Linie beim Genickstarrekranken im Liquor cerebrospinalis und ist in diesem — durch Lumbalpunktion gewonnen — am leichtesten nachzuweisen, namentlich im eitrigen Punktat, doch gelingt der Nachweis auch in dem kaum getrübten und klaren der chronischen Fälle. Die mikroskopische Untersuchung gestaltet sich folgendermaßen: Eiter oder der Flüssigkeit entnommene Flocken werden auf dem Deckglas ausgebreitet. Ist das Material ganz klar, ohne sichtbare Flocken, so muß kräftig centrifugiert und der Bodensatz ausgestrichen werden. Zunächst werden orientierende Präparate mit einfacher Färbung angelegt (Methylenblau). Finden sich darin keine intracellulär gelegenen Diplocokken vom Aussehen der Gonocokken, so erübrigt sich die Gramfärbung und man ist zum Nachweis auf die Kultur angewiesen. Sonst ist das Verhalten der Diplocokken zur Gramfärbung zu prüfen. Findet man so im Lumbalpunktat gram-negative, intracelluläre Diplocokken von der charakteristischen Semmelform, so kann man die Diagnose stellen, ohne das Ergebnis der Kultur abzuwarten. Anders, wenn die Diagnose aus Nasen-Rachensecret von Kranken oder Gesunden gestellt werden soll. Hier findet sich der Meningococcus ebenfalls häufig, aber nur bei solchen, die mit Genickstarrekranken oder mit anderen gesunden Meningocokkenträgern in Berührung gewesen sind; besonders häufig bei Personen aus der nächsten Umgebung des Kranken; ubiquitär verbreitet ist er nicht. Im Nasen-Rachensecret kann die Diagnose nicht an dem mikroskopischen Bild gestellt werden, da hier auch andere gram-negative intracelluläre Diplocokken vorkommen, die sich aber kulturell anders verhalten und mit dem Meningococcus nichts zu tun haben. Besonders häufig ist der sehr ähnliche Micrococcus catarrhalis (PFEIFFER, KIRCHNER). Man ist daher hier auf die Kultur angewiesen. Diese versagt häufig, da der Meningococcus sehr wenig widerstandsfähig ist — weshalb er auch in der Außenwelt nicht vorkommt —, so daß er im Untersuchungsmaterial schon beim Transport häufig abstirbt. Die Verarbeitung muß daher möglichst schnell erfolgen: man benutzt zur Kultur am besten Ascitesagarplatten. Auf diesen erscheinen die Meningocokkenkolonien als runde, graudurchscheinende — manchmal leicht bläulich irisierende — zarte, schleierartige, schwach erhabene Auflagerungen von 1—2—3 *mm* Durchmesser, bei schwacher Vergrößerung als gelbdurchscheinende kreisrunde Scheiben, homogen, mit glatten oder ganz leicht welligem Rande. Bei schiefer Haltung der Platte hat die Kolonie einen matten feuchten Glanz. Außer auf Ascitesagar wächst der Meningococcus gut auf LÖFFLERschem Blutserum (s. Diphtheriebacillus). Auf Gelatine, wie überhaupt auf niederer Temperatur wächst er niemals. Die Reinkultur muß zur Sicherung der Diagnose mit der Agglutinationsprobe mit einem an Tieren gewonnenen, hochwertig agglutinierenden Serum unterzogen werden (vgl. Cholera asiatica sowie WIDALsche Reaktion).

Literatur: KOLLE-HETSCH (Die experimentelle Bacteriologie, Wien 1908), v. LINGELSHEIM, FLÜGGE u. a. (Arbeiten über die übertragbare Genickstarre in Preußen, Klin. Jhb., Bd. 15. 1906), WEICHSELBAUM in KOLLE-WASSERMANN, (Handbuch der pathog. Mikroorg., Bd. 3).

Heymann, Breslau.

Mennige, Minium, Plumbum oxydatum rubrum, Pb_3O_4, wohl als eine Verbindung von Bleioxyd mit Bleisuperoxyd aufzufassen. Ziegelrotes Pulver von inkonstanter Zusammensetzung, spez. Gew. 9,0, beim Erhitzen bildet sich unter Sauerstoffabgabe Bleioxyd. Löslich in Salzsäure, Essigsäure und Phosphorsäure. Die Mennige dient in der Mikrotechnik zur Herstellung von Injektionsmassen und Kitten.

Menthol, $C_{10}H_{20}O$, ist der Hauptbestandteil des Pfefferminzöles (aus Mentha piperita), aus dem es sich bei starkem Abkühlen krystallinisch abscheidet. Es bildet spitze, farblose Krystalle von charakteristischem Geruch und Geschmack, die bei 42° schmelzen. Sie sind in Wasser wenig löslich, gut löslich in Äther, Alkohol, Chloroform.

Menthol ist von SORBY zum Betäuben von Synapta und von Actinien verwendet worden.

Zur Färbung von Tuberkel- und Leprabacillen nimmt OGAWA u. a. eine Mischung von Fuchsin und Mentholwasser.

Literatur: OGAWA (ref. Centralbl. Bact., 1905), SORBY (Journ. Roy. Micr. Soc., 1899).

Mosse, Berlin.

Menthol-Vasogen (aus der Fabrik von Pearson-Hamburg) ist von HERXHEIMER zur Entfärbung von Methylviolettpräparaten in 2%iger Lösung benutzt worden.

Literatur: HERXHEIMER (Arch. Derm. Syph., Bd. 29, 1894).

MERKELsche Körperchen siehe: Nervenendigungen, sensible freie.

Mesenterium. Über die Imprägnation mit Silber s. Silber, über die Lebendbeobachtung vgl. Lebendes Objekt, Beobachtung desselben.

Um Mesenterium oder dünne Häute überhaupt ausgespannt unter das Deckglas zu bringen, kann man nach RANVIER das Verfahren der halben Eintrocknung anwenden, das darin besteht, daß man das Stückchen auf den trockenen Objektträger gut ausbreitet und wartet, bis die Ränder etwas eingetrocknet sind, sie haften dann einigermaßen an dem Glas und vertragen den Zusatz von Flüssigkeit. Ein noch festeres Haften erreicht man dadurch, daß man die Ecken des Präparates mit einem Tropfen leicht schmelzbaren Paraffins fixiert. Man kann das Präparat färben, entwässern, aufhellen und einschließen, ohne daß die Membran sich zusammenzieht. SCHWARZ spannt das Netz über abgeschnittene Flaschenhälse und fixiert in warmer ZENKERscher Flüssigkeit.

Zur Färbung des frischen Präparates empfiehlt RANVIER sein Pikrocarmin oder ammoniakalisches Carmin. Man kann nach der Färbung mittelst des Pinsels die Endothelzellen entfernen, mit absolutem Alkohol entwässern, dann Nelkenöl, Balsam. Zur Darstellung der Grenzen der Endothelzellen bedient man sich am besten des Mesenteriums neugeborener oder weniger Tage alter Katzen und Kaninchen und behandelt die Präparate mit Silbernitrat, Nachfärbung mit Hämatoxylin. (Näheres s. Silbermethoden.)

Auch zur Untersuchung der Blutbildung eignet sich das Mesenterium junger oder neugeborener Tiere (Mäuse, Kaninchen) vorzüglich. SPULER fixiert das aufgespannte Mesenterium zu diesem Zwecke mit konzentrierter wässeriger Pikrinsäure, der er 0,6% Essigsäure und 0,05% Osmiumsäure zusetzt. MAXIMOW spannt das Netz über das abgeschnittene Ende eines passenden Glascylinders und fixiert in ZENKER, bei welchem die Essigsäure durch Formalin ersetzt ist. MARTINOFF spritzt ZENKER in die Bauchhöhle, legt das ganze Tier für 1/2 Stunde in dieselbe Flüssigkeit, präpariert das Mesenterium heraus und fixiert in ZENKER nach.

Die Nerven des Mesenteriums lassen sich leicht mittelst der vitalen Methylenblaumethode färben.

Literatur: MARTINOFF (Int. Monatschr. Anat., Bd. 24, 1907), MAXIMOW (Beitr. Pathol. Anat., 5. Suppl., 1902), derselbe (Arch. Mikr. Anat., Bd. 67, 1906), RANVIER (Technisches Lehrbuch), SPULER (Arch. Mikr. Anat., Bd. 40, 1892), SCHWARZ (Arch. Pathol. Anat., Bd. 179, 1905).

Metachromasie. Unter „Metachromasie" versteht man nach EHRLICH die Erscheinung, daß ein chemisch einheitlicher Farbstoff verschiedene Gewebselemente mit einer verschiedenen Nuance anfärbt. Es ist nur eine beschränkte Zahl von Farbstoffen mit dieser Eigenschaft behaftet, und eine beschränkte Zahl von Gewebselementen, an der sich die Abweichung der Nuance von der als normal zu bezeichnenden geltend macht. Diese Farbstoffe wollen wir mit EHRLICH als metachromatische, die Gewebselemente als chromotrope bezeichnen. Der älteste Repräsentant der metachromatischen Farbstoffe ist das Jod, dessen normale Farbe, wie sie sich an der Färbung der Zellkerne und des Protoplasma äußert, gelb ist. Chromotrope Gewebselemente gegenüber dem Jod sind die amyloide Substanz und die Glycogenkörnchen, welche sich braun färben; Stärkekörnchen, die sich blau färben.

Es ist zum Begriff der Metachromasie durchaus notwendig, daß der Farbstoff ein chemisches Individuum ist. So kann z. B. die Erscheinung, daß sich Amyloid mit Jodgrün rot färbt, deshalb nicht als eine echte Metachromasie gelten, weil sie auf einer Beimengung des Handelspräparates des Farbstoffes mit Methylviolett beruht.

Nach dem Jod wurde zuerst das Methylviolett und einige ihm sehr nahestehende Farbstoffe (Dahlia etc.) als metachromatische Farbstoffe erkannt, indem sie Amyloid und Mastzellengranula rot färben. Nachdem man durch EHRLICH gelernt hat, die Errungenschaften der Farbstoffchemie auf die histologische Methodik zu übertragen, können wir folgende Farbstoffklassen anführen, die metachromatische Farbstoffe enthalten:

1. Die Triphenylmethanfarbstoffe. Und zwar sind es hier diejenigen basischen Farbstoffe, welche eine oder mehrere methylierte Aminogruppen enthalten. Ihre Namen sind je nach der Fabrik sehr wechselnd. Dahlia dürfte im wesentlichen ein Tetramethylrosanilin sein, Gentianaviolett ein unberechenbares Gemisch von Tetra-, Penta- und Hexamethylpararosanilin, wirklich gutes Methylviolett oder Krystallviolett ist Hexamethylpararosanilin.

Dagegen ist das nicht methylierte Rosanilin und Pararosanilin, dessen Salze das Fuchsin bzw. Parafuchsin darstellen, nicht metachromatisch.

2. Die Thiazine, und zwar, umgekehrt wie bei der vorigen Gruppe, diejenigen basischen Farbstoffe, deren Aminogruppen nicht vollständig oder gar nicht methyliert sind. Die wichtigsten sind das Thionin (nach HOYER),

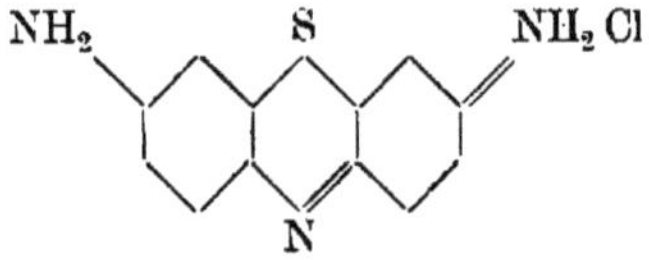

NH_2 S NH_2Cl

N

das Toluidinblau.

$N(CH_3)_2$ S NH_2Cl

CH_3 N

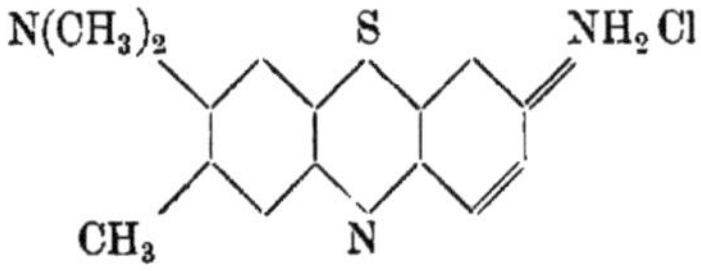

Dagegen ist das völlig methylierte Methylenblau nicht metachromatisch.

Zu den Thiazinen kann man auch einen eigenartigen, sehr wichtigen Farbstoff rechnen, der sich beim Stehenlassen von (besonders alkalischen) Methylenblaulösungen aus dem Methylenblau bildet, das Methylenazur, das neuerdings von BERNTHSEN als Methylenblau, das die CH_3-Gruppen an der einen Aminostelle durch H_2 ersetzt hat, erkannt wurde. Die diesem Farbstoff früher von BERNTHSEN zugeschriebene Konstitution als Sulfon des Methylenblau bezweifelte ich schon in der ersten Auflage dieses Werkes.

3. Die Oxazine. Bei diesen gilt dieselbe Regel wie bei den Thiazinen. So ist das Oxonin

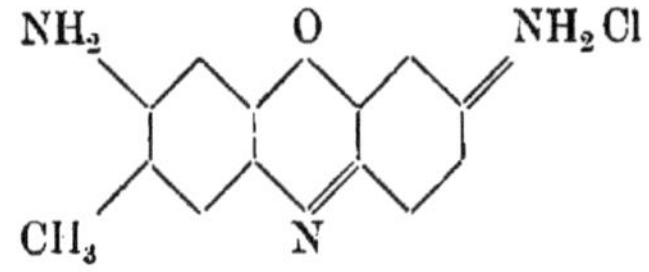

NH_2 O NH_2Cl

CH_3 N

stark metachromatisch, ebenso die verschiedenen Kresylviolett (R extra, RR); dagegen nicht das Analogon des Methylenblau, das Capriblau.

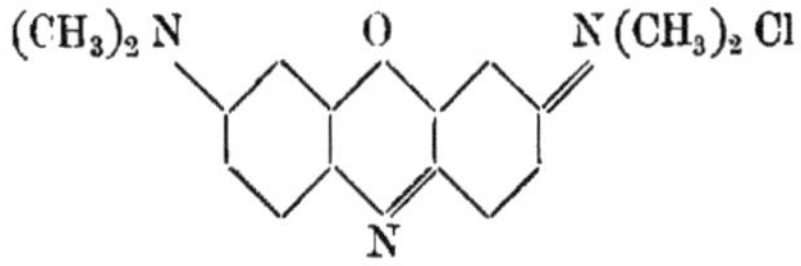

$(CH_3)_2N$ O $N(CH_3)_2Cl$

N

Die chromotropen Gewebselemente sind vor allem die amyloide Substanz, die Mastzellengranula, der Schleim, die Knorpelgrundsubstanz.

Die folgende Tabelle zeigt die Nuancen der chromotropen Substanzen bei Anwendung einiger Typen von Farbstoffen an:

Normalfarbe	Amyloid	Mastzellen	Schleim	Knorpel
Methylviolett, blau (violett).	rot	rot	rot	rot
Thionin, blau (violett) . .	rein blau	rot	rot	rot
Methylenazur, blau. . . .	violett	rot	rot	rot
Kresylviolett RR violett . .	rein blau	rot	rot	rot

Alle diese Metachromasien kommen zustande, wenn man die Gewebe in einer wässerigen Lösung des Farbstoffes färbt; nur die Metachromasie der Mastzellen zeigt sich auch bei Färbung aus halb- oder ganzalkoholischer Lösung. In Wasser eingebettet, bleibt jede Metachromasie mit einiger Dauer bestehen. Viel besser aber eignet sich zum Aufbewahren metachromatisch gefärbter Präparate der Lävulosesirup, dessen Anwendung folgendermaßen geschieht: Lävulose (Fruchtzucker) wird mit weniger als dem gleichen Volumen Wasser angerührt, 24 Stunden in den Brutschrank gestellt; dann ist die Flüssigkeit gebrauchsfertig. Sie muß ganz dick, kaum noch tropfbar sein. Die Methode wird von EHRLICH schon seit langem angewandt.

Die Präparate werden direkt aus dem Wasser in den Sirup eingelegt. Umrandung des Deckglases ist nicht notwendig, da der Sirup allmählich zu einer festen, klebrigen Masse eindickt, ohne daß jemals Krystalle in ihm auftreten. Er dringt viel rascher als Glycerin ein, hellt noch stärker als dieses auf und verändert an der Färbung nichts. Es sind komplizierte Methoden zum Aufbewahren von Amyloidfärbungen angegeben worden: Lävulosepräparate sind unbegrenzt haltbar.

Viel ungeeigneter ist Glycerin. Es extrahiert die Farbe sehr bald, vernichtet manche Metachromasie und dringt langsam ein.

Manche metachromatische Färbung läßt sich aber auch ungestört durch Alkohol oder andere wasserentziehende Mittel und daher schließlich auch in Canadabalsam bringen. Vor allem ist das die metachromatische Färbung der Mastzellen, welche sehr alkoholresistent ist. Sehr rasch wird die Metachromasie des Amyloids durch Alkohol vernichtet. In der Mitte steht Schleim und Knorpel. Bei diesen gelingt es manchmal, bei rascher Entwässerung die Metachromasie ganz oder teilweise zu konservieren. Das hängt etwas vom Material ab. Die verschiedenen Schleimsubstanzen verhalten sich darin ganz verschieden. R. KRAUSE hat durch Behandeln des metachromatisch gefärbten Schleims mit Ferrocyankaliums erreicht, daß die Metachromasie des Thionins im Alkohol erhalten blieb.

Der Alkohol stört die Metachromasie nur nach stattgehabter Färbung. Vorher können die Organe sehr wohl in Alkohol gelegen haben. Man lasse sie aber nicht zu lange im Alkohol; schon die achttägige Einwirkung von Alkohol kann die Chromotropie, besonders des Amyloids, stark beeinträchtigen. Formol scheint die Chromotropie besser zu erhalten.

Ganz vorzüglich bleibt die Chromotropie nach Sublimatfixation gewahrt. In Paraffin eingebettete Stücke verändern ihr Verhalten gegenüber den Farbstoffen nicht mehr.

Um sich Vorrat an z. B. Amyloidmaterial zu halten, ist es daher am besten, die Stücke in Paraffin einzubetten; auch in Formol halten sie sich ganz gut. Nur Mastzellenmaterial verträgt längeres Aufbewahren in Alkohol.

Beim Färben der Mastzellengranula hat man noch zu berücksichtigen, daß es Mastzellengranula gibt, welche durch reines Wasser leicht gelöst werden (z. B. die des leukämischen Blutes). Dieselben Granula erleiden bei Einbettung in Paraffin oder Celloidin eigenartige Verklumpungen und gehen dabei ihrer Chromotropie in verschiedenem Grade verlustig. Man kann daher wasserlösliche Granula nur dann vollständig färben, wenn man sie von reinem Wasser und reinwässerigen Farbstofflösungen vollständig fernhält und, falls es sich nicht um Trockenpräparate, sondern um Schnitte handelt, wenn man die nur in Alkohol fixierten Stücke mit dem Rasiermesser schneidet. An Farbflüssigkeit sind dann halbalkoholische Lösungen zu verwenden, welche, wie gesagt, gerade gegen Mastzellengranula noch metachromatisch sind. Gegen Schleim oder Knorpel verhalten sich solche halbalkoholischen Lösungen ganz anders. Sie färben alles zunächst mit der normalen Nuance an, und erst beim nachträglichen Einlegen der Schnitte in Wasser tritt die Metachromasie allmählich hervor.

Die erwähnten Fälle von Metachromasie sind nicht die einzigen. So färbt sich z. B. das fibrilläre Bindegewebe in einer wässerigen Thioninlösung violettstichiger als die Kerne; so färben sich manchmal die Markscheiden der Nervenfasern in wässeriger Thioninlösung etwas rot. Nach HARRIS färben sich vital die Achsencylinder mit Toluidinblau violett. Aber diese Metachromasien sind so labil, daß man sich auf sie nicht verlassen kann, und sie sind auf keine Weise zu fixieren. Die Markscheidenfärbung verliert z. B. die Metachromasie schon durch Zusatz irgend eines Salzes zum Waschwasser in geringster Menge; erst recht in Alkohol, Glycerin, Lävulose. Am ausgeprägtesten erhielt ich die Markscheidenmetachromasie mit einem Farbstoff, der aus dem Thionin in ähnlicher Weise hergestellt war wie der WEIGERTsche Elastinfarbstoff aus dem Fuchsin. Diese Färbung ist aber wegen ihrer Unbeständigkeit ebenfalls praktisch unbrauchbar.

Auch die Markscheidenfärbung mit Safranin nach ADAMKIEWICZ beruht auf einer Metachromasie. Doch scheint es sehr auf die Farbstoffmarke anzukommen, da die Methode nicht immer gelingt. Es verlohnte sich, dieser Markscheidenmetachromasie noch näher auf den Grund zu gehen, als das bis jetzt geschehen ist. In der Tat ist nämlich auch das Safranin, und in noch höherem Grade das Neutralrot ein metachromatischer Farbstoff. Ihre Normalfarbe ist rot, ihre metachromatische Nuance orange. Sie zeigt sich bei Mastzellen wie bei Schleim.

Auch die von ROSIN beschriebene differente Färbung der verschiedenen Substanzen des Centralnervensystems mit Neutralrot dürfte auf einer echten Metachromasie beruhen. Sie darf nicht in dem Sinne gedeutet werden, daß die gelben Partien alkalisch, die roten sauer seien.

Die wichtigsten metachromatischen Farbstoffe sind demnach blaue bis violette basische Farbstoffe, ihre metachromatische Nuance nähert sich dem Rot. Die beiden zuletzt genannten Farbstoffe sind rot, ihre metachromatische Nuance orange. Es stellt sich dabei die auffällige Tatsache heraus, daß die metachromatische Nuance immer die Färbung der freien Farbbase ist: alle Farbbasen der metachromatischen Thiazine und Oxazine sind rot; das reine Methylenblau dagegen, dessen Farbbase ebenfalls blau ist, färbt auch nicht deutlich metachromatisch. Die Base des Neutralrot ist gelb; wenn man eine alkalische Safraninlösung mit Chloroform ausschüttelt, so färbt sich dieses gelb. Die Base des Methylenazur ist rot. Versetzt man eine Methylviolettlösung mit Natronlauge, so entsteht zunächst die rote Farbbase, welche sich allerdings durch Addition von H_2O rasch in die farblose entsprechende Carbinolbase umlagert. Man könnte daher versucht sein, z. B. die Metachromasie der Mastzellen derartig zu deuten, daß man ihren Körnchen eine stark alkalische Reaktion zuschriebe, welche aus den Farbsalzen die Farbbase in Freiheit setze. Das ist aber nicht richtig. Denn wenn man z. B. rot gefärbte Mastzellengranula mit HCl behandelt, so bleiben sie rot, während doch die freie rote Base der Farbstoffe mit Säuren sofort blaue Salze bildet.

In praxi wird man folgende metachromatische Färbungen empfehlen können:

1. Amyloid. Fixation in Alkohol oder Formol. Färbung in Methylviolett. Kerne blau, Amyloid rot. Einlegen in Lävulosesirup.

2. Schleim und Knorpel. Fixation in Sublimat, allenfalls auch Alkohol oder Formol.

Färbung mit wässeriger Lösung von Thionin* oder Toluidinblau. Einlegen in Lävulose, oder auch rasches Entwässern mit Alkohol, Xylol, Canadabalsam.

(Eventuell auch vor dem Entwässern Fixieren der Farbe in 10%iger Lösung von Ferrocyankalium.)

3. Mastzellengranula. Die Universalmethode, welche sich bei wasserlöslichen wie wasserunlöslichen Mastzellen in gleicher Weise bewährt, sobald man Trockenpräparate oder Rasiermesserschnitte nach Alkoholfixation färbt, ist folgende:

Färbung 10 Minuten oder länger in gesättigter Lösung von Thionin in 50%igem Alkohol. Abspülen in 50%igem Alkohol. Dann (bei Trockenpräparaten) trocknen, Canadabalsam, oder (bei Schnitten) mit Alcoh. absol. entwässern, Xylol, Canadabalsam.

Für eingebettete Präparate, bei denen man nicht, besonders bei leukämischen Geweben, vergessen darf, daß die Mastzellen stark verunstaltet sein können, leistet auch folgende Methode nach UNNA gute Dienste:

* Man verlange Thionin (EHRLICH-HOYER) bei Grübler. Es gibt viele fälschlich mit diesem Namen belegte Farbstoffe im Handel.

Überfärben einige Minuten in Unnas polychromem Methylenblau, das ist eine Lösung im wesentlichen von Methylenazur, welche dadurch hergestellt wird, daß man Methylenblaulösungen mit Alkalien behandelt. Differenzieren in Unnas Glycerinäthergemisch, eventuell mit Wasser verdünnt, Alkohol, Xylol, Balsam.

Wir wenden uns jetzt zu der Frage nach dem Wesen der Metachromasie. Zunächst müssen wir eine Anschauung aufs bestimmteste zurückweisen, es beruhe die Metachromasie auf der Vermengung des Farbstoffes mit einem zweiten und es stelle deswegen die Metachromasie nichts weiter als eine Elektionsfärbung dar. Man muß zwar zugeben, daß es solche Fälle gibt; so mußten wir die Metachromasie des Jodgrüns gegen Amyloid auf eine Verunreinigung mit Methylviolett zurückführen. Deshalb hatten wir auch diese Färbung von den echten, reinen metachromatischen abgetrennt.

Bei der echten Metachromasie handelt es sich stets um einheitliche Farbstoffe, um chemische Individuen und wir können demnach zunächst als Faktum konstatieren, daß ein und derselbe Farbstoff, je nach dem Medium, in dem er sich befindet, eine wechselnde Nuance zeigt. Der Anschaulichkeit halber suchen wir zunächst nach Analogien. Diese sind recht zahlreich. Jod ist, in Alkohol gelöst, braun, in Paraffin oder Chloroform gelöst, violett. Viele organische Farbstoffe zeigen in verschiedenen Lösungsmitteln verschiedene Nuancen. Diese Tatsache ist so gut bekannt, daß man sogar versucht hat, den Wechsel der Nuance mit allgemeinen physikalischen Eigenschaften in Verbindung zu bringen. So besagt die Kundtsche Regel, daß das spektroskopische Absorptionsband eines Farbstoffs in dem Lösungsmittel von stärkerem Dispersionsvermögen nach dem roten Ende des Spektrums zu verschoben werde. Die allgemeine Gültigkeit dieses Gesetzes ist neuerdings in Zweifel gezogen worden, und Traube hat nachgewiesen, daß noch ein anderer Faktor einen Einfluß auf die Lage der Absorptionsbänder hat, nämlich die Temperatur des Lösungsmittels, indem mit einigen Ausnahmen mit zunehmender Temperatur die Bänder der roten Farbstoffe nach dem roten, die der blauen nach dem blauen Ende des Spektrums verschoben werden.

Diese Tatsachen sollen zunächst nur beweisen, daß chemisch einheitliche Farbstoffe je nach den physikalischen Bedingungen in verschiedenen Nuancen erscheinen können, und wir werden uns mit Berechtigung an die Aufstellung einer Theorie von dem Wesen der hier beschriebenen Metachromasien heranwagen können.

Betrachten wir der Anschaulichkeit halber ein konkretes Beispiel, die Rotfärbung des Schleims durch Thionin, so können wir sagen, daß das blaue Thionin der wässerigen Lösung und das rote Thionin des Schleims einander tautomer sind, das heißt, daß beide Körper chemisch dieselbe summarische Formel haben werden, daß dagegen ihre Konstitutionsformeln irgend einen kleinen Unterschied aufweisen werden, so jedoch, daß beide Formeln leicht ineinander übergehen, und daß es nicht möglich ist, die Moleküle der einen Konstitution von denen der anderen zu isolieren.

Solche Tautomerien gibt es zahllose, und ich will nur ein Analogon, wiederum aus der Farbstoffchemie, anführen. Der Körper Benzolazo β naphtol hat in alkalisch-wässeriger Umgebung die Konstitution:

O

—N—N=
H

in alkalisch-alkoholischer Lösung die Konstitution:

OH

—N=N—

Die beiden Formeln entstehen auseinander durch Umlagerung eines H-Atoms und sind nicht willkürlich voneinander zu trennen, vielmehr hat der Körper in einem wässerigen Medium immer die erste Konstitution, aber wenn man ihn in alkoholischer Natronlauge löst, immer die zweite Konstitution. Bei anderen tautomeren Körpern kommt es vor, daß die beiden tautomeren Formeln gleichzeitig nebeneinander vorkommen, derartig, daß die relativen Mengenverhältnisse in ein und demselben Medium immer konstant sind. Entzieht man der Lösung eines solchen Körpers die eine der beiden tautomeren Molekülgattungen, so strebt der Rest durch Umlagerung sofort wieder einem Gleichgewichteszustand zu, welcher erreicht ist, wenn das anfängliche relative Mengenverhältnis wieder vorhanden ist.

Es gibt zwei tautomere Modifikationen des Thionins, eine blaue und eine rote. In wässeriger Lösung ist allein oder fast allein die blaue vorhanden, in einem Schleimmedium überwiegt die rote. In alkoholischer Lösung ist das Thionin noch reiner blau als in wässeriger, vermutlich weil hier die rote Modifikation überhaupt nicht existenzfähig ist. Je nach den Umständen, je nach der Sorte des Schleims, schwankt seine Färbung zwischen rot und violett. Bei der violetten Färbung ist ein Teil des Thionins in der roten, ein anderer in der blauen Modifikation vorhanden.

Es läßt sich sogar erweisen, daß in rein wässeriger Lösung sowohl die blaue wie die rote Modifikation des Thionins vorhanden ist. Wenn man nämlich eine wässerige Thioninlösung stark verdünnt, so ändert sich die violette Färbung stark nach dem reinen Blau zu. Wenn man nun ein und dieselbe Menge von Thionin einmal in wenig, ein zweites Mal in viel Wasser löst und diese beiden Lösungen in die beiden Cylinder eines Colorimeters einfüllt, so müßte, wenn es sich um einen einheitlichen Stoff handelte, die dünne Lösung in dicker Schicht und die dicke Lösung in dünner Schicht sich gleich verhalten, d. h. dieselbe Menge Licht absorbieren und dieselbe Farbnuance haben. In Wirklichkeit sind aber die beiden Lösungen überhaupt nur schwer in bezug auf ihre Helligkeit zu vergleichen, die Nuancen sind verschieden: die verdünntere Lösung ist blau, die andere violett. Daraus folgt, daß das Thionin auch schon in wässeriger Lösung in zwei Modifikationen vorhanden ist, der blauen und der roten. Aus der Tatsache, daß die blaue Modifikation mit zunehmender Verdünnung über die rote immer mehr überwiegt, berechtigt nach allgemeinen Gesetzen der physikalischen Chemie zu dem Schluß, daß nicht die Beziehung gilt

$$\text{1 Mol. blaues Thionin} \rightleftarrows \text{1 Mol. rotes Thionin,}$$

sondern es muß das blaue Thionin ein Dissoziationsprodukt des roten sein. Das ist auf doppelte Weise denkbar: Entweder: das undissoziierte Salz ist rot, die Ionen sind blau. Oder: das blaue Thionin polymerisiert zu einem roten, größeren Molekül. Die erste Annahme ist unwahrscheinlich, weil die alkoholische Lösung, in der doch die elektrolytische Dissoziation viel geringer ist als in Wasser, blau ist. Die zweite Annahme wird dagegen dadurch gestützt, daß nach Gefrierpunktbestimmungen diese Farbstoffe in wässeriger Lösung ein größeres Molekulargewicht haben, als ihnen nach der gewöhnlichen Formel zukommt; ferner auch dadurch, daß die freie Base dieser Farbstoffe, die notorisch stark zu Polymerisation neigt, rot ist.

Die Beziehung zwischen dem roten und blauen Thionin wäre dann:

$$\text{2 (oder vielleicht 3) Moleküle blaues Thionin} \rightleftarrows \text{1 Mol. rotes Thionin.}$$

Daraus würde nach dem Massenwirkungsgesetz folgen:

$$\frac{(\text{Konzentration des blauen Thionins})^2}{(\text{Konzentration des roten Thionins})} = \text{Konstant.}$$

Diese Konstante ist abhängig von dem Medium, der Temperatur u. a. In wässeriger Lösung ist diese Konstante mäßig groß, in alkoholischer Lösung sehr groß, in Form der Thionin-Kernverbindung wie in Alkohol sehr groß, in Form der Thionin-Mastzellenverbindung sehr klein usw.

Literatur: Ehrlich (Arch. Mikr. Anat., Bd. 13, 1877). Harris (Philadelphia Med. Journ. 1898), Hoyer (Arch. Mikr. Anat., Bd. 36, 1897), Krause (Ebenda, Bd. 49, 1897), Traube (Inaug.-Diss. Berlin 1901).

Michaelis, Berlin.

Metagelatine. Wenn man eine Leimlösung mit verdünnter Salpetersäure oder Leimgallerte mit konzentrierter Essig- oder Oxalsäure erwärmt und erkalten läßt, so gelatiniert die Lösung nicht mehr, auch nicht nach Neutralisation mit kohlensaurem Kalk. Die Flüssigkeit hat ihre Klebkraft nicht verloren und ist wenig der Fäulnis unterworfen. In der chemischen Technologie wird der durch Oxalsäure umgewandelte und durch kohlensauren Kalk neutralisierte Leim als Metagelatine (nach CARAY LEA) bezeichnet.

Dagegen spricht FOL von Metagelatine als von einer auch in der Kälte flüssigen Leimlösung, die erhalten wird, wenn man Leim mehrere Stunden mit geringer Ammoniakzugabe im Wasserbade in der Siedehitze hält. In diese kaltflüssige Lösung kann man Berlinerblau oder Chromgelb eintragen; durch Zusatz von verdünntem Alkohol ist sie zu verdünnen. So kann die Masse bis in die feinsten Capillarnetze gespritzt werden. Die injizierten Objekte kommen dann in starken Alkohol oder in Chromsäure, wo die Metagelatine bald starr wird.

Literatur: FOL (Lehrbuch). *Mosse,* Berlin.

Metanilgelb. Syn. Orange MN, Tropaeolin G (Berlin, Elberfeld, Ludwigshafen), Monazofarbstoff, das Natriumsalz des m-Amidobenzolsulfosäureazodiphenylamins

$$C_6H_4\begin{cases}SO_3Na\\N=N-C_6H_4NH.C_6H_5.\end{cases}$$

Braungelbes Pulver, das in Wasser und Alkohol mit orangegelber, in konzentrierter Schwefelsäure mit violetter Farbe löslich ist. Die wässerige Lösung färbt sich mit Salzsäure rot. Wenig säure-, aber sehr lichtecht.

Von GRIESBACH in die Mikrotechnik als Protoplasmafarbstoff eingeführt, ist es von ihm mit den verschiedensten sauren und basischen Farbstoffen kombiniert worden. Er empfiehlt Kombinationen von Metanilgelb und Azoblau (siehe dort), Metanilgelb und Methylgrün (konzentrierte wässerige Lösungen 5 : 3), Metanilgelb und Krystallviolett (10 Minuten in konzentriertes wässeriges Metanilgelb, dann 30 Sekunden in konzentriertes wässeriges Krystallviolett), Metanilgelb und Safranin (15 Minuten in konzentriertes wässeriges Metanilgelb, 2 Minuten in konzentriertes wässeriger Safranin) u. a. m. Als Dreifachfärbung empfiehlt er: 24 Stunden in konzentriertes wässeriges Metanilgelb, wässern, 2 Minuten in konzentriertes wässeriges Methylviolett, wässern, 4 Minuten in konzentriertes wässeriges Säurefuchsin und differenzieren in absolutem Alkohol. Als weitere Kombinationen gibt er an Metanilgelb + Krystallponceau + Krystallviolett, Metanilgelb + Azoblau + Methylgrün, Metanilgelb + Methylgrün + Safranin und Metanilgelb + Safranin + Methylgrün + Krystallviolett.

KUCZYNSKI kombiniert es mit Azoblau: gleiche Teile konzentrierter wässeriger Lösung beider Farbstoffe. Färben 10 Minuten lang.

Literatur: GRIESBACH (Zeitschr. Wiss. Mikr., Bd. 4, 1887), derselbe (Verh. Anat. Ges., Würzburg 1888), KUCZYNSKI (Int. Monatschr. Anat. Physiol., Bd. 7, 1890).

Metaphenylendiamin siehe: Bismarckbraun.

Methämoglobin siehe: Blutkrystalle.

Methylal, Formal, Methylendimethyläther, $CH_2-(O-CH_3)_2$, bildet eine bei 42° siedende, farblose Flüssigkeit vom spez. Gew. 0,855, die in 3 Teilen Wasser, leichter in Alkohol und Äther löslich ist, ebenso sich mit fetten und ätherischen Ölen mischt. Methylal findet in der praktischen Medizin als Schlafmittel Verwendung, in der mikroskopischen Technik von PARKER bei der Nachbehandlung nach der Methylenblauinjektion. Die Objekte werden in Sublimat 10 Minuten fixiert, kommen dann zur Entwässerung in ein Gemisch von 5 *ccm* Methylal und 1 *g* Sublimat, dann allmählich in reines Xylol.

EHRLICH und LAZARUS erwähnen für die Blutfärbung in der Hitze fixierter Präparate ein Gemisch von 10 *ccm* 1%iger wässeriger Eosinlösung, 8 *ccm* Methylal und 10 *ccm* einer gesättigten wässerigen Lösung von Methylenblau medicinale. Färbungsdauer 1, höchstens 2 Minuten.

Literatur: Ehrlich-Lazarus (Anämie. 1909), Parker (Zool. Anz., 15. Jg., 1902 und Sitzungsber. Ges. Nat. Freunde, Berlin 1892). *Mosse*, Berlin.

Methylalkohol oder Holzgeist, $CH_3 . OH$, verdankt seinen Namen dem Vorkommen unter den Destillationsprodukten des Holzes. Er bildet ein farbloses, leicht bewegliches Liquidum vom Siedepunkt 66° und dem spezifischen Gewicht 0,798 bei 15°; Brechungsindex 1,330.

Seine Eigenschaften sind denen des Äthylalkohols sehr ähnlich, er ist wie dieser ein gutes Solvens für organische Stoffe. Technisch dient er zur Bereitung von Firnissen und Farben (Anilinviolett). Reiner Methylalkohol riecht weingeistig, brennt mit blauer Flamme und löst, wenn absolut, geglühtes Kupfersulfat mit blaugrüner Farbe.

Die Handelsware ist häufig mit Aceton verunreinigt. Einen Gehalt an letzterem erkennt man, indem man 1 *ccm* des Methylalkohols mit 10 *ccm* Doppelt-Normal-Natronlauge, 5 *ccm* Doppelt-Normal-Jodlösung und 10 *ccm* reinen Äther schüttelt. Hinterbleibt beim Verdunsten der abgehobenen Ätherschicht Jodoform, so ist die Gegenwart von Aceton erwiesen.

Erkannt werden kann Methylalkohol durch Überführung in Formaldehyd (CH_2O), die leicht durch eine glühende Kupfer- oder Platinspirale bei Gegenwart von Luftsauerstoff bewirkt wird. *Neuberg*, Berlin.

Der Methylalkohol findet in der Mikrotechnik nur eine geringe Verwendung. Meistens vertritt er den Äthylalkohol, wenn es sich darum handelt, Präparate zu entwässern, welche mit Farbstoffen gefärbt sind, die sich in dem letzteren lösen, im ersteren aber unlöslich oder schwer löslich sind, wie z. B. Safranin. Ein im übrigen seltenes Vorkommnis, da der Methylalkohol zumeist ein besseres Solvens für organische und unorganische Körper ist, als der Äthylalkohol. Bindo de Vecchi empfiehlt den absoluten Methylalkohol als Lösungsmittel für Celloidin.

Wegen seines sehr geringen Brechungsindex kann er manchmal mit Vorteil als Beobachtungsmedium benutzt werden.

Literatur: Bindo de Vecchi (Zeitschr. Wiss. Mikr., Bd. 23, 1906).

Methylblau

$$\begin{array}{l} \quad C_6H_3\begin{cases} NH . C_6H_5 \\ SO_3Na \end{cases} \\ / \\ C — C_6H_3\begin{cases} NH\,C_6H_5 \\ SO_3Na \end{cases} \\ \backslash \\ OH \quad C_6H_3\begin{cases} SO_3Na \\ NH . C_6H_5 \end{cases} \end{array}$$

Syn. Baumwollblau, Bayrischblau, Helvetiablau, Diphenylaminblau (Cassella) entsteht durch Sulfurierung des Triphenylpararosanilins. Dunkelblaues Pulver, in Wasser und Alkohol mit blauer Farbe, in konzentrierter Schwefelsäure mit brauner Farbe leicht löslich. Die wässerige Lösung färbt sich mit Natronlauge rotbraun, mit Salzsäure entsteht ein blauer Niederschlag.

Von Mann in Verbindung mit Eosin zur Färbung von Nervenzellen benutzt (Näheres siehe: Eosin). Dubreuil mischt 2 Teile 1%iger, wässeriger Methylblaulösung und 23 Teile konzentrierter wässeriger Pikrinsäurelösung und färbt darin nach Vorfärbung in Carmalaun oder Safranin 15 Minuten. Bindegewebe blau, Protoplasma grün.

Methylenazur siehe: Methylenblau, Metachromasie und Neutrale Farbgemische.

Methylenblau. 1. Eigenschaften. Das Methylenblau ist ein Salz der Base Tetramethylthionin. Es kommt in zweierlei Salzform in den Handel, als salzsaures Salz oder Chlorhydrat:

$$C_{16}H_{18}N_3SCl,$$

und als Zinkchlorid-Doppelsalz:

$$2\,(C_{16}H_{18}N_3SCl) + ZnCl_2 + H_2O.$$

Formel für das Chlorhydrat:

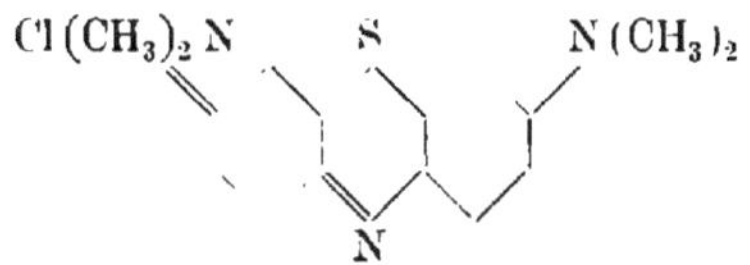

Das Methylenblau-Chlorhydrat ist ein dunkelblaues oder rotbraunes, bronzeglänzendes Pulver; das Zinkchloriddoppelsalz ein krystallinisches, grünglänzendes, grobkörniges Pulver. Beide sind in Wasser äußerst leicht mit blauer Farbe, in Alkohol etwas weniger leicht löslich.

Verschiedene Bezeichnungen der hauptsächlich bekannten Methylenblaupräparate sind:

1. Methylenblau B, B G (der badischen Anilinfabrik in Ludwigshafen),
2. Methylenblau B B, in Pulver, P D, extra D (der Aktiengesellschaft für Anilinfabrikation sowie der Höchster Farbwerke),
3. Methylenblau in Pulver extra (der Höchster Farbwerke, der Berliner Aktiengesellschaft und der Friedrichsfelder Farbwerke),
4. Methylenblau B B krystallinisch der Höchster Farbwerke.
5. Methylenblau D, B B extra der Höchster Farbwerke.

Das Methylenblau gehört zu der kleinen Gruppe derjenigen meist blauen oder violetten Anilinfarbstoffe, welche Schwefel im Moleküle enthalten (LAUTHscher Farbstoff). Es besitzt die Eigenschaft der Küpenbildung, d. h. beim Erhitzen mit reduzierenden Agentien in alkalischer Lösung (z. B. Zinkstaub oder Traubenzucker oder Harn, Blut, namentlich zuckerhaltigem) bildet sich eine farblose Leucobase, die sehr leicht, schon durch den Sauerstoff der Luft sowie durch oxydierende Substanzen, außerdem auch durch Ansäuern zum Methylenblau zurückverwandelt wird.

Das Methylenblau (beide Salze desselben) hat ferner die Eigenschaft, bei längerem Stehen geringe Mengen von farbigen Zersetzungsprodukten zu bilden, welche bei vorsichtigem Erhitzen mit Alkalien, mit Soda oder dünner Natronlauge sich sofort in größerer Menge bilden. Nach den Untersuchungen von BERNTHSEN kommen hierbei zwei Farbstoffe in Betracht: das Methylenviolett und das Methylenazur (nicht aber das Methylenrot, welches auf ganz anderem Wege entsteht).

Von besonderem Interesse (UNNA, ROSIN, L. MICHAELIS) ist das Methylenazur — das Methylenviolett ist noch zu wenig untersucht —, welches mittelst Äther dem Methylenblau durch Schütteln entzogen werden kann, während in Chloroformextrakt auch Methylenviolett gelöst bleibt.

Unter rotstichigem oder polychromatischem (UNNA) Methylenblau versteht man solches, welches reichlich Methylenviolett und Methylenazur enthält.

Dieses unreine Methylenblau, welches, wie erwähnt, bei längerem Stehen auch von selbst sich bildet, überdies auch verschiedentlich als Pulver käuflich ist, ist von besonderer Bedeutung bei verschiedenen Färbungsmethoden (s. unten, cf. auch neutrale Farbgemische).

Es verdient daher neben dem Methylenblau selbst auch das Methylenviolett und das Methylenazur berücksichtigt zu werden. Letzteres konnte Verfasser in reinem Zustande folgendermaßen darstellen:

Reines Methylenblau wird in 1%iger Sodalösung bis zur Sättigung aufgelöst, das Filtrat 1 Stunde über dem Wasserbade erhitzt und dann zum Trocknen eingedampft. Der Rückstand wird mit Äther im Rückflußkühler so lange extrahiert, als sich dieser noch feurig rot färbt (Methylenblau und Methylenviolett sind in Äther unlöslich). Die vereinigten Ätherextrakte werden abdestilliert, so lange, bis das Methylenazur, welches im Äther nicht sehr leicht löslich ist, auszufallen beginnt. Man konzentriert die Mutterlauge vorsichtig weiter bis auf einen nicht zu kleinen Rest, welcher gelbe Verunreinigungen enthält. Das ausgefallene reine Methylenazur löst sich in Chloroform mit rotvioletter, in Wasser und Alkohol mit blauer Farbe, während es in alkalischem Wasser und alkalischem Alkohol rotviolett, nach Ansäuern wieder blau wird usf. Aus der wässerigen blauen Lösung wird es durch Äther mit roter Farbe nahezu vollständig ausgezogen. Kohlensäure, in rotstichige Lösungen des Methylenazur eingeleitet, bläut die Farbe, falls das lösende Medium überhaupt imstande ist, Kohlensäure aufzunehmen, sie hat also keinen Einfluß auf rote, ätherische Lösungen.

II. Allgemeine Verwendung in der mikroskopischen Färbetechnik.

Das Methylenblau verdankt seine Einführung in die Mikroskopie im wesentlichen P. EHRLICH, der zuerst seine hervorragenden Eigenschaften, vor allem die intensive, dauerhafte Färbekraft, die Metachromasie, die Bildung der Leucobase, die Ungiftigkeit, erkannte. So hat EHRLICH den Farbstoff unter anderem auch zu der von ihm zuerst aufgefundenen „vitalen" Färbung verwendet und seine spezielle Affinität zum Nervengewebe festgestellt; eine Anwendungsweise, für welche der Farbstoff auch heute noch einzig und allein in Gebrauch ist. Auch pharmakologisch ist er von EHRLICH gegen Neuralgie und Malaria empfohlen worden.

Das Methylenblau gehört zu den sogenannten Kernfarbstoffen, d. h. es besitzt im allgemeinen eine starke Affinität zu den Kernsubstanzen und umgekehrt keine zum gewöhnlichen Protoplasma der Zellen. Allein es ist kein reiner Kernfarbstoff (wie z. B. das Methylgrün). Es färbt vielmehr neben den Kernen auch alle sonstigen Substanzen im Protoplasma, welche basophil sind. Demgemäß kann man mit Methylenblaulösungen (wässerig oder alkoholisch) echt* färben:

1. Alle Zellkerne und die Kernkörperchen vieler Kerne. Eine Ausnahme davon machen die (nicht basophilen) Kerne der Nervenzellen, soweit ihr spärliches Chromatin überhaupt färbbar ist. Andrerseits färben sich wiederum damit die Kernkörperchen der Nervenzelle.

2. Die basophilen Granulationen des Blutes (Mastzellengranula).

3. Den basophilen Leib der Lymphocyten und der Übergangsformen.

4. Das Granoplasma der Plasmazellen.

5. Die NISSLschen Granula der Nervenzellen.

6. Die basophilen Körnchen der Erythrocyten und die centrale basophile Substanz der Blutplättchen.

7. Mucin.

8. Künstlich durch Behandlung mit Säuren oder Beizen basophil gemachte, sonst oxyphile protoplasmatische Substanzen; Färbung nach Art der Beizen (vgl. hierzu die ARPÁTHY-BETHEsche Methode, s. d.).

Methylenblau, welches reich an Methylenazur ist, färbt manche basophile Substanzen in einer rötlichen Färbung, welche namentlich bei Lampenlicht sehr hervortritt. Man bezeichnet diese, sich nicht nur beim Methylenblau, sondern auch bei anderen Farbstoffen darbietende Eigenschaft als Metachromasie. Besonders stark metachromatisch färben sich die Mastzellengranula. Auch verstärkt die Gegenwart des Methylenazur die Intensität des Methylenblau häufig, wie z. B. bei der Färbung des Leibes der Plasmazellen, welche besonders durch die azurreiche UNNAsche polychromatische Methylenblaulösung hervortreten.

Die mit Methylenblau-, respektive mit Methylenazur echt gefärbten Gewebe gehen mit dem Farbstoff eine Verbindung ein, die durch Wasser niemals mehr extrahiert werden kann, während Alkohol diese Verbindung allmählich wieder zu trennen vermag. Übrigens wird das (oxyphile) Protoplasma durch Methylenblaulösungen ganz blaß mitgefärbt, besonders dann, wenn mit Alkohol nicht allzu stark extrahiert worden ist.

Endlich hat Methylenblau die Eigenschaft, niemals zu überfärben, so daß man beliebig starke Lösungen zur Färbung verwenden kann.

Wie die basischen Anilinfarbstoffe im allgemeinen, so geht das Methylenblau mit den sauren Anilinfarben wohl charakterisierte krystallisierte Verbindungen ein, besonders mit dem Eosin, welche als neutrale Farbstoffe (s. d.) für die Färbetechnik von besonderer Bedeutung sind.

Das Methylenblau hat aber noch eine besondere Fähigkeit, welche, wie erwähnt, EHRLICH zuerst erkannt hat, nämlich diejenige der vitalen Färbekraft.

Lebendes Gewebe nimmt im allgemeinen Farbstoffe nicht als solche an. Auch das Methylenblau wird vom lebenden Gewebe niemals unverändert aufgenommen. Aber in Form seiner Leucobase (s. oben) findet es Zutritt in das lebende oder wenigstens erst im Absterben begriffene Nervengewebe. Namentlich die peripheren Nerven, bei niederen Tieren auch die centralen und deren Zellen, haben eine Affinität zum Leucomethylenblau, welches sie sich selbst durch ihre reduzierende Kraft aus dem Methylenblau bereiten. Ein nervenhaltiges, mit Methylenblau vital gefärbtes Gewebe, nach dem Absterben dem Sauerstoff der Luft ausgesetzt, läßt also auf dem sonst nahezu farblosen Grunde die Nerven bis in ihre kleinsten Fibrillen und Endigungen gefärbt deutlich hervortreten. Auf dieser Tatsache beruht das Prinzip der vitalen Färbungsmethode mit Methylenblau (s. dort).

---

* Über echte Färbung, chemisch oder physikalisch, siehe PAPPENHEIM, Grundriß der Farbchemie.

III. Spezielle Anwendungen des Methylenblau. 1. Methylenblau für die Bacterienfärbung.

a) Die Mehrzahl aller Bacterien färbt sich leicht und intensiv mit wässerigen oder alkoholischen Methylenblaulösungen.

b) Wie NAKANISHI gezeigt hat, gelingt sogar eine Strukturfärbung der Bacterien, wenn man sie frisch aus der Kultur auf einen Objektträger bringt, auf dem Methylenblau in dünner Schicht angetrocknet ist (durch Bestreichen desselben mit einer dünnen wässerigen oder alkoholischen Methylenblaulösung). Man bringt auf das kaum sichtbar blau gefärbte Glas etwas von der lebenden Kultur, bedeckt mit einem Deckgläschen und beobachtet mit Immersion: Man kann nach NAKANISHI dann sogar Kerne innerhalb der Bacterienleiber wahrnehmen.

c) Einige Bacterienarten färben sich aber nicht mit einfachen Methylenblaulösungen. Eine intensive Färbung gelingt dann hier noch, besonders auch in Schnitten mit dem sogenannten LÖFFLERschen Methylenblau, welches alkalisch ist und daher reichlich Methylenazur enthält (s. d.).

Zusammensetzung der Lösung:
Konzentrierte alkoholische Methylenblaulösung 30,0. Kalilauge (0,01%) 100. Man färbt 5 Minuten und wäscht dann mit destilliertem Wasser die überschüssige Farbe ab. Hiermit gelingt es noch, Diphtherie-, Influenza, Rotz-, Typhusbacillen zu färben. Ebenso färbt man auch Klatschpräparate aus der Kultur.

In Schnitten färbt man mit der LÖFFLERschen Lösung folgendermaßen:

1. Färbung mit LÖFFLERschem Methylenblau je nach der Dicke und der Vorbehandlung 5 Minuten bis 2 Stunden.
2. Abspülen in Wasser.
3. Eintauchen in 0,5—1%ige Essigsäurelösung, höchstens ½ Minute.
4. Gründliches Extrahieren in 90%igem Alkohol 2—5 Minuten.
5. Absoluter Alkohol zur Entwässerung, Xylol, Canadabalsam.

Bei sehr schwer färbbaren Bacterien (s. oben) sucht man die Essigsäurelösung möglichst zur Differenzierung zu vermeiden, was bei sehr dünnen Schnitten gelingt.

d) NEISSERsche Methode für die Färbung der Diphtheriebacillen.

Man verwendet Kulturen, die 9—24 Stunden auf LÖFFLERschem Rinderblutserum bei 36° C gewachsen sind, folgendermaßen:

1. Das Deckgläschentrockenpräparat kommt für 1—3 Sekunden in alkoholische Methylenblaulösung (1 : 20 *ccm* Alkohol 90%) 20 *ccm*, destilliertes Wasser 950,0, Eisessig 30,0.
2. Abspülen in Wasser.
3. Eintauchen in 0,2%ige, heiß bereitete und filtrierte wässerige Vesuvinlösung 3 bis 5 Sekunden.
4. Abspülen in Wasser. Lufttrocknen und Canadabalsam.

Die Bacillen sind braun und haben im Innern 2—4 blaue Körnchen, meist an den Polen. Besonders häufig liegen zwei Bacillen stumpfwinklig aneinander.

e) Methylenblaulösung (konzentriert wässerig) wird außerdem stets zur Gegenfärbung der roten Tuberkelbacillenfärbungen benutzt.

f) NIKIFOROFFs Methode zur Färbung der Recurrensspirillen.

Da sich die Spirillen auch in LÖFFLERscher Lösung schwer färben, so empfiehlt NIKIFOROFF folgende Methode: Härtung der Gewebe in einem Gemisch zu gleichen Teilen von 5%iger wässeriger Lösung von Kalium bichromicum und gesättigter Lösung von Sublimat in physiologischer Kochsalzlösung, 24 Stunden. Nachhärten in Alkohol von steigender Konzentration. Paraffineinbettung.

Färbung:

1. Konzentrierte wässerige Methylenblaulösung 10,0, 1%ige alkoholische Tropaeolinlösung 5,0, Kalilauge (0,1%ig) 2 Tropfen 24 Stunden.
2. Abspülen.
3. Entwässern in einem Gemisch von Äther und Alcohol absol. zu gleichen Teilen.
4. Bergamottöl, Xylol, Canadabalsam.

2. Methylenblau als Kernfärbung.

Man verwendet ziemlich konzentrierte wässerige Lösungen, färbt die Schnitte einige Minuten, wäscht mit Wasser gründlich, dann mit Alkohol aus und bettet in Canadabalsam ein; sehr zarte Kernstrukturen. Bei gewissen Degenerationen tritt, wie EHRLICH gezeigt hat, zuweilen ein eigentümlicher Kernzerfall auf; die chromatophile Substanz zieht sich in Gestalt mehrerer kleiner, intensiv gefärbter Kügelchen zusammen.

3. Methylenblau zur Darstellung von Zellgranulis.

a) Der Mastzellengranula (Ehrlich), siehe Mastzellen. Metachromasie;
b) des Granoplasma der Plasmazellen (Unna), siehe Plasmazellen;
c) des Leibes und des Kernkörperchens der Lymphocyten, siehe Blut;
d) der Nisslschen Granula mittelst der Methylenblauseifenlösung (Methylenblau B 3,75, venetianische Seife 1,75, Aq. destill. 100,0), siehe Nervensystem, centrales.

4. Methylenblau zur Färbung der Malariaparasiten (auch in Schnitten) siehe Blutparasiten.

5. Methylenblau zur vitalen Färbung nach EHRLICH siehe Methylenblau zur Nervenfärbung.

Methylenblau-Orceinmethode (Unna) siehe Haut.

Polychromes Methylenblau (Unna) siehe Metachromasie.

Literatur: Bernthsen (Liebigs Annal., Bd. 230 u. 251), Ehrlich (Zeitschr. Klin. Med. Bd. 2. 1881), Nakanishi (Münch. Med. Wochenschr. 1901), Neisser (Zeitschr. Hyg., Bd. 24. 1897). G. Schultz (Chemie des Steinkohlenteers, 1. Aufl., Braunschweig, pag. 1046).

Rosin, Berlin.

Methylenblau zur Nervenfärbung. Das Methylenblau erhielt eine ausgedehnte Verbreitung in der mikroskopischen Technik erst vom Jahre 1885, als EHRLICH auf Grundlage seiner Beobachtungen den Nachweis lieferte, daß dasselbe, in genügender Menge in die Blutbahn des lebenden Tieres eingeführt, die Fähigkeit besitzt, die Nervenelemente — die Nervenzellen mitsamt den Fortsätzen und deren feinsten Verzweigungen zu färben. Das Färbevermögen des Methylenblaus erklärte EHRLICH durch die Anwesenheit von S in demselben, wie es auch hinsichtlich anderer S enthaltender Anilinabkömmlinge, zu denen Thionin, Dimethylthionin u. a. gehören, beobachtet wird. EHRLICH führte dem lebenden Tiere in die Blutgefäße oder in das Herz eine Methylenblaulösung (1 *g* Farbstoff wurde in 300—400 *ccm* physiologischer Kochsalzlösung gelöst) ein; nach Verlauf einer kurzen Zeit schnitt er aus dem lebenden oder soeben getöteten Tiere kleine Organ- oder Gewebsstücke heraus, brachte dieselben auf ein Objektglas, deckte die Präparate mit einem Deckglas zu und untersuchte sie unter dem Mikroskop. In der Regel erfolgte bald eine allmähliche Entfärbung der anfangs intensiv gefärbten Nervenelemente; sobald jedoch das Deckglas entfernt und der Luft freier Zutritt zum Präparat gegeben wurde, fand sofort wieder eine Bläuung, d. h. eine abermalige Färbung der Nerven statt. EHRLICH gelang es, viele Nerven mit Methylenblau zu färben, z. B. sämtliche sensiblen Fasern, die Nervenendigungen in glatten und einigen quergestreiften Muskeln u. dgl. m.; dabei machte er jedoch die Beobachtung, daß sich dennoch nicht alle Nerven des betreffenden Organs oder Gewebes färbten. Den Grund dafür sah EHRLICH darin, daß seiner Meinung nach für die Färbung eine alkalische Reaktion und eine Sättigung der Nerven mit Sauerstoff erforderlich ist — sind diese Bedingungen in den betreffenden Nerven nicht gegeben, so färben sich dieselben mit Methylenblau nicht.

H. ARONSON, ein Schüler EHRLICHs, setzte die Untersuchungen des letzteren fort und wies darauf hin, daß das Methylenblau durch verschiedene reduzierende Agenzien unter Aufnahme zweier H-Atome in Leucomethylenblau übergeführt wird, welches bei Luftzutritt von neuem in das blaue Oxydationsprodukt umgewandelt wird. Zu Lebzeiten sind die Nerven dermaßen mit Sauerstoff gesättigt, daß sie das aufgenommene Methylenblau nicht reduzieren; nach dem Tode des Tieres werden die Nerven farblos; sobald jedoch die Luft und folglich auch der Sauerstoff freien Zutritt zu den Geweben erhält, so wird das Leucomethylenblau von neuem oxydiert und in das blaue Oxydationsprodukt umgewandelt. Die Gewebe der höheren Wirbeltiere besitzen nach den Beobachtungen von ARONSON eine größere Reduktionsfähigkeit als die Gewebe der Kaltblüter.

In Anbetracht der großen Bedeutung der neuen Methode für das Studium des peripheren und centralen Nervensystems schlug K. ARNSTEIN SMIRNOW vor, eine Reihe von Nachprüfungen anzustellen. Dieselben wurden zunächst nur an Fröschen vorgenommen, zu welchem Zweck dem Tiere 1 *ccm* einer gesättigten Methylenblaulösung in die Vena cutanea magna eingeführt und nach Verlauf von 1 2 Stunden verschiedene Organe, wie Muskeln, Hornhaut, sympathische Ganglien u. a. ausgeschnitten und der mikroskopischen Untersuchung unterzogen wurden. Es erwies sich dabei, übereinstimmend mit den Beobachtungen EHRLICHS, daß die Endigungen der motorischen Nerven, die Spiralfasern und deren feinste Endausbreitungen auf der Oberfläche der sympathischen Zellen u. a. eine prachtvolle Blaufärbung erhalten. Von mir und K. ARNSTEIN wurden alsdann Versuche mit Einführung des Methylblaus unmittelbar ins Blut von Säugetieren und Vögeln angestellt; nach den ersten Versuchen mußte jedoch konstatiert werden, daß die Tiere die Infusion des Farbstoffes besonders in großen Mengen schlecht vertragen. Werden z. B. einem Kaninchen im Verlauf von 10 Minuten 4 PRAVAZsche Spritzen einer gesättigten Methylenblaulösung in die Vena cruralis eingeführt, so geht das Tier nach der Injektion der vierten Spritze zugrunde.* Die Untersuchung verschiedener Organe dieser Tiere ergab bloß eine unvollständige Färbung der Nerven in denselben.

Die bei einer Infusion des Farbstoffes in das lebende Tier konstatierten Unbequemlichkeiten, das rasche (nach 5—10 Minuten) erfolgende Abblassen und Verschwinden der Nervenfärbung sowie die Notwendigkeit, die gefärbten Präparate ausschließlich im frischen Zustande zu untersuchen, veranlaßten die Forscher, erstens eine Vereinfachung des Färbungsverfahrens der Nerven anzustreben und zweitens ein Mittel zu finden, welches die Farbe in den Nerven und gleichzeitig auch diese zu fixieren imstande wäre und damit die Möglichkeit geben würde, die Präparate einer längeren und sorgfältigeren Untersuchung zu unterziehen. Die erste der erwähnten Unbequemlichkeiten wurde bald durch mich beseitigt; anstatt einer Infusion der Farbstofflösung in die Gefäße des lebenden Tieres machte ich eine Injektion einer gesättigten Methylenblaulösung in die Blutgefäße des frisch getöteten Tieres, worauf Stücke des einen oder anderen Gewebes ausgeschnitten und für einige Zeit in Berührung mit der Luft gebracht wurden. Die alsbald nach der Injektion blau gewordenen Gewebe blaßten in der Regel rasch ab, so daß in denselben keine blaugefärbten Nerven mehr wahrgenommen werden konnten; dieselben begannen jedoch sich allmählich von neuem zu färben, sobald sie mit der Luft in Berührung kamen. Nachdem ich die Nervenfärbung vermittelst eines einfacheren als des von EHRLICH anfangs vorgeschlagenen Verfahrens erreicht hatte, bemühte ich mich, dasselbe noch mehr zu vereinfachen und zugänglicher zu machen, und zwar insofern, als ich die den frisch getöteten Tieren entnommenen Organe und Gewebe durch direktes Einwirken von Farbstofflösungen verschiedener Konzentration zu färben suchte. Die ersten Versuche führte ich zu dem Zweck zunächst an der Netzhaut, der Iris, der Hornhaut und anderen Organen verschiedener Tiere aus, wobei dieselben ein durchaus günstiges Resultat ergaben: ich erzielte auf diesem Wege eine ebenso vollständige Nervenfärbung, wie sie mit dem EHRLICHschen Verfahren sowie mit der Injektion des Farbstoffes in die Gefäße des Tieres erreicht wird. Seit der Zeit gewann die Anwendung des Methylenblaus für die Nervenfärbung eine weite Verbreitung in der Histologie und gab, dank den Arbeiten von ARNSTEIN und seinen Schülern, RETZIUS, mir, RAMON Y CAJAL, BETHE, HUBER u. v. a. glänzende Resultate besonders hinsichtlich des Studiums des peripheren Nervensystems; augenblicklich steht dieses Färbungsverfahren in einer Reihe mit der Versilberungsmethode von GOLGI und der Vergoldungsmethode von APATHY.

Im Handel gibt es verschiedene Sorten von Methylenblau, die wichtigsten derselben sind:

a) Methylenblau nach EHRLICH,

b) Methylenblau nach KOCH,

c) Methylenblau B. X. (nach S. MAYER),

d) Methylenblau medic. pur.

---

* Nach den Beobachtungen von ARONSON vertragen Kaninchen je nach der Größe die Infusion von 40—90 *ccm* einer $^1/_4$%igen Methylenblaulösung.

Für die Färbung der Nerven können sämtliche Sorten von Methylenblau mit Erfolg angewandt werden; es werden freilich hin und wieder Klagen darüber geäußert, daß diese oder jene Sorte des Farbstoffes keine befriedigenden Resultate gibt, doch hängt dieses, wie es mir meine langjährige Erfahrung gezeigt hat, nicht so sehr von der Eigenschaft der färbenden Substanz, als vielmehr von anderen Bedingungen ab. Nichtsdestoweniger geben die beständigsten Resultate die Färbung mit dem Methylenblau nach EHRLICH oder B. X. (nach S. MAYER), welche ich von Dr. GRÜBLER in Leipzig beziehe.

Das Methylenblau wird in Lösungen oder in Substanz angewandt. Als Lösungsmittel dient physiologische Kochsalzlösung, wobei jedoch, wie weiter unten gezeigt werden soll, die Farbstofflösungen von verschiedener Konzentration sein müssen, je nach dem im gegebenen Fall anzuwendenden Färbungsverfahren. Am vorteilhaftesten ist es, eine 1%ige Methylenblaulösung vorrätig zu halten, aus welcher jederzeit leicht schwächere Lösungen dargestellt werden können. Das zu den Lösungen benutzte Kochsalz muß chemisch rein sowie das Wasser nach Möglichkeit gut destilliert sein. Die zum Aufbewahren der Lösungen bestimmten Gefäße sind vorher sorgfältig zunächst mit starker Salz- oder Salpetersäure, darauf mit Wasser, Alkohol und physiologischer Kochsalzlösung auszuwaschen. Vor der Anfertigung schwächerer Lösungen aus einer 1%igen Lösung ist es erforderlich, letztere zu erwärmen, um den geringen Niederschlag, welcher sich nach einer gewissen Zeit beim Stehen der Lösung bildet, aufzulösen. Sobald sich in den dermaßen hergestellten, schwächeren Lösungen ein wenn auch unbedeutender Niederschlag bemerkbar macht, müssen dieselben vor ihrem Gebrauch desgleichen erwärmt und filtriert werden. Noch besser ist es, die schwächeren Lösungen einige Stunden vor ihrem Gebrauch aus der 1%igen Lösung anzufertigen.

In letzter Zeit sind in meinem Laboratorium Versuche angestellt worden, das Methylenblau im Gemisch von LOCKE und in Blutserum aufzulösen, in der Voraussetzung, daß möglicherweise derartige Lösungen mehr geeignet seien, die zu färbenden Organe und Gewebe länger am Leben zu erhalten als die Methylenblaulösungen in physiologischer Kochsalzlösung und dadurch die Möglichkeit einer vollständigen Färbung der Nervenelemente gewähren würde. Eine Reihe von Parallelversuchen erwies jedoch, daß die Anwendung einer Lösung von Methylenblau in LOCKEschem Gemisch, selbst für die Färbung der Herznerven wie überhaupt von Nerven in Muskeln nicht nur keine Vorteile gewährt, sondern im Gegenteil unerwünscht ist. Die negativen Resultate mußten eigentlich a priori erwartet werden, da die LOCKEsche Flüssigkeit kaum irgend welche belebende Wirkung auf die zu färbenden Organe und Gewebe ausüben kann, weil von derselben nur die Oberfläche des Objektes befeuchtet wird und sie nur in die oberflächlichsten Schichten desselben eindringt. Die ihren Mineralbestandteilen nach dem Blutserum nahestehende LOCKEsche Flüssigkeit, die von organischen Bestandteilen nur Dextrose enthält, übt eine belebende Wirkung auf den Herzmuskel nur in dem Fal aus, wenn dieselbe mit Sauerstoff gesättigt durch die Gefäße des Organs geleitet wird. Schließlich ist es uns vollkommen unbekannt, ob dieses Gemisch auch auf andere Gewebe, wie das Nervengewebe gleichermaßen einwirkt wie auf die unwillkürlichen Muskeln; würde diese Wirkung die gleiche sein, so müßten wir beständig den mineralischen Bestand des Gemisches wechseln, in Berücksichtigung der mineralischen Bestandteile des Serums desjenigen Tieres, dessen Organe untersucht werden sollen. Die unerwünschte Wirkung der Methylenblaulösungen in LOCKEschem Gemisch äußert sich darin, daß in den Präparaten, die auf diese Weise gefärbt und in molybdänsaurem Ammon fixiert worden waren, ein feinkörniger Niederschlag entsteht, zu dessen Entfernung es erforderlich ist, die Präparate mindestens 24 Stunden in Wasser auszuwaschen. Ein dermaßen langes Verweilen der Präparate in Wasser bewirkt eine starke Quellung der Gewebe, die darauffolgende rasche Härtung derselben in Alkohol ruft jedoch eine gleich intensive Schrumpfung hervor.

Die Anwendung des Blutserums als Lösungsmittel statt der physiologischen Kochsalzlösungen für das Methylenblau bewirkt keine besonderen Veränderungen in der Färbung der Nervenelemente. Die Benutzung dieser Lösungen hat nur die Unbequemlichkeit, daß sie rasch verderben.

Eine unerläßliche Bedingung für eine mehr oder weniger vollständige Färbung der Nerven mit Methylenblau ist die Frische des zu färbenden Organs oder Gewebes: dasselbe muß dem frisch getöteten Tier oder maximum 1—4 Stunden nach dem Tode demselben entnommen werden. Zuweilen wird freilich eine gute Färbung der Nerven beim Menschen und bei den höheren Tieren selbst mehrere Stunden nach dem Tode erhalten, während bei niederen Tieren: Amphibien, Reptilien u. a. die Nerven das Färbungsvermögen noch bedeutend länger — sogar einige Tage nach dem Tode des Tieres beibehalten, doch wird in derartigen Fällen niemals eine dermaßen gute und vollständige Nervenfärbung erzielt, wie an frischen, sozusagen noch lebenden Geweben.

Das für die Nervenfärbung bestimmte Tier wird durch Entbluten, in Ausnahmefällen durch Chloroform getötet. Die Färbung der Nerven wird in den zu untersuchenden Organen und Geweben nach verschiedenen Verfahren vorgenommen, wobei die einen bessere Resultate an einer Gewebsart, andere wiederum an anderen Geweben geben.

I. Färbungsverfahren.

Ich wende folgende Färbungsverfahren an:

a) Injektion der Blutgefäße des Tieres mit einer $^1/_4$—$^1/_6$%igen Methylenblaulösung; die Anwendung stärkerer $^1/_2$—1%iger Lösungen ist mindestens überflüssig, in vielen Fällen sogar durchaus nicht erwünscht. Starke Lösungen diffundieren durch die Gefäßwandungen und färben nicht nur intensiv die Achsencylinder der Nervenfasern mit deren Endverzweigungen, sowie die Nervenzellen, sondern auch gleichzeitig die Elemente des umgebenden Gewebes (Bindegewebsfibrillenbündel, Zellen des fibrillären Bindegewebes, Fett, Pigmentkörnchen, elastische Fasern, Muskelfasern u. a.), wodurch die Untersuchung der Nerven selber mehr oder weniger erschwert wird.

b) Einführung einer 1—$^1/_4$—$^1/_8$%igen Methylenblaulösung in die Körperhöhlen oder die Hohlräume der Organe.

c) Injektion einer $^1/_6$—$^1/_8$%igen Farbstofflösung unter die Haut des Tieres oder in das das zu untersuchende Organ umgebende Bindegewebe.

d) Unmittelbare Färbung des ausgeschnittenen Organs oder von Teilen desselben mit einer $^1/_4$—$^1/_6$—$^1/_8$—$^1/_{12}$—$^1/_{14}$%igen Methylenblaulösung.

Bei den drei letzteren (*b, c, d*) Verfahren gibt die Anwendung stärkerer Lösungen ($^1/_2$—1—4%) des Farbstoffes fast gar keine oder sehr schlechte Resultate, da dabei in den zu untersuchenden Organen eine recht intensive Färbung anderer Gewebselemente erfolgt, so daß die Untersuchung der Nerven fast unmöglich ist.

Färbung der Nerven bei Wirbeltieren.

a) Injektion der Blutgefäße. Dieses Verfahren der Methylenblaufärbung eignet sich gewöhnlich für die Untersuchung der Nerven in verschiedenen Organen und Geweben der Wirbeltiere. Bei großen Tieren (Hund, Katze, Kaninchen u. a.) wird gewöhnlich ein Körperteil oder ein einzelnes Organ durch ein entsprechendes, großes, arterielles Gefäß injiziert. Bei kleinen Tieren (Ratte, Maus u. a.) wird die Injektion vom Herzen aus vorgenommen (die Kanüle wird durch die linke Herzkammer in die Aorte eingeführt), wobei mit der Farbstofflösung sämtliche Gefäße des Tieres gefüllt werden. In beiden Fällen müssen behufs erfolgreicher Nervenfärbung erstens die Gefäße vorher sorgfältig mit einer auf 36 bis 37° C erwärmten physiologischen Kochsalzlösung ausgespült werden, wonach erst die Injektion der desgleichen ungefähr bis zur Körpertemperatur des Tieres erwärmten Methylenblaulösung von der angegebenen Konzentration vorgenommen werden kann. Zweitens muß die Injektion möglichst vollständig sein, d. h. es müssen nicht nur die Arterien mit ihren feinsten Verzweigungen, sondern auch die Capillaren und Venen gefüllt sein.

Die Menge der für eine vollständige Injektion eines Tieres oder eines Organes erforderlichen Methylenblaulösung ist durchaus von der Größe des Tieres oder des betreffenden Organs abhängig und kann infolgedessen nicht für jeden einzelnen Fall genau bestimmt werden. Im allgemeinen kann die Injektion als gelungen angesehen werden, wenn sich die Haut des injizierten Gebietes oder das betreffende Organ gebläut hat.

20—30 Minuten nach der Injektion wird das Organ oder Gewebe, dessen Nerven untersucht werden sollen, je nach der Größe entweder in toto herausgenommen oder aber aus demselben werden Stücke von 1—2—3 *cm* Seite herausgeschnitten und alsdann in eine flache PETRIsche oder eine tiefere Schale auf eine dünne Schicht Glaswolle oder aber unmittelbar auf breite Objektgläser gebracht; letztere werden desgleichen in entsprechend große flache Schalen gelegt. Die Glaswolle wird vorher mit einer schwachen ($^1/_8$—$^1/_{16}$%igen) Methylenblaulösung angefeuchtet; desgleichen muß auch auf dem Boden der Schale eine geringe Menge derselben Lösung vorhanden sein. Die Schale wird alsdann mit einem nicht festschließenden Deckel zugedeckt und im Thermostaten (bei einer Temperatur von 35—36° C) aufgestellt. Im Thermostaten verbleibt das Präparat 15—30 Minuten oder auch 1—1$^1/_2$—2—2$^1/_2$ Stunden, je nach der Größe und Beschaffenheit des betreffenden Organs.

Der Färbungsprozeß verläuft um so langsamer, je dicker das zu färbende Organ oder Organstück ist. Im Verlauf der ganzen Färbungsdauer muß darauf geachtet werden, daß die Oberfläche des Präparates nicht eintrocknet. Die in der Schale befindliche geringe Menge der Methylenblaulösung verdunstet allmählich und verhindert gewöhnlich das Eintrocknen der Oberfläche des Präparates; erweist sich diese Flüssigkeitsmenge als ungenügend, so muß das Präparat von Zeit zu Zeit mit einer $^1/_{15}$%igen Farbstofflösung oder einfach mit physiologischer Kochsalzlösung angefeuchtet werden.

Nach Verlauf der angegebenen Zeit wird das Präparat aus dem Thermostaten genommen und das Methylenblau nach einem der weiter unten angegebenen Verfahren fixiert. Während der Färbung wird das Präparat, wenn es nur die Dicke desselben gestattet, in bestimmten Zeiträumen (5—10—15 Minuten) bei schwacher Vergrößerung unter dem Mikroskop betrachtet und auf diese Weise der allmähliche Verlauf der Nervenfärbung kontrolliert; sobald die Nerven genügend gefärbt erscheinen, wird das Präparat sofort fixiert. Hat man es jedoch mit einem ganzen Organ oder mit dicken Präparaten zu tun, so kann natürlich die Färbung nicht verfolgt werden: die Dauer des für die Nervenfärbung erforderlichen Verbleibs der Präparate im Thermostaten kann in derartigen Fällen nur durch die Erfahrung festgestellt werden. Nach meinen Beobachtungen an verschiedenen Organen schwankt die für die Nervenfärbung erforderliche Zeitdauer, wie oben angegeben, zwischen 15—30 Minuten (für feine Häute, Schnitte u. dgl.) und 1—1$^1/_2$—2—2$^1/_2$ Stunden (für dicke Präparate).

Bisweilen färben sich jedoch die Nerven äußerst schwach, sei es nun infolge einer unvollständigen Injektion der Blutgefäße mit der Farbstofflösung oder aus einem anderen Grunde; in derartigen Fällen muß eine Ergänzungsfärbung der Nerven vorgenommen werden, zu welchem Zweck die Oberfläche der Präparate in gewissen Zeiträumen mit einer $^1/_8$ bis $^1/_{10}$%igen Methylenblaulösung befeuchtet wird, d. h. die Färbung erfolgt durch unmittelbare Einwirkung des Farbstoffs auf das ausgeschnittene Organ (das Genauere cf. Färbungsverfahren *d*).

Durch das beschriebene Färbungsverfahren läßt sich eine Nervenfärbung in fast sämtlichen Geweben und Organen der höheren Wirbeltiere erzielen: im Epithel, im fibrillären Bindegewebe, in glatten und quergestreiften Muskeln, in Blutgefäßen, im Herzen usw. An einigen wenigen Organen gibt dieses Verfahren jedoch fast gar keine Resultate: zu derartigen Organen gehören die Lymphknoten, die Milz, die Nieren u. a., die Elemente des Centralnervensystems färben sich desgleichen schlecht. An menschlichem Material ist das beschriebene Verfahren fast nicht anwendbar, da ein für die Nervenfärbung taugliches Objekt bloß in

Form bereits ausgeschnittener Organe erhalten werden kann. Dagegen läßt es sich sehr gut an frisch amputierten Extremitäten, und zwar für die Färbung der Haut-, Muskel- und Gefäßnerven etc. anwenden. Sind die mit Methylenblau injizierten Organe von derber, fester Konsistenz, wie z. B. die Haut, die Wachshaut und die Gaumenschleimhaut der Wasservögel, die Leber u. dgl., so können von demselben 10—15 Minuten nach der Injektion Schnitte angefertigt werden. Zu dem Zweck wird ein Stück des Organs in Hollundermark oder in Leber eingeschlossen und von demselben alsdann mit einem scharfen Rasiermesser möglichst feine Schnitte aus freier Hand gemacht. Die Schnitte werden auf breite, vorher mit $^1/_{15}$%iger Methylenblaulösung oder mit physiologischer Kochsalzlösung befeuchtete Objektträger übertragen und auf diesen in flachen, nicht fest zugedeckten Schalen in den Thermostaten gebracht. Um das Eintrocknen der Schnitte zu verhüten, wird in jede Schale ein Stück mit Wasser angefeuchteten Fließpapiers gebracht. Nach je 3—5 Minuten werden die Schnitte unter dem Mikroskop betrachtet und, sobald die Nerven genügend gefärbt erscheinen, fixiert.

Bei Kaltblütern (Reptilien, Amphibien, Fischen) wird die Injektion der Blutgefäße mit einer $^1/_4$—$^1/_8$%igen Methylenblaulösung durch den Bulbus aortae vorgenommen, wobei die Lösung natürlich nicht erwärmt zu werden braucht, wie bei der Injektion der Blutgefäße von Warmblütern: das Blut ist jedoch aus den Blutgefäßen zu entfernen. Das Tier, z. B. ein Frosch, wird gewöhnlich durch Zerstörung des Rückenmarks oder durch Chloroform getötet und alsdann auf eine Korkplatte oder ein Brett aufgebunden oder aufgesteckt. Darauf wird vorsichtig die Brusthöhle eröffnet, das Herz freigelegt, durch die Herzkammer die Nadel einer Pravazschen Spritze oder eine dünne Kanüle in den Bulbus aortae eingeführt und 2—3 Spritzen der Farbstofflösung von genannter Konzentration injiziert. Nach $^1/_2$—1—2—2$^1/_2$ Stunden wird das zu untersuchende Organ dermaßen freigelegt (jedoch nicht herausgeschnitten), daß die Luft freien Zutritt zu demselben hat und nach weiteren 20—30 Minuten herausgeschnitten und das Methylenblau fixiert. Es ist ohne weiteres klar, daß bei diesem Verfahren die Nerven nur derjenigen Organe gefärbt werden, die leicht in unmittelbare Berührung mit der Luft gebracht werden können, wie z. B. die Zunge, die Speiseröhre, der Darmkanal, die Lungen u. dgl.

Ähnliche Resultate können auch durch folgende Modifikation des Verfahrens erreicht werden: Sofort nach Einführung der angegebenen Menge von Methylenblau in das entsprechende Gefäß wird die Körperhöhle eröffnet, das betreffende Organ freigelegt, nach Verlauf von 10—15—20 Minuten herausgeschnitten, auf ein Objektglas oder in eine Glasschale gebracht und die Oberfläche desselben entweder mit einer $^1/_{15}$%igen Methylenblaulösung oder mit physiologischer Kochsalzlösung befeuchtet; von Zeit zu Zeit wird das Präparat bei schwacher Vergrößerung unter dem Mikroskop betrachtet. Sobald die Nerven genügend gefärbt erscheinen, was gewöhnlich nach 40—50—60 Minuten der Fall ist, wird das Präparat fixiert. Dieses Verfahren eignet sich besonders für die Färbung der motorischen Nervenendigungen in den Muskeln der Speiseröhre, der Spiralfasern und deren Endigungen in den sympathischen Ganglien sowie der Nervenelemente der Retina u. a. Besitzt das zu untersuchende Organ einen Hohlraum wie der Darmkanal, die Harnblase u. a., so ist es behufs Färbung der Nerven am besten, die Organe zu eröffnen, oder, falls sie von beträchtlicher Größe sind, dieselben vorher in mehrere Stücke zu zerschneiden, sie alsdann auf ein Objektglas oder in eine Glasschale mit der äußeren oder inneren Fläche nach oben, je nachdem, ob die Färbung der Nerven in der Muskelschicht oder in der Schleimhaut bezweckt wird, zu bringen. Zwecks Färbung der Netzhaut wird der vordere Abschnitt des Augapfels (in der Nähe der Übergangsstelle der Sclera in die Hornhaut) abgeschnitten, die Linse entfernt und die Retina vorsichtig mit dem derselben anhaftenden Glaskörper herausgenommen. Die Netzhaut wird alsdann auf einem breiten Objektglas ausgebreitet, von Zeit zu Zeit unter dem Mikroskop betrachtet, bis eine genügende Färbung der Nervenelemente in derselben erfolgt; darauf wird das Präparat fixiert (cf. weiter unten — Fixierung).

Die einzelnen Forscher wenden für die Injektion der Blutgefäße Methylenblaulösungen der verschiedensten Stärke an, einige von ihnen ziehen stärkere, andere schwächere Lösungen vor. Arnstein injiziert die Gefäße bei Warmblütern mit einer starken 4%igen Methylenblaulösung in physiologischer Kochsalzlösung. Smirnow benutzt zu gleichem Zweck desgleichen vorwiegend 4—1%ige Lösungen; in seltenen Fällen injiziert er eine $^1/_2$%ige Farbstofflösung. Die Schüler von Arnstein, W. Iwanoff, A. Ploschko, D. Timofejew wandten fast ausschließlich eine 1%ige Methylenblaulösung an, mit welcher sie die besten Resultate erzielen. Eine gleich starke Methylenblaulösung benutzten auch G. Retzius, G. C. Huber, Lydia de Witt u. a. Die Mehrzahl der genannten Forscher erwärmte die Farbstofflösung vor der Injektion entweder auf 40° C (Iwanoff) oder auf 37—38° C (Ploschko) oder auf 30—35° C (Timofejew) und filtrierten dieselbe. Nach 10—15 Minuten wurden alsdann Stücke des zu untersuchenden Organs herausgeschnitten, auf Objektgläser gebracht, von Zeit zu Zeit mit physiologischer Kochsalzlösung befeuchtet und bei schwacher Vergrößerung unter dem Mikroskop untersucht. Die Färbung der Nerven erfolgte gewöhnlich nach 20—25 Minuten oder nach 1—1½ Stunden. Von derben, festen Organen werden sofort Schnitte angefertigt und diese zwecks weiterer Färbung auf Objektgläser gebracht. In einigen Fällen feuchteten die erwähnten Autoren die herausgeschnittenen Organe oder die Schnitte mit einer Methylenblaulösung von 1:5000 oder mit einer $^1/_{16}$%igen Lösung an, d. h. sie machten eine Ergänzungsfärbung. Zwecks Färbung der Nerven in den Lungen (bei Katzen) führte N. Tischutkin in die Art. pulmonalis schwache ($^1/_{10}$—$^1/_{16}$—$^1/_{20}$%) Lösungen von Methylenblau ein, welche auf 37—37,5° C erwärmt waren; die Injektion wurde so lange fortgeführt, bis das Lungengewebe intensiv blau geworden war. Nach der Injektion verblieben die Lungen 15—20 Minuten in loco, wurden darauf in dünne, kleine Scheiben zerschnitten und zwecks weiterer Nachfärbung in eine große Anzahl flacher Schalen mit gleichen Lösungen des Farbstoffs, wie diejenigen, welche zu den Injektionen benutzt worden waren, verteilt. Die Schalen verblieben 2—3 Stunden im Thermostaten, wobei alle 10—20 Minuten aus jeder Schale mehrere Stückchen herausgenommen und fixiert wurden. Auf Präparaten, die auf die angegebene Weise gefärbt worden waren, gelang es Tischutkin, eine gute Färbung der Nerven in den Bronchen, den Alveolargängen, den Alveolen u. a. zu erhalten.

Zur Injektion der Blutgefäße von Kaltblütern sind Methylenblaulösungen verschiedener Stärke angewandt worden. Pal führte in die V. cutanea magna oder die V. abdominalis eines Frosches eine ½%ige, Smirnow desgleichen in die V. cutanea magna oder V. abdominalis von Fröschen (Rana temporaria oder Rana esculenta) und in die V. abdominalis von Kröten (Bufo vulgaris) eine 1—4%ige (½—1 Pravazsche Spritze), Aronson und Gerlach in die Aorta oder Bauchvene eines Frosches eine ¼%ige Lösung ein. In fast allen Fällen wurden die zu untersuchenden Organe ¼—½ Stunde nach der Injektion freigelegt und der Luft ausgesetzt, alsdann nach weiteren 1½—2—3, bisweilen auch 4 Stunden herausgeschnitten und fixiert; oder aber dieselben wurden zunächst auf Objektträger gebracht, mit physiologischer Kochsalzlösung befeuchtet und von Zeit zu Zeit unter dem Mikroskop beobachtet. Sobald die Färbung der Nerven genügend scharf war, erfolgte die Fixierung des Präparates. In gewissen Ausnahmefällen, z. B. zwecks Färbung des geraden Fortsatzes der sympathischen Nervenzellen, wandten einige Forscher (Smirnow) das von Arnstein „prolongierte Färbung" genannte Verfahren an. Dem Frosch wurden auf erwähnte Weise 1 bis 2 Pravazsche Spritzen einer 2—4%igen Methylenblaulösung eingeführt und das Tier darauf für 1, 2, 3 und 4 Tage in den Keller auf Eis gelegt. Nach Verlauf der genannten Zeit wurde die Körperhöhle eröffnet, das zu untersuchende Organ freigelegt, der Luft ausgesetzt, alsdann nach 2—4 Stunden herausgeschnitten und fixiert.*

Das von Ehrlich anfänglich vorgeschlagene Verfahren der vitalen Nervenfärbung vermittelst Einführung des Farbstoffs in die Blutbahn des Tieres wird gegenwärtig fast ausschließlich bei niederen Wirbeltieren, am häufigsten beim Frosch, angewandt.

Die Injektion der Gefäße mit starken 1—4%igen Methylenblaulösungen, wie sie von vielen Forschern geübt wird, halte ich für überflüssig und sogar unzweckmäßig. Es genügen zu dem Zweck vollkommen $^1/_{16}$—$^1/_{10}$—¼- bis höchstens ½%ige Lösungen, da eine erfolgreiche Nervenfärbung nicht von der Stärke der Lösung, sondern von anderen, zum Teil bekannten, zum Teil noch nicht klargelegten Bedingungen abhängt. Zur Zeit steht fest, daß für eine gute Nervenfärbung folgende Bedingungen erfüllt sein müssen: eine vorhergehende Entfernung des Blutes aus den Gefäßen, eine nach Möglichkeit vollständige Injektion letzterer mit der auf 36—37° C erwärmten (für die Injektion an Warmblütern) Farbstofflösung, der freie Zutritt von Luft zu den zu färbenden Organen, ein richtiges Abpassen des Zeitpunktes für die Fixierung der gefärbten Nerven sowie die Frische des betreffenden Organs. Die letztere Bedingung ist übrigens augenscheinlich nicht immer unbedingt erforderlich, da eine Nervenfärbung beim Menschen bisweilen 9 Stunden nach dem Tode erfolgt; bei der Katze wird eine Nervenfärbung in den Pacinischen Körperchen sogar dann noch erhalten, wenn das mit Methylenblau injizierte Mesenterium 18—24 Stunden in der Kälte (in dem Eiskeller) gelegen hat (A. Sokoloff). Bei Kaltblütern findet eine Nervenfärbung

---

* Die angegebenen Färbungsverfahren der Nerven bei Kaltblütern stellen im Grunde genommen eine Kombination einer Infusion mit einer Injektion dar.

noch viel geraumere Zeit nach dem Stillstand des Herzens als bei den Warmblütern statt; in den abgeschnittenen Extremitäten des Frosches färben sich die Nerven noch nach 3—8 Tagen.

b) Einführung des Methylenblaus in Körperhöhlen und Organhohlräume. Bei Warmblütern kann eine $^1/_4$—$^1/_8$%ige, auf 36—37° C erwärmte Methylenblaulösung in die Pleurahöhle, die Pericardialhöhle, die Peritonealhöhle oder in die Schädelhöhle (unter die harte Hirnhaut) injiziert werden. Die Menge der einzuführenden Lösung hängt von der Größe des Tieres ab; bei einem Kaninchen genügt z. B. die Injektion von 30—40 *ccm* in die Bauch- oder Brusthöhle. Nach derselben wickelt man das Tier in erwärmte Tücher ein; nach 20—30 Minuten werden alsdann Stücke des zu untersuchenden Organs oder Gewebes ausgeschnitten und im Thermostaten nach der oben angegebenen Weise (cf. *a*) zu Ende gefärbt. Sofort nach der Einführung des Farbstoffs in den Bauchraum oder die Pleurahöhle muß das Tier mehrfach geschüttelt werden zwecks gleichmäßiger Verteilung des Farbstoffes in den Hohlräumen; 10 Minuten vor der Eröffnung der Höhlen behufs Herausnahme der zu untersuchenden Organe muß der Überfluß der Lösung aus einer irgendwo an der unteren (hinteren) Wand (bei Rückenlage des Tieres) angebrachten Öffnung entfernt werden.* Bei Einführung einer Methylenblaulösung in eine Körperhöhle von Kaltblütern (Amphibien, Reptilien und Fischen) wird die Lösung vor der Injektion nicht erwärmt; desgleichen werden die Organe nicht herausgeschnitten, sondern bloß freigelegt und der Luft bei gewöhnlicher Zimmertemperatur ausgesetzt.

Bei höheren Wirbeltieren findet das beschriebene Verfahren erfolgreiche Anwendung für die Nervenfärbung in dem parietalen und visceralen Bauch- und Brustfellblatt, im Pericard, in der Herzwandung, in den Lungen, in der Darmwand, der Gallenblasenwand, in der weichen und harten Hirnhaut u. dgl.; bei niederen Wirbeltieren kann dieses Verfahren außerdem noch für die Nervenfärbung in den Nieren, in den sympathischen Ganglien (Frosch u. a.) angewandt werden.

Nach den Angaben von Mayer können Methylenblaulösungen schließlich auch in die Hohlräume verschiedener Organe, wie Lungen, Darm, Harnblase u. a., eingeführt werden, wobei eine gute Nervenfärbung stattfinden soll; nach meinen Beobachtungen gibt dieses Verfahren in der Mehrzahl der Fälle ungenügende Resultate, infolgedessen ich selber es sehr selten anwende.

c) Injektion einer $^1/_6$—$^1/_8$%igen Methylenblaulösung unter die Haut eines Tieres oder in das das zu untersuchende Organ umgebende Bindegewebe. Die subcutane Farbstoffinjektion zwecks Färbung der Nervenelemente führten Kühn, Joseph, Buchaloff, Korolkoff, Markowitin und zum Teil S. Meyer aus; auch ich habe dieses Verfahren recht häufig angewandt; besonders geeignet ist es für die Nervenfärbung bei niederen Wirbeltieren (Reptilien, Amphibien u. a.). Zu dem Zweck werden 1—2 Pravazscher Spritzen einer $^1/_6$—$^1/_8$%igen Methylenblaulösung einem schräg gelagerten Frosch unter die Bauch- oder Rückenhaut oder unter die Extremitätenhaut eingeführt. Nach 30—60 Minuten wird ein Hautstück, oder die Bauchwandung nach vorheriger Entfernung der Haut, oder irgend ein Muskel, z. B. M. sartorius, herausgeschnitten, auf einen breiten Objektträger gebracht und von Zeit zu Zeit unter dem Mikroskop bei schwacher Vergrößerung untersucht. Nach 5—10—15 Minuten ist bereits in der Regel eine vollständige Färbung der Nervenverzweigungen in der Haut, in den Bauch- oder Extremitätenmuskeln des Tieres vorhanden. Die Injektion von Methylenblaulösungen in das das zu untersuchende Organ umgebende Bindegewebe wird verhältnismäßig selten angewandt, und zwar in dem Fall,

* Vor der Einführung des Farbstoffs in die Pleurahöhle müssen die Haut und die Muskeln, mit Ausnahme der Intercostalmuskeln, bei Einführung in den Bauchraum die Haut allein abpräpariert werden.

wenn die anderen Verfahren keine befriedigenden Resultate ergeben. In meinem Laboratorium wurde das erwähnte Verfahren für die Nervenfärbung in den Speicheldrüsen (Gl. submaxillaris), in den Ovarien (MARKOWITIN) und den Augenmuskeln angewandt. Das Tier wird zu dem Zweck chloroformiert oder durch Entbluten getötet und demselben in das das betreffende Organ umgebende Bindegewebe an einer oder mehreren Stellen eine geringe Menge Methylenblaulösung von der angegebenen Stärke eingeführt; nach 20—30 Minuten, nicht selten auch nach 1—2 Stunden wird das Organ herausgeschnitten und fixiert.

Vor nicht langer Zeit wandte SEMI MEYER die subcutane Injektion von Methylenblaulösungen zwecks Färbung der Nervenelemente in dem Centralnervensystem an. Er injizierte dem Tiere in gewissen Zeiträumen eine bestimmte Menge einer $1^0/_0$igen Farbstofflösung, bis der Tod desselben erfolgte. Die hierbei zur Färbung der Elemente des Centralnervensystems erforderliche Farbstoffmenge ist je nach der Größe des Tieres verschieden: für eine junge Ratte genügen 5 *ccm*, für ein mehrwöchentliches Kaninchen 40 *ccm*, für eine erwachsene Katze ist eine dreimal größere Menge erforderlich als für ein junges Kaninchen, welchem MEYER zunächst 20 *ccm* und nach 2 Stunden eine gleiche Farbstoffmenge einführte, worauf nach weiteren 2 Stunden gewöhnlich die Agonie und der Tod des Tieres erfolgte. Die sofort herausgeschnittenen Gehirnstücke werden nach BETHES Verfahren fixiert (cf. Fixierung). S. MEYER gelang es, vermittelst dieses Verfahrens die PURKINJEschen Zellen und die Pyramidenzellen der Großhirnrinde sowie die Ganglienzellen in der Medulla oblongata usw. zu färben. Die von RAMON-Y-CAJAL und mir angestellten Nachuntersuchungen des MEYERschen Verfahrens ergaben jedoch schlechte Resultate: Die Zellen färben sich schwach; die Verzweigungen ihrer Fortsätze sind nur auf kurze Strecken hin zu verfolgen.

d) Unmittelbare Färbung des herausgeschnittenen Organs oder eines Teils desselben mit $^1/_4$-, $^1/_6$- und $^1/_8{}^0/_0$iger Methylenblaulösung.

Dieses Verfahren kann in zweifacher Weise angewandt werden:

1. Es wird das ganze Organ oder ein größerer oder kleinerer Teil desselben gefärbt,

2. es werden Schnitte gefärbt, welche aus dem ganzen Organ oder Teilen desselben angefertigt worden waren.

1. Das zu untersuchende Organ wird herausgeschnitten oder von demselben werden 1—2—3, sogar 4—5 *cm* große Stücke abgeschnitten und in Petrischalen oder je nach der Größe des Objektes in verschieden große und hohe Glasschalen eingelegt. Gewöhnlich wird in dem Falle, wenn kleine oder mehr oder weniger flache Stücke gefärbt werden, auf dem Boden der Schalen eine dünne Schicht Glaswatte ausgebreitet und mit schwachen Methylenblaulösungen ($^1/_{14}$—$^1/_{16}{}^0/_0$) oder mit physiologischer Kochsalzlösung angefeuchtet. Die zu untersuchenden Organe müssen möglichst blutleer und nicht mit Blut befleckt sein. Vermittelst einer Pipette werden darauf die Präparate mit geringen Mengen einer $^1/_6$—$^1/_8{}^0/_0$igen Methylenblaulösung beträufelt, worauf die Schalen (nicht fest) mit den Deckeln verschlossen und in den Thermostaten bei einer Temperatur von 36—37° C aufgestellt werden. Solange als die Färbung andauert, müssen die Präparate je nach 15—20 Minuten mit einer der angegebenen Lösungen des Farbstoffes angefeuchtet werden oder zum Schluß der Färbung die starken Lösungen durch schwächere ersetzt werden ($^1/_{12}$—$^1/_{14}{}^0/_0$). Nach 1—2, Maximum nach $2^1/_2$—3 Stunden wird das Methylenblau fixiert. Ist das zu färbende Organ genügend dünn, so wird es in gewissen Zeitintervallen unter dem Mikroskop bei schwacher Vergrößerung betrachtet und, sobald die genügende Färbungsintensität erreicht ist, sofort fixiert. Bei diesem Färbungsverfahren sind gewöhnlich die Nerven auf der nach oben (zum Beschauer) gerichteten Oberfläche gefärbt, wobei die Färbung je nach der Konsistenz, der Dicke usw. der Präparate mehr oder weniger tief in dieselben vordringt. Bei Kaltblütern erfolgt die Färbung der Organe in derselben Weise wie bei den Warmblütern, jedoch bei gewöhnlicher Zimmertemperatur.

Von den Organen oder kleinen Stücken derselben, welche in der angegebenen Weise gefärbt worden waren, werden ausschließlich Totalpräparate angefertigt, welche, wie weiter unten gezeigt werden soll, leicht dermaßen dünn gemacht werden können, daß sie selbst mit Immersionssystemen betrachtet werden können.

Zwecks Färbung der Nervenelemente und Anfertigung von Totalpräparaten aus dermaßen zarten Membranen wie die Retina wird folgendermaßen verfahren: Das Auge des Menschen oder Warmblüters wird zu dem Zweck enucleiert, sorgfältig von dem umgebenden Bindegewebe gereinigt und darauf mit einem scharfen Rasiermesser ungefähr 1 *mm* hinter der Übergangsstelle der Hornhaut in die Sclera durchschnitten; das hintere Segment wird alsdann parallel dem Äquator des Augapfels oder den Meridianen desselben entsprechend in mehrere, 2—3—4 Stücke je nach der Größe des Auges zerteilt; darauf muß von jedem Stück vermittelst feiner Pinzetten die Retina mit dem ihr anhaftenden Glaskörperrest vorsichtig abgehoben werden, wobei das Pigmentepithel auf der Gefäßhaut zurückbleibt. Die Retinastückchen werden sofort, mit der äußeren Fläche nach oben, auf breite Objektträger gebracht und deren Oberfläche oder aber der Objektträger am Rande des Präparats mit einigen Tropfen einer $^1/_8$—$^1/_{12}$—$^1/_{20}$%igen Methylenblaulösung benetzt. Nach 5 Minuten wird jedes Stück auf ein reines Objektglas, doch dieses Mal mit der Nervenfaserschicht nach oben, übertragen, der Glaskörper teilweise vorsichtig mit einer Schere entfernt und dasselbe oder der Objektträger am Rande des Präparats mit 2—3 Tropfen einer Methylenblaulösung angefeuchtet. Die Objektgläser werden alsdann in einer flachen Schale (s. oben) angeordnet und in derselben in einem Thermostaten aufgestellt; von Zeit zu Zeit muß die Färbung der Nervenelemente unter dem Mikroskop kontrolliert werden; nach 30—40 Minuten hat die Färbung gewöhnlich den Höhepunkt erreicht, worauf die Präparate entweder direkt auf dem Objektglase fixiert oder aber von letzterem abgehoben und in die Fixierungsflüssigkeit gebracht werden.

Soll die Netzhaut eines größeren Tieres, wie Pferd, Rind u. a., gefärbt werden, so wird zunächst der hintere Abschnitt des Augapfels in mehrere Teile zerlegt, von jedem derselben vermittelst einer Pinzette die Netzhaut zusammen mit den Resten des Glaskörpers abgelöst und in kleine Petrischalen dermaßen eingelegt, daß die Nervenfaserschicht nach oben gerichtet ist. Mit einer krummen Schere wird alsdann ein Teil des Glaskörpers abgeschnitten (derselbe darf nicht vollkommen von der Netzhaut entfernt werden) und auf die dem Beobachter zugekehrte Seite einige Tropfen einer $^1/_8$%igen Methylenblaulösung aufgeträufelt. Nachdem darauf die Schalen in den Thermostaten gestellt worden sind, ist das weitere Verfahren das nämliche, wie es oben angegeben war.

Bei kleinen Warmblütern nimmt man am besten die ganze Netzhaut auf einmal heraus, ebenso wie bei kleinen Kaltblütern (Frosch), bei denen jedoch die Färbung bei Zimmertemperatur vor sich geht.

Bei dem soeben beschriebenen Färbungsverfahren gelingt es bei einiger Übung eine äußerst vollkommene Nerventinktion in fast sämtlichen Geweben und Organen mit nur sehr geringen Ausnahmen zu erhalten.

2. Eine Schnittfärbung wird folgendermaßen ausgeführt: Zunächst sollen einige große Objektträger vermittelst eines Glasstabes mit einer großen Anzahl von Tropfen einer $^1/_8$—$^1/_{12}$%igen Methylenblaulösung befeuchtet werden, wobei die Objektträger leicht erwärmt sein müssen. Darauf werden derartige Stücke der betreffenden Organe ausgewählt, daß sie leicht in Hollundermark (zu dem Zweck sind recht dicke Hollundermark- oder Sonnenblumenmarkstücke anzuwenden) oder in Leber eingeklemmt werden können, worauf sie mit einem scharfen Rasiermesser in feine Schnitte zerlegt werden. Jeder Schnitt wird sofort in einen Tropfen der Methylenblaulösung auf dem Objektträger eingelegt; die Oberfläche des Schnittes muß fernerhin mit derselben Lösung oder einer schwächeren angefeuchtet werden. Bei der Überführung des Schnittes auf den Objektträger muß darauf geachtet werden, daß die ihn umgebenden Hollundermark- oder Leberschnitte mit ihm in Zusammenhang bleiben. Auf jeden Objektträger werden auf diese Weise mehrere Schnitte aufgelegt und dieselben alsdann in breite Petrischalen untergebracht; letztere werden geschlossen im Thermostaten bei einer Temperatur von 36 bis 37° C aufgestellt. Um das Präparat vor einem raschen Eintrocknen zu bewahren,

wird auf der Innenseite des Deckels eine mit physiologischer Kochsalzlösung angefeuchtete Scheibe aus Filtrierpapier angebracht. Die Färbung der Nervenelemente erfolgt gewöhnlich nach 30—40 Minuten, bisweilen auch nach 1—$1^1/_2$ Stunden. Inzwischen werden die Präparate unter dem Mikroskop bei schwachen Vergrößerungen durchgesehen und die Färbung geprüft, um die Fixierung zur richtigen Zeit vornehmen zu können. Sorgfältig muß darauf geachtet werden, daß die Präparate nicht eintrocknen; behufs Vermeidung einer derartigen Möglichkeit werden die Präparate von Zeit zu Zeit mit einem kleinen Tropfen der Farbstofflösung ($^1/_8$% oder einer schwächeren Lösung von $^1/_{12}$%) angefeuchtet; außerdem wird jedoch noch an dem Rande je eines der Hollundermark- oder Leberstücke ein kleiner Tropfen der angegebenen Farbstofflösungen aufgeträufelt. Ist es nicht gelungen, die Schnitte auf dem Objektträger mit den Hollundermarkschnitten aufzulegen, so wird der Methylenblautropfen am Rande des Präparates selber aufgeträufelt. Dem Mitgeteilten ist noch hinzuzufügen, daß die Tropfen der Methylenblaulösung, in welche die Schnitte eingelegt werden, dermaßen klein sein müssen, daß die Schnitte in ihnen nicht schwimmen; dasselbe muß auch bei der weiteren Anfeuchtung der Präparate beobachtet werden. Wenn nach der angegebenen Zeit eine genügende Färbung der Nervenelemente eingetreten ist, so werden die Präparate fixiert.

Die Färbung der Nervenelemente auf Schnitten durch vollkommen frische Organe und Gewebe ergibt in der Mehrzahl der Fälle ausgezeichnete Resultate, leider kann jedoch dieses Verfahren nur an denjenigen Organen und Geweben angewandt werden, welche eine hinreichend feste Konsistenz haben, wie z. B. Haut, Herz, große Blutgefäße, Lymphknoten, Milz, viele Organe des Verdauungstractus (Zunge, Mundschleimhaut, Oesophagus, Magen u. a.), Drüsen (Speicheldrüsen, Leber, Pancreas, Niere, Nebenniere u. a.), Spinalganglien und sympathische Ganglien usw. Außerdem ist das beschriebene Verfahren auch für Larven verschiedener niederer Wirbeltiere, wie für Ammocoetes (TRETJAKOFF), für Amphioxus (A. DOGIEL), anwendbar.

Beide Verfahren, sowohl das Färben der Organe oder Teile derselben in toto mit nachfolgender Anfertigung von Flächenpräparaten aus denselben, sowie die Färbung von Schnitten ergeben nach meinen Beobachtungen die besten Resultate, infolgedessen ich ihnen den Vorzug gebe vor sämtlichen übrigen Verfahren der Nervenfärbung bei Wirbeltieren vermittelst Methylenblau. Bei Anwendung gleichzeitig beider Verfahren für die Untersuchung werden Bilder erhalten, welche uns viel mehr geben als die Untersuchung ausschließlich von Schnitten oder Totalpräparaten. Außer den aufgezählten werden noch folgende Färbungsverfahren angewandt:

e) Färbung mit Methylenblau in Substanz. Dieses Verfahrens bediente sich RAMON-Y-CAJAL zur Färbung der Elemente des Centralnervensystems (vorwiegend des Großhirns); er nennt das Verfahren „Diffusionsfärbung" und verfährt dabei folgendermaßen: in das freigelegte Gehirn eines Tieres, z. B. Kaninchens, wird eine Reihe paralleler Einschnitte durch die Rinde gemacht (die Einschnitte müssen in einer Entfernung von 2—3 *mm* voneinander angelegt sein). In die durch vorsichtiges Abheben der Gehirnstücke erweiterten Einschnitte wird darauf vermittelst eines Pinsels Methylenblaupulver eingestreut, die Stücke alsdann wieder zusammengelegt und die Schädeldecke zugedeckt. Nach $^1/_2$—$^3/_4$ Stunden nimmt CAJAL die Gehirnstücke vorsichtig heraus, spült dieselben in physiologischer Kochsalzlösung ab und fixiert sie. Auf dieselbe Weise können auch andere Objekte, z. B. die Netzhaut, gefärbt werden. Bisweilen feuchtet R.-Y-CAJAL die Schnittfläche auch mit einer gesättigten Methylenblaulösung an, statt sie mit dem Farbstoffpulver zu bestreuen.

f) Färbung in einer Methylenblaulösung. APÁTHY, NIEMAN, A. E. LOWELAND u. a. Forscher färben die Nerven, indem sie die Präparate in Methylenblaulösungen verschiedener Konzentrationen eintauchen.

Nach den Beobachtungen von APÁTHY werden die Primitivfibrillen der Nervenfasern bei Säugern am besten gefärbt, wenn auf die Nerven schwache ($^1/_{100}$ pro mille) Lösungen von Methylenblau im Verlaufe von 10—12 Stunden einwirken.

APÁTHY nimmt an, daß das Methylenblau die Nerven nicht imprägniert, sondern bloß färbt, zu welchem Zweck das betreffende Gewebe bloß frisch zu sein braucht, während der Sauerstoff dabei keine Rolle spielt. J. NIEMACK setzte zu 5 *ccm* einer physiologischen Kochsalzlösung einen Tropfen einer gesättigten Methylenblaulösung (0,06 : 150,0 aq. dest.) zu und färbte damit die Maculae und Cristae acusticae von Amphibien und Säugetieren; die Färbung erfolgte bereits nach Verlauf von $^3/_4$ Stunden; auf dieselbe Weise färbt er auch die Nervenelemente der Netzhaut, der Hornhaut u. dgl. von Säugetieren. Die betreffenden Organe müssen dem frisch getöteten Tier entnommen sein; während der Färbung ist für freien Zutritt des Sauerstoffes zu denselben zu sorgen; zu dem Zwecke brachte NIEMACK die Präparate in kurze Reagensgläser, die bis zur Hälfte mit der Farbstofflösung von der angegebenen Stärke gefüllt waren, und schüttelte dieselben vorsichtig bis zur Schaumbildung, so daß das Präparat allseitig von Schaum umgeben war. LOWELAND benutzte eine Methylenblaulösung von 1:1000 in physiologischer Kochsalzlösung, in welche er lebensfrische Gewebsstücke einlegte; die Nerven färbten sich bereits nach 15—30 Minuten. Die Anwendung schwächerer (1 : 1200) oder stärkerer (1 : 300, 1 : 500) Lösungen ergab weniger befriedigende Resultate. G. RETZIUS färbte das periphere Nervensystem am lebenden Amphioxus: zu dem Zweck fügte er dem Seewasser, in welchem sich die Tiere befanden, zunächst soviel Methylenblau zu, daß dasselbe hellblau wurde, alsdann verstärkte er die Lösung, bis daß sie eine dunkelblaue Farbe annahm, und brachte die Schalen in den Eisschrank. Die Tiere lebten in diesem Wasser 2 Wochen, wobei im Verlauf dieser Zeit, bei der Untersuchung der Tiere unter dem Mikroskop, der allmähliche Eintritt der Färbung verfolgt werden konnte. Ich selber färbte das Nervensystem des Amphioxus, indem ich dem Seewasser Methylenblau in Substanz bis zu einer dunkelblauen Färbung zusetzte, darauf ich die Lösung filtrierte, um die sich dabei bildenden nadelförmigen dunkelblauen Krystalle zu entfernen. In das filtrierte Wasser wurden alsdann die Tiere gebracht. Nach 1—$1^1/_2$ Stunden legte ich die Tiere auf breite Objektträger und beobachtete sie von Zeit zu Zeit unter dem Mikroskop. Die Nervenfärbung erfolgte gewöhnlich 10—30 Minuten nach Übertragung der Tiere auf das Objektglas; um das Eintrocknen der Oberfläche der Tiere zu verhüten, wurden dieselben von Zeit zu Zeit mit dem gefärbten Seewasser, in dem sich die Tiere anfänglich befanden, befeuchtet. Nach genügender Färbung wurden die Tiere in die Fixierungsflüssigkeit übergeführt.

Soviel ich auf Grund meiner Beobachtungen beurteilen kann, eignet sich dieses Verfahren der Nervenfärbung für niedere Wirbeltiere und wirbellose Tiere, welche in Süß- oder Seewasser leben. Bei höheren Wirbeltieren gibt dieses Verfahren bedeutend schlechtere Resultate als sämtliche andere Färbungsmethoden; außerdem werden die Nervenzellenfortsätze stark varikös.

Zum Schlusse meiner Beschreibung der verschiedenen Färbungsverfahren der Nerven mit Methylenblau bei Wirbeltieren ist noch zu bemerken, daß selbst bei strenger Einhaltung sämtlicher, für jegliches Verfahren angegebener Vorschriften dennoch nicht immer eine gelungene Färbung der Nervenelemente erfolgt . . .

Gewöhnlich muß in jedem einzelnen Fall das eine oder das andere Verfahren geändert werden: entweder muß die Lösung schwächer oder stärker sein, oder sie muß längere oder kürzere Zeit einwirken usw. Alle derartigen Einzelheiten, von denen häufig der Erfolg der Färbung abhängt, lassen sich nicht beschreiben und können erst nach längerer Praxis erkannt werden.

Färbung der Nerven bei wirbellosen Tieren.

Die Bedingungen der Nervenfärbung bei Wirbellosen sind leider noch ungenügend studiert, im allgemeinen sind sie jedoch dieselben wie bei den Wirbeltieren. Von den weiter oben angegebenen Verfahren eignen sich für Wirbellose folgende: *a)* Einführung des Methylenblaus in die Körperhöhlen, Hohlräume der Organe und unmittelbar in die Gewebe des Tieres, *b)* Anfeuchtung der Körperoberfläche oder einzelner Organe mit den Farbstofflösungen und schließlich *c)* Färbung durch Einbringung des ganzen Tieres in eine Methylenblaulösung. Das letztere Verfahren ergibt die besten Resultate, wenn nur die für Methylenblaulösungen impermeablen Hautdecken kein Hindernis für das Eindringen derselben abgeben. Für dieses Verfahren der Nervenfärbung sind daher am meisten geeignet die Coelenterata, viele Vermes, Mollusca, Tunicata und teilweise Echinodermata. Für Echinodermata, Arthropoda, einige Cephalopoda, Vermes und Tunicata ist das Verfahren der direkten Einführung der Methylenblaulösung in die Körperhöhlen und in die Gewebe das geeignetste. Das Verfahren der Anfeuchtung der Oberfläche des Objektes mit der Farbstofflösung kann vorwiegend für eine Färbung der Nerven in ausgeschnittenen Organen der einzelnen Körperteile angewandt werden.

Häufig erfordern verschiedene Abschnitte des Nervensystems eines Tieres für die Färbung der Nerven in ihnen die Anwendung aller drei Verfahren oder einer Kombination eines derselben mit einem anderen. Zu den Hauptbedingungen, deren Einhaltung für das Gelingen der Färbung von größter Wichtigkeit sind, gehören: die Stärke der Methylenblaulösung, deren Temperatur sowie die Temperatur der Umgebung während der Färbung selber, die Dauer der Einwirkung des Farbstoffes, die Art der Eröffnung des Tieres vor der Fixierung und schließlich das Fixierungsverfahren selber.

a) Einführung des Methylenblaus in die Körperhöhlen, die Hohlräume der Organe und unmittelbar in die Gewebe des Tieres. Dieses Verfahren ergibt gute Resultate bei Crustacea, Insecta, einigen Vermes und anderen Wirbellosen. Gewöhnlich wird die Methylenblaulösung (1—$^1/_8$%, selten eine schwächere Lösung) vermittelst einer PRAVAZschen Spritze unter die Haut, in die Körperhöhle oder in verschiedene Körperteile, nicht selten gleichzeitig an verschiedenen Stellen injiziert. Darauf wird das Tier, falls es wasserlebend ist, in das Aquarium überführt oder aber an der Luft gelassen, z. B. viele Insekten, wobei häufig nach mehreren Stunden die Injektion wiederholt wird. Die Nervenfärbung tritt nach 1—2 Stunden, in einigen Fällen auch nach Verlauf von 24 Stunden ein. Die aus dem gefärbten Tiere herausgenommenen Organe können noch auf dem Objektträger vermittelst schwacher ($^1/_{10}$—$^1/_{20}$%) Methylenblaulösungen nachgefärbt werden. Verschiedene Wasserinsekten, z. B. Dytiscus und ihre Larven, stellen ein ausgezeichnetes Material für eine Nervenfärbung nach dem besprochenen Verfahren dar. Nachdem die Objekte mehrere Stunden im Wasser gelassen worden sind, wird die Ganglienkette mit den Kopfganglien herauspräpariert und auf einem Objektglase mit schwachen ($^1/_8$—$^1/_{20}$%) Methylenblaulösungen im Verlaufe von 10—20—30 Minuten und mehr nachgefärbt.

Zwecks Färbung der Nerven führte G. RETZIUS Crustaceen in die Bauchhöhle einige (2—3) *ccm* einer 0,2%igen Methylenblaulösung ein, worauf er die Bauchdecke entfernte und die Tiere in eine geschlossene Schale unterbrachte. Nach Verlauf von 12—20 Stunden erfolgte bereits eine Färbung der Nervenelemente (Nervenzellen und -fasern). Beim Flußkrebs werden die Nerven nach 18—20—24 Stunden gefärbt. Bei der ferneren Färbung des Nervensystems bei vielen Vermes erhielt RETZIUS glänzende Resultate. Er führte eine 0,1—0,2%ige Lösung von Methylenblau in den Bauchraum des Tieres ein und schnitt nach 10—15 Minuten die Hautdecken dermaßen auf, daß die Kopf- und Bauchganglien unmittelbar mit der Luft in Berührung kamen, worauf er die Tiere für 5—10 Stunden in einem Eisschrank unterbrachte; die angegebene Zeit genügte für eine Färbung der Nervenelemente, wobei gleichzeitig auch die Muskeln gefärbt wurden.

J. NUSSBAUM und W. SCHREIBER lösten 1 *g* Methylenblau und 1,5 *g* Kochsalz in 300 *ccm* destillierten Wassers und führten von einer derartigen Lösung Crustaceen 3—4 *ccm* teilweise unter den Cephalothoraxpanzer vom Rücken aus, teilweise ventral in das Abdomen ein, wobei sie nach 2—4 Stunden eine Färbung der Nerven erhielten.

RATH färbt das Nervensystem verschiedener Arthropoda, indem er eine Methylenblaulösung bald in das Kopfgebiet, bald in das Gebiet des Abdomens oder in andere Körperteile der Tiere einführte. Seinen Beobachtungen nach ist es am besten, die Methylenblaulösung mehreren Tieren in verschiedene Körperteile zu verschiedenen Zeiten zu injizieren, darauf die Tiere in ein Aquarium unterzubringen und sie am folgenden Tage zu untersuchen, wobei einige Stunden vor der Untersuchung eine abermalige Injektion vorzunehmen ist.

Bei denjenigen Wirbellosen, die wie die Crustaceen ein gesondertes Blutgefäßsystem haben, kann eine Nervenfärbung auch durch Injektion der Methylenblaulösungen durch das Herz in die Blutgefäße ausgeführt werden.

b) Färbung der Nerven durch Anfeuchten der Körperoberfläche oder einzelner Organteile des Tieres mit Methylenblau. Dieses Verfahren, welches bei den Wirbeltieren die besten Resultate ergibt und weite Anwendung findet, ist als selbständiges Verfahren bei Wirbellosen weniger geeignet. Es findet fast ausschließlich nur in den Fällen eine Anwendung, wenn es sich darum handelt, die Nervenelemente an ausgeschnittenen Organen oder Körperteilen des Tieres zu färben. Das betreffende Objekt wird in eine Schale gebracht, deren Boden mit einer in schwacher Methylenblaulösung oder physiologischer Kochsalzlösung getränkten Watteschicht bedeckt ist. Die Oberfläche des Präparates wird mit einer $^1/_8$—$^1/_{20}$%igen Lösung von Methylenblau befeuchtet, die Schale mit dem Deckel geschlossen. Je nach 10—15 Minuten wird, sobald die Oberfläche des Präparates leicht eintrocknet, dieselbe von neuem angefeuchtet, bis nach Verlauf von $^1/_2$—1—2 Stunden die erforderliche Färbung der Nerven erfolgt ist.

Hein bediente sich dieses Verfahrens zwecks Färbung der Nerven bei einigen Trematoden in toto, wobei er die Körperoberfläche derselben, nachdem er die Tiere in Schalen untergebracht hatte, mit Methylenblaulösungen von 1:1250 anfeuchtete; die Schalen wurden darauf in Thermostaten bei einer Temperatur von 39—41° C für eine halbe oder ganze Stunde aufgestellt. Nach Verlauf dieser Zeit erfolgte Abspülen des Tieres mit physiologischer Kochsalzlösung und Fixieren desselben.

c) Färbung durch Eintauchen des ganzen Tieres oder einzelner Organe oder Körperteile desselben in eine Methylenblaulösung. Dieses Verfahren kann mit Erfolg zum Färben der Nerven bei vielen Coelenterata, Vermes, Mollusca und Tunicata intra vitam angewandt worden, wobei eine erforderliche Menge der 1%igen Stammlösung des Farbstoffes dem Wasser zugefügt wird, in dem das Tier untergebracht ist; bei der Färbung der ausgeschnittenen Organe oder von Körperteilen können Lösungen von Methylenblau in physiologischer Kochsalzlösung benutzt werden.

Hinsichtlich der Konzentration der Lösung ist anzugeben, daß schwache Lösungen, angefangen von 1 : 100 bis 1 : 1000 und schwächere die besten Resultate ergeben. Um eine Wahl der betreffenden Lösung, die für den gegebenen Fall die geeignetste sei, zu treffen, wird gewöhnlich folgendes Verfahren benutzt. Zunächst wird die stärkste Lösung, in welcher das Tier mindestens 24 Stunden leben kann, ausfindig gemacht; in der Mehrzahl der Fälle ist diese Lösung die geeignetste für die Nervenfärbung; nun erübrigt es nur noch, den Zeitraum festzustellen, im Verlaufe dessen eine vollkommene und am meisten intensive Färbung der Nerven erhalten wird. Ist die auf diese Weise gefundene Lösung nicht vollkommen ausreichend, so ist meist eine schwächere als eine stärkere Lösung die richtige. Ist eine Lösung gefunden, welche das Tier im Verlaufe von 24 Stunden erträgt, so ist es jedenfalls nicht schwer, auch die passendere Lösung zu finden.

Bei Anwendung des Methylenblaus für eine Färbung der Nerven bei der Mehrzahl pelagischer, besonders jedoch Seetiere müssen schwache (1 : 1000 und schwächere) Lösungen angewandt werden. Außerdem kann jedoch auch eine für die Nervenfärbung (besonders bei Coelenteraten) geeignete Farbstofflösung folgendermaßen hergestellt werden: ein großes Gefäß wird mit dem Wasser, in welchem das Tier lebt, angefüllt, worauf demselben tropfenweise eine 1%ige wässerige Methylenblaulösung so lange zugefügt wird, bis das Wasser in dem Gefäße eine hellblaue Farbe angenommen hat. In einer derartigen Lösung leben viele Coelenterata (Medusae, Ctenophora u. a.) unbeschadet 25 Stunden und mehr, wobei die Färbung der Nerven bei ihnen bereits nach Verlauf von mehreren Stunden eintritt. Bisweilen ist es von Nutzen, dem gefärbten Wasser, in welchem das Tier 2—4 Stunden sich aufgehalten hat, eine derartige Menge des Methylenblaus hinzuzufügen, daß das Wasser einen violetten Ton annimmt.

Zoja färbt die Nerven bei Hydra, indem er das Tier in eine Methylenblaulösung von 1 : 15.000 bringt; Bethe erhielt bei einigen Ctenophora eine Färbung des subepithelialen Nervengeflechtes nach einem Aufenthalt des Tieres im Verlaufe von 1—2 Stunden in einer Methylenblaulösung von 1 : 4000. Viel bessere Resultate wurden jedoch nach einem länger (24 Stunden und mehr) andauernden Aufenthalt der Tiere in schwachen Lösungen erhalten.

Apáthy färbte die Nerven bei verschiedenen Vermes (Hirudo und Pontobdella, Clepsine bioculata, Lumbricus), welche er in Farbstofflösungen von $^1/_{100}$ pro mille, $^1/_{10}$ pro mille, 1 pro mille unterbrachte, wobei eine Färbung um so rascher eintrat, je stärker die Lösung war: so erfolgte die Färbung der Nervenelemente in der letzten Lösung bereits nach 10 Minuten, in der zweiten nach 1—1½ Stunden, in der dritten nach Verlauf von 3 bis 12 Stunden.

Deineka erhielt bei der Färbung der Nerven von Ascariden und anderen parasitierenden Würmern die besten Resultate mit Methylenblaulösungen von $^1/_{100}$—$^1/_{200}$%. Besonders eignen sich zu diesem Zweck junge Ascariden, durch deren dünne Cutricula leicht die Farbstofflösung diffundiert. Die intensivste Nervenfärbung erfolgt bei Ascariden gewöhnlich nach 24 Stunden, bisweilen sogar nach zweimal 24 Stunden; die Färbung wurde jedoch erst wahrnehmbar nach der Fixierung der Tiere in molybdänsaurem Ammon. Für die Färbung der Nerven bei anderen parasitierenden Würmern, besonders Cestodes, ist es erforderlich, schwächere ($^1/_{1000}$%) Methylenblaulösungen zu benutzen.

Für eine Färbung der Nerven bei Mollusken ist es zweckmäßiger, schwache ($^1/_{500}$ bis $^1/_{1000}$%) Lösungen des Farbstoffes zu benutzen. P. Freidenfeld färbt z. B. das Nervensystem von Mactra elliptica Brown in Lösungen von dunkelblauer Farbe im Verlaufe von mehreren Stunden. Leichter und besser erfolgt jedoch die Nervenfärbung, in dem Falle, wenn einzelne Organe oder Körperteile der Mollusken für 2—4 Stunden in eine ($^1/_{50}$ bis $^1/_{200}$%) Lösung von Methylenblau eingelegt werden.

Die Dauer des Verweilens der Tiere in Methylenblaulösungen, die zu einer Nervenfärbung erforderlich ist, steht in umgekehrtem Verhältnis zur Stärke der Lösung. Bisweilen färben sich jedoch die Nerven desselben Tieres gleich intensiv sowohl in schwachen als auch in starken Lösungen, wenn nur die Färbungsdauer eine verschiedene ist. Überhaupt muß gesagt werden, daß es für jedes Tier ein Optimum der Stärke der Lösung und ein Optimum der Aufenthaltsdauer in derselben gibt. Dieses Optimum aufzufinden ist für den Forscher häufig eine schwer lösbare Aufgabe, die nur durch zahlreiche Versuche entschieden werden kann. Die Beobachtungen ergaben jedoch, daß gute Resultate am häufigsten erreicht werden, wenn das lebendige Tier in schwachen Methylenblaulösungen auf längere Zeit (nicht weniger als 24 Stunden) gelassen wird. Zugunsten dieser Behauptung sprechen die Untersuchungen von Deineka, welcher bei der Färbung junger Ascariden die Beobachtung machte, daß Exemplare, welche in der Farbstofflösung längere Zeit verblieben waren und wenn auch nur schwache Lebenszeichen aufwiesen, intensiv gefärbte Nervenelemente enthielten, während die toten Exemplare diffus gefärbt waren.

Verschiedene Abschnitte des Nervensystems werden gewöhnlich zu verschiedenen Zeiten gefärbt, zunächst erscheint das peripherische sensible Nervensystem (sensible Endapparate, Fasern und Zellen), darauf das peripherische motorische und erst zum Schluß das Centralnervensystem gefärbt. Nicht selten erfolgt bei jungen Vermes und Mollusken die Färbung des peripherischen Nervensystems nach einem Aufenthalt der Tiere in der Methylenblaulösung im Verlauf von einigen Minuten — maximum 1—2 Stunden.

In vielen Fällen kann die Färbung der Nerven nachkontrolliert werden, indem das Tier von Zeit zu Zeit aus der Farbstofflösung herausgenommen und auf einem Objektträger oder auf einer flachen Schale unter dem Mikroskop bei schwacher Vergrößerung betrachtet wird (wenn es natürlich die Durchsichtigkeit und Größe des Tieres gestattet). Auf diesem Wege gelingt es häufig, den geeigneten Zeitpunkt für die Fixierung des Objektes genau festzustellen. Diese Manipulationen sind jedoch bei den Wirbellosen nicht immer anwendbar, da die Färbung der Nerven häufig während der Fixierung der Tiere im molybdänsauren Ammon erfolgt. Dasselbe erfolgt nach den Beobachtungen einiger Forscher (Ružička u. a.) auch bei Wirbeltieren und findet seine Erklärung in der Fähigkeit des Protoplasmas, das Methylenblau zu reduzieren. Die Basis des Methylenblaus ist fast farblos (schwach rosa), infolgedessen die Nervenelemente ungefärbt erscheinen, solange bis keine Oxydation des aufgenommenen Methylenblaus erfolgt; eine Oxydation erfolgt gewöhnlich bei Wirbeltieren bei der Berührung der gefärbten Organe mit der Luft. Einige Wirbellose, wie z. B. die Ascariden und andere parasitierende Würmer stellen in dieser Hinsicht eine Ausnahme dar, indem die Reduktion des Methylenblaus bei ihnen nicht an der Luft, sondern in der Lösung von molybdänsaurem Ammoniak erfolgt.

Nicht selten entstehen in den Methylenblaulösungen, in welchen sich das Tier befindet, in großen Mengen blaue Krystallnadeln, welche die Oberfläche des Tieres bedecken und die Untersuchung hindern. Infolgedessen ist es erforderlich, vor dem Einbringen des Objektes (des ganzen Tieres oder einzelner Organe oder von Körperteilen) dasselbe sorgfältig im Verlaufe von mehreren Stunden in physiologischer Kochsalzlösung auszuwaschen.

Die Temperatur der Methylenblaulösung muß ungefähr der Temperatur der Umgebung entsprechen, in welcher das Tier lebt: in einigen Fällen werden bessere Resultate erhalten, wenn die Temperatur der Lösung um einiges herabgesetzt wird, im Vergleich zur Temperatur der Umgebung des Tieres. Das Nervensystem der bei höheren Wirbeltieren parasitierenden Würmer wird viel intensiver und vollkommen gefärbt, wenn die Farbstofflösung Zimmertemperatur (ungefähr 20° C) aufweist.

Bei einer Färbung des Nervensystems bei Wirbellosen, welche von festen, für die fixierende Flüssigkeit schwer durchdringlichen Hautdecken bedeckt sind, ist die Art der Eröffnung des Tieres vor dessen Überführung in die erwähnte Flüssigkeit von großer Bedeutung. Wird das Tier in toto fixiert, so werden in den meisten Fällen nur die Elemente des sensiblen Nervensystems gefärbt erhalten. Das Centralnervensystem wird bei diesem Verfahren, wenn es überhaupt gefärbt war, wieder rasch entfärbt. Um eine möglichst vollkommene Färbung des Centralnervensystems, z. B. bei Würmern zu erhalten, ist es erforderlich, jedes Tier in der Querrichtung in mehrere Stücke von nicht mehr als 1 *cm* Länge zu zerschneiden, jedes dieser Stücke der Länge nach aufzuschneiden und wenn möglich auszubreiten. Dasselbe muß auch bei der Färbung des Nervensystems bei vielen anderen Wirbellosen beobachtet werden.

Nach dem Einlegen der Objekte in Methylenblaulösungen wird nicht nur eine Färbung der Nervenelemente, sondern auch der Muskelelemente erhalten, wobei zu letzterem Zweck stärkere Lösungen von Methylenblau ($^1/_{20}$—$^1/_{50}$%) angewandt werden müssen, in denen das ganze Tier oder die einzelnen Organe desselben im Verlaufe von 3—4 Stunden verbleiben. Die auf die angegebene Weise gefärbten Muskelfasern erhalten noch lange Zeit ihr Färbungsvermögen, d. h. sind noch lebend.

II. Fixierung des Methylenblaus.

Die mit Methylenblau gefärbten Elemente verlieren, wie bekannt, allmählich der Farbe und blassen nach kurzer Zeit vollständig ab. Infolgedessen mußten in die ersten Zeit nach Einführung des EHRLICHschen Verfahrens in die histologische Technik die frischen Präparate, ohne vorherige Härtung und Fixierung möglichst schnell der mikroskopischen Untersuchung unterzogen werden, da sonst Gefahr gelaufen wurde, daß die Färbung schwindet. Die mit derartigen Untersuchungen verknüpften Unbequemlichkeiten veranlaßten natürlich die Forscher, ein Mittel zu suchen, welches diese Schwierigkeiten beseitigen und die einmal erhaltene Färbung fixieren könnte. Die Mehrzahl der gewöhnlichen, zur Fixierung der Gewebe benutzten Reagenzien, wie Alkohol, gewisse Säuren u. dgl., erwiesen sich zu dem Zweck als untauglich, da in ihnen die Färbung schwindet. ARNSTEIN wandte zuerst als Fixierungsmittel eine 1%ige Lösung von Jodkalium, der Jod bis zur Sättigung zugefügt war, an. In dieser Lösung ließ er die Organ- oder Gewebsstücke 6—12 Stunden liegen, wusch sie darauf in destilliertemeWasser aus und untersuchte sie in Glycerin. Bei diesem Fixierungsverfahren nahmen die Nervenelemente eine dunkelbraune, sich scharf abhebende Färbung an. Späterhin änderte ARNSTEIN dieses Verfahren dahin, daß er die Blutgefäße des Tieres, an welchem die Nerven gefärbt waren, mit der Jodlösung ausspülte, darauf Stücke des zu untersuchenden Gewebes ausschnitt und dieselben von neuem in die Jodlösung überführte. Außerdem fixierte ARNSTEIN die mit Methylenblau gefärbten Präparate in einer Lösung von Jodquecksilber (3 Teile auf 30 Teile Aq. dest.

und 2 Teile Jodkalium), in welcher die Präparate 2 Stunden verblieben. Beide angeführten Verfahren erwiesen sich jedoch als wenig ausreichend, da die braunrote Farbe der Nerven allmählich im Glycerin abblaßte und schließlich vollkommen schwand. Bald darauf wandte PAL zur Fixierung des Methylenblaus eine 2%ige Jodkalilösung in Glycerin an, in welche er kleine Gewebsstücke einlegte. Allein auch dieses Verfahren erwies sich als ungeeignet, da Jodkalium mit Methylenblau nadelförmige violette Krystalle bildet, welche die Untersuchung hindern und sich außerdem bald auflösen, so daß die Nerven entfärbt werden.

In Anbetracht der Unzulänglichkeit aller erwähnten Fixierungsmethoden unternahm SMIRNOW, auf den Vorschlag von Prof. ARNSTEIN hin, die weitere Ausarbeitung des Fixierungsverfahrens. In kurzem nahm er wahr, daß das Pikrocarmin von HOYER ein gutes Fixierungsmittel für mit Methylenblau gefärbte Nervenelemente darstellt: nach Einwirkung des Pikrocarmins erhalten dieselben eine dunkelviolette Farbe. In das Pikrocarmin wurden kleine, dünne (nicht dicker als 2 bis 3 *mm*) Gewebsstücke eingelegt und nach einigen Stunden und sogar Tagen in angesäuertem Glycerin eingeschlossen. Dieses Verfahren eignet sich vorwiegend für die Fixierung solcher Gewebe und Organe, die wenig Bindegewebe enthalten. Gleichzeitig mit der Fixierung des Methylenblaus wird hierbei auch eine Färbung der Zellkerne erzielt. Diese Fixierung ist besonders in den Fällen, in welchen Nervenzellen und -Fasern oder irgendwelche Nervenendapparate, wie Geschmacksknospen, isoliert werden müssen, angebracht, für die Fixierung der Nervenelemente in Organ- oder Gewebsstücken jedoch fast nicht anwendbar, da das Pikrocarmin außerdem die Bindegewebsfibrillenbündel färbt, so daß die Untersuchung der Nerven in bindegewebsreichen Organen durchaus erschwert wird.

Bald darauf fand ich, daß eine gesättigte wässerige Lösung von pikrinsaurem Ammonium ein ausgezeichnetes Fixierungsmittel abgibt; dasselbe bildet mit dem Methylenblau einen dunkelvioletten Niederschlag, infolgedessen die Nerven statt einer blauen eine mehr oder weniger intensive violette Färbung erhalten; der Niederschlag ist leicht in Wasser oder Alkohol, schwerer in Glycerin löslich, verändert sich jedoch fast gar nicht in einem Gemisch von Glycerin mit einer gesättigten wässerigen Lösung von Ammoniumpikrat; die letztere dringt außerdem leicht in die Gewebe ein und lockert dieselben auf, infolgedessen in der Lösung von pikrinsaurem Ammonium auch größere Organstücke fixiert werden können. Schließlich können die in dieser Lösung fixierten Präparate mit Pikrocarmin gefärbt werden, wenn eine Darstellung der Zellkerne erforderlich sein sollte. Die Mängel dieses Verfahrens bestehen darin, daß die Organe bei der Fixierung mehr oder weniger aufgelockert und nicht gehärtet werden, folglich von ihnen auch keine Schnitte angefertigt werden können, dieselben somit nur für das Studium in toto tauglich sind. Dieser wesentliche Mangel der von mir vorgeschlagenen Methode veranlaßte mich und andere Forscher, einer Verbesserung derselben anzustreben, sowie andere Reagenzien zu suchen, welche imstande wären, nicht nur das Methylenblau zu fixieren, sondern auch die Präparate zu härten. Behufs Beseitigung des ersteren Übelstandes — der übermäßigen Auflockerung der Gewebe — fügte ich der Lösung von Ammoniumpikrat Osmiumsäure (auf 100 *ccm* 1—2 *ccm* einer 1%igen Osmiumsäurelösung) zu; zwecks Fixierung des Methylenblaus und gleichzeitiger Härtung der Gewebe legte ich die letzteren für kurze Zeit in 90%igen mit Ammoniumpikrat gesättigten Alkohol ein. Letzteres Verfahren gab jedoch recht schlechte Resultate, da die Nervenfärbung in der alkoholischen Lösung des pikrinsauren Ammoniums sehr schnell nach 1—2 Stunden verschwand. Nach MAYERS Angaben ist die Fixierung des Methylenblaus eine bessere, wenn die Präparate in ein Gemisch von Glycerin mit kaltgesättigter Lösung von pikrinsaurem Ammonium (zu gleichen Teilen) eingelegt werden. RETZIUS schlägt die Anwendung desselben Gemisches vor. M. LAWDOWSKY rät, die Nerven in einer Lösung von Jod in Amnionflüssigkeit, d. h. in einem starken Jodserum zu fixieren, zur Härtung und gleichzeitigen Fixierung der Nerven jedoch eine gesättigte Pikrinsäurelösung zu verwenden; letztere gibt mit Methylenblau einen zarten violetten Niederschlag und ist, nach der Meinung von LAWDOWSKY, das fixierende Moment im HOYERschen Pikrocarmin. PLOSCHKO schlägt für die Härtung der in Ammoniumpikrat fixierten Präparate die Anwendung einer 5%igen, aus der käuflichen 40%igen dargestellten „Formalinlösung" vor. In dieser Lösung müssen die Präparate je nach ihrer Größe 6 Stunden bis 2 Tage verbleiben, worauf sie in Hollundermark eingeschlossen und geschnitten werden können; die Schnitte werden in Glycerin betrachtet. Nach der Ansicht von PLOSCHKO bewirkt das Formol keine wesentlichen Veränderungen in der Färbung der Nerven, die violette Färbung erscheint bloß etwas blasser.

Alle genannten und ähnliche für die Fixierung des Methylenblaus und gleichzeitige Härtung der Organe vorgeschlagenen Verfahren haben jedoch das gewünschte Ziel nicht erreicht, da die Härtungsflüssigkeiten die gefärbten Nerven gewöhnlich schlecht fixieren. Im Jahre 1895 erst fand A. BETHE ein Fixierungsverfahren des Methylenblaus, welches die Möglichkeit gab, die Farbe der Nervenelemente zu erhalten und das Präparat nach einer Härtung in Alkohol in Schnitte zu zerlegen.

Die von mir und BETHE vorgeschlagenen Fixierungsverfahren sind zurzeit die besten, sie ergänzen sich gegenseitig und gestatten eine ausgiebige Anwendung der Methylenblaufärbung zum Studium der Nerven. In Anbetracht dessen gebe ich eine ausführliche Darstellung der genannten Verfahren.

a) Fixierung mit pikrinsaurem Ammonium. Für die Fixierung wird eine bei Zimmertemperatur gesättigte wässerige Lösung von pikrinsaurem Ammonium benutzt; am besten ist das in Form großer oder kleiner nadelförmiger Krystalle in den Handel kommende Salz von helloranger Farbe anzuwenden: dasselbe kann von G. GRÜBLER in Leipzig bezogen werden. Zweckmäßig ist es, etwa 200 bis 300 *ccm* der Lösung vorrätig zu halten, welcher jedoch einige Campherstücke zur Verhütung der Pilzbildung zuzusetzen sind.

Die gefärbten Präparate werden, sobald nur die Nerven intensiv genug tingiert sind, in eine Glasschale oder ein Glasgefäß mit 30—50—100 *ccm* (je nach der Größe, Dicke und Menge der Präparate) der erwähnten Ammoniumpikratlösung eingelegt und darin 2—6—12, ja bis 12—24 Stunden liegen gelassen. Für dünne Häute, Schnitte usw. genügt ein Aufenthalt von 2—3 Stunden in pikrinsaurem Ammonium, dicke, große Organstücke müssen 6—12—18—24 Stunden in der Lösung verbleiben: ein längeres Verweilen der Präparate in der Lösung, z. B. 48 Stunden, hat jedoch einen schädigenden Einfluß auf dieselben. Wird die Fixierungsflüssigkeit bald nach der Übertragung der Präparate in dieselbe trübe (infolge einer Ablösung von Epithelzellen von der Oberfläche, oder infolge reichlicher Schleimmengen auf den Präparaten, oder aus anderen Gründen), so muß sie so lange gewechselt werden, bis sie vollkommen klar bleibt. Aus dem pikrinsauren Ammonium werden die Präparate auf Objektgläser in ein Gemisch von Glycerin und der Fixierungsflüssigkeit (zu gleichen Teilen) übertragen und mit Deckgläsern zugedeckt. In der genannten Mischung werden dünne Präparate bereits nach einem Tage vollkommen durchsichtig und für die mikroskopische Untersuchung tauglich; zum Aufhellen dieser Präparate sind jedoch 2—4 Tage erforderlich.

Ist das zu untersuchende Präparat dermaßen dick, daß es nicht mit einem Deckglas zugedeckt werden kann, so verfahre ich je nach dem Präparat in verschiedener Weise: entweder ich zerzupfe das Präparat vermittelst Nadeln in kleine Stücke, wie z. B. Nerven, Muskeln u. dgl., oder zerteile dasselbe vermittelst Pinzetten in Lamellen oder einzelne Schichten, wenn die zu untersuchenden Organe, wie z. B. Gefäße u. dgl., einen schichtenförmigen Bau haben, oder ich schneide vorsichtig mit einer Schere oder einem scharfen Rasiermesser die überflüssigen Teile von derjenigen Fläche des Präparates ab, welche während der Färbung nach unten gerichtet war (bei der Färbung nach dem Verfahren *d*), bis dasselbe genügend dünn ist, oder aber ich drücke das Deckglas vorsichtig an und flache dadurch das unter ihm gelegene Präparat ab, bisweilen lege ich auch auf das Deckglas für mehrere Tage ein kleines Gewicht auf. Die auf diese Weise fixierten Präparate können sich im Verlauf mehrerer Jahre fast ohne Veränderungen erhalten, wenn nur das austrocknende Glycerin allmählich durch neues ersetzt oder das Deckglas mit einem Kitt umgeben wird.

In dem zum Einschluß des Präparates benutzten Gemisch bilden sich bisweilen Krystalle von pikrinsaurem Ammonium und hindern die Beobachtung: dieselben verschwinden jedoch in kurzer Zeit, wenn an den Rand des Deckglases ein Tropfen reinen Glycerins gebracht und unter das Deckglas geleitet wird. Die Netzhautpräparate müssen auf denselben Objektträgern fixiert werden, auf denen sie gefärbt worden sind. Zu dem Zwecke werden auf die Oberfläche des Präparates einige Tropfen Ammoniumpikrats geträufelt und dasselbe alsdann unter eine reine Glasglocke gebracht, mit samt einem kleinen mit Wasser getränkten Wattebausch. Nach 8—10 Stunden wird das pikrinsaure Ammonium vermittelst Fließpapiers aufgesogen und durch ein Gemisch von Glycerin und Ammoniumpikratlösung ersetzt sowie von der Oberfläche der Netzhaut vorsichtig die ihr anhaftenden Glaskörperreste vermittelst feiner Pinzetten entfernt. Alsdann werden die Präparate mit Deckgläsern zugedeckt; letztere können auch auf kleine Kartonstreifen gelegt werden, damit sie nicht zu sehr aufs Präparat drücken.

Kleine Organstücke, dünne Häute, Gewebe, die zerzupft werden sollen u. a. können in dem oben angegebenen Gemisch von pikrinsaurem Ammonium mit Osmiumsäure (100 *ccm* der Ammoniumpikratlösung und 1—2 *ccm* einer 2%igen Osmiumsäurelösung) fixiert und nachher in Pikrocarmin gefärbt werden. Dünne Häute und feine für Zupfpräparate bestimmte Gewebsstücke können auch unmittelbar in HOYERschem Pikrocarmin fixiert werden. Alle in einer Lösung von pikrinsaurem Ammonium fixierten Präparate können, bevor sie auf Objektträger in ein Gemisch von Glycerin mit pikrinsaurem Ammoniak gebracht werden, einige Tage in einer Schale mit derselben Mischung liegen.

b) Fixierung mit molybdänsaurem Ammonium nach BETHE. Bei seinen Studien über das Verhalten verschiedener Substanzen zum Methylenblau lenkte BETHE seine besondere Aufmerksamkeit dem Ferricyankalium und dem molybdänsauren Ammonium zu, welche eine vollständige Fällung des Methylenblaus in wässeriger Lösung herbeiführen, und zwar in Form von ferricyansaurem resp. molybdänsaurem Methylenblau. Die aus dem Methylenblau erhaltene Leucobase wird durch molybdänsaures Ammonium als weißes, sich allmählich bläuendes Salz gefällt. Um nun bei dieser Fixierung eine gute Färbung der Nerven zu erzielen, muß der Fixierungsflüssigkeit eine oxydierende Wirkung gegeben werden, was nach den Beobachtungen BETHEs durch Zusatz von Wasserstoffsuperoxyd erreicht wird. Außerdem hält BETHE es für notwendig, nicht das käufliche Ammoniummolybdat — $(NH_4)_6Mo_7O_{24}$ —, sondern ein saures Salz anzuwenden, welches leicht durch Zusatz von Salz- oder Salpetersäure zur Lösung des gewöhnlichen, käuflichen Salzes erhalten wird, wobei sich zunächst freie Molybdänsäure abspaltet, die sich dann mit dem Rest des Ammoniummolybdats zu sauren Salzen verbindet. Das Methylenblaumolybdat ist in Wasser sogar beim Kochen unlöslich, desgleichen in Äther, Xylol und Nelkenöl; in Alkohol von Zimmertemperatur ist es schwer löslich, dagegen leicht löslich in kochendem Alkohol. In verdünntem Ammoniak löst es sich auch beim Erwärmen schwer, desgleichen in verdünnter Natronlauge in der Kälte. Starke Mineralsäuren spalten das Salz in der Kälte langsam, schneller beim Erwärmen; Chromsäure oder chromsaure Salze verändern es nicht. Essigsäure löst das Methylenblaumolybdat bei längerem Stehen oder beim Erwärmen; Überosmiumsäure gibt bei Gegenwart von überschüssigem Ammoniummolybdat mit dem Methylenblaumolybdat eine Verbindung, deren Farbe viel dunkler blau ist als die des pentamolybdänsauren Methylenblaus und welche sich in Alkohol selbst nach längerem Stehen nicht auflöst.

Für die Methylenblaufixation bei Wirbeltieren empfiehlt BETHE folgendes Gemisch: Ammoniummolybdat 1 *g*, Aq. dest. 10 *ccm*, Wasserstoffsuperoxyd 1 *ccm*, Acid. hydrochloric. offic. 1 Tropfen.

Beim Zusatz der Salzsäure zum Gemisch entsteht ein weißer Niederschlag (Molybdänsäure), der sich beim Schütteln löst. Das genannte Gemisch empfiehlt BETHE für die Methylenblaufixation bei Wirbeltieren deswegen, weil bei diesen „häufig eine Verbindung des Methylenblaus an den Achsencylindern der Nerven, wahrscheinlich mit einer organischen Säure entsteht. Diese Verbindung wird durch das käufliche Ammoniummolybdat nicht gespalten, wohl aber durch saure Salze, wie sie beim Zusatz von Salzsäure oder Salpetersäure entstehen".

Für die Methylenblaufixation bei wirbellosen Tieren eignet sich nach BETHE am besten folgendes Gemisch: Ammoniummolybdat 1 *g*, Aq. dest. 10 *ccm*, Wasserstoffsuperoxyd $^1/_2$ *ccm*.

Die Lösung ist am besten frisch zu bereiten, da sie sich nicht länger als 8 Tage hält, ohne Niederschläge zu geben.

Die gefärbten Präparate werden sofort in eines der erwähnten Gemische gebracht, welches auf + 2° bis — 2° abgekühlt wird; kleine Gewebsstücke bleiben in dem Gemisch 2—3 Stunden, größere bis zur Ausdehnung von 1 *ccm* 4—5 Stunden. Nach Ablauf dieser Zeit läßt man die Präparate noch einige Zeit bei Zimmertemperatur im Gemisch; alsdann wäscht man sie $^1/_2$—2 Stunden in destilliertem Wasser aus, um das Ammoniummolybdat zu entfernen, und entwässert in Alkohol. In letzterem dürfen die Präparate nicht lange verbleiben, obgleich größere Stücke, ohne daß die Färbung Schaden erleidet, 12—24 Stunden in demselben liegen gelassen werden können. Die entwässerten Präparate werden in Nelkenöl oder besser noch in Xylol aufgehellt und in Canadabalsam eingeschlossen; besonders sorgfältig ist aus den Präparaten der Alkohol zu entfernen, wenn dieselben zum Einbetten in Paraffin bestimmt sind, da das Methylenblaumolybdat in warmem Alkohol löslich ist. Die ganzen Stücke oder die Schnitte können am besten mit Alauncarmin oder Alauncochenille nachgefärbt werden, eine Nachfärbung mit Boraxcarmin oder Ammoniakcarmin ist ausgeschlossen, da Mineralsäuren und Alkalien das Methylenblaumolybdat spalten. Eine Nachbehandlung der fixierten Präparate mit Chromsäure, Kaliumbichromat und mit Pikrinsäure verändern die Färbung der Nerven nicht. Sollen die fixierten Präparate mit Osmiumsäure nachbehandelt werden, so wird diese der Fixierungsflüssigkeit, in der das Präparat bereits einige Zeit gelegen hat, zugesetzt. Bei der Fixierung des nach BETHEs Verfahren mit Methylenblau gefärbten Gehirns fand S. MEYER, daß der Zusatz von Wasserstoffsuperoxyd zum Fixierungsgemisch überflüssig, ja sogar schädlich sei, da es infolge seiner stark oxydierenden Eigenschaft eine leichte Entfärbung der Präparate bewirkt. Bei seiner Erwiderung auf die Behauptung MEYERs gibt BETHE einige Vereinfachungen des von ihm vorgeschlagenen Fixierungsverfahrens an: der Hauptzweck dieser Vereinfachungen besteht darin, die Fixierung bei gewöhnlicher Zimmertemperatur vornehmen zu können. BETHE schlägt zu dem Zweck eine Kombination seines und meines Verfahrens vor: er bringt nämlich vorher die Präparate für 10—15 Minuten in eine gesättigte wässerige Lösung von pikrinsaurem Ammonium, bis sich ein violetter Niederschlag von Methylenblaupikrat gebildet hat, worauf das Präparat in eines der unten angegebenen, Ammoniummolybdat enthaltenden Gemische eingelegt wird, wobei sich das Methylenblaupikrat im Gemisch III, V und VI in phosphormolybdänsaures Salz umwandelt.

BETHE schlägt folgende neue Gemische für die Methylenblaufixierung vor:

I. Molybdänsaures Ammonium 1 *g*, Aq. dest. 10 *g*, Acid. hydrochlorid. offic. 1 Tropfen.

II. Molybdänsaures Ammonium 1 *g*, Aq. dest. 10 *g*, $^1/_2$%ige Osmiumsäurelösung 10 *g*, Acid. hydrochloric. offic. 1 Tropfen.

III. Phosphormolybdänsaures Natron 1 *g*, Aq. dest. 10 *g*, 2%ige Chromsäurelösung 10 *g*, Acid. hydrochloric. offic. 1 Tropfen.

IV. Molybdänsaures Ammonium 1 *g*, Aq. dest. 10 *g*, 2%ige Chromsäurelösung 10 *g*, Acid. hydrochloric. 1 Tropfen.

V. Phosphormolybdänsaures Natron 1 *g*, Aq. dest. 20 *g*, Acid. hydrochloric. 1 Tropfen.

VI. Phosphormolybdänsaures Natron 1 *g*, Aq. dest. 10 *g*, $^1/_2$%ige Osmiumsäurelösung 10 *g*, Acid. hydrochloric. 1 Tropfen.

Die Gemische I, IV sowie II und V wendet BETHE nur für dicke Objekte, welche in toto untersucht werden sollen, an, wie z. B. für das Gehirn und Bauchmark von Arthropoden. Die Mischung III und VI schlägt er für dünne Präparate oder solche, die späterhin in Schnitte zerlegt werden sollen, vor. Die Dauer des Verbleibs der Präparate in den Gemischen hängt von der Größe der Objekte ab: Stücke von 2—3 *mm* Dicke bleiben in dem Gemisch I und IV 45—60 Minuten, in den Gemischen III und VI dagegen am besten 4—12 Stunden.

RAMON-Y-CAJAL fixierte Stücke des Centralnervensystems in dem BETHEschen Gemisch (100 *ccm* einer 10%igen Ammoniummolybdatlösung und 10 Tropfen Salzsäure), ohne Zusatz von Wasserstoffsuperoxyd, dessen Anwesenheit er für überflüssig hielt; danach brachte er die Schnitte für 3—4 Stunden in folgende Mischung: Formol 40 *ccm*, destilliertes Wasser 60 *ccm*, 1% Platinchlorürlösung 5 *ccm*; letzteres soll die Unlöslichkeit der Molybdänverbindung mit Methylenblau verstärken. Nach Ablauf der angegebenen Zeit werden die Stückchen rasch in destilliertem Wasser ausgewaschen, darauf einige Minuten in eine $^1/_3$%ige alkoholische Lösung von Platinchlorür übergeführt und in gewohnter Weise in Paraffin eingebettet. Die Schnitte werden zunächst in absoluten Alkohol mit Zusatz von 0,3% Platinchlorid eingelegt, danach in Xylol oder Bergamottöl aufgehellt und schließlich in Canadabalsam eingeschlossen.

Ich wende das von BETHE vorgeschlagene Fixierungsverfahren des Methylenblaus seit seiner Einführung in die mikroskopische Technik, und zwar gegenwärtig nach einer Reihe von Versuchen in einer beträchtlich vereinfachten und bequemeren Form an. Aus der von BETHE anfänglich vorgeschlagenen Mischung habe ich zunächst das Wasserstoffsuperoxyd entfernt, welches weder schadet noch nützt; des weiteren füge ich der Mischung keine Salzsäure zu, da deren Anwesenheit keinen Einfluß auf die Methylenblaufärbung hat, während in dem angesäuerten Gemisch einige Gewebselemente, wie Nervenzellen, sich mehr oder weniger verändern; schließlich kühle ich die Mischung nicht ab, wie es BETHE und andere Forscher tun. Ich benutze somit zur Fixierung eine einfache Lösung von molybdänsaurem Ammonium; das letztere beziehe ich von GRÜBLER.

Nach meinen Erfahrungen im Verlaufe bereits mehrerer Jahre verliert das molybdänsaure Ammonium durch die gemachten Veränderungen nichts an seiner Fixierungsfähigkeit, wogegen die Methode beträchtlich vereinfacht ist. Das gesamte Fixierungsverfahren bei Wirbeltieren verläuft folgendermaßen: Es wird je nach der Zahl und Größe der Präparate eine bestimmte Menge einer 5—10%igen Lösung von Ammoniummolybdat bereitet; ist die Lösung trübe, so muß sie filtriert werden. Die gefärbten Präparate werden sofort in die Lösung eingelegt; die Menge derselben sowie die Aufenthaltszeit der Präparate in ihr sind durchaus von der Größe der zu fixierenden Organe und Gewebe abhängig. Kleine Stücke, Schnitte, dünne Häute u. dgl. beanspruchen eine Menge von 20—30—50 *ccm* Ammoniummolybdatlösung, zur Fixierung größerer Stücke (von 2—8—10 *cm*) oder ganzer Organe sind 100—200—300 *ccm* erforderlich. Im ersteren Fall werden die Präparate 10—40 Minuten bis 1—2 Stunden bei gewöhnlicher Zimmertemperatur in der Lösung liegen gelassen, im zweiten Fall dagegen 10—12—24 Stunden. Ein längerer Verbleib der Präparate in der Lösung schadet der Färbung nicht. Alsdann werden die Präparate behufs Auswaschung in eine große Menge ($^1/_2$—1 *l*) destilliertes Wasser übertragen, welche zweckmäßig gewechselt wird, besonders wenn es erforderlich ist, ganze Organe oder große, dicke Stücke derselben auszuwaschen. Im letzteren Falle schneide ich noch vor der Überführung der Stücke in Wasser von denselben mit einem scharfen Rasiermesser von derjenigen Fläche, welche nicht mit Methylenblau befeuchtet war, mehr oder weniger dicke, flache Scheiben ab, bis das Präparat genügend dünn ist, um rasch in Wasser ausgewaschen werden zu können. Kleine Gewebsstücke oder dünne Häute und Schnitte wasche ich gewöhnlich 30—40 Minuten lang aus, Organe und größere Stücke im Verlauf mehrerer (2—3) Stunden. Aus dem Wasser übertrage ich die Präparate in absoluten Alkohol, worin sie möglichst kurze Zeit liegen gelassen werden, da die Farbe vom Alkohol dennoch extrahiert wird, besonders während eines längeren Aufenthalts im Verlauf von 12—24 und noch mehr Stunden der Präparate in demselben. Für Schnitte, dünne Häute und kleine Gewebsstücke genügt ein Aufenthalt im Alkohol während einiger (15—20) Minuten; größere, dickere Präparate müssen in ihm $^1/_2$—1—2 und sogar 4—6 Stunden bleiben.

Präparate, welche in toto untersucht werden sollen, wie z. B. Muskeln, Sehnen, Fascien, Stücke der Magen-, Darm- oder Harnblasenwand u. dgl. sind am besten vor der Einlegung in Alkohol auf entsprechend große Kartonstücke auszuspannen, mit feinen Nadeln zu befestigen und in ausgespanntem Zustande in den Alkohol einzulegen. Nach genügender Erhärtung der Präparate, wenn keine Gefahr einer Schrumpfung mehr vorliegt, wird der Karton entfernt und dasselbe behufs endgültiger Härtung in frischen Alkohol eingelegt.

Sollen die Präparate nicht in Schnitte zerlegt werden, so überträgt man sie zum Aufhellen in Xylol, wobei ich, falls es sich um einzelne Organe oder Teile derselben handelt, wie z. B. um Spinal- oder sympathische Ganglien, um Muskelstücke oder ganze Muskeln, um Stücke von der Lunge, dem Magen, Darmkanal, von Drüsen, vom Herzen und den großen Gefäßen folgendermaßen verfahre: Das aufgehellte Organ oder Teile desselben lege ich auf eine reine Glasplatte mit der Seite, welche mit Methylenblau befeuchtet war, nach unten; von der dem Beschauer zugekehrten Seite schneide ich mit dem Rasiermesser, indem ich das Präparat mit einer Pinzette festhalte, flache Stücke ab, bis das Präparat dermaßen dünn ist, daß es leicht vermittelst starker Objektive und selbst mit Immersionssystemen betrachtet werden kann. Auf diese Weise werden Totalpräparate von Organen und Teilen derselben erhalten, die in der Mehrzahl der Fälle lehrreichere Bilder gewähren als Schnitte, welche nach demselben Verfahren oder vermittelst anderer Spezialverfahren, wie z. B. nach GOLGI und S. R. CAJAL gefärbt worden waren. Nach der angegebenen Behandlung werden die Präparate in Canada- oder Damarxylol eingeschlossen.

Sollen Schnitte angefertigt werden, so bringe ich die Stücke aus dem Alkohol in dünnflüssiges Celloidin, worin sie je nach der Größe $^1/_2$—1—2—3 Stunden verbleiben, klebe sie alsdann auf Kork auf und lege sie zur Erhärtung des Celloidins in 70%igen Spiritus ein. Die in Celloidin eingebetteten Stücke werden auf dem Mikrotom in Schnitte zerlegt, diese alsdann entweder nach vorhergehender Färbung in Alauncarmin oder aber ungefärbt in absolutem Alkohol entwässert, in Xylol aufgehellt und in Canadabalsam, Xyloldamarlack eingeschlossen. Können die in Celloidin eingebetteten Stücke aus irgend welchem Grunde nicht sofort in Schnitte zerlegt werden, sollen sie für einige Tage aufbewahrt werden, so überträgt man dieselben aus dem 70%igen Alkohol in Wasser, in welchem sie unbeschadet für die Färbung 2—3 Tage verbleiben können (MARKOWITIN). Das Einbetten der gefärbten Stücke in Paraffin vermeide ich gewöhnlich, da dasselbe sowie die Nachbehandlung der Schnitte mehr oder weniger ungünstig auf die Nervenfärbung einwirkt. Ist es jedoch durchaus erforderlich, diese Einbettung vorzunehmen, so verfährt man am besten nach der von BETHE angegebenen Weise.

Das von BETHE empfohlene kombinierte Fixierungsverfahren des Methylenblaus erweist sich besonders geeignet für wirbellose Tiere; außerdem wende ich jedoch dasselbe zum Umfixieren von in Ammoniumpikrat bereits fixierten und in Glycerin eingeschlossenen Präparaten an, um dieselben für längere Zeit zu erhalten. Gewöhnlich werden derartige Präparate für einige Stunden oder für einen Tag in eine Lösung von molybdänsaurem Ammonium übergeführt, darauf ausgewaschen, in gewöhnlicher Weise entwässert, aufgehellt und eingeschlossen. Auf diese Weise habe ich häufig Präparate umfixiert, welche mehrere Jahre in einem Gemisch von Ammoniumpikratlösung und Glycerin gelegen hatten.

Sollen Epithelien oder Muskeln gut erhalten oder die Markscheide der Nervenfasern gefärbt werden, sowie für die Fixierung des Methylenblaus bei Wirbellosen setze ich der Lösung von molybdänsaurem Ammonium Osmiumsäure hinzu, und zwar auf 25 *ccm* einer 5- oder 8%igen Lösung von Ammoniummolybdat 2 bis 3 Tropfen einer 1/2%igen Osmiumsäurelösung. Diese Mischung unterscheidet sich vom Gemisch II Bethes durch die Abwesenheit von Salzsäure und einen geringeren Gehalt an Osmiumsäure. In derselben verbleiben die Präparate nicht lange (10—20 Minuten) bis zur leichten Bräunung, alsdann werden sie in gewöhnlicher Weise weiter behandelt (ausgewaschen, entwässert usw.).

A. Leontowitsch hat für die Methylenblaufixierung beim Studium der Nervenendigungen in der Haut mehrere Gemische vorgeschlagen, welche nach seiner Meinung besonders gut die Merkelschen Fasern fixieren. Für die besten hält er außer den Mischungen III und IV von Bethe folgende:

I. 5%ige wässerige Lösung von Ammon. molybdaenic. oder picro-molybdaen. 32,0, 1/8%ige wässerige Lösung von Aurokalium cyanatum 1,0, 1%ige wässerige Lösung von Platinum chloratum ($PtCl_4$) 2,0.

II. 10%ige wässerige Lösung von Ammon. molybdaenic. oder picro-molybdaen. 15,0, 1/4%ige wässerige Lösung von Na_2PdCl_4 15,0, 1%ige wässerige Lösung von $PtCl_4$ 2,0.

In beiden Gemischen kann das Ammonium molybdaenicum durch Natrium phosphormolybdaenicum ersetzt werden; in der zweiten Mischung ist das Na_2PdCl_4 jedesmal extempore anzufertigen, da andernfalls ein krystallinischer Niederschlag entsteht.

In die angegebenen Mischungen werden Hautstücke von 1 *mm* (für Mischung II) oder 2 *mm* Dicke für 3/4—1—2 Stunden eingelegt; in dem Natrium phosphor-molybdaenicum enthaltenden Gemisch müssen die Stücke die doppelte Zeit verbleiben. Die in Ammonium molybdaenicum fixierten Präparate werden in auf 0° abgekühltem Alkohol, diejenigen, welche in dem Natrium phosphor-molybdaenicum enthaltenden Gemisch fixiert sind, entweder desgleichen in abgekühltem Alkohol oder noch besser in Alkohol mit einem Zusatz von 1/3% $PtCl_4$ entwässert. Zwecks Anfertigung von Schnitten werden die Präparate in Paraffin eingebettet und auf dem Gefriermikrotom geschnitten. Ich habe die von Leontowitsch vorgeschlagenen Gemische geprüft, doch gaben sie dermaßen unbefriedigende Resultate, daß ich die Anwendung derselben für eine Fixierung der mit Methylenblau gefärbten Hautnerven nicht empfehlen kann. Die Nervenfasern und ihre Endausbreitungen werden unter dem Einfluß dieser Gemische stark varikös, ihre Färbung blaßt mehr oder weniger ab, infolgedessen sie weniger scharf hervortreten, während die Epithel- und Bindegewebszellen starke Veränderungen aufweisen (das Protoplasma erscheint vacuolisiert, die Kerne schrumpfen usw.).

Für die Fixierung des Methylenblaus bei Wirbellosen werden, wie bereits oben zum Teil angegeben, dieselben Fixierungsmittel wie bei den Wirbeltieren, und zwar molydänsaures und pikrinsaures Ammonium angewandt. Ersteres wird als 5—8%ige Lösung benutzt und hat vor dem pikrinsauren Ammonium den Vorzug, daß die mit ihm fixierten Präparate nach der Überführung in absoluten Alkohol in Xylol aufgehellt und in Canada- oder Damarxylol eingeschlossen werden können, das heißt, daß sie dauerhafter und durchsichtiger sind als die in pikrinsaurem Ammonium fixierten Präparate. Für viele Wirbellose, besonders für Coelenterata, ist das molybdänsaure Ammonium durchaus ungeeignet, da die Gewebe des Tieres in ihm aufgelockert und beim Entwässern in Alkohol stark verunstaltet werden. In diesen Fällen muß gesättigte Pikrinsäurelösung angewandt werden, in der die Präparate 2—3, selbst 24 Stunden verbleiben können. Dermaßen fixierte Präparate können nach den Angaben von Bethe nochmals in molybdänsaurem Ammonium fixiert werden, wodurch sie dauerhafter werden.

Die Frage nach der Haltbarkeit der Präparate, welche nach dem von mir vereinfachten Verfahren von BETHE sowie nach dem kombinierten Verfahren fixiert sind, kann als entschieden angesehen werden. Ich bin im Besitz von Präparaten aus dem Jahre 1895, in denen die Nerven heute noch ebenso scharf gefärbt sind wie zur Zeit der Anfertigung derselben.

III. Die Imprägnation der Gewebe mit Methylenblau. Das Methylenblau kann nicht nur zur Färbung der Nervenelemente, sondern auch zur Imprägnation der Gewebe zwecks Darstellung der Grenzen zwischen den Epithelzellen oder eines negativen Bildes der Saftlücken und -kanäle, der Lymphgefäße u. dgl. angewandt werden. Für die Färbung der Intercellularsubstanz zwischen den Epithelzellen genügt es, eine Schleimhaut oder eine seröse Membran, z. B. die Schleimhaut des Mundes, der Speiseröhre, des Darmes oder das Pericardium, das Bauchfell, für 10—20 Minuten in eine 1/2—1%ige Methylenblaulösung in physiologischer Kochsalzlösung einzulegen und die Präparate alsdann für 30—60 Minuten in eine Ammoniumpikrat- oder -molybdatlösung überzuführen. Im ersten Fall muß die betreffende Membran zunächst in einer Lösung des pikrinsauren Ammoniums ausgewaschen, alsdann in eine reine Lösung gebracht und nach Verlauf der angegebenen Zeit in ein Gemisch von Glycerin und Ammoniumpikratlösung zu gleichen Teilen eingelegt werden. Im zweiten Fall müssen die Präparate in gewöhnlicher Weise bearbeitet, d. h. im Verlauf von 20—30 Minuten in destilliertem Wasser ausgewaschen, entwässert und in Xylol, Damarlack oder Canadabalsam eingeschlossen werden.

Bei der Fixierung des Methylenblaus in einer Ammoniummolybdatlösung ist es zweckentspechend, derselben eine geringe Menge, z. B. 2—3 Tropfen auf 30 bis 50 *ccm* Lösung einer $^{1}/_{2}$%igen Osmiumsäurelösung, zuzufügen, da sonst beim Auswaschen des Präparats in Wasser sich das Epithel stellenweise von der Oberfläche ablöst.

Auf den dermaßen behandelten Präparaten treten die Grenzen der Epithelzellen prachtvoll hervor, nicht selten sind auch gleichzeitig die Zellkerne gefärbt, so daß ein viel instruktiveres Bild erhalten wird als bei der Imprägnation der Gewebe mit salpetersaurem Silber. Bisweilen gelingt es sogar, Intercellularsubstanz wahrzunehmen, welche in Form feiner weißer Linien durch die gefärbte Intercellularsnbstanz hindurchzieht.

Behufs Imprägnation der Saftlücken und -kanäle, der Lymphgefäße u. dgl. werden verschiedene dünne Häute, z. B. die Hornhaut, das Centrum tendineum des Diaphragmas, die fibröse Kapsel der Nieren u. a. in eine Methylenblaulösung von der angegebenen Konzentration für 20—30—40 Minuten eingelegt und alsdann das Methylenblau nach einem der angegeben Verfahren fixiert. Nach einer derartigen Bearbeitung erhält die Grundsubstanz des Bindegewebes eine mehr oder weniger intensive blaue Farbe, während die Saftlücken, die Saftkanäle, die Lymph- und Blutgefäße weiß — ungefärbt erscheinen. In den Gefäßen treten außerdem deutlich die Grenzen zwischen den Epithelzellen sowie den glatten Muskelfasern hervor wie auf den mit salpetersaurem Silber imprägnierten Präparaten. In einigen Fällen werden statt negativer Bilder positive erhalten, d. h. die Saftlücken, Lymphgefäße u. dgl. sind gefärbt, während die Grundsubstanz weiß bleibt. Die auf diese Weise erhaltenen Präparate sind überhaupt viel reiner und demonstrativer als die mit salpetersaurem Silber behandelten, außerdem verändern sie sich nicht (dunkeln nicht nach), wie es häufig mit den letzteren der Fall ist.

Fast gleichzeitig kam S. Mayer zu denselben Resultaten wie ich, indem er im Verlauf von 10 Minuten die Gewebe mit Methylenblaulösungen färbte. Für die Imprägnation wendet er eine Lösung von 1 Teil Methylenblau auf 300—400 Teile einer $^{1}/_{2}$%igen Kochsalzlösung an und führte alsdann die Präparate in ein Gemisch von Glycerin mit einer gesättigten Lösung von Ammoniumpikrat über. Wird die Methylenblaulösung in die Blutgefäße eingeführt, so erhält man nach den Beobachtungen von Mayer häufiger positive als negative Bilder der Saftlücken, Gefäße u. dgl.

Literatur: Apáthy (Zeitschr. Wiss. Mikr., Bd. 9, 1892), derselbe (Mitt. Zool. Stat. Neapel, Bd. 12, 1897), Arnstein (Anat. Anz. 1887), Aronson (Inaug.-Diss., Berlin 1886), Bethe (Arch. Mikr. Anat., Bd. 44, 1894), derselbe (Ebenda), derselbe (Biolog. Centralbl., Bd. 15, 1895), derselbe (Anat. Anz., Bd. 12, 1896), derselbe (Ebenda), derselbe (Arch. Mikr. Anat., Bd. 50, 1897), derselbe (Ebenda, Bd. 51, 1898), derselbe (Zeitschr. Wiss. Mikr., Bd. 17, 1900), derselbe (Allgem. Anat. u. Physiologie des Nervensystems, Leipzig 1903), Biedermann (Sitzb. Akad. Wiss. Wien, Bd. 96, 1888), Buchaloff (Arb. Nat.-Ges. Univ. Kasan, Bd. 10, 1889 [russisch]), Deineka (Zeitschr. Wiss. Zool., Bd. 89, 1908), Cajal (Rev. Trimestr. Microgr., Bd. 1, 1896), Dogiel (Arch. Mikr. Anat., Bd. 35, 1890), derselbe (Zeitschr. Wiss. Mikr., Bd. 8, 1891), derselbe (Arch. Mikr. Anat., Bd. 37, 1891), derselbe (Ebenda, Bd. 38), derselbe (Arb. Nat.-Ges. Tomsk. 3. Jg., 1892), derselbe (Arch. Anat. 1891 u. Int. Monatsschr. Anat. Physiol., Bd. 9, 1892), derselbe (Arch. Mikr. Anat., Bd. 41, 1893), derselbe (Ebenda, Bd. 42), derselbe (Ebenda, Bd. 44), derselbe (Ebenda), derselbe (Ebenda, Bd. 52), derselbe (Ebenda, Bd. 56), derselbe (Int. Monatschr. Anat. Physiol., Bd. 14, 1897), derselbe (Arch. Anat. 1898, Suppl.), derselbe (Zeitschr. Wiss. Zool., Bd. 56, 1899), derselbe (Arch. Mikr. Anat., Bd. 59, 1901), derselbe (Anat. Hefte, H. 66, 1902), derselbe (Der Bau der Spinalganglien des Menschen und der Säugetiere, Jena 1908), EHRLICH (Deutsch. Med. Wochenschr. 1886), FREIDENFELD (Zool. Jhb., Bd. 9, 1896), GERLACH (Sitzb. Akad. Wiss. München, Bd. 29, 1889), HEIN (Zeitschr. Wiss. Zool., Bd. 77, 1904), HUBER (Journ. Comp. Neurol., Bd. 7, 1897), HUBER und DE WITT (Ebenda, Bd. 7, 1898), JOSEPH (Anat. Anz., 3. Jg., 1888), IWANOFF (Inaug.-Diss., Kasan 1893 [russisch]), KOROLKOFF (Anat. Anz. 1892), derselbe (Arb. Nat.-Ges. St. Petersburg 1899), KÜHN (Arch. Anat. 1890), LAWDOWSKY (Beilage zu d. Ber. Akad. Wiss. St. Petersburg 1889, Bd. 61), derselbe (Zeitschr. Wiss. Mikr., Bd. 12, 1895), LEONTOWITSCH (Ber. Akad. Wiss. St. Petersburg, Bd. 9, 1900), derselbe (Int. Monatschr. Anat. Physiol., Bd. 18, 1901), LOWELAND (Trans. Amer. Micr. Soc., Bd. 19, 1897), MORKOWITIN (Trav. Soc. Imp. Natural., St. Petersburg 1901 [russisch]), MAYER (Zeitschr. Wiss. Mikr., Bd. 6, 1889), MEYER (Arch. Mikr. Anat., Bd. 46, 1895), NEMILOFF (Vorgelegt in der Abteil. f. Zoologie u. Physiologie der Nat.-Ges. St. Petersburg d. 23. Okt. 1900), derselbe (Arch. Mikr. Anat., Bd. 72, 1908), NIEMACK (Anat. Hefte 1892), PAL (Med. Jhb., Wien 1887), PARKER (Mitt. Zool. St. Neapel, Bd. 12, 1895), PLOSCHKO (Inaug.-Diss., Kasan 1896 [russisch]), derselbe (Anat. Anz., Bd. 13, 1897), RATH (Ber. Nat. Ges. Freiburg, Bd. 9, 1894), derselbe (Zeitsch. Wiss. Zool., Bd. 61, 1896), RETZIUS (Biol. Unters., N. F., Bd. 1, 2, 3, 7, 8, 9, 10 u. 12, Stockholm 1890, 1891, 1892, 1895, 1898, 1900, 1902 u. 1905), RUZICKA (Zeitschr. Wiss. Mikr., Bd. 22, 1905), SMIRNOFF (Inaug.-Diss., Kasan 1891 [russisch]), derselbe (Beilage zu den Protokollen der Nat.-Ges., Kasan 1899), derselbe (Arch. Mikr. Anat., Bd. 35, 1890), SOKOLOFF (Anat. Anz., Bd. 16, 1899), TIMOFEEW (Inaug.-Diss., Kasan 1896 [russisch]), derselbe (Anat. Anz., Bd. 11), TISCHUTKIN (Über die Nerven der Lungen, St. Petersburg 1905), TRETJAKOFF (Zeitschr. Wiss. Zool., Bd. 56, 1901), ZOVA (Zool. Anz., Bd. 15, 1892), derselbe (Arch. Ital. Biol., Bd. 18, 1893), derselbe (Arch. Mikr. Anat., Bd. 73, 1909). *Dogiel*, St. Petersburg.

Methylenjodid, CH_2J_2, gelbliche, das Licht stark brechende Flüssigkeit vom spez. Gew. 2,324 bei 15°. Bei 0° bildet es glänzende Blätter, die bei + 4° schmelzen.

Methylenjodid hat einen Brechungsindex von 1,743, d. h. also einen hohen Index und ist von MADAN als Untersuchungsmedium empfohlen worden.

Literatur: MADAN (Journ. R. Micr. Soc., 1892). *Mosse*, Berlin.

Methylenrot und Methylenviolett siehe: Methylenblau.

Methylenviolett RRA,

$$H_2N.C_6H_3\langle{}^{N}_{N}\rangle C_6H_3.N(CH_3)_2,\quad N(Cl)(C_6H_5)$$

ein Safraninfarbstoff (Höchst). Braunes Pulver, das sich in Wasser und Alkohol ziemlich leicht löst. Salzsäure und Schwefelsäure färben die rotviolette, wässerige Lösung blau, Natronlauge gibt braune Färbung. Für Baumwolle viel benutzt nach Beizung mit Tannin und Brechweinstein.

Das Methylenviolett hat ganz ähnliche Eigenschaften wie das Safranin, ergibt aber im allgemeinen konstantere Resultate als jenes. Als Farblösung verwendet man eine Mischung von 10—20 Teilen der konzentrierten alkoholischen (95%) Lösung des Farbstoffes und 100 Teilen Anilinwasser. Färbung 1 Stunde und länger, Auswaschen in 95%igem Alkohol, Behandlung mit Jodjodkalium, absoluter Alkohol, Xylol, Balsam.

Methyleosin siehe: Eosin.

Methylgrün, Syn. Lichtgrün, Vert Lumière, Doppelgrün (Berlin, Elberfeld)

$$C\begin{cases}C_6H_4.N(CH_3)_2\\ C_6H_4.N(CH_3)_2.CH_3.Cl + ZnCl_2\\ C_6H_4.N(CH_3)_2.Cl\end{cases}$$

Triphenylmethanfarbstoff, der ein Abkömmling des Methylvioletts ist und aus diesem durch Behandlung mit Chlormethyl erhalten wird. Es kommt in den Handel als Chlorzinkdoppelsalz in grünen Krystallen, die in Wasser zu cca. 8% löslich, in absolutem Alkohol wenig löslich, in Amylalkohol oder Chloroform fast unlöslich sind. In Schwefelsäure mit roter Farbe löslich. Die wässerige Lösung wird mit Salzsäure rotgelb, mit Natronlauge entfärbt sie sich. Nach MAYER enthält das Methylgrün von der Fabrikation her immer noch etwas unzersetztes Methylviolett.

das sich durch Ausschütteln der wässerigen Lösung mit Chloroform entfernen läßt. Auch beim Kochen von Methylgrünlösungen entsteht Methylviolett, indem Chlormethyl ausgetrieben wird.

In der technischen Färberei wird das Methylgrün nur noch für Seide angewandt. Es hat nur eine geringe Färbekraft für Wolle. Um dieselbe zu erhöhen, beizt man die letztere vorher mit Schwefel, indem man sie in ein Bad bringt, das aus unterschwefligsaurem Natron und Schwefelsäure besteht.

Das Methylgrün ist einer unserer besten und am meisten verwendeten Kernfarbstoffe, es überfärbt nicht und ergibt eine rein grüne, meist etwas blaustichige Chromatinfärbung. Während sich in fixierten Präparaten (Sublimat) das Chromatin der ruhenden Kerne bläulich färbt, erscheinen die in Mitose befindlichen Kerne rein und leuchtend grün gefärbt.

Ausgezeichnete Dienste leistet das Methylgrün zur Färbung frischer Präparate, es scheint auch ohne weiteren Zusatz ein leichtes Fixationsmittel zu sein, das die Kerne rasch abtötet. Meistens verwendet man es in dünner Lösung mit 0,5—1% Essigsäure (Strassburger) oder auch in physiologischer Kochsalzlösung gelöst (Arnold) oder dünnen Osmiumlösungen (0,1—0,5%) oder Uranacetat (Schenk). Ripart und Petit haben zur Fixierung, Färbung und temporären Konservierung zarter Objekte ein von französischen Cytologen vor allem viel gebrauchtes Gemisch zusammengestellt. Dasselbe besteht aus Kupferacetat und Kupferchlorid je 0,3 *g*, Eisessig 1 *ccm* und schwachem Campherwasser 150 *ccm*. Löst man in diesem Gemisch etwas Methylgrün, so werden die Präparate sehr zart und fast momentan fixiert.

Noch wichtigere Dienste als für frische Präparate leistet aber das Methylgrün zur Färbung fixierter Präparate, auch hier färbt es in erster Linie das Chromatin der Kerne, daneben aber auch mehr oder weniger intensiv den Schleim und Knorpel. Meist wird das Methylgrün mit einem oder mehreren anderen, und zwar Plasmafarbstoffen kombiniert. Es gibt eine große Zahl derartiger Gemische, deren wichtigste das Ehrlich-Biondische ist (s. dort). List kombiniert Methylgrün mit Eosin (Näheres s. Eosin), Gråberg mit Bordeaux R und Thionin (Näheres s. Bordeaux), Bergonzini mit Goldorange und Säurefuchsin (Näheres s. Goldorange), Fischer nimmt auf 10 *ccm* 0,5%iger wässeriger Methylgrünlösung 3 Tropfen 0,1%iger wässeriger Fuchsinlösung.

Während in allen diesen Gemischen das Methylgrün die Kernfarbe repräsentiert, wird es von Galeotti zum Plasmafarbstoff gemacht. Die Präparate werden in Hermannscher Flüssigkeit fixiert, in der das Platinchlorid durch Palladiumchlorür ersetzt ist, 24—48 Stunden lang, 3—4 Stunden in fließendem Wasser ausgewaschen, entwässert und eingebettet. Färbung der Schnitte 5 Minuten in konzentriertem Anilinwasser-Säurefuchsin bei 60°, Auswaschen in fließendem Wasser, Übertragen wenige Sekunden in konzentrierte alkoholische Pikrinsäure (statt deren auch Aurantia oder Chrysamin), die mit 2 Teilen Wasser verdünnt ist, Auswaschen in fließendem Wasser und Nachfärben 3—4 Minuten lang in 1½%iger Lösung von Methylgrün in 40—50%igem Alkohol, Auswaschen in Wasser, absolutem Alkohol, bis kein Methylgrün mehr auszieht, Xylol, Balsam. Rot alle Elemente des Kernes mit Ausnahme der Nucleolen, ferner die acidophilen Granulationen und die Körnchen des Cytoplasmas. Grün die Nucleolen, Protoplasma mit Centrosoma und Spindelfäden und die basophilen Granulationen.

Den vielen guten Eigenschaften des Methylgrüns gesellt sich aber eine recht unangenehme zu, es ist nämlich in seinen Färbungen wenig haltbar, und zwar meist ganz unberechenbar; während sich das eine Präparat jahrelang unverändert hält, blaßt das andere schon nach wenigen Monaten aus. Vielleicht handelt es sich in den letzteren Fällen um stark sauren Balsam, in dem die Präparate eingeschlossen waren. Man sollte deshalb zur Montierung solcher Präparate nur sorgfältig neutralisierten Balsam benützen oder auch eingedicktes Cedernholzöl, das freilich eine Umrandung des Deckglases erfordert.

Methylgemisch oder **Methylmixtur.** Eine Mischung von 1 Vol. Methylalkohol, 10 Vol. Glycerin und 20 Vol. Wasser, die von SCHIEFFERDECKER zur Maceration von Nervenzellen, Gliazellen und Retinaelementen empfohlen worden ist (s. auch Maceration).

Literatur: SCHIEFFERDECKER (Arch. Mikr. Anat., Bd. 28, 1887).

Methylorange, Syn. für Goldorange.

Methylsalicylat, $C_6H_4 \left\{ \begin{array}{l} CH \\ CO.OCH_3 \end{array} \right.$, der Methyläther der Salicylsäure, findet sich in dem Gaultheriaöl und stellt eine farblose Flüssigkeit von aromatischem Geruch dar. Es mischt sich in jedem Verhältnis mit Alkohol, Benzol, Toluol, Äther, Chloroform, ist aber gegen Wasser sehr empfindlich. Es ist ein gutes Lösungsmittel für Harze, Balsame und Paraffine. Spez. Gew. 1,18, Brechungsindex 1,537.

Das Methylsalicylat ist als Aufhellungsmittel (STIEDA), als Lösungsmittel für Canadabalsam (UNNA) und als Intermedium für Paraffin (GUÉGUEN) empfohlen worden. In letzterer Beziehung soll es manche Vorteile haben, es soll die Objekte leicht durchtränken und weder brüchig machen noch schrumpfen. Nach unserer Erfahrung hat es jedoch keine Vorzüge vor dem Chloroform. MAYER rühmt es auch als Einschlußmittel; die Präparate müssen dann natürlich umrandet werden.

Literatur: STIEDA (Arch. Mikr. Anat., Bd. 2, 1867), UNNA (Monatsh. Prakt. Dermat., 1885), GUÉGUEN (C. R. Soc. Biol. Paris, Bd. 5, 1898).

Methylviolett, Syn. Pariser Violett, Pyoktanin, das salzsaure Salz des Penta- und Hexamethylpararosanilins (Berlin, Elberfeld, Ludwigshafen).

$$C \begin{cases} C_6H_4.N(CH_3)_2 \\ C_6H_4.N(CH_3)_2 \\ C_6H_4.NCH_3.HCl \end{cases} \quad \text{und} \quad C \begin{cases} C_6H_4.N(CH_3)_2 \\ C_6H_4.N(CH_3)_2 \\ C_6H_4.N(CH_3)_2\,Cl \end{cases}$$

Kommt auch als Zinkdoppelsalz in den Handel. Grünlich glänzendes Pulver oder Krystalle, die in Wasser, Alkohol, Amylalkohol und Chloroform mit violetter Farbe löslich sind. In Schwefelsäure mit gelber Farbe löslich. Die wässerige Lösung färbt sich mit Salzsäure blau bis braun, mit Natronlauge entsteht ein brauner Niederschlag. Die Handelsmarken werden je nach der Zahl der eingeführten Methylgruppen und der dadurch bedingten Blaustichigkeit der Färbung als B, 2 B, 3 B—7 B bezeichnet. Von ihnen werden die letzten erhalten durch Benzylierung des Methylvioletts und auch als Benzylviolett bezeichnet.

In der technischen Färberei wird es entweder im Seifenbad (Wolle und Seide) oder nach Behandlung mit Tannin-Brechweinstein, Türkischrotöl oder essigsaurer Tonerde benutzt.

Das Methylviolett ist Anfang der Siebzigerjahre von HERMANN in die Mikrotechnik eingeführt worden, hat aber nie eine so ausgedehnte Anwendung gefunden, wie etwa das Methylgrün oder das unreine Gentianaviolett. Nur in der bacteriologischen und pathologisch-anatomischen Technik hat es sich einer größeren Beachtung erfreut. Man verwendet es entweder in dünner, wässeriger Lösung (GRASER) oder in alkoholischer, mit Oxalsäure angesäuerter Lösung (WEIGERT, konzentrierte Lösung in 70%igem Alkohol mit Zusatz von 5% einer 5%igen wässerigen Oxalsäure) oder in einer Anilinwasserlösung (WEIGERT, konzentrierte alkoholische Methylviolettlösung 11 *ccm*, absoluter Alkohol 10 *ccm*, Anilinwasser 100 *ccm*). Zum Differenzieren dient entweder Alkohol oder verdünnte Salpetersäure (1 : 3) oder Jodjodkalium und Alkohol nach GRAM oder schließlich Jodjodkalium und Anilinxylol nach vorhergegangenem Abtrocknen der Schnitte (WEIGERT).

Das Methylviolett ist ähnlich wie das Methylgrün ein gutes Kernfärbungsmittel und kann auch mit Vorteil wie jenes zur Färbung frischer Präparate benutzt werden. Es besitzt stark metachromatische Eigenschaften, die es zum Nachweis von Schleim, Glycogen und Amyloid wertvoll machen. (Näheres s. Metachromasie, Schleimfärbung, Amyloid und Glycogen.)

Literatur: Graser (Deutsch. Zeitschr. Chir., Bd. 27, 1888), Weigert (Fort. Med., Bd. 5, 1887).

Methylwasserblau. Syn. für Methylblau (Ludwigshafen).

Mikroaquarium siehe: Lebendes Objekt, Beobachtung desselben.

Mikrometer und **Mikrometrie.** Mikrometer sind Vorrichtungen zum Messen kleiner Größen, die Kunst des Messens heißt Mikrometrie. Für den Mikroskopiker kommen zwei Methoden in Betracht, deren eine darin besteht, daß das Objekt direkt gemessen wird, während bei der anderen die Messung in dem vom Objektiv erzeugten vergrößerten Bilde mit nachheriger Reduktion auf die wirkliche Größe, also indirekt geschieht. Jedes Messen ist ein Vergleichen des Gegenstandes mit einem genau bekannten Maß. Für die Längenmessung ist abgesehen vom englischen System das Dezimalmaß mit dem Meter = 100 *cm* = 1000 *mm* als Einheit für alle wissenschaftlichen Zwecke angenommen, für die Winkelbogenmessung die Kreisteilung in 360° mit den Unterabteilungen eines Grades in 60 Minuten, die Minute zu 60 Sekunden. Da für die meisten mikroskopischen Arbeiten selbst ein Millimeter noch eine zu erhebliche Größe darstellt, ist man zur Aufstellung einer bequemen Einheit gekommen, das Mikron oder Mikromillimeter 0,001 *mm* und schreibt dafür 1 μ (in der Schweiz M).

Die zur direkten Messung des Objektes dienenden Vorrichtungen heißen Objektmikrometer. Hier sind zwei Wege möglich, indem entweder ein Maßstab durch ein Linsensystem in die Ebene des Objektes projiziert wird oder indem direkt durch eine Schraube der Gegenstand durch einen Okularfixpunkt bewegt und aus der Größe der Schraubenbewegung die wirkliche Größe abgeleitet wird. Das direkte Verfahren ist von Goring angegeben, von Hammarberg und Berger weiter ausgebaut. Eine auf Glas aufgetragene Teilung findet ihren Platz unter dem Beleuchtungsapparat, z. B. dem heute wohl in irgend einer Form an jedem besseren Stativ verwendeten Abbeschen Kondensor und gelangt durch Projektion mit diesem Apparat in die Objektebene. Die Größe des reellen Mikrometerbildes muß verschieden sein, je nach der Vergrößerung des verwendeten Objektivs. Schwache Linsen mit größerem Gesichtsfeld lassen ein größeres Mikrometerbild zu, stärkere Linsen hingegen erfordern ein kleineres Bild. Dies kann man erreichen durch veränderten Abstand des Originalmikrometers von der Projektionslinse, eventuell auch durch Verwendung feinerer Teilungen bei stärkeren Beobachtungslinsen. Es ist also Erfordernis, daß das Originalmaß durch eine geeignete Verstellungseinrichtung unter dem Beleuchtungsapparat angebracht wird und gegen andere entsprechend feine Teilungen auswechselbar ist. Die Methode wird gegenwärtig kaum angewendet. Ihr Hauptfehler ist bedingt dadurch, daß die üblichen Hilfsmittel nicht geeignet sind, ein korrektes Bild des Mikrometers zu entwerfen. Sie müßten ersetzt werden durch Linsensysteme mit vollkommener Korrektur aller Linsenfehler.

Gelegentlich kann man ein größeres Objekt direkt auf einem mit Teilung versehenen Objektträger beobachten, wie Verf. das mit größeren Protozoen, z. B. Stentor, getan hat, um die Dehnung dieser Tiere und ihre Volumensänderungen zu beobachten. Als Teilung diente ein in $^1/_{10}$ *mm* geteilter quadrierter Objektträger.

Häufiger gebraucht, vielseitiger verwendbar und bei richtigem Gebrauche sehr genau messend ist das Objektschraubenmikrometer. Fig. 11 zeigt ein solches Instrument aus der Werkstatt von Carl Zeiss, Jena. Das Instrument wird auf den Mikroskoptisch aufgesetzt und befestigt. Der Objekttisch ist eine runde drehbare Platte, die am Rande eine Gradteilung trägt, durch feste Marke, die eventuell durch Nonius zu ersetzen wäre, ablesbar. Dieser Tisch sitzt auf einem durch die Mikrometerschraube bewegten Schlitten. Ein Teilungsintervall der Schraubentrommel entspricht 2 μ, seine Zehntel sind noch bequem zu schätzen. Die ganzen Umdrehungen der Schraube gibt ein Zeigerwerk an. Die Schraube gestattet Objekte bis zu 10 *mm* Länge zu messen. Als Fixpunkt dient ein im Okular ausgespanntes

Fadenkreuz oder für den Gebrauch haltbarer ein auf Glasplättchen eingeritztes Strichkreuz oder ein Doppelstrich. Zur genauen Einstellung auf die Okularmarke muß die Frontlinse des Okulars verschieblich sein, wie bei den gleich zu besprechenden Okularmikrometern. Die Objektschraubenmikrometer ermöglichen ein genaues Messen auch solcher Objekte, die nicht in einem Sehfelde des Mikroskops zu übersehen sind. Bei Messungen nach den strengsten Anforderungen genügt die Trommelablesung auf Treu und Glauben nicht, bei ihnen sind wie bei allen Schraubenmikrometern zuvor erst die Schraubenfehler zu bestimmen und die erforderliche Korrektur an der Ablesung anzubringen. Diese Forderung ist immer dringlicher, je stärker die Vergrößerung ist, da jeder Meßfehler mit steigender Vergrößerung entsprechend mit vergrößert wird.

Die Messung mit dem Objektschraubenmikrometer gestaltet sich nun folgendermaßen. Das Präparat wird auf dem Tische des Mikrometers festgeklemmt und

Fig. 11.

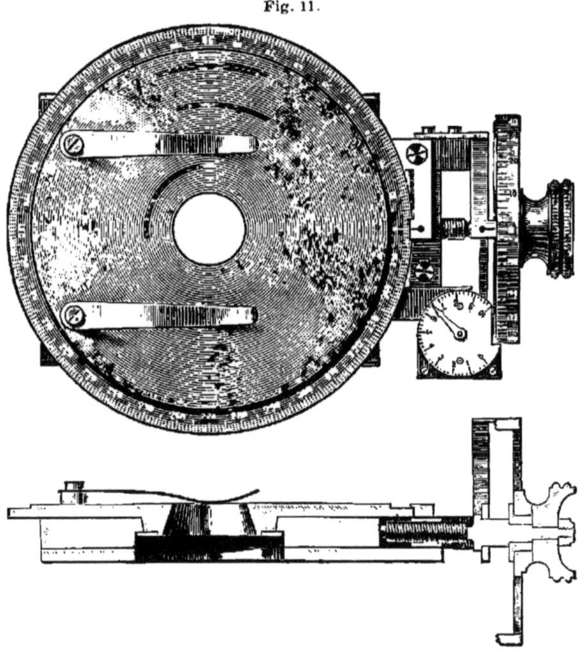

mit der gewünschten Vergrößerung eingestellt, nachdem zuvor die Okularstrichmarke für das Auge des Beobachters genau in der Bildebene fokussiert ist. Nun bringt man durch Bewegen der Mikrometerschraube die Okularstrichmarke zur Berührung mit dem einen Rande des Objektes, liest an Zeiger und Trommel die Stellung ab und notiert sie sofort, am besten durch Diktat, um nicht fortwährend die Accommodation der Augen ändern zu müssen. Dann bewegt man die Schraube möglichst in einem Zuge, bis die Okularmarke das andere Objektende berührt. Hier vermeide man das Hin- und Herdrehen der Schraube zur genauen Deckung von Rand und Marke, weil sonst durch toten Gang der Schraube, Ölverschiebung u. dgl. merkliche Unsicherheiten entstehen. Die neue Ablesung wird notiert. Nun drehe man die Schraube noch etwas weiter, so daß die Okularmarke über das Objekt hinausgeht, dann bewege man die Schraube zurück und bringe Marke und Objektrand wieder zur Deckung, lese ab und messe in einem Zuge zurück bis zum Anfange und wiederhole so jede Messung mehrere Male und nehme das Mittel aller als das wahrscheinlichste Maß. Eine einzelne Messung will wenig bedeuten, erst bei größerer Messungsanzahl wird eine Fehlerbestimmung möglich und die

Angabe des wahrscheinlichen Fehlers. Ohne diese ist eine Beurteilung der Messung unmöglich, sie selber belanglos.

Das Arbeiten mit den Schraubenmikrometern erfordert Übung und Geduld, Eigenschaften, die erst durch längeren Gebrauch erworben werden. Das Schraubenmikrometer arbeitet nur in einer Richtung. Damit man genau in dieser Richtung messe, ist es nötig, daß im Okular außer der Strichmarke eine dazu senkrechte Linie angebracht wird und diese mit der Meßrichtung der Schraube parallel läuft. Um das einzustellen, spannt man einen Faden, ein Haar oder besser einen Coconfaden quer über das Mikrometer von Teilstrich 0 bis Teilstrich 180, stellt mit schwächerer Linse ein und dreht das Ocular, bis sein Richtungsstrich mit dem Faden sich deckt. Wenn man nun eine Messung senkrecht zu dieser Richtung machen will, muß man das Präparat um 180 drehen. Das ist nur einfach, wenn der Tisch genauest zentriert ist. Schraubenmikrometer nach Art der astronomischen Positionsmikrometer mit zwei Schrauben in zueinander senkrechter Richtung sind zwar viel besser, aber wesentlich teurer und nur gelegentlich an mineralogischen Mikroskopen oder besonderen Meßmikroskopen angebracht.

Zu den Messungen im Bilde dienen die Okularmikrometer. Auch bei ihnen sind die von den verschiedenen Firmen angefertigten Instrumente durchaus nicht alle praktisch und ihre dürftige Konstruktion wird trotz guter Vorschläge verschiedener Autoren hartnäckig beibehalten, selbst von Firmen wie Zeiss, Leitz usw. Das bei weitem am häufigsten angewendete Mikrometer ist das Okularglasmikrometer. Es ist das ein rundes Glasplättchen, das in seiner Mitte eine eingeritzte Teilung trägt, meistens 5 *mm* in Zehntelmillimeter eingeteilt. Dieses Plättchen wird in das Okular zwischen Augen und Kollektivlinse eingelegt, und zwar an die Stelle, wo im Okular das reelle Bild erzeugt wird und sich eine Blendung befindet. Man lege das Mikrometer immer mit der Teilung nach unten. Es werden nun gleichzeitig das reelle Bild des Objektes und die an der gleichen Stelle gelegene Mikrometerteilung durch die Augenlinse des Okulars beobachtet. Je stärker das Okular, desto stärker die Vergrößerung beider. Um nun die Mikrometerskala genau für jedes Auge einstellen zu können, haben die meisten Firmen Meßokulare konstruiert (s. Fig. 12), bei denen sich die Entfernung der Augenlinse vom Mikrometer verstellen läßt. Bei den SEIBERTschen Mikroskopen älterer Konstruktion wurde das Mikrometer in Form eines Objektträgers in Metall gefaßt und seitlich durch einen Schlitz in das Okular eingeschoben.

Fig. 12.

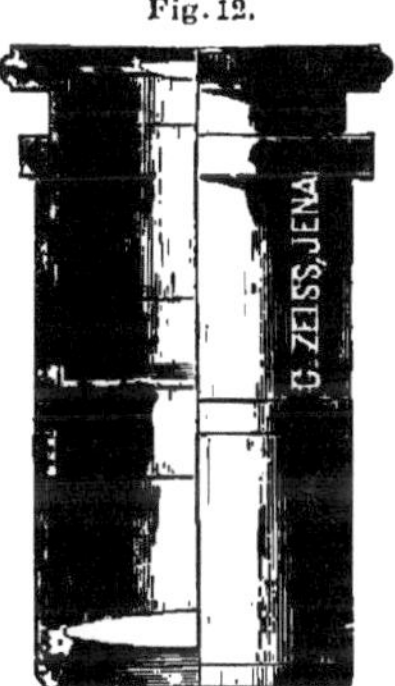

Natürlicherweise wird jeder Teilstrich des Mikrometers seinen absoluten Wert mit der Stärke des verwendeten Objektivs ändern, und zwar wird dieser Wert um so kleiner, je stärker das Objektiv ist. Den absoluten Wert des Mikrometers muß man für jedes Objektiv durch Vergleich mit einem Objektmikrometer bestimmen. Man mißt durch wiederholte Einstellungen bei genau eingestellter Tubuslänge aus, wie viele Teilstriche des in $^1/_{100}$ *mm* geteilten Objektmikrometers auf die einzelnen Intervalle des Okularglasplättchens gehen. Die etwaigen Abweichungen in der Gleichheit der einzelnen Okularskalenintervalle können für die schwache Lupenvergrößerung durch die Okularlinse als unmerklich außeracht bleiben. Die von den Firmen angegebenen Teilungswerte sind nicht ganz genau, weil die Objektive geringe Verschiedenheiten zeigen. Bei der folgenden Bestimmung wurden zunächst Objektskalenteil 0—50, dann 0—100 usw. ausgemessen und dann noch mit verschiedenen Teilen des Okularmaßstabes jedes einzelne Intervall, 0—50 μ, 50—100 μ usw. bestimmt und von allen Messungen das Mittel genommen, so zwar, daß auf jeden Teilstrich 0—50 μ, 0—100 μ usf. reduziert wurde. Für jedes dieser Mittel wurde gesondert das reelle Maß ausgerechnet und das Mittel der Einzelwerte als das wahrscheinlichste verwendet. Diese Messungen wurden dreimal wiederholt und erst das nun sich ergebende Mittel als Maß benutzt. Nur bei einer solchen, wenn auch umständlichen Bestimmung werden die Werte hinreichend genau.

Skalenteile des Objektmikrometers in μ	A	B	D	E	Wirkliche Größe des Objektintervalles
0—50	3,0	4,5	13,0	20,0	49,9
0—100	6,05	9,0	25,7	40.2	100,2
0—150	9,1	13,7	38,2	60,2	150,8
0—200	12,25	18,25	51.35	80,4	200,6
0—250	15.3	22.8	64.20	100.4	250,8
0—300	18,4	27,3	?	120,5	300,9
0—350	21,4	31,9	89,8	140,5	350,2
0—400	24,4	36,4	102,3	160,5	400,6
0—450	27,45	41,0	115,0		450,5

Die unter A, B, D, E angeführten Zahlen geben an, wie viele Teilstriche des Okularmikrometers auf die in der ersten Reihe angegebene Anzahl von μ gehen. Die Okularteilung besteht aus 0,1 *mm*. Wenn nun drei solcher Intervalle $= 49{,}9\ \mu$ sind, so ist eins $= 49{,}9 : 3 = 16{,}66\ \mu$. Indem nun dieser Wert für jedes Objektintervall ausgerechnet und von allen Werten das Mittel genommen wird, so erhält man für Objektive

$$\begin{aligned} \text{A } 1\text{ p} &= 16{,}382 \pm 0{,}009\ \mu \\ \text{B } 1\text{ p} &= 11{,}02 \pm 0{,}02\ \mu \\ \text{D } 1\text{ p} &= 3{,}901 \pm 0{,}01\ \mu \\ \text{E } 1\text{ p} &= 2{,}496 \pm 0{,}002\ \mu \end{aligned}$$

während der Katalog die Werte 16,3, 10,9, 3,9, 2,6 angibt, also Differenzen von $+ 0{,}1$, $+ 0{,}3$, $\pm 0{,}0$, $-0{,}1$ enthält, die bei genauen Messungen schon merkbar sind. Hat man für einen Gegenstand für Objektiv E den Wert 3,5 p gefunden, so ist seine wirkliche Größe, da $1\text{ p} = 2{,}496\ \mu$ ist, $3{,}5 \cdot 2{,}496 = 8{,}7360\ \mu$. Man hat also stets die durch Okularskalenteile ausgedrückte Größe eines Gegenstandes mit der Zahl zu multiplizieren, welche für den Skalenwert gefunden ist. Die Größe mit dem Katalogwert ermittelt ergibt 8,1, d. h. 0,636 μ zu wenig.

Als Nachteile des Okularglasmikrometers ergeben sich bei längerem Gebrauche folgende: Die feinen Teilstriche sind namentlich bei gefärbten Objekten schwer oder gar nicht zu sehen. Es ist schwierig und für die Augen anstrengend, Bild und Teilungsebene stets in genauer Deckung zu halten, wodurch Abweichungen nach oben oder unten entstehen. Ohne den beweglichen Objekttisch ist es ungemein schwer, exakt auf die Objektgrenzen zu pointieren. Die Vergrößerung ist nicht über das ganze Bildfeld gleich, sondern nach dem Rande zu stärker. Daraus folgt für genaue Bestimmungen die Einhaltung folgender Regeln: genaueste Einstellung von Skala und Bild, Messung nur in der Bildmitte, Wiederholung jeder Einstellung etwa viermal und, was Voraussetzung ist, stets gleiche Tubuslänge.

Um die Einstellung auf die Objektgrenzen zu erleichtern, ist es durchaus erwünscht, die Okularskala durch eine Mikrometerschraube verschieblich zu machen. Ein solches Mikrometer aus der Winkelschen Werkstatt in Göttingen zeigt Fig. 13. Die Teilungsstriche sollen nicht farblos, sondern schwarz und nicht zu fein sein und statt Strich oder Andreaskreuz ist der engen Doppellinie der Vorzug zu geben. Neuerdings ist auf Vorschlag von GEBHARDT bei Zeiss statt der Millimeterteilung eine solche aus kleinen schrägliegenden Quadraten in schwarzer oder roter Farbe angefertigt, die sehr zweckmäßig und gut sichtbar ist, wenigstens bei Objekten, die nicht durch die Quadrate verdeckt werden. Das Auge ermüdet nicht so stark und die Bilddeckung ist leichter, weil man nicht bei der sich scharf abhebenden Skala mühsam auf die Intervalle achten muß. Die Auswertung geschieht genau wie bei den anderen Teilungen. Eine sehr sichere Pointierung erreicht man durch die von HARTWIG vorgeschlagene Konstruktion, die bei Zulauf in Zürich ausgeführt ist. Er macht nicht nur die ganze Skala verschieblich durch eine Schraube, sondern begrenzt das Objekt noch mit zwei für sich unabhängig von der anderen

Schraube beweglichen Fäden. Diese Konstruktion in Verbindung mit den GEBHARDTschen Quadratskalen dürfte ein sehr vollkommenes Okularmikrometer liefern. Wer aber baut es?

In dem Rufe, sehr genaue Messungen zu liefern, steht ohne Grund das Okularschraubenmikrometer, dessen Konstruktion sich aus Fig. 14 ergibt. Durch die feine Mikrometerschraube wird unterhalb eines RAMSDENschen Okulars ein Glasplättchen verschoben, auf das in der Regel wieder das unpraktische Andreaskreuz als Marke eingeritzt ist. Die Trommel der Schraube gibt direkt 0,01 *mm* an, während die ganzen Umdrehungen an einer im Sehfelde sichtbaren Skala abzulesen sind. Die Schraube mißt bis 4 *mm* im Bilde. Der absolute Wert eines

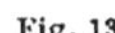
Fig. 13.

Trommelintervalles muß genau so mit Hilfe einer Objektmikrometerteilung ermittelt werden, wie beim Glasmikrometer. Genau genommen müßten auch die Fehler der Schraubenspindel bestimmt werden. Bei den gewöhnlichen Mikroskopstativen ist das aber selbst geübten Leuten fast unmöglich, weil der Tubus nicht stabil genug ist und bei jedem Loslassen und Anfassen der Schraube eine Verschiebung eintritt. Das ist der Grund, daß die Genauigkeit bei den älteren Arbeitsmikroskopen nicht die Erwartung erfüllt. Etwas besser sind die neuen Stative mit der neuartigen Mikrometerbewegung, aber auch bei ihnen sind die notwendigen Bestimmungen so schwierig, daß man lieber zum Glasmikrometer greift. Zudem ist die Okularvergrößerung mit dem Ramsdenokular ungewohnt stark. Die theoretisch mögliche Genauigkeit scheitert an dem üblichen Arbeitsinventar, dagegen ist das Okularschraubenmikrometer für feste Tuben, Ablesemikroskope, das beste Mikrometer. Für das Messen gelten die gleichen Regeln, wie sie für das Objektschraubenmikrometer gegeben sind.

Fig. 14.

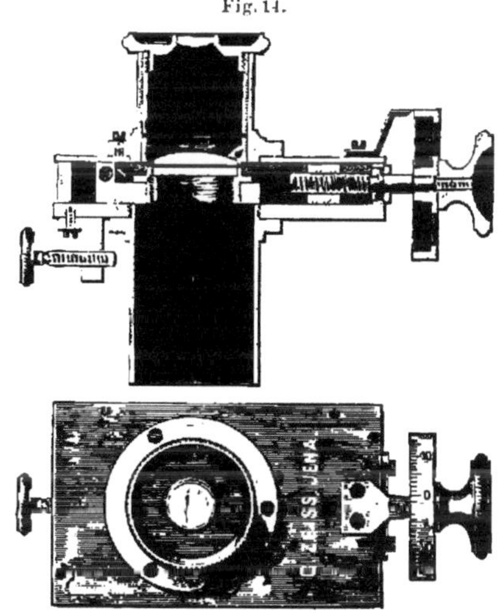

Auch bei allen Okularmikrometern ist das Messen in zwei zueinander senkrechten Richtungen, der Länge und Breite flächenhafter Objekte unbequem. Entweder muß man das Mikrometer oder das Präparat um 90° drehen, was jedesmal eine neue Einstellung erfordert, und die schätzungsweise Drehung um 90° wird meist ungenau. Besser wären demgemäß Netzteilungen oder zwei zueinander senkrechte Schrauben. Will man die Okularschraubenmikrometer zu genauesten

Messungen benutzen, müßte man sie auf einem stabilen Stativ ohne Berührung des Mikroskoptubus über ihm aufstellen.

DIPPEL hat empfohlen, das Bild mit einem Zeichenapparat auf einer ebenen Papierfläche aufzuzeichnen und mit einem Maßstab auszumessen, und durch die Vergrößerungszahl zu dividieren. Man kann auch das Objektmikrometer an Stelle des Präparates bringen und seine Intervalle abzeichnen, um so direkt ohne Rechnung die wirkliche Größe abzulesen. Natürlich muß die Höhe des Zeichentisches und seine Neigung die gleiche sein, die Objektträger von der Dicke des Mikrometers. Voraussetzung ist genügende Zeichengewandtheit. Statt der Zeichenapparate verschiedener Konstruktion ist es besser, die Projektion des Präparates nach mikrophotographischen Grundsätzen vorzunehmen (s. unter Mikrophotographie). Gelegentlich seiner vergleichenden Untersuchungen über Blutkonservierung hat Verf. 1893 das fertige Mikrophotogramm als Meßobjekt empfohlen. Es handelte sich da um schnell hintereinander vorzunehmende Messungen von vielen hundert Blutkörperchen, die mit einer der anderen Methoden mindestens 5 Stunden ununterbrochener Meßarbeit erfordert hätten; das ist physisch undurchführbar. Deshalb wurden die Präparate photographiert und die Negative ausgemessen. Das geschieht auf einem einfachen Durchleuchter, einem Lupenstativ mit großer Glasplatte als Objekttisch und großem Beleuchtungsspiegel, mit einer feinen Millimeterteilung auf Glas. Diese Methode ist deshalb sehr bequem, weil man eine große Anzahl von Bildern schnell hintereinander aufnehmen und dann zu beliebiger Zeit ausmessen kann, sie ist so genau wie irgend eine, strengt die Augen weniger an als alle anderen und läßt Ermüdungsfehler wegen der jederzeit möglichen Unterbrechung vermeiden und die Messungen können jederzeit von beliebigen Beobachtern wiederholt werden. Neben dem Präparat wird bei genau derselben Vergrößerung das Objektmikrometer aufgenommen, durch dessen Ausmessung ganz entsprechend der Auswertung des Okularmikrometers die Vergrößerung ermittelt und das Resultat der Negativmessung durch diese dividiert. Macht man vergleichende Messungen vieler Präparate hintereinander, wiederholt man die Mikrometeraufnahme zu Anfang, in der Mitte und zu Ende der photographischen Aufnahmen, um sicher zu sein, daß durch Temperaturen u. dgl. keine Änderung der Vergrößerungen auftritt oder in Rechnung gestellt wird. Man suche sich möglichst gleichartige Objektträger aus, die von der Dicke des Mikrometerglases sind. Diese Methode leistet Unersetzliches bei schnell sich verändernden Präparaten, indem sie vom vergänglichen Original dauernde Bilder liefert. Das Messen auf der Papierkopie ist wegen der ungleichen Papierdehnung viel ungenauer als auf dem Negativ, da die Verziehungen der Emulsionsschicht kaum meßbar klein sind. Subjektive Fehler wie beim Zeichnen, namentlich mit Zeichenapparaten, fallen ganz weg.

Wer eine Messung auf irgend eine Methode gemacht hat, ist von ihrer absoluten Genauigkeit um so mehr überzeugt, je weniger er in die Meßmethodik eingedrungen ist. Ein anderer Beobachter kann aber derartige Messungen nicht gebrauchen, wenn sie keine Angaben über den möglichen Fehler enthalten. Leider liegt es in der Art des in den allermeisten Fällen so unendlich variablen Verhältnissen biologischen Untersuchungsmaterials, daß die Ermittlung eines absoluten Maßes nahezu unmöglich ist. Wer aber eine kritisch verwendbare Messung geben will, muß neben dem Maß angeben, wie oft er jede Einzelmessung gemacht hat und wie groß der mittlere Fehler seiner einzelnen Beobachtungen ist nach der Formel:

$$m = \sqrt{\frac{\Sigma v^2}{m - 1}}.$$

Man bildet zuerst das Mittel aller Messungen und dann die Differenzen von jeder Messung gegen das Mittel, quadriert sie und addiert sämtliche Quadratzahlen und erhält so ihre Summe $= \Sigma v^2$. m ist die Anzahl der Messungen. Um den mittleren

Fehler des Mittels (M) zu erhalten, ist der Betrag noch durch $\sqrt{m}$ zu dividieren, weshalb man zweckmäßig m so groß wählt, daß $\sqrt{m}$ eine ganze Zahl wird. Um diesen Betrag kann das Mittel zu groß oder zu klein sein, weshalb man schreibt: $\pm$ x. Hätte man z. B. 25 Messungen von Blutkörperchen gemacht auf einem Negativ, die zwischen 3,70 und 4,00 *mm* schwanken, υ in Einheiten der letzten Dezimale (Hunderteln) gegen das Gesamtmittel 3,90 gebildet, hätte $\Sigma \upsilon^2 = 2800$ ergeben, so wäre $\sqrt{\frac{\Sigma \upsilon^2}{m-1}} = \sqrt{\frac{2800}{24}} = 10{,}801$ Einheiten der letzten Dezimale. Um 0,10801 *mm* kann jede Einzelmessung zu groß oder zu klein sein. Dividiert man nun diesen Betrag durch $\sqrt{m} = \sqrt{25} = 5$, erhält man $M = 0{,}021602$ *mm* auf dem Negativ. Die Vergrößerung des Negativs betrug 248,44, durch welchen Betrag die auf dem Negativ erhaltenen Resultate und Fehlergrößen zu dividieren sind. Also war ein Blutkörperchen im Mittel $2{,}90 : 248{,}44 = 15{,}70\ \mu$ und der zu befürchtende Fehler $= 0{,}87\ \mu$, man schreibt: Taubenerythrocyten messen $15{,}70\ \mu \pm 0{,}87$.

Außer den angeführten Mikrometerkonstruktionen, die nur Länge und Breite der Objekte zu messen gestatten, kann die Mikrometerschraube der Feineinstellung des Bildes zu Messungen von Dicken im Präparate und von Deckgläsern fertiger Objekte dienen. Voraussetzung ist eine sehr sorgsam gearbeitete und brauchbar erhaltene Schraube mit Angabe der Höhenbewegung. Sie wird meist auf dem Rande des Schraubenkopfes angegeben. Man stellt zunächst durch eine gleichsinnige Drehung, nicht durch Hin- und Herprobieren, die obere und dann die untere Fläche des Objektes ein. Die Differenz der Ablesung ergibt die Dicke D einer entsprechenden Luftschicht. Um die wirkliche Objektdicke zu erhalten, muß man noch mit dem Brechungsindex multiplizieren nach der Formel $D = n \cdot d$. Wie CZAPSKI ausgeführt, gilt das nur für minimale Aperturen. Nun wächst aber die Einstellungsgenauigkeit mit zunehmender Apertur. Um daher mit den mittelstarken Trockensystemen (die stärksten Nummern sind nur nach passender Korrektion der Deckglasdicke brauchbar) oder Immersionen messen zu können, muß man den Faktor n erst nach Messungen an Objekten genau bekannter Dicke bestimmen. Man müßte für histologische Zwecke sich geeignete Präparate von verschiedener Dicke herstellen, indem man mit einem exakt arbeitenden Mikrotom 4—5 Schnitte verschiedener Dicke herstellt und in üblicher Weise färbt und einschließt. Einfacher ist es bei Bestimmung der Deckglasdicke. Hier bietet die ABBEsche Testplatte die passenden Vergleichsobjekte in Gestalt der an der Unterseite versilberten und liniierten Deckgläser bekannter Dicke. An der Oberfläche muß man ein feines Kratzchen oder Stäubchen, einen Fingerabdruck, Tintenstrich oder dergleichen anbringen. Man benutze stets das gleiche Objektiv und Okular bei gleicher Öffnung der Kondensorblende und gleichem Tubusauszug. Aus dem Quotienten von bekannter Dicke des Deckglases (m) und Anzahl der gemessenen Teilungsintervalle (i) ergibt sich dann der Reduktionsfaktor $\frac{m}{i}$, mit dem die bei Messung unbekannter Deckgläser gefundene Anzahl der Teilungsintervalle multipliziert werden muß. Man nehme das Mittel aus 4—5 Bestimmungen. Am fertigen Präparat wird man an Stelle der unteren Deckglasfläche, weil sie wohl nie einstellbar ist, die alleroberste Schicht des Präparates einstellen müssen. Da Deckglas und Balsam ungefähr den gleichen Brechungsindex von 1,5 haben, wirkt die Balsamschicht zwischen Präparat und Deckglas im Sinne einer Verdickung des letzteren. Um die Accommodation des Auges bei diesen Messungen zu beseitigen, benutzt man ein Meßokular, dessen Teilung mit dem Bilde gleichzeitig scharf erscheinen muß. Wenn solche Messungen auch mit jeder guten Mikrometerschraube sich ausführen lassen, scheinen namentlich die neuen Mikrometerschrauben und besonders die BERGER-ZEISSsche Konstruktion die genauesten Resultate zu liefern.

Literatur: Apáthy (Die Mikrotechnik d. tierischen Morphologie, II. Abt., Leipzig 1901), Kaiserling u. Germer (Virch. Arch., Bd. 133). Kaiserling (Inaug.-Diss., Berlin 1893), Weinstein (Handbuch der physikal. Maßbestimmungen). Dippel (D. Mikroskop I, Brschw. 1882).

Kaiserling, Berlin.

Mikrometerschraube. In des Wortes strengerer Bedeutung ist die Mikrometerschraube der als Schraubenmikrometer bezeichneten Meßvorrichtungen wichtigster Teil. Sie dient hier zur Ausmessung kleiner linearer Größen und findet demgemäß eine ausgedehnte Verwendung bei den astronomischen und physikalischen Meßverfahren. Bei den messenden Mikroskopikern hingegen wird ihre Bedeutung häufig unterschätzt durch mannigfache Nebenumstände, die zum Teil im Bau der üblichen Meßapparate, zum Teil auch im Bau des Mikroskops begründet sind. Von einer guten Mikrometerschraube muß man neben einer genügenden Feinheit der Windungen eine möglichste Gleichartigkeit nicht nur des einzelnen Schraubenganges, sondern auch der ganzen Spindel und der sie führenden Schraubenmutter verlangen sowie die Beseitigung des toten Ganges. Wenn auch die Herstellung guter Schrauben in der Gegenwart weit vorgeschritten ist, so ist doch die völlige Beseitigung der periodischen und fortschreitenden Fehler für die Bedürfnisse feinster Messungen nicht möglich. Sie lassen sich aber durch genaue Untersuchung der Schraube feststellen und durch Anbringung einer durch rechnerische Methoden gefundenen Korrektur bei jeder Ablesung an der Schraubentrommel beseitigen. In der Regel wird aber diese Aufgabe die Fähigkeiten eines nicht mathematisch und physikalisch geschulten Mikroskopikers übersteigen. Noch ist die Zeit nicht gekommen, wo die Mikroskopie aus dem Stadium der fröhlichen Schneide-, Färbe- und Schaukunst sich zu einer exakten Methode durchgerungen hat. Das wird erst der Fall sein, wenn ihre Resultate durch die Vermittlung von Maß, Zahl oder Gewicht einer exakten, in letztem Grunde mathematischen Analyse zugänglich sein werden. Ehe dazu Mittel und Wege gefunden sind, dürfte auch die erschöpfende Erörterung der Theorie der Mikrometerschraube an diesem Orte überflüssig sein. Weiteres s. Mikrometer.

Dagegen ist die Verwendung der Mikrometerschraube bei einer anderen Gelegenheit jedem Mikroskopiker geläufig. Während nämlich die gröbere Einstellung des Präparats bei den kleineren Instrumenten durch Verschieben des Tubus in einer federnden Hülse mit der Hand geschieht, bei größeren durch Zahnstange und Trieb, dient bei allen zur Feineinstellung eine nach Art der Mikrometerschrauben geschnittene Präzisionsschraube. Sie ist zunächst nur dazu bestimmt, entweder den ganzen Oberbau oder nur den Tubus um ganz geringe Beträge zu heben oder zu senken. Fast gar nicht mehr gebräuchlich ist die Verstellung des Objekttisches und nur selten angewendet die des Objektivs. Diese Einrichtung trägt z. B. das Schlittenmikroskop nach Nebelthau.

Die Anforderungen an eine gute Feineinstellung sind betreffs Beschaffenheit der Schraube und ihrer Führung dieselben, wie wir sie an eine gute Mikrometerschraube stellen. Hinzu kommen noch Vorkehrungen zur Vermeidung seitlicher Schwankungen des Tubus bei dem vielfachen Hin- und Herdrehen der Schraube sowie für die Vermeidung ungleicher Funktion in den verschiedenen Lagen des Mikroskops.

Ein weit verbreiteter Typus der Feineinstellung ist der, bei dem der ganze Oberteil in einer Prismenführung bewegt wird. Die Einrichtung erhellt aus Fig. 15, welche die Winkelsche Konstruktion wiedergibt. Das Prisma *a* ist fest mit dem Fußteil des Instrumentes verschraubt. Im Inneren ist es ausgebohrt und enthält eine kräftige Spiralfeder *h*, welche den ganzen Oberbau des Mikroskops zu tragen vermag. Geschlossen ist dieser Hohlraum mit dem Stück *d*, welches mit dem Muttergewinde der eigentlichen Mikrometerschraube durchbohrt ist. Über der prismatischen Schiene *a* läuft der kranartige Träger des Mikroskops, abgeschlossen mit der Platte *c*. Die Übertragung der Schraubenbewegung auf diesen Träger geschieht nun im Interesse einer zarten Bewegung ohne seitliche Schwankungen nicht direkt. Vielmehr ist (Fig. 15) das obere Prismenende mit einem rechteckigen

Schlitz durchbrochen, durch ihn eine Brücke *f* durchgeführt und mit der Abschlußplatte *c* verbunden. In diese Brücke ist ein Stahlstift *g* lose eingesetzt, auf dessen oberer gehärteter Fläche die ebenfalls gehärtete Spitze der Schraube aufliegt. Durch diese fast punktförmige Berührung zweier stahlharter Teile ist die Reibung auf ein Mindestmaß herabgesetzt und die bei der Drehung der Schraube möglichen seitlichen Schwankungen fängt der lockere Stift, der ebenfalls nur mit einer Spitze auf dem Brückenstück *f* ruht, vollständig ab. Das Gewinde *e* dient zur Anbringung einer Schutzglocke, auf der an einer entsprechenden Teilung die Größe der durch Drehung der Schraube bewirkten Höhenveränderung abzulesen ist. Ähnliche Konstruktionen haben die Feineinstellungen anderer Optiker. Wenn nun, wie es leider vielfach üblich ist, das Instrument an dem Träger *b* angefaßt und getragen wird, so ruht die ganze Last des Unterbaues auf der Schraube. Auch die Prismenführung leidet mit der Zeit um so mehr, je schwerer das Stativ ist. Klem-

Fig. 15.

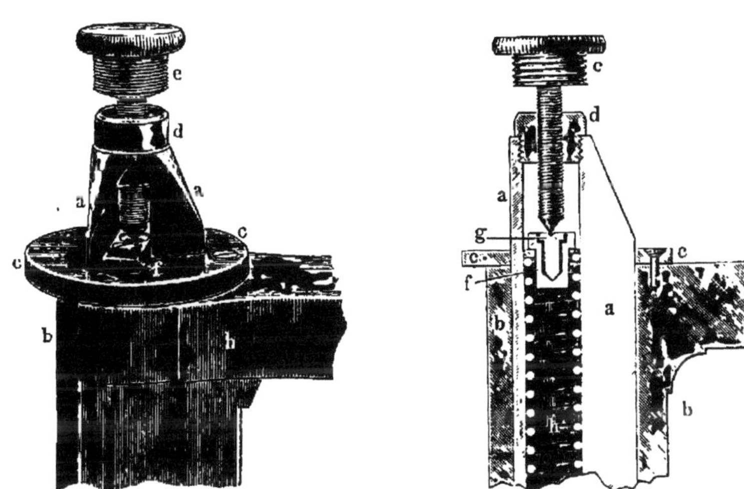

men, die zur Sicherung der Feinbewegung von einigen Fabrikanten angebracht werden, vergißt der Beobachter gelegentlich nachher wieder zu lösen und gefährdet dann seine Schraube durch gewaltsames Drehen. Es ist daher unbedingt zu raten, Instrumente mit Prismenführung allen schlechten Beispielen zum Trotz nur am Fuß anzufassen und beim Tragen sie mit der anderen Hand unter dem Fuße zu stützen. Die Hubhöhe der Schraube ist eine begrenzte und man achte darauf, daß sie, am Ende ihrer Wirksamkeit angelangt, wieder in eine mittlere Stellung zurückgeschraubt wird. Außer der gewöhnlichen Anordnung der Schraube am oberen Ende des Prismas wird sie gelegentlich auch am unteren Ende angebracht, wie z. B. bei dem in Fig. 43 abgebildeten WINKELschen Instrumente.

Eine früher namentlich von SEIBERT viel gebrauchte Übertragung der Schraubenbewegung auf einen mit dem Mikroskopträger verbundenen Hebel, die sogenannte Parallelogrammbewegung, wird gegenwärtig kaum noch angewendet.

Eine wesentliche Änderung der Feinbewegung wurde nach einer Konstruktion von BERGER durch ZEISS eingeführt. Sie wirkt nicht mehr auf den ganzen Oberbau, sondern nur noch auf den Tubus einschließlich seiner Einstellungsvorrichtung durch Zahnstange und Trieb. Die Führung ist nicht eine prismatische, sondern eine Schlittenführung, die dicht hinter der Führungsbahn der groben Bewegung fest mit dieser verschraubt ist. Fig. 16 veranschaulicht diese Konstruktion deutlich. Die eigentliche Mikrometerschraube sitzt im Innern des Trägers vor allen Einwirkungen geschützt. An ihrem unteren Ende trägt sie ein Schneckenrad, dessen durchgehende Achse in eine glasharte Spitze ausläuft, die auf einer ebensolchen Stahlfläche ruht, so daß auch bei dieser Einrichtung die Reibung an der Stelle der Kraftübertragung eine äußerst geringe ist. In das Schneckenrad greift eine Schraube ohne Ende ein, deren Achsen nach außen führen, wo sie einen Knopf mit Mikrometerteilung tragen. Die unveränderliche Lage der Schraube ohne Ende sichert ein zweites Zahnrad. Die Bewegung ist eine sehr feine (ein Teilungsintervall = 2 μ) und geht spielend leicht. Die Achsen für die grobe und die feine Bewegung laufen parallel (vgl. Fig. 41), die Drehungsrichtung in bezug auf Heben und Senken des Tubus geht in gleichem Sinne. Nur hat man darauf zu achten, daß die Schraube stets innerhalb ihrer Wirkungshöhe, die von außen ablesbar ist, bleibt. Eine besondere Schutzvorrichtung verhütet eine Beschädigung der eigentlichen Mikrometerschraube, wenn der Schlitten an den Grenzen seiner Bewegung angelangt ist.

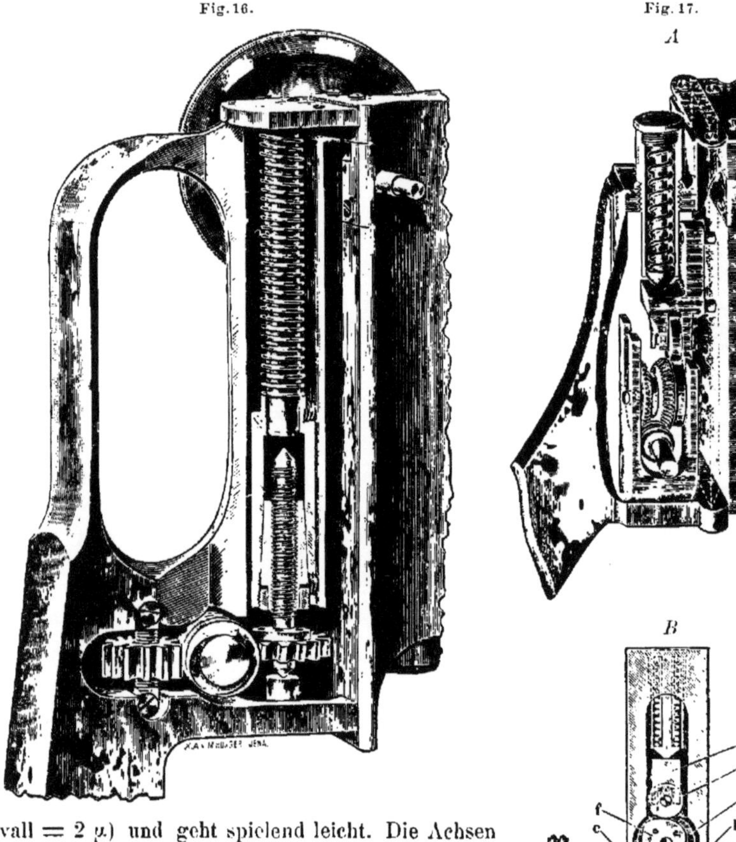

Fig. 16. Fig. 17.

Diese Schraubenanordnung kann außer zur Feineinstellung in der Tat noch besser als die alte auch zu wirklich mikrometrischen Zwecken dienen, zu Dickenmessungen und zur Bestimmung der Deckglasdicke am fertigen Präparate. Das Nähere siehe unter Mikrometer.

Während die Mehrzahl der Optiker diesen neuen Typus der Feineinstellung angenommen hat, hat LEITZ eine Konstruktion ausgeführt, die wir, streng genommen, in diesem Kapitel nicht erwähnen dürfen, weil sie gar keine Mikrometerschraube besitzt. Der Triebkopf (siehe Fig. 17 *A* und *B*) ist ähnlich am Stativ angeordnet, wie bei dem vorbeschriebenen Modell und besitzt ebenfalls eine Ablesetrommel für die Bewegung. Die Achse führt ins Innere des Oberteils, wo sie eine Schraube ohne Ende trägt, *a*, die in ein doppeltes Zahnrad *d* eingreift und durch eine kleine, um die Triebachse angeordnete Spiralfeder dauernd gegen das Zahnrad gedrückt wird zur Vermeidung des toten Ganges. Auf der Achse sitzt ein herzförmiges Stück *f*, das auf die Rolle *g* wirkt. Diese Rolle sitzt an dem die Hebung des Tubus vermittelnden Schlittenstück. Für die nötige Reibung sorgt neben dem Gewichte des Tubus eine spiralige Gegendruckfeder. Die Peripherie des herzförmigen Stückes stellt zwei Spiralkurven dar, deren Punkte bei gleicher Drehung um gleiche Beträge vom Drehungscentrum sich entfernen bzw. nähern. Die Kurvensteigung beträgt 3 *mm*. Das Zahnrad hat 60 Zähne. Bei einer halben Umdrehung um 30 Zähne wird der Tubus um 3 *mm* gehoben oder gesenkt, also bei einer Drehung um einen Zahn um 0,1 *mm*. Um diese Drehung um einen Zahn zu bewirken, ist eine vollständige Umdrehung der in 100 Teile geteilten Trommel nötig. Demnach beträgt die direkt ablesbare Größe eines Trommelintervalles nur 1 μ. Diese Feineinstellung arbeitet sehr sicher und leicht. Das Heben und Senken des Tubus findet ohne Ende statt und wenn das Objektiv auf das Deckglas auftrifft, bleibt der Tubus stehen und hat nur den Druck der schwachen Gegendruckfeder auszuhalten, was ohne Bruch möglich ist.

Fig. 18.

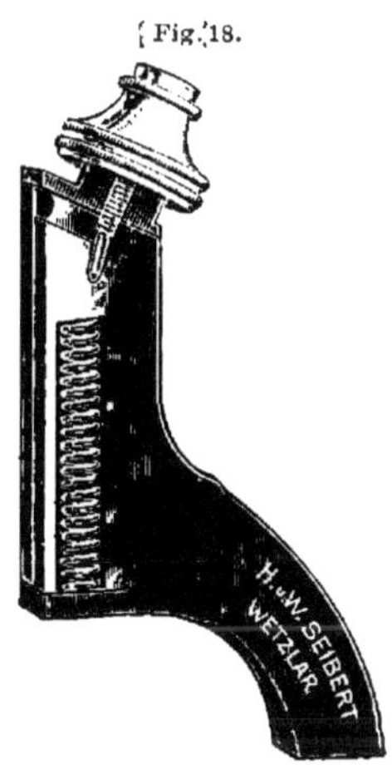

Ein wesentlicher Vorteil dieser eben beschriebenen Feinbewegungen ist die Möglichkeit, den Mikroskopträger zu einer Handhabe für den Transport des Instrumentes auszugestalten (Vgl. Mikroskop).

Neben diesen komplizierten Schlittenbewegungen werden in neuerer Zeit noch von Winkel und Seibert einfachere für die kleineren Mikroskope gebaut, die für die Zwecke der Feineinstellung vollauf genügen und den Vorzug der Wohlfeilheit haben. Die Mikrometerschraube sitzt zwar an der gleichen Stelle wie bei der alten Prismenführung, der Träger kann aber als Handgriff dienen. Sie dürfte sich namentlich bei den Kursmikroskopen einführen. Die Konstruktion ergibt sich von selber aus Fig. 18. *Kaiserling*, Berlin.

Mikrophotographie. Unter Mikrophotographie versteht man die photographische Wiedergabe mikroskopischer Objekte mit Hilfe der auch sonst in der Mikroskopie gebräuchlichen einfachen und komplizierten Instrumentarien ohne Rücksicht auf die Vergrößerung. Der Wert der Mikrophotographie wird verschieden angeschlagen, zumal wenn es sich um die Wiedergabe der üblichen gefärbten Präparate handelt. Zeichnung oder Photogramm? Einen bedingungslosen Ersatz des einen durch das andere gibt es da nicht. Die Zeichnung ist stets subjektiv und abhängig von der Auffassung und dem Können des Zeichners. Sie gestattet in dem Präparat eine Auswahl des Darzustellenden, Hervorheben besonders wichtiger, Unterdrückung oder Weglassung nebensächlicher Dinge. Sie erlaubt die Kombination verschiedener Einstellungsebenen und Gesichtsfelder zu einem Bilde, wie es aus didaktischen und pekuniären Rücksichten mit bald mehr, bald weniger Berechtigung wünschenswert ist. Sie erlaubt auch von technisch mangelhaften Präparaten deutliche Bilder zu geben, und, was ein besonders wichtiger Punkt ist, sie gestatten die Anwendung fast jeder Farbe. Das alles sind so erhebliche Vorzüge, daß viele Autoren die photographische Wiedergabe unterschätzen. Diese ist gegen die Zeichnung viel korrekter, objektiver und beweiskräftiger. Gute Apparatur und Präparate, durchaus zuverlässige Technik vorausgesetzt, erspart die Photographie Geld und namentlich Zeit. Überall, wo das einfarbige Bild unter den genannten Voraussetzungen genügt, dürfte das Photogramm der Zeichnung überlegen sein. Neuerdings ist für Demonstration und Reproduktion auch der Photographie die Farbenwiedergabe erschlossen durch die Ausbildung der additiven und subtraktiven Dreifarbenprozesse und insbesondere eröffnet die jüngste Verbesserung dieser Methoden, das LUMIÈREsche Autochromverfahren, auch für die Mikrophotographie neue Aussichten. In einem ebenfalls den allerneuesten Zeiten angehörigen Verfahren, der Anwendung des kurzwelligen Lichtes, des Ultraviolett, zu mikrotechnischen Untersuchungen kann nichts die Photographie ersetzen, weil die Netzhaut für dieses Licht unempfindlich ist. Hier erweitert sie unseren Blick und ermöglicht uns die Darstellung unsichtbarer Dinge! Auf diesen Gebieten sowie bei der Wiedergabe sehr feiner und komplizierter Strukturen, wie Diatomeen, Oberflächenstrukturen, Polarisationserscheinungen u. a. m. ist die photographische Wiedergabe der Zeichnung weit überlegen. Auch zu manchen mikrometrischen Arbeiten (siehe Mikrometer) kann man sich der photographischen Darstellung und Ausmessung der Negative mit großem Vorteil bedienen.

Die Eigenart der zur Verwendung kommenden Mikroskopobjektive bedingt mancherlei Beschränkungen. Die Tiefe der Bilder und die Ausdehnung des in einer Ebene scharf abzubildenden Sehfeldes ist nur sehr klein und nimmt bei stärker werdender Vergrößerung bzw. Apertur immer mehr ab, da ja die bei der Okularbetrachtung so unerläßliche sukzessive Einstellung durch Benutzung der Mikrometerschraube bei der Photographie unmöglich ist. Man vermag immer nur einen Teil des Gesichtsfeldes und nur eine Einstellebene abzubilden. Das Auge lernt bei bestimmter Einstellung der Mikrometerschraube die Unschärfen zu übersehen, welche die höher oder tiefer gelegenen Teile erzeugen, die Platte tut das nicht. Daraus ergibt sich die Forderung, daß die Objektdicke gewisse Grenzen nicht überschreiten darf. Mag unter gewissen Voraussetzungen einmal eine etwas größere Dicke zulässig sein, über 15 μ Schnittdicke wird man in der Regel selbst bei schwächeren Vergrößerungen nicht hinausgehen, 10 μ ist die mittlere Dicke. Bei starken Trockensystemen und Immersionen wird man noch weiter herabgehen bis zu 5 μ und noch weniger. Die Färbung muß sehr exakt, gut differenziert sein. Blasse Färbungen mit grünen und blauen Farben (BIONDI-HEIDENHAINs Dreifarbengemisch, Methylenblau u. a.) geben flaue Bilder auch in der Hand des erfahrensten Mikrophotographen. Kein Filter, kein technischer Kniff kann nach mangelhaften Präparaten gute Bilder erzeugen. Da natürlich auch alle Unsauberkeiten der Objektträger und Deckgläser, alle durch die mangelhafte Aufklebung der Schnitte bedingten Fehler, wie Falten und Blasen, gefärbter Grund und durch unvorsichtige Einbettung hervorgerufene Schäden, Luftblasen, Trübungen u. dgl. m. das Bild gröblich verunstalten, so folgt mit Notwendigkeit, auf die Herstellung der mikroskopischen Präparate die allergrößte Sorgsamkeit zu verwenden. Da man nie wissen kann, welches Präparat einmal zur photographischen Abbildung dienen soll, muß man eben immer so arbeiten, als ob ein jedes dazu bestimmt sei. So wird die Mikrophotographie eine gewaltige Förderin sorgfältigsten mikrotechnischen Arbeitens.

Es wird im allgemeinen nicht nötig sein, besondere Färbungen für die photographische Darstellung zu wählen. Immerhin sind einige besser, andere weniger geeignet. Gut ist Hämatoxylin-Eosin, Eisenhämatoxylin-VAN GIESON (nach WEIGERT) ganz besonders gut, Carmin, Methylgrün, Methylenblau sind wenig geeignet. Von den zu Granula-, Fibrin-, Elastica- und Bacterienfärbungen üblichen Anilinfarben geben die roten und violetten bessere Resultate, als die blauen und zart nuancierten. Scharfe, kontrastreiche Färbungen geben eben solche Bilder, dünne, verblaßte schlechte. Man mache es sich zum Grundsatze, nur gute, geeignete Präparate zu photographieren, bei anderen lieber der Zeichnung den Vorzug zu geben. Übrigens kann oftmals ein Photogramm, auch wenn es mangelhaft und an sich nicht reproduktionswürdig ist, als Grundlage für die Zeichnung dienen. Von den Einbettungsverfahren eignet sich die Paraffineinbettung am besten, weil sie im allgemeinen dünnere Schnitte, bessere Ebnung des Objektes, differenziertere Färbung ermöglicht. Wenn irgend möglich, strecke man die Schnitte auf Wasser und klebe sie mit Wasser mit oder ohne dünne koagulierte Eiweißschicht auf. Sind die Balsampräparate noch frisch, befestige man die Deckgläser bei horizontaler Lage der mikrophotographischen Camera an den Ecken mit geschmolzenem Paraffin oder Deckglaskitt auf dem Objektträger. Sie müssen besonders sorgfältig vor Hitzewirkung, wie sie namentlich Verwendung elektrischer Bogenlampen als Lichtquelle hervorruft, durch Kühlung geschützt werden. Dasselbe gilt von solchen Präparaten, die von frischen, unfixierten Organen, von Flüssigkeitssedimenten, Blut u. dgl. hergestellt sind. Sie müssen möglichst dünn sein und das Deckglas darf nicht drücken. Sie müssen stets einen Vollrand von Paraffin oder Kitt haben, auch um Verdunstung der Zusatzflüssigkeit zu verhüten. Die Vorsichtsmaßregeln bei Aufnahmen im ultravioletten Lichte werden weiter unten besprochen.

Zu sicherem und bequemem Arbeiten ist dem Arbeitsraum einige Aufmerksamkeit zu schenken. Am besten ist es, einen Raum zu wählen, der nur zu photographischen Arbeiten dient, Anschluß an elektrischen Starkstrom, Gas- und Wasserleitung hat. Sehr wünschenswert ist eine Verdunkelungseinrichtung. Der Raum soll möglichst frei von Erschütterungen sein und gute Heizung und Lüftung besitzen. Die Dunkelkammer sei in der Nähe und, wenn irgend möglich, treffe man Vorkehrungen, daß man ungehindert durch Türen zwischen Aufnahme- und Entwicklungsraum verkehren kann. Das ganze Instrumentarium muß so angeordnet und gehalten werden, daß es jederzeit auch nach wochenlanger Pause zur Aufnahme ohne jeden Zeitverlust brauchbar ist.

Die mikrophotographischen Apparate bestehen im wesentlichen aus drei Teilen: 1. dem Mikroskope, 2. der Beleuchtungseinrichtung mit der zugehörigen Lichtquelle, 3. der photographischen Camera. Wenn man auch zugeben muß, daß sich alles aus vorhandenen Instrumenten und gewöhnlichen photographischen Apparaten improvisieren und für einzelne Fälle zusammensetzen läßt, so ist ein sicheres Arbeiten für alle vorkommenden Fälle nur mit speziell gebauten Instrumentarien möglich. Fast alle größeren Mikroskopfirmen bauen derartige Einrichtungen und es würde den hier verfügbaren Raum weit überschreiten, wenn man ihnen allen gerecht werden wollte. Wir können daher nur einige Beispiele anführen und müssen im übrigen auf die vorhandenen Lehrbücher und die Sonderdrucksachen der optischen Institute verweisen, an deren Hand sich jeder Mikrograph den für seine Bedürfnisse passendsten Apparat wählen kann. Wer selber keine Erfahrung besitzt, frage einen kundigen Kollegen um Rat. Es lassen sich folgende allgemeine Grundsätze aufstellen: Der erste ist ein persönlicher! Niemand gehe an die Mikrophotographie, ehe er die photographische Technik, die Handhabung des Mikroskops und seiner Hilfsapparate und die Mikrotechnik so beherrscht, daß er durchaus selbständig und sicher arbeiten kann. Bei der Wahl des Mikroskops sind unbedingt die sogenannten mikrophotographischen Stative deshalb allen anderen vorzuziehen, weil nur sie einen genügend weiten Tubus haben, um die für Übersichtsbilder nötigen schwachen Spezialobjektive von etwa 75—20 *mm* Brennweite ausnutzen zu können und gleichzeitig die inneren Reflexe an den Tubuswänden vermindern. Sie besitzen ferner auch einen beweglichen Objekttisch und feine, in allen Lagen sicher wirkende Mikrometerschrauben. Solche Stative bauen u. a. Zeiß, Leitz u. a., die sich besonders durch die Konstruktion der Mikrometerschraube unterscheiden (s. Mikroskop und Mikrometerschraube).

Die Beleuchtungseinrichtungen sind bedingt durch die Lichtquelle. In unseren Breiten ist es ratsam, von den natürlichen Lichtquellen, Sonne und zerstreutem Tageslichte, abzusehen, da sie zu unzuverlässig und in der Helligkeit wechselnd sind; man beschränke sich lieber auf die künstlichen. Hier kommen in Betracht: das elektrische Bogenlicht, vorzugsweise Gleichstromlampen. Sehr beliebt sind die großen Projektionslampen mit automatischer Regulierung und gegen die Vertikale um ca. 40° geneigt stehenden Kohlen, wie Zeiss sie bei seinen Einrichtungen anwendet. Noch konstanter ist der als Lichtquelle dienende positive Kohlenkrater bei den auf Veranlassung des Verfassers von LEITZ nach dem Vorbilde der Thomsonlampe gebauten Gleichstromlampen mit rechtwinklig zueinander stehenden Kohlen. Große Lampen derart für 15—30 Ampère Stromstärke sind nur zur Projektion nötig, für photographische Arbeiten aber überflüssig hell, der Hitzeentwicklung wegen gefährlich und kostspielig. Hier genügt eine kleine Lampe für Handregulierung, besonders das verkleinerte Modell der LEITZschen Lampe mit rechtwinklig stehenden Kohlen für 4 Ampère. Sie kann unter Vorschaltung eines kleinen Widerstandes von jeder Glühlampenleitung gespeist werden. Oft wird man sie nicht direkt zur Beleuchtung des Präparates verwenden, sondern erst nach Zwischenschaltung einer Matt- oder Milchglasscheibe. Bei allen Einstellungen bei Bogenlicht am Mikroskop muß man eine starke Lichtdämpfung durch Rauchgläser, farbige Filterscheiben usw. vornehmen, um die Augen zu schonen. — Elektrisches Glühlicht ist direkt nicht zu brauchen, weil die Fäden zu dünn sind. Sie müssen durch Linsen so verbreitert werden, daß die Lichtstärke hinter einer gewöhnlichen Petroleumlampe zurückbleibt. Nur eine besondere Modifikation der Nernstlampe, die sogenannte Starklichtprojektionslampe mit drei gekreuzten Leuchtstäben, ist gut brauchbar. Sie wird ebenfalls von einer gewöhnlichen Glühlampenleitung gespeist und läßt sich durch Einschrauben eines mit Lampengewinde versehenen Kabels an Stelle irgend einer Glühlampe einschalten. Die nötigen Widerstände befinden sich in Vakuumröhren an der Lampe selber. Die Vorwärmung geschieht durch eine Spirituslampe oder einen Bunsenbrenner, wobei man darauf zu achten hat, daß auch alle drei Fäden wirklich glühen. Man sorge auch stets für die richtige Schaltung der Pole, die man mit Polpapier (Rotfärbung am Minuspol) ermittelt und sich dann ein für allemal deutlich bezeichnet. Verschiedene Stromrichtung beim Brennen, Stoß und andere sachwidrige Behandlung beeinträchtigen die Lebensdauer der Lampe stark. Ihre Hitzwirkung ist sehr bedeutend! Von den Gaslampen können die verschiedenen Modifikationen des Gasglühlichtes, besonders auch das hängende (Grätzinlicht) benutzt werden. Wo Gasleitung fehlt, kann das Mitalicht, eine Benzinpreßgaslampe, Spiritus- oder Petroleumglühlicht einen vollwertigen Ersatz liefern. Die Intensität der Beleuchtung ist aber bei allen Glühlampen geringer, als man bei ihrer optischen Helligkeit erwarten sollte, weil immer nur ein kleiner Teil des Glühstrumpfes zur Verwendung kommt und wiederum die feinen Maschenfäden stark auseinander gezogen werden müssen, ähnlich den elektrischen Glühfadenlampen. Auch die alte, ehrliche Petroleumlampe kann eine brauchbare Lichtquelle abgeben, wenn auch die Expositionszeit eine beträchtliche wird bei starken Vergrößerungen. Heller ist schon Acetylenlicht und in der Not kann eine gewöhnliche Acetylenfahrradlaterne ein Retter werden. Eine gute Lichtquelle ist das Kalklicht. In einer Gas-Sauerstoff- oder Wasserstoff-Sauerstoffflamme wird ein aus ungelöschtem Kalk hergestellter Körper zur Weißglut erhitzt. Durch Konstruktion zuverlässiger Brenner (Dräger-Lübeck) und die Herstellung des in Stahlcylindern komprimierten Sauerstoffs, dessen hoher Druck durch ein Reduzierventil bis auf $^1/_2$ Atmosphäre herabgesetzt wird, ist diese Lichtquelle sehr leicht handhabbar geworden. Man achte stets darauf, daß die Flamme ohne Zischen brennt und nicht durch zu hohen Sauerstoffdruck im Centrum der leuchtenden Fläche ein dunkler Fleck entsteht. Man beobachtet das leicht an den Reflexionsbildern, die die Kondensoren von dem Glühkörper entwerfen. Ehe der Sauerstoff zugelassen wird, wärme man den Kalkkörper in der Gas- oder Wasserstoffflamme durch Drehen allmählich an, um ein vorzeitiges Zerplatzen zu verhindern, und bringe ihn nach dem Gebrauch wieder in einen Exsiccator. Während des Brennens empfiehlt es sich, nach einiger Zeit eine neue Stelle des Kalks zu benutzen, da er allmählich zusammensintert und dann die Helligkeit abnimmt. Zirkoncylinder sind zu teuer, um als Ersatz des Kalkkörpers zu dienen. Die Magnesiumlampen sind kompliziert, teuer und stören durch Rauchentwicklung.

Alle diese Lichtquellen erfordern zur Ausnutzung ihrer Helligkeit und zur zweckmäßigen Leitung ihrer Strahlen zum Mikroskop die Anwendung eines Kondensorensystems. Um Mikroskop, Kondensoren und Lichtquelle sicher ausrichten zu können, ordnen fast alle Optiker diese Apparate auf einer gemeinsamen Grundplatte mit sogenannter optischer Bank an. Die Camera endlich wird am zweckmäßigsten ganz von dem optischen Teil getrennt auf besonderer Unterlage angeordnet. Je nachdem die Aufnahme in horizontaler oder in vertikaler Lage der Mikroskopachse erfolgen soll, muß auch der Camerabalgen horizontal und vertikal stellbar sein. Diese Anordnung wählt man besonders bei kürzeren Balgenlängen bis zu etwa 75 *cm*. Sind längere Auszüge erforderlich — dies ist aber nur selten der Fall —, so wird der horizontalen Lage des ganzen Apparates allgemein der Vorzug gegeben. Sie ist auch für fast alle Aufnahmen mit Ausnahme schwimmender

Fig. 19.

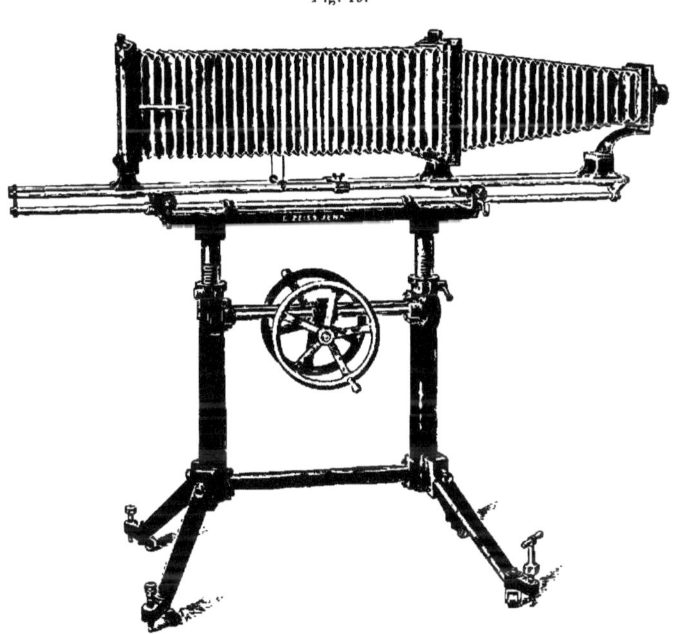

Objekte zulässig und ganz sicher am bequemsten für den Photographen. Diese Anordnung hat auch Zeiss gewählt, dessen Apparat wir als Paradigma der großen Instrumentarien etwas genauer beschreiben wollen, weil er uns seit mehr als 15 Jahren in der mannigfachsten Verwendung vertraut geworden ist und als der am besten und liebevollsten durchgearbeitete Apparat sich allerorts großer Beliebtheit erfreut. Was von ihm gesagt wird, gilt von allen anderen Instrumenten anderer Firmen mit entsprechender Änderung.

Der Zeisssche Apparat besteht aus zwei völlig getrennten Teilen, der Camera und dem Projektionstisch. Das neueste Cameramodell zeigt Fig. 19. Das gußeiserne Trägergestell ruht auf vier Füßen, die außer den Rollen noch kräftige Stellschrauben tragen. Die Rollen treten nur in Benutzung, wenn die Camera von einem Ort zum anderen geschafft wird. Andernfalls dreht man mit dem beigegebenen Schraubenschlüssel die Schrauben so weit abwärts, daß die Rollen frei beweglich werden. Es ist dringend zu raten, unter die Schrauben dicke Eisenbleche zu legen, um das Einbohren in den Fußboden zu verhindern. Mit Hilfe einer Wasserwage läßt sich durch diese Schrauben leicht eine genaue Horizontalstellung der Camera vornehmen. Auf den Füßen erheben sich die beiden Tragsäulen. In der Abbildung ist die Hoch- und Tiefstellvorrichtung mit Kurbel und Zahnrädern wiedergegeben. Zwei kräftige Klemmen an jedem Träger besorgen die Feststellung in der gewünschten Lage. Diese Verstellung ist unbedingt notwendig, wenn schwimmende Objekte aufgenommen werden sollen, wie weiter unten geschildert ist. Die beiden Füße sind durch einen gußeisernen Querbalken verbunden, auf dem die Camera in etwas modifizierter Weise gegen das ältere Modell verschiebbar gleitet. Die Camera ruht auf zwei eisernen Stangen, die auf vier Rollen gleiten. Um eine größere Festigkeit und eine Sicherung gegen unbeabsichtigtes Herabgleiten zu gewährleisten, ist dieses Stangenpaar mit einer dritten verbunden, die durch zwei Klemmen auf dem Querbalken gehalten und durch Anziehen der Klemmenschrauben in jeder gewünschten Stellung festzuklemmen ist. Bei der älteren Camera waren nur die beiden oberen Stangen vorhanden, die beiderseits in je zwei halbcylindrischen Rillen geführt wurden. Bei der Neukonstruktion ist die Verschiebung — natürlich nach Lösung der beiden Klemmschrauben der dritten Stange — eine leichtere und sichere als bei der alten mit ihrer starken Reibung. In der Fig. 19 ist links unter der Mattscheibe an der dritten Stange noch eine verstellbare Schraubzwinge sichtbar, die eine größere Annäherung der Camera an das Mikroskop verhüten soll als nötig ist, um die lichtdichte Verbindung mit dem Mikroskop herbeizuführen. Die Camera selber besteht aus zwei Teilen, einem

Fig. 20.

vorderen konischen, an dessen auswechselbarem Stirnbrett der Lichtabschluß oder, bei Aufnahmen von Übersichtsbildern, ein kurzbrennweitiges photographisches Objektiv angeschraubt wird. Beide Teile tragen Rahmen für die Mattscheiben im Formate 24×24 *cm*. Der Cameraauszug des vorderen Teiles beträgt 70 *cm*, des hinteren 80 *cm*, so daß also gegebenenfalls eine Gesamtlänge von 150 *cm* zur Verfügung steht. Selten sind die Fälle, wo größere Formate zur Herstellung von Demonstrationsbildern, Tafeln usw. gebraucht werden. In solchen Fällen muß man eben eine Ateliercamera mit dem nötigen Format vorsetzen oder man muß sich auf andere Weise helfen, wie weiter unten gezeigt ist. Außer der Mattscheibe gehört zum Apparat eine Spiegelglasscheibe mit einem Strichkreuz sowie eine Anzahl runder Blenden, die, in einer Nute vor der Mattscheibe im Innern der Camera eingesteckt, lediglich zur Abdeckung seitlicher Bildteile und besseren Umgrenzung der Photogramme auf den üblichen Plattenformaten 9×12, 13×18, 18×24 dienen, Formate, die durch Einlegerahmen in den beigegebenen aufklappbaren Doppelkassetten 24×24 *cm* Verwendung finden können.

Auf dem Projektionstische werden angeordnet das Mikroskop und die Lichtquelle mit allen nötigen Hilfsapparaten. Auf einem gußeisernen Gestell, ganz ähnlich dem für die Camera, ruht eine Tischplatte von ca. 135 *cm* Länge und 50 *cm* Breite. Auch dieser Tisch wird eventuell mit Hochstellvorrichtung wie die Camera versehen, doch ist für photographische Zwecke diese Komplikation wohl immer zu entbehren. In der Mitte dieser Tischplatte ist eine prismatische Eisenschiene von ca. 1 *m* Länge als optische Bank aufgeschraubt. An dem von der optischen Bank freigelassenen Ende findet die Lichtquelle ihren Platz, am anderen das Mikroskop. Dieses ruht auf einer Fußplatte (Fig. 20), die aus einem Grundteil und einem mittelst Stellschrauben horizontierbaren Oberteil besteht. Diese obere Platte ist außerdem drehbar und seitlich zu verschieben, so daß bei gelegentlichen Aufnahmen mit auffallendem Lichte das Mikroskop aus der Richtung der optischen Bank nach der Seite geschoben werden kann. Sehr nützlich ist es auch, den ganzen Mikroskopträger in der Höhe verstellbar zu machen (in der Figur fehlt diese Einrichtung, vgl. Fig. 20), um bei Aufnahmen mit aufrecht stehendem Mikroskop das Instrument so weit heben zu können, daß der Strahlenkegel auf den Spiegel trifft. Auf der optischen Bank finden Platz, dicht vor dem Mikroskop, eine verstellbare Irisblende zur Begrenzung des Gesichtsfeldes und als bequemstes Hilfsmittel, eine gleichmäßige Beleuchtung zu erzielen, sowie das Beleuchtungssystem. Dies besteht bei Zeiss entweder aus dem alten, in zwei Teilen gefaßten und mittelst Reiter auf der optischen Bank verschiebbaren dreilinsigen Kondensor oder aus dem Köhlerschen Linsensystem aus drei einzeln gefaßten und verschiebbaren, zum Teil seitlich ausklappbaren Linsen, deren Verwendung bei der Beleuchtung besprochen wird. Bei dem Gebrauche von größeren Bogenlampen ist eine besondere Kühlkammer notwendig, eventuell zur direkten Kühlung des Präparates ein Zothscher Kühler. Zur Aufnahme der Filter dient, so weit man Trockenfilter gebraucht, die Irisblende, die zwei Befestigungsklammern für diesen Zweck trägt, oder für Flüssigkeitsfilter ein besonderer Cuvettenträger. Verfasser macht sich die Cuvetten selber und hängt sie auf die Irisblende. Über dem Ganzen wird eine Verdunkelungseinrichtung angebracht, die Nebenlicht abhält und dem justierten Instrumentarium Staubschutz gewährt. Die lichtdichte Verbindung von Mikroskop und Camera wird durch die in Fig. 21 dargestellte Einrichtung hergestellt. Auf dem Tubus *T* ist eine Hülse aufgesetzt, in die ohne jede Berührung der Ansatz der Camera hineinpaßt, wenn alles ordnungsmäßig aufgestellt ist.

Fig. 21.

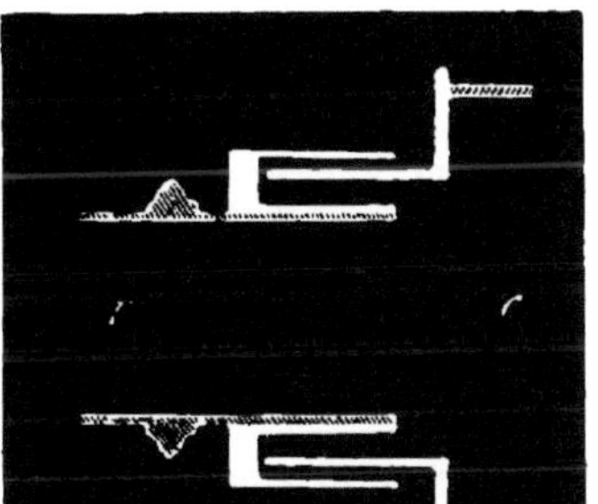

Die Aufstellung des Instrumentariums erfordert große Sorgfalt und so viel Zeit, daß der Wunsch dringend wird, den einmal justierten Apparat dauernd an Ort und Stelle in steter Bereitschaft zu halten. Wer jedesmal beim Mikrophotographieren mit Aufstellen, Zusammensuchen und Probieren beginnt, verschwendet die erste und beste Arbeitskraft und kommt bereits ungeduldig und ermüdet zur eigentlichen Arbeit. Nach Auswahl des passenden Platzes stellt man den Projektionstisch auf, indem man unter die Füße Metallplatten legt, die ein Eindrücken in den Fußboden verhüten und horizontiert ihn durch die Fußschrauben mit einer Wasserwage. Dann kommt das Mikroskop an seinen Platz auf der Fußplatte und wird dort durch eine über den Fuß gelegte Klemmvorrichtung gehalten. Die Achse des Tubus muß genau in der Richtung der optischen Bank liegen. Durch kleine aufgeschraubte Anschläge ist die richtige Stellung des Mikroskopfußes festgelegt. Nun wird der Mikroskopoberteil umgelegt, so daß der Tubus horizontal liegt. Jedes Mikroskop besitzt heute als Beleuchtungsapparat einen Abbeschen Kondensor mit Irisblende. Der Spiegel wird abgenommen und nun gibt die centrisch stehende Irisblende des Kondensors den Fixpunkt für alle weitere Centrierung. Man entfernt alle Linsen und den Kondensor vom Mikroskop und klappt die Kondensoriris centrisch an ihren Platz. Man messe die Höhe der Irismitte über dem Tische und stelle am anderen Ende der optischen Bank die Lichtquelle so auf, daß ihre Mitte genau so hoch steht wie die Iris, und setze sie in Betrieb. Arbeitet man mit dem zweiteiligen Kondensor, so kommt der Zweilinsenteil auf die optische Bank vor die Lichtquelle, mit den konkaven Flächen ihr zugekehrt. Seine Höhe wird nach dem Maß annähernd bestimmt. Er soll paralleles Licht liefern, also muß die Lichtquelle im Brennpunkte stehen. Es bleibt dann der Durchmesser des austretenden Lichtbüschels bei nicht zu großen Lichtquellen stets gleich dem Durchmesser der Linsen. Die Kondensoren werden in zwei verschiedenen Größen geliefert: mit 11 und 17 *cm* Durchmesser. Ersterer genügt, wenn das Instrument nur photographischen Zwecken dienen soll und nicht auch zur Projektion von Diapositiven von ca. 9×12 *cm*. Das parallele Lichtbündel der ersten Kondensorhälfte wird auf die zweite geworfen, die ihre plane Seite dem Mikroskop zukehrt, und muß sie ganz ausfüllen. Sie vereinigt die Strahlen in ihrem Brennpunkte zu einem Bilde der Lichtquelle. Sie bilde man nun möglichst scharf genau auf der Irisblende des Abbeschen Beleuchtungsapparates ab. Beide Linsen sollen gleich hoch stehen. Nun wird in der Regel das Lichtbild noch nicht genau auf die Irismitte fallen. Das läßt sich aber durch kleine Höhenverstellungen der Lichtquelle und Kondensoren erreichen. Es kann gelegentlich vorkommen, daß die Lichtquelle nicht mit dem Apparat gleichzeitig bezogen ist und höher steht als die Mikroskopachse. Dann mißt man eben die Höhe der Mitte der Lichtquelle und hebt den Träger des Mikroskops, dessen Verstellbarkeit also auch aus diesem Grunde nötig ist. Ist die Centrierung so weit vollendet, findet die oben genannte verstellbare große Irisblende ihren Platz dicht vor dem Träger des Mikroskopes ca. 15 *cm* vor der Kondensoriris und wird dadurch centriert, daß man zunächst durch Zurückrücken des Einlinsenteils des großen Kondensors die Lichtquelle auf ihr scharf abbildet und die Iris nun so lange in der Höhe verstellt, bis die Mitte der Lichtquelle genau auf ihre Mitte fällt. Nunmehr wird die Camera herangerollt und nach dem Augenmaß in die gerade Verlängerung der optischen Bank gestellt, die Höhe annähernd durch die Verstellungseinrichtung fixiert. Dann zieht man die Camera an das Mikroskop heran, daß der Ansatz des Lichtabschlusses genau in den auf den Tubus gesteckten hineinpaßt, wozu noch kleine Verschiebungen nach rechts und links oder mit der Kurbel nach oben und unten nötig sind. Dabei achte man darauf, daß das Stirnbrettchen mit dem Lichtabschluß genau centrisch an der Camera sitzt. Wenn es sich verschiebt, stimmt die Centrierung natürlich nie, und wenn sie nicht stimmen will, sehe man nach dem Brettchen! Stimmt auch das, schiebe man die Camera wieder so weit auf ihren Gleitrollen zurück, daß keine Berührung mit dem Mikroskop möglich ist und bringe nun die Cameraachse genau in die optische Achse. Man setzt die Mattscheibe in den vorderen Rahmen ein und schiebt den Balgen so eng zusammen wie möglich. Steht alles richtig, muß genau in der Mitte der Mattscheibe — dem Kreuzungspunkt ihrer mit Bleistift eingezogenen Diagonalen — ein runder, heller Lichtfleck — mit allerhand vom Okulartubus herrührenden unregelmäßigen hellen Reflexen, die zu übersehen sind — auftreten. Darauf kommt die Mattscheibe in den hinteren Rahmen, die Balgen werden zusammengesetzt und auf ihre größte Länge ausgezogen. Steht die Camera genau in der Achse, so befindet sich der Lichtkreis wiederum genau in der Mitte, steht er rechts oder links, so bildet die Cameraachse einen Winkel mit der Mikroskopachse, der durch Verschieben auszugleichen ist. Dabei kommt man kaum allein aus, weil beim Schieben leicht auch der Vorderteil wieder verrückt wird. Man muß diese Operationen — Anpassen an den Lichtverschluß, Einstellen des Lichtflecks auf die Mattscheibenmitte — bei kurzen und langen Cameraauszügen so oft wiederholen, bis alles genauest centriert ist. Dann legt man Metallplatten unter die Schrauben der Camerafüße und hebt durch Anziehen der Schrauben gleichmäßig alle vier Füße unter Kontrolle der Cameralage durch eine Wasserwage, bis die Rollen frei drehbar sind. Durch dieses Heben ist natürlich auch die Cameraachse gehoben und muß durch die Verstellungskurbel wieder so weit gesenkt werden, daß der Lichtabschluß genau ineinander paßt. Nochmals sei darauf aufmerksam gemacht, daß bei allen Verstellungen der Camera zuvor die lichtdichte Verbindung getrennt wird, weil andernfalls das Mikroskop schweren Schaden erleiden kann.

Zu dem Apparate gehört noch eine Ferneinstellungsvorrichtung, um von der Mattscheibe aus groben Trieb und Mikrometerschraube bewegen zu können. Diese ist je nach der Konstruktion des verwendeten Stativs eine verschiedene. Die Einrichtung für das mikrophotographische Stativ von Zeiss erhellt aus Fig. 20. Bei Stativen mit der alten Mikrometerschraube ist ein Hookescher Schlüssel erforderlich, dessen Bewegungen eine mit Gummi überzogene Walze, die auf einem kleinen auf der Fußplatte unter der Mikrometerschraube aufgeschraubten Säulchen fest ruht, auf die geränderte Mikrometerschraube überträgt. Ferner sind noch allerhand Übertragungen durch Schnurlauf in Gebrauch. Ähnliche Instrumentarien bauen W. & H. Seibert in Wetzlar u. a.

Vielfach ist eine so große, universelle, platzraubende und natürlich entsprechend teure mikrophotographische Einrichtung nicht erforderlich. Namentlich bei

Fig. 22a.

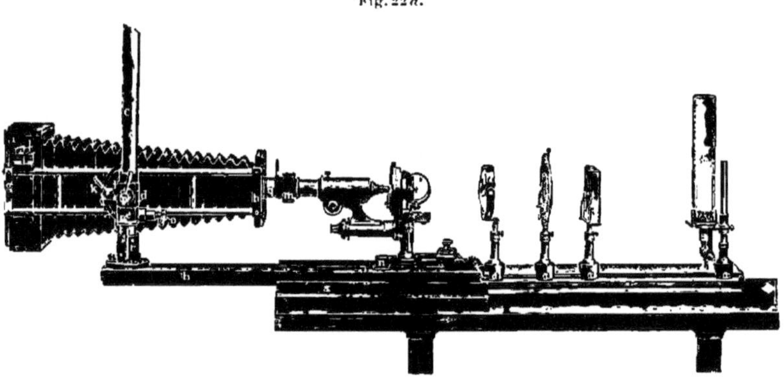

allen Arbeiten mit einfachen Achromaten mit und ohne Okular, mit Apochromaten in Verbindung mit den Kompensationsokularen braucht man nur Cameraauszüge, die etwa denen des Vorderteils der beschriebenen Camera entsprechen. Es kann dann fast immer bei diesen kurzen Apparaten eine ganz erwünschte Vereinfachung der Centrierung getroffen werden und eine bequeme Einrichtung, die Camera horizontal und vertikal zu gebrauchen. Einige Beispiele mögen diese Instrumente illustrieren, die nach der ausführlichen Besprechung des großen durch ihre Abbildung fast ohne weiteres verständlich sein dürften.

Sehr brauchbar ist die Camera von R. WINKEL in Göttingen, deren Verwendung aus Fig. 22 *a* und *b* verständlich ist. Mit diesem Apparat sind die trefflichen Illustrationen in ASCHOFF-GAYLORDS Kursus der pathologischen Histologie hergestellt. Auch die in Fig. 23 in horizontaler Stellung abgebildete Konstruktion von LEITZ in Wetzlar ist viel in Gebrauch und namentlich in Verbindung mit der neuen kleinen Bogenlampe der Firma vielseitig bewährt, zumal sie auch zu Aufnahmen großer Schnitte und makroskopischer Objekte in durch- und auffallendem Lichte Einrichtungen besitzt, wie aus dem Sonderkatalog der Firma näher ersichtlich ist. Die Verwendung als Vertikalcamera geschieht im Gegensatz zu WINKEL nicht durch Verschiebung der Camera, sondern der Mikroskopgrundplatte, welche nach Aufrichtung und Hebung der Camera bis zum Anschlag an die Füße rechts in der Figur geschoben wird. REICHERT, SEIBERT u. a. bauen ähnliche Cameras.

Fig. 22 *b*.

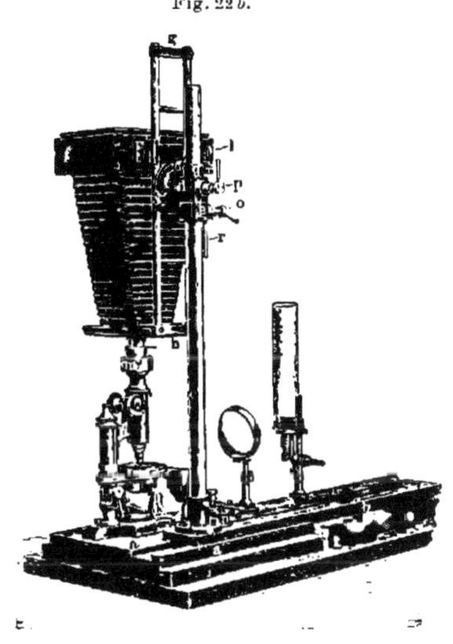

LEITZ, ZEISS u. a. bauen noch einfachere Cameras, die nichts weiter sind als Vertikalcameras auf einer Grundplatte für das Mikroskop. Gelegentlich mögen auch solche in Verbindung mit einem gewöhnlichen Mikroskop genügen. Aussehen und Aufstellung ergibt sich aus Fig. 24, welche die LEITZsche Camera darstellt. So bequem und ausreichend die kleineren Apparate auch sind, sie haben

Fig. 23.

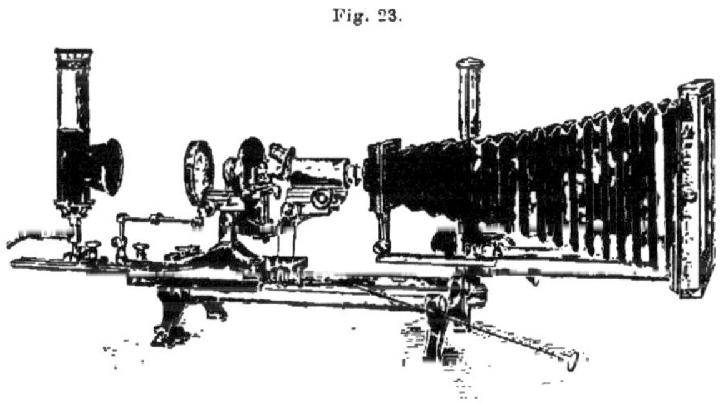

den gemeinsamen Fehler, daß bei Erschütterungen, die namentlich beim Einsetzen und Aufziehen der Kassette vorkommen, durch Fortleitung auf das Mikroskop die Einstellung, besonders bei starken Vergrößerungen verändert wird. Durch eine von RIES herrührende ebenso einfache wie vorzügliche Änderung ist diese Gefahr sehr leicht zu vermindern. RIES stellt das Mikroskop nicht direkt auf die Fußplatte, sondern auf eine zweite, die mit drei Säulchen versehen in entsprechend angeordnete und weite Bohrungen der ersteren so einzusetzen ist, daß keine Berührung zwischen beiden Platten stattfindet. Ist der Arbeitstisch nicht sehr stabil, so empfiehlt Ries unter der Fußplatte ein Loch in den Tisch zu schneiden und dahinein ein mit besonderen Füßen versehenes Tischchen ohne Berührung des Haupttisches oder eine Art Säule oder dgl. einzupassen und auf dieser die Einsatzplatte aufzustellen. Es wäre sehr erwünscht, wenn die optischen Anstalten diese treffliche Idee für ihre Instrumente nutzbar machen wollten.

Ehe die Spezialeinrichtungen für besondere mikrophotographische Aufnahmen besprochen werden, müssen wir die allgemeine mikrophotographische Technik besprechen.

Zuvor noch ein paar Worte über die zur Aufnahme nötigen Objektive. Unter geeigneten Umständen sind die gewöhnlichen Achromate mit oder ohne Okular recht wohl zu brauchen. Da ihre Achromasie sich nur über einen Bezirk zwischen

Fig. 24.

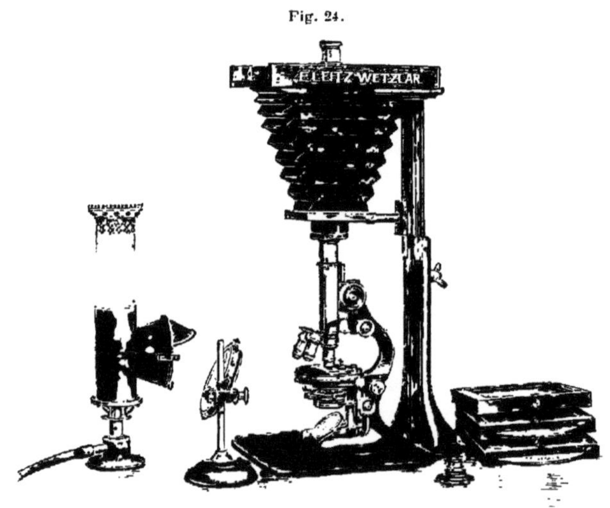

den Fraunhoferschen Linien D bis höchstens F des Sonnenspektrums erstreckt, kann auch nur Licht dieser Zonen gebraucht werden. Durch die verbesserte Sensibilisation der photographischen Trockenplatten (s. unten) ist man in der Auswahl der Lichtzone nicht mehr beschränkt, da die Platten grün, gelb, ja rotempfindlich geworden sind. Für die Achromate eignet sich am besten gelbgrünes Licht schon deshalb, weil es leicht durch geeignete Filter erzeugt werden kann und außerdem noch bei fast allen künstlichen Färbungen eine erhöhte Kontrastwirkung erzeugt. Für schwächere Vergrößerungen und dicke Schnitte sind sie wegen des größeren ebenen Sehfeldes sogar den chromatisch vollkommeneren Apochromaten überlegen. Dennoch kann der Mikrophotograph letztere nicht entbehren, da sie auch ohne Filter ein fast über das ganze sichtbare Spektrum korrigiertes Bild liefern. Sie sind überall zu verwenden, wo es sich um genauere Wiedergabe der auf dem Negativ in Dichtigkeitsabstufungen übersetzten Farbennuancen des Präparates handelt, wie bei den Interferenzerscheinungen im Polarisationsmikroskop und ähnlichen Dingen und sodann bei den Methoden der Dreifarbenphotographie. Die Apochromate gestatten zwar bei der Okularbetrachtung mit den Kompensationsokularen eine allmähliche Einstellung der Schärfe über das ganze Gesichtsfeld, in der Photographie muß man sich aber an den leider recht kleinen scharfen Centralteil des stark gewölbten Bildfeldes halten. Die Verwendung der für die Apochromate konstruierten Projektionsokulare ist erwünscht, doch lassen sich auch bei kurzen Cameraauszügen die mittleren Kompensationsokulare benutzen. Für große Präparate, für Übersichtsbilder bei relativ schwacher Vergrößerung ist durch die Konstruktion der ZEISSschen Planare, die als Mikroplanare für vorstehende Zwecke besonders berechnet sind, eine ganz bedeutende Verbesserung angebahnt worden. Um bei ihnen durch den früher üblichen Mikroskoptubus auch nach Entfernung des Okularstutzens nichts von dem Gesichtsfeld zu verlieren, wurde der Umbau der Tuben nötig und so entstand das neue mikrophotographische Stativ. In den sehr erweiterten Tubus werden die Mikroplanare durch besondere Einsätze nach Entfernung des Okularstutzens von oben her eingesetzt, wie es in Fig. 20 deutlich ersichtlich ist. Die ZEISSsche Errungenschaft hat natürlich auch die anderen Konstrukteure angespornt und so sind die Mikrosummare von LEITZ, die Mikroluminare von WINKEL und andere Typen verschiedener Firmen entstanden, die in der Praxis sich gut bewährt haben. Je mehr Objektive der Mikrophotograph zur Verfügung hat, um so besser, zumal, wie wir sehen werden, Mikroskopobjektive sehr zweckmäßig als Kondensoren zu gebrauchen sind. Von den Mikroplanaren bzw. diesen entsprechenden Konstruktionen gebraucht man mindestens die Brennweite von ca. 35 und 50 *mm*, ja für Gehirnschnitte, embryologische und anatomische Übersichtspräparate wird gelegentlich noch eine Brennweite von 75—100 *mm* nötig sein. Hier kann, wenn die Vergrößerung nicht über das Vier- bis Sechsfache hinausgeht, eine der modernen anastigmatischen photographischen Linsen Verwendung finden. Die Apochromate von ZEISS u. a. werden am häufigsten gebraucht mit

	äquivalenter Brennweite in *mm*	num. Ap.
	16	0,30
	8	0,65
	4	0,95
homog. Immers.	3	1,30

Um auch für die Achromaten einige Beispiele zu nennen, kommt man aus mit A oder AA, B, C, D oder DD, E von ZEISS, bei LEITZschen Linsen mit 3, 4, 6, 7 oder 8, bei SEIBERT II, III, V, VI, WINKEL 3, 4, 6, 8 und der Immersionen 1/12 der Firmen und etwa 3 HUYGHENSschen Okularen. Man mache es sich zur Regel, stets die schwächste zulässige Vergrößerung für die Wiedergabe eines Präparates zu wählen. Das Auflösungsvermögen der Objektive nimmt bekanntlich nicht mit der Vergrößerung, sondern mit der steigenden Apertur zu. Man gewinnt für die Güte des Photogramms bei einer bestimmten Apertur nichts durch die ungebührliche Vergrößerung durch Okular oder verlängerten Cameraauszug, im Gegenteil. Daher gehe man damit nie weiter, als gerade eben genügt, die gewünschten Details deutlich zu zeigen und wähle trotz der naturgemäß dadurch bedingten Verminderung der Gesichtsfeldausdehnung und der Tiefenschärfe lieber ein Objektiv mit kürzerer Brennweite und höherer Apertur zum Herausbringen der Einzelheiten, als stärkere Vergrößerung mit dem schwächeren System.

Wie in der Beschränkung in der Vergrößerung, so zeigt sich auch der Meister in weiser Beschränkung in der Helligkeit des Bildes und der Apertur des jeweiligen Systems. Die besten Bilder gibt ein Trockensystem in der Regel dann, wenn seine Apertur durch Abblendung des Kondensors auf cca. $^1/_3$ reduziert ist. Der geübte Mikroskopiker macht das einfach durch tastendes Verstellen der Kondensoriris. Auch für den Anfänger sicher ist folgender Weg. Nach Einstellung des Präparates nimmt man das Okular aus dem Tubus und sieht von oben auf die oberste Linse des Objektivs, wobei man natürlich in der deutlichen Sehweite davon abbleiben muß. Da der Tubus nur 16 *cm* lang zu sein pflegt, die normale Sehweite aber 25 *cm* beträgt, muß also das Auge ca. 10 *cm* vom oberen Tubusrande entfernt sein, bei weitsichtigen mehr und bei kurzsichtigen muß eine entsprechende Brille die richtige Entfernung einhalten helfen. Schließt und öffnet man nun während des Hineinsehens die Irisblende des Beleuchtungsapparates, so wird die Objektivlinse entweder ganz erhellt oder konzentrisch verdunkelt. Wenn nur das centrale Drittel erhellt ist, füge man das Okular wieder ein und kann sich nun leicht durch weitere Experimente von der Richtigkeit obiger Behauptung überzeugen. Engere Blendung erzeugt leicht Beugungsränder an allen Bildkonturen, deren photographische Abbildung in den weitaus meisten Fällen ein Beweis für die Unvollkommenheit des Photographen ist.

Zum guten Gelingen eines Mikrophotogrammes ist zuerst erforderlich eine richtige Beleuchtung des Präparates. Über die Wahl der Lichtquelle ist das Nötige gesagt. Sie findet ihren Platz in so großer Entfernung vom Mikroskop, daß seine Erwärmung möglichst verhindert wird und man leitet durch Linsen die Strahlen zum Präparat. Über das Wie ist viel diskutiert und allerhand Theorie aufgebaut. Sehen wir ganz davon ab, denn es geht auf rein praktischem Wege. Zur Regulierung der Apertur der verschiedenen Objektive braucht man einen geeigneten Beleuchtungsapparat. Der Abbesche Kondensor von großer Apertur bis zu 1,40 ist dazu in der Regel nicht geeignet. An seine Stelle tritt der achromatische Kondensor mit der num. Ap. 1,0 mit Centriervorrichtung Fig. 25 für die mittleren und stärkeren Objektive von etwa 8—2 *mm* äquivalenter Brennweite und die Immersionen. Er findet seinen Platz in der Schiebhülse des zu entfernenden gewöhnlichen Abbeschen Kondensors, und zwar wird er nicht wie dieser von unten, sondern von oben eingesetzt. Zur genauen Regulierung der Apertur ist er mit Irisblende zwischen den Linsen ausgerüstet, deren Weite durch den Griff p einstellbar ist. Die Centrierschrauben sind bei u' und u sichtbar, die Schraube r dient zum Festklemmen in der Schiebhülse. Größere Aperturen als 1,0 erlaubt er nicht zu benutzen. Das ist für photographische Zwecke auch nur ganz ausnahmsweise nötig. Daneben existiert ein Kondensor mit verlängerter Brennweite für den Zothschen Kühler. Zwar baut Zeiss auch einen analogen Kondensor mit 1,30 Ap., aber sein kleiner Fokalabstand erlaubt nur Objektträger von weniger als 0,7 *mm* Dicke, ein für gewöhnlich nicht verwendetes Material. Man vergesse auch nicht, zwischen oberer Linse und Unterfläche des Objektträgers einen Tropfen Immersionsöl einzuschalten. Gegebenenfalls muß man mit dem Abbeschen Kondensor 1,40 Ap. — ebenfalls ein Immersionskondensor — auszukommen suchen. Für die schwachen Trockensysteme von 18—8 *mm* sind ganz vorzüglich Objektive als Kondensoren geeignet, die in eine zentrierbare Schiebhülse eingeschraubt sind, wie es Fig. 26 zeigt, und die gleichfalls in der Fassung des Abbeschen eingefügt wird. Man wählt als Kondensor das nächst schwächere Objektiv der Aufnahmslinse, also z. B. a_2 für AA, AA für B und C von Zeiss, und entsprechend die Linsen anderer Firmen. Bezeichnen wir nun der Kürze halber den am Mikroskop angebrachten, aus Objektiven, dem achromatischen oder Abbeschen Kondensor

Fig. 25.

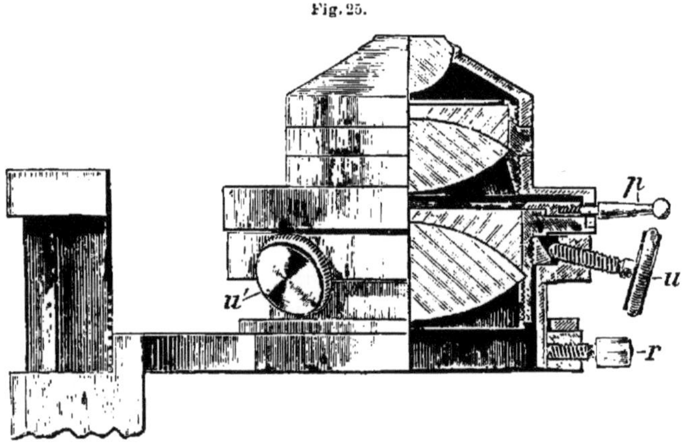

bestehenden als Hilfskondensor, den auf der optischen Bank wie oben angegeben zwischen Sehfeldiris und Lichtquelle aufgestellten als großen Kondensor, so geschieht die Beleuchtung auf folgende Weise für alle Fälle: Die Hälfte des großen Kondensors, die vor der Lichtquelle steht und von ihr parallele Strahlen weiterführt, bleibt ein- für allemal in der ausprobierten Stellung. Man öffnet die Sehfeldiris, entfernt den Mikroskopspiegel und setzt den gewählten Hilfskondensor ein und stellt das Präparat scharf ein. Das kann man machen, indem man wie gewöhnlich nach Zurückschieben oder Neigen der Camera ins Okular hineinschaut oder man stellt bei möglichst zusammengeschobener Camera einen Bogen weißen Karton an Stelle der Mattscheibe auf als Projektionsfläche, so daß man sie deutlich von seiner Stellung am Projektionstisch sehen kann. Es ist durchaus ratsam, zunächst mit einem schwächeren System einzustellen, wenigstens bei der ersten Justierung, also z. B. mit Objektiv AA, a_3 als Kondensor. Okular ist unnötig und der Okularteil des Tubus wird ausgeschraubt, also nur mit dem Objektiv gearbeitet. Nun schließt man die Sehfeldiris bis auf etwa 1 *cm* Öffnung und stellt durch Bewegung des Hilfskondensors mit dem Trieb des Beleuchtungsapparates die Sehfeldblende auf dem Karton scharf ein, gleichzeitig das Präparat durch den Mikroskoptrieb. Ist das geschehen, so verschiebt man die zweite Linse des großen Kondensors so lange, bis die Beleuchtung auf dem Schirm eine durchaus gleichmäßige ist. Es gibt nur eine Stellung, die bei sorgfältiger Arbeit bei allen Versuchen die gleiche sein wird. Nun öffnet man die Sehfeldiris so weit, wie das Präparat scharf von der Linse gezeichnet wird. Die unscharfen Randpartien sind durchaus vom Übel und müssen unbarmherzig ins Dunkel gebracht werden. Hat man z. B. DD als Aufnahmsobjektiv gewählt und den achromatischen als Hilfskondensor, macht man alles gerade so, nur muß man die Sehfeldblende enger wählen, weil bei stärkeren Linsen das Sehfeld immer kleiner wird; bei Immersionen muß sie auf nahezu die kleinste Öffnung gebracht werden. Während bei der Verwendung von Objektiven als Hilfskondensoren die Ap. durch passende Wahl jener von selber richtig abgestimmt ist, muß man durch Schließen oder Öffnen der Iris im achromatischen Kondensor erst die richtige Abstimmung vornehmen, entweder durch Hineinsehen in den Tubus, wie oben angegeben ist, oder, was noch einfacher ist, man schließt die Blende soweit, bis die auf den Schirm projizierte Sehfeldblende nicht mehr überstrahlt wird, sondern sich dunkel und scharf gegen das Präparat abhebt. Zur Vermeidung von Beugungserscheinungen darf man mit dieser Abblendung auch nicht weiter herabgehen, als eben nötig ist, den Sehfeldblendenrand dunkel zu erhalten. Bei dieser Art der Beleuchtungsregulierung genügt selbst die Helligkeit eines Auerbrenners, um im verdunkelten Zimmer alles sicher zu regulieren. Die gleichmäßige Helligkeit wird beim Wechsel der Objektive wieder durch eine mäßige Verschiebung der zweiten großen Kondensorlinse erzielt. Die eigentliche Lichtquelle ist in diesen Fällen die Öffnung der Sehfeldblende, der vor dem Mikroskop auf der optischen Bank aufgestellten Irisblende. Die alte Lehre, Abbildung der Lichtquelle in der Ebene des Objektes, ist so gewahrt, aber die Lichtquelle ist eben nicht die Lampe, wie man früher empfahl, was auch untunlich und schlecht ist, sondern eine beleuchtende Öffnung mit bestimmten Beziehungen zum optischen System des Mikroskops. Das Bild der eigentlichen Lichtquelle liegt vor der Iris, zwischen ihr und dem Hilfskondensor, und wo es genau hinzulegen ist, kann man auf die angegebene Weise mit der Pro-

Fig. 26.

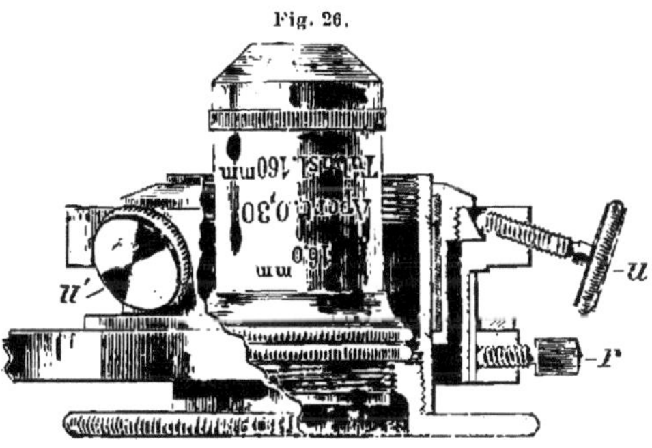

jektion ganz empirisch feststellen, ohne eine Ahnung von Ein- und Austrittspupille und anderen theoretischen Dingen zu haben, deren Kenntnis ja jedem Mikroskopiker dringend nötig — aber leider nicht aufzuzwingen ist. Man mache auch den Versuch, nach völliger Regulierung der Beleuchtung die Sehfeldiris zu öffnen und zu schließen. Man wird sehen, die Helligkeit des Bildes wird dadurch nicht beeinflußt. Genügt diese Helligkeit nicht, muß man eben eine Lichtquelle mit einer höheren spezifischen Helligkeit wählen. Verschiebt man nun die zweite Linse des großen Kondensors, so wird zwar, je näher dadurch das Flammenbild der Iris kommt, die Helligkeit des Bildes wachsen, und am größten sein, wenn es genau in die Ebene der Iris und damit auch des Präparates fällt, aber die Beleuchtung ist ungleichmäßig, zeigt das Bild der Lichtquelle, die Maschen des Auerstrumpfes und dgl. Außerdem treten allerhand Überstrahlungen der Objektkonturen auf, diffuse Lichtschleier, Reflexe usw., kurz das Bild ist nicht photographisch brauchbar. Es dürfte kaum eine einfachere und sicherere Methode der Beleuchtung und für das Studium der Beleuchtungsfehler geben als diese dem Verf. seit 18 Jahren in Praxis und Unterricht bewährte. Nun bleibt noch die Beleuchtung bei den Übersichtsbildern mit den Mikroplanaren und ihnen entsprechenden Typen. Dazu bedarf man noch eines anderen Hilfskondensors mit großem Linsendurchmesser, die als sogenannte Brillenglaskondensoren zum Einstecken in den ABBEschen Kondensorträger von ZEISS u. a. angefertigt werden. Hierbei ist genau die bei der von jedem Photographen bei der Herstellung gewöhnlicher Vergrößerungen geübte Beleuchtungsmethode in Anwendung zu ziehen, indem der vom Hilfskondensor gebildete Lichtkegel mit seiner Spitze im Objektiv liegt, wie es übrigens auch bei den beschriebenen Fällen der stärkeren Linsen der Fall ist. Die Sehfeldblende wird ganz geöffnet, der Hilfskondensor von passender Brennweite eingesteckt, das Präparat eingestellt und nun die zweite Linse des großen Kondensors so gerückt, daß die Spitze des von ihr gelieferten Lichtkegels etwa 5—8 *cm* vor dem Hilfskondensor liegt. Dieser wird so verstellt durch den Trieb des Beleuchtungsapparates, daß die Spitze des von ihm erzeugten Lichtkegels oder, was dasselbe sagt, das reelle Bild der Flamme in die Blendenebene des Objektivs fällt. Alles wird auf dem weißen Karton dann kontrolliert und die Beleuchtung durch kleine Verschiebungen des großen Kondensors nötigenfalls reguliert. Für Planare bis zu 50 *mm* Brennweite genügt ein Brillenglaskondensor von 4 *cm* Brennweite, für größere Brennweiten bis zu 80 *mm* ist ein Hilfskondensor von 6—8 *cm* Brennweite nötig. Bei Schnitten, die noch größere Objektive erfordern, treten die Hilfsmittel der makroskopischen Photographie, besonders die Vergrößerungs-, auch Solarcamera genannt, ins Recht.

Es ist erste Grundbedingung, nicht eher zur Aufnahme zu schreiten, bis die Beleuchtung so in Ordnung ist, daß das Bild auf dem Karton und der Mattscheibe in der bestmöglichen Weise definiert ist.

Von A. KÖHLER, dem um den Ausbau der mikrophotographischen Beleuchtungsmethoden sehr verdienten wissenschaftlichen Mitarbeiter von ZEISS, Jena, rührt ein Beleuchtungssystem her, welches, ursprünglich für die Mikroprojektion bestimmt, auch für die Photographie vorteilhaft verwendbar ist. KÖHLER vermeidet die starken Verluste an Helligkeit durch die an jeder beiderseits an Luft grenzenden Linse stattfindende Reflexion durch Verminderung der Linsenzahl. Der Verlust beträgt ungefähr 10% für jede Linse, abgesehen von den durch Absorption durch die dicken und der Billigkeit wegen nicht gerade aus erstklassigen Sorten bestehenden Gläser. KRÜSS hat einen Lichtverlust von ca. 50% für den dreiteiligen Kondensor festgestellt unter Berücksichtigung aller Momente. KÖHLERS Anordnung erhellt aus Fig. 27. L ist der Ort der Lampe (Bogenlicht), W eine Kühlkammer, M das Mikroskop, alles auf dem ZEISSschen Projektionstisch. Bei starken Systemen bzw. den Immersionen wird nur die Linse S_1, aus gutem Glase, 8 *cm* Durchmesser, benutzt. Sie wird so vor der Lampe aufgestellt, daß sie ein ca. vierfach vergrößertes Bild des Kohlenkraters der Projektionslampe, ungefähr auf der Irisblende des ABBEschen Kondensors entwirft und dessen untere Linse völlig erhellen muß. Bei Objektiven von 3—10 *mm* Brennweite wird die Linse S_2 mitbenutzt. Um die Linsen immer gebrauchsfertig zu haben und beliebig wechseln zu können, sind sie auf ihrem Reiter umklappbar angebracht. Linse S_1 wird näher an die Lampe gerückt, daß sie paralleles Licht auf S_2 wirft und deren ganze Öffnung erhellt. S_2 entwirft ein halb so großes Bild vom Krater auf den Mikroskopkondensor und reduziert dessen Apertur. Noch genauer wird das Sehfeld begrenzt durch die Sehfeldiris, deren Stellung bei *I* markiert ist. Systeme von 16 bis 25 *mm* Brennweite werden mit einer dritten Linse bei S_3 beleuchtet, nachdem S_2 weggeklappt ist. Sie entwirft auf der Kondensoriris ein Lampenbild in natürlicher Größe. Bei Verwendung dieser Kombinationen ist die Verwendung des achromatischen Hilfskondensators vorausgesetzt. Braucht man noch schwächere Systeme und die Planare, wird dieser durch die Brillenglaskondensoren ersetzt, Linse S_3 soweit vom Mikroskop abgerückt, daß das von ihr erzeugte Flammenbild cca. 4 bis

Fig. 27.

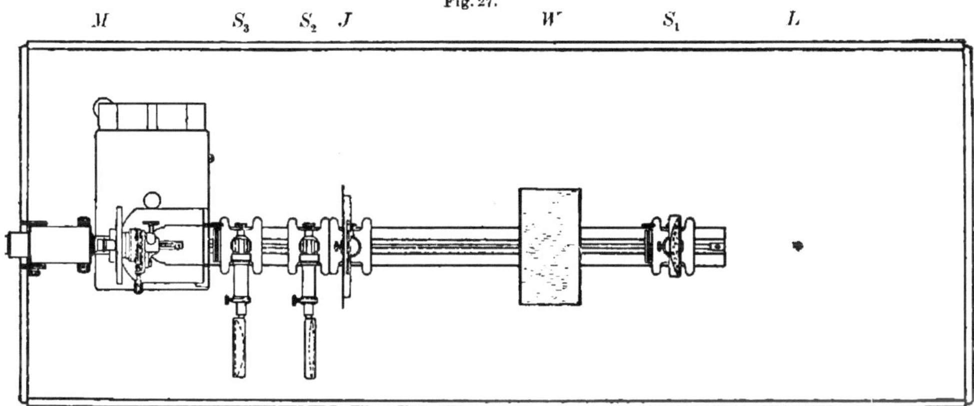

5 *mm* vor dem Hilfskondensor liegt. Genaueres ergibt sich aus KÖHLERS Publikation in der Zeitschr. Wiss. Mikroskopie, Bd. 19.

Es ist natürlich, daß man an Stelle dieser beschriebenen Kondensorensysteme allerhand andere Hilfsmittel setzen kann, wie z. B. ein mit Kondensoren versehenes Skioptikon oder einen photographischen Vergrößerungsapparat, die man ohne Objektiv und mit zusammengeschobener Camera an Stelle der Kondensoren benutzt, je nach der Lage des Kondensorenbrennpunktes vor dem Hilfskondensor, das ganze bald näher, bald ferner schiebt. Die Sehfeldiris kann man aus allen möglichen Dingen improvisieren, der Iris photographischer Objekte nach Herausschrauben der Linsen, aus Pappscheiben usw. Wer sich mit der Sache vertraut gemacht hat, wird mit der Technik schon fertig werden.

Schließlich sei noch erwähnt, daß KÖHLER auch eine Einrichtung zur Beleuchtung mit spektral zerlegtem Lichte angegeben hat, daß GAYLORD bei Schmidt & Haensch in Berlin ebenfalls einen derartigen Apparat bauen ließ. Vielleicht wird diesen Instrumenten noch in der Zukunft eine größere Bedeutung zukommen, einstweilen ist nur eine Anwendung wichtig geworden, nämlich die Beleuchtung mit ultraviolettem Lichte, die durch KÖHLER ausgearbeitet ist. Hier stehen wir noch im Anfange einer bedeutungsvollen Neuerung einer Methode, optisch Unsichtbares durch spezifische Absorption in ultraviolettem Lichte mit Hilfe der Photographie sichtbar zu machen. Hier sind noch viele Schwierigkeiten zu überwinden, weil die Herstellung von Mikroobjektiven von ähnlicher Güte, wie es die Achromate und besonders die Apochromate für das sichtbare Licht sind, wegen des Mangels an passendem optischen Material vorläufig noch unmöglich war. Aber das Problem ist lockend, die Ausblicke für unsere damit vermehrte Erkenntnisfähigkeit sind vielversprechend und vor allem: der Anfang ist gemacht. Möge die Verbesserung bald kommen! Unser Auge ist schon für das durch Glasprismen erzeugte und photographisch fixierbare Spektrum gut empfänglich nur bis zum beginnenden Violett bis wenig über *G* hinaus. So nimmt man z. B. von den als Vergleichsmarken in Fig. 34 benutzten Heliumlinien die letzte Gruppe von fünf Linien nicht mehr auf der Mattscheibe wahr, deren erste der Wellenlänge von 0,414 entspricht. Durch die photographische Aufnahme wird unsere Wahrnehmungsfähigkeit erweitert, allerdings nur bis zu gewissen Grenzen, da das Glas die Strahlen absorbiert. Wie in der Spektralanalyse benutzt man nun statt Glas ultraviolettdurchlässige Substanzen, vor allem Quarz und Flußspat. Um also ultraviolette Strahlen zur Mikrophotographie benutzen zu können, müssen der Beleuchtungsapparat und die Objektive und Okulare aus diesen Substanzen verfertigt sein, ebenso Objektträger und Deckglas müssen ultraviolett durchlässig sein und die Einschlußmedien. Kurz, unser ganzes gewohntes optisches Instrumentarium ist ganz unbrauchbar. Da nun einstweilen eine Konstruktion von Objektiven und Okularen für größere Spektralbezirke nicht möglich ist, so hat sich KÖHLER auf sogenannte monochromatische Objektive und Okulare beschränkt, Linsen, die für die Wellenlänge 280 oder 275 korrigiert und von Dr. v. ROHR aus der ZEISSschen Anstalt berechnet sind. Dadurch sind natürlich erhebliche Beschränkungen besonders für den Biologen und Histologen bedingt, während die rein formelle Strukturdarstellung, die Auflösungskraft der Systeme, die Erkennung feiner Details nebeneinander eine wesentliche Steigerung erfahren hat. Wie es im sichtbaren Spektrum für gewisse Körper spezifische Absorptionen bestimmter Wellenlängen gibt, so auch für das ultraviolette. Wenn es gelänge, Ultraviolettapochromate zu erzeugen, dann könnten ganz neue Einblicke in die chemische Struktur organischer Substanzen und Gewebe gewonnen werden, es könnten Bestandteile sichtbar werden, die es einstweilen nicht sind und ihre Art könnte besser bestimmt werden. Jetzt wählen wir den Weg färberischer Differenzierung, um Zellsubstanzen sichtbar zu machen, ein Weg, der wegen der tiefgreifenden chemischen Beeinflussungen der Substanzen arg reformbedürftig ist. Vielleicht kommt bald die Zeit, wo wir wieder am frischen, lebenden oder überlebenden Präparate, an ungefärbtem Leichenmaterial ohne Eingriffe mit neuem Erfolge arbeiten können und zu einer Art optischer Analyse kommen. Mögen die Optiker, deren großer mathematisch-theoretischen Gelehrsamkeit naturgemäß das erhöhte Definitionsvermögen näher liegt als diese biologisch verheißungsvolle Aufgabe, ihren oft bewährten Scharfsinn auch auf diese Frage lenken. Schon jetzt zeigt die Sichtbarmachung der Kerne, Granula usw. am ungefärbten Objekte, daß hier neue Aussichten sich eröffnet haben und Verfasser ist geneigt, von seinem Standpunkte aus als Biologe die KÖHLERsche Anbahnung einer Ultraviolettmikroskopie höher anzuschlagen als alle Vervollkommnungen am Mikroskope einschließlich Apochromat, Dunkelfeldbeleuchtung und der Ultramikroskopie.

KÖHLER stellt das monochromatische Ultraviolett durch Funken her, die er zwischen Magnesium- oder Cadmiumelektroden überspringen läßt. Die Funken werden in der üblichen Weise durch einen Induktor von cca. 10—20 *cm* Schlagweite unter Einschaltung einer Leydenerflasche erzeugt. Als Unterbrecher dient ein Wehnelt- oder Flüssigkeitsunterbrecher. Hier kann manche Röntgeneinrichtung auch mit Platin- oder Quecksilberunterbrecher eine neue Verwendungsart finden. Der Funken, der übrigens ein störendes Geräusch verursacht, muß nicht nach optischer und akustischer Intensität abgestimmt sein, sondern so, daß er die stärkste mögliche Fluorescenz einer Uranglasscheibe erzeugt. Diese Scheibe dient zur Kontrolle des Strahlenganges des unsichtbaren Lichtes. Ein Spektralspalt wird nicht verwendet, der Funken tritt an seine Stelle. Durch eine Quarzkollimatorlinse K_1 in Fig. 28 werden die Strahlen zu den beiden Quarzprismen geleitet, die sie um 90° aus der bisherigen Richtung ablenken auf eine zweite Quarzlinse K_2, von wo sie zum Mikroskop weiter gehen. Sie gelangen (siehe Fig. 29) zunächst auf ein total reflektierendes Quarzprisma P unter der durchbohrten Fußplatte des Mikroskops, dann durch Quarzkondensor, Objektiv und Okular zur Platte. Um wenigstens einigermaßen das Objekt einstellen zu können, ist bei E eine mit fluorescierender Platte versehene Lupe an dem Cameraträger, der um seine Längsachse drehbar ist, angebracht, das durch Drehung der Achse St um ca. 180° über den Tubus gebracht wird, während die Camera sich wegdreht. Hat man mit dem fluorescierenden Sucher eingestellt, wird die Camera durch Drehung von St in der Schaftbüchse B über das Okular gebracht und nun ist die Einstellung bei einer bestimmten Cameralänge genügend scharf. Die ganz genaue Einstellung ist unmöglich und muß durch verschiedene Aufnahmen mit jedesmaliger kleiner Änderung der Einstellung durch die Mikrometerschraube ausprobiert werden, ungefähr wie man einst in den Zeiten der Focusdifferenz die beste Einstellung empirisch ermittelte. Die genauen Einzelnheiten sind in den KÖHLERschen Schriften nachzusehen, insonderheit auch die durch SWINGLE zuerst durchgeführte Einstellung mit sichtbarem blauen Lichte, an dessen Stelle KÖHLER die bequemere Einstellung mit Natriumlicht empfahl. Jedenfalls hat man sich erst eine große Übung und Erfahrung mit dieser neuartigen Arbeitsmethode anzueignen, ehe man zu brauchbaren Resultaten kommt. Daß auch die Präparate auf Quarzobjektträgern unter Quarzdeckgläsern in Ultraviolett durchlassenden Medien, Wasser, Glycerin, Vaselinöl, physiologische Kochsalzlösung — nicht Canadabalsam! — liegen müssen, wurde schon angedeutet. Die ganze notwendige spezielle Ausrüstung, Camera, Quarzoptik, einige Objektträger und der Beleuchtungsapparat, kosten cca. 2200 Mark, wozu noch die für die Funkenerzeugung nötigen Dinge kommen, die gegen 400 Mark kosten.

Fig. 28.

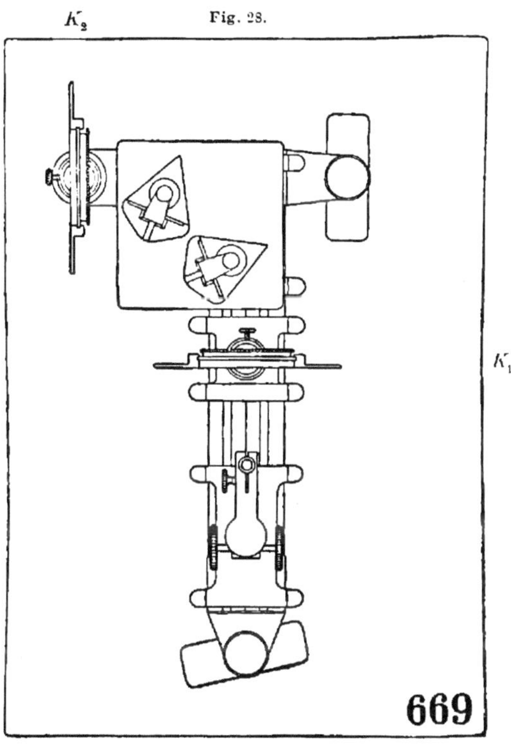

Was nun die Wahl der Objektive betrifft, so wähle man für die ganz schwachen Vergrößerungen großer Schnitte die Planare, Summare usw. ohne Okular, für schwache Vergrößerungen die Achromate ohne Okular. Hier ist stets nur eine geringere Cameralänge günstig, bis zu etwa 70 *cm*. Für längere Auszüge fertigt ZEISS Korrektionslinsen an, die an Stelle des Objektivtrichters, der das sogenannte englische Tubusgewinde trägt, angeschraubt werden. Besonders brauchbar sind diese Linsen zur Projektion. Die Linse dient zur Ausgleichung der bei der abnormen Entfernung der Bildebene verschlechterten sphärischen Korrektion der Objektive. Die Vergrößerung mit Korrektionslinse ist ungefähr gleich der des Objektives allein bei dem gleichen Bildabstand. Bei kurzen Cameralängen kann auch mit mittleren HUYGHENschen Okularen ein brauchbares Bild resultieren. Alle Achromate setzen voraus die Anwendung eines möglichst monochromatischen Lichtes, das uns für histologische Zwecke in der Regel Grünfilter liefern können. Besser als die gewöhnlichen Okulare sind bei mittleren und stärkeren Achromaten die

Projektionsokulare. Das sind Systeme, die aus einer Kollektivlinse und einem in Schneckengang verstellbaren Projektionsobjektiv bestehen. Sie werden von Zeiss mit zwei- und vierfacher Vergrößerung geliefert und sind eigentlich für die Apochromate bestimmt. Die Apochromate geben die besten Resultate mit diesen Projektionsokularen und liefern auch ohne Filter gute Bilder. Bei kurzen Cameraauszügen und erwünschter starker Vergrößerung können mittlere und starke Kompensationsokulare zur Bilderzeugung dienen. Von den Immersionen ist photographisch am günstigsten die homogene Immersion von 1,30 Ap. und 3 *mm* Brennweite. Die Projektionsokulare verwendet man so, daß man zuerst durch Verstellung des Projektionssystems die innere Okularblende scharf auf der Mattscheibe einstellt, erst dann das Bild des Objektes.

Fig. 29.

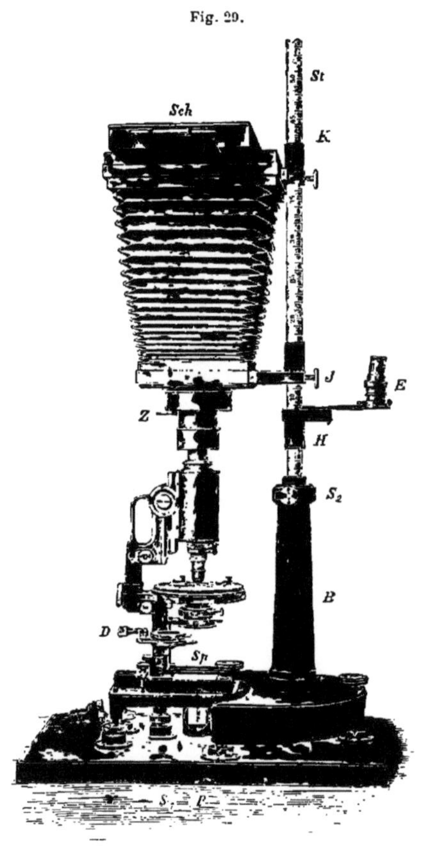

Damit wäre alles zur Aufnahme Nötige erledigt. Man stellt nun die lichtdichte Verbindung mit Mikroskop und Camera her, focussiert möglichst scharf auf der Mattscheibe, ersetzt sie durch die Kassette, verdeckt durch einen Karton oder dergleichen den Hilfskondensor, um das einfallende Licht abzuschließen, öffnet die Kassette und wartet eine Zeit, bis alles ruhig steht, und exponiert durch schnelles Wegnehmen des Kartons, stellt ihn wieder schnell ein und schließt die Kassette. Die weitere Bearbeitung ist rein photographisch. Von der richtigen Wahl der Expositionszeit hängt das Gelingen eines guten Negativs ab und keine Entwicklungskunst und nachträgliche Korrektur kann die falsche Exposition völlig ausgleichen, und sie soll und darf es nicht. Man muß richtig exponieren und die Aufnahme wiederholen, bis das Negativ tadellos ist. Es gibt keine bessere Methode der Expositionsbestimmung als die Erfahrung, da die verschiedenen Lichtquellen, Filter, Vergrößerungen, Plattensorten, Blenden usw., eine so große Fülle von Variabeln abgeben, daß eine Berechnung kaum möglich ist. Wer seine Expositionen anfangs unter genauer Notierung aller Daten macht und eifrig übt, der lernt mit der Zeit die Expositionszeit durch das Augenmaß richtig beurteilen und fast sicher abzuschätzen, eventuell muß eine Probeaufnahme Klarheit schaffen.

Gelegentlich muß bei schwachem Lichte und feinen Details an der Stelle der Mattscheibe eine Spiegelglasscheibe zur Einstellung dienen, auf der mittelst Lupe focussiert wird. Je mehr Übung der Mikrograph, um so geringer wird sein Bedürfnis nach der Spiegelscheibe sein. Wer nach den eben beschriebenen Projektionsmethoden arbeitet, wird kaum nötig haben, bei der Aufsuchung der abzubildenden Stelle und deren richtigen Justierung ins Mikroskop hineinzusehen. Wer das tun will, schiebt bei der großen Zeissschen Einrichtung die Camera zurück und setzt sich auf einen passend hohen Sessel vors Mikroskop und arbeitet daran wie sonst auch, nur daß er horizontal hineinsieht. Die beschriebenen mittleren Apparate lassen alle die Möglichkeit zu, die Camera beiseite zu klappen und danach direkt zu mikroskopieren. Bei starken Lichtquellen ist es unbedingt erforderlich, dabei das Licht zu dämpfen. Zu dem Zwecke bringt man am besten auf der Sehfeldblende eine oder mehrere übereinandergelegte Matt- oder Milchglasscheiben an, zu denen man oft noch eine kräftig gefärbte Filterscheibe, ein Rauchglas hinzufügen muß, besonders bei elektrischem Bogenlichte. Eventuell kann man auch über dem Okular ein solches Blendglas aufstecken. Starke Lichtquellen erfordern eine besondere Einrichtung zur Wärmeabsorption. Die Kühlkammer kommt am besten auf die optische Bank dicht an die erste große Kondensorlinse. Besteht diese aus wenig gegen Hitze widerstandsfähigem und schlecht gekühltem Glase, darf man sich über ihr Zerspringen nicht wundern. Als kühlendes Medium dient am besten frisch ausgekochtes und gekühltes destilliertes Wasser in 4—10 *cm* dicker Schicht in besonderen Glasgefäßen. Eine Einrichtung für fließendes Wasser ist nicht nötig, kann aber auch ohne Wasserleitung durch zwei Heberflaschen improvisiert werden. ZEISS empfiehlt für sehr empfindliche Präparate eine 5⁰/₀ige Lösung von Eisenchlorür, die entweder in einem besonderen Gefäße oder in einer Einsatzküvette eingeschaltet wird, letztere im Wasser der großen Kühlkammer. Vor der Platte kann man noch Blechblenden in die Camera einsetzen, um eine bessere und schärfere Umrandung der Bilder zu erzielen.

Die Einstellung des Präparates und des Bildes zur Aufnahme ist der schwierigste Teil des ganzen mikrophotographischen Verfahrens, einmal, weil sie sowohl volle Kenntnis des Präparates und der Intentionen des Autors, als auch volle Vertrautheit mit den Erfordernissen einer guten mikrophotographischen Aufnahme, namentlich in bezug auf die Wahl der passendsten Vergrößerung und notwendige Unterstützung oder Zurückdrängung dieser oder jener Detailwirkung voraussetzt, dann, weil es selbst dem genauen Kenner seines Präparates oft schwer fällt, unter den für die gewöhnliche Beobachtung geeigneten Stellen die für die Photographie passendste auszuwählen, und endlich, weil die genaue Feineinstellung, sobald nicht vorzüglich dünne Präparate (Schnitte) vorliegen, in bezug auf die Auswahl der geeignetsten Einstellebene oft große Schwierigkeiten bereitet. Hier fördert erst Übung und Erfahrung immer größere Vollkommenheit. Ganz selbstverständlich zwar, aber von manchem Anfänger übersehen ist die Forderung, daß alle Bedingungen, die der Optiker für die Erzielung bestmöglicher Bilder fordert, auch eingehalten werden, so die richtige Tubuslänge bei den Aufnahmen mit Okularen, die Korrektion der Deckglasdicke usw.

Ein wichtiges Kapitel für den Mikrophotographen ist die Wahl der Lichtfilter. Diese haben zwei Aufgaben: erstens die Teile des zusammengesetzten weißen Lichtes zu absorbieren, welche der korrekten Bilderzeugung schädlich sind. Es sind das das Ultraviolett und für die Achromate auch das Blau und Violett, Rot und Orange wird durch Wahl passender Plattensorten unwirksam gemacht. Das Ultraviolett kann man ganz außer Betracht lassen, da die vielen mit Canadabalsam gekitteten Gläser fast alles absorbieren. Zur Blauabsorption dienen die verschiedenen gelben Farbstoffe. Die zweite Aufgabe der Lichtfilter ist, die verschiedenfarbigen Tinktionen der modernen Mikrotechnik für die Schwarzweißwiedergabe im Photogramm geeigneter zu machen, die Kontraste den Eigentümlichkeiten der photographischen Platte anzupassen, die ja ganz andere Empfindlichkeiten hat als die Netzhaut. Haben wir z. B. ein mit Carminrot gefärbtes Präparat, so wird durch die gefärbten Teile im wesentlichen grünes Licht verschluckt, es gelang aber noch Gelb, Rot und Blau auf die Platte, für welch letzteres Licht sie ganz besonders empfindlich ist. Um diese Strahlen wegzunehmen, braucht man ein Filter, das alle nicht vom Präparat absorbierten Lichtsorten verschluckt. Das ist in diesem Falle ein grünes. Diese Sache ist an sich einfach, wird aber dadurch schwer praktisch durchführbar, weil, ganz abgesehen von der wechselnden Intensität der Färbung und damit variabeln Absorptionskraft der Präparate, die Platten ganz andere Empfindlichkeiten haben, wie das Auge. Man kann z. B. die roten und orangefarbenen Teile des Spektrums selbst für ortochromatische Platten außer acht lassen. Je nach dem Sensibilisator wechselt die Plattenempfindlichkeit. Außerdem gibt es durchaus nicht immer genau passende Filter, die Präparate sind mit verschiedenen Stoffen gleichzeitig gefärbt, die verschiedenen Lichtquellen sind verschieden reich an den einzelnen Farben. Zur strengen Ermittlung des Filters ist übrigens die spektroskopische Untersuchung des Präparates und nicht der Farblösung nötig, weil beide in den seltensten Fällen in der Absorption völlig gleich sind. Außerdem wäre die Untersuchung mit der Aufnahmelichtquelle und Plattensorte, nicht, wie die meisten es tun, mit dem Auge bei Tageslicht erforderlich unter Berücksichtigung verschiedener Expositionszeiten. So wertvoll derartige strenge Untersuchungen wissenschaftlich sind, praktisch dürfte sie kaum einer von tausend Mikrophotographen auszuführen Zeit und Möglichkeit haben. So muß man sich auf einige praktisch bewährte Filter beschränken. Weitaus die meisten Fälle erfordern grüne Filter, die man als Flüssigkeits- oder Trockenfilter anwenden kann. Die Flüssigkeitsfilter erfordern eine Küvette zu ihrer Aufnahme. Derartige Gefäße sind käuflich im Handel, aber es ist besser, sie sich selber herzustellen. Zwischen zwei zusammenschraubbaren Metallrahmen bringt man zwei ebene Glasplatten und stellt den Zwischenraum her durch rahmenartig ausgeschnittene Gummiplatten, die man vor dem Zusammensetzen anfeuchtet. Durch verschiedene Dicke der Gummilagen läßt sich die Schichtdicke beliebig variieren, auch kann man in einem Rahmen mit drei Scheiben und zwei Gummizwischenlagen zwei Filter neben- bzw. hintereinander zusammensetzen und hat so die Möglichkeit, auch nicht direkt mischbare oder wässerige und alkoholische Farblösungen zu kombinieren. Die Trockenfilter stellt man durch farbige Kollodium- oder Gelatineschichten her. Der Farbstoff wird entweder in dem Vehikel gelöst und die gefärbte Masse auf gereinigte Spiegelgläser gegossen oder man färbt nachträglich die farblosen Schichten durch Baden in den Lösungen. Durch Verkitten mit Canadabalsam lassen sich je zwei Platten Schicht auf Schicht vereinigen. Die Filter können irgendwo in den Strahlengang eingeschaltet werden und man wähle, namentlich bei heißen Lichtquellen, einen Ort, wo die Hitzewirkung möglichst gering ist. Da ist am besten der parallele Teil der Strahlen des großen Kondensors, jedoch müssen die Filter dann mindestens den Linsendurchmesser voll decken. Kleiner können sie sein, wenn sie an der Sehfeldblende ihren Platz erhalten. Bei der Farbenphotographie setzt man sie unmittelbar vor die Platte. Grüne Flüssigkeitsfilter sind das alte ZETTNOWsche aus: Kupfernitrat 160 *g*, Chromsäure 14 *g*, Wasser 250 *g* in cca. 1 *cm* dicker Schicht. Die Lösungen von Filtergrün der Hoechster Farbwerke in $^1/_4$—$2^0/_0$iger Lösung in verschiedener Schichtdicke sind vortrefflich, ferner Kombinationen von Martiusgelb, Auramin, Brillantgelb, Pikrinsäure, chromsaurem und doppeltchromsaurem Kali, Acridin, Tartracin usw. mit Säuregrün, Brillantgrün, Methylenblau, Patentblau, Anilinblau, lauter Stoffe, die auch meistens die Herstellung von Trockenfiltern gestatten. Bei schwachen Färbungen der Präparate kann deren geringe Färbung durch ein schwaches Filter aus dem betreffenden Farbstoff erhöht werden. Neuerdings ist auch die Herstellung von gefärbten Gläsern gelungen, doch steht ihr Preis in keinem Verhältnis zu der ungleich größeren Variabilität der genannten.

Für die Bestimmung der Vergrößerung gibt es nur ein rationelles Verfahren, indem man das Präparat durch ein Objektmikrometer ersetzt und dessen Bild auf der Mattscheibe mit einem auf Glas eingeritzten Maßstab ausmißt. Wenn man dazu einen in Hundertel geteilten Millimeter benutzt und einen oder mehrere Intervalle von $^1/_{100}$ oder $^1/_{10}$ *mm* mit Millimeterskala ausmißt, hat man durch einfache Multiplikation das Maß. Ist z. B. ein Intervall von 0,1 *mm* im Bild 25 *mm* groß, so beträgt die Vergrößerung 250. Die beim Messen auf der Mattscheibe durch die Scheibendicke mögliche Parallaxe muß durch senkrechte Ablesung über jedem Strich vermieden werden. Es macht auch keinen wesentlichen Unterschied, wenn man auf der Spiegelscheibe mißt, deren hintere, dem Beobachter zugekehrte Seite durch Mattlackaufguß präpariert ist oder die Mattscheibe umdreht. Ganz genau wird die Bestimmung durch Photographie des Mikrometers unter genau den gleichen Umständen und Ausmessung auf dem Negativ. Die Benutzung dieser Methode zu mikrometrischen Zwecken s. unter Mikrometrie.

Ein wenig gepflegtes Gebiet der Mikrophotographie ist die stereoskopische Aufnahme. Die älteste und wohl auch heute noch leistungsfähigste Methode ist die Aufnahme mit der „Wippe". Das Präparat wird genau achsial angeordnet und dann etwas nach rechts, nachher etwas nach links gekippt und so gleichsam von zwei Seiten aufgenommen. Einen ähnlichen Weg geht SCHEFFER, der nicht das Objekt, sondern die Camera nach rechts und links neigt und bei Fuess in Steglitz eine auch als einfache Vertikalcamera verwendbare Vorrichtung bauen ließ. Andere Vorschläge zur Erzielung stereoskopischer Effekte, die auf schiefe Beleuchtung hinauslaufen, sind meist nur von ihren Aufstellern geübt. Stärkere Vergrößerungen würden nur mit diesen Methoden, halbe Blende im Kondensor oder Objektiv, möglich sein. Verschiebungen des Objektes oder der Linse liefern schon bei sehr schwachen Vergrößerungen keinen körperlichen Eindruck mehr, die Aufnahme zweier verschiedenen Einstellebenen und deren Kombination im Stereoskop nur Pseudostereoskopien. Mit der Unvollkommenheit der Methoden und ihrer nicht geübten Anwendung ist durchaus nichts gegen den Wert der Stereoskopie gesagt. Sie bleibt ungemein wertvoll und es wäre sehr erwünscht, daß sie mehr gehandhabt und ausgebaut würde.

Die Aufnahmen im polarisierten Lichte sind mit den üblichen Hilfsmitteln des Mikroskopikers wohl möglich und ohne besondere Schwierigkeiten. Der Polarisator findet seinen Platz unterhalb des Hilfskondensors, der Analysator wird oberhalb der Okularlinse aufgesetzt. Um die Interferenzfarben einigermaßen gut in ihren Helligkeitswerten herauszubringen, muß man auf Farbenfilter verzichten und mit Apochromaten und Projektionsokularen arbeiten. Diese sind nicht recht brauchbar bei Aufnahmen von Achsenbildern, weil die Apochromate Flußspat enthalten. Die Anordnung der Linsen bei diesen Achsenbilderphotogrammen geschieht am besten nach Analogie der von DIPPEL angegebenen Einrichtung des gewöhnlichen Arbeitsmikroskopes zur Beobachtung der Achsenbilder doppelt brechender Krystalle. Das nötige konvergente Licht liefert der achromatische Kondensor, unterhalb dessen der Polarisator auf dem Irisblendenrahmen des ABBEschen Kondensors angebracht wird. Als Hilfsobjektiv benutzt man ein Mikroplanar, Summar oder dgl. von 35—45 *mm* Brennweite, welches im Innern des Tubus an ein am unteren Rande des Okulareinsatzes eingeschnittenes Gewinde angebracht wird, oberhalb des an gewöhnlicher Stelle am unteren Tubus befestigten Achromaten von passender Apertur. Der Analysator wird auf der Projektionslinse des Projektionsokulars angeschraubt. Zunächst stelle man den Krystallschliff ohne Okular nur mit dem Achromaten auf der Mattscheibe ein, schraube dann den mit Hilfsobjektiv und Okular versehenen Okulareinsatz an den Tubus. Die Einstellung der Figuren auf der Mattscheibe wird durch Verschiebung dieses Okulareinsatzes vorgenommen. Man stelle die Irisblende des achromatischen Kondensors ziemlich eng und verschiebe den Okulareinsatz, bis die Blende scharf auf der Mattscheibe erscheint. Dann ist auch das Liniensystem am schärfsten und man kann in aller Bequemlichkeit die Nicols und den Krystall in der jeweils nötigen Weise orientieren. Die so erhaltenen Bilder genügen allen Anforderungen. Auch monochromatische Beleuchtung mit Natriumlicht oder, was photographisch angenehmer ist, mit grünem Lichte durch passende Filter ist selbstredend leicht möglich. Gyps- oder Glimmerplättchen lege man richtig orientiert auf den Teller des Polarisators. Durch den Polarisator unterhalb des Kondensors wird dessen Apertur stark eingeengt. Will man, wie das bei der Achsenbilderaufnahme nötig ist, eine ganze Öffnung ausnutzen, bringt man den Polarisator auf die Sehfeldiris und legt das Lampenbild auf die Öffnung des Polarisators.

Mikrospektren nimmt man mit dem ABBEschen Mikrospektralokular auf. Das zu untersuchende Objekt wird in der gewohnten Weise in den Spalt eingestellt, der Spalt scharf auf die Mattscheibe projiziert, dann das gradsichtige Prisma vorgeschlagen. Hier entstehen zwei Schwierigkeiten. Einmal genügt der Auszug der Okularlinse nicht zur Projektion auf die Mattscheibe, oder wenn diese genügt, so ist der Abstand des Prismas von der Okularlinse bei den käuflichen Apparaten zu klein. Sie müssen also umgeändert werden. Da nun aber die Okularlinse eine einfache, nicht achromatische ist, liefert sie dann nur ein scharfes Spektrum über die ganze Länge des Farbenbandes hin, wenn die Mattscheibe in einen bestimmten Winkel zur optischen Achse gestellt werden kann. Das ist aber bei den üblichen mikrophotographischen Apparaten nicht möglich. Oft kommt man mit einer entsprechend eingerichteten Atelier- oder Reisecamera aus, die meist seitliche und vertikale Neigung der Mattscheibe erlauben. Ist aber schon eine Änderung des Prismas wegen nötig, lasse man sich in das Mikrospektroskop gleich die Projektionslinse des Projektionsokulars einsetzen. In diesem Falle kann die Mattscheibe senkrecht zur optischen Achse stehen und auch die Vergleichsskala mitphotographiert werden. Natürlich kann auch ein in die Objektebene durch die HARTNACKsche Vorrichtung oder den Spektropolarisator projiziertes Spektrum aufgenommen werden, am besten mit Apochromaten und Projektionsokular.

Seit der Neubelebung der Dunkelfeldbeleuchtung durch SIEDENTOPF und ZSIGMONDY wird auch die photographische Aufnahme mit Dunkelfeldbeleuchtung wieder mehr geübt. Sie geschieht für unsere Zwecke wohl am bequemsten durch einen der modernen Spiegelkondensoren, dem Paraboidkondensor von ZEISS, dem weniger günstigen sphärischen von REICHERT, dem neuen LEITZschen usw. unter Benutzung einer sehr intensiven Lichtquelle, am besten elektrischem Bogenlicht. Mit der erwähnten kleinen Bogenlampe von LEITZ kann man von lebenden Mikroorganismen bei kurzen Cameraauszügen sogar Momentaufnahmen anfertigen. Die Einstellung entspricht durchaus der gewöhnlichen Methode der Beobachtung. Die Projektion auf die Mattscheibe geschieht mit Projektionsokular oder gewöhnlichem Okular. Als Objektive sind die Apochromate, besonders starke Trockensysteme mit Korrektionsfassung, anzuwenden, da Filter ungünstig sind. Wer nicht alle Vorschriften, die für die Okularbeobachtung gegeben sind, auf das Peinlichste beachtet, wird bei der Photographie sehr unerfreuliche Bilder bekommen. Die Immersionen müssen durch Einsatzblenden stark in der Apertur beschränkt werden.

Bei allen besprochenen Aufnahmen bleibt die Centrierung von allen Apparatteilen unverändert. Eine Abweichung erfordert nur bei dem großen ZEISSschen Instrumentarium die Aufnahme schwimmender Objekte, hängender Tropfen u. dgl. Die hierzu nötige Anordnung ergibt sich ohne weiteres aus Fig. 30. Als Reflexionsspiegel wird ein besonders beigegebener Spiegel auf dem Mikroskopträger verwendet, der auf einer Kugel befestigt ist. Seine centrische Lage wird durch eine runde Öffnung in der Fußplatte fixiert. Zum Lichtabschluß mit der Camera ist der oberflächen-versilberte Spiegel in ein Gehäuse einzuschieben, das einen in den Camerateil des Lichtabschlusses passenden Ansatz trägt. Der Silberspiegel ist nötig für die Aufnahmen ohne Okular, während bei Okularaufnahmen ein totalreflektierendes Prisma mit Lichtabschlußansatz über dem Okular in der Austrittspupille aufgesetzt werden kann.

Recht unbequem werden gelegentlich Aufnahmen in auffallendem Lichte. Die dazu nötige Anordnung erhellt aus Fig. 31. Das von dem Zweilinsenteil des großen Kondensors gelieferte Strahlenbüschel wird nach Entfernung des Einlinsenteils durch Abrücken von der Lichtquelle schwach konvergent zu einem Reflexionsspiegel *Sp* geleitet und von ihm auf das Objekt geworfen. Bei schwachen Vergrößerungen kommt man damit aus, während bei mittleren eine bessere Konzentration des Lichtes mit Hilfe des Einlinsenteils möglich ist. Will man den Lichtverlust durch den Spiegel vermeiden, so muß eventuell die ganze Beleuchtungseinrichtung seitlich in einem passenden Winkel aufgebaut werden, ja gelegentlich wie z. B. bei Einschlüssen in Bernstein, muß noch eine zweite Lichtquelle zur Aufhellung der Schatten dienen, wenn man mit kleinen Reflektoren allein nicht auskommt. Das sind Aufnahmen, die an die Geduld und das Geschick des Photographen die größten Ansprüche stellen.

Leider sind die Vertikalilluminatoren gut zu brauchen nur für Oberflächenbilder, wie sie in neuerer Zeit oft verlangt werden, um Polituren von Gesteinen, Ätzfiguren, Metalloberflächen, Holzstrukturen und derartige Dinge wiederzugeben. Dann dirigiert man die Lichtstrahlen natürlich auf die Öffnung des Illuminators in passender Richtung. Da beim Vertikalilluminator die Beleuchtung des Objektes durch die Linsen des Aufnahmeobjektivs hindurch geschieht, so entstehen leicht sehr störende innere Reflexe. Das mag der Grund sein, daß diese Oberflächenphotographie wenig geübt wurde. Eine Besserung in dieser Richtung verspricht das sogenannte Metallmikroskop von LEITZ, welches in Fig. 32 wiedergegeben ist, das selbst mit Immersionen Aufnahmen gestattet. Als Lichtquelle dient die mehrfach erwähnte kleine Bogenlampe mit rechtwinklig stehenden

Fig. 30.

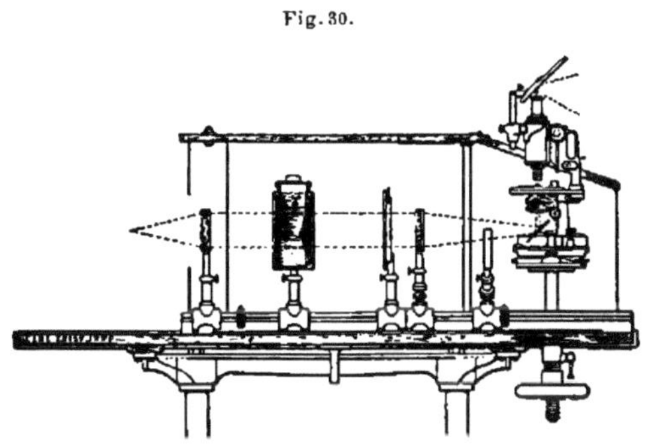

Fig. 31.

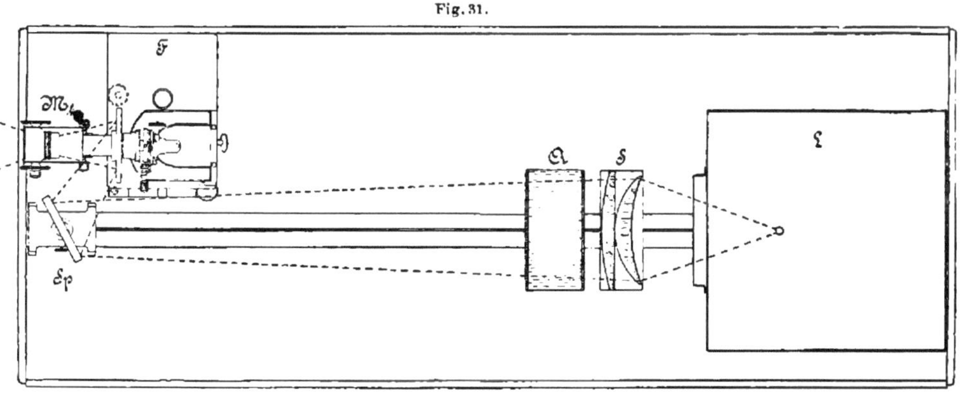

Kohlen, deren Strahlenbüschel durch eine Irisblende auf passende Größe zu bringen ist. Die Lichtstrahlen gelangen dann auf den mit besonderer Beleuchtungslinse versehenen Vertikalilluminatoransatz *B* und dessen verstellbares Reflexionsprisma, durchs Objektiv auf das Objekt, vom Objekt wieder ins Objektiv, und weiter auf ein totalreflektierendes Prisma in die Camera. Bei O_1 ist noch ein mit Reflexionsprisma versehenes Okular angebracht, das durch einen Trieb ein- und ausgeschaltet werden kann und den Apparat gleichzeitig zur Okularbetrachtung geeignet macht. Bezüglich der genauen Handhabung sei auf die Anweisung der Firma LEITZ verwiesen. Neuerdings hat LEITZ auch einen sehr verbesserten Vertikalilluminator für das gewöhnliche Arbeitsmikroskop konstruiert.

Schon erwähnt wurde, daß das Mikrophotogramm als Grundlage für die Zeichnung dienen kann. Oft hat man gar nicht nötig, erst eine Aufnahme zu machen, sondern kann direkt nach dem Präparate zeichnen. Es ist diese Methode ungleich viel leistungsfähiger als alle Zeichenapparate und sie reduziert die zeichnerischen Talente auf das denkbar kleinste Maß. Natürlich ist zum Zeichnen die Projektion direkt auf das Papier nötig. Man könnte die Camera entfernen, in einem verdunkelten Raume eine vertikale Tafel, ein Reißbrett u. dgl. aufstellen und die nach allen Regeln der Photographie darauf projizierten Präparate nachzeichnen. Diese Art ist aber nur für große Formate, für Wandtafeln zu empfehlen. Wer seinen Arbeitsraum ganz verdunkeln und den Projektionstisch lichtdicht abschließen kann, vermag auf diese Art auch sehr große Negative herzustellen, indem er eine Platte mit weißem Papier überzieht, darauf einstellt und dann sie durch die lichtempfindliche ersetzt. Bei einiger Vorsicht kann man so ohne Camera und Kassette auskommen. Um die schwierige Abdichtung des Projektionstisches zu umgehen, empfiehlt es sich, ein Loch in die Türe zu einem Nebenraum zu schneiden, in welches nur der Mikroskoptubus hineinpaßt und den ganzen Apparat außerhalb des Dunkelzimmers aufzustellen. Für das Zeichnen ist es bequemer, wenn das Bild von oben auf das Papier fällt und der Zeichner in der gewohnten Weise

Fig. 32.

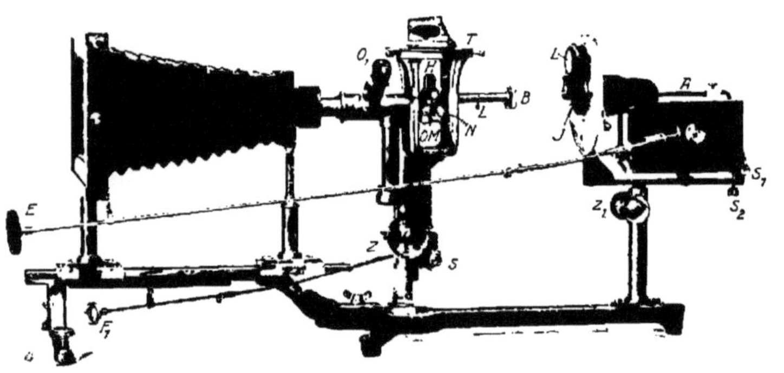

vor dem Tisch sitzt und arbeitet. Das erreicht man leicht durch Aufstecken eines oberflächen-versilberten Reflexionsspiegels. Wer einmal so gezeichnet hat, wird so leicht sich nicht mehr mit Zeichenapparaten abquälen. Für die Gegner der photographischen Darstellung behält diese Methode ihren vollen Wert und ihnen kann sehr die Anschaffung eines auf mikrophotographischer Basis konstruierten Zeichenapparates empfohlen werden. Die bekannteste und beste derartige Spezialkonstruktion ist die des Edingerschen Apparates, dessen Konstruktion in seiner neuesten Form aus der Leitzschen Werkstätte Fig. 33 wiedergibt. Man kann auf dem oberen oder einem unteren Tische zeichnen, auf dem oberen auch eine photographische Camera montieren und den ganzen Projektionsteil auch horizontal stellen für Tafelzeichnungen auf Staffelei oder zur Mikroprojektion. Bei Benutzung der kleinen Bogenlampe sind die Bilder, namentlich der mittleren Vergrößerungen, so hell, daß man im Zimmer mit nicht allzu greller Tagesbeleuchtung arbeiten kann. Das ist angenehmer als das dauernde Sitzen im Dunkeln und gestattet auch die Anwendung von Tuschfarben direkt am Originalbild, so daß die Zeichnerei nahezu eine mechanische Arbeit wird.

Damit wären die wichtigsten Fälle besprochen, in denen der Mikroskopiker direkt oder indirekt der mikrophotographischen Apparate bedarf. Die Herstellung der Negative und Positive weicht in nichts von der üblichen photographischen Technik ab und es erübrigt demgemäß, hier irgend welche genaueren Rezepte zu geben. Jeder bleibe bei den ihm geläufigen Entwicklern, Fixierbädern, Kopierprozessen u. dgl. m. Eventuell findet er Rat in den zahlreichen photographischen Büchern.

Nochmals sei dringend davor gewarnt, ohne genaue Kenntnis und hinreichende Übung in der Phototechnik an die Mikrophotographie heranzutreten.

Als Platten kommen fast nur die orthochromatischen in Betracht, wenn es sich um Grünempfindlichkeit handelt. Bewährt sind die Eosinsilberplatten von PERUTZ, die Chromo-Isolarplatten (lichthoffrei) der Aktiengesellschaft für Anilinfabrikation (Agfa). Nötig sind die lichthoffreien Platten nicht, aber doch erwünscht. Auch die Perxanto-, Flavin-, Viridinplatten und wie die zahlreichen Fabrikate alle heißen, sind dem damit Vertrauten wohl zu empfehlen. Wer sich über die Eigenschaften seiner Platten einigermaßen sicher orientieren will, was ihre Farbenempfindlichkeit anlangt, kann das mit Sicherheit nur mittelst Spektrographen. Die einzelnen Lichtquellen sind verschieden reich an den einzelnen farbigen Lichtstrahlen und demgemäß müssen die Untersuchungen auch bei der jeweils benutzten Lichtquelle gemacht werden. Einige Beispiele mögen die verschiedene Empfindlichkeit einiger Plattensorten für die einzelnen Spektralbezirke bei wechselnder Expositionszeit zeigen. Als Vergleichsmaß sind die Heliumlinien gewählt, deren Beziehungen zu den bekanntesten FRAUNHOFERschen Linien des Sonnenspektrums in der Fig. 34 6 *a*, *b* wiedergegeben sind. Die Aufnahmen sind mit einem Spektrographen von Schmidt & Haensch in Berlin, der nach Angaben des Verfassers ausgeführt wurde, angefertigt. Als Prisma wurde verwendet ein großes Rutherfordprisma (Ablenkung 51° 43′), die Spaltweite betrug 0,2 *mm*, als Lichtquelle diente eine Gasglühlampe. Die Pointiermarke war eingestellt auf die Heliumlinie 4713,4 Å. Das Heliumspektrum ist 40 Sekunden exponiert, die Spektren 5 und 25 Sekunden, um den wesentlichen Einfluß der Expositionszeit zu zeigen. Die Originalnegative enthalten 5 Spektren von 5—25 Sekunden um je 5 Sekunden steigend. 1 ist eine Aufnahme auf gewöhnlicher Bromsilberplatte. Bei normaler Exposition beginnt die Wirkung kräftig (alle Zahlen ÅNGSTROEMschen Einheiten) bei cca. 5170, bei einer

Fig. 33.

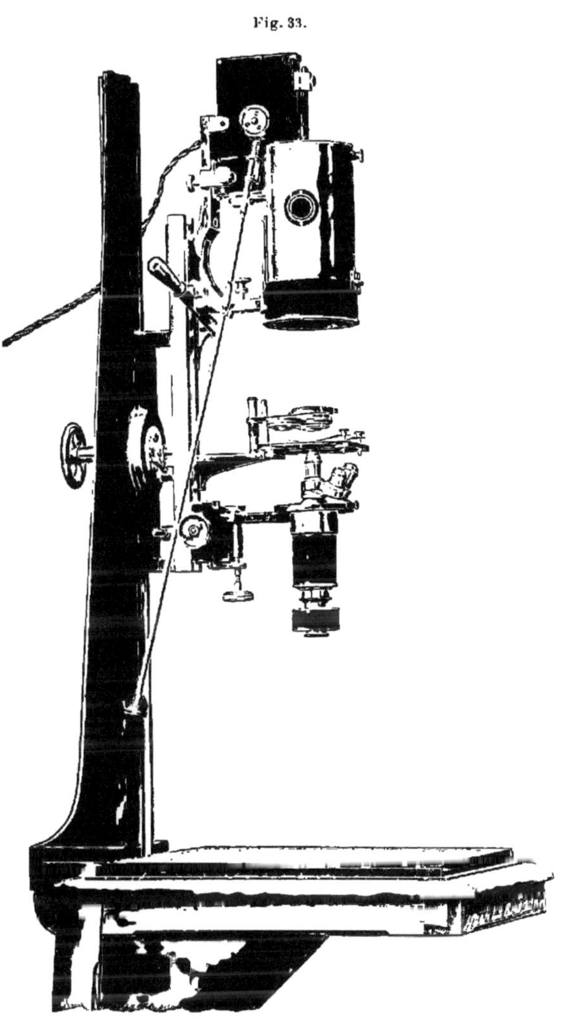

Exposition, die schon starke Lichthofbildung erzeugt (25 Sekunden), erstreckt sie sich nach Rot und Blau merklich weiter, das Maximum der Wirkung liegt bei 4780. Bei den Chromo-Isolarplatten beginnt die Wirkung ungefähr bei der D-Linie (die helle Heliumlinie D^3 hat 5876). Bemerkenswert ist das Schattenband im Grün, das erst bei langen Expositionen schwach wird. Die Perxantoplatte (3) hat starke Gelbgrün- und Grünempfindlichkeit und sehr deutliche Dämpfung des ganzen Blau

Fig. 34

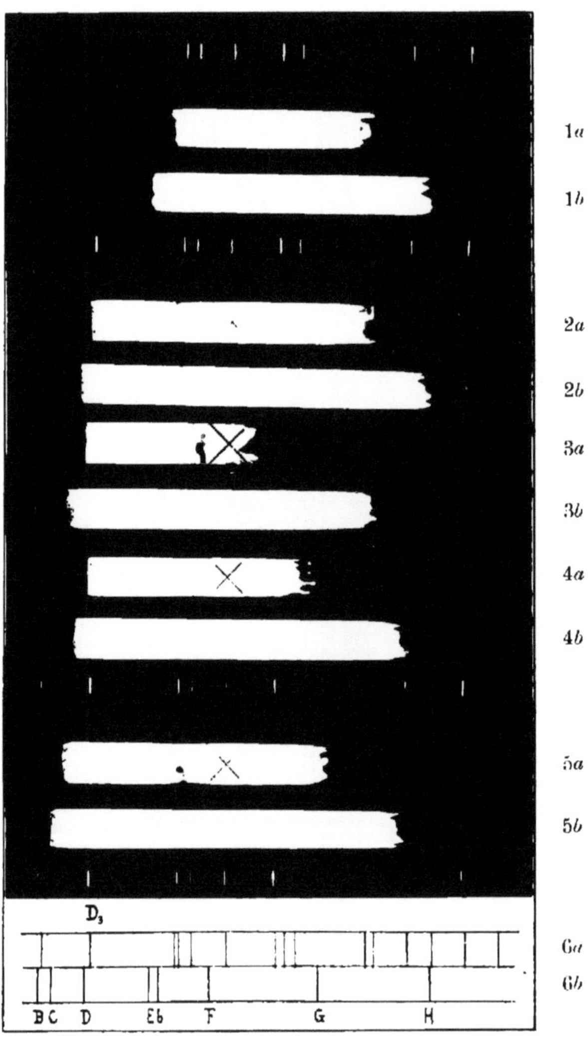

bei kurzen Expositionen, während bei langen dieser Vorteil schwindet und der Beginn der Wirkung ins Orange hineinreicht. Die Flavinplatten (4) sind ähnlich den Chromoplatten, aber durchaus nicht gleich. Die panchromatische Kranzplatte (5) hat zwei Absorptionsbänder und ist deutlich Rot empfindlich (bis cca. 6678). Sie muß im Dunkeln entwickelt werden! Ähnliche Plattenstudien können dem Mikrophotographen die größten Vorteile bringen, da die Eigenabsorptionen der verschiedenen Fabrikate, die verschiedenen Wirkungen bei variabler Exposition manche Filterhilfen ersetzen können. Man wird gelegentlich gut tun, lieber kürzer zu exponieren und nachträglich zu verstärken als ganz durchzuexponieren und allerhand Filter zu erproben (besonders bei Carminfärbungen). Bei feinen Strukturen müssen lichthoffreie Platten genommen werden, um Überstrahlungen zu vermeiden. Ein Ersatz in wirklich brauchbarer Weise ist nur möglich, wenn die Glasseite mit rotgefärbtem Ricinusöl-Kollodium, Antisol, Rotlack-Bayer usw. hintergossen wird.

Als Entwickler können alle für mikrophotographische Zwecke dienen, wenn auch dem Glycin wegen seiner Schleierfreiheit, dem Metol-Hydrochinon wegen seiner Kraft gewisse Vorzüge zukommen. Als Fixierbad wird in der Regel ein saures Bad verwendet. Von den Kopierprozessen werden die auf glatten Papieren angefertigten Celloidin- und Gelatinepapier mit Gold-, Platin- oder kombinierter Tonung oder Entwicklungspapier bevorzugt. Zur Reproduktion mittelst Autotypie eignen sich am besten ganz glatte Papiere. Die Anfertigung von Diapositiven und ihre eventuelle Kolorierung mit Anilinfarben entspricht durchaus der allgemein üblichen Technik. Daß man nach kleinen Negativen mit dem gewöhnlichen Vergrößerungsapparate auf Bromsilberentwicklungspapier trefflich Demonstrationstafeln anfertigen kann, braucht bloß erwähnt zu werden, da auch hierbei alles sich in den gewohnten Bahnen der allgemeinen photographischen Technik hält.

Noch wenig geübt ist die Aufnahme von Mikrophotogrammen aller Art mittelst der sogenannten Photographie in natürlichen Farben. Ganz natürlich sind nun zwar die Farben nicht, aber doch bei sorgsamer Arbeit und ausreichender Praxis so ähnlich, daß man wohl zufrieden sein kann. Das direkte LIPPMANNsche Verfahren ist zu schwierig, um praktisch brauchbar zu sein. Dagegen liefern die Dreifarbenmethoden gute Resultate. Wer nicht ein farbiges Originalbild haben will, sondern drei schwarze Diapositive, die mit einem besonderen dreifachen Projektionsapparat, in den drei Grundfarben übereinander projiziert, ein farbiges Bild liefern oder in einem besonderen Guckkasten betrachtet werden, der wird das einfachste dieser Verfahren, das IVESsche, vorziehen. Durch die Einführung verbesserter Rotsensibilisation und konstruktive Verbesserung der Projektionsapparate hat sich namentlich MIETHE darum verdient gemacht. Man macht drei Aufnahmen des Objektes durch je ein rotes, grünes und blauviolettes Filter, nach den drei Negativen drei Diapositive und beleuchtet jedes mit der entsprechenden Teilfarbe, wie gesagt, entweder in einem Guckkasten, dem Chromoskop, oder einem dreifachen Projektionsapparat.

Um ein wirkliches farbiges Bild aus Glas oder Papier zu erhalten, muß man zu den umständlicheren sogenannten substraktiven Verfahren greifen, bei denen drei einfarbige Bilder übereinandergelegt, durch sukzessive Absorption des auf- oder durchfallenden weißen Lichtes ein farbiges Bild liefern. Wiederum werden durch drei passend abgestimmte Filter von orangeroter, gelbgrüner und blauer Farbe drei Negative aufgenommen. Die Filter bringt man am besten direkt vor der Platte in einem gemeinsamen Rahmen vereinigt an, der genau auf die dreiteilige Kassette paßt und mit ihr gemeinsam in einem Schlitten verschoben wird. Als Platten müssen panchromatische zur Verwendung kommen, die sowohl im Handel von leidlicher Haltbarkeit zu haben sind, als auch durch Baden in Äthylrot-, Ortochrom-, Pinachromlösung usw. selbst zu sensibilisieren sind. Das schwierige und lästige Trocknen der Badeplatten kann man durch die Exposition auf noch nassen Platten umgehen. Sie sind dann unempfindlicher als getrocknet und erfordern eine längere Exposition. Die Forderung ist, daß alle drei Negative einen gleichen Charakter haben, alle drei ausexponiert sind. In der Regel gibt der Fabrikant die Relativzahlen der Expositionszeiten der drei Filter für Tageslicht an. Sicherer ermittelt man sie durch Versuche. Das ist unbedingt notwendig bei der Verwendung künstlicher Lichtquellen. Für die Mikroaufnahmen kann das so geschehen, daß man mit mäßiger Vergrößerung ein Präparat einstellt wie gewöhnlich und dann das Präparat entfernt und nur das helle Gesichtsfeld aufnimmt. Setzt man eine kleine, etwa 50-Pfennigstück große Blende vor die Platte, können durch vorsichtiges Verschieben der Kassette jedesmal auf einer Platte mindestens drei verschiedene Expositionszeiten probiert werden. Man notiert sie genau, entwickelt die drei Platten gemeinsam und vergleicht die Schwärzungsgrade. Man variiert die Exposition, bis die Zeit ermittelt ist, innerhalb der die korrespondierenden Sehfelder die gleiche Intensität haben durch jedes der Filter aufgenommen. Wer einen Spektrographen zur Verfügung hat, nimmt die drei Spektren der Filter auf bei verschiedenen Expositionszeiten und ermittelt so die Zeit, welche erforderlich ist, um sie alle in gleicher Intensität aufzunehmen. Die gefundenen relativen Zeitverhältnisse weichen stark von den für Tageslicht gültigen ab und wechseln bei verschiedenen künstlichen Lichtquellen. So fand z. B. Verf. für einen Filtersatz mit 95 : 25 : 10 für Tageslicht, die Zahlen 18 : 8 : 10 bei Anwendung von Kalklicht. Die gefundenen Zeiten notiere man auf dem Filterrahmen. Der Mikrophotograph kann bei genügender Übung die Expositionszeit hinter dem Grünfilter mit ausreichender Sicherheit abschätzen und danach die Zeiten für Rot und Blau durch die experimentell ermittelten Relativzahlen ausrechnen. Wegen der mangelhaften Farbenkorrektion der Achromate kann man sie in der Regel zu solchen Aufnahmen nicht brauchen und muß zu Apochromaten und Projektionsokular greifen. Die Einstellung geschieht auf der dem Filterschlitten beigegebenen passend justierten Mattscheibe mit oder ohne Filter. Die Herstellung der Positive wird am besten nach der Methode von SANGER-SHEPHERD vorgenommen, der eine Blauplatte und je einen gelb und rot gefärbten Film kombiniert. Für manche Fälle kann auch die Pinatypie brauchbare Bilder liefern, während für Papierbilder die Methoden von SELLE und besonders der Neuen photographischen Gesellschaft in Steglitz-Berlin in Frage kommen. Wegen der genauen Einzelheiten muß auf die einschlägige Literatur und die Gebrauchsanweisungen verwiesen werden.

Sehr bequem sind die Farbenaufnahmen durch das Autochromverfahren von LUMIÈRE geworden. Hier bietet Schwierigkeiten nur die Wahl des Dämpfungsfilters. Das von LUMIÈRE gelieferte ist für Tageslicht bestimmt und für die ganz anders zusammengesetzten künstlichen Lichtquellen nicht brauchbar. Sie erfordern eine starke Dämpfung des Grün und Rot, die man durch sehr dünne Filterscheiben aus roten oder orange und blauen bzw. blaugrünen Farbstoffen, wie Uranin, Eosin, Safranin, Filtergelb-Höchst, Patentblau u. dgl. vornehmen kann. Genauere Angaben sind durch v. HÜBL in der Photographischen Rundschau (W. Knapp in Halle), Heft 1 u. 2, 1909, gemacht. Wer diese Filterschwierigkeiten überwunden hat, kann seine Mikrophotogramme fast ebenso bequem farbig, wie schwarzweiß herstellen und damit das in vielen Fällen besonders Charakteristische des Präparates, seine Färbungen, wiedergeben. Die neueren Rasterplatten zur Farbenphotographie ermöglichen zwar auch die Herstellung von Mikrophotogrammen, sind aber wegen der sichtbaren Rasterstruktur viel weniger zu empfehlen als die Lumièreplatten, deren Behandlung wesentlich vereinfacht, deren Preis beträchtlich ermäßigt wurde.

Für die Reproduktion farbiger Bilder nach dem Dreifarbenverfahren (Autotypie, Kupferdruck) sind vorläufig noch die drei Negative erforderlich, welche man hinter den drei farbigen Filtern erhalten kann. Um dem Drucker einen Anhalt über das Aussehen des Bildes zu geben, ist ein gutes Farbenpositiv, am meisten ein Diapositiv wünschenswert, denn ganz ohne technische Nachhilfe geht es vorerst nur in den seltensten Fällen. Wer in der Lage ist, seinem Drucker das Originalpräparat im Mikroskop zum Vergleichen zu zeigen, ist noch besseren Erfolges sicher.

Zum Schlusse noch ein paar Worte über die Reproduktion der Photogramme in Publikationen. Die beste Methode ist die Beigabe von Originalkopien, wie sie z. B. die Neue photographische Gesellschaft in Steglitz auf Bromsilberpapier in größeren Mengen herstellt. Leider wird dieser Modus kostspielig und die Herren Verleger wollen in der Regel nichts zusetzen. Daher ist das beliebteste Verfahren die Autotypie, bei der die Originalkopie (glattes Papier, tadellos aufgezogen) durch eine Aufnahme mit Raster in Punkte zerlegt, auf Zink übertragen und geätzt wird. Das Klischee kann in den Satz eingestellt und mit dem Text gedruckt werden. Wenn das wirklich sorgsam und am besten auf besonderen Tafeln gemacht wird, kann mit der Autotypie ein zur Orientierung brauchbares Bild zustande kommen. Aber was wird heute dabei gesündigt! Der Autor hüte sich sein „imprimatur" auf Grund eines Probedruckes, der meist von der Reproduktionsanstalt, nicht vom Verlagsdrucker herrührt, zu geben, sondern verlange den in den Satz eingestellten Probedruck. Ohne gut satiniertes Papier gehts überhaupt schlecht! Besser, wenn auch körnig ist der Lichtdruck, der aber besondere Tafelbeilage erfordert und nur von erstklassigen Anstalten mit kritischem Kontrolleur für mittelgroße Auflagen genügend gleichmäßig herzustellen ist. Noch teurer, aber von allen Druckverfahren am feinsten ist die Heliogravüre, der Kupferdruck, mit dem sich alle Feinheiten herausbringen lassen. Für Lichtdruck und Gravüre gibt man am besten das Originalnegativ, weil durch Reproduktion eines Positivs allerhand Feinheiten verloren gehen. Die Gravürenegative müßten zur direkten Verwendung seitenverkehrt sein. Wer vorher weiß, daß ein Bild durch dies Verfahren vervielfältigt werden soll, kann es durchs Glas hindurch aufnehmen. Es ist aber im allgemeinen ratsamer, der Reproduktionsanstalt die Umkehrung zu überlassen, ja für die meisten mikrophotographischen Dinge ist die Seitenverkehrtheit des Bildes ganz ohne Belang. Sie entspricht ja streng genommen dem Original.

Literatur: Kaiserling (Lehrbuch der Mikrophotographie), Köhler (Zeitschr. Wiss. Mikr., Bd. 21). In dieser Zeitschrift Originalaufsätze und Referate über mikrophotographische Apparate und Methoden. Jährliche Referate in Eders Jahrbuch der Photographie. Ferner die Lehrbücher der Photographie für die technischen Dinge. Neuhauss (Lehrbuch der Mikrophotographie). *Kaiserling*, Berlin.

Mikroskop. Seit alters ist man gewohnt zu unterscheiden das einfache und das zusammengesetzte Mikroskop. Das einfache ist eine Lupe, eine Sammellinse. Betrachtet man mit einer solchen Linse ein Objekt, welches näher an der Linse sich befindet, als ihre Brennweite beträgt, so entsteht durch sie kein reelles Bild, sondern die Strahlen werden schwach divergierend in das Auge gelangen und erscheinen ihm von einem in der rückwärtigen, objektseitigen Verlängerung gelegenen Schnittspunkte herkommend (Fig. 35). Es sei OO_1 ein Objekt innerhalb

Fig. 35.

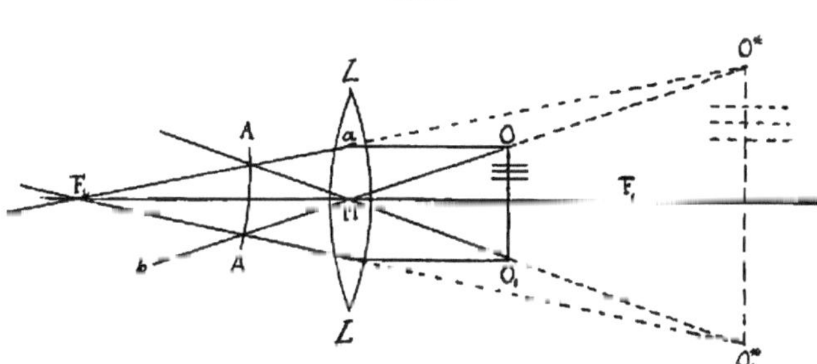

der vorderen Brennweite der Linse L. Bekanntlich ist der Brennpunkt der Vereinigungspunkt aller parallel zur optischen Achse $F_1 F_2$ verlaufenden Strahlen. Es wird also der Strahl Oa nach dem hinteren Brennpunkte F_2 gehen, OM als Hauptstrahl, durch den Hauptpunkt M gehend, ungebrochen durch die Linse hindurch treten in der Richtung nach b. Dem bei A befindlichen Auge scheinen diese beiden Strahlen von O^* zu kommen. Es sieht also ein aufrechtes, vergrößertes Bild in $O^* O_1^*$. Beim zusammengesetzten Mikroskop sind zwei Linsen kombiniert. Das Objekt OO_1 befindet sich in diesem Falle innerhalb der einfachen und doppelten vorderen Brennweite der Objektivlinse L_1. Es entsteht ein umgekehrtes, vergrößertes, reelles Bild $O^* O_1^*$ hinter der Linse in dem Raume zwischen der doppelten Entfernung des hinteren Brennpunktes und der Unendlichkeit. Ort und Größe des Bildes sind abhängig vom Orte des Präparates innerhalb der zulässigen Grenzen. Bei gleicher Bildweite wird das Bild um so größer, je kürzer die Objektivbrennweite ist. Das reelle Bild wird nun noch durch eine zweite Linse L_2, das Okular, nach Art der Lupe betrachtet und erscheint abermals vergrößert in $O_1^{**} O^{**}$ (Fig. 36). Beide Formen des Mikroskopes, deren Anfänge bis in das 16. Jahrhundert zurückgehen, sind auch heute noch als Lupen und Präpariermikroskope und als unser modernes Mikroskop im eigentlichen Sinne im Gebrauch. Leider gelten nun die gegebenen einfachen schematischen Verhältnisse nur für „gedachte" Linsen ohne wesentliche Dicke und Öffnung und nur für senkrechte Strahlen nächst der optischen Achse von einfacher Wellenlänge. Alle wirklich herstellbaren Linsen haben aber merkliche Dicken und Durchmesser und werden in der Regel von unendlich mannigfach zusammengesetzten weißen Tageslichtstrahlen unter den verschiedensten Winkeln getroffen. Daraus resultieren eine Reihe von Abweichungen, die wegen der für unseren Zweck unerwünschten Eigenschaften bei der Bilderzeugung gemeinhin Linsenfehler heißen. An sich sind es keine Fehler, etwa durch mangelhafte Herstellung der Linsen bedingt, sondern Eigenschaften, die sich in aller Strenge mathematisch erörtern lassen. Es ist hier nicht der Ort, auf diese unendlich komplizierten Dinge näher einzugehen. Wer das tun will, findet am Schlusse einige Literaturhinweise. So wünschenswert, nötig und für viele mikroskopische Dinge das rechte Verständnis erst eröffnend eine ausreichende Kenntnis der mikroskopischen Theorie wäre, so viele Versuche Einzelner zu ihrer allgemeinen Verbreitung auch gemacht sind (am eingehendsten von AMBRONN, der die Begründung von Instituten für wissenschaftliche Mikroskopie anregt und auf Grund eigener Praxis treffliche Vorschläge macht), scheitert in der Regel alles Mühen, besonders bei denen, die am meisten Grund zu solchen Studien hätten, bei unseren studierenden Anfängern.

Fig. 36.

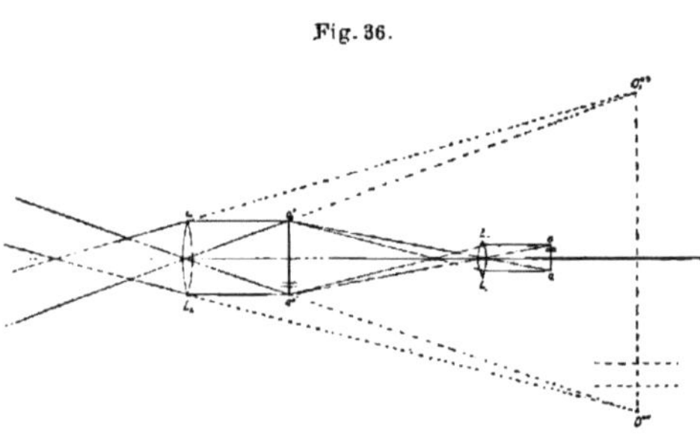

Die unerwünschte Wirkung der Linsenfehler besteht darin, daß sich die von einem Objektpunkte ausgehenden Strahlen nicht wieder zu einem Punkte im Bilde vereinigen. Wenn bei einer Sammellinse sich die achsialen Parallelstrahlen im Brennpunkte vereinigen, so tun es Strahlenbüschel, die zwar parallel zur optischen Achse, aber mehr nach dem Rande zu auftreffen, nicht mehr, sondern sie vereinigen sich zonenweise immer früher, je näher dem Rande sie auffallen. Es entsteht demgemäß keine scharfe punktförmige Vereinigung, sondern ein diffuser Zerstreuungskreis. Außerdem werden aber die weißen Lichtstrahlen bei der Brechung in ihre einzelnen Komponenten, die je nach ihrer Brechbarkeit auf unser Auge den Eindruck verschiedener Farben machen, zerlegt und für jede Wellenlänge wird ein besonderer Brennpunkt entstehen. Das erste ist die sphärische Abweichung, das zweite die chromatische. Fallen nun parallele, zur optischen Achse schiefe Lichtbüschel auf die Linse, so erleiden sie wiederum eine andere Brechung als die gerade auftreffenden. Durch sie entsteht die Bildfeldwölbung und die astigmatische Abweichung. Bei jeder dieser Abweichungen kommt natürlich für jeden zusammengesetzten Lichtstrahl wieder die chromatische Aberration hinzu. Treffen schiefe, von einem seitlichen Objektpunkte kommende divergente Strahlen auf eine Linse, so vereinigen sie sich nicht wieder zu einem Punkte, sondern zu einer Brennlinie. Das bezeichnet man als Koma. Es ist nun Aufgabe der theoretischen

Optik, diese Fehler genauer zu studieren und die Bedingungen zu ermitteln, die zu ihrer Beseitigung dienen können. Das ist nun besonders eifrig in den letzten Jahrzehnten geschehen und durch diese Arbeiten sind ganz bedeutende Fortschritte angebahnt worden. In erster Linie war es in der neuesten Zeit der Jenenser Physiker ABBE, der hier bahnbrechend gewirkt hat und ganz besonders auch für die Vervollkommnung der mikroskopischen Linsen Bedeutendes geleistet hat. Dazu kam die Schaffung neuer Glasarten von ungemeiner Mannigfaltigkeit durch die systematischen Versuche des Glaswerkes SCHOTT und Genossen in Jena. Die erste praktische Ausführung der durch theoretische Gelehrtenarbeit gefundenen Linsenformen wurde ebenfalls in Jena durch die Firma ZEISS vorgenommen, deren Entwicklung durch diese feste Verbindung von Theorie und Praxis gewaltig gefördert wurde und sie zu einer tonangebenden in der ganzen Welt machte. Andere Optiker folgten bald, bauten das Gewonnene weiter aus, und so ist die deutsche Industrie auch auf diesem Gebiete führend geworden.

Während die Beseitigung der sphärischen Abweichungen und der Anomalien schiefer Lichtbüschel durch passende Wahl, Anzahl und Anordnung der brechenden Flächen gelingt, hat die Behebung der Farbenabweichung die größten Schwierigkeiten bereitet. Man nennt die Linsen ohne diesen Fehler Achromate. Es war aber nicht möglich, eine Achromasie für alle Strahlen zu erreichen, ehe die neuen Jenenser Gläser existierten. Nur die hellsten Farben wurden vereinigt und auch hier war für die großen Öffnungswinkel, welche zur Definition feinster Strukturen von den mikroskopischen Linsen gefordert werden müssen, eine über alle Zonen des Objektivs genügende Hebung der chromatischen und sphärischen Aberrationen und der damit verbundenen chromatischen Vergrößerungsabweichungen nicht ohne weiteres möglich. Hier eröffnete AMICI neue Wege, indem er mehrere Linsenpaare kombinierte, in denen er absichtlich gesteigerte Abweichungen des einen Gliedes durch entgegengesetzt wirksame des zweiten behob. Die modernen Achromate sind für die Durchschnittsbeobachtungen sehr vollkommene Objektive, wenn es sich um Okularbetrachtung handelt, während die unbehobenen Reste der Farbenabweichung, die chromatische Differenz der Vergrößerung usw. das „sekundäre Spektrum" bei der photographischen Verwendung dieser Linsen so merkbar sind, daß sie nur unter ganz bestimmten Voraussetzungen brauchbare Bilder geben. Auch überall da, wo die an jedem Objektteil eintretende Beugung der beleuchtenden Lichtstrahlen bei Anwendung großer Öffnungswinkel, namentlich bei Immersionen besonders auffallend wird — unter anderem bei der Dunkelfeldbeleuchtung durch die Spiegelkondensoren —, stören die Reste der chromatischen Abweichung stark. Diesen Übelständen ist durch ABBE abgeholfen, der die Apochromate konstruierte, Systeme, die über das ganze sichtbare Spektrum hin eine sehr weitgehende Behebung der chromatischen Aberrationen haben. Bei ihnen ist nicht nur der Farbenrest der gewöhnlichen Achromate auf etwa den zehnten Teil vermindert, sondern auch die chromatische Differenz der sphärischen Aberration ist, statt für eine, für drei Farben des sichtbaren Spektrums für alle Zonen des Objektivs behoben. Auch die Vergrößerungsdifferenz infolge der Farbenabweichung, die bei den Achromaten in jeder Zone eine andere ist, läßt sich bei den Achromaten zwar nicht beseitigen, aber für alle Zonen gleich groß machen. Gibt man nun dem Okular eine entgegengesetzte Vergrößerungsdifferenz, wie sie das Objektiv hat, so läßt sie sich völlig aufheben, kompensieren. Daraus folgt, daß die Apochromate nur mit den für sie berechneten Kompensationsokularen ihre volle Farbenreinheit zeigen. Leider ist das Gesichtsfeld stark gewölbt, aber durch allmähliche zonenweise Einstellung bis zum Rande brauchbar. Freilich sind die Apochromate ungemein kompliziert zusammengesetzt. So besteht z. B. die homogene Immersion aus fünf Einzelgliedern, von denen zwei einfache, eine zweifache und zwei dreifache Linsen darstellen, zusammen also zehn Linsen! Auch das Linsenmaterial ist ein sehr verschiedenes und da die vorhandenen Gläser den theoretischen Bedingungen an ihre optischen Eigenschaften des Brechungsindex und der

Farbenzerstreuung noch immer nicht genügen, ist man zur Verwendung von Flußspat und anderen Substanzen gekommen. Dadurch wird wieder die technische Herstellung eine besonders schwierige und so kann der höhere Preis dieser Linsen nicht verwundern. Gute Apochromate sind trotz dieser verschiedenen Herstellungsmaterialien durchaus haltbar und die anfänglich als unvermeidliche Kinderkrankheiten hier und da aufgetretenen Trübungen sind seit langen Jahren (die Apochromate wurden 1886 durch ZEISS herausgebracht) nicht mehr vorgekommen. Die Firmen übernehmen jede Garantie für die Haltbarkeit ihrer Systeme.

Optische Vollkommenheit vorausgesetzt, hängt die Leistungsfähigkeit von Mikroskopobjektiven, die der Optiker nach ihrer Fähigkeit, feinste Strukturen deutlich zu machen, „aufzulösen", das sogenannte Definitionsvermögen, ab, bei der gewöhnlichen centralen Beleuchtung von der Wellenlänge des Lichtes und der Apertur des Systems. Bezeichnen wir die kleinste auflösbare Entfernung zweier Elemente einer regelmäßigen Struktur mit δ, die Wellenlänge des Lichtes mit λ und die Apertur mit a, so besteht die Beziehung $\delta = \frac{\lambda}{a}$. Unter der num. Apertur a eines Systems versteht man seit ABBE das Produkt aus dem Sinus des halben Öffnungswinkels u eines Objektivs und dem Brechungsindex des zwischen Deckglas und Frontlinse befindlichen Mediums, also Luft (1,0) bei Trockensystemen, Wasser (1,33) und Cedernöl (1,51) bei Immersionen, $a = n \, . \sin u$. Will man also die Auflösung der Strukturcinzelheiten steigern, so darf man nicht etwa eine stärkere Okularvergrößerung bei dem benutzten System anwenden und damit die von ihm abgebildeten Dinge — natürlich auch gleichzeitig die etwaigen optischen Mängel — weiter auseinanderziehen, sondern man muß entweder zu einer Beleuchtung mit Licht von kleinerer Wellenlänge übergehen oder ein System höherer Apertur anwenden. Beides ist möglich. Am einfachsten ist die Anwendung eines Objektivs mit höherer Apertur. Die größten mit gewöhnlichen Hilfsmitteln brauchbaren Aperturen bieten die homogenen Apochromatimmersionen von 1,30—1,40. Hierbei ist zur Beleuchtung unbedingt ein Immersionskondensor mit entsprechender Apertur nötig. Man hat zwar Immersionen mit noch höherer Apertur hergestellt, aber dann muß auch der ganze Beleuchtungsapparat, Objektträger, Deckglas und Einschlußmedium des Präparates einen höheren Berechnungsindex haben als die üblichen Dinge derart. Sie sind daher nur für diesen oder jenen Einzelfall zu brauchen, nicht für allgemeine Anwendung. Auch die Anwendung von kurzwelligem, sogenanntem ultravioletten Lichte ist durch die Arbeiten KÖHLERs und das von ZEISS gebaute Instrumentarium auf dem Umwege über das Photogramm verwirklicht (s. Mikrophotographie). So kann man durch Anwendung von Licht der Wellenlänge $\lambda = 4400$ statt des optisch hellsten von $\lambda = 5500$ die Apertur 1,40 auf 1,75 erhöhen und für das Ultraviolett bei 3000 auf cca. 2,57!

Daß auch dem Okular ein Teil der optischen Korrektur zugewiesen ist, es also in Wahrheit nicht eine einfache Lupe darstellt, wurde bezüglich der Apochromate gesagt. Aber auch die anderen Okulare, die HUYGENschen, für die Achromate besitzen in ihrer Kollimatorlinse einen, streng genommen, zum Objektiv gehörigen Teil. Das vom Objektiv und dieser Kollimatorlinse gelieferte Bild liegt in der Ebene der Okularblende und wird durch die eigentliche Okularlinse wie mit einer Lupe betrachtet.

Um für die Beleuchtung des Präparates einen Lichtkegel zur Verfügung zu haben, welcher eine leichte Anpassung an die jeweils nötige Apertur des Objektivs gestattet, ist von ABBE ein besonderes Beleuchtungssystem (Kondensor) konstruiert, das ganz allgemein heute eingeführt ist und an keinem besseren Instrumente fehlen darf. Schwierig wird seine Benutzung nur bei der Untersuchung ganz farbloser Objekte. Sie würden oft eine so starke Einengung des Beleuchtungskegels erfordern, daß sehr störende Beugungsränder an den Konturen einträten. Deshalb ist es für diese Fälle bequem, den Kondensor durch den früher üblichen Hohlspiegel in Verbindung mit einer Irisblende dicht unterhalb des Präparates ersetzen zu können. Die Regulierung der Kondensorapertur erfolgt durch eine unterhalb angebrachte Irisblende, die zur Erzeugung einer „schiefen" Beleuchtung durch einen Trieb seitlich-excentrisch verstellbar und um die optische Achse des Mikroskopes drehbar ist.

Von ganz wesentlichem Einflusse auf die Bildgüte ist bei Trockensystemen höherer Apertur das Deckglas. Von dieser Tatsache haben keineswegs alle Beobachter eine genügende Kenntnis, was man daraus schließen kann, daß man nur selten Objektive mit Korrektionsfassung bei ihnen sieht oder, wenn sie zufällig ein solches haben, selten damit umzugehen verstehen. Die Systeme sind vom Verfertiger für eine bestimmte Deckglasdicke berechnet, die einige Firmen auf jedem angeben. Weicht die Deckglasdicke bei Systemen größerer Apertur von der angegebenen ab, wird das Bild erheblich verschlechtert. Nach CZAPSKI wirkt bei Aperturen von 0,90—0,95 schon eine Abweichung von nur 0,01—0,02 *mm* störend, bei 0,5 kann sie etwa 0,05 *mm* betragen, kleinere Aperturen sind noch unempfindlicher. Daraus folgt, da es kaum möglich ist, stets nur Deckgläser der besten Dicke zu benutzen, daß die starken Trockensysteme eine Anpassungsvorrichtung an die üblichen Deckglasdicken haben müssen, wenn sie die bestmöglichen Bilder geben sollen. Ist das nicht der Fall, muß man mit einem Deckglastaster sich die geeigneten Deckgläser auswählen. Zum Glück sind die homogenen Immersionen weit weniger empfindlich und es ist dies wahrscheinlich der Grund, warum mit der Ursache nicht vertraute Beobachter die stärkeren Trockensysteme und Wasserimmersionen verwerfen und lieber die Ölimmersionen anwenden. Daß die höhere Apertur dieser Linsen und damit das gesteigerte Auflösungsvermögen nicht die Ursache dieser Ansicht sein kann, geht daraus hervor, daß man nur selten sieht, wie zwischen Kondensor und unterer Objektträgerseite ein Öltropfen angebracht wird, ohne den eine größere Aperturbenutzung als 0,95 unmöglich ist. Bei dem in Fig. 37 abgebildeten Objektiv mit Korrektionsfassung dient der doppelt geränderte Ring *b* dazu, die Entfernung zwischen den beiden oberen Doppellinsen und den beiden anderen fest mit der Fassung verbundenen zu verändern. Eine bezifferte Teilung auf dem drehbaren Ring und ein Index auf der Fassung geben die Deckglasdicke an, für welche bei der jeweiligen Stellung die beste Korrektion besteht. Bei der Benutzung dieses Systems stelle man das Präparat möglichst scharf ein und drehe den Ring bis zu dem einen Anschlag und versuche nun unter steter scharfer Einstellung durch die Mikrometerschraube die Ringstellung zu ermitteln, bei der von einer feinsten linearen Struktur des Präparates das schärfste Bild entsteht. Die Unterschiede in der Bildschärfe sind so auffallend, daß auch ein wenig Geübter die richtige Stellung leicht und bei Wiederholungen immer bis auf Bruchteile eines Intervalles genau wiederfindet. Es kann diese Übung nicht genug empfohlen werden, womöglich unter Benutzung einer ABBEschen Testplatte, da erst bei solchen Sehübungen ein Urteil über die erreichbare Bildschärfe erworben und durch die bekannte Größe der verschiedenen Deckglasdicken der Testplatte eine genaue Kontrolle ermöglicht wird. Diese Testplatte kann nicht nur zur Ermittlung der besten Deckglasdicken für beliebige Objektive dienen, sondern auch zu einer empfindlichen Prüfung der optischen Qualitäten mikroskopischer Systeme, insbesondere, wenn mit Hilfe des ABBEschen Kondensors der sogenannte „empfindliche" Strahlengang hergestellt ist, worüber die beigegebene Gebrauchsanweisung das Nähere enthält. Wer sich im Gebrauche dieser Prüfungsmethode geübt hat, wird unter der Fülle des gebotenen Materials zahlreicher optischer Firmen sich selber das heraussuchen können, was seinen Anforderungen entspricht. Es ist in dem engen Raume dieses Kapitels nicht möglich, allen Optikern gleich gerecht zu werden, weil der Einzelne unmöglich alle

Fig. 37.

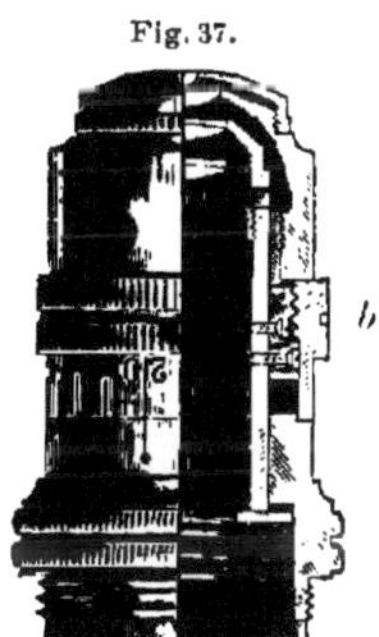

Systeme und Stative kaufen und aus eigener Erfahrung kennen lernen kann. Auch die Linsen und Stative sind Individuen, gleichartig, aber nicht gleich, da trotz aller Theorie und vervollkommneter Technik Menschenwerk immer Menschenwerk bleibt. Darum lerne und prüfe man selber und wähle nach eigenem Urteil. Bekannte Firmen sind: LEITZ in Wetzlar, REICHERT in Wien, SEIBERT in Wetzlar, WINKEL in Göttingen, ZEISS in Jena. Einige Firmen liefern namentlich Spezialmikroskope, z. B. FUESS in Steglitz mineralogische Stative. In allerneuester Zeit hat die in der photographischen Optik bekannte Firma VOIGTLÄNDER in Braunschweig unter Anlehnung an die Modelle von ZEISS und LEITZ die Fabrikation von Mikroskopen aufgenommen. Auch in Frankreich und England gibt es leistungsfähige Firmen von internationalem Rufe. Manche Namen, die einst zu den besten auf diesem Gebiete gehörten, sind in der Neuzeit wenig oder gar nicht mehr genannt.

Die Ausstattung der Mikroskope ist je nach den Bedürfnissen der Beobachter eine verschiedene. Man baut große, mittlere und kleine Stative, daneben

Fig. 38.

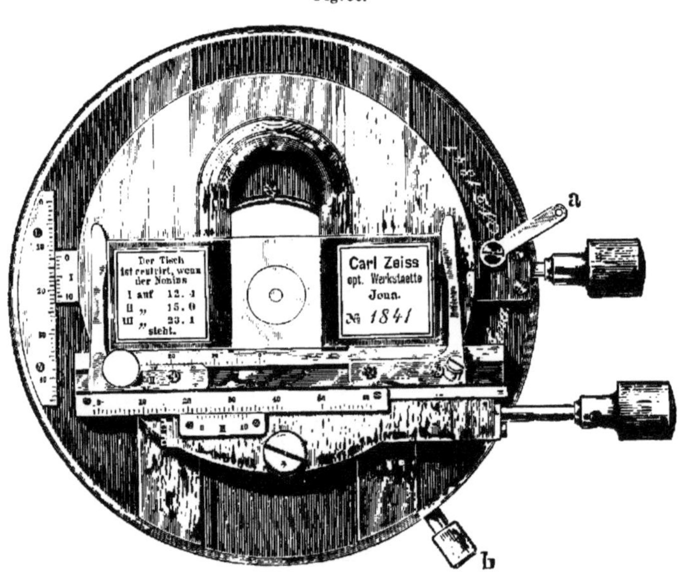

noch vereinfachte Instrumente für Fleischbeschauer oder zu Demonstrationszwecken. In neuerer Zeit sind mancherlei Änderungen im Äußeren der Instrumente vorgenommen, die sich auf den Fuß, die Tragsäule, die Mikrometerschraube und den Tubus erstrecken. Die gröbere Einstellung des Präparates geschieht bei allen größeren und mittleren, ja selbst bei vielen kleinen Mikroskopen mittelst Zahnstange und Trieb, die feinere durch verschiedenartig gebaute Mikrometerschrauben (s. diese). Der Objekttisch ist rund oder viereckig, meistens mit Hartgummiplatten belegt. Bei der systematischen Durchmusterung von Präparaten leistet ein „beweglicher“ Objekttisch vorzügliche Dienste. Durch Schrauben, deren Drehung meist an einer Millimeterteilung ablesbar ist, wird das Präparat in zwei zu einander senkrechten Schlittenführungen verschoben. Fig. 38 gibt den großen Kreuztisch von ZEISS wieder, der sich bei den großen Stativen an Stelle des einfachen, runden, drehbaren Hartgummitisches einsetzen läßt. Eine Verschiebung mit zwei konachsialen Schrauben ist dem ZEISSschen Stativ für Mikrophotographie (Fig. 41) angebracht. Dieser Tisch ist fest aufmontiert und nicht gegen andere Tische auszuwechseln. Eine andere einfachere Konstruktion ist die LEITZsche (Fig. 39), die auf die gewöhnlichen runden und viereckigen Tische auch nachträglich aufzusetzen ist.

Fig. 39.

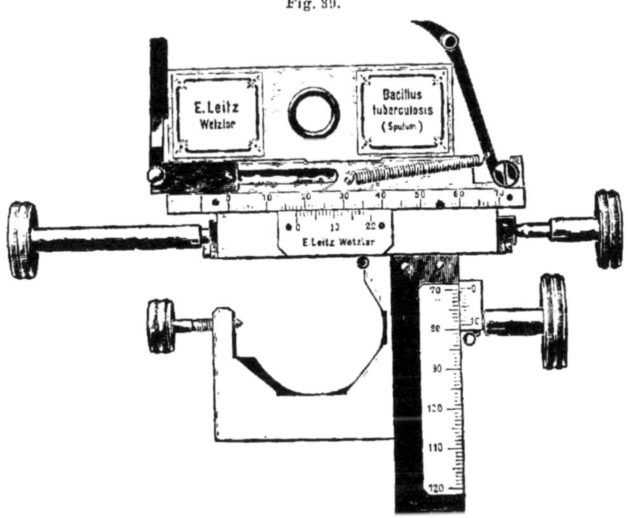

Fig. 40.

Unterhalb des Objekttisches, durch besonderen Trieb oder Schraube mit schnell steigendem Schneckengange in der Höhe verstellbar, befindet sich der erwähnte Kondensor nach ABBE, Fig. 40 gibt seine Anordnung in der Ausführung als „herausklappbarer“ Kondensor leicht verständlich wieder. Das Linsensystem ist nach unten seitlich herausgeschlagen, die Cylinderirisblende geschlossen für Beobachtung mit dem Hohlspiegel, die Iris für die Aperturenregulierung des Kondensors nach links herausgeklappt. Zum Übergange zur Beobachtung mit Kondensor öffnet man die Cylinderirisblende vollständig, klappt durch einen Druck den Kondensor, durch einen zweiten seine Blende bis zum Einschnappen einer Centrierfeder ein und dreht den Planspiegel nach oben. Der Kondensor wird mit seinem Trieb so hoch gestellt, daß die obere Linse fast unter dem Objektträger steht. Kleine Verstellungen werden je nach Art des Objektivs und Präparates nötig. Die früher üblichen Cylindereinsatzblenden sind fast ganz außer Gebrauch gekommen und auch die Rotationsblenden sind durch die weit feiner regulierbaren Irisblenden verdrängt und nur noch an ganz einfachen Instrumenten hier und da verwendet. Bei allen großen und mittleren Stativen ist der obere Mikroskopteil mit dem Tubusträger umlegbar meist bis zur Horizontallage. Diese ist nur für photographische und Projektionszwecke nötig, die schräge Neigung aber bei allen Beobachtungen sehr erwünscht, weil die Haltung des Beobachters eine zwanglosere wird. Von der Konstruktion des Oberbaues geben die Figuren verschiedener Mikroskoptypen eine hinreichende Vorstellung. Die alten Konstruktionen haben alle den Nachteil, daß sie nirgends eine bequeme und für das Instrument unschädliche Handhabe beim Transport besitzen. Wer, wie leider weit verbreitet, das Mikroskop an dem Träger des Oberbaues, an der Mikrometerführung anfaßt, tut ungefähr dasselbe, wie — sit venia exempli — eine sorgsame Mutter, die ihre Kinder an den Haaren oder Ohren transportiert. Durch die neue Mikrometerbewegung ist eine Besserung angebahnt und so werden auch andere Stative jetzt mit bequemen Handgriffen am Fuß versehen. Die Konstrukteure werden gut tun, die nun lange genug festgehaltene äußere Form nach dieser Richtung mutig zu verbessern. Der Tubus wird im wesentlichen in zwei Formen, als weiter und enger Tubus gebaut. Anfänglich ist der erstere namentlich von ZEISS für seine mikrophotographischen Stative verwendet zur Verminderung der inneren Reflexe. Nach der glücklichen Konstruktion schwacher Projektionssysteme verschiedener Brennweite, den Planaren, war eine noch größere Weite notwendig. Natürlich kann der weite Tubus auch für alle Okularbeobachtungen dienen und so bürgert er sich immer mehr ein.

Wer je in die Lage kommen könnte, sich der Mikrophotographie zuzuwenden, wähle daher gleich den weiten Tubus, wie es denn ratsam ist, immer bei der ersten Anschaffung an die Möglichkeit einer umfassenderen Verwendung des Mikroskops in der Zukunft zu denken und ein möglichst großes und vollkommenes Stativ zu wählen. Zum raschen Wechseln der Objektive sind verschiedene Vorkehrungen in Gebrauch, am meisten der Revolver. Es ist dringend zu raten, ihn gleich mit Stativ und Linsen zu beziehen, da nur so die Justierung für die einzelnen Linsen möglich ist. Anderenfalls kann es vorkommen, daß beim Wechseln das Objektiv auf das Präparat aufstößt und dies oder gar die Linse Schaden nimmt. Nur noch selten wird heute die Schlittenwechslung angebracht, bei der eine genaue Centrierung durch Schräubchen zwar möglich, aber sehr mühsam ist. Ähnlich sind die Objektivzangen, die besonders an mineralogischen Stativen Anwendung finden. Die beste Centrierung ist immer das Anschrauben der Linsen an den Tubus und bei photographischen Arbeiten allen Wechselvorrichtungen vorzuziehen. Man beachte stets, daß durch die Zwischenschaltung der Wechselvorrichtungen der Tubus verlängert wird und demgemäß der mit Millimeterteilung versehene Okulareinsatz um den Betrag ihrer Dicke zusammengeschoben werden muß. Anderenfalls leidet die Bildqualität bei stärkeren Systemen und Immersionen sehr merklich. Mehr als dreiteilige Revolver belasten den Tubus zu stark und sind nicht empfehlenswert.

In Fig. 41 ist das mikrophotographische Stativ von ZEISS abgebildet. Durch die Anbringung der sehr feinen BERGERschen Mikrometerbewegung ließ sich der

Träger des Oberbaues zu einer kräftigen Handhabe ausbilden, an der sich das Instrument ohne Gefahr für die Feinbewegung tragen läßt. Der drehbare, durch konaxiale Schrauben bewegliche Objekttisch ist fest mit dem Instrument verbunden und nicht gegen andere Tische auszutauschen. Der Tubus ist aus Aluminium und so weit, daß unter Verwendung besonders beigegebener Einsatztuben die Planare sich nach Abschrauben des Okularauszuges von oben in den Tubus einführen lassen, ohne von ihrem Gesichtsfeld etwas zu verlieren. Die Objektive sind mit einem dreiteiligen Revolver angesetzt. Der Fuß ist sehr hoch und ermöglicht die Anbringung aller Hilfsinstrumente zu besonderen Beleuchtungsarten an Stelle des gewöhnlichen Kondensors, des Spektropolarisators u. dgl. Der Spiegel samt seinem Bügel ist leicht abnehmbar, um bei horizontaler Lage des Ganzen den Strahlen der photographischen Beleuchtungslinsen nicht hinderlich zu sein. Ein derartiges Stativ ist ein wirkliches Universalstativ. Ähnliche Anordnungen liefern LEITZ, SEIBERT, REICHERT, WINKEL, u. a. Den Typus eines großen Stativs mit dem engen Tubus mag das Stativ B von LEITZ, Fig. 42, illustrieren. Auch bei ihm ist der Oberbauträger als Handhabe zu gebrauchen. Durch die starke Ausbuchtung nach hinten wird es möglich, sehr große Objektträger, wie sie zu Serien- und Hirnschnitten gebräuchlich sind, durchmustern zu können. Auf

Fig. 41.

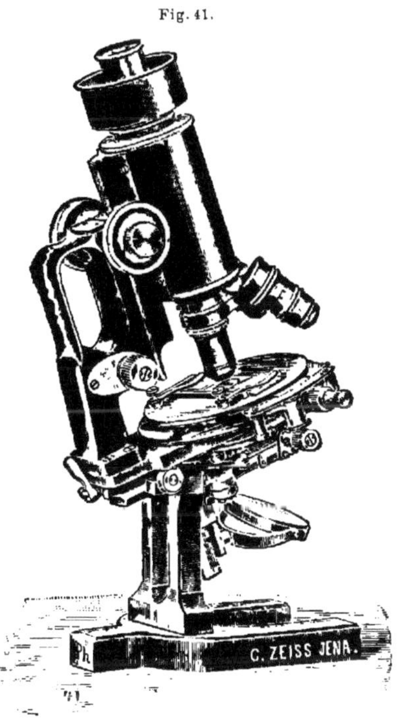

Fig. 42. Fig. 43 Fig. 44.

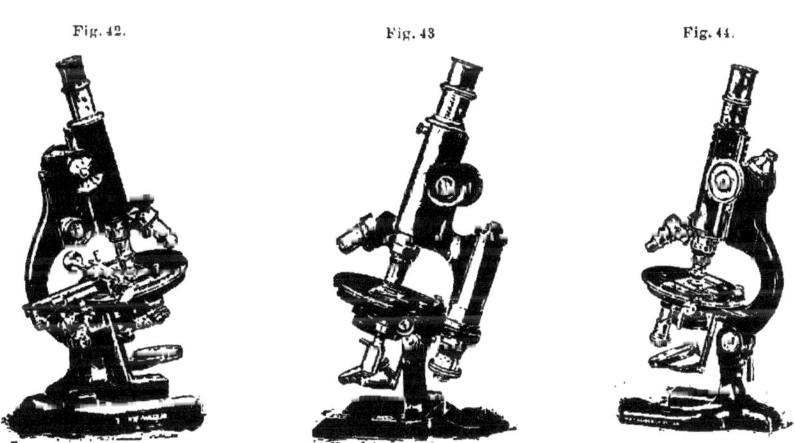

den einfachen drehbaren Hartgummitisch ist ein „großer Kreuztisch“ zur mechanischen Bewegung des Präparates aufgesetzt. Die runden, drehbaren Tische sind in der Regel durch zwei Schrauben und eine Gegendruckfeder centrierbar. Diese Centrierschrauben sind vielfach zur Objektbewegung verwendet. Natürlich ist damit die Centrierung gestört und die Wiederherstellung erfordert stets eine größere Zeitaufwendung. Ein dreifacher Revolver trägt die Objektive. Der Fuß ist niedriger

Fig. 45. Fig. 46.

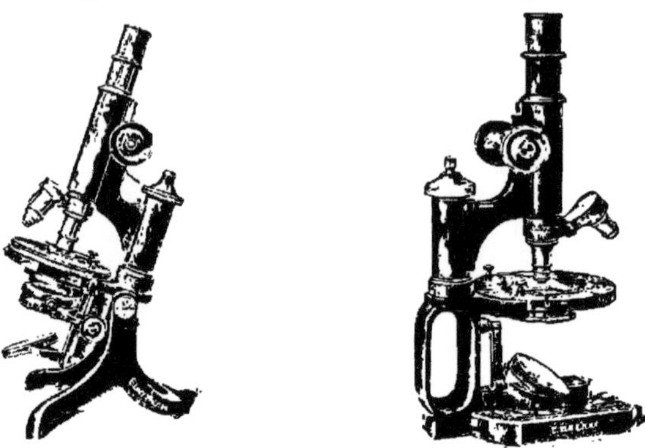

gehalten als beim vorher geschilderten Instrumente und wird in zwei Ausführungen, als Hufeisenfuß wie in der Figur und als sogenannter englischer Drei-

Fig. 47.

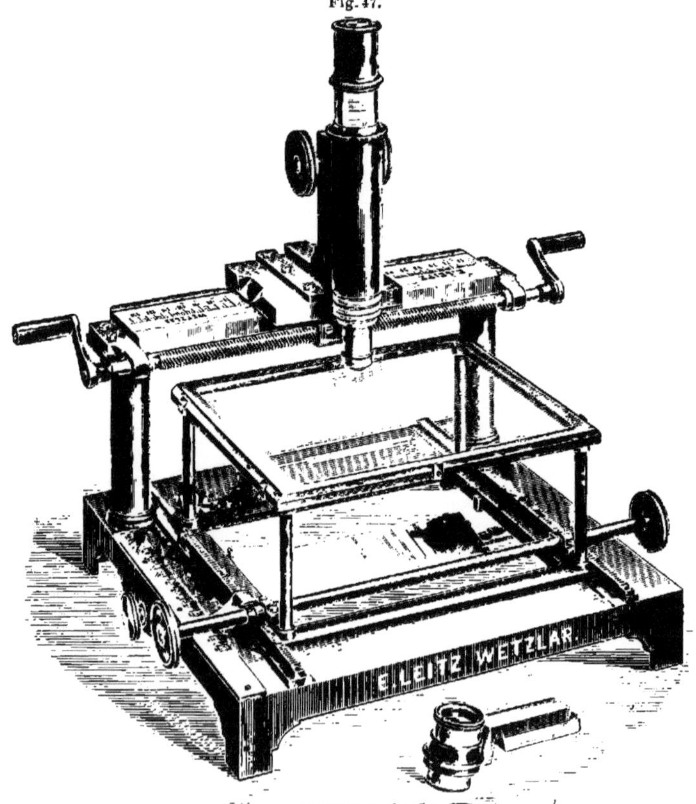

fuß geliefert. Ein mittleres Stativ von WINKEL (Fig. 43) ist mit einer Mikrometerschraube am unteren Ende des Oberbauträgers ausgerüstet. Derartige Instrumente dürfen nur am Fuß getragen werden. SEIBERT hat bei kleineren Instrumenten eine neue Mikrometerschraube angebracht, die zwar an der früher allgemein üblichen Stelle am oberen Ende des Tubusträgers sitzt, aber nicht in der alten prismatischen Führung, so daß der Träger hier als Handhabe dienen darf (Fig. 44). Eine ähnliche Konstruktion führt WINKEL aus. Die Mikrometerschraube mit Prismenführung, wie es bisher am gebräuchlichsten war, hat das Mikroskop Fig. 45. Dieses Mikroskop steht auf dem sogenannten englischen Fuß, der auch auf unebenem Tische ein festes Stehen ermöglicht und beim Transport durch Unterschieben des Mittelfingers unter dem Fuß einen leidlich sicheren Griff ermöglicht. ZEISS hat, wie Fig. 46 veranschaulicht, den Fuß in

Fig. 48.

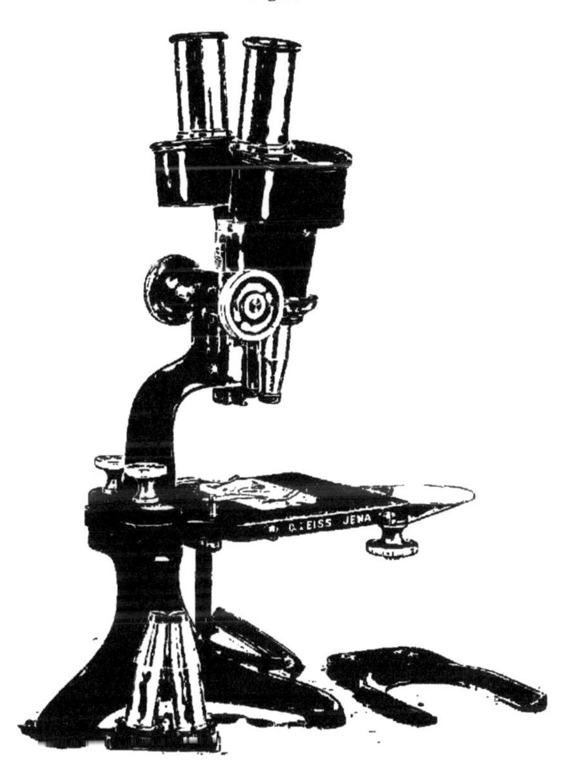

anderer Weise mit Griff versehen, der namentlich das Einstellen und Herausnehmen aus den Schrankkästen erleichtert. Natürlich werden noch einfachere Stative gebaut, bei denen die grobe Einstellung durch den Trieb wegfällt und durch Verschiebung in einer federnden Hülse geschieht. Das darf aber nicht durch gerades Auf- und Abschieben, sondern nur durch langsam drehende Verschiebung geschehen, damit Objektiv und Präparat, womöglich noch Kondensor nicht durch einen plötzlichen Ruck zertrümmert werden. Außer diesen für allgemeine Arbeiten bestimmten Instrumenten gibt es noch allerhand Spezialkonstruktionen. Wir sehen ganz ab von den für mineralogische Zwecke gebauten und mit den verschiedenen Einrichtungen zur Untersuchung in polarisiertem Lichte ausgestatteten, die zum Teil im Tubus angeordnet sind. Derartige Spezialstative werden ebenfalls von den genannten Firmen in bester Ausführung verfertigt. Dagegen mögen einige andere im Bilde vorgeführt sein. So ein Mikroskop zur Untersuchung großer Schnitte, wie z. B. Durchschnitte durch das ganze Hirn. Außer solchen mit vergrößerten Tischen und weitausladendem Oberbau werden noch besondere Typen gebaut. So das Schlittenmikroskop nach NEBELTHAU von LEITZ (Fig. 47). Der Mikroskoptubus ist auf einem mittelst Support beweglichen Schlitten angebracht und von rechts nach links verschieblich auf 18 *cm* Länge. Der Objekttisch ist eine Glasplatte von 16 × 20 *cm*, auf vier Säulen montiert und durch Zahntrieb um 15,5 *cm* beweglich. Ein Spiegel sorgt für die Beleuchtung. Statt des Mikroskopes kann in die Schwalbenschwanzführung des Mikroskopschlittens ein Lupenhalter eingesetzt werden. Außer für Gehirnschnitte ist diese Einrichtung auch zum systematischen Durchmustern und Auszählen von Platten- und Schalenkulturen zu verwenden und bei hinreichend feiner und genauer Ausführung der Teilungen und Bewegungen auch zum Ausmessen von photographischen Aufnahmen zu mikrometrischen Zwecken.

Fig. 49.

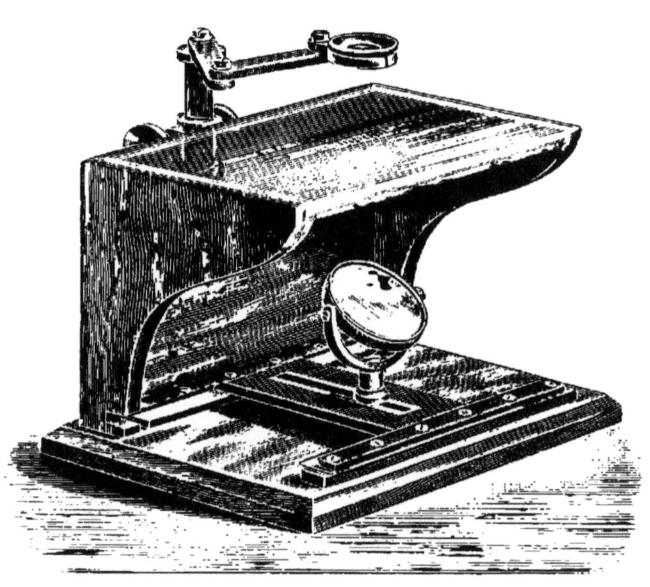

Eine andere Konstruktion ist das stereoskopische Mikroskop. Das Mikroskop ist ein einäugiges Instrument, mit dem man sich räumliche Verhältnisse nur durch Nacheinandereinstellen verschiedener Ebenen und deren Kombination verschaffen kann. Das ist schwer und namentlich für den Studierenden gehört es zu den schwierigsten Dingen, sich in dies räumliche Denken hineinzufinden. Daher sind schon lange Versuche gemacht, ein binokulares Sehen mit dem Mikroskop zu ermöglichen. Aber alle die vorgeschlagenen Konstruktionen haben sich aus verschiedenen Gründen nicht eingeführt und sind bei stärkeren Vergrößerungen auch recht unvollkommen in ihrer Wirkung. Für schwache Vergrößerungen hingegen, für Präparationen, sind die Instrumente von dem in Fig. 48 dargestellten Typus von trefflicher Wirkung für alle, die überhaupt stereoskopisch sehen können. Als Objektive dienen je zwei genau justierte Linsen. Unterhalb des Okulares passieren die Lichtstrahlen einen PORROschen Prismensatz, der, drehbar angeordnet, die Einstellung auf verschiedene Augenentfernung erlaubt. Durch diese Prismen findet eine Aufrichtung des Bildes statt, so daß diese Mikroskope sich vorzüglich zu feinen Präparationen eignen. Der Oberbau kann vom Fuß abgeschraubt, mit einer

Hartgummigabel verbunden und dann auf beliebige Gegenstände zur direkten Beobachtung aufgesetzt werden. Eine Spezialkonstruktion dieses Typus liefert ZEISS als Cornealmikroskop.

Es sei noch kurz erwähnt, daß auch Mikroskope existieren, die als Reiseinstrumente zum Zwecke der Raumersparnis zusammenlegbar sind. Sehr einfach ausgestattete ohne Fuß — sie werden auf den Aufbewahrungskasten aufgeschraubt — baut man namentlich für Fleischbeschauer.

Mannigfach wie die Formen der zusammengesetzten Mikroskope sind auch die der einfachen, der sogenannten Präpariermikroskope. Als Objektiv dient bei ihnen eine möglichst vollkommen konstruierte Lupe, die allseitig beweglich und durch Zahntrieb einzustellen ist. Sehr zweckmäßig und einfach zugleich ist das in Fig. 49 abgebildete Instrument von SEIBERT, dessen große Tischplatte nicht nur das Auflegen sehr großer Präparate, sondern auch von Platten- und Schalenkulturen u. dgl. erlaubt. Es ist außerdem auch sehr gut geeignet zur Ausmessung photographischer Negative mit aufgelegtem Glasmaßstab, wie es für mikrometrische Zwecke vom Verfasser empfohlen ist. Andere Instrumente haben seitlich angebrachte Stützen verschiedenartiger Formen zum Auflegen der Hände, wieder andere sind noch einfacher gehalten und sind nichts weiter als einfache Halter für die Lupen (Fig. 50).

Fig. 50.

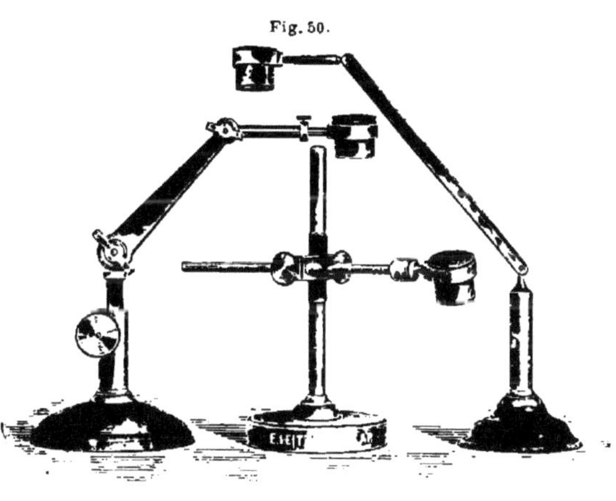

Zur Aufbewahrung der Instrumente dienen Schränke bei den größeren, Kästen bei den kleineren, die gleichzeitig für die Linsen, Okulare und andere Nebenapparate Raum bieten. Steht das Mikroskop dauernd auf dem Arbeitstisch, schütze man es durch eine Glasglocke vor der Einwirkung von Staub und Feuchtigkeit. Wer auf dauernde Erhaltung aller Teile Wert legt, muß sein Instrument hegen und pflegen. Man schütze es vor der oft mit allerhand schädlichen Dämpfen gemischten Laboratoriumsluft, sorge für gleichmäßiges Arbeiten aller gleitenden Teile durch häufiges Reinigen und gutes, sparsames Einölen. Die Linsen müssen von Zeit zu Zeit mit weichen Leinenläppchen und Staubpinsel gereinigt, eventuell mittelst eines Xylol- oder Benzinläppchens abgewischt werden. Dabei sei man aber vorsichtig, um nicht die Linsenfassung zu beschädigen oder gar gekittete Linsen (Canadabalsam!) in Gefahr zu bringen. Sehr zu raten ist es, das Auseinanderschrauben der einzelnen komplizierteren Objektive zu unterlassen und sie wenigstens einmal im Jahre dem Fabrikanten zur Reinigung zuzustellen, da es vorkommt, daß die Linsen innerhalb der Fassung beschlagen. Immersionen reinige man gleich nach dem Gebrauche. Beim Zusetzen von Reagenzien zu Präparaten während der Beobachtung sei man recht vorsichtig, damit der Tisch nicht betropft wird oder die Lösungen nicht über Deckglas und Objektträger überfließen, ebenso bei der Verwendung von Cedernöl. Wer es irgend ermöglichen kann, halte neben seinem großen Arbeitsmikroskop ein einfaches Laboratoriuminstrument für alle gröberen Arbeiten und Untersuchungen, Reaktionen u. dgl.

Bezüglich der Hilfsmittel zum Messen, Zeichnen, Photographieren, zur Dunkelfeldbeleuchtung, Spektroskopie usw. sei auf die diesbezüglichen Kapitel verwiesen.

Literatur: CZAPSKI (Theorie der optischen Instrumente nach ABBE, Breslau 1893), DIPPEL (Das Mikroskop. I. T., 2. Aufl., Braunschweig 1882), STREHL (Theorie der allgemeinen mikroskopischen Abbildung, Erlangen 1900), derselbe (Theorie des Mikroskops, Zeitschr. Instrumentenk., Bd. 18 u. 19). Zahlreiche Aufsätze und Referate, Besprechungen aller Neukonstruktionen finden sich in der Zeitschrift für wissenschaftliche Mikroskopie, Leipzig, Bd. 1—25. *Kaiserling*, Berlin.

Mikroskopierlampen. Die Aufgabe der künstlichen Lichtquellen, uns von den regelmäßigen Schwankungen des Tageslichtes nach Tages- und Jahreszeit und von seinen unregelmäßigen Veränderungen nach dem Wechsel der Witterung unabhängig zu machen, tritt beim mikroskopischen Arbeiten noch viel greifbarer zutage als im täglichen Leben; zumal da sich die Erkenntnis immer mehr Bahn bricht, daß für die Erforschung der feinsten Strukturen die richtige und aufs feinste veränderliche Beleuchtung mindestens ebenso wichtig ist — wie die tadellose Herstellung des Präparats. Überdies mehren sich die Stimmen, die der dauernden Gleichmäßigkeit, in manchen Fällen auch der bedeutenderen Intensität halber (NELSON, APÁTHY, VAN HEURCK, DALLINGER) auch bei Tage dem künstlichen Lichte den Vorzug geben im Gegensatz zu der früher allgemein und auch jetzt noch sehr weit verbreiteten Scheu vor dem Mikroskopieren bei Lampenlicht. Dieses hat naturgemäß mit den Fortschritten der Beleuchtungstechnik mannigfachen Wandel erfahren: es erübrigt, den Weg von der Kerzenflamme, der Öl-, Petroleum- und ARGANDschen Gaslampe zum elektrischen Licht und Gasglühlicht zu verfolgen. APÁTHY hat in seiner Mikrotechnik eine ausführliche historische Darstellung gegeben.

Die künstlichen Lichtquellen dienen sowohl zur Beobachtung im durchfallenden wie im auffallenden Licht.

Bei der Beobachtung im durchfallenden Licht wird entweder der Tubus des Instruments direkt auf die Lampe gerichtet, wie es bei den allerersten Mikroskopen der Fall war und heute bei Demonstrationsmikroskopen und vor allem bei mikrophotographischen Arbeiten üblich ist, oder man entnimmt ihr das Licht indirekt mit Hilfe des planen oder konkaven Spiegels. In diesem Falle sind in der Regel Reflektoren und Kondensoren nötig, um möglichst viele von der Lichtquelle entsandte Strahlen wirksam zu machen und um eine gleichmäßige Helligkeit des Gesichtsfeldes zu erzielen, die bei der künstlichen Beleuchtung nicht ohne weiteres vorhanden ist. Soweit die der Beleuchtung dienenden Apparate allmählich zu integrierenden Bestandteilen des Mikroskops geworden sind, wie der Spiegel, die Blende, der Kondensor, muß auf das „Mikroskop“ verwiesen werden; ebenso für die nahezu ausschließlich für die Mikrophotographie und die Projektion benutzten sehr intensiven Lichtquellen, wie das Kalk-, Magnesium-, Zirkon- und Bogenlicht auf „Mikrophotographie“.

Das Urbild der Mikroskopierlampe, die Lampe mit einer Schusterkugel von ROBERT HOOKE (1665), gehört in die Kategorie der Kondensoren. Bis auf den heutigen Tag ist sie das bequemste und billigste Mittel, um aus jeder Tischlampe eine selbst für starke Vergrößerungen brauchbare Lichtquelle zu schaffen. Man hat sie auf besondere Ständer gesetzt, auf solche, die eine Verstellung der Höhe nach zulassen, und auf andere, die zum gleichzeitigen Schutze des Auges vor Nebenlicht einen Schirm darstellen. In der Verbindung mit hängendem Gasglühlicht (Fig. 51) ist diese Beleuchtungsart auch für Dunkelfeldbeobachtungen brauchbar. Zur Füllung der Kugel dient nach KITTON, der sie aufs neue empfohlen hat, eine wässerige Lösung von Kupfersulfat (15 : 600) oder nach HARTING eine sehr verdünnte Lösung von Kupfersulfatammoniak oder reines Wasser, das durch Auskochen luftfrei gemacht ist, da an der Glaswand ansitzende Bläschen stören können. Was die Farbe anlangt, so ist es am besten, sich nicht an genaue Vorschriften zu binden, sondern die Lösungen soweit zu verdünnen, bis für die ständige Lichtquelle eine dem Arbeitenden gerade angenehme Korrektur auf „weiß“ erreicht ist. ZIMMERMANN schlägt statt der Schusterkugel eine gewöhnliche Kochflasche vor. Diese einfachen Vorrichtungen wurden in mannigfacher Weise zu plankonvexen und bikonvexen Linsen verfeinert, die man bald frei zwischen Lichtquelle und Objekt schaltete, bald mit jener fest verband: so ist die NELSON-MAYALLsche Petroleumlampe, die APÁTHY sehr lobend erwähnt, mit einer HERSCHELschen Doppellinse ausgerüstet.

Der zweite Weg, die Lichtverstärkung durch Reflektoren, ist ebenfalls schon sehr frühzeitig, schon an der Argandlampe, eingeschlagen worden. Es lag sehr nahe, auf besondere Reflektoren zu verzichten und die innere Cylinderfläche selbst als Reflektor auszugestalten: einen solchen Lampencylinder, außen geschwärzt, innen poliert, in Flammenhöhe aufgebaucht und mit einem runden Glasfenster versehen, verwandte FIDDIAN und sandte das Lichtbüschel ferner durch eine große HERSCHELsche Doppellinse; er erzielte damit eine Lichtquelle, die APÁTHY als „vielleicht die praktischeste und vollkommenste Petroleumlampe für mikroskopische Zwecke" bezeichnet. Auf die Spitze getrieben zeigt die KOCH-WOLZsche Lampe

Fig. 51.

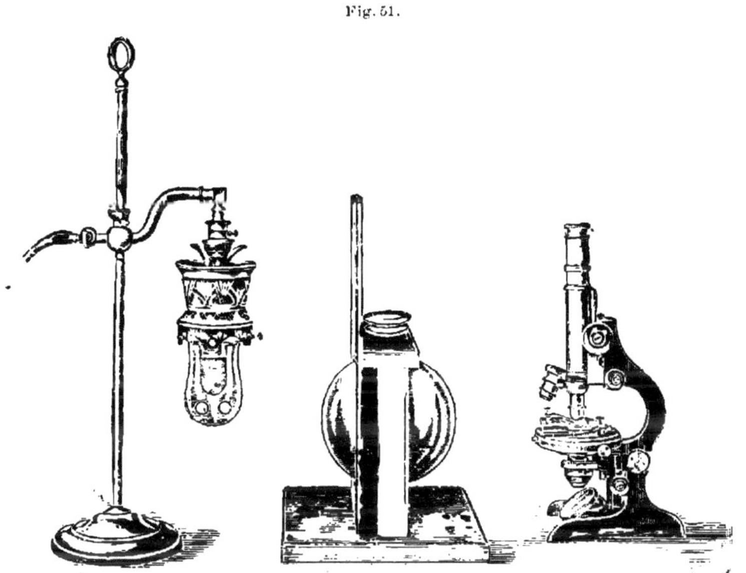

(Fig. 52) das Prinzip der Reflexion; innerhalb des Cylinders einer Petroleumlampe wird alles Licht möglichst auf das eine etwa 1 *cm* im Durchmesser große geschliffene Ende eines Glasstabes geworfen, der in den Cylinder eingefügt ist und in dem das Licht, am Austreten durch eine totale Reflexion an der Grenzfläche verhindert, fortfließt, um nahezu ungeschwächt das andere, ebenfalls geschliffene Glasstabende dicht über oder unter dem Objekt zu erleuchten. SCHIEFFERDECKER modifizierte die Lampe durch Verwendung von Auer- und Zirkonlicht. Dieser Typus der Mikroskopierlampe mit Linse und Reflektor erzielt in der Tat einen hohen Lichteffekt: seit der Einführung des AUERschen Gasglühlichtes in die Mikroskopie durch BÜRKNER (1887) ist die Bedeutung einer aufs höchste gesteigerten Ausnutzung indessen zurückgetreten, da bei der hohen Leuchtkraft der Auerlampe der vom Spiegel entnommene Lichtbruchteil selbst für starke Vergrößerungen hinreicht: man kann sich daher im allgemeinen mit einem Reflektor begnügen, wie ihn Fig. 53 zeigt. Vielfach ist es zweckdienlich, wenn vor dem Reflektor eine Schiene angebracht wird zur Aufnahme von blauen, weißen oder mattgeschliffenen Glasscheiben, welche leicht auszuwechseln sind. Durch das Vorsetzen der Glasscheibe wird nicht nur die gewünschte Beleuchtung erzielt, sondern auch die ausstrahlende Wärme gemildert. Bei den Mikroskopierlampen mit ähnlichem Reflektor macht sich besonders die intensive Hitzeentwicklung unangenehm bemerkbar, was bei dieser Konstruktion vermieden ist. Eventuell kann man statt der Scheiben Flüssigkeitscuvetten vorschalten. Wo Gasleitungen fehlen, können Petroleum- und Spiritusglühlicht, vor allem die Benzinpreßgaslampe (Mitalicht) vollwertigen Ersatz liefern. Das hängende (Grätzinlicht) Gasglühlicht übertrifft noch die Helligkeit der alten Auerlampen.

Mit der Errungenschaft des Auerlichts werden im allgemeinen auch die Bestrebungen hinfällig, eine erhöhte Leuchtkraft durch möglichste Annäherung der Lichtquelle an das Objekt oder den Spiegel zu erreichen. Diese Lampen sind durch die unangenehme Wärmeausstrahlung für den Beobachter sehr störend.

Während bei starken Vergrößerungen nur ein relativ kleiner Bruchteil der Leuchtfläche gleichmäßig erhellt zu sein braucht, macht sich solche unregelmäßige

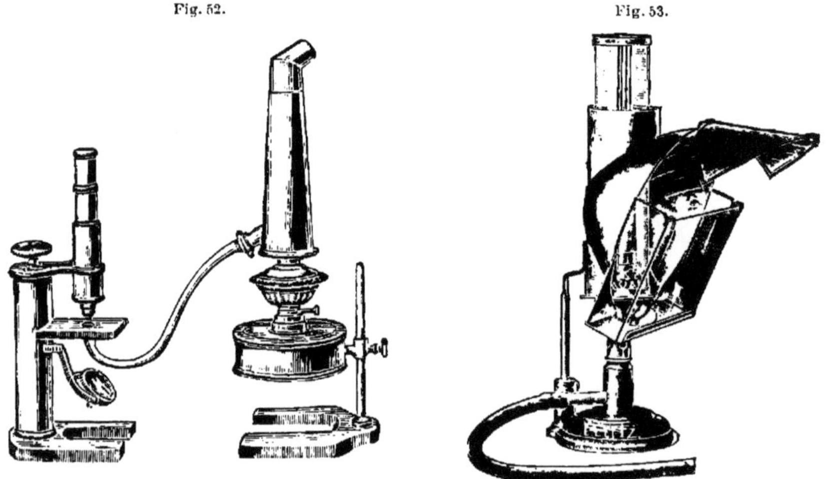
Fig. 52. Fig. 53.

Erleuchtung der großen Gesichtsfelder bei schwachen Objektiven aufs unangenehmste bemerkbar. Der allgemeine Grundsatz, der bei der Beseitigung dieses Übelstandes befolgt wird, ist der, die Leuchtfläche nicht direkt zu benutzen, sondern eine von der Lampe hell beleuchtete Ebene als Lichtquelle zu benutzen: entweder die reflektierende Fläche eines mit Papier, weißer Leinwand bespannten Rahmens (Apáthy), eines „weißen Spiegels“ aus Gips (Goring), Milchglas, Porzellan oder dergleichen, wie man solche Vorrichtungen z. B. auch für das Arbeiten mit direktem Sonnenlicht benutzt, oder eine Mattscheibe aus Glas, aus Pauspapier (Apáthy) und dergleichen, die das durchfallende Licht allerdings ganz unregelmäßig zerstreut. Die Anwendungsform kann außer der im Blendenträger oder an sonst einer Stelle zwischen Spiegel und Objekt eingeschalteten Scheibe auch die eines mattierten Lampencylinders sein (Apáthy). Daß in gleicher Weise die Färbung des Lichtes durch Blauscheiben, Blaumattscheiben, blaue Cylinder erfolgen kann, soll hier nur beiläufig erwähnt werden. Die Färbung des natürlichen Lichtes durch Lichtfilter hat, von einigen speziellen Fällen abgesehen, wie bei den Arbeiten Pfitzners mit dem zur Tinktionsfarbe komplementären monochromatischen Licht, vorläufig wesentlich mikrophotographisches und -spektroskopisches Interesse.

Auf zweierlei andere hierhergehörige Methoden sind Untersuchungen im monochromatischen Lichte ausgeführt worden: davon haben die Brewsterschen Versuche mit seiner Natriumflamme nur noch historisches Interesse. Die zweite, das Arbeiten in dem nur von einem bestimmten Bereich des Spektrums erleuchteten Gesichtsfelde, berührt sich mit den mikrospektroskopischen Anordnungen so innig, daß auf diese verwiesen werden kann.

Das elektrische Licht, der Lichtbogen, ist zuerst 1840 von BREWSTER empfohlen worden; zum Photographieren wurde er zuerst 1845 von DONNÉ und FOUCAULT benutzt. Durch Ultramikroskopie und Dunkelfeldbeleuchtung mit Spiegelkondensoren ist die Bogenlampe neuerdings wieder mehr gebraucht. Statt der großen selbstregulierenden Lampen kommt man meist mit einem kleinen Modell für Handregulierung aus. Sehr zweckmäßig erscheint die LEITZsche Lampe mit rechtwinklig stehenden Kohlen (Fig. 54), die unter Zwischenschaltung eines passenden Widerstandes an jede Glühlampenleitung angeschlossen werden kann. Sie ist mit einer Kondensorlinse an beweglichem Rohr verbunden. Das elektrische Glühlicht gewinnt ebenfalls immer mehr Boden als schätzenswertes Hilfsmittel bei der mikroskopischen Beobachtung. Man benutzt entweder die gewöhnliche Tischlampe oder eine besonders niedrig aufgestellte mattierte Birne, eine Anordnung, die jüngst TINE TAMMES näher beschrieben hat.

Die erste Anregung zur Verwendung des elektrischen Glühlichts ist von VAN HEURCK im Jahre 1882 ausgegangen, der auch weiterhin mit großem Er-

Fig. 54.

folge in zahlreichen Arbeiten die Glühbirne in die mikroskopische Praxis einzuführen bemüht war. STEARN und STEIN verbanden die Lämpchen, eins für durchfallendes, eins für auffallendes Licht, und sogar den Rheostaten fest mit dem Mikroskop, eine schwerfällige und komplizierte Anordnung. HOBSON, VOIT in Gemeinschaft mit KÜHNE, KUPFFER, RÜDINGER, BOLLINGER und FLESCH äußerten sich zuversichtlich über die Zukunft der elektrischen Beleuchtung beim Mikroskopieren; ebenso hat ENGELMANN mehrfach die Brauchbarkeit des Glühlichts betont. Es fehlte aber auch nicht an Stimmen, die wie DAVIS und NELSON abfällig über seinen Wert urteilen; ihnen hat sich APÁTHY angeschlossen: er findet die Anwendung teuer und umständlich; die Lämpchen gingen rasch zugrunde; ferner erhebt er den bedeutsameren theoretischen Einwand, daß die Flächenausdehnung der von den Lämpchen gelieferten Leuchtstrecke zu gering sei und ihr Licht, das erst diffus gemacht werden müsse, bei etwas stärkeren Vergrößerungen nicht mehr genüge, um reine Absorptionsbilder zu liefern. Diese Übelstände sind um so schwerer, je kleiner die Lampen sind. Durch die Einführung des Nernstlichtes und der verschiedenen neuen Metallfadenglühlampen ist die spezifische Helligkeit und Weiße des Glühlichtes bedeutend gesteigert. Allerdings erfordern alle diese Lampen eine mattierte Birne oder Mattscheibe unter dem Kondensor. Die vielen vorgeschlagenen Anwendungsformen haben sich nicht eingebürgert. Wenn der Anschluß nicht an vorhandene Centralstromleitungen möglich ist, sondern der Betrieb mit Akkumulatoren oder gar Elementen geschieht, wird der Betrieb kompliziert und teuer. Hier verdient Gasglühlicht den Vorzug.

Wesentlich bei der Anwendung der künstlichen Lichtquellen ist die Abhaltung ihres Lichtes von den Augen des Beobachters, soweit es nicht der Beleuchtung des Präparates dient. Es gibt seltene Fälle, bei denen man am besten im Dunkelzimmer arbeitet unter Beleuchtungsmethoden, wie sie in der Mikrophotographie beschrieben sind, weil nur so jedes störende Nebenlicht vom Objekte ferngehalten wird. Das kann man aber auch durch einen über das untere Tubusende und den Objekttisch samt Präparat gestülpten Dunkelsack erreichen. Besonders für Arbeiten mit polarisiertem Lichte mag das empfohlen sein, weil sonst durch Nebenlicht erzeugte Beugungen Doppelbrechung vortäuschen können, wie das z. B. Schaudinn mit dem Malariapigment passiert ist. Weitaus in den meisten Fällen ist aber, wie Dippel sehr richtig betont, der im Dunkelzimmer fortwährend stattfindende grelle Wechsel von hellem Mikroskopbild und Dunkel des Zimmers für die Augen sehr schädlich. Dagegen tut eine einfache Schutzblende gegen das Nebenlicht der Lampe aus Karton oder Blech gute Dienste. Ebenfalls für den Beobachter sehr unangenehm und oft heftige Kopfschmerzen erzeugend ist die Wirkung strahlender Wärme. Daher stelle man die Lampe weit genug weg und umgebe sie mit einem hinreichend weiten, möglichst doppelten Blechcylinder, so daß eine isolierende Luftschicht mit Schornsteinwirkung entsteht. Wer mit elektrischem Bogenlicht, auch der Nernst-Starklicht-Projektionslampe arbeitet, wird gelegentlich durch Zwischenschaltung einer Kühlkammer die Präparate vor Hitzewirkung zu schützen haben.

(Die Literatur findet sich ausführlich chronologisch geordnet bei Apáthy, Mikrotechnik, II.) *Kaiserling*, Berlin.

Mikrospektroskopie (Mikrospektralanalyse). Im engeren Sinne Untersuchung der Absorptionserscheinungen, welche mikroskopische Objekte im Spektrum hervorbringen; im weiteren Sinne überhaupt Beobachtung mikroskopischer Objekte im spektral zerlegten Lichte. Das Mikrospektroskop, zuerst von Browning und Sorby konstruiert, stellt im Wesen ein modifiziertes Campanisches Okular dar (daher auch besser Spektralokular oder Spektrumokular genannt), welches in der Ebene der Blendung eine Spaltvorrichtung und über der Okularlinse ein zerstreuendes Prismensystem für gerade Durchsicht besitzt. Es wird an Stelle

Fig. 55.

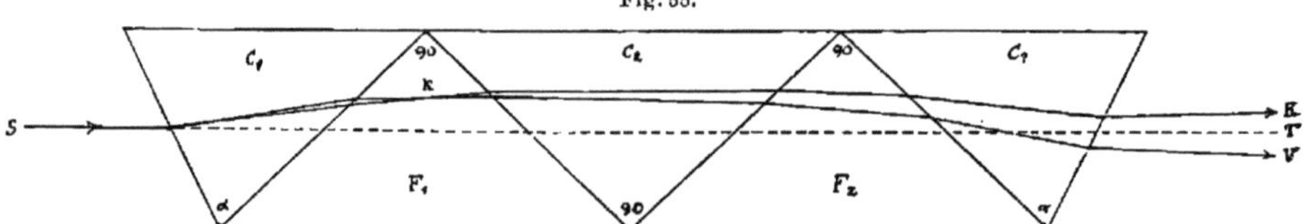

des gewöhnlichen Okulares auf den Tubus des Mikroskopes aufgesteckt und vermittelst eines Schräubchens (*M*, Fig. 56 *A*) festgemacht. Als geradsichtige Prismensysteme werden entweder kleine Amicische oder Janssensche Kombinationen verwendet. Der gewöhnliche Amici-Körper besteht aus zwei Crownglasprismen von — je nach den Brechungsquotienten der verwendeten Gläser — 60—70° brechendem Winkel, zwischen welchen ein Flintglasprisma von 90° mit entgegengesetzt gestelltem brechenden Winkel eingekittet ist. Der Längsdurchschnitt durch eine Janssensche Prismenkombination ist in Fig. 55 dargestellt. Sie besteht aus drei Crown- und zwei Flintglasprismen, welche mit abwechselnd entgegengesetzt gerichteten brechenden Winkeln aneinander gekittet sind. Die mittleren drei Prismen haben brechende Winkel von 90°, der brechende Winkel α der beiden äußeren Crownglasprismen liegt zwischen 70 und 80°, je nach den Brechungsquotienten der verwendeten Glassorten. In die Figur ist der Strahlengang der roten und violetten Strahlen, welche durch die Dispersion eines von S in der Richtung der Achse des Prismensystemes ST eindringenden Strahles weißen Lichtes entstehen, eingezeichnet. Im zweiten Prisma F_1 findet bei k eine Kreuzung der verschiedenfarbigen Strahlen statt, worauf die Dispersion bis zum Austritte fortwährend zunimmt; die austretenden Strahlen mittlerer Wellenlänge (T) verlassen das System in der Richtung der Achse.

Von den verschiedenen Formen von Mikrospektroskopen hat das Spektralokular von Abbe wegen seiner kompendiösen Form und zweckmäßigen Einrichtung die meiste Verbreitung. Es ist in Fig. 56 *A* im Längsschnitte dargestellt. In dem zwischen der Kollektiv- und Okularlinse befindlichen erweiterten Gehäuse *A* ist unter einer kreisförmigen Blendung die Spaltvorrichtung angebracht, welche in Fig. 56 *B* in natürlicher Größe von unten gesehen dargestellt ist. Die durch den Hebel *G* miteinander verbundenen Metallbacken *B* und *C*, welche an ihren einander zugewendeten genau parallelen Rändern die den Spalt begrenzenden

Fig. 56.

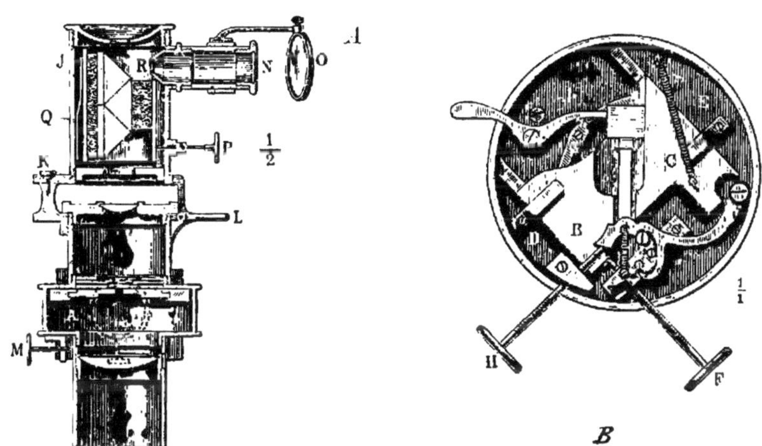

s'Gravesandeschen Schneiden bilden, können vermittelst der Schraube *F* zwischen den Führungen *D* und *E* symmetrisch gegen- und voneinander bewegt werden, so daß die Mitte des Spaltes bei jeder Weite desselben ihre Lage in der Mitte des Gesichtsfeldes beibehält. Vermittelst der Schraube *H* kann die Länge des Spaltes durch Vorschieben des halbrunden Backens von unten her verändert werden. Vor der oberen Spalthälfte (Fig. 56 *B*) kann mit dem über *G* sichtbaren Hebelchen ein kleines Vergleichsprisma ein- und ausgelegt werden, welches sein Licht von einem seitlich angebrachten Spiegelchen durch eine im Gehäuse *A* entsprechend angebrachte Öffnung (in Fig. 56 *A* sind Öffnung und Spiegel unterhalb des Spaltes angedeutet) erhält. Vor dieser Öffnung ist ein kleines Objekttischchen angebracht, auf welches zum Vergleiche verwendete lichtabsorbierende Substanzen in kleinen Proberöhrchen (als Lösungen) oder auch auf Objektträgern aufpräpariert aufgebracht werden können. Bei Verschluß der seitlichen Öffnung des Gehäuses *A* kann das mit der Hypotenusenfläche auf einem geschwärzten Metallplättchen aufgekittete Vergleichsprisma auch zweckmäßig nur zur Abdeckung der oberen Spalthälfte gegen das vom Objekte kommende Licht benutzt werden. Zur scharfen Einstellung für das beobachtende Auge ist die Okularlinse durch Verschieben höher und tiefer einzustellen.

Als Prismensystem wird beim Abbeschen Spektralokulare ein Amici-Körper von großer Dispersion verwendet, welcher in der Hülse *J* um den Zapfen *K* drehbar angeordnet ist und so leicht seitlich ausgelegt oder über dem Okulare eingelegt und mittelst der Sperrklinke L festgestellt werden kann. An dem Oberteile J ist endlich noch der obersten Prismenfläche gegenüber das Skalenrohr RN seitlich angebracht. Auf dem Plättchen N, das vermittelst des kleinen Spiegels O beleuchtet wird, ist eine ANGSTRÖMsche Skala angebracht, welche die Wellenlänge in jedem Teile des Spektrums in Bruchteilen von Mikren direkt abzulesen gestattet. Zu diesem Zwecke wird sie mit dem einstellbaren Objektive R und durch Reflexion an der obersten Prismenfläche in das Spektrum entworfen. Diese Skala ist in Fig. 57 stark vergrößert dargestellt. Die Zahlen bedeuten (Bruchteile von) Mikren; Milliontel Millimeter können namentlich von Grün gegen Violett hin noch leicht geschätzt werden. Wenn das Instrument richtig justiert ist, muß die D-Linie mit dem Teilstriche 0,589 der Skala zusammenfallen. Diese Stelle ist in Fig. 57 durch die punktierte Linie DD' angezeigt. Um die D-Linie genau einzustellen, kann das AMICIsche Prismensystem vermittelst der Schraube P (Fig. 56 A) und der gegenwirkenden Feder Q ein wenig gegen die Achse des Mikroskopes geneigt werden.

Fig. 57.

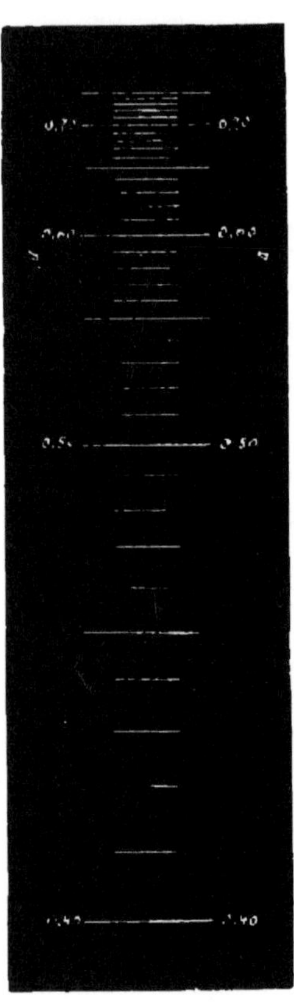

Zur Beleuchtung wird bei mikrospektroskopischen Untersuchungen gewöhnlich zerstreutes Tageslicht oder besser Sonnenlicht verwendet, das man auf eine vor dem Spiegel des Mikroskopes aufgestellte Mattscheibe fallen läßt: man kann im letzteren Falle, zum Vorteile der Schärfe des Spektrums, den Spalt sehr eng machen; Längsstreifen, die dabei im Spektrum auftreten, rühren von Staubkörnchen an den s'GRAVESANDEschen Schneiden her, welche dann mit einem feinen Pinsel gereinigt werden müssen. Bei mikrospektroskopischen Untersuchungen ist alles falsche Licht äußerst störend. Ein großer Kartonschirm vor dem Mikroskope, der nur unten eine Öffnung für das auf den Spiegel des Mikroskopes auffallende Licht trägt, tut meist schon recht gute Dienste. Um in dunkleren Absorptionsspektren, namentlich ganz schmalen solchen (s. unten), noch Einzelheiten zu erkennen, muß man sich weiter durch Vorhalten der Hand vor das beobachtende Auge, Überhängen eines Tuches, Anstellung der Beobachtung im Dunkelkasten oder Dunkelzimmer, namentlich aber auch durch Dunkeladaptation und öfteres Ausruhen des Auges zu helfen suchen.

Anwendungsweisen des Spektralokulares. Das Spektralokular kann zur Anstellung vieler Beobachtungen über Absorptionserscheinungen benutzt werden, welche sonst mit einem gewöhnlichen Spektroskope vorgenommen werden; seine eigentliche Bestimmung liegt in der Untersuchung von Absorptionserscheinungen mikroskopischer Objekte im Mikrospektrum. Hat man nur eine homogene durchsichtige oder durchscheinende Masse zu untersuchen oder eine Suspensionsflüssigkeit, deren Färbung durch sehr zahlreiche, gleichmäßig in ihr verteilte lichtabsorbierende Partikel bedingt ist (z. B. Blut), so wird in folgender Weise vorgegangen: Man bringt entweder gar kein oder ein ganz schwaches Objektiv am Mikroskope an. Der Spalt wird möglichst eng und in der Sagittalrichtung des Beobachters eingestellt, das Prismensystem eingeklappt und das Sonnenspektrum (durch Verschieben der Okularlinse) sowie eventuell die Skala scharf eingestellt. Hierauf kommt die zu untersuchende Flüssigkeit oder Masse in einem flachen

Schälchen oder auf einem Objektträger aufpräpariert auf den Objekttisch des Mikroskopes; die Blendung des Beleuchtungsapparates wird ganz geöffnet. In Schalen kann man leicht die Spektren verschieden dicker Schichten rasch nacheinander beobachten. Wenn man eine stärker lichtabsorbierende Flüssigkeit auf dem Objektträger aufpräpariert, ist es zweckmäßig, sich gleich eine keilförmige Schichte derselben herzustellen, indem man das Deckglas durch einen auf einer Seite untergelegten Glassplitter oder angelegten Paraffinstreifen schief stellt, um dann rasch nacheinander die Spektren einiger verschieden dicker Schichten beobachten zu können (für Blut sehr zu empfehlen). — Nachdem das Präparat auf den Objekttisch des Mikroskopes gebracht ist, wird der Tubus so weit gesenkt, daß sich das Objektiv (oder das untere Tubusende, wenn kein Objektiv benutzt wird) knapp über dem Präparate befindet, jedoch so, daß dasselbe, falls man es mit einer Suspensions- oder sonst inhomogenen Flüssigkeit zu tun hat, *keinesfalls scharf eingestellt wird*. In diesem Falle würde nämlich infolge der ungleichmäßigen Lagerung und Lichtbrechungsverhältnisse der im Spalte abgebildeten Partikel oder sonstigen Inhomogenitäten das Spektrum äußerst ungleichmäßig beleuchtet und von zahlreichen störenden dunklen Längsstreifen durchzogen erscheinen.

Das Spektrum erscheint im Mikrospektroskope verhältnismäßig wenig ausgedehnt, namentlich gegen das rote Ende zu; es stellt sich etwa nach Art der schematischen Fig. 58 *I* dar. In der Figur sind die Wellenlängen und die Fraunhoferschen Linien verzeichnet, das rote Ende des Spektrums ist links, das violette rechts gelegen.

In dem Spektrum *I* wäre beispielsweise ein schmaler, scharf begrenzter, dunkler Absorptionsstreifen α zwischen den Fraunhoferschen Linien *D* und *E*, die Mitte entsprechend der Wellenlänge 0,550 μ, und ein etwas breiterer, weniger scharf begrenzter und weniger dunkel erscheinender Absorptionsstreifen β zwischen *E* und *F*, die Mitte entsprechend der Wellenlänge 0,500 μ, hervorzuheben. Außerdem ist eine schwache Verdunklung des violetten Ende des Spektrums bis gegen 0,45 μ und eine ebensolche des roten Endes bis gegen 0,68 μ zu verzeichnen. Hierbei möge erinnert werden, daß dunkler *erscheinende* Absorptionsstreifen im Spektrum nicht immer stärkeren Lichtabsorptionen entsprechen müssen, da ihre scheinbare Dunkelheit vom Kontraste mit nebenliegenden hellen Farben (z. B. Gelb oder Gelbgrün), zum Teile wohl auch von der Schärfe ihrer Begrenzung beeinflußt werden kann. In Fig. 58 *II* ist dasselbe Spektrum (untere Hälfte) wie in *I*, jedoch mit einem *darüber* (obere Hälfte) entworfenen Vergleichsspektrum einer ähnlich gefärbten Flüssigkeit dargestellt, welche letztere auf das am Spektralokulare angebrachte Vergleichstischchen aufgebracht worden ist. Die beiden — sonst ähnlichen — Absorptionsstreifen der zu untersuchenden Flüssigkeit liegen ersichtlich in Regionen von anderen (niedrigeren) Wellenlängen, als die der Vergleichsflüssigkeit, sie erscheinen gegen Violett verschoben: die beiden Farbstoffe sind daher nicht identisch.

Fig. 58.

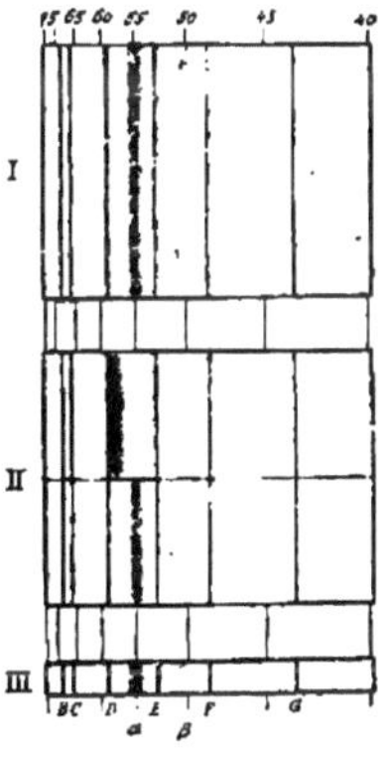

Bei der Untersuchung von Absorptionsspektren einzeln liegender mikroskopischer Partikel oder bestimmter Teile von Geweben — das eigentliche Feld des Spektralokulares — wird in folgender Weise vorgegangen: Es wird zunächst das zu untersuchende Präparat bei passender Vergrößerung und möglichst voller Beleuchtung, während das Prismensystem ausgeklappt und der Spalt weit geöffnet ist, wie mit dem gewöhnlichen Mikroskope eingestellt und ein möglichst großes, homogenes und nicht zu stark gefärbtes Partikel (oder ein ebenso beschaffener Teil des Gewebes oder Schnittes) in die Mitte des Gesichtsfeldes und mit seiner größten Dimension wo möglich in die Richtung des Spaltes gebracht. Hierauf werden die s'GRAVESANDEschen Schneiden gegeneinander bewegt und der Spalt vollständig verengt; man überzeugt sich, ob das gewünschte Partikel wirklich vor einem Teile des Spaltes liegt. Nun wird zunächst durch Einschalten des Vergleichsprismas (bei geschlossener Öffnung des Gehäuses) die obere Spalthälfte bis zum Rande des Partikels abgedeckt. Hierauf wird durch den dazu dienenden Schieber auch die untere Spalthälfte so weit verkürzt, daß auch unter (neben) dem Partikel kein anderes (weißes) Licht mehr vorübergeht. Es ist jetzt von der ursprünglichen Länge des Spaltes nur mehr ein ganz kurzes, der Größe des Partikels entsprechendes Stück übrig geblieben. Nun erst wird das Prismensystem eingeklappt und damit das farbige Spaltbild zum Absorptionsspektrum aufgelöst. Dieses stellt sich entsprechend der geringen Höhe des Spaltes als ganz schmales Band, entsprechend der Fig. 58 *III* dar, in welchem aber die Absorptionserscheinungen unter sonst günstigen Verhältnissen noch gut wahrzunehmen sind, weil man von keinem daneben passierenden hellen Lichte gestört ist. Immerhin gehören die Bestimmungen dieser schmalen Absorptionsspektren zu den schwierigeren mikrospektroskopischen Untersuchungen. Ist die Dunkelheit des solchergestalt erhaltenen Absorptionsspektrums im ganzen zu groß, so kann man versuchen, den Spalt ein wenig zu erweitern, oder man nimmt helleres Licht zur Beleuchtung, wenn solches verfügbar ist, oder man muß schließlich eine andere geeignetere Stelle des Präparates aufsuchen.

Mikrospektroskopische Messungen können sich entweder auf die Bestimmung der genauen Lage beobachteter Lichtabsorptionen im Spektrum oder auf Messungen der Stärke der Lichtabsorptionen erstrecken. Die ersteren Bestimmungen können in beiläufiger, jedoch für viele Zwecke hinreichender Weise nach der Lage zu den FRAUNHOFERschen Linien, genauer jedoch mit Verwendung des beschriebenen ANGSTRÖMschen Maßstabes mit dem ABBEschen Spektralokulare ausgeführt werden. Zur annähernden Messung der Stärke von Lichtabsorptionen mit dem Spektralokulare, auf welche es wohl selten ankommen wird, hat WÄLCHI ein einfaches Verfahren angegeben, welches auf der Verwendung des Vergleichsspektrums und Beleuchtung desselben mittelst einer in veränderlicher Entfernung angebrachten Normalkerze beruht. Das Verfahren ist bei DIPPEL näher auseinandergesetzt. Zur genaueren quantitativen Mikrospektralanalyse dient das Mikrospektrometer oder Mikrospektralphotometer von ENGELMANN, welches an Stelle des gewöhnlichen Spektralokulares verwendet wird. Das Prinzip des Apparates ist wesentlich das des VIERORDTschen Spektrophotometers; die Messung erfolgt also in der Weise, daß man durch Änderung der Spaltweite die Helligkeit eines Vergleichsspektrums nacheinander an den verschiedenen Stellen des Spektrums der Helligkeit des zu untersuchenden Spektrums gleich macht, das bei gleichbleibender Spaltweite eingestellt ist. Aus dem Verhältnisse der beiden bekannten Spaltweiten ergibt sich dann unmittelbar das Verhältnis der Lichtstärken beider Spektren, somit auch der Größe der Lichtabsorption an den einzelnen verglichenen Stellen. (Näheres s. Literatur.)

Verwendung des objektiven Spektrums. Im Anhange sollen hier noch kurz die Apparate Erwähnung finden, welche dazu dienen, das Sonnenspektrum in die Objektebene zu projizieren, um das Verhalten mikroskopischer Objekte im ganzen Spektrum oder in monochromatischem Lichte zu untersuchen. Für den ersteren Zweck ist das Mikrospektralobjektiv von ENGELMANN besonders bestimmt, welches in Fig. 59 abgebildet ist. Dasselbe wird unterhalb des Objekttisches mittelst eines entsprechenden Centrierkopfes senkrecht in das Gestell des ABBEschen Beleuchtungsapparates eingesetzt, und durch Verstellen in der Höhe wird das kleine Spektrum scharf in die Objektebene entworfen.

Der am unteren Ende des Apparates sichtbare Spaltmechanismus wird durch eine mit Trommelteilung versehene Schraube eingestellt. Die s'GRAVESANDEschen Schneiden besitzen wie beim Spektralokulare symmetrische Bewegung. An der

Trommel kann die Spaltweite in Hundertelmillimetern abgelesen werden; außerdem ist der Spalt auch beiderseitig in seiner Länge regulierbar. Die Beleuchtung erfolgt am besten mit Sonnenlicht vermittelst des unter dem Spalte angebrachten, allseitig beweglichen Spiegelchens. Im Innern der Röhre des Apparates befindet sich die Kollimatorlinse und darüber ein AMICIsches Prismensystem. Durch über diesem mit dem engen Gewinde der Linsenfassungen aufzuschraubende gewöhnliche Mikroskopobjektive schwächerer Vergrößerungen wird das Spektrum in der jeweilig erforderlichen Größe in die Objektebene projiziert. Unter Ersatz des AMICIschen Prismensystems durch ein Beugungsgitter kann der Apparat auch zur Erzeugung eines mikroskopischen Interferenzspektrums, mit den Wellenlängen proportionaler Ablenkung der einzelnen Farben, eingerichtet werden. Mit dem Mikrospektralobjektive hat zuerst ENGELMANN seine Studien über die relative Größe der Sauerstoffausscheidung chlorophyllhaltiger Zellen in den verschiedenen Teilen des Spektrums vermittelst der Bacterienmethode angestellt.

Fig. 59.

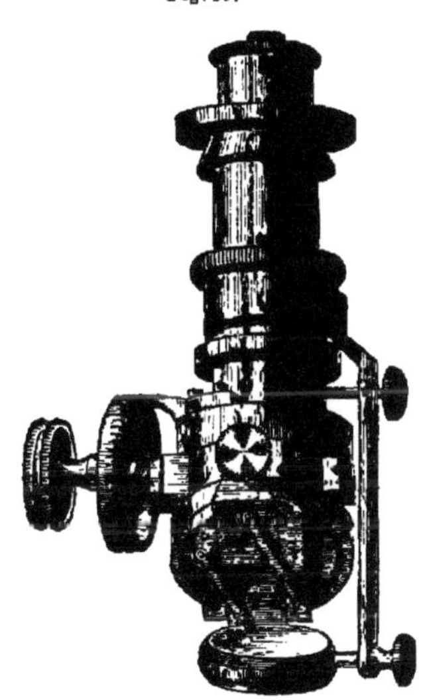

Unter Verwendung stärkerer Projektionslinsen kann der ENGELMANNsche Apparat auch zur Erleuchtung des ganzen Gesichtsfeldes in **einer** Spektralfarbe benutzt werden. Ausschließlich für diesen Zweck bestimmt und durch größere Lichtstärke ausgezeichnet ist HARTNACKs Beleuchtungsapparat für monochromatisches Licht. Derselbe ist in Fig. 60 im Längsschnitte dargestellt. Er wird mit dem das Objektiv O tragenden Ansatze in den Schlitten für die Cylinderblendung oder in den Centrierkopf des ABBEschen Beleuchtungsapparates eingesetzt.

Von dem Spalte Sp wird unter Vermittlung der Kollimatorlinse C durch die beiden schweren Flintglasprismen P_1 P_2 ein Spektrum von großer Länge erzeugt,

Fig. 60.

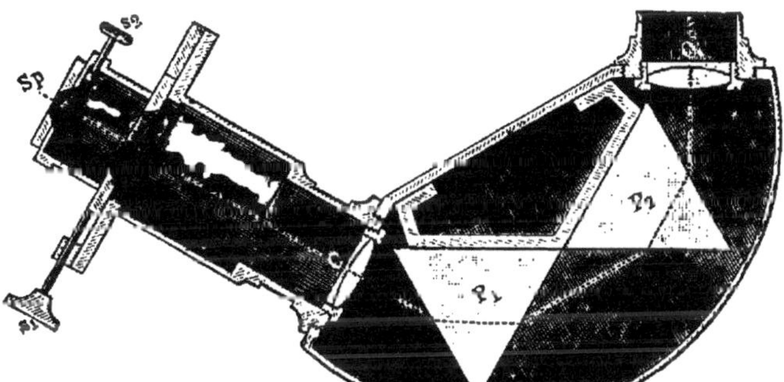

welches durch das Objektiv O in die Objektebene projiziert wird. Durch Verschieben des Spaltaufsatzes vermittelst der Schraube s_1 können die verschiedenen Farben des Spektrums nacheinander in das Gesichtsfeld des Mikroskopes gebracht werden. Durch die Schraube s_2 wird die Weite des Spaltes und damit die Helligkeit der Beleuchtung verändert; die Beleuchtung erfolgt auch hier am besten mit direktem Sonnenlichte.

Endlich kann sowohl zur Projektion eines kleinen objektiven Spektrums in die Objektebene als auch zur Beleuchtung des ganzen Gesichtsfeldes mit durch spektrale Zerlegung gewonnenem monochromatischen Lichte auch der Spektropolarisator verwendet werden (vgl. Artikel „Polarisationsmikroskop" unter „Spektropolarisator"); zu diesem Behufe braucht nur das polarisierende HARTNACK-PRAZMOWSKIsche Prisma ausgelegt, das Gipsplättchen entfernt und die Projektion des Spektrums nach Bedarf mit einem schwächeren oder stärkeren Objektive vorgenommen werden.

Literatur: DIPPEL (Handbuch der allgem. Mikroskopie, Braunschweig, Vieweg), ENGELMANN (Zeitschr. Wiss. Mikr., Bd. 5, 1888; Arch. Ges. Physiol., Bd. 27, 1882), PFAUNDLER (Lehrbuch der Physik und Meteorologie, Bd. 2. Optik, Braunschweig, Vieweg). *Zoth*, Graz.

Mikrotom. Da wir unsere mikroskopischen Präparate dann, wenn stärkere Systeme zur Verwendung kommen sollen, immer im durchfallenden Lichte beobachten, so müssen dieselben möglichst durchscheinend oder durchsichtig sein. Je dicker ein Präparat ist, um so weniger wird es das Licht durchlassen. Solche Objekte, welche von Haus aus dünn sind, können dadurch durchsichtig gemacht werden, daß man sie mit einem stark lichtbrechenden Medium durchtränkt, dicke Objekte aber müssen, bevor sie dieser Prozedur unterworfen werden können, erst in geeigneter Weise verdünnt, zerkleinert werden und das gilt für die große Mehrzahl unserer Objekte, vor allem dann, wenn es sich um das Studium des Metazoen- und speziell des Wirbeltierkörpers handelt. Deshalb spielen die Zerkleinerungsmethoden auch in der Mikrotechnik eine außerordentlich bedeutsame Rolle.

Der einfachste und nächstliegendste Gedanke war jedenfalls, massige, undurchsichtige Objekte mittelst schneidender Instrumente in möglichst dünne, durchscheinende Platten zu zerlegen und diese dann durch passende Aufhellungsmittel durchsichtig zu machen. Wenn sich auch manche Objekte ohne weiteres mittelst eines guten Rasiermessers in brauchbare Schnitte zerlegen lassen, so gilt das doch für die große Mehrzahl nicht, sie sind entweder zu hart, wie z. B. der Knochen, und müssen künstlich erweicht werden oder sie sind von Natur aus zu weich, und das sind die meisten unserer Objekte, und müssen künstlich erhärtet werden, um eine brauchbare Schnittkonsistenz zu erlangen.

Anfangs wurde aus freier Hand mit dem Rasiermesser geschnitten, später suchte man nach Vorrichtungen, um das Objekt genauer und sicherer halten zu können. Das Objekt wurde auf einem entsprechenden Objekthalter befestigt und dieser gegen eine Platte, auf der das Messer geführt wurde, mechanisch bewegt, so daß man Schnitte von bestimmter Dicke herstellen konnte. Aus diesen primitiven Instrumenten heraus haben sich unsere heutigen Mikrotome entwickelt, die wir als vollendete Präzisionsinstrumente bezeichnen können.

Wenn auch schon aus dem Anfang des vorigen Jahrhunderts Berichte über solche Schneidemaschinen vorliegen, so kann man von einer allgemeineren Bedeutung des Mikrotoms doch erst in den siebziger Jahren des verflossenen Jahrhunderts reden und es waren namentlich die achtziger Jahre, in denen seine Konstruktion wesentliche Fortschritte gemacht hat.

Die heute vorhandenen Konstruktionstypen lassen sich unschwer in folgendes Schema einreihen:

A. Mikrotome mit beweglichem Messer:

- *a)* Das Objekt wird senkrecht gehoben.
  - α) Das Messer wird mit freier Hand geführt.
  - β) Das Messer ist in einem Messerhalter befestigt, der sich um eine vertikale Achse bewegt.
  - γ) Das Messer ist auf einem Messerschlitten befestigt, der in horizontal verlaufender Bahn bewegt wird.
- *b)* Die Hebung des Objekts erfolgt dadurch, daß der Objektschlitten auf schräg ansteigender Bahn vorgeschoben wird.

B. Mikrotome mit feststehendem Messer:

a) Das Messer steht vertikal.

α) Das Objektiv bewegt sich ebenfalls in vertikaler Bahn.

β) Das Objekt bewegt sich um eine horizontale Achse, die Messerschneide steht parallel zu ihr, so daß die Schnitte Segmente eines Cylindermantels darstellen.

γ) Das Objekt bewegt sich ebenfalls um eine horizontale Achse, die Messerschneide ist aber senkrecht zu derselben angeordnet, so daß plane Schnitte entstehen.

b) Das Messer steht horizontal.

α) Der Objekthalter bewegt sich auf horizontalen Schienen.

β) Das auf einem Cylinder befestigte Objekt wird durch Drehung des ersteren um eine Vertikalachse am Messer vorbeigeführt.

Im folgenden sollen nun diese einzelnen Typen des Mikrotoms näher besprochen werden, und zwar sollen nur die wichtigsten erläutert werden, eine Beschreibung aller existierenden Konstruktionen ist bei dem uns zur Verfügung stehenden Raum unmöglich.

*Aa*α) Mikrotome mit beweglichem, aus freier Hand geführtem Messer und senkrechter Hebung des Objekts.

Zu dieser Kategorie gehören die ältesten und primitivsten Instrumente, die wohl ihren Ausgangspunkt genommen haben von dem Mikrotom von OSCHATZ. Sie haben zum größten Teil heute nur noch historisches Interesse. Als ihr Prototyp sei das Mikrotom von RANVIER hier kurz in Wort und Bild vorgeführt (Fig. 61). Ein Hohlcylinder aus Messing trägt an seinem oberen Ende eine runde Ringplatte. In seinem Innern gleitet ein zweiter Cylinder, der durch eine in dem unteren Ende des Außencylinders steckende feingeschnittene Schraube auf- und abbewegt werden kann. Der Innencylinder dient zur Aufnahme des Objekts, das Messer, ein gewöhnliches Rasiermesser für mikrotechnische Zwecke, wird auf die Ringplatte aufgelegt. Das Instrument wird beim Schneiden in der linken Hand gehalten. Zahlreiche Verbesserungen sind an diesem Mikrotom angebracht worden. LOEWE fixierte es mittelst Klemmring und Schraubzwinge an der Tischplatte und entlastete so die linke Hand des Arbeitenden. WELCKER, ZEISS und LEITZ montierten es mittelst zweier oder dreier Säulen auf einer schweren Grundplatte. Nach einem ganz ähnlichen Prinzip ist auch das seinerzeit in England viel benutzte Cathcart improved microtome gebaut. Das Messer hatte die Form eines Hobeleisens und wurde auf zwei parallele, aus Holz, Eisen oder Glas hergestellten Schienen aufgelegt und auf ihnen vorwärts bewegt. Zwischen den Schienen war der Objekthalter angebracht. Das Ganze wurde auf den Arbeitstisch festgeschraubt.

Fig. 61.

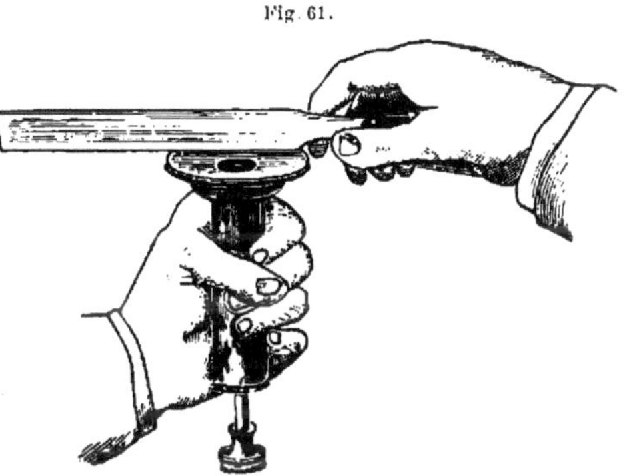

Von GUDDEN ist dieses Prinzip zur Konstruktion des ersten großen Hirnmikrotoms benutzt worden.

*Aa*β) Mikrotome mit senkrechter Hebung des Objekts. Das Messer ist in einem Messerhalter angebracht, der sich um eine vertikale Achse dreht.

Das erste derartige Instrument hat JUNG gebaut und es wird auch heute noch vielfach und mit bestem Erfolg als einfaches Kursinstrument benutzt. Seine

Einrichtung ist so einfach, daß sie ohne weiteres aus nebenstehender Fig. 62 erhellt. Hier finden wir zum erstenmal eine Einrichtung zur automatischen Hebung des Objekts, wie sie uns in veränderter Form noch recht häufig begegnen wird. Der erste, der solche automatische Hebung eingeführt hat, war REICHERT in Wien. Das Objekt wird gehoben mittelst einer Mikrometerschraube, sie kann durch den an ihrem unteren Ende sichtbaren flachen Knopf mit der Hand gedreht werden. Außerdem aber hat diese Schraube noch ein Zahnrad, in welches ein mit der vertikalen Achse des Messerhalters verbundener Hebel eingreift. Bei jedem Zurückgehen des Messers muß dieser Hebel das Zahnrad um eine bestimmte Anzahl von Zähnen nach rechts drehen und damit das Objekt heben. Die in der Figur sichtbare Spiralfeder dient dazu, das Hebelende in dem Zahnrad festzuhalten. Natürlich kann dieser Hebel umgelegt und damit die automatische Hebung außer Betrieb gesetzt werden.

Etwas komplizierter gebaut ist das Studentenmikrotom von SARTORIUS-BECKER, welches uns Fig. 63 vorführt. Hier findet sich die vertikale Achse des Messer-

Fig. 62. Fig. 63.

halters auf der linken Seite des Beschauers und als wesentlicher Fortschritt eine Unterstützung des freien Messerendes. Dasselbe schleift auf einer gebogenen Metallschiene. Die Hebung des Objekts, die auch hier eine automatische ist, erfolgt ebenfalls durch eine Mikrometerschraube, aber so, daß der Objekthalter mittelst Parallelogrammführung auf- und abbewegt wird. Auch hier wird das Objekt beim Zurückgehen des Messers automatisch gehoben.

Die Konstruktion beider Mikrotome bringt es mit sich, daß die einzelnen Teile des Objekts von dem Messer verschieden rasch durchschnitten werden, und zwar um so rascher, je weiter der betreffende Punkt von der Achse des Messerhalters entfernt ist. Dadurch kommt es leicht zu einer Verstauchung des Schnittes. Die der Achse näher gelegenen Teile werden stärker ineinander geschoben als ferner gelegene Teile. Bei kleineren Objekten spielt dieser Umstand jedoch nur eine geringe Rolle. In zwei Konstruktionen hat man diesem Übelstand abgeholfen. BECK läßt das Messer in einer Parallelogrammführung laufen mit zwei festen vertikalen Achsen. Der Messerhalter ruht mit Elfenbeinstiften auf einer Spiegelglasplatte. KREFFT macht das Messer halbkreisförmig und fügt es excentrisch in die Achse ein.

A a γ) Mikrotome mit beweglichem Messer und senkrechter Hebung des Objekts. Das Messer ist auf einem Messerschlitten befestigt, der in horizontaler Bahn bewegt wird.

Die Instrumente dieser Kategorie lassen sich wieder in zwei Unterabteilungen trennen. Bei der ersten ist das Objekt seitlich, bei der zweiten entweder vor oder innerhalb der Messerschlittenbahn angebracht.

Das erste Instrument dieser Art ist wohl von ZEISS im Jahre 1880 in den Handel gebracht worden, mit vielfachen Verbesserungen ausgestattet, wird es heute von fast allen unseren bedeutenden Mikrotomwerkstätten hergestellt und leistet in vieler Beziehung ausgezeichnetes. Als Vertreter dieser Gruppe sei hier das SCHANZEsche Mikrotom vorgeführt (Fig. 64). Aus einer schweren gußeisernen Grundplatte erhebt sich eine vertikale Platte, welche auf der rechten Seite die Messerschlittenbahn, auf der linken die Objektschlittenbahn trägt. Die erstere wird gebildet durch den oberen Teil der Vertikalplatte und einen im Winkel von cca. 45° von ihr abgehenden

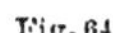

Flügel. Sie besitzt drei präzis gehobelte Schienen, eine an der Vertikal- und zwei auf der Flügelplatte, auf welchen der Messerschlitten gleitet. Der letztere, ein schwerer Metallkeil, überragt mit seiner Grundfläche den oberen Rand der Vertikalplatte. Die Grundfläche des Messerschlittens enthält einen Längsschlitz, in dem eine mit Flügelmutter versehene Schraube steckt. Sie dient zur Fixation des Messers, respektive des Messerhalters. Die Objektschlittenbahn ist auf der linken Fläche der Vertikalplatte befestigt, sie läuft vertikal und in ihr gleitet der Objektschlitten mittelst Schwalbenschwanzführung auf und ab. Der Objekthalter ist mit dem Objektschlitten durch zwei mittelst Flügelschrauben zu fixierenden Wellen verbunden, die übereinander liegen und deren Achsen senkrecht zueinander angeordnet sind. Durch diese Einrichtung kann das Objekt in jeder Richtung verstellt werden. Ein in einen Stift des Objektschlittens eingreifender Hebel sorgt für die grobe Hebung des Schlittens, die feine Hebung wird bewirkt durch eine sehr exakt geschnittene Mikrometerschraube, die in einer in ihrer Weite verstellbaren Zwinge läuft. Auf ihrem abgerundeten oberen Ende ruht der Objektschlitten. Mit der Mikrometerschraube fest verbunden ist eine große Teilscheibe, welche in 50 ganze, respektive 100 halbe Grade eingeteilt ist. Eine ganze Umdrehung der Scheibe hebt den Objektschlitten um 0,5 *mm*, eine Drehung um 1° also um 10 μ. Man kann so noch Schnittdicken von 5 μ ablesen und schätzungsweise auch noch 2,5 μ dicke Schnitte erhalten. Dieses Instrument, in ähnlicher Ausführung auch von LEITZ, MIEHE u. a. ausgeführt, ist in bezug auf Stabilität und Präzision als ganz hervorragend zu bezeichnen. Ein prinzipieller Fehler liegt darin, daß bei größeren und harten Objekten das Objekt beim Schneiden durch das Messer selbst gehoben wird. Für solche Objekte ist das Instrument ganz ungeeignet.

Fig. 65.

Zahllos sind die Abänderungen und Verbesserungen, die an diesem Typ vorgenommen worden sind. Da wäre zunächst eine Änderung des Materials zu er-

Fig. 66.

wähnen. SARTORIUS-BECKER nehmen für die Vertikal- und Flügelplatte, also für die Messerschlittenbahn nicht Metall, sondern Spiegelglas und lassen den Messerschlitten auf fünf kleinen Elfenbeinstiften in dieser Bahn ruhen. Außerdem legen sie diese letztere auf die linke Seite der Vertikalplatte (Fig. 65), so daß Messerschlitten und Objekt auf derselben Seite liegen. Der Objekthalter ist mit der Vertikalplatte durch eine Parallelogrammführung verbunden, wie man sie früher in ähnlicher Weise am Mikroskop zur Tubushebung benutzte. An Stelle der Teilscheibe von SCHANZE haben wir hier ein Zahnrad, in welches von links her ein Hebel eingreift, derselbe kann nach rechts bis zum Anschlag bewegt werden und dreht dabei die Mikrometerschraube um eine bestimmte Anzahl von Zähnen des Zahnrads in die Höhe. Die Zahl derselben kann beliebig reguliert werden mittelst des aus der Mitte der Grundplatte hervortretenden Schraubenkopfes und die Schnittdicke kann an der kleinen Skala rechts abgelesen werden.

Um ein sicheres Gleiten und eine festere Lagerung des Messerschlittens in seiner Bahn zu erzielen, hat man schon frühzeitig nach mechanischen Vorrichtungen zu seiner Bewegung gesucht. So wird er bei dem MIEHEschen Hebelmikro-

Fig. 67.

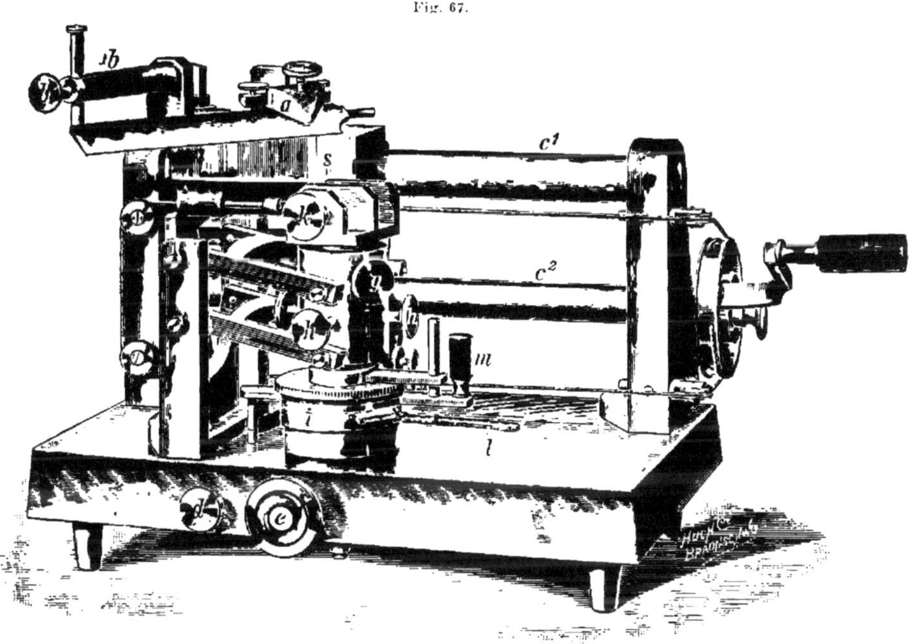

tom durch einen langen Hebelgriff in Bewegung gesetzt. SARTORIUS-BECKER befestigen nach SPENGELS Angabe an beiden Enden des Messerschlittens eine starke Darmsaite und leiten dieselbe über ein am Vorderrande des Instrumentes angebrachtes Rad, durch dessen Drehung dann der Messerschlitten bewegt wird. In ähnlicher Weise verwendet REICHERT und in neuester Zeit auch LEITZ eine Kette mit Übertragung auf ein Zahnrad. Die beste und sicherste Konstruktion dieser Art stellt jedoch das ALTMANNsche Supportmikrotom dar, wie es von SCHANZE und MIEHE gebaut wird (Fig. 66). Hier ist der Messerschlitten nicht mehr ein in seiner Bahn lagernder Keil, sondern er läuft in fester Schwalbenschwanzführung und wird bewegt durch einen Support, eine Schraubenwelle mit hohem Gang, wie sie allgemein an den Präzisionsdrehbänken der Mechaniker zur Verwendung kommt. Die Drehung erfolgt durch eine kleine Kurbel. In der Präzision der Messerführung dürfte dieses Instrument heute in erster Reihe stehen. Die Abbildung des Instrumentes zeigt uns gleichzeitig noch eine andere Verbesserung. Vor der Teilscheibe ist mittelst eines umlegbaren Hebelarms eine kleinere Noniusscheibe angebracht, die wie jene in 50° geteilt ist. Sie greift mittelst einer Zahnwelle in die Zähne der Teilscheibe ein. Eine ganze Umdrehung der Noniusscheibe dreht die Teilscheibe um fünf ganze Grade vor. Es bedeutet also jeder Grad der Noniusscheibe eine Hebung des Objekts um 1 μ. Ganz neuerdings hat SARTORIUS-BECKER eine Neukonstruktion eingeführt, die ebenfalls eine absolut exakte Lagerung und Führung des Messerschlittens gewährleistet (Fig. 67). Hier wird derselbe auf zwei genau abgeschliffenen Cylindern (c^1 und c^2) geführt, von denen der obere die eigentliche Gleitbahn darstellt. Von dem Messerschlitten geht ein gabelförmiger Fortsatz nach unten und umgreift den unteren Cylinder. Die Einstellung der Schnittebene erfolgt durch eine in dem Cylinder *f* gelegene Kugel, welche durch die vier Schrauben *h* verschoben werden kann. Außerdem besitzt dieses Mikrotom eine in der Trommel *i* gelegene Vorrichtung, welche es gestattet, die Mikrometerschraube dann, wenn sie maximal gehoben ist, durch Zahn und Trieb leicht und rasch wieder zu senken, so daß das lästige Zurückdrehen der Mikrometerschraube wegfällt.

Zu den Mikrotomen der zweiten Unterabteilung gehört das STRASSERsche Aufklebemikrotom. Das Messer ist an beiden Enden im Messerschlitten befestigt und letzterer gleitet mit Schwalbenschwanzführung auf zwei parallelen Schienen. Zwischen den letzteren ist der durch Mikrometerschraube zu hebende Objekttisch angebracht. Nach demselben Prinzip sind gebaut die neuen großen Hirnmikrotome von SARTORIUS-BECKER, deren Beschreibung später folgt.

Ab) Mikrotome mit beweglichem Messer und schräg ansteigender Objektschlittenbahn.

Der Gedanke zur Konstruktion derartiger Mikrotome rührt von RIVET her, sie wurden zuerst von VERIK in Frankreich in Holz, später auf Anregung von KOSSMANN von LEYSER in Deutschland aus Metall hergestellt. Deshalb bezeichnet man diesen Typ auch als das RIVET-LEYSERsche Mikrotom. Zahllose Verbesserungen sind im Laufe der Zeit an ihm ausgeführt worden, allgemeine Anerkennung hat ihm erst THOMA verschafft, der von JUNG in Heidelberg das erste wirklich exakt arbeitende Instrument herstellen ließ, daher die Bezeichnung THOMA-JUNGsches Mikrotom. Ein solches aus der Werkstätte JUNG hervorgegangenes Instrument wollen wir etwas eingehender betrachten (Fig. 68 und 69). Aus der schweren Grundplatte *(g)* erhebt sich wieder die Vertikalplatte *(v)*, die auf jeder Seite je eine durch zwei schräge Flügelplatten *(f)* gebildete Schlittenbahn trägt.

Fig. 68.

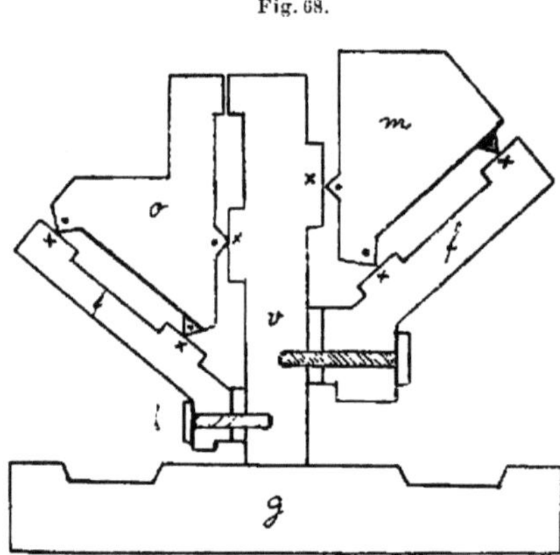

Die rechte Bahn besitzt drei vorspringende Gleitschienen *(x)*, und zwar zwei auf der Flügelplatte, eine auf der Vertikalplatte. Sie verläuft horizontal und trägt den Messerschlitten, einen keilförmigen schweren Metallklotz, auf dessen obere Fläche das Messer aufgeschraubt wird. Der Schlitten liegt auf den Gleitschienen nur mit fünf vorspringenden Punkten auf, und zwar mit dreien auf den beiden Schienen der Flügelplatte, mit zweien auf der Schiene der Vertikalplatte. Durch diese von THOMA eingeführte Anordnung soll bei möglichst leichtem Gleiten des Schlittens doch höchste Präzision erreicht werden. Die Objektschlittenbahn verläuft dagegen schräg ansteigend und besitzt vier Gleitschienen, zwei auf der Flügelplatte und zwei an der Vertikalplatte. In ihr läuft der Objektschlitten auf sechs Punkten. Der Objekthalter ist mittelst eines kräftigen Metallstiftes in den Objektschlitten eingelassen und läßt sich nach Bedürfnis höher und tiefer stellen und durch die untere Hebelschraube fixieren. Das Objekt wird zwischen zwei gerippten Metallbacken eingeschraubt, die innerhalb eines viereckigen Metallrahmens angebracht sind (Fig. 69). Der letztere läßt sich durch die beiden sichtbaren größeren Schrauben in zwei aufeinander senkrechten Ebenen verstellen. Der kleine Hebel dient zum Fixieren der Schrauben.

Zur Vorwärtsbewegung dient die auf einem besonderen Schlitten rechts vom Objektschlitten montierte Mikrometerschraube, die zunächst dem Objektschlitten soweit genähert, daß ihre Spitze den Achatknopf der ersteren gerade berührt und dann durch die untere große Schraube fixiert wird. Wird dann die Mikrometerschraube im Sinne des Uhrzeigers gedreht, so schiebt sie den Objektschlitten vorwärts. Zum Ablesen der Schnittdicke dienen zwei kleine gegeneinander verschiebbare Trommeln.

Das JUNGsche Mikrotom ist ein außerordentlich exakt gearbeitetes und vorzüglich funktionierendes Instrument. Es gestattet von kleinen, nicht zu harten Objekten noch Schnitte von 1—2 μ Dicke anzufertigen und gerade solche Objekte sind die eigentliche Domäne desselben. Für große und härtere Objekte ist es

Fig. 69.

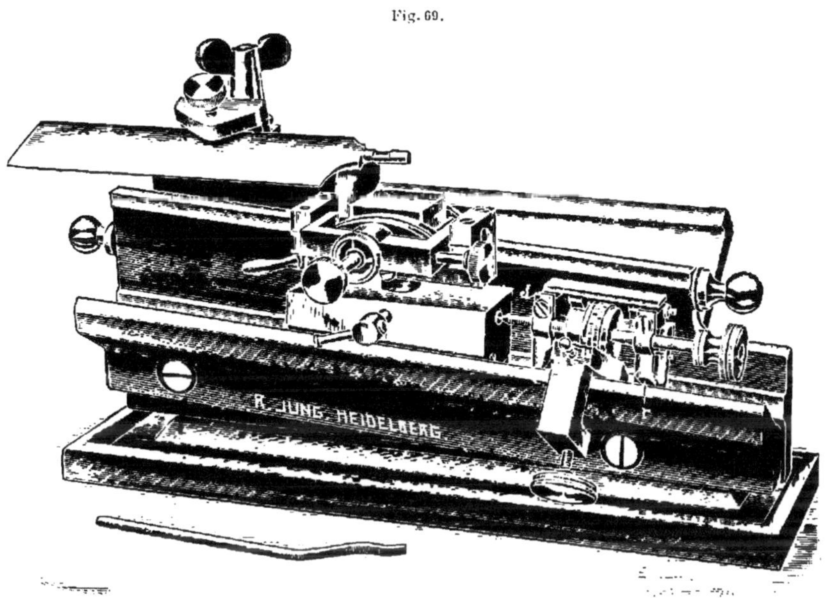

weniger zu empfehlen, dafür ist es zu wenig stabil. Objekt- und Messerschlitten heben sich dann beim Schneiden leicht aus ihrer Bahn. Um diesem Übelstand abzuhelfen, bringt JUNG neuerdings auf Vorschlag von HEIDENHAIN eine sogenannte Schlittenbremse an seinen Instrumenten an. Zwischen den beiden Schienen einer jeden Flügelplatte läuft parallel zu jenen eine dritte Schiene, die in eine entsprechende Nute des Messer-, respektive Objektschlittens eingreift. An dieser Schiene schleift eine am Schlitten angebrachte Rolle, welche mittelst einer durch eine Schraube zu spannenden Spiralfeder sich mehr oder weniger fest an die Schiene anpreßt.

Soll das JUNGsche Mikrotom gut arbeiten, so müssen seine Gleitschienen immer gut sauber gehalten werden und wie bei jedem Mikrotom, bei dem Metall auf Metall gleitet, von Zeit zu Zeit mit einem guten, säurefreien Knochenöl eingeölt werden. Es muß sich zwischen den Auflagepunkten der Schlitten und den Gleitschienen der Bahnen eine recht dünne Ölschicht finden. Da diese Schicht kompressibel ist, so soll man beim Schneiden nicht auf den Messerschlitten drücken, sondern ihn nur an dem auf seiner rechten Seite angebrachten Führungshebel vorwärtsbewegen. In neuerer Zeit hat JUNG auch, ähnlich wie REICHERT, SAR-

TORIUS-BECKER u. a. an Stelle der Bewegung durch die Hand eine Bewegung durch Darmsaite und Kurbelrad eingeführt.

SARTORIUS-BECKER baut nach Angaben von SPENGEL ein Mikrotom nach dem RIVETschem Typ, bei welchem die Metallschienen durch Spiegelglasplatten ersetzt sind und die Schlitten auf Elfenbeinfüßchen ruhen. Eine sehr praktische und nachahmenswerte Neuerung hat ALBRECHT von den REICHERTschen Mikrotomen von RIVETschem Typus beschrieben. Er läßt den Objektschlitten nicht in einer offenen Bahn laufen, sondern in einer schräg ansteigenden Schwalbenschwanzführung. Dadurch wird natürlich eine Aushebelung dieses Schlittens ganz ausgeschlossen. Ein solches Instrument mit Supportführung des Messerschlittens müßte für die meisten Zwecke ein ideales Mikrotom liefern.

Baα) Mikrotome mit festem Messer und aufrecht stehender Schneide. Der Objektschlitten bewegt sich in vertikaler Bahn.

Das erste derartige Instrument ist von MINOT konstruiert und von ZIMMERMANN in Leipzig gebaut worden (Fig. 70 und 71). Das Messer ruht hier an beiden Enden fixiert in zwei kräftigen Pfeilern mit aufwärts gerichteter Schneide. Seitlich und vor dem Messer hebt sich aus der schweren Grundplatte ein dritter Pfeiler *(A)*, auf welchem der Objektschlitten in Schwalbenschwanzführung angebracht ist. Der Schlitten gleitet an diesem Pfeiler auf und ab und trägt einen zweiten Schlitten, der horizontal vor- und zurückbewegt werden kann und ebenfalls in Schwalbenschwanzführung läuft. Er wird bewegt durch eine Mikrometerschraube, in deren vorderes Ende ein in der Fig. 71 sichtbares Zahnrad *(B)* eingreift. In seine Zähne legt sich ein Sperrhaken ein, der mit dem Objektschlitten durch einen Metallhebel beweglich verbunden ist. Das eine Ende dieses Hebels stößt bei der Abwärtsbewegung des Schlittens an ein sechseckiges, mit verschieden langen seitlichen Stiften versehenes Metallstück. Je länger der Stift ist, um so länger wird der Hebel durch ihn festgehalten, und solange das letztere der Fall ist, so lange greift der Sperrhaken in die Zähne des Zahnrades ein und dreht dasselbe um und damit die Mikrometerschraube mit dem Objektschlitten nach dem Messer zu. Man wird also bei der Einstellung des längsten Stiftes die größte Schnittdicke und umgekehrt erhalten. Ein zweites kleineres Zahnrad *(C)* zeigt ganz dieselbe Einrichtung, so daß man im ganzen zwölf verschiedene Schnittdicken zur Verfügung hat von 1—20 μ. Die Bewegung erfolgt mittelst eines Schwungrades

Fig. 70.

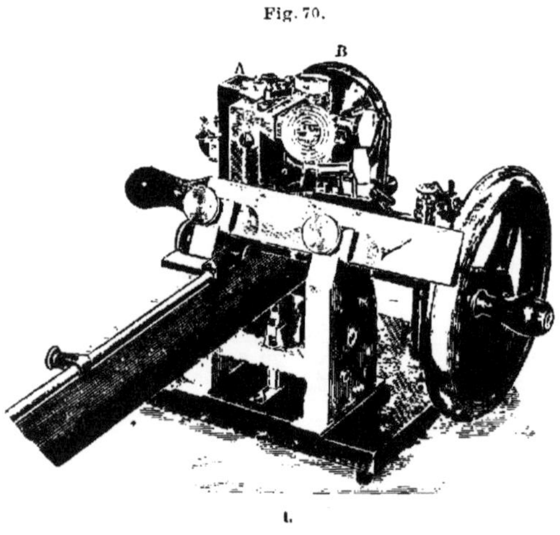

1.

Fig. 71.

2.

Das Objekt wird auf einen Objekthalter aufgekittet. Dieses außerordentlich stabil gebaute Instrument hat den großen Vorzug, daß das Messer an beiden Enden fixiert und dadurch eine Durchbiegung ausgeschlossen ist. Ein prinzipieller Fehler, der allen ähnlichen Konstruktionen gemeinsam ist, ist der, daß die Schnelligkeit der Bewegung bei dem Durchtritt des Messers durch das Objekt nicht variiert werden kann. Das ist für gleichmäßig strukturierte Objekte ohne Belang, aber für solche mit ungleichem Gefüge von nicht zu unterschätzender Bedeutung. Für embryologische Objekte, die in Serien geschnitten werden sollen und gleichmäßig gut eingebettet sind, leistet das Instrument ganz hervorragendes.

Das Instrument wird mit ganz geringen Abänderungen von den verschiedensten Firmen: ZIMMERMANN, LEITZ, SCHANZE u. a. gebaut. Ein etwas größeres Modell hat VAN WALSEM beschrieben. Auch das Mikrotom von REINHOLD-GILTAY ist nach dem gleichen Prinzip konstruiert. In neuester Zeit ist das MINOTsche Mikrotom von WOLFF ganz besonders zur Anfertigung von Gefrierschnitten empfohlen worden.

Ba 2) Mikrotome mit feststehendem vertikalen Messer. Das Objekt bewegt sich um eine horizontale Achse, so daß die Schnitte nicht plan sind, sondern Stücke eines Cylindermantels darstellen.

Diese Konstruktion stammt aus England und ist unter dem Namen des Cambridge Rocking Microtome bekannt geworden. Mit geringer Abänderung hat

Fig. 72.

JUNG dieses Modell aufgenommen und unter dem Namen Schaukelmikrotom in den Handel gebracht. Unsere Beschreibung bezieht sich auf ein solches Modell (Fig. 72). Das ganze Instrument ruht auf einem gußeisernen Rahmen, aus dessen linker Hälfte sich vier Säulen erheben. Das erste Paar, am weitesten links trägt das Messer zwischen sich, zwischen den beiden anderen liegt eine horizontale Achse, von der nach rechts ein starker Hebelarm abgeht. Er ruht mit seinem rechten, ringförmig gestalteten Ende auf einer Schraubenmutter und wird fixiert durch eine kräftige Spiralfeder. Über ihm liegt ein zweiter dünnerer zweiarmiger Hebel. An seinem linken Ende trägt er den Objekthalter, sein rechtes Ende ist durch eine über zwei Rollen laufende Schnur mit dem Bewegungshebel verbunden. Auch er wird durch eine an seinem linken Arm angebrachte, in unserer Figur nur in ihrem obersten Teil sichtbare Spiralfeder fixiert. Wird nun der Bewegungshebel in Tätigkeit gesetzt, so wird einmal das Objekt über das Messer gehoben, gleichzeitig aber auch dadurch, daß das rechte Ende des ersten Hebels um einen bestimmten variierbaren Betrag gehoben wird, nach vorn vorgeschoben und damit der Messerschneide genähert. Läßt man den Hebel zurückgehen, so zieht die vordere Feder den oberen Hebel herunter und damit das Objekt durch die Messerschneide. Die Präzision der Einstellung der Schnittdicke ist dabei eine recht große. Diesem unleugbaren Vorzug steht der Nachteil gegenüber, daß keine planen Schnitte geliefert werden.

Baγ) Mikrotome mit festem, vertikal stehendem Messer, das Objekt bewegt sich ebenfalls um eine horizontale Achse, aber die Messerschneide steht senkrecht zu derselben, so daß plane Schnitte entstehen.

Um die präzise Arbeit, welche die Achsenführung liefert, mit der Erlangung planer Schnitte zu verbinden, hat FROMME ein von SCHAFFER beschriebenes, sehr exakt gearbeitetes Mikrotom konstruiert, das Fig. 73 im Spiegelbild zeigt. Ein sehr kräftig gebautes Parallelogramm, das durch das Schwungrad *r* um die Achse *A* gedreht wird, trägt vorn rechts den in jeder Richtung beweglichen Objekthalter. Das Messer ist seitlich parallel zu den Armen des Parallelogramms angebracht. Zwischen den Armen des Parallelogramms liegt der mit der Achse fest verbundene Arm *D*, dessen vorderes gabliges Ende eine Mikrometerschraube mit festem Zahnrad in der Mitte der Gabel trägt. Die kegelförmigen Enden der Schrauben stoßen gegen Widerlager an der Innenfläche der Parallelogrammarme. Wird das Zahnrad in der Pfeilrichtung gedreht, so muß sich das Parallelogramm nach rechts verschieben, d. h. das Objekt dem Messer nähern. Es wird nun durch eine Anstoßvorrichtung bei jedem Hub das Zahnrad um eine bestimmte Anzahl von Zähnen

Fig. 73.

Fig. 74.

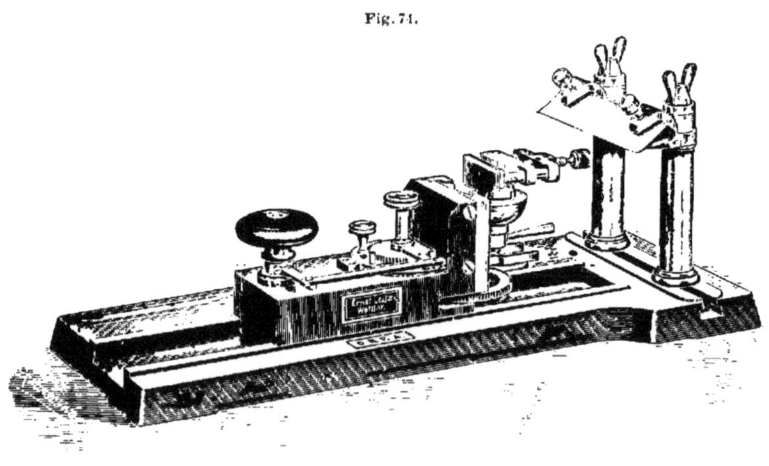

durch die Einschnappvorrichtung *g* in der Pfeilrichtung gedreht. Die Sperre *f* verhindert das Zahnrad bei der Abwärtsbewegung am Zurückgehen.

Nach ähnlichem Prinzip konstruierte Mikrotome werden von REICHERT und SARTORIUS-BECKER in den Handel gebracht.

Bbα) Mikrotome mit festem, horizontal liegendem Messer, das Objekt bewegt sich auf einem in horizontaler Bahn laufenden Schlitten.

Das erste nach diesem Typus gebaute Mikrotom war das Schienenmikrotom von SCHWABE, das wohl heute nicht mehr in dem Handel sein dürfte. In neuester Zeit hat LEITZ ein sogenanntes Grundschlittenmikrotom nach ähnlichen Prinzipien konstruiert (Fig. 74). Sein Bau ist ohne weiteres aus nebenstehender Figur ersichtlich. Das Messer kann sowohl quer als schräg gestellt werden. In letzterem Falle kommt einer der beiden Träger auf eine Langseite der Grundplatte zu stehen. Der Objektschlitten wird mit der Hand verschoben. Bemerkenswert dabei ist eine neue Objektklemme nach Art eines Kugelgelenkes. Die Hebung des Objektes erfolgt durch Drehung des auch zur Fortbewegung des Schlittens dienenden Knopfes.

Bbβ) Mikrotome mit festem, horizontal liegendem Messer, das Objekt bewegt sich auf einem um eine vertikale Achse drehbaren Cylinder.

Zu dieser letzten Kategorie von Mikrotomen gehört das Cylinderrotationsmikrotom von TRIEPEL aus der Werkstätte von MIEHE. Auch seine Konstruktion ist

Fig. 75.

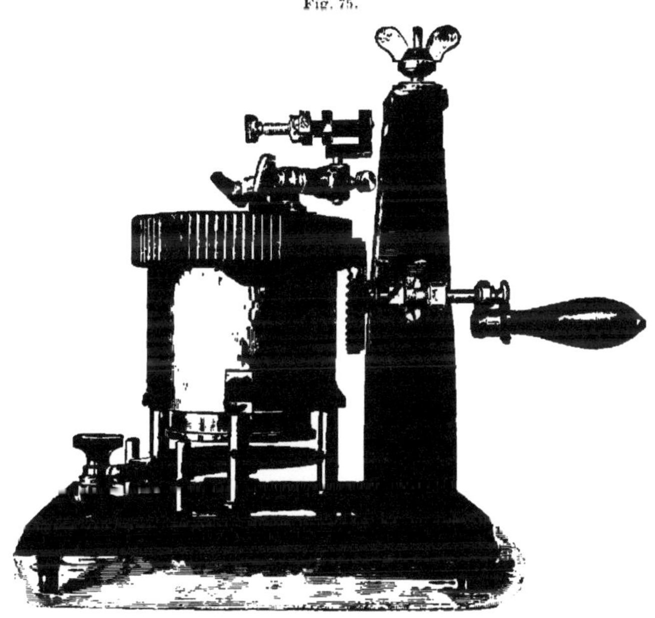

aus nebenstehender Abbildung (Fig. 75) leicht abzulesen. Das Messer wird auf einer starken Metallsäule aufgeschraubt, welche seitwärts eine Kurbel mit Zahnrad trägt zur Bewegung des Objektes. Der Objekthalter ist montiert auf einem Stahlcylinder, der sich im Innern eines zweiten Metallcylinders findet und mit seiner Verschlußplatte den letzteren kragenartig überragt. Die senkrechten Leisten dieses Kragens greifen in die Zähne des Zahnrades ein. Der innere Cylinder bewegt sich in dem äußeren mittelst Kugellagern und wird in bekannter Weise durch eine Mikrometerschraube gehoben.

Mikrotome für besondere Zwecke. Hier wären einmal zu erwähnen die sogenannten Tauchmikrotome, die zum Schneiden unter Flüssigkeit, meist

Alkohol, Verwendung finden. MALASSEZ kam zuerst auf die Idee, für diesen Zweck ein ZEISS-SCHANZEsches Mikrotom umzulegen, so daß das vorher wagrechte Messer nun senkrecht steht und in eine Wanne eintaucht. Natürlich muß dabei der Messerschlitten in Schwalbenschwanzführung laufen. Derartige Kippmikrotome werden heute von SCHANZE und MIEHE gebaut. SARTORIUS-BECKER dagegen biegt den Messerhalter entsprechend ab und setzt auf den Objekthalter eine große, mit Ausschnitt im Boden und Ansatzstück versehene Metallwanne auf, in der sich das Präparat dann befindet und das Messer läuft. Die Abdichtung geschieht durch einen Gummimantel.

Fig. 76.

Hirnmikrotome. Besonders große und stabile Mikrotome hat man dann zum Schneiden ganzer Tier- und Menschengehirne konstruiert, deren bekanntestes das alte GUDDENsche Mikrotom (Fig. 76) ist. Es ist das ein einfaches Cylindermikrotom, das auf einem Gestell steht und oben in eine Wanne übergeht. Das Objekt wird auf einen luftdicht eingepaßten, massiven Cylinder aus Buchsbaumholz aufgekittet, das Messer wird mit der Hand geführt.

Fig. 77.

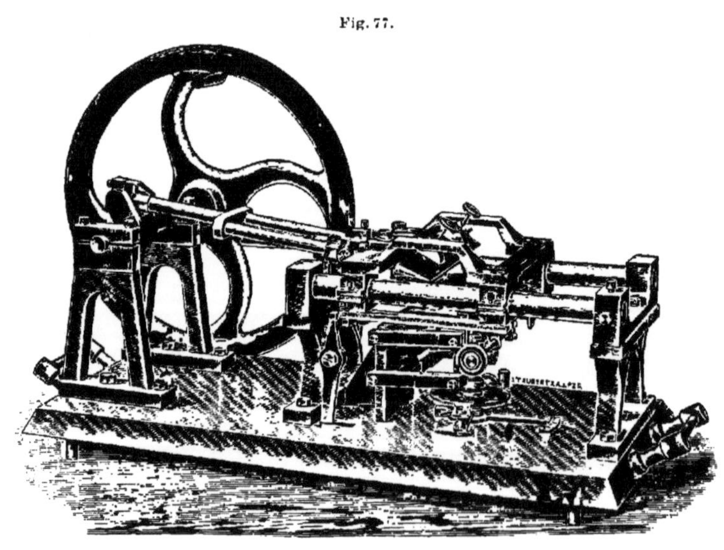

In diese Kategorie von Instrumenten gehören dann die großen Instrumente von SCHANZE, JUNG, MIEHE, SARTORIUS-BECKER. Ihnen allen haftet der Übelstand an, daß sie in den meisten Fällen ein Durchbiegen des Messers nicht vollkommen ausschließen und zweitens ein unbeabsichtigtes Heben des Objektschlittens oder -trägers nicht vollkommen verhindern. Wohl das vollkommenste Instrument, welches wir in dieser Beziehung besitzen, ist das Doppelschlittenmikrotom nach Angaben von VOGT-BRODMANN von SARTORIUS-BECKER gebaut (Fig. 77). Es lehnt sich in seiner Konstruktion an das große Aufklebemikrotom von STRASSER an. Der bewegliche Messerschlitten wird gebildet durch einen viereckigen Rahmen, welcher in zwei parallelen, auf das genaueste abgedrehten Cylindern läuft. Der Antrieb erfolgt mittelst Schwungrad und Kurbelwelle. Der Objektträger wird wie bei

Fig. 78.

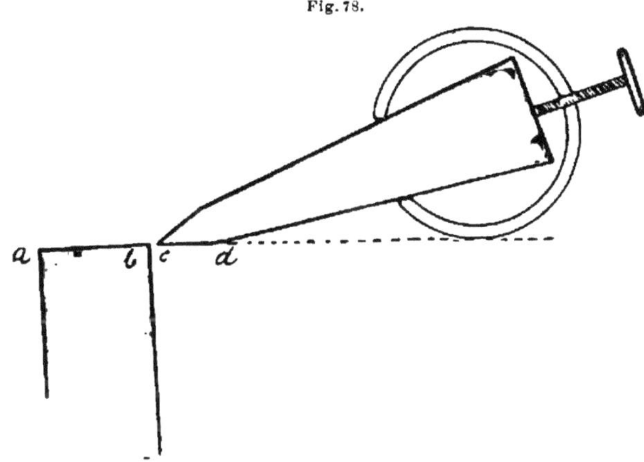

den früher beschriebenen SARTORIUS-BECKERschen Instrumenten durch Mikrometerschraube und Parallelogrammführung senkrecht gehoben. Die Hebung erfolgt auto-

Fig. 79.

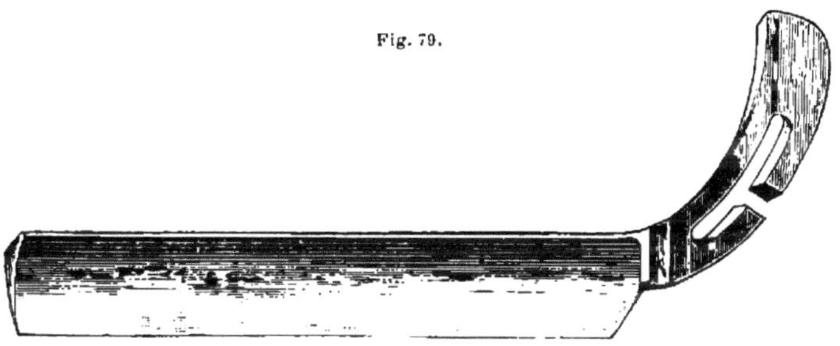

matisch. Mit diesem Instrument lassen sich Serienschnitte von Paraffinobjekten von 70 : 80 *mm* Durchmesser in einer Dicke von 5 μ herstellen. Noch größer

Fig. 80.

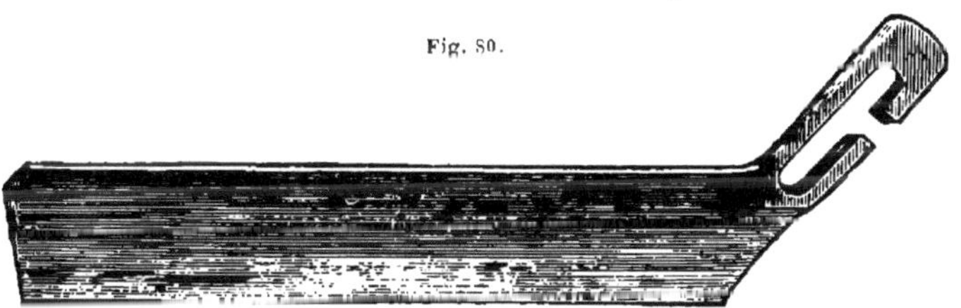

sind die Dimensionen eines anderen von derselben Firma gebauten Mikrotoms, bei welchem der Objektträger durch zwei Mikrometerschrauben gehoben wird. Es soll durch diese Einrichtung der unbeabsichtigten Hebung des Objektträgers durch das Messer entgegen gearbeitet werden. Mit diesem „großen Gehirnmikrotom" lassen sich ganze in Paraffin eingebettete menschliche Gehirne in 10 μ Serien zerlegen. Natürlich sind beide Mikrotome auch für Celloidinobjekte eingerichtet.

Mikrotommesser. An ein gutes Mikrotommesser müssen wir der Hauptsache nach zwei Anforderungen stellen, es muß eine Schneide von tadelloser Schärfe und die nötige Stabilität im Körper sowohl als auch in der Schneide besitzen. Die letztere Forderung gilt vor allem für härtere und größere Objekte. Während man früher, als das Messer noch mit der Hand geführt wurde, hohlgeschliffene Rasiermesser benutzte, sind an ihre Stelle jetzt halbhohlgeschliffene Messer getreten, die auf einer Seite ganz flach, auf der anderen hohl geschliffen sind oder beiderseits plane Messer. Für gut schneidbare Celloidinobjekte wird man ein plankonkaves Messer wählen, dessen obere Fläche ziemlich stark ausgeschliffen ist, härtere Celloidin- und gut schneidbare Paraffinobjekte verlangen einen schwächeren Ausschliff und für harte Paraffinobjekte und zur Anfertigung von Gefrierschnitten bedient man sich am besten eines beiderseits plangeschliffenen Messers.

Das Mikrotommesser ist wie jedes andere Messer in seiner Grundform ein Keil und wirkt auch als solcher. Die genaue Keilform ist allerdings insofern verlassen, als es auf dem Querschnitt nicht von drei, sondern von fünf Flächen begrenzt wird. Es wird nämlich die Schneide gebildet von zwei schmalen in größerem Winkel als die Messerflächen zusammenstoßenden Flächen, den sogenannten Schneidefacetten (Fig. 78). Solche schmale Flächen lassen sich ungleich viel leichter exakt im Winkel vereinigen, als die großen Messerflächen.

Die Lage dieser Schneidefacetten zur Schnittebene ist nun von großer Bedeutung für das gute Gelingen der Schnitte. Es soll nämlich die Ebene der unteren Schneidefacette immer möglichst genau mit der Schnittebene zusammenfallen. Es sollen also die Punkte a, b, c und d unserer Fig. 78 möglichst in einer Ebene liegen. Rückt der Punkt d aus der Schnittebene nach oben, steht also das Messer zu steil, so wird es das Bestreben haben, das Objekt nach oben zu heben, rückt jener Punkt nach unten, steht also das Messer zu flach, so wird die Schneide bei einem dünnen Schnitt überhaupt nicht in das Objekt eindringen können, das Messer gleitet über das Präparat hin und die untere Facettenkante poliert dessen Oberfläche. Zur Regulierung der Messerstellung dienen die später zu beschreibenden Messerhalter.

Fig. 81.

Die Form der Mikrotommesser zeigt nur geringe Variationen. Die gebräuchlichsten sind das THOMAsche Messer mit geschweiftem Griff (Fig. 79), das WEIGERTsche Messer mit winklig abgeknicktem Griff (Fig. 80), das HENKINGsche Messer mit gabligem Griff (Fig. 81). Alle drei können ohne weiteres auf dem Messerschlitten festgeschraubt werden. Die beiden ersten empfehlen sich mehr für Anfertigung von Celloidinschnitten, das letztere für Paraffinschnitte. Für letztere am meisten in Gebrauch ist jedoch das JUNGsche Messer (Fig. 82). Es kann nur

Fig. 82.

vermittelst eines Messerhalters auf dem Messerschlitten befestigt werden. Für die sogenannten Studentenmikrotome von JUNG und ähnliche Modelle bedient man sich einfacher hobeleisenartiger Messer (Fig. 83).

Das Instandhalten des Mikrotommessers erfordert viel Sorgfalt. Zunächst sollte dasselbe nach jedesmaligem Gebrauch gut gereinigt und womöglich abgezogen werden. Dazu bedient man sich eines Streichriemens mit fester hölzerner Unterlage. Nachgiebige Lederriemen sind absolut zu verwerfen, denn sie liefern konvexe, für unseren Zweck ganz unbrauchbare Schneidefacetten. Vorzüglich sind die vierkantigen Streichriemen von ZIMMER, Berlin und HAMON, Paris. JUNGsche Messer müssen in einen besonderen Handgriff eingeschraubt werden. Um eine möglichst gleichmäßige Herstellung der Schneidefacetten zu ermöglichen, wird dem Messerrücken ein geschlitztes Metallrohr aufgesetzt, dessen Dicke, wie Fig. 78 zeigt, so gewählt ist, daß die untere Schneidefacette der Messerschneide gerade in der Tan-

Fig. 83.

Fig. 84.

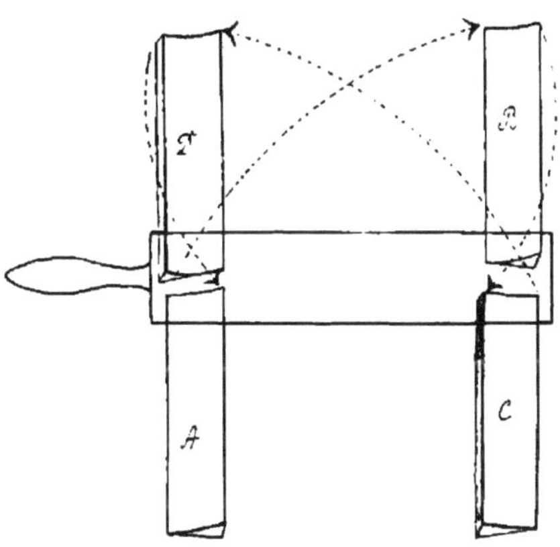

gente seiner äußeren Peripherie gelegen ist. Man legt dann das Messer mit seinem vorderen Ende auf das hintere, dem Griff zunächst gelegene Ende des Streichriemens flach auf (Stellung A, Fig. 84) und führt es, mit dem Rücken voran über die ganze Länge des Riemens, und zwar in der Diagonale, so daß man mit dem Messergriff am vorderen Ende des Riemens anlangt (Stellung *B*). Dann wird das Messer über den Rücken umgedreht, so daß jetzt die Schneide nach vorne steht, dabei wird gleichzeitig das Messer senkrecht zur Längsachse des Riemens in die Stellung *C* gebracht und nun wieder in der Diagonale nach hinten geführt (Stellung *D*). Während das Messer nun über den Rücken umgelegt wird, so daß die Schneide nach hinten sieht, gelangt es gleichzeitig wieder in die Anfangsstellung zurück. Während des Abziehens soll das Messer mit seiner Abziehvorrichtung flach aufliegen und es soll kein Druck auf dasselbe ausgeübt werden. Man ziehe zunächst das Messer in der angegebenen Weise 5—6mal auf Seite 2 des Riemens ab, dann ebensooft auf Seite 3 und schließlich verleihen einige Touren auf Seite 4 der Messerschneide die nötige Politur. Diese letzte Seite besteht aus Leder ohne jeden Überzug, die Seiten 2 und 3 dagegen besitzen einen Überzug aus einer Mischung von Englischrot oder Smirgel mit einem Fett, so daß die Seite 2 einen die Messerscheide stärker angreifenden Überzug hat als die Seite 3. Die erste Seite ist mit einem Smirgelstein belegt, der nur dann zur Anwendung kommt, wenn das Messer schartig ist.

Fig. 85.

In letzterem Falle raten wir jedoch mehr zum Gebrauch eines guten belgischen Abziehsteines oder einer mattgeschliffenen Glasplatte. Der Abziehstein wird mit Wasser benetzt oder mit einer Mischung von Glycerin und Alkohol. Man bewege auf ihm das mit der Abziehvorrichtung flach aufliegende Messer in kreisförmigen Touren ohne jeden Druck, und zwar immer mit der Schneide voran, also umgekehrt, wie auf dem Riemen. Noch besser eignet sich dazu eine mattgeschliffene Glasplatte, welche man mit einem mäßig dicken Brei aus Wiener Kalk und Wasser bestreicht. Man überzeuge sich von Zeit zu Zeit durch Inspektion mit der Lupe, wie weit die Arbeit gediehen ist. Nach der Bearbeitung auf dem Stein oder der Platte folgt Abziehen auf dem Riemen wie oben.

Messerhalter. Die oben beschriebenen Messer von THOMA, WEIGERT und HENKING können direkt auf den Messerschlitten des Mikrotoms aufgeschraubt werden. Die JUNGschen Messer verlangen einen besonderen aufschraubbaren Messerhalter. Fig. 85 und 86 zeigen zwei derartige Instrumente aus der JUNGschen Werkstätte. Sie besitzen beide Vorrichtungen, um die Stellung der Schneidefacetten zur Schnittebene beliebig zu ändern und Messerhalter, die das nicht gestatten, sollte man überhaupt nicht verwenden. Die Konstruktion der beiden Instrumente ist aus den Abbildungen ohne weiteres ersichtlich. Fig. 85 ist das vollkommenere von beiden, denn hier dreht sich das Messer um eine Achse, welche in der Messerschneide gelegen ist, es wird also diese letztere beim steiler oder flacher Stellen nicht gesenkt oder gehoben. Das ist bei Fig. 86 nicht der Fall, hier liegt die Drehungsachse in der Nähe des Messerrückens.

Fig. 86.

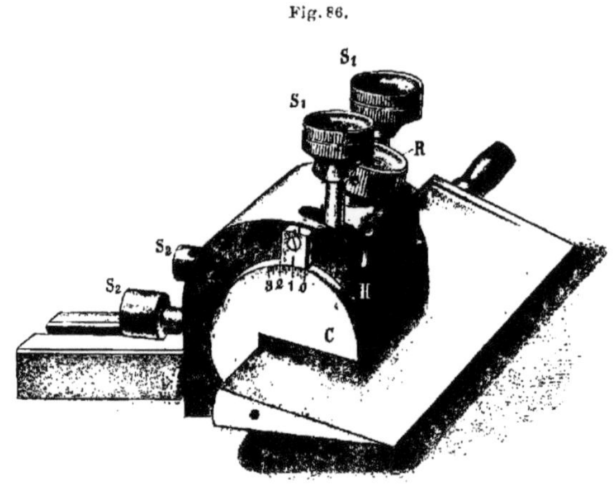

Literatur: Ausführliche Beschreibungen der existierenden Mikrotome findet man in zahlreichen Arbeiten der Zeitschrift für wissenschaftliche Mikroskopie, der Zeitschrift für Instrumentenkunde, und des Journal of the Royal Microscopical Society. Ferner sei auf die Kataloge folgender Firmen verwiesen: F. SARTORIUS, Göttingen, M. SCHANZE, Leipzig, R. JUNG, Heidelberg, E. LEITZ, Wetzlar, G. MIEHE, Hildesheim, C. REICHERT, Wien, VIII., P. THATE, Berlin N.

Milchdrüse. Für die Fixation des Milchdrüsengewebes spielen naturgemäß die osmiumhaltigen Fixiermittel die erste Rolle, vor allem kommen hier in Betracht 0,5—1%ige wässerige Osmiumsäure, FLEMMINGsche oder HERMANNsche Flüssigkeit (MICHAELIS) und das ALTMANNsche Osmium-Bichromatgemisch (STEINHAUS). UNGER fixiert nach der MARCHIschen Methode: kleine Stückchen kommen für 2—5 Tage in MÜLLERsche Flüssigkeit, worin sie aber nicht bewegt werden dürfen, dann 3—5 Tage in 2 Teile Müller und 1 Teil 1%ige Osmiumsäure, Abspülen einige Minuten in Wasser und steigender Alkohol. Sämtliche Prozeduren sollen im Dunkeln vorgenommen werden, Einschluß der Schnitte in Benzin-Kolophonium nach NISSEN. Von anderen nicht osmiumhaltigen Flüssigkeiten sind empfohlen worden: Alkohol (R. HEIDENHAIN), Sublimat (MICHAELIS), Müller-Sublimat (ARNOLD), 10%ige Salpetersäure 1—2 Tage, dann 5%iges Bichromat (BENDA, UNGER), CARNOYsche Flüssigkeit (BERTKAU).

Zum Nachweis der glatten Muskelzellen an den Alveolen der Milchdrüse bedient sich BERTKAU der BENDAschen Myogliamethode. Fixation in Zenker 24 Stunden, Auswaschen. Gefrierschnitte 24 Stunden in 0,5%ige Chromsäure, Auswaschen, 5 Minuten 0,25%iges Kaliumpermanganat, 5 Minuten PALsche Säuremischung (1 *g* Kal. sulfurosum, 1 *g* Oxalsäure, 200 *g* Wasser), Auswaschen und Färben in Krystallviolett nach BENDA (s. Neuroglia).

Von großer Bedeutung für die histologische Untersuchung der Milchdrüse ist auch die Herstellung von Gefrierschnitten von Material, welches in 10%igem Formalin fixiert war. Färbt man dieselben mit Sudan, so lassen sich auch die feinsten Fetttröpfchen zur Anschauung bringen (ARNOLD).

Literatur: Arnold (Beitr. Pathol. Anat., Bd. 38, 1905), Benda (Dermat. Zeitschr. 1893) Bertkau (Anat. Anz., Bd. 30, 1907), Brouha (Arch. de Biol., Bd. 21, 1904), Heidenhain (Hermanns Handbuch der Physiol., Bd. 5, 1883), Michaelis (Arch. Mikr. Anat., Bd. 51, 1898), Nissen (Ebenda, Bd. 26, 1886), Partsch (Inaug.-Diss. Breslau 1880), Steinhaus (Arch. Anat., Suppl. 1883), Unger (Anat. Hefte, H. 32, 1898).

Milchsäure, Äthylidenmilchsäure, α-Oxypropionsäure, Acidum lacticum, CH_3 — CH (OH) — COOH, stellt eine klare, farblose oder schwach gelbliche Flüssigkeit von sirupöser Beschaffenheit und saurer Reaktion dar. Spez. Gew. 1,215. In vollkommen reinem Zustande hat man sie durch Destillation der noch wasserhaltigen Säure unter stark vermindertem Druck erhalten; sie stellt dann einen festen, bei 18° schmelzenden Körper dar.

So wie sie gewöhnlich als Flüssigkeit vorkommt, ist sie in jedem Verhältnis mit Wasser, Alkohol, Äther mischbar, sie löst sich nur wenig in Chloroform und löst selbst die Metalloxyde und die anderen basischen Verbindungen.

In der praktischen Medizin hat die Milchsäure vor allem als Ätzmittel (keratolytisches Mittel) Verwendung gefunden; ferner ist sie als Lösungsmittel für phosphorsaure Concremente empfohlen worden. Auf demselben Prinzip, das dieser Empfehlung zugrunde liegt, beruht die Benutzung der Milchsäure als Entkalkungsflüssigkeit in der mikroskopischen Technik. Nach Haug ist sie 10%ig oder noch konzentrierter sowohl für embryonale und kleinere Knochen, als auch für ältere kalkhaltige Gewebe anwendbar.

Ferner wird Milchsäure verwandt bei der Golgimethode. Hill setzt der Kaliumbichromatlösung, die er dem Tiere nach dem Tode injiziert, 1% Milchsäure zu, um so eine Contraction der Gefäße hintanzuhalten. Über die Verwendung bei der Silberimprägnation s. bei Silber. Nach Lo Bianco dient die Milchsäure (1‰) zur Fixation von Larven und kleinen gelatinösen Organismen. Zur Fettfärbung — in der botanischen Technik — verwendet Guéguen ein Gemisch von Sudan III und Milchsäure im Verhältnis 1 : 1000. Außerdem setzt er noch zu dem so erhaltenen Gemisch eine Lösung von „bleu coton C 4 B" in Milchsäure und eine Mischung von Jodtinktur und Milchsäure im Verhältnis 1—2 : 1000. Oder er setzt zu dem „sudan lactique" „bleu C 4 B Poirrier" 1 : 1000 und hierzu nach Filtration 1—2 Tropfen Jodtinktur auf 10 *ccm*.

In der bacteriologischen Technik wird nach A. Fischer eine 10%ige Milchsäurelösung zur Fixierung der Bacterien benutzt, die eine Färbung mit alkoholischer Anilinfarbe nicht verhindern soll, in der botanischen eine konzentrierte Lösung bei der Untersuchung getrockneter Algen und Pilze. Nach Lagerheim werden die Algen und Pilze zunächst in Wasser aufgeweicht, dann in konzentrierte Milchsäurelösung übertragen und auf dem Objektträger erhitzt, bis sich kleine Gasblasen zeigen. Es kann dann direkt in der Milchsäurelösung untersucht werden. Auf diese Weise erreichen die getrockneten Pflanzen ihre natürliche Form wieder. Auch Mayus benutzt Milchsäure zur Untersuchung von Herbariummaterial.

Literatur: Fischer (Ber. Sächs. Ges. Wiss., Leipzig 1891), Guéguen (C. R. Soc. Biol., 1906, I), Haug (Zeitschr. Wiss. Mikr., Bd. 8, 1891), Hill (Brain, 1896), Lagerheim (Hedwigia, 1888), Lo Bianco (Mitt. Zool. Stat. Neapel, Bd. 9, 1890), Mayus (Centralbl. Bact., 1903, Abt. 2).

Mosse, Berlin.

Millons Reagens, eine oxydhaltige Lösung von Quecksilberoxydulnitrat, wird erhalten durch Lösen von 1 Teil metallischen Quecksilbers in 1 Teil rauchender Salpetersäure unter Abkühlung und Verdünnen der erhaltenen Lösung mit 2 Teilen Wasser. Die Lösung soll ganz farblos sein, Gelbfärbung zeigt einen größeren Gehalt an basischem Salz an.

Millons Reagens findet als Reagens auf Eiweißkörper eine ausgedehnte Anwendung auch in der Mikrotechnik, daneben ist es auch von manchen Seiten als Fixationsmittel warm empfohlen worden. Nach Unna ist es ein vorzügliches Reagens auf Tyrosin (s. dort).

Milz. Für das Studium der Milz kommen im wesentlichen diejenigen Methoden in Frage, die schon bei den Lymphdrüsen besprochen worden sind. Da es sehr häufig auf gute Erhaltung des Hämoglobins ankommt, so spielen in der Milztechnik die Bichromate eine große Rolle. So fixieren PANSKI und THOMA die Milz in toto durch Aufhängen in einem großen Gefäß mit MÜLLERscher Flüssigkeit, die natürlich täglich gewechselt werden muß. Nach 10 Tagen wird das Organ in kleine Stücke zerlegt und dieselben auf weitere 8 Tage in der Flüssigkeit belassen, dann Entwässerung und Celloidineinbettung.

KULTSCHITZKY fixiert Milz der Katze ebenfalls in Müller, eventuell unterbindet er vor dem Herausnehmen die Gefäße, zuerst die Venen, dann die Arterien.

MASSLOW fixiert am besten die Milz in KULTSCHITZKYscher Flüssigkeit (vgl. Bd. I, pag. 234) 5—10 Tage im Dunkeln. WEIDENREICH injiziert die Milz mit ZENKERscher Flüssigkeit, schneidet in kleine Stücke und legt die letzteren noch für 6 Stunden in dieselbe Flüssigkeit. Von anderen Fixationsmitteln ist empfohlen worden von ARNOLD und MÜLLER FLEMMINGsche Flüssigkeit 1—2 Tage, vom ersteren auch 0,3%iges Platinchlorid oder 0,3%ige Chromsäure mit 0,5% Essigsäure oder 0,1%ige Chromsäure mit 0,45% Platinchlorid und 0,9% Essigsäure, von KULTSCHITZKY 95%iger Alkohol mit 1% Essigsäure, von PUGLIESE (Igel) und REICH (Frosch) konzentriertes Sublimat, von letzterem auch 4%iges Formol.

Zur Färbung der Milzpulpa können alle jene Methoden Verwendung finden, die zur Darstellung der Blutelemente dienen (vgl. Blut, Helianthin, Eosin). WEIDENREICH färbt zunächst in Hämalaun, dann 3—5 Minuten in Orangealkohol (96%), spült in absolutem Alkohol und überträgt für einen Moment in konzentrierte alkoholische (96%) Lösung von Rubin S. Kerne blau, Protoplasma rosa, Bindegewebe tiefrot, Erythrocyten und glatte Muskeln orange.

Über die Darstellung des reticulierten Gewebes in der Milz vgl. man den Artikel Adenoides Gewebe. Die glatten Muskeln der Milzbalken lassen sich durch die Giesonfärbung außerordentlich schön hervorheben. KULTSCHITZKY färbt zu demselben Zwecke Schnitte aus MÜLLER mehrere Tage in einer ätherischen Lösung von Lakmoid.

Zum Studium der elastischen Fasern der Milz eignen sich vor allem die UNNA-TÄNZERsche und die WEIGERTsche Färbung. (Näheres s. Elastin.) Zur Darstellung der ihrer Natur nach viel umstrittenen Kreisfasern der capillaren Venen empfehlen v. EBNER, SCHUMACHER, BÖHM und HOYER jun. ebenfalls die UNNA-TÄNZERsche Methode. Nach letzterem Autor soll man nicht in Paraffin, sondern in Celloidin einbetten und Material verwenden, das recht lange in Alkohol gelegen hat. Die Färbung gelingt auch mit der WEIGERTschen Methode, der Giesonfärbung und mit neutralem Orcein. THOMÉ findet die Kreisfasern an Paraffinschnitten ebensogut darstellbar wie an Celloidinschnitten, sie lassen sich mit den verschiedensten Methoden für elastisches und collagenes Gewebe färben, am schönsten aber mit dem MALLORYschen Hämatoxylin. Fixation am besten in ZENKERscher Flüssigkeit. Am frischen oder gefrorenen Schnitt treten die Fasern sehr gut durch Behandlung mit dünner Kalilauge (1 : 350) hervor (HENLE, THOMÉ).

Sehr demonstrative Präparate erhält man nach THOMÉ, wenn man die Gefrierschnitte auf dem Objektträger antrocknet, dann einige Minuten mit 1—2%iger Kalilauge behandelt und in MALLORYschem Hämatoxylin färbt. An solchen Präparaten kann man deutlich den Zusammenhang der Kreisfasern mit den Fasern des Reticulums erkennen. LEHRELL fixiert in Alkohol oder Sublimat und behandelt dann die Schnitte mit Trypsin. RIBADEAU-DUMAS lobt die CAJALsche Silbermethode (s. Neurofibrillen) zur Darstellung der elastischen Elemente der Milz.

Zur Färbung der Milznerven ist von FUSARI die rasche Golgimethode (3 bis 10 Tage in Osmiumbichromat) empfohlen worden. Derselben Methode bedient sich auch RUFFINI.

Betreffs der Injektion der Blutbahnen der Milz vgl. man den Artikel Injektion. Zum Studium der Wege des Blutstromes in der Milz empfiehlt WEI-

DENREICH die Injektion von Tusche oder defibriniertem Hühnerblut in die Venen des lebenden Säugetieres.

Literatur: ARNOLD (Arch. Mikr. Anat., Bd. 31, 1888), BÖHM (Festschr. KUPFFER 1899), v. EBNER (Anat. Anz., Bd. 15, 1899), HENLE (Zeitschr. Rat. Med.. 3. Reihe, Bd. 8, 1860), HOYER (Anat. Anz., Bd. 17. 1900), KULTSCHITZKY (Arch. Mikr. Anat., Bd. 46, 1895). LEHRELL (Int. Monatschr. Anat. Physiol.. Bd. 20. 1903). MASSLOW (Arch. Mikr. Anat., Bd. 51, 1897), MÜLLER (Sitzungsber. Ak. Wiss. Wien. Bd. 100, 1892). PANSKI und THOMA (Arch. Exper. Pathol. Pharm., Bd. 31, 1863), PUGLIESE (Fort. Med.. 1897), REICH (Arch. Pathol. Anat., Bd. 160, 1900), RIBADEAU-DUMAS (Bull. Mem. Soc. Anat., Paris 1905). RUFFINI (Int. Monatschr. Anat. Physiol., Bd. 23, 1906), v. SCHUMACHER (Arch. Mikr. Anat., Bd. 55, 1899). THOMÉ (Ebenda, Bd. 59, 1901), WEIDENREICH (Ebenda, Bd. 58, 1901).

Milzbrandbacillus, Bacillus anthracis. Die Milzbrandbacillen färben sich in Deckglaspräparaten leicht mit den wässerigen Farblösungen der gebräuchlichen basischen Anilinfarbstoffe. Hierbei zeigen die Enden der Stäbchen nicht selten eine knotige Verdickung und an den Endflächen eine flache Einbuchtung. Die Fäden der Milzbrandbacillen erhalten durch die kolbigen Enden eine Ähnlichkeit mit einem Bambusrohre, das an den Stellen, wo zwei Bacillen sich berühren, einen bikonvexen ungefärbten Zwischenraum, bzw. eine spaltförmige ovale Lücke erkennen läßt. Auf diese Kunstprodukte, die besonders bei intensiver Färbung auftreten, wurde früher ein diagnostischer Wert gelegt. Von großer Wichtigkeit für die Unterscheidung der Milzbrandbacillen von anderen morphologisch sehr ähnlichen Bacillen ist die Eigenschaft derselben geworden, daß sie nämlich im Tierkörper von einer Schleim-, bzw. Gallerthülle umgeben sind, die bei bestimmten Färbemethoden deutlich in Form einer scharf konturierten Hülle (sogenannten Kapsel) sich zu erkennen gibt.

Um diese differentialdiagnostisch wichtige Eigentümlichkeit der Milzbrandbacillen durch die Färbung nachzuweisen, verfährt man nach JOHNE so:

1. Das lege artis hergestellte, gut lufttrockene Deckglaspräparat wird in üblicher Weise dreimal durch die Flamme gezogen (fixiert);

2. Dann in horizontaler Haltung, die bestrichene Seite nach oben, mit so viel einer 2%igen wässerigen Anilinfarbstofflösung (am besten Gentianaviolett) betropft, bis seine Oberfläche vollständig mit letzterer bedeckt ist; hierauf

3. in gleicher Haltung so lange durch die Flamme gezogen oder etwas über derselben gehalten, bis aus der Farblösung leichter Dampf aufsteigt;

4. Abspülen in Wasser; dann 8—10 Sekunden in 2%ige Essigsäure, sodann nochmaliges sorgfältiges Abspülen in Wasser;

5. Untersuchen in Wasser, nicht in Balsam, da sonst wegen des starken Lichtbrechungsvermögens des letzteren die Hülle nicht zu sehen ist.

Nach dieser Färbemethode erscheinen die Milzbrandbacillen aus einzelnen stärker gefärbten Bacterienzellen zusammengesetzt, die von der schmalen mattgefärbten, scharf begrenzten Hülle umgeben sind. Die einzelnen Bacterienzellen sind an den Enden rechtwinkelig abgestutzt und durch ungefärbte mehr oder weniger recht eckige Zwischenräume vollständig voneinander getrennt. Die Gallerthülle (Kapsel) ist nur nachweisbar an den aus dem Blute oder Gewebssafte von an Milzbrand verendeten Tieren stammenden Bacillen, nicht an denen aus künstlichen Kulturen.

Will man durch Doppelfärbung der Bacterienzellen und der Hülle diese Verhältnisse noch mehr zur Anschauung bringen, so verfährt man nach KLETT folgendermaßen:

Der gut lufttrockene, am besten einige Stunden gelegene Deckglasausstrich wird dreimal durch die Flamme gezogen, dann tropft man auf die bestrichene Fläche des Deckglases eine Methylenblaulösung (alkoholisch-wässerige Lösung im Verhältnis von 1 : 10 : 100), erwärmt über der Flamme bis zum Aufkochen und spült hernach reichlich mit Wasser ab. Nun bringt man eine Fuchsinlösung (alkoholisch-wässerige Lösung im Verhältnis wie oben) auf das Deckglas, läßt dieselbe höchstens 5 Sekunden einwirken, spült wiederum ab und untersucht wie gewöhnlich.

Nach dieser Färbung erscheinen die Bacterienzellen dunkelblau, die Hülle leicht rosarot und ihr Kontur dunkelrot. Die Kontraste treten bei stärkerer Vergrößerung besonders deutlich hervor.

Eine sehr empfehlenswerte, einfache und sichere Methode der Färbung hat OLT angegeben. Als Farbstoff wird eine 3%ige wässerige Safraninlösung benutzt. 3 *g* pulverisiertes Safranin werden in 100 *g* destilliertem, nahezu siedendem Wasser gelöst und nach dem Erkalten filtriert. Nicht jedes käufliche Safranin ist geeignet; LEITZ in Berlin führt ein gut geeignetes Safranin. Das lufttrockene, dreimal durch die Flamme gezogene Deckglaspräparat wird mit Safraninlösung beschickt und nacheinander einige Male über die Flamme gehalten, bis zum jedesmaligen Aufkochen der die ganze Fläche des Deckglases bedeckenden Farbflüssigkeit. Nach dem Abspülen mit Wasser wird in Wasser untersucht.

Die Bacterienzellen erscheinen nach dieser Methode rotbraun gefärbt, die Hülle quittengelb mit rotbraunem feinem Kontur.

Die Milzbrandbacillen färben sich auch nach der GRAMschen Methode. Diese eignet sich gut zur Färbung der Bacillen in Schnitten. Nach Vorfärbung der Schnitte mit Lithioncarmin gibt auch die WEIGERTsche Methode sehr schöne Bilder.

Die Färbung der Milzbrandsporen gelingt ganz gut nach einer von NEISSER angegebenen Methode. Danach werden die lufttrockenen und dreimal durch die Flammen gezogenen Deckgläschen mit der bestrichenen Seite nach unten auf eine Carbolfuchsinlösung gelegt, so daß sie schwimmen. Diese Lösung wird auf cca. 90° $^1/_2$—1 Stunde erwärmt. Dann werden die Deckgläschen abgespült, darauf entfärbt durch Eintauchen in 20%ige Salpeterlösung und hierauf vorsichtig in 60%igem Alkohol abgespült, bis keine Farbe mehr abgegeben wird. Nach nochmaligem Abspülen in Wasser wird mit verdünnter Methylenblaulösung nachgefärbt. Die Sporen sind rot, die Bacillen blau gefärbt. Weniger zeitraubend und doch recht zuverlässig ist eine von MÖLLER angegebene Methode. Hiernach wird das lufttrockene Deckglaspräparat dreimal durch die Flamme gezogen oder 2 Minuten in absoluten Alkohol gebracht, sodann 2 Minuten in Chloroform, darauf mit Wasser abgespült und $^1/_2$—2 Minuten in 5%ige Chromsäure getaucht. Nach dem gründlichen Abspülen mit Wasser wird das Deckglas mit Carbolfuchsin bedeckt und unter einmaligem Aufkochen 1 Minute in der Flamme erwärmt, worauf das Carbolfuchsin abgegossen wird und das Deckgläschen bis zum Entfärben in 5%ige Schwefelsäure getaucht und abermals gründlich mit Wasser abgespült wird. Darauf färbt man 30 Sekunden lang mit einer wässerigen Lösung von Methylenblau oder Malachitgrün. Die Sporen sind rot, die Bacterienkörper blau oder grün gefärbt.

Literatur: JOHNE (Deutsch. Zeitschr. Tiermed. 1893), KITT (Deutsch. Tierärztl. Wochenschrift 1894), MÖLLER (Centralbl. Bact., Bd. 10), OLT (Deutsch. Tierärztl. Wochenschr. 1899).

Künnemann, Hannover.

Mingazzinisches Gemisch. Eine Mischung von 2 Teilen konzentrierter wässeriger Sublimatlösung, 1 Teil absoluten Alkohol und 1 Teil Eisessig. (Vgl. den Artikel: Sublimat.)

Mitochondria, Färbung der. Als Mitochondria, Fadenkörner, bezeichnete BENDA einen körnigen Bestandteil des Cytoplasmas, der offenbar zum Teil mit früher beschriebenen Cytomicrosomen und Granulationen identisch ist, sich aber durch seine besondere Stellung in der Architektur vieler Zellarten und seine Verwendung bei der Entstehung einer Anzahl funktioneller Strukturen des Zellleibes auszeichnet. BENDA fand ihn bei vielen indifferenten Zellen als Teil der Sphäre, so besonders bei den Blastomeren, den Spermatogonien, bei vielen Oberflächen- und Drüsenepithelien als Bestandteil cytoplasmatischer Fäden und sah ihn zusammen mit dem Cytoplasma durch starke Vermehrung und Zusammenlagerung Zellorgane bilden, die er als Chondriomiten, Chondriorhabden, Chondriosphären bezeichnete, unter denen der Spiralfaden und andere Mantelteile der Spermien, die Cilienwurzeln der Wimperzellen, die Basalfilamente und Pallisadenstrukturen der Nieren und Speichelröhrenzellen, endlich die Querstreifen der Muskelfibrillen die wichtigsten waren.

Die Lehre von den Mitochondrien hat inzwischen durch zahlreiche Untersucher, unter denen besonders MEVES, VAN DER STRICHT, DUESBERG, ARNOLD, RUSSO, GIGLIO-TOS zu nennen sind, eine gründliche Bearbeitung gefunden und ganz besonders hat ihr MEVES in den letzten Jahren einen großzügigen Ausbau zu Teil werden lassen, indem er einen an noch vereinzelte Beobachtungen angeknüpften Gedanken BENDAs an großem Material verfolgt und die Chondriosomen, wie er sie mit Recht in der Mannigfaltigkeit ihrer Formationen nennt, als „Träger erblicher Anlagen" aufstellt.

Da es unzweifelhaft feststeht, daß die Mitochondrien schon vor der Erkenntnis ihrer eigenartigen Bedeutung mannigfach gesehen worden sind, so besonders von ALTMANN und anderen mit seiner Methode arbeitenden Forschern, wie den Gebrüdern ZOJA, ferner von ARNOLD, PRENANT, V. BRUNN, vielleicht schon von FLEMMING und V. LA VALETTE-ST. GEORGE, so ergibt sich, daß zu ihrer Kenntlichmachung an und für sich keine besondere einseitige Methodik erforderlich ist. Wohl aber war zum Nachweis ihrer Sondernatur eine Methode nötig, die es ermöglichte, sie isoliert zu färben; erst hierdurch gelang es, sie von anderen, morphologisch ähnlichen Gebilden abzutrennen und besonders die Unabhängigkeit ihrer Genese von anderen Zellorganen nachzuweisen, kurzum also, sie selbst als „Zellorgan" zu erkennen. Die Vernachlässigung einer solchen methodologischen Kontrolle hat z. B. zu dem Irrtum der Münchner Zoologen Anlaß gegeben, die Mitochondrien, von ihnen Chromidien genannt, vom Kern abzuleiten.

Die einzige hierzu geeignete Methode ist noch bis jetzt die ursprüngliche von BENDA angegebene Färbung geblieben; wir bringen die unveränderte Vorschrift der ersten Auflage wieder zum Abdruck, fügen aber in [ ] mehrere kleine von BENDA gefundene Abänderungen hinzu, die sich auch nach Erprobung von MEVES und DUESBERG bewährt haben:

I. Härtung. 1. Die lebensfrischen kleinsten Gewebsstücke kommen für 8 Tage in eine ziemlich reichliche Menge der starken FLEMMINGschen Mischung (15 Vol. 1%iger Chromsäure, 4 Vol. 2%iger Osmiumsäure, 6 Tropfen Eisessig). [Es erweist sich als vorteilhaft, mit dem Zusatz von Eisessig auf 3 Tropfen herabzugehen.]

NB. Die erlaubte Größe der Stücke ist von der Dichtigkeit des Gewebes abhängig. Sehr lockere Organe, wie Rattenhoden, werden noch in etwas dickeren, aber auch höchstens 2—3 *mm* dicken Stücken gleichmäßig durchdrungen. Große Schwierigkeit macht z. B. Säugetierleber, bei der meist nur eine schmale oberflächliche Schale jedes konservierten Stückchens eine genügende Härtung erhält. Man knipst am besten von den Organen kleinste Scheibchen mit einer scharfen Schere ab.

2. Nach flüchtiger Wässerung (cca. 1 Stunde) kommen die Stückchen auf 24 Stunden in ein Gemisch von Acet. pyrolignosum rectificatum und Sol. acid. chromic. (1 : 100) aa.

3. Auf 24 Stunden in Sol. Kali bichromic. 2 : 100,0.

4. 24 Stunden in mehrfach erneuertes Wasser.

5. Alkohol in steigender Konzentration, Paraffindurchtränkung.

NB. Die Stücke sind nach der Härtung und Wässerung makroskopisch goldbraun, ohne intensivere Osmiumschwärzung, sofern nicht etwa besonders fettreiches Gewebe vorliegt. Es empfiehlt sich, der Härtung die Paraffindurchtränkung gleich anzuschließen, da sich das Material bei längerem Verweilen im Alkohol wieder etwas ändert, während es nach Paraffindurchtränkung unbegrenzt die gleiche Färbfähigkeit behält.

II. Färbung. 1. Die etwa 5 μ dicken Schnitte werden mit Wasser auf dem Deckglas aufgeklebt, vom Paraffin befreit, mit Alkohol, dann Wasser behandelt und kommen auf 24 Stunden in 4%ige wässerige Eisenalaunlösung [bei Zimmertemperatur].

2. Nach Abspülen in fließendem [besser destilliertem] Wasser kommen die Deckgläschen in eine bernsteingelbe, wässerige Lösung von sulfalizarinsaurem Natron (KAHLBAUM), welches man durch Einträufeln einer gesättigten alkoholischen Lösung in Aqua destillata herstellt [genauer: 1 *ccm* gesättigte Lösung auf 80—100 *ccm* destilliertes Wasser]. Sie verbleiben hierin 24 Stunden.

NB. Die Schnitte müssen frei von der Farbe bespült sein; man legt deshalb die Deckgläschen in eine flache Schale nebeneinander, mit der beklebten Seite nach oben.

3. Nach Abtrocknen mit Fließpapier kommt jedes Deckgläschen in ein Uhrschälchen mit BENDAs haltbarem Krystallviolettgemisch und Wasser zu gleichen Teilen.

NB. Das Krystallviolettgemisch besteht aus 1 Vol. kalt in 70%igem Alkohol gesättigter Krystallviolettlösung, 1 Vol. Salzsäurealkohol (1 Acid. hydrochloric., 70 Alkohol, 30 Wasser) und 2 Vol. Anilinwasser. [Besser bewährt es sich, die Farbmischung jedesmal frisch zu bereiten: Gesättigte alkoholische Krystallviolettlösung, Anilinwasser aa.]

4. Die Lösung wird erwärmt, bis Dämpfe aufsteigen, dann 5 Minuten abkühlen.

5. Abtrocknen mit Fließpapier, dann 1 Minute in 30%ige Essigsäure.

6. Abtrocknen mit Fließpapier, Eintauchen in Alcohol absolutus, bis keine gröberen Farbstoffwolken abgehen, Xylol, Balsam.

[5. und 6. sind besser in folgender Weise anszuführen:

Abspülen in Wasser, dann 30%ige Essigsäure 1—2 Minuten bei mikroskopischer Kontrolle, bis die Kerne rötlich erscheinen.

Dann längere (5—10 Minuten dauernde) Spülung in fließendem Wasser, bis jede Spur von Säure entfernt ist, wodurch die Alizarinfärbung an Rötung gewinnt.

Endlich werden die Schnitte mit Fließpapier abgetrocknet, darauf, ehe sie ganz trocken sind, einen Augenblick in Alcohol absolutus eingetaucht und dann sofort in Bergamottöl übertragen. Nachdem dieses durch Xylol entfernt ist, wird in säurefreien Canadabalsam oder in Cedernöl eingebettet.]

In gelungenen Präparaten sind die Kerne dunkelbraunrot, die Cytoplasmafäden hellbraunrot, ebenso das Archiplasma (Idiozoma), die Centralkörperchen haben eine dunkle rötlichviolette Farbe. Manche Secretgranula sind blaßviolett. Die Mitochondria und ihre Derivate sind von intensiv violetter Farbe und so scharf abgegrenzt, daß sie oft wie Bacterien erscheinen.

Die beiden wesentlichen Eigentümlichkeiten des Verfahrens, die sich auch für andere cytologische Methoden bewährt haben, sind erstens die Postchromierung des mit Chromosmiumsäure gehärteten Materials, zweitens die Anwendung der zwischen Eisenalizarin und basischen Anilinfarben entstehenden Doppellacke. Die Postchromierung, deren Ergebnisse bei Formol- oder Alkoholhärtung mehrfach verwertet worden sind, bietet bei FLEMMINGscher Härtung nur den Vorteil, daß Härtungsergebnisse, die auch ohne Postchromierung g e l e g e n t l i c h gelingen, mit größerer Sicherheit eintreten; wie für die Mitochondria, zeigt sich diese Erfahrung auch hinsichtlich der Cytoplasmafäden und der Centralkörperchen, die an den postchromierten Stücken mit geeigneten Färbungsmethoden vorzüglich darstellbar sind.

Bei Verwendung der Eisenalizarindoppellacke kommt eine Beizung durch Eisenalizarin für die basischen Anilinfarben zustande, durch welche die basischen Anilinfarben auch solchen Gewebsbestandteilen angelagert werden, für welche sie sonst keine Affinität besitzen, wie dies namentlich auch in der Färbung der Neuroglia mit derartigen Verfahren (s. d.) zum Ausdruck kommt. Zum Schluß ist noch zu bemerken, daß die Mitochondria an demjenigen Material, an dem ihre

Darstellung mit dem Eisenalizarindoppellack gelingt, auch mit Eisenhämatoxylin gefärbt werden können, wenn man wie bei der HEIDENHAINschen Färbung mit Eisenalaun beizt, mit wässerigem Hämatoxylin stark überfärbt und mit Eisenalaunlösung differenziert oder wenn man an letzterer Stelle statt Eisenalaun das von WEIGERT für die Markscheidenfärbung angegebene Gemisch von Borax und roter Blutlaugensalzlösung benutzt.

Von den Autoren, die das Kapitel bearbeitet haben, ist wenigstens neuerdings allseits die beschriebene spezifische Methode zur Kontrolle herangezogen worden. Bei seinen ersten Arbeiten hat MEVES mit Sublimateisessighärtung und Eisenhämatoxylinfärbung, bei seinen letzten an spezifisch nach BENDA gehärtetem Material neben der spezifischen Färbung auch HEIDENHAINs Eisenhämatoxylinfärbung angewandt und scheint diese nach persönlichen Äußerungen zu bevorzugen. Seine Präparate erweisen, daß da, wo die Mitochondria in so soliden, stäbchenförmigen Verbänden (von ihm Chondriokonten, von mir bereits vorher als Chondriorhabden bezeichnet) zusammenlagern, wie in seinem Material, sie auch mit der Eisenhämatoxylinmethode charakteristisch genug von allen anderen Bildungen unterscheidbar sind, so daß von der unbequemeren und launischeren Alizarinfärbung abgesehen werden kann.

Im übrigen liegt natürlich genug Veranlassung vor, nach einer bequemeren und namentlich einer besser durchdringenden Härtungsmethode zu suchen. Für die Richtung derartiger Versuche ergeben sich Anregungen erstens durch die nahen Beziehungen der Mitochondria zu den durch die ALTMANNsche Methode dargestellten Körnungen, seinen Bioblasten, dann durch die oben erwähnten Resultate MEVES' mit Sublimateisessig, mit denen die sicher mitochondriale Natur vieler mit Sublimat dargestellten Zellstrukturen, wie Basalfilamente, Muskelfibrillen etc. übereinstimmt, endlich eine Mitteilung LANDSTEINERs, der mit einem Gemisch von Formalin und Kalium bichromicum in der Niere die stäbchenförmigen Strukturen darstellte, die sich nach den späteren Untersuchungen BENDAs als mitochondrial erwiesen.

Nur der letztere Weg scheint weiter verfolgt worden zu sein; wenigstens teilt REGAUD neuerdings mit, daß er mit einer ähnlichen Härtungsmethode, und ebenso wie LANDSTEINER mit Eisenhämatoxylin in verschiedenen Anamniernieren Mitochondrien gefärbt hat; seine sehr gelungenen Präparate haben verschiedentlich vorgelegen. Unterzeichneter hat schon vor längerer Zeit mit allen drei Verfahren Versuche angestellt. Am wertvollsten und den seinigen am nahestehendsten sind natürlich die Ergebnisse der ALTMANNschen Methode, die aber kaum sicherer und bequemer als die modifizierte FLEMMINGsche Methode BENDAs sein dürfte, und außerdem keine spezifische Färbung erlaubt. Die beiden anderen Methoden dagegen haben bei manchen feineren mitochondrialen Bildungen regelmäßig versagt, abgesehen von ihrer Beschränkung auf Eisenhämatoxylinfärbung. Immerhin erfordern die Erfolge REGAUDs neue Beachtung.

Literatur (nur der Methodik!): ALTMANN (Die Elementarorganismen. Leipzig 1890), ARNOLD (Arch. Mikr. Anat., Bd. 52. 1898), BENDA (Verh. Physiol. Ges. Berlin, 1897 u. 1899), derselbe (Verh. Anat. Ges. Bonn, 1901), derselbe (Ergebn. Anat., Bd. 12. 1903). v. BRUNN (Arch. Mikr. Anat., Bd. 23, 1884), GOLDSCHMIDT (Zool. Jhb., Bd. 21, 1904), LANGSTEINER (Beitr. Pathol. Anat., Bd. 33, 1903), MEVES (Arch. Mikr. Anat., Bd. 56, 61 u. 72. 1900, 1902 u. 1908). derselbe und DUESBERG (Arch. Mikr. Anat., Bd. 71, 1908), PRENANT (Cellule, Bd. 3 u. 4, 1887 a. 1889), derselbe (Journ. de l'Anat. Physiol., Bd. 35. 1899).

Benda, Berlin.

Mitosen siehe: Kernteilung.

Mittellamelle siehe: Zellmembranen, pflanzliche.

Mollusken. Die Organisation der Mollusken macht es in vielen Fällen nötig, die Tiere vor der eigentlichen Fixation der Gewebe abzutöten oder doch reaktionslos zu machen. Diesen Zweck kann man bei fast allen Ordnungen, mögen es nun Land- oder Wasserbewohner sein, dadurch erreichen, daß man die Tiere in ein kleines Quantum abgekochten Wassers bringt. Nach 24 Stunden sind sie dann völlig reaktionslos geworden, liegen gut ausgestreckt und lassen sich leicht aus ihrer Schale entfernen.

Neben dieser einfachen Erstickungsmethode hat man dann dem Wasser noch verschiedene narkotisierend wirkende Zusätze gemacht, um schneller zum Ziele zu kommen. So kann man in das Wasser Tabaksrauch einblasen. Meistens aber setzt man dem Wasser Alkohol, und zwar bis zu 5% zu. Am besten geht man so vor, daß man auf die Oberfläche des die Tiere enthaltenden Wassers eine kleine Menge starken Alkohols gießt (CARAZZI), nach 6—12—24 Stunden, je nach Art und Größe des Tieres tritt dann völlige Reaktionslosigkeit ein. Diese Methode eignet sich für die meisten Mollusken, nur für die größeren Cephalopoden ist sie nach unseren Erfahrungen ungeeignet, da der Alkohol bei ihnen ein heftiges und langdauerndes Excitationsstadium hervorruft. LANGE bringt die Tiere in ein Glas mit Wasser, dem so viel Chromsäure zugesetzt ist, daß die Flüssigkeit Rheinweinfarbe annimmt. Sobald die Tiere sich ausstrecken, injiziert man ihnen $^1/_4$—$^1/_2$ Pravazspritze 1%iger Cocainlösung. Nach 10—15 Minuten sind sie dann völlig gestreckt.

Ein anderes zur Narkose der Mollusken sich empfehlendes Mittel ist das Chloralhydrat, das man dem Wasser zu 2—3% zusetzt (VOGT und YOUNG). HATSCHEK und CORI benutzen für Helix pomatia zunächst 24 Stunden eine 1‰ige Lösung, dann ebensolange eine 5%ige.

OESTERGREN betäubt marine Mollusken so, daß er über das die Tiere enthaltende Wasser Ätherwasser, eine konzentrierte Lösung von Äther in Seewasser schichtet, und zwar ungefähr halb so viel als Seewasser und darüber eine kleine Menge 95%igen Alkohols. Alle paar Stunden wird vorsichtig umgerührt. Nach 3 Tagen sind die Tiere völlig betäubt.

Etwas rascher kommt man zum Ziel, wenn man nach HOFER dem Wasser 0,5—1% Hydroxylamin zusetzt.

LO BIANCO empfiehlt Zusatz von 1—2% Cocainum hydrochloricum. LIST setzt zur Narkose von marinen Lamellibranchiern dem Seewasser allmählich eine 2%ige Cocainlösung in Seewasser zu, klappt die Schale bei Berührung des Mantelrandes nicht mehr zu, so muß die Narkose unterbrochen werden, da sich sonst die Kiemenblätter voneinander loslösen. Man kann dieses Mittel aber auch bei größeren Gastropoden und Cephalopoden subcutan injizieren (ROBERT). Es genügt dann meist eine Pravazspritze einer 5—10%igen Lösung.

Von anderen subcutan zu verwendenden Narkoticis wird von HEYMANS das Bromäthyl empfohlen (0,3—0,6 *ccm*). Cephalopoden werden dadurch völlig gelähmt, während die Atmung ruhig weiter geht. Großen marinen Prosobranchiern (Tritonium) injiziert SCHOENLEIN eine Pravazspritze einer 4%igen Lösung von Pelletierinum sulfuricum.

Zur Totalfixation kleiner Mollusken finden die auch sonst in der Mikrotechnik benutzten Fixationslösungen Verwendung. Im allgemeinen werden Sublimat und Sublimatgemische bevorzugt, daneben sind auch Pikrinschwefelsäure, Chromsäure (0,5—1%), PERÉNYIsches Gemisch und in neuerer Zeit auch Formol (10%ig, für marine Formen in Seewasser gelöst) empfohlen. LIST empfiehlt für marine Lamellibranchier hauptsächlich Pikrinsalpetersäure und Flemming.

Für den D a r m t r a c t u s eignet sich am meisten Sublimat oder Formol. DE BRUYNE fixiert die Leber von Paludina tage- und wochenlang in HERMANNscher Lösung, MAC MUNN in 20—30%igem Formol. Auch für die Speicheldrüsen der Cephalopoden ist Formol (4—10% in Seewasser) entschieden das beste Fixativ (R. KRAUSE). Nach LANGE ist für die Speicheldrüsen der Gastropoden die ALTMANNsche Osmiumbichromatlösung das beste Fixationsmittel, für die säureausscheidenden Drüsen empfiehlt SAINT-HILAIRE absoluten Alkohol mit Ammoniak, Kaliumbichromat, Essigsäure und Osmiumsäure, für die nicht säureausscheidenden Drüsen reinen absoluten Alkohol, Sublimatessigsäure oder Formalin, PACAUT und VIGIER fixieren die Speicheldrüsen von Helix mit Zenker.

Zur Maceration des Darmepithels behandelt ENGELMANN mit 0,2%iger Osmiumsäure, konzentrierter Borsäure oder Salicylsäure bis zu einer Stunde lang. Um die Absonderungsverhältnisse in den Nieren zu studieren, empfiehlt SCHOPPE Fixation in absolutem Alkohol oder CARNOYschem Gemisch, da sich in allen anderen Fixationsflüssigkeiten die Harnkügelchen lösen. Man kann auch Schnitte von solchem Material färben, wenn man sie für wenige Sekunden in Eisenalaun und Hämatoxylin bringt. RANKIN fixiert das BOJANUSsche Organ durch Injektion von schwacher Osmiumsäure und Weiterbehandlung in Ammoniumbichromat. Zur Maceration eignet sich 2%iges Bichromat. Die Tintendrüse fixiert GIROD entweder in 1%iger Osmiumsäure oder taucht zunächst in eine dünne Lösung von Gummi arabicum und fixiert dann in absolutem Alkohol.

Zur Fixation der Kiemen der Acephalen empfiehlt JANSSENS Injektion von Sublimat-Salpetersäure nach GILSON. Die Darstellung der Bluträume der Kiemen gelingt am besten durch Injektion von einem Kiemengefäß aus. Man injiziert, ohne die Kanüle zu entfernen, hintereinander 0,1%ige Osmiumsäure, destilliertes Wasser, 0,5—0,1%iges Silbernitrat, destilliertes Wasser. Dann legt man in 70%igen Alkohol ein und läßt darin die Reduktion vor sich gehen.

Die Injektion der Blutgefäße erfolgt bei Cephalopoden leicht vom Herzen oder der Aorta cephalica aus, auch bei Lamellibranchiern und Gastropoden bindet man die Kanüle am besten in das Herz ein. Venöse Injektionen erhält man leicht durch Einstich in den Fuß, Einbinden in einen Fühler oder Einstich in den Hauptsinus dicht hinter dem Kopf (Cephalopoden). Man wählt zu diesen Versuchen am besten leicht flüssige Massen und muß sich hüten, dabei die Tiere zu stark zu erwärmen. FLEMMING tötete die zur Injektion bestimmten Muscheln, indem er sie zunächst in einer Kältemischung frieren läßt und dann ½ Stunde in lauwarmem Wasser wieder auftaut.

Blut kann man zur histologischen Untersuchung leicht aus dem Herzen entnehmen. Bei Lamellibranchiern reinigt CATTANEO erst gut die Schale und trocknet sie sorgfältig ab, dann sticht er in der Schloßgegend, ohne die Schale zu öffnen, in das Herz ein, sammelt das austretende Blut und fixiert auf dem Objektträger in 1%igem Palladiumchlorür. GRIESBACH bedient sich zum Einstich einer scharf geschliffenen Hohlsonde. Bei Cephalopoden kann man ein Stück der Aorta abbinden, herausschneiden und in toto fixieren.

Zum Studium der Geschlechtsorgane ist neben FLEMMINGscher Flüssigkeit (LEE für Helix, PLATNER für Limax, POPOFF für Paludina), auch HERMANNsche Flüssigkeit (DE BRUYNE für Paludina, THESING für Cephalopoden), Sublimat (GODLEWSKI für Helix, OBST für Helix und Limax), Sublimateisessig (MEVES für Paludina), empfohlen worden. Reines Sublimat wirkt nach MEVES auf die Zellen des Paludinahodens stark schrumpfend.

Zur Darstellung der peripheren Nervenendigung eignet sich vor allem die Osmiumsäure (FLEMMING) und die Vergoldung (GRIEB für Darmnerven, GABAZZI für die Nervenendigungen im Schließmuskel), aber auch die Methylenblaufärbung ist mit Erfolg verwandt worden (FREIDENFELT färbt die Mantelnerven von Maitra durch Einlegen (mehrere Stunden) des aus der Schale genommenen Tieres in dünne Methylenblaulösung). Bei stark abgemagerten Exemplaren von Mytilus treten nach LIST in allen Nerven Körnchen auf, die sich mit Osmium schwärzen. Er fixiert die narkotisierten Muscheln 24 Stunden in Flemming, löst die Schalen ab, wäscht aus und überträgt in Alkohol möglichst im Sonnenlicht. Es erscheinen dann in dem in Xylol aufgehellten Präparat sämtliche Nerven tief schwarz. RAWITZ fixiert zum Studium der Nervenendigung den Mantel der Acephalen 4—6 Wochen lang in 5%igem Bichromat, KREMBZOW die Haut von Opisthobranchiern in Sublimatessigsäure (2%). Peripheres und centrales Nervensystem lassen sich vor allem bei den durchsichtigen Heteropoden sehr leicht vital färben, indem man dem die Tiere enthaltenden Seewasser Methylenblaulösung zusetzt. Das Centralnervensystem der Mollusken ist schon wiederholt mittelst der Golgimethode untersucht worden, so behandelt SMIDT die Ganglien von Helix 8—10 Tage mit Osmiumbichromat, dann 6 Tage und länger mit Silbernitrat. NABIAS schließt dasselbe Objekt nach der Osmiumbichromatbehandlung zunächst in Celloidin ein und behandelt erst die Schnitte mit Silbernitrat. Zur Fixation der Nervenzellen eignet sich nach MC. CLURE am besten Flemming oder Sublimat, nach CARAZZI (für Cephalopoden) 25—30%iges Formol in Seewasser, nach 24 Stunden rasch abwaschen in 70%igem Alkohol, dann für 24 Stunden in konzentriertes Sublimat und Überführen in 95%igen Alkohol mit Jod. NABIAS fixiert 1 Stunde lang in absolutem Alkohol mit 6% Eisessig oder in 5%igem Sublimat mit 5% Essigsäure. HOLMGREN fixiert die Ganglien von Helix in 5%iger Trichloressigsäure bis höchstens 24 Stunden lang, dann steigender Alkohol. Färbung der Schnitte nach der WEIGERTschen Elastinmethode.

Die Augen der Lamellibranchier fixiert HESSE entweder in Pikrinschwefelsäure oder in konzentriertem Sublimat mit 5% Eisessig oder in 10%igem Formol. Entpigmentieren mit Chromsalpetersäure. Für das Heteropodenauge ist Formol am geeignetsten. Fixiert man in Sublimat und bringt dann in Wasser, so quillt der Glaskörper so stark, daß er die vordere Augenwand sprengt. Man kann dann ohne Schaden für die Netzhaut die Linse entfernen. Die Netzhaut der Cephalopoden fixiert sich am besten in Sublimateisessig oder Formol. Für letzteren Zweck empfiehlt GRENACHER Pikrinschwefelsäure oder konzentrierte Lösung von Sublimat in Pikrinschwefelsäure, MERTON ZENKERsche Flüssigkeit. v. LENHOSSÉK und KOPSCH behandeln die Netzhaut der Cephalopoden nach GOLGI, letzterer indem er die Osmiumsäure durch Formol ersetzt. (Näheres s. Golgimethode.) FLEMMING fixiert den Augenfühler von Gastropoden in 4%igem Bichromat, worin er sich wieder umstülpt, CARRIÈRE das gleiche Objekt in Osmiumdämpfen, BÄCKER in Pérenji für das Stützgewebe, für die nervösen Elemente in einem Gemisch von 4 Teilen Formol und 1 Teil 3%igen Kaliumbichromats oder in Sublimat.

Um das Epithel der Statocysten bei den Cephalopoden gut zu erhalten, müssen die Organe geöffnet werden. Als Fixationsmittel empfiehlt HAMLYN-HARRIS Sublimatessigsäure und Bichromatessigsäure.

Embryologisches. Die Eier der Mollusken werden bei den Wasserbewohnern in den meisten Fällen in Form eines Laiches in einer Gallertmasse eingeschlossen abgelegt, so bei den meisten Gastropoden (Süßwasserpulmonaten, Opisthobranchier, Pteropoden und Heteropoden); bei den Landpulmonaten kommt es schon zu einer diese Gallertmasse umhüllenden festen Membran und bei den Prosobranchiern und noch mehr bei den Cephalopoden werden die Eier von einer festen, oft hornartigen Kapsel eingeschlossen. Die primitivsten Formen zeigen die Eier der Lamellibranchier, die nur von einer mehr oder weniger zarten Dotterhaut umgeben sind. Vivipar sind zahlreiche Formen, so die Süßwasserlamellibranchier, unter den Gastropoden Paludina, manche Helix- und Crepidulaarten.

Nur die hartschaligen Eier der Cephalopoden müssen vor der Fixation aus ihrer Schale entfernt werden, die übrigen können in ihrer Gallerte fixiert, eventuell in der Fixationsflüssigkeit zerzupft werden. Zur Isolation der fixierten Eier aus der Gallerte läßt man sie am besten einige Tage in Drittelalkohol liegen, man kann dann die Gallerte leicht entfernen. Ältere Embryonen wird man häufig vor der Fixation durch 2%iges Cocain oder Chloralhydrat lähmen oder mit heißer Fixationslösung übergießen müssen, da sie sonst zu formlosen Klümpchen sich zusammenziehen.

Lamellibranchier. MEISENHEIMER fixiert Furchungsstadien von Dreissenia in Sublimat oder Pikrinschwefelsäure, ältere Stadien in HERMANNscher oder ZENKERscher Flüssigkeit. Sobald die Larve einmal die Schale entwickelt hat, muß sie vor der Fixation durch vorsichtigen Zusatz von Cocain gelähmt werden. LILLIE fixiert die Eier von Unio in Perénji, ältere Stadien in Sublimat, Larven in

0,1%iger Osmiumsäure. Stauffacher fixiert Embryonen von *Cyclas* in Sublimat, Kostanecki Eier von Mactra in Perénji.

Gasteropoden. Conklin fixiert die Eier von Crepidula 15—30 Minuten in Pikrinschwefelsäure und überträgt dann in 70%igen Alkohol. Kostanecki und Wierzejski fixieren die Eier von *Physa* entweder in 2%iger Salpetersäure oder in einer Mischung von zwei Teilen konzentrierten wässerigen Sublimats und 1 Teil 3%iger Salpetersäure. Erstere fixiert besser das Plasma, letztere die Kerne. Kofoid entfernt bei den Eiern von *Limax* zunächst in physiologischer Kochsalzlösung die Hüllen und das Eiweiß und fixiert dann in Flemmingscher Flüssigkeit. Schmidt fixiert dasselbe Objekt in gleicher Weise in Sublimat. Byrnes fixiert dasselbe Objekt zunächst in konzentriertem Sublimat mit 5% Eisessig so lange, bis die Eier vollkommen weiß sind, bringt sie dann in Wasser, in welchem die Hüllen entfernt werden und legt sie noch für 15 Minuten in schwache Flemmingsche Flüssigkeit. Meisenheimer (1896) fixiert Embryonen von *Limax* in Pikrinschwefelsäure oder konzentriertem Sublimat. Um ältere Embryonen gut ausgestreckt zu erhalten, übergießt er sie mit der heißen Fixationslösung. Um ganz junge Stadien von *Limax* zu erhalten, schneidet Washburn ein trächtiges Tier auf, bringt es für 1 Minute in kochendes Sublimat, dann holt er in Wasser die Eier heraus, entfernt die Hülle in demselben und überträgt in steigenden Alkohol. Für *Helix* empfiehlt Henneguy Pikrinsalpetersäure. Das koagulierte Eiweiß wird mit Nadeln vorsichtig entfernt. Henchman entfernt bei demselben Objekt zunächst die äußere Hülle, legt in 0,3%ige Chromsäure und entfernt darin das Eiweiß. Man kann auch den Embryo erst vollständig freimachen und in Perénjis Gemisch fixieren. v. Erlanger fixiert die Embryonen von *Planorbis* und *Limnaeus* in Flemmingscher Flüssigkeit oder in Pikrinschwefelsäure mit Zusatz von etwas Osmiumsäure oder in konzentriertem wässerigen Sublimat mit Zusatz von $^1/_4$ Vol. Eisessig und $^1/_4$ Vol. Glycerin. Holmes befreit die Eier von *Planorbis* von den Kapseln und bringt sie im Sonnenlicht in 0,75%ige Höllensteinlösung. Man beobachtet unter dem Mikroskop und bringt die Eier, sobald die Zellgrenzen deutlich werden, für wenige Sekunden in Wasser, dem einige Tropfen einer 0,2%igen Lösung von unterschwefligsaurem Natron zugesetzt sind, dann wenige Minuten in konzentrierte wässerige Pikrinsäure, dann durch Alkohol in Balsam. Poetzsch fixiert dasselbe Objekt nach Eröffnung der Kapsel und Abspülen mit physiologischer Kochsalzlösung in Zenker oder Hermann. Bloch befreit die aus dem Uterus entnommenen Eier von *Paludina* durch Anstechen von ihrer Hülle, spült sie zur Entfernung des Eiweißes in Kochsalzlösung ab und fixiert in Pikrinsalpetersäure; Tönniges empfiehlt für dasselbe Objekt Pikrinschwefelsäure, der man für ältere Stadien etwas Osmiumsäure zusetzt. Georgewitsch fixiert die Eischnüre von *Aplysia* in Sublimatsalpetersäure nach Gilson und bewahrt in 90%igem Alkohol auf. Will man die Eier isolieren, so überträgt man sie in dünnen (35%igen) Alkohol, in dem sie mit Nadeln leicht herausgeholt werden können. Am instruktivsten sind Totalpräparate nach Färbung in Boraxcarmin. Mazzarelli fixiert das gleiche Objekt in toto $^1/_2$ Stunde und länger in Pikrinschwefelsäure, eventuell mit geringem Osmiumzusatz, wäscht in Wasser aus und isoliert dann die Embryonen in dünnem Alkohol: Bochenek fixiert in Perénji, Carazzi erhielt damit keine guten Resultate, er fixiert in 5%igem Sublimat mit $2^1/_2$% Eisessig oder in Pikrinsublimatessigsäure.

Cephalopoden. Korschelt fixiert Cephalopodeneier hauptsächlich in 0,1%iger Chromsäure und überträgt dann in Pikrinsäure. Ussow benutzt 2%ige Chromsäure, läßt die Eier 2 Minuten darin und öffnet sie dann in schwachem Essigwasser. Watase fixiert in gleichen Teilen einer 0,05%igen Osmiumsäure und 0,2%iger Essigsäure oder in Perénji. Wenn das Blastoderm undurchsichtig ist, wird es losgelöst und in Glycerin übertragen. Vialleton fixiert die Eier von *Sepia* in Pikrinschwefelsäure oder Flemmingschem Gemisch. Das letztere wird neben Sublimat auch von Rottmann empfohlen. Faussek zerzupft die

Eigallerte von Loligo möglichst gut und bringt sie in Pikrinschwefelsäure, dann Alkohol, 24 Stunden Färben in Hämalaun und Übertragen in 1%ige Alaunlösung, in der sich die Eier leicht ausschälen lassen. Der Dotter der Cephalopodeneier bröckelt beim Schneiden sehr leicht, man muß deshalb vor jedem Schnitt den Block mit Mastixkollodium bestreichen.

Literatur: Bäker (Arb. Zool. Inst. Wien, Bd. 14, 1903), Bloch (Jena. Zeitschr. Nat., Bd. 30, 1896), de Bruyne (Bull. Ac. Sc. Belgique, Bd. 30, 1895), Byrnes (Journ. of Morph., Bd. 16, 1900), Carazzi (Mitt. Zool. Stat. Neapel, Bd. 12, 1896), derselbe (Anat. Anz., Bd. 17, 1900), derselbe (zit. Lee und Mayer, Grundzüge), Carrière (Zool. Anz., 9. Jg., 1886), Cattaneo (Boll. Scientif. Pavia, 11. Jg., 1889), Conklin (Journ. of Morph., Bd. 13, 1897), Engelmann (Arch. Ges. Physiol., Bd. 23, 1880), v. Erlanger (Arch. de Biol., Bd. 14, 1895), Faussek (Mitt. Zool. Stat. Neapel, Bd. 14, 1900), Flemming (Arch. Mikr. Anat., Bd. 6 u. 15, 1870 u. 1878), Freidenfeld (Zool. Jhb., Bd. 9, 1896), Garazzi (Arch. Ital. Biol., Bd. 10, 1888), Georgiewitsch (Anat. Anz., Bd. 18, 1900), Girod (Arch. de Zool. Exp., Bd. 10, 1882), Godlewski (Anz. Akad. Wiss., Krakau 1897), Grenacher (Abh. Nat. Ges. Halle, Bd. 16, 1886), Grieb (Mem. Soc. Ital. Sc., Bd. 6, 1887), Griesbach (Zeitschr. Wiss. Mikr., Bd. 7, 1870), Hamlyn-Harris (Zool. Jhb., Bd. 18, 1903), Hatschek und Cori (Elementarkurs der Zootomie, Jena 1896), Henchman (Bull. Mus. Comp. Zool. Harvard, Bd. 20, 1890), Hesse (Zeitschr. Wiss. Zool., Bd. 68, 1900), Heymans (Bull. Ac. Sc. Belgique, Bd. 32, 1896), Holmes (Journ. of Morph., Bd. 16, 1900), Holmgren (Anat. Hefte, H. 59, 1901), Janssens (Cellule, Bd. 19, 1892), Kofoid (Bull. Mus. Comp. Zool. Harvard, Bd. 27, 1895), Kopsch (Anat. Anz., Bd. 11, 1895), Korschelt (Festschr. Leuckart, 1892), v. Kostanecki und Wierzejski (Arch. Mikr. Anat., Bd. 47, 1896), v. Kostanecki (Ebenda, Bd. 64, 1904), Krause (Sitzungsber. Akad. Wiss., Berlin 1897), Krembzow (Arch. Mikr. Anat., Bd. 59, 1901), Lange (Anat. Hefte, H. 61, 1902), Lee (Cellule, Bd. 11, 1895), v. Lenhossék (Zeitschr. Wiss. Zool., Bd. 58, 1894), Lillie (Journ. of Morph., Bd. 13, 1897), List (Fauna Flora Golf Neapel, Bd. 27, 1902), lo Bianco (Mitt. Zool. Stat. Neapel, Bd. 9, 1890), Mac Clure (Zool. Jhb., Bd. 11, 1897), Mac Munn (Phil. Trans., Bd. 193, 1900), Mazzarelli (Mem. Soc. Ital. Sc., Bd. 9, 1893), Meisenheimer (Zeitschr. Wiss. Zool., Bd. 62 u. 69, 1896 u. 1901), Merton (Ebenda, Bd. 79, 1905), Meves (Arch. Mikr. Anat., Bd. 56, 1900), Nabias (Rech. hist. et org. des centres nerv. des Gastéropodes, Bordeaux 1894), Obst (Zeitschr. Wiss. Zool., Bd. 66, 1897), Oestergren (Zeitschr. Wiss. Mikr., Bd. 19, 1902), Pacaut et Vigier (Arch. d'Anat. Micr., Bd. 8, 1906), Platner (Arch. Mikr. Anat., Bd. 33, 1889), Poetzsch (Zool. Jhb., Bd. 20, 1904), Popoff (Arch. Mikr. Anat., Bd. 70, 1907), Rankin (Jena. Zeitschr. Nat., Bd. 24, 1890), Rawitz (Ebenda, Bd. 20, 1887), Robert (Bull. Scientif. France Belgique, Bd 22, 1890), Rottmann (Zeitschr. Wiss. Zool., Bd. 70, 1901), Saint-Hilaire (Trav. Soc. Nat. St. Pétersbourg, Bd. 33, 1903), Schmidt (Entwicklungsgesch. d. Pulmonaten, Dorpat. 1891), Schönlein (Zeitschr. Biol., Bd. 30, 1893), Schöppe (Anat. Hefte, H. 23, 1897), Smidt (Arch. Mikr. Anat., Bd. 55, 1900), Stauffacher (Jena. Zeitschr. Nat., Bd. 28, 1893), Thesing (Zeitschr. Wiss. Zool., Bd. 76, 1904), Tönniges (Ebenda, Bd. 61, 1896), Ussow (Arch. de Biol., Bd. 2, 1881), Vialleton (Ann. Sc. Nat., Bd. 6, 1887), Washburn (Amer. Nat., Bd. 18, 1894), Watasé (Journ. of Morph., Bd. 4, 1891).

Molluskoideen. Um Bryozoen in gut entfaltetem Zustand konservieren zu können, empfiehlt es sich, die Tiere zunächst zu narkotisieren. Hierzu eignet sich vor allem eine 10%ige Lösung von Chloralhydrat, in die man die Kolonien für wenige Minuten überträgt (Verworn). Außerdem ist empfohlen worden Cocain (Conser, Richard, Ladewig), in 1%iger Lösung in kleinen Mengen dem die Tiere enthaltenden Wasser zugesetzt (man muß dabei sorgfältig jede Erschütterung vermeiden); Cori setzt dem Wasser nach und nach kleine Mengen des folgenden Gemisches zu: absoluter Methylalkohol 1 Teil, physiologische Kochsalzlösung 9 Teile und einen oder mehrere Tropfen Chloroform. Man fährt mit dem Zusatz so lange fort, bis die Tiere nicht mehr reagieren. Nach seiner Erfahrung wirkt Chloralhydrat zu stark macerierend.

Von Fixationsmitteln sind empfohlen worden vor allem das Sublimat von Braem, Verworn, Davenport (Fixationsdauer 10—15 Minuten), Sublimatessigsäure von Seeliger (konzentriert in Seewasser mit 2% Säure), es ist nach Ladewig das beste Fixationsmittel für Bryozoen. Ehlers fixiert Pedicellinen in Osmiumdämpfen und überträgt in steigenden Alkohol. Stiasny empfiehlt für das gleiche Objekt vor allem Flemmingsche Flüssigkeit, Cori für Cristatella Flemmingsche Flüssigkeit, die nur $^1/_{1000}$% Osmiumsäure enthält, oder Platinchloridpikrinsäure. Calvet empfiehlt eine Mischung von 100 Teilen 0,3%iger Chromsäure und 1 Teil 3%iger Salzsäure. Bei Formen mit verkalkter Ectocyste empfiehlt Davenport Fixation in Pikrinsalpetersäure, die man mit gleichen Teilen Meerwasser verdünnt. Für Brachiopoden eignet sich nach BLOCHMANNs Untersuchung am besten Fixation in Sublimat mit nachfolgender Entkalkung in 1%iger Chromsäure, in Chromsalpetersäure oder in alkoholischer Salpetersäure.

Embryologisches. YATSU fixiert die Eier von Lingula bis zur Blastula mit schwachem Flemming, später mit dem VOM RATHschen Pikrin-Sublimat-Essigsäuregemisch.

Literatur: BLOCHMANN (Unters. über den feineren Bau der Brachiopoden, Jena 1892), BRAEM (Bibl. Zool., H. 6, 1890), CALVET (Contr. Hist. Nat. Brojoz. Ectop. Mar., Montpellier 1900), CONSER (Trans. Amer. Micr. Soc., Bd. 17, 1896), DAVENPORT (Bull. Mus. Comp. Zool. Harvard, Bd. 22, 1891), EHLERS (Mitt. Ges. Wiss. Göttingen, Bd. 26, 1890), LADEWIG (Zeitschr. Wiss. Zool., Bd. 67, 1900). RICHARD (Zool. Anz., 8. Jg., 1895). SEELIGER (Zeitschr. Wiss. Zool., Bd. 49, 1889), STIASNY (Arb. Zool. Inst. Wien, Bd. 15, 1904). VERWORN (Zeitschr. Wiss. Zool., Bd. 46, 1897), YATSU (Journ. Coll. Sc. Univ. Tokyo. Bd. 17, 1902).

Molybdänsäureanhydrid, MoO_3, weißes, in Wasser und Säuren schwer lösliches Pulver. In Alkalien löst es sich leicht unter Bildung von Alkalimolybdaten. Setzt man zu der konzentrierten wässerigen Lösung eines solchen Salzes Salzsäure, so scheidet sich Molybdänsäure (H_2MoO_4) aus, die im Überschuß der Säure sich wieder löst. Fügt man zu einer salpetersäurehaltigen Lösung eines Molybdats Eisen- oder Zinnchlorürlösung, so färbt sich die Lösung unter Bildung niedrigerer Oxydationsstufen erst blau, dann grün und schließlich braun.

Die Eigenschaft des Molybdäns, mit Hämatoxylin blauschwarz gefärbte Lacke zu bilden, hat in der Mikrotechnik vielfach Verwendung gefunden. Gewöhnlich benutzt man für diesen Zweck die Molybdate oder die leicht lösliche Phosphormolybdänsäure, nur KODIS operiert mit Molybdänsäureanhydrid.

α-Monobromnaphthalin, farblose, stark lichtbrechende, am Licht sich färbende Flüssigkeit. Spez. Gew. bei 12° = 1,503. In Wasser unlöslich, mischt sich mit Alkohol, Äther, Benzol, löst Naphthalin, Dibromnaphthalin, Jod, Quecksilberjodid, Öle, Fette, Lack usw.

Monobromnaphthalin hat einen hohen Brechungsindex (1,661—1,662) und hat als Untersuchungsmedium Verwendung gefunden. Nach FLESCH sind die Präparate, die umrandet werden müssen, anfangs scharf, später weniger scharf. Bei einer Art homogener Immersionssysteme, die von ABBE berechnet und von ZEISS ausgeführt sind, wurde als Immersionsflüssigkeit Monobromnaphthalin angewandt (vgl. die Mitteilungen von VAN HEURCK und von CZAPSKI). Ferner hat Monobromnaphthalin bei der Untersuchung von Kieselablagerungen im Pflanzenkörper Verwendung gefunden (KÜSTER).

Literatur: CZAPSKI (Zeitschr. Wiss. Mikr., Bd. 6, 1889), FLESCH (Zool. Anz., 5. Jg., 1882), VAN HEURCK (Bull. Sc. Belge Micr., Bd. 15, 1889), KÜSTER (Ber. Deutsch. Bot. Ges., Bd. 15, 1897). *Mosse*, Berlin.

Moose siehe: Centrosomen in Pflanzen und Plasmaverbindungen pflanzlicher Zellen.

Morphin siehe: Alkaloide, pflanzliche.

Morphium vgl. Artikel: Narkose.

Motorische Endplatten siehe: Muskelfaser, quergestreifte.

Muchämatein siehe: Hämatein.

Mucicarmin siehe: Carmin.

Mucicarminsäure siehe: Carminsäure.

Mucin siehe: Schleimfärbung.

Mucorineen siehe: Pilze.

Müllersche Flüssigkeit siehe: Chromsaure Salze.

Muskelfaser, quergestreifte. Zur Untersuchung lebender Muskelfasern kann man einmal kleine, lebende, durchsichtige Tiere unter das Deckglas bringen. Ein in dieser Hinsicht besonders beliebtes Objekt ist die im Wasser lebende Larve von Corethra plumicornis, einer Diptere aus der Familie der Culiciformes (ROLLETT (91), WAGENER). Das Tier ist so durchsichtig und die Muskelfasern liegen so isoliert, daß man den Contractionsvorgang bequem unter dem

Mikroskop beobachten kann. Um das Tier festzulegen, bringt man es in einen Tropfen erwärmter Gelatine (JENSEN) oder in eine Pflanzengallerte, am besten Alga Carraghen. (Näheres s. Protozoen.) Ein anderes sehr geeignetes Objekt bildet die in unseren Binnenseen häufig vorkommende Cladocere Leptodora hyalina. Des weiteren kann man dann dünne durchsichtige Muskeln, die man mit ihrem Ursprung und ihrer Ansatzstelle im Zusammenhange läßt, zur Untersuchung verwenden. Das klassische Objekt in dieser Beziehung bildet der sogenannte Brusthautmuskel, M. cutaneus pectoris des Frosches. Man präpariert den Muskel am besten so, daß man dem narkotisierten, in Rückenlage fixierten Tier die Bauchhaut in der Mittellinie von der Symphyse bis zum Unterschenkel spaltet. Senkrecht zu diesem Medianschnitt läuft ein zweiter Scherenschnitt ungefähr in der Höhe der Clavicula bis in die Nähe des Kieferrandes und von seinem lateralen Ende ein dritter Schnitt, parallel zum ersten, caudalwärts bis über das Sternum hinaus, etwas median von der Axillarlinie. Faßt man den so gebildeten Hautlappen mit der Pinzette, so spannt sich der Muskel und kann nun bis zu seinem Ursprung bis zur ventralen Rectusscheide lospräpariert werden. Am besten schneidet man noch ein Stück des Rectus abdominis selbst mit heraus und läßt die Ansatzstelle mit einem kleinen Hautlappen in Verbindung. Der Muskel wird dann auf eine Wachsplatte gebracht, Ansatz- und Ursprungsstelle durch Nadeln oder Igelstacheln unter vorsichtiger Dehnung des Muskels fixiert und dann von der Unterseite der Wachsplatte her ein entsprechend großes Fenster ausgeschnitten. Man lege die Platte mit der Unterseite auf einen Objektträger, schmelze sie mittelst eines heißen Drahtes fest und fülle die so gebildete von dem Muskel bedeckte kleine Kammer mit physiologischer Kochsalzlösung, RINGERscher oder LOCKEscher Flüssigkeit. Wird nun der Muskel mit einem Deckglas bedeckt, so kann man ihn lange Zeit unter dem Mikroskop beobachten. Bei der Präparation achte man darauf, von dem den Muskel versorgenden Nerven ein längeres Stück zu erhalten. Derselbe, ein Ast des N. pectoralis communis, tritt von lateralwärtsher zur Dorsalfläche des Muskels, und zwar in der Nähe der Hautinsertion. Ein anderes für die Lebenduntersuchung des Muskels vorzügliches Objekt bilden jene platten dünnen Muskelchen der Schlangen, welche von den Querfortsätzen der Wirbel entspringen und in schrägem Verlauf zur Haut ziehen. Man bekommt sie leicht zu Gesicht, wenn man einer durch Äther narkotisierten oder geköpften in Bauchlage fixierten Ringelnatter die Haut in der Mittellinie des Rückens spaltet, sie etwas seitlich abpräpariert und dann straff lateral abzieht. Dann spannt sich die ganze Kette dieser Muskeln und man kann leicht ein ähnliches Präparat wie beim Brusthautmuskel des Frosches erhalten. Von ENGELMANN (78) ist als besonders für Lebenduntersuchungen geeignetes Objekt die Muskulatur des Fliegendarms empfohlen worden. Schließlich kann man aber auch durch rasches Zerzupfen isolierte Muskelfasern noch recht gut zur Lebenduntersuchung benutzen. Am besten eignen sich für diesen Zweck die Muskeln der Arthropoden. HÜRTHLE verfährt so, daß er einen Wasserkäfer (Hydrophilus piceus) dekapitiert, das Abdomen beseitigt und von den nun bloßliegenden Streckern der Hinterbeine ein schmales Streifchen mit der Schere ausschneidet, auf dem Objektträger ohne jede Zusatzflüssigkeit rasch zerzupft und mit dem Deckglas bedeckt. Allerdings wird man dabei oft eine ganze Anzahl von Tieren opfern müssen, um gute Contractionswellen beobachten zu können.

Für die Vitalfärbung der Muskeln eignen sich die oben beschriebenen Präparate von Frosch- resp. Schlangenmuskeln ganz vorzüglich. Man führt beim narkotisierten Frosch eine Kanüle in die Vena abdominalis ein, injiziert die betreffende Farbstofflösung und untersucht nach 10—15 Minuten den Brusthautmuskel oder man stellt sich in der oben besprochenen Weise ein Präparat dieses Muskels her und verwendet als Zusatzflüssigkeit den betreffenden Farbstoff gelöst in einem indifferenten Medium. Die besten Resultate für die Vitalfärbung hat uns immer das Methylenblau geliefert, zu $^1/_2$% in RINGERscher Flüssigkeit gelöst. Es färben sich damit die interstitiellen Körner in ganz ausgezeichneter Weise, doch darf man nicht zu wenig Lösung injizieren. ARNOLD empfiehlt neben dem Methylenblau noch das Neutralrot (01) und das indigschwefelsaure Natron (75 und 78).

Die Untersuchung des Längsbildes der frischen, überlebenden quergestreiften Muskelfaser bietet keine nennenswerten Schwierigkeiten, ein Stückchen des zu untersuchenden Muskels wird rasch auf einen sorgfältig gereinigten Objektträger mittelst zweier Nadeln zerzupft, mit dem Deckglas bedeckt und mit KRÖNIGschem Lack umrandet. Man vermeide Zusatzflüssigkeiten, sie sind unnötig und können nur schaden. Ebenso einfach erhält man das Querschnittsbild. Ein durch Scherenschnitt gewonnenes Streifchen eines möglichst parallelfaserigen Muskels wird auf dem Objektträger mit scharfem Rasiermesser rasch, aber gründlich senkrecht zur Längsrichtung der Fasern zerhackt, mit dem Deckglas bedeckt und umrandet. Man wird dann an vielen Stellen die schönsten Querschnittsbilder mit COHNHEIMschen Feldern und interstitiellen Körnern erhalten. Außerordentlich reich an letzteren ist beim Frosch der Rectus abdominis, bei Hund und Katze der Sternocleidomastoideus. Die sarcoplasmareichsten Fasern liefern überall die Augenmuskeln. Die COHNHEIMschen Felder grenzen sich im allgemeinen um so schärfer ab, je geringer der Gehalt der Faser an interstitiellen Körnern ist.

Natürlich bilden solche frische Präparate und vor allem das Hackpräparat vorzügliche Objekte um den Einfluß der verschiedensten Reagenzien auf die Muskelfaser zu untersuchen. So macht destilliertes Wasser die interstitiellen Körner vollkommen verquellen, ähnlich wirkt starke Essigsäure und Natronlauge. Auch Supravitalfärbungen lassen sich an solchen Präparaten mit großem Erfolg ausführen. Von den zahlreichen Farbstoffen, die von uns daraufhin untersucht wurden, erwies sich fast ausschließlich das Kresylechtviolett RB brauchbar. Man verwende es in ganz dünner wässeriger Lösung und erhält dann eine ganz vorzügliche metachromatische Färbung. Aus dem lichtblau gefärbten Faserquerschnitt heben sich außerordentlich scharf die tiefblau gefärbten interstitiellen Körner und die rot gefärbten Kerne ab. Die die Muskelsäulchen umrahmenden Sarcoplasmabälkchen färben sich mattrot oder mattblau. Das sonst so vortreffliche Neutralrot erwies sich für den vorliegenden Zweck ganz ungeeignet.

Eine außerordentlich große Bedeutung für das Studium der Muskelfaser hat die Gefriermethodik, denn sie liefert diejenigen Querschnittbilder, welche dem frischen Präparat weitaus am nächsten kommen. Kein Geringerer als ROLLETT hat sie in seinen klassischen Untersuchungen immer und immer wieder empfohlen und das absprechende Urteil, das KNOLL über sie gefällt, kann nur auf ganz mangelhafter Technik beruhen. Wichtig ist, daß die Kälte möglichst rasch und intensiv auf das Präparat einwirkt, deshalb empfehlen sich Kohlensäureapparate mehr als der Ätherspray. Man soll die Schnitte am besten auf dem gut gereinigten, trockenen Objektträger auftauen lassen und zunächst ohne jede Zusatzflüssigkeit untersuchen. Zwei Mängel haften allerdings der Gefriermethode an, die recht unangenehm in die Wagschale fallen. Einmal entstehen sehr oft durch den Gefrierprozeß unregelmäßige Hohlräume im Innern der Muskelfasern. Sie fallen um so größer aus, je größer der Faserquerschnitt ist und je langsamer die Kälte einwirkt, deshalb sind sie im Innern des gefrorenen Muskels immer größer als in den Randpartien. Ob es sich hier um Auffrieren präexistenter Vacuolen handelt, wie sie von ROTH und SCHAFFER beobachtet worden sind, mag dahingestellt sein. Ein weiterer Übelstand liegt darin, daß man von frischen Muskeln keine brauchbaren Längsschnitte mittelst des Gefriermikrotoms erhalten kann, denn die gefrorene Faser behält auf lange Zeit hinaus ihre Contractilität und der Schnitt zieht sich deshalb beim Auftauen immer bis zur Unkenntlichkeit zusammen. Es bleibt in solchem Falle eben nichts anderes übrig, als den Eintritt der Starre abzuwarten und dann erst zu frieren und zu schneiden.

Über die für den Bau der Muskelfaser so überaus wichtige Untersuchung im polarisierten Licht vgl. man den Artikel Polarisationsmikroskop.

Zur Maceration und Isolierung der Muskelfasern werden Kalilauge, Salpetersäure und Kaliumchlorat, Gerbsäure, schweflige Säure und Holzessig empfohlen. Ganz vortreffliches leistet in dieser Beziehung die SANDMANNsche Methode mit schwefliger Säure. Zahlreiche Macerationsmethoden sind ferner empfohlen worden, um die Muskelfaser in ihre Fibrillen zu zerlegen, doch sind die mit diesen Methoden erhaltenen Fibrillen in den meisten Fällen nichts anderes als die Muskelsäulchen. Es wird für diesen Zweck empfohlen Maceration in Wasser, Säuren (Salpetersäure, Königswasser, Borsäure, Salicylsäure), Ammoniumbichromat, starken Salzlösungen (Natriumchlorid, Kaliumchlorid, Natriumsulfat), Osmium-Essigsäure u. a. m. Die Details dieser Methoden findet man in dem Artikel Macerationsmethoden.

Um den Scheibenzerfall der Muskelfasern zu demonstrieren, empfiehlt ROLLETT vor allem die verschiedenen Aphodiusarten, außerdem Hydrocharis caraboides, Scarabaeus laticollis, Opatrum subulosum u. a. Man wirft die Tiere einfach ohne sie irgend wie zu öffnen in 93%igen Alkohol und untersucht die Muskeln nach zwei- bis mehrtägigem Verweilen in demselben in verdünntem Glycerin. Mit dieser, zuerst von BOWMAN beobachteten Art des Scheibenzerfalls, bei der die Trennung immer innerhalb der isotropen Substanz erfolgt, darf jener Zerfall nicht verwechselt werden, den die Muskelfaser durch die Einwirkung verdünnter Säuren erleidet. In ihnen quellen die einzelnen Abschnitte der Muskelfibrillen ungleichmäßig, und zwar am stärksten die Querscheibe, die sich dann bei intensiverer Säurewirkung spaltet, so daß die Faser ebenfalls in Scheiben zerfällt.

Die Einwirkung unserer gebräuchlichen Fixationsmittel auf die quergestreifte Muskelfaser ist schon oft Gegenstand spezieller Untersuchungen gewesen (KNOLL, SCHAFFER, HAUCK u. a. m.). Wir selbst haben über diesen Gegenstand ausgedehnte Untersuchungen angestellt, und zwar so, daß wir die betreffenden Lösungen direkt auf das frische Hackpräparat einwirken ließen. Es zeigte sich dabei, daß Fixationsmittel, die für andere Zwecke vorzügliches leisten, für die Fixation der Muskelfasern ganz untauglich sind. Dasjenige Mittel, welches die naturgetreuesten Bilder liefert, ist das Platinchlorid in 1%iger wässeriger Lösung, ihm kommt am nächsten das Formalin in 10%iger wässeriger Lösung. Beide Mittel erhalten die interstitiellen Körner und das Sarcoplasma und lassen die contractile Substanz nicht schrumpfen, das Platinchlorid allerdings in viel höherem Grade als das Formalin. Eine ganz beträchtliche Schrumpfung der Muskelsäulchen bewirken absoluter Alkohol, Chromsäure, Sublimat, FLEMMINGsche und HERMANNsche Flüssigkeit, durch diese schrumpfende Wirkung wird der Faserquerschnitt zerklüftet, es entstehen künstliche und grobe Felderungen, die dem frischen Faserquerschnitt vollkommen fehlen. Eine Verquellung des Sarcoplasmas bewirken vor allem die Chromsalze und die Pikrinsäure, die unseres Erachtens für die Muskelfaser die ungeeignetsten Fixationsmittel darstellen. Eine solche Verquellung des Sarcoplasmas zeigt sich auch bei der FLEMMINGschen und HERMANNschen Flüssigkeit und ist hier ohne Zweifel auf Rechnung der den übrigen Komponenten vorauseilenden Essigsäure zu setzen. Das gleiche gilt auch für die ZENKERsche Flüssigkeit. Osmiumsäure in 1%iger wässeriger Lösung wirkt auf die contractile Substanz nicht schrumpfend, auch die interstitiellen Körner werden einigermaßen gut erhalten, doch scheint auch sie das Sarcoplasma etwas aufquellen zu machen, denn die deutliche Netzzeichnung der frischen Querschnittsbilder verschwindet unter ihrer Einwirkung mehr und mehr.

Bei der Beurteilung derjenigen Bilder, welche fixierte und eingebettete Muskelfasern liefern, spielt natürlich neben dem Fixationsmittel die Nachbehandlung eine große Rolle. Im allgemeinen dürfte sich die Celloidineinbettung mehr empfehlen als die Paraffineinbettung, die erhebliche Schrumpfung der Fasern fast unvermeidlich in sich schließt.

Was nun die einzelnen Komponenten der quergestreiften Muskelfaser anlangt, so läßt sich die in Fibrillen resp. Säulchen angeordnete contractile Substanz sowohl im frischen als im fixierten Präparat untersuchen. Vorzügliche Bilder erhält man von Muskeln, die in 10%igem Formalin oder 1%igem Platinchlorid fixiert und dann auf dem Gefriermikrotom geschnitten wurden. Zur Färbung eignet sich die oben erwähnte dünne Lösung von Kresylechtviolett oder die HEIDENHAINsche Eisenhämatoxylinmethode. Sehr gute Bilder ergibt auch die Versilberung der in Formalin fixierten Muskeln nach der BIELSCHOWSKYschen Methode (s. Neurofibrillen), auch hier empfehlen sich Gefrierschnitte. Die färberische Differenzierung der contractilen Substanz in Paraffin- und Celloidinschnitten kann mit den verschiedensten Methoden erfolgen. Hervorragendes leisten die von M. HEIDENHAIN ausgearbeiteten regressiven Neutralfärbungen (vgl. Neutralfärbungen, regressive), ferner die Eisenalaun-Hämatoxylinmethode, die EHRLICH-BIONDIsche Dreifachfärbung u. a. m.

Sarcoplasma und interstitielle Körner werden, abgesehen von der Untersuchung im Hackpräparat, am besten am Gefrierschnitt vom lebend frischen Muskel studiert. Die Schnitte werden entweder in Kresylechtviolett oder in einer frischen Hämalaunlösung gefärbt, die man sich so herstellt, daß man zu 10 *ccm* einer 3—5%igen Kalialaunlösung 3—5 Tropfen einer 1%igen Lösung von Hämatein in Glycerin gibt. Diese letztere Methode gibt die schärfste, uns bekannte Färbung des Sarcoplasmas, die Muskelsäulchen bleiben fast vollkommen farblos. Man kann die Schnitte entweder in Lävulose konservieren oder vorsichtig in Alkohol entwässern und durch Xylol in Balsam einschließen. Die Methode liefert gleichzeitig eine sehr scharfe Färbung der Kerne und der markhaltigen Nervenfasern. Sie ist der von ROLLETT und anderen geübten Untersuchung von Schnitten getrockneter Muskeln bei weitem vorzuziehen. Die sarcoplasmareichsten Fasern findet man bei Säugetieren in den Augenmuskeln. Hingewiesen sei hier auch kurz auf die von ROLLETT (88) zuerst beschriebenen Flossenmuskeln des Seepferdchens, die sich in ganz ähnlicher Ausbildung bei allen Lophobranchiern finden. Auch für sie liefert die Gefriermethode mit nachfolgender Hämalaunfärbung vorzügliche Bilder.

Zur Demonstration des Sarcolemmas setzt man den in 0,7%iger Kochsalzlösung zerzupften Muskelfasern reichlich destilliertes Wasser zu. Es hebt sich dann das Sarcolemma nach Abreißen der feinen in ihm wurzelnden Sarcoplasmabälkchen an manchen Stellen ganz gut ab. Noch bessere Resultate erhält man nach SOLGER, wenn man die Muskelstückchen vor dem Zerzupfen einige Minuten in eine kalt gesättigte Lösung von Ammoniumcarbonat einlegt. Auch an den nach der LÖWITschen Methode vergoldeten und dann zerzupften Muskelfasern erhält man durch die intensive Säurewirkung oft ganz leere Sarcolemmschläuche. Nach FRORIEP läßt sich das Sarcolemm durch Kochen in verdünnten Säuren fast ganz auflösen, während es durch Verdauung in Trypsin nicht angegriffen wird.

RETZIUS hat in den Muskelfasern von Käfern ein Netzwerk beschrieben, welches in der Höhe der AMICI-KRAUSEschen Zwischenscheibe liegt (RETZIUSsches Netz). Zu seiner Darstellung behandelt er die frischen Muskeln 20 Minuten lang mit 0,2—0,5%iger Goldchloridlösung und bringt sie dann zur Reduktion in 1%ige Ameisensäure oder PRITCHARDsche Lösung.

Ein anderes Netzwerk, ebenfalls innerhalb des Sarcoplasmas, aber zwischen der AMICI-KRAUSEschen Zwischenscheibe und der HENSENschen Mittelscheibe gelegen ist, dann zuerst von CAJAL, später von FUSARI, VERATTI, SANCHEZ u. a. beschrieben worden (CAJAL-FUSARIsches Netz). Es stellt vielleicht ein Analogon des von GOLGI und seinen Schülern in vielen Zellarten beschriebenen Apparato reticolare oder des HOLMGRENschen Trophospongiums dar. Zu seiner Darstellung dient die Golgimethode (CAJAL, 89 und 90) und ihre Modifikation durch VERATTI (näheres siehe GOLGIsche Methode). HOLMGREN (07) bedient sich entweder seiner Trichloressigsäure-Resorcin-Fuchsinmethode oder er benutzt eine etwas abgeänderte Golgimethode. Das Material kommt für 6—8 Tage bei 30—31° in eine Mischung von 4 Teilen 4%iger Bichromatlösung und 1 Teil 1%iger Osmiumsäure, wird mit schon benutzter 0,75%iger Höllensteinlösung abgespült und 1 bis

2 Tage in die gleiche, frische Lösung bei 30—31° eingelegt. Entwässerung innerhalb 24 Stunden und Einbettung durch Xylol in Paraffin.

Zum Nachweis des Muskelglycogens empfiehlt ARNOLD (09) Fixation in 96°/₀igem Alkohol und Färbung der Celloidinschnitte nach der BESTschen Methode (siehe Glycogen).

Zur Darstellung der Nervenendigung im Muskel, der sensiblen sowohl als der motorischen, können sowohl die Goldmethoden als auch die Methylenblaufärbung als auch die Neurofibrillenmethoden von CAJAL und BIELSCHOWSKY herangezogen werden. Man vergleiche in dieser Beziehung die betreffenden Artikel. Auch die von SIHLER modifizierte Hämatoxylinfärbung von NEGRO ist unter anderen von STEINITZ mit Erfolg zur Färbung der Muskelnerven benutzt worden. (Näheres siehe Macerationsmethoden.)

Literatur: ARNOLD (Centralbl. Med. Wiss. 1875), derselbe (Arch. Pathol. Anat., Bd. 71, 1878), derselbe (Arch. Mikr. Anat., Bd. 73, 1909), CAJAL (Nuevas aplicaciones del metodo de coloracion de GOLGI. Barcelona 1889), derselbe (Zeitschr. Wiss. Mikr., Bd. 7. 1890), derselbe (Gaceta sanit. de Barcelona 1890), derselbe (Trab. Lab. Anatom. de la Fac. de Med., Barcelona 1890). ENGELMANN (Arch. Ges. Physiol., Bd. 18, 1878), FRORIEP (Arch. Anat. 1878), FUSARI (Boll. Ac. Sc. Med. Nat., Ferrara 1893 u. 1894), HAUCK (Deutsch. Zeitschr. Nervenheilk., Bd. 17, 1900), HOLMGREN (Arch. Mikr. Anat., Bd. 71, 1908), HÜRTHLE (Arch. Ges. Physiol., Bd. 126, 1909), KNOLL (Denkschr. Akad. Wiss. Wien, Bd. 58, 1891), NEGRO (Arch. Ital. Biol., Bd. 9, 1887), RETZIUS (Biol. Unters., N. F., Bd. 1, 1890), ROLLETT (Denkschr. Akad. Wiss. Wien, Bd. 49, 51, 53 u. 58, 1885, 1886, 1887 u. 1891), derselbe (Arch. Mikr. Anat., Bd. 32, 1888), SANCHEZ (Trav. Lab. Rech. Biol. Univ. Madrid, Bd. 5, 1907), SCHAFFER (Sitzber. Akad. Wiss. Wien, Bd. 102, 1893), SIHLER (Zeitschr. Wiss. Zool., Bd. 68, 1900). SOLGER (Zeitschr. Wiss. Mikr., Bd. 6, 1889), STEINITZ (Inaug.-Diss., Rostock 1906), VERATTI (Arch. Ital. Biol., Bd. 37, 1902), derselbe (Mem. Ist. Lomb. Sc. Lett., Ser. 3, Bd. 19, 1906). WAGENER (Arch. Mikr. Anat., Bd. 10, 1874).

Muskelfaser, glatte. Zur Darstellung der Fibrillen in den glatten Muskelfasern empfiehlt ROUGET Maceration in 5°/₀igem Königswasser oder Salpetersäure, ENGELMANN Drittelalkohol, 2—4°/₀ige Lösung von Ammoniumbichromat oder konzentrierte wässerige Lösung von Borsäure oder Salicylsäure, starke Lösungen von Chlorkalium oder Chlornatrium. P. SCHULTZ maceriert zum gleichen Zweck 6 bis 8 Tage in einer Mischung von gleichen Teilen 0,05°/₀iger Osmiumsäure und 0,2°/₀iger Essigsäure. APÁTHY behandelt den Darm von Ascaris mit MÜLLERscher Flüssigkeit. Zur Färbung der mit Sublimat fixierten Präparate empfiehlt M. HEIDENHAIN Rubin, Chromhämatoxylin und Vanadiumhämatoxylin. V. LENHOSSÉK fixiert den ausgespannten und mit Igelstacheln aufgesteckten Katzendarm 6 Stunden lang in Sublimatalkohol von APÁTHY, dem er auf 75 Teile 25 Teile absoluten Alkohol und 5 Teile Eisessig zusetzt. Nach seinen Untersuchungen ist Cörulein S in Verbindung mit Toluidinblau das beste Färbungsmittel der Myofibrillen. Eisenhämatoxylin wirkt weniger günstig. Zur Darstellung der contractilen Fibrillen in den glatten Muskelfasern des Menschen bringt BENDA die ganz frischen Stücke auf 24 Stunden in 10°/₀ige Salpetersäure (offiz.), dann, ohne auszuwaschen, für 1—2 Tage in MÜLLERsche Flüssigkeit oder 1°/₀ige Chromsäure. Färbung mit Eisenhämatoxylin-Rubin. Die groben Zellfasern (Myoglia) werden folgendermaßen sichtbar gemacht: Fixation 24 Stunden in ZENKERscher Flüssigkeit, mehrere Stunden in Wasser auswaschen, Gefrierschnitte, 24 Stunden in ½°/₀iger Chromsäure, abspülen in Wasser, 3 Minuten in ¼°/₀igem Kaliumpermanganat, abspülen in Wasser, 5 Minuten in das PALsche Säuregemisch, abspülen in Wasser, übergießen mit Krystallviolettlösung (1 Teil kalt gesättigt in 70°/₀igem Alkohol, 1 Teil Salzsäurealkohol, 2 Teile Anilinwasser), abtupfen mit Filtrierpapier, übergießen mit verdünnter LUGOLscher Lösung, abtupfen, trocknen und differenzieren mit Anilinxylol (1 : 1).

Nach WERNER läßt sich durch Maceration in Kalilauge an den glatten Muskelfasern eine sarcolemmartige Umhüllung darstellen.

Zur Demonstration der viel diskutierten Zellbrücken der glatten Muskeln fixiert BARFURTH Magen und Darm von der Katze, Flexura sigmoidea vom Menschen in Chromessigsäure, Palladiumchlorür oder 0,15°/₀iger Chromsäure. Färbung mit Boraxcarmin und Hämatoxylin. Die Zellbrücken sind nach KLECKI 2—3 Stunden nach reichlicher Fütterung am deutlichsten. BOHEMAN fixiert Magen und Darm von Katze, Hund, Schwein und Kaninchen in Sublimat oder Alkohol-Bichromat-Kupfersulfat nach KULTSCHITZKY. Färbung mit patentsaurem Rubin nach KULTSCHITZKY. Sehr gute Bilder ergab auch die Golgimethode. TRIEPEL empfiehlt den Mastdarm des Rindes, Fixation in 4%igem Formol, Färbung mit Hämatoxylin und neutralem Orcein.

Zur Demonstration seiner Nucleinspiralen im Kern der glatten Muskelzelle maceriert MÜNCH die Muskeln in 3—5%iger wässeriger Citronensäure oder er läßt kleine Stückchen 5 Minuten in dieser Lösung und fixiert dann in konzentrierter Sublimatlösung mit 2—3% Essigsäure.

Das Bindegewebe der glatten Muskulatur läßt sich nach GARNIER vorzüglich am Oesophagus von Testudo graeca studieren, wo es stark entwickelt ist. Fixation in Flemming, Färbung in Safranin-Lichtgrün. SCHAFFER bevorzugt zu demselben Zwecke die Gefäße des Nabelstranges, fixiert in Pikrinsublimat und färbt nach VAN GIESON. Noch besser als diese Färbung eignet sich nach HENNEBERG Pikronigrosin.

HÖHL fixiert Froschmagen in Flemming und färbt in Eisenhämatoxylin-Rubin. Die beiden letzteren Autoren haben auch mit großem Erfolg die Trypsinverdauung zur Darstellung des Bindegewebes herangezogen.

Über die färberische Differenzierung von glatten Muskeln und Bindegewebe vergleiche man den Artikel Collagen.

Zur Lähmung der Darmmuskulatur injiziert HEIDERICH von einem Mesenterialarterienast 2,5%ige Apomorphinlösung. Sie wird von Pflanzenfressern besser als von Fleischfressern vertragen.

Literatur: APÁTHY (Zeitschr. Wiss. Mikr., Bd. 10, 1893), BARFURTH (Arch. Mikr. Anat., Bd. 38, 1891), BENDA (Verh. Anat. Ges., Halle 1902), BOHEMAN (Anat. Anz., Bd. 10, 1895), ENGELMANN (Arch. Ges. Physiol., Bd. 25, 1881), GARNIER (Journ. de l'Anat. Physiol., 33. Jg., 1897), HEIDENHAIN (Ergebn. Anat. 1900), HEIDERICH (Anat. Hefte, H. 62, 1902), HENNEBERG (Anat. Hefte, Bd. 13, 1900), HÖHL (Anat. Anz., Bd. 14, 1898), KLECKI (Inaug.-Diss., Dorpat 1891), v. LENHOSSÉK (Anat. Anz., Bd. 16, 1899), MÜNCH (Arch. Mikr. Anat., Bd. 62, 1903), SCHAFFER (Zeitschr. Wiss. Zool., Bd. 66, 1899), SCHULTZ (Arch. Physiol. 1898), TRIEPEL (Anat. Anz., Bd. 13, 1897), WERNER (Inaug.-Diss., Dorpat 1894).

Muskelspindeln. Zur Untersuchung der Muskelspindeln können alle jene Methoden herangezogen werden, welche für die quergestreiften Muskeln und ihre Nervenendigungen beschrieben worden sind. Man findet die Spindeln in fast allen Skeletmuskeln, reichlicher in denen der Extremitäten, als in denen des Stammes, beim Menschen am reichlichsten in den Fingerbeugern. Ein vorzügliches Untersuchungsobjekt bilden die Augenmuskeln vom Schaf, in deren peripheren Schichten man sie in großer Zahl antrifft, auch bei Hirsch, Reh und Wildschwein wird man sie nicht vergeblich suchen.

Mycosin, Verwandlungsprodukt des Chitins, siehe: Zellmembranen, pflanzliche.

Myelin. Das Myelin der markhaltigen Nerven ist keine einheitliche Substanz, sondern setzt sich im wesentlichen zusammen aus Lecithin, Protagon, Cephalin, Fett und Cholestearin. Das Myelin quillt in Wasser auf und bildet kugelige oder keulenartige Gebilde. Mit konzentrierter Schwefelsäure behandelt, zerfällt es und zeigt dabei eine der PETTENKOFERschen Gallensäurereaktion ähnliche Verfärbung durch gelb, orange, rot bis zu violett. Bekannt ist die Wirkung der Osmiumsäure auf das Nervenmark, das durch sie tief geschwärzt wird. Behandelt man degenerierendes Mark zuerst mit Bichromat und dann mit Osmiumsäure, so tritt eine feine punktförmige Schwärzung auf.

Um das Myelin zu lösen, behandelt man die Nervenfasern zunächst mit 80%igem Alkohol bei 50°, dann sukzessive mit siedendem Alkohol, Äther, Benzol, Eisessig und Chloroform oder man kocht mit Ätznatron. Bereits osmiertes Myelin läßt sich durch Behandlung mit Eau de Javelle entfernen.

Das Nervenmark färbt sich bekanntlich nach der WEIGERTschen Methode intensiv schwarzblau, es beruht dies nach den Untersuchungen von WLASSAK wesentlich auf dem Gehalt des Markes an Protagon. Während das Fett seine Fähigkeit, durch Osmium geschwärzt zu werden, auch nach Behandlung mit Chromsalzen behält, verliert sie das Lecithin. Das letztere bedingt auch wesentlich, neben Cerebrin, das Zustandekommen der Schwefelsäurereaktion.

Myrosin siehe: Enzyme.

Myronsaures Kali (Sinigrin) siehe: Glycoside.

Myrtillus siehe: Pflanzenfarbstoffe.

Myxomyceten oder Mycetozoen zu kultivieren gelingt allgemein nur für die Keimung der Sporen zu Schwärmern und den Übergang zu Myxamöben. Ein durch die relative Größe der Elemente besonders günstiges Objekt ist Chondrioderma difforme, das sich sehr häufig auf faulenden Blättern, Mist u. dgl. findet. Man kann sich mit ziemlicher Sicherheit Material verschaffen, wenn man im Herbst die längere Zeit im Felde stehenden, zu Bündeln vereinigten trockenen Stengel von Vicia faba (Saubohne) kultiviert. Sie werden mehrere Stunden in Brunnenwasser aufgeweicht, dann in ein mit Glasscheibe bedecktes flaches Gefäß gebracht, dessen Boden mit mehreren Lagen angefeuchteten Fließpapieres bedeckt ist. Die Sporen werden auf gut sterilisiertem Dekokt von Kohlblättern oder Fabastengeln ausgesäet. Es ist, da viel Sauerstoff gebraucht wird, zweckmäßig, einige grüne Algenfäden, Spirogyra, Vaucheria o. dgl. mit einzuführen, wenn auch dadurch die Gefahr der Verunreinigung durch Bacterien sehr groß wird. Nach etwa 24 Stunden haben die Schwärmer die Sporen verlassen, später wird die Geißel eingezogen und es werden typisch amöbenförmige Bewegungen gemacht, dann tritt meistens, eventuell nach Vermehrung durch Zweiteilung, Encystierung ein. Selten gelingt es, ein Plasmodium aus zusammengetretenen Amöben zu erzielen.

Zur Beobachtung der Bewegung der Plasmodien lockt man am besten die überall auf Gerberlohe im Freien oder im Winter in den Gewächshäusern auftretenden großen lebhaft gelben Plasmodien von Fuligo varians auf einen Objektträger durch ihre Eigenschaft, gegen den Wasserstrom zu schwimmen. In ein mit Wasser angefülltes Trinkglas taucht ein Streifen Fließpapier, der, über den Rand gelegt, straff einem etwas breiteren Objektträger ansitzt, der in Sand ziemlich senkrecht aufgestellt ist. So wird ein kontinuierlicher Wasserstrom erzielt und in ihm kriecht in kleinsten Verzweigungen das Plasmodium, das auf einem Stück Lohe an die berieselte Seite des Objektträgers gebracht wurde, herauf, wenn das Ganze unter einer Glocke feucht gehalten und durch eine schwarze Hülle vor Licht geschützt ist (STRASBURGER). Das Studium der Fruchtkörperentwicklung geschieht an mit FLEMMINGscher Flüssigkeit fixierten und in Hämatoxylin oder FLEMMINGschen Dreifarben gefärbten Mikrotompräparaten (JAHN).

Der die Kohlhernie verursachende, parasitisch in Kohlwurzeln lebende Myxomycet läßt sich sehr leicht auf nach FLEMMINGschen Dreifarben gefärbten Mikrotomschnitten durch die in FLEMMINGscher Flüssigkeit fixierten infizierten Wurzeln studieren. In den gewaltig hypertrophierten Zellen liegen meist alle Entwicklungsstadien: einfache Amöben, Vermehrung, Zusammentreten zu Plasmodien und Sporulation. Die Zellkerne der Amöben sind leicht durch den großen Nucleolus (Caryosoma) in der Mitte des schwach, aber doch färbbaren Chromatingerüstes zu erkennen und durch ihre Größe leicht von dem der Pflanzenzelle zu unterscheiden, während das Amöbenplasma sich oft nur sehr schwach gegen das Pflanzenplasma absetzt und nur durch seine Schwärzung in der Osmiumsäure der Fixierungsflüssigkeit zu indentifizieren ist (NAWASCHIN). Die Keimung der Sporen in Wasser gelingt immer sehr leicht (WORONIN).

Literatur: JAHN (Ber. Deutsch. Bot. Ges., Bd. 19, 1901), NAWASCHIN (Flora 1900), STRASBURGER (Gr. Bot. Prakt., 3. Aufl., 1897), WORONIN (Jhb. Wiss. Bot. 1879).

Magnus, Berlin.

Myxosporidien siehe: Parasiten, tierische.

N.

Nachtblau, ein Diphenylnaphtylfarbstoff, und zwar das Chlorhydrat des Tolyltetraäthyltriamido-α-naphthyldiphenylcarbidrids (Ludwigshafen). Violettes Pulver, das in Wasser und Alkohol leicht löslich ist. In Schwefelsäure mit brauner Farbe löslich. Die wässerige Lösung färbt sich mit Salzsäure gelbbraun, Natronlauge scheidet die freie Farbbase als rotbraunen Niederschlag aus.

Von DU PLESSIS zur Färbung von Infusorien nach Sublimatfixation empfohlen.

Nachvergoldung siehe: Goldmethoden und Neurofibrillen.

Nährlösungen, vgl. Algen, Chlorophycaceen, Diatomeen, Hefe, Pflanzen, Pilze.

Nährstoffaufnahme bei Pflanzen. Der Ort der Nährstoffaufnahme wird durch etwa $^3/_4$stündigen Aufenthalt der Wurzeln in 0,003%iger Methylviolettlösung kenntlich gemacht (vgl. Lebendfärbung bei Pflanzen) oder durch Aufnahme von Nitraten (s. diese).

Literatur: KNY (Ber. Deutsch. Bot. Ges., Bd. 16, 1898). *Magnus,* Berlin.

Nagel siehe: Haut.

Naphtalingelb, Syn. Martiusgelb, Naphtolgelb, Manchestergelb,

$$C_6H_4\left\{\begin{array}{l} C(ONa) - C(NO_2) \\ \qquad\qquad\quad | \\ C(NO_2) - CH \end{array}\right.$$

Nitrofarbstoff, das Natronsalz des Dinitro-α-naphtols (CASSELLA). Wird erhalten durch Behandlung von α-Naphtoldisulfosäure mit Salpetersäure. Gelbes Pulver, in Wasser schwer, in Alkohol leicht löslich.

Naphtalinrot, Syn. für Magdalarot.

Naphtazarin S, Syn. für Alizarinschwarz S.

Naphtolblau, Oxazinfarbstoff, das Chlorzinkdoppelsalz des Dimethylnaphtophenazims, Syn. Neublau, Phenylenblau, Metaminblau, Meldolasblau. Violettes Pulver, das in Wasser und Alkohol leicht mit blauer, in Schwefelsäure mit dunkelgrüner Farbe löslich ist. Die wässerige Lösung färbt sich mit Salzsäure hellblau, mit Natronlauge entsteht ein brauner Niederschlag.

Naphtolgelb, Syn. für Naphtalingelb.

Naphtolorange, Azofarbstoff, das α-Naphtol-azo-benzol-p-sulfosaure Natrium, Syn. Tropäolin 000, Nr. 1, Orange 1 (Berlin). Rotbraunes Pulver, das in Wasser mit orangeroter, in Schwefelsäure mit violettroter Farbe löslich ist. Die wässerige Lösung färbt sich mit Natronlauge kirschrot, mit Salzsäure entsteht ein brauner Niederschlag.

Naphtolschwarz, Azofarbstoffe, welche durch Kuppelung von β-Naphtoldisulfosäure mit Amidoazonaphtalindisulfosäure entstehen (CASSELLA). Im Handel sind die Marken 2 B, 3 B, 6 B und 4 R. Schwarze Pulver, die sich in

Wasser leicht, in Alkohol schwerer mit violetter Farbe lösen. Zum Blaufärben von Wolle in saurem Bade (Schwefelsäure, Glaubersalz und Natriumbisulfat) viel benutzt.

CURTIS benutzt Naphtolschwarz 2 B an Stelle von Diaminblau (s. dort) zur Bindegewebsfärbung.

Naphtorubin, Azofarbstoff, dem Echtrot nahe verwandt (Höchst, Elberfeld), Syn. Palatinrot. Graublaues Pulver, das in Wasser und Alkohol mit blauroter, in Schwefelsäure mit blauer Farbe löslich ist. Die wässerige Lösung färbt sich mit Natronlauge gelb, mit Salzsäure entsteht ein brauner Niederschlag.

Naphtylaminbraun, Syn. für Echtbraun N (Ludwigshafen). Von KAISER zur Färbung von Rückenmarksschnitten empfohlen. Die Farblösung besteht aus einem Teil Naphtylaminbraun, 100 Teilen Alkohol und 200 Teilen Wasser. Färbung 1—2 Tage, Auswaschen in 96%igem Alkohol, Origanumöl, Balsam.

Literatur: KAISER (Zeitschr. Wiss. Mikr., Bd. 6, 1889).

Naphtylenblau R, Syn. für Naphtolblau (Elberfeld).

Narcein, Azofarbstoff, der durch Behandlung von Orange II mit Natriumbisulfit entsteht (DURAND). Rötlichgelbes Pulver, in Wasser und Schwefelsäure mit brauner Farbe löslich. Die wässerige Lösung färbt sich mit Natronlauge mehr rot.

Narkose. Zur Narkose von Säugetieren für experimentell-histologische Zwecke benutzt man hauptsächlich Chloroforminhalationen, daneben aber auch Äther, Morphium, Chloralhydrat, Spartein u. a.

Im allgemeinen kann man sagen, daß die Ätherinhalation der des Chloroforms vorzuziehen ist, da besonders bei langdauernden Narkosen das letztere, wie die Untersuchungen von LEPPMANN, ROSENFELD u. a. zeigen, schwere Schädigungen in den verschiedensten Organen setzt. Am meisten empfiehlt sich eine Mischung von gleichen Teilen Chloroform und Äther. Als Maske benutzt man einen der Schnauzenform des Tieres angepaßten Drahtkorb, der mit einem durchlässigen Stoff bezogen ist. Einen sehr praktischen Narkosekorb hat BIELKA VON KARLTREU konstruiert. Derselbe ist aus zwei Hälften zusammengesetzt, die sich jederzeit leicht öffnen lassen und so eine leichte Unterbrechung der Narkose oder das Hervorziehen der Zunge gestatten.

Die Chloroformäthermischung wird stetig auf den Korb aufgeträufelt und man fahre mit dem Narkotisieren so lange fort, bis das Tier reaktionslos geworden ist. Dann wird die Maske entfernt und nur nach Bedarf wieder angelegt.

Man erzielt bei den meisten Tieren, vor allem aber bei Hunden, eine sehr ruhige Narkose, wenn man ungefähr 1/2—1 Stunde vor dem Versuch 3—5 *ccm* einer 1%igen Lösung von Morphium subcutan injiziert. LANGLOIS und MAURANGE empfehlen gleichzeitig mit der Morphiuminjektion noch eine Injektion von 3 bis 5 *cg* schwefelsauren Sparteins. Es soll dem beim Chloroform so leicht eintretenden Herzstillstand entgegenwirken.

Tritt während der Narkose Stillstand der Atmung ein, so muß künstliche Atmung eingeleitet werden, die man leicht durch rhythmische Kompression des Brustkorbes ausführen kann. Auch Faradisation des Vagus ist in manchen Fällen von gutem Erfolg.

Bei Hunden erreicht man einen außerordentlichen tiefen und festen Schlaf, wenn man dem aufgebundenen und leicht chlorofomierten Tier 2—5 *ccm* einer 2%igen Lösung von Morphinum hydrochloricum in die Vena jugularis externa und gleich hinterher einige Kubikcentimeter Wasser injiziert. Dabei muß das Tier vom Diener festgehalten werden, da es zunächst in eine sehr starke Excitation gerät.

Katzen bringt man zunächst unter eine Glasglocke mit einem in Chloroform getränkten Schwamm. Man sorge für Luftzutritt und halte die Glocke recht fest, da die Tiere in heftige Aufregung geraten. Sobald das Tier umfällt, wird es herausgenommen und aufgebunden und dann mit reinem Chloroform weiter narkotisiert. Katzen vertragen dasselbe meist ungleich viel besser als Äther.

Für Kaninchen und Meerschweinchen ist dagegen der Äther dem Chloroform entschieden vorzuziehen. Außerdem aber liefert für beide Tiere das Chloralhydrat wohl die beste Narkose. Man löst 50 *g* Chloralhydrat in Wasser und fülle das ganze auf 100 auf. Von dieser Lösung injiziert man einem Meerschweinchen höchstens 1 *ccm*, einem Kaninchen 1—2 *ccm* in die Bauchhöhle.

Für die meisten anderen Säugetiere, ebenso für Vögel, Reptilien und Amphibien wird Inhalation einer Chloroformäthermischung zum Ziele führen, indem man einen mit der Mischung getränkten Wattebausch in das das Tier enthaltende Glas bringt.

Wassertiere narkotisiert man am besten dadurch, daß man dem Wasser etwas Chloroform zusetzt. OESTERGREN benutzt zu dem gleichen Zweck den Äther. Er stellt sich durch Schütteln eine konzentrierte Lösung des letzteren in Süß- oder Seewasser her und setzt dieses Ätherwasser entweder dem die Tiere enthaltenden Wasser zu oder setzt sie in das Ätherwasser selbst ein. In frisches Wasser gebracht, erholen sich die Tiere bald wieder.

Für kleine Wassertiere, vor allem für Larven vom Frosch, Triton, Salamander, kleine Fische etc. empfiehlt sich am meisten das salzsaure Cocain. Man bringt die Tiere in eine möglichst geringe Menge Wasser und setzt demselben von einer 5%igen Lösung einige Tropfen zu. Ist nach 5—10 Minuten noch keine Narkose eingetreten, so kann man noch einige Tropfen zusetzen. Sobald die Tiere unbeweglich sind, überträgt man sie in frisches, reines Wasser. Für den gleichen Zweck hat REMAK Bittermandelwasser, RANDOLPH Acetonchloroform empfohlen. Auch Einleiten von Kohlensäure ins Wasser vermag nach UEXKÜLL kleine Fische zu lähmen.

Curare wird außer zu speziell physiologischen Zwecken nur wenig benutzt. Man stellt sich eine 1%ige Lösung her und injiziert beim Frosch 2—3 Tropfen in den Rückenlymphsack, bei Kaninchen und Hund einen bis mehrere Kubikcentimeter in die Vena jugularis. Im letzteren Falle muß natürlich künstliche Atmung eingeleitet werden.

Über die Narkotisierung von Wirbellosen siehe unter den betreffenden Klassen.

Literatur, BIELKA VON KARLTREU (Arch. Ges. Physiol., Bd. 80, 1900), LEPPMANN (Mitt. Grenzgeb. Med. Chir., Bd. 4, 1898), OESTERGREN (Zeitschr. Wiss. Mikr., Bd. 19, 1902), RANDOLPH (Zool. Anz., Bd. 23, 1900), REMAK (Arch. Anat. 1852), ROSENFELD (Arch. Exper. Pathol. Pharm., Bd. 37, 1894), VON UEXKÜLL (Mitt. Zool. Stat. Neapel, Bd. 12, 1896).

Natriumacetat, essigsaures Natron, Natrium aceticum, CH_3—$CO.ONa + 3H_2O$, wird im großen durch Sättigen von Holzessig mit Soda erhalten. Farblose monokline Krystalle, die bei 75° schmelzen, bei 120° ihr Krystallwasser abgeben und zu einem weißen Pulver zerfallen. Es löst sich bei 15° zu 100% in Wasser, zu 4% in 90%igem Alkohol. Die wässerige Lösung reagiert ganz schwach alkalisch. Löst man Natriumacetat in Eisessig und dampft rasch ein, so entsteht ein saures Natriumacetat.

In der Mikrotechnik wird das Natriumacetat nur sehr selten benutzt, meist an Stelle von Kaliumacetat.

Natriumbicarbonat, doppeltkohlensaures Natron, Natrium bicarbonicum, $NaHCO_3$, wird durch Einwirkung von Kohlensäureanhydrit auf krystallisierte Soda hergestellt. Kleine, farblose monokline Krystalle, die sich bei 20° zu 11% in Wasser lösen, wobei das Salz einen Teil seiner Kohlensäure verliert, bei 70° zersetzt sich die Lösung unter weiterem Entweichen von Kohlensäureanhydrit und Bildung von Natriumsesquicarbonat. Die wässerige Lösung reagiert ganz schwach alkalisch, beim Erwärmen wird diese Reaktion deutlicher durch die Bildung des Sesquicarbonats. Das käufliche Salz ist nicht selten mit neutralem Carbonat verunreinigt und dadurch von stärkerer alkalischer Reaktion.

Natriumcarbonat wird als ganz schwaches Alkali manchmal zum Bläuen von Hämatoxylinpräparaten benutzt.

Natriumbichromat siehe: Chromsaure Salze.

Natriumbisulfit, saures schwefeligsaures Natrium, $NaHSO_3$, weiße, krystallinische, in Wasser leicht lösliche Masse. Sie wird erhalten durch Einleiten von Schwefeligsäureanhydrit in konzentrierte wässerige Sodalösung, bis sie stark nach schwefeliger Säure riecht. Die wässerige Lösung zersetzt sich sehr leicht unter Abspaltung von Schwefeligsäureanhydrit.

Das Natriumbisulfit wirkt in wässeriger Lösung noch stärker reduzierend als das neutrale Salz, besonders wenn man der Lösung etwas Mineralsäure zusetzt. MÖNCKEBERG und BETHE benutzten eine 2%ige wässerige Lösung mit Zusatz von 2—4 Tropfen konzentrierter Salzsäure auf 10 *ccm* zur Reduktion von Osmiumpräparaten. (Näheres s. Neurofibrillen.)

Literatur: MÖNCKEBERG und BETHE (Arch. Mikr. Anat., Bd. 54, 1899).

Natriumcarbonat, neutrales kohlensaures Natron, Natrium carbonicum, Soda, $Na_2CO_3 + 10 H_2O$, große farblose Prismen, die an der Luft verwittern, dabei den größten Teil ihres Krystallwassers verlieren und zu einem weißen Pulver zerfallen, dem Natrium carbonicum siccum der Pharmakopoe. Es löst sich mit stark alkalischer Reaktion bei 15° zu 63,2%, bei 20° zu 92,8% in Wasser.

Als starkes Alkali findet es in der Mikrotechnik mannigfache Anwendung zum Neutralisieren, zum Herstellen alkalischer Farblösungen und zu ähnlichen Zwecken. Auch als Macerationsmittel in 10%iger schwach alkoholischer Lösung empfohlen.

Natriumcarminat siehe: Carminsäure und Injektion, physiologische.

Natriumchlorid, $NaCl$, krystallisiert in farblosen, luftbeständigen und wasserfreien Würfeln, bei 772° schmilzt es und verdampft allmählich. Es löst sich bei 14° zu 35,87%, bei 50° zu 36,98% und bei 100° zu 39,61% in Wasser. In Alkohol ist es fast unlöslich, in 95%igem Alkohol lösen sich 0,172%, in 70%igem Alkohol 1% Chlornatrium.

Das Chlornatrium, der wichtigste anorganische Bestandteil aller Organismen, hat auch in der Mikrotechnik eine ausgedehnte Anwendung gefunden, in isotonischer Lösung 0,7—1,0% als indifferentes Zusatzmedium. Höherprozentige Kochsalzlösungen haben eine macerierende Wirkung und wirken gleichzeitig durch Wasserentziehung schrumpfend auf die Gewebe ein. Chlornatrium ist in zahllosen Fixations-, Entkalkungs- und Macerationsgemischen enthalten, es dient als Zusatz zu Farblösungen besonders für lebende und überlebende Objekte.

Natriumchromat siehe: Chromsaure Salze.

Natriumfluorid, NaF, würfelförmige, farblose Krystalle, die sich zu 4% in Wasser lösen. Die wässerige Lösung des Fluornatriums greift Glas an und muß deshalb in paraffinierten Gläsern, Guttapercha- oder Celluloidgefäßen aufbewahrt werden.

Fluornatrium besitzt in hohem Maße antiseptische, Fäulnis und Gärung hemmende Eigenschaften. Es kann deshalb als Konservierungsmittel für Gelatinemassen verwandt werden. LEVI rühmt es in 1—2%iger wässiger Lösung als Macerationsmittel für Muskelfasern, Linsenfasern, verhornte Zellen der Epidermis. Seine Eigenschaft bei Zusatz von Salzsäure freie Flußsäure zu liefern, benutzt MAYER zum Entkieseln kleiner Objekte.

Natriumhydroxyd, Natrium causticum, Ätznatron, Natriumhydrat, $NaOH$, wird in ähnlicher Weise wie das Kaliumhydroxyd dargestellt und hat auch dieselben Eigenschaften. Sein spezifisches Gewicht beträgt 2,13. Es ist bei 18° zu 60,53%, bei 32° zu 72,91% in Wasser löslich, in Alkohol ist es ebenfalls leicht löslich. Die Normalnatronlauge enthält im Liter Wasser 40 *g* Natriumhydroxyd, der Liquor Natrii caustici der Pharmakopoe 15 *g* in 100 *ccm* Wasser.

Die Anwendung des Ätznatrons in der Mikrotechnik ist die gleiche wie die des Ätzkali.

Natriumhypochlorit, der Hauptbestandteil des Eau de Labarraque (s. dort).

Natriumhyposulfit, Natriumthiosulfat, Natrium subsulfurosum, unterschwefeligsaures Natron, $Na_2S_2O_3 + 5H_2O$, wird erhalten durch Kochen von Natriumsulfit mit Schwefel. Farblose, große monokline Prismen, die sich bei 10,5° zu 169% in Wasser mit ganz schwach alkalischer Reaktion lösen. Bei 100° schmilzt das Salz, an der Luft verwittert es. Freies Chlor wird von der wässerigen Lösung reichlich unter Bildung von Chlorwasserstoffsäure gebunden. Ebenso wie die Halogene selbst sind auch die Halogenverbindungen des Silbers in Natriumhyposulfit unter Bildung von Silbernatriumhyposulfit und Chlornatrium löslich.

Auf der letzteren Eigenschaft beruht die Verwendung des Salzes in der Photographie zur Lösung des unzersetzten Silbersalzes (Fixieren). Auch in der Mikrotechnik macht man davon Gebrauch bei der Vergoldung und Versilberung (siehe Goldmethoden und Silberimprägnation).

Natriumindigsulfat siehe: Injektion, physiologische.

Natriumjodat, $NaJO_3$, farblose Krystalle, die sich zu 7% in Wasser lösen. Beim Erhitzen oder Behandeln mit Reduktionsmitteln gibt es unter Bildung von Jodnatrium seinen Sauerstoff ab.

Wegen seines Sauerstoffreichtums ist es von Busch als Zusatz (1%) zu Osmiumsäurelösungen empfohlen worden. Es verhindert ihr Verderben, verzögert die Reduktion in den Geweben und läßt die Lösung tiefer eindringen.

Literatur: Busch (Neurol. Centralbl., 17. Jg., 1898).

Natriummolybdat, $Na_2MoO_4 + 2H_2O$, entsteht bei Lösung von Molybdänsäureanhydrit in Sodalösung und wird an Stelle des Ammoniummolybdats benutzt.

Natriumnitrat, Natrium nitricum, Natronsalpeter, Chilisalpeter, $NaNO_3$, findet sich in großen Massen in Südamerika und stellt in reinem Zustand farblose Würfel dar, die bei 20° zu 89,5% in Wasser und zu ungefähr 1% in 93%igem Alkohol löslich sind. In seinen Eigenschaften ist es dem Kaliumnitrat sehr ähnlich und findet auch dieselbe Verwendung wie jenes.

Natriumnitrit, Natrium nitrosum, $NaNO_2$, entsteht beim Erhitzen von Natriumnitrat mit metallischem Blei und bildet leicht zerfließliche, farblose Krystalle. Das Natriumnitrit liefert, mit Schwefel- oder Salzsäure zusammengebracht, salpetrige Säure. Diese Eigenschaft wird in der technischen Färberei zum Diazotieren von Farbstoffen vielfach benutzt.

Natriumphosphat. Von den drei verschiedenen Phosphaten des Natriums hat nur das zweibasische Natriumphosphat, Natrium phosphoricum, $Na_2HPO_4 + 12H_2O$, hier Interesse. Es entsteht durch Neutralisation von Phosphorsäure mittelst Natriumcarbonat und bildet große farblose Prismen, die an der Luft leicht verwittern und zu 16% in Wasser von 15° löslich sind. In Alkohol sind sie unlöslich.

Natriumpikrat siehe: Pikrinsäure.

Natriumsalicylat, Natrium salicylicum, salicylsaures Natron,

$$C_6H_4—OH—COONa,$$

bildet weiße, süß-salzig schmeckende Schüppchen, die in 0,9 Teilen Wasser und 6 Teilen Weingeist löslich sind. Die wässerige Lösung wird, auch in starker Verdünnung, durch Eisenchlorid blauviolett gefärbt.

Während das salicylsaure Natron in der praktischen Medizin vielfache Verwendung findet, ist dies in der mikroskopischen Technik nur in beschränktem Umfange der Fall und beruht dann im wesentlichen auf den antiseptischen Eigenschaften des Salzes. So setzt Mayer (83) zum Eiweißglycerin Natriumsalicylat hinzu (auf je 50 *ccm* Eiweiß und Glycerin 1 *g* des Salzes); derselbe Autor (91) benutzt es als antiseptischen Zusatz bei der Bereitung des Carmalauns. Ebenso hat es als Zusatz zu Untersuchungsmedien Verwendung gefunden, und zwar von APÁTHY, der in 50 *ccm* Wasser 25 *g* Gummi und Zucker und $^1/_2$ *g* des Salzes löst, sowie von GARBINI, der das Blut von Muscheln mit einem Zusatz von salicylsaurem Natron nimmt.

Nach LENZ besitzt eine Lösung von gleichen Gewichtsteilen Natriumsalicylat und Wasser ein spez. Gew. von 1,2315 bei 17° C und ein Brechungsvermögen = 1,4497. LENZ benutzt diese Lösung als Aufhellungsmittel für pflanzliche Gegenstände; sie wirkt in kürzester Zeit quellend auf Stärkemehl und hat den besonderen Vorzug, sich mit Phenolen, besonders mit dem zu 80% aus Eugenol bestehenden Nelkenöl zu mischen.

Literatur: BEHRENS (Tabellen 1898), GARBINI (Manuale Techn. 1899). LENZ (Zeitschr. Wiss. Mikr., Bd. 11, 1894), MAYER (Mitt. Zool. Stat., Neapel 1883 u. 1891). *Mosse,* Berlin.

Natriumsilicat, Natronwasserglas, Liquor natrii silicici, $Na_2SiO_3 + SiO_3$. Farblose oder schwach gelbliche Flüssigkeit vom spez. Gew. 1,4 und stark alkalischer Reaktion. Beim Stehen an der Luft trocknet sie zu einer spröden, durchsichtigen Masse ein.

In der Mikrotechnik dient das Wasserglas mit chinesischer Tusche oder Kremserweiß zusammen zum Schreiben auf Glas (SCHÖBEL). In Verbindung mit Glycerin ist es von EXNER als Einschlußmedium empfohlen worden. Auch zur Gefäßinjektion hat man es in neuerer Zeit mehrfach empfohlen (JASCHTSCHINSKI, RIEFFEL und ROBINSON).

Natriumsulfat, Natrium sulfuricum, Glaubersalz, $Na_2SO_4 + 10\,H_2O$, findet sich weit verbreitet in der Natur und ist ein konstanter Bestandteil des Meerwassers. Künstlich wird es durch Lösen von Kochsalz in Schwefelsäure erhalten und stellt große, farblose monokline Prismen dar, welche an der Luft ihr Krystallwasser abgeben und zu einem weißen Pulver zerfallen, Natrium sulfuricum siccum. Das Salz löst sich bei 15° zu 33,3%, bei 18° zu 48%, das Optimum der Löslichkeit liegt bei 33° (322,6%). Die Lösung soll vollkommen neutral reagieren. In Alkohol ist Glaubersalz unlöslich.

Natriumsulfat wird in der mikroskopischen Technik als Neutralsalz den Lösungen mancher Fixationsmittel zugesetzt, wie chromsauren Salzen, Sublimat und anderen, auch zur Herstellung von indifferenten Zusatzflüssigkeiten findet es Verwendung.

Natriumsulfid, $Na_2S + 5\,H_2O$, prismatische, farblose Krystalle. Es gleicht in seinen Eigenschaften ganz dem Kaliumsulfid.

PAL benutzt es zur Nachbehandlung von Golgipräparaten (s. dort).

Natriumsulfit, Natrium sulfurosum, neutrales schwefligsaures Natron, $Na_2SO_3 + 7\,H_2O$, entsteht durch Calcinieren eines Gemenges von Soda und Schwefel und bildet ein weißes krystallinisches Pulver, das zu ungefähr 33% in Wasser von 20° löslich ist. An der Luft geht das Salz allmählich in Natriumsulfat über.

Die Verwendung des Natriumsulfits ist die gleiche wie die des Kaliumsulfits: die durch Einwirkung von Säuren aus ihm freiwerdende schweflige Säure dient als kräftiges Reduktionsmittel. In diesem Sinne dient es bei der Gold- und Silberimprägnation bei der WEIGERTschen Neurogliamethode und anderen.

Natriumsuperoxyd, Na_2O_2, weißes Pulver, das an der Luft zerfließt und unter Aufnahme von Kohlensäure Natriumcarbonat bildet. In Wasser löst es sich leicht unter Entwicklung von Wasserstoffsuperoxyd und Sauerstoff und Bildung von Natriumhydroxyd. In der technischen Färberei wird es als energisches Oxydationsmittel viel zum Bleichen benutzt.

Von CARAZZI ist es auch als Bleichmittel für mikroskopische Objekte empfohlen worden.

Natroncarmin siehe: Carmin.

Natronpikrocarmin siehe: Carmin.

Natronseife. Als Natronseife bezeichnet man die Natronsalze der verschiedenen Fettsäuren, die neben Glycerin bei der Einwirkung von heißer Natronlauge auf Fette entstehen. Von letzteren verwendet man meistens Talg oder Schweinefett, seltener auch Olivenöl (venetianische Seife), Butter (Butterseife), Provenceröl (Sapo medicatus) etc. Die Natronseife bildet eine feste, weiße Masse zum Unterschiede von der Kaliseife (Schmierseife). Sie soll neutrale Reaktion besitzen und löst sich leicht in warmem Wasser, wobei sich unter Bildung von saurem fettsauren Natron freies Alkali abspaltet. Leicht löslich ist die Natronseife ferner in Alkohol, weniger in Äther und Benzol.

Die Natronseife ist von manchen Seiten als Einbettungsmittel für mikroskopische Präparate empfohlen worden. (Näheres darüber siehe Glycerinseife und Paraffin.)

Nebenhoden. Das Epithel des Nebenhodens ist in den letzten beiden Jahrzehnten recht häufig Gegendstand der Untersuchung gewesen. Die Frage nach dem Vorkommen von Flimmerepithel, dem Verhältnis von Basalkörperchen und Centralkörperchen, den Secretionserscheinungen und die Frage nach der Existenz intraepithelialer Drüsen boten hierzu Veranlassung. Als Fixationsmittel fanden die verschiedensten Reagenzien, vor allem aber osmiumsäure- und sublimathaltige, Verwendung. Um die Fixationslösung recht rasch an das Epithel heranzubringen, muß man entweder das Organ, auch bei kleinen Tieren, zerschneiden oder das Fixativ durch die Gefäße injizieren (JELENIEWSKI). Am meisten Anklang hat die FLEMMINGsche Flüssigkeit gefunden, sie wird benutzt von HAMMAR für Hund, von HENRY für Ratte und Mensch, von MYERS-WARD für die verschiedensten Säuger, von FUCHS für die Maus, von ACH für den Menschen, ferner von HENRY für Reptilien und von GERHARTZ für Amphibien. Auch die HERMANNsche Flüssigkeit wird oft benutzt, so von HAMMAR, GERHARTZ und FUCHS. Von anderen osmiumhaltigen Gemischen verwendet MYERS-WARD noch die MARCHIsche Flüssigkeit (2 Teile Müller und 1 Teil 1%ige Osmiumsäure), JELENIEWSKI die KOLOSSOWsche Methode (siehe Intercellularbrücken) und eine Mischung von Sublimat, Osmiumsäure und Essigsäure von nicht näher angegebener Zusammensetzung. Von den Sublimatgemischen erfreut sich Zenker der ausgedehntesten Anwendung (FUCHS, ACH, GURWITSCH). Der letztere Autor empfiehlt einen Aufenthalt von nicht über 8 Stunden. Reines Sublimat benutzen MYERS-WARD und HAMMAR, Sublimatessigsäure FUCHS, Sublimatpikrinsäure SCHAFFER. Von anderen Fixationsmitteln wäre noch der Alkohol zu nennen, der besonders in Verbindung mit der Postchromierung nach BENDA zur Darstellung der Mitochondrien Hervorragendes leistet. Formalin ruft nach HAMMAR Quellung der Zellsubstanz hervor, fixiert jedoch die Kerne gut.

Von den Färbungsmethoden ist an allererster Stelle die HEIDENHAINsche Eisenalaunhämatoxylinmethode zu nennen, die fast von jedem hier in Frage kommenden Autoren benutzt worden ist, an zweiter Stelle dann die BENDAsche Mitochondrienfärbung (siehe Mitochondrien). Zur scharfen Hervorhebung der intranucleären Körnchen empfiehlt HAMMAR die RUSSELsche Fuchsinjodgrünfärbung (siehe Säurefuchsin). FUCHS lobt die Durchfärbung nach der SPULERschen Eisenalauncochenillemethode (siehe Cochenille).

Vgl. auch den Artikel Flimmerepithel.

Literatur: ACH (Inaug.-Diss., Würzburg 1902). FUCHS (Anat. Hefte, Bd. 19, 1902), GERHARTZ (Arch. Mikr. Anat., Bd. 65, 1905), GURWITSCH (Ebenda, Bd. 59, 1902), HAMMAR (Arch. Anat. 1897, Suppl.), HENRY (Bibl. Anat., Bd. 5 u. 6, 1897 u. 1898), derselbe (Arch. d'Anat. Micr. 1900), JELENIEWSKI (Anat. Anz., Bd. 24, 1904), MYERS-WARD (Journ. of Anat., Bd. 32, 1898), SCHAFFER (Int. Monatsschr. Anat., Bd. 13, 1896).

Nebenkern. Zur Demonstration des von GAULE und NUSSBAUM ziemlich gleichzeitig entdeckten Nebenkerns eignet sich vor allem das Pancreas der Amphibien und Reptilien, weniger das gleiche Organ der Säugetiere. Von anderen Organen empfiehlt PLATNER noch die MALPIGHIschen Gefäße der Insekten und die Zwitterdrüse von Helix, NUSSBAUM die Oesophagealdrüsen des Frosches, H. RABL und KARPOW die verschiedensten Gewebszellen von Salamandra- und Axolotllarven (Bindegewebszellen, Lungenepithel, Darmmuskeln, Leber, Niere und Epidermis). Zur Fixation eignet sich FLEMMINGsche Flüssigkeit (PLATNER) und ihre Modifikation von LAGUESSE (2%ige Osmiumsäure 4 *ccm*, 1%ige Chromsäure 8 *ccm*, Eisessig 1 Tropfen, SERENI), HERMANNsche Flüssigkeit (KARPOW), Sublimat (KARPOW), Pikrinsublimat (RABL), konzentrierte wässerige Sublimatlösung mit 1/2 bis 1% Osmiumsäure (OGATA).

Von den verschiedenen Färbungen leistet besonders die HEIDENHAINsche Chromhämatoxylinmethode in der Modifikation von APÁTHY gute Dienste. PLATNER empfiehlt Kernschwarz. OGATA hat eine spezielle Methode für die Färbung des Nebenkerns ausgearbeitet. Er behandelt die Schnitte nacheinander mit einem dünnen Hämatoxylin, Auswaschen in 1/2%iger wässeriger Alaunlösung, dann 1‰iges wässeriges Nigrosin, Auswaschen in Wasser, dann 1/2%iges Eosin in 30%igem Alkohol, Auswaschen in Alkohol, schließlich 1/2%iges Safranin in 30%igem Alkohol und Auswaschen in Alkohol. Der Nebenkern färbt sich dann intensiv rot durch Safranin. Das beste Färbungsmittel für den Nebenkern ist nach SERENI Magentarot in konzentrierter wässeriger Lösung.

Literatur: EBERTH (Fort. Med., Bd. 8, 1890), GAULE (Centralbl. Med. Wiss. 1891), KARPOW (Russ. Arch. Pathol., Klin. Med. Bact. 1896), LAGUESSE (Journ. de l'Anat., 30. Jg., 1894), MOURET (Ebenda, 31. Jg., 1895), NUSSBAUM (Arch. Mikr. Anat., Bd. 21, 1882), OGATA (Arch. Physiol. 1883), PLATNER (Arch. Mikr. Anat., Bd. 33, 1889), SERENI (Boll. Soc. Lancisiana, Roma, Bd. 24, 1905), STEINHAUS (Beitr. Pathol. Anat., Bd. 7, 1890), VER ECKE (Arch. de Biol. 1893).

Nebenniere. Für die Anfertigung brauchbarer mikroskopischer Präparate der Nebenniere und ihrer Homologa in der Tierreihe hat als erste und unerläßliche Vorbedingung zu gelten, daß nur ganz lebensfrisches Material verwandt werde. Zumal die Organe, Herde und Zellen des chrombraunen Systems, z. B. bei den Säugetieren die Marksubstanz, unterliegen so schnell cadaverösen Veränderungen, daß sich schon wenige Stunden nach dem Tode nur noch wesentlich verunstaltete Bilder ergeben, wenn auch die wichtigsten Reaktionen noch lange erhalten bleiben. Für die Untersuchung der Organe beim Menschen empfehlen deswegen SABRAZÈS und HUSNOT unmittelbar post mortem 10%iges Formalin in die Bauchhöhle zu injicieren.

Für Übersichtsbilder des gröberen Baues eignen sich die Sublimatgemische, Pikrinessigsublimat und besonders ZENKERs Flüssigkeit und das Carnoygemisch (6 : 3 : 1) mit nachfolgender Schnittfärbung nach VAN GIESON. CIACCIO empfiehlt am meisten die Pikrin-Formol-Essigsäuremischung von BOUIN (15 : 5 : 1) und Färbung mit Säurefuchsin-Pikrinsäure-Jodgrün (Säurefuchsin 5, Alcoh. absol. 10, Wasser 100, 1/2 Stunde, konzentrierte wässerige Pikrinsäure und absoluter Alkohol $\overline{aa}$ einige Minuten, Auswaschen in 70%igem Alkohol und Übertragen in Jodgrün 1, absoluter Alkohol 10, Wasser 100 für 1—2 Minuten.)

Als Objekte für Kurszwecke sind die Nebennieren des Menschen und der höheren Affen nicht sehr günstig; besser dienen dazu die niederen Affen, die Carnivoren (Hund, Katze) und Ungulaten (Pferd); Demonstrationspräparate für den Bau bei den übrigen Wirbeltieren erhält man am bequemsten vom Huhn, von der Eidechse, von Salamandra oder Triton, vom Aal oder Hecht, von Petromyzon; für die hier so oft gebrauchten Selachier eignen sich am besten Querschnitte durch junge, etwa 9—15 *cm* lange Haifische (Scyllium, Acanthias) von der Gegend vor der Cloake, wo man auf dem gleichen Schnitte Interrenalkörper und Suprarenalkörper darstellen kann.

Die schönsten und die am meisten charakteristischen Bilder vom morphologischen Aufbau einer Nebenniere sowie der entsprechenden Organe der niederen Tiere erhält man an Gefrierschnitten von Organen, die in Müller-Formol (10 : 1) fixiert sind; nach gutem Auswaschen kann man diese Objekte in reinem 10%igen Formol beliebig lange aufbewahren. An diesen färbt man die Kerne leicht mit Hämatoxylin oder Hämalaun, dann zehn Minuten mit Scharlach R. Man erhält auf diese Weise Präparate, die die wesentlichen Bestandteile beider Systeme in ihren charakteristischen cellulären Eigenschaften aufzeigen: das Zwischennierengewebe mit den Lipoidkörnchen, das phäochrome Gewebe mit den spezifischen chrombraunen Granulis. Für die Demonstration des Aufbaues ist vor der Benutzung sehr alter Tiere, und zumal des Meerschweinchens, zu warnen: diese besitzen in der innersten Rindenschicht ein den chromierten Markkörnchen sehr ähnliches Pigment, das schon viele Irrtümer in der Literatur verursacht hat.

Wissenschaftliche Untersuchung der Nebennierensysteme:

Die Untersuchung des frischen Objektes, eines Doppelmesserschnittes, ist bedeutsam geworden durch den von KAISERLING und ORGLER geführten Nachweis anisotroper Körnchen in den Zellen der Rinde, die sie Myelin nennen. Die Methode ist die übliche der Beobachtung im polarisierten Licht. Nach den Angaben beider sind diese Körnchen unlöslich in Wasser, Natronlauge, Essigsäure, konzentrierter Schwefelsäure, schwer löslich in Alkohol, leicht in Chloroform und Äther. Sie färben sich mit Osmiumtetroxyd nur leicht grau, bei längerer Behandlung schwarz, entfärben sich in osmiertem Zustande in Xylol, Chloroform und Bergamottöl. Bei Kindern sind sie fast ausschließlich vorhanden, bei älteren Individuen finden sich noch andere, Fetttropfen ähnliche isotrope Gebilde und endlich solche, die nur am Rande Doppelbrechung zeigen. Das Verhalten der Rindenzellenkörnchen gegenüber dem Osmiumtetroxyd scheint nicht bei allen Tieren gleichmäßig zu sein: nach MITSUKURI färben sie sich am Gefrierschnitt beim Kaninchen und bei der Ratte gar nicht; es dürfte bei den schwankenden Literaturangaben die Verwechslung primärer und sekundärer Schwärzung mitsprechen (s. Osmiumtetroxyd). Sie schwärzen sich nach PLECNIK beim Menschen nicht primär mit Osmiumtetroxyd.

Die charakteristische Körnelung der chrombraunen Elemente, die man am besten und am reichlichsten angehäuft in der Marksubstanz der Säugernebenniere findet, ist leicht bei Untersuchung in einer Körperflüssigkeit (Peritonealflüssigkeit), viel weniger gut in den sogenannten indifferenten oder physiologischen Lösungen zu beobachten. Sie glänzen nicht wie die Körnchen der interrenalen, z. B. der Rindenzellen.

Bei der Fixation gehen die Körnchen der Rindenzellen in der Regel sämtlich verloren, nur das Negativ, das Maschenwerk, das sie im Leben einhüllte, ist erhalten und zeigt ihre Form und Verteilung: diese Bilder — spongiocytes von GUIEYSSE — ergeben die Sublimat- und Carnoypräparate am schönsten. Bei der Anwendung von Osmiumgemischen allein findet man, vermutlich aber nur zum Teil, diese Körnchen in tiefschwarzer Farbe im Präparat: FLEMMINGS, HERMANNS, ALTMANNS und JOHNSONS Gemisch sind gleichmäßig brauchbar: sie sollen sich an diesen Präparaten in Chloroform, Xylol und Bergamottöl entfärben; mag dies auch bei einzelnen von ihnen der Fall sein, so kann man aufgeklebte Schnitte von osmierten Objekten, die durch Chloroform eingebettet waren, wochenlang in Chloroform stehen lassen, ohne daß eine wahrnehmbare Verminderung der schwarzen Körnchen eintritt; sie sind also jedenfalls nur zum kleinsten Teil löslich. Häufig bemerkt man dagegen noch ein Ausziehen schwarzer Wolken im Xylolbalsam (s. Osmiumtetroxyd). PLECNIK wendet, um quantitativ die Rindenkörnchen zu erhalten, Petroläther als Intermedium an.

BRAUN findet, daß bei den Reptilien diese Körnchen durch Chromsäure verändert und gelöst würden; dieses Verhalten sowie das gegen Osmiumtetroxyd und die Anisotropie unterscheidet diese Körnchen scharf vom Fett. PLECNIK findet, daß sich Nebennieren„fett" nach der LEWINSOHNschen Färbemethode darstellen läßt, nicht aber subepicardiales Fett und Phosphornierenfett.

Bei der Fixation der chrombraunen Organe, zumal der Marksubstanz der Nebenniere, muß unbedingt jede unsanfte Berührung des Organs vermieden werden, da eine jede solche unter Umständen das Zerreißen der dünnen, oft nur aus einer einfachen Endothellage bestehenden Venenwandungen zur Folge hat, durch deren Risse Parenchymteile in die Venensinus hineingelangen, und so Anlaß zu groben Irrtümern liefern. Für die Konservierung haben die Agentien besondere Bedeutung erlangt, die spezifisch mit dem Secret der phäochromen Zelle reagieren.

Unter ihnen stehen die chromsauren Salze oben an: verdankt doch dieses Gewebe seine spezifische Affinität der Zelleibkörnchen zum Chrom seinen Namen (chromophil — STILLING, chromaffin — KOHN, phäochrom, chrombraun) (s. auch Chromsäure und Chromsaure Salze, Bd. I, pag. 221 u. 229).

Ausgezeichnete Resultate — sowohl was die Schärfe der Reaktion, die Güte der Fixation, die Färbbarkeit mit allen Mitteln anlangt — ergibt die HELLYsche Modifikation der ZENKERschen Flüssigkeit: ZENKER mit 5 Teilen Formol statt des Eisessigs: gutes Jodieren der Stücke, zuweilen auch noch der Schnitte, ist notwendig.

Die Spezialforscher haben eine große Anzahl verschiedener Gemische vorgeschlagen und angewandt. Kontrovers erscheint dabei, ob die Schärfe der Reaktion bei Benutzung saurer Gemische mit der bei Verwendung nicht angesäuerter Lösungen wetteifern kann. Die einfachste Methode bleibt immer die Fixation in Müller-Formol (10 : 1) auf 8 Tage im Dunklen, nötigenfalls einmal wechseln; die gut gewässerten Objekte bewahre man in 10%igem Formalin auf, um sie nach jeder Richtung (Fettfärbung, Gefrierschnitte, Einbettung etc.) verwenden zu können. — WIESEL fixiert mit einer Lösung von 10 Teilen 5%igen Kaliumbichromat, 20 Teilen 10%igen Formaldehyd, 20 Teile Aqua destillata, in der kleine Stücke 1—4 Tage verweilen, um dann auf 1—2 Tage in reine 5%ige Kaliumbichromatlösung übertragen zu werden. Nach gründlichem Auswaschen folgt die Überführung in die Alkoholreihe. Diese Methode ergibt bei nachfolgender Färbung mit Wasserblau oder Toluidinblau (10%ige wässerige Lösung 20 Minuten. Leitungswasser 5 Minuten, 1%ige wässerige Safraninlösung 20 Minuten, Alkohol 95% und 100% bis die blaue Farbe wieder erscheint, Carbolxylol. Xylol. Balsam) eine deutliche Grünfärbung der phäochromen Zellen, während die Kerne rot und die Zellkörper aller nicht chrombraunen Elemente hellblau erscheinen. C. K. HOFFMANN findet den Zellenkörper der Markzellen bei Urodelen mit 3%iger Kaliumbichromatlösung oder MÜLLERS Flüssigkeit braun, mit 0,5%iger Chromsäure grünlichbraun oder dunkelgrün gefärbt; die ZENKERsche Flüssigkeit ergibt dagegen die Phäochromreaktion nicht. was ich für die Säugetiere ebenfalls beobachtet habe; ebensowenig nach INABA die Mischung von 8 Teilen Pikrinschwefelsäure und 1 Teil Chromsäure bei 1¼ Stunden langer Einwirkung. Auch KOSE betont als Nachteil aller essigsäurehaltigen Lösungen die vollkommene oder fast vollkommene Farblosigkeit der chrombraunen Elemente. CIACCIO hat indessen wiederum zur Anstellung der Chromreaktion ein. wenn auch nur schwach saures Gemisch empfohlen, das 5 *g* Kaliumbichromat. 100 *ccm* Aqua destillata. 10 *ccm* Formol, 4—5 Tropfen Ameisensäure enthält, welche letztere durch 4—5 *ccm* Eisessig für je 100 *ccm* Flüssigkeit ersetzt werden kann. HUSSOT berichtet. daß auch hierin die HENLEsche Reaktion eintrete. Auch KOHN gibt an. daß sich die chrombraunen Elemente in saurem Chromatlösungen hinreichend deutlich unterscheiden lassen. Sicher ist so viel, daß die Intensität der Reaktion bei einigermaßen starkem Säuregehalt (3%) beträchtlich leidet, während die Güte der allgemeinen Fixation sich erheblich verbessert.

Infolge der Verunstaltungen der Zellen bei der Anwendung der nur mangelhaft fixierenden Chromsalzgemische sind die Bilder histiologisch vorsichtig zu beurteilen; dies gilt zumal für die oft behauptete Multipolarität der Markzellen. Die chrom- und osmiumhaltigen Fixationen sind indessen doch die einzigen Mittel, den Zelleninhalt der Markzellen überhaupt zu fixieren: bei allen übrigen Methoden wird der Zellenkörper bis auf spärliche Reste total aufgelöst und er gewinnt ein gerinnselig-maschiges Aussehen. Auch mit jenen Fixationen gelingt es nur ausnahmsweise, nach meiner Erfahrung zuweilen bei jungen Mäusen oder Ratten am besten, sogar hier unter Umständen auch mit Sublimat, die Zellengrenzen darzustellen, die sonst regelmäßig verschwunden sind (vgl. u. a. MITSUKURI).

Bei der Fixation von Nebennieren in oxydierenden Flüssigkeiten, bei Behandlung mit Sublimat und einer Reihe anderer Metallsalze tritt alsbald eine schon lange bekannte rosarote Färbung ein. Für manche Zwecke empfiehlt es sich, dem ganzen Tiere die Injektionsflüssigkeit zu injizieren (DRÜNER), z. B. für die Untersuchung des sympathischen Nebenanteils der Urodelen.

Zu ähnlichem Zwecke. der Demonstration der Verbreitung des phäochromen Gewebes hat KOHN eine sehr brauchbare Präparationsweise angegeben: man entfernt den Darm des Tieres, Fetus etc. mit seinen Anhangsorganen, läßt die Urogenitalorgane aber an Ort und Stelle, und bedeckt nun den gesamten Retroperitonealraum mit einem großen mit 3.5%igem Kaliumbichromat getränkten Wattebausch. Schon vor Ablauf einer Stunde tritt die Reaktion ein. Man kann ohne Schaden die Lösung 10—24 Stunden einwirken lassen. Nach Abspülen mit Wasser können die Präparate total in Glycerin oder Glyceringemischen aufbewahrt oder aber auch zu allen feineren Untersuchungen verwandt werden.

Als zweite spezifische Reaktion der Nebennierenmarksubstanz und ihrer Homologa gilt die Phenolreaktion mit Eisenchlorid, das mit Adrenalin, wie mit allen derartigen Substanzen, die freie Hydroxylgruppen enthalten, eine intensive Grünfärbung gibt. Man bezeichnet sie zu Unrecht als die Reaktion von Vulpian; sie ist zuerst von COLIN auf die Marksubstanz der Nebenniere angewandt worden. Versuche, diese Reaktion histiochemisch zu verwerten. sind von CIACCIO (03) und MULON (04), neuerdings von WIESEL (s. SCHUR und WIESEL) gemeldet worden: sie werden mit Recht als unsicher betrachtet (STOERK und v. HABERER).

Die dritte Reaktion auf die spezifischen Zelleneinschlüsse gelöster und fester Natur benutzt die oxydative Rosafärbung des adrenalinhaltigen Gewebes: MULON gibt an, daß bei der Behandlung mit OsO_4 die Marksubstanz zuerst eine rosarote, dann erst infolge der Reduktion des OsO_4 eine schwärzliche Farbe annehmen.

Während die histiochemische Ausbeutung der chemischen Reagenzien noch in den Anfängen steckt, kann mit Hilfe passender Färbungen vieles dargestellt werden. Auch hierin verhalten sich die Zellenkörper der Rinden- und der Markzellen sehr auffallend verschieden: jene tingieren sich sehr intensiv mit den sogenannten Plasmafarbstoffen, wie Eosin, Pikrinsäure, Erythrosin, Bleu de Lyon usw., diese dagegen ebenso intensiv, fast so stark wie Kerne, mit Kernfarbstoffen, Safranin (GIACOMINI, GRYNFELLT), Magentarot (GRYNFELLT), vor allem aber, was schon lange bekannt ist, mit Hämatoxylin: eine Reaktion, die sich durch die ganze Wirbeltierreihe verfolgen läßt. Man erhält damit mit der VAN GIESONschen Färbemethode für die meisten histiologischen Zwecke geeignete Resultate.

SRDINKO (05) hat besonders für die menschliche Nebenniere, bei der die Chromreaktion infolge der physiologischen braunen Pigmentierung der innersten Rindenschichten und dem nicht seltenen Versagen an dem häufig erkrankten und nicht frischen Material nur unsichere Ergebnisse liefert, eine Methode ausgearbeitet, die mit großer Schärfe die Abgrenzung des Markes zu studieren gestattet.

CIACCIO (06) stellt die spezifischen Markgranula nach Fixation mit BOUINS Lösung durch Färbung mit Eosin oder Erythosin (1%ige Lösung 30—60 Minuten) und Methylenblau oder Toluidinblau in schwacher wässeriger Lösung (wenige Minuten, dann Wasser, Alkohol, Xylol) in violetter Farbe, durch Färbung mit Säurefuchsin, Pikrinsäure, Jodgrün in rotviolettem Tone dar.

Auch Imprägnationen gegenüber verhalten sich Markzellen auffallend anders als die Rindenzellen: so werden durch die CAJALsche Neurofibrillenmethode (s. diese) und auch die Silberaldehydmethode von BIELSCHOWSKY die Markzellen intensiv geschwärzt, während die Rinde hell bleibt (LAIGNEL-LAVASTINE, DA COSTA, 06). HULTGREN und ANDERSSON haben mit Chromsäurefixation und Eisenalaunhämatoxylinfärbung in der innersten Rindenschicht und im Mark Körnelungen der verschiedensten Art dargestellt, deren Menge sie bei Regenerationsversuchen teilweise exstirpierter Nebennieren zunehmen sahen, eine Erscheinung, die sie im Sinne gesteigerter Secretionsleistung deuten. FLESCH und neuerdings SRDINKO haben auf die differente Färbung des Markes und der Rinde, FLESCH auf die Sonderung der Zellenarten an der Rindenmarkgrenze, bei der Doppelfärbung mit Carmin und Indigocarmin hingewiesen: aus dem angeführten Grunde erscheint die Rinde blau, das Mark rot. Die Zelleneinschlüsse der Rinde färben sich, ähnlich wie Fett mit Alkanna (RABL), mit Sudan III und Scharlach R rot (KAISERLING und ORGLER), nach LUBARSCH färben sie sich nach RUSSEL und nach WEIGERT. Außerdem lassen sich ALTMANNS fuchsinophile Granula nach PLECNIK bei menschlichen Embryonen leicht nachweisen. ALEXANDER findet die Rindenschicht der Nebenniere durch Jodlösung oder Jodkali rot gefärbt, und zwar ist die Färbung beständig gegenüber Schwefelsäure und ist nicht auf Glycogen zurückzuführen, da selbst längeres Liegen der Organe in Wasser ihr Eingehen nicht verhindert. WIESEL ist es gelungen, mittelst der von UNNA für die Haut verwandten Färbemethode mit polychromem Methylenblau und Differenzierung in 33%iger Tanninlösung in der inneren Schicht der Zona fasciculata und in der Zona reticularis auch am frischen Präparat zwei Zellenarten zu sondern: er findet in regelloser Verteilung neben kleineren Zellen mit blauem Zellkörper und blauem Kern größere Zellen mit hellblauem Körper und rotem Kern. Viele der blau gefärbten Zellen färben sich auch mit Schleimfarben und mit HEIDENHAINS Eisenhämatoxylin. Nach WIESEL deuten diese Verschiedenheiten auf die Existenz eines sauren und eines basischen Secretes. PLECNIK weist im Mark nach der Pubertät Körner nach, die sich mit Sudan im ganzen rot färben, mit Osmiumtetroxyd nur ringförmig schwärzen.

Die Osmium- und Chromsalzfixierungen geben als solche schon die bekannten Farbresultate: GUARNIERI und MAGINI finden außer diesen den Markzellkörper zu drei Vierteilen braun gefärbt bei FLEMMINGS Fixation, während die Spitze um den Kern herum ungefärbt bleibt. Es ist zu erwähnen, daß der Eintritt der Chromfärbung an anderweitig fixierten Präparaten nicht mehr zu erzielen ist; schon 15 Minuten lange Einwirkung von Alkohol vereitelt die Reaktion; auch an nicht mehr ganz frischen Objekten bleibt sie zuweilen aus.

Für ihre speziellen Zwecke haben sich die Autoren meist besondere Fixations- und Färbemethoden ausgewählt, von denen einige angeführt seien:

Säugetiere: GUIEYSSE benutzt für Meerschweinchen vorzugsweise ZENKERS Lösung mit 3% Essigsäure 3—4 Stunden lang, dann 12 Stunden lang Sublimat: er färbt mit dem besten Resultate mit Magentarot, Pikrinsäure, Indigocarmin, entfärbt mit Nelkenöl; PFAUNDLER findet neben anderen Mitteln den absoluten Alkohol sehr brauchbar, CARLIER fixiert die Nebenniere des Igels mit Pikrin-Tannin-Sublimat nach MANN. (Absoluter Alkohol 100 *ccm*, Pikrinsäure 4 *g*, Sublimat 15 *g*, Acidum tannicum 6—8 *g*). FUHRMANN fixiert die Nebenniere des Meerschweinchens mit ZENKERscher Flüssigkeit, mit Müller-Formol (9 : 1), 10%igem Formol, konzentriertem Kochsalzsublimat, FLEMMINGS und HERMANNS Lösung. Zur Konservierung des osmierten Fettes diente eine besondere Methylalkohol-Celloidineinbettung und Aufhellung mit Origanumöl. Zu Färbungen wurde BENDAS Eisenhämatoxylin, RAWITZ Alizarinmethode, Safranin- und Methylgrün-Säurefuchsin benutzt. MARASSINI fixiert Säugernebennieren in einer Mischung von gleichen Teilen 4%igen wässerigen Kaliumbichromats und 2%iger Sublimatlösung. Für die Darstellung der von GUIEYSSE entdeckten „corps sidérophiles“, die von vielen Seiten für wichtige Secretionsphasen, von anderen aber für Kunstprodukte erklärt werden, kommt besonders die Färbung mit Eisenhämatoxylin nach HEIDENHAIN in Betracht (DA COSTA, 07).

Vögel: RABL findet bei Fixation mit 1%iger Chromsäure in den Strängen der Nebenniere unregelmäßig verteilt blasige Zellen, die bei anderen Fixationen fehlen und sich bei Färbung mit Essigsäurehämatoxylin nach KULTSCHITZKY und darauf folgender Behandlung mit Ferridcyankalium dunkelschwarzblau färben, während die übrigen Zellen blaßblau werden.

Reptilien: BRAUN fixiert mit Chromsäure, FLEMMINGS Lösung, 1/2—2%igem Kaliumbichromat, Alkohol und färbt mit Carmin oder dem von ihm angegebenen Pikrocarmin im Stück.

Amphibien: STILLING fixiert Froschnebennieren mit HERMANNschem und ZENKERschem Gemisch, mit 10%igem Formol mit Zusatz von 2,5—3% Kaliumbichromat, färbt mit Hämatoxylin-Eosin, ZENKERsche Präparate mit Triacid nach EHRLICH oder mit BIONDIscher Lösung. Er findet „Sommerzellen" in der Froschnebenniere, die sich mit Eosin intensiv rot, mit den Dreifarbengemischen rotviolett färben: SRDINKO fixiert mit CARNOYS Lösung 3 Stunden lang, mit MÜLLERscher Flüssigkeit 4—7 Tage, mit FLEMMINGschem Gemisch 2—6 Stunden, färbt mit Hämatoxylin (5%ige Lösung 100 Teile + 1%iger Lösung von Kaliumpermanganat 5 Teile) 2 Stunden, Differenzierung mit Eisenalaun (1%ige Lösung) oder nach der MERKELschen Doppelmethode; C. K. HOFFMANN findet für die Rindenzellen der Urodelen 1/2%ige Chromsäure von allen Fixationsmitteln am besten. CIACCIO (03) fixiert außer mit dem BOUINschen und dem ZENKERschen und einem statt Platinchlorid Platinchloridnatrium enthaltendem HERMANNschen Gemisch und einer Lösung, die aus 4 *g* Kaliumbichromat, 10 *ccm* Formol, 100 *ccm* Aq. dest., 3—4 Tropfen reiner Ameisensäure besteht, behandelt mit 1%iger Sublimatlösung nach und wäscht dann aus. GRYNFELTT injiziert vom Herzen aus mit MÜLLERscher Flüssigkeit und hellt die Präparate in Öl auf.

Teleostier: PETTIT benutzt für die „Nebenniere" des Aals starkes FLEMMINGsches Gemisch, LINDSAYsche und ZENKERsche Flüssigkeit; färbt vorzugsweise mit Safranin nach HENNEGUY, mit dem EHRLICH-BIONDIschen Gemisch und nach BENDA; DIAMARE benutzt für die STANNIUSschen Körper 1%ige Osmiumsäure.

Selachier: DIAMARE verwendet für den Interrenalkörper Alkohol-Eisessig-Sublimat nach MINGAZZINI und Pikrinsublimat (Pikrinsäure, gesättigte alkoholische Lösung 1 Teil, gesättigte wässerige Sublimatlösung 1 Teil). Für die Corpora suprarenalia der Selachier wie für die phäochromen Zellen des Sympathicus (Zellnester — SIGMUND MAYER) und die Nebenkörper des Sympathicus (ZUCKERKANDL) gelten dieselben Regeln wie für die Technik der Marksubstanz der Nebenniere.

Das Studium des elastischen Gewebes, der glatten Muskulatur, der Pigmentverhältnisse, der Kernteilungen usw. geschieht nach den üblichen Methoden.

Secretionskanälchen und andere Hohlraumbildungen in und zwischen den Zellen der Nebenniere sind mit speziellen Methoden in einer Anzahl von Arbeiten geschildert worden. FÉLICINE injiziert eine Tuscheaufschwemmung in Kochsalz vital in den Blutstrom und fixiert mit ZENKERscher Lösung; außerdem benutzt sie vitale Infusion von Toluidinblaufällung mit Sublimat, nachträgliche Molybdänierung. CIACCIO (a) hat eine modifizierte Golgimethode für diese Zwecke ausgearbeitet, da die üblichen wegen der Lipoidmengen sich nicht brauchbar erwiesen: er behandelt mit einer Lösung von Formol 15 *ccm*, Kaliumbichromat 5 *g*, Aq. dest. 100 *ccm* vor und mit 1%iger Silberlösung nach. Die Stücke müssen gleich nach dem Herausnehmen aus der Höllensteinlösung mit dem Rasiermesser geschnitten oder nach kurzer Alkoholbehandlung in Paraffin eingebettet werden. Es folgt Färbung mit Säurefuchsin, Aufhellen in Nelkenöl. Außerdem benutzt CIACCIO (c) für die Analyse der Secretionserscheinungen in den Nebennierenzellen außer den Gemischen von BOUIN, HULTGREN und ANDERSSON und einer modifizierten HERMANNschen Lösung (1%iges OsO_4 1 Teil, Platinchloridnatrium 3 Teile, Eisessig 1/2 Teil) noch zwei von ihm selbst zusammengesetzte Mittel: das erste besteht aus Formalin 10 *ccm*, Kaliumbichromat 5 *g*, Aq. dest. 100, Acidum formicicum 3—4 Tropfen; das zweite aus Formalin 10 *ccm*, Kaliumbichromat 3 *g*, Sublimat 2 *g*, Aq. dest. 100 *ccm*, Acid. formicicum 3—4 Tropfen.

Von den nervösen Bestandteilen der Nebenniere bedürfen die Nervenzellen keines besonderen Verfahrens: es ist indessen auf die ungemein große Verschiedenheit ihrer Zahl bei den einzelnen Tieren, besonders bei den Säugetieren hinzuweisen: bei der Ratte und Maus sind sie ungemein spärlich, beim Meerschweinchen bilden sie nach DOGIEL förmliche Ganglien, bei den Carnivoren, Hund und Katze sind sie ebenfalls selten, bei den höheren Affen und beim Menschen in großer Anzahl vorhanden. Bei den Tieren, deren Nebenniere nur wenige Nervenzellen aufweist, findet man in der Regel entweder unmittelbar der Kapsel anliegend oder in der etwas weiteren Umgebung des Organs beträchtliche sympathische Ganglien. DOGIEL findet mittelst der Golgimethode kleine und große multipolare Zellen mit pericellulären Netzen und bipolare Zellen; die großen multipolaren Zellen färben sich mit Methylenblau schwächer als die kleinen. Für den Nachweis der Nervenfasern kommen die Goldmethoden, die Golgimethoden und die Methylenblaufärbungen in Betracht. Mit Goldchlorid konnten weder GUARNIERI und MAGINI, noch FUSARI positive Resultate erzielen. S. MAYER hat auf die besonders intensive Färbung der phäochromen

Sympathicuselemente bei den Amphibien mittelst einer 0,1%igen Chlorgoldlösung und nachfolgender Behandlung mit schwach essigsäurehaltigem Wasser hingewiesen, die man bei derartigen Versuchen zuweilen zu Gesicht bekommt.

Die Methylenblaumethode haben Dogiel und Fusari benutzt: Fusari gab sie nur partielle Resultate; nach meiner eigenen Erfahrung mit intraperitonealer, intravenöser und subcutaner Methylenblauinjektion beim lebenden Tier sind die Ergebnisse wenig ermutigend, selbst bei solchen Tieren, die an anderen Körperstellen brauchbare Präparate des peripherischen Nervenverlaufs ergeben haben. Es färben sich dagegen, wie ich regelmäßig beobachtet habe, stets eine Anzahl von Zellen der Rindenschicht in unregelmäßiger Verteilung tiefblau, während die anderen, und zwar die bei weitem größere Menge, ungefärbt bleiben. Die meisten Schilderungen beziehen sich auf Golgipräparate: Fusari hat nach solchen von der Säugernebenniere, Giacomini von der der Vögel eine große Anzahl von Einzelheiten des Nervenverlaufs beschrieben, Fusari auch in der Rinde, der die meisten Untersucher bis auf Nagel die Nerven abgesprochen hatten, und zwar mit der schnellen Methode Golgis; die langsame stellt auch nach Fusari Gefäße, Bindegewebe, Muskelzellen und die geflügelten Figuren dar, die schon Guarnieri und Magini aufgefallen waren.

Dogiel erhielt von der Nebenniere des Hundes, des Meerschweinchens, der Ratte die besten Resultate, und zwar mit der doppelten Methode Ramon y Cajals in 6—8 Tagen. In der Zona fasciculata sei die Färbung am schwierigsten; er beschreibt Nervenfasernetze, die die Zellengruppen und die einzelnen Zellen, zumal des Markes, umspinnen.

Die Darstellung der Gefäße der Nebenniere ist eine der schwierigsten Aufgaben der Injektionstechnik. Arnold hat solche zuerst im größeren Maßstabe beschrieben; nach Pfaundler erzielt man die besten Resultate bei venöser Injektion: sehr gute Abbildungen gibt Dostoiewski von injizierten Präparaten. Den Klagen über Nichtgelingen der Injektion begegnet man nicht selten z. B. bei Guarnieri und Magini (s. Injektion). Spezielle, sehr ausführliche Vorschriften über die Ausführung der Nebenniereninjektion beim Hunde gibt Flint: An dem durch Verblutenlassen aus den Carotiden getöteten Tier wird an der Aorta oberhalb des Zwerchfells für die venöse Injektion entweder von der Lumbalvene nach Unterbindung des centralen Endes kurz vor der Ausmündung in die Vena cava oder ebenfalls von der Aorta aus mit einer flüssigen Masse injiziert, die die Capillaren passiert. Die ausgezeichnetsten Resultate hat Flint bei Einzelinjektion mittels Zinnobers erhalten. Natürliche Injektionen erhielt er durch Unterbindung der Lumbalvene am medialen und lateralen Rande des Organes 10—15 Minuten lang. Korrosionspräparate hat er außer mit Woods Metall und Maceration in Kalilauge durch Injektion mit Preußischblau-Celloidin und Behandlung mit 20%iger Salzsäure und Pepsinchlorwasserstoffsäure hergestellt. Die Kapselplexus hat er an gehärteten und injizierten Drüsen dargestellt, die mit dem Rasiermesser halbiert waren und an denen durch Auskratzen das Parenchym bis auf die fibröse Kapsel entfernt war; diese wurde aufgehellt und in eine Glaszelle eingeschlossen, Embryonen von Säugetieren (Schwein) von mehr als 10 *cm* Länge wurden ebenso injiziert wie die größeren Tiere, bei kleineren brachte er die Kanüle durch das linke Herz direkt in die Aorta, noch kleinere injizierte er von den Nabelgefäßen aus mittelst einer langen zu einer spitzen Kanüle ausgezogenen Pipette.

Die Untersuchung des Inhalts der Blutgefäße, sei es im Blut der Nebennierenvene, sei es auf dem Schnittpräparat des Gewebes selbst, ist bei der Suche nach der „wirksamen Substanz" und nach den Secreten oder Excreten der Nebenniere häufig zu Rate gezogen worden, besonders auch nach experimentellen Eingriffen. Sehr früh hat schon Gottschau die Aufmerksamkeit auf diesen Punkt gelenkt. Manasse hat nach Chromsalzfixation (Müllers Flüssigkeit, 2%iges Kaliumbichromat) in den Markräumen und auch in arteriellen Gefäßen glasige, braune Massen gefunden; Zapfen solcher Substanz ragten von den Markzellen in die Lumina hinein, das Venenendothel war stellenweise nicht nachweisbar; die Massen färbten sich mit Eosin rosarot, nach Russels Carbolfuchsin-Carboljodgrünmethode grün wie die Kerne. Mit Alkohol und 10%iger Salpetersäure ist der Veneninhalt nicht fixierbar, und schon nach 10 Minuten langer Einwirkung von Alkohol bleibt die Bräunung in Chromsalzen aus. Zweifel an der Lebenstreue dieser Bilder äußert der Autor selbst. Es handelt sich wahrscheinlich um künstlich in die Venenräume gelangte Phäochrommassen.

Das Stroma der Nebennieren hat Flint nach den Methoden Malls und Spalteholz' (s. Maceration) dargestellt und geschildert. Wiesel erhielt die schönsten Bilder mit der von Benda angegebenen Methode zur Darstellung der Gliafasern, bei der die Objekte nach vorhergegangener Behandlung mit Weigerts Gliabeize im Stück und Nachbeizung in Liquor ferri sulfurici im Schnitt mit sulfalizarinsaurem Natron und nachher mit Toluidinblau gefärbt werden. Dieser Methode rühmt Wiesel trotz ihrer Kompliziertheit große Sicherheit und Schönheit der Präparate nach.

Für das Studium akzessorischer Nebennieren ist das am besten untersuchte Objekt Mensch (Pick), Ratte (Wiesel), und zwar Ligamentum latum und Nebenhoden.

Für Operationen an den Nebennieren sind Maus und Ratte die bei weitem geeignetsten Versuchstiere; bei den übrigen Laboratoriumstieren, Hund, Katze, Kaninchen, stört oft die Nähe der großen Venen und die Notwendigkeit, intraperitoneal zu arbeiten, während man bei Ratte und Maus sehr bequem vom Rücken her total exstirpieren kann (Boinet, Poll).

Die Literatur der Arbeiten über die Nebenniere auf dem Gebiet der normalen Anatomie geben am vollständigsten Pettit und Delamare, für die Entwicklungsgeschichte das Hertwigsche Handbuch der Entwicklungslehre, für die Casuistik und den Bau der akzessorischen Nebennieren sowie für die pathologische Anatomie Pick, für die experimentellen Untersuchungen Szymonowicz, Hultgren und Andersson. Vollständig ist keines dieser Verzeichnisse.

Literatur: Alexander (Beitr. Pathol. Anat., Bd. 11, 1891), Arnold (Arch. Pathol. Anat., Bd. 35, 1866), Aichel (Arch. Mikr. Anat., Bd. 56, 1901), Boinet (C. R. Soc. Biol. Paris, X. Ser., Bd. 2, 1895, Bd. 3, 1896, Bd. 4, 1897). Braun (Arb. Zool. Inst. Würzburg, Bd. 5, 1882), Carlier (Anat. Anz., Bd. 8, 1892), Ciaccio (Ebenda, Bd. 22, 1903a), derselbe (Ebenda Bd. 23, Nr. 4 u. 5, 1903b), derselbe (Ebenda, Nr. 16 u. 17, 1903c), derselbe (Arch. Ital. Anat., Bd. 5, 1906d), da Costa (XV. Congr. Int. Med., Lisbonne 1906), derselbe (Anat. Anz., Bd. 31, 1907), Delamare (Traité d'Anatomie humaine par Poirier et Charpy, Bd. 5, 1904), Diamare (Mem. Soc. Ital. Sc. (della dei XI), III. Ser., Bd. 10, Roma 1896), Dogiel (Arch. Anat. 1894), Dostoiewsky (Inaug.-Diss., St. Petersburg 1884), Félicine (Arch. Mikr. Anat., Bd. 63, 1904), Flesch (Zeitschr. Wiss. Mikr., Bd. 2, 1885), Flint (Anat. Anz., Bd. 16, 1899), Fuhrmann (Zeitschrift Wiss. Zool., Bd. 78, 1905), Fusari (Arch. Ital. Biol., Bd. 16, 1891), Giacomini (Proc. Accad. Fisiocrit. Siena, 1897), derselbe (Arch. Ital. Biol., Bd. 29, 1898), Gottschau (Biol. Centralbl., Bd. 3, 1853), Grynfeltt (Journ. de l'Anat. 1904), Guarnieri und Magini (Rend. Acc. Lincei. Bd. 4, 1888), derselbe (Arch. Ital. Biol., Bd. 10, 1888), Guieysse (Journ. de l'Anat. 1901), Hoffmann (Verh. Konink Akad. Wet. Amsterdam, Bd. 8, 1902), Hultgren und Andersson (Skand. Arch. Physiol., Bd. 9, 1899), Husnot (Thèse de Bordeaux 1907), Inaba (Journ. Coll. Science Univ. Japon, Bd. 4, 1891), Kaiserling und Orgler (Arch. Pathol. Anat., Bd. 167, 1902), Kölliker (Verh. Ges. Deutsch. Nat., Wien 1894), Kohn (Arch. Mikr. Anat., Bd. 62, 1903), Kose (Ebenda, Bd. 69, 1907), Laignel-Lavastine (C. R. Soc. Biol. Paris, Bd. 58, 1905), Lubarsch (Arch. Pathol. Anat., Bd. 135, 1893), Manasse (Ebenda, Bd. 135, 1893/94), Marassini (Mon. Zool. Ital. 1906), Mayer (Sitz. Akad. Wiss. Wien, Bd. 6, 1872), Mitsukuri (Quart. Journ. Micr. Sc., Bd. 22, 1882), Mulon (Arch. Gén. Méd., Nr. 52, 1904, darin Literaturzusammenstellung), Nagel (Inaug.-Diss., Berlin 1838), Orgler (Inaug.-Diss., Berlin 1898), Pettit (Journ. de l'Anat. 1896), Pfaundler (Sitzungsber. Kais. Akad. Wiss., Bd. 101, 1892), Plecnik (Arch. Mikr. Anat., Bd. 60, 1902), Pick (Arch. Gynäk., Bd. 64, 1901), Poll (Arch. Mikr. Anat., Bd. 54, 1899), Rabl (Ebenda, Bd. 38, 1891), Schur und Wiesel (Wien. Klin. Wochenschr., Nr. 40, 1907), Szymonowicz (Arch. Ges. Physiol., Bd. 64), Srdinko (Anat. Anz., Bd. 18 u. 26, 1900 u. 1905), Stilling (Arch. Mikr. Anat., Bd. 52, 1898), Stoerk und v. Haberer Ebenda, Bd. 72, 1908), Wiesel (Sitzungsber. Akad. Wiss. Wien, Bd. 108, 1899), Zuckerkandl (Anat. Anz., Erg.-H. z. Bd. 19, 1901). *Poll*, Berlin.

Necrosebacillus (Lang), Streptothrix cuniculi (Schmorl), Bacillus necrophorus (Flügge), Bacillus diphtheriae vitulorum (Löffler).

Der Necrosebacillus färbt sich in Deckglaspräparaten mit den gebräuchlichen wässerigen Anilinfarblösungen nur schlecht, ganz gut aber mit dem Löfflerschen Methylenblau und mit Carbolfuchsin. Nach Kitt färbt sich der Necrosebacillus am schönsten mit Carbolthionin, wodurch die Bacillen namentlich auch in Schnitten schön zur Anschauung gebracht werden können. Sie erscheinen dann in Form von gleichmäßig gefärbten, gestreckten und wellig verlaufenden, scheinbar ungegliederten Fäden. Teilweise lassen die Fäden jedoch auch durch feine Trennungslücken ihre Zusammensetzung aus aneindergereihten Individuen erkennen. Bei der Färbung mit Löfflerschem Methylenblau und besonders auch mit Carbolfuchsin zeigen die Bacillen und Fäden nicht selten helle ungefärbte Lücken, die mit scharf abgesetzten, gefärbten Teilstücken abwechseln. Nach Gram läßt sich der Necrosebacillus nicht färben. Für die Schnittfärbung hat C. O. Jensen eine den Necrosebacillus eigentümliche Doppelfärbungsmethode angegeben, nach der sich andere Bacterien nicht färben: Die Organstücke werden danach in Müllerscher Flüssigkeit gehärtet, ausgewaschen und in Alkohol nachgehärtet. Alkoholhärtung allein ist nicht brauchbar. Die Schnitte werden einige Minuten in Toluidin-Safranin, das wie gewöhnliches Anilin-Gentianaviolett hergestellt wird, gelegt, dann mittelst einer alkoholischen Safraninlösung entwässert. Hierauf Fluorescin-Nelkenöl, reines Nelkenöl, Alkohol, wässeriges Methylgrün, Alkohol, Xylol, Balsam. Nach dieser Färbung erscheinen die Bacillen schön rot gefärbt, während das Gewebe grün gefärbt ist.

Literatur: Kitt (Bacterienkunde und pathologische Mikroskopie, 1899), C. O. Jensen (Die vom Necrosebacillus [Bacillus necrosus] hervorgerufenen Krankheiten, Ergebnisse der allgemeinen Pathologie von Lubarsch und Ostertag, 2. Jahrg., 1895).

Künnemann, Hannover.

Negativlack. Zum Lackieren photographischer Negative benutzt man gewöhnlich einen Lack, der besteht aus 75 *g* gebleichten Schellacks und 75 *g* Sandarak gelöst in 1000 *ccm* 96%igen Alkohols mit Zusatz von 2 *ccm* Ricinusöl. Derselbe muß sorgfältig filtriert und auf die handwarme Platte aufgegossen werden. Einen noch widerstandsfähigeren Lack erhält man durch Lösen von 10 *g* Kollodiumwolle in 500 *ccm* Amylacetat. Man läßt die Lösung eine Woche stehen und absetzen und gießt dann die klare Schicht vom Bodensatz ab.

WEIGERT hat den Negativlack zum Einschluß großer Schnitte (Gehirnschnitte) ohne Deckglas empfohlen. Man übergießt den Schnitt mit dem Lack und läßt bei gelindem Erwärmen trocknen. Man wiederholt diese Prozedur, bis der Schnitt völlig in den Lack eingeschlossen ist. Staubig gewordene Präparate kann man ohne Schaden abwischen, ja abwaschen.

Literatur: WEIGERT (Zeitschr. Wiss. Mikr., Bd. 4, 1887).

Nelkenöl wird durch Destillation von Gewürznelken, den getrockneten Blütenknospen von Caryophyllus aromatica, gewonnen. Es ist im wesentlichen ein Gemenge von einem Terpen und Eugenol (s. dort) und stellt ein gelbliches, dickflüssiges Öl von eigentümlichem, aromatischem Geruche dar. Spez. Gew. = 1,06 bis 1,07. Siedepunkt bei 250°. Mit Alkohol von 74% ist es in jedem Verhältnis klar mischbar, in Äther, Amyalalkohol und Chloroform löslich. Sein Brechungsexponent beträgt bei 20° 1,553. *Neuberg*, Berlin.

Das Nelkenöl ist früher eines der beliebtesten Aufhellungsmittel gewesen und als solches auch sehr zu empfehlen, doch wird der Geruch auf die Dauer unangenehm. Es löst Celloidin und kann deshalb für Celloidinschnitte keine Verwendung finden. Auch die meisten Anilinfarben sind in Nelkenöl lölich, man kann deshalb die im Alkohol noch nicht ganz differenzierten Schnitte in Nelkenöl fertig differenzieren, muß aber vor Balsameinschluß gut in Xylol auswaschen. Über das SCHÄLIBAUMsche Nelkenöl-Kollodium vgl. Paraffinschnittaufklebemethoden.

Nemathelminthen siehe: Würmer.

Nematoden siehe: Würmer.

Nemertinen siehe: Würmer.

Nervenendkörperchen, d. h. Endigungen sensibler Nerven umgeben von einer besonderen bindegewebigen Hülle finden sich überall an der Körperoberfläche innerhalb des Bindegewebes in größerer oder geringerer Entfernung vom Oberflächenepithel. KRAUSEsche Endkolben trifft man in der Conjunctiva bulbi des Menschen und der Säugetiere und in der Haut des Schweinerüssels, GOLGI-MAZZONIsche Körperchen in der Haut der äußeren Genitalien und im menschlichen Nagelbett. HERBSTsche Körperchen finden sich bei den Vögeln in der äußeren Haut, besonders in der Umgebung der Schwanz- und Schwungfedern, in der Schleimhaut der Cloake, der Conjunctiva bulbi, am zahlreichsten aber in dem Periost der Tibiavorderfläche, in der Zunge und der Gaumen- und Schnabelhaut der Wasservögel. Am besten zur Untersuchung eignet sich der Gaumen und die Wachshaut des Entenschnabels, der Schnabel der Schnepfe und die Zunge des Spechts. Neben HERBSTschen Körperchen finden sich an den meisten dieser Stellen auch GRANDRYsche Körperchen. Die den HERBSTschen sehr ähnlichen VATER-PACINIschen Körperchen liegen in dem Unterhautbindegewebe an der Volar- und Seitenfläche der menschlichen Hand, der Fußsohle und vor allem der Zehen und Finger, ferner im Periost und an den Beugeseiten der Gelenke, im parietalen Bauchfell (Vorderwand) des Menschen (RAMSTRÖM). Als bequemster Fundort ist das Mesenterium und das Pancreas von nicht zu jungen Katzen bekannt. MEISSNERsche Körperchen endlich finden sich in den Cutispapillen des Menschen und der Affen, und zwar am zahlreichsten in den Ballen der Finger und Zehen.

Zur Untersuchung des Baues der Nervenendkörperchen fixiere man nicht zu große Stückchen der betreffenden Haut oder noch besser 1—2 *mm* dicke Rasiermesserschnitte der frischen Haut in 0,5%iger Osmiumsäure oder FLEMMINGscher oder HERMANNscher oder ZENKERscher Flüssigkeit oder in einer Mischung von 12 Teilen konzentrierter Sublimatlösung und 2 Teilen 2%iger Osmiumsäure (SZYMONOWICZ). VATER-PACINIsche Körperchen aus dem Mesenterium der Katze kann man nach der Fixation vorsichtig isolieren und in toto in stark verdünntes Glycerin einlegen, das man durch freiwillige Verdunstung des Wassers allmählich eindickt. Man erhält so sehr demonstrative Totalpräparate. Die Grenzen der die einzelnen Lamellen der Kapsel auskleidenden Zellen lassen sich leicht durch Behandlung mit Silbernitrat darstellen.

Zur Darstellung der Nervenendigung innerhalb der Körperchen eignet sich sowohl die Vergoldung, als auch die Versilberung, als auch die Methylenblaufärbung.

Von den Goldmethoden empfiehlt sich vor allem die RANVIERsche Goldchlorid-Ameisensäure-Kochmethode (s. Goldmethoden). In der verdünnten Ameisensäure quillt die Cutis meist sehr stark auf und löst sich von der Epidermis. Einbettung am besten in Celloidin. WUNDERER empfiehlt für Anamnier Vorbehandlung 15—20 Minuten mit 5%iger Ameisensäure mit 0,2% Osmiumsäure oder 5% Formalin. Auswaschen, Einlegen für 2—6 Stunden im Dunkeln in 1%ige Goldchloridlösung. Abspülen und Einlegen in 20—25%ige Ameisensäure, zunächst 12 Stunden im Dunkeln, dann im Licht, nach 24 Stunden wird Glycerin zugesetzt. Zur Versilberung ist in letzter Zeit mit großem Erfolg die CAJALsche Neurofibrillenmethode verwandt worden (DOGIEL, BOTEZAT). DOGIEL legt das absolut frische Material für 3—5 Tage in kleinen Stückchen in körperwarme 1—2%ige Lösung von Argentum nitricum in den Brutofen. Reduktion in Pyrogallussäure-Formalin. (Näheres s. Neurofibrillen). Einbettung in Paraffin. BOTEZAT legt Wert darauf, daß man möglichst viel Silberlösung (250 *ccm*) und nur wenige kleine Stückchen nimmt. Auch die Methylenblaumethode liefert vorzügliche Färbungsresultate. Man spritzt dem gut ausgebluteten Tiere eine 0,5—1%ige Methylenblaulösung vom Herzen oder einer zuführenden größeren Arterie aus ein. Nach ungefähr 20 Minuten fertigt man cca. 1 *mm* dicke Schnitte der zu untersuchenden Partien an und setzt sie in der feuchten Kammer der Luft so lange aus (am besten im Brutschrank), bis die Bläuung eingetreten ist. Oder aber man färbt frische cca. 1 *mm* dicke Rasiermesserschnitte ungefähr 1—2 Stunden auf dem Objektträger in einer feuchten Kammer in einer 0,1%igen Lösung von Methylenblau in physiologischer Kochsalzlösung. Fixation in beiden Fällen in Ammoniummolybdat. Von anderen Untersuchungsmethoden käme noch die NEGROsche Hämatoxylinfärbung eventuell in Betracht (RAMSTRÖM).

Literatur: BOTEZAT (Zeitschr. Wiss. Zool., Bd. 84, 1906), derselbe (Anat. Anz., Bd. 30, 1907), CARRIÈRE (Arch. Mikr. Anat., Bd. 21, 1882), DOGIEL (Zeitschr. Wiss. Zool., Bd. 75, 1903), derselbe (Arch. Mikr. Anat., Bd. 64, 1904), derselbe (Anat. Anz., Bd. 25 u. 27, 1904 u. 1905), FISCHER (Arch. Mikr. Anat., Bd. 12, 1876), KRAUSE (Die terminalen Endkörperchen der sensiblen Nerven, Hannover 1860), LANGERHANS (Ebenda, Bd. 9, 1873), LUDWIG FERDINAND, Prinz von Bayern (Sitzungsber. Ak. Wiss. München, 1884), MEISSNER (Beitr. zur Anat. u. Physiol. der Haut, Leipzig 1853), MERKEL (Arch. Mikr. Anat., Bd. 11, 1875), derselbe (Über die Endigungen der sensiblen Nerven in der Haut der Wirbeltiere, Rostock 1880), RAMSTRÖM (Uppsala Läkareförenings Förhandl., N. F., Bd. 11, 1906), derselbe (Anat. Hefte, Bd. 36, 1908), SZYMONOWICZ (Arch. Mikr. Anat., Bd. 48, 1896), WAGNER (Arch. Anat., 1852), WUNDERER (Arch. Mikr. Anat., Bd. 71, 1908).

Nervenendigungen, sensible freie. Freie Endigungen sensibler Nerven finden sich vor allem innerhalb des Epithels der gesamten Körperoberfläche, in den Haaren, ferner aber auch im Bindegewebe. Zu ihrer Darstellung dienen drei Hauptmethoden, die Vergoldung, die Versilberung und die Methylenblaufärbung. Über deren Technik vergleiche man die Artikel Goldmethoden, Golgimethode, Neurofibrillen und Methylenblau zur Nervenfärbung. Als Objekte, welche an freien Nervenendigungen besonders reich sind, seien hier vor allem genannt die Hornhaut. Ihre Nerven lassen sich sowohl mit der Citronensaft-Goldmethode von RANVIER, als auch durch Methylenblauinjektion von der Carotis aus, als auch durch supravitale Färbung auf dem Objektträger sehr leicht darstellen. Ein weiteres außerordentlich günstiges Objekt ist die Haut der Rüsselscheibe vom Schwein, hier finden sich neben intraepithelialen Fasern, die in Tastscheiben oder -bechern auslaufenden Fasern der MERKELschen Körperchen, auch in der äußeren Wurzelscheide der Tasthaare sind letztere nachgewiesen worden. Neben den Goldmethoden und der Methylenblau-Schnittfärbung kommt hier vor allem die CAJALsche Neurofibrillenimprägnation zur Verwendung. Ganz ähnliche Bildungen wie die MERKELschen Körperchen hat BETHE mittelst Methylenblauinjektion in der Gaumenschleimhaut des Frosches nachgewiesen. Auch die Maulwurfschnauze ist an freien, intraepithelialen Nervenendigungen außergewöhnlich reich. Sie bilden hier das EIMERsche Organ.

Im Bindegewebe finden sich freie Nervenendigungen an sehr zahlreichen Stellen, so im Nagelbett, an der Glashaut der Haarbälge, in den tiefsten Schichten der Cutis als sogenannte RUFFINIsche Körperchen und an anderen Stellen.

Literatur: BONNET (Morph. Jhb., Bd. 4. 1878), BOTEZAT (Arch. Mikr. Anat., Bd. 61, 1902), derselbe (Anat. Anz., Bd. 30, 1907), derselbe (C. R. Soc. Biol. Paris, Bd. 65, 1908), DOGIEL (Zeitschr. Wiss. Zool., Bd. 75. 1903), derselbe (Anat. Anz., Bd. 27. 1905), EIMER (Arch. Mikr. Anat., Bd. 7, 1871), HUSS (Zeitschr. Wiss. Zool., Bd. 67, 1900), IZQUIERDO (Inaug.-Diss. Straßburg 1879), MERKEL (Arch. Mikr. Anat., Bd. 11. 1876), derselbe (Über die Endigungen sensibler Nerven in der Haut der Wirbeltiere, Rostock 1880), MOJSISOVICS (Sitzungsber. Ak. Wiss. Wien, Bd. 73. 1876). RANVIER (Technisches Lehrbuch), RUFFINI (Arch. Ital. Biol., Bd. 21, 1894), SZYMONOWICZ (Arch. Mikr. Anat., Bd. 45, 1895), TRETJAKOFF (Zeitschr. Wiss. Zool., Bd. 72, 1901), VAN GEHUCHTEN (Cellule, Bd. 9, 1893).

Nervenfasern, Achsencylinder der. Der Achsencylinder ist in der frischen, markhaltigen Nervenfaser bekanntlich nicht zu sehen. Um ihn sichtbar zu machen, muß das Myelin entfernt werden. Als Lösungsmittel für dasselbe kommen in Betracht absoluter Alkohol, Äther, Benzol, Chloroform, ätherische Öle und Mischungen dieser Stoffe. Um den Achsencylinder im frischen Präparat sichtbar zu machen, genügt es, wenn man die trocken zerzupften Fasern (eventuell etwas Anhauchen) rasch mit einem Tropfen Kollodium und dem Deckglas bedeckt.

Zur Fixation des Achsencylinders der markhaltigen Nervenfaser können die verschiedensten Fixationsmittel Verwendung finden; wir nennen hier vor allem die Osmiumsäure in 0,5—1%iger Lösung, Osmiumgemische, absoluten Alkohol, Alkohol-Chloroform-Eisessig nach CARNOY, Alkohol-Eisessig nach KRONTHAL, ZENKERsche Flüssigkeit, Salpetersäure 3—5%, Pikrinschwefelsäure, chromsaure Salze, Sublimat und viele andere. Fast alle unsere in der Mikrotechnik benutzten Fixative erhalten den Achsencylinder mehr oder weniger gut. Am meisten leistet wohl die Osmiumsäure, viel ungeeigneter erweist sich reines Sublimat. Die dicksten Achsencylinder ergeben Mischungen von Alkohol mit Essigsäure, wie bei KRONTHAL und CARNOY. Mittelst dieser Fixation erhält man den Achsencylinder als einen meist strukturlosen Strang, der Fibrillen gar nicht oder doch nur undeutlich hervortreten läßt. Zur Darstellung der letzteren müssen besondere Vorbehandlungs- und Färbungsmethoden in Anwendung kommen. (Näheres siehe im Artikel Neurofibrillen).

Man fixiert die Nerven am besten im ausgestreckten Zustand, indem man neben den noch in situ befindlichen Nerven einen fein ausgezogenen Glasstab von passender Länge legt, dann an zwei Stellen beide umbindet und dann erst losschneidet und in die Fixationslösung einlegt.

Die Präparate können in Paraffin eingebettet werden.

Zur Färbung des gut fixierten Achsencylinders als Ganzes können die verschiedensten Methoden Verwendung finden, sehr gute Färbung gibt das R. HEIDENHAINsche Chromhämatoxylinverfahren, die Eisenhämatoxylinmethode, die VAN GIESON-Färbung. Ähnlich verfährt FINOTTI, der in Hämatoxylin färbt, in Wasser auswäscht und dann entweder 3 Minuten lang in ½—1%igem wässerigen Säurefuchsin nachfärbt und in alkalischem Alkohol differenziert oder zunächst in konzentrierter wässeriger Pikrinsäure und dann mit Säurefuchsin färbt und wie oben differenziert. ZIEGLER färbt die in Zenker fixierten Nerven zunächst 1—2 Stunden in konzentriertem wässerigem Alizarin (Elberfeld), dann mehrere Stunden in Safranin. Kerne rot, Achsencylinder blau. v. SCARPATETTI läßt die Centralorgane mehrere Monate in 5—10%igem Formol liegen. Die Celloidinschnitte kommen für 5 Minuten in 1%iges Hämatoxylin, dann ebenso lange in konzentriertes wässeriges neutrales Kupferacetat, Abspülen in Wasser und Differenzieren in WEIGERTschem Borax-Ferricyankalium. Nach Einlegen in Lithionwasser werden die Schnitte gründlich ausgewaschen und eingeschlossen. Markscheiden ungefärbt, Achsencylinder blauschwarz. WOLTERS fixiert in Kaliumbichromat-Kupfersulfat nach KULTSCHITZKY und beizt die Schnitte in einem Gemisch von 1 Teil 10%igen Vanadiumchlorids und 4 Teilen 8%igen Aluminumacetats, dann färbt er in einer 1%igen wässerigen Hämatoxylinlösung mit Zusatz von 2% Salzsäure. Differenzieren in Salzsäurealkohol (½%). Eine sehr komplizierte Methode zur Färbung der Achsencylinder hat AUERBACH angegeben. Kleine Stücke werden 4—5 Stunden bei 38° in Pikrinschwefelsäure fixiert und kommen dann unmittelbar in eine Mischung von gleichen Teilen MÜLLERscher und ERLITZKIscher Flüssigkeit, die auf 100 *ccm* 5 Tropfen milchsauren Natrons enthält, 2—4 Tage. Dann werden sie für 7 Tage in 2‰ige, im Anfange, so lange noch ein Niederschlag entsteht, zu wechselnde Höllensteinlösung eingelegt und darauf in Wasserstoffsuperoxyd (MERCK), dem man auf 10 *g* 4—5 Tropfen konzentrierter Schwefelsäure zusetzt. Abspülen in destilliertem Wasser, Alkohol und Einbettung in Paraffin oder Celloidin. Die Farblösung besteht aus 20 *g* Hämatoxylin, 16 *g* Chloralhydrat und 180 *g* Wasser. Sie bleibt 8 Wochen, anfangs im Wärmeschrank, stehen, und man setzt ihr so lange täglich etwas Molybdänsäureanhydrit zu, bis ein Bodensatz davon bleibt. Färbung der Schnitte ¼—½ Stunde oder auch länger, Abspülen in 50%igem Alkohol und Entfärben in 0,5%igem Kaliumpermanganat und der PALschen Säuremischung. Ersteres darf nur ganz kurz einwirken. Eine ähnlich zusammengesetzte Farblösung benutzt auch SARGENT: Hämatoxylin 1 *g*, Chloralhydrat 10 *g*, 10%ige Phosphormolybdänsäure 1 *ccm*, Wasser 400. Das frische Material wird in 10%igem Formol fixiert, in Wasser ausgewaschen, 24 Stunden in 5%igem Kupfersulfat gebeizt, entwässert und in Paraffin eingeschlossen. Färbung der Schnitte ¼—½ Stunde. Auch KODIS hat eine ähnliche Lösung benutzt. Hämatoxylin 1 *g*, Molybdänsäureanhydrit 1,5 *g*, Wasser 100, Wasserstoffsuperoxyd 0,5. (Die Lösung ist gebrauchsfertig.) Kleine Stückchen kommen für 1—2 Tage in konzentrierte wässerige Lösung von Quecksilbercyanid und dann bis zu 3 Tagen in 10%iges Formol. Schneiden mit dem Gefriermikrotom und Färben der Schnitte in der obigen Lösung 1—2 Minuten, Auswaschen ebenso lange in Wasser, Alkohol, Xylol, Balsam. Man kann auch in Paraffin einbetten, muß dann die Stücke in sehr verdünnter Farblösung durchfärben, doch dringt die Lösung nur sehr wenig tief ein.

PALADINO verwendet das Chlorpalladium in 1—2%iger Lösung und bringt kleine Stücke, die in Chromsalzen oder Sublimat fixiert und tüchtig ausgewaschen sind, zuerst in gleiche Teile absoluten Alkohol und Benzol und dann in reinen absoluten Alkohol für je 1 Stunde in den Brutschrank. Nachdem sie 24 Stunden in kaltem absoluten Alkohol verweilt haben, kommen sie für eine Woche und länger in eine reichliche Menge der Palladiumlösung und dann für 1—2 Tage in eine kleine Menge Jodkalium (4%ige wässerige Lösung.) Sie werden dann in Alkohol entwässert und in Celloidin eingeschlossen.

Die Verwendung des früher für die Achsencylinderfärbung viel benutzten Ammoniakcarmins ist jetzt wohl ganz aufgegeben. Vorzügliche Dienste leistet dagegen das carminsaure Natron. Die Präparate, periphere, aufgespannte Nerven oder nicht zu große Stücke der Centralorgane werden in MÜLLERscher Flüssigkeit gehärtet, ganz kurz in Wasser abgespült und in einer 2%igen wässerigen Lösung des Farbstoffes 2 Tage lang durchgefärbt, dann 70%iger Alkohol, entwässern und einbetten. Die Achsencylinder und Nervenzellen werden dadurch ausgezeichnet gefärbt, doch scheint ähnlich wie bei der Golgimethode ein gewisser Beizungsgrad der Fasern und Zellen durch das Chromsalz für das gute Gelingen der Färbung nötig zu sein. Man entnehme deshalb probeweise von Zeit zu Zeit kleine Stückchen des Materials zur Färbung. Für den gleichen Zweck ist von SCHMAUS das Urancarmin (Bd. I, pag. 169) empfohlen worden. Fixation und Einbettung beliebig. Nach der neuesten Vorschrift von CHILESOTTI setzt man auf jeden Kubikcentimeter Farblösung vor dem Gebrauch 2 Tropfen salzsauren Alkohols (1%), färbt 5 Minuten bis mehrere Stunden, differenziert aber nur bei Überfärbung, in salzsaurem Alkohol, sonst Wasser, Alkohol, Carbolxylol, Balsam.

KAPLAN färbt Celloidinschnitte von Müllermaterial 3 Tage im Brutschrank in 10%iger, frisch bereiteter, wässeriger Lösung von Anthraceneisengallustinte (GRÜBLER, Leipzig), Auswaschen in Wasser und Differenzieren nach der PALschen Methode (s. Nervenfasern, Markscheiden).

Über die Darstellung der RANVIERschen Schnürringe und der FROMANNschen Linien vgl. Silberimprägnation, über die Darstellung des Trichterapparates von GOLGI vgl. Golgimethode.

Literatur: AUERBACH (Neurol. Centralbl., Bd. 16, 1897), derselbe (Monatsschr. Psych. Neurol., Bd. 4, 1898), CHILESOTTI (Centralbl. Allgem. Pathol., Bd. 13. 1902), FINOTTI (Arch. Pathol. Anat., Bd. 143. 1896). KAPLAN (Arch. Psych. Nervenkr., Bd. 35. 1902). KODIS (Arch. Mikr. Anat., Bd. 59. 1901). KRONTHAL (Von der Nervenzelle und der Zelle im allgemeinen, Jena 1902). PALADINO (Arch. Ital. Biol., Bd. 22, 1894). SARGENT (Anat. Anz., Bd. 15, 1898), v. SCARPATETTI (Neurol. Centralbl., Bd. 16, 1897), SCHMAUS (Münch. Med. Wochenschr., 1891), WOLTERS (Zeitschrift Wiss. Mikr., Bd. 7, 1891). ZIEGLER (Arch. Klin. Chir., Bd. 51. 1896).

Nervenfasern, Markscheiden der. Von Mitte der Sechziger- bis Mitte der Achtzigerjahre des verflossenen Jahrhunderts war die Histologie des Centralnervensystems, insonderheit die pathologische, wesentlich von der Carminfärbung beherrscht. Zwar hatten verschiedene Autoren schon versucht, die von COHNHEIM für das peripherische Nervensystem eingeführte Goldfärbung auch auf das centrale Nervensystem zu übertragen (GERLACH), aber die Resultate waren zu unsichere, so daß diese Methode sich nicht so recht einbürgerte. Für pathologische Zwecke war dieselbe natürlich erst recht unbrauchbar. Auch die Anwendung anderer Agentien, z. B. die des BRÖNNERschen Fleckwassers (HENLE), des molybdänsauren Eisens (MERKEL) etc. vermochten die Carminfärbung nicht zu verdrängen.

Was zeigten denn aber nun „gute" Carminpräparata? An diesen war eigentlich alles rot gefärbt mit Ausnahme der Markscheiden. Freilich waren gewisse Nuanceunterschiede zwischen den tiefrot tingierten Achsencylindern und den etwas helleren Neurogliamassen, dem Bindegewebe und den Ausläufern der Nervenzellen vorhanden, aber die Differenzen waren doch nicht scharf genug, um z. B. innerhalb der grauen Substanz andere als die gröbsten Achsencylinder deutlich erkennbar zu machen. Die Methode versagte überhaupt überall da, wo die Achsencylinder nicht von einer dickeren Markscheide eingehüllt waren, z. B. also auch in der weißen Hirnsubstanz, von der grauen gar nicht zu reden. Man war aber so an die Carminbilder gewöhnt, daß man eigentlich gar nichts Besseres verlangte und sich nur bestrebte, mit zuverlässigeren Methoden dasselbe Ziel zu erreichen. Es war nämlich nicht immer leicht, die typischen Färbungen durch Carmin zu erhalten. So suchte man denn die Darstellung des „neutralen" Carmins zu verbessern, man vermied die Alkoholbehandlung der mit MÜLLERscher Flüssigkeit gebeizten Stücke (GUDDEN) oder wandte andere Beizungen an, z. B. Platinchlorid (HENLE und MERKEL) etc. Schließlich erkannte man, daß man dasselbe wie mit Carmin auch mit anderen, wie wir jetzt sagen würden, „sauren" Farbstoffen erreichen könnte, und so ersetzte man denn jenes durch die (damals bekannten) sauren Anilinfarben, Nigrosin, Indulin, wasserlösliches Anilinblau oder dergleichen. Alle diese Veränderungen der Methodik vermochten wohl die Resultate sicherer, aber nicht besser zu machen.

Trotz aller Unvollkommenheiten stellten die Carminfärbungen und die ihr entsprechenden anderen gegen früher doch einen großen Fortschritt dar, und jeder, der die Anfangszeiten der histologischen Technik noch einigermaßen miterlebt hat, wird sich des Erstaunens erinnern, welches die ersten Carminbilder des Centralnervensystems, die er zu sehen Gelegenheit hatte, bei ihm erregten. Ich selbst erinnere mich noch sehr wohl an die begeisterten Worte, mit denen du Bois-Reymond uns die Kopie eines von Clarke herrührenden Bildes eines Rückenmarksquerschnittes, der mit Carmin gefärbt war, vorführte, und wir alle hatten wohl die Idee, daß es doch etwas Großes sein müßte, ein solches Präparat anfertigen zu können. Man darf auch nicht vergessen, daß mit der Carminmethode alle die grundlegenden Entdeckungen auf dem Gebiete der normalen und der pathologischen Anatomie des Centralnervensystems gemacht worden sind, so daß man gegen die Erfinder dieser Methode, Gerlach und Clarke, stets ein Gefühl der Dankbarkeit wird haben müssen, ebenso wie für die Entdecker der härtenden und beizenden Eigenschaft der Chromverbindungen, Ludwig Levin Jakobson und Heinrich Müller.

Der erste, der eine Methode fand, bei der nicht der Achsencylinder, sondern ein anderer Bestandteil der centralen Nervenfasern dargestellt wurde, war Exner in Wien. Er fand die ganz überraschende Tatsache, daß gerade die feinsten Nervenfasern in der Großhirnrinde dadurch kenntlich gemacht, ja ganz besonders scharf hervorgehoben werden konnten, daß man sich um den Achsencylinder gar nicht kümmerte, sondern einen Teil der Scheide desselben färbte. Freilich dachte Exner nicht daran, daß es sich bei seiner Methode um die eigentliche Markscheide handelte, sondern er meinte, daß das, was sich schwarz auf hellem Untergrunde hervorhob, die Kühne-Ewaldsche Hornscheide wäre. Seine theoretische Überlegung war auch von der Anschauung geleitet, daß es sich hierbei um eine Keratinsubstanz handelte. — Kurz gesagt bestand die Exnersche Methode darin, daß die Stücke des Centralnervensystems in Osmiumsäure gehärtet wurden, dann ohne eigentliche Einbettung, nur mit Siegellack aufgeklebt, geschnitten und endlich in durch Ammoniak schwach alkalisch gemachten Glycerin untersucht wurden. Dann sah man die feinsten Nervenfasern schwarz auf hellem Grunde. Diese Methode ist von Tuczek zu seinen schönen Untersuchungen über den Nervenschwund bei der progressiven Paralyse mit Erfolg benutzt worden. Zum „Hausgebrauch“ eignet sich diese Methode aber nicht. Einmal mußten immer nur sehr kleine Stückchen eingelegt werden, da die Osmiumsäure in frische Präparate nur sehr wenig tief eindringen kann. Sodann waren die Schnitte nur sehr kurze Zeit haltbar. Weiterhin waren alle übrigen Bestandteile der Nervensubstanz durch die Behandlungsweise zerstört, und endlich war sie, wie alle Imprägnationsmethoden, nicht sicher genug — von dem teuren Preise der Osmiumsäure gar nicht zu reden.

In dem Jahre 1882 gelang es mir nun, eine eigentlich färberische Darstellung der Markscheiden zu finden, und zwar mit der ausdrücklichen Erkenntnis, daß es sich wirklich um eine Färbung gerade in der Markscheide handelte. Ich habe an einem anderen Orte bereits eine Schilderung des Weges gegeben, auf dem ich zu dieser Methode gelangt bin, und auf dem ich dann die allmählichen Verbesserungen der anfänglichen Methode zustande brachte (Merke-Bonnets Ergebnisse, 1897, pag. 1 ff.). Ich kann das hier nicht noch einmal alles wiederholen und verweise Interessenten auf die genannte Abhandlung.

An dieser Stelle möchte ich nur bemerken, daß erst lange Versuche nötig waren, um zu der Erkenntnis zu gelangen, daß es sich bei der Markscheidenfärbung nicht um eine direkte Tinktion des Myelins handelt, sondern daß die Farbsubstanz sich mit einer Beize verbinden mußte, die ihrerseits wieder an die Markscheide verkettet war. Wenn wir die Ausdrücke aus der neueren Immunitätslehre hier brauchen wollen, so stellt also die Beize einen „Amboceptor“ dar, der sich mit dem Myelin einerseits, mit der Farbe andrerseits verbinden muß, wenn ein Resultat zustande kommen soll. Die Farbe entspricht demnach dem „Complement“ (bei den Hämolysinen z. B.). Ich bemerkte auch gleich anfangs, daß nicht die ganze Masse der Markscheide an der Färbung beteiligt war. Vor kurzem hat denn in Bestätigung meiner Vermutung WLASSAK gefunden, daß es sich bei der Tingierung der Markscheiden speziell um das in diesen enthaltene Protagon handelt.

Zunächst hatte ich auf der Naturforscherversammlung zu Eisenach (1882) eine Methode vorgetragen und durch Präparate illustriert, die darin bestand, daß die Schnitte aus in Kaliumbichromat in üblicher Weise gehärteten Stücken mit Säurefuchsin (rosanilinsulfosaurem Natrium) gefärbt, mit Kalialkohol behandelt, dann wieder in Wasser gebracht, in Alkohol entwässert, in Nelkenöl aufgehellt und schließlich in Balsam eingeschlossen wurden. Im Kalialkohol werden die vorher leuchtend roten Schnitte gelb und verlieren einen Teil ihres Farbstoffes, dessen Rest nach dem Einbringen in Wasser wieder schön rot wird. Den Chemikern war diese Reaktion des Säurefuchsins, wenigstens damals, ganz unbekannt.

Diese Methode zeigte gegenüber den damals üblichen Carmin- etc. Präparaten erheblich mehr, sie machte aber nur auf wenige Leute Eindruck. Man war eben noch so an die Carminschnitte gewöhnt, daß man die abweichend erscheinenden Bilder nicht recht goutierte und ich wäre sehr entmutigt heimgekehrt, wenn nicht der damals anwesende GUDDEN (senior) mir so freundlich enerkennende Bemerkungen gemacht hätte, daß ich mich wieder arbeitsfroh an die Verbesserung der Methode wagen konnte. Wie wenig man damals geneigt war, die alten Färbungen einer neuen weichen zu lassen, mag man daraus erkennen, daß ich einen Kollegen, der sehr viel Nervenmaterial zur Disposition hatte, die Methode ganz vergeblich „anbot“.

Die ja nach unseren jetzigen Erfahrungen noch unvollkommene Säurefuchsinmethode ist demnach in weitere Kreise gar nicht eingedrungen. Nichtsdestoweniger ist sie nicht ganz fruchtlos gewesen. Einmal war dadurch das Säurefuchsin überhaupt erst in die histologische Technik eingeführt worden und dann ist sogar die Benutzung des Kalialkohols nicht gänzlich verschollen. STRÖBE hat denselben viele Jahre später zu seiner Methode der Achsencylinderfärbung wieder hervorgeholt und mit Erfolg bei der Verwendung eines anderen sauren Anilinfarbstoffes (des wasserlöslichen Anilinblaus) verwendet.

Auch die nächste Methode ist eigentlich nur von meinem Schüler LISSAUER verwertet worden. Sie stellte gewissermaßen das Gegenteil der Säurefuchsinfärbung dar, indem sie nicht von diesem, sondern von dem gewöhnlichen Fuchsin, also einem basischen Farbstoffe ausging und als für die Differenzierung nicht ein Alkali, sondern eine Säure (Salzsäure) benutzt wurde. Ich habe diese Methode auf der Freiburger Naturforscherversammlung (1883) demonstriert und beschrieben. Im Druck erschien sie in der unter meiner Leitung gemachten Arbeit des oben erwähnten, leider so früh verstorbenen Dr. LISSAUER über die Veränderungen der CLARKEschen Säulen bei Tabes dorsalis.

An dieser Methode ist nur das noch bemerkenswert, daß hier, wie ich glaube, zum ersten Male ein basischer Anilinfarbstoff mit einer Beize verwendet wurde. Später ist das noch mehrfach geschehen, z. B. bei der LÖFFLERschen Geißelfärbung der Bacillen.

Schon in der Mitteilung von LISSAUER war nun aber diejenige Methode der Markscheidenfärbung angedeutet, die dann endlich befriedigende Resultate geben sollte: die Färbung mit Hämatoxylin. Es erscheint jetzt mir selbst sehr merkwürdig, daß ich, nachdem ich doch längst erkannt hatte, daß es sich hier um eine Beizenfärbung handelte, doch erst so spät die eigentlichen Beizfarbstoffe benutzt habe. Aber man kommt ja auf das Nächstliegende oft genug zu allerletzt. Ich gebrauchte zunächst verschiedene Alizarinfarbstoffe, die ja der Typus der Beizfarbstoffe sind. Aus dieser Zeit stammt denn auch die Verwendung der alkalisch gemachten Ferridcyankaliumlösung als Differenzierungsmittel, auf das ich durch eine Bemerkung in dem Werke von GUSTAV SCHULTZ „Die Chemie des Steinkohlenteers“ aufmerksam gemacht worden war (pag. 593 der ersten Auflage). Die Ergebnisse waren aber noch nicht zufriedenstellend, so daß ich denn schließlich auf das den Histologen auch sonst so vertraute Hämatoxylin überging. Zuerst verwendete ich noch den bis dahin allein in der Mikroskopie benutzten Alaunlack des Hämatoxylins. (Unter Lacken versteht man die meist unlöslichen Verbindungen von Farbstoffen mit Metallderivaten.) Auch da waren keine guten Resultate zu erzielen. Endlich sagte ich mir, daß ja in den chromgebeizten Stücken bereits eine Metallverbindung vorläge, mit der sich das Hämatoxylin direkt kombinieren könnte. Es galt aber noch, eine passende Hämatoxylinlösung zu finden. Das Hämatoxylin muß ja erst „reifen“, wie man sich damals ausdrückte, oder, wie wir das jetzt durch die Arbeiten von PAUL MAYER genauer kennen gelernt haben, es muß sich das Hämatoxylin in Hämatein umwandeln. Um das schnell zu erreichen, setze ich der 1%igen wässerigen Hämatoxylinlösung etwas Alkali in Form von Lithium carbonicum zu. Daß ich durch diesen Kunstgriff auch vom theoretischen Standpunkte das Richtige getroffen habe, hat PAUL MAYER hervorgehoben.

Der Prozeß gestaltete sich nunmehr so, daß die Schnitte aus in üblicher Weise mit Kaliumbichromat gebeizten Stücken mit der erwähnten Hämatoxylinlösung überfärbt und dann in der durch Boraxzusatz alkalisch gemachten Ferridcyankaliumflüssigkeit differenziert wurden. Auf diese Weise erhielt ich denn in der Tat für Rückenmark, Medulla oblongata etc. sehr schöne Präparate, aber für das Großhirn mit seinen feinen Rindenfasern reichte auch die jetzt schon wesentlich vervollkommnete Methode immer noch nicht aus.

Ich ging nunmehr dazu über, auch andere Beizen zu versuchen, da ich mit Variierung des Farbstoffes keine besseren Resultate erhalten konnte. Ich versuchte Blei-, Zinn-, Eisen-, Vanadiumlacke und andere, fand aber schließlich einen besonders bequem und praktisch: den Kupferlack. Jetzt endlich nach dreijähjähriger unausgesetzter Arbeit war ich insofern ans Ziel gelangt, als ich auch die feinsten* Fasern zur klaren Darstellung bringen konnte. Es waren ja noch mancherlei Wünsche zu erfüllen, aber, wie ich bereits in meinem Aufsatze in MERKEL-BONNETS Ergebnissen gesagt habe: „diese Wünsche waren sekundärer Natur. Die Hauptsache war eben doch, daß nunmehr zum erste Male nachgewiesen war, daß mit Hilfe einer Färbemethode die allerfeinsten Markfasern des Centralnervensystems dargestellt werden konnten. Nachdem das einmal festgestellt worden war, war es ein leichtes, durch Modifikationen der Methode Verbesserungen zu versuchen, und es sind denn auch eine erkleckliche Zahl von Modifikationen zu verzeichnen, von denen ein kleiner Teil auch von mir selbst herrührt. Alle, welche Modifikationen der Methode vorgenommen haben, haben sich an das von mir zuerst aufgestellte Prinzip gehalten, die Markscheiden dadurch differenziert sichtbar zu machen, daß man die Präparate zunächst mit einer Metallverbindung beizte und dann einen ‚beizenfärbenden‘ Farbstoff einwirken ließ. Fast alle haben gleich mir (in meinen ersten Veröffentlichungen) zunächst eine Überfärbung eintreten lassen und dann durch irgend eine Reagens die überschüssige Farbe herausgezogen.“

In dem eben erwähnten Aufsatze habe ich diese Modifikationen genauer durchgesprochen. Ich müßte an dieser Stelle einen Abdruck der betreffenden Stellen geben, wenn ich dasselbe jetzt wieder unternehmen wollte. Das lohnt sich um so weniger, als die Forscher von diesen Modifikationen gegenwärtig so gut wie keinen Gebrauch mehr machen, sondern mehr und mehr zu meiner alten Methode zurückgekehrt sind. Ich will daher hier nur einiges erwähnen.

---

* Als solche sind nicht, wie viele glauben, die Tangentialfasern der Großhirnrinde anzusehen (diese sind leicht zu färben), sondern die Fasern der darunter liegenden „supraradiären“ Schicht.

Die Vorschläge, die zur Veränderung meiner Methode gemacht worden sind, kann man je nach dem Stadium, in dem sie einsetzen, in mehrere Unterabteilungen bringen: in solche, die die primäre Beizung, in solche, die die sekundäre betreffen, sodann in solche, die die Färbung, oder endlich in solche, die die Differenzierung modifizieren wollen.

1. Die primäre Beizung forderte schon aus dem Grunde zu Modifikationen heraus, weil die zur Zeit meiner Versuche allgemein übliche Härtung in MÜLLERscher Flüssigkeit ungemein lange Zeit beanspruchte. So war ich denn selbst der erste, der nach der Richtung reformierend aufzutreten versuchte, daß ich schon 1882 eine „Schnellhärtung" anstrebte. Ich versuchte allerlei neue Metallbeizen (z. B. pikrinsaures Kupferoxyd), grub auch eine ganz vergessene Beize, die ERLITZKIsche Flüssigkeit, wieder aus, die dann durch Alkohol- und Essigsäurezusatz modifiziert, als KULTSCHITZKIsche von anderen später benutzt wurde. Alles das führte aber nicht zu dem von mir angestrebten Ziele. Ich begnügte mich daher eine Zeitlang mit der Verwendung von konzentrierter Lösung von Kaliumbichromat, die ich als erster mit der Verwendung der Brutofentemperatur kombinierte (man hatte bis dahin noch niemals die Brutofentemperatur für derartige histologische Zwecke verwendet, soviel ich wenigstens weiß). Andere benutzten Osmiummischungen verschiedener Art in Verbindung mit Chromaten oder Chromsäure, noch andere später dann die ZENKERsche Mischung von Kaliumbichromat mit Sublimat und Eisessig. (Neuerdings ist eine ähnliche Flüssigkeit sehr warm von LAVDOWSKI empfohlen worden.) Endlich kam ich aus Gründen, die ich a. a. O. in den Ergebnissen von MERKEL-BONNET nachzulesen bitte, zu der Anschauung, daß es am besten wäre, wenn man mit dem hochoxydierten Chromsalz, dem Bichromat, eine niedere Oxydationsstufe des Chroms von vornherein bei der primären Härtung kombinierte, und so schlug ich denn vor, zu einer 5%igen Lösung von einem Bichromat (Kalium-, Natrium- oder Ammoniumbichromat) 2% Chromalaun zuzufügen. Das Chromalaun vertauschte ich dann sehr bald mit Fluorchrom*, das die Stücke nicht so leicht brüchig werden läßt. In einer solchen Flüssigkeit wurden kleine, vorher eventuell in Formol gehärtete Stücke in 4—5 Tagen vollkommen braun gebeizt, während sie sonst bei kürzerem Aufenthalte in reinem Bichromat nur gelb werden und die Differenzierung in weiße und graue Substanz durch keinen ausgesprochenen Farbenunterschied markieren.

Manche Autoren haben ein Gewicht darauf gelegt, die primäre Beizung erst an den Schnitten vorzunehmen. Einmal ging der ganze Prozeß dann schneller, und sodann konnte man an den ungebeizten Schnitten auch andere Färbungen vornehmen, die die Chromierung verhinderte, wenigstens wenn man das Chrom nicht durch eine reduktive Behandlung der Schnitte unschädlich machte. Ganz besonders verführerisch war es, die primäre Beizung an den Schnitten erst vorzunehmen, nachdem man durch FERDINAND BLUM das Formol als Härtungsmittel kennen gelernt hatte. So hat denn z. B. GUDDEN junior eine Methode angegeben, bei der man aus Formolpräparaten entnommene Schnitte in der Wärme mit 0,55%iger Chromsäure beizte (Neurolog. Contralbl. 1897). Ich möchte mich aber nach meinen Erfahrungen doch nicht für ein derartiges nachträgliches Beizen von Formolschnitten aussprechen. Auch in Formol vorgehärtete Präparate erfahren nämlich durch die notwendig folgende Alkoholbehandlung eine mehr oder weniger weitgehende Destruktion der Markscheiden, wenn auch nicht so stark wie Stücke, die mit Alkohol allein gehärtet wurden. Die Bichromathärtung ist in dieser Beziehung viel schonender, und da der Zeitaufwand bei primärer Chromierung der ganzen Stücke gegenwärtig auch kein so großer ist, so bin ich bei dieser geblieben.

2. Was die sekundäre Beizung anbelangt, so hat diese denselben Zweck, wie ihn die „Verstärkungsmittel" in der Photographie haben. Da die reine, wenn auch auf die Hälfte der gesättigten verdünnte Lösung von essigsaurem Kupfer-

* Veröffentlicht in MERKEL-BONNETS Ergebnissen a. a. O. pag. 14.

oxyd, die ich anfänglich empfohlen hatte, leicht Niederschläge gibt, die für das Messer recht gefährlich werden können, so hatte ich vorgeschlagen, der eigentlichen Kupferung eine solche mit einer Lösung von essigsaurem Kupferoxyd in Seignettesalz (gleiche Teile einer 10%igen Seignettesalzlösung und einer gesättigten wässerigen Lösung von Cuprum aceticum neutrale) vorauszuschicken. Später habe ich dann gefunden, daß man denselben Zweck schneller erreicht, wenn man anstatt der einfachen Lösung von essigsaurem neutralen Kupferoxyd die von mir als „Neurogliabeize" empfohlene Flüssigkeit verwendet, nur ersetze ich auch in dieser das Chromalaun durch Fluorchrom, wobei das starke Kochen der Flüssigkeit überflüssig ist. (Also 5% Cuprum aceticum neutrale, $2^1/_2$% Fluorchrom, 5% Essigsäure der Pharmakopoea Germanica.) Man kann auch unter Umständen eine Eisenbeize (Ferridammonium sulfuricum 5% mit 5% Essigsäure) benutzen, doch muß man die so gebeizten Stücke sehr gut auswaschen, weil sonst die Messer stark rosten. Andere haben andere sekundäre Beizen empfohlen, über die ich a. a. O. berichtet habe, oder haben, wie WOLTERS, die Schnitte erst nach der Färbung (mit Kaliumbichromat) sekundär gebeizt.

3. Die ursprünglich von mir angegebene Färbeflüssigkeit bestand aus 1 *g* Hämatoxylin. 10 *ccm* Alkohol, 90 *ccm* Wasser und aus 1 *ccm* einer kalt gesättigten Lösung von Lithium carbonicum. Man stellt sich diese Flüssigkeit gewöhnlich so dar. daß man eine 10%ige alkoholische Lösung von Hämatoxylin als Stammflüssigkeit benutzt und dann entsprechend verdünnt. Als Modifikationen hat man teils des hohen Preises des Hämatoxylins wegen die Muttersubstanzen desselben benutzt (Campecheholzextrakt oder Blauholz selbst), teils hat man ähnliche Farbstoffe verwendet (Pernambukholz, japanisches Rotholz, Gallein etc.). Andrerseits hat man die Alkaleszenz der Farbstoffe entweder verstärkt (auch ich für die Färbung ohne Differenzierung, die ich aber wieder aufgegeben habe, ferner PAL, BERKLEY etc.) oder vermindert, ja KULTSCHITZKI empfiehlt sogar statt der alkalischen Lösung eine mit Essigsäure (2%) angesäuerte Hämatoxylinlösung, die von vielen Forschern sehr gerühmt wird.

Gegenwärtig wende ich mit sehr gutem Erfolge eine andere Hämatoxylinlösung an, die wieder an meine allerersten Versuche in der Hämatoxylinmarkscheidenfärbung anknüpft. Ich benutze nämlich zur Färbung der wie gewöhnlich chromierten und mit Kupfer sekundär gebeizten Schnitte nicht wie damals den Alaunlack, sondern einen Eisenlack, aber nicht in der Weise wie BENDA, HEIDENHAIN etc. mit gesonderter Einwirkung von Eisen und Hämatoxylin, sondern ich färbe mit einem bereits fertigen Eisenlack, wie er meines Wissens noch nicht in Anwendung gezogen wurde. Die Färbflüssigkeit besteht aus gleichen Raumteilen folgender Stammlösungen: 1. 4 *ccm* des offizinellen Liquor ferri sesquichlorati in 96 *ccm* Wasser. 2. 10 *ccm* der üblichen 10%igen alkoholischen Hämatoxylinlösung in 90 *ccm* 96%igen Alkohols. Von diesen beiden Flüssigkeiten mischt man gleiche Raumteile unmittelbar vor dem Gebrauch, schüttelt um und gießt die ganz schwarze Mischung auf die Schnitte, die man bei Zimmertemperatur über Nacht oder, wenn es einem gerade paßt, auch länger in der Farbe läßt. Dann gießt man die Flüssigkeit fort, wäscht mit Wasser ab und differenziert in der gewöhnlichen Weise mit Boraxferridcyankalium. Hierbei färben sich nicht nur die feinsten Fasern (auch in schwieriger zu behandelnden Tiergehirnen), sondern man erhält trotz der Differenzierung mit rotem Blutlaugensalz einen ganz hellen Untergrund. Auch die groben Markscheiden, z. B. der Nervenwurzeln, werden sehr gut gefärbt.*

4. Die von mir ursprünglich angegebene Differenzierungsflüssigkeit (Ferridcyankalium $2^1/_2$%, Borax 2% in Wasser) war nicht die einzige, die ich versucht hatte, doch habe ich die anderen, z. B. mit Salzsäure angesäuertes Glycerin,

* Diese oder eine etwas modifizierte Eisenchloridhämatoxylinfärbung ist auch als Kernfärbemittel etc. zu empfehlen.

nicht für so gut befunden. Ich bin auch jetzt noch bei jener Differenzierungsflüssigkeit stehen geblieben, die man nur eventuell bei heikleren Präparaten, z. B. bei embryonalen Objekten, noch weiter verdünnen kann. Gerade diese Flüssigkeit entfärbt nämlich langsam genug, um die richtige Zeit abmessen zu können, in der die Differenzierung vollendet ist, aber doch nicht so langsam, daß das Arbeiten mit ihr beschwerlich wäre.

Andere Autoren haben andere Differenzierungsmittel empfohlen, von denen eigentlich nur das von PAL empfohlene Verfahren Anerkennung gefunden hat. PAL verwendete eine schon vorher von LUSTGARTEN zur Entfärbung von (mit Methylviolett) überfärbten Schnitte benutzte Methode (mit einer geringen Veränderung) für die Differenzierung von Markscheidenpräparaten, deren Färbung er in der von mir angegebenen Weise vorgenommen hatte. LUSTGARTEN hatte nämlich ein in der Technik als Bleichmittel erprobtes Mittel in die Histologie übertragen. Es bestand darin, daß die überfärbten Schnitte zuerst mit Kalium hypermanganicum ($^1/_2$%ige Lösung) behandelt und dann in schweflige Säure gebracht wurden. PAL verfuhr bei der Markscheidendifferenzierung ebenso, nur stellte er sich die schweflige Säure dadurch her, daß er Kalium sulfurosum und Oxalsäure zu je $^1/_2$% in Wasser löste. Diese Differenzierungsmethode gibt sehr elegante Bilder, ist aber nur für sehr dicke Schnitte zu empfehlen, da man bei ihr, im Gegensatz zu der von mir angegebenen, die Veränderungen in den Schnitten nicht während der ganzen Differenzierungsprozedur mit dem bloßen Auge oder eventuell dem Mikroskope verfolgen kann. Erst nach der zweiten Schnittbehandlung erkennt man ja, ob man mit der Einwirkung des übermangansauren Kaliums nicht zu weit gegangen ist, so daß man selbst bei einer gewissen Übung leicht des Guten zu viel tun kann. Es kommt noch dazu, daß die Entfärbung sehr rasch erfolgt, so daß der Spielraum zwischen dem undifferenzierten Zustande und dem differenzierten ein sehr kleiner ist. Ich glaube, daß auch vom ästhetischen Standpunkte aus gegenwärtig auf die PALsche Differenzierung verzichtet werden kann, da die oben erwähnte Färbung mit dem Eisenlack gleich schöne Bilder liefert, und zwar in sicherer Weise. — —

Kurz sei noch erwähnt, daß man auch wieder versucht hat, die Markscheiden ohne Benutzung von F a r b s t o f f e n (im eigentlichen Sinne) zur Darstellung zu bringen, also ähnlich wie das EXNER seinerzeit angegeben hatte. So hat PAL eine der EXNERschen Methode entsprechende mitgeteilt, nur mit dem Unterschiede, daß er die Differenzierung nicht mit Ammoniak, sondern mit übermangansaurem Kalium und seiner Oxalsäure-Kalium sulfurosum-Mischung vornahm.

Etwas anders verfuhr AZOULAY. Auch er benutzte zwar Osmiumpräparate wie EXNER, und zwar teils solche, die von vornherein in FLEMMINGscher, GOLGIscher oder MARCHIscher Lösung gehärtet waren, teils solche, die nach Härtung in einfacher MÜLLERscher Flüssigkeit nachträglich osmiert wurden. Die aus diesen Präparaten gewonnenen Schnitte differenzierte er aber zunächst n i c h t, sondern er behandelte sie erst noch mit Tannin (in der Wärme). Feine Schnitte bedürfen danach gar keiner Differenzierung, dickere aber müssen nach LUSTGARTEN-PAL behandelt werden. Statt Tannin hat AZOULAY auch die in der Photographie üblichen Reduktionsmittel, Hydrochinon, Pyrogallussäure und Eikonogen versucht. HELLER und GUMPERTZ haben übrigens von AZOULAY unabhängig ein ähnliches Verfahren für die Markscheiden der peripherischen Nerven veröffentlicht.

Weiterhin sei noch erwähnt, daß ALLERHAND die Markscheidenfärbung, beziehungsweise, wie er meint, die Färbung der KÜHNE-EWALDschen Hornscheiden durch Eisentannin zustande gebracht hat (also ohne Osmiumsäure). Er bringt die Schnitte aus Alkohol oder aus chromierten Präparaten in eine 50%ige Lösung des offizinellen Liquor ferri sesquichlorati (unter schwacher Erwärmung) für 15 bis 20 Minuten, dann nach kurzem Abspülen in Wasser in eine 20%ige Tanninlösung. Diese Tanninlösung muß, um gut zu färben, längere Zeit in der Wärme gestanden haben und unter Verschimmelung braun geworden sein. In dieser

Tanninlösung bleiben die Schnitte 1—2 Stunden. Sie sollen dann tief geschwärzt sein. Sind sie, was namentlich bei Präparaten, die nur in Alkohol gehärtet waren, manchmal vorkommt, bei der ersten Prozedur nicht genügend schwarz geworden, so wiederholt man die Prozedur in abgekürzter Form noch einmal. Nach genügender Schwärzung werden die Schnitte nach dem Prinzip der LUSTGARTEN-PALschen Methode differenziert, nur mit dem Unterschiede, daß sowohl die Lösung des Kalium hypermanganicum als die der Oxalsäure und des schwefligsauren Kaliums doppelt so stark genommen werden, als das nach der typischen PALschen Vorschrift der Fall sein müßte.

Endlich sei noch darauf hingewiesen, daß außer mit Osmium und Eisen auch noch Silber zur Darstellung der Markscheiden empfohlen worden ist, und zwar von MAX MOSSE. Er beizt in MÜLLERscher Flüssigkeit o. dgl., härtet (ohne Auswaschen in Wasser) in Alkohol nach, bettet in Celloidin ein und legt dann die Schnitte noch einmal in MÜLLERscher Flüssigkeit (für 24 Stunden). Darauf werden dieselben auf 10 Minuten in eine 1—2%ige Lösung des im Handel unter dem Namen Argentamin vorkommenden Silberpräparates getan. Dann erfolgt Abspülen in Wasser, Reduktion in einer etwa 10%igen Lösung von Pyrogallussäure, bis die Schnitte ganz schwarz werden, was in 1—2 Minuten geschieht, Abspülen in Wasser, Differenzieren nach PAL etc.

Literatur: ALLERHAND (Neurol. Centralbl. 1897), AZOULAY (Anat. Anz. 1895), EXNER (Sitzungsber. Akad. Wiss. Wien, Bd. 73, III. Abt.), GUDDEN (Neurol. Centralbl. 1897), LISSAUER (Fort. Med. 1884), LUSTGARTEN (Wien. Med. Jhb. 1885), derselbe (Wien. Med. Wochenschr. 1885), MOSSE (Arch. Mikr. Anat., Bd. 59, 1901), PAL (Wien. Med. Jhb. 1886), derselbe (Ebenda, 1887), WEIGERT (Fort. Med. 1885), derselbe (Centralbl. Med. Wiss. 1882), derselbe (Deutsch. Med. Wochenschr. 1891), derselbe (Beiträge zur Kenntnis der normalen menschlichen Neuroglia, Frankfurt 1895). *Weigert,* Frankfurt.

Seit dem Erscheinen des vorstehenden Artikels hat die Technik der Markscheidenfärbung einige nicht unwesentliche Fortschritte gemacht, über die hier in Kürze referiert werden soll. Die WEIGERTsche Methode ist in ihrer klassischen Form für Material berechnet, welches in Celloidin eingebettet wird. Es lag natürlich der Gedanke nahe, sie auch für Paraffinmaterial dienstbar zu machen, da die Paraffineinbettung, besonders für das Centralnervensystem niederer Vertebraten, manche Vorteile gewährt. In diesem Sinne hat STREETER die WEIGERT-PALsche Methode umgearbeitet und wir können aus eigener Erfahrung versichern, daß diese STREETERsche Modifikation auch für das Centralnervensystem des Menschen ganz vortreffliche Resultate gibt und vor allem auch für Kurszwecke recht wertvoll ist. STREETER legt das frische Material entweder für Wochen und Monate in MÜLLERsche Flüssigkeit oder 5%ige Kaliumbichromatlösung oder für 4 bis 8 Tage in die WEIGERTsche Bichromatfluorchrommischung (Kaliumbichromat 5 *g*, Fluorchrom 2 *g*, Wasser 100) bei einmaligem Wechsel der Flüssigkeit. Dann wird das überschüssige Bichromat ausgewaschen durch 1—2wöchiges Verweilen in oft gewechseltem 80%igen Alkohol. Es folgt die Durchfärbueg in WEIGERTschem Hämatoxylin, die 4—6 Tage beansprucht, wobei man die Farbflüssigkeit einmal wechseln muß und die Entwässerung der vollkommen schwarz gewordenen Blöcke und Einschluß in Paraffin in gewöhnlicher Weise. Zur Differenzierung der mit Eiweißwasser aufgeklebten Schnitte bedient man sich entweder der zehnfach verdünnten WEIGERTschen Differenzierungsflüssigkeit oder man differenziert, und zwar noch vorteilhafter nach PAL, indem man die Kaliumpermanganatlösung auf 0,05—0,1%, die Säuremischung auf die Hälfte verdünnt.

Von größerem Interesse sind auch die Untersuchungen von STRONG (03) über die Technik der WEIGERT-PALschen Marscheidenfärbung. Nach seiner Erfahrung ist Formalin das beste Fixations- und Kupferbichromat (2—3%) das beste Beizmittel für solche Präparate, und zwar soll man die Stücke immer sofort nach der Fixation und nicht, wie das WEIGERT tut, erst im Celloidinblock beizen. Da aber der Alkohol einen großen Teil der Beize auszieht, tut man gut, die Celloidinschnitte noch einmal in die Beize einzulegen vor der Färbung. Für die letztere benutzt er entweder eine 1%ige Hämatoxylinlösung oder DELAFIELDsches Hämatoxylin. Die Präparate gewinnen an Schönheit, wenn man nach der Färbung die Schnitte in Wasser abspült und für 1/4—1 Minute in eine 0,25%ige Osmiumsäure überträgt, wiederum abspült und dann nach PAL differenziert. In einer späteren Arbeit (06) macht er die Angabe, daß man neben den Markscheiden auch die Zellkörper mit ihren Dendriten färben kann, wenn man die Blöcke nach der Fixation in Formalin für 2 Tage in Ortollösung bringt und erst dann 2 bis 3 Tage in Kupferbichromat beizt.

Wenig bedeutsam sind dann die Modifikationen, welche PAVLOW an der WEIGERT-PALsche Methode vorschlägt. Zunächst ersetzt er den Äthylalkohol bei der Entwässerung und Celloidineinbettung durch den Methylalkohol. Zur Färbung benutzt er die saure Hämatoxylinlösung von KULTSCHIZKY (10 *g* Hämatoxylin werden gelöst in 100 *ccm* absoluten Alkohols und zugesetzt 870 *ccm* destilliertes Wasser und 20 *ccm* Essigsäure; die Lösung muß in offener Flasche 3 Wochen am Licht reifen). Er differenziert nach PAL in 0,5%iger Lösung von Kaliumpermanganat und einer Säuremischung von 5 *g* Oxalsäure und 5 *g* Kaliumsulfit auf 1000 *ccm* Wasser. Auch die Entwässerung der Schnitte findet in Methylalkohol statt. Zur Nachfärbung (3 Stunden) dient eine 0,5%ige Rubinlösung mit 2% Essigsäure.

Hier wäre auch der Modifikation von KOZOWSKY Erwähnung zu tun. Er färbt die Celloidinschnitte von Müllermaterial 24 Stunden in einer Lösung von 10 *g* Hämatoxylin in 120 *ccm* 50%igen Alkohols mit Zusatz von 10 *ccm* Lithionwasser (die Lösung muß 8 Tage reifen). Nach Abspülen in Wasser wird differenziert in einer 1%igen Lösung von Kaliumpermanganat, bis die graue Substanz braun erscheint und dann in 2—3mal gewechselten Liquor ferri sesquichlorati übertragen, bis die Differenzierung vollendet ist.

Wie BENDA gezeigt hat, kann man aber auch ohne jede Beizung die Markscheiden an Gefrierschnitten von Formolmaterial färben, einfach durch 24stündige Behandlung mit BÖHMERschem Hämatoxylin. Die Schnitte werden differenziert mit der WEIGERTschen Boraxferricyankaliumlösung und können dann mit Safranin, Fuchsin oder Methylenblau nachgefärbt werden. Die Methode eignet sich aber mehr für periphere als centrale Nerven. Wir können dieser BENDAschen Angabe aus eigener Erfahrung zufügen, daß man vorzügliche Präparate erhält, wenn man Gefrierschnitte von frischem Material färbt in frisch bereitetem Hämalaun (3 bis 5 Tropfen einer 1%igen Lösung von Hämatein in Glycerin auf 10 *ccm* 3 bis 5%iger Alaunlösung). Dann färbt sich neben der SCHWANNschen Scheide die Markscheide intentiv blau, aber nur das Myelin in Form von kleineren und größeren Körnern und Schollen. Will man konservieren, so montiert man in Lävulosesirup, überträgt man in Alkohol, so wird die Färbung mehr oder weniger vollkommen ausgezogen und es erscheint nun der vorher ungefärbte Achsencylinder diffus blau gefärbt. Ganz neuerdings hat NAGEOTTE eine der BENDAschen ganz ähnliche Methode beschrieben, sie unterscheidet sich von jener nur dadurch, daß an die Stelle des BÖHMERschen Hämatoxylins MAYERsches Hämalaun tritt.

An Stelle der Kupfer- oder Chrombeizung schlägt dann BESTA eine Beizung mit Zinn vor und benutzt dazu Zinnammoniumchlorid, das Pinksalz der Färber. Er fixiert in einer Lösung von 4 *g* Zinnammoniumchlorid (MERCK) in 100 *ccm* Wasser und 25 *ccm* Formalin. Periphere Nerven bleiben darin je nach ihrer Dicke 20 Stunden bis 3 Tage, werden in gewöhnlicher Weise entwässert und in Paraffin eingebettet. Die Schnitte färbt er 24 Stunden in MALLORYschem Hämatoxylin, differenziert in Jodjodkalium und wäscht in 70%igem Alkohol aus. Oder er färbt in stark verdünntem DELAFIELDschen Hämatoxylin (2 Tropfen auf 50 *ccm* Wasser), spült in Wasser ab und färbt nach in Erythrosin.

STÖLTZNER beizt die Celloidinschnitte von Formalinmaterial 5 Minuten in Liquor ferri sesquichlorati, wäscht in destilliertem Wasser aus, färbt 10 Minuten und länger in einer 0,5%igen Hämatoxylinlösung und differenziert entweder in der WEIGERTschen Boraxferricyankalilösung oder in dem Beizmittel selbst.

Des weiteren wären dann jene Methoden zu erörtern, die von der Verwendung des Hämatoxylins ganz absehen und an seiner Stelle saure oder basische Teerfarbstoffe benutzen. Auch darin folgte man WEIGERTs Spuren, der ja zunächst mit saurem und basischem Fuchsin gearbeitet hatte. Als erster hat wohl ARONSON (90) eine größere Reihe von Anthrachinon- und Xanthenfarbstoffen (Alizarinblau, Cörulein, Gallocyanin, Gallamin, Gallein etc.) auf ihre Brauchbarkeit für die Markscheidenfärbung untersucht. Er fand das Gallein als das brauchbarste, wenn die Präparate mit Chromsalzen vorgebeizt waren. Zur Differenzierung empfahl er Oxydantien und Alkalien. Später hat dann SCHRÖTTER, ohne die ARONSONschen Angaben zu kennen, diese Färbungsmethoden als neu beschrieben und detaillierte Vorschriften gegeben. Die am besten von Müllermaterial stammenden Schnitte werden in einer immer frisch zu bereitenden konzentrierten Galleinlösung (in kochendem Brunnenwasser gelöst) 15—20 Minuten gefärbt und dann in einer 5%igen Sodalösung oder ganz schwacher Natronlauge differenziert. Nach Auswaschen in Wasser kann man noch in eine schwache Lösung von Kaliumpermanganat übertragen, dann wird das Bindegewebe völlig entfärbt. Oder man färbt die Schnitte 2—3 Stunden in einer 5%igen Lösung von alizarinsulfosaurem Natron, die mit einigen Tropfen 5%iger Oxalsäure versetzt ist, spült in destilliertem Wasser ab und differenziert in 3‰iger Sodalösung. Im ersten Fall erscheinen die Markscheiden violett, im letzten leuchtend rot gefärbt. Man kann übrigens, wie ARONSON (02) bemerkt, solche mit Gallein gefärbte Präparate dann mit einem beliebigen basischen Farbstoff, z. B. Methylenblau, überfärben, indem das saure Gallein als Beize für den basischen Farbstoff wirkt.

KAPLAN verwendet das dem Anthrachinon sehr nahestehende Anthracenblau SWR. Er färbt die Schnitte von gut chromiertem Material 24 Stunden in einer 1%igen Lösung, wäscht in Brunnenwasser aus und differenziert nach PAL. Nach beendeter Differenzierung werden die Schnitte in Lithionwasser gebläut.

Mit basischen Teerfarbstoffen hat wohl neben WEIGERT ADAMKIEWICZ zuerst die Markscheiden gefärbt. Er benutzt dazu eine konzentrierte wässerige Safraninlösung, differenziert mit Alkohol und färbt die Kerne nach mit Methylenblau. Später haben dann BING, ELLERMANN und FRÄNKEL das Methylenblau empfohlen. Die beiden ersteren fixieren die Objekte 4—6 Tage in einer Mischung von 1 Teil Formalin und 9 Teilen Aceton. Die ohne Einbettung hergestellten Schnitte kommen für 5—10 Minuten in konzentrierte wässerige Methylenblaulösung, werden kurz in Wasser abgespült, für 1—2 Minuten in konzentrierte wässerige Pikrinsäure übertragen und in 96%igem Alkohol differenziert. FRÄNKEL fixiert und härtet sein Material entweder in Müller oder in 5%igem Kaliumbichromat mit Zusatz von 2% Chromalaun. Die Celloidinschnitte werden gefärbt in der UNNAschen Lösung von polychromem Methylenblau (GRÜBLER), in Wasser abgespült und differenziert in möglichst alter, konzentrierter Gerbsäurelösung, bis graue und weiße Substanz deutlich unterschieden werden können. Nach weiterem Abspülen wird der ganze Prozeß, Färbung und Differenzierung, wiederholt. Die Färbungsdauer richtet sich nach der Art des Objekts, Rückenmarkschnitte müssen zweimal je 6 Stunden, Gehirnschnitte je 12 Stunden in der Farblösung bleiben. Die Methode färbt die feinsten Markfasern der Hirnrinde, die der WEIGERTschen Methode bekanntlich schwer zugänglich sind, außerdem die Kerne und die Ependymzellen. Zur Nachfärbung eignet sich vorzüglich das GIESONsche Pikrofuchsingemisch.

Auch die Darstellung der Markscheiden mittelst Osmium hat in den letzten Jahren manche Verbesserungen erfahren. Nach BORCHERT ist die Osmiummethode allen übrigen Markscheidenmethoden bei der Bearbeitung des Centralnervensystems niederer Vertebraten, speziell der Selachier, weit vorzuziehen. Er fixiert das Material in 10%igem Formalin und zerlegt es dann in 2—3 *mm* dicke Scheiben, die für 24 Stunden in 1%ige Osmiumsäure übertragen, dann mehrere Stunden in destilliertem Wasser ausgewaschen, entwässert und in Paraffin eingebettet werden. Die aufgeklebten Schnitte werden nach der PALschen Methode differenziert. Um die Markscheide an den Zellen der peripheren Acusticusganglien nachzuweisen, fixiert WITTMAACK Schläfenbeine vom Meerschwein in 90 Teilen Müller, 10 Teilen Formalin und 3—5 Teilen Essigsäure, bis sie grün geworden sind. Dann wird der Acusticusstamm und der Modiolus herauspräpariert und das Ganze in Salpetersäure mit Formalinzusatz entkalkt, entwässert und in Paraffin oder Celloidin eingebettet. Die Schnitte kommen nochmals für einige Minuten in 2%ige Osmiumsäure, werden kurz abgespült und in 5%iger Pyrogallussäure reduziert. Es können so die geringsten Spuren von Myelin nachgewiesen werden.

Zum Nachweis des Markes bei ganz jungen Nerven fixiert SCHULTZE in Osmiumsäure und überträgt dann in 1%iges Kaliumbichromat, das im Laufe von 24 Stunden dreimal gewechselt wird. Die Nerven kommen dann im Dunkeln für 24 Stunden in 50%igen Alkohol, dann für 24—48 Stunden in gereifte 0,5%ige Hämatoxylinlösung in 70%igem Alkohol, werden in letzterem ausgewaschen, dann entwässert und eingebettet.

TAKAHASHI fixiert die Nerven 24 Stunden lang in einer Mischung von 5 Teilen 1%iger Osmiumsäure, 3 Teilen 0,25%iger Chromsäure und 2 Teilen 0,1%iger Salzsäure, wäscht 24 Stunden aus, überträgt für die gleiche Zeit in ein Gemisch von 10 Teilen Glycerin und 20 Teilen 50%igen Alkohols mit 1 bis 2 Tropfen Salzsäure und zerzupft dann in öfter zu wechselndem 50%igen Alkohol, der mit der Hälfte Glycerin verdünnt ist. Oder er fixiert 24 Stunden in einer Mischung von 5 Teilen 0,1%iger Osmiumsäure, 1 Teil 0,25%iger Chromsäure und 1 Teil 0,1%iger Essigsäure, wäscht 24 Stunden aus und zerzupft in öfter zu wechselndem 50%igen Glycerin.

Auch die Silbertechnik der Markscheidendarstellung hat durch CAJAL eine Verbesserung erfahren. Er behandelt Schnitte des centralen Nervensystems 24 Stunden mit einer 4%igen Lösung von Hydrochinon in 4%iger Essigsäure, wäscht rasch in destilliertem Wasser aus und überträgt in eine 1%ige Silbernitratlösung, welcher man auf 100 *ccm* einige Tropfen Ammoniak zufügt. Trübt sich die Lösung, so muß sie sofort gewechselt werden. Nach 10 Minuten werden die Schnitte ohne abzuspülen in die Hydrochinonlösung zurückgebracht, nach 2 bis 5 Minuten kurz abgespült und wieder in die Silberlösung gebracht, darin 10 Minuten belassen, abgespült und differenziert in 0,5%iger Lösung von Ferricyankalium, der eventuell 0,25% Kaliumcarbonat zugesetzt werden kann. Schließlich wird in 12%iger Fixiernatronlösung fixiert, ausgewaschen, entwässert und in Balsam eingeschlossen.

Literatur: ADAMKIEWICZ (Sitzungsber. Ak. Wiss. Wien, Bd. 89, 1884), ARONSON (Centralbl. Med. Wiss. 1890), derselbe (Centralbl. Allg. Pathol., Bd. 13, 1902), BENDA (Neurol. Centralbl., Bd. 22, 1903), BESTA (Riv. Sperim. Freniatr., Bd. 31, 1905), BING und ELLERMANN (Arch. Anat. 1901), BORCHARDT (Verh. Physiol. Ges. Berlin 1904), CAJAL (Trab. Lab. Investig. Biol. Univ. Madrid, Bd. 2. 1903), FRÄNKEL (Neurol. Centralbl., Bd. 22, 1903), KAPLAN (Arch. Psychiatr., Bd. 35, 1902), KOZOWSKY (Neurol. Centralbl., Bd. 23, 1904), NAGEOTTE (C. R. Soc. Biol. Paris 1908), PAVLOW (Zeitschr. Wiss. Mikr., Bd. 21, 1904), SCHRÖTTER (Centralbl. Allg. Pathol., Bd. 13, 1902), derselbe (Neurol. Centralbl., Bd. 21, 1902), SCHULTZE (Sitz. Physik, Med. Ges. Würzburg 1906), STOELTZNER (Zeitschr. Wiss. Mikr., Bd. 23, 1906), STREETER (Arch. Mikr. Anat., Bd. 62, 1903), STRONG (Journ. Comp. Neurol., Bd. 13 und 16, 1903 und 1906), TAKAHASHI (Ebenda, Bd. 18, 1908), WITTMAACK (Arch. Ohrenheilkde., Bd. 61, 1905).

Nervenfaser, Neurokeratingerüst. Das von EWALD und KÜHNE zuerst dargestellte Neurokeratingerüst der markhaltigen Nervenfaser ist durch alle jene Mittel darstellbar, welche das Myelin (s. dort) lösen, und zwar kann man z. B. durch Äther-Alkohol oder Alkohol-Chloroform das Myelin in der frischen Faser lösen oder zunächst den Nerven in Osmiumsäure fixieren und dann das osmierte Myelin durch ätherische Öle, z. B. Bergamottöl, lösen.

Fixiert man einen ausgespannten Nerven in Alkohol oder in dem CARNOYschem Gemisch und färbt dann im Stück oder Schnitt mit Hämatoxylin, Chromhämatoxylin oder Eisenhämatoxylin, so erhält man sehr prägnante Bilder des Neurokeratinnetzes.

PLATNER fixiert mehrere Tage in mit Alkohol oder Wasser 3—4fach verdünntem Liquor ferri sesquichlorati, wäscht so lange in Wasser oder Alkohol aus, bis die Waschflüssigkeit keine Reaktion mit Rhodankalium mehr gibt und färbt dann mit Solidgrün in 95%igem Alkohol (konzentriert) gelöst bis zu mehreren Wochen. Die Flüssigkeit selbst darf nicht grün werden. Neurokeratinnetz und Achsencylinder tief grün gefärbt. GEDOELST fixiert in PERÉNYIscher Flüssigkeit mit einer Spur Osmiumsäure oder in einer Mischung von gleichen Teilen 1%iger Osmiumsäure und absoluten Alkohols. Das Netz erscheint schwarz gefärbt. COX fixiert in 2%iger Osmiumsäure und überträgt durch Alkohol hindurch in Bergamottöl, in dem sich das osmierte Myelin löst und das Neurokeratinnetz hervortreten läßt.

CORNING fixiert in Sublimat und färbt die Schnitte mit Eisenhämatoxylin, FUCHS fixiert in Zenker und färbt ebenfalls in Eisenhämatoxylin mit Nachfärbung in Rubin. KAPLAN färbt Celloidinschnitte von Müllermaterial mehrere Tage im Brutschrank in 0,3%iger wässeriger Säurefuchsinlösung, Abspülen in schwach mit Salzsäure angesäuertem Wasser und Differenzieren nach der PALschen Methode (s. Nervenfasern, Markscheiden).

Über die Darstellung des Neurokeratinnetzes durch künstliche Verdauung vgl. Verdauung.

Literatur: CORNING (Anat. Anz., Bd. 17, 1900), COX (Anat. Hefte, H. 31, 1898), ERNST (Festschr. von RINDFLEISCH, Leipzig 1907), EWALD und KÜHNE (Verh. Nat. Ver., Heidelberg N. F., Bd. 1, 1874), FUCHS (Anat. Anz., Bd. 30, 1907), GEDOELST (Cellule, Bd. 3 und 5, 1887 und 1889), KAPLAN (Arch. Psychiatr. Nervenkr., Bd. 35, 1902), PLATNER (Zeitschr. Wiss. Mikr. Bd. 6, 1889), SPULER (Sitzungsber. Physiol. Med. Soc. Erlangen, H. 34, 1902).

Nervenfaser, Schwannsche Scheide. Zur Darstellung der SCHWANNschen Scheide kann man frische Nerven mehrere Tage oder Wochen in Alauncarmin macerieren und dann zerzupfen. Auch bei der KUPFFERschen Methode der Fibrillenfärbung erhält man meist gute Bilder der Scheide. UPSON und KRAUSS empfehlen Fixation in Müller oder Alkohol und Färbung der Schnitte ½—12 Stunden lang in folgender Carminlösung: 2 *g* Carmin werden mit 100 *ccm* einer 5%igen wässerigen Lösung von Rubidiumalaun 20 Minuten gekocht, nach dem Erkalten filtriert, das Filtrat mit Zinksulfat gesättigt und wieder filtriert. Nach der Färbung werden die Schnitte in Wasser ausgewaschen, in Alkohol entwässert und in Balsam gebracht. HUBER fixiert in 1%iger Osmiumsäure, die mit Pikrinsäure gesättigt ist, oder in HERMANNscher Flüssigkeit 24 Stunden. Färbung der Schnitte mit Safranin-Lichtgrün nach BENDA. Es färben sich die Kerne rot, die Scheide und das Endoneurium grün. TIRELLI benutzt zur Darstellung von Fibrillenbildungen in der Scheide eine Abänderung der Golgimethode, indem er die Stücke für 1—3 Tage in 2%ige Chromsäure bringt, die in Bouillon oder Blutserum gelöst ist und der man von Zeit zu Zeit kleine Mengen 1%iger Osmiumsäure zusetzt. Nach der angegebenen Zeit überträgt man in 0,5%iges Silbernitrat. GURWITSCH empfiehlt für die Sichtbarmachung der SCHWANNschen Scheide bei Säugerembryonen die APÁTHYsche Methode der Nachvergoldung. Für spätere Stadien eignet sich auch Eisenhämatoxylinfärbung. S. MEYER imprägniert die SCHWANNsche Scheide und den Achsencylinder mit Berlinerblau, indem er nicht zu kleine Stücke 24 Stunden in 10%igem Formol fixiert, dann für 8—20 Tage in 2,5%iges Ferrocyankalium und weitere 2—4 Tage in 10%igen Eisenalaun überträgt. Dann wird einige Stunden in Wasser gewaschen und in gewöhnlicher Weise in Paraffin eingebettet. WALTER fixiert die Nerven bei kleinen Säugern in situ mit 0,25%iger Lösung von Osmiumsäure in physiologischer Kochsalzlösung. 2 Stunden lang wird der Nerv ab und zu mit dieser Lösung betropft, dann herausgeschnitten und in die Lösung eingelegt. Paraffinschnitte werden 5 Minuten bis 1 Stunde mit folgender Hämatoxylinfärbung gefärbt. 5 *ccm* 1%ige Hämatoxylinlösung werden zu 100 *ccm* 10%iger Alaunlösung gesetzt, zu 1 *ccm* dieser Lösung setzt man ungefähr 1 Tropfen 1%ige Lösung von Kaliumpermanganat. Es muß das Hämatoxylin vollständig oxydiert sein, ohne daß ein Niederschlag entsteht. Überfärbte Präparate werden durch dünne Salzsäure differenziert. SCHWANNsche und HENLEsche Scheide, Kerne und Fibrillen dunkelviolett.

Nach unserer Erfahrung kann man die SCHWANNsche Scheide am schönsten am Gefrierschnitt des frischen Nerven darstellen, wenn man ihn mit einer frisch bereiteten Hämalaunlösung färbt (3—5 Tropfen einer 1%igen Lösung von Hämatein in Glycerin auf 10 *ccm* einer 5%igen Alaunlösung, die durch einen geringen Formalinzusatz haltbar gemacht wurde). Färbung 10—15 Minuten, Einschluß in Lävulosesirup.

Literatur: GURWITSCH (Arch. Anat. 1900), HUBER (Arch. Mikr. Anat., Bd. 40, 1892), MEYER (Anat. Anz., Bd. 20, 1902). TIRELLI (Mon. Zool. Ital., Bd. 5, 1894), UPSON und KRAUSS (Neurol. Centralbl., Bd. 7. 1888), WALTER (Deutsch. Zeitschr. Nervenheilk., Bd. 35, 1908).

Nervenstrukturen in Pflanzenzellen siehe: Fibrillen in Pflanzenzellen.

Nervensystem, mikroskopische Technik der Untersuchung des gesunden und kranken Nervensystems mit Ausschluß der Neurofibrillenfärbung, der Markscheidenfärbung, der Neurogliafärbung, der GOLGIschen Methode und der vitalen Methylenblaufärbung.*

Die mikroskopische Anatomie des centralen Nervensystems gliedert sich I. in die **faseranatomische Forschung** und II. in die **histologische Untersuchung.**

Während früher diese beiden Gebiete der mikroskopischen Anatomie des Nervensystems insoferne nicht unterschieden wurden, als die Forscher, die sich mit der Untersuchung des Faserverlaufes befaßten, gleichzeitig auch die kompetenten Fachmänner der Histologie und in der Regel auch der Histopathologie waren, hat die mikroskopische Anatomie des Nervensystems in den letzten 25 Jahren so gewaltige Fortschritte gemacht, daß sowohl die Faseranatomie als auch die Histologie heute die ganze Arbeitskraft eines Forschers in Anspruch nimmt. Von der Histopathologie ist das Gleiche zu sagen.

Die Aufgabe der Histologie des centralen Nervensystems besteht in der Ermittlung der das centrale Nervengewebe zusammensetzenden Elementarteile, in der morphologischen Analyse derselben sowie in der Feststellung der gegenseitigen Beziehungen der Elementarteile im Hinblick auf die Bildung eines spezifischen Gewebes. Das Ziel der Histopathologie ist die Ermittlung der krankhaften Veränderungen der das centrale Nervensystem zusammensetzenden Elementarbestandteile. Endlich sucht die Faseranatomie die Leitungsbahnen zwischen den einzelnen Centren zu erforschen. Diese Ziele der verschiedenen Gebiete der mikroskopischen Anatomie des centralen Nervensystems sind mit Hilfe der modernen mikroskopischen Technik nur teilweise zu erreichen. Wie bereits oben bemerkt ist, soll in folgendem nur ein Teil der hier in Betracht kommenden Technik des Näheren erörtert werden.

Was die Faseranatomie betrifft, so beschränkt sich die Darstellung auf die Ermittlung der markhaltigen Leitungsbahnen, welche die verschiedenen Centren miteinander verbinden. Wir sehen hier von allen theoretischen Erwägungen ab und gehen von einem Beispiele aus, an dem wir uns leicht zu orientieren vermögen. Die Pyramidenbahn entwickelt sich aus dem Rindengrau der motorischen Centren, und zwar, wie man annimmt, aus den Achsencylinderfortsätzen der sogenannten motorischen Nervenzellen dieses Gebietes. Diese Zellen betrachten wir als den centralen Ursprung der Pyramidenbahn. Schon bald nach dem Austritt aus dem Zelleibe umhüllen sich die Achsencylinderfort-

* Die Umarbeitung dieses Abschnittes für die zweite Auflage wurde gemeinsam von dem Unterzeichneten und von Herrn Privatdozenten Dr. OTTO RANKE (Heidelberg) besorgt.

sätze mit Mark. Bereits in der inneren Kapsel bildet die Pyramidenbahn ein ziemlich geschlossenes Bündel annähernd gleichkalibriger Markfasern; sie durchzieht den Hirnstamm, begibt sich in der Medulla in der Hauptsache auf die andere Seite und erschöpft sich allmählich auf dem Wege durch den Seitenstrang des Rückenmarkes, indem ihre einzelnen Fasern ihr Mark verlieren und sich in das Grau der Vorderhornsäule begeben. Hier also ist das Ende der einzelnen Fasern unserer Bahn. Daraus folgt, daß das, was wir Pyramidenbahn nennen, aus drei Hauptabschnitten besteht:

1. Aus dem Ursprungscentrum, resp. aus den Nervenzellen desselben, aus deren Achsencylinderfortsatzneurofibrillen sich die Achsencylinderneurofibrillen der markhaltigen Bahn entwickeln.

2. Aus dem von Mark umhüllten Teil der Achsencylinder dieser Bahn und

3. aus dem Centrum, in dem die Bahn endigt, resp. aus den in diesem Centrum befindlichen marklosen Endigungen der Bahn.

In erster Linie dienen die uns heute zur Verfügung stehenden Methoden zur Ermittlung des zweiten Hauptabschnittes der Leitungsbahn. Über das Ursprungscentrum gibt uns das unten (pag. 250) beschriebene Verfahren Aufschluß, teils über das Ursprungsgebiet, teils über das Endcentrum der Leitungsbahnen das ebenfalls unten (pag. 248) geschilderte Verfahren.

Da die Bearbeitung der histopathologischen Aufgaben die Kenntnis der histologischen Verhältnisse voraussetzt, empfiehlt es sich aus praktischen Gründen, die mikroskopische Technik der Histologie und Histopathologie gleichzeitig zu erörtern.

I. Mikroskopische Technik der Faseranatomie.

Die wichtigsten Verfahren zur Ermittlung und Verfolgung der markhaltigen Leitungsbahnen werden in folgendem beschrieben. Die unter 2 *c* 2 aufgeführte Methode dient zur Feststellung der Ursprungszellen der markhaltigen Bahnen, während das unter 2 *c* 1 genannte Verfahren bei der Ermittlung sowohl des Ursprungscentrums als auch des Endcentrums gelegentlich ausgezeichnete Dienste leisten kann.

1. Herstellung lückenloser Schnittserien durch normale menschliche und tierische Gehirne (durch ganze Gehirne oder durch bestimmte Teile in den drei Hauptebenen; nach H. Gudden in besonderen Ebenen). Vergleichend-anatomische Untersuchungen homologer Gebiete. Färbung: Weigertsche Markscheidenfärbung. Nicht elektives Verfahren: Färbung mit Ammoniakcarmin nach Vorschrift alter Autoren.

Von besonderer Wichtigkeit für die faseranatomische Forschung ist die Herstellung fortlaufender lückenloser Schnittserien. Da wohl in der Mehrzahl der Fälle die Weigertsche Markscheidenfärbung in Anwendung gelangt, für die Weigert sein ingeniöses Verfahren der Herstellung von Schnittserien erfunden hat, so sind hier nur jene Verfahren in Betracht zu ziehen, bei denen die Weigertsche Methode der Schnittserien nicht Anwendung finden kann. Speziell gilt das von der Technik der Herstellung fortlaufender Serien durch das ganze menschliche Gehirn oder durch eine Hemisphäre desselben, resp. durch entsprechend große Tiergehirne. Da hierbei noch andere Schwierigkeiten zu überwinden sind, so empfiehlt es sich, hierauf etwas näher einzugehen. Flatau hat im Jahre 1897 ein Verfahren beschrieben, nach dem er Serienlängsschnitte durch das ganze Rückenmark anlegte.

Vor allem ist zu betonen, daß für die Herstellung so großer Schnitte das alte Guddensche Mikrotommodell noch immer verwendbar ist. Es braucht wohl nicht eigens darauf hingewiesen zu werden, daß die mechanische Schnittführung der großen Mikrotommodelle nach Jung, Reichert, Becker und Oscar Vogt im allgemeinen technisch vollendetere Schnitte liefert als das Guddensche Mikrotom. (Näheres s. pag. 188.)

Will man eine gute und brauchbare Schnittserie durch ein ganzes menschliches Gehirn, resp. entsprechend große Teile erhalten, so kommt alles auf die gute schnittfähige Konsistenz des Gewebes an. Man kann zur Not auch weniger gut erhärtete Gewebsstücke noch in Schnittserien zerlegen; es gibt eine Reihe von Kunstgriffen, welche das Bröckeln und Zerreißen verhindern; allein wenn man die genügende Sorgfalt auf die Erhärtung verwendet, so sind dieselben überflüssig. Die auf die Erhärtung der Gewebe verwendete Sorgfalt trägt in jeder Hinsicht reichliche Zinsen.

Früher wurden dergleichen große Schnitte mit Carmin gefärbt: heute wendet man fast allgemein die Weigertsche Methode der Markscheidenfärbung an. Was die Behauptung anlangt, daß die frühere Carminfärbung deshalb nicht mehr zu erzielen sei, weil das käufliche Carmin sich geändert habe, so ist dieselbe irrtümlich. Man erzielt mit jeder guten Lösung von ammoniakalischem Carmin dieselben distinkten Färbungen wie früher, vorausgesetzt, daß man in derselben Weise wie früher die Präparate vorbehandelt, schneidet und färbt: die Präparate werden mit Kaliumbichromatlösung (ohne Formol) langsam erhärtet, sodann kurze Zeit in Wasser übergeführt und schließlich aus dem Wasser heraus uneingebettet unter Wasser geschnitten. Aus dem Wasser wird der Schnitt in eine Schale mit Wasser gebracht, dem einige Tropfen von Ammoniakcarmin beigefügt wurden, so daß die Farblösung mit Wasser verdünntem Rotwein ähnlich ist. Da sich die Schnitte hier nicht überfärben, verbleiben sie so lange, bis sie sich maximal mit Farbe imbibiert haben; hierauf werden sie auf 24 Stunden in eine Schale voll Wasser übergeführt, das mit Essig nur minimal angesäuert ist. Sodann Alkohol, Öl, Balsam. Will man also die schöne alte distinkte Carminfärbung erhalten, so darf das Präparat vor der Färbung überhaupt nicht mit Alkohol in Verbindung gebracht werden. Will man kleinere Schnitte mit Ammoniakcarmin färben und hat nur ein Schlittenmikrotom zur Verfügung, so klebt man die Präparate mit Siegellack auf Kork auf, spannt den Kork ein und schneidet das uneingebettete Präparat, indem man das Messer mit Wasser befeuchtet. Da aber das Wasser stets auf einen Tropfen zusammenfließt, so wendet man den kleinen Kunstgriff an, dem Wasser etwas Seife zuzufügen und bringt den uneingebetteten Schnitt mit dem Pinsel in eine Schale reinen Wassers.

Gudden stellte 20—30 große Porzellanschalen oder -Teller auf und sammelte die Schnitte in der Weise, daß bei 20 Schalen die 1. Schale den 1., 21., 41. Schnitt, die 14. Schale den 14., 34. und 54. Schnitt usw. enthielt. Diese Methode bleibt für alle Verfahren, bei denen die Präparate uneingebettet geschnitten werden, resp. bei denen die Einbettung keine guten Ergebnisse zutage fördert, die zweckmäßigste Methode der Schnittserienherstellung. So weit auseinander liegende Schnitte sind meist ohne Schwierigkeiten auseinander zu halten.

Will man eine vollständige Schnittserie durch ein menschliches Gehirn oder durch eine ganze Hemisphäre erhalten, wobei das Präparat schließlich eingebettet wird, so bereitet die Erhaltung der äußeren Form einige Schwierigkeiten.* Zerlegt man bei der Sektion das Gehirn oder bringt es auch in toto in die Erhärtungsflüssigkeit, so entstehen leicht allerhand Difformitäten des Organes. Es hat sich als besonders zweckmäßig eine rasche Anhärtung des Gehirns erwiesen, wobei nach Möglichkeit jedes Aufliegen, auch das Aufliegen auf Watte, vermieden werden soll. Ferner hat die Erfahrung gelehrt, daß man möglichst frisch das Gehirn einlegen soll; wenn irgend möglich wähle man auch nicht Organe von Individuen, die sehr lange in der Agonie lagen.

Zum Zwecke des raschen Anhärtens füge man 100 *g* Müllerscher Lösung 3,0 Formol bei und gebe so viel Glycerin zu, daß das Gehirn gerade schwimmt. In diese Lösung wird also das unversehrte Gehirn sofort überführt. Gewöhnlich genügen bei sehr großen Flüssigkeitsmengen und oftmaligem Wechseln derselben einige Tage zum Anhärten. Hierauf kommt es in reine Müllersche Lösung, eventuell auch in die entsprechende Lösung von Kalium bichromicum. Formol wird von nun an weggelassen. Allerdings sind hier die Meinungen geteilt. Ich ziehe mit anderen die langsame Erhärtung des Gewebes in Kaliumbichromatlösung ohne jeden Formolzusatz allen übrigen Verfahren vor und habe den Eindruck, daß die Färbung ohne Formoleinfluß viel brillanter wird. Der anfängliche Zusatz von Formol ist aber dringend geboten, und zwar nicht nur wegen der Konservierung der äußeren Form, sondern vor allem auch deshalb, weil auf diese Weise dem Faulen im Inneren des Gehirns entgegengearbeitet wird. Will man namentlich ein ganzes menschliches Gehirn in Kaliumbichromatlösung erhärten, so fault dasselbe im Inneren mit größter Gewißheit, wenn man nicht Formol anfangs der Lösung beigefügt hat.

Ist nach einigen Tagen das unversehrte Organ genügend angehärtet, so entfernt man alle jene Teile, die nicht in Serienschnitte zerlegt werden. Wird also nur eine Hemisphäre geschnitten, so entfernt man jetzt die andere; werden nur bestimmte Teile einer Hemisphäre in Serien zerlegt, so schneidet man die übrigen Gebiete ab usf. Jedenfalls bedeutet jeder Schnitt ein erheblich erleichtertes Eindringen der Härtungsflüssigkeit ins Innere des Gewebes. Um diese Zeit muß man auch daran denken, die Pia vollständig von der Oberfläche des Gehirns zu entfernen. In den ersten Tagen der Konservierung zerrt man die Windungen zu sehr auseinander; späterhin ist aber die Pia nur mehr unter Verlust von

* Bei dieser Darstellung verdanken wir die wichtigsten Angaben dem freundlichen Entgegenkommen des Herrn Dr. P. Schroeder, welcher sich speziell mit der Herstellung von Schnittserien durch die ganze menschliche Hemisphäre beschäftigt hat.

Gewebe zu entfernen. Jedenfalls aber muß die Pia abgezogen werden, wenn man schöne Schnitte erhalten will. Auch die Plexus und Arterien sind sorgfältig zu entfernen.

Die allergrößte Aufmerksamkeit hat man der Erhärtung des Gewebes zu schenken. Je mehr Flüssigkeit man benutzt, je öfter man sie wechselt, um so besser wird die Konsistenz werden. Jedenfalls wechselt man in der ersten Zeit täglich die Flüssigkeit und setzt dies um so länger fort, je größer die Gewebsteile sind. Jegliche Beschleunigung der Erhärtung ist bei so großen Gewebsteilen direkt zu unterlassen. Niemals darf ein Wärmeofen benutzt werden; eine gleichmäßig kühle Temperatur gibt die besten Resultate. Späterhin wechselt man alle 2, dann 3, dann 4 usw. Tage die Flüssigkeit. Für eine Hemisphäre rechnet man im Durchschnitt 8—9 Monate Erhärtungszeit.

Oft ist es zweckmäßig, die Präparate in kleinere Blöcke zu zerlegen. Den großen Vorteilen einer solchen Zerlegung stehen ebenso große Nachteile gegenüber. Durch die Zerlegung eines Gehirns oder einer Hemisphäre in einige wenige Blöcke gehen natürlich eine Menge von Schnitten verloren; auf der anderen Seite ist die Behandlung mehrerer kleinerer Blöcke viel leichter und die Ergebnisse zuverlässiger. Entscheidend für den einzuschlagenden Weg ist natürlich in erster Linie die zu lösende faseranatomische Aufgabe, dann aber kommt in Betracht die Bauart des jeweiligen Mikrotoms, das anzuwendende Verfahren usf.

Hat man sich entschlossen, das ganze Gehirn oder eine Hemisphäre in mehrere kleinere Blöcke zu zerlegen, so ist dabei zu berücksichtigen, daß um so weniger Schnitte verloren gehen werden, je weniger Blöcke man macht, je mehr die Schnittfläche der Blöcke der späteren Mikrotomschnittfläche entspricht und je geringer die Veränderungen sind, die sich im Blocke noch während seiner Erhärtung abspielen. Man wird also vor allem einen Zeitpunkt wählen, zu welchem die Formveränderungen möglichst passend sind. Es ist daher zweckmäßig, den Zeitpunkt des Konsistenzmaximums abzuwarten und erst dann die Zerteilung in Blöcke vorzunehmen.

Am besten erfolgt diese Zerteilung auf mechanischem Wege. In jüngster Zeit wurden Apparate konstruiert, mit welchen man ein Gehirn in verschieden dicke planparallele Scheiben zerlegen kann. Besonders empfiehlt sich für diesen Zweck das Edingersche Makrotom.

Sehr schwer ist es, bestimmt zu sagen, wann das Gewebe die beste Konsistenz zum Schneiden besitzt. Diese Kenntnis ist in erster Linie Erfahrungssache. Im allgemeinen ist ein Gehirn oder eine Hemisphäre dann erhärtet, wenn das Gewebe das Konsistenzmaximum darbietet, dabei aber sich durchaus elastisch und ja nicht spröde anfühlt.

Ist das Konsistenzmaximum des Gewebes erreicht, so wird es direkt aus der Chromsalzlösung in 80%igen, dann in 96%igen, hierauf in absoluten Alkohol und von da zunächst in dünnes und sodann in dickes Celloidin übergeführt. Die Celloidinierung so großer Gewebsstücke muß natürlich ganz besonders sorgfältig überwacht werden und dauert ungleich länger als die Celloidineinbettung kleiner Gewebsteile. Bei der Celloidinierung tritt der Nutzen der Zerkleinerung der Gehirne in mehrere Blöcke klar zutage. Eine tadellose Celloidineinbettung ganzer, unzerteilter Gehirne gibt es wohl nicht. Die Alkoholbehandlung findet im Dunkeln statt; sobald der Alkohol trübe geworden ist, erneuert man ihn durch entsprechend prozentigen frischen Alkohol.

Manchmal erhält man keine brauchbaren Schnitte, obwohl die Konsistenz des Gewebes, das Messer usw. tadellos ist. In einem Falle war die aus Stabilit hergestellte Tischplatte des Mikrotoms nicht genügend unnachgiebig. Solche Fälle werden aber verhältnismäßig selten beobachtet. In der Regel werden die Gewebsstücke nicht mit der genügenden Sorgfalt auf die Tischplatte aufgeklebt. Welche Rolle die absolute Unnachgiebigkeit des Gewebsblockes beim Schneiden spielt, weiß jeder Mikroskopiker. Bei der Herstellung großer Schnitte ist es nicht anders; daher sind auch Tische aus Stabilit allein nicht empfehlenswert; am besten haben sich Metalltische bewährt. Beim Aufkleben kommt es vor allem darauf an, vollkommen plane Aufklebungsflächen zu erhalten. Sehr gut hat sich die Herstellung der Aufklebefläche mit Hilfe des Mikrotommessers bewährt. Man verbringt das aufzuklebende Gewebsstück in eine Zigarrenkiste und fixiert es darin mit Paraffin, aber so, daß die Aufklebefläche etwas über das Niveau des Kästchens hervorragt. Nun kann man das ganze Kistchen in die Mikrotomklammer einspannen und mit dem Mikrotommesser selbst eine plane Aufklebefläche schaffen.

Schnitte, die auf diese Weise aus gut schnittfähigem Material gewonnen wurden, bedürfen keiner besonderen Kunstgriffe. Man verbringt sie am einfachsten mit den Fingern von einer Lösung in die andere. Bei sehr großen Schnitten wendet man das ursprünglich von Weigert selbst angegebene Färbeverfahren oder das Weigertsche Eisenhämatoxylin an. Für die Hemisphären gibt auch die Palsche Modifikation der Weigertschen Methode gute Resultate. Mit Rücksicht auf die photographische Reproduktion von mikroskopischen Bildern aus der Hemisphärenwand verdient sogar die Palsche Modifikation den Vorzug. Die von einigen für große Schnitte empfohlenen Glimmerplatten sind unter allen Umständen zu verwerfen. Bei großen Schnitten ist es im Gegenteil zweckmäßig, wenn die Deckgläser besonders schwer sind; die Schnitte breiten sich unter schweren Deckgläsern viel leichter flach aus.

Selbstverständlich gilt das hier besprochene Verfahren auch für krankhaft veränderte Gehirne.

Für manche Zwecke (speziell für die Entwirrung der Fasermasse im Hemisphärenmarke) erweist sich die Methode der maximalen Differenzierung der Markscheiden als brauchbar, bei welcher nach dem WEIGERTschen Verfahren, respektive nach der PALschen Modifikation dieses Verfahrens gefärbt wird. Sie beruht auf einer Erscheinung, die wohl von jedem bestätigt wird, der sich jemals mit der Färbung des Hemisphärenmarkes nach der WEIGERTschen Methode befaßt hat. Ohne auf die Ursachen dieser Erscheinung einzugehen, sei nur kurz auf die bekannte Tatsache hingewiesen, daß sich die Fasergebiete des menschlichen Hemisphärenmarkes bei der Differenzierung sehr ungleich verhalten. Gewisse Fasern geben leicht ihre Färbung ab, während andere viel länger unter denselben Bedingungen die Farbe festhalten. In derselben Differenzierungsflüssigkeit differenzieren sich also gewisse Fasersysteme viel rascher als andere.

SCHRÖDER hat in letzter Zeit die Aufmerksamkeit wiederum auf diese wohlbekannte Eigenschaft der Markfasern gelenkt und hat besonders darauf aufmerksam gemacht, daß man bei maximaler Differenzierung eines Schnittes durch das menschliche Hemisphärenmark fast handgreifliche Unterschiede im Verhalten der verschiedenen Fasergebiete sichtbar zu machen vermag; dabei betonte er, daß diese Unterschiede sich konstant erwiesen haben. Ohne Frage liegt hier eine Erscheinung vor, die methodisch zur Auseinanderhaltung von Fasergebieten in dem sinnverwirrenden Faserkomplex des menschlichen Hemisphärenmarkes verwertet werden kann. Gewiß handelt es sich hier um eine Methode, deren Anwendung außerordentlich beschränkt ist; allein es darf andrerseits nicht übersehen werden, daß sie speziell da sich leistungsfähig zeigt, wo bis jetzt alle übrigen Methoden der Faseranatomie im Stiche lassen, nämlich im Fasergewirr des menschlichen Hemisphärenmarkes. Hier sind wir für jede neue Türe, die sich unserer Erkenntnis öffnet, dankbar, und wäre sie noch so klein. Immerhin vermag man mit der Methode der maximalen Differenzierung schon heute eine Anzahl sich scharf voneinander abgrenzender Markfasergebiete aus dem Fasergewirr des menschlichen Hemisphärenmarkes herauszuschälen. Über die Bedeutung einer zuverlässigen Faseranalyse im Hemisphärenmarke braucht man keine Worte zu verlieren. Die Voraussetzung für die Methode der maximalen Differenzierung sind lückenlose Schnittserien durch das menschliche Hemisphärenmark. Die maximale Differenzierung muß dabei systematisch nach bestimmten Gesichtspunkten erfolgen.

2. Verfahren bei Leitungsunterbrechung. Ihnen liegt die Erfahrungstatsache zugrunde, daß die dauernde Leitungsunterbrechung einer Neurofibrillenbahn zu gesetzmäßigen Veränderungen in ihren Markhüllen führt. Da man letztere sichtbar machen kann, so gelingt es auf diese Weise, den Verlauf der Neurofibrillenbahnen wenigstens zum Teil zu ermitteln; bis jetzt wird systematisch zur Untersuchung benutzt: 1. der gesamte Ausfall der Neurofibrillenbahnen mit ihren Markscheiden, 2. die Veränderungen, die sich an den letzteren allein entwickeln, 3. die Veränderungen, welche die Nervenzellen darbieten, wenn die kontinuierliche Fortsetzung ihrer Nervenfortsatzfibrillen im Achsencylinder dauernd unterbrochen ist, 4. Veränderungen in umschriebenen grauen Herden, in denen das letzte Verlaufsstück einer Vielheit von durchtrennten Neurofibrillenbahnen eintaucht und welche an der sich entwickelnden Atrophie solcher Herde sowie an der gleichzeitig auftretenden Gliavermehrung zu erkennen sind, während die Nervenzellen des Herdes keine ausgesprochenen Veränderungen, dagegen häufig ein Aneinanderrücken durch den Ausfall dazwischen liegender Teile darbieten, 5. Veränderungen in umschriebenen grauen Herden, in denen sich eine Vielheit von Nervenzellen befindet, deren Nervenfortsatzfibrillen, d. h. deren kontinuierliche Fortsetzungen in den Achsencylindern dauernd in ihrer Kontinuität unterbrochen sind. Diese Veränderungen sind am Ausfall von Nervenzellen zu erkennen. Die faseranatomischen Verfahren, die sich auf diese Tatsachen gründen, sind:

a) Die GUDDENsche Methode, bei der womöglich neugeborene oder doch nur wenige Tage alte Tiere experimentell vorbereitet werden. Die ganze Neurofibrillenbahn mitsamt ihren Hüllen geht zugrunde und wird resorbiert. Das Tier wird im halb oder ganz erwachsenen Zustand getötet und die entsprechenden Gebiete auf Serienschnitten durch verschiedene Ebenen untersucht. Sind die grauen Herde, in denen die Ursprungszellen der durchtrennten Vielheit gleichverlaufender Neurofibrillenbahnen sich befinden, sowie jene Centralteile, in denen der dritte Verlaufsabschnitt einstrahlt, scharf umschriebene Gebiete, so sind unter Umständen auch diese beiden grauen Centren zu ermitteln. Als Färbemethoden kommen in erster Linie in Betracht die WEIGERTsche Methode der Markscheidenfärbung und zweitens die Färbung des nervösen Gewebes mit der alten Carminammoniakmethode.

Unter Umständen gibt auch meine Methode der elektiven Darstellung der Nervenzellen brauchbare Resultate.

b) Die Methoden der sogenannten sekundären Degeneration. Diese Methoden unterscheiden sich von der GUDDENschen Methode dadurch, daß die Unterbrechung der Neurofibrillenbahnen stattfindet, wenn das Centralorgan von Tier und Mensch bereits ausgewachsen oder nahezu ausgewachsen ist. Die Leitungsunterbrechung kann bedingt sein: 1. durch pathologische Vorgänge, Blutungen, Erweichungen, Geschwülste, Trauma etc. und 2. durch bewußte experimentelle Eingriffe. Bei der sogenannten sekundären Degeneration sind die ersten sich an den Vorgang der Unterbrechung anschließenden Veränderungen bereits abgelaufen; an dem Fehlen der Markscheide sind jedoch bald größere, bald kleinere Verlaufsteile des mittleren Abschnittes der Neurofibrillenbahnen leicht zu erkennen; unter Umständen können indes auch die beiden grauen Herde (Herd der Ursprungszellen und Herd des letzten Verlaufsabschnittes oder Herd des Endgraues) identifiziert werden. Die anzuwendenden Verfahren sind genau die gleichen wie bei der GUDDENschen Methode. In manchen Fällen wird es dienlich sein, ein Markfaserbündel wiederholt und an verschiedenen Stellen zu durchtrennen.

c) Weiter sind zu erwähnen: 1. die MARCHIsche Methode und 2. meine Methode zur Feststellung der Lokalisation der Nervenzellen (94) (zuerst von mir als Methode der primären Reizung, später von anderen als Methode der sogenannten retrograden Degeneration bezeichnet). Diese beiden Methoden beruhen auf dem gleichen Vorgang wie die Methode der sogenannten sekundären Degeneration; es sind gewissermaßen Spezialmethoden der sogenannten sekundären Degeneration. Während bei der Methode der sekundären Degeneration strictiori sensu das Nervensystem untersucht wird, nachdem die ersten heftigeren Vorgänge bereits abgelaufen sind, fallen diese beiden Methoden in die Zeit, in der die Nervenzellen auf die dauernde Unterbrechung der Neurofibrillenbahn noch lebhaft reagieren, d. h. in der die Markscheiden noch im Zerfall begriffen, resp. in der ihre Zerfallsprodukte noch nicht völlig resorbiert sind. Daraus ergibt sich eine Reihe von Anhaltspunkten für den richtigen Gebrauch beider Methoden, die ebenso wie die Methode der sekundären Degeneration sowohl an pathologisch-anatomischem Material als auch an experimentell vorbehandelten Centralorganen anzuwenden sind.

Ad 1. Was die MARCHIsche Methode betrifft, so kommt es hauptsächlich auf den richtigen Zeitpunkt an; sind die Vorgänge nach der Unterbrechung noch allzu stürmisch, so läuft der Untersuchende Gefahr, die charakteristischen Produkte an Orten zu finden, wo sie nicht entstanden sind; ist bereits zu lange Zeit seit der Unterbrechung verflossen, so sind die Zerfallsprodukte wichtiger Bahnen, namentlich wenn sie isoliert dahinziehen, bereits verschwunden. Hier ist die Erfahrung die zuverlässigste Lehrmeisterin.

Nach der Vorschrift werden möglichst kleine Gewebsstücke 8 Tage lang in MÜLLERscher Flüssigkeit behandelt. Von da bringt man die Gewebsstückchen 6—8—10 Tage in eine frisch bereitete Lösung von MÜLLERscher Flüssigkeit (2 Teile) und 1%iger Osmiumsäure (1 Teil). Man spare mit dieser Flüssigkeit ja nicht und wechsle lieber dieselbe bei sehr wertvollen Objekten mehrmals; namentlich beachte man diesen Rat dann, wenn man gezwungen ist, größere Gewebsscheiben nach MARCHI zu behandeln. Hierauf erfolgt ein sehr sorgsames Auswaschen der Präparate in womöglich fließendem weichen Leitungswasser. Bei hartem Wasser ist Aqua destillata entschieden als Auswaschflüssigkeit vorzuziehen. Sodann erfolgt die Einbettung in Celloidin.

Da der Alkohol sowohl gechromte wie osmierte Markscheiden und Markscheidenprodukte angreift und verändert (s. unten), so ist die Celloidineinbettung, wo immer nur angängig, zu vermeiden. Die ideale Behandlung der MARCHIschen Präparate verlangt eine Weiterbehandlung des in Wasser ausgewaschenen Präparates, bei der Alkohol nicht zur Anwendung gelangt. Nach den bisherigen Erfahrungen hat sich aber kein alkoholfreies Einbettungsverfahren als brauchbar erwiesen. Dagegen hat sich gezeigt, daß bei einer sorgsamen Behandlung der Gewebsstücke nach MARCHI die Konsistenz derselben ausgezeichnet ist. Man ist daher imstande, das MARCHIsche Material uneingebettet zu schneiden. Kleinere Gewebsscheiben, z. B. Frontalschnitte durch den Stamm von Kaninchen, ja selbst noch von Katzen und Hunden machen nicht die geringste Schwierigkeit. Man klebt dieselben mit Siegellack auf Kork auf, spannt den Kork in die Mikrotomklammer ein und befeuchtet das Messer reichlich mit Wasser, dem soviel Seife zugesetzt ist, daß das Messer, dessen ganze Scheide ausgenutzt wird, gleichmäßig mit Wasser benetzt werden kann. Die nicht unter 15 μ dicken Schnitte werden mit dem Pinsel in eine Schale reinen Wassers übertragen; dabei trägt man Sorge, daß dieses Wasser von Seife frei bleibt. Man vermag auf diese Weise auch größere Gewebsscheiben mit dem Schlittenmikrotom zu bewältigen; allein diese Behandlung erfordert eine große manuelle Geschicklichkeit; insbesondere ist es schwierig, sehr große Gewebsscheiben in richtiger Weise aufzukleben. Dieselben pflegen sich nämlich in der osmiumhaltigen Flüssigkeit mehr oder weniger zu werfen. Will man das Schlittenmikrotom benutzen, so muß die Aufklebefläche durchaus glatt sein. Man trocknet die Aufklebefläche mit Filtrierpapier äußerst sorgfältig ab, so daß sie vollkommen trocken zu sein scheint und setzt die Gewebsscheibe in das noch flüssige, gut klebende Siegellack. Zweckmäßiger Weise hilft man sodann mit der glühenden Nadelspitze noch nach, bis die Gewebsscheibe auf dem Korke absolut festsitzt. Kommt man jedoch bezüglich größerer Gewebsscheiben auf dem Schlittenmikrotom nicht zurecht, so bleibt einem nichts anderes übrig, als dieselben unter Wasser zu schneiden; in diesem Falle werden die Gewebsscheiben nach der alten Guddenschen Manier (s. oben) mit einer Mischung von Wachs, Wallrat usf. im Hohlcylinder des Mikrotoms umgossen und auf diese Weise iminiert.

Aus dem Wasser werden die Schnitte entweder direkt auf den Objektträger gebracht und fertig gestellt oder man läßt sie rasch eine Schale voll 96%igen Alkohols passieren. Sodann benutzt man als Intermedium ein Öl, das gegen Wasser nicht sehr empfindlich ist, wie z. B. grünes Bergamottöl oder Cajeputöl oder auch Carbolxylol und schließt den Schnitt ein.

Man kann sich leicht überzeugen, daß der Alkohol sofort seine deletäre Wirkung ausübt, wenn nach Vorschrift behandeltes Marchimaterial mit demselben in Berührung kommt. Handelt es sich daher um den Nachweis sehr kleiner Faserbündelchen, so wird man bestrebt sein, die Präparate aus uneingebettetem Materiale herzustellen.

Viel weniger empfindlich sind in Müllerscher Lösung erhärtete Präparate, die später osmiert werden. Allein solche Präparate wird man nur im Notfalle verwerten. Auf der anderen Seite wird niemand die großen Schattenseiten der Herstellung von Marchischen Präparaten aus uneingebettetem Materiale verkennen. In der Histopathologie wird man fast durchwegs auf die Celloidineinbettung verzichten können; anders ist es in der Faseranatomie. Hier kommt es in vielen Fällen auf möglichst lückenlose Schnittserien an. Allerdings entspricht auch die Celloidineinbettung keineswegs idealen Anforderungen; denn die Grundbedingung für gute Marchische Präparate sind und bleiben möglichst kleine Gewebsstücke; um nur ein Beispiel anzuführen, wird ein Kaninchenthalamus von 12 *mm* größter Breite und 6 *mm* Tiefe nicht vollkommen von der Osmiumsäure gleichmäßig durchdrungen, wenn man denselben durch einen Frontalschnitt halbiert, so daß jede der beiden Gewebsscheiben 3 *mm* Tiefendurchmesser hat. Dabei ist vorausgesetzt, daß die beiden Scheiben allseitig für die Flüssigkeit zugänglich sind und auf Glaswolle liegen; auch wird mit der Osmiumsäure nicht gespart. Will man sicher gehen, muß man schon einen solchen Thalamus in drei parallele Frontalscheiben, je 2 *mm* tief, zerlegen. Jedenfalls steht fest, daß bei Anwendung der Celloidineinbettung weniger Schnitte verloren gehen, als beim Schneiden aus uneingebettetem Material. Ebenso wie man uneingebettetes Marchimaterial mit mit Wasser befeuchteter Klinge schneiden kann, vermag man solches auch mit mit Alkohol benetzter Klinge zu bearbeiten. In diesem Falle genügt schon ein kurzer Aufenthalt in 96%igem Alkohol, um die Gewebsscheibe mit Gummi arabicum auf Kork zu kleben und zu schneiden (s. unten). Dieser Modus ist immer noch der Celloidineinbettung vorzuziehen, da die Gewebsscheiben nur sehr kurze Zeit mit Alkohol in Berührung stehen; allein man wird auf denselben meist verzichten; denn kann man überhaupt uneingebettet schneiden, so wird man den Alkohol am besten ganz vermeiden. In manchen Fällen wird man aber ohne Celloidineinbettung nicht zurecht kommen. In diesem Falle bleibt nichts anderes übrig, als möglichst schnell zu arbeiten. Da das richtig vorbehandelte Gewebe meist eine gute Konsistenz hat und die Schnitte sehr dick sein dürfen, verzichtet man lieber auf eine völlige, tadellose Durchtränkung des Gewebes mit Celloidin und erblickt im Celloidin eher ein Hilfsmittel, mit dessen Hilfe man die ganze Gewebsscheibe inklusive der Aufklebefläche in eine lückenlose Schnittserie zu zerlegen imstande ist, als ein Hilfsmittel zur Gewinnung von Schnitten an sich. Es ist geradezu ein Kunstfehler, wenn man das in Wasser ausgewaschene Marchimaterial in immer stärkeren und schließlich in absoluten Alkohol und dann ebenso in eine immer dickere Celloidinlösung verbringt und es hierauf Tage lang in 80%igem Alkohol stehen läßt, um dasselbe gelegentlich einmal zu schneiden. Ist man gezwungen Celloidin zu verwenden, so verbringt man die dünnen Gewebsscheiben direkt aus dem Wasser in 96%igen Alkohol, nach 24 Stunden in absoluten Alkohol, nach weiteren 24 Stunden in dünnes Celloidin, wo es 12 Stunden verbleibt, um nunmehr auf 24 Stunden in dickes Celloidin überführt zu werden; hierauf werden die Gewebsscheiben am besten $1\frac{1}{2}$ Tage lang in 80%igem Alkohol gehärtet und sofort unter Befeuchtung der Klinge mit 80%igem Alkohol geschnitten; können die Schnitte nicht sofort weiterbehandelt werden, so sammle man sie auf Klosettpapierstreifen zwischen dem mit Alkohol befeuchteten Filtrierpapier und montiere sie gelegentlich.

Bedient man sich des Marchischen Verfahrens in richtiger Weise, d. h. benutzt man dasselbe nicht zur Darstellung des Verhaltens der Markfaserbahnen, sondern zur Ermittlung von Faserbündeln, über welche alle anderen Methoden keinen oder nicht genügenden Aufschluß geben sowie zur Kontrolle unsicherer Ergebnisse anderer faseranatomischer Verfahren — trifft man zweitens genau den Zeitpunkt, wo die Zerfallsprodukte nicht nur der dicken, sondern auch der feineren Markscheiden in ausgiebigster Weise sich angesammelt haben, worüber sich keine Regeln aufstellen lassen und die Erfahrung entscheidet, — fixiert man drittens das Gewebe nach Vorschrift in Kaliumbichromatlösung und verbringt sodann die nicht über 2 *mm* dicken Gewebsscheiden in reichliche Mengen der osmiumhaltigen Flüssigkeit, welche allseitig auf das auf Glaswolle liegende Gewebsstück einwirken kann und welche man besser einmal völlig erneuert — und schneidet endlich viertens die mit Siegellack auf Kork aufgeklebte Gewebsscheibe mit einer mit seifigem Wasser befeuchteten Klinge und bringt das Gewebe überhaupt erst vor dem Einschluß in Balsam mit Alkohol in Berührung, so ist das Marchische Verfahren als eine geradezu unentbehrliche Methode der Faseranatomie zu bezeichnen. Hat man dieses Verfahren in seiner weittragenden Bedeutung erfaßt, so ist die schwere Durchdringlichkeit des Gewebes mit Osmium eine zwar äußerst unbequeme Beigabe der Marchischen Methode, aber ihre Anwendung wird dadurch in keiner Weise beschränkt. Die Marchische Methode ist keine Methode für Anfänger. Denn ihre Ergebnisse sind nicht wie die Degenerationsbilder in Carmin- oder Weigertschen Präparaten aus dem mikroskopischen Schnitte einfach abzulesen, sondern erfordern eine kritische Beurteilung und setzen daher die Kenntnis der topographisch-anatomischen Verhältnisse der betreffenden Region des Centralorgans voraus, in welcher die zu untersuchenden Markfaserkomplexe sich befinden. Bei dieser Sachlage kann aber der Faseranatom das nach Marchi zu behandelnde Gebiet so aus dem Centralorgan ausschneiden, wie es die Technik eben verlangt. Eine ganz besondere Vorsicht ist bei der Beurteilung von Bündeln mit sehr dünnen Markscheiden am Platze, da die Zerfallsprodukte solcher Fasern leicht resorbiert werden.

Es sind bereits viele Modifikationen der Marchischen Methode angegeben worden. Allein vielfach wird die Marchische Methode genau in derselben Weise angewendet, wie die Weigertsche Markscheidenfärbung, und das Bestreben geht natürlich dahin, das Centralorgan, wie es ist, in eine lückenlose Serie von Schnitten zu zerlegen. In diesem Falle wird man ohne gewisse Kunstgriffe nicht zum Ziele gelangen. Die Frage ist lediglich die: ist es wissenschaftlich gerechtfertigt, ausschließlich auf Grund der Befunde von Marchischen Präparaten faseranatomische Feststellungen zu machen? Wer diese Frage bejaht, wird ohne Celloidineinbettung nicht auskommen, und er muß bei großen Objekten noch besondere Kunstgriffe anwenden, um bei dem Verziehen und Werfen dünner Gewebsscheiben in der Osmiumlösung und im Alkohol nicht allzu viel Schnitte zu verlieren. Wer aber die Marchische Methode mit Auswahl in unserem Sinne anwendet, kommt ohne solche Kunstgriffe zum Ziel. Statt der Müllerschen Lösung der Vorschrift kann man ebenso gut Kaliumbichromatlösung allein ($2^1/_2$—4%) benutzen. Zusatz von 2—4% Formol zu der Kaliumbichromatlösung scheint nicht zu schaden. Es wird übrigens angegeben, daß auch die in Formol vorbehandelten Gewebsstücke die Ausführung der Marchischen Methode ermöglichen, besonders bei Anfertigung von Gefrierschnitten mit nachträglicher Osmierung, welcher zweckmäßig eine Beizung in Kaliumbichromat vorausgeht. Ebenso vermag man die Marchische Reaktion noch an Objekten auszuführen, die schon längere Zeit in Müllerscher Lösung, resp. in Kaliumbichromatlösung liegen, vorausgesetzt, daß sie sich noch elastisch weich anfühlen; sind sie bereits hart geworden und zeigen sie schon eine grüne Farbe, so soll man sie nicht mehr verwenden.

ad 2. Was meine Methode anlangt, so ist auch hier der Zeitpunkt der Untersuchung das wichtigste Moment. Leider ist über das Verhalten der centralen Nervenzellen noch viel zu wenig bekannt, als daß ich imstande wäre, bestimmte Regeln aufzustellen. Beim peripheren Nervensystem bestehen zwischen der Schnelligkeit des Eintrittes der Nervenzellenveränderung und der Entfernung der Durchschneidungsstelle der Neurofibrillenbahn von den Ursprungszellen bestimmte Beziehungen. Übrigens kommt es auch nicht darauf allein an, wann zuerst Veränderungen nachweisbar sind, sondern darauf, wann die mit einer Vielheit gleichlaufender Neurofibrillenbahnen zusammenhängende Vielheit der Ursprungszellen zugleich die hochgradigsten, weil am sichersten erkennbaren, Veränderungen darbietet. Nach meinen Erfahrungen restituieren sich centrale Nervenzellen, wenn überhaupt, so doch nur in viel beschränkterem Grade als die Ursprungszellen durchschnittener peripherer motorischer Nerven, und gehen teilweise vollständig zugrunde. Jedenfalls wird meine Methode nur dann ein ausgezeichnetes Hilfsmittel sein, wenn man durch die Erfahrung die jeweils besten Zeitpunkte für die Vornahme der Untersuchung festgestellt hat. Man wird sich überzeugen, daß es bei meiner Methode nicht allein die Nervenzellen sind, welche den Faseranatomen auf die richtige Spur lenken, sondern auch die Vorgänge in den beiden grauen Herden, welche durch die durchschnittene oder durch Blutungen usw. unterbrochene Markfaserbahn verbunden werden: ja in manchen Fällen lassen sich sogar letztere an den viel zahlreicheren Gliazellen, die sich ihrem Verlaufe entsprechend entwickeln, besonders leicht erkennen.

Was endlich die Ausführung meiner Methode betrifft, so ist die Technik die gleiche, wie bei dem Verfahren der elektiven Färbung der Nervenzellen. Handelt es sich, was ja wohl in der Regel der Fall ist, darum, die Ursprungszellen einer Neurofibrillenbahn sicher und zuverlässig zu erkennen, so werden alle Verfahren genügen, welche den Unterschied einer Gruppe von veränderten Nervenzellen gegenüber derselben Gruppe von normalen Zellen unzweifelhaft sichtbar zu machen imstande sind. Vom faseranatomischen Standpunkte kommt es auf die Feinheiten der Strukturabweichungen gar nicht an. Dieselben sind nur ein äußeres Erkennungszeichen, um die gesuchten Zellen ausfindig zu machen. Daher ist es vor allem wichtig, den Zeitpunkt der Untersuchung richtig zu wählen und zweitens die beste Ebene der Serie zu ermitteln. Es sei hier z. B. auf die Ursprungszellen des Ischiadicus hingewiesen, welche auf Frontalschnitten leicht übersehen werden, während ein Horizontalschnitt ohne weiteres aufklärt, wenn er zufällig durch die Zellsäule dieses Nerven geht. Das zweckmäßigste Verfahren hierfür ist Celloidineinbettung des mit Alkohol erhärteten Gewebes. Färbung der Schnittserien mit basischen Anilinfarben wie Thionin, Cresylviolett, Toluidinblau und anderen. (Näheres hierüber im histologischen Teil.) Was aber den Zeitpunkt der Untersuchung betrifft sowie die zu wählende Schnittebene, so ist auch hier die Erfahrung die beste Lehrmeisterin.

Schließlich ist noch darauf besonders aufmerksam zu machen, daß bei der Ausführung meiner Methode nicht noch irgend welche andere Schädlichkeiten, speziell Noxen septischer und bacterieller Art mitkonkurrieren, die ebenfalls die Nervenzellen zu verändern imstande sind. Dasselbe Mittel, das bei der Marchischen Methode in allen wichtigen Fällen entscheidend ist, nämlich die Kontrolluntersuchung, die mit Hilfe wesentlich anderer Methoden auszuführen ist, soll stets auch bei den Ergebnissen meiner Methode in Anwendung gebracht werden. Sind die mit Hilfe meiner Methoden festgestellten veränderten Zellen die wirklichen Ursprungszellen einer in ihrer Leitung unterbrochenen Neurofibrillenbahn, so muß die Hinwegnahme des Graues, in dem sich die ermittelten Ursprungszellen befinden, notwendig zu einer Veränderung der Markscheiden der Achsencylinder derselben Neurofibrillenbahnen führen, deren Unterbrechung die Veränderung in den Nervenzellen hervorgerufen hatte. Diese Kontrolle ist übrigens nicht die einzige. Meine Methode bildet in Verbindung mit der Marchischen Methode eine vorzügliche Ergänzung zur Guddenschen Methode; vor allem zeigen die beiden ersten Verfahren nicht die unangenehmen Verschiebungen im Gewebe, die bei der Guddenschen Methode stets auftreten.

3. Benützung der Systemerkrankungen. In erster Linie hat die Faseranatomie die Tabes nach dieser Richtung zur faseranalytischen Untersuchung der Rückenmarksfaserung benutzt. Da auch Gifte in ähnlicher Weise bestimmte Nervenfasern befallen, so besteht die Möglichkeit, daß durch zielbewußte experimentelle Untersuchungen sich aus diesem noch wenig ausgebildeten Verfahren ein brauchbares Hilfsmittel der faseranatomischen Forschung entwickelt.

4. Das Flechsigsche Verfahren der Markscheidenentwicklung. Dieses Verfahren geht von der Annahme aus, daß funktionell gleichwertige Nervenfasern ungefähr zur gleichen Zeit markhaltig werden. Vor allem müßte Klarheit darüber geschaffen werden, inwieweit Bündel gleichwertiger Nervenfasern im Sinne unserer heutigen faseranatomischen Erkenntnis ungefähr um dieselbe Zeit sich mit Mark umgeben. Auch dürfen wir nicht übersehen, daß die Flechsigsche Methode zunächst nur über den mit Mark umgebenen Verlaufsabschnitt Aufschluß gibt.

Das Gesagte gilt auch für vergleichend-anatomische Forschungen, bei denen die verschiedenen Tiere und Tierklassen nach dem Gesichtspunkte der Flechsigschen Methode verglichen werden.

5. Das Studium der Mißbildungen des centralen Nervensystems mittelst lückenloser Serienschnitte. Auf die systematische Verwertung von höher und tiefer differenzierten Mißbildungen zu faseranatomischen Zwecken hat bereits Gudden hingewiesen. So findet man z. B. in seinen hinterlassenen Aufsätzen die Beschreibung eines Idiotengehirns etc. In neuerer Zeit verdanken wir namentlich v. Monakow wertvolle, auf diesem Wege gewonnene Ergebnisse.

II. Mikroskopische Technik der Histologie und Histopathologie des centralen Nervensystems.

Unsere Aufgabe gliedert sich nach den Objekten, die wir zu untersuchen haben. Wir werden 1. die Gesamtheit aller centralen Nervenzellen, speziell mit Rücksicht auf die im Zelleib enthaltene, mit Farbbasen tingierbare Substanzgruppe erörtern; 2. die Glia; 3. die mesodermalen Gewebsbestandteile. Hierauf werden wir 4. die Darstellung der sogenannten Abbauprodukte und das Auftreten von Hyalin, Colloid, Fibrin, Eisen und Kalk behandeln. Gewißermaßen als Anhang fügen wir 5. noch ein Untersuchungsschema an, das eine vollständige Übersicht über sämtliche histologische (und histopathologische) Verfahren geben soll mit dem Hinweis auf die Seitenzahlen dieses Handbuches, auf welchen die betreffenden Methoden beschrieben sind.

1. *Technik der Nervenzellendarstellung*

speziell mit Rücksicht auf die im Zelleib enthaltenen, mit Farbbasen tingierbaren Substanzgruppen.

Da die hier in Betracht kommenden Verfahren nicht nur zur Darstellung der Nervenzellen dienen, sondern eine Übersicht über die sämtlichen Strukturbestandteile des centralen Nervensystems ermöglichen, so sind an dieser Stelle allgemeine Erörterungen notwendig.

Leider besitzen wir zurzeit keine Verfahren, welche es uns ermöglichen, die Nervenzellen einer Gegend speziell mit Rücksicht auf ihre äußere Form, ihre Dendritenbäume und Achsencylinderfortsätze vollkommen klar zu übersehen. Zufällig erhalten wir wohl dann und wann in gelungenen APÁTHYschen Goldpräparaten oder in den BETHEschen, BIELSCHOWSKYschen und CAJALschen Neurofibrillenpräparaten die gewünschte Übersicht; jedoch gibt es noch keine Methode, mit deren Hilfe man die Nervenzellen und ihre sämtlichen Fortsätze sicher und zuverlässig darzustellen imstande wäre. Den besten Einblick in diese Verhältnisse gewähren noch immer die Präparate der GOLGIschen Methode, unter Umständen auch die der EHRLICHschen Methylenblautinktion. Vor allem vermißt man eine Methode, mit deren Hilfe man in jeder Nervenzelle eines größeren Gebietes den Achsencylinderfortsatz sicher von den Dendriten zu unterscheiden und die Verhältnisse an seinem peripheren Ende klar zu übersehen imstande wäre. Die GOLGIsche Methode genügt dieser Forderung nicht. Will man die Achsencylinderfortsätze jeder einzelnen Nervenzelle einer Region untersuchen, so muß man hierzu pathologisch verändertes Gewebe benützen, in dem die Achsencylinderfortsätze in übersichtlicher Weise dargestellt werden können; bis jetzt aber hat sich nur die sogenannte akute Erkrankung der Nervenzellen der menschlichen Rinde als für diesen Zweck geeignet erwiesen. Dabei wird die Methode der elektiven Darstellung der Nervenzellen benutzt.

Vorderhand gibt es keinen anderen Weg, um sich einen Einblick in die äußere Form der Nervenzellen, ihren Dendritenbaum und die Achsencylinderfortsatzverhältnisse zu verschaffen, als den der Kombination der mikroskopischen Bilder verschiedener Verfahren. Eine solche Kombination ist aber nur auf der Grundlage eines Übersichtspräparates möglich, das in den verschiedensten Händen zuverlässig und sicher stets die gleichen mikroskopischen Bilder liefert, so daß man die Nervenzellenbilder der verschiedensten Verfahren relativ zuverlässig auf die gleichmäßigen Bilder des Übersichtspräparates zurückzuführen vermag. Vorausgreifend sei schon erwähnt, daß ein solches Übersichtspräparat gewonnen wird durch das weiter unten beschriebene Verfahren der Darstellung des sogenannten Äquivalentbildes, resp. durch die Methoden der elektiven Darstellung der Nervenzellen aus mit Alkohol vorbehandeltem Gewebe (pag. 270).

Was die Untersuchung der näheren Beziehungen zwischen den Nervenzellen und ihrer Umgebung anlangt, so ist vor allem daran zu erinnern, daß die Histologie der grauen Substanz noch gänzlich im Dunklen sich befindet.

Zunächst haben wir diejenigen allgemeinen Gesichtspunkte zu erörtern, die für die Technik der Nervenzellendarstellung von Wichtigkeit sind.

Vor allem ist hervorzuheben, daß von allen bis jetzt bekannten Vorbehandlungsmitteln der 96%ige Alkohol dasjenige Reagens ist, welches die Gesamtheit aller centralen Nervenzellen weitaus am besten fixiert. Ähnlich wie der Alkohol, aber lange nicht so gleichmäßig und sicher wirkt Formol, sodann Sublimat, zum Teil auch die Salpetersäure. Wesentlich anders fixieren alle übrigen Vorbehandlungsreagenzien die Gesamtheit aller centralen Nervenzellen (NISSL, 85).

Wir beginnen mit der Besprechung des mit 96%igem Alkohol vorbehandelten centralen Nervengewebes.

Überfärbt man die aus solchem Gewebe erhaltenen Schnitte mit wässerigen Lösungen von Farbbasen (NISSL, 84) und wäscht die nicht festhaftende Farbe in Alkohol oder alkoholhaltigen Flüssigkeiten aus, so sind nur bestimmte Substanzteile des Nervenzellenleibes sämtlicher centraler Nervenzellen mit der Farbbase tingiert.

Die zwischen ihnen befindlichen Substanzen der nervösen Zellen, der größte Teil der Dendritensubstanz und der Achsencylinderfortsatz, welche die mit anderen technischen Verfahren sichtbar zu machenden Neurofibrillen enthalten, bleiben ungefärbt. Was insbesondere die Kerne der Nervenzellen anlangt, so wird in ihnen unter allen Umständen die Membran und das Kernkörperchen sehr deutlich tingiert. Je nach Wahl der basischen Farbe werden auch Körnchen des Kerninneren gefärbt, die in dem sogenannten Liningerüst eingebettet zu sein scheinen. In den großen Nervenzellenarten, namentlich in jenen, welche reichliche Mengen von sich mit Farbbasen intensiv tingierenden Substanzportionen in gleichmäßiger Weise verteilt enthalten, bleibt der Kerninhalt vielfach absolut ungefärbt; in solchen Kernen ist nur die Membran und der Nucleolus tingiert. Dagegen wird von denselben basischen Farbstoffen der Kerninhalt der kleineren Nervenzellen in der Regel blaß und verwaschen gefärbt. Im übrigen ist noch hervorzuheben, daß weder die graue noch die weiße (Markfasern) Substanz die Farbbasen festhält. Es kommt aber bei der genannten Tinktion nicht nur die Gesamtheit aller centralen Nervenzellen insofern elektiv zur Darstellung, als sich gewisse Substanzen des Nervenzellenleibes allein färben, sondern die elektive Färbung erstreckt sich auch auf eine ganze Reihe noch anderer Strukturbestandteile, so auf sämtliche im Gewebe vorhandenen Zellkerne sowie auf gewisse Teile des Protoplasmaleibes, auch der nicht nervösen ekto- und der mesodermalen Zellen. Aus diesem Grunde drückt die eingebürgerte Bezeichnung: Methode der elektiven Darstellung der Nervenzellen eigentlich zu wenig aus; diese Bezeichnung besagt vielmehr, daß nicht nur gewisse Substanzen des Nervenzellenleibes und -kernes allein gefärbt sind, sondern daß auch sowohl die Nervenzellen (richtiger: ihre allein gefärbten Substanzteile) wie auch die Kerne und gewisse protoplasmatische Bestandteile sämtlicher nicht nervöser ectodermaler und mesodermaler Zellen elektiv auf ungefärbtem Grunde zutage treten.

Dieses Verhalten ist unschwer festzustellen; allerdings treten leicht Abweichungen auf, namentlich mit Rücksicht auf das Verhalten des Grundgewebes und der Achsencylinder; auch verhalten sich die einzelnen Farbbasen verschieden. Im allgemeinen aber kennzeichnet das geschilderte Verhalten den Ausfall der Färbung.

Wesentlich anders ist das Ergebnis, wenn wir das mit Alkohol fixierte Gewebe mit sauren Farben tingieren. Der wesentliche Unterschied zwischen dieser und der Färbung mit Farbbasen besteht darin, daß die Farbsäure an allen Teilen des Schnittes ungemein fest haftet und daß stets eine diffuse Tinktion resultiert.

Auch hier gibt es im Detail eine Menge von Abweichungen je nach Wahl der sauren Farbe: trotzdem aber besitzen die mikroskopischen Bilder im großen ganzen denselben histologischen Charakter. Würden nicht auch die graue Substanz, die Gliabestandteile und die Achsencylinder die saure Farbe annehmen, so würde man vollständige Nervenzellenbilder, die gesamten Dendritenbäume und die Achsencylinderfortsatzverhältnisse erkennen können; in Wirklichkeit aber sind die Dendritenbäume, die Achsencylinderfortsätze, ja selbst Bestandteile des Nervenzelleibes zu einem großen Teile gewissermaßen für unser Auge ausgelöscht; in den diffus gefärbten Schnitten sind nur jene Teile der Nervenzellen als solche zu identifizieren, die sich infolge von Färbungsunterschieden oder besonderer optischer Brechungsverhältnisse von dem gleichmäßig gefärbten Gewebe abheben.

So wenig auch die in dem mit Alkohol vorbehandelten und mit Farbbasen oder Farbsäuren gefärbten Schnitte dargestellten Nervenzellen dem Nervenzellenbilde eines Golgischen oder eines gut gelungenen Neurofibrillenpräparates ähnlich sind, so würde man doch von den im Gewebe fixierten Nervenzellen das gleiche mikroskopische Bild erhalten, wenn man die Substanz der Nervenzellen und ihrer Fortsätze allein zu schwärzen imstande wäre. Die Richtigkeit dieser Behauptung läßt sich am evidentesten mit Hilfe gewisser pathologischer Veränderungen beweisen, bei denen die mit Farbbasen nicht tingierbaren Substanzen des Nervenzelleukörpers andere färberische Eigenschaften erhalten. Infolgedessen werden im elektiven Zellpräparat auch die im gesunden Zustande nicht sichtbaren, weil ungefärbt bleibenden, Zelleibsbestandteile sichtbar, insbesondere auch die im gesunden Zustande nicht oder nur mangelhaft erkennbaren Dendriten. Man kann sich daher in solchen pathologischen Präparaten leicht überzeugen, daß die Nervenzellenbilder, welche bei ihrer elektiven Darstellung im gesunden Zustand zu einem sehr großen Teile den Nervenzellenbildern, wie sie gute Neurofibrillen- oder Golgische Präparate zeigen, absolut nicht ähnlich sind, bei derselben Darstellung unter den genannten pathologischen Voraussetzungen einen vollständigen Zelleib mit Dendriten und Achsencylinderfortsätzen erkennen lassen, der den entsprechenden Nervenzellen im Neurofibrillen- oder Golgischen Präparate ähnlich ist.

Es ist ein für die mikroskopische Technik ungemein wichtiger Grundsatz, daß der 96°/$_0$ige Alkohol die Gesamtheit aller centralen Nervenzellen in einem annähernd gleichen mikroskopischen Bilde fixiert. Würden wir imstande sein, fixierte mikroskopische Bilder der Gesamtheit aller Nervenzellen so zu färben, daß die Nervenzellenleibssubstanzen mit samt den Dendriten und Achsencylinderfortsätzen z. B. in tiefroter und ihre Kerne in grüner Farbe allein sichtbar würden, während alle übrigen Gewebsbestandteile absolut ungefärbt bleiben müßten, so würden wir uns direkt überzeugen können, daß der Alkohol die Gesamtheit aller Nervenzellen in mikroskopischen Bildern fixiert, die äußerlich denjenigen entsprechen, die gute Neurofibrillen- oder auch Golgische Präparate erkennen lassen, d. h. wir würden uns überzeugen, daß sämtliche vom Alkohol fixierten Nervenzellenbilder einen viele Dendriten und je einen Achsencylinderfortsatz tragenden Zelleib von verschiedener Gestalt besitzen, der den Kern allseitig einschließt. Obschon aber der Alkohol die Gesamtheit aller Nervenzellen in einem solchen gleichartigen mikroskopischen Bilde fixiert, gibt es bis jetzt kein Färbungsverfahren, diese Bilder sichtbar zu machen. Die uns heute zur Verfügung stehenden Darstellungsverfahren geben vielmehr von der Gesamtheit aller Nervenzellen Nervenzellenbilder, die außerordentlich verschiedenartig sind. Ein großer Teil derselben hat nicht die geringste Ähnlichkeit mit den Nervenzellenbildern, wie sie uns etwa gute Golgische Präparate liefern.

So zahlreich auch die Verfahren zur Färbung der mit Alkohol fixierten Nervenzellen sind, so kann man im Grunde nur von zwei prinzipiell voneinander verschiedenen Darstellungsverfahren sprechen: schließlich läßt es sich aber rechtfertigen, wenn man als drittes Verfahren noch dasjenige hinzufügt, bei dem diese beiden Verfahren kombiniert werden.

Wie man daher auch das mit Alkohol vorbehandelte Gewebe färben mag, so kann das Ergebnis im Prinzip nur ein dreifaches sein. Entweder zeigt der Schnitt ein mikroskopisches Bild, das mehr oder weniger demjenigen entspricht, das man bei der Überfärbung des Schnittes mit der wässerigen Lösung einer Farbbase und nachfolgender Auswaschung der nicht festhaftenden Farbe erhält, oder der Schnitt zeigt eine diffuse Tinktion, wie man sie bei seiner Färbung mit Farbsäuren bekommt, oder endlich der Schnitt läßt ein mikroskopisches Bild erkennen, in dem der Grund zwar mehr oder weniger diffus gefärbt ist, in dem aber doch gewisse Gewebsstrukturteile sich scharf vom diffusen Grunde abheben, mikroskopische Bilder, die man durch eine Kombinationsfärbung von basischen und sauren Farben erhält. In Einzelheiten können die Ergebnisse der heute überhaupt bekannten Färbeverfahren enorm abweichen; hinsichtlich der Darstellung der Nervenzellen aber zeigen die sichtbar gemachten Nervenzellenbilder im Prinzip entweder die Charaktere der elektiven Nervenzellenfärbung oder der diffusen Farbsäuretinktion oder der Kombinationsfärbung saurer und basischer Farben. Färbt man z. B. einen Schnitt mit Hämatoxylin, so kann man durch geeignetes Beizen und Differenzieren Bilder sowohl nach dem Prinzip der Färbung mit Farbsäuren, als solche nach dem Prinzip der Kombinationsfärbung erhalten; die Färbung mit Carmin gibt natürlich dieselben Bilder wie die Färbung mit sauren Anilinfarben usw.

Wir behandeln zuerst die Nervenzellendarstellung nach dem Prinzipe der Überfärbung des in Alkohol fixierten Schnittes mit der wässerigen Lösung einer basischen Anilinfarbe mit nachfolgender Auswaschung der nicht fest haftenden Farbe in Alkohol oder alkoholischen Flüssigkeiten etc. (Prinzip der elektiven Nervenzellendarstellung.)

Obschon der Alkohol die Gesamtheit aller centralen Nervenzellen in einem gleichartigen mikroskopischen Bilde fixiert, so präsentieren sich doch die Nervenzellen in einem elektiv gefärbten Präparate in außerordentlich verschiedenartigen mikroskopischen Bildern, und zwar deshalb, weil nicht der ganze Protoplasmaleib, sondern nur ein Teil desselben, nämlich die sich mit Farbbasen tingierenden Zelleibssubstanzen sowie ihr Kern auf ungefärbtem Grunde zur Darstellung gelangt.

Ebensowenig wie die Achsencylinderfortsätze, die keine mit Farbbasen tingierten Substanzteile enthalten, werden jene Dendriten sichtbar, in denen sich solche Substanzen nicht befinden. Da bekanntlich die peripheren Teile der Dendriten nur ganz ausnahmsweise solche Substanzen enthalten, sind im allgemeinen nur die Abgangsstellen solcher Dendriten wahrzunehmen, in denen sich diese Substanzen befinden.

Die Nervenzellenbilder des elektiv gefärbten Präparates sind aber nicht nur abhängig von der Menge und der Verteilung der mit Farbbasen sich tingierenden Substanzen, sondern auch von dem Verhalten dieser Substanzen gegenüber den Farbbasen. Es färben sich nämlich die mit Farbbasen allein tingierbaren Substanzen durchaus nicht in demselben Farbenton, sondern man kann sich leicht überzeugen, daß bei dem elektiven Farbverfahren gewisse Zelleibssubstanzen sich stets intensiv färben, während andere gleichzeitig sich nur mittelstark tingieren und wieder andere nur einen blassen Farbton, resp. unter Umständen nur einen Hauch der betreffenden Farbe annehmen.

Diese Unterschiede in der Intensität des Farbtones, in dem die färbbaren Zelleibssubstanzen sichtbar werden (intensiv, mittelstark und blaß sich tingierende Substanzen), hängen nicht von einem längeren oder kürzeren Färben, nicht von den Konzentrationen der Farblösungen oder von Verschiedenheiten der Differenzierung oder ähnlichen Einwirkungen, sondern von dem Verhalten der Substanzen selbst ab. Dieses verschiedene Verhalten der Substanzen ist ein durchaus regelmäßiges, d. h. die Substanzteile, die sich gegenüber den sich blaß färbenden intensiv tingieren, zeigen unter allen Umständen stets diese Differenz in der Färbung; niemals sind also die erwähnten Substanzteile in gleichem Farbton darstellbar, ebenso wie es ausgeschlossen ist, daß sich die blaß färbenden Substanzen in tieferem Farbton darstellen lassen als die intensiv färbbaren. Man kann selbstverständlich durch längeres Färben, durch Zuhilfenahme der Hitze, durch die jeweilige Konzentration der wässerigen Farblösung, insbesondere aber durch die Art der Differenzierung die absolute Färbung der färbbaren Substanzen beeinflussen; man kann auf diese Weise z. B. in zwei Schnitten, die mit derselben Farbe verschieden lang gefärbt und differenziert wurden, die sich intensiv färbenden Substanzportionen einmal maximal tief und im anderen Schnitt nur deutlich im betreffenden Farbton sichtbar machen; allein trotzdem die gleichen sich intensiv färbenden Substanzteile in beiden Schnitten sehr verschieden stark gefärbt sind, bleiben die Differenzen zwischen den sich intensiv färbenden, den mittelstark gefärbten und den im blassen Farbton zutage tretenden Substanzteilen genau dieselben. Die absolute Färbung ändert sich je nach den Besonderheiten des Färbeverfahrens, die relative Färbung der sich verschieden mit dem Farbstoff imbibierenden Substanzen ist unabhängig von dem benutzten Verfahren und daher konstant. Natürlich treten die Unterschiede der sich verschieden tingierenden Substanzen um so deutlicher zutage, je größer die absolute Färbung ist.

Es ist gänzlich unbekannt, ob die verschiedene Imbibition der sich intensiv, mittelstark und schwach färbenden Substanzteile mit dem Farbstoff der Ausdruck chemischer oder physikalischer Unterschiede der betreffenden Substanzen ist. Zwar scheinen einige technisch färberische Tatsachen ebenso wie gewisse histopathologische Beobachtungen darauf hinzudeuten, daß die verschiedene Färbung der Ausdruck einer chemischen Verschiedenheit der betreffenden Substanzen ist, wenigstens bei einigen typisch angeordneten Substanzportionen gewisser Zellarten; andrerseits aber ist es bis jetzt nicht gelungen, die stets in verschiedenem Farbton sichtbar zu machenden Substanzportionen in verschiedenen Farben darzustellen. Die Färbungsversuche mit Benutzung von Beizen stimmen teilweise mit den erwarteten Tatsachen überein, welche zugunsten der Auffassung sprechen, daß wenigstens ein Teil der sich verschieden färbenden Substanzen chemisch verschiedene Körper sind; dagegen ist es uns auch unter Zuhilfenahme von Beizen nicht gelungen, die sich intensiv tingierenden Substanzen z. B. mit einer roten, die sich blaß färbenden Substanzen gleichzeitig mit einer grünen Farbe zu färben. Auch sei noch erwähnt, daß es bisher noch niemals gelungen ist, die sich blaß färbenden elektiv in einem intensiven Farbton sichtbar zu machen (vgl. Fischer).

Da bei dem elektiven Nervenzellendarstellungsverfahren die Begriffe sich intensiv färbende, mittelstark gefärbte, in blassem Farbton tingierte, resp. nur einen Hauch des betreffenden Farbtones annehmende Substanzportionen nicht absolute, sondern nur relative Werte bezeichnen, so liegt der Nutzen eines bestimmten Maßstabes für die Beurteilung dieser verschieden gefärbten Substanzteile auf der Hand. Einen solchen Maßstab liefert das sogenannte Äquivalentbild der Nervenzellen.

Im Gegensatz zu der elektiven Nervenzellenfärbung erfolgt bei Tinktion der Schnitte mit Farbsäuren eine diffuse Färbung des ganzen Schnittes.

Wie schon erwähnt, imbibieren sich zwar in solchen Präparaten gewisse Strukturteile stärker mit der Farbe (wie z. B. die Kernkörperchen, die Kernmembranen, die Zellkörper gewisser großer und mittelgroßer Nervenzellen) und andere schwächer (z. B. der Kernsaft vieler Zellen, z. T. auch die den Kern umgebenden Zelleibsteile mancher Nervenzellen) als die Gesamtheit des centralen Gewebes: auch zeichnen sich einige Strukturteile durch etwas andere Lichtbrechungsverhältnisse aus, als die Gesamtheit des Gewebes sie besitzt. Insoferne liegen bezüglich der Erkennung der Nervenzellen die Verhältnisse noch besonders günstig, als sich bei der Vorbehandlung Gewebslücken um die Nervenzellen bilden (pericelluläre Schrumpfräume), die, weil ungefärbt, deutlich in dem diffus gefärbten Gewebe zutage treten. Wenn sich daher auch in einem mit Farbsäuren diffus gefärbten Schnitte infolge der genannten Umstände die Nervenzellen im allgemeinen identifizieren lassen, und wenn selbst die größeren Nervenzellen infolge ihrer stärkeren Imbibition zum Teil recht gut erkennbar sind, so gibt doch ein derartig diffus gefärbter Schnitt keine Übersicht über die Gesamtheit aller centralen Nervenzellen. Es soll gar nicht darauf hingewiesen werden, daß auch die Zelleiber der Nervenzellen diffus gefärbt sind und daher keinen Einblick in feinere Bauverhältnisse ermöglichen; hier sei vor allem wiederholt, daß die Dendritenbäume, die Achsencylinderfortsätze und selbst viele Nervenzellenkörper oder doch Teile derselben im großen ganzen infolge der diffusen Färbung für unser Auge ausgelöscht sind.

Wenn auch bei dem Verfahren der elektiven Nervenzellenfärbung die Gesamtheit aller Nervenzellen nicht gleichmäßig, sondern (je nach ihrem Reichtum an basisch färbbaren Substanzen) sehr verschieden dargestellt wird (manche Zellen mit ihren Fortsätzen; andere als Zellbilder ohne deutliche Fortsätze; der Rest erinnert mehr an lymphocytäre Elemente als an Nervenzellen), so wird doch bei diesem Verfahren die Gesamtheit aller Nervenzellen stets in gleicher Weise als gefärbte Gebilde auf ungefärbtem Grunde dargestellt und es ist bis jetzt kein einziges technisches Verfahren bekannt, das ebenso sicher und gleichmäßig wie das Verfahren der elektiven Darstellung der Nervenzellen ihre Gesamtheit darzustellen imstande ist. Daher ist dieses Verfahren noch immer die beste Methode, um die Gesamtheit aller centralen Nervenzellen sichtbar zu machen. Die außerordentlich verschiedenartigen Nervenzellenbilder hängen, wie wir bereits festgestellt haben, ganz ab von der Menge und Verteilung der allein sich teils intensiv, teils mittelstark, teils blaß färbenden Zellsubstanzen.

Es liegt auf der Hand, daß eine Nervenzelle, deren Zelleib ziemlich gleichmäßig von intensiv, mittelstark und blaß gefärbten Substanzen erfüllt ist, deren Achsencylinderfortsatz wenigstens an der Abgangsstelle blaß gefärbte und auch einige mittelstark tingierte Substanzportionen besitzt, bei der wenigstens die größeren Dendriten nicht nur an ihren Abgangsstellen, sondern auch noch eine Strecke weiter blaß und mittelstark gefärbte Substanzen führen, zwischen denen einzelne intensiv tingierte spindelförmige Substanzklümpchen eingestreut sind, ein toto coelo anderes Bild darbietet als eine Nervenzelle, deren Zelleib nur blaß gefärbte Substanzteile enthält, zwischen denen wenige und kleine teils intensiv, teils mittelstark gefärbte Körnchen eingelagert sind, während die Dendriten überhaupt keine mit Farbbasen sich färbende Substanzen enthalten. Und wiederum ist es klar, daß diese beiden Nervenzellenbilder sich in ausgesprochenster Weise von dem Bilde einer dritten Nervenzelle unterscheiden, deren Zelleib überhaupt nur eine spärliche Menge sich blaß färbender Substanz mit vier oder fünf einzelnen mittelstark tingierten Körnchen enthält, die nicht gleichmäßig im Zelleib verteilt ist, sondern nur einen kleinen Teil des Zelleibes einnimmt, indem sie einer Stelle der Kernmembran angelagert ist, resp. einen kleinen Teil der Kernoberfläche bedeckt. Es ist klar, daß sich im ersten Falle ein gefärbtes Nervenzellenbild vom ungefärbten Grunde abhebt, das ohne weiteres die Form eines typischen Nervenzellenleibes mit Fortsätzen erkennen läßt (z. B. große Rindenpyramiden, Purkinjesche Zellen, Zellen der motorischen Kerne).

Im zweiten Falle fällt sofort der Nervenzellenkern auf wegen der deutlichen und starken Färbung seiner Membran und des Kernkörperchens; der den Kern umgebende Zelleib hebt sich aber nur sehr wenig von dem ungefärbten Grunde ab, weil er fast nur blaß gefärbte Substanzen enthält; immerhin orientieren uns die zwischen letzteren eingestreuten mittelstark gefärbten Körnchen über die Verteilung der sich nur wenig vom ungefärbten Grunde abhebenden blaß gefärbten Zelleibssubstanzen. Über die wirkliche Form des Zelleibes dieser Zelle erhalten wir aber keine Auskunft, da einerseits färbbare Substanzen weder an der Abgangsstelle noch in den Dendriten selbst enthalten, also keine Dendriten sichtbar gemacht sind, und da wir andrerseits nicht wissen, ob die blaß gefärbten Zelleibsbestandteile sich bis zur wirklichen Oberfläche des Zelleibes erstrecken (z. B. manche Zellen des Thalamus, der Clarkeschen Säulen). Bei der dritten Nervenzelle endlich steht noch mehr der gefärbte Kern im Vordergrunde. Vom Zelleib erblicken wir hier nur einen winzigen Teil, der außerdem, weil fast nur aus blaß gefärbter Substanz bestehend, sich kaum von dem ungefärbten Grunde abhebt. An einer Stelle liegt der spärliche, blaß gefärbte Zelleibsanteil dem Kern an. Der größte Teil der Kernoberfläche ist also (scheinbar) von Zelleibssubstanz nicht umgeben. Solche Nervenzellen gehören zu jenen, welche die alte Nomenklatur als „Körner" bezeichnet hat. Wir wissen aus guten Golgischen Präparaten, gelegentlich auch aus Bielschowskyschen Präparaten, daß Nervenzellen wie die soeben beschriebenen einen den Kern allseitig umschließenden, in Dendriten und Achsencylinder auslaufenden Zelleib besitzen. Und wie wir bereits betont haben, gibt es eine Nervenzellenerkrankung, bei der bei der gleichen Vorbehandlung und Färbung solche Nervenzellen ein Nervenzellenbild liefern, in dem ein Dendriten und Achsencylinderfortsatz besitzender Zelleib völlig den Kern umschließt. Nervenzellen wie unsere dritte Form sind es auch, die früher (und vielfach auch heute noch) regelmäßig ignoriert und überdies gelegentlich mit gliösen Zellen, ja sogar mit mesodermalen Zellen verwechselt wurden. Hat man einmal die Aufmerksamkeit auf diese Nervenzellen gerichtet, so lernt man bald den spärlichen elektiv gefärbten Zelleibsanteil solcher Zellen erkennen, obschon er vorzugsweise aus blaß gefärbter Substanz besteht und sich nur wenig vom ungefärbten Grunde abhebt. In der Regel wird die Erkennung dieses Zelleibsanteils dadurch erleichtert, daß in denjenigen Nervenzellen, in denen der sich mit Farbbasen tingierende Zelleibsanteil nur in minimalen Mengen auftritt, der letztere fast immer in der Weise im Zelleib lokalisiert ist, daß er sich der Kernmembran dicht anlagert, wobei je nach seiner Menge ein bald größerer, bald kleinerer Teil der Kernoberfläche von den sichtbar gemachten Zelleibsbestandteilen umgeben zu sein scheint. Dieser Zelleibsanteil ist um so leichter zu erkennen, je mehr mittelstark oder gar intensiv gefärbte Substanzportionen zwischen die blaß gefärbten Teile eingelagert sind. Allerdings pflegen sich dabei die intensiv gefärbten Teile der Kernwand dicht anzulagern. Gar nicht selten beobachtet man Nervenzellen, in denen der Kern zwar ebenso wenig wie bisher geschildert, allseitig von gefärbter Substanz umschlossen wird und in denen der gefärbte Zelleibsanteil nur einen kleinen Teil der Kernoberfläche bedeckt. Der an dieser Stelle des Zelleibes lokalisierte gefärbte Zelleibsanteil stellt aber nicht ein winziges, unregelmäßig begrenztes Substanzhäufchen dar, sondern ist in größeren Mengen vorhanden, wobei sich die meist blaß gefärbten Substanzen bis zum Anfangsteil eines Dendriten fortsetzen. Die in solchen Fällen zu beobachtenden Nervenzellenbilder stellen einen Kern dar, dessen Oberfläche nur zu einem kleinen Teile mit gefärbter Zelleibssubstanz, die sich rasch zu einer Spitze — d. h. zu dem Anfangsteil eines Dendriten — verjüngt, bedeckt ist; gewöhnlich ist letzterer der Hauptdendrit (solche Bilder finden sich unter anderem auch in der gelatinösen Substanz der Hinterhörner). Manchmal sind in solchen Zellen genau in der gleichen Weise zwei, ja sogar manchmal selbst drei Dendritenabgänge zu erkennen, ohne daß die ganze Kernoberfläche vollständig von färbbarer Zelleibssubstanz umgeben zu sein braucht. Die Identifizierung von minimalen Mengen des färbbaren Zelleibsanteiles ist in den Nervenzellenarten unmöglich, wenn dieser Anteil ausschließlich aus blaß gefärbter Substanz besteht, und wenn derselbe nicht in der bisher geschilderten Weise an einer bestimmten Stelle des Zelleibes lokalisiert ist, sondern im Zelleib gleichmäßig verteilt ist (solche Nervenzellen sind sehr selten, sie kommen z. B. vereinzelt im Marklager bei Tieren vor). Die Feststellung solcher Zellen wurde dadurch ermöglicht, daß gelegentlich sich in den spärlichen, blaß gefärbten Substanzteilen einzelne stärker gefärbte Körnchen sich eingelagert finden.

Unter Berücksichtigung der im elektiven Nervenzellenpräparate sichtbar gemachten ungemein verschiedenartig verteilten und angeordneten Zelleibssubstanzen hat NISSL (95) die Gesamtheit aller centralen Nervenzellen in somatochrome und caryochrome Nervenzellen gegliedert. Zu den ersteren gehören alle Nervenzellen, bei denen die mit Farbbasen sichtbar gemachten Zelleibsbestandteile den Nervenzellenkern allseitig umschließen (Form 1 und 2 obiger Ausführungen); bei den caryochromen Nervenzellen dagegen umgibt der mit Farbbasen tingierte Zelleibsbestandteil nicht vollständig den Kern; wie man sich auszudrücken pflegt, liegt daher hier ein größerer oder ein kleinerer Teil der Kernoberfläche „frei“, d. h. scheinbar nicht von Zelleibssubstanz umschlossen im Gewebe. In Wirklichkeit ist auch bei den caryochromen Zellen der Zellkern allseitig von Zelleibssubstanz, und zwar von der sich mit Farbbasen nicht färbenden Zelleibssubstanz umgeben. Sobald letztere nicht von sich färbender Zelleibssubstanz eingerahmt wird, hebt sie sich nicht von dem ebenfalls ungefärbten Grunde ab und deshalb ist der größte Teil der Zellkörper der caryochromen Nervenzellen wie denn auch unzählige Dendriten, jedenfalls aber die peripheren Verlaufsabschnitte aller Dendriten und sämtliche Achsencylinderfortsätze sowohl der somatochromen wie der caryochromen Nervenzellen im elektiven Zellpräparate für unser Auge ausgelöscht. Im allgemeinen kann man sagen, daß die großen und mittelgroßen Nervenzellen, in deren den Kern umgebendem Zelleibsteile die intensiv und mittelstark gefärbten Substanzen vorherrschen, somatochrome Nervenzellen sind, während die kleineren und kleinsten Nervenzellen caryochrome Elemente sind, in deren den Kern unmittelbar umschließendem Zelleibsteil der mit Farbbasen tingierbare Zellsubstanzanteil nicht nur sehr spärlich ist, sondern auch meist nur an einer umschriebenen Stelle des Zelleibes sich findet und außerdem vorzugsweise aus sich blaß färbender Substanz besteht. Bei Benutzung von sauren Farben wird in caryochromen Nervenzellen zwar der ganze, den Kern allseitig umschließende Zelleibsteil tingiert, aber diese Bilder gewähren einen viel schlechteren Überblick über die kleinen und kleinsten Zellen als die elektiv gefärbten Präparate, weil die den Kern umschließenden Zelleibsteile sich genau ebenso färben wie das umgebende Grundgewebe und auch dieselben Brechungsverhältnisse besitzen und daher völlig für unser Auge ausgelöscht sind.

Bei der elektiven Nervenzellenfärbung zeigt die Gesamtheit aller centralen Nervenzellen die gemeinsame Eigenschaft, daß nur ein bestimmter Teil des Zelleibes sich teils blaß, teils mittelstark, teils intensiv färbt, während gleichzeitig der Rest des Zelleibes die Farbe nicht festzuhalten vermag. Nun aber wissen wir aus den nach den Verfahren der Neurofibrillendarstellung von APÁTHY, BETHE, BIELSCHOWSKY hergestellten Präparaten, daß der sich mit Farbbasen nicht tingierende Zelleibsanteil die Neurofibrillen sowie eine wahrscheinlich die Neurofibrillen umgebende Substanz enthält. Vergleicht man die Nervenzellenbilder, in denen die Neurofibrillen elektiv sichtbar gemacht werden, mit denjenigen, die aus alkoholgehärtetem Gewebe stammen und nach dem geschilderten Färbungsprinzipe mit basischen Anilinfarben gewonnen worden sind, so überzeugt man sich leicht, daß die Nervenzellenbilder mit elektiver Färbung der sich nicht mit Farbbasen tingierenden Zelleibssubstanzen (d. h. der Neurofibrillen) zu den Nervenzellenbildern mit elektiver Sichtbarmachung der mit Farbbasen tingierbaren Substanzen, sich zu einander verhalten wie das positive Bild einer photographischen Platte zu seinem Negativ, und zwar gilt dies nicht nur mit bezug auf die Zelleibssubstanzen, sondern auch auf die Substanzen der Nervenzellenkerne.

Es läßt sich exakt feststellen, daß in den Kernen jener Präparate, in denen die sich mit Farbbasen färbenden Substanzen isoliert zur Darstellung gelangt sind, stets nur die Kernmembran, die im Liningerüst suspendierten Körnchen sowie der Nucleolus in toto gefärbt ist, während sich das Liningerüst bestenfalls nur andeutungsweise, der Kernsaft aber gar nicht tingiert. Ja, bei Anwendung gewisser Farbbasen ist in den Kernen jener Zellen, welche große Mengen von intensiv mit Farbbasen gefärbten Substanzen enthalten, überhaupt nur die Membran und der Nucleolus intensiv gefärbt, das Kerninnere aber durchaus homogen und ungefärbt. Andrerseits steht fest, daß bei reiner Neurofibrillenfärbung die Kernmembran nicht als deutliche Außenschicht des Kernes zutage tritt, daß das im anderen Präparate nicht oder nur andeutungsweise tingierte Kerninnere in toto gefärbt ist und komplizierte Verhältnisse darbietet, und daß endlich das Kernkörperchen gar nicht oder nur blaß tingiert erscheint. Bielschowskysche und Cajalsche Neurofibrillenpräparate weichen hinsichtlich des Kernes manchmal von dieser Regel mehr oder weniger ab. Es bestehen also zwischen den Färbungen der Neurofibrillen, bei denen sich diese als besondere, von den Zelleibssubstanzen verschiedene Formelemente präsentieren, und zwischen den elektiven Färbungen der mit Farbbasen tingierbaren Substanzen des Nervenzellenleibes bestimmte reziproke Verhältnisse, welche die ganze Nervenzelle, nicht nur den Zelleib, sondern auch den Zellkern betreffen. Das Gesagte gilt nicht etwa nur für Alkoholpräparate, sondern ganz allgemein für alle Nervenzellen, gleichviel wie sie fixiert und gefärbt sind. Bis jetzt konnte in allen Neurofibrillenpräparaten, in denen die Neurofibrillen sich als von den übrigen Zelleibssubstanzen tinktoriell verschiedene Formelemente haben nachweisen lassen, das reziproke Verhalten bestätigt werden, obschon es sich um Präparate handelte, die technisch in der allerverschiedensten Weise hergestellt wurden; ja sogar in den Quetschpräparaten Kronthals, der die sich mit Farbbasen intensiv tingierenden Substanzportionen motorischer Zellen färbte, und Beckers, der mit Kupferhämatoxylinlack die Neurofibrillen dieser Zellen darstellte, traten die reziproken Verhältnisse in ebenso klarer Weise hervor, wie etwa in einem Betheschen oder Apáthyschen Präparate und andrerseits in einem mit Alkohol vorbehandelten Schnitte, der mit einer Farbbase überfärbt und sodann differenziert wurde.

Dieses reziproke Verhalten der mikroskopischen Nervenzellenbilder ist eine der hervorstechendsten Eigenschaften der Zellgattung Nervenzelle.

Je vollständiger sämtliche sich mit Farbbasen tingierenden Substanzteile färberisch elektiv zur Darstellung gelangen, um so klarer heben sich von den gefärbten Zelleibsteilen „ungefärbte Züge“ ab, welche, wie gute Neurofibrillenpräparate beweisen, gewissermaßen das negative Bild von Neurofibrillenzügen sind. Diese „ungefärbten Bahnen“ sind daher als die zuverlässigsten Kriterien für eine vollständige Tinktion der sich mit Farbbasen tingierenden Bestandteile zu erblicken. Dieses Kriterium ist deshalb von so großer Bedeutung für den Techniker, als es auch bei den mittelgroßen und kleinzelligen Elementen, in denen die intensiv gefärbten Substanzteile nur andeutungsweise vorhanden sind oder auch ganz fehlen, nicht im Stiche läßt; ja es sind sogar bei wirklich vollständiger Tinktion, auch der sich mit Farbbasen blaß färbenden Substanzteile die ungefärbten Bahnen in Kernzellen (caryochromen Nervenzellen) nachweisbar, indem sie sich von dem hier gewöhnlich etwas stärker tingierten Kerninnern abheben und in das dem Kerne anliegende sichtbare Bruchstück des Zelleibes verfolgt werden können.

Je elektiver und vollständiger einerseits die mit Farbbasen tingierbaren Zellleibsbestandteile, je schärfer andrerseits die einzelnen Neurofibrillen gefärbt sind, um so leichter vermag man sich von dem reziproken Verhalten beider Präparate zu überzeugen. Bis jetzt ist kein Verfahren bekannt, durch welches man beide Bestandteile des Nervenzellenleibes, nämlich die Neurofibrillen und die sich mit Farbbasen tingierenden Substanzteile gleichzeitig und nebeneinander in ihrer Vollständigkeit tinktoriell verschieden darstellen könnte. Dementsprechend verhalten sich auch die Zellkerne.

Da das reziproke Verhalten der mikroskopischen Nervenzellenbilder zur Definition des morphologischen Begriffes der centralen Nervenzelle gehört, müßte man theoretisch aus den Neurofibrillenpräparaten das Verhalten der Nervenzellen im elektiv gefärbten Präparate ableiten können. Bis zu einem gewissen Grade gelingt das in der Tat; allein es ist ausgeschlossen, an der Hand elektiver Neurofibrillenpräparate gewissermaßen die idealen Typen für die elektiv gefärbten Nervenzellenbilder aufzustellen. Ganz abgesehen davon, daß uns die elektiven Neurofibrillenpräparate keinen Aufschluß geben können über die Verteilung der sich mit Farbbasen intensiv, mittelstark und blaß färbenden Substanzportionen, sind die Verfahren der elektiven Neurofibrillendarstellung noch viel zu unsicher und ungleichmäßig in ihren Ergebnissen. Insbesondere ist letzteres von der Darstellung der Neurofibrillen in den caryochromen Nervenzellen zu sagen. Wenn uns auch das elektive Neurofibrillenpräparat in dieser Beziehung im Stiche läßt, so muß doch andrerseits mit allem Nachdruck betont werden, daß eine elektiv gefärbte Nervenzelle nicht der morphologischen Definition der centralen Nervenzellen entspricht, wenn sie sich nicht als das negative mikroskopische Bild eines positiven Bildes erweist, das das absolut gelungene Verfahren der elektiven Neurofibrillendarstellung von der identischen Zellart liefert. Zur Feststellung idealer Typen der elektiv dargestellten Nervenzellen können daher die elektiven Neurofibrillendarstellungsverfahren nicht benutzt werden; zu diesem Zwecke müssen wir immer noch rein empirisch verfahren; wohl aber dienen gut gelungene elektive Neurofibrillenbilder zur Kontrolle der auf empirischem Wege aufgefundenen idealen Typen der elektiv dargestellten Nervenzellen. Wie weiter unten ausgeführt wird, liefert diese idealen Typen das Verfahren zur Darstellung des Äquivalentbildes.

Die Feststellung, daß die Gesamtheit aller Nervenzellen bei Vorbehandlung des Gewebes mit Alkohol von 96° in gleichartigen mikroskopischen Bildern fixiert wird sowie daß bei der Überfärbung eines aus solchem Gewebe gewonnenen Schnittes mit wässerigen Lösungen einer Farbbase und nachfolgendem Auswaschen der nicht fest anhaftenden Farbe, nicht nur elektive Nervenzellenbilder, sondern überhaupt ein elektiv tingiertes Gewebsbild gewonnen wird, ist von größter prinzipieller Wichtigkeit. Bei der praktischen Verwertung dieser prinzipiellen Feststellungen sind aber eine große Reihe von Beobachtungen zu berücksichtigen, die der mikroskopische Techniker kennen muß. Vor allem kommt es auf den Zustand des Gewebes an, das in Alkohol fixiert werden soll. Dann die Fixierung selbst. Hier ist eine ganze Reihe von beachtenswerten Punkten zu berücksichtigen. Weiterhin ist der Ausfall der Färbung bis zu einem gewissen Grade davon abhängig, ob man das Gewebe uneingebettet schneidet oder ob man es in Celloidin oder Paraffin einschließt. Ferner: die Farbbasen verhalten sich zwar im Prinzip gleichartig, allein ihre Festhaftung am Gewebe ist verschieden. Im hohen Grade abhängig ist der Ausfall der Färbung von der Differenzierung. Endlich ist auch die Wahl der den Alkohol im Schnitt verdrängenden Öle nicht gleichgültig. Und für die Erhaltung des erzielten elektiven Nervenzellen- und Gewebsbildes ist es durchaus nicht gleichgültig, welches Einschlußmedium man benutzt.

Was den Zustand des Gewebes betrifft, in welchem es in den 96 $^0/_0$igen Alkohol verbracht werden soll, so ist voran der Satz zu stellen: je früher nach eingetretenem Tode das Gewebe fixiert wird, um so bessere mikroskopische Bilder wird es liefern.

Nissl hat dieser Frage eine besondere Aufmerksamkeit gewidmet und zahllose Experimente gemacht. Er hat dieselbe insbesondere bei Gelegenheit seiner Untersuchungen über die Zustände der „tätigen, ruhenden und überarbeiteten Nervenzelle“ geprüft und ist schließlich zu dem Ergebnis gekommen, daß die Anforderungen, die an den „lebensfrischen“ Zustand des Gewebes gestellt werden, vielfach übertrieben werden. Solange wir beim Studium der Nervenzellen hauptsächlich auf die mit Farbbasen tingierbaren Substanzteile angewiesen sind und solange die Identifizierung der einzelnen Nervenzellenarten noch auf dem heutigen Niveau sich befindet, wird bei der festgestellten Labilität der mit Farbbasen tingierbaren Nervenzellenbestandteile der praktische Nutzen der Verbringung selbst noch lebenden Gewebes in die Fixierlösung recht problematisch sein. Ja, Nissl hat sich oft überzeugt, daß die Verbringung noch lebenden Gewebes (z. B. eines mit der Schere rasch abgekappten Rindenstückes bei Experimenten am nicht narkotisierten Kaninchen) in den 96 $^0/_0$igen Alkohol zu Bildern führt, die mehr verwirren als aufklären. (So führt unter Umständen schon die Eröffnung des Schädels und die Bloßlegung der Rinde an sich ohne Verletzung derselben zu deutlichen Veränderungen der Rindenzellen, von denen man sicher weiß, daß sie sich in kürzester Zeit wieder zurückbilden; ähnliche Einzelheiten sind in Menge bekannt.) Kurz, praktisch verhält sich die Sachlage so, daß man gar nicht so ängstlich zu sein braucht bezüglich der Verbringung des Gewebes in die Fixierlösung. Es scheint vielmehr, daß die Nervenzellen den Zustand, in dem sie unmittelbar nach dem Tode sich befinden, unverhältnismäßig lange festhalten im Gegensatz zu der Labilität ihres Verhaltens während des Lebens. Es ist daher ziemlich gleichgültig, ob man das centrale Gewebe nach Tötung des Tieres sofort nach Eröffnung des Schädels in den Alkohol verbringt oder ob man in aller Ruhe die Sektion macht, sorgfältig Gehirn und Rückenmark herausnimmt, mit voller Überlegung das Gewebe zerteilt und sodann in die Fixierlösung bringt. Alles das gilt erst recht für die Neurofibrillen und die übrigen Teile des Gewebes. Was die Todesart betrifft, so ziehen wir die Durchschneidung der Medulla und bei Kaninchen das Erhängen, Giften, wie Chloroform, Äther, vor, bei deren Anwendung Barett in unserem Laboratorium immerhin einige Veränderungen der Nervenzellen nachweisen konnte. Beim Menschen spielen die Zustände in extremis eine wichtige Rolle. So können sich in den Nervenzellen, die für das Leben nicht direkt in Betracht kommen, wie den Nervenzellen der Großhirnrinde, die schwersten Veränderungen in früher gesunden Zellen entwickeln, wenn die Agonie sich tagelang hinzieht und eine hochgradige ödematöse Durchtränkung stattfindet. In solchen Fällen mahnt schon die „matsche" Konsistenz zur Vorsicht. Immerhin gibt der Vergleich zwischen menschlichen und tierischen Nervenzellen sehr wertvolle Anhaltspunkte. Übrigens scheint auch für den Menschen das gleiche zu gelten, was über die tierischen Nervenzellen gesagt wurde, und zwar, wie experimentelle Untersuchungen beim Tier ergeben haben, nicht nur für die gesunde, sondern auch für die kranke Nervenzelle, d. h. auch die menschliche Nervenzelle, gleichgültig, ob sie gesund oder krank ist, scheint in dem Zustand längere Zeit zu verharren, in den sie durch den Tod übergeführt wird. Man braucht daher auch beim Menschen gar nicht so sehr ängstlich zu sein, wenn die Sektion nicht gleich nach dem Tode gemacht werden kann. Wir haben selbst 18—20 Stunden nach dem Tode noch recht gute Präparate erhalten. Freilich wäre es ganz verfehlt, wenn man daraus den Schluß zöge, daß es ganz gleichgültig ist, ob die Sektion sofort oder erst 20 Stunden nach dem Tode gemacht wird; nur braucht man nicht deshalb die Vornahme der Sektion anzustreben, weil sich die tote Nervenzelle rasch verändert, wohl aber deshalb, weil häufig vor dem Absterben eine ödematöse Durchtränkung des Gewebes stattfindet und das Wasser für die Nervenzellen sehr schädlich ist (pag. 264) und weil sich im Gewebe die cadaveröse Zersetzung entwickeln kann.

Jedenfalls ungleich wichtiger als ein überhastetes Arbeiten, um möglichst sofort nach dem Tode das Gewebe in Alkohol verbringen zu können, ist die Vermeidung anerkannt schädlicher Einwirkungen, welche zu artifiziellen Erscheinungen führen. Zwei Schädlichkeiten, die absolut vermieden werden müssen, stehen obenan: das Zusammenbringen des Gewebes mit Wasser (auch ödematöse Durchtränkungen des Gewebes im Schädel gehören hierher) und zweitens cadaveröse Veränderungen. Zu recht sonderbaren Bildern führen oberflächliche Eintrocknungen, welche durch Befeuchten des Gewebes mit Blut, Augenkammerwasser etc. verhütet werden können.

Bei der Fixierung des centralen Gewebes mit Alkohol sind eine ganze Anzahl von Momenten zu berücksichtigen.

Verbringt man einen ungefähr walnußgroßen Gewebsblock in reichliche Mengen 96%igen Alkohols und halbiert man denselben nach etwa 12 Stunden, so überzeugt man sich leicht, daß nur eine relativ schmale Rindenschicht hart ist und daß die Konsistenz des Blockes gegen das Centrum allmählich weicher wird, während ein centraler Kern beinahe noch die Konsistenz des frischen Gewebes zeigt. War der Fixierblock direkt auf dem Glasboden gelegen, d. h. hat man ihn nicht auf Filtrierpapier oder auf Glaswolle gesetzt, so ist die dem Glasboden aufliegende Oberfläche ebenfalls noch weich; infolge des letzteren Umstandes plattet sich hier die Oberfläche ab. Gleichzeitig zeigt der Alkohol, in dem der Gewebsblock sich befunden hat, eine wichtige Erscheinung: verbringt man etwas von diesem Alkohol in ein Reagensglas und gießt Wasser hinzu, so gibt es keine wasserklare Mischung mehr, sondern die Mischung opalesziert. Läßt man das Gewebsstück in der ursprünglichen Alkoholmenge, so erreicht es, wenn genügend Alkohol vorhanden ist, nach mehreren Tagen das Konsistenzmaximum, welches nun längere Zeit anhält. Hat man zu wenig Alkohol zur Fixierung benutzt, so bekommt es zwar auch eine gleichmäßige Konsistenz, allein nicht das Konsistenzmaximum, sondern bleibt unter demselben; außerdem gibt das Gewebe dem Drucke der Finger nach; es hat die Konsistenz vom Leder und feine Schnitte sind aus solchem Materiale nicht zu gewinnen. Gleichzeitig trübt sich im letzteren Falle der Alkohol mit Wasser stark milchig; solch ein Alkohol fühlt sich wie Seifenwasser an. Immerhin gelingt es meist auch in letzterem Falle noch, durch Verbringen des Gewebsstückes in große Mengen 96%igen Alkohols dasselbe in sein Konsistenzmaximum überzuführen. Beläßt man das Gewebsstück in ursprünglich schon spärlichen Mengen von 96%igem Alkohol, so ist es schließlich nach Jahr und Tag nicht mehr möglich, demselben durch Verbringen in frischen Alkohol genügende Konsistenz zu geben. Gleichzeitig ist dann der ursprüngliche Alkohol getrübt, der Boden des Glases und das Gewebsstück mit Cholestearinkrystallen bedeckt, der Geruch des Alkohols ist penetrant widerlich, der Gewebsblock schmutzig gelblich gefärbt; vielfach ist das Gewebe, namentlich die markenthaltenden Teile, durchsetzt mit kleinen sagoperlartigen Gebilden und der Alkohol gibt mit Wasser vermischt eine Flüssigkeit, die wie Milch aussieht.

Aus diesen Beobachtungen sind folgende Schlüsse zu ziehen: 1. Der 96%ige Alkohol dringt nur dann allseitig in den Gewebsblock ein, wenn derselbe auf Filtrierpapier, Glaswolle, Watte etc. ruht, und nur in diesem Falle werden gröbere Deformierungen des zu erhärtenden Gewebes vermieden. 2. Der 96%ige Alkohol durchdringt das centrale Gewebe ungleichmäßig; er härtet sofort eine schmale Randzone an: diese Randzone wirkt wie eine diosmotische Membran gegenüber dem weichen von Gewebsflüssigkeit durchsetzten Innern des Fixierblockes. 3. Der Alkohol löst beim Eindringen in den Fixierblock sofort die in Alkohol löslichen Bestandteile auf, welche infolge der diosmotischen Strömungen in den Alkohol übergeführt werden. Soviel teils aus der mikroskopischen, teils aus der chemischen Analyse sich ergeben hat, sind es entweder nur, jedenfalls aber hauptsächlich Stoffe, die den Markscheiden angehören. Es gehen also ungeheure Mengen von Cholestearin, Protagon und Lecithin sowie zwei andere Körper, die N- und P-haltig sind, in den Alkohol über. Der eine dieser Körper stellt eine weißliche Masse dar, die, dem Lichte ausgesetzt, eine blaßgelbe Färbung annimmt (Blum-Zülzer). Ist der Alkohol mit diesen Stoffen gesättigt, so fallen diese aus; im Gewebe führen diese Stoffe zu den verschiedenartigsten Bildungen, welche unter Umständen das mikroskopische Bild sehr stören können; die schon mit bloßem Auge sichtbaren sagoperlartigen Bildungen stellen Anhäufungen solcher Stoffe dar. Es unterliegt keinem Zweifel, daß der mit solchen Stoffen gesättigte Alkohol in hohem Grade das Gewebe und seine Bestandteile verändert.

Aus diesen Ergebnissen folgt ohne weiteres die richtige Art der Fixierung in 96%igem Alkohol. Man bringt das centrale Gewebe sofort aus dem Tierkörper heraus in große Mengen 96%igen Alkohols, wobei vor allem vermieden werden muß, daß Wasser mit ihm in Berührung (pag. 264) kommt (ebenso ist zu vermeiden, daß es bei der Herausnahme oberflächlich eintrocknet; man befeuchte es mit Gewebsflüssigkeit: Blut, Speichel, Augenkammerwasser, Cerebrospinalflüssigkeit etc.). Der Fixierblock darf nicht zu klein sein (wegen der Bildung der diosmotischen Membran); darf aber auch nicht so groß sein, daß der Alkohol erst nach Tagen das Centrum erreicht. Indes braucht man hinsichtlich der Größe der Fixierblöcke nicht allzu ängstlich sein; Gewebsblöcke selbst von der Größe einer Walnuß geben noch recht gute histologische Detailbilder. Zweckmäßiger als Messer sind scharfe spitze Scheren zum Ausschneiden der Fixierblöcke; auf die Weise wird die Pia am wenigsten verletzt. Will man uneingebettetes Material schneiden, so zieht man zweckmäßig die Pia nach kurzer Anhärtung des Gewebes ab; dabei werden freilich sehr viele Gefäße aus dem Gewebe herausgezogen.

Die wichtigste Vorschrift bei der Alkoholhärtung betrifft den häufigen Wechsel des Alkohols. Nur auf diese Weise gelingt es, die Fixierflüssigkeit und auch das Gewebe von den das letztere ungünstig beeinflussenden Substanzen frei zu halten, die hauptsächlich aus den Markscheiden stammen und in den Alkohol diffundieren. Die Opaleszenz resp. milchige Trübung des mit Wasser vermischten Fixiermittels gibt einen genügenden Anhaltspunkt nicht nur für die Menge des Fixiermittels, sondern auch für die Zeit des Wechselns des Alkohols. Hat der Alkohol einmal sämtliche in ihm lösliche Stoffe dem Gewebe entzogen, so ist dasselbe unbegrenzt lange brauchbar, sofern man von Zeit zu Zeit den Alkohol durch frischen ersetzt.

Ist man aus irgend einem Grunde gezwungen, z. B. ganze menschliche Hemisphären unzerteilt zu härten, so muß man ganz enorme Mengen von 96%igem Alkohol benutzen und die Flüssigkeit sehr oft wechseln, wenn man einigermaßen brauchbare Präparate auf diese Weise erzielen soll. Die Erhärtung ganzer Gehirne zuerst in schwachem und immer konzentrierterem Alkohol gibt nur eine mangelhafte Alkoholfixierung des Gewebes.

Die hauptsächlich aus den Markscheiden stammenden Stoffe, die der 96%ige Alkohol angreift, gelangen durchaus nicht immer in gelöster Form in den fixierenden Alkohol, sondern bleiben oft im Gewebe in Form meist kugeliger Gebilde liegen. Benutzt man sehr große Mengen von Alkohol und wechselt den letzteren sehr häufig, so werden die mikroskopischen Bilder in der Regel nicht dadurch beeinflußt. Allein es gibt hiervon Ausnahmen; worauf diese zurückzuführen sind, ist gänzlich unbekannt. Auch zwingt einen die Praxis oft genug, pathologisches Material, das schlecht fixiert wurde, zu verarbeiten. Sowohl in seltenen Fällen, wo diese Stoffe ausnahmsweise trotz tadelloser Vorbehandlung dennoch auftreten, als in schlecht vorbehandeltem Material verhalten sich diese Stoffe morphologisch wie tinktoriell ziemlich gleichartig. Wie schon bemerkt, können sie sich in den allerverschiedensten Formen und in allen nur denkbaren Mengenverhältnissen präsentieren. Meist handelt es sich um kugelige Gebilde von homogenem

Aussehen, andere zeigen Sprünge und Risse; wieder andere scheinen Vacuolen zu besitzen, wieder andere zeigen eine Art Schichtung; endlich gibt es solche, welche ein krystallinisches Gefüge darbieten. Diese Gebilde färben sich mit allen möglichen Farben und bei den verschiedensten Färbeverfahren; oft färbt sich nur der Rand, in anderen das Centrum anders wie der Rand usw., zum Teil tingieren sie sich metachromatisch. Mit Vorliebe finden sie sich in gröberen Marklagern zwischen den Fasern; häufig verrät ihre Ansammlung an Stellen, die ihrer Wanderung ein Hindernis bereiten, daß sie mit den diosmotischen Strömungen sich im Gewebe fortbewegen; solche Stellen sind die Schrumpfräume um gröbere Gefäße und vor allem die Randzone der Gewebsblöcke, welche wie eine Membran die nicht gelösten Stoffe zurückhält. Man kann diese Gebilde oft dadurch aus den Schnitten entfernen, daß man den Alkohol, in dem sich die Schnitte befinden, anwärmt; oft lösen sie sich auch direkt im Nelkenöl, seltener im Origanum- oder Cajeputöl auf; am leichtesten scheinen sie sich in den erhitzten ätherischen Ölen zu lösen.

In histologischen Präparaten stören sie bei guter Fixierung kaum. Ihr Auftreten beeinträchtigt nur den ästhetischen Wert eines mikroskopischen Präparates, obwohl sie auch hier schon zu Verwechslungen geführt haben (Unna). Im histopathologischen Präparate dagegen können sie unter Umständen mit Abbauprodukten verwechselt werden.

Bei Alkoholfixierung treten manchmal im centralen Nervensystem mitten im Gewebe Hohlräume auf, ähnlich den Hohlräumen im Brote oder im Schweizerkäse (État Gruyère. Weber). Wie wir von Experimenten wissen, entwickeln sich solche schweizerkäsähnliche Hohlräume besonders dann, wenn cadaveröse Erscheinungen vorhanden sind. Solche Hohlräume werden nach unserer Ansicht von Gasen bedingt. Es läßt sich aber nicht leugnen, daß einzelne solche Hohlräume auch im frischen Gewebe beobachtet werden.

Mit anderen Vorbehandlungsreagenzien teilt der 96$^0_0$ige Alkohol die sehr merkwürdige Erscheinung, daß er einzelne Nervenzellen in den sogenannten „chromophilen Zustand“ überführt, eine Bezeichnung, die Nissl umgeändert hat in den Ausdruck „künstliche Schrumpfung“ der Nervenzellen.

Darunter ist eine unberechenbare Einwirkung des Fixiermittels auf einzelne Nervenzellen zu verstehen, die darin besteht, daß die gesamte Zellleibssubstanz mit dem Kerne sowie mit einem Teil ihrer Fortsätze erheblich schrumpft (vielfach sind die Fortsätze geschlängelt) und daß sich das ganze Gebilde mit der gerade verwendeten Farbe (Farbbasen wie Farbsäuren etc.) maximal färbt. Der pericelluläre Schrumpfraum ist vergrößert. Solche Zellen zeigen daher bei der elektiven Färbung nicht mehr die beiden Substanzgruppen, sondern sind in toto diffus gefärbt. Wenn caryochrome Zellen künstlich geschrumpft sind, dann beobachten wir natürlich auch im elektiv gefärbten Präparate, daß der geschrumpfte Zellleib den Kern allseitig umschließt.

Je nach Individuum, Tierart und Nervenzellart begegnet man den künstlich geschrumpften Zellen in außerordentlich wechselnder Häufigkeit. Im allgemeinen sind sie beim Menschen auffallend selten. Leider wissen wir vom Vorgang der künstlichen Schrumpfung so gut wie nichts; daher können wir auch gar keine Verhaltungsmaßregeln geben. Immerhin scheint es, als ob in den peripheren Schichten eines Gewebsblockes, welche gewissermaßen eine diosmotische Membran darstellen, solche Zellen mit Vorliebe auftreten. Ein geradezu klassisches Testobjekt bilden in dieser Beziehung die Spinalganglien von Kaninchen. Hier finden sich fast alle Nervenzellen, die der umhüllenden Haut anliegen, in diesem Zustand.

Man unterscheidet eine totale und partielle künstliche Schrumpfung; im letzteren Falle ist meist nur der Kern künstlich geschrumpft, seltener erweist sich der Zellleib oder Teile des Zelleibes allein künstlich geschrumpft. Die partielle künstliche Schrumpfung kann sich darin zeigen, daß die Färbung nicht maximal ist. Die Unterscheidung derartig partiell künstlich geschrumpfter Zellen, in denen infolge der nicht maximalen Tinktion noch Andeutungen von Struktur erkennbar sind, von nicht künstlich geschrumpften Zellen, welche sich erfahrungsgemäß schon normaliter stark färben, scheint in Präparaten, in welchen die einzelnen Zelleibssubstanzen nicht elektiv dargestellt werden, wenigstens zurzeit noch unmöglich. Die partielle künstliche Schrumpfung der Zellkerne kann zu den allermerkwürdigsten Formen führen. Der Kern ist in toto verkleinert und stellt ein tiefgefärbtes, homogen aussehendes — manchmal ist der Nucleolus noch erkennbar — rundliches oder eckiges Gebilde dar. In diesem Falle ist häufig die unmittelbare Umgebung des verkleinerten Kernes auffallend blaß gefärbt. Oder — der seltenere Fall — die Membran ist deutlich gefärbt; oft sind die Konturen nicht mehr sphärisch. Die Membran umschließt einen absolut ungefärbten Inhalt, der freilich zu mindestens neun Zehnteln von einem intensiv tingierten, homogenen Substanzklümpchen, das rund, eckig, sternförmig etc. sein kann, ausgefüllt ist.

Ebenso launenhaft erweist sich der Einfluß des fixierenden Alkohols bei einer zweiten Abweichung vom gewöhnlichen mikroskopischen Nervenzellenbilde, nämlich bei der sogenannten „künstlichen Schwellung“, eine Erscheinung, die übrigens nicht bei der Alkoholfixierung allein, sondern auch bei der Vorbehandlung des nervösen

Gewebes mit Sublimat, Formol, Salpetersäure, Pikrinsäure, Chromsäure, Flemmingscher, Hermannscher usw. Lösung beobachtet wird. Am häufigsten tritt sie jedoch in Alkoholpräparaten auf. Dieses Phänomen zeigt sich relativ sehr selten beim Menschen, ist dagegen häufig in tierischen Gehirnen. Der Zellkörper erscheint etwas gequollen; die Fortsätze fehlen; die Struktur des Zelleibes und die des Kernes ist verschwunden; der ganze Zelleib zeigt eine eigenartige, schwer zu beschreibende, gleichartige Zeichnung; der Zelleib ist in toto nur blaß gefärbt; manchmal ist noch der Nucleolus in blaßer Zeichnung und wie aufgebläht sichtbar. Das Auftreten der künstlichen Schwellung ist gänzlich unberechenbar. In einem Präparate finden sich sehr viele Zellen in diesem Zustand; im anderen nur einzelne Elemente. Mit Vorliebe tritt sie in kleinen Häufchen auf: meist sind nur zwei, manchmal aber auch fünf bis sechs und mehr einander benachbarte Zellen derart artifiziell verändert. Hier und da zeigen auch die in unmittelbarer Nähe solcher Zellen befindlichen Gliakerne ganz ähnliche, aber noch nicht aufgeklärte Veränderungen.

Bei einer weiteren Abweichung vom gewöhnlichen elektiven Nervenzellenbild handelt es sich nicht mehr um die bloße Wirkung des Alkohols. Dieses Phänomen tritt nämlich dann auf, wenn das Gewebe mit Wasser stark durchtränkt ist. Wir bezeichnen diese Erscheinung daher auch als „Wasserveränderung der Nervenzellen“.

Die Lieblingsstätte dieser Veränderung sind die kleinen Pyramidenzellen der zweiten Meynertschen Schicht in der menschlichen Rinde, welche in Form von gequollenen blasigen Gebilden sich präsentieren. Analoge Formen finden wir jedoch auch an anderen Orten und bei den verschiedenen Tieren. Am häufigsten treten solche veränderte Zellen auf in Hirnrinden, welche erst längere Zeit nach dem Tode in Alkohol eingelegt worden sind. (Cadaveröse Veränderung der Nervenzellen.) Es steht fest, daß man ganz ähnliche Zellbilder experimentell herbeiführen kann, wenn man das Gewebe zuerst mit Wasser imbibiert und sodann den 96%igen Alkohol einwirken läßt. (Wasserveränderung.) Möglicherweise läßt sich hierdurch die Tatsache erklären, daß analoge Bilder gelegentlich in hydrocephalischen Gehirnen gefunden werden. Die blasigen Zellen der zweiten Cortexschicht des Menschen mit ihren dunkel tingierten, verkleinerten Kernen sind wohl jedem Fachmann bekannt, so daß ich auf ihre Schilderung verzichten kann. Nahe verwandt mit diesen Zellzuständen sind Phänomene, die man bei der Alkoholvorbehandlung des nervösen Gewebes wohl niemals ganz vermißt. Andeutungen dieser Zustände werden zuweilen auch bei der Salpetersäure- und Sublimatvorbehandlung beobachtet. Was die beiden nun folgenden Zellphänomene betrifft, so läßt sich über die Ursache ihrer Entstehung etwas Sicheres noch nicht sagen. Einerseits ist hervorzuheben, daß wir ihnen am häufigsten begegnen bei Material, in dessen Behandlung irgend welche Fehler vorgekommen sind (Wassereinwirkung, postmortale Zersetzungen, ungenügendes Wechseln des Alkohols usw.). Andrerseits sprechen auch gewisse Erfahrungen dafür, daß manche dieser Gebilde auf pathologische Veränderung zurückzuführen sind, die zum Teil ihrerseits hinwieder durch eine Durchtränkung der Zellen mit Wasser bedingt sein mögen. Im ersteren Falle handelt es sich um Nervenzellen, deren mit Farbbasen tingierbare Substanzteile in der Umgebung des Kernes netzförmig angeordnet sind. Einige der Maschenräume dieses aus färbbarer Substanz bestehenden Netzwerkes, sehr oft auch nur ein einziger Maschenraum, sind im extremen Grade erweitert: oft ist nicht mehr zu unterscheiden, ob ein von Netzwerkbälkchen umrahmter Maschenraum vorliegt oder ob der absolut ungefärbte, homogene Inhalt des vermuteten Maschenraumes mit der netzförmig angeordneten Zelleibssubstanz nichts zu tun hat, sondern vielmehr ein Teil des pericellulären Schrumpfraumes ist. Ein zweites Phänomen betrifft die Abreißung einer schmalen peripheren Schicht des Nervenzelleibes, welche an der Wand des pericellulären Schrumpfraumes festhaftet und denselben förmlich austapeziert. Meist ist diese Abreißung, die auch bei fast allen anderen Vorbehandlungsmedien beobachtet wird, nur partiell. Manchmal verbinden feine blaße Fäden die abgetrennte Schicht mit dem übrigen Zelleib. Selbstverständlich ist dieses Phänomen nur dann zu erkennen, wenn die abgetrennte Schicht mit Farbbasen tingierbare Substanzen enthält.

Über eine dritte Veränderung der Nervenzellen, die hauptsächlich bei den kleineren und mittelgroßen Pyramiden des menschlichen Cortex beobachtet wurde, steht die Entscheidung noch aus; der Zelleib solcher Elemente bietet äußerlich ganz ähnliche Formen dar wie bei der künstlichen Schrumpfung, unterscheidet sich aber von letzterer insoferne, als die intensiv tingierbare Zelleibssubstanz von lauter winzigen Hohlräumen durchbrochen ist und der homogene Kern entschieden gegen den Spitzenfortsatz zugespitzt erscheint und ein ovales, deutlich vergrößertes Kernkörperchen besitzt: möglicherweise handelt es sich auch hier um eine pathologische Veränderung, da ganz ähnliche Zellzustände sicher auf krankhaften Veränderungen beruhen.

Endlich machen wir noch auf eine Reihe von Erscheinungen aufmerksam, die nicht nur die Nervenzellen, sondern auch das übrige Gewebe betreffen.

Wir haben bereits darauf hingewiesen, daß sich bei der Alkoholfixierung des Gewebes sofort die peripherste Schicht des Fixierblockes härtet, während die inneren Teile desselben erst nach und nach dieselbe Konsistenz erhalten. Bei der Färbung beobachten wir nun gerade in dieser periphersten Schicht nicht selten allerlei Abweichungen vom gewöhnlichen Verhalten. Wir haben bereits erwähnt, daß in dieser Gewebszone besonders häufig künstlich geschrumpfte Nervenzellen angetroffen werden; ebenso wurde schon der Ansammlung jener kugeligen Gebilde in dieser Zone gedacht, die aus den dem Nervenmarke entzogenen Substanzen bestehen. Eine weitere Abweichung besteht darin, daß die äußerste Zone die Farbbasen in sehr verschiedener Weise festhält. Oftmals ist nur ein ganz schmaler Saum gefärbt, manchmal ist es ein breiteres Band, das die gesamte Oberfläche des Schnittes wie einen Rahmen gebend umzieht. In anderen Fällen findet sich nur ein Teil des äußersten Saumes gefärbt. In wieder anderen Fällen findet sich an mehreren Stellen der Oberfläche der äußerste Saum gefärbt. Ebenso vielseitig und ebenso unberechenbar ist die Färbung selbst. In der Regel handelt es sich wohl um vorwiegend diffuse Färbungen der Randteile, und zwar ist es bemerkenswert, daß die diffus tingierten Stellen gewöhnlich nicht den klaren Farbton der betreffenden Farbbase erkennen lassen, sondern den Eindruck machen, als seien sie in einem schmutzigen, blauen, roten, violetten etc. Farbton gefärbt. Meist ist der freie Rand am stärksten tingiert; nach innen zu wird die bald schmälere, bald breitere Randschicht allmählich blasser und geht schließlich in das ungefärbte Gewebe über. Allein nicht immer handelt es sich um diffuse Tinktion, sondern manchmal liegen einzelne distinkte Gewebselemente, namentlich stärkere Achsencylinder und Gliafasern, in dem diffus tingierten Randbezirk. In einzelnen Fällen ist die gesamte Randpartie distinkt gefärbt, d. h. man erkennt deutlich feinere und gröbere Fasern (wohl Gliafasern und Achsencylinder), die sich deutlich vom körnig netzartigen kaum angefärbten Grunde abheben. Die in der gefärbten Randpartie vorhandenen Nervenzellen verhalten sich ebenfalls sehr verschieden. Manchmal bieten sie ganz das gleiche Bild dar, wie sie es gewöhnlich im elektiven Zellpräparate zeigen, nur mit dem Unterschied, daß sie nicht vom ungefärbten, sondern oben von dem diffus gefärbten Gewebe umgeben sind. In anderen Fällen entspricht zwar ihr Bild im großen Ganzen dem elektiv gefärbten Nervenzellenbild, aber die Tinktion ist nicht vollständig; namentlich die blaßgefärbten Substanzteile sind fast nicht zu erkennen. In wieder anderen Fällen konnten nur die Nervenzellenkerne und einzelne intensiv gefärbte Substanzportionen die Farbe festhalten. Relativ häufig sind diffuse Tinktionen des Nervenzellenkörpers, wobei wohl gelegentlich einzelne intensiv gefärbte Substanzportionen sich deutlicher abheben, ohne daß aber deswegen die gesamte Zelleibssubstanz klar dargestellt wird. Solche Nervenzellen haben eine gewisse Ähnlichkeit mit jenen pathologisch veränderten Gebilden, in denen der mit Farbbasen sich nicht färbende Teil leicht angefärbt ist und die färbbaren Zelleibsteile verschwunden sind. Während aber im letzteren die Dendriten meist deutlicher hervortreten und auch die Kerne Veränderungen zeigen, ist dies hier nicht der Fall. Häufig findet sich die Invasion der erwähnten kugeligen Gebilde in die Randzone kombiniert mit der Färbbarkeit der letzteren. Eine zweite Kombination ist die Färbung der Randzone mit dem Auftreten künstlicher Schrumpfungen der hier befindlichen Nervenzellen; endlich beobachtet man die Färbbarkeit der äußeren Randzone, die Invasion von Markkugeln in dieselbe kombiniert mit künstlicher Schrumpfung der in der Randzone befindlichen Nervenzellen.

Damit ist die Charakterisierung des Phänomens der abweichenden Färbbarkeit der Randzone der Fixierblöcke noch nicht erschöpft. Es genügt aber diese Darstellung zu seiner Kennzeichnung. Wir sind von der Färbbarkeit der Randzone ausgegangen, weil der Umstand, daß bei der Alkoholvorbehandlung die Randschicht bereits fixiert ist, während das Innere des Fixierblockes noch die Konsistenz des frischen Gewebes zeigt, die geschilderten Abweichungen immerhin bis zu einem gewissen Grade verständlich zu machen scheint, namentlich wenn man berücksichtigt, daß zwischen dem ins Gewebe eingedrungenen Alkohol, der nicht nur Gewebsflüssigkeit aufnimmt, sondern auch sich mit besonders großen Mengen von aus den Markscheiden stammenden Stoffen belädt, und dem den Fixierblock umgebenden Alkohol ungemein lebhafte Diffusionsströme bestehen.

Aber auch wenn dieser Umstand bei dem Zustandekommen der Färbung der Randzone nicht in Betracht kommen sollte, so verdient dieses Phänomen auch deshalb vorangestellt zu werden, weil die in der Randzone auftretenden Abweichungen das Paradigma sind für alle jene Abweichungen, die in einzelnen Fällen die Färbung der ganzen Schnitte betreffen, die aus dem mit Alkohol vorbehandelten Gewebsblocke gewonnen werden.

In seltenen Fällen erhält man also genau dieselben Abweichungen, die gewöhnlich nur eine schmälere oder breitere Randzone des Schnittes zeigt, im gesamten Schnitt. Die auffallendste, wenn auch sehr selten auftretende Abweichung ist wohl die, die wir als Inversion der Färbung bezeichnen. Am einfachsten wird dieses Phänomen dadurch charakterisiert, daß der Schnitt bei Anwendung des elektiven Verfahrens sich ähnlich färbt wie bei Anwendung saurer Anilinfarben. Die mikroskopischen Bilder bei Inversion der Färbung entsprechen insoferne nicht ganz der Färbung mit einer Farbsäure, als die Achsencylinder, wenigstens die größeren, und dickere Gliafasern ziemlich distinkt zur Darstellung gelangen.

Wir können uns nicht erinnern, bei Inversion der Färbung einem absolut gleichmäßig gefärbten Schnitte je begegnet zu sein. In einzelnen Fällen sind nur einige Partien desselben tiefer tingiert; meist ist die Inversion nur angedeutet: nur stellenweise erkennt man klar und deutlich. daß alles. was ungefärbt bleiben sollte. die Farbe angenommen hat. Verhält sich der ganze Schnitt abweichend, so sind die Randpartien fast immer etwas stärker tingiert.

Es ist unmöglich, alle Einzelheiten zu berücksichtigen. Fassen wir das Wichtigste kurz zusammen, so muß hervorgehoben werden, daß weitaus der häufigste Fall der ist, daß die Randpartien gefärbt sind, daß aber abgesehen von diesen der Schnitt keine wesentlichen Abweichungen zeigt.

In zweiter Linie sind jene Präparate zu erwähnen, in denen nicht nur Randpartien. sondern auch andere Stellen des Schnittes die geschilderten Abweichungen darbieten, während im übrigen das Gewebe in gehöriger Weise dargestellt ist. Drittens: Der gesamte Schnitt verhält sich abweichend. Schließlich können solche Schnitte noch benützt werden, wenn trotz einer allgemeinen diffusen Färbung des Schnittes die mit Farbbasen tingierbaren Zellleibsteile richtig gefärbt sind. Natürlich kommen dabei die caryochromen Nervenzellen schlecht weg. Gewöhnlich sind solche Schnitte überhaupt nicht zu brauchen. Der häufigste Fall ist dann der, daß der ganze Schnitt leicht in diffuser Weise gefärbt ist; stärker sind die Randpartien und einzelnen Strukturteile tingiert. Der ganze Schnitt zeigt einen schmutzigen blaßen Farbton. Manchmal ist die leichte diffuse Färbung stellenweise stärker; dann sieht der Schnitt fleckig aus usw.

Alle diese Abweichungen von der Mehrzahl der Präparate, die durch das elektive Nervenzellendarstellungsverfahren gewonnen werden. treten in einer unberechenbaren Weise auf. Trotzdem steht fest. daß sie ungleich häufiger dann beobachtet werden, wenn irgend welche Fehler bei der Vorbehandlung des Gewebes gemacht wurden. Weiterhin begegnen wir ihnen verhältnismäßig oft bei der Färbung von Gewebsstücken. die lange Zeit. oft Jahre lang im Alkohol gelegen sind. Auch ist nicht zu verkennen, daß sie in pathologisch verändertem Gewebe entschieden öfter gefunden werden als im gesunden. Jedenfalls aber steht fest, daß sie gelegentlich auch im letzteren angetroffen werden, und zwar auch dann. wenn keinerlei Fehler bei der Vorbehandlung gemacht wurden.

Über die Bedingungen ihrer Entstehung wissen wir so gut wie nichts. Es unterliegt aber keinem Zweifel. daß bei dem Zustandekommen abweichender Färbungen nicht immer die Vorbehandlung allein verantwortlich gemacht werden darf. Dies ergibt sich einfach daraus, daß man von demselben Gewebsblock teils tadellose, teils schlecht gefärbte Schnitte erhalten kann.

Wenn auch die gute Fixierung die unabweisbare Voraussetzung für die Gewinnung brauchbarer Präparate ist, so hängt doch der Ausfall des mikroskopischen Bildes von einer großen Reihe von Einzelheiten ab. So wird immer noch der Einfluß der Einbettung unterschätzt. Und es ist nicht nur die Einbettung, welche den nachfolgenden Färbevorgang beeinflußt, sondern es ist auch nicht gleichgültig, wie die Schneide des Messers beschaffen ist.

Bezüglich der Einbettung will ich lediglich die Tatsache erwähnen. daß man weder bei Paraffin- noch bei Celloidineinbettung so regelmäßig gute mikroskopische Bilder erhält wie von dem Gewebe, das uneingebettet geschnitten wird. Vor allem muß darauf hingewiesen werden. daß die eingebetteten Präparate darin von den uneingebetteten abweichen, daß entweder die Farbe sich nicht so gut völlig aus den Teilen auswaschen läßt. die ungefärbt bleiben sollen. oder daß die Farbe auch an den Teilen nicht fest haftet, die gefärbt sein sollen. Auch werden in eingebetteten Präparaten manchmal die oben beschriebenen Abweichungen in der Färbung namentlich der periphersten Schicht beobachtet, während man aus dem uneingebetteten Teil desselben Gewebsblocks tadellose Präparate erhält. Im allgemeinen treten diese Nachteile der Einbettung mehr beim Paraffin- als beim Celloidineinschluß auf.

Hinsichtlich des Messers ist zu sagen, daß Schnitte von gleicher Dicke und glatten Oberflächen sich besser und gleichmäßiger färben lassen als Schnitte mit gefranzten Rändern, rauher Oberfläche und ungleicher Dicke.

Bei der elektiven Darstellung der Nervenzellen hängt der Ausfall des Färbeverfahrens in hohem Grade ab von der Wahl der Farbbase. Theoretisch verhalten sich die Farbbasen ziemlich gleich. Dennoch ist die Zahl der praktisch brauchbaren Farbbasen ziemlich beschränkt.

Im allgemeinen ist die große Mehrzahl der Farbbasen deshalb nicht zur Färbung geeignet, weil sie viel zu wenig an den Gewebsteilen festhaften.

Ja es gibt Farbbasen, welche sofort wieder frei werden, wenn der überfärbte Schnitt in Alkohol oder eine alkoholhaltige Flüssigkeit verbracht wird. Wieder andere Farbbasen haften allerdings so fest an den entsprechenden Gewebsteilen, daß die Farbe zwar nicht vollständig in den Alkohol diffundiert, wohl aber in die weiteren Medien, die zur Fertigstellung des Schnittes nicht entbehrt werden können. So diffundiert die Farbe mit Vorliebe in das Nelkenöl, in sehr viele Origanumölsorten etc., ja sogar in den Balsam, in den der Schnitt eingeschlossen wird.

Wie überaus verschieden die Tinktion ausfällt, geht am besten daraus hervor, daß man, so oft man mit einem neuen basischen Farbstoff Versuche macht, regelmäßig Überraschungen erlebt. Wie schon bemerkt, ist es durchaus nicht gleichgültig, ob man ohne Einbettung oder in Celloidin oder Paraffin eingeschlossen schneidet und färbt. Auch die physikalische Beschaffenheit des Schnittes, der Umstand, ob die Oberflächen völlig glatt sind usw., sodann die Tierart, das Alter der Tiere, vor allem aber die jeweilige Nervenzellenart sind Faktoren, die bei dem Zustandekommen der Färbung eine deutliche Rolle spielen. Berücksichtigt man gar erst die sich nur mit einem Hauche von Farbe, andere, die sich stärker (mittelstark), und endlich die sich intensiv färbenden Zellleibsbestandteile der verschiedenen Nervenzellenarten, so ist es fast unmöglich, die außerordentlich verschiedenartigen Färbeergebnisse verschiedener Farbbasen auseinander zu halten. Auffallend ist dabei der relativ geringe Einfluß der Konzentration der wässerigen Farbbasenlösung.

Im allgemeinen haften jene Farbbasen, welche nicht sofort in den Alkohol diffundieren, am festesten an den sich intensiv tingierenden Zellbestandteilen. Es gibt aber auch unter den sich nur mit einem Hauche von Farbe imbibierenden Zellleibsteilen Anordnungen, mit denen sich die Farbe ebenso fest verknüpft wie mit den intensiv tingierten Substanzen.

Wenn auch die Mehrzahl der Farbbasen nicht sehr fest an den einzelnen Gewebsteilen haftet, so zeichnen sich einzelne Farbstoffe dadurch aus, daß sie mit Vorliebe an einzelne Achsencylinder (fast immer nur die gröberen Kalibers) oder an starken Gliafasern haften bleiben. Unter denjenigen, die sehr rasch in den Alkohol diffundieren, finden sich einzelne, die stellenweise am grauen Grundgewebe haften bleiben; solche Schnitte sehen dann fleckig aus. Bei manchen kommt es überhaupt nicht zu einer absolut elektiven Färbung, obschon sie im übrigen das gleiche Bild geben wie diejenigen, bei denen die sich nicht färbenden Zellleibssubstanzen der Nervenzellen und das Grundgewebe die Farbe völlig abgeben. In solchen Fällen erscheinen diese Bestandteile nicht absolut ungefärbt, sondern lassen einen deutlichen Schimmer von Farbe erkennen, wie z. B. das Vesuvin. Übrigens bekommt man auch bei den praktisch gut brauchbaren Farbbasen häufig diesen Schimmer nicht aus dem Präparate. Im allgemeinen stört diese Abweichung kaum. Viel mehr als die Konzentration der Farblösung beeinflußt die Zeitdauer der Färbung das Ergebnis. Aber auch in dieser Hinsicht bieten die einzelnen Farbstoffe große Verschiedenheiten. So fallen die Ergebnisse sehr verschieden aus, je nachdem man in der kalten oder der erwärmten Lösung, je nachdem man in dieser oder jener lange Zeit oder kurz färbt. Bei der Durchfärbung des ganzen Fixierblockes erhält man nur mit einzelnen Farbstoffen überhaupt Resultate.

Eine ganze Reihe von basischen Anilinfarbstoffen tingieren einzelne Bestandteile metachromatisch. Nichtwässerige Lösungen wirken wesentlich anders. Ebenso erhält man durchaus andere Färbeergebnisse, wenn man die Schnitte beizt usw.

Man kann ganz ähnliche Färbeergebnisse erhalten, wenn man entweder hintereinander den Schnitt mit zwei oder mehr verschiedenen wässerigen Lösungen von Farbbasen tingiert oder wenn man zwei oder mehrere Farbbasen gleichzeitig in Wasser auflöst. Irgend ein wesentlicher Vorteil jedoch ergibt sich aus diesem Verfahren nicht.

Wie schon bemerkt wurde, hängt das Färbeergebnis nicht nur von der Wahl der Farbbase ab, sondern auch von der Art der Differenzierung des überfärbten Schnittes. Und ebenso wichtig ist auch die weitere Behandlung desselben.

Über die Differenzierung, d. h. Auswaschen des überfärbten Schnittes wäre sehr viel zu sagen. Will man jedoch erreichen, daß die Farbbase elektiv nur an den Teilen haften bleibt, welche sich bei dem Verfahren der elektiven Nervenzellendarstellung färben, so sind nur Alkohol und Lösungen von Alkohol und Anilinöl zu gebrauchen. Differenziert man in wässerigen Lösungen, so erhält man andere Färbungsergebnisse. Für einzelne Anilinfarben hat sich der Alkohol allein besser bewährt als Mischungen derselben mit Anilinöl. Beim Anilinöl kommt es sehr darauf an, ob es wasserklar oder mehr oder weniger dunkel gefärbt ist. Letzteres entzieht dem Schnitt gerne zu viel Farben.

Die auf die Differenzierung folgenden Prozeduren sollen den gefärbten Schnitt nur fixieren; sie dienen also dazu, ein Dauerpräparat herzustellen. Tatsächlich gelingt dies aber nicht bei Anwendung verschiedener ätherischer Öle. Ja selbst in flüssigen Canadabalsam diffundiert häufig noch der Farbstoff, so daß schon bald nach dem Einschluß des Schnittes derselbe mehr oder weniger unbrauchbar ist.

Bei Anwendung mancher Farbbasen hat sich gezeigt, daß die endgültige Differenzierung erst in Nelkenöl erfolgt. So haben z. B. manche Sorten des basischen großkrystallinischen Fuchsins die Eigenschaft, sich vollständig erst in Nelkenöl zu differenzieren. Gleichzeitig nehmen hier manche Strukturteile eine schöne metachromatische Färbung an. Wir gehen aber auf diese Einzelheiten nicht ein, weil die Nelkenöle, selbst wenn man sie von derselben Quelle bezieht, durchaus nicht immer die gleiche Wirkung zeigen. Ja, man überzeugt sich, daß oft zwei Schnitte, die vom gleichen Gewebsblock stammen, in derselben Schale gefärbt werden, sich ganz ungleich differenzieren. Darum hat Nissl eine große Anzahl von ätherischen Ölen untersucht, endlich hat er im Cajeputöl ein Medium gefunden, das einmal wenig empfindlich gegen wasserhaltigen Alkohol ist, vor allem aber die Eigenschaft hat, den Farbstoff dem gefärbten Schnitte nicht mehr zu entziehen. Allein das Cajeputöl hat die Eigenschaft, die Farbe einiger (zum Glück wenig geeigneter) Farbbasen in einen schmutzigen Farbton überzuführen.

Es ist immer noch nicht festgestellt, warum die Farbe in die Einschlußharze ganz oder zum Teil diffundiert. Sicher ist es nicht gleichgültig, ob sich im Schnitt noch ätherisches Öl befindet. Ist das der Fall, dann erfolgt die Diffusion sicher viel leichter, wenn auch nicht in gesetzmäßiger Weise. Um den Schnitt vom Öl zu befreien, kann man Benzin und ähnliche Stoffe benutzen.

Die Diffusion der Farbe wird am besten vermieden, wenn man Einschlußharze verwendet, die sofort hart werden. Trotzdem blassen manche Schnitte schon nach wenigen Stunden ab.

Es ist noch gänzlich unaufgeklärt, warum gut tingierte Schnitte rasch abblassen, obwohl alle Schädlichkeiten vermieden werden, die das Abblassen verursachen. Als solche sind bekannt: die Einwirkung des Sonnenlichtes, Durchtränkung der Luft mit bestimmten Gasen (Leuchtgas Homburger), Bestrahlung der Präparate mit dem Lichte elektrischer Bogenlampen, Erwärmung der Schnitte etc. Allein obschon alle diese Schädlichkeiten ausgeschaltet sind, kann man doch nicht für das Erhaltenbleiben der ursprünglichen Tinktion garantieren. Manche Serie ist schon nach relativ kurzer Zeit unbrauchbar; noch merkwürdiger ist die Tatsache, daß anscheinend ganz gleichartig gemachte Schnitte sich in dieser Hinsicht manchmal enorm verschieden verhalten. So besitzen wir einzelne Schnitte der gleichen Serie, die nach 20 Jahren noch ebenso lebhaft gefärbt sind, wie sofort nach ihrer Herstellung, während die vollkommen ebenso hergestellten anderen Schnitte der Serie teils schon nach einer Woche, teils nach mehreren Monaten vollkommen abgeblaßt waren.

Aus diesen Mitteilungen ergibt sich, daß zwar die wässerigen Lösungen der Farbbasen das mit Alkohol erhärtete Gewebe im Prinzip in derselben Weise tingieren, wenn die aus solchem Gewebe gewonnenen Schnitte überfärbt und sodann in Alkohol oder alkoholhaltigen Medien differenziert werden, daß aber die endgültigen Färbungsergebnisse äußerst ungleich ausfallen. Es liegt auf der Hand, daß nur ein in jedem Falle vollkommen gleichartiges Färbungsergebnis, das nicht nur die Gesamtheit aller centralen Nervenzellen, sondern auch das ganze Nervengewebe in einem stets identischen mikroskopischen Bilde wiedergibt, den Anforderungen der histologischen Technik entsprechen kann. Erhält man nämlich durch ein bestimmtes technisches Verfahren von den Nervenzellen sowie von dem übrigen centralen Nervengewebe eines soeben in bestimmter Weise getöteten Tieres so regelmäßig ein wohlanalysierbares mikroskopisches Strukturbild, daß man dessen strukturelle Eigenschaften mit der denkbar größten Sicherheit vorauszusagen vermag, gleichviel ob ein gesundes Tier in bestimmter Weise getötet oder irgendwie experimentell vorbehandelt worden war, so ist es klar, daß dieses Strukturbild in einer bestimmten Beziehung zu dem Verhalten der während des Lebens im Gewebe vorhandenen Nervenzellen des in bestimmter Weise getöteten Tieres steht.

Wir wissen allerdings nicht, ob und inwieweit ein derartiges Strukturbild den Bauverhältnissen entspricht, welche die Nervenzellen des getöteten Tieres im Leben darbieten; aber wir sind zu der Behauptung berechtigt, daß es gewissermaßen als ein Maßstab, als ein Index der lebenden Zellstrukturen zu betrachten ist; d. h. derartige Strukturbilder sind nicht identisch mit den Strukturbildern, welche die Nervenzellen des getöteten Tieres zeigen würden, wenn wir deren Bauverhältnisse im lebenden Tiere sichtbar machen könnten, aber sie sind diesen Strukturbildern gleichwertig, äquivalent. Unter Nervenzellenäquivalent verstehen wir demnach das mikroskopische Strukturbild der im Gewebe vorhandenen Nervenzellen des in einer bestimmten Weise getöteten Tieres, das bei einer bestimmten mikroskopisch-technischen Behandlung des Nervengewebes unter bestimmten Voraussetzungen erfahrungsgemäß mit einer gesetzmäßigen Gleichheit zur Darstellung gebracht werden kann.

Bei der Untersuchung der krankhaft veränderten Nervenzellen kümmern wir uns daher nicht weiter um deren Bauverhältnisse im gesunden Zustande, sondern rechnen gewissermaßen mit einer konstanten Größe, dem Nervenzellenäquivalent. Der Begriff des Kunstproduktes hat daher eine ganz andere Bedeutung wie gewöhnlich. Sobald es feststeht, daß alle Bedingungen vorhanden sind, unter welchen die Nervenzellen eines soeben in bestimmter Weise getöteten Tieres in ihre Äquivalentform übergeführt werden, so kennzeichnet jede Abweichung von dem Nervenzellenäquivalentbild gesunder Tiere irgend eine Veränderung der Nervenzellensubstanzen des soeben getöteten Tieres, deren Ursache nicht in irgend welchen äußeren Umständen, z. B. in der Wirkung der chemischen Reagenzien usw., sondern in dem während des Lebens vorhandenen Zustand der Nervenzellen des soeben getöteten Tieres liegt.

Wenn auch der Begriff des Nervenzellenäquivalentes Veränderungen ausschließt, welche nicht im Zustande der lebenden Nervenzellen des Tieres begründet, sondern auf unberechenbare Reagenswirkungen oder auf andere unerwartete Einflüsse zurückzuführen sind, so müssen wir uns doch auch beim Nervenzellenäquivalent mit der Tatsache abfinden, daß derartige unberechenbare Reagenswirkungen und Einflüsse bei keinem mikroskopischen Darstellungsverfahren gänzlich auszuschließen sind. Soll daher der als Äquivalentpräparat bezeichnete Schnitt seinen Charakter nicht verlieren, so müssen die nicht völlig zu vermeidenden, unerwarteten und unberechenbaren Einflüsse nicht nur auf ein mindestes Maß beschränkt, sondern auch bis auf die kleinsten Einzelheiten so genau bekannt sein, daß sie unter allen Umständen bei der Vorhersage des zu erwartenden Bildes „als möglicherweise auftretende künstliche Abweichungen vom Äquivalentbild" berücksichtigt werden können. Daher sind in einem richtigen Äquivalentpräparate die nicht im Zustand der Nervenzellen selbst begründeten, sondern durch uns bekannte Einflüsse bedingten künstlichen Abweichungen vom Äquivalentbild nicht qualitativ, sondern nur quantitativ unberechenbar. Mit diesen künstlichen Abweichungen vom Äquivalentbild haben die Kunstprodukte gar nichts zu tun. Denn diese sind die Folgen von Kunstfehlern, die bei der Darstellung des Äquivalentbildes gemacht werden. Die Frage, inwieweit das Nervenzellenäquivalentpräparat den natürlichen Bauverhältnissen des Nervengewebes entspricht, ist gewiß von großer Wichtigkeit. Allein ihre Beantwortung ist Sache der histologischen Forschung: für die Verwertung des Nervenzellenäquivalentes bei der Ermittlung der krankhaften Veränderungen des Nervensystems ist es jedenfalls vollkommen gleichgültig, wie diese Antwort auch lauten mag.

Da die Herstellung der Äquivalentpräparate vollkommen gleiche Verhältnisse, z. B. gleiches Alter der Tiere, gleiche Art ihrer Tötung, Einhaltung der gleichen Zeitintervalle von der Tötung bis zur Sektion, bei der Herausnahme der Centralorgane und bei der Vorbehandlung der Präparate zur Voraussetzung hat, so gibt es nur Äquivalentpräparate tierischer Nervenzellen. Kommen auch bei völlig gesunden Menschen Unglücksfälle vor, bei denen der Tod plötzlich eintritt, so sind die betreffenden Centralorgane doch nicht innerhalb eines gleichen Zeitraumes zu erhalten, ganz abgesehen davon, daß wirklich brauchbare Präparate außerordentlich selten und schwer zu erhalten sind. Besonders sei darauf hingewiesen, daß gegenüber Präparaten von Hingerichteten oder von Selbstmördern vorsichtigste Kritik am Platze ist. Indes gibt es auch keine Äquivalentpräparate der menschlichen Nervenzellen, so kann man trotzdem von Äquivalentbildern derselben sprechen. Da die Methode zur Darstellung der Äquivalentpräparate der tierischen Nervenzellen auch beim Menschen anwendbar ist, so vermag man durch eingehende vergleichende Studien der tierischen Äquivalentpräparate mit Präparaten des menschlichen Nervensystems, die mit Hilfe der gleichen Methode gewonnen wurden, diejenigen mikroskopischen Bilder von menschlichen Nervenzellen abzuleiten, die den Nervenzellenäquivalenten des tierischen Nervensystems entsprechen.

Der Unterschied zwischen dem Nervenzellenäquivalentbild eines Tieres und dem des Menschen besteht darin, daß ersteres sich direkt im Mikroskope als Äquivalentbild präsentiert, während letzteres erschlossen werden muß.

Die Versuche, nicht nur stets das gleiche Nervenzellenbild von sämtlichen centralen Nervenzellen (wie auch ein gleiches mikroskopisches Bild vom übrigen centralen Gewebe) zu erhalten, sondern auch dieses stets gleiche Tinktionsergebnis auf dem Wege eines leicht ausführbaren Verfahrens zu erzielen, hatten zunächst keinen Erfolg. Insbesondere wurden immer wieder andere Vorbehandlungsmedien zu den Versuchen herangezogen. Die jahrelang fortgesetzten Prüfungen ergaben, daß bei der Vorbehandlung mit 96%igem Alkohol die gleichmäßigsten Nervenzellenbilder erhalten werden, und zwar dann, wenn das erhärtete Gewebe uneingebettet geschnitten wird. Schließlich gelang es Nissl (94), ein Verfahren zu finden, das allen Voraussetzungen entspricht, die ein Verfahren zur Darstellung von Äquivalentbildern der Nervenzellen erfüllen muß. Es ist die Nisslsche Methode der Färbung mit Seifenmethylenblau mit nachfolgender Differenzierung in Anilinölalkohol und Nachbehandlung des differenzierten Schnittes in Cajeputöl und Einschluß desselben in Xylolkolophonium.

Die bei Anwendung des 96%igen Alkohols unberechenbaren Einflüsse desselben, insbesondere die künstliche Schrumpfung und künstliche Schwellung der Nervenzellen, manchmal auch die anderen erwähnten Abweichungen der Nervenzellen, vor allem aber die Entstehung der kugeligen aus dem Nervenmarke stammenden Bildungen machen sich natürlich auch im Äquivalentbilde gelegentlich bemerkbar.

Was die Gewinnung des Materials bei der Ausführung des Verfahrens zur Darstellung der Äquivalentpräparate betrifft, so wurde das wesentliche schon (pag. 260) gesagt.

Hat der Fixierblock sein Konsistenzmaximum erreicht, so wird derselbe uneingebettet geschnitten. Da die Fixierblöcke zum Schneiden auf einen Kork oder auf Holz aufgeklebt werden, so ist speziell daran zu erinnern, daß dieselben niemals in diesem aufgeklebten Zustande in Alkohol aufbewahrt werden dürfen, wenn man sie später noch benutzen will und wenn ihre Güte keine Einbuße erleiden soll. Die Farbstoffe des Korkes und des Holzes und andere daselbst enthaltene Substanzen treten nämlich in den Alkohol über und beeinflussen in schädlicher Weise das Gewebe, dessen Oberfläche auch eine schmutziggraue oder graubraune Farbe erhält. Die größte Schädlichkeit, die einen Fixierblock trifft, ist das partielle Eintrocknen desselben.

Die Aufklebefläche des zu schneidenden Stückes wird mit einem scharfen Rasiermesser zu einer völlig ebenen Fläche umgewandelt. Dieses Stück soll nicht höher als 6 bis 8 *mm* sein. Die Schnittfläche dagegen kann beliebig groß sein; im allgemeinen sind bei großen Schnittflächen die Schnitte schwerer herzustellen und werden auch nicht so fein als bei kleinen Schnittflächen. Enthält das Präparat viel graue Substanz und wenig Mark, so überschreitet eine Schnittfläche von 10 × 10 *mm* oder von 8 × 12 *mm* keineswegs normale Verhältnisse; sie kann im Gegenteil noch erheblich größer sein. Die Aufklebefläche des Korkes oder Holzstückes ist ebenfalls völlig eben. Nun trägt man eine Gummiarabicumlösung in dünner Schicht auf die Aufklebefläche des Korkes auf, trocknet rasch die Aufklebefläche des Gewebsblockes mit Filtrierpapier ab und preßt den Gewebsblock mit einem leichten Druck zwischen Daumen und Mittelfinger auf die Gummilösung auf, wobei man Sorge trägt, daß die Peripherie der Aufklebefläche allenthalben der Aufklebefläche des Korkes oder des Holzes sich innig anschmiegt, und bringt den Kork mit dem Gewebsblock in eine Schale 96%igen Alkohols. Nach wenigen Minuten ist der Gummi hart geworden, was man an seiner schneeweißen Farbe erkennt. Sodann wird der Kork in die Mikrotomklammer eingespannt und das Gewebe mit einem mit Alkohol-(96%) befeuchteten schräg stehenden Messer in Scheiben zerlegt, deren Normaldicke 10—12 μ beträgt; die Scheiben werden in einer Schale mit 96%igem Alkohol aufgefangen und, nachdem sie völlig glatt ausgebreitet liegen, gesammelt. Von dieser Schale gelangen sie direkt in die Färbungsflüssigkeit.

Es ist ein Irrtum zu glauben, daß die Herstellung von Schnitten aus uneingebettetem Gewebe besondere Schwierigkeiten bereite. Beim Nervensystem ist das Schneiden von celloidiniertem Materiale kaum leichter. Allerdings ist eine Bedingung unabweisbar: die Messerschneide muß tadellos scharf sein. Das Messer darf unter keinen Umständen parallele Riefen auf der Schnittfläche hervorrufen. Mißlingen Schnitte von Gewebsblöcken, die nicht zum größten Teil aus Mark bestehen, und ist das Gewebe nicht pathologisch verändert, dann ist unter allen Umständen die Ursache im Messer oder im schlechten Aufkleben zu suchen.

Zum Aufkleben wird gewöhnliches Gummi arabicum in wässeriger Lösung verwendet. Am besten stellt man dieselbe dickflüssig, in Honigdicke, her. Für die zweckmäßigste Messer- und Präparatenstellung beim Schneiden gibt es keine speziellen Regeln. Hier tritt die Erfahrung in ihr Recht. Im allgemeinen ist zu empfehlen, das Messer in möglichst spitzem Winkel zum Gewebsblock zu stellen, so daß die ganze Schneide ausgenutzt wird. Der Gewebsblock soll so eingeklemmt werden, daß die Messerschneide parallel mit den Hauptfaserzügen im Gewebe verläuft. Der Rand des Gewebsblockes, an dem das Messer angreift, wird im Gegensatz zu dem gegenüberliegenden Rande stets etwas fransig. Ist es unterlassen worden, die Pia schon vorher abzuziehen, so holt man diese Manipulation wo möglich noch vor dem Schneiden nach. Ganz besonders gilt das für das Rückenmark; jedenfalls wird dadurch die weitere Behandlung der Schnitte sehr erleichtert.

Hat man sehr kleine Objekte zu schneiden, wie z. B. Spinalganglien, das Ggl. ciliare, die sympathischen Ganglien von Kaninchen, so muß man natürlich dafür Sorge tragen, daß der steinharte Gummi die Mikrotommesserschneide nicht beschädigt. Ferner darf man nicht die natürliche Oberfläche der Ganglien als Aufklebefläche benutzen, da die die Ganglien einhüllende Bindegewebslage nicht genügenden Halt gibt. In solchen Fällen spitze man den Kork zu und schaffe eine ganz kleine, dem Objekte entsprechende Aufklebefläche, welche spiegelglatt ist. Hierauf schneidet man mit einem Rasiermesser nur so viel von der Oberfläche des Objektes hinweg, daß man das nervöse Gewebe des Ganglion selbst zur Aufklebefläche erhält. Nunmehr tauche man nur die Spitze der Präpariernadel in die Gummilösung. So erhält man nur einen sehr kleinen Tropfen. Letzterer wird mit dem Ballen des Daumens verrieben, so daß die Aufklebefläche gleichmäßig mit einer minimen Schicht Gummi bedeckt ist. Jetzt drückt man das Objekt, dessen Aufklebefläche rasch mit Fließpapier abgetrocknet wird, auf die Gummischicht des Korkes auf. Bei einiger Übung und Geschicklichkeit macht das Schneiden solcher winziger uneingebetteter Präparate nicht die geringsten Schwierigkeiten. Schneidet man in der Richtung des ein- und austretenden Nerven, so erhält man z. B. von dem oberen sympathischen Halsganglion des Kaninchens leicht Schnitte von 4 μ.

Eine der allerwichtigsten Regeln bei der Behandlung uneingebetteter Gewebsblöcke betrifft die völlige Ausbreitung der Schnitte in der Schale, in der dieselben gesammelt werden. Man mache es sich zur Regel, nur vollständig ausgebreitete Schnitte in der Schale mit Alkohol zu sammeln. Wird das Messer mit großen Mengen von Alkohol beschickt, so ist es die Regel, daß die Schnitte sich falten. Sobald man daher bemerkt, daß der Rand des Schnittes sich umlegt, unterbricht man die Bewegung des Messerschlittens und glättet die Randfalte mit einem mit Alkohol befeuchteten weichen Pinsel aus, d. h. man legt einfach den umgeschlagenen Teil des Schnittes um; hierauf setzt man den Messerschlitten wieder in Bewegung und vollendet den Schnitt. In den meisten Fällen liegt nun der Schnitt vollkommen ausgebreitet auf dem Messer. Beschickt man das Messer nur mit sehr wenig Alkohol, so schlägt sich der Rand des Schnittes nicht um. Man verbringt nun den Schnitt in eine Schale, gefüllt mit 96%igem Alkohol, in der man mit der weichen Pinselspitze nochmals den Schnitt vollständig auf dem Boden ausbreitet, was ohne jede Schwierigkeit auszuführen ist, vorausgesetzt, daß der Schnitt eben auf der Messerklinge vollständig ausgebreitet war. Man kann die Bewegung des Messerschlittens nur dann ohne Schaden unterbrechen, wenn man gar keinen Druck auf denselben ausübt, sondern ihn in gleichmäßig langsamem Tempo durch seine Bahn zieht.

Während die Gewebsblöcke bei richtiger Behandlung unbegrenzt lange aufbewahrt werden können, ohne daß die mikroskopischen Bilder der aus ihnen gewonnenen Schnitte Abweichungen vom Äquivalentbild darbieten, sind die einmal fertiggestellten Schnitte auffallend empfindlich. Es ist daher fehlerhaft, die einmal hergestellten Schnitte nicht sofort zu färben und sie tage- oder wochenlang im Alkohol aufzubewahren. Man mache daher immer nur soviel Schnitte als man braucht, und benötigt man später noch weitere Schnitte, so liefert dieselben ein richtig konservierter Gewebsblock zu jeder Zeit.

Man verbringt den auf dem Spatel vollständig ausgebreiteten faltenlosen Schnitt aus dem Alkohol in ein Uhrschälchen, welches mit einer älteren, filtrierten und kalten Lösung von Seifenmethylenblau gefüllt ist, und sorgt dafür, daß er vollkommen ausgebreitet auf der Oberfläche der Farblösung schwimmt. Sodann wird letztere durch eine Spiritusflamme so lange erwärmt, bis deutliche Dampfbildung eintritt. Hierauf wird die Flamme sofort entfernt und der noch immer auf der Oberfläche schwimmende Schnitt rasch von der Farbe in eine mit Differenzierungslösung gefüllte Schale verbracht.

Was die Farblösung anlangt, so wird dieselbe aus Methylenblau B-Patent gewonnen. Es haben sich verschiedene unter Methylenblau B-Patent bezeichnete Farbstoffe als unbrauchbar erwiesen. Am besten bewährt hat sich das Methylenblau B-Patent, das von Carl Buchner & Sohn, Fabrik pharmazeutisch-chemischer Produkte, München, bezogen wurde. Die venetianische Seife, die ebenfalls zur Herstellung der Farblösung benutzt wird, ist fest und in Apotheken zu erhalten. Statt Brunnenwasser benutze man Aqua destillata. Erfahrungsgemäß sind alte Lösungen der frisch bereiteten Farblösung vorzuziehen. Man soll es sich zur Regel machen, nur mit im Minimum 1/4 Jahr alten Lösungen zu arbeiten. Man wiegt ab 3,75 *g* Methylenblau B-Patent und schabt sodann mit einem Messer 1,75 *g* venetianische Seife ab; hierauf fügt man diesem Gemenge 1 Liter destillierten Wassers bei, schüttelt tüchtig und läßt die Farbe mindestens ein Vierteljahr stehen. So oft man Farblösung braucht, soll dieselbe vorerst gut geschüttelt werden. Sodann wird die Lösung in das Uhrschälchen filtriert. Mit einem solchen Filtrate können sehr viele Schnitte hintereinander behandelt werden. Bezüglich der Frage, wie lange die filtrierte Lösung brauchbar ist und ob sie wieder in das Standgefäß zurückgegossen werden darf, kommt alles darauf an, ob dieselbe viel oder nur Spuren von Alkohol aufgenommen und inwieweit sie beim Erwärmen Wasser verloren hat. Ersteren Umstand erkennt man aus der Abnahme der Diffusionsvorgänge; der Schnitt sinkt leicht unter. Die Eintrocknung zeigt sich ohne weiters an den Rändern der Uhrschale. Will man sicher gehen, so gieße man die Farblösung nach dem Gebrauche aus oder färbe höchstens 30 Schnitte mit der gleichen Lösung und lasse sie niemals über Nacht in der Uhrschale stehen.

Für die Tinktion ist maßgebend der Gesichtspunkt einer möglichst gleichmäßigen Behandlung der Schnitte. Man macht es sich daher zur Regel, stets mit denselben Apparaten, mit gleich großen Gefäßen, mit einem gleichen Quantum Flüssigkeit zu arbeiten. Zweckmäßig ist der Gebrauch eines kleinen Stativs, mit einem Ringe für das auf einem Drahtnetz liegende Uhrschälchen. Die Spiritusflamme ist etwa 3 *cm* lang und berührt mit ihrer Spitze das Drahtnetz. Man vermeide, die Schnitte in die noch heiße Lösung zu bringen; die Farblösung soll rasch erwärmt und nicht stärker erhitzt werden als bis zur Dampfbildung. Bei einiger Übung gelingt es leicht, die Schnitte möglichst gleich zu färben. Erhitzt man stärker, so sinken die Schnitte gerne unter und falten sich.

In diesem Falle kann man oft lange mit der Präpariernadelspitze den Schnitt suchen. Hierbei kann von einer möglichst gleichmäßigen Färbung der einzelnen Schnitte keine Rede sein. Es ist daher nicht gleichgültig, ob man den Schnitt während der Färbung im Auge hat oder ob derselbe auf dem Boden des Uhrschälchens liegt.

An sich könnte man ohne Schwierigkeit mehrere Schnitte in der gleichen Schale färben; bei der Darstellung des Äquivalentpräparates aber ist ein derartiges Verfahren inkorrekt.

Sind sehr kleine Schnitte zu färben, wie z. B. Schnitte durch die Spinalganglien oder durch das Ganglion ciliare, so ist die Färbung in der Uhrschale unzweckmäßig. In diesem Falle sucht man mehrere solcher Schnitte auf dem Spatel festzuhalten, was bei einiger Übung und Geschicklichkeit leicht gelingt. Nur muß man sich vor dem Eintrocknen der Schnitte hüten, denn dieselben liegen nur in einer sehr dünnen Schicht Alkohol. Sodann beschickt man die Klinge des Spatels mit ein paar Tropfen der Farblösung und erwärmt äußerst vorsichtig den Spatel. Das ist die schwierigste Operation. Denn der metallene Spatel wird sehr leicht zu heiß und dann schnurren die Schnitte einfach zusammen.

Was die Bedeutung der venetianischen Seife für den Färbeprozeß betrifft, so ist dieselbe nach neueren Untersuchungen zu den kolloidbildenden Substanzen zu rechnen (Preuner).

Nunmehr erfolgt die Differenzierung des überfärbten Schnittes. In der Schale, welche mit Anilinölalkohol gefüllt ist, verbleibt der Schnitt nur so lange, bis man ihn vollständig ausgebreitet auf den Spatel verbracht hat; auf letzterem wird er sofort auf einen Objektträger übertragen, worauf die überflüssige Differenzierungsflüssigkeit durch Neigen des Objektträgers entfernt wird. Der Schnitt wird nunmehr mit Filtrierpapier abgetrocknet und hierauf mit Cajeputöl beschickt. Damit ist die Färbung beendet.

Die Differenzierungsflüssigkeit wird dadurch hergestellt, daß man 10 Teile fast wasserhelles Anilinöl mit 90 Teilen von 96%igem Alkohol mengt. Äquivalentpräparate sind mit voraussagbarer Sicherheit nur dann zu erzielen, wenn das Anilinöl fast wasserhell ist. Absolut wasserhelles Anilinöl scheint es nicht zu geben. Es soll nicht behauptet werden, daß gefärbtes Anilinöl in jedem Falle unbrauchbar ist, sondern es gibt in der Tat deutlich gelbe und sogar gelbbräunliche Anilinöle, welche ebenso zuverlässig differenzieren wie das fast wasserhelle. Allein die gefärbten Anilinöle sind nicht gleich und darum unberechenbar. Man beziehe daher aus den Höchster Farbwerken wasserhelles Anilinöl; leider wird dasselbe nur in Literflaschen abgegeben. Schützt man aber dasselbe vorsichtig vor Licht, so kann man es noch verwenden, wenn es die Farbe von tiefgelbem Rheinwein zeigt. Jedenfalls aber mache man es sich zur Regel, die fertige Differenzierungslösung stets nur in kleinen Mengen (etwa 100—300 *g*) und in einem für Licht undurchlässigen Glase mit eingeschliffenem Glasstopfen vorrätig zu halten.

Ein spezielles Auswaschen des Schnittes in der Differenzierungslösung, bis keine Farbwolken mehr abgehen, ist überflüssig. Hält man sich genau an die Regel, alle Manipulationen möglichst rasch vorzunehmen, so ist bei einiger Übung genügende Garantie dafür gegeben, daß die einzelnen Schnitte in gleicher Weise hergestellt werden.

Die Differenzierungslösung kann man zur Färbung mehrerer Schnitte verwenden. Erst wenn sie stark grünblau tingiert ist, ersetze man sie durch neuen Anilinalkohol. Färbt man nicht unmittelbar hintereinander, sondern erst wieder nach einer längeren oder kürzeren Pause, so ist die Differenzierungslösung unter allen Umständen wegzugießen, und zwar auch dann, wenn nur ein einziger Schnitt differenziert worden war.

Färbt man auf dem Spatel, so kann die Lösung nur einmal benutzt werden. Da man mehrere Schnittchen auf den Spatel zu verbringen pflegt, so ist genügende Sicherheit vorhanden, wenigstens einen derselben unverzüglich rasch auf den Objektträger zu legen. Im übrigen werden die kleinen Schnitte genau ebenso wie die größeren behandelt.

Die von Weigert für die Neuroglia, resp. für die Fibrinfärbung empfohlene Filtrierpapiersorte ist auch hier zu verwenden.

Von dem Momente, von dem an der Schnitt in die Farblösung kommt, bis zu dem Momente, wo er auf dem Objektträger mit Cajeputöl beschickt wird, sind die Vorgänge im einzelnen aufmerksamst zu verfolgen und die notwendigen Manipulationen möglichst fix zu verrichten; sobald der Schnitt mit Cajeputöl bedeckt ist, verändert sich in der Regel nichts mehr. Bei richtiger Behandlung differiert die inzwischen verstrichene Zeit zwischen 5 und 20 Sekunden.

Zur Montierung des Schnittes genügt es, den Schnitt mit Cajeputöl zu durchtränken; man kann aber auch das Öl beliebig lange auf dem Schnitt stehen lassen. Das überschüssige Öl entfernt man durch Neigen des Objektträgers. Der Schnitt wird nun noch einmal mit Filtrierpapier abgetrocknet, sodann alles Öl mittelst Benzin sorgfältig entfernt, worauf der Schnitt in Xylolkolophonium eingeschlossen und mit einem Deckglas bedeckt wird.

Cajeputöl und Benzin werden zweckmäßig in Gläschen mit eingeschliffener Pipette aufbewahrt. Man kann helles und grünlich gefärbtes Cajeputöl verwenden; auf keinen Fall jedoch darf es dem Schnitte Farbe entziehen.

Sobald der noch mit Anilinöl durchtränkte abgetrocknete Schnitt mit Cajeputöl übergossen ist, kann er sofort weiterbehandelt werden; manchmal jedoch ist es empfehlenswert, etwas zu warten, um z. B. einen noch mit Pia versehenen Schnitt, dessen pialer Rand sich im Cajeputöl eingerollt hat, wieder auszubreiten. Mit Rücksicht auf die Vorschrift, die Schnitte sorgsam zu glätten und auszubreiten, wäre es eine irrige Meinung, wenn man das vollständige Ausbreiten der Schnitte lediglich als eine ästhetische Frage betrachten würde. Man kann nämlich zeigen, daß der vollständig ausgebreitete und auf der Oberfläche der Farbe schwimmende Schnitt sich gleichmäßiger tingiert als ein gefalteter Schnitt, der auch in der Farblösung viel leichter untersinkt. Zweifellos spielen hier physikalische Vorgänge eine Rolle.

Ist das Cajeputöl mit Filtrierpapier abgetrocknet, so ist der Schnitt der großen Gefahr ausgesetzt, daß einzelne Stellen desselben eintrocknen können. Leidet darunter der ganze Schnitt oder größere Teile desselben, so ist eben das Präparat unbrauchbar. Nur der Unerfahrene wird einen solchen Schnitt mit dem Äquivalentpräparat verwechseln. Je kleiner aber die ausgetrocknete Stelle ist und je unvollständiger die Austrocknung erfolgt ist, um so leichter werden oft derartige Stellen mit lokalisiert auftretenden pathologischen Veränderungen verwechselt. Nachdem man daher den Schnitt abgetrocknet hat, spüle man ihn sofort mit reichlichen Mengen von Benzin gründlich ab, sodann neige man den Objektträger etwas, damit das überschüssige Benzin abträufelt, und beschicke den noch mit Benzin nassen Schnitt mit Xylolkolophonium, wobei man aber Sorge trägt, daß letzteres den Schnitt völlig einhüllt. Die Nichtbefolgung dieser Regeln rächt sich in zweifacher Weise. Spült man den Schnitt nicht sehr gründlich aus, so blaßt das Präparat leichter ab. Verbringt man das Xylolkolophonium nicht auf den noch vom Benzin nassen Schnitt und sorgt nicht für die völlige Einhüllung des Schnittes mit der Harzlösung, so ist die Gefahr einer stellenweisen Eintrocknung äußerst groß. Ist man weniger geübt, so ist es zweckmäßig, etwas dünneres Kolophonium und reichliche Mengen desselben zu nehmen. Speziell beim Kolophonium tritt nicht so selten ein Phänomen auf, welches sehr unangenehme Folgen hat. Beschickt man nämlich den Schnitt mit einem Tropfen der Harzlösung, so breitet sich dieselbe in der Regel nicht über den ganzen Schnitt aus, sondern bleibt sehr häufig als Tropfen auf dem Schnitte liegen, so daß alle übrigen Stellen des Schnittes eintrocknen würden, wenn man nicht die Harzlösung mechanisch über den ganzen Schnitt verteilte. In einem andern Fall breitet man zwar von vornherein das Kolophonium gleichmäßig über den Schnitt aus, das Harz bleibt aber nicht in dieser Verteilung, sondern zieht sich zusammen, so daß die Ränder des Schnittes von Harz entblößt werden, oder es weicht im Centrum zurück, so daß die Mitte des Schnittes vom Harz nicht bedeckt wird. Kennt man diese Phänomene und weiß, wie groß die Gefahr des partiellen leichten Eintrocknens für den Schnitt ist, so kann man Fehler nach dieser Richtung leicht vermeiden.

Beim Abspülen des Schnittes mit reichlichen Mengen Benzin ist ein starker Druck auf das Gummiköpfchen der Pipette zu vermeiden, da der Schnitt sich leicht von seiner Unterlage ablöst. Andernfalls ist hier und da ein kräftigerer Strahl Benzin sehr am Platze, z. B. wenn das Filtrierpapier stark abfasert oder wenn Staubpartikelchen etc. auf dem Schnitt liegen usw. Solche Verunreinigungen sind auf diese Weise leicht zu beseitigen. Stellt sich nach der Beschickung des noch von Benzin nassen Schnittes mit Xylolkolophonium eine milchige Trübung des letzteren ein, so hat dieselbe keine weitere Bedeutung, da sie beim Erwärmen des Objektträgers rasch verschwindet.

Die Xylolkolophoniumlösung wird aus gewöhnlichem käuflichem Kolophonium bereitet, das man in pulverisierter Form in ein cca. 50 *g* fassendes Opodeldokglas schüttet, so daß das Glas zur Hälfte damit angefüllt ist. Man gießt nun so lange Xylol zu, bis das Glas voll ist. Nun läßt man dasselbe offen unter einer Glasglocke stehen. Sehr bald scheidet sich eine durchsichtige, klare, dünnflüssige, deutlich gelblich-rötlich gefärbte oberflächliche Schicht von dem reichlichen, trüben, schmutzig aussehenden, sirupartigen Bodensatz ab. Nunmehr gießt man die oberflächliche klare Schicht in ein reines Gefäß und hat die Stammlösung für das Xylolkolophonium. Je nachdem man diese dünnflüssige Stammlösung länger oder kürzer offen stehen läßt, erhält man alle Grade der Konsistenz.

Ist der Schnitt allseitig mit Kolophonium beschickt, so wird er mit einem Deckgläschen bedeckt. Es wurde oben auf das eigenartige Verhalten des Xylolkolophoniums aufmerksam gemacht. Infolgedessen bedarf es einer gewissen manuellen Geschicklichkeit, das Einbettungsmittel gleichmäßig über den Schnitt auszubreiten. Der Anfänger tut gut, wenn er eine nicht allzu dicke Lösung nimmt und dieselbe mechanisch mit dem Glasstäbchen überallhin ausstreicht. Besitzt man aber einige Übung, so wendet man zweckmäßiger eine etwas dickere Lösung an, da eine solche gewisse Vorzüge vor einer dünneren besitzt. Man mache sich zur Regel, folgendermaßen zu verfahren. Sobald der Schnitt allseitig vom Einschlußmittel bedeckt ist, erwärme man den Objektträger ganz leicht, bis die Kolophoniumlösung maximal dünnflüssig erscheint. (Wendet man von Anfang an eine sehr dünnflüssige Lösung an, so breitet sich dieselbe sofort über den ganzen Objektträger aus.) Sobald das Einschlußmittel das Maximum der Dünnflüssigkeit erreicht hat, neigt man den Objektträger, so daß alles überflüssige Harz abfließt und bedeckt sofort den Schnitt mit einem Deckglas. Folgt hier nicht fix Manipulation auf Manipulation, so tritt leicht ein stellenweises Eintrocknen des Schnittes ein; beim Erwärmen zeigen sich nämlich ganz ähnliche Phänomene, wie sie oben geschildert wurden. (So kann es bei ungeschicktem Operieren vorkommen, daß das warmgewordene Harz sich über den ganzen Objektträger ausbreitet, d. h. vom Schnitt zurückweicht, so daß derselbe in toto eintrocknet.) Wer nicht so rasch zu arbeiten vermag, gieße das Kolophonium lieber nicht ab und versuche dadurch, daß er den Objektträger zwischen Daumen und Zeigefinger der beiden Hände faßt und nach allen Ebenen bewegt, das Kolophonium gleichmäßig auf den Schnitt zu verteilen. Sodann wird das Deckglas aufgelegt. Nun wird nochmals vorsichtig erwärmt und ein leichter Druck mit der Nadel auf das Deckglas ausgeübt. Sammelt sich dabei Harz an den Rändern des Deckglases an, so entfernt man dasselbe mit einem Tuche. Man wiederholt diese vorsichtige Erwärmung so oft, bis sich auf Druck kein Harz mehr außerhalb des Deckglases ansammelt. Selbstverständlich aber muß das Einschlußmittel das ganze Deckglas ausfüllen. Hat man den Schnitt richtig montiert, so ist nunmehr derselbe in einer vollständig trockenen und steinharten Einschlußmasse eingebettet.

Sehr häufig werden bei dem Einschließen des Schnittes in Xylolkolophonium grobe Fehler gemacht. Wird so hochgradig erwärmt, daß unter dem Deckglas eine Menge von großen und kleinen Bläschen auftreten, so kann eine starke Entfärbung des Schnittes, ferner der Einschluß kleinster Luftbläschen in den Glia- und Gefäßendothelzellenkernen und noch manch andere unangenehme Erscheinung die Folge sein. Wer manuell nicht sehr geschickt ist, verzichtet besser auf die Einbettung in ein trockenes, steinhartes Harz und erwärmt nur ganz wenig, um eine möglichst gleichmäßige Ausbreitung des Einschlußmittels zu erzielen. Die starke Gelbfärbung sehr dickflüssiger Kolophoniumlösungen bringt auf keinen Fall Nachteile, sondern eher Vorteile, indem die feinsten Strukturen sogar etwas deutlicher zutage treten. (Diese Erfahrung wird durch die Ergebnisse der Mikrophotographie bestätigt.)

Die Aufbewahrung der Schnitte. Vollständig regelrecht hergestellte Schnitte, die vor der Einwirkung des Sonnenlichtes geschützt werden, sind selbst im ungünstigsten Falle 3—5 Monate brauchbar; die Mehrzahl kann man aber noch nach einem Jahre und länger benützen. Ein Schnitt, der Zeichen der Abblassung darbietet, gilt nicht mehr als Äquivalentpräparat. Löst man das Deckgläschen ab und färbt den Schnitt nochmals, so hat derselbe nicht mehr die Bedeutung eines Äquivalentpräparates. Ebenso dürfen solche Schnitte nicht mehr als Äquivalentpräparate benutzt werden, die zwar an sich nicht abgeblaßt sind, allein Luftblasen oder Trübungen, Krystallbildung und ähnliches zeigen und durch Erhitzen des Einschlußmittels wieder gebrauchsfähig gemacht wurden.

Bei der Aufbewahrung der Präparate können unzählige Veränderungen derselben beobachtet werden. Es ist unmöglich, auf alle Einzelheiten einzugehen, die bis jetzt festgestellt worden sind.

Übrigens gaben schon abgeblaßte Präparate dem Kundigen unter Umständen noch manchen Aufschluß.

Die Ursachen des Phänomens der Abblassung sind noch keineswegs genau bekannt. Der Schutz vor dem Tageslicht ist nur e i n Faktor, der in Betracht kommt. Auch wenn man alle Faktoren, die uns heute bekannt sind, ausschaltet, so macht man dennoch die Erfahrung, daß der eine Schnitt sich Jahre und selbst ein Jahrzehnt hindurch tadellos hält, während ein anderer schon nach 3—4 Monaten anfängt, blaß zu werden. Noch viel deutlicher tritt diese Erscheinung an den alten Präparaten zutage. Früher wußte man nicht, daß eine flüssige oder halbflüssige Einbettungsmasse eine der wichtigsten Ursachen der Abblassung der Schnitte ist. Obschon aber die alten Präparate in halbflüssigem Balsam eingebettet wurden, haben sich einige Schnitte mehr als ein Jahrzehnt tadellos erhalten, während andere schon nach wenigen Tagen anfingen abzublassen. Das Phänomen der Abblassung selbst bietet eine Reihe von hochinteressanten Einzelheiten, auf welche hier nicht näher eingegangen werden kann. Es soll nur darauf hingewiesen werden, daß häufig nur die sich in der Norm intensiv tingierende Substanz des Nervenzellenleibes leidet, während die mittelstark gefärbten Gebilde nur wenig, die sich in der Norm blaß tingierenden Substanzen aber gar nicht verändert werden. Solche Präparate sind natürlich für die Histopathologie gar nicht zu verwerten, klären aber über manche histologische Details auf. Insbesondere geben solche Präparate manchen wertvollen Anhaltspunkt für die Beurteilung der D e c k k r a f t intensiver Farben.

Sehr merkwürdig ist das Auftreten von Metachromasien in alten Präparaten, von feinsten Luftbläschen in den Kernen von Endothelien, Gliazellen usw. Auf den Umstand, daß gewisse Nervenzellenstrukturen in alten abgeblaßten Präparaten verändert zu sein scheinen, kann hier ebenfalls nicht eingegangen werden.

Die ersten sicheren Kennzeichen der Abblassung bieten die Kernkörperchen größerer Nervenzellen dar. Treten in denselben die Kernkörperchenvacuolen deutlich zutage, so ist das ein sicheres Zeichen der beginnenden Abblassung. Selbstverständlich hat dieses Zeichen nur dann diese Bedeutung, wenn das frisch gefärbte Präparat diese Vacuolen n i c h t zeigte; überhaupt vergesse man nicht, daß in einem Äquivalentpräparate alle Grade der Färbung nur eine r e l a t i v e Wertangabe darstellen. Konstante Färbungsgrößen sind die Kernkörperchen der motorischen Nervenzellenart = intensiv blau; die Kernmembran und basophilen Körner der Gliakerne = mittelstark blau; die Kerne der Gefäßendothelien auf Flächenschnitten (nicht in den Seitenwänden) im ruhenden Zustand = blaßblau; der Zellleib fast aller nicht regressiv veränderten Gliazellen = minimal gefärbt, an der Grenze der Sichtbarkeit stehend.

Die bis jetzt bekannten sicher wirkenden Faktoren der Abblassung der Äquivalentpräparate sind: 1. der Einfluß des Sonnenlichtes, 2. der Einfluß von Spuren von Anilinöl und Cajeputöl, die im Schnitte zurückgeblieben sind, 3. der Einfluß eines weichen, halbflüssigen Einbettungsmediums, 4. Einfluß des elektrischen Bogenlampenlichtes (bei der Projektion).

Mit dem beschriebenen Verfahren der Darstellung des Äquivalentbildes erhält man eine s t e t s g l e i c h e e l e k t i v e D a r s t e l l u n g n i c h t n u r d e r m i t F a r b b a s e n s i c h f ä r b e n d e n Z e l l e i b s - u n d K e r n b e s t a n d t e i l e d e r N e r v e n z e l l e n, sondern s ä m t l i c h e r Z e l l k e r n e s o w i e a u c h g e w i s s e r T e i l e d e s P r o t o p l a s m a l e i b e s d e r n i c h t n e r v ö s e n e c t o u n d m e s o d e r m a l e n Z e l l e n. Die bei diesem Verfahren überhaupt erkennbaren P i g m e n t e d e s N e r v e n z e l l e n l e i b e s (s o w i e a u c h g e l e g e n t l i c h d e r G e f ä ß w a n d - u n d G l i a z e l l e n) erscheinen i n i h r e r E i g e n f a r b e. Es wurde schon genügend darauf aufmerksam gemacht, daß die bei diesem Verfahren gefärbten Kernbestandteile nur einen Teil der Kernstruktur darstellen.

Wenn auch das ausführlich beschriebene Verfahren zur Darstellung des Äquivalentbildes der Nervenzellen u n t e r a l l e n U m s t ä n d e n d i e G r u n d l a g e ist zur B e u r t e i l u n g d e r f e i n s t e n n o r m a l e n u n d p a t h o l o g i s c h e n S t r u k t u r v e r h ä l t n i s s e d e s Z e l l e i b e s und bis zu einem gewissen Grade auch des Kernes, so erscheint es doch geboten, a u s p r a k t i s c h e n G r ü n d e n v o n d i e s e m V e r f a h r e n a b z u g e h e n. E r s t e n s ist auf den Umstand hinzuweisen, daß die P i a in uneingebetteten Schnitten kaum vollständig erhalten bleibt. Z w e i t e n s gestattet das Schneiden uneingebetteten Gewebes n u r e i n e r e l a t i v k l e i n e S c h n i t t f l ä c h e. D r i t t e n s sind Schnitte aus e r w e i c h t e m G e w e b e, ü b e r h a u p t a u s G e w e b e m i t H e r d e r k r a n k u n g e n o h n e E i n b e t t u n g n u r s e h r s c h w e r herzustellen. Viertens ist es nicht möglich, abgesehen von ganz kleinen Objekten, dünnere Schnitte als solche von 10 μ anzufertigen. Fünftens verlangt vielfach die Untersuchung Schnittreihen, deren Herstellung aus uneingebettetem Materiale nicht nur schwierig, sondern auch sehr zeitraubend ist, weil die Schnitte schnell aufgearbeitet und alle einzeln gefärbt werden müssen. Alle diese Schwierigkeiten werden beseitigt durch die Einbettung des Gewebsmateriales. Bei der Wahl des Einbettungsmateriales und des Färbeverfahrens haben wir uns von der Frage leiten lassen, welche eingebetteten Präparate dem Äquivalentbilde am nächsten kommen. Als zweckmäßigstes Verfahren hat sich die Färbung der aus dem in 96%igem Alkohol fixierten und dann in Celloidin eingebetteten Gewebsmaterial gewonnenen Schnitte mit Thionin, Toluidinblau, polychromem Methylenblau und Cresylviolett ergeben. Seifenmethylenblau ist bei in Celloidin eingebetteten Schnitten zu vermeiden wegen diffuser Färbung des Grundes.

Das Verfahren selbst ist folgendes: Fixierung des Gewebes in 96%igem Alkohol, Einbettung des Gewebes in Celloidin, Färbung der Schnitte ganz nach Art der Tinktion mit Seifenmethylenblau mit den soeben genannten Farbstoffen in cca. 1/2—1%igen wässerigen Lösungen, wobei zu bemerken ist, daß mehrere Schnitte ohne Schaden gleichzeitig gefärbt und die Farblösung im Uhrschälchen so lange gebraucht werden kann, so lange sie nicht erheblich infolge des Verdampfens eingedickt ist; auf letzteren Umstand ist besonders deshalb zu achten, weil sonst sehr leicht unangenehme Farbstoffniederschläge in den Präparaten entstehen. Differenzierung im Anilinalkohol genau wie oben beschrieben, aber so lange, bis kein Farbstoff mehr übertritt. Da die eingebetteten Schnitte die genannten Farbsoffe viel langsamer abgeben als die uneingebetteten, mit Seifenmethylenblau tingierten Schnitte, können eine größere Anzahl von Präparaten gleichzeitig differenziert werden. Bei Benützung des Cajeputöls zum Aufhellen ist darauf hinzuweisen, daß sich das Celloidin in demselben löst, wenn nicht die Aufhellung auf dem Objektträger erfolgt, auf welchen die Schnitte mit dem Löschpapier aufgedrückt werden. Der Einschluß der Schnitte kann wie oben beschrieben erfolgen; man kann sich aber auch statt des Benzins des Xylols bedienen und statt des Xylolkolophoniums des Xylolcanadabalsams.

Bezüglich färberischer Differenzen zwischen den nach der Äquivalentbildmethode hergestellten Präparaten und den durch die genannten basischen Anilinfarben nach Celloidineinbettung gewonnenen Bildern ist zu erwähnen, daß sich von den protoplasmatischen Strukturen im allgemeinen etwas mehr färbt (Gliazellen, Gefäßwandelemente), daß die pigmentähnlichen Stoffe etwas deutlicher hervortreten, daß endlich in den Kernen, besonders bei Benützung des Cresylvioletts, manche Bestandteile (einzelne derselben oft metachromatisch) dargestellt werden, welche im Äquivalentpräparate ungefärbt bleiben.

Handelt es sich darum, sehr feine Schnitte herzustellen, so ist natürlich die Einbettung in Paraffin, welche die Zellstrukturen mehr als die Celloidineinbettung beeinflußt, anzuwenden. Im übrigen erfolgt nach Entfernung des Paraffins von den auf dem Objektträger aufgeklebten Schnitten die Färbung ebenso, nur nicht im Uhrschälchen, sondern in Glasständern, in welche der Objektträger mit dem Schnitte verbracht wird. Die Färbung auf dem Objektträger vorzunehmen ist zu widerraten, da es leicht Niederschläge gibt. Paraffinschnitte lassen sich auch mit Seifenmethylenblau tingieren; es empfiehlt sich, die verschiedenen Farbstoffe an Testobjekten zu prüfen; in der Regel gibt der eine oder andere der genannten Farbstoffe ein leidliches Resultat. Dagegen scheint es ziemlich gleichgültig zu sein, welche Art der Paraffintechnik angewendet wird. Wir ziehen das Xylol als Lösungsmittel vor.

Will man aus dem mit Alkohol fixierten Gewebe nicht elektiv mit Farbbasen tingierte Schnitte gewinnen, so ist es ziemlich gleichgültig, ob man das Gewebe eingebettet oder uneingebettet schneidet. Auf den Charakter der mit Farbsäuren oder mit anderen Methoden gefärbten Schnitte haben wir bereits aufmerksam gemacht, ebenso auf den Charakter von Färbungen, bei denen Farbsäuren und Farbbasen kombiniert zur Tinktion benutzt werden.

Bei allen diesen Färbungen bietet das in 96%igem Alkohol gehärtete Gewebe keine Vorzüge gegenüber demjenigen, das mit anderen Fixiermitteln vorbehandelt wurde.

Es kann manchmal zweckmäßig sein, in Alkoholpräparaten die Kerne der Nervenzellen etwas vollständiger zu färben, als es bei der Färbung mit basischen Anilinfarben möglich ist. In dieser Hinsicht erzielt man mit den verschiedensten Hämatoxylinfärbungen ziemlich dieselben Ergebnisse. Die in verschiedener Hinsicht für das Centralnervensystem recht gut zu gebrauchende Martin Heidenhainsche Eisenalaunhämatoxylinmethode gibt auch bei Alkoholvorbehandlung gute Bilder. Je nach der Differenzierung gelangen die verschiedensten Gewebsteile zur Darstellung. So erhält man, um nur einen Vorzug dieser Methode zu erwähnen, bei recht langer Einwirkung des Eisensalzes, des Hämatoxylins und ausgiebiger Differenzierung die Pigmente der Nervenzellen (wie auch die der Glia- und Gefäßwandzellen) recht deutlich.

Wie wir bereits betont haben, wirkt ähnlich wie der 96%ige Alkohol Formol, sodann Sublimat und zum Teil wenigstens auch die Salpetersäure, während alle übrigen bis jetzt bekannten Vorbehandlungsreagenzien die Gesamtheit aller Nervenzellen wesentlich anders fixiert. Infolgedessen kann man bei der Tinktion mit Farbbasen ganz ähnliche Bilder aus einem mit Formol, Sublimat oder mit Salpetersäure vorbehandelten Gewebe erzielen.

Es ist aber ein schwerer Irrtum, wenn man glaubt, daß man auf diese Weise mit irgend einem Färbeverfahren von der Gesamtheit aller centralen Nervenzellen Bilder erhält, die als Äquivalentbilder der Nervenzellen gelten könnten.

Noch am meisten den Äquivalentbildern ähnliche Nervenzellendarstellungen erhält man aus Gewebe, das mit Formol vorbehandelt wurde. Da diese Vorbehandlung nicht nur eine spätere Chromierung und Darstellung der Markscheiden sowie eine brauchbare Färbung der Neurofibrillen und der Gliafasern und anderer gliöser Strukturen ermöglicht, sondern auch das Gewebe in einem Zustand fixiert. der die Herstellung von Gefrierschnitten und eine Behandlung derselben ohne Anwendung des Alkohols zuläßt (Färbung von in Alkohol löslichen Stoffen; Färbung von leucocytären Granula etc.), so ist natürlich die Formolvorbehandlung äußerst beliebt. Aber trotzdem kann gar nicht genug vor der Formolvorbehandlung gewarnt werden, wenn es sich darum handelt, die Gesamtheit der Nervenzellen in einer für histologische und histopathologische Untersuchungen brauchbaren Weise sichtbar zu machen.

Die Unbrauchbarkeit des Formols als Vorbehandlungsmittel zur Darstellung der centralen Nervenzellen ergibt sich ohne weiteres aus der großen Ungleichheit der auf diese Weise fixierten Nervenzellenbilder. Es gelangen wohl die größten und viele der großen Nervenzellenformen auch im Formolpräparate gelegentlich in Bildern zur Darstellung, die sich vom Äquivalentbild nicht sehr unterscheiden, allein dieses Ergebnis ist absolut zufällig. In der Regel fixiert das Formol die Nervenzellen in einem Bilde, das den partiell, weniger den total, künstlich geschrumpften Zellen des mit Alkohol vorbehandelten Gewebes ähnlich ist. Meist handelt es sich um partielle Schrumpfungen, bei denen nur ein Teil der Zelleibs- und Dendritensubstanzen, nicht aber der Kern vom Äquivalentbild abweichend sichtbar gemacht wird. Die infolgedessen manchmal bessere Darstellung der Dendriten im Formolpräparat ist in Wirklichkeit kein Vorzug, sondern ein Nachteil. Aber auch die Kerne der leidlich sichtbar gemachten Nervenzellen bieten gegenüber dem in Alkohol vorbehandelten Gewebe keinerlei Vorzüge. Die größte Unsicherheit gewährt das in Formol vorbehandelte Gewebe hinsichtlich der Darstellung der caryochromen Nervenzellen. Neben der genannten unsicheren Darstellung der einzelnen Nervenzellen ist als besonders ungünstiges Resultat der Formolfixierung hervorzuheben, daß sich der Grund schlechter differenzieren läßt und daß derartige Präparate weit schneller als die in Alkohol gehärteten und, falls nicht eine langdauernde und sorgfältige Nachbehandlung in Alkohol (sehr häufiges Wechseln desselben) angewandt wird, nach längerer Zeit immer und vollständig sich entfärben. Endlich sei auf die oft sehr störenden „Formolniederschläge“ hingewiesen.

Nur wenn man gezwungen ist, in formolvorbehandeltem Gewebe die Nervenzellen sichtbar zu machen, z. B. weil mit Alkohol fixiertes Gewebe überhaupt nicht vorhanden ist, soll man versuchen, die Nervenzellen mit basischen Anilinfarben elektiv zu färben. Handelt es sich z. B. nur darum, die topographische Verteilung der Nervenzellen festzustellen, so kann man unter Umständen Bilder gewinnen, die als Übersichtspräparate den Alkoholpräparaten ziemlich ähnlich sehen. Unter allen Umständen ist in diesem Falle zu empfehlen, die Formolpräparate so lange mit Alkohol zu behandeln, bis das Formol durch Alkohol verdrängt ist. Ist dies geschehen, so bettet man das Gewebe in Celloidin ein. Die Schnitte werden sodann ebenso gefärbt wie die mit Alkohol vorbehandelten und in Celloidin eingeschlossenen. Am zweckmäßigsten scheint von den genannten Farbbasen das am stärksten färbende Cresylviolett zu sein. Um den Grund genügend zu entfärben, ist es oft notwendig, den Schnitt für einen Moment in die obengenannte Anilinölalkohollösung zu tauchen, welcher man auf etwa 10 *ccm* 2—3 Tropfen 2%igen salzsauren Alkohol beigefügt hat. Wird peinlich darauf geachtet, durch Auswaschen eines solchen Schnittes in mehrfach gewechseltem Anilinalkohol die letzten Spuren der Salzsäure zu entfernen, so kann es auf diese Weise gelingen, auch aus Material, das längere Zeit in Formol gelegen hat, noch einigermaßen brauchbare und haltbare Präparate zu gewinnen.

Im übrigen bietet hinsichtlich der Nervenzellendarstellung die Formolfixierung nur insoferne Vorzüge, als man die Abbauprodukte zum Teil recht gut darstellen kann (siehe pag. 284 *c*). Auch kann man die normalen Nervenzellenpigmente ebenso wie in Alkoholpräparaten auch hier mit der Heidenhainschen Methode und in Formolgefrierschnitten mit stark verdünnter wässeriger Methylenazurlösung (Giemsas Azur I) färben (pag. 285).

Ebenso wenig wie die Formolvorbehandlung bietet die Fixierung mit Sublimat oder mit Salpetersäure irgend welche Vorteile für die Darstellung der centralen Nervenzellen.

Als das Formol noch nicht so allgemein angewendet wurde, als es heute der Fall ist, hat man das nervöse Gewebe zum Zwecke der histopathologischen Untersuchung vielfach in Sublimat fixiert. Einige Autoren hatten die Sublimatvorbehandlung bei der Untersuchung von Nervenzellenstrukturen besonders empfohlen und erklärt, daß die Sublimatfixierung der Vorbehandlung des nervösen Gewebes mit Alkohol unbedingt vorzuziehen sei, da derselbe auf das nervöse Gewebe viel zu sehr schrumpfend einwirke. Zur Verbreitung der Sublimatfixierung mag auch der Umstand beigetragen haben, daß die Histologen in den letzten Jahren die Sublimatfixierung außerordentlich häufig benützten und bei der Darstellung der subtilsten Strukturverhältnisse mit diesem Reagens ausgezeichnete Erfahrungen gemacht hatten. Fast gleichzeitig mit der Sublimatfixierung wurden auch Doppelfärbungen empfohlen und seither sowohl bei histologischen als auch bei histopathologischen Untersuchungen fleißig benutzt. Erwähnt sei an dieser Stelle die Methode Helds (Fixierung in Sublimat oder Pikrinschwefelsäure, Paraffineinbettung; Färbung in Erythrosin 1,0, Aqua dest. 150, Eisessig 2 Tropfen; Nachfärbung mit Seifenmethylenblau) zur Darstellung feinster in der mit Farbbasen nicht tingierbaren Substanz normaler Nervenzellen enthaltener Körnchen, der Neurosomen Helds. Im übrigen gewähren aber auch bei Sublimatfixierung derartige Doppelfärbungen keinen wesentlichen Vorteil. Bei der Vorbehandlung mit 5% Salpetersäure und Färbung mit Hämatoxylin stellen sich die Kernstrukturen einiger Nervenzellarten gut dar.

Wesentlich anders als Alkohol, Formol, Sublimat und die Salpetersäure verhalten sich in bezug auf die Fixierung der Gesamtheit aller Nervenzellen die übrigen bis jetzt bekannten Fixiermittel, nämlich die Chromsäure und chromsäurehaltigen Flüssigkeiten (Flemmingsches Gemisch, Hermannsche Lösung), Chromsalzlösungen (Zenkersche Lösung), die Pikrinsäure usw. Bei Anwendung dieser Reagenzien wird nämlich nur ein Teil der somatochromen Nervenzellen in ähnlicher Weise fixiert wie bei der Vorbehandlung des Gewebes mit Formol, Sublimat und Salpetersäure. Aber auch von diesen Zellen erhält man keine Darstellung, die genau dem Äquivalentbilde entspricht. Der Histologe, der ganz bestimmte Ziele verfolgt, wird sich freilich beim Studium der Nervenzellen keinerlei Einschränkung hinsichtlich des Gebrauches der Vorbehandlungsreagenzien auferlegen und wird unter Umständen alle möglichen Vorbehandlungsreagenzien und die verschiedensten Färbemethoden, natürlich auch Doppelfärbungen, sehr wohl benutzen können. Der Histopathologe, der auf den Vergleich mit dem Äquivalentbild angewiesen ist, kann alle die genannten Vorbehandlungsreagenzien entbehren.

Bei der Vorbehandlung des centralen Gewebes mit den genannten Reagenzien, namentlich mit chromsäurehaltigen sowie mit Chromsalz- oder chromsalzhaltigen Lösungen färbt sich das die Nervenzellen umgebende Gewebe stets mehr oder weniger stark, gleichviel welches Färbeverfahren man auch benutzt. Während aber ein großer Teil der somatochromen Nervenzellen, die in dieser Weise fixiert sind, je nach dem gewählten Färbeverfahren ungefähr im gleichen Farbton oder doch nur um wenige Nuancen schwächer, häufig sogar stärker als das sie umgebende Gewebe tingiert sind, erscheinen alle übrigen Nervenzellen ganz bedeutend heller als ihre Umgebung gefärbt. Infolgedessen heben sich die nur schwach gefärbten Nervenzellen außerordentlich deutlich von ihrer stärker gefärbten Umgebung ab. Man sollte nun annehmen, daß unter solchen Umständen die charakteristische Gestalt der Nervenzellen, die vom Zelleib abgehenden Dendriten und Achsencylinderfortsätze, viel deutlicher hervortreten als bei anderen Verfahren. Tatsächlich trifft aber das gerade Gegenteil zu. Sie zeigen weder die Form der entsprechenden Nervenzellen im Golgischen noch im Betheschen, Bielschowskyschen oder Cajalschen, noch im elektiv tingierten Nervenzellenpräparate, sondern eine wesentlich andere Gestalt, nämlich die Gestalt blaßgefärbter kernhaltiger, von mehr oder weniger stark gefärbtem Gewebe umgebener Bläschen. Obschon der Begriff „Bläschen" oder „bläschenförmig" an sich mit Recht beanstandet werden muß, weil er viel zu vage ist, so ist er nun einmal in der Histologie eingebürgert; vor allem aber wird er dadurch gerechtfertigt, daß die sogenannten Bläschenzellen Gansers in der Nervenzellenanatomie ein äußerst charakteristisches, wohlbekanntes Phänomen darstellen, und daß die wohl größere Hälfte der Gesamtheit aller centralen Nervenzellen bei der Vorbehandlung mit Chromsäure, Pikrinsäure, Flemmingscher Lösung usw. in einer Form fixiert wird, welche ihr Paradigma in den bläschenförmigen Zellen Gansers findet, welcher das Gewebe langsam in Kaliumbichromatlösungen erhärtete. Es ist vielleicht nicht überflüssig, darauf hinzuweisen, wie verkehrt es wäre, derartig fixierte Präparate bei der Beurteilung pathologischer Zellveränderungen heranzuziehen.

Es ist nicht unsere Aufgabe, das Verhältnis zwischen den mit Chromsäure, Pikrinsäure etc. in Bläschenform fixierten Zellformen und den bläschenförmigen Zellen Gansers zu schildern. Die bei Anwendung der einzelnen Fixiermittel und bei den verschiedenen Nervenzellenarten auftretenden „Bläschenformen" sind überaus different und die in den „bläschenförmigen" Zellleibern sichtbaren Strukturen nicht leicht zu deuten. Bei den bläschenförmigen Zellen Gansers handelt es sich, wie es scheint, um einen artifiziellen Zerfall des Zelleibes; daher finden wir auch bei den verschiedenen Zellarten im allgemeinen das gleiche Bild. Wenn wir die bläschenförmig fixierten Zellen und die bläschenförmigen Bildungen Gansers vergleichen und letztere als Paradigma der ersteren bezeichnen, so wollen wir dadurch lediglich die im allgemeinen vorhandene Ähnlichkeit der äußeren Form zwischen den bläschenförmig fixierten und den bläschenförmigen Zellen Gansers, sowie die ebenso im allgemeinen bestehende Ähnlichkeit der tinktoriellen Beziehungen ausdrücken, welche zwischen dem kaum gefärbten Zellleib der bläschenförmig fixierten und den bläschenförmigen Zellen Gansers und ihrer stark tingierten Umgebung regelmäßig nachweisbar sind.

Über die Art und Weise der Beeinflussung der Nervenzellensubstanzen durch das doppeltchromsaure Kali wissen wir nur sehr wenig, obschon man jahrzehntelang die Nervenzellen ausschließlich mit diesem Reagens vorbehandelt hat. Es wäre geradezu ein Kunstfehler, wenn man die langsame Erhärtung des nervösen Gewebes in Kali bichromicum im Sinne der alten Forscher, welche die auf diese Weise gewonnenen Schnitte mit Ammoniakcarmin und Nigrosin färbten, als ein Verfahren zur Darstellung von Nervenzellenstrukturen benützen würde. Über die Ursache des unregelmäßigen Auftretens der bläschenförmigen Zellen Gansers wissen wir gar nichts. Im allgemeinen aber liefern hauptsächlich diejenigen Zellarten, die auch sonst im bläschenförmigen Zustande fixiert werden, das Hauptkontingent für die bläschenförmigen Zellen Gansers. Gewisse Zellarten (z. B. die der großen Ganglien beim Kaninchen) werden fast regelmäßig als bläschenförmige Zellen Gansers sichtbar. Andrerseits treten die letzteren nur selten bei denjenigen Zellarten auf, welche in derselben äußeren Form fixiert werden wie die entsprechenden Nervenzellen des Golgischen Präparates, ja einige Zellarten, z. B. die motorischen Zellen, die Spinalganglien usw. werden niemals in bläschenförmige Zellen Gansers umgewandelt.

Bei den Lösungen von doppeltchromsaurem Kali sind scharf auseinander zu halten die moderne Fixierung des nervösen Gewebes mit Kaliumbichromat und zweitens seine früher angewandte langsame Erhärtung. Allerdings wird das doppeltchromsaure Kali zurzeit nur in Verbindung mit anderen Vorbehandlungsreagenzien als Fixiermittel angewendet. Als Fixiermittel verhält sich das doppeltchromsaure Kali im allgemeinen analog den übrigen Reagenzien, d. h. es fixiert nur einen Teil der Gesamtheit aller centralen Nervenzellen in der äußeren Form der entsprechenden Nervenzellenarten, wie sie im Golgischen Präparate zutage treten, während ihre andere größere Hälfte in bläschenförmiger Form zur Darstellung gelangt. Zwischen letzteren und den echten bläschenförmigen Zellen Gansers, die infolge der langsamen Erhärtung des nervösen Gewebes auftreten, besteht, wie bereits ausgeführt wurde, nur eine Ähnlichkeit hinsichtlich der äußeren Form und der tinctoriellen Beziehungen zwischen Zelle und ihrer Umgebung, nicht aber hinsichtlich der Substanzanordnung im Inneren des bläschenförmigen Zellleibes.

Auffallend klar und scharf gezeichnet sind die Kernbilder der in Bläschenform fixierten Nervenzellen. Allerdings gilt dies gerade nicht für das chromsaure Kali. Bei den anderen Vorbehandlungsmitteln muß man für die Kerne der einzelnen Nervenzellarten das jeweils geeignetste Fixierreagens und das jeweilig zweckmäßigste Färbeverfahren ausprobieren. Dabei bleibt der Kernsaft stets ungefärbt und erscheint völlig homogen; in äußerst scharfer Zeichnung tritt die Kernmembran zutage; von dem absolut ungefärbten Kernsaft hebt sich das nur blaß gefärbte Liningerüst hinreichend deutlich ab; die stets am intensivsten tingierten Kernbestandteile sind die Polkörperchen der Nucleolen und ihre Anlagerungskörner: der Kernkörperchenhauptteil erscheint viel weniger stark gefärbt und läßt weitere Einzelheiten erkennen. Die im Liningerüst suspendierten, sowie auch der Innenwand der Membran anliegenden Körnchen sind regelmäßig im Farbtone der Polkörperchen gefärbt. Unter den Färbeverfahren ist das Heidenhainsche Eisenalaunhämatoxylinverfahren als Methode zu empfehlen, die stets klare, wenn auch nicht immer die brillantesten Strukturbilder liefert. Benützt man Farbgemische aus sauren und basischen Farben, so färben sich ebenfalls die genannten Kernbestandteile distinkt. Die Polkörperchen treten z. B. bei Anwendung des Biondischen Gemisches in grünbläulicher Farbe zutage, während der Kernkörperchenhauptteil sich rot färbt usf.

Derartige Doppelfärbungen sind in einer sehr einfachen Weise dadurch zu erzielen, daß man die Schnitte des in der verschiedensten Weise (auch natürlich mit Alkohol, Formol, Sublimat und Salpetersäure) vorbehandelten und nachher in Celloidin oder Paraffin eingebetteten Gewebes zuerst mit einer Farbsäure in wässeriger oder alkoholischer Lösung anfärbt, die überschüssige Farbe in Wasser oder Alkohol entfernt (oft ist eine leichte Ansäuerung mit Essigsäure oder Spuren von Salzsäure zweckmäßig) und hierauf den Schnitt mit einer mit der Farbsäure kontrastierenden Farbbase (in wässeriger Lösung) nach dem Prinzip der Überfärbung nachfärbt und in Alkohol differenziert, oder man färbt mit einem der bekannten Gemische aus sauren und basischen Farben nach den üblichen Vorschriften. Analog diesen Färbungen verhalten sich die Doppelfärbungen mit Hämatoxylin — Eosin, Hämatoxylin — Erythrosin, die van Giesonsche Färbung etc.

Es ist noch zu erwähnen, daß künstlich geschrumpfte Nervenzellen mit der Neigung, sich mit dem jeweils benutzten Farbstoff ad maximum zu imbibieren, bei allen bis jetzt bekannten Vorbehandlungsreagenzien beobachtet werden konnten, und zwar in einer völlig unberechenbaren Weise. Speziell gilt das auch für die Vorbehandlungsmedien, bei deren Anwendung wir dem Phänomen der bläschenförmigen Zellen begegnen.

Schließlich ist noch daran zu erinnern, daß auch das mit Chromsäure, chromsaurem Kali, Pikrinsäure, Sublimat, Salpetersäure, Osmiumsäure, Flemmingscher Lösung usw. vorbehandelte Gewebe vom Alkohol in ähnlicher Weise angegriffen wird, wie bei der Fixierung mit Alkohol, d. h. bei längerer Einwirkung des Alkohols, z. B. wenn man das in Salpetersäure oder in Formol fixierte Gewebe längere Zeit in Alkohol liegen läßt, entzieht der Alkohol den Markscheiden Stoffe, die in ganz ähnlicher Weise wie im alkoholgehärteten Gewebe in Form von kugeligen Gebilden im Gewebe zurückgehalten werden und ebenfalls sich in verschiedener Weise tingieren können. Am widerstandsfähigsten verhält sich in dieser Beziehung das langsam in Kaliumbichromat erhärtete Gewebe. Auch die Aufbewahrung des verschieden vorbehandelten und in Celloidin eingebetteten Materials in 80%igem Alkohol reicht ebenfalls aus, um schließlich eine Auflösung von den in dem Nervenmarke enthaltenen Stoffen herbeizuführen.

2. Die Glia.

Für das Studium der Zellkörper der normalen und pathologischen Glia hat sich bis jetzt das Alkohol-Seifenmethylenblauverfahren als die vorteilhafteste Methode erwiesen. Dieser Methode ist es in erster Linie zu verdanken, wenn die alte und immer noch nicht gänzlich überwundene Anschauung als definitiv erledigt betrachtet werden darf, daß das normale und besonders das pathologisch veränderte Centralnervensystem von zahlreichen lymphocytären Elementen durchsetzt sei. Bei diesen Elementen handelt es sich um Gliakerne. Wenn derartige Kerne manchmal um Nervenzellen (Kerne der Trabantzellen), und zwar in Hohlräumen um dieselben (in den sogenannten Obersteinerschen pericellulären Lymphräumen) zu liegen scheinen, so ist das so zu verstehen, daß durch die Härtungsreagenzien Schrumpfungen im Gewebe stattgehabt haben. Als die regelmäßigsten Stellen des Schrumpfungsprozesses kommen die perivasculären („Hissche Lymphräume") und die erwähnten pericellulären Schrumpfräume in Betracht. Gelegentlich findet man solche Schrumpfräume auch um Markfaserbündel und um einzelne Markfasern.

Je elektiver die eine Substanzgruppe der Nervenzellen gefärbt ist, um so leichter werden die nur mit einem Hauche der basischen Farbe gefärbten Zellkörper der Gliazellen sichtbar. Andeutungen der Zellkörper der Gliazellen erkennt man bei den verschiedensten Verfahren; kein Präparat aber zeigt die protoplasmatischen Zellkörper aller Gliazellen so klar wie das Äquivalentpräparat. Die Gliakerne dagegen sind mit allen möglichen Färbe- und Vorbehandlungsmethoden darstellbar. Von einigem theoretischen Interesse ist es, daß sich die Gliazellkerne auch in einem von den Kernen der Nervenzellen und der mesodermalen Elemente differenten Farbton darstellen lassen. Für diesen Zweck eignet sich unter anderen die REHMsche Methode (Methylenblau und basisches Fuchsin).

Das Pigment der Gliazellen ist, wenn solches in größeren Mengen (wie gelegentlich im höheren Alter) auftritt, in elektiven Nervenzellpräparaten an der Eigenfarbe erkenntlich. Man kann es aber auch mit denselben Methoden darstellen wie das Pigment der Nervenzellen.

Die Gliafasern des Menschen werden am besten — wenn auch, wie bekannt, wenig sicher — mit der WEIGERTschen Methode sichtbar gemacht.

Das MALLORYsche Verfahren gibt nur da gute Gliafaserbilder, wo auch die WEIGERTsche Methode zum Ziele führt. Zurzeit gibt es noch kein sicheres Verfahren, welches die Gliafasern gesunder Tiere sichtbar macht: hingewiesen sei hier nur auf die Resultate ANGLADES und auf neue verheißungsvolle Versuche HOMBURGERS in unserem Laboratorium, deren Publikation aber noch aussteht.

Gliazellkörper mit protoplasmatischen Ausläufern und Gliafasern zusammen werden noch immer leidlich in dem mit Kaliumbichromatlösungen langsam erhärteten Gewebe dargestellt. Auch die Vorbehandlung mit Formol gibt wenigstens teilweise brauchbare Bilder. Ähnliches gilt von anderen Vorbehandlungsreagenzien; nur sind die Ergebnisse nicht sicher. Es werden verschiedene Färbungsverfahren zu diesem Zwecke benutzt.

So das BEVAN-LEWISsche Verfahren (in Kaliumbichromat langsam erhärtetes Gewebe wird, wie pag. 248 beschrieben, uneingebettet geschnitten; Färbung der in Wasser aufgefangenen Schnitte in einer wässerigen Anilinblueblack- oder Nigrosinlösung von 1 : 100 — beide Farbstoffe sind auch von gleichen Firmen recht unbeständig —; Auswaschen in Wasser, Alkohol, Öl. Balsam) liefert oft recht instruktive Bilder von Gliafasern und Gliazellprotoplasma. Das gleiche gilt für die MALLORYsche Methode (Herstellung der Schnitte wie bei BEVAN-LEWIS; Färbung mit $10^0/_0$iger Phosphormolybdänsäure 10 *g*: Hämatoxylin 1,75 *g*, Wasser 200; krystallisierte Carbolsäure 5,0; Auswaschen in Wasser; Alkohol, Öl, Balsam) und deren neue Modifikation durch EISATH. Zu erwähnen ist auch die VAN GIESONsche Färbung, die bei der verschiedensten Vorbehandlung des Gewebes angewendet werden kann, am besten aber Gliazellenprotoplasma mitsamt dessen Ausläufern und Gliafasern im uneingebetteten, in Kaliumbichromat erhärteten Gewebe sichtbar macht; speziell gibt dieses Verfahren im Rückenmarke leidliche Bilder. In völlig unberechenbarer Weise bringt zuweilen das Eisenalaunhämatoxylinverfahren HEIDENHAINS diese Verhältnisse zur Darstellung. Die Wahl des Fixierungsmittels scheint dabei keine wesentliche Rolle zu spielen. Im letzteren Falle sind die genannten Verhältnisse immer nur bruchstückweise dargestellt. Diese gelungenen Bruchstücke zeichnen sich durch äußerst klare Bilder aus.

Für die Darstellung der pathologischen Gliastrukturen kommen alle Methoden in Betracht, die für die normale Histologie der Glia bereits angegeben worden sind.

Als Grundlage für die Beurteilung pathologischer Gliastrukturen muß wieder das Verfahren zur Darstellung der Nervenzellenäquivalentbilder betrachtet werden, da dieses Verfahren auch Äquivalentbilder der Glia gibt. Hat man sich jedoch genügend mit diesen Bildern vertraut gemacht, so gelten für den praktischen Gebrauch der einzuschlagenden Verfahren dieselben Grundsätze, die wir oben bei den Nervenzellen kennen gelernt haben (Celloidineinbettung; Färbung mit Thionin, Toluidinblau etc.) Mit Hilfe dieser Verfahren erhalten wir genügenden Einblick in alle pathologischen Veränderungen, welche Kern und Protoplasma der Gliazellen betreffen.

Was die mitotischen Figuren der sich teilenden Gliazellen betrifft, so geben alle Verfahren, die Mitosen überhaupt gut darstellen, prächtige Bilder. Früher benutzte ich vielfach in Alkohol vorbehandeltes Material, das ich nach der HEIDENHAINschen Eisenhämatoxylinfärbung tingierte. Allein die Untersuchungen der letzten Jahre haben gelehrt, daß man vollkommen mit den Äquivalentpräparaten ausreicht. Allerdings sind die mitotischen Figuren bei der Alkoholvorbehandlung meist verzerrt und manchmal zu einem Klumpen zusammengeschnurrt. Allein bei einiger Erfahrung lernt man dieselben kennen und sicher von ähnlichen Gebilden, z. B. von chromophilen Kernen, unterscheiden. Der Anfänger freilich wird zweckmäßig die mitotischen Figuren der Gliazellen erst in tadellosen Präparaten studieren. Man bohrt in den Schädel des Kaninchens zwei feine Löcher, das eine über der rechten, das andere über der linken Hemisphäre, und reizt sodann die Hirnrinde mit glühenden Nadeln, mit denen man die Rinde einfach durchsticht. Nach 5 Tagen behandelt man die eine Hemisphäre mit FLEMMINGscher oder HERMANNscher Flüssigkeit vor und färbt mit Hämatoxylin, während die andere Hemisphäre in 96%igem Alkohol fixiert und mit der HEIDENHAINschen Eisenhämatoxylinfärbung tingiert wird. Später macht man aus demselben Material Äquivalentpräparate. Auf diese Weise lernt man zuverlässig die Mitosen des Äquivalentpräparates kennen. Freilich darf man in derartig experimentell vorbehandelten Präparaten nicht die viel zahlreicheren Mitosen der sogenannten Körnchenzellen (Gitterzellen) mit den viel selteneren Gliakernmitosen verwechseln. Die Mitosen im menschlichen Centralorgan verhalten sich ganz ähnlich.

Die bei den verschiedensten pathologischen Prozessen gelegentlich vorkommenden amitotischen Kernteilungen der Gliazellen zeigen sowohl Färbungen mit basischen Anilinfarben, als auch das gewöhnliche Hämatoxylinverfahren.

Die Beziehungen zwischen den Gliazellen und den Gefäßwänden bringt die Benutzung von Färbungen mit basischen Anilinfärbungen zum Teil recht gut zum Ausdruck. Bei Prozessen, bei denen diesen Beziehungen eine besondere Rolle zukommt, bedient man sich zweckmäßig des schon erwähnten Verfahrens von BEVAN-LEWIS und der Modifikation des MALLORYschen Verfahrens durch EISATH.

Für die Darstellung pathologisch gewucherter Gliafasern, sofern diese schon ein gewisses Alter erreicht haben, erwies sich im Verlauf der letzten Jahre eine Modifikation der WEIGERTschen Methode als brauchbar, deren Vorzug nicht nur in größerer Einfachheit, sondern auch darin besteht, daß wir mit ihr unter allen Umständen stärkere und nicht ganz junge Faserproliferationen darstellen konnten, und zwar auch dann, wenn die Sektion erst längere Zeit nach dem Tode erfolgte. Ein theoretisches Interesse scheint diese Methode insoferne zu verdienen, als ihre Resultate ergeben haben, daß die WEIGERTsche Vorstellung der Notwendigkeit einer primären Beizung der Gliafasern nicht richtig ist. Die Methode ist folgende: Härtung in 10%igem Formol — Einbettung in Celloidin unter möglichst kurzer Benutzung des Alkohols — beliebige Schnittdicke — Lösung des Celloidins und gleichzeitige Fixierung des Schnittes auf dem Objektträger durch Methylalkohol (der Schnitt wird aus 80%igem Alkohol auf den Objektträger gebracht, mit dem Löschblatt darauf aufgedrückt, sodann Methylalkohol mittelst einer Pipette aufgeträufelt und dieser so oft erneuert, bis die letzten Reste des Celloidins verschwunden sind; sodann entfernt man den Methylalkohol durch Verdunsten, wodurch gleichzeitig die Befestigung des Schnittes auf dem Objektträger erfolgt, so daß die nachfolgende Überführung des auf dem Objektträger klebenden Schnittes in die wässerige Farblösung keine Diffusionsströme mehr veranlaßt) — Färbung in 1%iger wässeriger Viktoriablaulösung (12 Stunden in Zimmertemperatur) — Weiterbehandlung nach WEIGERT: Jod-Jodkali, Anilinxylol aa., Xylol, Balsam. Mit dieser Methode gelingt es, die gewucherten Gliafasern auch in größeren Objekten (wie z. B. in Frontalschnitten durch eine ganze Hemisphäre) gleichmäßig gefärbt zur Darstellung zu bringen. Ebenso erhält man bei starken Wucherungen in Tiergehirnen recht brauchbare Resultate. Alkoholfixierung gibt erheblich schlechtere Präparate, insofern als die Fasern sich weniger tief färben als bei Formolfixierung. Es kann daher zur Not auch in Alkohol vorbehandeltes Material verwendet werden, zumal dann, wenn es sich darum handelt, in einer Serie abwechselnd die Verhältnisse von Kern und Zelleib einerseits, gröbere Faserwucherungen andrerseits darzustellen. Übrigens zeichnen sich die in Alkohol gehärteten Präparate vor den in Formol fixierten dadurch aus, daß in ihnen die Beziehungen zwischen Gliazellkörper und Fasern deutlicher zum Ausdruck kommen.

Diese Beziehungen zwischen Gliafasern und Protoplasma kommen unter pathologischen Verhältnissen durch eine Modifikation dieses Verfahrens nach MERZBACHER häufig noch viel deutlicher zur Darstellung. Weiterhin erhält man manchmal sehr brauchbare Bilder bei Anwendung der HEIDENHAINschen Eisenalaunhämatoxylinmethode (am besten bei uneingebetteten Alkoholpräparaten und bei Formolgefrierschnitten) sowie bei Benutzung von langsam in Kaliumbichromat gehärtetem Gewebe, wobei dasselbe uneingebettet geschnitten und sodann nach den schon genannten Verfahren (BEVAN-LEWIS, VAN GIESON) gefärbt wird. Hervorragend schöne Bilder erhält man zuweilen durch die BIELSCHOWSKYsche Silberimprägnation der Neurofibrillen. Endlich sei erwähnt, daß manchmal eine Färbung von Formolgefrierschnitten, welche einer kurzen Osmierung oder Molybdänbehandlung unterzogen werden, mittelst schwacher wässeriger Lösungen des GIEMSAschen Methylenazur I die Beziehungen zwischen Faser und Zelleib sowie dieser beiden Gliabestandteile zur Gefäßwand sehr deutlich zur Darstellung bringt.

Das Gliasyncytium bietet der Darstellung die größten Schwierigkeiten. Nur wo sich ganz erhebliche Wucherungen der syncytialen Gliaprotoplasmamassen finden, geben uns die basischen Anilinfarben Aufschluß (z. B. gliöse Wucherungen nach experimenteller herdförmiger Zerstörung oder in den obersten Cortexschichten des Menschen bei meningitischen Prozessen). Zuweilen erhält man recht instruktive Bilder dieser Strukturen durch die WEIGERTsche Gliafasermethode oder durch deren Modifikation nach MERZBACHER. Auch das BEVAN-LEWISsche Verfahren gestattet manchmal einen Einblick in pathologisch gewucherte syncytiale Strukturen. Die BETHEsche Methode der Neurofibrillenfärbung, welche unter normalen Verhältnissen manchmal neben den pericellulären Golginetzbildungen einen

Teil des syncytialen Protoplasmas (Füllnetz) ausgezeichnet darstellt, ist unseres Wissens für pathologische Zwecke noch nicht systematisch benutzt worden.

Eine große Rolle in der Histopathologie des Centralnervensystems spielen gewisse, meist die Umgebung von Gefäßen einnehmende Bezirke gelichteten Grundgewebes. Über die Natur dieser gelichteten Bezirke herrscht unter den Autoren noch keine Übereinstimmung. Nach unserer Meinung handelt es sich hier um verschiedene Dinge. Ein Teil derselben ist wohl sicher artifiziell. Ein anderer Teil ist aber durch pathologische Ursachen bedingt. Hier handelt es sich lediglich darum, welche Verfahren machen derartige Veränderungen am besten sichtbar. Im allgemeinen kann man sagen, daß jede das centrale Gewebe diffus färbende Methode zu ihrer Sichtbarmachung geeignet ist (alle sauren Anilinfarbstoffe, Hämatoxylin- und Carminfärbungen). Besonders empfehlenswert scheint uns folgende Methode zu sein, durch welche neben dem veränderten Grundgewebe die gelegentlich diesem eingelagerten, meist in eigentümlicher Weise alterierten Zellleiber deutlich zur Darstellung gebracht werden: Alkoholfixierung; Einbettung in Celloidin; Lösung des Celloidins aus dem Schnitt durch Methylalkohol (pag. 282); Färbung des auf dem Objektträger fixierten Schnittes mit einer methylalkoholischen Lösung von eosinsaurem Thionin (May), welche genau ebenso hergestellt wird wie das eosinsaure Methylenblau von May und Grünwald; Differenzieren in destilliertem Wasser; sodann Überführen in 96%igen Alkohol, bis das Grundgewebe deutlich rot erscheint; Cajeputöl; Xylol; Balsam.

Für die Darstellung der gliösen Membranbildungen Helds (Membrana limitans externa et perivascularis) sind bisher besondere Methoden nicht bekannt. Bei sehr starken gliösen Oberflächenwucherungen läßt sich die Membrana limitans externa durch das gewöhnliche Verfahren der Cresylviolettfärbung ausgezeichnet darstellen.

3. *Mesodermale Gewebsbestandteile.*

(Blut- und Lymphgefäße, Pia, hämatogene Elemente.)

Zum Studium der Blut- und Lymphgefäße des Centralnervensystems werden keine besonderen Methoden in Anwendung gebracht.

Als die einzig sicher nachgewiesenen Lymphbahnen kennen wir nur den Virchow-Robinschen adventitiellen Lymphraum. Bezüglich der sogenannten Hisschen und Obersteinerschen Lymphräume vergleiche man das oben bei der Glia Gesagte. Eine relativ gute Übersicht über die Verteilung der feineren Blutgefäße gewährt ein nach der Weigertschen Methode der Färbung elastischer Fasern tingierter, aber nicht zu feiner Schnitt aus formolgehärtetem Material, da auch die feinsten Capillaren noch eine feinste Membrana elastica interna zeigen. Ebenso erhält man gelegentlich ausgezeichnete, Injektionspräparaten ähnliche Übersichtsbilder der Gefäßverteilung bei Anwendung der Weigertschen Gliafasermethode oder deren oben beschriebenen Modifikationen dadurch, daß der Gefäßinhalt gefärbt wird. Im übrigen empfiehlt es sich, von Gefäßen Isolierpräparate zu machen, die man nach bekannten Methoden mit Argentum nitricum, nach der Weigertschen Methode der elastischen Faserfärbung etc. färbt. Zweckmäßig ist es auch, die Gefäße mit der Pincette aus dem Centralorgan herauszuziehen und nun für sich technisch zu behandeln. Wo die Pia centrales Gewebe bedeckt, z. B. in der Hirnrinde, bleiben bei einem geschickten Abziehen der Pia die feinsten Gefäße an der letzteren hängen; nun kann man die Pia mit den aus dem Gewebe gerissenen Gefäßen fixieren und sodann zu einem Knäuel umformen, in Celloidin oder Paraffin einbetten und denselben in verschiedener Weise färben. Auf diese Weise erhält man von den Capillaren, Arterien und Venen Schnittbilder in allen nur denkbaren Ebenen.

Bezüglich der Darstellung der weichen Hirnhäute sind besondere Methoden nicht notwendig.

Die beste Übersicht erhält man besonders auch bei pathologischen Veränderungen (infiltrativ entzündliche, fibroplastische Prozesse) im celloidineingebetteten, alkoholfixierten Präparat bei Anwendung der basischen Anilinfärbungen. Das Bindegewebe wird mit der van Giesonschen Methode dargestellt.

Auch für die Beurteilung pathologischer Veränderungen innerhalb der mesodermalen Gewebsbestandteile gibt uns das Äquivalentbild der Nervenzellen resp. die Färbung von in Celloidin eingebettetem Alkoholmaterial mit Thionin, Cresylviolett usw. ausgezeichneten Aufschluß. Es zeigt uns protoplasmatische Wucherungen der Gefäßwandelemente sowohl, als auch die bei Entzündungsprozessen auftretenden, aus dem Blutstrom stammenden Zellen in charakteristischer Weise. Ebenso stellt es die der Gefäßadventitia entstammenden, bei pathologischen Prozessen in das veränderte Gewebe übertretenden zelligen Gebilde (Stäbchenzellen, Gitter- (Körnchen-) zellen, mesodermale Riesenzellen) ausgezeichnet dar. Neben diesem hauptsächlich zu benützenden Verfahren gibt uns über Proliferationen der Gefäßschläuche im ganzen die Weigertsche Resorcinfuchsinmethode zur Darstellung der elastischen Membran Auskunft. Zur Darstellung feinerer Zelleibsverhältnisse leucocytärer Elemente werden die bekannten Granulafärbungen an Formol-Gefrierschnitten benutzt.

Nur kurz sei erwähnt, daß uns über die Strukturverhältnisse des Bindegewebes in Pia und Gefäßadventitia fötaler Präparate und des Neugeborenen die Tinktion mit basischen

Anilinfarben sowie besonders mit Eosin-Thionin in der oben beschriebenen Weise im alkoholgehärteten Material sehr geeignete Auskunft gibt.

4. *Abbauprodukte sowie Hyalin (Colloid), Fibrin, Eisen, Kalk.*

A. Wenn wir hier von Abbauprodukten im Centralnervensystem sprechen, so sind wir uns wohl bewußt, daß wir eine präzise Definition dieses Begriffes nicht zu geben imstande sind. Vorläufig bezeichnen wir mit diesem Namen sämtliche mit den verschiedensten Methoden darzustellende Körper im Centralnervensystem, welche uns als ein Ausdruck regressiver Veränderungen (katabiotische Prozesse) erscheinen. Ohne uns darauf einzulassen, die Natur und die Bedeutung dieser Körper auch nur zu erörtern, wollen wir in Folgendem die Methoden namhaft machen, welche zu ihrer Darstellung geeignet erscheinen.

1. Färbungen mit basischen Anilinfarben.

a) In Alkohol fixiertes Gewebsmaterial.

Sehr typische Abbauprodukte, welche durch diese Methoden dargestellt werden, sind die sogenannten Inkrustationen Nissls (1900). (Bei diesen handelt es sich um teils in Form kleinster Körnchen, teils in Form größerer und großer Klumpen [auch drusenartige Formen], teils in diffuser Weise auftretende Substanzen, welche sich mit dem Farbstoff intensivst färben [z. B. mit Methylenblau schwarzblau], und welche die Oberfläche der Nervenzellen, gelegentlich auch der Gliazellen, selten der Gefäße und Achsencylinder einnehmen und, wenn sie in großen Massen auftreten, auch das ganze Innere oder Teile des Inneren, auch den Kern der Nervenzellen diffus durchtränken.) Diese Substanzen haben nichts zu tun mit Zerfallsprodukten der basisch färbbaren Zellleibssubstanzen. (Häufig scheint das Golginetz von diesen Substanzen mehr oder weniger imprägniert zu sein.)

Ein anderes ebenso typisches Abbauprodukt sind außerordentlich scharf konturierte kleine rundliche oder ovale Körnchen, welche zwar auch aufs tiefste gefärbt sind, immer aber noch den Grundton der Farbe deutlich erkennen lassen (also bei Methylenblau z. B. nicht schwarzblau wie die Inkrustationen, sondern tief dunkelblau). Sie finden sich im Inneren der Nervenzellen, und zwar mit Vorliebe in den Protoplasmafortsätzen und bilden niemals Körnchenkonglomerate.

Auch in den Gliazellen findet man zuweilen ähnlich sich färbende, aber ganz regellos gelagerte Körnchen.

Als sehr typische Abbauprodukte verdienen Erwähnung jene bei der sogenannten schweren Erkrankung der Nervenzellen (Nissl, 1900) auftretenden Tröpfchen, welche dadurch ausgezeichnet sind, daß die basische Farbe im blassen Farbton nur eine Oberflächenschicht färbt, während der Inhalt so gut wie ungefärbt bleibt; sie präsentieren sich daher im Schnitt als Ringelchen. Sie haben alle nur denkbaren Größen; die größten sind nicht immer sphärisch begrenzt. Diese Gebilde liegen oft in großer Menge im Zelleib. Morphologisch ganz ähnliche Gebilde kommen im Centralnervensystem sehr jugendlicher Individuen, besonders auch bei Neugeborenen im Gegensatz zu dem für den Erwachsenen geltenden eben Gesagten bei den verschiedensten Veränderungen der Nervenzellen, wahrscheinlich auch bei cadaverösen Veränderungen zur Beobachtung.

Im übrigen weisen wir darauf hin, daß die basischen Anilinfärbungen die Anwesenheit der verschiedenartigsten Abbauprodukte in Nervenzellen, Gliazellen, Gefäßwandelementen, ebenso in den Lymphscheiden und in den migratilen Abkömmlingen der Gefäßadventitien (Gitterzellen, Stäbchenzellen etc.) sowie in degenerierten Plasmazellen erkennen lassen; teils stellen sie sich im Eigenfarbton (bräunlich), teils im Tone der betreffenden Färbung (blau oder rot, bläulich, grünlich oder gelblich) dar, teils läßt sich auf ihre Anwesenheit dort, wo sie völlig ungefärbt bleiben, aus eigentümlichen Strukturformen der Zelleibsbestandteile schließen (Vacuolenbildung der Zellen, Bildung sackartiger Anhänge, z. B. bei der familiären amaurotischen Idiotie (Tay und Sachs).

b) Gechromtes Gewebsmaterial.

Es lassen sich durch Färbung mit wässerigen Thioninlösungen Stoffe in den Nervenwurzeln darstellen, welche von Reich als dem Protagon zugehörig aufgefaßt werden. Über das sonstige Vorkommen derartiger Körper, welche bei den verschiedensten krankhaften Prozessen möglicherweise eine Rolle spielen, ist noch nichts bekannt. Erwähnt mag werden, daß sich, wenn auch wahrscheinlich nicht quantitativ, derartige Stoffe auch bei Alkoholvorbehandlung darstellen lassen.

c) Formolmaterial, Gefrierschnitte.

Gelegentlich fanden wir bei diffuser Sclerose (familiäre spastische Diplegie) ganz enorme Mengen eines im Formolgefrierschnitt mit Toluidinblau oder polychromem Methylenblau sich lebhaft rot färbenden, in Form von Kugeln verschiedener Größe auftretenden

Stoffes sowohl in Nervenzellen als in Gliazellen, als besonders massenhaft in den adventitiellen Zellen der Gefäße. Die schönsten und dauerhaftesten Präparate erhält man, wenn man die Gefrierschnitte kurz osmiert und mit einer stark verdünnten wässerigen Lösung von Azur I GIEMSA färbt.

2. Darstellung von Abbauprodukten durch Osmiumsäure.

Im allgemeinen kann man sagen, daß die oben für andere Zwecke angegebene MARCHIsche Methode ein geeignetes Verfahren ist, um auch in Zellen vorhandene Abbauprodukte zur Darstellung zu bringen. Es ist aber zu bemerken, daß sich schon in nicht nachweisbar krankhaft verändertem Gewebe Körnchen sowohl in Nervenzellen, wie vereinzelt in den Gliazellen als insbesondere in den Gefäßadventitien mehr oder weniger mit Osmium schwärzen. Unter den verschiedensten pathologischen Verhältnissen, wie ganz besonders bei den Alterserkrankungen nehmen diese Körnchen an Zahl und Mannigfaltigkeit der Anordnung beträchtlich zu. Bei der Bewertung dieser Befunde, die zum Teil auch nach Fixierung mit FLEMMINGscher Mischung und bei der Behandlung des Gewebes zur Darstellung der Markfasern nach EXNER erhalten werden, ist ganz besonders darauf hinzuweisen, daß die mit Osmium sich schwärzenden und bräunenden Stoffe wohl sehr verschiedener Natur sind. Ein Teil derselben steht sicher in Beziehung zu dem normalen Nervenzellenpigment; die große Mehrzahl scheint irgend welche Beziehungen zu Fettsubstanzen zu haben. (Bezüglich des Vorkommens derartiger mit Osmium geschwärzter oder gebräunter Körnchen bei pathologischen Prozessen in den einzelnen Gewebsteilen verweisen wir auf das unter 3. Gesagte.)

3. Die sogenannten Fettfärbungen.

Formolfixierung, Gefrierschnitte daraus; Färbung in MICHAELISscher Scharlachlösung (vgl. Bd. I. pag. 451). Die roten Körnchen finden sich in den Nervenzellen (hier haben sie meist einen gelblich-rötlichen Ton), in den Gliazellen, in sämtlichen Gefäßwandzellen, besonders massenhaft in den Gefäßadventitien, sowie in den bei pathologischen Prozessen aus diesen hervorgehenden migratilen Zellen (Fettkörnchenzellen, Stäbchenzellen, mesodermalen Riesenzellen) sowie in den Bindegewebszellen der Pia.

4. Hämatoxylinfärbungen.

Schon bei der WEIGERTschen Markscheidenfärbung fallen gelegentlich sowohl in den Nervenzellen als in der Glia und in der Gefäßadventitia gebräunte Körnchen auf, welche sich gegenüber dem gewöhnlichen Differenzierungsverfahren sehr resistent verhalten. Neben dem unter 1. erwähnten Pigment finden sich im Protoplasma der Gliazellen unter pathologischen Verhältnissen häufig Körnchen in größerer oder kleinerer Zahl, welche eine bräunliche Eigenfarbe besitzen. Diese Körnchen (dunkelbraunes Pigment) treten bei den Hämatoxylineisenfärbungen, am besten bei dem HEIDENHAINschen Eisenalaunhämatoxylinverfahren und zwar sowohl bei Alkohol- wie bei Formolfixierung zutage (auf die Anordnung dieser Körnchen hat seinerzeit NISSL (85) hingewiesen).

Neuerdings hat ALZHEIMER ein Verfahren ausgearbeitet, das bei Vermeidung jeglichen Alkohols — ähnliche Körper besonders deutlich zur Darstellung bringt (protagonoide Granula ALZHEIMERS). Die Methode ist folgende: Härtung in der modifizierten (Fluorchrom) Gliabeize WEIGERTS; Gefrierschnitte; Auswaschen in destilliertem Wasser; Beizen in gesättigter Lösung von Kupferacetat unter starkem Erwärmen; Auswaschen; Färben in 1%iger wässeriger Hämatoxylinlösung, ebenfalls unter Erwärmen; eventuell mehrfache Wiederholung dieser Prozeduren; Alkohol; Öl; Canadabalsam. Manchmal erwies sich diese Methode geeignet, um den bei Benutzung von basischen Anilinfarben völlig oder fast ungefärbt bleibenden Stoff im Inneren der als „mulberrycells" beschriebenen eigentümlichen Degenerationsformen der Plasmazellen in deutlicher Weise darzustellen.

5. Verschiedene bisher zum Studium der Abbauprodukte noch nicht systematisch benutzte Färbungen.

a) Die WEIGERTsche Resorcinfuchsinmethode (Elasticafärbung). Diese Methode bringt Abbauprodukte in den verschiedensten Gewebsteilen oft sehr deutlich zur Darstellung.

b) Neuerdings hat ALZHEIMER ein bisher noch nicht publiziertes Verfahren ausgearbeitet, bei welchem durch Säurefuchsin fuchsinophile Granula in pathologisch veränderten Nervenzellen und Gliazellen leuchtend rot gefärbt sind.

c) Die verschiedenen auf WEIGERT zurückzuführenden Methoden zur Darstellung des Fibrins und der Gliafasern sowie deren Modifikationen zeigen nicht selten, besonders in den Nervenzellen, der Differenzierung widerstehende dunkelblaue Körnchen. Auch die in den oben erwähnten maulbeerförmigen Degenerationsformen der Plasmazellen enthaltenen Stoffe färben sich manchmal mit dieser Methode.

d) Die Silberimprägnationsverfahren, besonders bei der BIELSCHOWSKYschen Methode, bräunen oder schwärzen manche Abbauprodukte in Nerven-, Glia- und

Gefäßwandzellen; ein Teil dieser Körper, welche bei dem gewöhnlichen BIELSCHOWSKYschen Verfahren nicht erscheinen, lassen sich dadurch ausgezeichnet zur Darstellung bringen, daß man Formolgefrierschnitte vor der Versilberung einer kurzen Osmierung unterzieht, wodurch allerdings die Darstellbarkeit der Neurofibrillen schwer leidet.

B. Nachweis von Hyalin (Colloid), Fibrin, Eisen und Kalk.

Bezüglich Hyalins vgl. Bd. I, pag. 628. Für das Centralnervensystem kommt nur der Nachweis des mit der VAN GIESONschen Methode leuchtend rot sich färbenden Hyalins in degenerierten Gefäßwänden in Betracht. (Nach den verschiedensten Vorbehandlungen.) Dieser Körper bleibt bei der elektiven Färbung der Nervenzellen ungefärbt, tritt aber ebenso wie im gefärbten Schnitt durch sein eigenartiges Lichtbrechungsvermögen deutlich hervor. Letztere Eigenschaft teilt das Hyalin mit einer anderen eigenartigen Substanz, die wir ebenfalls in degenerierten Gefäßwänden des Centralnervensystems (z. B. bei arteriosclerotischen Prozessen) nicht selten finden, die aber im Gegensatz zum Hyalin auch bei der VAN GIESONschen Methode fast ganz ungefärbt bleibt. Über die Natur dieses Stoffes und über die Methoden zu seiner tinktoriellen Darstellung ist noch nichts bekannt. Unter dem Namen des Colloid hat ALZHEIMER (98) in einem Falle einen sehr eigenartigen, im Gehirn in ungeheueren Mengen vorhandenen Stoff beschrieben, welchen er mit der Fibrinfärbung sichtbar machte. Soviel uns bekannt ist, ist es seither nicht wieder gelungen, einen solchen Stoff im Centralnervensystem darzustellen.

Was die Darstellung von Fibrin, Eisen und Kalk betrifft, so verweisen wir auf die entsprechenden Kapitel dieses Handbuches. Besondere Methoden kommen zu ihrem Nachweise im Centralnervensystem nicht in Betracht. Im einzelnen erwähnt sei folgendes: Verkalkte Nervenzellen treten auch bei Benutzung basischer Anilinfärbungen im alkoholgehärteten Material durch ein eigentümliches Lichtbrechungsvermögen deutlich hervor. Sie sind hier völlig ungefärbt. Verkalkte Gefäße und größere Kalkconcremente im Gewebe lassen sich am besten durch Alaunhämatoxylin nachweisen. Eine Eigentümlichkeit des Kalkes ist es, sich mit Eisen zu verbinden. Wo also in der Nähe von Blutungen Eisen abgelagert wird, gelingt es bisweilen, gleichzeitig vorhandenen Kalk durch die Methode zur Darstellung des Eisens sowohl in den Gefäßwänden wie auch in Form feinster Körnchen, die im Gewebe zerstreut sind, sichtbar zu machen.

5. *Untersuchungsschema.*

I. Übersichtspräparate.

Das Verfahren zur Darstellung des Äquivalentbildes (pag. 270), resp. die praktisch zweckmäßigere Einbettung des in Alkohol gehärteten Gewebsmaterials in Celloidin und Färbung mit basischen Anilinfarben (pag. 276).

II. Spezialpräparate.

A. Nervenzellen.

1. Neurofibrillen. Methoden von BETHE (pag. 292), DONAGGIO (pag. 294), BIELSCHOWSKY (pag. 294), CAJAL (pag. 295).

2. Nervenzellenprotoplasma. Äquivalentbilddarstellungsverfahren (pag. 270) und dessen Modifikation (pag. 276). HELDsche Methode (pag. 278).

3. Nervenzellenkern. Fixierung nach FLEMMING, ZENKER, Salpetersäure, COXsche Flüssigkeit. Färbung mit MARTIN HEIDENHAINS Eisenhämatoxylinmethode. Doppelfärbungen mit sauren und basischen Farbstoffen.

4. Centrosoma und Sphäre.

5. Nervenzellenpigmente. HEIDENHAINS Eisenhämatoxylin, Fettfärbungen.

6. Darstellung des ganzen Zelleibs mit seinen sämtlichen Verzweigungen: GOLGIsche Methode (Bd. I, pag. 551 ff.).

7. Pericelluläre Strukturen. Verfahren nach BETHE (pag. 292); DONAGGIO (pag. 294); GOLGI (Bd. I, pag. 574); CAJAL (pag. 294) und BIELSCHOWSKY (pag. 295); Modifikation nach ECONOMO; Vitale Methylenblaufärbung (pag. 88 ff.).

8. Zusammenhang zwischen Nervenzellen und Nervenfasern. Dieselben Methoden wie bei 7.

B. Leitungsbahnen.

1. Achsencylinder.

2. Markscheiden. Verfahren nach WEIGERT (pag. 231 ff.) und dessen Modifikationen; EXNERsches Verfahren (pag. 237). Unter pathologischen Verhältnissen: MARCHIsche Methode (pag. 248). Das alte Verfahren der langsamen Erhärtung in Kaliumbichromat, Schneiden ohne Einbettung, Färbung in Ammoniakcarmin, BEVAN LEWIS.

3. Darstellung einzelner Bestandteile der Markscheiden: siehe besd. REICH.

C. Darstellung des nervösen Grundgewebes (nervöses Grau). Es gibt hierfür noch kein geeignetes Verfahren.

D. Glia.

1. Protoplasma der Gliazellen. Färbung mit basischen Anilinfarben (pag. 276); BEVAN LEWIS' Verfahren (pag. 281); die Modifikation des MALLORYschen Verfahrens nach EISATH (pag. 281). Methoden von CAJAL (pag. 295) und BIELSCHOWSKY (pag. 294).

2. Syncytium.

a) Die bisherigen Methoden zur Darstellung des diffusen gliösen Syncytiums sind noch wenig brauchbar.

b) Pericelluläre syncytiale Strukturen um die Nervenzellen, siehe II A 7.

c) Gliöse Membranen. HELD hat seine Methode noch nicht veröffentlicht.

d) Gliaringe.

3. Kerne. Basische Anilinfarben. Hämatoxylinfärbungen. REHMsche Färbung (pag. 281).

4. Gliafasern. Die WEIGERTsche Methode (pag. 298 ff.) und deren Modifikation.

5. Beziehungen zwischen Gliaprotoplasma, Gliafasern und den Gefäßwänden. WEIGERTsche Methode und ihre Modifikationen, besonders die MERZBACHERsche (pag. 282); Verfahren nach BEVAN LEWIS (pag. 281); MALLORY resp. EISATH (pag. 281); HEIDENHAINs Eisenhämatoxylinmethode; Färbung von osmierten Formolgefrierschnitten mit Methylenazur I (pag. 285).

E. Mesodermale Bestandteile.

1. Gefäße, Injektionspräparate (Bd. I, pag. 634), basische Anilinfärbungen, Elasticafärbung (Bd. I, pag. 295), Hämatoxylinfärbungen. Färbung nach VAN GIESON. Behandlung der Gefäße mit Argentum nitricum.

2. Elemente der Pia und die aus dem Gefäßverbande stammenden Bindegewebsbestandteile und migratilen Elemente. Basische Anilinfarben, Hämatoxylinfärbungen, VAN GIESONsches Verfahren.

3. Hämatogene Zellen. Basische Anilinfarben, besonders zur Darstellung von Plasma- und Mastzellen. Granulafärbungen an Formolgefrierschnitten.

F. Abbauprodukte: Basische Anilinfarben; Osmiummethode und Fettfärbungen. Hämatoxylinfärbungen, Silberimprägnierungen. Methylenazur.

Literatur: ALZHEIMER (in NISSL und ALZHEIMER, Histol. u Histopathol. Arb., Bd. 3, H. 1), derselbe (Arch. Psychiatr., Bd. 30, 1898), BECKER (Ebenda, Bd. 27, 1895), BLUM-ZÜLZER (Zeitschr. Physiol. Chem., Bd. 27), ECONOMO (Arch. Psychiatr., Bd. 41, 1906), EISATH (Monatsschr. Psychiatr. Neurol., Bd. 20, 1906). FISCHER (Fixierung, Färbung etc., Jena 1899), FLATAU (Anat. Anz., Bd. 13, 1897). FLECHSIG (Zeitschr. Psychiatr., Bd. 30, 1874), GANSER (Morphol. Jhb., Bd. 7, 1881), v. GUDDEN (Gesammelte Abh., Bd. 15 und 33), H. GUDDEN (Allg. Zeitschr. Psychiatr., Bd. 59, 1902), HELD (Arch. Anat. 1896), HOMBURGER (Centralbl. Pathol. Anat. 1905). KRONTHAL (Neurol. Centralbl., Bd. 9, 1890), MARCHI (Riv. Sperim. Frenlatr. Med. Leg. 1887), MERZBACHER (Journ. Psychiatr. Neurol., Bd. 12, 1908), v. MONAKOW (Ergebn. Pathol., Bd. 6, 1899), NISSL (Tagebl. Vers. Deutsch. Naturf. Ärzte. Straßburg 1885), derselbe (Ebenda, Heidelberg 1889), derselbe (Centralbl. Nervenheilk., Bd. 17, 1894), derselbe (Neurol. Centralbl. 1895), derselbe (Arch. Psychiatr., Bd. 32, 1900), PREUSNER (Inaug.-Diss., Heidelberg 1898), REHM (Münch. Med. Wochenschr. 1892), REICH (Journ. Psychiatr. Neurol., Bd. 8). SCHRÖDER (Neurol. Centralbl., Bd. 20. 1901; vgl. auch NISSLS Referat über SCHAFFER, Centralbl. Nervenheilk., Bd. 13, 1902), UNNA (Histopathol. d. Hautkrankh. in ORTHS Lehrb. Spez. Pathol. Anat. 1894), WEBER (Festschr. RINDFLEISCH, Leipzig 1907), WEIGERT (Gesammelte Abh., Bd. 2).

Nissl, Heidelberg.

Neßlersches Reagens wird dargestellt durch Eintragen von 3,2 *g* roten Quecksilberjodids in eine Lösung von 2 *g* Jodkali in 5 *ccm* Wasser. Man fügt dann noch 20 *ccm* Wasser und 30 *ccm* Kalilauge zu, welche aus 13,4 *g* Kali caust. fus. und 26.6 *g* Wasser besteht. Die Flüssigkeit läßt man absetzen und filtriert durch Asbest.

Das NESSLERsche Reagens dient zum Nachweis von Ammoniak (Gelbfärbung durch Bildung von Oxydimercuriammoniumjodid).

Netzhaut siehe: Sehorgan.

Netzknorpel siehe: Knorpel.

Nucoccin, Syn. Cochenillerot A, Croceinscharlach 4 B, Brillantponceau 4 R, Scharlach, ein Azofarbstoff, der durch Kombination von Naphtionsäure mit β-Naphtol-γ-disulfosäure entsteht (Berlin, Höchst). Rotes, in Wasser und Schwefelsäure mit roter Farbe leicht lösliches Pulver. Die wässerige Lösung färbt sich mit Natronlauge braun.

Neufuchsin, Syn. Isorubin, Triphenylmethanfarbstoff, der dem Fuchsin nahe verwandt ist (Höchst). In seinen Eigenschaften ist es dem Fuchsin sehr ähnlich, aber leichter löslich.

Neugrün, Syn. für Malachitgrün (Elberfeld). Das Neugrün der Höchster Farbwerke ist ein Diphenylnaphtylfarbstoff, der dem Viktoriablau nahe steht.

Neurofibrillen (APÁTHY), (nervöse) Primitivfibrillen (MAX SCHULTZE), leitende Primitivfibrillen (APÁTHY) nennen wir heutzutage gut isolierbare, mäßig stark lichtbrechende Fibrillen, welche einen charakteristischen und wesentlichen Bestandteil der Ganglienzellen und Nervenfasern bei Wirbeltieren und Wirbellosen ausmachen. Auch in allen innervierten Zellen können sie vorkommen (Sinnesepithelzellen, Drüsenzellen, Muskelzellen usw.). Sie sind immer glatt (nie varikös) und auf lange Strecken von gleichmäßigem Kaliber. Färberisch sind sie den meisten allgemein gebräuchlichen Methoden nicht zugänglich. Dagegen gelingt es, durch einige besondere Methoden diese feinen Gebilde mit einer Schärfe zur Darstellung zu bringen, wie sie kaum bei einem anderen Gewebsbestandteil erreichbar ist.

Indirekt, d. h. durch Färbung ihrer Umgebung, sind die Neurofibrillen mit einigen der üblichen Methoden, wenn auch mangelhaft, darstellbar. Ihr Verhalten gegenüber dem polarisierten Licht (schwache Ablenkung des polarisierten Lichtes in frischem Zustand) ist zu ihrer optischen Darstellung ungeeignet.

In ungefärbtem Zustand sind die Neurofibrillen nur an Schnitten durch markhaltige Nervenfasern von Wirbeltieren (Frosch, Hund, Kaninchen, Mensch) leicht sichtbar:

Die Nerven müssen mit Überosmiumsäuredämpfen oder mit $^1/_4$—$^1/_2$ %iger Lösung von Überosmiumsäure fixiert sein. Die Schnitte dürfen die Dicke von 2 μ nicht überschreiten und müssen in verdünntem Glycerin oder in Wasser untersucht werden.

Bei diesem Objekt ist das Lichtbrechungsvermögen der Neurofibrillen stärker als das der Umgebung, so daß sie bei enger Blende und ohne Beleuchtungsapparat mit Ölimmersion betrachtet deutlich und im Positiv sichtbar sind. Innerhalb der Ganglienzellen und der Nervenfasern wirbelloser Tiere übertrifft in der Regel das umgebende Plasma die Fibrillen an Lichtbrechungsvermögen, so daß sie entweder gar nicht oder als Negativ hervortreten.

Darstellung durch Isolation.

Für die Darstellung der Fibrillen auf längere Strecken ist die Isolation ungeeignet; doch ist sie von großem heuristischen Wert, da sie die Existenz der Neurofibrillen als objektiver Individuen beweist.

Sie gelingt leicht an den peripheren Nerven und Commissurfasern von Wirbellosen (Hirudineen, Crustaceen [APÁTHY]) und an den markhaltigen und marklosen Nervenfasern von Wirbeltieren. Aus den Ganglienzellen von Wirbellosen und Wirbeltieren sie zu isolieren, ist außerordentlich schwer. Als Isolationshilfsmittel können die meisten Macerationsmethoden (s. diese) dienen. Die Hauptsache ist geduldiges Zupfen und nachheriges Klopfen auf das Deckglas. Sehr brauchbar ist auch besonders bei den markhaltigen Nervenfasern der Wirbeltiere die Kombination von Schneiden und Zupfen. Die Nerven werden in Osmiumsäure fixiert, in Paraffin eingebettet und $1^1/_2$—2 μ dick geschnitten und mit Eiweiß aufgeklebt. Die aufgeklebten Schnitte werden in Wasser vorsichtig mit der Nadel behandelt und in Wasser untersucht. Betrachtung mit Ölimmersion bei enger Cylinderblende und tiefgestelltem Spiegel.

Darstellung der Neurofibrillen durch Färbung.

Die meisten der in der Histologie allgemein gebräuchlichen Färbemittel bringen die Neurofibrillen gar nicht oder nur sehr unvollkommen zur Darstellung. Gar nicht werden die Neurofibrillen durch die meisten Carmine, Hämatoxyline und Hämateine gefärbt. Direkt applizierte Anilinfarben (saure wie basische) und die Eisenhämatoxyline* färben im allgemeinen andere Bestandteile der Ganglienzellen und Sinnesepithelzellen viel stärker als die Neurofibrillen, so daß sie, wenn überhaupt, im allgemeinen nur im Negativ hervortreten. Dasselbe gilt für die direkte Versilberung frischer Wirbeltiernerven.

Nur bei den Achsencylindern der markhaltigen Nervenfasern der Wirbeltiere kann mit vielen der gewöhnlichen Farbstoffe (sauren und basischen Anilinfarben, manchen Hämatoxylinen etc.) leicht eine gute Neurofibrillenfärbung erreicht werden, wenn die Nerven in viel Überosmiumsäure enthaltenden Gemischen fixiert sind. Die Überosmiumsäure schafft eben hier besondere Färbungsbedingungen. — In anderen Geweben, welche Neurofibrillen enthalten, ist eine gute färberische Darstellung nur mit den spezifischen Fibrillenfärbungen möglich. Von einer absoluten Spezifität ist bei denselben allerdings ebensowenig die Rede wie bei den meisten anderen sogenannten „spezifischen Färbungen", und ihre Spezifität besteht nur darin, daß in den Geweben, für die sie geschaffen sind, eine Verwechslung der Neurofibrillen mit anderen ähnlichen Gebilden meist nicht möglich ist. Auch bei diesen Methoden ist die Art der Fixierung von wesentlicher Wichtigkeit.

Darstellung der Neurofibrillen in markhaltigen Nervenfasern der Wirbeltiere.

Fixiert wird mit Überosmiumsäure von $^1/_4$—1% in destilliertem Wasser oder 0,6—0,9%iger Kochsalzlösung (bei Seetieren in Seewasser) oder mit Überosmiumsäuregemischen (FLEMMINGsche Lösung, APÁTHYs Sublimat-Osmiumsäuregemische, COXsche Mischungen s. unten). Nur bei Anwendung dieser Flüssigkeiten wird das Zusammenschrumpfen des Achsencylinders und das Verkleben der Neurofibrillen verhindert.** Brauchbar sind nur die Randpartien der Nerven, da die Osmiumsäure nur 1—$1^1/_2$ *mm* in das Gewebe gut eindringt.

Am besten erscheint Fixierung der aufgespannten Nerven mit der einfachen Überosmiumsäurelösung oder mit Überosmiumsäuredämpfen (RANVIER) 12—24 Stunden, dann 12—24 Stunden mit Wasser waschen und in Paraffin einbetten. Die Schnittdicke soll bei Längsschnitten so gering sein, daß die Markscheiden auf beiden Seiten vom Achsencylinder entfernt sind (1—3 μ).

Die so angefertigten Schnitte können mit Säurefuchsin, Methylenblau, Toluidinblau, Eisenhämatoxylin (HEIDENHAIN), Hämatein I a (APÁTHY), Molybdänhämatoxylin (BETHE), stark oxydiertem Hämalaun*** (WALTER), durch Nachvergoldung (APÁTHY) usw. gefärbt werden. — Bei Anwendung der basischen Farb-

* Bei manchen Objekten gelingt eine unvollständige Darstellung der Neurofibrillen mit HEIDENHAINS Eisenhämatoxylin.

** Einigermaßen wird die Schrumpfung auch verhindert bei Fixierung in Alkohol von — 10 bis —20° C (BETHE) und bei Fixierung in 1%iger Salpetersäure in Aceton (LUGARO). Verklebungen finden auch hier statt. Färbung direkt mit Toluidinblau (s. unten).

*** Zu 4—5 *ccm* Stammlösung (5 *ccm* 10%ige alkoholische Hämatoxylinlösung + 100 *ccm* 10%ige Alaunlösung) werden kurz vor dem Gebrauch 1—2 Tropfen 1% Kaliumpermanganatlösung zugesetzt. Färbung 5—60 Minuten. Abspülen, Canadabalsam.

stoffe (Methylenblau und Toluidinblau) muß die Färbung (nach dem Abspülen mit Wasser) mit einer Lösung von molybdänsaurem Ammonium (1—5%) fixiert werden, da sie sonst im Alkohol beim Entwässern zum Teil verschwindet. — Bei der Färbung mit Säurefuchsin ist es zweckmäßiger, nicht die Schnitte zu färben, sondern den ganzen Nerven:

KUPFFERsche Methode (älteste Methode zur Färbung der Neurofibrillen): Fixierung mit Osmiumsäure wie oben. Auswaschen. Einlegen der Nerven in konzentrierte wässerige Lösung von Säurefuchsin (24 Stunden). Übertragen in absoluten Alkohol. Xylol, resp. Chloroform oder Benzol. Paraffin. Schnitte nur mit Eiweiß aufkleben, da bei Anwendung von Wasser der Farbstoff ausgezogen wird.

Methode von MÖNCKEBERG-BETHE: Fixierung und Waschen wie oben. Alkohol 96% (12—24 Stunden). Wasser (4 Stunden). Dann für 6—12 Stunden in 2%ige Lösung von Natriumbisulfit (saures schwefligsaures Natron), welcher auf je 10 *ccm* beim Gebrauch 2 bis 4 Tropfen Salzsäure zugesetzt werden. Wasser (2—4 Stunden). Alkohol, Xylol, Paraffin. Schnitte von 1—3 μ Dicke mit Wasser aufkleben. Aus Wasser kommen die Objektträger 5—10 Minuten in 1—4%iges Ammoniummolybdat (20—30° C). Kurzes Abspülen mit destilliertem Wasser, Färben mit aufgeschichteter Toluidinblaulösung (1 : 1000—1 : 2000) bei 50—60° C 5 Minuten. Abspülen, Alkohol, Xylol, Canadabalsam.

Spezifische Neurofibrillenmethoden.

Die besprochenen Methoden für die peripheren Nerven und markhaltigen Fasern des Centralnervensystems der Wirbeltiere können als spezifisch nicht gelten, denn es ist im Achsencylinder nichts vorhanden als Fibrillen und Perifibrillärsubstanz, von welchen beiden Strukturelementen die Fibrillen wenigstens nach Osmiumfixierung für die meisten Färbemittel zugänglicher sind. Wendet man dieselben Methoden auf andere Gewebselemente (Muskelfasern, Rezeptionszellen, Ganglienzellen usw.) an, so bleibt der Erfolg aus. Andere Elemente färben sich stärker als die Neurofibrillen, so daß letztere entweder verdeckt oder verwechselt werden können. Es ist zwar bisweilen möglich, mit Eisenhämatoxylin (FLEMMING, LUGARO, LEVI usw.) und den COXschen Färbungen* nach Fixierung mit Sublimat oder Osmiumsäure enthaltenden Flüssigkeiten in Ganglienzellen von Wirbeltieren und Wirbellosen (HOLMGREN) einzelne Neurofibrillen zur Darstellung zu bringen, daneben ist aber immer soviel anderes (Nisslschollen, Gliafasern, Protoplasmastrukturen) gefärbt, daß die Bilder weder vollständig noch entwirrbar sind.

Bei den (mehr oder weniger) spezifischen oder elektiven Neurofibrillenmethoden tritt dagegen die Mitfärbung störender Gewebselemente in den Hintergrund oder sie wird ganz vermieden. Die Zahl dieser Methoden (einschließlich der Modifikationen) ist zurzeit bereits sehr groß. Nach ihren Grundprinzipien kann man sie in zwei Gruppen teilen: die Metallsalzmethoden und die Methoden der primären Färbung. Über das Prinzip der ersten Gruppe schrieb ich in der 1. Auflage (1902) u. a. folgendes:

„Wie oben auseinandergesetzt wurde, färben sich die Nervenfibrillen mit den gebräuchlichen Farbstoffen nicht oder sehr schwach, d. h. im Sinne der SPIROschen Auffassung des Färbungsvorganges, der Lösungskoeffizient der Neurofibrillen

* COX gibt zur Färbung der Fibrillen in den Spinalganglienzellen folgende Methoden an, die nach Ansicht des Referenten nur noch historische Bedeutung haben: Härtung in: Sublimat (konzentriert) 30, Osmiumsäure (1%) 10, Eisessig 5; oder: Sublimat (konzentriert) 15, Platinchlorid (5%) 15, Osmiumsäure (10%) 10, Eisessig 5; oder: Sublimat (konzentriert) 30. Formol 10, Eisessig 5. Hierin 2—3 Tage. Dann Auswaschen, durch Alkohol verschiedener Konzentration in Alkohol-Bergamottöl, Bergamottöl, Paraffin. Die mit Wasser aufgeklebten Schnitte kommen aus Alkohol in 20—25%ige Tanninlösung (8 Stunden), dann 5 Minuten mit viel Wasser spülen, hierauf 5—10 Minuten in Eisenoxyd-Ammoniumsulfat (2½%) für die Methylenblaufärbung oder in Brechweinstein (5%) für die Indoinblaufärbung. 10 Minuten waschen, dann färben in: Phenol (2%) 15 *ccm* + 1—2 *ccm* alkalischer Methylenblaulösung (Methylenblau 1, Kaliumcarbonat 1, Wasser 100) oder in: Alaun (5%) 10, Indoinblau BB (MERCK) (5%) 20. Die Färbung dauert 12—18 Stunden. Trocknen mit Filtrierpapier, Entwässern in Xylol 90, Alkohol 60, dann Xylol, Einlegen in eingedickten Canadabalsam.

für die gebräuchlichen Farbstoffe ist gar nicht oder wenig größer als der Lösungskoeffizient des Lösungsmittels (Wasser, Alkohol usw.), in dem der Farbstoff dargeboten wird. Da nun andere Gewebsbestandteile sehr viel höhere Lösungskoeffizienten besitzen, so treten bei den gewöhnlichen Färbungen die Fibrillen nicht oder schlecht hervor.

Einer ganzen Reihe von Metallsalzen gegenüber verhalten sich nun die Neurofibrillen ganz anders. Ihr Lösungskoeffizient für diese ist sehr groß, größer als der der meisten anderen Gewebsbestandteile, d. h. sie nehmen sehr viel von den Metallsalzen in sich auf. Die Schwierigkeit besteht nur darin, diese Metallsalzanhäufungen optisch sichtbar zu machen. Am einfachsten geschieht dies bei der APÁTHYschen Nachvergoldung, nämlich durch Reduktion des Goldchlorids zu metallischem Gold. BECKER * und BETHE schlagen einen komplizierten Weg ein, indem sie das angelagerte Metallsalz, resp. das Ammoniumsalz einer Metallsäure (Kupfersulfat, molybdänsaures Ammonium) zur sekundären Bindung mit einem Farbstoff (Hämatoxylin, Toluidinblau) benutzen. Die Zahl der Metallsalze und anderer schwere Metalle enthaltender Verbindungen, für welche die Neurofibrillen einen hohen Lösungskoeffizienten haben, ist hiermit aber noch nicht erschöpft, auch nicht die der Mittel, um die Anlagerung optisch sichtbar zu machen. Vor allem sind es noch verschiedene andere Kupfersalze und dann Silbernitrat in ammoniakalischer Lösung, welche sich stark in der Neurofibrillensubstanz lösen. Zur Sichtbarmachung derartiger Anlagerungen kann Schwefelwasserstoff (Bildung der dunklen Schwefelmetalle), Bildung anderer gefärbter Metallverbindungen und Reduktion mit starken Reduktionsmitteln (Aldehyde, Phosphorwasserstoff usw., wenn schwächere Reduktionsmittel fehlschlagen) benutzt werden. Aber es bieten sich hier mancherlei Schwierigkeiten, z. B. werden die Metallverbindungen dadurch, daß sie in den Neurofibrillen (oder anderen Gewebsbestandteilen) gelöst sind, häufig in ihrer Reaktionsfähigkeit gestört, und das verhindert die Ausführbarkeit so mancher theoretisch sehr einfach erscheinender Darstellungsmethode. So bildet das im Gewebe gelöste Ammoniummolybdat beim Zuführen von Silbernitrat kein Silbermolybdat, das im Reagensglas sehr leicht entsteht. (Für die chemische Natur der Molybdänsäurebindung im Gewebe und der Färbung überhaupt, deren Möglichkeit nicht geleugnet werden soll, läßt sich dieses Verhalten nicht in Anspruch nehmen, da es Beispiele genug gibt, daß die Art des Lösungsmittels verhindernd auf das Eintreten vieler chemischer Prozesse wirken kann.) (Die hier gemachten Angaben basieren teilweise auf Versuchen ** des Referenten, teilweise auf Beobachtungen, die Dr. G. EMBDEN angestellt hat.)"

Die weitere Entwicklung der Fibrillenmethoden hat die damals ausgesprochenen Grundideen bestätigt. Während sie niedergeschrieben wurden, waren bereits BIELSCHOWSKY und CAJAL bei der Arbeit, ihre auf der Reduktion angelagerten Silbersalzes *** beruhenden Methoden auszuarbeiten und die ganz ähnliche Methode SIMARROS war bereits publiziert, war mir aber nicht bekannt geworden. DONAGGIO benutzte wie ich einen basischen Farbstoff, um angelagerte Molybdänsäure sichtbar zu machen, während JORIS und nach ihm LUGARO kolloidale Edelmetalle zum gleichen Zweck in Anwendung brachten.

Auf einem ganz anderen Prinzip scheint die zweite Gruppe der Fibrillenmethoden, die der primären Färbung, zu beruhen. An den Fibrillen ist offenbar eine Substanz angelagert, welche sich primär mit basischen Farben verbindet, die aber nicht in jedem Zustande reaktionsfähig ist und leicht durch die Fixations-

* Die Methode BECKERS ist nicht veröffentlicht, weil ihr Erfinder die Existenz von Fibrillen durch sie nicht für bewiesen erachtet. Die hier gemachten Angaben über ihre Natur verdankt der Referent dem liebenswürdigen Entgegenkommen des Herrn Doktor BECKER.

** 1897—1899.

*** CAJAL glaubt neuerdings, daß sich das Silber den Fibrillen erst bei der Reduktion in kolloidaler Form anlagert. Die angeführten Gründe erscheinen mir nicht überzeugend.

prozesse verändert oder gelöst wird. Zu dieser Gruppe rechne ich die vitale Methylenblaumethode (EHRLICH), BETHEs und LUGAROs Methoden der primären Färbung am fixierten Objekt und die Methoden von G. MANN.

Methoden der ersten Gruppe:

Die Nachvergoldung von APÁTHY (1897). Von allen spezifischen Neurofibrillen methoden ist die APÁTHYsche Methode der Nachvergoldung die eleganteste. Mit geradezu verblüffender Schärfe und Deutlichkeit treten in gelungenen Präparaten die Neurofibrillen zutage. Die Fibrillen erscheinen tiefschwarz auf fast farblosem Grunde. Sie sind dann nahezu optisch isoliert. In anderen Präparaten ist der Grund blaßrot. Diese glänzenden Resultate sind bisher nur bei einer allerdings großen Anzahl wirbelloser Tiere zu erzielen gewesen. Bei Wirbeltieren lassen die Präparate bisher noch zu wünschen übrig und stehen an Schönheit den mit der Molybdäumethode gewonnenen nach.

Bei den erprobten wirbellosen Tieren tingieren sich die Neurofibrillen in sämtlichen Geweben, in denen Neurofibrillen zu erwarten sind: In Nervenfasern, Ganglienzellen, Muskelfasern (?), Sinnesepithelzellen (Rezeptionszellen), Drüsenzellen usw. Das Verfahren ist an und für sich einfach, doch gelingt es durchaus nicht immer. Manche Blöcke färben sich Schnitt für Schnitt sehr gut, andere verhalten sich ganz refractär. Es ist dies eine Eigenheit, die die Goldmethode mit der Molybdänmethode teilt.

1. Fixieren in Sublimat (wässerig konzentriert) oder in Sublimatalkohol 16—24 Stunden. Entfernung des Sublimats nach Auswaschen in Wasser mit wässeriger Jodjodkaliumlösung. Dann direkt in 95%igen Alkohol (8—12 Stunden) und zur Entfernung letzter Sublimatreste für die gleiche Zeit in alkoholische Jodjodkaliumlösung (1% KJ, ½% J.). Das Objekt muß ganz gelb sein. Entwässern mit Alcohol absolutus. Einbetten in Paraffin. Als Zwischenmedium dient Chloroform. 2. Aufkleben der Paraffinschnitte (10 μ optimale Schnittdicke) mit Wasser oder Eiweißwasser. Entfernen des Paraffins mit Chloroform. (Reinheit, d. h. Frische des Chloroforms wesentlich.) Alkohol, destilliertes Wasser (2! bis 6 Stunden). 3. 1% Lösung von Aurum chloratum flavum (MERCK) für 12—24 Stunden. 4. Nach kurzem Abspülen mit der Schnittseite schräg nach unten gerichtet in Glastuben mit 1%iger Ameisensäurelösung (Acidum formicum) stellen und 6 bis 8 Stunden hell von allen Seiten beleuchten. Die Temperatur darf dabei nicht zu hoch werden. 5. Mit Wasser waschen und durch Alkohol und Chloroform in Canadabalsam.

Dies die allgemeinen Regeln, nach deren strikter Befolgung man allerdings durchaus nicht immer zum Ziel kommt. Teilweise liegt dies am Block, häufiger an der nur schwer zu beherrschenden Belichtung. Sicher scheint, daß zu starkes Erwärmen während der Belichtung schädlich ist. Die Temperatur soll 20° C nicht übersteigen. Die Hauptsache ist natürlich wie bei allen schwierigen Methoden Geduld und Ausdauer in der Anwendung. Der Anfänger sollte deswegen immer erst mit einem bekannten Objekt, z. B. Hirudo, Färbungsversuche anstellen, ehe er sich an ein neues, noch nicht bearbeitetes Objekt macht. Das ist übrigens eine Regel, die nur allzu oft unberücksichtigt bleibt.

Das Molybdänverfahren nach BETHE (1898—1900).

Wie schon erwähnt, beruht die Methode darauf, daß die Neurofibrillen große Mengen Molybdänsalz aufspeichern, und daß diese (nach dem Waschen) mittelst eines basischen Farbstoffes optisch sichtbar gemacht werden (Bildung einer unlöslichen Verbindung zwischen Farbbase und Molybdänsäure). Wie bekannt, färben sich nun mit basischen Farbstoffen mancherlei Zellstrukturen sehr intensiv, vor allem die Zellkerne und die Nisslschollen. Eine Mitfärbung dieser groben Massen würde natürlich das Fibrillenbild wesentlich stören. Ihre Färbbarkeit muß deshalb unterdrückt werden. Dies geschicht leicht dadurch, daß man die Blöcke mit schwachen Alkalien auszieht (z. B. Ammoniak). Die Wirkung ist vollständiger, wenn auf das Ammoniakbad noch ein Salzsäurebad folgt (auch Säuren wirken lösend auf den färbbaren Bestandteil der Nisslschollen ein). In einem so behandelten Block vom Centralnervensystem färbt sich mit basischen Farbstoffen gar nichts, höchstens nehmen die Kerne etwas Farbe an. Durch das Molybdänieren erhalten die Kerne ihre Färbbarkeit leider wieder, indem auch sie Molybdänsalz aufnehmen;

die Nisslschollen bleiben aber ganz ungefärbt; nur dann, wenn die Molybdänierung bei hoher Temperatur stattgefunden hat, nehmen auch sie Molybdän auf. Da die Neurofibrillen bei langdauernder Erwärmung in Molybdänlösung ihr Molybdän wieder abgeben, so sind solche Präparate wertlos.

A. Wirbeltiere. 1. 4—10 *mm* dicke Stücke aus dem Rückenmark oder Gehirn (zur Darstellung der Neurofibrillen in peripheren Organen ist die Methode unbrauchbar) für 24 Stunden in 3—7,5%ige Salpetersäure.* 2. Ohne Spülen in 95%igen Alkohol. 3. Ammoniak (spez. Gew. 0,95) 1, Wasser (dest.) 3, Alkohol (96%) 8 (24 St.). 4. Für einige Stunden in Alkohol, dann für 24 Stunden in: Salzsäure (konzentriert, spez. Gew. 1,18) 1, Wasser 3, Alkohol (96%) 8—12.** 5. Einige Stunden in Alkohol, dann in Wasser (2—6 St.). 6. 4%ige Ammoniummolybdatlösung (Ammonium molybdaenicum, das weiße Präparat) (24 St.). — Bei allen diesen Prozeduren soll die Temperatur 20° C nicht überschreiten. 7. Durch Alkohol und Xylol in Paraffin. Die Schnitte (10 μ) werden mit Eiweißglycerin aufgeklebt (ohne Wasser, da das Wasser das Molybdän herauslöst). Am besten verteilt man die ersten Schnitte auf mehrere Objektträger, um mit diesen die Differenzierungszeit auszuprobieren. Wichtig ist es zu wissen, daß die Güte der Blöcke nach der Mitte zu abnimmt.

Differenzierung und Färbung: Überführen der Schnitte durch Alkohol in Wasser, gut mit destilliertem Wasser abspülen, Objektträger unten trocknen, eine Wasserschicht von ungefähr 1—2 *ccm* auf die Schnitte schichten und den Objektträger so in den Wärmeschrank legen (cca. 60° C). (2—10 Minuten. Zeit ausprobieren!). Abgießen des Wassers, kurz Spülen, dann Aufschichten einer Toluidinblaulösung (1 : 3000), 10 Minuten färben bei 58—60° C, Abspülen mit Wasser, Alkohol, bis keine Farbwolken mehr abgehen, abs. Alkohol, Xylol, Canadabalsam. (Xylol und Canadabalsam müssen ganz wasserfrei sein. Haltbarkeit 3 Monate bis 4 Jahre.)

Die Behandlung mit warmem Wasser bezweckt Auswaschung des überschüssigen Molybdäns und Umlagerung des im Gewebe gelösten. Fibrillenarme Zellen differenzieren sich schnell, fibrillenreiche langsam. Die Schnelligkeit der Differenzierung hängt ab von der Wassermenge, der Molybdänmenge im Gewebe und der Dauer der Wärmeeinwirkung. Aus den ersten drei Präparaten, die mit 2, 5 und 8 Minuten Differenzierungszeit hergestellt werden mögen, ersieht man gewöhnlich, bei welcher Differenzierungszeit das Optimum liegt. In guten Präparaten dürfen nur der Kern und die Primitivfibrillen gefärbt sein. Ist Niederschlag auf der Oberfläche vorhanden, so ist zu kurz differenziert worden, sind die Fibrillen zu hell, so ist zu lange differenziert. Unter zwei Minuten darf nicht differenziert werden, da die Präparate sonst mangelhaft werden. Man hat dann zu wenig Molybdän im Präparat und muß statt mit Wasser mit einer dünnen Molybdänsalzlösung (1 : 2500 bis 1 : 5000) differenzieren. Auch Färbung mit stärkerer Toluidinblaulösung führt manchmal zum Ziel (1 : 1000). Ist das Präparat bei 10 Minuten noch zu dunkel, so kann man mit längerer Differenzierungszeit nichts erreichen, da sich dann eine Inversion des Bildes einstellt. Die Fibrillen bleiben ungefärbt, die Nisslschollen färben sich und der Kern, von dem sich beim typischen Fibrillenpräparat nur die Kerngranula färben, aber nicht der Nucleolus, zeigt jetzt das Bild des Nisslpräparates, d. h. der Kern erscheint leer und nur der Nucleolus ist gefärbt. Bei solchen Blöcken muß mit größerem Lösungsgefälle, d. h. mit größerer Wassermenge differenziert werden.

Manche Blöcke, auch von Objekten, die sich sonst leicht färben lassen, geben gar keine brauchbaren Präparate. Das am besten gelingende Objekt für Neurofibrillen sind die Vorderhornzellen vom Menschen, Hund und Kaninchen, für Golginetze die Zellen des Nucleus dentatus und der Olivenkerne.

---

* Die Prozentangaben beziehen sich auf die gewöhnliche reine Salpetersäure (spez. Gew. 1,40). Bei Anwendung der stärkeren Lösungen, welche außer der Fixierung auch eine Nitrierung (diese auch von der Temperatur abhängig) bewirken, erhält man bei der späteren Färbung meist keine Darstellung der Neurofibrillen, sondern der Golginetze. Nach sehr starker Nitrierung färben sich die Fibrillen nie; dafür sehr dunkel blau die „Bindegewebsfibrillen" der Gefäße und glänzend grün das Ganglienzellpigment, manchmal auch die Holmgrenschen Kanäle. Schwächere Nitrierung disponiert mehr zur Färbung der Fibrillen, doch kommen bei manchen Objekten auch hierbei die Golginetze schon zur Darstellung.

** Bei sehr fibrillenreichen Zellen ist es zweckmäßig, das Salzsäurebad fortzulassen, weil sich dann die Fibrillen leichter differenzieren lassen. Im allgemeinen ist dies jedoch nicht empfehlenswert.

B. Wirbellose Tiere. Hier können verschiedene Fixierungsmittel zur Anwendung kommen: Konzentrierte Sublimatlösung (Auswaschen mit Jodalkohol), 3%ige Salpetersäure oder Alkohol bei Hirudo, 3 Teile Pikrinsäure + 1 Teil pikrinsaures Ammoniak bei Crustaceen. Sollen die Fibrillen auch in den Zellen zu sehen sein, so muß wie bei Wirbeltieren mit Ammoniak und Salzsäure ausgezogen werden (s. oben). In diesem Fall wird wie dort im Block molybdäniert. Will man nur die Fibrillen in den Nervenfasern und dem Neuropil studieren, so läßt man das Ausziehen mit diesen Flüssigkeiten besser fort. In diesem Fall wird erst auf dem Schnitt molybdäniert (Ammoniummolybdat 1 : 4000 Wasser 10 Minuten bei 35° C). Die Schnitte mancher Blöcke geben nach dem Waschen mit Wasser bei der direkten Färbung (Toluidinblau 1 : 3000, 5 Minuten bei 55—60° C) schon gut differenzierte Präparate, andere müssen differenziert werden: Entweder mit warmem Wasser (s. oben; 1—3 Minuten) oder mit sehr dünnen Lösungen von Ammoniak (Ammoniak 1, destilliertes Wasser 500—2000; für wenige Sekunden eintauchen, mit Wasser spülen und schnell färben. Der Erfolg ist unsicher, aber manchmal außerordentlich schön. Statt der Ammoniaklösung kann man auch sehr gut Soda verwenden (1%ige Sodalösung 1, 50%iger Alkohol 10—30).

Molybdänverfahren nach DONAGGIO (1904). Methode III: 1. Fixieren in Pyridin (kleine Stücke! 5—6 Tage). 2. 24 Stunden Auswaschen (mehrmals wechseln). 3. Ammoniummolybdat 4 *g*, Wasser 100 *ccm*, Salzsäure 4 Tropfen (24 Stunden). 4. Kurz abspülen, Alkohol, Xylol, Paraffin. 5. Die 3—7 μ dicken Schnitte mit Wasser aufkleben, durch Xylol und Alkohol in Wasser (1 Minute) und mit 0,01%ige Thioninlösung färben. Kontrolle der Färbung unter dem Mikroskop; sie ist beendet, wenn die Kerne, die sich anfangs stark färben, sich wieder entfärbt haben. Eventuell nach Waschen noch einmal mit Ammoniummolybdat nachfixieren.

Methode IV: Fixieren in Pyridin 100 *ccm* + 10 *g* Pyridinnitrat (24 Stunden). Dann Pyridin 36 Stunden. Alles andere wie in Methode III. (Empfohlen für Großhirn und Kleinhirn.)

Mit der Methode DONAGGIOS erzielt man leicht eine intensive nnd ziemlich vollständige Färbung der Neurofibrillen. Verklebungen der Fibrillen sind aber nach unseren Erfahrungen infolge der Schrumpfwirkung des Pyridins sehr häufig. Auch werden bisweilen Protoplasmastrukturen mitgefärbt.

Molybdänverfahren nach JORIS (1904): 1. Fixieren in Sublimat 7—8 *g*, Essigsäure 5 *ccm*, Wasser 100 *ccm* (4—6 Stunden, dann Jodwasser); oder in Formol 10, Salpetersäure 6, Wasser 100 (24 Stunden). 2. 5%ige Ammoniummolybdatlösung (8—12 Stunden). 3. Einbetten. 4. Schnitte von 7—12 μ mindestens eine Stunde sehr gut waschen*, dann überschichten mit 1,5 *ccm* kolloidalem Gold in 100 *ccm* destilliertem Wasser (cca. 10 Minuten). Spülen, montieren. (Nach den geschehenen Proben bietet die Methode vor anderen keine Vorteile.)

Molybdänverfahren nach LUGARO (1904): Fixation (mit Formolsalpetersäure) und Molybdänierung wie bei JORIS. Die Schnitte nach sehr ausgiebigem Waschen (2—4 Stunden; oft wechseln) in 3%ige Collargollösung (kolloidales Silber). Waschen, dann vergolden (Goldchlorid 0,2%, Ammoniumsulfocyanür 2%). Eventnell fixieren mit 2%igem Natriumhyposulfit, waschen, montieren. (Die Fibrillen sind blaß und wenig distinkt und nur im Zellkörper selber und den dicksten Protoplasmafortsätzen gefärbt. Es hat auch den Anschein, als ob sich feine Protoplasmastrukturen mitfärbten.)

Silberimprägnation nach SIMARRO (1900) (nach Angaben von CAJAL): 1. Kleine Stücke Nervensystem (am besten von Tieren, welche mit KBr oder NaBr vergiftet sind) kommen im Dunkeln in 1%iger Silbernitratlösung bei 30—35°. 2. Einbetten in Celloidin und Schneiden im Dunkeln. 3. Die Schnitte einige Minuten dem Licht aussetzen, entwickeln in Pyrogallusentwickler, fixieren und vergolden.

Silberimprägnation nach BIELSCHOWSKY (1902—1904): Fixiert wird mit 12%iger Formalinlösung (kleine Stücke!). Imprägniert werden entweder Gefrierschnitte (auswaschen des Formalins für mehrere Stunden mit destilliertem Wasser, dann gefrieren, Schnittdicke 5—10 μ) oder die ganzen Blöcke. Ersteres

* Ich teile nicht die Ansicht JORIS, daß es möglich ist, durch bloßes Waschen mit Wasser alles Molybdän zu entfernen.

Verfahren gibt bei weitem bessere und vor allem gleichmäßigere Resultate. Besonders für pathologisches Material ist es der Blockimprägnation weit vorzuziehen.

Behandlung der Gefrierschnitte: 1. für 24 Stunden in 2%ige Silbernitratlösung (Argentum nitricum). 2. Durch destilliertes Wasser für 2—10 Minuten in folgende, frisch zu bereitende Lösung: 20 *ccm* 2%ige Silbernitratlösung + 2 bis 3 Tropfen 40%iger Natronlauge; darauf Zusatz von Ammoniak (oder 10%ige Lösung von Äthylendiamin), bis der entstandene braune Niederschlag gelöst ist. 3. Reduzieren: Durch destilliertes Wasser in 20%ige mit Brunnenwasser bereitete (oder anders neutralisierte) Formalinlösung. 4. Vergolden: Auswaschen in Wasser und für 5—10 Minuten in 0,02—0,03%ige mit Essigsäure angesäuerte Goldchloridlösung. 5. Fixieren in saurem Fixierbad (5% unterschwefligsaures Natron und etwas saures schwefligsaures Natron). 6. Durch Alkohol und Carbolxylol (Gehalt an Phenol nicht über 10%) in Canadabalsam.

Behandlung ganzer Blöcke: 1. Nach dem Fixieren für 1—8 Tage in 2%ige Silbernitratlösung. 2. Für 1/2—6 Stunden in die ammoniakalische Silberlösung (s. oben). 3. Schnell durch Wasser in die 20%ige Formalinlösung für 1/2 bis mehrere Tage. 4. Schnell durch steigenden Alkohol etc. (wobei sich ein Teil des Silbers herauslöst) in Paraffin oder Celloidin. Die aufgeklebten Schnitte werden wie oben vergoldet und fixiert.

Silberimprägnationen nach CAJAL (1903—1908): Das anfängliche Verfahren CAJALS (Methode 1), welches kaum mehr als eine glückliche Modifikation der Methode SIMARROS war, hat sich mit der Zeit zu einem ganzen System von Methoden umgebildet, welche mit mehr oder weniger großer Sicherheit die Darstellung verschiedenartigster Strukturen des Nervensystems ermöglichen (Neurofibrillen, marklose Fasern, Markfasern, „Endfüße", HOLMGRENsche Kanäle, Golginetz*, Glia**, „perivasculäres Bindegewebe" usw.). Das Verfahren stimmt hierin mit dem Molybdänverfahren überein, bei dem ebenfalls durch verschiedenes Vorgehen das Resultat bis zu einem gewissen Grade beherrscht werden kann. Wegen ihres leichten Gelingens und der sinnfälligen Wirkung des Dargestellten beherrschen die Methoden CAJALs zurzeit (neben der BIELSCHOWSKYschen Methode) das Feld. Für Unterrichtszwecke und für das Studium der gröberen Fibrillenverhältnisse stellen die Methoden CAJALs sicherlich eine wesentliche Bereicherung der Technik dar. Für feinere Details des Fibrillenverlaufs, soweit dieselben zurzeit überhaupt Gegenstand der Forschung sein können, eignen sie sich dagegen (nach meinen Erfahrungen an eigenen und fremden Präparaten) wenig, weil im centralen und noch mehr im peripheren Nervensystem durch erhebliche Schrumpfungen und Verklebungen eine Reihe offensichtlichster Kunstprodukte entsteht. Ein anderer Übelstand dieser Methoden, die Verschiedenheit der Imprägnation in verschiedenen Tiefen des Schnittes, sollte bei der Beurteilung pathologischen Materials zu größter Vorsicht mahnen.

Methode 1 (1903): Kleine Stücke für 3—4 Tage in 0,75—6%ige Silbernitratlösung bei 35° C. Kurz abspülen und in: Pyrogallussäure (oder Hydrochinon) 1 *g*, destilliertes Wasser 100 *ccm*, Formol 5—15 *ccm* für 24 Stunden.*** Härten in Alkohol, Einbetten in Celloidin oder Paraffin. Empfohlen für Embryonen, junge Tiere und Wirbellose. (Schrumpfung sehr stark.)

Methode 2 (1904): Härten in Alkohol 40% (24 Stunden). Kurz waschen und in 1,5%ige Silbernitratlösung bei 30—35° für 4—7 Tage. Abspülen. Reduzieren (24 Stunden) in obigem Pyrogallussäure-Formol-Gemisch oder in demselben mit 0,25—0,5 *g* Natriumsulfit. Empfohlen für Achsencylinder, Endkörbe, Spinalganglien, Sympathicus etc.

Methode 3 (1904): 24 Stunden in Alkohol 40% + 3—8 Tropfen Ammoniak (spez. Gew.?) auf 50 *ccm*. Kurz waschen. Silbernitrat 1,5% für 5 Tage bei 35

* Bis vor kurzem führte CAJAL die Nichtdarstellbarkeit (?) von Golginetzen mit der Silberreaktion als Beweis gegen ihre nervöse Natur und für die Spezifität seiner Methoden an. Die jetzt zur Darstellung angewandte Modifikation ist keineswegs bedeutend, wie auch zu erwarten war.

** Nur für Wirbellose von CAJAL zugegeben, aber auch bei Wirbeltieren bisweilen vorhanden.

*** Anfänglich wurde auch ein schwach alkalischer „Entwickler" empfohlen.

bis 38°. Weiterbehandlung wie bei Methode 1. Gibt ziemlich klare Neurofibrillenbilder, weil Schrumpfung geringer als bei 1 und 2. Empfohlen für alle Objekte (außer für ganz junge Embryonen), auch für Regeneration.

Methode 4: Formol 25, Wasser 100, Ammoniak einige Tropfen (20—24 Stunden). Waschen für mehrere Tage, Silberlösung 1—3% 3—5 Tage bei 35° etc. Empfohlen für Endknöpfe und Spirochäten.

Methode 5 (1907): 1. Formol 15, Wasser 100 (4—6 Stunden). 2. Waschen in destilliertem Wasser (4 Stunden). 3. Alkohol 40% (4—6 Stunden). 4. Alkohol 40% (oder absol.) + 5 Tropfen Ammoniak auf 50 *ccm* Silberlösung etc. Besonders empfohlen für HELD-AUERBACHsche Endknöpfe (Markfasern und Zellkörper bleiben fast ungefärbt).

Methode 12* (1907): Aceton 75, Wasser 25 (2—3 Stunden). Reines Aceton 50 *ccm* + + 5 Tropfen Ammoniak (24 Stunden). Kurz wässern und 5 Tage in Silberlösung bei 35° etc. Soll sehr gute Fibrillen geben.

Methode x (1908): Formol 50, Aceton 50 (eventuell 1—2 Tropfen Ammoniak), (24 bis 48 Stunden). 4—6 Stunden wässern, dann Alcohol absol. + 5—7 Tropfen Ammoniak. Kurz waschen, dann in 2%ige Silberlösung bei 35°. Kurz waschen, reduzieren etc. Imprägniert die HOLMGRENschen Kanäle, die Bindegewebsfasern der Capillaren und manchmal die Golginetze.

Bisweilen ist es zweckmäßig, die nach diesen Methoden hergestellten Präparate im Schnitt zu vergolden (LENHOSSEK, CAJAL). — DA FANO empfiehlt der Silberlösung und der Reduktionsflüssigkeit etwas reine Gelatine zuzusetzen (Lösung 1 : 1000), um das Ausfallen des Silbers zu vermindern. — ECONOMO wendet das CAJALsche Verfahren auf dickere Schnitte an, um Übersichtspräparate der Achsenzylinderverzweigungen zu erhalten (s. das Original).

HISAYOSCHI KATÓ fixiert in Formol, silbert mit 5%iger Argentaminlösung und 3%iger Silbernitratlösung bei 35° (1—5 Tage) und reduziert in: Hydrochinon 1, Formalin 10, Wasser 100. Einbetten in Paraffin. (S. auch die Methode von SAND.)

Methoden der zweiten Gruppe (primäre Neurofibrillenfärbungen):

Hierhin rechne ich EHRLICHS vitale Methylenblaufärbung, die Methoden von GUSTAV MANN** und die Methoden der primären Färbung von BETHE und LUGARO. Dieselben beruhen höchst wahrscheinlich auf der Existenz einer dem Fibrillensubstrat angelagerten, direkt mit vielen basischen Farbstoffen färbbaren Substanz, welche sich leicht unter dem Einfluß vieler Fixierungsmittel verändert oder löst und zum Teil auch in einer der Färbung nicht ohne weiteres zugänglichen Form im Gewebe vorhanden ist. Diese Substanz (von BETHE als „Fibrillensäure“ bezeichnet) ist unter gewissen, nicht mit Sicherheit zu beherrschenden Bedingungen schon im frischen Zustand der Färbung mit Farbstoffen, welche hauptsächlich der Thiazingruppe angehören, zugänglich (vitale Färbung). Nach Fixierung mit einer Reihe nicht beizender Substanzen gelingt ihre färberische Darstellung mit sehr viel größerer Sicherheit. Derartige Präparate sind für rein morphologische Fragen des Fibrillenverlaufs etc. wegen ihrer geringen Schärfe ungeeignet, scheinen aber für die Beurteilung physiologischer und pathologischer Fragen nicht ohne Bedeutung zu sein.

Die „vitale“ Färbung der Neurofibrillen mit Methylenblau (APÁTHY, SIMON, BETHE): Bei der Färbung des frischen Gewebes mittelst Methylenblau (s. dieses) scheint nach den Erfahrungen APÁTHYS und Beobachtungen des Referenten eine Färbung der Neurofibrillen das Primäre zu sein (Hirudo, Carcinus). Die Färbung der Perifibrillärsubstanz und des Ganglienzellprotoplasmas schließt sich erst sekundär daran an. Durch diese sekundäre Färbung wird die Fibrillenfärbung verdeckt; sie kann aber später wieder deutlich werden, indem sich bei der immer von selber eintretenden Entfärbung die Fibrillen am langsamsten entfärben. Dieser Moment

---

* In Methode 6—11 und Methode 13 (neben vielen anderen nicht numerierten gibt CAJAL Fixationen mit allen möglichen Alkoholen, Aldehyden etc. an, ohne diesen aber besondere Vorteile nachzurühmen. Eigene Erfahrungen habe ich nur bis zu Methode 5. — LUGARO und HELD benutzten mit Vorteil zum Fixieren Pyridin.

** Die Methoden MANNS sind meines Wissens nie ausführlich publiziert worden.

ist bei der Fixierung schwer abzupassen. Bei Anfertigung vieler Präparate und Fixierung derselben mit Ammoniummolybdat kann man aber ziemlich häufig schöne Fibrillenpräparate erhalten (SIMON, BETHE u. a.). Ist auf der Höhe der Färbung mit pikrinsaurem Ammoniak fixiert worden, so kann sekundär eine Differenzierung der Fibrillen mittelst dünner Ammoniaklösung erzielt werden (APÁTHY). Diese Präparate halten sich aber nicht. Haltbare Präparate mit schöner sekundärer Differenzierung der Neurofibrillen erhielt APÁTHY auf folgende Weise: Kurz dauernde Färbung kleiner Stücke mit Methylenblaulösung von 1 : 1000 bis 1 : 100.000, dann Fixieren mit 1%iger Ammoniumpikratlösung, der auf 100 *ccm* 5 Tropfen konzentrierten Ammoniaks oder 1—2%igen kohlensauren Ammoniaks zugesetzt sind (nicht bewegen!). Dann Einlegen in 50%iges mit Ammoniumpikrat gesättigtes Glycerin. Definitiver Einschluß in Gummisirup (50%iges Glycerin 2 Teile, gesättigte Zuckerlösung 1 Teil, gesättigte [?] Gummiarabicumlösung 1 Teil).

Primäre Färbungen nach BETHE und LUGARO*: 1. Fixieren in 75—96%igem Alkohol. Durch Xylol in Paraffin. Schnitte von 5—10 μ mit Eiweiß (nicht mit Wasser) aufkleben; Färben mit Toluidinblau** 1 *g*, destilliertes Wasser 1000 *ccm*, $^1/_{10}$ Normalnatronlauge 0,8—1,5 *ccm* (10—20 Minuten), Waschen mit destilliertem Wasser (1—2 Minuten), Fixieren mit 5—10%iger Ammoniummolybdatlösung, Abspülen und durch Alkohol, Xylol in neutralen Canadabalsam. — Es färben sich in guten Blöcken nur die Achsencylinder*** der peripheren Nerven, der Wurzeln und im Rückenmark und Hirnstamm die motorischen Fasern (in rotviolettem Ton). Die Strangfasern bleiben ungefärbt, das Grau ist blaß, ebenso die zwischen den blaugefärbten Nisslschollen verlaufenden Fibrillenzüge. Anwendbar zur Darstellung motorischer Bahnen und zur Demonstration färberischer Veränderungen der Nervenfasern unter dem Einfluß des konstanten Stroms etc. 2. Behandlung der Schnitte vor dem Färben mit verdünnter Schwefelsäure ($^1/_{2000}$—$^1/_{100}$ Normal, gut waschen!) oder mit 1%igem Acetaldehyd in absolutem Alkohol (LUGARO) macht auch die Strangfasern und intracellulären Fibrillenzüge färbbar („Aktivierung"). Bei Benutzung stärkerer Säurelösung (1—2 Normal-Schwefelsäure oder Salzsäure) löst sich die färbbare Substanz der Nisslschollen, wodurch die Fibrillen in den Zellen klarer werden. Benutzbar für experimentelle Untersuchungen (degenerierende Strangfasern lassen sich z. B. nicht aktivieren). — 3. Dunklere Färbungen werden erzielt, wenn mit absolutem Äther (statt mit Alkohol) oder mit ammoniakalischem Alkohol etc. fixiert wird, wobei sich keine „Fibrillensäure" löst; die Strangfasern hier direkt färbbar. Aktivierung verstärkt die Färbung. — Für pathologische Zwecke, z. B. Nachweis von Achsencylindern in Herden der multiplen Sclerose, anwendbar.

Hämatein I A (APÁTHY)†: Fixieren in Sublimat oder Sublimatalkohol, Sublimatessigsäure etc. Färbung (kleine Stücke) im Block entweder gleich nach dem Waschen oder nach Aufheben in Alkohol. Die Farblösung: 1 *g* Hämatoxylin in 100 *ccm* 70%igen neutralen Alkohols lösen und 6—8 Wochen reifen lassen. Dann hinzufügen je 100 *ccm* konzentriertes Glycerin und 9%ige Alaunlösung, welche außer Alaun noch 3% Eisessig und 1‰ Salicylsäure enthält (lange haltbar). Färben 2—3 Tage, dann 24 Stunden in zweimal destilliertem Wasser auswaschen und 3—5 Stunden in Brunnenwasser. Durch destilliertes Wasser in Alkohol, Chloroform und Paraffin.

Die Färbung eignet sich hauptsächlich zur Darstellung der größeren Fibrillenbahnen in den Nerven und Commissuren wirbelloser Tiere. Auch hier ist die Färbung selten vollständig.

Literatur: APÁTHY (Zeitschr. Wiss. Mikr., Bd. 9, 1892), derselbe (Mitt. Zool. Stat. Neapel, Bd. 12, 1897), BETHE (Arch. Mikr. Anat., Bd. 51, 1898), derselbe (Zeitschr. Wiss. Mikr., Bd. 17, 1900), derselbe (Allgem. Anat. u. Physiol. d. Nervensystems, 1903), derselbe (HOFMEISTERS Beitr., Bd. 6, 1905), derselbe (Anat. Anz., Bd. 32, 1908), BIELSCHOWSKY (Neurol. Centralbl. 1902 u. 1903), derselbe (Journ. für Psych. Neurol., Bd. 3, 1904), CAJAL (Arch. Lat. de Méd. Biol., Bd. 19, 1903), derselbe (Trav. Lab. Rech. Biol. Madrid, Bd. 2, 3, 5 u. 6, 1903, 1904, 1907 u. 1908), COX (Anat. Hefte, Bd. 10, 1898), DONAGGIO (Riv. Sperim. di Freniatr., Bd. 30, 1904), ECONOMO (Arch. f. Psychiatr., Bd. 41), DA FANO (Beitr. z. pathol. Anat., Bd. 44, 1908), JORIS (Bull. Acad. Méd. Belgique 1904), KATÓ (Folia neurobiologica, Bd. 2, 1908), KUPFFER (Abh. Akad. Wiss., München 1883), LUGARO (Monit. Zool. Ital., Bd. 15, 1904), derselbe (Riv. di Patol. Nerv., Bd. 10, 1905), derselbe (Arch. Ital. Anat., Bd. 5,

* Alle Methoden und die Einzelheiten sind in Kürze nicht wiederzugeben. Siehe die Originalarbeiten.

** Gültig für das mit Chlorzinkdoppelsalz verunreinigte billige Präparat von GRÜBLER & Co. und auch die Chlorzinkdoppelsalze (Aktiengesellsch. f. Anilinfabrikation in Berlin). Unbrauchbar sind fast alle „reinen" salzsauren Salze (siehe BETHE).

*** Meist stark geschrumpft. Einzelne Fibrillen, meist nur unter gewissen Bedingungen zu sehen (s. oben, pag. 289, Anmerk. 2).

† Für die Theorie dieser Färbung liegen keine Anhaltspunkte vor.

1906), MANN (Verh. Anat. Ges., Kiel 1898), MÖNCKEBERG u. BETHE (Arch. Mikr. Anat., Bd. 54, 1898), SAND (Arb. aus d. neurolog. Inst. Wien. Festschr. 1907), SIMARRO (Riv. Trimestr. Microgr., Bd. 5, 1900), SIMON (Journ. Int. d'Anat. Physiol. 1894), SPIRO (Habilitationsschr., Straßburg 1897), WALTER (Deutsche Zeitschr. Nervenheilk., Bd. 35, 1908).

Bethe, Straßburg.

Neurogliafärbung.* Die Neuroglia ist 1846 von VIRCHOW entdeckt worden und von ihm wurde auch im Jahre 1853 der Name Neuroglia zuerst gebraucht. In vielen Publikationen heißt es zwar, daß bereits KEUFFEL 1810 die spezifische Zwischensubstanz des Centralnervensystems beschrieben hätte, aber was er als eine Art „Neurilemm" im Rückenmark geschildert hat, ist nichts weiter gewesen als das System der Septa mit ihren Blutgefäßen, wie ich bei anderer Gelegenheit gezeigt habe. Die von VIRCHOW benutzten Methoden mußten naturgemäß sehr einfache sein. In der damaligen Zeit verfügte man ja noch nicht einmal über geeignete Härtungsflüssigkeiten für das centrale Nervensystem, von Färbungen nun gar war damals überhaupt noch keine Rede. Es ist daher um so erstaunenswerter, daß VIRCHOW die Neuroglia nicht nur überhaupt entdeckt, sondern daß er auch vielerlei richtige Beobachtungen über ihre Topographie gemacht hat. Alles konnte er freilich nicht korrekt erkennen, dafür war eben die von ihm benutzte Untersuchungsmethode doch gar zu unvollkommen.

Einen wesentlichen Fortschritt in dem uns interessierenden Gebiete stellte schon die Chromierung der Präparate des Centralnervensystems in Verbindung mit der Carminfärbung dar. Was man mit dieser zu leisten vermochte, haben vor allem CLARKE und FROMMANN gezeigt. Freilich wird ja durch das Carmin so vieles von Nervenmaterial mitgefärbt, daß diese Methode überall da fehlschlagen mußte, wo nicht gröbere Markscheiden die Übersicht erleichterten. Sie versagte also namentlich in den grauen Substanzen. Für die weiße Substanz (freilich nur des Rückenmarks) hingegen haben die genannten Forscher bereits alle Hauptsachen richtig gesehen und gedeutet.

Weiterhin hat die Einführung der Osmiumsäure in die mikroskopische Technik durch MAX SCHULTZE auch für die Neuroglia neue Wege eröffnet, die mit großem Erfolge besonders von DEITERS und RANVIER beschritten wurden.

Eine ganz neue Epoche schien durch die berühmte GOLGIsche Methode auch für das Zwischengewebe des Centralnervensystems einzutreten, geradeso wie diese Methode eine neue Ära für die eigentlich nervösen Elemente desselben in der Tat herbeigeführt hat. Doch sind die Erfolge dieser Methode gerade in bezug auf die Neuroglia entschieden überschätzt worden. Ich habe im Jahre 1895 (Beiträge zur Kenntnis der normalen menschlichen Neuroglia, Frankfurt a. M., 1895) mich bereits in diesem Sinne ausgesprochen. Ich sagte damals: „Von wirklichen Erfolgen hat die GOLGIsche Methode nur solche auf dem Gebiete der Entwicklungsgeschichte aufzuweisen. Für die Lehre von der Anordnung der Neuroglia im ausgebildeten Körper hingegen sind die Resultate äußerst dürftige, ja vielfach geradezu falsche gewesen und die weitgehende Überschätzung dieser Resultate ist nur dadurch zu erklären, daß man sich der Grenzen, welche diese wie jede Methode hat, nicht bewußt war ..."

„Die Gründe dafür, warum mit der GOLGIschen Methode für die wichtigste Frage, die Topographie der Neuroglia, nur dürftige Resultate zu erlangen waren, liegen auf der Hand. Vor allem konnte sie der Hauptforderung, die man für die Lehre von einer Stützsubstanz stellen muß, nicht entsprechen, sie konnte das Gerüst nicht im Zusammenhange, d. h. vollständig darstellen. Dieser für die Ergrün-

* Mit der Aufgabe betraut, den gesamten Artikel Neuroglia nach dem schmerzlich betrauerten Tode C. WEIGERTS für die zweite Auflage zu bearbeiten, habe ich geglaubt, der Pietät für den verehrten Verstorbenen am besten damit Rechnung zu tragen, daß ich den ersten Teil bis zu *** (pag. 308) unverändert zum Abdruck bringe und nur den früheren zweiten Teil des WEIGERTschen Artikels mit dem meinigen verschmelze. Auch die Anmerkungen zum ersten Teil, soweit sie mit W. signiert sind, gehören dem ursprünglichen Artikel WEIGERTS an (BENDA).

dung einer Stützsubstanz fundamentale Fehler kommt bei den nervösen Elementen, bei denen es wesentlich auf die Beziehung der einzelnen Elemente zueinander ankommt, nicht nur nicht in Betracht, sondern er hört hier auf, ein Fehler zu sein und wird ein Vorteil, da man bei einer vollständigen Darstellung des Nervengewebes sich gar nicht mehr in dem Gewirr desselben auskennen würde. Bei einer Stützsubstanz aber muß man eine wenigstens stellenweise Vollständigkeit der Elemente durch eine brauchbare Methode erreichen können. Das kann aber die GOLGIsche Methode nicht leisten. Abgesehen davon, daß sie immer nur unvollkommen, hier und da einen Bestandteil der Neuroglia imprägniert, sind diese imprägnierten Bestandteile nur die Zellen und die unmittelbar von ihnen ausstrahlenden Fasern (‚Fortsätze der Zellen‘). Alle von den Zellen abgetrennten Fasern sind gar nicht mehr als Neurogliafasern zu diagnostizieren.“

„An einem einigermaßen vollständig gefärbten Präparate kann man sich aber davon überzeugen, daß dadurch die Mehrzahl der Neurogliafasern sich der Kenntnis entzieht, selbst wenn man die große Dicke, welche nach GOLGI imprägnierte Schnitte haben dürfen, in Betracht zieht.“

„Die GOLGIsche Methode hat aber noch einen anderen Nachteil für die Forschung gehabt. Sie stellt, wie erwähnt, nur die Zellen und die ihnen anliegenden Fasern dar. Ganz abgesehen nun davon, daß bei der entstehenden Silhouette die chemisch-physikalischen Unterschiede der Fasern von den Zellen verschwinden und so Trugbilder von Zellen mit ‚Fortsätzen‘ entstehen, so wurde durch die Einseitigkeit der Methode die Aufmerksamkeit ganz von den Fasern (‚Zellfortsätzen‘) abgelenkt und auf die ‚Zellen‘ konzentriert. Es hat nun sicherlich auch ein Interesse, die Formen der (Schein-)Zellen der Neuroglia nach der GOLGIschen Methode zu studieren, aber für die Funktion wesentlicher sind doch auch hier, wie beim Knochen, bei den elastischen und Bindegewebsmassen, die gerüstbildenden Elemente, die Neurogliafasern (Zellfortsätze nach den meisten Autoren), ihre Massenhaftigkeit, der Verlauf und die Form ihrer Verflechtungen, und für diese hatte man unter Anwendung der GOLGIschen Methode kaum noch ein Interesse oder höchstens ein Interesse, das sich ganz gleichgültigen Fragen fast allein zuwandte und die eigentlich wichtige Topographie, wenn auch nicht vollkommen ignorierte, so doch sehr vernachlässigte.“

Es war nun durchaus wünschenswert, ein Verfahren zu finden, das die Neurogliaelemente elektiv, scharf und möglichst vollständig aus dem Gewirr der nervösen Bestandteile hervorhob. Ganz besonders wichtig war eine solche Methode für die pathologische Forschung. Wir verdanken ja so wie so schon viele der grundlegenden Tatsachen in der Pathologie des Centralnervensystems gerade deshalb der Carmin- und der ihr verwandten Methodik, weil hierbei auch die Neuroglia gefärbt erhalten wurde. Durch diesen Umstand war man in den Stand gesetzt, diejenigen Stellen zu erkennen, an welchen die nervösen Elemente zugrunde gegangen waren, denn an diesen trat eine reparative Wucherung der Neuroglia ein, die eben durch die Rotfärbung hervorgehoben wurde. Aber die Leistungsfähigkeit der Carminmethoden hatte ihre engen Grenzen und so war es denn ein Fortschritt, als durch die Markscheidenfärbung im centralen Nervensystem der Nachweis degenerierter Stellen erleichtert wurde. Bei der Anwendung dieser Methode trat gerade der Defekt im Nervengewebe zutage, die degenerierten Partien zeichneten sich wegen des Fehlens markhaltiger Nervenfasern durch eine helle, nicht wie bei der Carmintinktion durch eine dunklere Farbe vor den gesunden aus. Der Farbengegensatz war aber, trotzdem es sich ja bei der Markscheidendegeneration um den Nachweis von etwas Negativem handelte, doch ein so scharfer, daß man die erkrankten Stellen viel besser wahrnehmen konnte als bei den positiven Carminbildern.

Gesteigerten Anforderungen für pathologische Zwecke vermochte aber auch die Markscheidenfärbung nicht zu genügen, selbst wenn wir dabei von intimeren Zellveränderungen ganz absehen, die wir erst durch die NISSLsche (und die

BIELSCHOWSKIsche B.) Methode kennen gelernt haben. Die Defekte von markhaltigen Nervenfasern, die man durch die Markscheidenmethode erkennt, sind immer schon gröbere. Ausfälle vereinzelter Fasern, selbst wenn diese nicht gar zu spärlich sind, entziehen sich der Kenntnisnahme*; Defekte in den Ausläufern der Nervenzellen, auf die die Neuroglia ja auch durch Wucherung reagiert, sind durch die Tinktion der Markscheiden gar nicht nachzuweisen. Wenn man Parallelpräparate aus denselben Stücken mit Markscheidenfärbung und mit einer guten Neurogliafärbung macht, so kann man sich sehr oft davon überzeugen, daß man an den letzteren Schnitten Veränderungen mit Leichtigkeit wahrnehmen kann, von denen man an den ersteren entweder gar nichts sieht oder doch erst dann etwas, wenn man durch die Neurogliapräparate darauf aufmerksam geworden ist. An manchen Stellen ist es schon a priori ganz undenkbar, daß man durch die Markscheidenmethoden degenerative Prozesse nachweisen kann (auch mit anderen Methoden nicht), nämlich dann, wenn an der betreffenden Partie des Centralnervensystems so gut wie gar keine markhaltigen Nervenfasern (und auch keine größeren Ganglienzellenkörper) normalerweise vorhanden sind. Dies gilt z. B. für die jenseits der PURKINJEschen Zellkörper liegende Schicht der Molekularschicht des kleinen Gehirns. Hier kann man, z. B. bei Tabes, bei senilen Veränderungen, bei progressiver Paralyse oder bei multipler Sclerose oft genug hochgradige Degenerationen durch die starke Wucherung der Neurogliafasern erkennen, von denen man bei Anwendung keiner anderen Methode das geringste wahrzunehmen vermag.

Unter diesen Verhältnissen ist es wohl gerade einem pathologischen Anatomen nicht zu verdenken, wenn er auf die Auffindung einer geeigneten Methode zum scharfen Nachweis der Neurogliafasern viel Mühe verwendet hat. So quäle ich mich denn in der Tat seit mehr als 13 Jahren damit ab, eine Methode zur Färbung der Neurogliafasern herauszubekommen, die allen billigen Anforderungen auch wirklich entspricht. Welches diese Anforderungen sind, darüber habe ich mich a. a. O. bereits ausführlich ausgelassen (pag. 128 u. f.). Hier möchte ich nur bemerken, daß die Färbung zunächst eine elektive sein muß, in dem Sinne, daß entweder die nervösen Bestandteile des Centralnervensystems überhaupt nicht gefärbt oder doch so, daß man sie von den Stützsubstanzen leicht unterscheiden kann. Diese Forderung erfüllt die von mir damals beschriebene Methode ja durchaus. Auch anderen Anforderungen ist ja Genüge geleistet, wenn man davon absieht, daß die Haltbarkeit auch der nach neueren Prinzipien hergestellten Präparate noch nicht genügend festgestellt ist. Ich bin jetzt auch imstande, aus demselben Block Präparate auf Markscheiden und andere auf Neuroglia zu tingieren, aber die Hauptsache ist heute ebensowenig bei meiner Methode erreicht, wie vor sieben Jahren. Ich sagte ja damals gegen den Schluß der Bemerkungen über die Methode: „Den Abschluß der neuen Methode, den ich jetzt erreicht habe, kann ich nur als einen vorläufigen ansehen. Wenn man die Unbequemlichkeit bei der Härtung mit in den Kauf nimmt, so sind zwar die von uns aufgestellten Forderungen teils vollständig, teils so erfüllt, daß die Methode wenigstens brauchbar ist. Aber einer sehr wichtigen Forderung, der der Sicherheit, ist im idealen Sinne noch nicht Genüge geleistet. Ehe aber die Methode nicht eine geradezu mathematische Sicherheit besitzt, ist sie nicht als vollendet zu bezeichnen." Ich bemerke ausdrücklich, daß die hier durch gesperrten Druck hervorgehobenen Stellen auch im Original hervorgehoben sind. Nach alledem ist es mir nicht recht verständlich, wie BENDA sagen kann, „daß die WEIGERTsche Methode doch nicht die Sicherheit der Hand-

* In einem frühen Stadium der Degeneration greift die da mit Recht so berühmt gewordene MARCHIsche Methode aushelfend ein. Sie zeigt die feinsten Degenerationsherde im positiven Bilde. Bei lange bestehenden Degenerationen aber versagt sie naturgemäß, weil dann die zerfallenen Markscheidenbestandteile, die die Methode nachweist, verschwunden sind. W.

habung bietet, die vom Entdecker selbst gefordert und ihr zugeschrieben wurde".* Den entgegengesetzten Vorwurf wie BENDA hat mir ein Freund bald nach dem Erscheinen der genannten Schrift gemacht, indem er sagte, ich hätte so oft die Unsicherheit der Methode hervorgehoben, daß ich dadurch die Leute von der Benutzung derselben zurückschreckte!

Es war nun mein unausgesetztes Bestreben in den seitdem weiter verflossenen 7 Jahren, diese „mathematische" Sicherheit der Methode zustande zu bringen. Dieses Ziel habe ich noch immer nicht erreicht. Besser ist es ja schon geworden, aber gut noch nicht. Unter diesen Verhältnissen muß ich an dieser Stelle darauf verzichten, über meine Versuche zu berichten, und ich werde mich damit begnügen müssen, in der Hauptsache meine alte, von mir selbst in dieser Form nicht mehr angewandte Methode hier zu schildern. Ob andere glücklicher gewesen sind, kann ich nicht beurteilen. Ich habe wohl hier und da ein nach Modifikationen meiner Methode oder nach anderen Prinzipien gefärbtes Präparat gesehen, von denen aber kein einziges die Vollständigkeit der Färbung aufwies, die ich selbst schon erreicht hatte. Ich möchte freilich auf diese wenigen Erfahrungen hin kein absprechendes Urteil über gewisse Methoden abgeben. Umgekehrt hätte ich aus einem oder dem anderen doch etwa gut gelungene Präparate, wenn ich ein solches gezeigt bekommen hätte, ja über die Sicherheit der Methode, nach der es gefärbt war, auch nichts aussagen können. Eine Methode kann z. B. das (am leichtesten zu färbende) menschliche Rückenmark mit ganz schön dargestellter Neuroglia zeigen, aber am Gehirn, am Pons oder den Vierhügeln doch versagen.

* * *

1. Was die zur Untersuchung auf Neuroglia geeigneten Objekte anbelangt, so habe ich in der erwähnten Abhandlung darauf hingewiesen, daß nur ganz frisches Material als passend zu bezeichnen ist. Diese Angabe von mir ist wohl allseitig bestätigt worden. Freilich läßt sich das, was als „ganz frisches" Material anzusehen ist, nicht zahlenmäßig feststellen. Bei kaltem Wetter dauert es viel länger, bis das Centralnervensystem für meine Neurogliafärbung (und wohl auch für andere) unbrauchbar wird, als bei warmem. Auch die Todesursache ist nicht gleichgültig. Ganz besonders gut gelingt die Färbung an Gehirnen von Diabetikern, ganz besonders schlecht an sehr feuchten Hirnen, z. B. bei Meningitis tuberculosa. Als ungefähre Regel kann angegeben werden, daß ein Rückenmark, das beim frischen Durchschneiden über die Schnittfläche hervorquillt, für die Neurogliafärbung bereits ungeeignet ist, auch wenn sich noch hier und da einige Fasern tingieren sollten. Ebenso ist ein Gehirn meist unbrauchbar, wenn die mittlere Commissur maceriert ist.

Eine Zeitlang vermutete ich, daß der negative Ausfall meiner Färbung an Gehirnen kleinerer Tiere umgekehrt auf einer zu frischen Beschaffenheit derselben beruhe. Das hat sich aber nicht bestätigt.

---

* Ich kann nur bedauern, wenn dieser Satz, der keinen Tadel für WEIGERT, sondern eine Entschuldigung für meine Verbesserungsversuche enthalten sollte, den auch von mir hochverehrten Forscher gekränkt hat. Er bezog sich natürlich nicht auf die Einschränkungen der Sicherheit der Methode, die WEIGERT selbst zugegeben hatte, sondern auf solche, die nach meinen und anderer Erfahrungen über das hinausgingen. WEIGERT sagt pag. 131 l. c.: Es passiert mir doch noch, daß im Innern der Stücke leere Flecken zum Vorschein kommen, wo Neurogliageflechte da sein müßten, aber ziemlich sicher ist die Methode doch." Wenn es sich so verhielte, würde ich die Methode als mathematisch sicher bezeichnen, denn derartige Fehlschläge kommen, ich möchte sagen, bei jeder Kernfärbung vor, und für Untersucher, die solche Fehlschläge nicht von pathologischen Veränderungen zu unterscheiden wissen, ist der Autor einer Methode nicht verantwortlich. Tatsächlich kommen aber bei der WEIGERTschen Methode aus unkontrollierbaren Ursachen, die (wie z. B. bekanntlich auch bei der KAISERLINGschen Farbenkonservierung) am wahrscheinlichsten auf chemischen Zersetzungen des Formalins beruhen, so vollständige Fehlschläge vor, daß sich in einem ganzen Material überhaupt keine Gliafaser färben läßt. BENDA.

2. Auch wenn das Material ganz frisch eingelegt wurde, so kann es doch durch die für die Vorbereitung zum Schneiden ja unvermeidliche Härtung noch dadurch verdorben werden, daß die hierzu benutzte Flüssigkeit nicht rasch genug in die Stücke eindringt. In einem solchen Falle gelingt die Färbung nur in den äußersten Schichten, während sie im Innern des Stückes ausbleibt. Auch diese Beobachtung von mir ist allseitig bestätigt worden. Um diesen Mißstand zu vermeiden, habe ich vorgeschlagen, und alle sind mir darin gefolgt, nur möglichst dünne Stücke einzulegen, also nicht über einen $^1/_2$ *cm* dicke. Für das Gehirn muß noch darauf aufmerksam gemacht werden, daß man auch nicht zu breite Stücke in die fixierenden Flüssigkeiten tun darf.

Auch die Art der Härtungsflüssigkeit ist nicht gleichgültig für die gute Konservierung des Materials. Der Alkohol hat sich mir persönlich nicht bewährt, obgleich andere Forscher, wie BENEKE, gute Resultate damit bekommen zu haben angeben. Ebensowenig die dünnen Lösungen von Kaliumbichromat, z. B. die klassische MÜLLERsche Flüssigkeit. Besser ging es ja mit den konzentrierten Lösungen des doppeltchromsauren Kaliums etc., oder mit der von mir angegebenen Bichromatchromalaun-, resp. Bichromatfluorchrommischung. Ich habe jedoch dem Formol in $10^0/_0$iger Lösung den Vorzug gegeben, weil gerade diese Flüssigkeit besonders schnell in die Tiefe der Präparate eindringt. Von stärkeren Lösungen habe ich selbst keinen Vorteil gesehen, obgleich es ja sehr nahe lag, diese zu versuchen. Andere Autoren geben aber an, mit Lösungen von $25^0/_0$ bessere Resultate erzielt zu haben als mit der $10^0/_0$igen, z. B. BENDA. Jedenfalls haben sich die meisten Autoren meiner Empfehlung des Formols als primären Härtungsmittels angeschlossen, sei es, daß sie es zunächst allein in Anwendung bringen, oder nach meiner Eventualempfehlung einer der sogleich zu besprechenden Beizen zusetzen.

3. Die dritte Prozedur, die bei meiner Neurogliafärbung in Anwendung kam, war die eben erwähnte Beizung. Wenn es sich bloß um die Frage handelte, Neurogliafasern überhaupt zu färben, so bedürfte es freilich keiner Beizung. Ich habe ja natürlich mit der einfachen „Fibrinfärbung“ auch Versuche genug gemacht, und ich habe dabei gefunden, daß sich in der Tat bei dieser hier und da die Neurogliafasern färben lassen, aber das ist ja nicht der Zweck einer richtigen Neurogliafärbung. Diese soll das Gerüstwerk möglichst vollständig zur Darstellung bringen, und das gelingt ohne irgend eine Beizung, oder wie man es sonst nennen will, nicht mit irgend einer halbwegs genügenden Sicherheit. Auch BENEKE, der noch am glücklichsten in der Anwendung der einfachen (kaum nennenswert modifizierten)* Fibrinfärbung gewesen ist, gibt an, daß es, um gute Resultate zu erhalten, auf die genaueste Innehaltung der Auswaschezeit ankäme. „Eine Sekunde zu spät, und die gewünschte Färbung kann bereits hochgradig abgeblaßt sein,“ sagt er. Auf eine so schmale Brücke kann man sich aber nicht wagen, wenn man irgend welche Sicherheit bei einer Methode beansprucht. Man wird also wohl bei der Beizung bleiben müssen.

Diese Beizen, wenn wir sie weiter so nennen wollen, können gleichzeitig als primäre Härtungsmittel dienen, wie ich das schon in meiner Abhandlung angegeben habe, sei es, daß man sie ohne weitere Zusätze benutzt, sei es mit Formolzusatz. So kann man, wie ich angab, die schon oben erwähnten stärkeren Lösungen von Chromaten verwenden. Ich selbst habe a. a. O. gesagt, daß ich von diesen zurückgekommen wäre, weil ich so leicht Achsencylinderfärbungen mitbekommen hätte. Andere haben aber doch wieder auf diese Lösungen von Bichromat oder gar von Chromsäure zurückgegriffen, ohne auf jene Mißhelligkeit zu stoßen, und ich habe mich selbst davon überzeugt, daß man diese durch geeignete Maß-

* Eigentlich ist nur das Verhältnis von Anilinöl zu Xylol verändert. Ich hatte für die Fibrinfärbung 2 Teile Anilin und 1 Teil Xylol empfohlen, BENEKE nimmt 2 Anilin auf 3 Xylol. W.

nahmen vermeiden kann. So haben manche Forscher das zuerst von DURIG publizierte, dann von ORTH unabhängig davon empfohlene Gemisch von Kaliumbichromat und Formol, andere haben ZENKERsche Flüssigkeit etc. benutzt.* Ich selbst habe in meinem Buche als eventuelle primäre Härtung und Beizung die Mischung von essigsaurem Kupferoxyd (5%), Chromalaun (2½%) und Essigsäure (5%) in Verbindung mit Formol (10%) ebenfalls als empfehlenswert bezeichnet. Die Herstellung dieser Mischung mußte insofern besonders sorgfältig geschehen, als die Chromalaunlösung ordentlich gekocht werden mußte, damit aus dem ursprünglich violetten Chromsalze die grüne Modifikation entstünde. Die violette gab nämlich mit dem nachträglich zugesetzten neutralen essigsauren Kupferoxyd Niederschläge, die bei Verwendung der grünen Modifikation nicht eintraten. Bequemer als das Chromalaun ist das von mir eingeführte Fluorchrom anzuwenden, wie ich schon im 6. Bande der MERKEL-BONNETschen „Ergebnisse" (pag. 14 f.) angegeben habe. Dieses Salz ist nämlich von Hause aus grün und so ist denn die Darstellung der „Beize" bequemer.

Andrerseits habe ich angegeben, daß man auch die früher bereits erwähnte Härtung in reinem Formol der eigentlichen Beizung vorausschicken könne. Auch dies ist von vielen befolgt worden. Man hat meiner Angabe entsprechend zunächst eine Formolhärtung vorgenommen und dann erst die Beizungen in Anwendung gezogen. Ich selbst habe bereits angegeben, daß man die soeben erwähnte Mischung, die gegenwärtig von den Autoren vielfach als „Neurogliabeize" κατ' ἐξοχήν bezeichnet wird, auch nach der Formolhärtung anwenden könne.

Andere Autoren haben der Formolhärtung andere Beizen folgen lassen. So verfährt MALLORY in der Weise, daß er die formolgehärteten und 4—8 Tage (im Brutofen) mit Pikrinsäure behandelten Stücke noch weitere 4—8 Tage (ebenfalls im Brutofen) mit einer 5%igen Lösung von Ammoniumbichromat behandelt. BENDA ferner gibt an, daß man die in Formol fixierten Stücke noch mit Chromsäure beizen solle etc.

Endlich haben es manche Forscher vorgezogen, die Beize erst auf die schon fertigen Schnitte einwirken zu lassen, u. a. STORCH. In gewisser Beziehung findet auch bei unserem Verfahren eine solche Schnittbeizung noch nachträglich statt, indem das weiter unten zu erwähnende übermangansaure Kalium auf den Schnitten zunächst ja einen beträchtlichen Metallsalzkörper zurückläßt.

4. Die Einbettung der Präparate kann kaum entbehrt werden, da die Schnitte wenigstens für die von mir angegebene Färbungsmethode nicht zu dick geraten dürfen. Ich selbst habe die Celloidineinbettung verwendet, während andere, namentlich BENDA, die Paraffinbehandlung besonders warm empfehlen. BENDA meint, daß unentcelloidinisierte Schnitte sich deshalb nicht für meine (und verwandte) Neurogliafärbung eignen, weil das Celloidin „durch seine Mitfärbung die Kontrolle der Differenzierung erschwert". In dieser Beziehung aber hat man das Celloidin nicht zu scheuen. Die Kontrolle der Differenzierung ist ja bei unserer Methode nicht von einem Hervortreten irgend welcher Strukturen abhängig, wie das etwa bei der Markscheidenfärbung der Fall ist. Die Differenzierung ist vielmehr immer dann beendet, wenn die Schnitte ganz frei von Trübungen geworden sind, und wenn keine blauen Strömungen („Schlieren") mehr abgegeben werden. Für gewöhnlich werden diese beiden Bedingungen fast oder ganz gleichzeitig erfüllt. Die Kontrolle hierfür hat man aber an nicht entcelloidinisierten Schnitten gerade so wie an solchen, aus denen das Celloidin entfernt worden war. Bei meiner ursprünglichen Methode machte die Anwesenheit oder die Abwesenheit des Celloidins auch kaum einen Unterschied für den Erfolg der Färbung, und ich habe denn auch an celloidinhaltigen Schnitten sehr gute

---

* ANGLADE verwendet eine Chrom-Osmiummischung, die er als FOLsche Lösung bezeichnet. Ich kenne die Zusammensetzung dieser FOLschen Lösung nicht. W.

Färbungen erhalten, in meinem Buche abgebildet und auch sonst vielfach demonstriert, so daß ich nicht glauben kann, daß, wie BENDA meint, auf die Nichtentfernung des Celloidins für meine alte Methode ein großes Gewicht zu legen sei. BENDAs Färbemethoden gelingen allerdings nur an entcelloidinisierten Präparaten und auch bei neueren Modifikationen meiner Methode, die ich selbst vorgenommen habe, ist die Auswaschung des Celloidins wünschenswert, wenigstens dann, wenn man die Stücke lange in sehr dickem Celloidin läßt.

In letzterem Falle wird dann manchmal die Färbung hier und dort ungenügend, und wenn man ganz sicher gehen will, so wird man für diese neuen, noch nicht abgeschlossenen Modifikationen in der Tat gut tun, das Celloidin zu entfernen. Der Grund für die schädliche Wirkung des Celloidins kann aber, wie gesagt, nicht in dem von BENDA angegebenen Momente gesucht werden. Auch die bloße Mitfärbung des Celloidins ist nicht allein Schuld, denn man sieht für den Fall, daß die Neurogliafasern überhaupt eine scharfe Färbung angenommen haben, auf dem stets nur blaßblauen Grunde die dunkelblauen Fasern doch sehr gut. Aber es gibt eben Fälle, in denen eine scharfe Färbung der Neuroglia wenigstens stellenweise im celloidinhaltigen Schnitte ausbleibt, und für diese Fälle müssen wir dann annehmen, daß das Celloidin aus irgend einem anderen, wohl physikalischen Grunde, die distinkte Färbung der Fasern verhindert. Wir kennen ja ähnliche Verhältnisse auch von anderen Färbungen mit basischen Anilinfärbungen her, namentlich von manchen Bacterientinktionen. Selbstverständlich kann man auch die Paraffineinbettung für solche Präparate benutzen, die freilich mit vielen „wenns“ und „abers“ umgeben ist und eine gute Markscheidenfärbung an Schnitten desselben Blockes nicht ermöglicht.

5. Die aus den so vorbereiteten Präparaten angefertigten Schnitte müssen nun vor der Färbung noch einer Prozedur unterzogen werden, die ich als eine „Reduktion“ bezeichnet habe. Diese Bezeichnung ist insofern, wie BENDA mit Recht hervorhebt, nicht glücklich gewählt gewesen, als ja, wie sich gleich zeigen wird, der erste Teil des Verfahrens sogar einer starken Oxydation entspricht. Ich hatte aber auf den letzten Teil desselben deshalb den Hauptakzent gelegt, weil ich nach früheren Versuchen, bei denen gar keine Oxydation in Frage kam, die Reduktion für das Ausschlaggebende halten mußte.

Über diese Prozedur, die ich also mit einer Parsprototobezeichnung „Reduktion“ genannt hatte, sagte ich in meinem Buche pag. 140 folgendes:

„Als bestes Verfahren empfiehlt sich die in der Technik schon lange gebräuchliche, aber erst von LUSTGARTEN in die Histologie eingeführte Reduktion mit Kalium hypermanganicum und schwefliger Säure. LUSTGARTEN hat diese Reduktion im Leipziger pathologischen Institute (selbständig) 1884 zuerst angewendet. Er brachte sie nach Wien und hier ist sie dann von PAL (ganz wenig verändert) zu einer Modifikation meiner Markscheidenfärbung benutzt worden. Man kann die LUSTGARTENsche Methode direkt anwenden. Besser wirkt aber noch eine kleine Modifikation derselben, bei der ein Stoff in Anwendung kommt, der als Kontrastfarbe und als Verstärker Anwendung findet. Dieser Stoff ist das Chromogen etc.“

Das Chromogen ist das saure Natriumsalz der 3—6 Disulfosäure des 1—8 Dioxynaphthalins. Ich empfahl davon 5% in Wasser zu lösen und 5% Ameisensäure von 1,20 spez. Gew. zuzusetzen. Man sollte sorgfältig filtrieren und dann vor dem Gebrauche 10 *ccm* einer 10%igen Lösung von einfach schwefligsaurem Natrium auf 90 *ccm* zusetzen. Die von mir empfohlene Ameisensäure ist etwa viermal so stark als die offizinelle, was von vielen Autoren übersehen worden ist.

Wie aus dem obigen hervorgeht, hatte ich diesen Zusatz nicht bloß, wie BENDA sagt (a. a. O.), zu dem Zwecke empfohlen, um eine kontrastierende Grundfärbung zu erzielen, sondern weil dabei mehr Fasern hervortreten und die Färbung derselben eine dunklere wird. Zur Kontrastfärbung hatte ich vielmehr noch eine besondere Nachbehandlung zwar auch mit Chromogen, aber ohne schweflige Säure empfohlen. Wenn daher BENDA, meiner Eventualempfehlung folgend, der einfachen LUSTGARTEN-PALschen Reduktion den Vorzug gibt, so ist er damit zu einem Verfahren zurückgekehrt, das ich aus den angeführten Gründen damals verlassen zu müssen geglaubt hatte.

Die Bedeutung dieser Oxydation durch übermangansaures Kalium und die darauffolgende Reduktion habe ich (pag. 134 a. a. O.) in dem Umstande vermutet, daß dabei eine ganz feine Schicht einer reduzierten Metallverbindung zurückbliebe, die in ähnlicher Weise als „Beize" diente, wie für andere basische Anilinfarben sehr feine Niederschläge das Haften des Farbstoffes begünstigten. Ich war der Meinung, daß das betreffende Metall nur dann an den Neurogliafasern hafte, wenn es an sie im hochoxydierten Zustande herangebracht würde (pag. 134 a. a. O.). In dieser Beziehung wäre also gerade die Behandlung mit übermangansaurem Kalium noch ein besonderes Verstärkungsmittel, ja, wie ich später gefunden habe, genügt dieses Metallsalz unter geeigneten Umständen als alleiniger Beizkörper, also ohne Benutzung anderer Metallverbindungen.

Ich habe diese ganze Auffassung in meinem Buche als bloße Hypothese bezeichnet, möchte aber auch jetzt noch insofern an dieser Hypothese festhalten, als ich immer mehr in der Überzeugung befestigt worden bin, daß in der Tat für die Erreichung einer guten Färbung eine Beizung, oder wie man es sonst nennen will, nicht zu entbehren ist. Nur insofern habe ich meine Anschauung geändert, als ich inzwischen andere Beizen gefunden habe, für die der Satz nicht gilt, daß „das betreffende Metall zuerst in hochoxydiertem Zustande an die Neurogliafasern herangebracht werden müsse". Ob diese schon die bestmöglichsten Resultate liefern, kann ich noch nicht mit Sicherheit sagen.

Wie es auch sein mag, diese Beizen müssen nur als äußerst feine Schicht den Schnitten anhaften, wenn sie wirksam sein sollen, sie müssen sozusagen als „molekularer Hauch" festsitzen.

Der einzige Autor, der sich außer mir mit der Theorie der uns beschäftigenden Färbung abgegeben hat, BENDA, ist freilich ganz anderer Ansicht wie ich. Nicht nur meint er, daß die Behandlung mit übermangansaurem Kalium und schwefliger Säure nur als Oxydationsmittel* in Betracht käme, sondern er glaubt sogar, daß die ganze Beiztheorie speziell für meine Neurogliafärbung** eigentlich überflüssig wäre. Er sagt vielmehr: „Der Sinn des Verfahrens liegt ganz allgemein in einer Fortschaffung oder Inaktivierung der bei der Härtung verwendeten Metallsalze, besonders der Chromate, und ich betrachte es als Entchromierungsverfahren." So einfach kann aber die Sache nicht liegen. Einmal lehrt ja schon die Mangelhaftigkeit der Färbungsresultate bei einfacher Formol- oder Alkoholhärtung (ohne Behandlung mit Metallsalzen), von der wir schon früher gesprochen haben, daß die bloße Abwesenheit der Metallverbindungen in specie der Chromate nicht genügt, um eine gute Tinktion zu ermöglichen. Doch könnte man hierbei immer noch einwenden, daß hier die Tinktion deshalb mangelhaft war, weil die Fasern ohne die Anwesenheit von Metallsalzen bei den „Durchtränkungsmethoden", die doch nun einmal kaum entbehrt werden können, ihre Färbbarkeit mehr oder weniger einbüßen (BENDA, a. a. O.). Ich möchte daher bemerken, daß ich bei meinen ungemein vielen Versuchen doch gefunden habe, daß man die Präparate auch ohne Anwendung von Metallsalzen in gewisser Weise so fixieren kann, daß sie auch nach den Durchtränkungen (mit Alkohol etc.)

* Er glaubt sogar, daß man auch andere „einfache Oxydationsverfahren" an Stelle der oben erwähnten Behandlung brauchen könne. Das möchte ich jedenfalls bestreiten. W.

** Die Wirkung von Beizen als Fixierungsmittel für basische Anilinfarben überhaupt leugnet BENDA aber in keiner Weise, im Gegenteil, er widmet dieser Beizwirkung sogar ausführliche Bemerkungen. Er hat auch speziell für die von ihm empfohlene besondere Neurogliafärbung die Bedeutung der dabei angewendeten Beize sehr scharf hervorgehoben. W.

sehr gute Färbungen geben. Aber gerade in diesen Fällen färbten sich die Schnitte ohne nachträgliche „Beizung" entweder gar nicht oder doch schlecht, während sie nach Behandlung mit passenden Metallverbindungen eben eine sehr schöne Färbung annahmen. Auch hier war von einer Inaktivierung oder Fortschaffung von Chromaten oder dergleichen nicht die Rede, da die Präparate vorher gar nicht mit solchen in Beziehung getreten waren.

Ferner spricht gegen BENDAs Auffassung der von mir schon in meinem Buche (pag. 142) hervorgehobene Umstand, daß Schnitte, die sich (nach vorangegangener „Beizung") sehr gut färbten, ihre Färbbarkeit mehr oder weniger einbüßten, wenn sie längere Zeit in Wasser oder in reinem 80%igem Alkohol aufbewahrt waren, obgleich hier doch gar keine neuen Metallverbindungen auf sie einwirkten.

Zum Schlusse dieser Betrachtungen über die „reduktive" Behandlung der Schnitte möchte ich aber doch darauf hinweisen, daß unsere Verwendung des LUSTGARTEN-PALschen Verfahrens bezüglich einer Modifikation desselben immerhin als ein Novum zu betrachten ist. Bis dahin war jene Methode niemals zur Verstärkung oder zur Ermöglichung einer (später erfolgenden) Färbung benutzt worden, sondern umgekehrt immer nur zur Entfärbung resp. zur Differenzierung nach eingetretener Überfärbung.

6. Die nun endlich folgende eigentliche Färbung der Schnitte beruht durchaus auf den Prinzipien meiner Fibrinmethode. Die Änderungen, die ich vorschlug, liegen einmal in der Verwendung einer stärker alkoholischen Methylviolettlösung 70—80%iger Alkohol, eventuell noch mit Zusatz von 5 *ccm* einer 5%igen Oxalsäurelösung* auf 100 *ccm* der Farbflüssigkeit), sodann darin, daß ich die Anilinöl-Xylolmischung etwas modifiziert habe, indem ich statt des ursprünglich benutzten Verhältnisses von zwei Teilen Anilin auf einen Teil Xylol, nunmehr von beiden Substanzen gleiche Raumteile verwendete.

Die Färbung mit der alkoholischen Methylviolettlösung nahm ich auf dem Objektträger vor, und ich habe angegeben, daß die Farbflüssigkeit nur kurze Zeit einzuwirken brauche. Selbstverständlich habe ich oft versucht, durch prolongierte Behandlung der Schnitte mit der Farbe bessere Erfolge zu erzielen, habe aber keinen Vorteil davon gesehen. Andere Autoren haben aber die Tinktionsflüssigkeit mit Nutzen lange einwirken lassen, z. B. KRAUSE. Verwendet man Paraffinschnitte, so muß man nach BENDA die Farblösung sogar in erwärmtem Zustande mit den Schnitten zusammenbringen, wenn man ordentliche Resultate erzielen will.

Die Jodlösung bleibt, wie ich angab (pag. 143 a. a. O.), nur einen Moment auf dem gefärbten und abgetrockneten Präparate, so daß die Angabe KRAUSEs in seiner schönen Abhandlung über die Neuroglia des Affenrückenmarks (pag. 6), daß ich eine 10 Minuten lange Einwirkung des Jodjodkaliums empfohlen hätte, auf einem Versehen beruht. Meine Bemerkung, daß die Jodlösung eine in 5%iger Jodkaliumlösung gesättigte sein müsse (pag. 142), ist mehrfach unbeachtet geblieben, und es sind darauf sicherlich manche Mißerfolge bei der Anwendung meiner Methode zurückzuführen.

Nach der Jodierung werden die Schnitte wieder abgetrocknet, mit Anilinölxylol (1 : 1) differenziert**, sorgfältig mit Xylol abgespült und in Balsam eingeschlossen. Als bester hat sich mir in neuerer Zeit der Colophonium-Terpentinlack

---

* BENDA empfiehlt statt der Oxalsäure Salzsäure und Anilin als Zusätze zur Farbflüssigkeit (1 Volumen in 70%igem Alkohol gesättigter Krystallviolettlösung, 1 Volumen 70%iger Alkohol mit 1% Salzsäure, 2 Volumen Anilinwasser). Ein besonderer Unterschied für das Gelingen der Methode liegt kaum in den Farbstofflösungen, die empfohlen sind. Nur rein wässerige Lösungen sind zu vermeiden. W.

** Die Sorte des Anilinöls schien mir ganz gleichgültig zu sein. Ich benutze das MERCKsche Anilinum purissimum pro analysi, das nicht so dunkel wird, habe aber früher ohne sonderlichen Unterschied auch andere, weniger reine Sorten verwendet. W.

bewährt. Derselbe ist in der mikroskopischen Technik von LEE und MAYER (Berlin 1898, pag. 233) erwähnt, und mein damaliger Assistent Dr. HELBING hat mich auf diese Stelle hingewiesen.

*

Es bleibt uns noch übrig, einige andere Methoden zur Färbung der Neuroglia zu besprechen, die auf anderen Prinzipien wie die WEIGERTs beruhen. Einige derselben entsprechen höheren Anforderungen deshalb nicht, weil sie die Neuroglia nicht elektiv färben. Zu diesen gehört in erster Linie die Färbung der Schnitte mit Säurefuchsin-Pikrinsäure. Der erste, der eine solche Kombination verwendet hat, war LUIGI MARIA PETRONE. Sein Verfahren wurde aber in keiner Weise bekannt, so daß es erst VAN GIESON vorbehalten war, diese von ihm selbständig erfundene Methode einzuführen. VAN GIESONs Methode wurde dann von KULTSCHITZKI etwas modifiziert. Gerade für die Neuroglia ist aber die sonst so wertvolle VAN GIESONsche Methode nicht zu empfehlen. Sie ist gar zu wenig elektiv. Besser soll sie wirken, wenn man nicht Alaunhämatoxylin, sondern Eisenhämatoxylin als Nebenfarbe anwendet (BENDA, a. a. O.).

Auch die HEIDENHAINsche Eisenhämatoxylinmethode ist für die Neurogliaforschung verwertet worden, und zwar von ERIK MÜLLER mit sehr gutem Erfolge bei ganz tiefstehenden Vertebraten. Er macht aber selbst darauf aufmerksam, daß sie bei höheren Wirbeltieren nicht benutzbar wäre. Der Grund für diesen Unterschied ist von BENDA wohl richtig erkannt worden. Er sagt, daß die günstigen Erfolge bei jenen niederen Tieren darauf zurückzuführen wären, daß hier die Markscheiden, die sich sonst so leicht mitfärben, weniger mit Hämatoxylin färbbar seien. Außer ERIK MÜLLER hat dann auch noch JOSEPH an Wirbellosen die HEIDENHAINsche Färbung zur Darstellung der Neuroglia benutzt. Nach der BENDAschen Bemerkung wird man die guten Resultate an wirbellosen Tieren erst recht verständlich finden.

Weiterhin ist der MALLORYschen Färbungen zu gedenken. Wir verdanken diesem geschätzten Forscher eine ungemein interessante Bereicherung der Hämatoxylintechnik, auf die vor ihm keiner gekommen war, nämlich die Verwendung der Phosphormolybdän- und Phosphorwolframsäure zur Lackbildung. Die erstere Säure hat er wesentlich zur Darstellung der Achsencylinder empfohlen, doch ist sie auch zur Untersuchung der Neuroglia sehr geeignet, wenn es (wie etwa in Gliomen) nicht auf eine besonders differenzierte Färbung ankommt. Die Neuroglia wird durch Hämatoxylin-Phosphormolybdänsäure tief schwarz.

Die Phosphorwolframsäure in Verbindung mit Hämatoxylin führt uns zu der zweiten Gruppe der anderweitigen Neurogliafärbungen, nämlich zu denen, die eine differenzierte Tinktion der Nervenstützsubstanz anstreben. Die Methode wird von MALLORY auf Präparate angewendet, die in der früher angegebenen Weise mit Formol, Pikrinsäure und Ammoniumbichromat vorbehandelt waren. Die Schnitte werden dann in Kalium hypermanganicum oxydiert, in 1%iger Oxalsäurelösung reduziert, ausgewaschen und dann 12—24 Stunden oder länger mit einer Flüssigkeit gefärbt, die aus 0,1 *g* Hämatoxylin, 80 *ccm* Wasser, 20 *ccm* einer 10%igen Lösung von Phosphorwolframsäure und 0,2 *ccm* Wasserstoffsuperoxyd besteht. Will man die Neuroglia nicht isoliert gefärbt erhalten, so wäscht man die Schnitte rasch in Wasser aus, bringt sie in Alkohol, Origanumöl und endlich in Balsam. Dann erscheinen die Achsencylinder und die Nervenzellen hellrosa, das Bindegewebe dunkelrosa, die Neuroglia hingegen und die Kerne erscheinen blau. Wünscht man aber die Neuroglia, und zwar in haltbarem Zustande tingiert zu erhalten, so differenziert man die Schnitte nach der Färbung noch in einer 30%igen alkoholischen Lösung von (trockenem) Ferrum sesquichloratum 5 bis 20 Minuten lang. Dann sind in der Tat nur die Neurogliafasern dunkelblau gefärbt, alles andere ist blaß gelblich oder grau.

Endlich sei noch die Methode von YAMAGIVA erwähnt. Er benutzt in MÜLLERscher Flüssigkeit ungefähr einen Monat lang gehärtete Präparate, färbt die daraus gewonnenen Schnitte in konzentrierter alkoholischer Eosinlösung 12 Stunden oder länger, bringt sie dann für 4—6 Stunden in konzentrierte Lösung von wasserlöslichem Anilinblau in Wasser und wäscht sie entsprechend einer von mir vor vielen Jahren für die Markscheidenfärbung empfohlenen Art und Weise in verdünntem, durch Zusatz von etwas Kalilauge alkalisch gemachtem Alkohol aus. In diesem Alkohol werden die Schnitte rötlich-bräunlich, um dann aber nach Übertragung in Wasser wieder blau zu werden, also ähnlich wie das von mir damals angewandte Säurefuchsin (ebenfalls eine „saure" Anilinfarbe, wie Anilinblau) sich verhielt. Dann erst wird das überschüssige Anilinblau durch Alkohol ausgezogen, wobei die Schnitte einen rötlichen Farbenton bekommen. Sie wurden dann in Origanumöl gebracht (worin sie wieder etwas blauer werden) und in Balsam eingeschlossen. Die Achsencylinder sind dabei tiefblau, die Neuroglia schön rot, die Markscheiden sind himmelblau bis grünlich, die Ganglienzellen blaßbläulich grau. Auch YAMAGIVA gibt an, daß die Färbung nur dann gelingt, wenn kleine Stückchen in die MÜLLERsche Flüssigkeit gelegt werden.

Die Färbung von YAMAGIVA beruht also auf einer Eosinfärbung mit nachfolgender STRÖBEscher Achsencylinderfärbung. Sie sucht eine elektive Neurogliatinktion dadurch zu erzielen, daß die anderen Bestandteile des Centralnervensystems mit einer anderen Farbe besetzt werden.

* * *

Auch BENDA hat eine differenzierte Neurogliafärbung nach neuen Prinzipien angegeben.*

BENDA bemühte sich, zunächst von theoretischen Gesichtspunkten aus, durch Variation der Härtungs-, Beizungs- und Färbungsmethoden die Bedeutung der einzelnen Manipulationen kennen zu lernen. Er kam dadurch zu einigen bereits im vorhergehenden erwähnten Modifikationen der WEIGERTschen Methode und zu einer neuen Methode, die weitgehende Unterschiede in der Härtung und Färbung aufweist. Dieselbe wird von ihm als absolut sicher bei menschlichem und Säugetiermaterial empfohlen. Sie besteht in einer Härtung mit starkem Alkohol, darauffolgender Chromierung durch eine nacheinanderfolgende Behandlung mit 10%iger Salpetersäure, Kaliumbichromat- und Chromsäurelösung, Durchtränkung mit Paraffin, Färbung mit dem Doppellack Eisenalizarin, Toluidinblau mit nachfolgender Kreosotdifferenzierung.

Der Gang des Verfahrens ist der folgende:

I. Härtung. 1. Einlegen des frischen Materials in 90—93%igen Alkohol für mindestens 2 Tage bis beliebig lange.

NB. Eine Verwendung absolut frischen Materials ist gewiß auch hier vorteilhaft, aber nicht so ängstlich zu beachten wie bei den anderen Methoden. Ich habe die Fasern an 24 Stunden p. m. seziertem menschlichen Material mit Sicherheit konserviert. 1 *cm* dicke Scheiben werden gleichmäßig durchdrungen, wenn man die bei allen Alkoholhärtungen empfehlenswerten Kunstgriffe benutzt, durch Lagerung der Stücke auf Fließpapier oder Watte oder durch freies Aufhängen ein allseitiges Eindringen der Flüssigkeit zu befördern und relativ große Mengen Flüssigkeit verwendet sowie den Spiritus mindestens einmal und, sobald er trübe wird, erneuert. Die Zeit, die die Stücke nach vollendeter Härtung im Spiritus bleiben können, scheint unbegrenzt zu sein; die Darstellung ist mir an 5 Jahre altem Material tadellos gelungen. Die angegebene Mindestzeit von 48 Stunden braucht bei sehr kleinen Stücken nicht einmal abgewartet zu werden.

---

* Dieser Satz ist aus dem Artikel WEIGERTS übernommen, wie ich für diejenigen bemerken möchte, die meine Methode noch immer als „Modifikation der WEIGERTschen Methode" führen. *Benda.*

2. Die Stücke kommen in höchstens 0,5 *cm* dicken Scheiben in verdünnte offizinelle Salpetersäure (1 Vol. Acid. nitr. auf 10 Vol. Aqu. comm.) auf 24 Stunden.

NB. Wenn die erste Portion Salpetersäure zu stark mit Alkohol verunreinigt ist, muß sie einmal erneuert werden.

3. 24 Stunden in Sol. Kal. bichromic. 2 : 100.

4. 48 Stunden in Sol. Acid. chromic. 1 : 100.

5. Wässern (24 Stunden in mehrmals erneuertem Wasser), Härten in steigendem Alkohol, Durchtränkung mit Paraffin.

NB. Die Paraffindurchtränkung, bei der lange starke Erwärmung vermieden werden muß, nehme ich in folgender Weise vor:

a) Nach Alcoh. absol. 24 Stunden in Buchenholzkreosot, *b)* 24 Stunden in Benzin, *c)* mehrere Tage in Benzin, welches mit 42° schmelzbarem Paraffin gesättigt ist, zuerst in gedeckten, dann in offenen Schalen, *d)* 24 Stunden in einen Brütofen von 38°, *e)* unter Hinzufügung von bei 42° geschmolzenem Paraffin 2 Stunden in den Ofen von 45°, *f)* die aus dem Paraffin genommenen und oberflächlich mit Fließpapier abgetrockneten Stücke werden mit Paraffin von 58° Schmelzpunkt umgossen.

II. Färbung der aufgeklebten und von Paraffin befreiten Schnitte.

1. Beizen der Schnitte 24 Stunden in 4%iger Eisenalaunlösung oder verdünntem Liqu. ferr. sulfur. oxydati 1 : 2 Vol. Aq. dest.

2. Abspülen in fließendem Wasser oder in mehreren Wasserschalen.

3. 2 Stunden in dünner bernsteingelber wässeriger Lösung von sulfalizarinsaurem Natrium (Kahlbaum).

NB. Bei Bezug von Grübler ist Marke „Kahlbaum" hinzuzufügen.

4. Eintauchen in Wasser und Abtupfen mit Fließpapier.

NB. Um die Rotfärbung lebhafter zu machen, kann man die Schnitte auch in eine dünne Lösung von einfachchromsaurem Kalium eintauchen, dann gründlich in Wasser abspülen und trocknen.

5. Färbung in 0,1%iger wässeriger Lösung von Toluidinblau, Erwärmen, bis Dämpfe aufsteigen, dann etwa 15 Minuten in der erkalteten Flüssigkeit oder 1—24 Stunden in kalter Toluidinblaulösung.

6. Eintauchen in 1%ige Essigsäure oder stark verdünnte Pikrinsäure.

7. Abtrocknen mit Fließpapier, Eintauchen in Alcohol absolutus.

8. Differenzieren in Buchenholzkreosot cca. 10 Minuten unter schließlicher Kontrolle des Mikroskops.

NB. Bei schwacher Vergrößerung muß alles Bindegewebe und die Achsencylinder rot, die Zellkerne blau erscheinen. Größere Gliaanhäufungen, wie die um den Centralkanal, müssen sich schon makroskopisch scharf blau gegen die blaßviolette Umgebung abheben.

9. Abtrocknen mit Fließpapier, mehrmaliges Überspülen mit Xylol, Balsam.

Die gleiche Härtung und Färbung dient auch zur Darstellung der Centralkörperchen, der Muskelquerstreifen, des Fibrins und einiger Secretgranulationen.

Die wesentlichen Eigentümlichkeiten dieser Methode beruhen also in erster Linie auf dem Härtungsverfahren, bei dem auf den Alkohol zurückgegriffen wird, dessen gute Eigenschaften für die Konservierung mancher Elemente des Centralnervensystems durch die Nisslsche Methode und dessen spezielle Eignung für die Gliakonservierung bereits durch die Benekesche Methode erprobt war. Sein Vorzug vor dem Formalin liegt in der vollkommenen Beständigkeit und Kontrollierbarkeit seiner chemischen Eigenschaften; sein Nachteil in der geringeren Tiefenwirkung gegen das Formalin, wodurch auch seine Anwendung Sorgfalt erfordert und unbeschadet der mathematischen Sicherheit des Verfahrens Konservierungsfehler im Innern der Stücke gelegentlich unterlaufen.

Die nachfolgende Chromierung ist eine empirisch gefundene Methode, die eine sehr schnelle und gleichmäßige Verteilung und Imprägnierung des Chroms bewirkt, wie sie sonst am Alkoholmaterial nur durch wochenlange Behandlung mit Chromsalzen zu erreichen ist.

Hinsichtlich der Färbungen ist zu bemerken, daß außer der prinzipiell abweichenden angegebenen Methode auch sämtliche anderen geeigneten an jenem Material Gliafibrillen darstellen. Besonders gilt das für Eisenhämatoxylin, welches man entweder nach M. HEIDENHAINs Methode anwendet oder an Stelle der Differenzierung mit der Eisensalzlösung mit WEIGERTs für die Markscheidenfärbung angegebenen Differenzierungsflüssigkeit von Boraxblutlaugensalzlösung differenziert oder durch VAN GIESONs Pikrinsäure-Säurefuchsingemisch gleichzeitig differenziert und nachfärbt. Ausgezeichnete Ergebnisse hat auch die WEIGERTsche Färbung selbst an dem nach BENDAs Vorschrift gehärteten Material ergeben, notabene von BENDA ohne Chromogen angewendet, und mit einer tinktoriell ganz gleichen, bereits oben erwähnten abweichenden Farblösung (Krystallviolett, Anilinwasser, Salzsäurealkohol), die den Vorteil gewährt, längere Zeit konservierbar zu sein.

Die Eisenalizarin-Toluidinblaufärbung BENDAs, die bei anderen Härtungen und anderem Material zur Darstellung von Zellkörnungen, z. B. Mitochondria (s. dort), geeignet ist, beruht auf der Beizwirkung des Eisenalizarinlacks für basische Anilinfarben, durch welche letztere an eine Anzahl von Gewebselementen gebunden werden, zu denen sie bei einfacher Färbung keine Affinität besitzen und dagegen aus anderen auswaschbar werden, an denen sie bei einfacher Färbung fester haften. Bei der Auswaschung kommt dann der rotbraune Eisenalizarinlack hervor. Die Präparate zeigen also schöne Kontrastfärbungen. An gelungenen Präparaten ist alles Gewebe in verschiedener Intensität braunrot, nur die Gliafasern dunkelblau. Daneben bleiben auch die Kerne und, ganz ebenso wie das auch bei der WEIGERTschen Methode eintrifft, die Fibrinfasern blau gefärbt.

In neuerer Zeit sind noch einige Verbesserungen der Methoden angegeben worden, die wesentlich auf Änderungen der Härtung hinauslaufen. Sehr schöne Resultate erhielt RUBASCHKIN, indem er die WEIGERTsche Härtungsflüssigkeit (Formol-Kupferacetat-Chromalaun) von der Aorta aus injizierte, ein Verfahren, welches natürlich nur bei kleineren Tieren anwendbar ist.

Neben gelegentlich angewandten Varianten der Härtungsflüssigkeiten (so ZENKERsche Lösung von W. ROSENTHAL, VAN GEHUCHTENs Flüssigkeit von VAN DER HOLST) ist als wesentlichere Neuerung nur die Methode DA FANOs zu nennen, der durch die Einführung der Pyridinmethoden DONAGGIOs große Vorteile erlangt zu haben scheint. DA FANO gibt zwei Härtungsmethoden für Pyridin an. Die erste:

Kleine Stücke von Nervengewebe werden für 24—48 Stunden in Pyridinnitrat gehärtet. (Die Lösung wird jedesmal frisch in der Weise bereitet, daß 72 Vol. reines Pyridin „Merck" mit 28 Vol. Salpetersäure von 50% vorsichtig vermischt werden, da auf die Entwicklung von Hitze und Dämpfen zu achten ist.) Die der Härtungsflüssigkeit entnommenen Stücke werden 6 Stunden in fließendem Wasser gewaschen, in steigendem Alkohol gehärtet, in Cedernöl aufgehellt, in Paraffin eingebettet. Die Färbung geschieht nach der MALLORYschen Methode.

Die zweite Methode, nur auf sehr kleine Stücke zu verwenden, da die Härtungsflüssigkeiten wenig eindringen, ist folgende:

Die Stücke kommen für 36—48—72 Stunden in folgendes Gemisch: 3 Vol. Pyridinnitrat, 1 Vol. 1%ige Osmiumsäure; die Flüssigkeit ist wenigstens einmal zu wechseln. Dann Waschen in fließendem Wasser 6—12 Stunden. Nachfärbung in Alkohol. Einbettung in Paraffin wie oben. Die Färbung wird nach BENDAs Eisenalizarin-Toluidinblaumethode vorgenommen, wobei zu bemerken ist, daß der Autor vorher die Schnitte noch chromiert, indem er sie 24 Stunden in WEIGERTscher Gliabeize und 24 Stunden in 2%iger Chromsäure beläßt. Ganz abweichend ist schließlich das dritte Härtungsverfahren, bei dem Silbernitrat die Hauptrolle spielt:

Kleine Stücke von Nervengewebe bleiben auf 4—5 Tage im Thermostaten von 36—37° in einer Argentum-nitricum-Lösung von 3%. Nach kurzer Abspülung in Wasser erfolgt die Nachhärtung in Alkohol, Paraffineinbettung. Färbung mit Eisenalizarin-Toluidinblau (vermutlich mit Vorausschickung der oben erwähnten Schnittchromierung).

Den Hauptvorzug seiner Methoden sieht der Autor in der Klarlegung des Verhältnisses der Neurogliafibrillen zu den Glia- und Ependymzellen, eine Leistung, die der Eisenalizarin-Toluidinblaumethode BENDAs aber auch bei BENDAs Originalmethode zukommt, wenn auch die Verhältnisse, der Abbildung DA FANOs nach zu urteilen, bei der neuen Härtung noch ausgeprägter erkennbar sind.

Schließlich verdient noch eine Empfehlung SANDs Beachtung, die eine sehr vielseitige Härtungsmethode des Nervensystems empfiehlt, der neben anderen wertvollen Fähigkeiten auch die Konservierung der Neuroglia zugeschrieben wird.

Diese Härtung (möglichst frisches Material, Stücke nicht über 5 *mm* dick) erfolgt mit einem Gemisch von 90 *ccm* reinem anhydren Aceton und 10 *ccm* reiner konzentrierter Salpetersäure. Erneuerung der Flüssigkeit dreimal (nach 1, 4 und 24 Stunden). Härtung 48 Stunden.

Dann auf 6—8 Stunden in reines Aceton, welches $^1/_2$, 1 und 3 Stunden nach dem Einlegen gewechselt wird.

Dann direkt in 50°iges geschmolzenes Paraffin, welches $^1/_2$ und 1 Stunde nach dem Einlegen gewechselt wird. Durchtränkung in 2 Stunden beendigt.

Für die Gliafärbung werden die Schnitte aufgeklebt, entparaffiniert, dann 5 Tage im Brütofen mit WEIGERTs Gliabeize behandelt, gewaschen, alsdann Kaliumpermanganat und der weitere übliche Gang.

Literatur: AGUERRE (Arch. Mikr. Anat., Bd. 56, 1900), BARTEL (Zeitschr. Wiss. Mikr., Bd. 21, 1904), BENDA (Neurol. Centralbl., Nr. 17, 1900), derselbe (Verh. Physiol. Ges., Berlin 1900), derselbe (Verh. Anat. Ges., Bonn 1901), BENEKE (Verh. Anat. Ges., Göttingen 1893), derselbe (Centralbl. Pathol. Anat., Bd. 4, 1893), DURIG (Anat. Anz., Bd. 10, 1895), DA FANO (Ric. Lab. Anat. Norm. Roma, Bd. 12, 1906), VAN GIESON (New York Med. Journ. 1889), HUBER (Amer. Journ. Anat., Bd. 1, 1901), JOSEPH (Unters. Stützsubst. d. Nervensyst., Wien 1892), KRAUSE (Abh. Akad. Wiss., Berlin 1899), MALLORY (Journ. of Exper. Med., Bd. 10, 1900), MÜLLER (Arch. Mikr. Anat., Bd. 55, 1899), PETRONE (Gazz. Osped. 1888), ROSENTHAL (Beitr. Pathol. Anat., Bd. 23, 1899), RUBASCHKIN (Arch. Mikr. Anat., Bd. 64, 1904), SAND (Arb. Wien. Neurol. Inst., Festschr., 1907), STORCH (Arch. Pathol. Anat., Bd. 157, 1900), STROEBE (Beitr. Pathol. Anat., Bd. 13, 1893), WEIGERT (Anat. Anz. 1890), derselbe (Centralbl. Pathol. Anat. 1890), derselbe (Beitr. z. Kenntn. d. norm. menschlichen Neuroglia, Festschr., Frankfurt a. M. 1895), YAMAGIWA (Arch. Pathol. Anat., Bd. 160, 1900). *(Weigert †) Benda.*

Neutrale Farbstoffe und Farbgemische.

I. Allgemeines.

Die einfachen Farbstoffe, insbesondere die Anilinfarben, meist als Salze von Farbbasen oder Farbsäuren für die mikroskopische Technik in Verwendung, sind niemals neutral; ihr färbendes Prinzip wirkt entweder als Säure oder als Base, und die Gewebe, je nachdem sie selbst saure oder basische Eigenschaften besitzen, bevorzugen bald diejenigen Farbsalze, denen eine Base, bald diejenigen, denen eine Farbsäure zugrunde liegt. Es sind Beweise genügend vorhanden für diese chemische Gewebsfärbung, wiewohl daneben auch nach Art der Tünchung oder Durchtränkung oder Adsorption oder starren Lösung (WITT) eine physikalische Farbstoffimbibition existiert, die zuweilen recht intensiv und schwer entfernbar, also ziemlich echt genannt werden kann.

Wenn nun alle Farbstoffe in der eben bezeichneten Weise entweder einen sauren oder einen basischen Charakter besitzen, so ist es schon theoretisch einleuchtend, daß sie untereinander Verbindungen eingehen können von der Art, daß die basischen mit den sauren unter vollkommener Sättigung ihrer Affinitäten zu einem neuen neutralen Farbstoff vereinigt werden können.

Der erste, der solche neutrale Farbkörper wirklich darstellte und verwendete, ist EHRLICH gewesen, welcher besonders das Triacid (s. unten) als neutralen Farbstoff für die mikroskopische Technik des Blutes einführte, ein Farbstoff, der später auch für die Gewebe von BIONDI und R. HEIDENHAIN und von ROSIN für das Nervengewebe erfolgreich verwendet wurde.

In neuerer Zeit hat auch die Verbindung des Methylenblau mit dem Eosin namentlich für Blutfärbung allgemeine Anwendung gefunden.

Die Darstellung neutraler Farbstoffe aus je einem basischen und sauren gelingt mit großer Leichtigkeit. Wie ROSIN gezeigt hat, sind die neuen Verbindungen stets in Krystallen, also chemisch rein zu erhalten. Sie entstehen, indem man die wässerigen Lösungen des einen mit der wässerigen des anderen versetzt. Der neugebildete Farbstoff fällt dann aus, da die Neutralfarben in Wasser unlöslich sind. Doch gelingt diese Ausfällung vollkommen nur bei genauestem Verfahren in wässerigen Lösungen. Bei einem Überschuß der einen der beiden Farbstoffkomponenten bleibt immer ein Teil der neugebildeten Neutralfarbe in Lösung (EHRLICH, ROSIN). Also z. B.: fügt man zu einer wässerigen Lösung von Rubin S (einem sauren Farbstoff, einer Sulfosäure) von einer wässerigen Methylgrünlösung (einem basischen Farbstoff der Ammoniumgruppe) Tropfen um Tropfen hinzu, so bildet sich zwar sofort „rubinsaures Methylgrün"; dasselbe bleibt aber anfänglich in Lösung, nämlich im Überschuß des Rubins. Erst nach weiterem Zusatz und gleichzeitigem längeren Stehen beginnt der Neutralkörper auszufallen. Kommt noch mehr Methylgrün hinzu, so kann ein Moment erreicht werden, in welchem sämtlicher Farbstoff ausgefallen und die Flüssigkeit nahezu farblos geworden ist. Fügt man nun noch weiter Methylgrün hinzu, so beginnt sich wiederum ein Teil des Farbkörpers aufzulösen. Im allgemeinen gilt die Regel, daß der neutrale Farbstoff im Überschuß der Säure besser als im Überschuß der Base löslich ist. In Wasser aber ist der Neutralfarbstoff, aus welchen Farben er auch gebildet worden ist, stets unlöslich; nur unter Zersetzung, unter Dissoziation, gelingt es, namentlich mit kochendem Wasser, gewisse, kleine Mengen davon aufzulösen. Dasselbe gilt vom Zusatz von Säuren oder Alkalien.

Unter den unzähligen Verbindungen, die sich so unter den Farben herstellen lassen, haben aber für die Färbetechnik praktische Bedeutung nur eine begrenzte Anzahl gefunden.

Unter den basischen Farben eignen sich diejenigen, welche die sogenannte Ammoniumgruppe enthalten (Methylgrün, Methylenblau, Amethystblau, Pyronin, Rhodamin), von den Säuren besonders die leichtlöslichen Salze der Sulfosäuren (Orange G, Säurefuchsin, Narceïn) und unter den Carbonsäuren nur das Eosin (EHRLICH).

Wie schon erwähnt, sind die reinen, krystallisierten Neutralfarben in Wasser unzersetzt nicht löslich, in äthylalkoholischer Lösung aber entfalten sie zumeist nur eine schwache färberische Kraft. Um sie in wässeriger Lösung wirken zu lassen, gibt es nun folgende Mittel:

1. Man löst die Farben auf in einem Überschuß der Farbsäure.

2. Die Neutralfarbe wird im Überschuß der Base aufgelöst.

3. Man versetzt das Wasser vor der Vereinigung der wässerigen Lösungen oder nachträglich mit einer färberisch indifferenten, aber den neutralen Farbstoff lösenden Flüssigkeit. Man bereitet sich alkoholisch-wässerige Lösungen, oder man fügt statt Alkohol Methylal oder Aceton hinzu.

4. Ganz besonders wirksam für die Färbung erweist sich der neutrale Farbkörper in statu nascendi. Man vereinigt also Farbbase und Farbsäure in dünner wässeriger Lösung und färbt unmittelbar während der Bildung des Neutralkörpers. Farbige Nebenprodukte (Beimengungen der Farbbase) scheinen in dieser Periode auch ihrerseits noch eine besondere Wirkung zu entfalten (ROMANOWSKIsche Färbung).

5. Ebenso wirksam wird der in (Methyl-) Alkohol konzentriert gelöste Farbstoff, wenn nach dessen wenige Minuten betragender Einwirkung für kurze Zeit reichlich Wasser hinzugefügt wird. Die entstehende Dissoziation der Farbkomponenten, die hierdurch reichlich erfolgt, wirkt färberisch intensiv und sehr elektiv;

Niederschläge kommen erst einige Minuten später zustande, nachdem zuvor eine Schwebung der Farbkörper stattgefunden hat. Nur in dieser Periode der Schwebung darf der Wasserzusatz zur Wirkung kommen.

So finden die Neutralfarben, welche also krystallisierte Verbindungen aus einer Farbsäure und einer Farbbase sind, in reinem Zustande nur dann eine Anwendung in der mikroskopischen Technik, wenn man sie im Zustande der Dissoziation in (methyl-) alkoholisch-wässeriger Lösung verwendet. Erfahrungsgemäß kommt in ihnen die Wirkung der Neutralfarbe vollauf zur Geltung: die Gewebe färben sich chemisch in dem Sinne, daß die basophilen Bestandteile sich die Base, die oxyphilen die Säure aus der Neutralfarbe abspalten, resp. die in der Lösung teilweise in Dissoziation befindlichen Farbkomponenten aufnehmen, während die neutrophilen Gewebe die Farbe als solche annehmen. Je basophiler ein Gewebe, um so entschiedener entspricht die Farbnuance der Base, je oxyphiler, um so mehr derjenigen der Säure. Daß neben dieser chemischen Färbung, wie bei jeder Farbwirkung, auch die physikalischen Eigenschaften der Neutralfarbe, ihrer Komponenten und ihres Lösungsmittels sich geltend machen, ist selbstverständlich.

Es verdient schließlich hervorgehoben zu werden, daß die Affinität, welche Farbsäuren und Farbbasen untereinander besitzen, auch dann nicht ganz ohne Einfluß bleibt, wenn man mit sauren und basischen Farben nicht gleichzeitig, sondern nacheinander färbt. Es wird hier die von dem einen Farbstoff eben erzielte Farbwirkung durch das Hinzufügen des zweiten modifiziert, und je nach der Konzentration der Farblösung und je nach der Dauer ihrer Einwirkung wird man wechselvolle Bilder erhalten; insofern die eine Farbe die andere zu neutralisieren und mit ihr unlösliche Verbindungen einzugehen vermag, wird man es auch erklären können, daß bei einer gewissen Form der Anwendung die eine Farbe entfärbend auf die andere wirken kann. Im allgemeinen sind daher die Resultate der Nacheinanderfärbung schlechter als die der Simultanfärbung.

Die Einführung von Säuren oder Alkalien bei der Färbung mit Neutralfarbstoffen ist völlig zu verwerfen, ihre Verwendung widerspricht den obigen theoretischen Erwägungen und hat deshalb auch praktisch niemals einen Erfolg gehabt, wo die Absicht vorlag, den Geweben die elektive Färbung zu ermöglichen.

II. Spezielle Färbungsmethoden.

A. Lösung des neutralen Farbstoffes im Überschuß der Säure.

1. Ehrlichs Triacidlösung. Dieses erste und für die Mikroskopie wichtige Neutralgemisch verdient wegen seiner eigenartigen Konstitution und seines Namens eine kurze theoretische Besprechung:

Die Farbstoffe der Ammoniumgruppe, zu denen z. B. Methylenblau, Methylgrün gehören, enthalten drei basische Gruppen. Wird soviel von dem sauren Farbstoff oder noch mehr hinzugefügt, daß alle drei basischen Gruppen durch saure gesättigt sind, so entsteht eine triacide Verbindung.

Im Ehrlichschen Triacid findet sich das Methylgrün aber nicht durch eine, sondern durch zwei Farbsäuren zu einer triaciden Verbindung neutralisiert. Wie nämlich Ehrlich gezeigt hat, können neutrale Gemische, die eine Komponente gemein haben, ohne weiteres miteinander vereinigt werden. Die triacide Verbindung des Methylgrün mit dem Rubin und diejenige des Methylgrüns mit dem Orange G können ohne weitere Zersetzung gemischt werden. Vereinigt man also Methylgrün mit Säurefuchsin und Methylorange in der Menge, daß die drei basischen Gruppen des ersteren von den beiden letzteren gesättigt sind, was man leicht berechnen kann, wenn man weiß, wieviel von jeder einzelnen Farbsäure zur völligen (triaciden) Sättigung der Base nötig ist, so erhält man eine absolut neutrale, freilich im Wasser unlösliche, triacide Verbindung des Methylgrün mit Rubin und Orange. Durch Hinzufügen eines Überschusses an Rubin (und etwas Glycerin) wird dann der Farbkörper wieder in Lösung gebracht.

Auf dem eben dargestellten Prinzip beruht das EHRLICHsche Triacid, bei welchem der Name naturgemäß nichts mit der Reaktion der darin gelösten drei Farbkörper zu tun hat.

Für die Blutfärbung bedient man sich des Triacids nach EHRLICH (s. Blut, Bd. I, pag. 129 und 277).

Färbung von Schnittpräparaten mit EHRLICHscher Triacidlösung.

a) Nach ARONSOHN und PHILIPP: Konzentrierte wässerige Orange-G-Lösung 55,0, konzentrierte wässerige Säurefuchsinlösung 50,0, Aq. dest. 100,0, Alc. abs. 50,0. Dazu: Konzentrierte wässerige Methylgrünlösung 65,0, Aq. dest. 50,0, Alc. abs. 12,0. Man läßt die Lösung zwei Wochen ruhig stehen und färbt mit einer Mischung von einem Tropfen der Lösung auf 23 *ccm.* Wasser 24 Stunden. Das Verfahren ist für Blut- wie Schnittpräparate anwendbar.

b) Triacidgemisch nach BIONDI-HEIDENHAIN für Schnittpräparate. Vorbedingung ist Sublimatfixierung und Paraffineinbettung. Die Farblösung: Konzentrierte wässerige Lösung von Methylgrün 50,0, von Orange G 100,0, von Rubin 20,0; kann auch als trockenes Pulver von GRÜBLER (Leipzig) bezogen werden. Zur Färbung mischt man einen Teil der Farblösung auf 100 Teile Wasser. Ein Tropfen derselben muß auf Filtrierpapier einen braunen, keinen roten Ring in der Peripherie haben.

Die Sublimat-Paraffin-Schnitte (aus etwaiger Alkoholhärtung müssen sie für 1—2 Stunden in Essigsäure 1 : 100 kommen) werden aus destilliertem Wasser auf 24 Stunden in die verdünnte Farblösung gebracht, 1—2 Minuten in 90%igem Alkohol ausgewaschen, in absolutem Alkohol rasch entwässert und durch Xylol in Canadabalsam eingeschlossen.

Kerne blaugrün, Bindegewebe und Protoplasma fuchsinrot, Erythrocyten orange, Schleim grün, Fibrin rot. (Näheres siehe Bd. I, pag. 277 ff.)

c) ROSINs Triacidgemisch für Nervenfärbung. Man verwendet für die Farblösung das GRÜBLERsche trockene Dreifarbengemisch (s. vorherg.) Hieraus bereitet man sich zwei Lösungen:

Lösung 1: für Schnitte, die nicht in Celloidin eingebettet sind, also z. B. Paraffinschnitte, Gefrierschnitte etc.: Man löst 0,5 *g* des Gemisches in 100 *g* Wasser und fügt 7 *ccm* einer ½%igen Säurefuchsinlösung hinzu. Dann schüttelt man kräftig durch und läßt 24 Stunden abstehen. Die Farblösung wird unfiltriert gebraucht; sie hält sich mehrere Wochen; die Flaschen müssen säure- oder alkalifrei und mit destilliertem Wasser ausgewaschen sein. Nach 4 Wochen verschlechtert sich die Farblösung. Die Schnitte kommen in die Farblösung auf 5 Minuten (auch Objektträgerfärbung der Paraffinschnitte ist möglich), werden dann flüchtig in Wasser abgewaschen, so lange die allergröbste Farbe abgeht, kommen dann in Essigsäure 1 : 1000 (2 Tropfen Eisessig auf 100 Wasser), worin die Farbe fixiert wird auf nur 10—16 Sekunden, dann zum Entfernen der Essigsäure zurück in destilliertes Wasser und von da in Alc. abs., so lange kräftig Farbe abgeht (ca. 1—2 Minuten), dann sofort in Xylol und Xylolcanadabalsam. Die Präparate sind, wenn vorschriftsmäßig angefertigt, unbedingt haltbar. Formolhärtung oder Alkoholhärtung ist am vorteilhaftesten, doch ist auch Färbung des zerzupften Materials oder der Gefrierschnitte möglich.

Lösung 2: für Celloidinschnitte. Dieselbe wird aus Lösung 1 hergestellt, indem man zu 4 Teilen derselben noch 1 Teil ½%ige Säurefuchsinlösung hinzufügt. Diese Lösung ist etwas länger haltbar, cca. 2—3 Monate. Man färbt 1 bis 2 Minuten. Die weitere Behandlung der Schnitte ist die nämliche wie bei Lösung 1.

Effekt der Färbung: Kerne des Bindegewebes, der Gefäße, der Glia blau, letztere oft mit roten Kernkörperchen, Bindegewebe, Gefäßwand hochrot, Protoplasma aller Zellen rotviolett, rote Blutkörperchen orange, Gliagewebe violett, Achsencylinder violett, Markscheiden in Formol- und Chromhärtung gelb bis orange, Nervenzellen: in Formol- und Alkoholhärtung sind die NISSLschen Granula blau in blaßrosa Grundsubstanz, das Chromatin der Kerne violettrot, das Kernkörperchen violett, in Chromhärtung ist der Leib der Nervenzellen rot, wie auch das Chromatin des Kerns und das Kernkörperchen. Das Fett etwaiger Körnchenzellen wird bei Chromhärtung gelb. Das Lipochrom der Nervenzellen behält seine ursprüngliche Farbe bei.

Die Lösung 1 und 2 kann auch für die Färbung aller anderen Organe verwendet werden.

2. EHRLICHs neutrales Farbgemisch. 5 Volumina konzentrierte wässerige Säurefuchsinlösung werden unter fortwährendem Umrühren mit einem Volumen konzentrierter wässeriger Methylenblaulösung gemischt; sodann werden 6 Volumina Aqu. destill. hinzugemischt. Man läßt mehrere Tage abstehen und färbt mit dem Filtrat 5—20 Minuten.

Zur Blutfärbung geeignet: Kerne blau, rote Blutkörperchen rot, neutrophile Körnung violett, eosinophile rot.

3. PAPPENHEIMs panoptische Triacidfärbung. PAPPENHEIM hat aus gewissen Erwägungen das EHRLICH-Triacid insoferne modifiziert, daß er an Stelle der Farbbase Methylgrün eine andere setzte, und zwar empfiehlt er zwei Modifikationen.

a) Den unter dem Namen „panoptischer Triacidtrockenrückstand" bei GRÜBLER erhältlichen pulverförmigen Farbstoff. Hier ist statt Methylgrün als Base Methylenblau eingefügt.

b) Oder „panoptische Triacidlösung" (GRÜBLER). Hier ist statt Methylgrün Methylenazur als Base verwendet. Bei letzterem ist es zuweilen vorteilhaft, die Kerne mit konzentrierter wässeriger Toluidinblaulösung vorzufärben.

B. Lösung des neutralen Farbstoffes in einem Überschuß der Base.

Hier ist nur Methylenblau-Eosin in Gebrauch.

1. CHENZINSKYsche Lösung.

Konzentrierte wässerige Methylenblaulösung 40 *ccm*, $1^1/_2$ %ige Eosinlösung in 70%igem Alkohol 20 *ccm*, Aqu. destill. 40 *ccm*.

Die Lösung ist ziemlich haltbar, vor dem Gebrauch jedoch stets zu filtrieren. Die Blutpräparate müssen 5 Minuten in Alkohol fixiert werden. Dauer der Färbung 6—24 Stunden in luftdicht verschlossenen Blockschälchen bei Brutwärme.

Kerne und Mastzellengranula dunkelblau, Erythrocyten und eosinophile Granula rot. Die neutrophile Körnelung tritt nicht hervor. Malariaplasmodien himmelblau.

2. PLEHNs Lösung für die Malariafärbung:

Konzentrierte wässerige Methylenblaulösung 60 *ccm*, $^1/_2$ %ige Eosinlösung in 75%igem Alkohol 20 *ccm*, Aqu. destill. 40 *ccm*, 20%ige Kalilauge 12 Tropfen.

Man verwendet durch Hitze gehärtete Bluttrockenpräparate.

C. Lösung des Neutralkörpers in Wasser durch ein Lösungsmittel.

1. Durch Anwendung von Methylal nach EHRLICH (für Blutfärbung):

1%ige wässerige Eosinlösung 10 *ccm*, Methylal 8 *ccm*, gesättigte wässerige Methylenblaulösung (medicinale) 10 *ccm*.

Die Farbe muß sofort verwendet werden, Farbdauer 1, höchstens 2 Minuten.

Die Präparate müssen sehr sorgfältig durch Hitze fixiert werden. Mastzellengranula blau, eosinophile Granula rot, neutrophile im Mischton.

2. Durch Anwendung von Aceton nach L. MICHAELIS. Diese Methode ist von dem Autor durch eine wirkungsvollere Färbung (siehe unten) ersetzt worden.

D. Verwertung des Neutralfarbstoffes in statu nascendi (in Verbindung mit farbigen Nebenprodukten).

Hierfür ist bis jetzt nur eosinsaures Methylenblau in Verwendung unter der Bezeichnung ROMANOWSKI-ZIEMANNsche Färbung (auch JENNERsche oder GIEMSAsche oder MAY-GRÜNWALDsche Färbung).

Bei ihr ist das Vorhandensein des Methylenazur, eines roten Farbstoffes (cfr. Metachromasie), neben den beiden Hauptfarbstoffen Bedingung für das Zustandekommen einer gelungenen Färbung.

a) Die ursprünglich von ROMANOWSKI für die Bacterienfärbung angegebene Methode ist von verschiedenen Autoren (z. B. ZIEMANN, L. MICHAELIS, NOCHT, ROSIN, REUTER, ZETTNOW, RUGE, MAURER, BERESTREFF, HANNA, GIEMSA) teils erklärt, teils vervollständigt worden und hat dementsprechend verschiedene Modifikationen erhalten. Näheres siehe unter Blutparasiten, Bd. I, pag. 151 ff.

b) Eosinmethylenblau (auch für Schnittfärbung) nach LAURENT.

Nach LAURENT erzielt man eine sehr wirkungsvolle Färbung, wenn man folgendermaßen verfährt: Da Eosin als zweibasische Säure 2 Teile Methylenblau zu binden vermag, so werden 1000 *ccm* einer 1$^0/_{00}$igen Eosinlösung genau 882·3 *ccm* einer 1$^0/_{00}$igen Methylenblaulösung neutralisieren. (724 ist das Molekulargewicht des Eosin, 319·4 das des Methylenblau.) Nach zweimal 24 Stunden ist der feine Niederschlag des Eosinmethylenblau ausgefallen und die überstehende Flüssigkeit fast farblos. LAURENT verfährt nun folgendermaßen: Vor dem Gebrauch wird die Flüssigkeit mit dem Niederschlage kräftig durchgeschüttelt und 1 Teil der Suspension mit 4 Teilen Wasser verdünnt. Diese verdünnte Lösung wird im Reagensglase schnell aufgekocht. Die Flüssigkeit klärt sich dabei auf und wird farbenreicher und in die noch warme Lösung kommen nun die Präparate (allzu große Hitze muß dabei vermieden werden) und verbleiben $^1/_2$—6 Stunden darin, nicht länger als in der Flüssigkeit noch genügend gelöste Farbe vorhanden ist.

Trockenpräparate kommen nun in absoluten Alkohol, solange Farbwolken entweichen, dann in Xylol und schließlich in eingedicktes Cedernöl.

Schnitte werden in 96$^0/_0$igem Alkohol kurz abgespült und in absolutem Alkohol unter mehrmaligem Wechseln 2—10 Minuten lang, eventuell auch noch viel länger, differenziert. — Man prüft unter dem Mikroskop in Xylol von Zeit zu Zeit den Grad der Färbung. — Dann Xylol und eingedicktes Cedernöl. Sind allzu violette Töne in den Schnitten vorhanden, so nimmt man Anilinöl-Alkohol (1 : 3) statt Alkohol allein. LAURENT glaubt, daß bei dieser Methode die Farben nicht chemisch, sondern getrennt, d. h. dissoziiert wirken.

E. Anwendung des Neutralfarbstoffes in dissoziierter Lösung.

Hier ist (Eosin-Methylenblau und noch häufiger) Eosin-Methylenazur in Gebrauch. Methylenazur wird aus Methylenblau gewonnen, das mit kohlensaurem Kali erhitzt worden ist, wobei sich der stark basische Methylenazur abspaltet; man extrahiert diese Farbe mit Äther, worin sie sich mit roter Farbe löst (in Wasser löst sich Methylenazur mit blauer Farbe). Eosin-Methylenazur wird nun in Methylalkohol konzentriert gelöst, in welchem es etwas mehr dissoziiert wird als in Äthylalkohol.

Der Farbstoff wird auf die zu färbenden Gewebe gebracht, einige Minuten darauf gelassen und dann für einige Minuten mit viel destilliertem Wasser verdünnt.

Genaueres ergeben die einzelnen Artikel (Blut, Blutparasiten, Syphilisspirochaete).

Literatur: EHRLICH-LAZARUS (Die Anämie in NOTHNAGELS Handbuch, Spez. Path., Bd. 8), HANNA (Lancet, April 1900). LAURENT (Centralbl. Pathol. Anat. 1900). MAURER (Centralbl. Bact. 1900). MICHAELIS (Deutsch. Med. Wochenschr. 1899 und 1901). NOCHT (Centralbl. Bact. 1899). PAPPENHEIM (Deutsch. Med. Wochenschr. 1901), derselbe (Grundriß mikroskopischer Färbetechnik. Berlin 1901). PLEHN (Ätiologische und klinische Malariastudien, Berlin 1890), ROSIN (Berl. Klin. Wochenschr. 1898), derselbe (Centralbl. Physiol. 1900), RUGE (Einführung in das Studium Malariakrankheiten, Jena 1901), ZETTNOW (Zeitschr. Hyg. 1899). derselbe (Deutsch. Med. Wochenschr. 1900), ZIEMANN (Centralbl. Bact., Bd. 24 und 25). *Rosin,* Berlin.

Neutralfärbungen, regressive. Gießt man eine saure und eine basische Anilinfarbe zusammen, so reagieren sie sofort miteinander und es entsteht eine Neutralfarbe, welche gewöhnlich als dunkler Niederschlag zu Boden fällt. EHRLICH hat gezeigt, daß diese Neutralfarben am besten mit Orange G in Lösung zu bringen sind und daß man mit solchen Lösungen eigenartige Färbungen erzielen kann (siehe den vorbergehenden Artikel). Es können nun die Neutralfarben auch im Schnitt entwickelt werden, wenn man mit sauren Farben vor- und mit basischen nachfärbt. In diesem Falle entsteht die Neutralfarbe im Schnitt und ist mit Alkohol bzw. Methylalkohol differenzierbar.

Für dieses Verfahren eignen sich aber beiweitem nicht alle sauren und basischen Anilinfarben, denn Bedingung ist, daß durch die chemische Vereinigung von Farbsäure und Farbbase eine einigermaßen feste Verbindung entsteht und daß diese auch einigermaßen fest an dem Gewebe haftet. Man wird also unter den sauren Farbsalzen nur solche wählen können, die polyacide sind, damit die Möglichkeit gegeben ist, daß die Farben mit einer Säuregruppe am Eiweiß sich fixieren, mit einer anderen die Farbbase auf sich kondensieren. Was die basischen Farbstoffe anlangt, so können nur solche in Betracht kommen, welche starke Farbbasen enthalten.

Diesen Bedingungen entsprechen die von M. HEIDENHAIN vorgeschlagenen regressiven Neutralfärbungen. Als saure Vorfarben eignen sich Thiazinrot und Thiazinbraun (0,5—1%), Coerulein S (gesättigt), Brillantschwarz 3 B und Blauschwarz B (0,5—1%); als Nachfarben sind eigentlich nur die basischen Farben der LAUTHschen Gruppe verwendbar (Thionin, Methylenblau und besonders Toluidinblau, sämtlich zu 0,05—0,1%). Auf das Coerulein S kann man auch Safranin nachfolgen lassen.

Der Aufenthalt der Schnitte in den sauren Anilinfarben soll so bemessen sein, daß die Objekte zwar kräftig gefärbt sind, aber doch noch schön durchsichtig bleiben. Die Nachfärbung in den basischen Farben kann zwischen 1 und 12 Stunden variieren. Die Differenzierung erfolgt zunächst in Alkohol; extrahiert dieser nicht kräftig genug, so muß Methylalkohol genommen werden.

Spezielle Objekte dieser Färbungen waren bisher die Drüsengranula und das quergestreifte Muskelgewebe, besonders der Herzmuskel. Man erhält am Muskel Färbungseffekte, wie sie bisher noch nicht gesehen wurden, erstlich nämlich eine Inversion des gewohnten Färbungsbildes der Querstreifen (gefärbt sind Z, M, J und allenfalls auch Qh, während Q ungefärbt bleibt) und zweitens eine prachtvolle Färbung der Schaltstücke in der Herzmuskulatur. In den Drüsen färben sich die serösen Granula sehr stark, so daß auch von schwierigen Objekten (Tränendrüse) günstige Resultate erhalten werden können.

Literatur: FLEISCHER (Anat. Hefte, 1904), HEIDENHAIN (Anat. Anz., Bd. 20), derselbe (Zeitschr. Wiss. Mikr., Bd. 20). *Heidenhain*, Tübingen.

Neutralrot. Das Neutralrot, von WITT 1879 gefunden, von EHRLICH in die Mikroskopie eingeführt, oder Toluylenrot ist das Chlorhydrat der Base Dimethyldiamidotoluphenazin und entsteht durch Einwirkung von salzsaurem Nitrosodimethylanilin auf Toluylendiamin und Erhitzen des zuerst gebildeten Toluylenblau. Es ist ein grünschwarzes Pulver, welches in Wasser leicht mit roter Farbe löslich ist. Die rote Farbe ist in destilliertem Wasser ziemlich stumpf („neutral") mit einem Stich ins Violette; schon mit sehr verdünnten organischen Säuren aber färbt es sich fuchsinrot, mit sehr verdünnten Alkalien gelbbraun. Selbst die Alkalescenz des Brunnenwassers genügt, um dünne Lösungen des Neutralrots gelbbraun erscheinen zu lassen, während konzentrierte darin sich rotbraun färben. Auch in Alkohol färbt sich Neutralrot rotbraun, in verdünnten Lösungen gelbbraun.

Allgemeine Anwendung in der Mikroskopie.

In die Mikroskopie ist das Neutralrot, wie erwähnt, von EHRLICH eingeführt worden und hat sich daselbst dauernd eingebürgert. Es färbt als Farbbase Kerne und andere basophile Gewebsteile rot, so z. B. die NISSLschen Granula, den Leib der Lymphocyten und Plasmazellen, die Granula der basophilen Myelocyten, das Mucin. Umgekehrt färbt es das Protoplasma gelb, d. h. mit der Nuance der freien Base des Farbstoffes, offenbar unter Zersetzung des roten Farbstoffes seitens der Gewebe. Ebenso tingieren sich die meisten Granulationen (s. unten) entsprechend ihrer neutralen resp. schwach alkalischen, dem Zellplasma gleichen Reaktion ebenfalls gelb. Mastzellengranula färben sich metachromatisch orange. So verhalten sich im allgemeinen die Gewebe, wenn sie frisch geschnitten oder mit dem Gefrierapparat hergestellt oder in Alkohol oder in Formol gehärtet und nach Einbettung in Paraffin oder Celloidin geschnitten, der konzentrierten wässerigen Farbstofflösung etwa 10 Minuten ausgesetzt und dann nach Auswaschen in Wasser und Alkohol in Xylol-Canadabalsam eingelegt werden.

Da das Neutralrot relativ ungiftig ist, so ist es von EHRLICH vor allem zur vitalen Färbung empfohlen worden. Bei höheren Tieren kann man es durch subcutane oder intravenöse Injektion (in physiologischer Kochsalzlösung) oder durch Verfütterung verwerten; bei Froschlarven und Weichtieren genügt es häufig, sie in dünnerer Lösung des Farbstoffes schwimmen zu lassen. Die Färbung gelingt auch an „überlebenden" Organen, und zwar nach EHRLICH am besten in der Weise, daß man kleine Stückchen in physiologischer Kochsalzlösung, der eine Spur Neutralrot zugesetzt ist, unter reichlichem Luftzutritt eine Zeitlang schwimmen läßt. Ist das Objekt makroskopisch gerötet, so ist es zur Untersuchung fertig. Auch in solcher Weise verwendet, eignet sich das Neutralrot zum Studium der Zellgranula. Bei vitaler Färbung mit Neutralrot färben sich Zellkern und Zellleib, zunächst wenigstens, niemals, sondern nur eine große Anzahl von Granula.

In sterilisierter, physiologischer Kochsalzlösung möglichst konzentriert aufgelöst, läßt sich das ziemlich ungiftige Neutralrot Tieren Wochen hindurch je nach der Größe täglich zu einem oder mehreren Kubikzentimetern der Lösung injizieren. Dies gilt wenigstens für Kaninchen und Meerschweinchen. Mäuse vertragen den Farbstoff nicht so lange, bei täglicher Injektion von 1 *ccm* pflegen sie nach einer Woche einzugehen. Injizierte Tiere färben sich ziemlich rasch rot. Die Farbe durchdringt die Haut, nicht nur die Schleimhäute, auch der Urin und Stuhl wird rot gefärbt entleert. Bei Untersuchung der Organe derartig rot gefärbter Tiere zeigt es sich, daß die Farbe zumeist die Lymphe und die Saftlücken zwischen den Zellen erfüllt, während Kern und Leib der Zellen selbst, bis auf gewisse oben erwähnte Granula, bei Lebzeiten die Farbe nicht annehmen. Unter den Granulis gelang es dem Verfasser niemals, bei Kaninchen und Mäusen auf diese Weise die NISSLschen Granula vital zu färben, während ARNOLD dies vermochte. Bemerkenswert sind eigentümliche Granula in den Leberzellen, die L. MICHAELIS mit Neutralrot hervortreten sah und deren Deutung noch aussteht.

Die rote Farbe der Gewebssäfte vital gefärbter Tiere legt die Schlußfolgerung nahe, daß die Gewebe bei Lebzeiten nicht alkalisch reagieren, da sonst die Färbung gelb ausfallen müßte. Jedoch haben anderwärts mitzuteilende Versuche ergeben, daß die Rotfärbung hervorgerufen wird durch die in den Geweben vorhandene freie Kohlensäure trotz der Alkalescenz der Säfte.

Spezielle Anwendungen des Neutralrots.
Blutfärbung.

Für die Blutfärbung ist das Neutralrot besonders von ARNOLD, PAPPENHEIM, BETTMANN, ROSIN verwendet worden, namentlich zur vitalen Färbung des Blutes, besser gesagt, zur Färbung des überlebenden oder absterbenden Blutes (ARNOLDS Hollundermarkmethode). Man wird am besten die Blutfärbung derartig vornehmen (ROSIN und BIBERGEIL, FELETTI), daß man Deckgläschen mit einer dünnen, trockenen Neutralrotschicht versieht, auf diese Blut in dünner Ausbreitung überträgt und das Ganze in der feuchten Kammer untersucht. Es färben sich zunächst nicht die Kerne, sondern die Granula der Zellen. Man erkennt in den roten Blutkörperchen eigentümliche basophile Granula, in den weißen zumeist gelb gefärbte, neutrophile Granula, einzelne orangegelbe Mastzellengranula, während die eosinophilen die Farbe nur schlecht annehmen, und zwar mit rein gelber

Tinktion. Umgekehrt färbt sich der Lymphocytenleib rot. Später tritt auch eine allerdings nicht sehr kräftige, diffuse, rotgelbe Kernfärbung ein, wobei die Kernkörperchen der Lymphocyten und der Myelocyten (oft mehrere) besonders hervortreten. Neutralrot ist wie Pyronin (nach PAPPENHEIM) in der Kombination mit Methylgrün für eine derartige Blutfärbung des überlebenden Blutes sehr zu empfehlen.

Färbung von gonorrhoischem Sekret.

Neutralrot hat als basischer Farbstoff eine Affinität zu den Bacterien, welche übrigens diejenige zu den Kernen bei weitem übertrifft. Infolgedessen färbt sich in eitrigen Flüssigkeiten, frischen oder angetrockneten und gehärteten, welche bacterienhaltig sind, der Leib der Spaltpilze besonders rasch, und zwar rot, erst einige Zeit später tingieren sich die Kerne und das Protoplasma (PLATO). In interessanter Weise tritt dies am gonorrhoischen Secret hervor, in welchem sich zuerst die Gonocokken färben, später die Kerne der Plattenepithelien sowie die Leucocytenkerne und deren Granulationen in den ihnen zukommenden Nuancen (s. oben). Namentlich bei der Färbung frischen, gonorrhoischen Eiters, den man „vital" färbt, tritt dieses Verhalten deutlich hervor (PLATO, UHMA, BIBERGEIL).

Neutralrot als Unterscheidungsmittel zwischen Typhusbacillen und Colibacillen sowie von Streptocokken.

Wenn man Nährboden aus Gelatine oder Agar mit Neutralrot färbt wegen der Alkalescenz verändert sich die gelbe Färbung des Nährbodens durch den Farbstoff nur wenig —, so tritt ein Unterschied auf, je nachdem man Typhus- oder Colibacillen darauf impft. Die Typhusbacillen bewirken keine Farbänderung oder höchstens entsprechend ihrer Säurebildung eine schwache Rotfärbung in der Gegend ihres Wachstums, die Colibacillen aber bewirken eine intensiv grüne Fluorescenz (ROTHBERGER). Diese auch von SCHEFFLER, ALFRED WOLFF und vom Verfasser ohne Kenntnis der ROTHBERGERschen Untersuchungen sicher festgestellte Tatsache beruht nach EHRLICH auf der Bildung eines Reduktionsproduktes. Die Typhusbacillen reduzieren nicht wie die Colibacillen und sind so leicht durch den Farbstoff unterscheidbar. Nach OLDEKOP bedient man sich eines möglichst dünnen Neutralrot-Agar-Nährbodens. Auch einzelne Streptocokkenarten lassen sich durch den Nährboden voneinander scheiden (GORDON).

Neutralrot zur Färbung von Nervenzellen.

In Formol gehärtetes Nervenmaterial, welches nachher in Celloidin eingebettet und geschnitten worden ist, läßt sich zur Darstellung der NISSLschen basophilen Granula besonders leicht mit Neutralrot färben (ROSIN). Man läßt die Schnitte eine halbe Stunde in konzentrierter, wässeriger Neutralrotlösung liegen, wäscht sie in Wasser aus und extrahiert gründlich in Alkohol, dann Eintragung in Xylol und Canadabalsam: alle Kerne sowie die NISSLschen Granula werden leuchtend rot, während der Zellleib sich schwach gelb färbt.

Literatur: ARNOLD (Arch. Pathol. Anat., Bd. 157), BETTMANN (Münch. Med. Wochenschrift 1900), BIBERGEIL (Arch. Dermat. 1902), EHRLICH (Zeitschr. Wiss. Mikr., Bd. 11, 1894), derselbe (Allg. Med. Centralzeitg. 1894), GALEOTTI (Zeitschr. Wiss. Mikr., Bd. 11, 1894). GORDON (Centralbl. Bact. 1904). MICHAELIS (Arch. Mikr. Anat., 1900, Bd. 55), OLDEKOP (Centralbl. Bact. 1904). PLATO (Berl. Klin. Wochenschr. 1899), derselbe (Arch. Mikr. Anat., 1900, Bd. 56). derselbe (Münch. Med. Wochenschr. 1900), ROSIN und BIBERGEIL (Deutsch. Med. Wochenschr. 1902), derselbe (Arch. Pathol. Anat., Bd. 178, 1904) derselbe (Zeitschr. Klin. Med., Bd. 54), ROTHBERGER (Centralbl. Bact., Bd. 24), SCHEFFLER (Ebenda, 1900), UHMA (Arch. Derm. Syph., 1899, Bd. 50). WOLFF (Centralbl. Bact., 1902).

Rosin, Berlin.

Neutralviolett. $(CH_3)_2N \cdot C_6H_3 \langle N \atop N \rangle C_6H_3 \cdot NH_2 \cdot HCl$, ein naher Verwandter des Neutralrots. Grünschwarzes Pulver, das die Schleimhaut der Atmungsorgane heftig reizt. Die violette, wässerige Lösung färbt sich mit Salzsäure blau, mit Natronlauge liefert es braune Fällung. Färbt mit Tannin und Brechweinstein gebeizte Baumwolle wenig lichtecht.

Neuviktoriagrün Syn. für Malachitgrün (Ludwigshafen).

Nicholsons Blau Syn. für Alkaliblau.

Nickelsalze leiten sich vom Nickelmonoxyd NiO ab und sind wasserfrei gelb, wasserhaltig grün gefärbt. Die Lösungen der Salze haben schwach saure Reaktion.

Das Nickelsulfat $NiSO_4$ stellt ein blaues oder grünlich gefärbtes Salz dar, von dem in 100 Teilen Wasser bei 16° 37, bei 50° 52, bei 70° 62 Teile löslich sind. Nickelsulfat bildet mit Natrium- und Kaliumsulfat rote, krystallisierende Doppelsalze, die in Wasser ziemlich leicht löslich sind.

Deshalb benutzt SCHIMPER das Nickelsulfat zum Nachweis des Natrium- und Kaliumsulfat in den Pflanzen. Weitere Verwendung haben die Nickelsalze durch BOLTON gefunden, der bei seiner Modifikation der WEIGERT-PALschen Methode in Formol härtet, mit dem Gefriermikrotom schneidet, dann beizt, und zwar u. a. auch mit einer Lösung von Nickelsalzen, endlich mit KULTSCHITZKYS saurem Hämatoxylin färbt. Die Differenzierung wird nach PAL vorgenommen.

Literatur: BOLTON (Journ. Anat. Physiol., Bd. 32 u. 33, 1898 u. 1899), SCHIMPER (Flora 1890). *Mosse*, Berlin.

NICOLsches Prisma siehe: Polarisationsmikroskop.

Nicotin findet sich in den verschiedenen Tabakarten an Apfelsäure und Citronensäure gebunden, es ist eine starke Base und stellt eine farblose, an der Luft sich braun färbende Flüssigkeit dar. Es löst sich in Wasser und Alkohol, die wässerige Lösung reagiert stark alkalisch.

Das Nicotin kann in der Mikrotechnik zur Anregung der Speichelsecretion Verwendung finden, es ruft ziemlich starken Speichelfluß hervor. Für einen Hund genügen 2—3 *ccm* einer 0,5%igen Lösung.

Außerdem wird es für Wirbellose als Narkoticum vielfach benutzt, entweder indem man dem die Tiere enthaltenden Wasser geringe Mengen einer schwachen Nicotinlösung zusetzt oder indem man die Tiere unter eine Glocke mit Tabaksdampf bringt. Vor allem für Cölenteraten von Vorteil.

Vgl. auch den Artikel Alkaloide.

Niere. Das Epithel der Nierenkanälchen gehört mit zu den am schwierigsten zu fixierenden Geweben, besonders gilt das von den Epithelzellen der Tubuli contorti. In einem gut fixierten Präparat der Niere müssen die Glomeruli ihre Kapsel fast ganz ausfüllen und die Lumina der Harnkanälchen sollen völlig frei von Eiweißtropfen sein. Man soll deshalb, um ein rasches Eindringen der Fixationslösungen zu erreichen, nur recht kleine Stückchen einlegen oder, was sich mehr empfiehlt, die Fixationslösung durch die Gefäße injizieren. Besonders bei letzterer Methode gelingt es selbst mit sonst weniger leistungsfähigen Fixativen, wie z. B. absolutem Alkohol, doch noch tadellose Resultate zu erzielen.

Im allgemeinen geben die Nieren kleiner Säuger bessere Resultate als die großer Tiere. Für Stäbchenstruktur der Zellen der Tubuli contorti empfiehlt sich besonders die Niere der Ratte und des Igels. Der Übergang des Kapselepithels in das Epithel des Tubulus contortus ist besonders leicht an der Mäuseniere zu demonstrieren (BENDA). Bei vielen Tieren wirkt das in den Epithelzellen der Harnkanälchen sich massenhaft findende Fett störend (Katze).

Als Fixationsmittel sind von verschiedenen Seiten die verschiedensten Reagenzien empfohlen worden. R. HEIDENHAIN injiziert die Niere von der Arterie aus mit Alkohol oder legt kleine Stückchen für 24 Stunden in eine 5%ige wässerige Lösung von neutralem chromsaurem Ammoniak, dann in Wasser auswaschen, bis die Stücke farblos sind, und entwässern. Oder er injiziert zur Demonstration der Stäbchenstruktur zunächst eine kalt gesättigte Lösung von Chlorkalium und überträgt dann in Alkohol. Die FLEMMINGsche Flüssigkeit wird von KRUSE, NI-

COLAS, DISSE, THÉOHARI und anderen bevorzugt. TORNIER fixiert in auf 50° erwärmter konzentrierter Sublimatlösung, RÜHLE in Zenker, SAUER vor allem in Carnoy, 90%igem Alkohol mit 10% Salpetersäure, Perényi oder Pikrinsalpetersäure. Er legt mit Recht auf sehr sorgfältige Einbettung großes Gewicht. RATHERY bevorzugt ebenfalls die CARNOYsche Flüssigkeit, die auch nach unseren Erfahrungen neben Zenker die konstantesten Resultate ergibt. ARNOLD fixiert in Chromsäureformol, POLICARD in Osmiumdämpfen, RETTERER in körperwarmem Zenker oder einer Mischung von 10 *ccm* 1%igem Platinchlorid, 10 *ccm* konz. Sublimatlösung und 20 *ccm* destilliertem Wasser. Dieselben Fixationsmittel verwendet LELIÈVRE, daneben auch noch Jod-Sublimat nach DOMINICI (konz. Sublimat 20 *ccm* und Jodtinktur 2 *ccm*, filtrieren und 3 *ccm* Formalin zufügen). TAKAKI fixiert die Stäbchenstrukturen durch Müller-Formol oder das ALTMANNsche Bichromat-Osmiumgemisch, MAYER und RATHERY empfehlen für denselben Zweck die Mischung von LAGUESSE (1%ige Chromsäure 8 *ccm*, 2%ige Osmiumsäure 4 *ccm*, Eisessig 1 Tropfen). REGAUD fixiert zur Demonstration der Mitochondrien in den Zellen der Tubuli contorti in Formol-Bichromat und färbt die Schnitte in Eisenhämatoxylin.

Zur Demonstration der Granula der Nierenepithelzelle verwendet ARNOLD supravitale Färbung dünner Schnitte mit Neutralrot oder Methylenblau (1:20.000) oder subcutane Injektion von Methylenblau, Indigcarmin oder Lithioncarmin. Schnitte aus Formol-Chromsäure färbt er nach vorheriger Beizung mit konzentrierter Chromalaunlösung nach PIANESE (s. Malachitgrün).

Zur Darstellung der Harnkügelchen bei Vögeln, Reptilien und Wirbellosen eignet sich neben dem absoluten Alkohol nur noch das CARNOYsche Gemisch, da alle anderen Fixationsmittel die Kügelchen ganz oder teilweise lösen (SCHOPPE). REGAUD und POLICARD empfehlen zur Fixation der Schlangenniere FLEMMINGsche, ZENKERsche, BOUINsche Flüssigkeit.

Zur Darstellung der von KLEIN entdeckten und in ihrer Bedeutung viel diskutierten Bürstensäume, eignet sich vor allem Eisenhämatoxylin mit Nachfärbung in Rubin S. SCHMAUS empfiehlt zu dem gleichen Zweck sein Urancarmin.

Um starke Secretion in der Niere zu erzeugen, spritzt man dem Versuchstier am besten 5%ige Kochsalzlösung intravenös ein (LIMBECK) oder auch Harnstoff- oder Zuckerlösungen. Natürlich kann auch der CL. BERNARDsche Zuckerstich in Frage kommen.

Zur Maceration der Harnkanälchen eignet sich besonders gut die konzentrierte Salpetersäure (der Pharmakopöe); kleine Stückchen bleiben darin mehrere Stunden und werden dann in verdünntes Glycerin übertragen. Auch konzentrierte Salzsäure, 33%ige Natronlauge, 5%iges molybdänsaures Ammoniak, 5%iges chromsaures Ammoniak leisten gute Dienste. (Näheres s. Maceration.) FRANKLIN maceriert zur Darstellung der Basalmembran der Harnkanälchen Gefrierschnitte der Niere einige Tage lang in einer kaltgesättigten wässerigen Lösung von doppeltkohlensaurem Natron.

Die Injektion der Harnkanälchen gelingt leicht vom Ureter aus mit Berlinerblau. Ebenso schöne Resultate erhält man mittelst der physiologischen Injektion (s. dort).

Literatur: ARNOLD (Arch. Pathol. Anat., Bd. 169, 1902), BENDA (Anat. Anz., Bd. 2, 1887), DISSE (Anat. Hefte, Bd. 2, 1893), FRANKLIN (JOHN HOPKINS Hosp. Bull., Bd. 12, 1901), HEIDENHAIN (Arch. Mikr. Anat., Bd. 10, 1874), KLEIN (Quart. Journ. Micr. Sc. 1881), KRUSE (Arch. Pathol. Anat., Bd. 100, 1887), LELIÈVRE (Journ. de l'Anat., Bd. 43, 1907), LIMBECK (Arch. Exp. Path. Pharm., Bd. 25, 1889), MAYER und RATHERY (C. R. Soc. Biol. Paris 1907 und 1908), NICOLAS (Int. Monatschr. Anat., Bd. 8, 1891), POLICARD (C. R. Soc. Biol. Paris 1905), RATHERY (Thèse, Paris 1905), REGAUD (C. R. Soc. Biol. Paris 1908), REGAUD und POLICARD (Arch. d'Anat. Micr., Bd. 6, 1904), RETTERER (C. R. Soc. Biol. Paris 1906 und 1907), RÜHLE (Arch. Anat. 1897), SAUER (Arch. Mikr. Anat., Bd. 46, 1895), SCHMAUS (Münchner Med. Wochenschr. 1891), SCHOPPE (Anat. Hefte, H. 23, 1897), TAKAKI (Arch. Mikr. Anat., Bd. 70, 1907), THÉOHARI (Journ. de l'Anat., Bd. 36, 1900), TORNIER (Arch. Mikr. Anat., Bd. 27, 1886).

Nigranilin, Syn. für Anilinschwarz.

Nigrosin. Man versteht unter Nigrosinen die aus Nitrobenzol oder Nitrophenol hergestellten Induline. Sie besitzen im Gegensatz zu jenen eine mehr grauschwarze Farbe, sind in Wasser unlöslich, in Alkohol löslich. Die Reaktionen sind dieselben wie die der Induline. Durch Behandlung mit konzentrierter Schwefelsäure gehen sie in die entsprechenden Sulfosäuren über, deren Natriumsalze die wasserlöslichen Nigrosine des Handels darstellen (Berlin, GEIGY).

In der Mikrotechnik haben sich die ausschließlich benutzten wasserlöslichen Nigrosine ein gewisses Renommee als Färbungsmittel für das centrale Nervensystem verschafft. Sie färben die Zellkörper, nicht aber die Fasern. RABL-RÜCKHARD färbt 12 Stunden in ganz dünner wässeriger Lösung, MARTINOTTI benutzt eine konzentrierte Lösung von Nigrosin in konzentrierter wässeriger Pikrinsäure, färbt mehrere Stunden bis Tage und differenziert in Ameisensäure, die mit 2 Teilen Alkohol verdünnt ist. SPAINK empfiehlt für Flemmingpräparate eine Kombination von Nigrosin und Safranin. Er stellt sich von jedem der beiden Farbstoffe eine Lösung her, die 1 *g* Farbstoff in 100 *g* Wasser und 200 *g* absoluten Alkohols enthält, und mischt 3 Teile Nigrosin, 1 Teil Safraninlösung mit 1 Teil absoluten Alkohols. Totalfärbung der Nerven mehrere Tage, dann absoluter Alkohol, Cedernöl, Balsam. JOHNSTON rühmt den Farbstoff auch zur Färbung peripherer Nerven. Er färbt Schnitte von Zenkermaterial zunächst mit Alauncarmin und dann mit einer Mischung, die einmal besteht aus konzentrierter wässeriger Nigrosinlösung und dann aus einer 1⁰/₀igen Lösung von Säurefuchsin in konzentrierter wässeriger Pikrinsäure. Das Mengenverhältnis der beiden Komponenten muß von Fall zu Fall ausprobiert werden. Kerne rot, Nerven blaugrau, Muskeln, Knorpel und Blutkörperchen gelb, Bindegewebe leuchtend rot.

JAROTZKY färbt Pancreasschnitte nach Sublimatfixation zuerst 1—2 Minuten in BÖHMERschem Hämatoxylin, wäscht dann in 1⁰/₀iger Alaunlösung und Wasser aus, färbt einige Stunden in 1⁰/₀₀iger wässeriger Nigrosinlösung, spült mit Wasser ab und überträgt in alkoholisches Eosin (1 *g* Eosin spritlöslich, 120 *g* absoluten Alkohol, 280 *g* Wasser). Darauf wird sorgfältig in absolutem Alkohol ausgewaschen und 5 Minuten in alkoholisches Safranin übertragen (1 *g* Safranin, 60 *g* absoluten Alkohols, 140 *g* Wasser) und schließlich in Alkohol so lange differenziert, bis die blaue Farbe wieder hervortritt.

Pikronigrosin (10 *ccm* 1⁰/₀iger wässeriger Nigrosin- und 90 *ccm* konzentrierter wässeriger Pikrinsäure) ist auch von FREEBORN zur Färbung des Bindegewebes empfohlen worden.

KOSSINSKI färbt Präparate von Geschwülsten, die in Sublimat oder Alkohol fixiert waren, zuerst 3—5 Minuten in 1⁰/₀₀igem wässerigen Nigrosin, auswaschen in Wasser, dann für 20—30 Minuten in 0,5⁰/₀iges, schwach alkoholisches Safranin, auswaschen in Alkohol, eventuell noch in Nelkenöl differenzieren, Balsam.

Nilblau, Oxazinfarbstoff, der durch Einwirkung von salzsaurem Nitrosodiäthyl-m-amidophenol auf α-Naphtylamin entsteht. Grünes Pulver, das in Wasser schwer, leichter in Alkohol mit blauer Farbe löslich ist. Die wässerige Lösung gibt mit Salzsäure einen violetten, mit Natronlauge einen roten Niederschlag. In Schwefelsäure mit gelber Farbe löslich.

Das Nilblau ist von LOISEL und FISCHEL zur vitalen Färbung empfohlen worden. (Näheres s. Vitale Färbung.)

Nisslkörper siehe: Nervenzellen.

Nitella siehe: Algen, Characëen, Plasmaströmung.

Nitrate werden in Pflanzenzellen nachgewiesen durch Blaufärbung (Anilinblau) mit Diphenylamin 0,01—0,1 *g* in 10 *ccm* konzentrierter Schwefelsäure. Die Reaktion ist hier eindeutig, da Nitrite ebensowenig wie Mangansuperoxyd, chromsaures Kali, Wasserstoffsuperoxyd, Eisenoxyd etc. in der Pflanze vorkommen, resp. wurde festgestellt, daß nitratfrei erzogene Pflanzen nie eine Blaufärbung geben. — Andrerseits kann aber bei Anwesenheit reichlicher Mengen von Nitraten durch verschiedene andere Stoffe, z. B. von Huminstoffen, die durch Einwirkung der Schwefelsäure auf verholzte Membranen entstehen, das Eintreten der Reaktion verhindert werden. — Die Reaktion geschieht am besten auf etwas angetrockneten Schnitten (SCHIMPER). Durch die gleiche Reaktion werden auch die dem Asparagin (s. dieses) ähnlichen rhombischen Krystalle des Kalinitrats von jenen unterschieden. Die Feinheit der Anilinblaureaktion gestattet auch bei in nitratreichen Medien gezogenen Pflanzen den Ort der Nährstoffaufnahme in der Pflanze scharf zu identifizieren (KNY).

Literatur: KNY (Ber. Deutsch. Bot. Ges., Bd. 16, 1898), SCHIMPER (Flora 1890).

Magnus, Berlin.

Nitroprussidnatrium, $Na_2Fe(NO)(CN)_5 + 2H_2O$, entsteht durch Einwirkung von Salpetersäure auf rotes Blutlaugensalz und stellt dunkelrote, rhombische Krystalle dar, die zu 40% in Wasser löslich sind. Die wässerige Lösung ist wenig haltbar. Es liefert mit Kupfer- und Zinksalzen unlösliche Niederschläge und kann zu deren Nachweis benutzt werden.

Noir Colin, Syn. für Anilinschwarz.

Nostoc siehe: Cyanophyceen.

Nucin siehe: Chrysophansäure.

Nuclein, Nucleinsäure, Nucleoproteide siehe: Zellchemie.

Nucleolen. Die färberische Differenzierung der Kernkörperchen vom Chromatin basiert wesentlich auf dem Verhalten dieser beiden Kernbestandteile gegenüber Farbstoffgemischen, wie sie von zoologischer Seite wohl zuerst zu diesem Zweck von AUERBACH, von botanischer Seite von ZACHARIAS, ZIMMERMANN und ROSEN in Anwendung gezogen worden sind. Mischt man basische (im EHRLICHschen Sinne) Farbstoffe miteinander oder basische mit sauren Farbstoffen, so zeigen im allgemeinen die Kernkörperchen eine größere Anziehungskraft für den sauren oder den schwächer basischen Farbstoff, das Chromatin dagegen für den stärker basischen Farbstoff. Wir dürfen also das Chromatin im allgemeinen als basophil oder nach MOSSE lieber als stark basophil, die Kernkörperchen aber als oxyphil oder zum Unterschied von den viel stärker oxyphilen Protoplasma nach MOSSE als schwach basophil bezeichnen. Nach FISCHER beruht die Oxyphilie der Nucleolen heterogenen Farbgemischen gegenüber darauf, daß das Chromatin dem zuerst herandiffundierenden sauren Anteil gegenüber eine starke Abneigung zeigt, so daß sich alles außer ihm in dem Ton der sauren Farbe färbt, während es selbst erst von der später herandiffundierenden basischen Komponente gefärbt wird. In neutralem Methylenblau-Eosin nehmen nach MOSSE die Nucleolen die Farbe des basischen Methylenblaus an. Sie färben sich intensiv mit ammoniakalischen Farblösungen im Gegensatz zum Chromatin, das sich in sauren Farblösungen färbt. (Über die theoretische Seite dieser Frage vergleiche den Artikel Zellchemie.)

Von den Farbstoffgemischen, welche zur differenten Färbung der Nucleolen herangezogen werden können, wäre zunächst zu nennen die Jodgrün-Fuchsinmischung von ZIMMERMANN (s. Jodgrün). Die Nucleolen färben sich tiefrot, das Chromatin blau. FISCHER nimmt statt des Jodgrüns, das wohl überhaupt kaum mehr im Handel sein dürfte, Methylgrün, und zwar auf 100 *ccm* 0,3—0,5%iger Methylgrünlösung 30 Tropfen einer heiß bereiteten 0,1%igen Fuchsinlösung. Das Methylgrün-Pyoningemisch von PAPPENHEIM färbt nach Sublimatfixation die Nucleolen rot, das Chromatin grün, nach FLEMMINGscher und HERMANNscher Fixation umgekehrt (PAPPENHEIM, CORTI und FERRATA, MEIROWSKY).

Unter den heterogenen Farbgemischen nimmt die EHRLICH-BIONDIsche Dreifachfärbung entschieden die erste Stelle für die differente Färbung der Nucleolen ein (HEIDENHAIN). Mit ihr färbt sich das Chromatin blau oder grün, die Nucleolen dagegen leuchtend rot. Allerdings begegnet man in dieser Beziehung vielfach

Klagen über Mißerfolge, an denen jedoch zum großen Teil ungeeignete Vorbehandlung oder falsche Zusammensetzung der Farblösung die Schuld tragen dürfte.

Zahlreiche sukzedane Doppelfärbungen sind dann zur färberischen Differenzierung der Nucleolen angegeben worden. So empfiehlt MONTGOMERY in seiner umfassenden Arbeit über die Morphologie der Kernkörperchen Doppelfärbungen mit EHRLICHschem Hämatoxylin (1 Stunde) und konzentrierter wässeriger Eosinlösung (5 Minuten) oder mit konzentrierter wässeriger Methylenblaulösung und konzentrierter alkoholischer (35%) Brasilinlösung. OBST färbt Molluskeneier nach Sublimatfixation in toto 16—17 Stunden in Boraxcarmin und färbt dann die Schnitte 3 Stunden lang in stark verdünnter wässeriger Methylgrün- oder Solidgrünlösung. Nucleolen blau, Chromatin rot.

REDDINGIUS färbt Celloidin- oder Gefrierschnitte von Alkoholmaterial bis zu 3 Minuten in LÖFFLERschem Methylenblau, spült tüchtig in Leitungswasser ab, überträgt bis zur Entwässerung in konzentrierte alkoholische (96%) Pikrinsäure und differenziert in Origanumöl (GRÜBLER), dem eventuell 10—25% Anilin zugesetzt werden. Abtrocknen mit Fließpapier, Balsam. Die Nucleolen erscheinen intensiv grün.

LIST differenziert in den Eiern von Echinodermen, Mollusken und Selachiern. Neben- und Hauptnucleolus durch die Berlinerblaureaktion und Carminnachfärbung (s. Eisen).

Literatur: AUERBACH (Sitzungsber. Ak. Wiss. Berlin, 1900), CORTI u. FERRATA (Mon. Zool. Ital., Jgg. 16, 1905), FISCHER (Fixierung, Färbung und Bau des Protoplasmas, Jena 1899), HEIDENHAIN (Festschr. KÖLLIKER, Leipzig 1892), LIST (Mitt. Zool. Stat. Neapel, Bd. 12, 1896), MONTGOMERY (Journ. of Morph., Bd. 15, 1899), MEIROWSKY (Über den Ursprung des melanotischen Pigments, Leipzig 1908), MOSSE (Berlin. Klin. Wochenschr. 1902), derselbe (Festschrift SALKOWSKI, Berlin 1904), OBST (Zeitschr. Wiss. Zool., Bd. 66, 1899), PAPPENHEIM (Fol. Hämat., Bd. 5, 1908), REDDINGIUS (Arch. Pathol. Anat., Bd. 162, 1900), ROSEN (COHNS Beitr., Bd. 5 und 7, Breslau 1892 und 1895), ZACHARIAS (Ber. Deutsch. Bot. Ges., Bd. 11, 1893), ZIMMERMANN (Beiträge zur Morphologie und Physiologie der Pflanzenzelle, Bd. 2, Tübingen 1893), derselbe (Zeitschr. Wiss. Mikr., Bd. 12, 1896).

O.

Objekttisch siehe: Mikroskop.

Objekttisch, heizbarer, siehe: Lebendes Objekt, Beobachtung desselben.

Objektive siehe: Mikroskop.

Objektivmikrometer siehe: Mikrometer.

Objektträger, Reinigen, siehe: Deckgläser.

Oedematin siehe: Zellchemie.

Oele, pflanzliche. Die pflanzlichen Öle sondern sich in zwei Gruppen: sie sind einerseits Glycerinester von Fettsäuren ($C_n H_{2n} + CO_2 H$), fette Öle und nahestehend Wachs und andrerseits ätherische Öle [Terpene ($C_{10} H_{16}$) oder deren Abkömmlinge] nebst Harzen. Beide sind löslich in Äther und Chloroform, heißem Alkohol, ätherischen Ölen (Nelkenöl), die fetten unlöslich in kleineren Mengen von Alkohol, Eisessig und wässeriger Chloralhydratlösung 5 : 2 (mit Ausnahme des Ricinusöls), die ätherischen in ihnen meistens leicht löslich. Dies Verhalten ist die unterscheidende Hauptreaktion zwischen fetten Ölen (z. B. des Leinsamens) und ätherischen Ölen (z. B. Öl in der Orangenschale). Ein weiterer Unterschied besteht in dem Verhalten gegenüber rauchender Salzsäure. Unter ihren Dämpfen wird ätherisches Öl der mikroskopischen Schnitte, die vorteilhaft in Glycerin mit Zucker gebracht werden, sofort zu Tropfen zusammengeballt, um bald zu verschwinden, während fettes Öl erst nach 25—30 Stunden zusammengeballt wird. Durch 2 Sekunden lange Einwirkung von Joddämpfen tritt Gelbfärbung ein (MESNARD). Charakteristisch für beide Öle ist eine braunrote Färbung in Alkannatinktur, Färbung cca. 6 Stunden, schneller beim Erwärmen. Darstellung: Käufliches Alkannin gelöst in absolutem Alkohol und gleichem Volumen Wasser, filtriert. (Wachs gibt beim Erwärmen in Alkannatinktur rote Tropfen.) Als weitere fettfärbende Substanzen seien Cyanin, Sudan III und Prodigiosin (ROSENBERG, siehe Zellmembran, pflanzliche) genannt. 1%ige Osmiumsäure wird reduziert und färbt braun bis schwarz, sie ist wieder entfärbbar durch Wasserstoffsuperoxyd, erwärmtes Terpentinöl, Xylol usw. Eine Reihe anderer Stoffe, zumal Gerbsäure, verhält sich gegen Osmiumsäure ebenso, letztere kann zum Unterschied eventuell entfernt werden durch Auskochen mit Wasser. Harze werden außer mit Alkannin nach der sogenannten UNVERDORBEN-FRANKIMONTschen Reaktion mit Kupferacetat (konzentrierte wässerige Lösung), in größeren Stücken etwa 6 Tage lang, behandelt und sind dann smaragdgrün. Sie sind in 50%igem Alkohol zu konservieren und behalten in Glyceringelatine ihre Farbe. Die Bildung der Öle fällt manchmal gewissen plasmatischen Differenzierungen, Ölbildnern, Elaioplasten zu (etwa Fruchtknoten von Ornithogalum). Die Färbung geschieht auch hier mit Alkannin, doch hat zweckmäßig eine Fixierung in 1%iger Essigsäure voranzugehen, resp. man läßt gleichzeitig eine Mischung von Alkannalösung, 1%iger Essigsäure, 50%igem Alkohol mit Jodgrün einwirken. Das Präparat kann in Glyceringelatine aufbewahrt werden. Oder sie können auch mit 1%iger Osmiumsäure fixiert und in Canadabalsam, eventuell nach kurzer Färbung in Methylviolett, eingeschlossen werden. Auch wässerige konzentrierte Pikrinlösung wird empfohlen. Über die Ölkörper der Lebermoose vgl. LOHMANN.

Literatur: LOHMANN (Beitr. z. Chem. u. Biolog. d. Lebermoose. Dissert., Jena 1903), MESNARD (C. R. Ac. Sc. Paris. 1883), ZIMMERMANN (Beiträge z. Morph. u. Phys. d. Pflanzenzelle, Tübingen 1893, I, Bd. 3, pag. 185, und Bot. Mikrotechnik, 1893). *Magnus,* Berlin.

Oelfarben zum Injizieren siehe: Injektion.

Oelsäure, Oleinsäure, $C_{18}H_{34}O_2$, bei gewöhnlicher Temperatur flüssig, ist farb- und geruchlos und schmilzt bei + 14°. In der Kälte erstarrt sie zu weißen Nadeln.

Ölsäure wird durch Osmiumsäure geschwärzt, d. h. die Osmiumsäure durch Ölsäure reduziert. Im Gegensatz zur Palmitin- und Stearinsäure findet diese Reduktion primär (direkt) statt, wie STARKE (s. den Artikel Fett) gefunden hat und wie es von HANDWERK und LEDERMANN bestätigt worden ist.

Eine Lösung von oleïnsaurem Natron verwandte ARNOLD bei seinen Versuchen über Fettsynthese.

Literatur: Siehe Fett. Ferner ARNOLD (Anat. Anz. 1904), HANDWERK (Zeitschr. Wiss. Mikr., Bd. 15. 1898), LEDERMANN (Arch. Derm., Bd. 53, 1902). *Mosse,* Berlin.

Oesophagus. Den Oesophagus kleinerer Tiere kann man in toto am besten durch Injektion der Fixationslösung in das Lumen fixieren. Man bindet dann an beiden Enden ab und hängt das herausgeschnittene Organ in ein größeres Quantum der Lösung. Bei größeren Tieren und beim Menschen steckt man besser einzelne Stücke des aufgeschnittenen Organs auf Wachsplatten auf und legt in die Fixationslösung ein.

Zur Fixation empfehlen sich absoluter Alkohol, Sublimat, ZENKERsche Flüssigkeit (HEIDRICH für Gallus), Pikrinsublimatessigsäure und andere mehr. RUBELI fixiert in absolutem Alkohol, dem er etwas Methylgrün zusetzt, färbt in Boraxcarmin durch und bringt dann nach Differenzierung in Salzsäurealkohol in Jodgrünlösung.

Zur Färbung empfiehlt sich vor allem die VAN GIESON-Färbung, die CALLEJAsche Färbung und die verschiedenen Methoden zur Schleimfärbung. Nach GARNIER soll die Schlundmuskulatur von Testudo graeca besonders schön die Zellbrücken zeigen. Um die Hornschicht auf dem Schlundepithel des Meerschweins nachzuweisen, fixiert JORIS in konzentriertem Sublimat, färbt die Schnitte nach der GRAMschen Methode mit Gentianaviolett und färbt nach mit Eosin. Zu dem gleichen Zweck verwendet PAPIN dieselbe Färbemethode, fixiert aber in Osmium.

Literatur: GARNIER (Journ. de l'Anat., Jg. 33, 1897), HAANE (Arch. Wiss. Prakt. Tierheilk., Bd. 31, 1905), HEIDRICH (Inaug.-Diss., Gießen 1905), JORIS (Bibl. Anat., Bd. 14, 1905), PAPIN (C. R. Soc. Biol., Paris 1906), RUBELI (Arch. Wiss. Prakt. Tierheilk., Bd. 16, 1890).

Okular siehe: Mikroskop.

Okularmikrometer siehe: Mikroskop.

Olivenöl, Oleum olivarum, Baumöl, Provenzeröl, aus den Früchten des Ölbaumes durch Auspressen gewonnen. Blaßgelbes Öl, das hauptsächlich aus Triolein und Glycerinäthern der Palmitin- und Arachinsäure besteht. Spez. Gew. 0,91 bei 17,5°. Brechungsindex 1,473. In Alkohol ist das Olivenöl nur wenig löslich, leicht löslich dagegen in Äther, Schwefelkohlenstoff und Petroleumäther.

Das Olivenöl ist von ALTMANN zur Injektion mit nachfolgender Osmiumbehandlung und Korrosion empfohlen worden (näheres s. Bd. I, pag. 686).

Opalblau, Syn. für spirituslösliches Anilinblau.

Opticus siehe: Sehorgan.

Orange I, Syn. α Naphtolorange, Tropaeolin 000 Nr. 1 (Höchst, Elberfeld) $C_6H_4{\overset{\diagup SO_3Na}{}}—N=N—C_{10}H_6(OH)(\alpha)$ entsteht durch Einwirkung von Sulfanilsäure auf α-Naphtol. Rotbraunes, in Wasser leicht lösliches Pulver. Die wässerige Lösung färbt sich mit Salzsäure braun, mit Natronlauge kirschrot. In Schwefelsäure ist der

Farbstoff mit rotvioletter Farbe löslich. Wird in der technischen Färberei jetzt nur noch wenig angewandt.

Orange II, Syn. β-Naphtolorange, Säureorange, Mandarin G extra, Tropaeolin 000 N. 2 (Ludwigshafen, Höchst) $C_6H_4 \overset{\diagup SO_3Na}{} - N = N - C_{10}H_6(OH)(\beta)$ entsteht durch Einwirkung von Sulfanilsäure auf β-Naphtol. Es hat eine mehr gelbrote Farbe als das vorige, sonst aber ziemlich dieselben Eigenschaften. Einer der am meisten benutzten Azofarbstoffe. Das Färbebad wird mit Schwefelsäure und Glaubersalz versetzt oder mit Natriumbisulfat.

Orange III, Syn. für Goldorange (französischer Provenienz).

Orange G, Syn. Patentorange, $C_6H_5 - N = N - C_{10}H_4 \genfrac{}{}{0pt}{}{OH}{(SO_3Na)_2}$ (Berlin, Ludwigshafen, Höchst). Dieser für die Mikrotechnik wichtigste aller Azofarbstoffe wird erhalten durch Einwirkung von Anilin auf β-Naphtol-γ-disulfosäure. Er stellt ein gelbrotes, in Wasser leicht (cca. 8%), in Alkohol schwerer lösliches Pulver dar. Die wässerige Lösung bleibt bei Zusatz von Salzsäure unverändert, mit Natronlauge färbt sie sich mehr gelblich. In Schwefelsäure ist der Farbstoff mit orangegelber Farbe löslich. Er gibt im sauren Bade außerordentlich lichtechte Wollfärbung.

Das Orange G ist einer der besten und wichtigsten Protoplasmafarbstoffe (am besten erwies sich ein aus der Berliner Anilinfabrik bezogenes Präparat), der eine außerordentlich scharfe und präzise Nachfärbung für alle blauen und grünen Kernfärbungen liefert, aber auch nach Carminfärbungen sehr wohl zu brauchen ist. Man färbt entweder in einer dünnen wässerigen oder schwach alkoholischen Lösung. SALING empfiehlt eine konzentrierte Lösung in 2%igem Alaunwasser. Von ihr nimmt er 8 *ccm* auf 50 *ccm* 2%iger Alaunlösung. Bei einem guten Farbstoff genügen wenige Minuten. Sehr vorteilhaft ist es, die Lösung mit etwas Salzsäure anzusäuern, man muß aber dann wieder gut neutralisieren. BORN bringt zu diesem Zwecke auf den Boden des Alkoholglases Schlemmkreide und bedeckt dieselbe mit Filtrierpapier. Auch für Eisenhämatoxylin bildet das Orange ein vorzügliches Nachfärbungsmittel. Man kann nach BORN die zum Differenzieren benutzte Eisenalaunlösung gleich mit etwas Orange versetzen, muß aber dann gut in fließendem Wasser auswaschen.

Orange hat als spezifisch saurer Farbstoff auch vielfach Verwendung zum Differenzieren von Kernfärbungen gefunden. Bekannt ist seine Anwendung in der FLEMMINGschen Dreifachbehandlung. In der letzteren hat neuerdings BONNEY zur Differenzierung eine Lösung empfohlen, die man erhält, wenn man konzentrierte wässerige Orangelösung zu Aceton so lange zusetzt, bis der anfänglich entstehende Niederschlag bei weiterem Zusatz sich wieder löst. KAISER differenziert Safraninpräparate in alkoholischer Orangelösung, ganz ebenso kann man Gentianaviolett behandeln.

Orange G ist ferner in einer großen Anzahl von Doppel- und Dreifachfärbungen enthalten, wie Anilinblau-Säurefuchsin-Orange (MALLORY), Methylgrün-Säurefuchsin-Orange (EHRLICH-BIONDI) und andere. Besonders empfiehlt sich hier die Kombination von Orange und Säurefuchsin auch zur Nachfärbung von Hämatoxylinpräparaten. MANOUÉLIAN benutzt eine Mischung von 10 Teilen konzentrierter wässeriger Säurefuchsinlösung, 15 Teilen konzentrierter wässeriger Orangelösung, 50 Teilen 90%igem Alkohol und 7 Teilen Glycerin. Die mit Hämatoxylin überfärbten Schnitte werden mit konzentrierter wässeriger Pikrinsäure differenziert, die letztere durch Leitungswasser vollständig aus dem Schnitt entfernt, dann Nachfärbung mit obiger Mischung und Abspülen in 90%igem Alkohol. SCAFFIDI mischt 2 Teile einer 2%igen Orangelösung und 3 Teile einer 1%igen Säurefuchsinlösung. Man erwärmt die Schnitte mit der Lösung bis zur Dampfentwicklung und läßt noch 1 Stunde in der erkaltenden Farblösung. Dann Abtrocknen mit Fließpapier und Einlegen in ein Gemisch von gleichen Teilen Toluol und Terpentinöl. Es wird dabei erwärmt bis auf höchstens 85°, bis die Schnitte durchsichtig werden, dann in Anilinxylol (aa) differenziert, bis keine Farbe mehr abgeht. DOMINICI löst 0,3 *g* Orange und 0,25 *g* Eosin in 50 *ccm* destilliertem Wasser, färbt darin 20—30 Minuten, spült in 60%igem Alkohol ab und färbt dann in einer 0,5%igen wässerigen Thioninlösung. Differenzieren in 60%igem Alkohol. TISCHUTKIN verwendet an Stelle der obigen Farblösung eine Mischung von 10 *ccm* einer zur Hälfte mit Wasser verdünnten konzentrierten Orangelösung und 2 *ccm* einer konzentrierten Lösung von Jodeosin. BENSLEY nimmt gleiche Teile konzentrierter wässeriger Lösung von Orange und Säurefuchsin und färbt zunächst in dieser Mischung dann in Toluidinblau.

Orange extra, Syn. für Orange II (CASELLA).

Orange M N, Syn. für Metanilgelb.

Orange N, Syn. für Xylidinorange (KALLE).

Orcein ($C_7 H_7 NO_3$?) entsteht aus dem Orcin durch die gleichzeitige Einwirkung von Luft und Ammoniak. Es ist ein braunes, amorphes Pulver, das sich in Alkalien violett löst und durch Säuren wieder gefällt wird. (Das Orcin, $C_6 H_3 CH_3 (OH)_2$, wird aus Flechten gewonnen, indem man diese unter Zusatz von Ammoniak oder faulendem Harn an der Luft gären läßt und dann entweder pulvert oder auf Extrakt verarbeitet; diese beiden Rohprodukte gehen unter dem Namen Orseille; s. dieses.)

ISRAEL färbt die Schnitte mit einer Lösung von 1 *g* Orcein in 50 *ccm* Wasser und 1 *g* Eisessig, wäscht sie in Wasser, bringt sie rasch durch absoluten Alkohol in dickes Cedernöl und bewahrt sie darin auf. Kerne blau, Plasma rot. — HEIMANN färbt Ganglienzellen mit einer „nach Analogie des DELAFIELDschen Hämatoxylin" bereiteten Lösung. MOLL verwendet die Lösung von TÄNZER (Orcein von GRÜBLER 1 *g*, Alc. abs. 80, Wasser 40 *ccm*, Salzsäure von 25% H Cl 40 Tropfen) zur Tinktion von Celloidinschnitten durch Embryonen (6—24 Stunden lang, dann Alkohol von 90%, von 98%, Öl, Balsam) und erhält den als Knorpel präformierten Knochen blau, alles übrige rot gefärbt.

Über die Methoden zur Färbung des elastischen Gewebes mit Orcein siehe bei Elastin, des Schleimes s. bei Schleimfärbung. *Mayer*, Neapel.

Orcellin Nr. 4, Syn. für Echtrot.

Orcifuchsin siehe: Elastin.

Orcilin siehe: Elastin.

Orcin siehe: Orseille.

Origanumöl, Oleum Origani cretici, wird durch Destillation des in Südeuropa und Kleinasien wachsenden Origanum hirtum oder creticum gewonnen und stellt ein dünnflüssiges, rotgelbes Öl vom spez. Gew. 0,92 dar. Es ist in Alkohol von 90% in jedem Verhältnis löslich. Sein Siedepunkt liegt bei 172°. Es löst sich leicht in Chloroform, Xylol, Ricinusöl etc. Celloidin wird von ihm nicht gelöst. Anilinfarben werden etwas ausgezogen. Auch Paraffin wird in der Wärme von ihm gelöst.

Das Origa möl ist als Intermedium für Celloidinschnitte vielfach empfohlen worden und auch sehr brauchbar. Der Geruch ist auch auf die Dauer nicht unangenehm, der Preis allerdings ziemlich hoch (15—20 Mark pro Kilogramm). Auch als Intermedium für die Celloidin-Paraffineinbettung ist es empfohlen worden.

Orlean. Rotbraune, teigartige Masse, gewonnen aus dem Fruchtfleisch, welches die Samen von Bixa orellana umgibt, einer in Centralamerika heimischen Bixacee. Der Farbstoff des Orlean, das gelbe Bixin, ist in Wasser unlöslich, in Alkohol und Äther schwer löslich, leichter löslich in Chloroform. Neben ihm findet sich noch das rote Orellin. In der technischen Färberei wird das Orlean in der Wärme in Soda gelöst. Man erhält damit entweder direkt oder nach vorheriger Beizung mit Zinnsalz ein lebhaftes Orange für Baumwolle.

SONNTAG benutzt eine Lösung von Orleanextrakt (Merck, Darmstadt) in Alkohol zur Färbung verkorkter und cuticularisierter Membranen.

Orseille. Mit diesem Namen bezeichnet man einen Farbkörper, der in Form einer blau- oder rotvioletten Paste in den Handel kommt und besonders in Frankreich in großem Maßstab fabriziert wird. Er wird erhalten aus den verschiedensten Flechtenarten (Rocella, Variolaria, Lecanora, Usnea, Ramalina etc.), indem man durch Ammoniak und Kalk bei Luftzutritt aus ihnen den eigentlichen Farbstoff, das Orcin, entwickelt. Das letztere entsteht als Spaltungsprodukt der in jenen Flechten enthaltenen Flechtensäuren (Lecanorasäure, Erythrinsäure, Orsellinsäure etc.).

Das Orcin hat die Formel

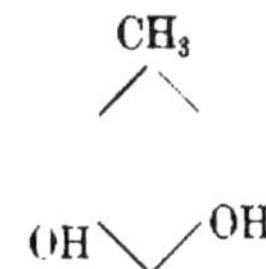

und geht durch Oxydation bei Gegenwart von Ammoniak in das Orcein über. Es krystallisiert in farblosen Prismen, die sich leicht in Wasser, Äther und Alkohol lösen. Mit Eisenchlorid färbt sich die Lösung blauviolett.

Von den verschiedenen Orseillepräparaten des Handels wäre zu erwähnen das Orseilleextrakt, ein wässeriger Auszug der Orseille, Persio, eine getrocknete und gemahlene Orseille und der Pourpre française, der durch Fällung der ammoniakalischen Lösung mittelst Schwefelsäure, Weinsäure oder Chlorcalcium entsteht.

Orseille ist von WEDL zuerst in die Mikrotechnik eingeführt worden. Er läßt das französische Orseilleextrakt an der Luft stehen oder erhitzt es im Sandbad zur Vertreibung des Ammoniaks und gibt dann von demselben in eine Mischung von 20 Teilen absoluten Alkohols, 5 Teilen Essigsäure (spez. Gew. 1,07) und 40 Teilen Wasser soviel, daß eine dunkelrote Flüssigkeit entsteht. In dieser Farblösung werden Schnitte aus MÜLLERscher Flüssigkeit oder Chromsäure rasch gefärbt, die Farblösung abgesaugt und in Lävulose eingeschlossen. Es färbt sich nicht der Kern, sondern das Protoplasma, Nervenzellen mit Ausläufern, Achsencylinder, Zahnbeinfasern etc.

Literatur: WEDL (Arch. Pathol. Anat., Bd. 74, 1878).

Orseillin B B. Brauner Disazofarbstoff, der in Wasser mit fuchsinroter Farbe löslich ist (Elberfeld). Die wässerige Lösung färbt sich mit Natronlauge gelb, mit Salzsäure rotviolett. In Schwefelsaure blaue Lösung, die beim Verdünnen mit Wasser rot wird.

Ortol. Unter dieser Bezeichnung wird ein Abkömmling des Orthoamidobenzols in den Handel gebracht (Berlin, Hauff & Co., Feuerbach), welches als Entwickler in der photographischen Technik viel benutzt wird.

STRONG verwendet es ohne Alkalizusatz als Beizmittel für Markscheidenpräparate (siehe Nervenfasern, Markscheiden).

Oscillarien siehe: Cyanophyceen.

Osmacet, eine von DEKHUYZEN empfohlene Mischung von 3 oder 9 Teilen 2%iger Osmiumsäure und 1 Teil 6%iger Essigsäure mit Zusatz von $^1/_8$% Methylenblau.

Osmiamid hat OWSJANNIKOW (Mélanges biol. tirés du Bull. de l'Acad. de St. Pétersb., Bd. 7) an Stelle der Osmiumsäure in die Technik eingeführt; dieser Verbindung fehlt der Geruch und die Reizung der Schleimhäute, die beim Gebrauch der Osmiumsäure belästigen.

Osmiumchlorid ist nach EISEN (Journ. of Morph., Bd. 17, 1900) in $^1/_2$—$^1/_{10}$%iger Lösung ein sehr wertvolles Fixationsmittel, das weniger intensiv schwärze als Osmiumsäure. Besonders in Verbindung mit Kaliumbichromat ergebe es gute Resultate.

Osmiumtetroxyd. Osmiumsäure, Überosmiumsäure, Überosmiumsäureanhydrid, OsO_4, wurde zuerst von BRAUELL 1849 benutzt und 1864 auf

Veranlassung von F. E. SCHULZE durch MAX SCHULTZE in die mikroskopische Technik eingeführt; dieser lieferte kurze Zeit darauf in Gemeinschaft mit RUDNEFF eine systematische Zusammenstellung der durch Osmiumtetroxyd darstellbaren Substanzen. Osmiumtetroxyd als Fixationsmittel hat besonders F. E. SCHULZE erprobt und mit genauer Gebrauchsanweisung empfohlen. Die Geschichte der Entdeckung dieses für die moderne Mikrotechnik unentbehrlichen Reagens für die Mikroskopie hat MERK auf Grund authentischer Mitteilungen von F. E. SCHULZE geschrieben.

Die Bezeichnung des Osmiumtetroxyds als „Osmiumsäure" entbehrt aller chemischen Berechtigung, da es keinerlei saure Eigenschaften besitzt, weder Salze bildet, noch in Lösung sauer reagiert, zumal aber, weil in der Tat eine Osmiumsäure, allerdings nur in Form ihrer Salze von der Formel OsO_4Me_2, existiert.

Osmiumtetroxyd krystallisiert in farblosen Prismen und ist überaus flüchtig: die Dämpfe sind von stechendem Geruch und reizen alle Schleimhäute so stark, daß beim Arbeiten mit der Substanz oder der unbedeckt stehenden Lösung Vorsicht geboten ist.

Die gebräuchlichen Anwendungsformen sind die Osmiumtetroxydlösung und die Osmiumtetroxyddämpfe. Die Krystalle kommen in Glasröhrchen eingeschlossen in den Handel; man reinigt sie äußerlich sehr sauber, eröffnet sie durch Anfeilen und durch Berühren der Feilstelle mit einem glühenden Glas- oder Eisenstäbchen und bringt sie mitsamt ihrem Inhalt in das Lösungsmittel, für gewöhnliche Zwecke destilliertes Wasser, in dem sie sich reichlich, etwa bis zu 5%, aber nur sehr langsam lösen, daher man bis zur Verwendung mindestens einen Tag vergehen lassen oder die Flasche in gelinde Wärme, etwa auf den Thermostaten, bringen muß. Stärkere Konzentrationen — bis zu 6% — erhält man nach METZNER in 0,6%iger Kochsalzlösung, während 15%ige Kochsalzlösung nur 4,5—5% Osmiumtetroxyd aufzunehmen vermag.

Die Osmiumlösungen bewahrt man vor Licht geschützt im Dunkeln auf, am besten in 2%iger Lösung in gefärbten Flaschen mit Glasstopfen, da Kork nur zu bald angegriffen wird und durch abbröckelnde Partikel die Lösung verschmutzt. Unter der Einwirkung des Lichtes, nach LEE und MAYER allerdings nur bei Gegenwart selbst von Spuren organischer Substanz (Staub), fällt aus der Lösung ein schwarzes Pulver aus, das von den Chemikern bald als metallisches Osmium, bald als Bioxyd (MERK), bald als Osmiumtetrahydroxyd — $Os(OH)_4$ — ausgegeben wird; letzteres ist sicher unrichtig, da die Verbindung $Os(OH)_4$ nur mit den größten Schwierigkeiten dargestellt werden kann. Die alkoholische Lösung läßt das Pulver noch schneller fallen, da der Alkohol die Reduktion beschleunigt.

Haltbare Lösungen gewinnt man nach CORI durch einen Zusatz von Kaliumpermanganat bis zur hellrosa Färbung der Flüssigkeit, der nach eingetretener Entfärbung zu erneuern ist. BUSCH empfiehlt einen Zusatz von jodsaurem Natrium in der dreifachen Menge des verwandten Osmiums. LEE hält eine 2%ige Osmiumtetroxydlösung in 1%iger Chromsäure vorrätig, MAYER fügt zu 100 *ccm* einer 1%igen Lösung von Osmiumtetroxyd 10 Tropfen 5%igen Sublimats nach einer im I. Wiener zoologischen Institut geübten Methode.

Unter „Regeneration alter Lösungen" versteht man die Verfahren, durch Zusätze das reduzierte Osmium wieder zu oxydieren, wie z. B. BRISTOL mittelst 10—20 Tropfen Wasserstoffsuperoxyds angibt, oder durch Eintragen kleiner Quantitäten von Alaunpulver (KOLOSSOW) oder Kochsalz (MAYER) den Niederschlag zu Boden zu reißen: die Lösungen sind dann zwar schwächer, aber noch verwendbar. Die beste Verwendung der in dieser Art durch Reduktion geschädigten Lösung ist ihre Benutzung zu der in jedem Laboratorium wohl einmal vorkommenden Dampffixation (Blut, Sperma, Protozoen etc.).

Die Osmiumlösung wird entweder für sich allein oder mit anderen Mitteln gemischt benutzt. Zur Fixation mit reinem Osmiumtetroxyd dienen meist 0,5%ige oder 1%ige oder 2%ige Lösungen in destilliertem Wasser. Die von den einzelnen Autoren für besondere Zwecke angegebenen Stärkegrade schwanken zwischen 0,01% für Tentakelpräparate von Amphioxus (DOGIEL), 1/40% (PETRONE und NEGRI für Erythroblasten) und GEDOELST (für Nervenmark-Osmiumtetroxyd 1 : 600 bis 2000) und dem größten möglichen Stärkegrad von 5—6% (FABRE DOMERGUE für Infusorien, BÉLA HALLER für Nervensystem mariner Rhipidoglossen, PAULI für den Rindermagen, KUNSTLER für Flagellaten eine Lösung von 1 *g* Osmiumtetroxyd auf 4—5 *ccm* Aq. dest.). POUCHET ist besonders für die Verwendung solcher konzentrierter Lösungen zur Fixation dünner Membranen (Retina, Keimblätter usw.) eingetreten. Nach EIMER gibt die 6%ige Osmiumlösung keine wesentlich anderen Resultate als etwa schwache Konzentrationen, macht aber die Gewebe sehr brüchig; nach TELLYESNICKY fixiert Osmiumtetroxyd noch in 0,1%iger Lösung gut, auch v. WASIELEWSKI gibt der 0,5%igen den Vorzug vor der 2%igen Lösung.

Die Fixation mit reinem Osmiumtetroxyd soll aus den oben erwähnten Gründen im Dunkeln geschehen (FLEMMING). Da sie nur schwer in die Gewebe eindringt, wenn auch in der Regel tiefer als $^1/_2$ *mm* (BÖHM und OPPEL) innerhalb 24 Stunden, so wähle man die Objekte möglichst klein, nicht größer als etwa 5 *cmm*; dünne Scheibchen der Organe können in den anderen Abmessungen etwas größer sein. Sind die Stücke zu groß, so läuft man Gefahr, daß im Inneren schon cadaveröse Veränderungen eingetreten sind, ehe die Fixationsflüssigkeit wirksam wird; diese büßt ohnehin auf ihrem Wege mehr oder minder an Konzentration und damit an Fixationskraft ein, während andrerseits das bereits fixierte undurchlässiger gewordene Gewebe den weiteren Zutritt der Lösung erschwert. So beobachtet man häufig genug eine ungleichartige Wirkung in den äußeren und inneren Schichten des Objekts (DRÜNER, BRASS, O. SCHULTZE). Nach BOVERI fixiert Osmiumtetroxyd nur gut, wenn eine 1—0,5%ige Lösung direkt mit dem Gewebe in Berührung kommt, im Innern erhält man sonst mehr die Wirkung des Wassers als die des Fixationsmittels.

Nach der Größe des Objekts ist die zur Fixation erforderliche Zeitdauer der Einwirkung eine ungemein verschiedene: einzelne Zellen (Blut) sind nach einigen Sekunden fixiert, LEWIS behandelt Gefrierschnitte 1 Minute lang mit $^1/_4$%igem Osmiumtetroxyd. Für andere Zwecke läßt man sie viele Tage lang einwirken. Ein etwa 5 *ccm* großes Objekt ist nach 48 Stunden sicher durchfixiert, doch läßt man die Stücke gern, besonders wenn man gleichmäßige Osmiumfärbungen erzielen will, noch 1 oder 2 Tage länger darin liegen. So behandelt KOPSCH Spinalknoten zur Darstellung des Binnennetzes etwa 8 Tage lang mit 2%igem Osmiumtetroxyd und ersetzt die durch Reduktion geschwärzte Lösung nötigenfalls durch frische Flüssigkeit; längere Einwirkung bedingt vollkommene Schwärzung des Ganglienzellkörpers. Dieselbe „prolongierte Osmiummethode“ verwendet auch SMIRNOW zum Studium bestimmter Strukturen der Amphibienerythrocyten. PRENANT fixiert nur 1—2 Stunden in 1%iger Osmiumlösung (Hoden), da längerer Aufenthalt Veränderungen erzeuge. Stärkegrad und Zeitdauer verlangen bei dem Osmiumtetroxyd die mannigfaltigsten Abänderungen, wenn man das Optimum der Fixationswirkung erhalten will; dies gilt selbst für gleichartige Zellen nahestehender Tiere: z. B. für das Blut, für das das Osmiumtetroxyd, sofern man nur Zeitdauer und Stärkegrad der Lösung richtig trifft, was z. B. für die Fische und Cyclostomen nach FLESCH noch nicht gelungen ist, das beste Konservierungsmittel bleibt (BIONDI, KNOLL).

Auch die Fixation in Lösungen steigender Konzentration ist mit Osmiumtetroxyd versucht worden: CHAPEAUX behandelt Polypen 30 Stunden mit 0,1%iger, dann 15 Stunden mit 1%iger, dann einige Stunden mit 2%iger Lösung und erzielt so außer der Fixation auch eine gelbbraune Plasmafärbung.

Um dem schweren Eindringen des Osmiumtetroxyds und seiner Gemische abzuhelfen, ohne gezwungen zu sein, mit sehr unübersichtlichen kleinen Stückchen zu arbeiten, kann man zur Injektion der Lösungen greifen.

So injiziert PREUSSE in die Submucosa des Jejunum beim Studium der Fettresorption $^1/_5$%iges Osmiumtetroxyd, füllt das Darmstück mit der gleichen Flüssigkeit und legt es außerdem ganz und gar in $^1/_{20}$%ige Osmiumtetroxydlösung hinein. FERRI spritzt zum Studium der im Felsenbein gelegenen Ganglien des Acusticus 1%iges Osmiumtetroxyd in die Pars petrosa hinein. RANVIER injiziert in den Panniculus adiposus $^1/_2$- oder 1%iges Osmiumtetroxyd zum Studium der Schweißdrüsen. POLJAKOFF injiziert zur Ödembildung nach RANVIER statt dessen Kochsalzlösung. 0.1—0.3°/₀iges Osmiumtetroxyd. IWANZOFF fixiert die so schwer zu konservierenden elektrischen Organe von Torpedo durch interstitielle Injektion von 1°/₀igem Osmiumtetroxyd und bringt sie nach einigen Minuten in 2°/₀iges Kaliumbichromat.

Abänderungen dieser Normalmethode für einzelne Objekte sind bei diesen angegeben: für Seetiere verwendet man im allgemeinen als Lösungsmittel statt des destillierten Wassers Seewasser (MINCHIN für Kalkschwämme, LO BIANCO für Acanthometren und Aulacanthen), RUSSO setzt zu den im Seewasser befindlichen Ophiotrichen $^1/_2$°/₀iges Osmiumtetroxyd tropfenweise und schließlich die doppelte Menge an Lösung hinzu. WHITMAN tötet pelagische Fischeier durch 5—10 Minuten lange Wirkung von gleichen Teilen Seewasser und $^1/_2$°/₀igen Osmiumtetroxyd und fixiert sie darauf mit der EISIGschen Modifikation des MERKELschen Gemisches (siehe pag. 224).

Bei der Osmiumtetroxydräucherung benutzt man die Dämpfe, die vermöge der Flüchtigkeit des Osmiumtetroxyds schon bei gewöhnlicher Temperatur, noch stärker bei gelinder Erwärmung sowohl von den Krystallen selbst, als von den reinen oder mit anderen Mitteln vermischten Lösungen ausgestoßen werden: dabei kommen die Objekte nicht mit der Flüssigkeit in Berührung und man braucht auf Fortschaffung eines Überschusses des Mittels wie bei der Fixation mit Lösungen nicht ängstlich bedacht zu sein. Ferner dringt der Dampf leichter in die Tiefe, wirkt außerordentlich gleichmäßig (FOL) und setzt keine Veränderungen durch Osmose (LEE und MAYER). Bei der Räucherung kommt nach FISCHER die dem Osmiumtetroxyd spezifisch eigene Wirkung der Formerhaltung ohne Fällung zur Geltung, durch eine Art „Erstickung“, d. h. einer blitzartig schnellen Tötung durch Anhäufung von Oxydationsprodukten, die sich beim Zusammentreffen der Osmiumdampfmolekel mit dem Wasser des Gewebesaftes und des Protoplasmas bilden. Größere Objekte, Augen, hängt man in eine Flasche oder, falls man erwärmen will, in ein Reagensgläschen hinein, die einige Krystalle (KOESTLER) oder die Osmiumlösung enthalten, so daß direkte Berührung vermieden wird. Membranen kann man auf einen Kork aufspannen und mit diesem das Gefäß verschließen. Einzelne Zellen bringt man auf einen Objektträger, den man umkehrt und auf die Flaschenmündung auflegt.

Will man z. B. bei Leucocyten, Amöben, Blut, einzelnen kleinen Teilen anderer Art den Fixationsprozeß unter dem Mikroskop beobachten, so kann mit Vorteil eine kleine, auf einen Objektträger mit KRÖNIGschem Lack aufgekittete Glaszelle benutzen, wie man sie zur Aufbewahrung von Totalpräparaten von Froscheiern oder Keimscheiben verwendet. Auf den Boden bringt man einen Krystall oder einige Tropfen der Lösung, feuchtet den Rand mit etwas Wasser an und bedeckt die Zelle mit einem Deckgläschen, auf das man das Blut oder die Flüssigkeit mit den zu fixierenden Objekten gebracht hat, mit der Schichtseite nach unten. Man kann auf diese Weise z. B. eine Amöbe und ihre Bewegungen mit der Immersion beobachten und dann das Fixationsmittelkryställchen durch einen Spalt zwischen Deckglasrand und Glaszellenwand hineinfallen lassen. ANDREWS hat eine kleine Glaskammer angegeben, in der er die durch Hitze entwickelten Dämpfe ansammelt und in die er dann seine Objekte (Eier) hineinschiebt.

Was die Zeitdauer der Dampfeinwirkung anlangt, so genügen für einzelne Zellen wenige Sekunden, für größere Objekte (Tritonauge, RANVIER) 10 Minuten; man hat aber die Behandlung bis auf mehrere Stunden ausgedehnt. Der Stärkegrad der Lösung ist unerheblich, jedenfalls aber darf die Lösung nicht so schwach sein, daß sie nicht mehr riecht. Plötzliche Einwirkung sehr großer Dampfmengen erzielt man: 1. durch Verwendung sehr konzentrierter Lösungen zum Räuchern; so räuchert KUNSTLER Flagellaten mit einer gesättigten Lösung, die noch ungelöste Krystalle enthält; oder 2. durch Erwärmen, indem man z. B. die Kuppe des Reagensglases, das die Lösung enthält, in heißes Wasser taucht.

Abgesehen von der Unzahl der Empfehlungen der Osmiumdampffixation für spezielle Zwecke, ist sie für eine ganze Gruppe von Objekten gerade die klassische Methode geworden: nämlich für alle sehr kleinen, natürlich oder künstlich isolierten, in einer natürlichen oder künstlich zugesetzten Flüssigkeit suspendierten Gebilde wie einzelne Zellen und sehr kleine Zellenaggregate: so für die Bacterien, Protozoen (KUNSTLER, BÜTSCHLI, EBERLEIN, CERTES, ISSEL), für mikroskopisch kleine Metazoen, für die zellenhaltigen Körperflüssigkeiten, das Blut (PAPPENHEIM, GRASSI E FELETTI), im gesunden und kranken Zustande, das Sperma (KÖHLER,

BALLOWITZ), den Eiter, Harn, das Sputum (RITTER), Exsudate, den Saft der Gewebe; für das Knochenmark (JOLLY) und Ausstrichpräparate von anderen Organen; für die mit anderen Hilfsmitteln isolierten Zellen: z. B. mit vorausgehender oder folgender Behandlung mit Methylgrünessigsäure und dem Gemisch von RIPART und PETIT (s. pag. 113) nach CARNOY, ein Verfahren, das LEE und MAYER als allgemeine Methoden empfehlen.

Räucherung mit Gemischen von Osmiumtetroxyd mit anderen Substanzen haben nur dann eine besondere Wirkung, wenn die übrigen Komponenten ebenfalls flüchtig sind. So empfiehlt GILSON, für Spermatogenesestudien ein Gemisch von Osmiumtetroxyd mit Essigsäure in Dampfform zu verwenden (siehe auch Gemische mit Essigsäure pag. 345).

Kombinierte Fixation durch Räucherung, dann durch die Lösung kann zuweilen mit Vorteil benutzt werden, und zwar wird entweder mit reinem Osmiumtetroxyd oder Osmiumgemischen oder mit anderen Fixationsmitteln nach der Räucherung nachbehandelt: solche Verfahren haben RANVIER und neuerdings JOHNSON für den Bulbus zur Retinapräparation, SCHUBERG für Totalpräparate von Bursaria truncatella angegeben, welch letzterer nach der Räucherung auswäscht und dann erst die 1%ige Osmiumlösung anwendet. Nach ROCHON-DUVIGNEAU befestigt man den hinteren Abschnitt des menschlichen Bulbus zur Fixation der Retina in einer passend hergestellten Höhlung der Unterfläche eines Korkstopfens und verschließen mit diesem eine Flasche, die einige Kubikzentimeter 1%ige OsO_4-Lösung enthält. Nach 1 Stunde kommt das Auge in MÜLLERsche Flüssigkeit mit Zusatz von 3 *ccm* Osmiumlösung auf je 30 *ccm*. Dauer der Nachbehandlung vier Stunden.

Die Nachbehandlung des Osmiumpräparates ist eine ganz verschiedene, je nachdem das durch die Reduktion im Gewebe geschaffene Bild nur im Groben, für allgemeine Untersuchungszwecke, oder in allen Feinheiten erhalten, oder gänzlich beseitigt, oder endlich die Intensität der Osmiumfärbung noch gesteigert werden soll, um andere Färbungen zu ersparen.

Am einfachsten erscheint es, die Einwirkungszeit des Osmiumtetroxyds derart abzustufen, daß einerseits der beabsichtigte Fixations- und Färbungszweck gerade erreicht, aber noch kein Überschuß im Präparate sich angesammelt hat: das kann man z. B. beim Räuchern von Ausstrichen durch möglichst kurze Einwirkung leicht erreichen und sich dadurch das Färben (etwa mit der Giemsalösung) recht erleichtern.

In allen Fällen muß aus den in der Osmiumlösung geschwärzten Stücken ein vorhandener Überschuß aufs sorgfältigste entfernt werden, am besten durch Auswaschen in fließendem Wasser während 24—48 Stunden; destilliertes Wasser ist für diesen Zweck meist entbehrlich. Nicht ausgewaschene Osmiumreste sind der Färbung der Präparate im höchsten Grade hinderlich und machen diese durch die infolge der Reduktion auftretende Nachschwärzung schließlich unbrauchbar; sie können auch, z. B. beim Studium von Fettverhältnissen, zu groben Irrtümern führen, auf die besonders HEIDENHAIN hingewiesen hat. O. HERTWIG bedient sich zur Verhinderung der Nachschwärzung des Jodserums (s. Bd. 1, pag. 710) oder des Kaliumbichromates; MINCHIN des Pikrocarmins. Nach FOL kann man die schwärzende Wirkung des Osmiumtetroxyds durch Eintauchen in Alkohol (!), in MÜLLERsche Lösung, in BEALEs Carmin (s. Bd. 1, pag. 169) oder in alkoholisches Boraxcarmin verhindern. LEE und MAYER erwähnen für den gleichen Zweck das MERKELsche Gemisch (s. Chromsäure, Bd. 1, pag. 224).

Will man mit Osmiumtetroxyd fixierte Stücke nicht sogleich weiter bearbeiten, sondern einige Zeit aufbewahren, so kann das in 85%igem Alkohol geschehen. Ein Nachdunkeln vielleicht nicht vollständig ausgewaschener Präparate vermeidet man bei Anwendung einer Lösung von Kaliumbichromat (FLEMMING).

Nachbehandlung für gewöhnliche Zwecke. Nach gründlichem Auswaschen in fließendem Wasser folgt die Entwässerung in steigendem Alkohol;

dann bringt man die Objekte durch Ätheralkohol in Celloidin oder durch Xylol oder Chloroform in Paraffin.

Die beste Einbettungsmethode für feinere Untersuchungen (2 μ-Schnitte) ist die kombinierte Einbettung in Celloidinparaffin, da die oft beträchtliche und ungleichmäßige Härte der Osmiumpräparate die Anfertigung feiner Schnitte bei gewöhnlicher Paraffineinbettung verhindert.

Sämtliche Paraffinschnitte von Osmiumobjekten müssen, sofern man sie nicht ungefärbt einschließen will, mit Eiweißglycerin und Wasser aufgeklebt werden, sonst lösen sie sich beim Übertragen in Alkohol, Wasser oder Färbelösung unfehlbar vom Objektträger ab. Man kann auch nur mit Wasser aufgeklebte Schnitte schützen, indem man die Objektträger nach dem Weglösen des Paraffins mit Xylol in absoluten Alkohol, dann in Ätheralkohol bringt und in eine dünne Celloidinlösung eintaucht. Das sich meist stark mitfärbenden Celloidin löst man nach beendigter Färbung in absolutem Alkohol und Ätheralkohol wieder auf.

In der Mehrzahl der Fälle kann man bei Osmiumpräparaten einer besonderen Färbung ganz entraten, da durch die verschieden große Reduktionskraft der Gewebeteile diese in verschiedenen Farben erscheinen, vom hellen Graubraun des Cytoplasma bis zum tiefsten Schwarz des Fettes, der fettartigen Substanzen und des Keratins und weil Kerne, Kernteilungsfiguren, elastische Fasern, Erythrocyten, sogar Myo- und Neurofibrillen unter Umständen ohne weiteres gut sichtbar sind. Am besten eignen sich zur Kernfärbung Safranin, die Modifikation BIZZOZEROS der GRAMschen Gentianaviolettmethode (s. Bd. 1, pag. 517), FLEMMINGs Dreifachfärbung (s. Bd. 1, pag. 473). Tinktion mit Hämatoxylin oder Carmin stößt auch bei völlig ausgewaschenen Präparaten zuweilen auf Schwierigkeiten: FOL empfiehlt BEALES Carmin oder Boraxcarmin, RENAUT hat besonders für Osmiumpräparate ein Hämatoxylin ausgedacht. FLEMMING benutzt nach Osmiumfixation sehr verdünntes Hämatein (s. Bd. 1, pag. 593). Zur Darstellung der Centrosomen an Osmiumpräparaten wiederholt VOM RATH dreimal die HEIDENHAINsche Färbemethode (s. Bd. 1, pag. 603). Nach RUSKOW läßt sich nach Osmiumfixation das elastische Gewebe sehr intensiv mit Viktoriablau färben.

Um die Resistenz der Osmiumpräparate gegen die gewöhnlichen Kernfarbstoffe herabzumindern, sind besondere Beizen empfohlen worden; so erzielt DUBOSQ nach Beizung mit Alaunlösung gute Hämatoxylinkernfärbung. Hierher gehört auch die von vielen Seiten empfohlene nachträgliche Chromierung, deren entkalkende Nebenwirkung hier oft praktisch verwendbar wird (MAC BRIDE, s. unten).

FLEMMING benutzt 24stündige Behandlung mit Kaliumbichromat in Form der MÜLLERschen oder ERLICKIschen Lösung oder mit 0,5%iger Chromsäure (s. auch WISSELINGH für das pflanzliche Objekt) oder mit MERKELS Gemisch, FOL empfiehlt Anwendung einer sehr schwachen Lösung des kohlensauren Ammoniaks oder des essigsauren Kali, PLATE behandelt die mit 1%igem Osmiumtetroxyd 10—15 Minuten fixierten Rotatorien nach gutem Auswaschen 1 Tag mit 2%iger Lösung von chromsaurem Kali und färbt dann mit Carmin, BRAUER wäscht Heterotrichen mit Pikrocarmin oder BEALES Carmin aus und behandelt sie mit 2%igem chromsauren Kali in filtriertem Wasser, um sie durchsichtig zu machen. Unter erheblicher Verkürzung der Osmiumbehandlung, die dann im FLEMMINGschen Sinne nur „zum raschen Abtöten" der Zellen dient, werden ebenfalls die Chromsalze angewandt: SCHIEFFERDECKER räuchert die Retina und die ganzen Augen kleiner Tiere mit Osmiumtetroxyd und behandelt sie mit MÜLLERscher Lösung nach; MAC BRIDE fixiert Larven von Echinodermen (Amphiura) 10 Minuten lang mit 1%igem Osmiumtetroxyd, spült sie mit Wasser ab, legt sie 18—20 Stunden in MÜLLERsche Lösung und pikrinsaures Ammoniak, dann in Alkohol und entkalkt nötigenfalls mit alkoholischer Salpetersäure. NAGEL empfiehlt für das menschliche Ei 1%iges Osmiumtetroxyd mit 3 Tage langer Nachbehandlung in MÜLLERscher Lösung, IWANZOFF injiziert ins elektrische Organ von Torpedo interstitiell einprozentiges Osmiumtetroxyd und fixiert weiter mit 2%igem Kaliumbichromat; ähnlich RANKIN nach Injektion von schwachem Osmiumtetroxyd ins BOJANUSsche Organ von Anodonta, weitere Fixation mit chromsaurem Ammoniak. PFITZNER hat gezeigt, daß bei Osmiumfixation mit nachfolgender Behandlung mit MÜLLERscher Lösung das Protoplasma deutlich, der Kern homogen erscheint: das Achromatin sei undurchsichtig geworden und verdecke die Chromatinstruktur.

Die unverfälschte Erhaltung des Osmiumbildes der Zellen und Gewebe gewährleistet der Gefrierschnitt (KINGSBURY) vom ausgewaschenen Objekt und Aufbewahrung der Schnitte in konzentrierter wässeriger Lösung von Kali aceticum nach der alten Angabe von MAX SCHULTZE. Bei der üblichen Vorbereitung der Stücke für das Mikrotom muß man stets mit der reduzierenden und der lösenden Wirkung des Entwässerungsalkohols rechnen; z. B. ist Ölsäure auch im osmierten Zustande nach ALTMANN in Alkohol löslich. Noch eingreifender wirken indessen einige „Intermedien" (PAUL MAYER), wie Terpentinöl (DELKHUYZEN), besonders wenn es vorher stark von der Sonne beschienen — ozonisiert — war (FLEMMING), Äther (PAUL MAYER), Kreosot (PAUL MAYER brieflich an FLEMMING), Bergamottöl, Nelkenöl, Xylol, Chloroform; diese Substanzen müssen alle für feinere Untersuchungen vermieden werden. MAHALANOBIS erklärt allerdings Xylol für die Konservierung des Fettes im Fischmuskel noch mit für das beste Mittel. Chloroform und Nelkenöl lösen osmiertes Fett nur schwer (FLEMMING), Cedernöl nach NICOLAS, Benzin in der Kälte nach HANDWERK und vor allem Petroleumäther nach WLASSAK. gar nicht; besonders der letztere ist als Überführungsmittel ins Paraffin geeignet, was auch PLECNIK in neuester Zeit bestätigt findet. Auch Aceton zeichnet sich durch recht minimale Lösungsfähigkeit für osmiertes Fett aus (FUSS).

Auch zum Einschluß solcher Präparate ist Xylol- und Terpentinbalsam (FLEMMING) zu vermeiden und Chloroformbalsam oder Kolophoniumbenzin nach NISSEN oder nach ALTMANN Paraffinum liquidum zu benutzen; sonst verbreitet nach einiger Zeit jedes schwarze Kügelchen als untrügliches Zeichen der Lösung einen schwarzen Wolkenschleier um sich.

Bleichung. Andrerseits kann man sich der aufgeführten Mittel bedienen, um die Osmiumschwärzung einzelner leicht entfärbbarer Gewebeteile durch Auflösung zu beseitigen; auf diese Weise erhält man von osmiertem Fettgewebe die brillantesten Präparate durch Auflösen mit vorher stark besonntem Terpentinöl (FLEMMING). ZOJA bleicht gebräunte Entodermzellen durch 6—8 Tage lange Xylolbehandlung; KOLSTER entfärbt osmiertes Myelin durch Terpentinöl, COX durch Bergamottöl im Paraffinschnitt, eine nach MAYER unsichere Methode; dies gilt übrigens für manche Fettarten auch bei Anwendung der am stärksten lösenden Mittel.

ALTMANN unterscheidet diese Weise der Osmiumentfernung durch Lösung der osmiumbindenden Substanz von der Reoxydation des unlöslich ausgefallenen reduzierten Osmiums, das durch sie wieder in ungefärbte lösliche Verbindungen übergeführt wird. Beide Bleichmethoden wirkten in der Wärme kräftiger als bei Zimmertemperatur; beide können am Stück wie am aufgeklebten Schnitt ausgeführt werden. Die letztgenannte ermöglicht in viel höherem Grade als jene erste Methode die Benutzung sonst für das Osmiumpräparat ganz unanwendbarer Färbungen (Biondifärbung, s. Bd. 1, pag. 277). Nach ALTMANN vereinigen Nelkenöl und das ozonisierte Terpentinöl die lösende mit der oxydierenden Wirkung. Rein durch Reoxydation wirke das 2%ige Goldchlorid, das sogar die festeste aller Osmiumverbindungen, die osmierten Neutralfette, „elegant" zu entfärben gestatte. Nach LEE und MAYER verwendet APÁTHY das Goldchlorid für Schnittserien: MAYER ist von dem Erfolg nicht befriedigt.

Ausgedehnten Gebrauch findet die Oxydation mit nascierendem Sauerstoff. UNNA, SOLGER und OVERTON benutzen das Wasserstoffsuperoxyd; OVERTON eine 4—10%ige Lösung des käuflichen (5—10%igen) Wasserstoffsuperoxyds, in 70—90%igem Alkohol; er bemerkt, daß sich käufliche, mit Salzsäure schwach angesäuerte Lösungen im Dunkeln gut halten. Nach BRISTOL wirkt Wasserstoffsuperoxyd besser im Sonnenlicht. MAYER empfiehlt Oxydation mit nascierendem Sauerstoff, den er durch Einwirkung von Salzsäure auf Kaliumchlorat oder durch Behandlung von Magnesiumhyperoxyd mit Säure darstellt. Kaliumpermanganat verwenden BINET und ALFIERI für Schnitte: nach dieses Forschers Angabe behandelt man die Schnitte zuerst mit einer Lösung von Kaliumpermanganat 1 : 2000 bis sie gründlich braun geworden sind, und löst dann das im Gewebe niedergeschlagene braune Manganoxyd durch Oxalsäure 1 : 300 wieder auf; diese Prozedur wird, wenn sie beim erstenmal nicht hinreichend gewirkt hatte, wiederholt. MAYER (97) empfiehlt diese Methode als recht brauchbar. Gleichfalls auf Oxydation beruht die Chlorbleichung. MAYER entwickelt nascierendes Chlor aus einigen Krystallen Kaliumchlorat und 2—3 Tropfen Salzsäure, übergießt sie mit 50- oder 70%igem Alkohol und bringt die Stücke oder Schnitte aus Alkohol hinein; die Bleichung ist in 1/4 Stunde bis zwei Tagen beendet.

Viel einfacher ist die Verwendung des Chlorwassers, das man entweder im Gemisch mit Alkohol oder als Chlor in Gasform abspaltender Mittel benutzt, deren Dämpfen man die Objekte aussetzt. Diese Prozeduren kann man mit Vorteil am noch paraffinierten Schnitt vornehmen (MAYER). KUHN benutzt Aqua Javelli zur Entfernung des osmierten Myelins.

Die bleichende, chemisch nicht genügende geklärte Wirkung der schwefeligen Säure wenden MOENCKEBERG und BETHE auf Osmiumpräparate an; aus Wasser kommen die Objekte in 2%ige Lösung von Natriumbisulfit, zu der man unmittelbar vorher auf 10 *ccm* 2—4 Tropfen konzentrierter Salzsäure gesetzt hat. CARAZZI bleicht Osmiumobjekte, indem er zu einer kleinen Menge schwefligsauren Natriums 10%ige Essigsäure oder Weinsteinsäure fügt und behutsam 70%igen Alkohol überschichtet; in diesen wird das Stück hineingebracht. — Chemisch ebenfalls nicht klar ist die von KUHNT zur Entfernung des Myelins benutzte Wirkung schwacher Ammoniaklösung und der von FOL verwandten Bleichlösungen von rotem und gelbem Blutlaugensalz; MAYER hat nur mit dem ersteren Resultate erhalten, aber auch nur in wässeriger, nicht in alkoholischer Lösung. Die Eisenbeize zur BENDA-HEIDENHAINschen Färbung bleicht nach BENDA das Osmiumpräparat ebenfalls. Nach HEIDENHAIN scheinen auch Chromsalze bleichend zu wirken.

Die Bleichung der Osmiumpräparate kann auch zu dem Ende erfolgen, die das Osmium am festesten bindenden Substanzen allein gefärbt zu lassen, es aus allen leichter trennbaren Verbindungen aber zu entfernen; diese partielle Bleichung ist somit eine Differenzierungsmethode.

PAL erhält auf diese Weise eine isolierte Markscheidenfärbung: er oxydiert Schnitte von 6—4 Tagen lang mit oft gewechselter 1%iger Osmiumlösung fixierten Stücken des Centralnervensystems in 0,25%igem Kaliumpermanganat 10—15 Sekunden und beseitigt das gebildete Manganhyperoxyd durch seine Oxalsäuremischung; nur das Myelin hält das Osmium fest; alle übrigen Gewebeteile werden entfärbt. Auf einem ähnlichen Vorgange beruht die von EXNER benutzte Differenzierung mit Ammoniak, die auch BELLONCI angewendet hat: mit 1/2—1%iger Osmiumlösung bis zu 20 Stunden fixierte Stücke werden in 70%igen Alkohol gebracht, aus freier Hand geschnitten, mit Aqua destillata. Alkohol, wieder mit Aqua destillata behandelt und unter Deckglas mit Ammoniak durchsichtig gemacht, mit Wasser ausgewaschen und in Glycerin eingeschlossen.

An Osmiumpräparaten kann man ohne Anwendung von Farbmitteln gute Kern- und Plasmafärbungen erzielen, wenn man in der Nachbehandlung zur Steigerung der schon vorhandenen Farbenintensität ein Reduktionsmittel einschaltet: als solches wirkt, meist im Stillen und unbeachtet, schon der zum Entwässern benutzte Alkohol: einzelne Fette werden, wie FLEMMING zeigt, im Osmiumtetroxyd nur graubraun, erst im Alkohol schwarz. Oxalsäurehaltiger Alkohol (STEFANOWSKA) und Methylalkohol, den KORSCHELT nach V. MÄHRENTHAL auf abgespülte Flemmingpräparate 15—30 Minuten wirken ließ, zeigen die Reduktionswirkung etwas stärker. Viel intensiver aber steigern einige aromatische Alkohole und ihre Derivate die Intensität des Osmiumbildes, entsprechend ihrer weit größeren Reduktionskraft: so Pyrogallol, Gallussäure, Tannin. Den rohen, möglichst ungereinigten Holzessig hat zuerst V. MÄHRENTHAL für diese Zwecke verwandt; die erste kurze Angabe machte hierüber JICKELI, ausführlich findet sich diese älteste Methode bei RAWITZ nach V. MÄHRENTHALS eigenen Angaben beschrieben. Unter vielen anderen ist sie auf V. MÄHRENTHALS Rat auch für das Studium nervöser Centralorgane, z. B. des Bauchmarks von Lumbricus von FRIEDLÄNDER benutzt worden; nach $^1/_2$—1stündiger Behandlung mit 1%igem Osmiumtetroxyd kommen die Stücke in Holzessig mit 1 : 3 Teilen Wasser verdünnt. Auch HERMANN bediente sich nach voraufgegangenem Auswaschen und Behandeln mit Alkohol der in seinem Fixationsgemisch konservierten Präparate zu dem gleichen Zwecke des Holzessigs. Dieser scheint in zweifacher Weise zu wirken: einmal durch seinen Gehalt an aromatischen Alkoholen, überhaupt an reduzierenden Substanzen, zweitens aber direkt färbend, vielleicht durch seine teerigen Bestandteile; denn HERMANN erhielt auch an Sublimatpräparaten mit Holzessig Färbungen. Nach VOM RATH spült METZNER für die Holzessigmethode die in dessen Osmiumlösungen fixierten Stücke in Methylalkohol ab. Die von LEE betonte Unsicherheit der Holzessigbehandlung wird erklärt durch die schwankende Zusammensetzung des rohen Produktes an reduzierenden und Teersubstanzen. LEE bringt die Objekte direkt, also ausnahmsweise ohne Auswaschen, aus dem Osmiumtetroxyd oder seinen Gemischen in den Holzessig auf $^1/_2$—24 Stunden oder wendet an seiner statt den aromatischen Alkohol selbst an, indem er die Stücke auf dieselbe Zeit ebenfalls ohne Fortschaffen der Osmiumreste durch Auswaschen in eine schwache, wässerige oder alkoholische Pyrogallollösung bringt; diese Methode ist naturgemäß sicherer. Auch auf Schnitte von osmiertem Material hat man die Reduktionsmittel einwirken lassen: so MARTINI bei Cucullanusembryonen, die nach VOM RATH (s. Pikrinsäure) fixiert worden waren.

KOLOSSOW hat ohne Kenntnis der Holzessig- und Pyrogallussäuremethoden von HERMANN, V. MÄHRENTHAL und LEE die Osmiumfärbung besonders zur Darstellung der Endothelien in ausgedehntem Maße benutzt: die Methode führt jetzt meist seinen Namen und ist von vielen Forschern auch für andere Zwecke und Organe benutzt worden (WIEMANN). Er fixiert in 1%iger oder 2%iger wässeriger Osmiumlösung oder in Alcohol absol., Aq. dest. aa. 50 *ccm*, Ac. nitr. conc. 2 *ccm*, Osmiumtetroxyd 1—2 *g*. Diese alkoholische Osmiumlösung hält sich, aber nur am kühlen Ort, unbegrenzt lange. Sie fixiert besser, dringt jedoch noch schwerer ein als die wässerige Lösung. Ohne Auswaschen kommen die Objekte in den „Entwickler", den er folgendermaßen bereitet: 30 *g* Tannin werden in 100 *ccm* destillierten Wassers gelöst: nach 24—48stündigem Stehenlassen im unverschlossenen Gefäß wird filtriert; zum Filtrat gibt man 30 *g* Pyrogallussäure, die in 100 *ccm* Wasser gelöst sind, 250 *ccm* Wasser, 50 *ccm* Glycerin, 100 *ccm* Alkohol von 85%. Der Entwickler ist durchsichtig gelbbraun und färbt Osmiumlösung im Reagensglas augenblicklich bläulichschwarz, ohne, selbst nach Monaten, einen Niederschlag zu liefern. Die Zeitdauer der Fixation und der Entwicklung schwankt je nach dem Objekt zwischen 10—15 Minuten (Pleuroperitonealepithel) und einigen Stunden. Aus dem Entwickler kommen die Objekte in schwächere Osmiumlösung: es folgt Abwaschen mit destilliertem Wasser, Entwässerung, Einbettung. Der Entwickler kann zweimal gebraucht werden. An seiner Stelle kann man auch eine filtrierte 5%ige wässerige Tanninlösung nehmen. Das Ergebnis ist folgendes: die Kerne sind grau, die Nucleolen schwarz, die Deckplatten der Zellen im Serosaepithel schwach grau; die tiefer gelegenen protoplasmatischen Teile der Zellen mehr oder weniger intensiv grauschwarz; ebenso Cilien und Wimpern; Bacterien und Verbindungen der Zellen miteinander treten deutlich hervor. Für die Untersuchung des Gefäßendothels injiziert KOLOSSOW die Fixations- und die Entwicklerlösung. Nach LEE leistet die komplizierte KOLOSSOW-Methode nicht mehr als seine einfache Vorschrift. ACHARD und AYNAUD stellen die Kittlinien der Endothelien seröser Häute in ganz ähnlicher Weise durch OsO_4-Räucherung und Behandlung mit 1%iger Tanninlösung dar. Für andere Organe als die Endothelmembranen hat KOLOSSOW eine Abänderung seiner Methode angegeben: $^1/_2$ bis 1%iges Osmiumtetroxyd $^1/_2$—8 Stunden mit 5—10 Tropfen Acidum nitricum auf je 100 *ccm*; Entwickeln mit einmaliger Erneuerung der Flüssigkeit 10 bis 16 Stunden; 85%iger Alkohol, der 3—4mal zu wechseln ist. Später hat Ko-

LOSSOW seine Methode besonders für Drüsenepithelien modifiziert: nach Ausspritzen der Gefäße mit physiologischer Kochsalzlösung injiziert er in das zu bearbeitende Organ für 2—3 Minuten ein Gemisch von 0,5%igem Osmiumtetroxyd 100 *ccm*, 30%iger Salpetersäure 0,5—1,0 *ccm*, Eisessig 1,0 *ccm*, Kaliumnitrat 10—12 *g*, zerschneidet dann das Organ in kleine Stücke, die auf 12—24 Stunden in 0,5%iges Osmiumtetroxyd, dann auf 24 Stunden in 10%ige Tanninlösung kommen, die so lange gewechselt wird, bis sie sich nicht mehr schwärzt; dann folgt Auswaschen und Entwässern. Die KOLOSSOW-Methode ist besonders auch für die Färbung der elastischen Fasern verwandt worden, die bei gewöhnlicher Osmiumbehandlung sich früher färben als das übrige Gewebe und schließlich einen hellgraubraunen Ton annehmen, z. B. von GARDNER für das Nackenband.

Weiterhin hat dieser Autor mit einem frisch bereiteten Gemisch von 4 Teilen konzentrierter wässeriger Kupfersulfatlösung und 1 Teil 1%igen Osmiumtetroxyds 3—4 Stunden fixiert und zur Reduktion die Gallussäure verwandt. UNNAS sekundäre Osmierung beruht auf der Reduktion des Osmiums durch Digallussäure. AZOULAY fixiert in Osmiumgemischen, behandelt mit Alkohol und reduziert sodann in Tannin. Die Osmiumfärbung mit Holzessig ist besonders für Infusorien, Rhizopoden, Rotatorien (ZOGRAF: 2—4 Minuten $^1/_4$- bis $^1/_5$%iges Osmiumtetroxyd; 5—10 Minuten ein verdünnter Holzessig 1:8—10 Wasser; Abspülen in Wasser; Alkohol 50—100%: Glycerin oder Balsameinschluß), für Echiniden zur Darstellung von Krystalloiden im Kern der Wanderzellen (LIST), für Cestoden (WILL, KÖHLER), die Färbung mit Pyrogallol vielfach für markhaltige Nervenfasern empfohlen worden (ROBERTSON). Für achromatische Figuren gibt HÄCKER die Nachbehandlung mit rohem Holzessig, Methylalkohol, dann mit 70%igem Alkohol an. Man kann im einzelnen Fall auch die Schnitte der Holzessignachbehandlung unterwerfen, wie JÄNICHEN für Turbellarien, Augen von Planarien angibt.

Eine andere Osmiumfärbemethode mittelst Nachbehandlung der aus der Osmiumlösung kommenden Objekte in wässeriger Oxalsäure (1 : 15) hat BRÖSIKE angegeben: das Resultat ist eine Rotfärbung bestimmter Elemente in verschiedener Stärke, während andere Gewebeteile ganz ungefärbt bleiben. Nach FOL kennt auch M. SCHULTZE dieses Verfahren.

Nachträgliche Osmierung von Stücken oder Schnitten ist sowohl zu Fixations- als auch zu Färbungszwecken benutzt worden.

Einmal schickte man eine Behandlung mit leicht eindringenden Mitteln voraus, um gewissermaßen dem trägen Osmium den Weg zu bahnen. In Wirklichkeit wirken die zu diesem Zweck benutzten Säuren ganz anders, ebenso wie in den Gemischen (s. pag. 340). Verwandt wurden in dieser Weise Ameisensäure (KULTSCHITZKY), Essigsäure (CYBULSKY) und $^1/_2$%ige Arsensäure 15 Minuten, dann $^1/_2$%ige Osmiumlösung 15—20 Minuten. Aq. dest., Glycerin nach CATTANEO für Sehnenendkörperchen. Weiterhin ist häufig nach Salpetersäurefixation Osmiumtetroxyd benutzt worden: BENDA fixiert Salamanderhoden mit 10%iger Salpetersäure und bringt ihn dann in 1%iges Osmiumtetroxyd für Achromatinuntersuchungen. REID fixiert Haut von Anguilla je 24 Stunden mit Salpetersäure in 10%iger Lösung, darauf mit 1%iger Osmiumlösung. FRITSCH fixiert das elektrische Organ ebenfalls mit Salpetersäure mit nachfolgender Osmiumbehandlung. UNGER behandelt mit 10%iger Salpetersäure oder 1—5%igem Formol vor und mit 0,5—1%igem Osmiumtetroxyd nach. SCHRIDDE fixiert für Zellen- und Granulastudien sowie für Epithelfasern in Müller-Formol und behandelt nach gründlichem Auswaschen und 6 Stunden Verweilens in Aq. dest. einen Tag lang bei Lichtabschluß mit 1%igem Osmiumtetroxyd nach; es folgt Auswaschen, Entwässern, Chloroform-Paraffineinbettung. Auch nach einfacher Formolfixierung kann durch Doppelnachbehandlung, erst mit Kaliumbichromat bei 30°, dann mit Osmiumtetroxyd die Fixation der Granula erreicht werden. LOBENHOFFER nimmt für die Zellenkörnelungen im Rückenmark, Gehirn und Retina die Osmierung beim SCHRIDDE-Verfahren erst am aufgeklebten Schnitt vor.

Nachträgliche Osmierung zu Färbungszwecken benutzten RANVIER für Haut, die mit MÜLLERS Lösung fixiert und mit ammoniakalischem Carmin durchgefärbt war; BUSCH und RUSSOLIMO für Celloidinschnitte von Formolmaterial zur Darstellung von Fettkörnchenzellen: Fixation 1—2 Tage lang im 5%igen Formol; die Schnitte gelangen 2—3 Stunden in 0,5%ige Chromsäure, werden mit destilliertem Wasser abgespült und dann mit Osmiumtetroxyd in 0,2%iger oder 1%iger Lösung oder mit noch schönerem Ergebnis unmittelbar nach der Chromsäure mit einer Mischung behandelt, die aus 2 Teilen 2%igen Osmiumtetroxyds, 2 Teilen 2%igem Formol, 10 Teilen destillierten Wassers, 10 Teilen 95%igen Alkohols oder aus 10 Teilen 1%igen Osmiumtetroxyds, 10 Teilen 95%igen Alkohols und 2 Teilen Formol besteht. KOLSTER fixiert Placenta mit Formol, chromiert mit MÜLLERscher Flüssigkeit und osmiert behufs der Fettdarstellung in MARCHIs Lösung (s. pag. 248). LORD behandelt Schnitte von Objekten, die mit Pikroformol, d. h. gleichen Teilen eines 6%igen Formols und konzentrierter wässeriger Pikrinsäure 3 Tage lang fixiert wurden, 12 Stunden mit 0,25%iger Osmiumlösung und läßt die NISSLsche Methylenblaufärbung folgen. ARNOLD verwendet nach Formolfixation sekundäre Osmierung mit 0,25%igem Osmiumtetroxyd an Schnitten und an Hollundermarklamellen, die mit Fett resorbierenden Rundzellen erfüllt sind. BORCHERT fixiert Selachierhirn in 10%igem Formol, behandelt 3 *mm* dicke Scheibchen 24 Stunden mit 1%iger Osmiumlösung und bettet sie in Paraffin ein. Diese sekundäre Osmierung ergibt zum Teil nach Differenzierung mit PALs Gemisch gute Markscheidenbilder. GRAUPNER behandelt sympathisches Nervengewebe erst einen Tag mit MÜLLERs Flüssigkeit, dann mit Osmiumtetroxyd, wobei Überfärbung mit diesem Reagens vermieden werde; ähnlich verfährt ZIETZSCHMANN, der erst mit MÜLLERscher Flüssigkeit fixiert, dann mit einem Gemisch von Osmiumtetroxyd und MÜLLERscher Lösung nachbehandelt (s. Osmiumgemische). Nachosmierung bei jungen Embryonalstadien nach GRAF SPEE s. pag. 352. Nach PFITZNER wirkt Osmiumtetroxyd nach Fixation in Kaliumbichromat ebenso wie Chromsäure nach Kaliumbichromat.

Um eine Art sekundärer Osmierung handelt es nach den schönen und ausgedehnten Experimentaluntersuchungen von SJÖVALL über die Wirkungsweise des Osmiums bei der Schwärzung des Binnenuetzes nach der Methode von KOPSCH bei dem einfachen Liegenlassen in wässeriger Osmiumtetroxydlösung: das vital präformierte Binnennetz ist nur nach voraufgegangener Quellung in Wasser fähig, Osmiumtetroxyd zu reduzieren. Das Quellungswasser stammt aus der Fixationslösung selbst. Von diesem Gesichtspunkte ausgehend hat SJÖVALL nach Vorfixation mit 10%igem Formaldehyd (1 Teil Formalin : 3 Teile Wasser) die Gewebe durch einfaches 1 Stunde langes Auswaschen mit Wasser zum Quellen gebracht und dann bei 35° in 2%ige Osmiumlösung eingelegt. Hierdurch gelang es, gleichmäßig alle Binnennetzfiguren darzustellen.

Nachträgliche Osmierung mit Räucherung nimmt STUHLMANN für das Centralnervensystem von Branchipus, der mit 30%igem heißen Alkohol fixiert war, an den bereits aufgeklebten Schnitten vor.

Sekundäre Osmierung als Färbebeizung benutzt KÜCKENTHAL für Alkoholmaterial von Opheliaceen: er läßt 1%ige Osmiumlösung 10—18 Stunden wirken und färbt nach gutem Auswaschen mit Hämatoxylin. Ähnlich verfährt LUSTGARTEN, der Osmiumtetroxyd als Farbbeize für die Färbung des elastischen Gewebes mit Viktoriablau verwendet.

STRONG beizt WEIGERT-PALsche Präparate nach der Behandlung mit Hämatoxylin und Abspülen mit Wasser $^1/_4$—1 Minute in $^1/_4$%iger Osmiumlösung und verbessert dadurch die Färberesultate. Auch gekupferte Schnitte können in dieser Weise der PALschen Modifikation zugänglich gemacht werden.

Nachträgliche Fixation mit Osmiumtetroxyd an macerierten Objekten hat RANVIER für die Hyaloidea, die in seinem Drittelalkohol maceriert worden war, bei der Clasmatocytendarstellung mittelst 2 Minuten langer Behandlung mit 2%iger Osmiumlösung benutzt. Ähnlich verfährt ARNOLD nach Isolation des Gewebes mit Jodjodkalium mit einer 1%igen Lösung für 24 Stunden, und KULTSCHITZKY nach Maceration in $^1/_{10}$%iger Salpetersäure mit $^1/_{10}$%iger Lösung zur Darstellung der GRANDRYschen Körperchen; W. KRAUSE behandelt zur Darstellung der Nervenfasern an Froschmuskeln, die 3—4 Stunden lang mit konzentrierter Oxalsäurelösung und zwei Minuten mit kochendem Wasser isoliert worden waren, mit 0,1%igem Osmiumtetroxyd 24 Stunden lang.

BARDEEN legt den Muskel für einige Stunden in 2—3%ige Essigsäure, dann für einen Tag in 1%iges Osmiumtetroxyd und untersucht in Glycerin. GRABOWER wendet diese ursprünglich von NUSSBAUM angegebene Methode auf die menschlichen Kehlkopfmuskeln in der Weise an, daß er die Objekte mit dem Gefriermikrotom in 50 μ dicke Schnitte zerlegt und sie nach Vorbehandlung mit verdünnter Essigsäure mit Osmium färbt, um die Innervationsfigur zu studieren. Ähnlich verfährt RAMSTRÖM mit dem Diaphragma der Maus: 1%ige Essigsäurelösung 24 Stunden, 0,05%iges Tetroxyd bis zur ausreichenden Färbung der Nerven, 0,25%ige Essigsäure 2 Stunden; Untersuchung in Glycerin.

Der Reduktionsfärbung am sekundär osmierten Präparat bedient sich MC. CALLUM zum Studium der Entwicklung der quergestreiften Muskelfaser; nach ihm ergibt die KOLOSSOW-Methode besonders schöne Plasmafärbungen an Schnitten, die von Alkohol-, Formol- oder MÜLLER-Material stammten; er legt sie 2—3 Minuten in 2%iges Osmiumtetroxyd. SCHUBERG reduziert Präparate von Axolotlhaut, die nach beliebiger Fixation mit Boraxcarmin durchgefärbt und mit ½%igem Osmiumtetroxyd 12—24 Stunden imprägniert worden war, mit Holzessig, der mit dem gleichen oder mit dem doppelten Volumen Wasser verdünnt wurde. Diese Methode ergab auch bei Wirbellosen gute Resultate (Cardium-ZUGMAYER, Limnadia-NOWIKOFF). FAURE-FRÉMIET fixiert Amöben mit FLEMMINGscher Lösung, färbt sie zur Darstellung bestimmter Secretionsprodukte, behandelt dann nochmals mit FLEMMINGs Lösung und reduziert mit Pyrogallol: auf diese Weise können die verschiedenen Zelleneinschlüsse gut unterschieden werden.

An sekundär osmierten, dann reduzierten Objekten kann natürlich auch wieder zu Differenzierungszwecken die partielle Bleichung ausgeführt werden: HELLER und GUMPERTZ fixieren mit MÜLLERs Gemisch, osmieren ihre Schnitte mit 1%iger Lösung 24—48 Stunden lang bei 37° und bleichen mit Kaliumpermanganat und 1—2%iger Oxalsäure für den Nachweis der markhaltigen Nervenfasern in der Haut. HELLER bringt Schnitte vom Centralnervensystem, das in MÜLLERscher Lösung fixiert war, in 1%ige Osmiumlösung auf 10 Minuten bei Bruttemperatur, auf 30 Minuten bei Zimmertemperatur, spült ab, reduziert mit Pyrogallol und schließt ebenfalls die partielle Bleichung mit Kaliumpermanganat zur Differenzierung daran. AZOULAY osmiert Celloidinschnitte von Material, das mit MÜLLERscher Flüssigkeit fixiert war, zur Darstellung markhaltiger Nervenfasern in sehr dünnen, 0,2—0,1%igen Osmiumlösungen auf 5—15 Minuten, spült sie leicht in Wasser ab und reduziert in 5—10%iger Tanninlösung unter Erwärmen bis zum Dampfen oder 2—5 Minuten bei 50—55°, wäscht in Wasser aus und färbt mit Carmin. Dicke Schnitte behandelt er nach PAL (s. pag. 237) oder mit Aqua Javelli 1:50.

Wirkungsweise des Osmiumtetroxyds: FISCHER hat nachgewiesen, daß diese Substanz für sich allein „ein sehr schwaches und unvollständiges Fällungsmittel“ sei; insbesondere für Nucleine, Nucleoalbumine, Nucleinsäure; daß die Rolle der Fixation bei der gewöhnlichen Herrichtung der Präparate vielmehr dem Entwässerungsalkohol zufalle, da diese Stoffe beim Auswaschen der Präparate dialytisch nicht entfernbar seien. Von einer rasch abtötenden Wirkung der Osmiumlösung im Sinne FLEMMINGs infolge von Ausfällung der Eiweißkörper kann nicht die Rede sein, vielmehr wirke das Osmiumtetroxyd durch eine Art von „Erstickung“ und konserviere so z. B. homogene Plasmateile in naturgetreuem Zustande. In diesen fixierten Zellteilen ist indessen nach kurzdauernder Einwirkung der Osmiumlösung noch die Ausfällung der Eiweißstoffe durch Fällungsmittel möglich; nach langdauernder Osmiumeinwirkung aber nicht mehr. Die Bedeutung der Osmiumgemische als Fixationsmittel liegt in der durch die Zusätze bewirkten Ergänzung dieser der Substanz allein mangelnden Fällungskraft; die Zusätze von Säuren, wie Essigsäure oder Ameisensäure, bedeutet insbesondere allein schon die Möglichkeit, viele Eiweißkörper in wasserunlöslicher Form auszufällen, denen gegenüber das Tetroxyd in alkalischer oder neutraler Lösung ganz machtlos ist. Man kann nach FISCHER geradezu das Auftreten von Fällungsbildern, z. B. im Kern, nur durch saure Osmiumgemische, dagegen homogenes Aussehen bei reiner Osmiumbehandlung, für die Diagnose einer alkalischen Reaktion verwerten. Auch BERG konnte bei seinen Untersuchungen über die Theorie der Fixation mit 2%igem Tetroxyd oder stärker verdünnten Osmiumlösungen bei den von ihm untersuchten Substanzen (Protamin, nucleinsaures Protamin, Nucleinsäuren, Nucleine) niemals eine Fällung beobachten. Daß auch in seiner durch Zusätze, wie z. B. im FLEMMINGschen Gemisch ergänzten und bedeutend erhöhten Fällungskraft nicht alle Zellenteile gegen Lösungsmittel widerstandsfähig werden, zeigt die Ausbildung einer ganzen Lösungsmethode für botanische Zwecke, die v. WISSELINGH erfunden hat: nach der Osmiumfixation ist 20%ige, in noch höherem Grade 50%ige Chromsäure imstande, bestimmte Substanzen aus dem Fixationsbilde zu entfernen und dieses in solch eigenartiger Weise zu „differenzieren“.

Die rapide Abtötung kleiner Tiere und kleiner Gewebsteile ist von wesentlichem Vorteil, falls es sich um stark contractile Objekte handelt: So kann man das Reagens oft nur als Abtötungsmittel anwenden, die eigentliche Fixation aber mit einem ganz andersartigen Medium vollenden (Hydroidpolypen).

Histiologisch wird das Osmium insbesondere als „plasmaerhaltendes“ Mittel geschätzt (TELLYESNICZKY, v. WASIELEWSKI): bei seiner Anwendung erhält das Cytoplasma ein eigenartig homogenes Aussehen, das man nach MOENCKEBERG und BETHE am Hühnereiweiß bei Osmiumfixation gut beobachten kann und das z. B. nach MANN an den Nervenzellen sehr deutlich wird, füllt aber z. B. in Pflanzenzellen den ganzen Zelleninnenraum aus. So führt auch BOLAU an, daß das Colloid der Thyreoideabläschen bei Fixation in 2%igem Osmiumtetroxyd den ganzen Follikel ausfüllt und keine Schrumpfung zeigt. Nicht wabig erscheinendes Protoplasma wird von der Osmiumlösung schon in schwachen Konzentrationen auch unwabig fixiert oder gelatiniert (DEGEN). Diese treffliche Plasmafixation betrifft wesentlich die äußere Form: es ist wohl zu vermuten, daß in dem homogenen Osmiumbilde des Zellenleibes manches feinere Detail verschwindet. Von besonderem Interesse ist hierbei die Beobachtung von SCHREIBER, der am lebend beobachteten Objekte die Mastzellengranulationen schon bei minutenlanger Einwirkung einer $^{1}/_{4}$%igen OsO_4-Lösung quellen und sich auflösen sah; je stärker die Konzentration, desto schneller die Auflösung. Seltsamerweise leidet die charakteristische Metachromasie der Mastzellensubstanz wenig Einbuße: die Zellen erscheinen von einem metachromatisch gefärbten Hofe umgeben.

Hierher gehört auch die Bemerkung, daß die Osmiumverbindungen mancher Substanzen sich in ihrer Färbbarkeit gegenüber ihrem Verhalten im nativen Zustande verändert zeigen: so färbt sich mit Osmium imprägniertes Eleidin in der Haut nach RANVIER nicht mehr mit Pikrocarmin. Für die Fixation des Kernes hebt FLEMMING insbesondere das scharfe Hervortreten der Nucleolen hervor, und für die Studien der Kernteilung sind die FLEMMINGschen und HERMANNschen Osmiumgemische geradezu die klassischen Fixationsmittel geworden. — KOTLAREWSKY, die das Osmiumtetroxyd zu den Säuren rechnet, betont die schlechte Fixation des Kernes in peripherischen Ganglienzellen, mit Ausnahme allein des Nucleolus. EISEN behauptet, daß Osmium das Chromatin zerstöre. RAWITZ erklärt nach seinen Erfahrungen am Salamanderhoden, daß Osmium kernfeindliche Tendenz besitze und das Kerngerüst zerstöre; nach FLEMMING ist das Kerngerüst nur undeutlich geworden, weil ihm das Osmiumtetroxyd den gleichen Brechungsindex wie dem übrigen Kerninhalt erteile.

Neben der immerhin vorzüglichen Fähigkeit der Osmiumlösung, die Struktur der Gewebe naturgetreuer zu erhalten, als die meisten anderen Mittel, verdankt sie der Hervorhebung der funktionell oder von Hause aus verschiedenen Reduktionskraft der Gewebe durch verschiedene Farbabstufungen ihre ausgedehnte Verwendung. Historisch war diese Eigenschaft der Anstoß ihrer ersten

Verwendung durch MAX SCHULTZE für die Leuchtorgane von Lampyris splendidula, da sie sehr genau die Orte der das Leuchten bedingenden Prozesse zu erforschen gestattete. Für den gleichen Zweck ist sie später noch von EMERY für Luciola italica und zur Lokalisation eines anderen Oxydationsprozesses von WISTINGHAUSEN benützt worden, der die Peritonealhaut der Tracheen bei Raupen sich schwärzen sah.

NEUBAUER hat das Vorhandensein einer doppelten Bindung von C oder CH-Gruppen als maßgebend für Auftreten von Schwarzfärbung mit Osmiumtetroxyd zu erkennen gemeint: geht in einem chemischen Körper durch Umlagerung der Atome die Doppelbildung verloren, so verschwindet auch die Fähigkeit OsO_4 zu schwärzen und umgekehrt.

Insbesondere gehört aber hierher ihre Benutzung zum Nachweis und zur Unterscheidung von Fetten und fettartigen Körpern, die sich mit Osmiumlösung behandelt tief schwärzen. Hierbei hat man nach STARKE und HANDWERCK „primäre Schwärzung", d. h. Schwärzung schon durch die Einwirkung des Osmiumtetroxyds für sich allein und „sekundäre Schwärzung" zu unterscheiden, die erst bei der Nachbehandlung des Osmiumpräparates mit Alkohol auftritt: primär schwärzen sich Ölsäure (MULON) und Olein im flüssigen Zustand, sekundär Palmitinsäure, Stearin, Stearinsäure, wobei zu bemerken ist, daß HANDWERCK bei der von ihm untersuchten Stearinsäure keine sekundäre Schwärzung eintreten sah.

Die sich nicht primär schwärzenden Palmitin- und Stearinsäuren sowie die Lecithine bräunen sich leicht, und zwar nach MULON infolge Anwesenheit ganz geringer Ölsäuremengen.

Diese Verschiedenheit des Verhaltens zum Osmium, die verschiedene Löslichkeit der osmierten Körper, der Verlust des Reduktionsvermögens durch Vorbehandlung mit anderen Agenzien hat dem Osmiumtetroxyd spezielle Bedeutung für den Nachweis und die Trennung der Fette, der Lecithine (WLASSAK, DEFLANDRE), des Myelins (Markscheidenfärbung auch der feinsten Fasern bei Embryonen unter Nachbehandlung mit Kaliumbichromat O. SCHULTZE), des Cholestearins (LEDERMANN), des Cerebrins und anderer ähnlicher Körper verschafft, z. B. der fettähnlichen Substanz der Nebennierenrinde, der durch Osmierung schwärzbaren Körnchen der normalen menschlichen Haut, deren Reaktion durch Gegenwart oder Vorbehandlung mit Chromsäure nach BARLOW verhindert wird. (Näheres siehe außer bei WLASSAK, HANDWERCK, STARKE, bei MERK.) Als spezieller Fall sind hier die MARCHI-Methoden für die Degeneration der markhaltigen Nervenfasern zu erwähnen und die Methode von LIST zur Darstellung des peripheren Nervensystems an Totalpräparaten von Muskeln, bei denen im Zustande starker Abmagerung in den Nerven Granula auftreten, die sich mit OsO_4 stark schwärzen. Auch sonst bräunen oder schwärzen sich Nerven von wirbellosen Tieren bei Behandlung mit Osmiumtetroxyd häufig und diese Eigenschaft leistet für Total- oder Macerationspräparate recht gute Dienste (BONGARDT).

Derartige reduzierende Substanzen können weiterhin auch erst künstlich in den Tierkörper eingeführt und dann in ihren Schicksalen mit Hilfe des Osmiums verfolgt werden. So hat DE WAELE den Verbleib verfütterter Dextrose beim Frosch durch Fixation des Darmes in 10 Teilen 5%iger Kupferacetatlösung und 1 Teil 2%iger Osmiumlösung eine halbe Stunde lang bei 65° und Weiterbehandlung mit HERMANNscher Lösung zu erforschen versucht. Hierher gehört auch das Korrosionsverfahren von ALTMANN für Blut- und Lymphgefäße, das auf der Injektion oder Imprägnation der Bahnen mit Olivenöl oder Ricinusöl, deren Schwärzung durch Osmiumbehandlung und der Korrosion mit Aq. Javelli beruht. (Näheres s. Injektion Bd. 1, pag. 687.)

Das deutliche Hervortreten der elastischen Fasern und ihre im osmierten Zustande ganz ausgezeichnete Färbbarkeit mit verschiedenen Farbstoffen haben zur Ausbildung von besonderen Osmiummethoden für elastische Substanz, die gleiche Erscheinung an den Schleimzellen zur Empfehlung als Fixiermittel für Mucinfärbungen mit Hämatoxylin (FLEMMING) und mit Anilinfarben (SUSSDORF) geführt. Nach LANGLEY quellen die kleinen Bläschen bei Behandlung mit geringen Mengen von Osmiumlösung und werden bei größeren zerstört.

Der ausgedehnten Anwendung des Osmiumtetroxyds ist in beträchtlichem Maße sein hoher Preis hinderlich. Als Nachteil auch ihrer besten Gemische ist das schwere Eindringen in die Gewebe zu erachten, das doch im allgemeinen nur die Behandlung kleiner, nicht recht übersichtlicher Stücke zuläßt; ferner die häufige „Überfixation" der äußeren Schichten (Rawitz), in denen die stürmische Osmiumwirkung zum Vorschein kommt, und die mangelhafte Lebenstreue im Innern; in geringerem Grade weiterhin die beengte Auswahl der ohne weitere Behandlung anwendbaren Kernfärbemittel, insbesondere das refractäre Verhalten der Osmiumpräparate gegen die so wichtigen Dreifarbgemische von Ehrlich und Biondi; endlich die leichte Brüchigkeit, die übermäßige Erhärtung, das Bröckeln der Stücke, das sich allerdings bis auf wenige Ausnahmen, z. B. bis etwa auf den Dotter, durch richtige Einbettung vermeiden läßt. Die früher sehr geschätzte gute Schnitthärte der Objekte hat bei der heute ausgebildeten Einbettungsmethode ihre Bedeutung größtenteils verloren.

Literatur: Achard et Aynaud (C. R. Soc. Biol. Paris, Bd. 61, 1906), Alfieri (Monit. Zool. Ital., 1897), Altmann (Arch. Mikr. Anat., Bd. 16, 1879), derselbe (Elementarorganismen, 1894), Andrews (Zeitschr. Wiss. Mikr., Bd. 14, 1897), Arnold (Arch. Mikr. Anat., Bd. 52, 1898), derselbe (Arch. Pathol. Anat., Bd. 163, 1900), Azoulay (Anat. Anz., Bd. 10, 1894), Ballowitz (Zeitschr. Wiss. Zool., Bd. 50 u. 52, 1890 u. 1891), derselbe (Int. Monatsschr. Anat. Physiol., Bd. 11, 1893), Bardeen (Anat. Anz., Bd. 23, 1903), Barlow (Sitzungsber. Ges. Morph. Physiol. München, Jg. 1894), Belloncı (Zeitschr. Wiss. Zool., Bd. 47, 1888), Benda (Verh. Anat. Ges. Göttingen, 1893), derselbe (Verh. Physiol. Ges. Berlin, 1891/92), Berg (Arch. Mikr. Anat., Bd. 62 und 65, 1903 und 1904), Binet (Journ. de l'Anat. Physiol. Paris 1894), Biondi (Arch. Mikr. Anat., Bd. 31, 1887), Böhm und Oppel (Taschenbuch), Borchert (Arch. Anat. Physiol., Jhrg. 1904), Bolau (Inaug.-Diss. Jena 1899), Borchert (Arch. Physiol., Jhrg. 1904), Borgardt (Zeitschr. Wiss. Zool., Bd. 75, 1903), Boveri (Abh. Ak. Wiss. München, Bd. 15, Abt. 2, 1885), Brass (Zeitschr. Wiss. Mikr., Bd. 1, 1884), Branell (Mem. Univ. Kasan, 1849), Brauer (Jena. Zeitschr. Nat., Bd. 19, 1885), Bristol (Amer. Nat., Bd. 27, 1893), Brösike (Centralbl. Med. Wiss., Jg. 16, 1878), Bütschli (Morph. Jhb., Bd. 10, 1884), Busch (Neurol. Centralbl., Bd. 15 u. 17, 1896 u. 1899), derselbe (Zeitschr. Wiss. Mikr., Bd. 15, 1899), Carnoy (Cellule, Bd. 1, 1885), Carazzi (Zool. Anz., Bd. 17, 1894), Cattaneo (Arch. Ital. Biol., Bd. 10, 1888), Chapeaux (Arch. de Biol., Bd. 12, 1892), Cori (Zeitschr. Wiss. Mikr., Bd. 6, 1890), Cox (Anat. Hefte, Bd. 10, 1898), Deflandre (Journ. de l'Anat., 1904), Deckhuyzen (Centralbl. Physiol., 1889), Degen (Bot. Zeit., Bd. 63, 1905), Dogiel (Anat. Hefte, Bd. 21, 1903), Drüner (Jena. Zeitschr. Nat., Bd. 29, 1895), Dubosq (Arch. de Zool. Exp., [3], Bd. 6, 1899), Eberlein (Zeitschr. Wiss. Zool., Bd. 59, 1895), Eimer (Arch. Pathol. Anat., Bd. 48, 1864), Eisen (Journ. of Morph., Bd. 17, 1900), Emery (Zeitschr. Wiss. Zool., Bd. 40, 1884), Exner (Sitzungsber. Ak. Wiss. Wien, Bd. 83, 1881), Falbre-Domergue, (Anat. Micr. Paris, T. 2, 1890), Fauré-Frémiet (C. R. Soc. Biol. Paris, Bd. 58, 1905), Ferri (Journ. de Microgr., Bd. 2, 1885, C. R. Ac. Sc. de Paris, Bd. 76, 1885), derselbe (C. R. Ac. de Paris, Bd. 76, 1885), Fischer (Zeitschr. Wiss. Mikr., Bd. 5, 1888), derselbe (Arch. Entw.-Mech., Bd. 13, 1901), derselbe (Protoplasma etc., 1899), Flemming (Arch. Mikr. Anat., Bd. 6 u. 13, 1870 u. 1877), derselbe (Zelle etc., 1882), derselbe (Zeitschr. Wiss. Mikr., Bd. 2 u. 6, 1885 u. 1889), derselbe (Arch. Mikr. Anat., Bd. 37 u. 45, 1891 u. 1895), derselbe (Anat. Anz., Bd. 11, 1896), Flesch (Zeitschr. Wiss. Mikr., Bd. 5, 1888), Fol (Lehrbuch, 1896), Friedländer (Zeitschr. Wiss. Zool., Bd. 47, 1888), Fritsch (Sitzungsber. Akad. Wiss Berlin, Bd. 11, 1891), Fuss (Arch. Pathol. Anat., Bd. 185, 1906), Gardner (Biol. Centralbl., Bd. 17, 1897), Gedoelst (Cellule, Bd. 5, 1889), Gilson (Cellule, Bd. 1, 1885), Grabower (Arch. Laryng. Rhinol., Bd. 16, 1904), Grassi e Feletti (Atti Accad. Catania, [4], Bd. 5, 1892), Graupner (Beitr. Pathol. Anat., Bd. 24, 1898), Häcker (Zellen- und Befruchtungslehre, 1899), Haller (Morph. Jhb., Bd. 11, 1885), Handwerck (Zeitschr. Wiss. Mikr., Bd. 15, 1898), Heidenhain (Arch. Ges. Physiol., Bd. 34, Suppl. 1888), Heller (Arch. Psych. Nervenkr., Bd. 30, 1898), Heller und Gumpertz (Ges. d. Charitéärzte, 1895), dieselben (Allg. Med. Centralzeitg., 1895), Hermann (Arch. Mikr. Anat., Bd. 37, 1891), derselbe (Anat. Ergebn., Bd. 1, 1897), Hertwig (Morph. Jhb., Bd. 10, 1884), Jänichen (Zeitschr. Wiss. Zool., Bd. 62, 1896), Jickeli (Morph. Jhb., Bd. 7, 1882), Johnson (Zit. nach Lee u. Mayers Grundzüge), Jolly (Arch. d'Anat. Micr., Bd. 3, 1900), Issel (Mitt. Zool. Stat. Neapel, Bd. 16, 1903), Iwanzoff (Bull. Soc. Nat. de Moscou, 1894), Kingsbury (Proc. Amer. Micr. Soc., 1894), Knoll (Sitzungsber. Ak. Wiss. Wien, Bd. 102, 1893), Koestler (Zeitschr. Wiss. Zool., Bd. 39, 1883), Köhler (Rec. Zool. Suisse, 1889), derselbe (Zeitschr. Wiss. Zool., Bd. 57, 1894), Kolossow (Zeitschr. Wiss. Mikr., Bd. 9, 1892), derselbe (Arch. Mikr. Anat., Bd. 52, 1898), Kolster (Anat. Hefte, Bd. 22, 1903), derselbe (Arch. Mikr. Anat., Bd. 41, 1890), Korschelt (Zool. Jhb., Bd. 4, 1889), Kotlarewsky (Inaug.-Diss., Bern 1887), Krause (Die motorischen Endplatten, Hannover 1869), Kückenthal (Jena. Zeitschr. Nat., Bd. 20, 1887), Kuhn (Arch. Mikr. Anat., Bd. 13, 1877), Kultschitzky (Zit. nach Kolossow, Zeitschr. Wiss. Mikr., Bd. 5, 1888), derselbe (Arch. Mikr. Anat., Bd. 23, 1884), Kunstler (Bull. Scient. France Belgique, Bd. 20, 1889), Langley (Proc. Physiol. Soc. Cambridge, Bd. 2, 1889), Leder-

MANN (Arch. Dermat. Syph., Erg.-Heft, 1892), LEE (Cellule, Bd. 4, 1887), derselbe (Zeitschr. Wiss. Mikr., Bd. 9. 1892), derselbe (in LEE und MAYERS Grundzüge), LEWIS (Human Brain London, 1882), LIST (Fauna Flora Golf Neapel, Bd. 27, 1902). derselbe (Anat. Anz., Bd. 14, 1897). LOEBENHOFFER (Arch. Mikr. Anat., Bd. 68, 1906). LO BIANCO (Mitt. Zool. Stat. Neapel, Bd. 9, 1890), LORD (Journ. of Ment. Sc., 1898), derselbe (Neurol. Centralbl., Bd. 17. 1898), LUSTGARTEN (Wien. Med. Jhb., 1886). MAC BRIDE (Quart. Journ. Micr. Sc., [2], Bd. 34 u. 38, 1892 u. 1896), Mc. CALLUM (Johns Hopkins Hosp. Bull., Nr. 90. 91, 1899), MAHALANOBIS (Govern. Rep. Fischery Board for Scotland, May 1898). MARTINI (Zeitschr. Wiss. Zool., Bd. 74, 1903). MAYER (Mitt. Zool. Stat. Neapel, Bd. 2, 1880), derselbe (Fauna Flora Golf Neapel, Bd. 6, 1882), derselbe (Zeitschr. Wiss. Mikr., Bd. 14 u. 24, 1897 u. 1907). derselbe (LEE und MAYERS Grundzüge), MERK (Sitzungsber. Ak. Wiss. Wien, Bd. 108, 1899). METZNER (Arch. Physiol., 1894), MINCHIN (Quart. Journ. Micr. Sc., [2], Bd. 33 u. 40, 1892 u. 1898), MÖNCKEBERG und BETHE (Arch. Mikr. Anat., Bd. 54, 1899). MULON (Bibl. Anat., Bd. 13. 1904), NAGEL (Arch. Mikr. Anat., Bd. 31, 1888), NEGRI (Anat. Anz., Bd. 16. 1899), NEUBAUER (Vers. Deutsch. Nat. Karlsbad 1902), derselbe (Neurol. Centralbl., Bd. 21. 1902). NICOLAS (Int. Monatsschr. Anat. Physiol. Bd. 8, 1891), NISSEN (Zeitschr. Wiss. Mikr., Bd. 3. 1886). NOWIKOFF (Zeitschr. Wiss. Zool., Bd. 78, 1905), OVERTON (Zeitschr. Wiss. Mikr., Bd. 7. 1890), PAL (Wien. Med. Jhb., N. F., 1886), PAPPENHEIM (Arch. Pathol. Anat., Bd. 151, 1898), PAULI (Arch. Wiss. Prakt. Tierheilk., Bd. 10, 1884), PFITZNER (Morph. Jhb., Bd. 11, 1885), PLATE (Jena. Zeitschr. Nat., Bd. 19, 1885), PLECNIK (Arch. Mikr. Anat., Bd. 60, 1901), POLJAKOFF (Ebenda. Bd. 32, 1888). POUCHET (Journ. de l'Anat., 1876), PRENANT (Int. Monatsschr. Anat. Physiol., Bd. 4, 1887), PREUSSE (Arch. Wiss. Prakt. Tierheilk., Bd. 9. 1885), RAMSTRÖM (Anat. Hefte, Bd. 30, 1906), RANKIN (Jena. Zeitschr. Nat., Bd. 24, 1890), RANVIER (Journ. de Microgr., Bd. 10 u. 11, 1886 u. 1887). derselbe (Arch. d'Anat. Micr., Bd. 3, 1899), derselbe (Traité technique, Paris 1888). derselbe (C. R. Acad. Sc. Paris, Bd. 115, 1892), VOM RATH (Zeitschr. Wiss. Zool., Bd. 57, 1893), derselbe (Zool. Anz., Bd. 21. 1898). RAWITZ (Leitfaden. 1. Aufl., 1889), derselbe (Arch. Mikr. Anat., Bd. 44, 1895), derselbe (Anat. Anz., Bd. 10, 1895), REID (Phil. Trans., Bd. 165, 1894), RENAUT (Arch. de Physiol., Jhg. 13. 1881), RITTER (Zeitschr. Wiss. Mikr., Bd. 15. 1898). ROCHON-DUVIGNEAUD (Arch. d'Anat. Micr., Bd. 9, 1907), RUSKOW (Arch. Mikr. Anat., Bd. 30, 1887), RUSSO (Ric. Lab. Anat. Norm. Univ. Roma. Bd. 4. 1895). RUSSOLIMO und BUSCH (Neur. Centralbl., Bd. 15, 1896), SCHIEFFERDECKER (Arch. Mikr. Anat., Bd. 28, 1886), SCHREIBER (Münch. Med. Wochenschr., Bd. 49, 1902), SCHRIDDE (Anat. Hefte. Bd. 28, 1905a), derselbe (Arch. Mikr. Anat., Bd. 67, 1905b), SCHUBERG (Zeitschr. Wiss. Zool., Bd. 74, 1903), derselbe (Morph. Jhb., Bd. 12, 1886), SCHULZE (Über den Bau und die Entwicklung der Cordylophora lacustris. Leipzig 1871), M. SCHULTZE (Arch. Mikr. Anat., Bd. 1 u. 7. 1865 und 1870), derselbe (Verh. Nat. Ver. Rheinlande. Bonn 1864). M. SCHULTZE und RUDNEFF (Arch. Mikr. Anat., Bd. 1, 1865), O. SCHULTZE (Sitzungsber. Phys. Med. Ges. Würzburg, 1906), derselbe (Zeitschr. Wiss. Zool., Bd. 45, 1887), SJÖVALL (Anat. Hefte. Bd. 30. 1905), SOLGER (Centralbl. Med. Wiss., Jhg. 21. 1883). SMIRNOW (Anat. Anz., Bd. 29. 1906). STARKE (Arch. Physiol., 1895). STEFANOWSKA (Rec. Zool. Suisse, Bd. 5, 1890), STRONG (Journ. Comp. Neurol., Vol. 13, 1903), STUHLMANN (Zool. Anz., Bd. 8, 1885), SUSSDORF (Deutsch. Zeitschr. Tiermed., Bd. 14, 1889), TELLYESNITZKY (Arch. Mikr. Anat., Bd. 52. 1898), UNGER (Anat. Hefte, Bd. 10, 1898), UNNA (Monatsh. Prakt. Derm., 1883), DE WAELE (Livre jubil. VAN BAMBEKE, Brüssel 1899), v. WASIELEWSKI (Zeitschr. Wiss. Mikr., Bd. 16. 1899). WHITMAN (Amer. Natur., Bd. 17, 1883), derselbe (Methods. 1885). WIEMAN (Amer. Journ. Anat., Bd. 6, 1907), WILL (Zeitschr. Wiss. Zool., Bd. 56. 1893), WISSELINGH (Zeitschr. Mikr., Bd. 15, 1898), derselbe (Beih. z. Bot. Centralbl., Bd. 23, 1908). WISTINGHAUSEN (Zeitschr. Wiss. Zool., Bd. 49, 1890). WLASSAK (Arch. Entw.-Mech., Bd. 6. 1898). ZIETSCHMANN (Ebenda, Bd. 74, 1903), ZOGRAF (C. R. Ac. Sc. Paris, Bd. 124. 1897), ZOJA (Bollet. Scientif. Pavia, Anno 15. 1893), ZUGMAYER (Zeitschr. Wiss. Zool., Bd. 76, 1904). derselbe (Arch. Mikr. Anat., Bd. 52, 1898). *Poll*, Berlin.

Osmiumgemische. Den Mängeln der Osmiumfixation hat man durch Vermischung mit anderen Mitteln abzuhelfen gesucht; im allgemeinen rein empirisch, so daß zurzeit die zur Orientierung unter der Unterzahl der Osmiumgemische so notwendige rationelle, d. h. fixierungstechnische Einteilung noch nicht gegeben werden kann; die ersten Ansätze bildet die oben (pag. 340) angedeutete Abtrennung der neutralen von den sauren Osmiumgemischen nach FISCHER. Die unten folgende Einteilung verfolgt lediglich heuristische Absichten.

Bei der Kombination des Osmiumtetroxyds mit anderen Mitteln sind für die verschiedenen Autoren recht verschiedene Gesichtspunkte maßgebend gewesen: den einen lockte die auch von FISCHER zugestandene spezifische Wirkung als schnelles Tötungsmittel; andere versuchten durch Verbindung mit fixationstechnisch indifferenten Mitteln dem Osmium das Eindringen in die Gewebe zu erleichtern. Mischungen mit Farben endlich dienten der gleichzeitigen Färbung und Fixation. — Die Nachbehandlung der mit Osmiumgemischen fixierten Objekte erfolgt im allgemeinen nach den gleichen Grundsätzen, die bei der reinen Osmiumbehandlung besprochen wurden; das gilt auch für Bleichung und Reduktionsfärbung. Abweichungen von der üblichen Methoden sind ausdrücklich angegeben.

Einteilung der Osmiumgemische.

1. Osmiumtetroxyd und Alkohol.
2. Osmiumtetroxyd und Formol.
3. Osmiumtetroxyd und Säuren.
4. Osmiumtetroxyd und Chromsäure.
5. Osmiumtetroxyd und Chromsalze.
6. Osmiumtetroxyd und Schwermetallsalze.
7. Osmiumtetroxyd und Alkalisalze.
8. Osmiumtetroxyd und Farbstoffe.

1. Osmiumtetroxyd und Alkohol

ist ein unbeständiges Gemisch, da innerhalb 24 Stunden sämtliches Osmiumtetroxyd zu metallischem Osmium reduziert ausfällt. Die Rolle dieser Reaktion ist schon bei der Nachbehandlung der Osmiumpräparate berührt worden. Osmiumtetroxyd in alkoholischer Lösung haben RANVIER, VIGNAL, BINET (für das Nervensystem der Arthropoden), GEDOELST für die Darstellung des Neurokeratinnetzes der Nervenfasern, WEISS und DUTIL zum Studium der Muskelspindeln in Form der interstitiellen Injektion angewandt. RANVIER und VIGNAL benutzen gleiche Teile einprozentiger Osmiumlösung und 90%igen Alkohols.

2. Osmiumtetroxyd und Formol

ist ebenfalls infolge der reduzierenden Eigenschaften des Formaldehyds ein unbeständiges Gemisch. STOCHASTNYI fixiert für das Studium der eosinophilen Zellen im Gewebe in 10%igem Formol, dem eine geringe Menge 1%iger Osmiumlösung beigefügt wurde.

3. Osmiumtetroxyd und Säuren.

Einsäurige Gemische:

1. Osmiumtetroxyd und Essigsäure.
2. Osmiumtetroxyd und Ameisensäure.
3. Osmiumtetroxyd und Trichlormilchsäure.
4. Osmiumtetroxyd und Pikrinsäure.
5. Osmiumtetroxyd und Salpetersäure.

Zweisäurige Gemische:

1. Osmiumtetroxyd, Pikrinsäure und Essigsäure.
2. Osmiumtetroxyd, Pikrinsäure und Salpetersäure.
3. Osmiumtetroxyd, Pikrinsäure und Schwefelsäure.

Einsäurige Gemische: Osmiumessigsäure ist in zahlreichen Variationen für die verschiedensten Zwecke benutzt worden. Wesentlich kommt in Betracht die allmählich eintretende Reduktion bei längerer Aufbewahrung dieses und manches anderen Gemisches, in dem beide Substanzen vorkommen (MERK, HENNEGUY). Osmiumessigsäure bereitet FOL aus 1 *g* Osmiumtetroxyd, 10 *ccm* Essigsäure, 1000 *ccm* Aqua destillata oder, auf Hundert umgerechnet, aus 10 Teilen 1%iger Osmiumlösung, 50 Teilen 2%iger Essigsäure, 40 Teilen Aqua destillata (SCHMIDT). LEE und MAYER empfehlen allgemein, der Osmiumlösung ½—1% Essigsäure zuzusetzen. Zur Fixation des Gehörorgans frisch getöteter Tiere hat KATZ ein Verfahren empfohlen, bei dem es sich gewissermaßen um eine zweizeitige Fixation in einem Flemming- oder Hermann-artigen Gemisch handelt. (Näheres siehe Artikel Gehörorgan.)

HAMANN nimmt für Augen der Asteroideen gleiche Teile 1%iger Osmiumlösung und 1%iger Essigsäure und bettet ohne Alkoholbehandlung in Gummiglycerin; SCHWARZ benutzt für männliche Cypriden ein Gemisch aus 1 Teil 2%igem Osmiumtetroxyd, 2%iger Essigsäure 5 Teile, 4 Teile Aqua destillata; FABRE DOMERGUE fixiert Protozoen unter dem Deckglase mit gleichen Teilen 1%iger Osmiumlösung und 20%iger Essigsäure; JOHNSON nimmt für die Retina gleiche Teile 2%igen Osmiumtetroxyd und Essigsäure. HERTWIG fixiert Froscheier in einem Gemisch von 0,3% Osmiumtetroxyd und 1% Essigsäure. (Osmium-Essigsäuregemische zur Maceration siehe pag. 50).

Osmiumessigsäure zur Räucherung hat WEIDENREICH für Blutpräparate angewandt. PLIMMER benutzt für Protozoen zu diesem Zwecke 1 *ccm* 1%ige Osmiumlösung, 3—5 Tropfen Eisessig. (Näheres siehe Artikel Blut.)

Osmiumessigsäurealkohol nach ZACHARIAS siehe Alkohol, Bd. 1, pag. 26.

Osmiumtetroxyd und Ameisensäure: LEE und MAYER setzen für allgemeine Fixationszwecke statt der Essigsäure auch $^1/_2$—1% Ameisensäure der Osmiumlösung zu.

Osmiumtetroxyd und Trichlormilchsäure verwendet HOLMGREN zum Studium seiner Trophospongien, um durch die Wirkung des OsO_4 die quellenden Eigenschaften der Trichlormilchsäure auszugleichen. Es genügt dazu ein Zusatz von 5 Teilen einer 1%igen Osmiumlösung auf 100 Teile der 5%igen Trichlormilchsäure.

Osmiumtetroxyd und Pikrinsäure in ähnlichem Verhältnis wie in der Kombination mit Ameisensäure erwähnt FLEMMING; doch ist die Kernfärbung schlechter als bei dieser.

Osmiumtetroxyd und Salpetersäure nach NICOLAS für Wirbeltierdarm besteht aus 3 Teilen Salpetersäure, 0,5 Teilen Osmiumtetroxyd, 100 Teilen Wasser. Nach der Fixation wird ausgewaschen und dann entwässert.

Zweisäurige Gemische: Osmiumtetroxyd, Pikrinsäure und Essigsäure nach VOM RATH, HÄCKER, siehe Pikrinsäure; nach SPULER für Mesenterium: Pikrinsäure konzentriert wäßrig 1000 *ccm*, Eisessig 6 *ccm*, Osmiumtetroxyd 0,5 *g*; nach GIESBRECHT für marine Copepoden Pikrinsäure konzentriert in Seewasser mit etwas Essigsäure und Osmiumtetroxyd.

Osmiumtetroxyd, Pikrinsäure und Salpetersäure nach RAWITZ: Pikrinsäure, Salpetersäure, 2%iges Osmiumtetroxyd, $1^1/_2$—3 Stunden Auswaschen in 70%igem Alkohol; MONTGOMERY probierte für Protozoen ein ähnliches Gemisch, ohne genauere Angaben zu machen.

Osmiumtetroxyd, Pikrinsäure und Schwefelsäure: MAZZARELLI setzt für die Aplysiidenlarven zur Pikrinschwefelsäure einige Tropfen 1%igen Osmiumtetroxyds; ebenso ERLANGER für Prosobranchier und für Tardigraden auf 1 *ccm* Pikrinschwefelsäure 1 Tropfen 1%igen Osmiumtetroxyds. SCHUBERG fixiert Axolotlhaut für das Studium der Zellverbindungen mit KLEINENBERGS Pikrinschwefelsäure 85 Teile, 1%igem Osmiumtetroxyd 15 Teile.

4. Osmiumtetroxyd und Chromsäure.

1. Osmiumtetroxyd und Chromsäure ohne Zusatz.
2. Osmiumtetroxyd, Chromsäure mit Säuren:
   a) mit Essigsäure,
   b) mit Pikrinsäure,
   c) mit Salpetersäure,
   d) mit Salzsäure.
3. Osmiumtetroxyd, Chromsäure mit Säuren und Schwermetallchloriden:
   a) mit Platinchlorid und Ameisensäure,
   b) mit Platinchlorid und Essigsäure,
   c) mit Platinchlorid, Sublimat und Essigsäure,
   d) mit Sublimat und Essigsäure.

Osmiumtetroxyd und Chromsäure ist das Ausgangsgemisch für unsere wichtigsten Fixationsmittel, die FLEMMINGsche und die HERMANNsche Flüssigkeit, geworden. Es fixiert und entkalkt zugleich in sehr schonender Weise; zuerst hat es FLESCH für kalkhaltige embryonale Gewebe in folgender Zusammensetzung angewandt: Osmiumtetroxyd 1 *g*, Chromsäure 2,5 *g* auf 1 Liter destillierten Wassers. Diese Flüssigkeit hält sich im Lichte unverändert; Fixationsdauer 20—30 Stunden; wenn es notwendig ist, läßt man zur Vollendung der Entkalkung Nachbehandlung mit $^1/_4$—$^1/_2$%iger Chromsäure folgen; sonst wird wie gewöhnlich ausgewaschen und entwässert.

SOLLAS fixiert Spongien in schwachen Chromsäurelösungen mit Zusatz von etwas Osmiumtetroxyd, ohne nähere Angaben. BROCK setzt zu einem Uhrgläschen 0,1%iger Chromsäurelösung 1 Tropfen 1%iges Osmiumtetroxyd zur Fixation von Agriolimax agrestis. BARRET fixiert die Retina in $^1/_5$ Teil Osmiumtetroxyd, $^1/_8$ Teil Chromsäure auf 100 Teile Wasser oder in $^1/_{10}$ Teil Osmiumtetroxyd, $^1/_4$ Teil Chromsäure auf 100 Teile Wasser und bringt sie dann auf 14 Tage in alkoholische Carbolsäurelösung. Lo BIANCO fixiert große Scyphomedusen in 1 Teil 1%igen Osmiumtetroxyds und 50 Teilen 1%iger Chromsäure, nachdem er sie in Essigsäure abgetötet hat. TIRELLI bringt Nerven in 2%ige Chromsäurelösung in Bouillon, der wiederholt kleine Mengen 1%igen Osmiumtetroxyd zugesetzt werden, auf 6—12 Stunden, zieht dann das Bindegewebe ab und wäscht mit 0,5%igem Silbernitrat ab. WILLEY behandelt Enteropneusten 12 Stunden mit 100 Teilen 1%iger Chromsäure und 2 Teilen 1%igen Osmiumtetroxyd. BÖHM und OPPEL geben als Zusammensetzung für Felsenbeine von Embryonen an: 10 *ccm* 1%igen Osmiumtetroxyds, 25 *ccm* 1%iger Chromsäure, 65 *ccm* Wasser. Osmiumchromsäuregemisch als haltbare Osmiumsäurelösung (siehe pag. 330).

Osmiumtetroxyd und Chromsäure mit Alkohol gibt BARRET für Retina als schnell, aber etwas schrumpfend wirkendes Gemisch an: Osmiumtetroxyd $^1/_{10}$ oder $^1/_5$ Teil, Chromsäure $^1/_4$ oder $^1/_6$ Teil, dazu käuflicher Alkohol und Wasser je 50 Teile.

Saure Osmiumchromsäuregemische: Osmiumtetroxyd, Chromsäure und Essigsäure oder FLEMMINGsche Flüssigkeit siehe Bd. 1, pag. 475.

Als Modifikationen des Flemminggemisches sind für die verschiedenen Spezialzwecke folgende angegeben worden:

Gemisch von LANGENDORFF: 1%ige Chromsäure 25 *ccm*, 1%iges Osmiumtetroxyd 10 *ccm*, Eisessig 15 *ccm* (ERDHEIM). Gemisch von MOTTIER: 1%ige Chromsäure 16 *ccm*, 2%iges Osmiumtetroxyd 3 *ccm*, Eisessig 1 *ccm*. SIJPKENS benutzt zum Studium der Kernteilung von Fritillaria imperialis 3 Wochen lange Fixation in einem Gemisch mit 0,75% Chromsäure, 0,4% OsO_4, 4% Essigsäure. JOLLY verwendet für die Fixation von Deckglasausstrichen des Amphibien- und Säugerblutes ein Gemisch von 30 Teilen 1%iger Chromsäure, 15 Teilen 1%igen Osmiumtetroxyds, 0,5 Teil Essigsäure. Die Lösung wirkt zugleich als Farbbeize. FERGUSON fixiert Pinus für feine cytologische Studien in Chromsäure 1,3 *g*, Osmiumtetroxyd 0,5 *g*, Eisessig 8,3 *g* auf 160 Aq. dest., für die Prothallien wird die Lösung halb verdünnt 15 Stunden, für andere Stadien unverdünnt 24 Stunden lang angewendet. TISCHLER benutzt für die Tapetenzellen von RIBES-Hybriden eine Lösung von 1,8 Chromsäure, 0,5 Osmiumtetroxyd, 12 *ccm* Eisessig, 420 *ccm* Aq. dest. CHAMBERLAIN fixiert Pollenschläuche und junge Samenknospen von Dionea in Chromsäure 1 *g*, Eisessig 4 *ccm*, 1%iger Osmiumlösung 2 *ccm*, Wasser 100 *ccm*. Von den meisten Botanikern wird die im STRASSBURGERschen Institut in Bonn übliche „Bonner Modifikation" des FLEMMINGschen Gemisches benutzt: sie besteht aus 2%igem Osmiumtetroxyd 25 *ccm*, 1%iger Chromsäure 180 *ccm*, Eisessig 12 *ccm*, Aq. dest. 210 *ccm* (GEORGEVITCH). YAMANOUCHI fixiert in einprozentiger Chromsäure 50 *ccm*, 1%iger Essigsäure 15 *ccm*, 1%igem Osmiumtetroxyd 10 *ccm*, Wasser 50 *ccm* für feinste cytologische Studien bei Nephrodium. GATES fixiert Pollen von Oenotheramischlingen in 1%iger Chromsäure 70 *ccm*, Eisessig 0,5 *ccm*, 2%igem Osmiumtetroxyd 5 *ccm*, Wasser 30 *ccm*. MEVES bereitet das FLEMMINGsche Gemisch aus: $^1/_2$%iger Chromsäure und Zusatz von 1% NaCl 15 Teile, 2%igem Osmiumtetroxyd 3—4 Teile, Eisessig 3—4 Tropfen; MEVES und DUESBERG verdünnen ein Gemisch von 15 Teilen 1%iger Chromsäure, 2 Teilen 2%iger Osmiumlösung, 1 Teil Eisessig zur Hälfte mit Wasser.

Osmiumtetroxyd, Chromsäure und Pikrinsäure: FOL setzt zu zehn Teilen konzentrierter wässeriger Pikrinsäure 25 Teile 1%ige Chromsäure und 65 Teile Wasser, unmittelbar vor dem Gebrauch etwa 0,005 Teile Osmiumtetroxyd und wäscht in heißem, fast kochendem Wasser aus; das Gemisch dringt nicht tief ein.

Osmiumtetroxyd, Chromsäure und Salpetersäure ist zur Vereinigung einer fixierenden und entkalkenden Wirkung von PARKER für Protopterus annectens benutzt worden in Form einer $^1/_2$%igen Chromsäure, die mit Osmiumtetroxyd und einigen Tropfen Salpetersäure versetzt war. Auswaschen in Alkohol. BURKHARDT bedient sich eines ähnlichen Gemisches von besser angegebener Zusammensetzung: 1%ige Chromsäure 300 *g*, 2%iges Osmiumtetroxyd 10 *g*, konzentrierte Essigsäure 10 *g*.

Osmiumtetroxyd, Chromsäure, Salpetersäure und Alkohol nach GEDOELST siehe Salpetersäure.

TAKAHASHI fixiert und maceriert zugleich die Nerven von Rana in 5 Teilen 1%igen Osmiumtetroxyds, 3 Teilen 0·25iger Chromsäure, 2 Teilen 0·1%iger Salzsäure 24 Stunden lang; die Objekte gelangen dann nach 24 Stunden Auswässern in Glyzerin 10 Teile, 50%igem Alkohol 20 Teile, Salzsäure 0·09 Teile und werden in 10 Teilen Glyzerin, 20 Teilen 50%igem Alkohols zerzupft.

Saure Osmiumtetroxyd-Chromsäuregemische mit Schwermetallchloriden: Osmiumtetroxyd, Chromsäure, Platinchlorid und Ameisensäure hat PIANESE für Coccidienleber 36 Stunden lang benutzt: 1%ige wässerige Lösung von Natriumchloroplatinat 15 *ccm*, 0,25%ige Chromsäure 5 *ccm*, 2%ige Osmiumtetroxyd 5 *ccm*, 1 Tropfen Acidum form. pur.

Osmiumtetroxyd, Chromsäure, Platinchlorid und Essigsäure hat BRASS durch Zusatz von 2—3 Tropfen Osmiumtetroxyd zu 50 *g* des Chromsäure-Platinchlorid-Essigsäuregemisches (siehe Platinchlorid) erhalten. MARCHOUX und SIMOND benutzen als BORRELsches Gemisch zur Fixierung aller Organe: Osmiumtetroxyd 2 *g*, Chromsäure 3 *g*, Platinchlorid 2 *g*, Essigsäure 20 *g* auf 350 Wasser. Für das Nervensystem fügen sie dieser Lösung gleichviel gesättigte Sublimatlösung hinzu. PEREZ et GENDRE benutzen das BORRELsche Gemisch für die Neuroglia.

Osmiumtetroxyd, Chromsäure, Sublimat und Essigsäure von PODWYSSOTZKI: 1/2%ige wässerige Sublimatlösung, in der 1% Chromsäure gelöst ist, 15 *ccm*. 2%ige Osmiumsäure 4 *ccm*, Eisessig 6—8 Tropfen. Fixieren 3—4 Tage, 12—20 Stunden auswaschen, Entwässern. MAXIMOW verwendet diese Lösung für Placentastudien, BRAZZOLA für Hoden.

5. Osmiumtetroxyd und chromsaure Salze.

a) Neutrale Osmiumchromatgemische:
1. Osmiumtetroxyd und Kaliumbichromat;
2. Osmiumtetroxyd, Kaliumbichromat, Kochsalz:
3. Osmiumtetroxyd, Kaliumbichromat und Eosin;
4. Osmiumtetroxyd, Kaliumbichromat und Eisenchlorid oder Kaliumeisencyanür.
5. Osmiumtetroxyd und MÜLLERsche Flüssigkeit:
6. Osmiumtetroxyd, MÜLLERsche Flüssigkeit und Formol.

b) Saure Osmiumbichromatgemische:
1. Osmiumtetroxyd, Kaliumbichromat, Essigsäure:
2. Osmiumtetroxyd, Kaliumbichromat, Ameisensäure;
3. Osmiumtetroxyd, Kaliumbichromat und Salpetersäure.

c) Saure Osmiumchromatgemische mit Schwermetallchloriden:
1. Osmiumtetroxyd. Kaliumbichromat, Platinchlorid, Essigsäure;
2. Osmiumtetroxyd, Kaliumbichromat, Platinchlorid, Ameisensäure.

Die neutralen Osmiumchromatgemische sind nicht im chemischen Sinne neutral; nur ALTMANN verlangt dies. Das Osmiumbichromatgemisch nach ALTMANN siehe Bd. 1, pag. 31, nach GOLGI siehe Bd. 1, pag. 551. GEDOELST benutzt zur Darstellung der LANTERMANschen Segmente zweistündige Behandlung mit 10 Teilen 2%igen Kaliumbichromats, 2 Teilen 1%igen Osmiumtetroxyds; LÖWENTHAL für Bindegewebe 24stündige Fixation mit 4 Teilen 2,5%igen Kaliumbichromats und 1 Teil 1%igen Osmiumtetroxyds; darauf Auswaschen mit destilliertem Wasser, 70%igem Alkohol auf 36—48 Stunden. SCHULTZE fixiert mit einer 3%igen Lösung von Kaliumbichromat (3 Teile) und einer 2%igen Lösung von Osmiumtetroxyd (1 Teil).

Osmiumtetroxyd, Kaliumbichromat und Kochsalz gibt WLASSOW für Blutplättchen an: 1%iges Osmiumtetroxyd 2—3 Tropfen, 5%iges Kaliumbichromat 4 Tropfen, 0,8%ige Kochsalzlösung 4 *g*. DEKHUYZEN fixiert sehr zarte kalkhaltige Seetiere (Echinodermenlarven) in einem praktisch, keine freie Säure enthaltenden Gemisch aus 26,9 *ccm* 2%igem Osmiumtetroxyd in Seewasser und 173,1 *ccm* 2,5%iger Kaliumbichromatlösung in Seewasser.

Osmiumtetroxyd, Kaliumbichromat und Eosin setzt VANLAIR zum Studium der centripetalen Veränderungen der Nerven nach Amputationen aus je 10 Teilen 1%igen Osmiumtetroxyd, ½%igen Kaliumbichromat und 2 Teilen 2%iger Eosinlösung zusammen.

Osmiumtetroxyd in 1%iger Lösung 5 *ccm*, 9%ige Kaliumbichromatlösung 20 *ccm*, 1—3 *ccm* gesättigter Lösung von Eisenchlorid oder 5 *ccm* 3%ige Lösung von Kaliumeisencyanür benutzt CAJAL zur Darstellung der degenerierten markhaltigen Fasern.

Osmiumtetroxyd und MÜLLERsche Flüssigkeit benutzt VALENTI zum Studium der Nervenzellen- und Neurogliaentwicklung bei Selachiern, BEARD für Rajaembryonen, LA CROIX für die Fixation der Milchdrüse: sie wird in geringer Menge dem Bichromatgemisch zugesetzt; ZIETSCHMANN behandelt Haut nach voraufgegangener Fixation in MÜLLERscher Flüssigkeit (s. dort) mit einem Gemisch von 2 Teilen MÜLLERscher Lösung und 1 Teil 1%igen Osmiumtetroxyds 6 bis 8 Tage lang behufs Fettschwärzung nach.

Osmiumtetroxyd, MÜLLERsche Flüssigkeit und Formol nach FISH für das Golgiverfahren besteht aus je 2 Teilen Formol und 1%iger Osmiumtetroxyd auf 100 Teile MÜLLERsche Flüssigkeit.

Saure Osmiumchromatgemische: Osmiumtetroxyd, Kaliumbichromat und Essigsäure nach HOEHL für die Untersuchung der Zahnpulpa besteht aus 80 Teilen 3%igen Kaliumbichromats, 20 Teilen 1%igen Osmiumtetroxyds und 2 Teilen Eisessig. In dieser Lösung wird 48 Stunden im Dunkeln fixiert, ausgewaschen und die Objekte werden nach KOLOSSOW gefärbt.

Osmiumtetroxyd, Kaliumbichromat und Ameisensäure verwendet OXNER für Fischepidermis zur Darstellung der Kolbenzellen. Das Gemisch besteht aus 70 Teilen 2,5%igen Kaliumbichromat, 10 Teilen 2%igen Osmiumtetroxyd, 5 Teilen Ameisensäure und ist als modifiziertes JOHNSONsches Gemisch (ohne Platinchlorid) zu betrachten. Die Ameisensäure kann auch durch Eisessig ersetzt werden.

Aus Osmiumtetroxyd, Kaliumbichromat und Salpetersäure bereitet DEKHUYZEN eine für Seetiere, mit Ausnahme der Teleostier, isotonische Fixationsflüssigkeit: Kaliumbichromat löst man zu 2,5% in filtriertem Seewasser, fügt zu 250 *ccm* dieser Lösung 25 *ccm* einer 6,3%igen Salpetersäure (der Normallösung der Volumetrie) und 54 *ccm* einer 2%igen Osmiumlösung. Diese Flüssigkeit läßt sich ohne Änderung des osmotischen Druckes mit Seewasser mischen. Cydippen, Terebelliden und kleine Organstücke fixiert man am besten im unverdünnten Gemisch. Man wäscht in Seewasser aus und behandelt mit filtrierten Mischungen von Alkohol und Seewasser nach, deren Gehalt an Alkohol ansteigt.

Osmiumtetroxyd, Kaliumbichromat, Essigsäure und Salpetersäure zur Reduktionsfärbung der Osmiumpräparate siehe pag. 337.

Saure Osmiumchromatgemische mit Schwermetallchloriden: Osmiumtetroxyd, Kaliumbichromat, Platinchlorid und Ameisensäure oder Essigsäure nach JOHNSON ist ein vorzügliches Fixationsmittel; ursprünglich ist es für die Nachbehandlung der mit Osmiumdämpfen geräucherten Retina bestimmt gewesen. Es besteht aus 70 Teilen 2,5%igen Kaliumbichromats, 10 Teilen 2%iger Osmiumlösung, 15 Teilen 1%igen Platinchlorids, 5 Teilen Essigsäure oder Ameisensäure. HENNEGUY, der es warm empfiehlt, setzt die Säure erst unmittelbar vor dem Gebrauch zu.

6. Osmiumtetroxyd mit Schwermetallsalzen.

a) Neutrale Gemische:

1. Osmiumtetroxyd mit Platinchlorid;
2. Osmiumtetroxyd mit Sublimat;
3. Osmiumtetroxyd mit Eisenchlorid;
4. Osmiumtetroxyd mit Uransalzen;
5. Osmiumtetroxyd mit Kupferacetat.

b) Saure Gemische.

I. Einsäurige Gemische:
1. Osmiumtetroxyd, Platinchlorid, Essigsäure;
2. Osmiumtetroxyd, Platinchlorid, Pikrinsäure;
3. Osmiumtetroxyd, Platinchloridnatrium, Ameisensäure;
4. Osmiumtetroxyd, Sublimat, Essigsäure;
5. Osmiumtetroxyd, Sublimat, Pikrinsäure;
6. Osmiumtetroxyd, Platinchlorid, Sublimat, Essigsäure;
7. Osmiumtetroxyd, Palladiumchlorür, Essigsäure;
8. Osmiumtetroxyd, Kobaltchlorid, Ameisensäure.

II. Zweisäurige Gemische:
1. Osmiumtetroxyd, Platinchlorid, Essigsäure und Pikrinsäure;
2. Osmiumtetroxyd, Sublimat, Essigsäure und Pikrinsäure.

Neutrale Gemische: Osmiumtetroxyd und Platinchlorid hat VAN DER STRICHT für Zellenstudien empfohlen in der Form von 16 Teilen 1%igen Platinchlorids und 4 Teilen 2%igen Osmiumtetroxyd. Fixationsdauer 10—20 Tage, Auswaschen, dann Nachbehandlung mit Holzessig (s. pag. 337).

Osmiumtetroxyd und Sublimat im Gemisch ist von sehr vielen Seiten angegeben worden. Die Nachbehandlung hat einerseits durch langes Auswaschen für das Fortschaffen der Osmiumreste, dann aber noch durch Jodbehandlung für die Entfernung des Sublimatüberschusses zu sorgen.

BÜHLER konserviert Spinalganglienzellen in 2—10 Teilen 1%igen Osmiumtetroxyds auf 100 Teile Sublimat und entfernt das Sublimat mit Jodalkohol, die Osmiumfärbung mit Terpentinöl; MANN empfiehlt für Nervenzellen ein frisch bereitetes Gemisch von gleichen Teilen 1%iger Osmiumlösung und von Sublimat nach HEIDENHAIN; SZYMONOWICZ fixiert Entenschnabelstücke in 12 Teilen gesättigter Sublimatlösung und 2 Teilen 2%igen Osmiumtetroxyds; PAPPENHEIM nimmt für das Amphibienblut ein Gemisch aus gleichen Teilen frisch bereiteter 2%iger Osmiumlösung und konzentriertem Sublimat; v. APÁTHY benutzt zur Fixation der Neurofibrillen ein frisch bereitetes Gemisch aus gleichen Teilen Sublimat, gelöst in 1/2%iger Kochsalzlösung und 1%iger Osmiumlösung; METALNIKOFF injiziert dieses Gemisch zur Fixation von Sipunculus; KOLSTER fixiert zum Studium der Nervenzellen von Petromyzon fluviatilis in 100 *ccm* gesättigter Sublimatlösung in 0,5%iger Kochsalzlösung mit 2—4 *g* Osmiumtetroxyd; HEIDENHAIN empfiehlt sein Sublimat mit einem geringen Zusatz von Osmiumtetroxyd; BRAUN benutzt für Alcyonarien, Bryozoen, Hydra ein kochendes Gemisch von 20—25 *ccm* konzentrierten Seewassersublimats mit 4—5 Tropfen 1%igen Osmiumtetroxyds.

Osmiumtetroxyd und Eisenchlorid erwähnt ohne genauere Zusammensetzung FLORENTIN für Spirostomum.

Osmiumtetroxyd und Urannitrat oder -acetat hat KOLOSSOW als leicht eindringende und die gelbbraune Färbung des Cytoplasma verhindernde Osmiumgemische empfohlen. Er fixiert 16—18 Stunden in einer 0,5%igen Lösung von Osmiumtetroxyd in 2—3%iger Auflösung der genannten Uransalze, von denen er das Nitrat für das bessere erklärt. Nachbehandlung durch Auswässern, Entwässern.

Osmiumtetroxyd und Kupferacetat ist nach GARDNER ein geeignetes Fixationsmittel zum Studium der Entwicklung der elastischen Fasern im Amnion: er fixiert in 4 Teilen gesättigter wässeriger Lösung von Kupferacetat und 1 Teil 1%igen Osmiumtetroxyds 3—4 Stunden, dann behandelt er mit Gallussäure nach (s. pag. 337).

Saure Osmium-Schwermetallsalzgemische mit einer Säure (einsäurige):

Osmiumtetroxyd, Platinchlorid und Essigsäure oder HERMANNsche Lösung s. Platinchlorid. Modifikation der HERMANNschen Flüssigkeit nach NIESSING für Zellenstudien: 26 Teile 10%igen Platinchlorids, 20 Teile 2%igen Osmiumtetroxyds, 5 Teile Eisessigs, 50 Teile Aq. dest. MEVES und DUESBERG verdünnen ein Gemisch von 15 Teilen 1%igen Platinchlorids, 2 Teilen 2%igen Osmiumtetroxyds, 1 Teil Eisessig zur Hälfte mit Wasser.

Osmiumtetroxyd, Platinchlorid und Pikrinsäure von BORGERT für Protozoen empfohlen.

Osmiumtetroxyd, Natriumplatinchlorid und Ameisensäure nach POLARA zur Fixation des Hodens von Phyllophorus urna: Natriumplatinchlorid 15 *ccm*, Osmiumtetroxyd 1%ige Lösung 5 *ccm*, Ameisensäure 1—2 Tropfen.

Osmiumtetroxyd, Sublimat, Essigsäure nach DRÜNER für Zellenstudien am Salamanderhoden; zu 20 Teilen Eisessigsublimat, bestehend aus je 15 Teilen Eisessig und Sublimat auf 300 Teilen Wasser, setzt er 1 Teil 1%iger Osmiumlösung; nach COX für Spinalganglienzellen zur Fibrillendarstellung: 10 Teile konzentrierter Sublimatlösung, 10 Teile 1%igen Osmiumtetroxyds, 5 Teile Eisessig mit nachfolgender Bleichung durch Wasserstoffsuperoxyd (s. pag. 335); nach SCLAVUNOS für embryonales Rückenmark: Eisessigsublimat mit einigen Tropfen Osmiumtetroxyd, nach COLOMBO zur Fixation der intravitalen Bismarckbraunfärbung der Cornea: gesättigte Sublimatlösung in 1%iger Kochsalzlösung, 1%iges Osmiumtetroxyd je 2 *ccm*, 1%ige Essigsäure 1 *ccm*. Nachbehandlung mit MÜLLERscher Flüssigkeit.

Osmiumtetroxyd mit LANGschem Gemisch benutzt BRAUN für Rhabdocölen: LANGs Gemisch, 1%iges Osmiumtetroxyd 1. 5 Minuten lang, Abspülen, Alkohol. Osmiumtetroxyd mit GILSONs Gemisch benutzt DIERCKS (siehe Sublimat). Osmiumsäure mit dem Gemisch von RIPART und PETIT (s. pag. 333).

Osmiumtetroxyd, Sublimat und Pikrinsäure nach VOM RATH (s. Pikrinsäure) mit Nachbehandlung mit ungereinigtem Holzessig oder Tannin, dann Jodalkohol (für Salamanderhoden).

Osmiumtetroxyd, Platinchlorid, Sublimat und Essigsäure hat NIESSING für Zellstudien an Leber, Milz von Salamander und embryonaler menschlicher Leber benutzt: 10%iges Platinchlorid 25 Teile, 2%iges Osmiumtetroxyd 20 Teile, Eisessig 5 Teile, konzentriertes wässeriges Sublimat 50 Teile; COX hat für Spinalganglienzellen angegeben: konzentriertes Sublimat 15 Teile, 1%iges Osmiumtetroxyd 10 Teile, Eisessig 6 Teile, 5%iges Platinchlorid 15 Teile.

Osmiumtetroxyd, Palladiumchlorür und Essigsäure nach FRENKEL für Glandula submaxillaris vom Hund: 1%iges Palladiumchlorür 15 Teile, 2%ige Osmiumlösung 5 Teile, Essigsäure oder eine andere organische Säure einige Tropfen, Fixation 24—48 Stunden; gut auswaschen, entwässern.

Osmiumtetroxyd, Kobaltchlorid und Ameisensäure nach PIANESE für Coccidienleber: 1%iges wässeriges Kobaltchlorid 20 Teile, 2%ige Osmiumlösung 5 Teile, Ameisensäure 1 Tropfen, für 36 Stunden.

Zweisäurige Osmiumschwermetallsalzgemische: Osmiumtetroxyd, Platinchlorid, Essigsäure und Pikrinsäure und Osmiumtetroxyd, Sublimat, Essigsäure und Pikrinsäure nach VOM RATH (s. Pikrinsäure); von TOWER für das Nervensystem empfohlen.

7. Osmiumtetroxyd und Alkalisalze.

Diese Osmiumgemische sind, da eine ihrer Komponenten nicht fixierend wirkt, mit den übrigen nicht auf eine Stufe zu stellen.

Osmiumtetroxyd mit Kochsalzlösung. METZNER weist nach, daß sich in 0,6%iger Kochsalzlösung mehr Osmiumtetroxyd lösen läßt, nämlich 6%, als in Aqua destillata; in 15%iger Kochsalzlösung löst sich Osmiumtetroxyd nur zu 4,5—5%. Die Kochsalzlösungen des Osmiumtetroxyds dringen besser in die Gewebe ein; MANN benutzt für Nervenzellen eine 1%ige Osmiumlösung in 0,75%iger Kochsalzlösung. Zur Blutplättchenzählung bedient sich BIZZOZERO eines Gemisches von 1 Teil 1%iger Osmiumlösung und 3 Teilen 0,1%iger Kochsalzlösung; zur Blutfixation verwendet EWALD auf 3—4 Tropfen Amphibien- oder Reptilienblut 10 *ccm* einer Lösung von 0,5 *g* Osmiumtetroxyd, 0,5 *g* Kochsalz auf 100 *ccm* Wasser; für Säugetierblut nimmt er 0,6—0,7 Kochsalz auf 100 *ccm* Wasser.

Osmiumtetroxyd und Natriumjodat nach BUSCH dringt besser in die Gewebe ein, da es die Reduktion des Osmiumtetroxyds verzögere: er nimmt für 300 *ccm* Wasser 1 *g* Osmiumtetroxyd und 3 *g* Natriumjodat. Nach SALING wirkt ein Zusatz von Natriumjodat zu Fixationslösungen, die Osmiumtetroxyd enthalten, der oft lästigen Schwärzung kräftig entgegen.

Osmiumtetroxyd und Alaun empfiehlt UNNA; er fügt 1 *g* Alaun zu 100 *ccm* 1%iger Osmiumlösung.

8. Osmiumtetroxyd mit Farblösungen.

Gleichzeitige Fixation mit Osmiumtetroxyd und Färbung ist von einigen Autoren durch Zusatz von Farben zum Osmiumtetroxyd erreicht worden. GRIESBACH hat eine systematische Untersuchung über diese Art von Gemischen angestellt, in der er u. a. die Kombination von Osmiumlösung mit Methylgrün, Methylviolett, Krystallviolett, Eosin, Safranin, Säurefuchsin, Rhodamin, Jodjodkalium bespricht.

So benutzt auch IWANZOFF Osmium-, Methylgrün- oder Gentianaviolettlösung für die Nesselkapseln der Medusen, ROSSI eine Mischung von gleichen Teilen 1%igen Osmiumtetroxyds, Wasser und starker Methylgrünlösung zur Blutfixation und für Sperma, DELAGE für Convoluta Osmiumcarmin, das er aus gleichen Volumina einer starken Carminlösung in NH_3-haltigen Wasser und 1%igen Osmiumtetroxyds mit folgender Filtration bereitet, das BÖHMIG nach Sublimatfixation zur Färbung verwendet. POLJAKOFF erzeugt im lockeren Bindegewebe mit einem Gemisch von 1 Teil Pikrocarmin und 2 Teilen 0,5%iger Osmiumlösung eine Ödemblase, bringt die abgeschnittenen Stückchen in reines Pikrocarmin auf 12—24 Stunden und schließt in neutrales leicht verdünntes Glycerin ein, in dem die Details nach einigen Tagen deutlich werden. Für das Studium von Netz, Gekröse, Milz injiziert er intraperitoneal 10—12 *g* der Lösung. Später empfiehlt er beide Agentien zu gleichen Teilen gemischt für Untersuchung der Wanderzellen. DUBOSQ färbt und fixiert Athropodenblut gleichzeitig in einem Gemisch von gleichen Teilen 1%iger Osmiumlösung, 1%igem wässerigen Thionin, 1%iger Essigsäure, in welcher Kupferacetat und Kupferchlorid zu je 1% gelöst sind. KANTHACK und HARDY fixieren und färben gleichzeitig basophil granulierte Zellen in einer dünnen Methylenblaulösung unter Zusatz einer Spur von Kali causticum und Osmiumtetroxyd. HENKING untersucht den Inhalt von Insekteneiern in einem Gemisch von Wasser 80 *ccm*, Glyzerin 16 *ccm*, Ameisensäure 3 *ccm*, 1%iger Osmiumlösung 1 *ccm*, Dahlia 0·04 *g*. VANLAIRS Gemisch s. pag. 349. Osmiumtetroxyd und Scharlach R zur Fettfärbung nach STERN s. Fettfärbung. MANN empfiehlt für frische Objekte die Kombination von 1 Teil einer 1%igen Osmiumlösung auf 4 Teile Pikrokarmin zu verwenden.

Literatur: ALTMANN (Elementarorganismen, Leipzig 1894), v. APÁTHY (Mitt. Zool. Stat. Neapel, Bd. 12, 1897), BARRET (Quart. Journ. Micr. Sc., Bd. 26, 1886), BEARD (Zool. Jhb., Bd. 20, 1903), BINET (Journ. de l'Anat. Physiol., Bd. 30, 1894), BIZZOZERO (Arch. Pathol. Anat., Bd. 102, 1885), derselbe (Festschrift R. VIRCHOW, Bd. 1, 1891), BORGERT (Zool. Jhb., Bd. 14, 1900), BÖHM und OPPEL (Taschenbuch, 1896), BÖHMIG (Zeitschr. Wiss. Mikr., Bd. 3, 1886), BRANN (Zool. Anz., 1886), BRASS (Zeitschr. Wiss. Mikr., Bd. 1, 1884), BRAUN (Arch. Naturk. Esthlands, Ser. 2, Bd. 10, 1895), BRAZZOLA (Mem. Accad. Sc. Bologna (4), Bd. 8 und 9, 1888 und 1889), BROLK (Zeitschr. Wiss. Zool., Bd. 44, 1886), BÜHLER (Verh. Phys. Med. Ges. Würzburg (2), Bd. 31), BURCKHARDT (Das Centralnervensystem von Protopterus annectens, Berlin 1892), BUSCH (Neurol. Centralbl., 1898), CHAMBERLAIN (Bot. Gaz., Bd. 42, 1906), COX (Festschr. Niederl. Psychiatr. Ver., 1896, s'Hertogenbosch), derselbe (Int. Monatsschr. Anat. Physiol., Bd. 15, 1898), DECKHUYZEN (C. R. Acad. Sc. Paris, Bd. 137, 1903), DELAGE (Arch. de Zool. Exp., Bd. 4, 1886), DIERCKS (Cellule, Bd. 16, 1899), DRÜNER (Jena. Zeitschr. Nat., Bd. 28, 1894), DUBOSQ (Arch. de Zool. Exp. (3), Bd. 6, 1899), ERDHEIM (Beitr. Pathol. Anat., Bd. 33, 1903), ERLANGER (Quart. Journ. Micr. Sc., Bd. 33, 1892), derselbe Morph. Jhb., Bd. 22, 1895), EWALD (Zeitschr. Biol., Bd. 34, 1897), FABER-DOMMERGUE (Ann. de Microgr., Bd. 1, 1889), FERGUSON (Proc. Washington Acad. Sc., Bd. 6, 1904), FISCHER (Protoplasma etc., Jena 1899), derselbe (Arch. Entwickl.-Mech., Bd. 13, 1901), FLEMMING (Zelle etc. 1882), FLESCH (Arch. Mikr. Anat., Bd. 16, 1879), FISH (Trans. Amer. Soc., Bd. 17, 1896), FOL (Lehrbuch, 1896), FLORENTIN (Ann. Sc. Nat., Bd. 10, 1900), FRENKEL (Anat. Anz., Bd. 8, 1893), GARDNER (Inaug.-Diss. Moskau, 1898), derselbe (Le Physiol. Russe, Bd. 1, 1898/99), GATES (Bot. Gaz., Bd. 43, 1907), GEDOELST (Cellule, Bd. 3 und 5, 1887 und 1889), GEORGEWITSCH (Beih. Bot. Centralbl., Bd. 22, 1907), GIESBRECHT (zit. nach LEE und MAYER, Grundzüge), GILSON (Cellule, Bd. 1, 1885), GRIESBACH (Zeitschr. Wiss. Mikr., Bd. 7, 1890), HAMANN (Beitr. Histol. Echinodermen, H. 2, 1885), HEIDENHAIN (Zeitschr. Wiss. Mikr., Bd. 13, 1896), HENKING (Zeit. Wiss. Mikr., Bd. 8, 1898), HENNEGUY (Leçons sur la cellule, 1896), HERTWIG (Morph. Jhb., Bd. 10, 1885), HOEHL (Arch. Anat., 1896), HOLMGREN (Anat. Hefte, Bd. 25, 1904), JOHNSON (zit. nach LEE und MAYER, Grundzüge), JOLLY (Arch. d'Anat. Micr., Bd. 9, 1907), IWANZOFF (Bull. Soc. Nat. Moscou (2), Bd. 10, 1896), KANTHACK und HARDY (Journ. of Physiol., Bd. 17, 1884), KATZ (Arch. Ohrenheilk., Bd. 74, 1907), KOLOSSOW (Arch. Mikr. Anat., Bd. 52, 1898), derselbe (Zeitschr. Wiss. Mikr., Bd. 5, 1888), KOLSTER (Acta Soc. Scient. Fennicae, Bd. 29, N. 2), LA CROIX (C. R. Acad. Sc. Paris, Bd. 119, 1894), LEE und MAYER (Grundzüge), LO BIANCO (Mitt. Zool. Stat. Neapel, Bd. 9, 1890), LÖWENTHAL (Zeitschr. Wiss. Mikr., Bd. 10, 1893), MANN (Ebenda, Bd. 11, 1894), MANN (Methods, pag. 249), MARCHOUX und SIMOND (Annal. de l'Inst. PASTEUR, Bd. 20, 1906), MAXIMOW (Arch. Mikr. Anat., Bd. 56, 1900), MAZZARELLI (Mem. Soc. Ital. Sc. dei XL (3), Bd. 9, 1893), MERK (Sitzungsb. Ak. Wiss. Wien, Bd. 108, 1899), METALNIKOFF (Zeitschr. Wiss. Zool., Bd. 68, 1900), METZNER (Arch. Physiol. 1894), MEVES (Arch. Mikr. Anat., Bd. 72, 1908), MEVES und DUESBERG, Arch. Mikr. Anat., Bd. 71, 1908), MONTGOMERY (Journ. of Morph., Bd. 15, 1898), MOTTIER (Jhb. Wiss. Bot., Bd. 30, 1897), NICOLAS (Int. Monatsschr. Anat. Physiol., Bd. 8, 1891), NIESSING (Arch. Mikr.

Anat., Bd. 46, 1895), OXNER (Jena. Zeitschr. Nat., Bd. 40, 1905), PAPPENHEIM (Arch. Pathol. Anat., Bd. 145, 1896), PARKER (Ber. Nat. Ges. Freiburg, Bd. 4, 1889), PEREZ et GENDRE (Compt. rendus Soc. Biol., Bd. 58, 1905), PIANESE (Arch. Parasitol. Paris, Bd. 2, 1899), PLIMMER (BEHRENS Tabellen, pag. 139), PODWYSSOTZKI (Beitr. Path. Anat., Bd. 1, 1886), POLARA (Anat. Anz., Bd. 27. 1905), POLJAKOFF (Arch. Mikr. Anat., Bd. 45 und 57, 1895 und 1900), PRENANT (Cellule, Bd. 3, 1886), RANVIER (Leçons d'Anat. Gén. 1880), RAWITZ (Leitfaden). REGAUD (Journ. de l'Anat. Phys., Bd. 30, 1894), ROSSI (Zeitschr. Wiss. Mikr., Bd. 6, 1889). derselbe (Int. Mon. Anat. Phys., Bd. 7, 1890), SALING (Zeitschr. Wiss. Zool., Bd. 86, 1907), SIJPKENS (Rec. Trav. Bot. Neerland 1904, Nr. 2), SCHMIDT (Arch. Mikr. Anat., Bd. 47, 1896), SCHUBERG (Zeitschr. Wiss. Zool., Bd. 74, 1903). SCHULTZE (Zeitschr. Wiss. Mikr., Bd. 21, 1904). SCHWARZ (Ber. Nat. Ges. Freiburg, Bd. 3, 1888), SCLAVUNOS (Anat. Anz., Bd. 16, 1899), SOLLAS (Quart. Journ. Micr. Sc. [2], Bd. 24, 1884), SPULER (Arch. Mikr. Anat., Bd. 40, 1892). STOCHASTNYI (Beitr. Pathol. Anat., Bd. 38. 1905), VAN DER STRICHT (Arch. de Biol., Bd. 14, 1895), SZYMONOWICZ (Arch. Mikr. Anat., Bd. 48, 1896), TAFANI (Arch. Ital. Biol., Bd. 6, 1884), TAKAHASHI (Journ. comp. Neur. and Psych., Bd. 18, 1908), TIRELLI (Monit. Zool. Ital., 1894), TISCHLER (Jhb. Wiss. Bot., Bd. 42, 1906), TOWER (Zool. Anz., Bd. 19, 1886), derselbe (Zool. Jhb., Bd. 13, 1900), UNNA (Mon. Prakt. Dermat., Bd. 26, 1898), VALENTI (Atti Acc. Sc. Pisa, Bd. 12, 1891), VANLAIR (Bull. Acad. Med. Belgique 1891), VIGNAL (Arch. de Physiol., 1884. 3. Ser., Bd. 4), WEIDENREICH (Arch. Mikr. Anat., Bd, 59, 1906), WEISS und DUTIL (Arch. de Physiol., 5. Ser., Bd. 4. 1896), WILLEY (Zool. Results. WILLEY CAMBRIDGE, Part. 3, 1899). WLASSOW (Beitr. Path. Anat., Bd. 15, 1894). YAMANOUCHI (Bot. Gaz., Bd. 45, 1908). ZIETSCHMANN (Zeitschr. Wiss. Zool., Bd. 74, 1903).

Poll, Berlin.

Oxalsäure, Acidum oxalicum, $C_2H_2O_4 = \begin{matrix} COOH \\ COOH \end{matrix}$, ist im Pflanzen- und Tierreiche in Form von Salzen weit verbreitet. Sie wird im großen durch Schmelzen von Sägespänen mit einem Gemisch gleicher Teile Natron und Kali dargestellt.

Die Säure des Handels krystallisiert mit 2 Molekülen Krystallwasser in durchsichtigen monoklinen Prismen, die beim Erhitzen auf 100° wasserfrei werden; auch beim Stehen an der Luft erfolgt langsam Wasserabgabe (Verwitterung).

Oxalsäure löst sich bei 14° in 10 Teilen Wasser und in 2,5 Teilen Alkohol; wasserfreier Äther nimmt bei 15° 1,27 Teile der Säure auf.

Oxalsäure ist eine kräftige Säure, die partiell Chlorwasserstoff und Salpetersäure auszutreiben vermag; sie bildet neutrale Salze der Formel $\begin{matrix} COO\,M \\ COO\,M \end{matrix}$ und saure von der Zusammensetzung $\begin{matrix} COO\,M \\ COO\,H \end{matrix}$; letztere krystallisieren bisweilen noch mit einem Molekül freier Oxalsäure und bilden dann die sogenannten „übersauren" Salze (z. B. Kleesalz: $C_2O_4HK . C_2O_4H_2$). Charakteristisch ist das Verhalten der Oxalsäure:

1. zu konzentrierter Schwefelsäure; sie wird dadurch in Wasser, Kohlensäure und Kohlenoxyd zerlegt: $\begin{matrix} COO\,H \\ COO\,H \end{matrix} = H_2O + CO_2 + CO$;

2. zu löslichen Kalksalzen. Diese erzeugen in neutraler oder ammoniakalischer Lösung eine Fällung von oxalsaurem Kalk, C_2O_4Ca, der in Essigsäure unlöslich, in Mineralsäuren löslich ist.

Neuberg, Berlin.

Die Oxalsäure hat als kräftige organische Säure in der Mikrotechnik mannigfache Verwendung gefunden. Sie wird als Macerationsmittel, zur Reduktion von Osmium- und Goldpräparaten, als Zusatz zu manchen Farb- und Fixationslösungen und ähnlichen Zwecken benutzt.

In pflanzlichen Geweben kann sie oder ihre Salze nachgewiesen werden mittelst Calciumnitrat (Bildung von Calciumoxalat) oder bei nicht zu kleinen Mengen durch Uranacetyl (Bildung rhombischer Krystalle von Uranoxalat).

Literatur: SCHIMPER (Flora 1890).

Oxydase siehe: Enzyme.

Oxyhämoglobinkrystalle siehe: Blutkrystalle.

P.

Pacinische Flüssigkeit, eine 0,5%ige wässerige Sublimatlösung mit Zusatz von 2% Kochsalz. Früher vielfach zur Fixation von Blut benutzt, auch als Macerationsmittel empfohlen.

PACINIsche Körperchen siehe: Nervenendkörperchen.

Palladiumchlorür, Chlorpalladium, $PdCl_2$, irrtümlicherweise auch Palladiumchlorid genannt, ist von FR. EILHARD SCHULZE in $^1/_8$—$^1/_{10}$%iger wässeriger Lösung, mit etwas Salzsäure angesäuert, empfohlen worden. Es bildet eine braune, an der Luft zerfließliche Masse und ist dementsprechend in Wasser leicht löslich. Es ist im ganzen zur Fixation selten verwandt worden; von CATTANEO in Lösungen von 1:300, 600, 800 für Infusorien auf 1—2 Minuten; für die Untersuchung der Zellbrücken der glatten Muskulatur unter anderem von BARFURTH, zur Darstellung des centralen Kanals der Muskelbalken des Herzens von SOLGER in 1%iger Lösung 24 Stunden lang, für die Fixation von Embryonen von VALENTI; für Nervenzellen hat MANN die $^1/_5$%ige Lösung probiert und angewandt.

Die Nachbehandlung besteht in Auswaschen in destilliertem Wasser, Alkoholhärtung. Das Resultat der Fixation mit Palladiumchlorür gleicht im wesentlichen, was die Reduktionsfärbungen anlangt, der mit Osmiumtetroxyd. Häufig hat man sich der entkalkenden Nebenwirkung des Salzes neben der fixierenden bedient.

Palladiumchlorürgemische nach FRENKEL mit Osmiumtetroxyd s. unter Osmiumtetroxyd; EISEN ersetzte ohne brauchbare Resultate im HERMANNschen Gemisch das Platinchlorid durch Palladiumchlorür. Palladiumchlorid für Entkalkung siehe Knochen und Zähne.

ACHARD et AYNAUT imprägnieren die Kittlinien zwischen den Endothelien, indem sie das Stück mit Jodkalium durchtränken und es dann in eine Lösung von Palladiumchlorid bringen. Die Kittlinien färben sich schwarz.

Literatur: ACHARD et AYNAUD (C. R. Soc. Biol. Paris, Bd. 61, 1906). BARFURTH (Arch. Mikr. Anat., Bd. 38, 1891), CATTANEO (Boll. Sc. Pavia, 1883), EISEN (Journ. of Morph., Bd. 17, 1900), FRENKEL (Anat. Anz., Bd. 8, 1893), MANN (Zeitschr. Wiss. Mikr., Bd. 11, 1894), SCHULZE (Centralbl. Med. Wiss., 1867), derselbe (Arch. Mikr. Anat., Bd. 3, 1867), SMIRNOW (Anat. Anz., Bd. 18, 1900), SOLGER (Ebenda), VALENTI (Atti Soc. Sc. Pisa, Bd. 12, 1891). *Poll,* Berlin.

Pancreas. Für die mikrotechnische Bearbeitung des Pancreas der Säugetiere gelten im wesentlichen die für die Speicheldrüsen angegebenen Regeln. Auch hier bilden Sublimat und Sublimatgemische vorzügliche Fixationsmittel. SCHULZE fixiert Säugetierepancreas in konzentriertem Sublimat, ebenso LAGUESSE und DEBEYRE, JAROTZKY in 5%igem Sublimat in $^1/_2$%iger Kochsalzlösung bei 37° (2 Stunden), LAGUESSE in Sublimatessigsäure, LEVI in ZENKERscher Flüssigkeit. SSOBOLEW in ZENKERscher oder PODWYSSOTZKYscher Flüssigkeit. Nach EBERTH und MÜLLER dagegen soll Sublimat die feineren Strukturverhältnisse der Pancreaszellen vielfach verwischen, sie fixieren Pancreas von Amphibien und Fischen in FLEMMING, HERMANN oder Pikrinschwefelsäure. HERMANNsche Flüssigkeit erhält nach MATHEWS die Protoplasmastrukturen gut, zeigt aber die Granula nur an der Peripherie deutlich, Eisessig löst die letzteren ganz auf, erhält aber die Kerne gut, das ALTMANNsche Osmiumbichromatgemisch erhält die Granula gut, fixiert aber Kern und Protoplasma schlecht. Die besten Fixationslösungen für Pancreas sind nach LANE 70%iger Alkohol (24 Stunden), ZENKERsche Flüssigkeit, aber ohne Sublimat (3—4 Stunden) und eine Mischung von gleichen Teilen 3,5%iger Bichromatlösung und konzentrierter alkoholischer (95%) Sublimatlösung (2 Stunden). Für die Darstellung der Secretkörnchen eignet sich nach LAUNOY vor allem neben der ZENKERschen die TELLYESNICKYsche Flüssigkeit. KARAKASCHEFF fixiert in MÜLLER-Formalin (10%), HÖCKE in 4%igem Formalin oder in Aceton oder in Carnoy.

Das Pancreas der Fische fixiert DIAMARE in Zenker oder Hermann, VINCENT und THOMPSON (Selachier) in Flemming oder konzentriertem Sublimat, RENNIE in Sublimat oder einer Mischung von 90 *ccm* 70%igen Alkohols, 3 *ccm* Eisessig und 1 *ccm* Formalin. Für das oft untersuchte Amphibienpancreas empfiehlt RICHTER neben Zenker und Sublimat die JOHNSONsche Flüssigkeit.

DIAMARE fixiert Reptilienpancreas in Zenker, VINCENT und THOMPSON in Sublimat.

NERLICH fixiert Vogelpancreas in einer Mischung von 10 Teilen Formalin und 40 Teilen 3,5%igem Bichromat.

Um die in letzter Zeit viel in ihrer Bedeutung diskutierten LANGERHANSschen Inseln gut hervortreten zu lassen, spritzt TSCHASSOWNIKOW zunächst die Gefäße von der Art. coeliaca mit physiologischer Kochsalzlösung aus und schickt dann HERMANNsche Flüssigkeit nach. JAROTZKY färbt zu diesem Zweck die Schnitte mit Hämatoxylin-Nigrosin-Eosin-Safranin (s. Nigrosin), MARKOWSKI mit Safranin und dann mit Pikrinsäure-Indigocarmin, SSOBOLEW mit Safranin-Lichtgrün, LANE mit Gentianaviolett-Orange, KARAKASCHEFF mit polychromem Methylenblau, LAGUESSE und DEBEYRE mit Pikrinsäure-Diaminblau nach CURTIS (s. Diaminblau). Nach GRAND-MOURSEL und TRIBONDEAU bleiben bei Färbung mit dem NICOLLEschen Carbolthionin die Inseln fast ganz ungefärbt, während das Epithel der Alveolen sich sehr stark färbt.

Zur Differenzierung der Secretkörnchen färbt LAUNOY Schnitte von Zenker- oder Tellyesniczkymaterial 15—20 Minuten in Alaunhämatoxylin, dann auswaschen 1/2 Stunde in Wasser, differenzieren in Salzsäure-Alkohol, auswaschen 1/2 Stunde in Wasser, färben 24 Stunden in Magentarot (konzentrierte Lösung in 5%igem Carbolwasser), auswaschen in Wasser, ganz kurz in 0,1%ige alkoholische (70%) Lichtgrünlösung, differenzieren in Salzsäure-Alkohol (1 Tropfen auf 100 *ccm* abs. Alkohol), abs. Alkohol, Xylol, Balsam. Zymogen rot, Prozymogen grün, Basalfilamente dunkelblau, Chromatin blau, Nucleolen blau mit rotem Centrum. DIAMARE färbt Hermannpräparate nach GALEOTTI (s. Methylgrün). Vergleiche auch den Artikel Nebenkern. Die Basalfilamente färben sich nach MICHAELIS und LAGUESSE sehr leicht im Verlauf von ungefähr 1/2 Stunde, wenn man kleine Stückchen des lebend frischen Organs in eine dünne Lösung von Janusgrün (1 : 30.000) in physiologischer Kochsalzlösung legt.

Zur Demonstration der centroacinären Zellen empfiehlt sich neben der Eisenalaun-Hämatoxylinmethode vor allem die Dreifachfärbung nach EHRLICH-BIONDI.

Die Ausführungsgänge lassen sich vom Ductus Wirsungianus aus leicht mit Berlinerblau injizieren. Man kann sie auch sehr schön mittelst der Golgimethode imprägnieren (DOGIEL, LASERSTEIN). Mit ihr erhält man dann häufig, ebenso wie mit der vitalen Methylenblaumethode sehr gute Bilder der Nervenverzweigung und -endigung.

Literatur: DIAMARE (Int. Monatsschr.. Anat., Bd. 16 u. 22, 1899 u. 1905), DOGIEL (Arch. Anat., 1893), EBERTH und MÜLLER (Zeitschr. Wiss. Zool., Bd. 53, Suppl. 1892), GIANELLI (Ric. Lab. Anat. Roma, Bd. 7, 1899), GRAND-MOURSEL und TRIBONDEAU (C. R. Soc. Biol. Paris, 1901), HELLY

(Arch. Mikr. Anat., Bd. 67, 1906), Höcke (Inaug.-Diss. Zürich, 1907), Jarotzki (Arch. Pathol. Anat., Bd. 156, 1899), Karakascheff (Deutsch. Arch. Klin. Med., Bd. 82, 1905), Laguesse und Debeyre (Bibl. Anat., Bd. 16, 1907), Laguesse (C. R. Soc. Biol. Paris, 1908), Lane (Amer. Journ. Anat., Bd. 7, 1907), Laserstein (Arch. Ges. Physiol., Bd. 55, 1894), Launoy (C. R. Soc. Biol. Paris, 1903 u. 1904), Levi (Anat. Anz., Bd. 25, 1904), Markowski (Arch. Mikr. Anat., Bd. 59, 1901); Mathews (Journ. of Morph., Bd. 15, Suppl. 1899), Michaelis (Arch. Mikr. Anat., Bd. 55, 1900), Mouret (C. R. Soc. Biol. Paris, 1895), Nerlich (Inaug.-Diss. Breslau, 1906), Prenant (Journ. de l'Anat., Jg. 33, 1897), Rennie (Quart. Journ. Micr. Sc., Bd. 48, 1904), Richter (Inaug.-Diss. Berlin, 1902), Schulze (Arch. Mikr. Anat., Bd. 56. 1900), Ssobolew (Arch. Pathol. Anat., Bd. 168, 1902), Tschassownikow (Arch. Mikr. Anat., Bd. 67, 1906), Vincent und Thompson (Int. Monatsschr. Anat., Bd. 24, 1907), dieselben (Trans. Roy. Soc. of Canada, Ser. III, Bd. 1, 1907/08).

Pancreatin siehe: Verdauung als histologische Methode.

Papain siehe: Enzyme.

Papilla foliata siehe: Zunge.

Paracarmin siehe: Carminsäure.

Paraffin und Paraffineinbettung (inklusive Vorharze). Sonstige Einbettungsmittel. Die Paraffine gehören zur Gruppe der Grenzkohlenwasserstoffe, und zwar zu den höheren Gliedern derselben. Es gibt deren eine große Anzahl, die alle unter dem Namen „Paraffine" zusammengefaßt werden. Es sind Gemenge von festen Kohlenwasserstoffen der Sumpfgasreihe, die bei 300° C sieden und mit anderen Kohlenwasserstoffen in größerer oder kleinerer Menge vermischt sind. Das Vorkommen des Paraffins wurde zuerst im Erdöl von Tegernsee im Jahre 1820 von Buchner beobachtet; die fabriksmäßige Herstellung desselben datiert von der zweiten Hälfte der Fünfzigerjahre des vorigen Jahrhunderts.

Paraffin findet sich gelöst im Erdöle; in fester Form kommt es unter dem Namen Erdwachs oder Ozokerit z. B. in Galizien, unter dem Namen Neftegil auf der Halbinsel Tscheleken vor. Außerdem wird es bei der trockenen Destillation von gewissen Braunkohlensorten, des Torfes und bituminösen Schiefers gewonnen. In geringen Mengen ist es im Holz- und Steinkohlenteer sowie im animalischen Teer vorhanden.

Der gereinigte Ozokerit kommt unter dem Namen „Ceresin" in den Handel; dieses besitzt eine gewisse Ähnlichkeit mit dem Bienenwachse. Das Paraffin bildet im gereinigten Zustande eine geruch- und geschmacklose, durchscheinende Masse von bläulichweißer Farbe. Es fühlt sich nur wenig fettig an. Sein Schmelzpunkt schwankt zwischen 40° und 85° C und dem Schmelzpunkt entsprechend variiert das spezifische Gewicht zwischen 0,875 und 0,925.

Das Paraffin löst sich nur wenig im Alkohol (100 Teile kochender Alkohol lösen 3 Teile Paraffin); sehr leicht in Äther, Schwefelkohlenstoff, Chloroform, in fetten Ölen und vor allem in leicht flüssigen Kohlenwasserstoffen, wie Petroleumäther, Benzin etc. Aus gesättigten Lösungen scheidet sich das Paraffin in glänzenden, blätterigen, rhombischen Krystallen aus.

Paraffin wird von konzentrierten Säuren und Alkalien nicht verändert. Die Grenzkohlenwasserstoffe, zu denen das Paraffin zählt, sind überhaupt nur wenig reaktionsfähig und sehr beständig, woher sie auch den Namen „Paraffine" (von parum affinis) führen.

Das Paraffin siedet bei über 300° C und destilliert meist unzersetzt über. An der Luft längere Zeit erhitzt färbt es sich unter Aufnahme von Sauerstoff braun.

Unter Paraffinum solidum, welches in der mikroskopischen Technik zu Einbettungszwecken Verwendung findet, versteht die Pharmac. germ. gebleichten Ozokerit oder sogenanntes weißes Ceresin. Dasselbe ist eine weiße, geruchlose, mikrokrystallinische Masse, welche zwischen 74° und 80° schmilzt. Das spezifische Gewicht des Ceresins beträgt 0,918.

Da für die Erkennung von gutem Paraffin sowie speziell für die mikroskopische Technik die Bestimmung des Schmelzpunktes von größter Wichtigkeit ist, sei hier kurz ein Verfahren hierfür angegeben.

Man schmilzt von dem zu untersuchenden Paraffin eine kleine Menge auf einem Uhrglase und saugt dann von dem geschmolzenen Paraffin wenig (etwa 0,8—1 *cm* hoch) in ein capillar ausgezogenes Glasröhrchen. Man läßt das Röhrchen vollständig abkühlen und befestigt es dann an einem Thermometer derart, daß es unmittelbar der Thermometerkugel anliegt. Man senkt nun das Thermometer mitsamt der Glascapillare in ein Becherglas mit Wasser und erwärmt dann dieses, so daß das Thermometer langsam steigt. Der Schmelzpunkt des Paraffins markiert sich nun dadurch, daß dasselbe zunächst durchsichtig wird und schließlich im Moment, wo es geschmolzen ist, in der Glascapillare emporschnellt. Man liest in diesem Augenblick die Temperatur auf dem Thermometer ab, die nun eben genau den Schmelzpunkt bezeichnet.

Paraffin wurde in der mikroskopischen Technik für Einbettungszwecke zuerst von KLEBS empfohlen.

Die Objekte wurden aber damit nicht durchtränkt, sondern einfach damit umgossen. Erst nachdem gewisse Öle, die sogenannten „Vermittlungsmedien“ oder „Vorharze“, auch „Vormedien“ genannt, zwischen den zur Entwässerung dienenden Alkohol und Paraffin eingeschaltet wurden, war es möglich, das Paraffin in alle Hohlräume des Objektes eindringen zu lassen.

Die Entwässerung des Objektes muß vor gewissen Vormedien eine möglichst vollständige sein, da sich dieselben mit Wasser, auch den geringsten Quantitäten, nicht oder nur wenig mischen. Es ist das vor allem Chloroform, Toluol und Xylol. Bei diesen muß die Entwässerung am besten in Alcohol absolutus, zum mindesten in 96%igem, erfolgen.

Um die Entwässerung möglichst schonend, d. h. nicht zu schnell und dabei doch vollkommen zu gestalten, wurden verschiedene Apparate angegeben, die zum Teil auf dem Prinzipe der Dialyse basieren. Es ist dies z. B. der von F. E. SCHULZE angegebene, dann von P. FRANCOTTE verbesserte Entwässerungsapparat. Es wird ein breites Glasrohr an einem Ende hutkrempenartig nach außen umgebogen, am anderen Ende mit dünnem Papier (sogenanntem Postverdruß) verschlossen. Dieser Cylinder wird in ein größeres, mit absolutem Alkohol gefülltes Glasgefäß mit der Papiermembran nach unten eingehängt. Das Objekt kommt in Wasser oder verdünntem Alkohol in die innere Röhre und nun tritt nach dem Gesetze der Dialyse ein allmählicher Austausch der beiden Flüssigkeiten durch die Membran ein. Zum Schluß kommt das Objekt in reinen absoluten Alkohol.

Auf anderen Prinzipien beruhen z. B. die von STEINACH und SUCHANNEK zur Entwässerung angegebenen Siebdosen, die Porzellansiebeimerchen von FAIRCHILD, die Platinkörbchen von SCHAFFER, das von R. THOMA zu diesem Zwecke konstruierte oberschlächtige Wasserrad und der von A. GREIL angegebene Entwässerungsapparat.

Während bei jenen Apparaten der Alkohol in bestimmten Zeitintervallen durch einen stärkeren zu ersetzen ist, geschieht das bei dem von GREIL angegebenen automatisch. Aus einem regulierbaren Behälter fließt tropfenweise 96%iger oder absoluter Alkohol in eine mit geringprozentigem Alkohol gefüllte Schale, in welcher die zu entwässernden Objekte sich befinden. Mittelst eines Sicherheitshebers wird tropfenweise die alkoholärmere Flüssigkeit in dem gleichen Verhältnisse abgesaugt als konzentrierter Alkohol zufließt. Um eine möglichst gleichmäßige Verteilung des zufließenden Alkohols zu erzielen und die Objekte immer mit neuen Flüssigkeitsteilchen in Berührung zu bringen, wird der ganze Apparat durch eine mit einem Exzenter in Verbindung stehende, kleine Wasserturbine oder einem Elektromotor in oscillierender Bewegung erhalten, deren Geschwindigkeit regulierbar ist. Eine Läsion auch der zartesten Objekte scheint durch die Bewegung nicht zu erfolgen, kann aber mit noch größerer Sicherheit ausgeschlossen werden, wenn die Präparate in eine der für Auswaschungszwecke benutzten Siebdosen oder in ein SCHAFFERsches Platinkörbchen eingelegt werden. Mit diesem Apparate kann sehr empfindliches Material, wie z. B. leicht schrumpfende Anurenlarven in tadellosem Erhaltungszustande in absolutem Alkohol, resp. die Vormedien übergeführt werden.

Die einfachste und fast in allen Fällen ausreichende Methode ist das Einlegen der Präparate in ein Glas, auf dessen Boden Watte, Filtrierpapier oder Glaswolle gelegt ist, oder das Aufhängen der Objekte an einem Faden im Alkohol, Öl etc. Letzteres Verfahren ist natürlich nur dann zu empfehlen, wenn es ohne Nachteil, resp. Verletzung wichtiger Teile des Objektes geschehen kann.

Sind nun die so behandelten Objekte möglichst wasserfrei gemacht, so muß bei der Paraffineinbettung zunächst der Alkohol entfernt werden und an seine

Stelle hat ein Medium zu treten, welches sich einerseits in der Folge leicht mit Paraffin mischt, unter Umständen aber auch imstande ist, Spuren von Wasser bei vorheriger Verwendung von nicht ganz absolutem Alkohol (z. B. bei Verwendung von 95%igem Spiritus) in sich aufzunehmen, ohne Trübung zu zeigen. So mischen sich z. B. Xylol, Toluol, Nelken-, Bergamott- und Cedernöl nur schlecht mit 95%igem Alkohol.

Andere „Vormedien" oder „Vermittlungsmedien", von APÁTHY auch „Vorharze" genannt, sind Nelkenöl und Kreosot. Sie wurden neben Terpentinöl in der ersten Zeit viel gebraucht; ersteres löst aber kalt nicht viel mehr Paraffin als Alcohol absolutus und mischt sich, wie APÁTHY richtig angibt, auf dem Schmelzpunkt des verwendeten Paraffins nicht mit diesem. Noch weniger geeignet ist Kreosot, da es sich überhaupt bei den zu Einbettungszwecken in Betracht kommenden Temperaturen nicht mit Paraffin mischt. Da aber das Wesen des Einbettens darin besteht, daß man die Objekte mit einer Masse erfüllt, welche nicht nur die Hohlräume ausfüllt, sondern in die Gewebe selbst eintritt, so erscheint als conditio sine qua non einer guten Einbettung nicht nur die völlige Entwässerung des betreffenden Objektes, sondern auch daran anschließend die Durchtränkung desselben mit solchen Ölen notwendig — Vormedien, Vermittlungsmedien, früher Aufhellungsmitteln genannt —, welche ein möglichst intensives Einwirken, resp. Eindringen des Paraffins gewährleisten, ohne dabei das Objekt zu sehr zum Schrumpfen zu bringen. Das erstere Ziel wurde durch die Verwendung von Terpentinöl erreicht, welches lange Zeit hindurch als bestes Vormedium betrachtet wurde. Doch war damit der Übelstand verbunden, daß zartere Objekte, sowohl im Terpentinöle wie im Terpentinölparaffin, eine starke Schrumpfung, Sprödigkeit und Brüchigkeit erhielten.

Diesem Übelstande wurde abgeholfen durch die von GIESBRECHT und fast zu gleicher Zeit von BÜTSCHLI (mit BLOCHMANN) vorgeschlagene Verwendung von Chloroform als Vormedium.

Nach den Angaben von BÜTSCHLI kommt das mit absolutem Alkohol vollständig entwässerte Objekt in reines Chloroform, bis es vollkommen von diesem durchtränkt ist. Dann bringt man das Stück in eine bei 35° C gesättigte Lösung von Paraffin in Chloroform auf etwa 1/2—1 Stunde. Hierauf verdampft man in einem Uhrschälchen bei mäßiger Temperatur alles Chloroform, bis das in dem Uhrschälchen befindliche Präparat in reinem Paraffin liegt. Schließlich kann man das Objekt noch in reines, geschmolzenes Paraffin übertragen.

BÜTSCHLI hebt hervor, daß „die auf solchen Wegen erzielten Einbettungen die untadelhaftesten und gleichmäßigsten" sind, die er „bis jetzt erzielte". „Objekt und einhüllendes Paraffin bilden eine durchaus einheitliche Masse, die sich ungemein gleichmäßig schneidet. Das durch Verdampfen des Chloroforms restierende Paraffin besitzt ein sehr gleichmäßiges Gefüge ohne Neigung zu krystallinischer Struktur, was die Anfertigung feiner Schnitte sehr begünstigt. Eine durchaus gleichmäßige Erfüllung auch der feinsten Hohlräume des Objektes ist bei einigermaßen sorgfältiger Manipulation leicht zu erzielen und eine störende Schrumpfung oder ein Brüchigwerden des Objektes nicht zu befürchten."

Diese Methode wurde nun von GIESBRECHT noch weiter ausgebildet, so daß nunmehr selbst für zartere Objekte wenig oder keine Schrumpfung zu befürchten ist.

GIESBRECHT verfährt folgendermaßen: man füllt in ein Cylinderglas eine Quantität absoluten Alkohol und läßt unter diesen mit einer Pipette das Öl oder Chloroform laufen; die beiden Flüssigkeiten lagern sich dann nach dem Prinzip der Schwere übereinander: der leichtere Alkohol über dem Chloroform. Man bringt nun das einzubettende Objekt in den Alkohol und hebt dann den überflüssigen Alkohol ab. Das Objekt beginnt nun in dem Grade, als es sich mit Chloroform durchtränkt, in das Chloroform einzusinken und lagert schließlich, sobald der Austausch der Flüssigkeiten im Objekte vollendet ist, auf dem Boden des Gefäßes.

GIESBRECHT verweist auch auf den Umstand, daß manche der Objekte in dem schweren Chloroform nicht untersinken. In diesen Fällen genügt es, dem Chloroform z. B. etwas Schwefeläther zuzusetzen. Als Erkennungszeichen für den erfolgten

Austausch der Flüssigkeiten kann auch das Verschwinden jener Lichtbrechungsfiguren gelten, die überall da auftreten, wo zwei Flüssigkeiten sich mischen (Senkmethode). ISRAEL empfiehlt, das Präparat, wenn es auf den Boden gesunken ist, in eine neue, reichliche Menge von Chloroform zu bringen und dort 24 Stunden bis mehrere Tage zu lassen.

Durch das GIESBRECHTsche Verfahren war ein vorzüglicher Übergang zwischen Alkohol und Paraffin gewonnen, der zugleich das Optimum an Schonung der Gewebe leistete. An Stelle des Chloroforms finden heutzutage noch viele andere Vormedien Verwendung, wie z. B. das bereits erwähnte Xylol, welches zuerst von MERKEL in die histologische Technik eingeführt wurde und neben Toluol ein ganz gutes und billiges Vermittlungsmedium darstellt.

Bei Anwendung von Xylol und Toluol empfiehlt es sich, namentlich größere Objekte aus dem absoluten Alkohol zuerst in Anilinöl zu bringen und dann erst in Xylol oder Toluol überzuführen. Das Anilinöl besitzt nämlich die Eigenschaft, sich bis zu einem gewissen Prozentsatz mit Wasser zu mischen, vermag also aus den Objekten noch etwa zurückgebliebenes Wasser in sich aufzunehmen; ferner bewahren die vorher mit Anilinöl durchtränkten Stücke eine viel größere Geschmeidigkeit und werden nie so brüchig wie solche, die längere Zeit nur in Toluol oder Xylol waren, da es dann genügt, selbst größere Stücke nur 1 Stunde in diesen zu lassen (vgl. SUCHANEK).

Anwendung von Anilinöl allein, ohne vorherige Entwässerung durch Alkohol, wird von CIAGLINSKY empfohlen. Er bringt namentlich Objekte (etwa 3 *mm* dick) vom Centralnervensystem, wenn es sich um den Nachweis subtiler Veränderungen der Markscheiden oder Myelinkugeln handelt, nach kurzem Abspülen im Wasser auf 3—5 Tage in Anilinöl, aus diesem dann in Xylol und Xylolparaffin.

In bezug auf die wasserentziehende Wirkung wird das Anilinöl durch das zuerst von HELD in Verbindung mit Sublimat zu Fixierungszwecken, dann von HENKE und ZELLER für sich allein als Fixierungs- und Zwischenmedium empfohlene Aceton übertroffen. Das Aceton, Dimethylketon oder Ketopropan $(CH_3)_2CO$ ist eine bei 56,5° siedende, wasserklare Flüssigkeit, welche sich mit Wasser, Alkohol, Äther mischt und Paraffin zu lösen vermag. Der letztgenannten Eigenschaft verdankt dieser Körper seine Verwendung als Vor- oder Zwischenmedium bei der Paraffineinbettung, während seine fixierende Wirkung in seiner Fähigkeit, gewisse Eiweißkörper, wie Nucleinsäure, Deuteroalbumose und Serumalbumin zu fällen, begründet ist. Durch diese dem Aceton zukommende Doppelwirkung ist es möglich, kleinere Objekte in $^1/_2$—$1^1/_2$ Stunden zu gleicher Zeit zu fixieren, zu entwässern und einzubetten, wobei es sich nach dem Vorschlage von BRUNK empfiehlt, auf den Boden des mit Aceton gefüllten Gefäßes ausgeglühtes Kupfersulfat zu bringen. Nach 20—50 Minuten werden die Stücke, um das Eindringen des Paraffins zu erleichtern und die Schnittfähigkeit namentlich bindegewebsreicher Objekte zu verbessern, auf 5—10 Minuten in Xylol übergeführt und dann in üblicher Weise in Paraffin eingebettet. Vor der Acetonbehandlung können alle gebräuchlichen Fixationsmethoden Anwendung finden und es erscheint in vielen Fällen zur besseren Erhaltung gewisser Strukturverhältnisse, z. B. der Kerne, ratsam, eine solche Vorfixierung mit Formaldehyd, Alkohol u. a. vorauszuschicken. Auch bei Marchipräparaten, Fett enthaltenden Organen und osmiertem Fett kann die Acetoneinbettung mit großem Vorteil ausgeübt werden.

Ein von B. LEE empfohlenes, auch von PRANTER geübtes Verfahren ist die Durchtränkung mit Cedernöl. Das entwässerte Präparat kommt in dickflüssiges Cedernöl und bleibt darin bis zum Durchsichtigwerden liegen; dann bringt er dasselbe entweder direkt in reines geschmolzenes Paraffin oder, wenn es sich um sehr zarte Präparate handelt, in ein Gemisch von Öl und Paraffin. Die Vorzüge dieser Methode bestehen in der schnellen Durchtränkung, die Gewebe werden nicht brüchig oder hart, das Eindringen des Paraffins erfolgt sehr schnell.

Derartige in Cedernholzöl eingelegte Objekte können im Öl beliebig lange liegen bleiben; sie werden nie brüchig oder überhart.

Um den Übelständen, die sich namentlich beim Einbetten größerer Objekte oder solcher, welche eine sehr derbe und dichte Textur haben, bei Chloroformanwendung zu begegnen, empfahl zuerst HOLL die Anwendung von Toluol.

Toluol, ähnlich wie Xylol als Produkt bei der Steinkohlenteerfabrikation gewonnen, ist ein vorzügliches Lösungsmittel für Paraffin. Die Behandlung der Objekte mit Toluol gestaltet sich nach den Angaben HOLLs folgendermaßen:

Das Objekt wird in Alcohol absolutus gehärtet, kommt dann auf etwa einen Tag (kleine Objekte entsprechend kürzere Zeit) in Toluol und schließlich aus letzterem direkt in das Paraffinbad. „Ein langsames Überführen der Objekte vom Alkohol in das Toluol oder die Präparate mit einer Quantität Toluol in das Paraffinbad zu bringen, ist absolut nicht notwendig." Im Paraffinbade verbleiben die Objekte ebenfalls einen Tag; für kleinere Stücke, namentlich wenn sie ein lockeres Gefüge haben, genügt kürzere Zeit.

Von FRANCOTTE, welcher an Stelle des Terpentinöls oder Chloroforms auch Petroleum als Vormedium verwendet, wird, um die Struktur der Objekte möglichst zu schonen, vorgeschlagen, die einzubettenden Objekte nach dem Entwässern zuerst in ein Gemisch von 1 Vol. Terpentinöl (Chloroform oder Petroleum) und 2 Vol. Alcohol absol., dann in 1 Vol. des Öls + 1 Vol. Alkohol, hierauf in 2 Vol. Öl und 1 Vol. Alkohol und schließlich in reines Öl zu bringen.

An Stelle des Chloroforms empfiehlt BRASS Benzol zu nehmen. Er will dadurch die Unannehmlichkeiten vermeiden, welche für den Organismus beim Arbeiten mit jenem verbunden sind; zugleich empfiehlt sich Benzol bei gleicher Leistungsfähigkeit der größeren Billigkeit wegen mehr als Chloroform (siehe darüber auch MAYER). CONSER empfiehlt Toluol mehr wie Chloroform, das er nur für kleine Stücke anwendet.

Besondere Erwähnung sollen hier noch der als Zwischenmedium von HEIDENHAIN empfohlene Schwefelkohlenstoff und der von FEDERICI zu gleichem Zwecke angewandte Schwefeläther finden. Die Schwefelkohlenstoffmethode wurde von HEIDENHAIN im Jahre 1901 für feinere, wissenschaftliche Untersuchungen empfohlen und hierbei in folgender Weise verfahren: In ein sogenanntes Standpulverglas mit gut eingeriebenem Stopfen kommt eine Mischung von Schwefelkohlenstoff und Alkohol zu gleichen Teilen, in ein zweites und drittes Glas reiner Schwefelkohlenstoff. In diese Flüssigkeit werden die vollkommen entwässerten Stücke auf je 24 Stunden übergeführt und durch Lösungen von Paraffin in Schwefelkohlenstoff in reinem Paraffin eingebettet. Zu diesem Zweck wird in zwei sehr gut schließende Standpulvergläser ein Fünftel bis ein Viertel ihres Fassungsvermögens mit Schwefelkohlenstoff angefüllt und das eine bei etwa 30° C, das andere bei etwa 40—42° (auf einem Thermostaten) mit Paraffin von 55° Schmelzpunkt gesättigt. Durch diese Paraffinlösungen, welche einen relativ hohen Prozentsatz von Paraffin enthalten, werden die einzubettenden Stücke durchgeführt. Sie werden schließlich in reines Paraffin gebracht, welches einmal zu wechseln ist, um jede Spur des Schwefelkohlenstoffes aus den Stücken zu entfernen, da andernfalls das Paraffin bröcklig wird. Die sich aus der Anwendung dieser Methode ergebenden Vorteile werden von HEIDENHAIN in folgende vier Sätze zusammengefaßt: 1. Der Schwefelkohlenstoff hat, wahrscheinlich wegen seines niederen Molekulargewichtes, eine ausgezeichnete Durchdringungsfähigkeit und gewährleistet demzufolge sehr gute Einbettungen auch sonst schwierig schneidbarer Objekte. Diese gute Schnittfähigkeit ist nicht zum wenigsten bedingt durch 2. die fast durchgehends angewandte niedere Temperatur von 30—42° C, die nur möglich ist, weil der Schwefelkohlenstoff schon bei diesen Wärmegraden sehr große Mengen von Paraffin in Lösung zu halten vermag. 3. Diese niedere Temperatur ermöglicht einen relativ langen Aufenthalt der einzubettenden Stücke in den Paraffinmischungen und damit hinwieder eine Herabsetzung der für die definitive Einschmelzung bei 56—57° C in reinem Paraffin notwendigen Zeit. Da 4. der Schwefelkohlenstoff frei von jedem oxydierenden Einflusse ist, können auch Stücke, welche mit leicht oxydierbaren Farben, z. B. Chromhämatoxylin durchgefärbt wurden, ohne Schaden auf diese Weise eingebettet werden.

Die vorzüglichen, durch dieses Verfahren erzielten Resultate wiegen die durch die große Feuergefährlichkeit des Schwefelkohlenstoffes und seiner Mischungen bedingten Unannehmlichkeiten auf. Als Vorsichtsmaßregel ist vor allem jede Annäherung des den Schwefelkohlenstoff enthaltenden Gefäßes an offenes Licht zu vermeiden; ferner kann die Entwicklung und das Entweichen der Dämpfe verhindert werden, wenn jedes Aufrütteln der den Schwefelkohlenstoff enthaltenden Gefäße vermieden wird, resp. Glasgefäße mit gut eingeriebenen Stopfen verwendet werden. Auch empfiehlt es sich, bei eintretender Zersetzung dieser Kohlenstoffverbindung die Flüssigkeit sofort zu erneuern und zu Einbettungszwecken Paraffinöfen zu verwenden, welche durch keine offene Flamme geheizt werden; am besten eignen sich aus diesem Grunde hierzu die elektrischen Thermostaten.

Das von FEDERICI empfohlene Ätherverfahren gestattet Einbetten der Stücke in Paraffin und Celloidin und beruht im wesentlichen auf den von HEIDENHAIN gegebenen Vorschriften für die Einbettung in Schwefelkohlenstoff. Da auch der Äther bei höherer Temperatur mehr Paraffin zu lösen imstande ist — so löst sich z. B. bei 30° 1 Vol. Paraffin vom Schmelzpunkt 50° in 1 Vol. Äther; bei 38° 2 Vol. Paraffin in 1 Vol. Äther —, so bringt FEDERICI die einzubettenden Stücke für einige Stunden in absoluten Alkohol, dann einige Stunden in Äther, worauf sie auf je 3—4 Stunden in eine Mischung von 5 *ccm* Äther und 4 *g* Paraffin vom Schmelzpunkt 50°, sodann in eine zweite von 5 *ccm* Äther und 4 *g* Paraffin im Brutschrank bei 39° bleiben. Nach halb- bis einstündigem Verweilen in reinem Paraffin von 50° Schmelzpunkt ist eine tadellos homogene Einbettung erzielt, die im Vergleich mit dem Schwefelkohlenstoff ein rascheres Eindringen und nachfolgendes Verdunsten gewährleistet. Da der Äther zugleich ein vorzügliches Lösungsmittel für Celloidin ist, läßt sich in einfachster Weise ein kombiniertes Einbettungsverfahren durchführen: Nachdem die Stücke im absoluten Alkohol entwässert sind, kommen dieselben auf 12—24 Stunden in Äther, dann in eine 3- bis 4%ige Celloidinlösung in Äther, worauf sich das oben angegebene Ätherparaffinverfahren unmittelbar anschließt. Die so eingebetteten Stücke lassen sich trocken tadellos schneiden und die sehr elastischen Schnitte können mit Wasser oder Glycerineiweiß oder SCHÄLLIBAUMscher Mischung aufgeklebt werden. Die Feuergefährlichkeit der Ätherdämpfe kann leicht vermieden werden, wenn die Ätherparaffinmischungen in gut schließenden Gläsern untergebracht und nicht der Flamme genähert werden. Auch hier ist wie bei der Schwefelkohlenstoffeinbettung der elektrische Thermostat jedem anderen Brutofen vorzuziehen.

Eine Reihe anderer Öle wurden von verschiedenen Autoren (z. B. STIEDA, NEELSEN und SCHIEFFERDECKER, JORDAN) auf ihre Brauchbarkeit in der mikroskopischen Technik untersucht. Viele davon eignen sich auch mehr oder weniger als Vormedien bei Paraffineinbettung, worüber bei LEE und MAYER sich eingehendere Angaben finden.

Ist nun das Objekt mit einem der gebräuchlicheren Zwischenmedien — Chloroform, Benzol, Cedernöl, Xylol, Toluol etc. etc. — durchtränkt, was je nach der Größe und Dichtigkeit des Objektes verschieden lange währt, so wird mit der eigentlichen Einbettung in Paraffin begonnen. In den meisten Fällen ist es ratsam, die Objekte nicht direkt aus dem Zwischenmedium in Paraffin zu bringen, sondern den Übergang vom ersteren zum letzteren durch eine vorher eingeschaltete Mischung von Paraffin und dem betreffenden Zwischenmedium schonender zu gestalten. Bei Gebrauch des Cedernöls sowie auch bei kleinen, wenig zarten Objekten kann von dieser verlangsamten Methode Abstand genommen werden.

Es gibt verschiedene Vorschriften für diese verlangsamte Paraffineinbettungsmethode, von denen hier die gebräuchlichsten (siehe auch LEE und MAYER) angeführt seien.

MAYER verfährt bei Einbettung in Benzol folgendermaßen:

Er bringt die Objekte aus dem absoluten Alkohol schneller oder langsamer in Benzol, wechselt dieses ein- oder zweimal und setzt dann bei Zimmertemperatur einige Stückchen Paraffin zu. Nach einigen Stunden — bis zu 18 — stellt er die Objekte mit dieser Paraffinlösung in einem offenen Gefäße in das kalte Wasserbad, erwärmt dieses ganz allmählich auf 60°, wobei in dem Maße, als Benzol verdampft, geschmolzenes reines Paraffin zugegossen wird. Schließlich kommt das Objekt in eine neue Quantität ganz reinen Paraffins.

Bei Chloroformeinbettung erwärmt GIESBRECHT dieses mit dem darin befindlichen Objekte bis zum Schmelzpunkt des verwendeten Paraffins, setzt dann dieses allmählich zu und läßt die Mischung so lange in der Wärme, bis alles Chloroform verdunstet ist. Bei Gebrauch des Chloroforms beim Einbetten muß sehr darauf gesehen werden, daß alles Öl aus dem Paraffin, resp. Objekte entfernt wird; schon die geringste Spur desselben genügt, um das Paraffin schlecht schneidbar zu machen.

Eine andere Methode besteht darin, daß man die Objekte in ansteigend konzentriertere Mischungen von Paraffin und dem benutzten Zwischenmedium bringt, schließlich in ganz reines Paraffin überführt, das bei einer bestimmten Temperatur flüssig gehalten werden muß. Bei dieser Prozedur ist es nun von höchster Wichtigkeit, das Ölparaffingemisch wie auch das reine Paraffin im Verlaufe der Einwirkung der hohen Temperatur möglichst vor dem Eindringen von Wasserdämpfen, das Objekt aber vor zu großen Temperaturschwankungen zu schützen. Daher ist jede Überhitzung des Paraffins zu vermeiden, da dadurch der Schmelzpunkt des Paraffins erhöht wird, d. h. das Paraffin härter wird; andrerseits ist stets im Auge zu behalten, daß bei höherer Temperatur zartere Gewebe mehr leiden als bei niederer.

Um diese Übelstände zu vermeiden, verließ man bald die Gepflogenheit, das einzubettende Objekt im Paraffin auf einem einfachen Wasserbade zu erwärmen. Man benutzte zunächst einfache Wärmekästen (Thermostaten) oder mit automatischer Regulierung versehene Apparate, wie den von KOSSMANN angegebenen. Derselbe wurde mit Gas geheizt und war mit einem KEMP-BUNSENschen Gasregulator versehen.

BLOCHMANN beschreibt die bereits im Jahre 1884 im Heidelberger zoologischen Institute benutzten Wärmekästen, welche nunmehr allgemein mit Doppelwandung, mit Wasser ausgefülltem Zwischenraum und Gasregulator in den verschiedensten Modifikationen, Systemen und Größen im Gebrauche sind.

Während die Thermostatkästen im wesentlichen keine Verschiedenheiten im Prinzipe aufzuweisen haben, zeigen sie in Form und Ausstattung oft sehr große Differenzen. Es werden von verschiedenen Firmen (z. B. ROHRBECK in Berlin NW., Karlstraße 24; F. & M. LAUTENSCHLAEGER in Berlin N., Ziegelstraße Nr. 24; KLÖNNE & MÜLLER in Berlin NW., Luisenstraße 49 u. a. m.) derartige Apparate (Fig. 87) fabriziert, in runder oder viereckiger Form, mit Asbest- oder Filzbekleidung, um die Wärmestrahlung möglichst zu vermindern; für Füllung der Doppelwandung mit Wasser oder Glycerin, für Gas-, Petroleum-, Spiritus-, elektrische oder beliebige Heizung.

Für Regulierung der Wärme sind eine große Anzahl von Apparaten, sogenannte „Thermoregulatoren", angegeben worden, welche hauptsächlich auf dem Prinzipe beruhen, die Ausdehnung von Quecksilber oder Gasen etc. bei verschiedenen Temperaturgraden für die Regulierung der Gaszuströmung, resp. der Heizquelle zu benutzen. Durch äußerst präzise Ausführung ist es der Technik gelungen, die Konstanz der Temperaturen so zu fixieren, daß höchstens Schwankungen von 0,02° C auftreten (z. B. bei dem von SOXHLET-ROHRBECK konstruierten Thermoregulator). Dieser sowie die Regulatoren von MIQUEL, ALTMANN, NOVY, BUNSEN, REICHERT, SOXHLET, LOTAR MEYER etc. sind für Gas als Wärmequelle konstruiert; für Petroleum wurden solche von SAHLI, ALTMANN, SCHEPILEWSKY, KARAWAIEW etc. — dieser Apparat ist auch für Benzin zu gebrauchen — angegeben. Für elektrische Wärmeregulierung konstruierten SACHAROFF, KURTSCHINSKI, LAUTENSCHLAEGER, SCHEIBLER, HANFLAND u. a. Regulatoren.

Ich gebe (Fig. 88) die Abbildung eines Gasregulators (von REICHERT) wieder, dessen Konstruktionsprinzip leicht aus der Figur ersehen werden kann. An einer nach oben und unten sich etwas erweiternden Glasröhre sind rechts *(B)* und links *(S)* in bestimmtem Abstand zwei Glasröhren angeschmolzen. In den oberen, ausgeweiteten Teil der Röhre kann eine kürzere **T**-förmige Röhre (siehe Fig. *A*) eingesteckt (auch eingekittet) werden, deren längerer, in die größere Glasröhre eingeschobener Teil spitz ausgezogen oder besser schief abgeschnitten ist und nur in ihrem mittleren Teil der äußeren Röhre dicht anliegt; außerdem ist an derselben, etwa in der Mitte, ein kleines Loch *a* (Notöffnung) eingebohrt. Die längere Röhre ist, ebenso wie das kurze Armstück *(S)* links, bis zum Beginn der erweiterten Stelle mit Quecksilber (in der Figur schwarz) angefüllt. Das Armstück *S* links trägt in einer eingekitteten Schraubenmutter eine Schraube, die in das Quecksilber taucht und natürlich tiefer eingeschraubt die Quecksilbersäule im langen Rohrschenkel steigen, herausgedreht fallen macht — es ist die sogenannte Einstell- oder Regulierschraube. Der kurze, horizontale Querbalken der **T**-förmigen Röhre *(A)* steht am montierten Apparat auf der einen Seite durch einen Gummischlauch mit der Gasleitung in Verbindung. Das Gas strömt dann durch die untere Öffnung des senkrechten Schenkels der **T**-förmigen Röhre sowie auch durch die Notöffnung *(a)* in den oberen, sich erweiternden Raum der langen Röhre und tritt durch

Fig. 87.

Fig. 88.

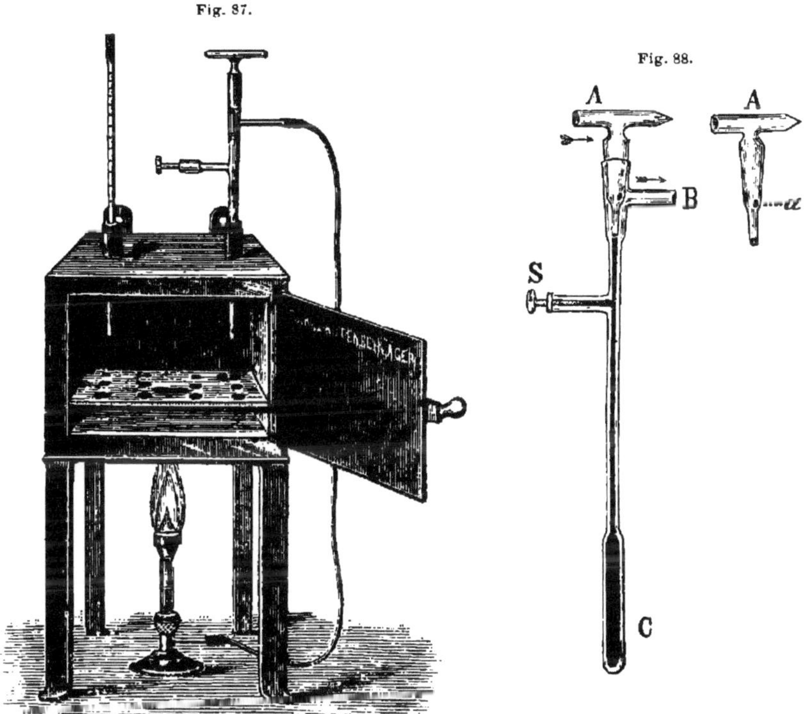

das in der Fig. 88 rechts sichtbare, angeschmolzene Glasrohr *(B)* durch einen Gummischlauch zu einem Gasbrenner. Der ganze, so montierte Apparat wird nun etwa bis zur Hälfte in den Brutschrank eingesteckt (siehe Fig. 87). Durch Höher- oder Tieferstellen der Quecksilbersäule mittelst der Regulierschraube kann man nun mehr oder weniger Gas der Flamme zuströmen lassen, die den Wärmeschrank heizt und die Temperatur auf einer bestimmten Höhe erhält, resp. einstellt. Steigt nun im Wärmeschrank die Temperatur z. B. infolge gesteigerten Gasdruckes in der Leitung, so dehnt sich das Quecksilber in der Röhre aus und versperrt mehr und mehr Raum, so daß immer weniger Gas dem Brenner zuströmen kann, wodurch die Flamme kleiner und damit auch die Temperatur im Schranke niedriger wird. Sollte das Quecksilber schließlich die ganze untere Öffnung des inneren Rohres versperren, so kann immer noch durch die sogenannte Notöffnung so viel Gas zum Brenner zuströmen, um dort eine kleine Flamme zu unterhalten. Beim Sinken der Temperatur im Brutschrank sinkt auch die Quecksilbersäule, und nun kann bei immer mehr frei werdender Öffnung der inneren Glasröhre mehr Gas zur Flamme strömen, wodurch schließlich die Temperatur im Schranke wieder in die Höhe geht.

An Stelle der bei entsprechender Instandhaltung sehr sicher funktionierenden Gasregulatoren können in Fällen, wo keine Gaseinrichtungen existieren, mit größtem Vorteil regulierbare Lampen sowie für Petroleum-, Benzin- und Elektrizitätsheizung eingerichtete Thermostaten Verwendung finden.

Von regulierbaren Lampen leistet PUSCHKAREFFs regulierbare Benzinlampe für kleinere Thermostaten ausgezeichnete Dienste. Dieselbe besteht im wesentlichen aus einem abgeschlossenen Benzinbassin, in welches eine mit einem Docht versehene Röhre eingeschraubt werden kann, die an ihrem oberen Ende zwei kleine Öffnungen zum Austritt der Benzingase trägt. Da ein das obere Ende derselben umschließendes, verschiebbares Röhrchen die Größe der Bezinflamme in ziemlich weiten Grenzen zu regulieren erlaubt, die Lampe absolut rußfrei brennt und die Flamme die ganze Brennzeit hindurch gleich groß bleibt, so ist dieselbe als überall

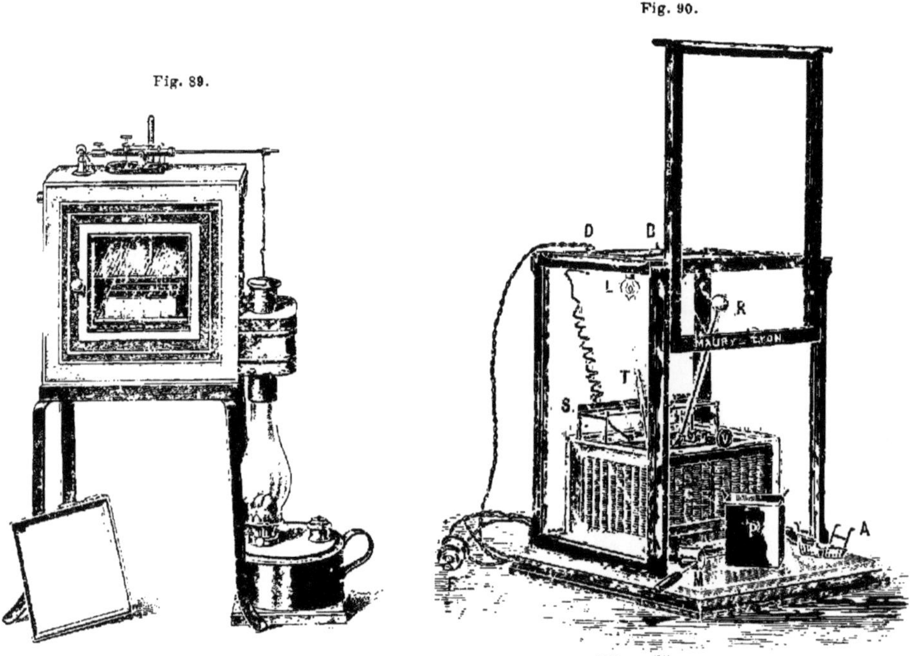

Fig. 89. Fig. 90.

verwendbare Heizquelle nicht zu großer Thermostaten mit bestem Erfolge verwendbar.

Besondere Reguliervorrichtungen erfordern die verschiedenen Systeme der für Petroleum-, resp. Benzinheizung konstruierten Thermostaten. So ist ein für Petroleum-, resp. Benzinheizung von KARAWAIEW angegebenes Thermostatmodell mit einem Thermoregulator ausgerüstet, der vermittelst eines Elektromagneten und automatischen Stromauslösers eine um eine Achse drehbare Platte über die Lampenflamme bewegt und so die Wärme reguliert. Dieser Apparat wurde von KARAWAIEW später durch einen mit einem Hebelsystem verbundenen Luftregulator ersetzt, welcher durch Volumänderung eines Luftreservoirs ein Hebelsystem und damit eine die Heizwärme regulierende Platte in Bewegung setzt. Sehr exakt arbeiten auch die von der Firma SARTORIUS in Göttingen gebauten, für Gas- oder Petroleumheizung eingerichteten Thermostaten, über deren Konstruktionsart die Fig. 89 eine allgemeine Anschauung gibt. Dieselben werden in verschiedenen Größen sowohl für Einbettungs- wie Brutzwecke — auch mit Feuchtigkeitszufuhr — hergestellt und geben bei genauer Einstellung Temperaturen, deren Konstanz innerhalb weniger Zehntel Grade schwankt. Unter den durch Elektrizität heizbaren Thermostaten seien die von HANFLAND und von REGAUD und FOUILLAUD konstruierten Apparate hier erwähnt.

Dieser von der Firma MAURY in Lyon hergestellte Apparat (Fig. 90) besteht aus einem Glaskasten mit verschiebbarer Vorderwand; in seinem Inneren ist ein in eine Glaswanne eingesetzter Radiator aufgestellt, dessen über Boden und Seitenwände verteilte Drahtspiralen *(C)* den Heizkörper bilden. In den Radiator können vermittelst eines Rahmengestells Regulator *(R)* und Paraffinkästchen *(P)* eingesenkt werden, dessen Temperatur durch ein eingestecktes Thermometer *(T)* gemessen werden kann. Eine dem Radiator aufgesetzte Metallbank *(S)* dient zur Aufnahme von Objekten, welche z. B. behufs Trocknen einer höheren Temperatur ausgesetzt werden sollen. Die Regulierung erfolgt durch eine Schraube *(V)*, welche die Heizung sofort zu beginnen oder zu unterbrechen erlaubt. Von besonderen Vorzügen des Apparates seien noch hervorgehoben seine absolute Reinlichkeit, die Sicherheit und Bequemlichkeit seiner Ingangsetzung und Ausschaltung sowie die Billigkeit der Heizung.

Bei den im Vorausgehenden beschriebenen Thermostaten ist der Heizraum nur für e i n e konstant bleibende Temperatur eingerichtet. In vielen Fällen, sowohl bei der Paraffineinbettung wie für bacteriologische und embryologische Zwecke, zum Antrocknen der z. B. mit Wasser aufgeklebten Schnitte u. a. erweist es sich vorteilhaft, einen Thermostaten mit verschieden abgestuften Temperaturen zu besitzen. Ein solcher Apparat wurde bereits von KOLOSSOW für Paraffineinbettung angegeben: derselbe besteht aus drei etagenförmig übereinander gestellten, von ein und derselben regulierbaren Flamme erwärmten Kasten, welche von unten nach oben allmählich abnehmende Temperaturen von 52—53° C im unteren, 44,5—45° C im mittleren und 37—37,5° C im oberen Abteil geben. Derartige, meist für zwei Temperaturgrade arrangierte Thermostaten sind nunmehr vielfach im Gebrauch. Ein nach diesem Prinzip von der Firma E. LEITZ in Berlin ausgeführtes Modell ist in Fig. 91 abgebildet und zeigt eine von Gas unmittelbar erwärmte untere größere Abteilung mit einer Temperatur von 58° und darüber ein Aufsatzabteil, das durch die aufsteigende Wärme des unteren Teiles geheizt wird und auf dem mit Linoleum belegten Boden eine Temperatur von 35°, darüber eine solche von 45° aufweist.

Fig. 91.

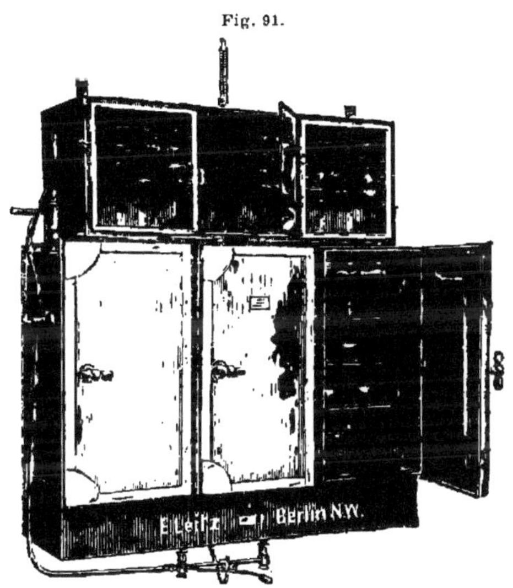

Besonderen Hinweis verdient an dieser Stelle noch das von MAYER gemeinsam mit GIESBRECHT und VOSSMAYER konstruierte und von JUNG in Heidelberg angefertigte sogenannte „N e a p l e r W a s s e r b a d“, das allen Anforderungen, welche die feinere mikroskopische Technik an einen derartigen Apparat stellen kann, gerecht wird (siehe Fig. 92). Das Wasserbad *W* erhebt sich in zwei Staffeln, die aus Messing konstruiert sind, und ruht auf vier Füßchen, so daß ein kleiner Gasbrenner nach BUNSEN *(r)* untergeschoben werden kann. Die obere Stufe des Wasserbades zeigt an der einen Ecke eine verschließbare Röhre angelötet *(z)*, die zur Füllung mit destilliertem Wasser dient. In die obere Etage sind auf der rechten

Seite verschiedene Vertiefungen eingearbeitet, in welche Glastuben und Metallgefäße, verzinnt oder vernickelt (Messing wird von Terpentinöl angegriffen), genau eingepaßt sind. Die ganze linke Seite ist zu einer rektangulären Wanne vertieft, welche (auch mit einem Glasdeckel verschließbar) als Luftbad Verwendung finden kann. Die Glastuben *1*, *2*, *3* und *4*, ebenso wie die Metallgefäße *a*, *b* und *c* dienen zur Aufnahme des Zwischenmediums, der Mischung des Paraffins mit einem solchen und für reines Paraffin. *t* ist ein knieförmig gebogenes, in das Luftbad eingefügtes Thermometer, t_1 ein Thermometer, das ebenso wie der REICHERTsche Thermoregulator in das Wasserbad eingesenkt ist.

Das auf der unteren Stufe *F* befindliche Kästchen *w* ist ein kleines Wasserbad, das vollständig selbständig und abhebbar ist. Es kann Verwendung finden beim Einbetten von Präparaten mit der Lupe, indem durch die beiden Ansatzrohre rechts und links heißes Wasser eingefüllt wird. Man setzt dann das Kästchen zur Erwärmung auf die Plattform *F*, orientiert das Objekt und kann dann

Fig. 92.

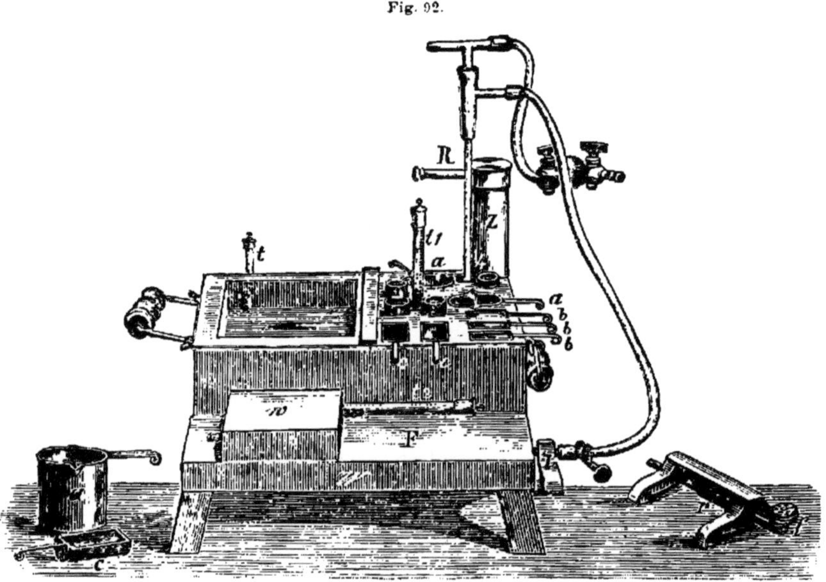

durch dasselbe zur raschen Abkühlung des Paraffins kaltes Wasser hindurch leiten. Um die Temperatur ablesen zu können, ist ein kleines Thermometer t_2 in das Kästchen eingefügt.

Um sehr große Objekte oder solche von großer Konsistenz in möglichst kurzer Zeit einzubetten, wurde die Paraffindurchtränkung unter vermindertem Luftdruck empfohlen. Dadurch ist die Durchtränkung selbst sehr großer Stücke nicht nur in wenigen Minuten möglich, sondern es wird auch ein Zusammenfallen der Gewebe mit großen Hohlräumen verhindert. Bei dieser Art von Einbettung muß nur Sorge getragen werden, daß das Paraffin unter der Luftpumpe flüssig bleibt. Es wurden für diese Art von Einbettung in Paraffin hauptsächlich zwei Methoden angegeben. Die eine stammt von HOFFMANN, welcher das Vakuum durch eine Wasserluftpumpe herstellt. Das Gefäß mit dem Paraffin steht in einem Exsiccator, der in einem Wasserbade warm gehalten wird. FRANCOTTE hingegen verwendet den Wasserdampf zur Herstellung des Vakuums oder die Entwicklung und darauf folgende Kondensierung von Ätherdämpfen.

Das im Handel vorkommende reine Paraffin zeigt sehr verschiedene Schmelzpunkte. Dieselben bewegen sich bei den für Einbettungszwecke anzuwendenden Sorten zwischen 40° und 62° C. Innerhalb dieser Temperaturen können alle möglichen Abstufungen im Schmelzgrade dadurch erzielt werden, daß man zwei Sorten, z. B. bei 52° und 56° schmelzbares zusammenmischt und dadurch solches von cca. 54° Schmelzpunkt erhält:

Für die Auswahl des zu verwendenden Paraffins lassen sich keine bestimmten Regeln aufstellen. Hierfür kommen hauptsächlich drei Punkte in Betracht:

1. Die im Zimmer herrschende Temperatur, bei welcher das eingebettete Stück geschnitten werden soll;
2. die Beschaffenheit des einzubettenden Objektes, und
3. die gewünschte Schnittdicke.

Von diesen Gesichtspunkten aus kann als allgemeine Regel folgendes festgestellt werden:

B. LEE empfiehlt Paraffin von 45° C Schmelzpunkt zu nehmen, wenn die Temperatur im Laboratorium 15—17° C beträgt. ISRAEL empfiehlt zu feineren Schnitten (unter 5 μ) Paraffin von höherem Schmelzpunkt (zwischen 54—60° C), während er für Schnitte von 5—10 μ Paraffin von 50—54° C anwendet. Diese Angaben gelten, wenn es sich um Paraffin handelt, das auf sogenannten Schlittenmikrotomen (z. B. JUNG-THOMA-MIEHE-Mikrotome) geschnitten werden soll; für die sogenannten Schaukelmikrotome, sowie das MINOT-ZIMMERMANNsche Modell empfiehlt sich die Anwendung von viel härterem Paraffin. Im allgemeinen läßt sich sagen, daß ein um so härteres Paraffin angezeigt ist, je dünner die Schnitte werden sollen (P. MAYER). Für sehr große Schnitte, wie sie z. B. STRASSER von 10 × 15 *cm* Fläche anfertigte, empfiehlt es sich Paraffin von 45° C Schmelzpunkt zu nehmen.

BRASS rät nicht ganz reines Paraffin zu nehmen, sondern glaubt die besten Resultate mit solchem zu erzielen, welches als unreines verkauft wird, auch läßt er dasselbe vor dem Gebrauche jahrelang liegen. Es sollen sich dann in demselben gewisse Substanzen zersetzen und die Masse die Eigenschaft verlieren, zu krystallisieren.

SPEE empfiehlt (speziell für Erzielung von Schnittbändern) das sogenannte überhitzte Paraffin. Er nimmt reines Paraffin vom Schmelzpunkt 50° C und erwärmt dasselbe so lange, bis unangenehm riechende, weiße Dämpfe aufsteigen. Durch dieses Verfahren nimmt die Masse eine braungelbe, dem gelben Wachse oder Honig ähnliche Farbe an und zeichnet sich durch große Homogenität aus, ist vollkommen frei von Luftblasen und fühlt sich seifig und fettig an. Ein wesentlicher Vorzug dieses Paraffins besteht darin, daß die Schnitte beim Mikrotomieren mit ihren Rändern leicht und fest verkleben und so ohne Schwierigkeit Schnittbänder hergestellt werden können.

Beim Einbetten von Objekten in Paraffin empfiehlt es sich, das Paraffin nicht direkt so zu verwenden, wie es im Handel vorkommt, sondern es ist ratsam, dasselbe vorher wegen der meist vielfach in demselben eingeschmolzenen Verunreinigungen zu filtrieren.

Zu diesem Zwecke werden sogenannte Heißwassertrichter in verschiedener Konstruktion, z. B. der von FRANCOTTE angegebene verwendet, die im wesentlichen jenen gleichen, wie sie in der Bacteriologie zum Filtrieren von Nährmedien gebraucht werden.

In einem solcherart vorbereiteten Paraffin verbleiben die aus dem Paraffinzwischenmedium genommenen Objekte je nach Größe 1—3 Stunden im Thermostaten. Nach dieser Zeit sind dieselben vom reinen Paraffin — das man bei größeren Stücken oder beim Einbetten von mehreren wechseln kann — vollkommen durchtränkt; die Objekte können nun „ausgegossen“ oder „eingeschmolzen“ werden. Man gießt zu diesem Behufe das reine Paraffin in eine Form. Als solche können Papierkästchen, Metall- oder Glaswinkel, Glasklötze, Kästchen aus Stanniol, Tuben aus Glas oder Gelatine (MAYER), Uhrschälchen etc. verwendet werden.

Geeignete **Papierkästchen** stellt man sich her, indem man sich aus mittelstarkem Papier ein Stück in Form eines Rechteckes abschneidet, die Langseiten etwa 1 *cm* umbiegt und dann, nachdem man diese aufgeklappt, die Kurzseiten in gleicher Weise um 2 *cm* einbiegt, wodurch ein rechteckiges centrales Feld gebildet wird. Man legt dann die Langseite in ihrer Biegungsstelle um, biegt die Ecken so nach hinten zurück, daß die Einbiegung der Langseite jene der Kurzseite deckt. Dieselbe Prozedur wird auch mit der anderen Seite ausgeführt, worauf zuerst die eine Kurzseite aufgerichtet wird; man biegt dann die zu beiden Seiten sich zeigenden Papierecken nach außen um, schlägt das überstehende Teil der Kurzseite ein, so daß damit die beiden eingebogenen Ecken fixiert sind und verfährt in gleicher Weise auf der anderen Seite. (Vergleiche über die Herstellung solcher Kästchen RAWITZ und LEE, MAYER.) Das Kästchen wird dann auf eine erwärmte Metallplatte gestellt, auf der heißes Paraffin aufgegossen ist; dieses durchtränkt den Boden des Kästchens, so daß dasselbe beim Erkalten fest auf der Metallplatte fixiert ist. Das weitere Verfahren s. unten.

Einfacher und auch praktischer gestaltet sich das Ausgießen bei Anwendung von **Metall- oder Glas-Rahmen oder -Winkeln.**

Erstere wurden zuerst von ANDRES, GIESBRECHT und MAYER aus Messing hergestellt empfohlen, das eine dünnere Bearbeitung zuläßt als das vordem verwendete Schriftmetall. Die Rahmen haben die Form rechter Winkel.

Vor dem Gebrauche wird die Innenseite der Metallrahmen mit Glycerin, Nelkenöl u. a. bestrichen, ebenso wie eine Glasplatte, auf welche dieselben gesetzt werden. Diese wird vorher etwas erwärmt, so daß das eingegossene Paraffin am Boden nicht gleich erstarrt. Durch Verschieben der beiden Metallrahmen gegeneinander ist es möglich, den von den Rähmchen eingeschlossenen Raum in gewünschter Weise zu vergrößern oder zu verkleinern.

Die von FRANKL empfohlenen **Glasklötze** sind nach einem ähnlichen Prinzipe, wie dasselbe bei den Metallrahmen Anwendung gefunden, hergestellt, ohne dabei aber so sicher und praktisch in ihrer Verwendung zu sein wie diese.

Viel geübt ist das Einschmelzen der Objekte in **Uhrschälchen** und dieses Verfahren bietet namentlich dann, wenn es sich um kleinere Präparate handelt, große Vorteile. RHUMBLER und Graf SPEE verfahren hierbei in der Weise, daß ein Uhrschälchen so mit einem Tropfen Nelkenöl eingerieben wird, daß die Innenseite desselben von einer dünnen Ölschichte überzogen ist. Auf diese Ölschichte gießt man dann das flüssige Paraffin, wobei es sich empfiehlt, das Schälchen vorher leicht zu erwärmen. Statt des Öles rät LEE und auch RHUMBLER Glycerin zum Einreiben zu nehmen. Wird dann das Paraffin zum Erstarren gebracht, so läßt es sich, vollkommen erkaltet, leicht mit den eingeschmolzenen Objekten herauslösen, wenn es sich nicht schon im kalten Wasser von selbst abgelöst hat.

Bei allen diesen Einschmelzungsmethoden ist eine absolut **durchgreifende und schnelle Abkühlung des Paraffins** unbedingt notwendig, weil bei langsamer Abkühlung sehr leicht Luftblasen in demselben entstehen und das Paraffin durch Krystallisation ein sehr lockeres Gefüge bekommt, ein Umstand, der das Schneiden solcher Paraffinblöcke sehr schwierig oder ganz unmöglich macht.

Ist daher das Paraffin in das als Form benützte Papierkästchen etc. eingegossen, das Objekt hierauf hineingelegt, so wird die Form, ohne die Lage des Objektes zu verschieben, vorsichtig in eine Wanne mit kaltem Wasser gebracht und hier etwa bis zur halben Höhe eingetaucht. Hat sich dann an der Oberfläche des flüssigen Paraffins eine Haut von festem Paraffin gebildet — was sich durch vorsichtiges Blasen beschleunigen läßt — so senkt man das Kästchen tiefer ins Wasser ein und läßt dann von einer Ecke aus das Wasser über die Oberfläche des Paraffins laufen. Zusatz von Eis zum Wasser ist zu empfehlen. Nach ca. 30 Minuten sind mittelgroße Paraffinblöcke soweit erstarrt, daß sie weiterbehandelt werden können. Selbstverständlich muß vor dem Schneiden das Papier der verwendeten Papierkästchen vom Paraffin abgezogen werden, was meist leicht geht; Metall-Glasrähmchen, die als Unterlage zu denselben benützte Glas- oder Metallplatte lassen sich immer ohne Schwierigkeit entfernen, wenn die einzelnen Stücke vorher, wie oben angegeben, gut mit Glycerin eingerieben waren.

Gerade für Einbettungszwecke ist der von P. Mayer angegebene kleine Tisch (s. Fig. 92, pag. 365/366) am sogenannten „Neapler Wasserbad" von großem praktischen Nutzen. Derselbe erlaubt, mit warmem Wasser gefüllt, das Paraffin in der Einbettungsform — wenigstens am Boden — längere Zeit flüssig zu erhalten. Mit kaltem Wasser hierauf angefüllt oder durchströmt kann man die tieferen Paraffinschichten zum Erstarren bringen, ohne dabei genötigt zu sein, die Einbettungsform vom Platze zu nehmen und dadurch in Gefahr zu kommen, das Objekt eventuell aus seiner Orientierung zu bringen.

Denselben Zweck auf gleichem Prinzipe verfolgt ein von Hahn angegebener Apparat zum Einbetten in Paraffin, bei welchem durch einen Fußhebel der Zufluß des warmen und kalten Wassers reguliert werden kann.

Der praktische Wert der für eine schnelle und gleichmäßige Konsolidierung notwendigen raschen Abkühlung des Paraffins beim Einbetten wurde von Ariens Kappers eingehend geprüft und gezeigt, daß in dem langsam erstarrenden Paraffin eine Auskrystallisation des Paraffins erfolgt, die in dem schnell abgekühlten nicht möglich ist. Um ein solch rasches von allen Seiten möglichst gleichzeitiges Erstarren des Paraffins zu ermöglichen, wurden spezielle Apparate angegeben, wie z. B. von Meissner. Derselbe orientiert die Objekte im Thermostaten und leitet dann in den Binnenraum desselben, in welchen ein Metallbehälter eingesetzt ist, kaltes Wasser, welches nach dem Herausheben des Behälters aus dem Brutschranke das Paraffin rasch zum Erstarren bringt.

Ein dem gleichen Zweck dienender Apparat wurde auch von Kappers angegeben. Derselbe besteht aus einem Blechkasten mit Wasserzu- und -ableitung, in dessen Binnenraum ein treppenförmiges Gestell mit zwei Stufen eingebaut ist. Auf die Stufen werden die in den Einbettungskästen befindlichen, in Paraffin einzuschließenden Objekte aufgestellt. Durch entsprechende Regulierung des Wasserablaufes wird dasselbe zuerst unter dem Niveau des flüssigen Paraffins gehalten, dann bei beginnender Erstarrung (Hautbildung) über die Oberfläche desselben geleitet.

Für die Orientierung von Präparaten, d. h. exakte Einstellung für eine gewünschte Schnittrichtung — was namentlich bei embryologischen Objekten von größter Bedeutung ist — existieren eine große Anzahl von mehr oder minder praktischen Vorschlägen, von welchen hier einige kurz angegeben sein mögen.

Selenka konstruiert einen solchen Apparat in Form einer Glasröhre, in deren Wand sich an einer Stelle eine muldenförmige Einsenkung befindet. Die Röhre wird während des Einbettens von warmem Wasser durchströmt, bis man dem Objekte die gewünschte Lage gegeben hat. Ist das geschehen, so leitet man an Stelle des warmen Wassers kaltes durch die Glasröhre und bringt so das Paraffin, ohne den Apparat von der Stelle bringen zu müssen, zum Erstarren. Ein Hauptvorteil des Apparates besteht auch darin, daß man imstande ist, die Orientierung unter der Lupe vorzunehmen.

Einen im Prinzipe ähnlichen Apparat beschreibt Andrews.

Henking orientiert kleine Objekte, indem er auf einen Objektträger einen Glasring aufsetzt und in diesen Raum flüssiges Paraffin eingoß. Das zu orientierende Objekt wurde dann unter der Lupe mit einer erwärmten Nadel in die gewünschte Lage gebracht und so lange kontrolliert, bis es durch das am Boden erstarrende Paraffin fixiert war.

Kingsley läßt die mit Paraffin durchtränkten Objekte (Eier) einfach in einem mit flüssigem Paraffin gefüllten Uhrschälchen zu Boden sinken und schneidet nach dem Erkalten die günstig gelegenen heraus, während die übrigen wieder in geschmolzenes Paraffin kommen und von neuem in der obigen Weise behandelt werden.

Besonderen Vorteil gewährt diese Methode dann, wenn sie bei Objekten — z. B. Eiern von Arthropoden — angewendet wird, die stets mit dem Embryo nach unten im flüssigen Paraffin zu Boden sinken (Lécaillon).

Nach einer von Field und Martin speziell für mikroskopisch kleine Objekte empfohlenen Methode bringt man das einzubettende Objekt mit einem Tropfen des Einbettungsgemisches auf ein rechteckig zugeschnittenes Gelatineplättchen, orientiert dann dasselbe nach den Rändern der Gelatineplatte oder nach einer an der Unterseite der Platte angebrachten Marke. Das durch Kollodium in seiner Lage fixierte Objekt wird dann in gewöhnlicher Weise in Paraffin eingebettet. Vor dem Schneiden entfernt man die Gelatine im lauwarmen Wasser, so daß dann das Objekt dicht an der Oberfläche gelegen ist. Der gleiche Effekt wird einfacher mit Mayers Gelatinetuben erzielt, wobei allerdings eine künstliche Orientierung nicht möglich ist.

Patten nimmt anstatt der Gelatineplatten Papierstreifen mit parallelen, sich rechtwinklig kreuzenden, erhabenen Streifen. Die Abdrücke dieser Rippen oder Streifen erscheinen dann nach der Einbettung auf dem Paraffinblock. Die Orientierung erfolgt in einem Tropfen Kollodium mit Nelkenöl. Ähnlich verfährt Woodworth und Knower. Schaudinn benützt zum Orientieren kleiner Objekte das von ihm angegebene Mikroaquarium und bringt in dasselbe einen feinfaserigen Verbandstoff (Penghawar-Djambie) zugleich mit Xylol. In einer Grube desselben wird nun das Objekt eingelegt und dort hinreichend in der gegebenen Lage fixiert, bis es durch Xylol in Paraffin eingebettet ist. Der feine Stoff kann zugleich mit dem Objekte geschnitten werden.

Rhumbler färbt kleine Objekte vor dem Einbetten, um sie für Orientierungszwecke besser sichtbar zu machen, mit Eosin, das sich nach dem Schneiden leicht wieder in Alkohol ausziehen läßt; hierauf folgt Einschmelzung der Objekte in Uhrgläschen, s. oben pag. 368.

Samter spannt ein Stückchen Eihaut von einem Hühnerei auf einem Metallrahmen und sticht in dasselbe mit einer Nadel etwa in der Mitte ein Loch. An die Unterseite des Loches wird etwas Fischleim angestrichen, das Ganze in $50^{0}/_{0}$igen Alkohol gebracht, wo das zu orientierende Objekt in das Loch gelegt und durch den Fischleim in gewünschter Lage gehalten wird. Man bringt dann das Präparat mit Rahmen oder ausgeschnitten auf dem Stückchen Eihaut in stärkeren Alkohol, wo der Fischleim erstarrt. Das so fixierte Objekt wird dann mit der Eihaut in Paraffin eingebettet; die Ränder der Eihaut dienen als Marken für die spätere Orientierung beim Schneiden.

Hoffmann bettet die zu orientierenden Objekte in Kollodium-Nelkenöl ein und bringt sie mit einem Tropfen dieses Gemisches auf einen Glasstreifen, auf welchen man mit einer Graviernadel beliebig feine Orientierungslinien ziehen kann. Nachdem die Objekte entsprechend orientiert sind, kommen dieselben in Xylol oder Benzol etc., wodurch das Nelkenöl entfernt und das Kollodium zu einer glashellen Masse erstarrt wird. Um die äußere Form des Objektes noch schärfer hervortreten zu lassen, empfiehlt Hoffmann undurchsichtige, in Kollodium-Nelkenöl eingebettete Objekte auf dem Glasstreifen unter Zusatz von $90^{0}/_{0}$igem Alkohol zu orientieren. Während das Nelkenöl Kollodium in Lösung hält, bewirkt der $90^{0}/_{0}$ige Alkohol eine Härtung desselben, so daß unter dem Einfluß dieser beiden in ihrer Wirkung sich entgegenarbeitenden Reagenzien genügend Zeit bleibt, die Orientierung zu bewerkstelligen. Im Alkohol tritt die plastische Gestalt des Objektes scharf hervor, namentlich bei vorausgegangener Färbung.

Hier verdienen noch zwei speziell zu Orientierungszwecken von Noack und Jordan konstruierte Apparate Erwähnung. Ersterer bettet die Objekte in Paraffin ein und schmilzt dann den Paraffinblock auf einem Stifte auf, der in der Diagonale an der Ecke eines ganz exakt gearbeiteten Metallwürfels eingelassen ist. Das Objekt kann nun durch entsprechendes Drehen in drei zu einander senkrechten Richtungen eingestellt, resp. geschnitten werden.

Jordan konstruierte ein Kästchen, dessen Boden eine runde Öffnung hat, in die vollkommen dicht eine Kugel eingepaßt ist. Die Kugel ragt nicht über den Äquator hinaus über den Boden empor. Das zu orientierende und einzubettende Objekt wird mit Kollodium auf der Kugel befestigt und durch entsprechende Drehung derselben orientiert. Die Kugel wird dann durch eine zweite Platte, die unter der Bodenplatte beweglich ist, fixiert. Die Einbettung in Paraffin erfolgt dann direkt in dem Kästchen, das zu diesem Behufe in den Thermostaten gebracht werden kann.

Ich möchte an dieser Stelle auf ein von der Firma Zeiss, speziell für Zeichenzwecke hergestelltes Instrument, den Prismenrotator (vgl. Bd. 1, pag. 385), verweisen, welcher mir zur Orientierung in Paraffin einzubettender kleiner Objekte ausgezeichnete Dienste leistete und namentlich auch dann zu empfehlen ist, wenn die Einbettung unter der Lupe oder mit dem Mikroskope bei schwacher Vergrößerung ausgeführt und an der Seite oder der Unterfläche des Objektes befindliche Marken berücksichtigt werden müssen.

Die Behandlung eines in Paraffin einzubettenden, fixierten und eventuell im Stücke vorgefärbten Objektes gestaltet sich nun kurz zusammengefaßt nach folgendem Schema:

Giesbrecht (u. Israel)	P. Mayer	Apáthy	Israel
1. Alcohol absol. 2. Alcohol absol. überschichtet von Chloroform (eventuell Ätherzusatz) 3. Chloroform (bis 24 h) 4. Chloroform-Paraffin (T)* 5. Reines Paraffin (T)	Alcohol absol. Benzol (1—2mal wechseln) Benzol-Paraffin (bis 18 h) Benzol-Paraffin (allmählich unter Paraffinzusatz erwärmen) Reines Paraffin (T)	Alcohol. absol. Cedernöl überschichtet von Alcohol absol. (bis 1 h) Cedernöl (bis mehrere Tage) Paraffin überschichtet von Chloroform Chloroform-Paraffin (1—3 h T) Paraffin ($^1/_2$—2 h T)	Alcohol absol. 1 Teil Alcohol abs. + 2 Teile Xylol. Xylol Xylol + Paraffin (12 h—24 h ev. T) Paraffin (T)

* T = Thermostat.

Außer reinem Paraffin werden aus verschiedenen Gründen Mischungen desselben, hauptsächlich mit Wachs, Vaseline etc., empfohlen. So nimmt SCHULGIN als Einbettungsmasse eine Mischung von Paraffin (Schmelzpunkt 55° C) mit Ceresin und Vaselin. Der Ceresinzusatz kann beliebig sein und soll das Paraffin zäher machen; will man besonders weiches Paraffin, so empfiehlt sich der Vaselinzusatz.

BRASS setzt 100 Teilen Paraffin etwa 4—6 Teile weißes Wachs zu. Dadurch lassen sich die Objekte vorzüglich schneiden, die Schnitte sind dann geschmeidig, dehnbar und brechen nicht.

WALSEM vermeidet das von ihm beim Gießen großer Paraffinblöcke beobachtete Auftreten zahlreicher Lücken dadurch, daß er dem reinen Paraffin eine kleine Menge Wachs (Cera flava), etwa 5%, zusetzt. Er hält außerdem „diesen Zusatz für wichtig, weil der Schnitt dadurch eine homogene Beschaffenheit erhält und sonst beim Schneiden inkohärenter Teile sich Lücken bilden können an solchen Stellen, wo sie eine bedeutende Störung der Schnittbildung bedingen".

Sonstige Einbettungsmittel (mit Ausschluß von Celloidin).

Die übrigen Einbettungsmittel, welche früher als Ersatz des Paraffins gedient haben und zum Teil noch als solche dienen, lassen sich in zwei große Gruppen teilen: 1. in kalt-, 2. in warmflüssige.

1. Zur Gruppe der kaltflüssigen Einbettungsmassen zählen hauptsächlich: Gummi, Gummiglycerin, Glycerinleim, Gelatine und Hühnereiweiß.

Gummischleim wurde nach KLEBS zuerst zum Einbetten von HEIDENHAIN angewendet, und zwar konzentrierte Lösungen von Gummi arabicum. Die Objekte wurden in die Lösung längere Zeit eingelegt und darin so lange belassen, bis sie vollkommen durchtränkt waren. Vor dem Schneiden erzielte man die nötige Konsistenz entweder durch Erhärten an der Luft oder durch Einlegen in 50- bis 70%igen Alkohol. KLEBS selbst empfiehlt als Einbettungsmittel den Glycerinleim. Die Objekte kommen aus Wasser in eine konzentrierte Lösung von Hausenblase in Glycerin und werden in Alkohol nachgehärtet.

Diese Methode wurde von KAISER modifiziert, der an Stelle der Hausenblase Gelatine zu nehmen empfiehlt. Seine Vorschrift lautet: 1 Teil Gelatine, 6 Teile Aq. dest., 7 Teile Glycerin; dem Ganzen wird etwas Carbolsäure zugesetzt und die Masse dann durch Leinwand filtriert.

Andere Gelatinemischungen wurden von GERLACH und NICOLAS angegeben (vgl. LEE und HENNEGUY).

Von STEVENSON wird Tragantgummi mit Glycerin als Einbettungsmittel empfohlen.

Hühnereiweiß wurde schon im Jahre 1862 von NEUMANN als Einbettungsmittel für den Glaskörper empfohlen. Im Jahre 1875 teilte dann BRESGEN ein Einbettungsverfahren mit, nach dem frisches Hühnereiweiß gut zerschnitten und je 24 *ccm* desselben mit 2,5 *ccm* einer 10%igen Sodalösung versetzt werden. Zu 26 *ccm* Eiweiß werden dann 9 *ccm* geschmolzener Talg zugesetzt und mit der Eiweißsodalösung zusammen tüchtig geschüttelt. Die einzubettenden Objekte kommen aus Wasser in diese Masse und das Ganze wird dann zum Erhärten in starken Alkohol gebracht.

Aus dem Jahre 1876 stammt von FLEISCHER und CALBERLA eine Methode für Eiweißeinbettung. Letzterer empfiehlt für kleinere Objekte frisches Hühnereiweiß, 15 Teile versetzt mit 1 Teil kohlensaurem Natron. Dieser Natronalbuminatlösung fügt man die zum Eiweiß gehörige Dottermasse hinzu. In diese Masse wird dann das Objekt eingelegt und in 75—80%igem Alkohol auf einem Wasserbade erhitzt, schließlich in 85—90%igem Alkohol nachgehärtet.

SELENKA bringt die vorher gefärbten, alkoholfreien Objekte auf eine oder mehrere Stunden in Hühnereiweiß. Das so durchtränkte Objekt kommt dann in ein mit Hühnereiweiß gefülltes Papierkästchen, das in heißen Wasserdämpfen oder besser in heißer Luft erhitzt wird, bis das Eiweiß nach etwa 20 Minuten geronnen ist. Die Kästchen kommen hierauf in starken Spiritus, der ein- oder zweimal gewechselt wird und schließlich in absoluten Alkohol.

DAVIDOFF und RUGE modifizierten CALBERLAS Methode dahin, daß sie das Eiweiß vom Dotter trennten, das erstere gut zerschnitten, dann mit dem Dotter mischten und auf jedes verwendete Ei etwa 8—10 Tropfen Glycerin zusetzten. Die Masse wird dann durch Flanell oder auch durch dichtes Leinen filtriert und ist dann zur Verwendung fertig (zitiert nach BLOCHMANN).

Alle zu Einbettungszwecken angegebenen Eiweißmassen dringen in die Gewebe meist gut ein und fixieren auch isolierte Gewebsstücke in der natürlichen Lage. Sie haben jedoch daß Unangenehme, daß sie bei stärkerer Vergrößerung das Präparat körnig erscheinen lassen, außerdem wird die Masse an älteren Canadabalsampräparaten intensiv gelb gefärbt; Schnittfärbung ist nicht möglich, da das Eiweiß sich zu stark mitfärbt. Auch die

2. Gruppe, die warmflüssigen Einbettungsmassen weisen viele Übelstände auf. Zu dieser Gruppe sind fast alle Seifenmassen — z. B. speziell jene von FLEMMING, KADYI, PÖLZAM, DÖLLKEN —, die Gemische von Wachs und Öl (STRICKER), von Spermacet mit Kakaobutter oder Talg — KLEINENBERG, BORN und STRASSER — und das Pflanzenwachs von FRANCOTTE zu zählen.

FLEMMING empfahl im Jahre 1873 die Transparentseife als Einbettungsmasse.

Er löst davon in der Wärme $^1/_3$—$^1/_2$ ihres Volums in gewöhnlichem Weingeist, filtiert und bringt dann die einzubettenden Objekte hinein. Die Vorzüge dieser Methode bestehen darin, daß man nach dem Errtarren das Objekt in der klaren Seife vollständig übersehen kann und daß alle Lücken etc. des Objektes von der Seife angefüllt werden. Ein wesentlicher Nachteil liegt in der nicht zu vermeidenden Schrumpfung beim Erstarren der Masse. Das Objekt wird allerdings selbst von der Seife, so lange dieselbe noch flüssig ist, durchtränkt und erlangt „eine Festigkeit und Schneidbarkeit“, wie sie „an entwässerten (Nelkenöl-, Terpentin-) Präparaten nur in Glücksfällen vorgekommen ist“.

KADYI empfiehlt Stearinnatronseife, die durch Erwärmen in Alkohol gelöst beim Erkalten zu einer undurchsichtigen Masse erstarrt; wird etwas destilliertes Wasser zugesetzt, so bleibt die Seife schließlich vollkommen durchsichtig.

PÖLZAM schneidet Kernseife in kleinere Stücke, trocknet und pulverisiert sie und vermischt dieselbe mit Spiritus zu einer breiförmigen Masse. Durch Zusatz von Alkohol und Glycerin erhält man eine vollkommen durchsichtige Einbettungsmasse. Dieselbe wird dann erwärmt und über das Objekt gegossen, das man einige Zeit in Spiritus hat liegen lassen. Nach dem Abkühlen erstarrt die Masse und kann dann nach der Größe des eingeschlossenen Objektes zugeschnitten und mikrotomiert werden.

STRICKER bereitet seine Ölwachsmischung, indem er gleiche Teile Wachs und Olivenöl — das Verhältnis kann je nach gewünschtem Härtegrad variiert werden — zusammenschmilzt. Die vorher gefärbten Objekte werden in Alkohol entwässert, in Nelkenöl eingelegt und kommen dann in die erwärmte flüssige Masse so lange, bis das Stück durch und durch infiltriert ist.

Die KLEINENBERGsche Einbettungsmasse besteht aus 4 Teilen Spermacet, 1 Teil Kakaobutter und 1 Teil Ricinusöl.

Die Objekte kommen in diese erwärmte Mischung, nachdem dieselben vorher in absolutem Alkohol entwässert und mit Bergamottöl durchtränkt waren.

BORN empfiehlt dieselbe Masse mit Weglassung der Kakaobutter, STRASSER nimmt an ihrerstatt 3—4 Teile Talg.

FRANCOTTE empfiehlt an Stelle des Paraffins Pflanzenwachs als Einbettungsmedium.

Das fixierte, eventuell gefärbte Objekt wird allmählich in 94%igen Alkohol gebracht; dann kommt es in eine Kapsel mit 94%igem Alkohol und wird bei einer konstanten Temperatur von 48° gehalten und währenddessen in Zwischenräumen Pflanzenwachs zugegeben, bis schließlich eine breiartige Masse entstanden und der Alkohol völlig verdunstet ist. Das Objekt wird dann mit dem Wachs in ein Pappkästchen ausgegossen, wo das Pflanzenwachs sofort erstarrt.

Hier sei zum Schlusse das Verfahren GUDDENs mitgeteilt, um ganze Gehirne in Schnittserien zu zerlegen. Er benutzt eine Mischung von 15 Gewichtsteilen Stearin,

12 Teilen Fett und 1 Teil Wachs. Damit diese Masse in alle Winkel, Spalten und Höhlen eindringen kann, wird das Gehirn erwärmt und mit der warmflüssigen Masse dann übergossen. Eingehendes über alle diese früher an Stelle des Paraffins gebrauchten Einbettungsmassen findet sich bei BLOCHMANN und namentlich bei APÁTHY zusammengestellt.

Literatur: ALTMANN (Centralbl. Bact., Bd. 9 u. 12, 1891 u. 1892), ANDRES, GIESBRECHT und MAYER (Mitt. Zool. Stat. Neapel, Bd. 4, 1882), ANDREWS (Amer. Nat., Bd. 31, 1887), APÁTHY (Die Mikrotechnik der tierischen Morphologie, 1. Abt., Braunschweig 1896), BLOCHMANN (Zeitschr. Wiss. Mikr., Bd. 1, 1884), BORN (Morph. Jhb., Bd. 2, 1877), BRASS (Zeitschr. Wiss. Mikr., Bd. 2, 1885), BRESGEN (Arch. Pathol. Anat., Bd. 65, 1875), BRUNK (Münch. Med. Wochenschr., 1905), BÜTSCHLI (Biol. Centralbl., Bd. 1, 1881), CALBERLA (Morph. Jhb., Bd. 2, 1876), CIAGLINSKI (Zeitschr. Wiss. Mikr., Bd. 8, 1891), CONSER (Trans. Amer. Micr. Soc., Bd. 17, 1886), CURTIS (L'Écho Méd. Nord, Nr. 28, 1907), DÖLLKEN (Zeitschr. Wiss. Mikr., Bd. 14, 1897), FAIRCHILD (Ebenda, Bd. 12, 1895), FEDERICI (Anat. Anz., Bd. 31, 1907), FIELD und MARTIN (Zeitschr. Wiss. Mikr., Bd. 11, 1894), FLEISCHER (Arch. Pathol. Anat., Bd. 65, 1876), FLEMMING (Arch. Mikr. Anat., Bd. 9, 1873), FRANCOTTE (Bull. Soc. Belge Micr., Bd. 10 u. 13, 1883/84 u. 1887), FRANKL (Zeitschr. Wiss. Micr., Bd. 13, 1896), GERLACH (Unters. Anat. Inst. Erlangen, 1884), GIESBRECHT (Zool. Anz., 4. Jg., 1881), GREIL (Zeitschr. Wiss. Mikr., Bd. 23, 1906), GUDDEN (Ges. und hinterl. Abhandl., herausg. von H. GRASHEY, Wiesbaden 1889), HANFLAND (Zeitschr. Wiss. Mikr., Bd. 17, 1900), HAHN (Ebenda, Bd 25, 1908), HELD (Arch. Anat., 1895 u. 1897), HEIDENHAIN (Zeitschr. Wiss. Mikr., Bd. 18, 1901), HENKING (Ebenda, Bd. 3, 1886), HENKE und ZELLER (Centralbl. Pathol. Anat., Bd. 16, 1905), HOLL (Zool. Anz., 1885), HOFFMANN (Ebenda, 1884), derselbe (Zeitschr. Wiss. Mikr., Bd. 15 u. 17, 1898 u. 1900), JORDAN (Ebenda, Bd. 15 u. 16, 1898 u. 1899), ISRAEL (Praktikum der patholog. Histologie, Berlin, Hirschwald, 1893), KADYI (Zool. Anz., 1879), KAISER (Bot. Centralbl., Bd. 1, 1880), KAPPERS (Zeitschr. Wiss. Mikr., Bd. 24, 1907), KARAWAIEW (Ebenda, Bd. 13, 1896), KINGSLEY (Amer. Nat., Bd. 31, 1887), KLEBS (Arch. Mikr. Anat., Bd. 5, 1869), KLEINENBERG (Grundzüge d. Entwicklungsgesch. d. Tiere, Leipzig 1876), KNOWER (Journ. of Morph., Bd. 16, 1900), KOSSMANN (Zool. Anz., Bd. 6, 1883; cf. Journ. R. Micr. Soc., Ser. 2, Bd. 3, 1883), KURTSCHINSKI (Wratsch, 1892), LÉCAILLON (Thèse, Paris 1898), LEE (The Microtomists Vademecum, 3. ed., 1893), derselbe (Zool. Anz., 1885), LEE und HENNEGUY (Traité des methodes techn. de l'anat. micr., Paris 1896), LEE und MAYER (Grundzüge), MAYER (Int. Monatsschr. Anat. Phys., Bd. 4, 1887), derselbe (Zeitschr. Wiss. Mikr., Bd. 24, 1907), MEISSNER (Zeitschr. Wiss. Mikr., Bd. 18, 1901), MERKEL (Arch. Mikr. Anat., Bd. 14, 1877), MIGUEL (Ann. de Microgr., Bd. 1, 1888), NEELSEN und SCHIEFFERDECKER (Arch. Anat., 1882), NEUMANN (Arch. Pathol. Anat., Bd. 23, 1862), NICOLAS (Bibl. Anat., 1896), NOACK (Zeitschr. Wiss. Mikr., Bd. 15, 1898), NOVY (Centralbl. Bakt., Bd. 23, 1898), PATTEN (Zeitschr. Wiss. Mikr., Bd. 11, 1894), PÖLZAM (Zit. nach SALENSKY, Morph. Jhb., Bd. 3, 1877), PRANTER (Zeitschr. Wiss. Mikr., Bd. 19, 1902), RAWITZ (Leitfaden für histologische Untersuchungen, Jena 1889), REGAUD und FOUILLIAUD (Zeitschr. Wiss. Mikr., Bd. 20, 1903), RHUMBLER (Ebenda, Bd. 12 und 13, 1895 und 1896), SACHAROFF (Protok. zasaid. Kavkazk. med. Ab. Tiflis, 1888), SAHLI (Zeitschr. Wiss. Mikr., Bd. 3, 1886), SAMTER (Ebenda, Bd. 13, 1896), SCHAFFER (Ebenda, Bd. 16, 1899), SCHAUDINN (Ebenda, Bd. 11, 1894), SCHEPILEWSKY (Centralbl. Bakt., Bd. 14, 1894), SCHULGIN (Zool. Anz., Bd. 6, 1883), SCHULZE (Sitzungsber. Ges. Nat. Freunde, Berlin, 1885), SELENKA (Zool. Anz., Bd. 1 u. 8, 1878 u. 1885), SITSEN (Centralbl. Pathol. Anat., Bd. 16, 1905), SPEE (Zeitschr. Wiss. Mikr., Bd. 2, 1885), STEINACH (Ebenda, Bd. 4, 1887), STEVENSON (Edinburgh Med. Journ., 1876), STIEDA (Arch. Mikr. Anat., Bd. 2, 1866), STRASSER (Morph. Jhb., Bd. 5, 1879), derselbe (Zeitschr. Wiss. Mikr., Bd. 9, 1892), STRICKER (Handbuch der Lehre von den Geweben, Bd. 1, 1871), SUCHANNEK (Zeitschr. Wiss. Mikr., Bd. 7, 1890), THOMA (Ebenda, Bd. 14, 1897), VAN WALSEM (Ebenda, Bd. 11, 1894), WOODWORTH (Bull. Mus. Comp. Zool. Harvard, Bd. 25, 1893).

Neumayer, München.

Paraffinschnitte, Anfertigung der. Drei Punkte sind es, auf welche man beim Paraffinschneiden, eine tadellose Vorbehandlung des Objektes vorausgesetzt, zu achten hat, 1. gutes Funktionieren des Mikrotoms, 2. richtige Messerstellung und 3. richtige Wahl der Paraffinsorte.

1. Das Mikrotom kann nur dann gut funktionieren, wenn es gut instand gehalten wird. Dazu gehört vor allem, daß es vor Staub geschützt wird, was am besten dadurch erreicht wird, daß man es mit einem gut schließenden Schutzkasten bedeckt, dessen Seitenwände und Decke zweckmäßig aus Glasscheiben gebildet werden. Das Instrument soll nach jedem Schneiden gut gereinigt und die Bahnen von Zeit zu Zeit abgerieben und bei Metallbahnen mit säurefreiem Knochenöl eingerieben werden. Man richte ferner sein Augenmerk darauf, daß alles am Mikrotom fest ist, daß vor allem Messer und Präparat fest in ihrem Halter sitzen. Größere Paraffinblöcke kann man ohne weiteres in den Objekthalter einspannen, kleinere

schmilzt man entweder auf einem passenden Holzklotz oder auf den zu dem Instrument gehörigen Präparatentisch auf. Nachdem das Präparat sich an Ort und Stelle befindet, wird es am besten mit einem Rasiermesser beschnitten und zwar meistens rechteckig. Je kleiner die Schnittfläche, um so leichter ist im allgemeinen das Schneiden, doch soll man um das Objekt herum immer noch einen mindestens 2 *mm* breiten Paraffinmantel stehen lassen.

2. Im allgemeinen schneidet man Paraffinblöcke mit quer gestelltem Messer, doch kann auch eine leichte Schrägstellung, 25—40° zur Messerschlittenbahn, von Vorteil sein, besonders bei schwer schneidbaren Objekten. Ungleich viel wichtiger jedoch ist derjenige Winkel, den das Messer mit der Schnittebene bildet, und das ist derjenige Punkt, der dem Anfänger die größten Schwierigkeiten bereitet. Wie in dem Artikel „Mikrotom" auseinandergesetzt wurde, sollen Schnittebene und Ebene der unteren Schneidefacette zusammenfallen. Ist das nicht der Fall, so gleitet entweder das Messer über die Oberfläche des Blockes hinweg oder aber es hackt in dieselbe hinein. Eine zu geringe Steilstellung des Messers macht sich dadurch bemerkbar, daß das Instrument ungleichmäßig schneidet, es fallen ein oder auch mehrere Schnitte aus und dann folgt ein dicker Schnitt. Die Oberfläche des Blockes erscheint spiegelglatt, denn sie wird von der Kante, die untere Messerfläche und untere Schneidefacette miteinander bilden, poliert. Bei richtiger Messerstellung muß diese Oberfläche völlig glatt, aber matt sein. Verfügt man über einen verstellbaren Messerhalter, so ist die Abhilfe leicht, das Messer wird einfach steiler gestellt. Arbeitet man ohne einen solchen mit einem Henkingmesser, so hilft man sich am besten durch passende Unterlagen. Die früher viel benutzten Metallkeile sind ganz unpraktisch, das einfachste und beste Material liefert Zigarrenkistenholz. Man schneide sich daraus 5—10 *mm* breite Streifen und lege einen u n t e r den vorderen Gabelarm und einen gleich dicken a u f den hinteren, darauf kommt die durchlochte Platte und das ganze wird mit der Flügelmutter recht fest angezogen. Es kann so die Ebene der unteren Facette um 5—10° gedreht werden. Natürlich kann man sich auch derartige Platten aus recht dünnem, nicht allzu harten (Ahorn) Laubsägeholz schneiden und hat dann durch Aufeinanderlegen derselben die Möglichkeit, die Steilstellung beliebig abzustufen. Auf jeden Fall ist aber für diesen Zweck Holz Metall vorzuziehen.

Steht das Messer zu steil, so zeigen bei geringeren Graden zunächst die Schnitte Bruchlinien parallel zur Messerachse, bei höheren Graden der Steilstellung entsteht überhaupt kein Schnitt mehr, das Messer hebt den Block mitsamt dem Objektschlitten in die Höhe. Die Abhilfe ergibt sich aus obigem.

3. Von großer Bedeutung ist die richtige Wahl der Paraffinsorte. Im allgemeinen wird man für dünnere Schnitte härteres, für dickere Schnitte weicheres Paraffin nehmen, doch spielt dabei auch die Konsistenz des Objektes selbst eine nicht zu unterschätzende Rolle und schließlich ist die Temperatur des Arbeitsraumes von größter Bedeutung. Handelt es sich bei einer Temperatur des Arbeitsraumes von 15—17° darum, Schnitte von 5 μ und darunter anzufertigen, so wird man ein Paraffin von 56—58° Schmelzpunkt wählen, für Schnitte von 10—15 μ Dicke dürfte 52° der richtige Schmelzpunkt sein und größere Schnittdicken verlangen Paraffin von 48—50°.

Je höher die Temperatur des Arbeitsraumes und damit die Temperatur des Paraffinblockes ist, um so härteres Paraffin muß verwandt werden, um dünnere Schnitte zu erlangen. Man kann im allgemeinen sagen, daß für solche Zwecke die Differenz zwischen der Temperatur des Blockes und dem Schmelzpunkt des Paraffins cca. 38—40° betragen soll. Da nun eine Erwärmung unserer Präparate auf über 60° immerhin eine bedenkliche Sache ist, so folgt daraus, daß man in heißen Klimaten oder in den heißen Sommermonaten bei uns besondere Kunstgriffe anwenden muß, wenn man noch dünne Paraffinschnitte erhalten will. Man kann zu diesem Ende entweder das Messer oder den Block oder beide zusammen kühlen und hat dafür die verschiedensten Kunstgriffe ersonnen. Am einfachsten kommt man zum Ziel, wenn man Block und Messer, und zwar beide eingestellt, mit ihrem Halter vom Mikrotom nimmt und in ein passendes Gefäß mit Eiswasser stellt oder hängt. Nach einer 1/4 Stunde nimmt man heraus, schraubt rasch auf und schneidet. Das ist natürlich nur ein Notbehelf, denn die Herrlichkeit dauert nicht lange und selbst beim sorgsamsten Arbeiten gehen bei diesem wechselnden Auf- und Abschrauben einige Schnitte verloren. Man hat deshalb besondere Kühlapparate konstruiert. So hat STOSS den Messerrücken der Länge nach durchbohrt und leitet durch den so entstandenen Kanal Eiswasser. Man hat ferner den Block in der Mitte eines Metallkästchens aufgekittet, so daß die Schnittfläche die Wände des Kästchens um einige Millimeter überragt. Das Kästchen selbst füllt man mit Eisstückchen. Die vollkommenste und dauernde Kühlung aber erzielt man mit dem von uns konstruierten Gefrierapparat, der mit fester Kohlensäure arbeitet. (Näheres s. Gefriermethoden.) Hier wird einfach statt der Gefrierplatte eine Paraffinklammer aufgeschraubt und es lassen sich dann, selbst bei heißem Wetter, von leicht schmelzbarem Paraffin dünne Schnitte herstellen.

Schließlich sei noch auf folgende für das Paraffinschneiden wichtige Übelstände und ihre Verhütung aufmerksam gemacht.

Das Rollen der Schnitte ist der am häufigsten eintretende, aber am leichtesten abzustellende Mißstand. Er tritt mit Vorliebe bei hartem Paraffin und mittlerer Schnittdicke auf. Zu seiner Verhütung hat man besondere Instrumente konstruiert, sogenannte Schnittstrecker. Die von F. E. SCHULZE, GIESBRECHT und DECKER angegebenen Vorrichtungen beruhen im wesentlichen auf dem Prinzip, daß eine der Messerschneide parallel und in ganz geringer, regulierbarer Entfernung von ihr laufende Walze, ein runder Stab, ein Glasrohr oder eine ähnliche Vorrichtung den Schnitt zwischen sich und der Messerschneide hindurchlaufen läßt und ihn so am Rollen verhindert. Etwas anders ist der BORNsche Schnittstrecker konstruiert. Er besteht aus einem rechteckigen Blättchen Papier, das mit seinem einen, etwas zugespitzten Ende auf dem Paraffinblock und der Messerschneide ruht. Es wird gehalten von einem metallenen Hebel, einer Art ungleicharmigen Wagebalkens, der seinerseits wieder an einem metallenen Stativ mit horizontalem Arm, als Hebelachse, befestigt ist. Um das Papier mit richtigem, ganz minimalem Druck auf dem Block lasten zu lassen, können auf den einen oder anderen Arm des Hebels Reiter aufgesetzt werden. Das Instrument wird so aufgestellt, daß das freie Ende des Papiers auf dem vorderen, der Messerschneide zunächst gelegenen Ende der Schnittfläche gerade aufliegt. Nach unseren Erfahrungen sind alle diese Instrumente überflüssig und lassen sich ersetzen durch einen mittelfeinen langstieligen Tuschpinsel. Um das Rollen zu verhindern, drückt man mit dem in der linken Hand gehaltenen Pinsel sanft auf den Paraffinschnitt, sofort nachdem das Messer in den Block eingedrungen ist. Man darf nicht zu stark andrücken, da sich sonst der Schnitt zusammenschiebt. Vor allem aber muß man sich hüten, mit dem Pinsel zwischen Messerschneide und Block zu kommen, was immer dann geschehen wird, wenn man den Pinsel zu früh benutzt, d. h. bevor die Schneide in den Block eingedrungen ist. Es empfiehlt sich, mit angefeuchtetem und ausgedrücktem, nicht mit ganz trockenem Pinsel zu arbeiten.

Das Bröckeln der Schnitte hat seinen Grund wohl immer in der Konsistenz des zu schneidenden Materials. Zu denjenigen Objekten, welche fast immer beim Schneiden bröckeln, gehört die Linse, das Chitin und der Dotter. Aber das Herausfallen einzelner Teile des Schnittes kann sich auch bei anderen, vor allem bindegewebsreichen Organen ereignen, so bei vielen Drüsen. Die Abhilfe ist keine allzu schwere, denn es kommt nur darauf an, die Oberfläche des Paraffins mit einer Schicht zu überziehen, welche die einzelnen Teile des Schnittes zusammenhält. Der größten Beliebtheit erfreut sich in dieser Beziehung das Mastix-Kolophonium von HEIDER (Näheres s. Mastix), HENKING empfiehlt eine dünne Lösung von Schellack oder Paraffin in absolutem Alkohol, andere benutzen Celloidin (APÁTHY, MARK) oder eine Mischung von Celloidin (15 *ccm* 1%ige Lösung) und

Cedernöl (5 Tropfen). Die besten Resultate aber erzielt man durch Überstreichen mit flüssigem Paraffin nach RABL. Wir stellen dicht neben das Mikrotom und recht bequem erreichbar ein kleines Wasserbad, ein entsprechend großes Becherglas erfüllt denselben Zweck und auf dasselbe eine Schale mit Paraffin von 50° Schmelzpunkt. Die Temperatur des Wasserbades soll 100° oder doch nicht viel weniger betragen. In dem Paraffin liegt ein Pinsel, für größere Objekte am besten ein breiter, dünner Pinsel (ein sogenannter Vertreiber der Maler). Vor jedem Schnitt fährt man mit dem Pinsel rasch über die Oberfläche, läßt einen Moment erkalten und schneidet. Bei einiger Übung und Geschicklichkeit erhält man einen ganz minimal dünnen und gleichmäßigen Paraffinüberzug und es gelingt so Objekte zu schneiden, die jedem anderen Verfahren trotzen.

Das Brechen der Schnitte hat wohl meist seinen Grund in der Verwendung eines im Verhältnis zur Außentemperatur zu schwer schmelzbaren Paraffins. Kann man sich nicht zur Umbettung des Präparates entschließen, so muß die Temperatur des Blockes künstlich erhöht werden, indem man in seiner Nähe eine Gas- oder Spirituslampe aufstellt oder die Oberfläche vor jedem Schnitt stark anhaucht.

Die Schnitte schieben sich zusammen. Das ist in geringem Grade wohl immer der Fall, der Schnitt wird immer etwas kleiner ausfallen als der Durchmesser des Blockes. Die Differenz wird um so größer, je weicher das verwandte Paraffin, resp. je höher die Temperatur des Arbeitsraumes ist. Zur Abhilfe kann man entweder in härteres Paraffin umbetten oder den Block kühlen. Enthalten die Schnitte Knorpel, so tritt noch die Unannehmlichkeit hinzu, daß beim späteren Strecken in der Wärme die Knorpel sich nicht glatt auflegen, sondern sich werfen und bei der Nachbehandlung vom Objektträger wegschwimmen.

Paraffinschnittaufklebemethoden. Sollen Paraffinschnitte gefärbt werden, so muß, wenigstens in den weitaus meisten Fällen, das Paraffin durch geeignete Lösungsmittel aus den Schnitten entfernt werden, da es die Färbung im hohen Grade hindert. Mit der Entfernung des Paraffins verliert aber der Schnitt seine Starrheit und Festigkeit und in vielen Fällen lösen sich damit auch die einzelnen Teile des Schnittes voneinander. Man hat deshalb Methoden ersonnen, die es ermöglichen, die vom Paraffin befreiten Schnitte ohne irgend welche Beschädigungen den verschiedenen Färbungs-, Imprägnations- oder Verdauungsmethoden zu unterziehen. Zwei Wege stehen zu diesem Ziele offen: entweder befestigt man den Schnitt auf einer starren, durchsichtigen Unterlage (Deckglas, Objektträger, Glimmerplatte) oder man durchtränkt ihn mit einem die Färbung nicht hindernden erstarrenden Medium, welches ihm die erforderliche Festigkeit verleiht. Beide Verfahren haben ihre Vorzüge und Nachteile, das erstere soll zuerst besprochen werden.

Man kann Paraffinschnitte entweder auf Glasplatten, also Objektträger oder Deckgläser oder auf sorgfältig gespaltene Glimmerplatten aufkleben, die man jetzt in jeder beliebigen Größe in jeder Handlung mikrotechnischer Artikel erhält. Solche fertige Glimmerplatten sind aber ziemlich teuer, billiger fährt man, wenn man sich von einer Glimmerwarenfabrik Glimmerabfall kauft und davon mittelst eines messerartig zugeschärften Hornspatels sich unter Wasser passende Platten abspaltet. Für Kurszwecke sind solche Glimmerplatten, unseres Wissens wohl von ALTMANN (86) zuerst benutzt, außerordentlich praktisch, da man sie, mit den Schnitten beschickt, beliebig zerschneiden kann. Objektträger und Deckgläser müssen vor dem Gebrauch gründlich gereinigt sein (Näheres s. Deckgläser), werden bis zur Benutzung am besten in dünnem Alkohol (20—30%) aufgehoben und dann einfach mit einem reinen Tuch trocken gewischt.

Man kann sich zum Aufkleben entweder eines besonderen Klebemittels bedienen oder man läßt die Schnitte auf der Unterlage einfach durch Capillaradhäsion haften. Das älteste dieser Verfahren ist das von GIESBRECHT. Er überzieht mittelst eines Glasstabes die Objektträger mit einer nicht zu konzentrierten, gut filtrierten Lösung von Schellack in absolutem Alkohol und läßt sie trocknen. Die so vorbereiteten Objektträger werden dann mittelst eines Pinsels dünn mit Kreosot bepinselt und die Schnitte aufgelegt, ausgebreitet und angedrückt, dann überträgt man die Schnitte auf ein Wasserbad, hier schmilzt das Paraffin, das Kreosot verdunstet und die Schnitte können nun ohne sich loszulösen in Xylol übertragen werden. Eine weitere Behandlung mit Alkohol ist ausgeschlossen, die Methode läßt sich also nur für durchgefärbtes Material benutzen. MAYER (07) hat die Methode noch weiter ausgebildet. Er nimmt entweder braunen oder gebleichten Schellack und löst von ersterem 5, von letzterem 20% in absolutem Alkohol. Man lasse die Lösung absetzen, filtriere und lasse nochmals einige Tage absetzen. Der Schellacküberzug muß nach dem Trocknen von dem aufdrückenden Finger nur einen ganz schwachen Abdruck hinterlassen. Mit dieser Lösung wird der gut angewärmte Objektträger bestrichen, nach dem Erkalten werden die Schnitte aufgelegt, mit dem Pinsel angedrückt und dann über der Flamme bis zum Schmelzen des Paraffins erhitzt.

Etwas später hat SCHÄLLIBAUM eine Methode angegeben, welche nach unserer Erfahrung ebenso sicher ist als die GIESEBRECHTsche und den Vorteil hat, daß die Klebemasse viel einfacher herzustellen ist. Man stelle sich ein Gemisch von 1 Teil Kollodium und 3—4 Teilen Nelkenöl her und streiche es in dünner Schicht auf den Objektträger, lege die Schnitte auf und drücke sie sanft glatt. Die Schnitte haften recht fest und können unbekümmert in Xylol übertragen werden. Will man die Methode für ungefärbte Schnitte verwenden, so muß man den absoluten Alkohol vermeiden und aus Xylol in Carbolxylol und dann in 90%igen Alkohol übertragen. Die Methode hat mannigfache, zum Teil gänzlich überflüssige Modifikationen erfahren, von denen hier nur die wesentlicheren erwähnt seien. RABL nimmt 3 Teile Nelkenöl und 2 Teile Kollodium und stellt sich die Mischung alle paar Tage frisch her. STRASSER nimmt an Stelle des Nelkenöls Ricinusöl: 2 Teile Kollodium und 1 Teil Ricinusöl und überstreicht die aufgelegten Schnitte mit einer Mischung von 2 Teilen Collodium duplex und 2 Teilen Ricinusöl.

Ungefähr zur selben Zeit als SCHÄLLIBAUM das Kollodium hat MAYER (83) das Eiweiß als Klebemittel empfohlen. Er mischt 50 *ccm* Hühnereiweiß, 50 *ccm* Glycerin und 1 *g* Natriumsalicylat und filtriert das Gemisch (dauert mehrere Tage). Von dieser Mischung, in der das Eiweiß allmählich in einen durch Hitze nicht mehr koagulierbaren Körper übergeführt wird, verreibe man eine minimale Spur auf dem Objektträger in ganz dünner Schicht, lege die Schnitte auf, drücke sie mit dem Pinsel an und erwärme nun bis zum Schmelzen des Paraffins. Dann kommen sie zur Lösung des letzteren in Xylol und von da in absoluten Alkohol und werden nun entweder gefärbt oder bei durchgefärbtem Material in Xylol zurück und von da in Balsam gebracht. Die nach dieser Methode aufgeklebten Schnitte vertragen alle weiteren Prozeduren, nur muß man sie natürlich vor Eiweiß lösenden Agenzien bewahren. Ein großer Nachteil der Methode liegt einmal in der allerdings nicht absolut notwendigen starken Erwärmung und dann darin, daß die Schnitte nur allzu leicht Falten bekommen.

Gummi arabicum, resp. sein wirksamer Bestandteil das Arabin sind von FLÖGEL, FRENZEL (85) und WADDINGTON empfohlen worden, ohne jedoch eine größere Verbreitung erlangt zu haben. Das gleiche gilt von dem von BORN und WIEGER und VAN WALSEM benutzten Quittenschleim.

Agar-Agar (GRAVIS) liefert in 1‰iger wässeriger Lösung ein recht brauchbares Klebemittel, das sich auch nur wenig mitfärbt.

Auch die Gelatine hat als Klebemittel vielfach Eingang gefunden und ist auch als solches ganz brauchbar, wenn sie durch passende Behandlung in Wasser unlöslich gemacht wird. Zu diesem Zwecke kann man einer dünnen Gelatinelösung (1 : 5000) eine Spur Bichromat zusetzen, muß aber dann am Licht trocknen, vorteilhafter aber bedient man sich dazu der Nachbehandlung mit Formalin (ALLEGER, EISEN, KONINSKI, OLT). Am meisten empfiehlt sich die Modifikation von OLT. Er benutzt eine 1%ige Gelatine, die durch Zusatz von 10% einer 5%igen Phenollösung haltbar gemacht wird. Auf dem erwärmten Objektträger breitet man einen Tropfen dieser Lösung in dünner Schicht aus und legt die sich alsbald völlig streckenden Schnitte auf. Nach dem Trocknen werden sie mit Fließpapier, das in 25%iger Formalinlösung lag, bedeckt, dann noch kurze Zeit in die gleiche Lösung hineingestellt und getrocknet. Sie sind dann vollkommen fest, lösen sich auch durch Behandlung mit starken Alkalien nicht ab, doch färbt sich die Gelatine in sehr störender Weise mit.

Guttapercha oder Kautschuk gelöst in Chloroform (Traumaticin) ist von ALTMANN (94), FRENZEL (83), THRELFALL, VAN WALSEM, VOSMAER und PEKELHARING empfohlen worden, aber wohl meist überflüssig.

Die Capillaradhäsionsmethode, die heute die größte Verbreitung und Bedeutung besitzt, ist zuerst in Anwendung gebracht worden von GAULE. Er legt die Schnitte auf den gut gereinigten Objektträger in Alkohol und erwärmt. Dann streckten sich die Schnitte glatt aus, der Alkohol verdunstet und die Schnitte saugen sich gleichsam an die Unterlage fest. Heute wird meist statt des Alkohols Wasser benutzt, doch ist dünner (20—30%) Alkohol dem letzteren in mancher Beziehung vorzuziehen, da er schneller verdunstet und leichter benetzt. Man hat auch vielfach empfohlen die Schnitte auf warmem Wasser zunächst zu strecken und dann erst mit dem Objektträger aufzufischen und zu trocknen. Am meisten empfiehlt sich folgendes Vorgehen. Auf dem gut gereinigten Objektträger wird ein Tropfen Wasser oder dünner Alkohol gebracht, auf dem der Zahl und Größe der Schnitte entsprechenden Raume ausgebreitet und dann die Schnitte aufgelegt. Nun erwärmt man unter steter Kontrolle des Handrückens — der Objektträger darf nicht heiß, sondern nur „handwarm" werden — so lange bis die Schnitte sich vollkommen glatt ausgestreckt haben und legt zum Trocknen an einen staubfreien Ort oder was noch mehr zu empfehlen ist, in den Aufklebeofen, der als Aufsatz auf jedem Paraffinofen angebracht werden kann (vgl. Paraffineinbettung). Nach ½ bis 3 Stunden sind dann die Schnitte trocken und vollkommen fest, so fest, daß sie kaum durch Wischen mit einem Tuch sich entfernen lassen. Diese Methode würde entschieden das Ideal einer Aufklebemethode darstellen, wenn sie nicht in manchen Fällen versagte. Viele Mißerfolge, die man ihr zugeschrieben hat, beruhen sicherlich auf mangelhafter Ausführung, vor allem auf mangelhafter Reinigung der Objektträger, an anderen Mißerfolgen ist die Methode selbst Schuld. Der Schnitt kann nur dann haften, wenn er sich vollkommen glatt seiner Unterlage anlegt, tut er das nicht, so löst er sich später ganz oder teilweise wieder los. Wenn sich z. B. bei Verwendung von zu weichem Paraffin der Paraffinmantel beim Schneiden stärker zusammenschiebt, als das Objekt, so wird der Schnitt niemals fest sitzen. Vor allem kleben solche Schnitte schlecht, die Knorpel enthalten, da sich der letztere in dem warmen Wasser wirft und faltet. Auch Objekte die in Chromsäure oder ihren Gemischen fixiert waren, zeigen eine bedenkliche Neigung zum Ablösen.

Wegen dieser Unsicherheit der sonst so vortrefflichen Methode hat man vielfach versucht, sie mit einer richtigen Aufklebemethode zu kombinieren, entweder so, daß man dem zum Strecken der Schnitte verwendeten Wasser einen Klebestoff in geringer Menge zusetzte oder indem man den Objektträger zunächst mit einer Klebemasse in dünner Schicht beschickte, darauf dann Wasser schichtete und die Schnitte sich auf ihm strecken ließ. So setzt NUSSBAUM dem Wasser etwas Gummi arabicum, DUVAL, HEIDENHAIN und KRAUS ihm Eiweiß zu. Der letztere empfiehlt eine 1%ige Albuminlösung (MERCK) langsam bis zum Kochen zu erhitzen. Auf die mit dieser Flüssigkeit beschickten Objektträger werden die Schnitte aufgelegt und dann bis nahe dem Schmelzpunkt des Paraffins erhitzt. Nach dem Trocknen sollen sie gegen alle Agenzien, auch Alkalien, vollkommen fest sein.

Die weiteste Verbreitung hat jedoch eine Kombination der Adhäsions- mit der MAYERschen Eiweißklebemethode gefunden, die, von HENNEGUY zuerst beschrieben, gewöhnlich als Eiweißwassermethode oder japanische Methode bezeichnet wird. Man bestreicht den Objektträger mit einer ganz minimal dünnen Schicht von Eiweißglycerin, bringt darauf einen großen Tropfen Wasser, ordnet in ihm die Schnitte, streckt sie in der Wärme und läßt trocknen. Wichtig ist, daß die Eiweißschicht recht dünn ist, sie darf nur wie ein Hauch auf dem Objektträger liegen. Man bringe zu diesem Zweck eine kleine Spur, den Bruchteil eines Tropfens auf den Objektträger, hauche ihn an und verreibe die Masse mit der trockenen Fingerkuppe. Geht man so vor, so wird man nie eine Mitfärbung des Eiweißes erhalten. Diese Kombination ist recht praktisch und für manche Fälle der reinen Wasseraufklebung vorzuziehen. Sie ist aber immer kontraindiziert, wenn eiweißlösende Agenzien in Anwendung kommen sollen, hier ist die reine Adhäsionsmethode vorzuziehen. An Stelle von Eiweißglycerin verwendet GEBHARDT das STRASSERsche Ricinusölkollodium, überschichtet es mit Wasser, legt die Schnitte auf, streckt und trocknet. Natürlich ist bei der Nachbehandlung absoluter Alkohol verpönt.

Endlich hätten wir uns der zweiten Gruppe von Methoden zuzuwenden, bei welchen der Paraffinschnitt mit einem widerstandsfähigen, erstarrenden Medium durchtränkt und so zur Weiterbehandlung geeignet gemacht wird. Als wesentlichstes und bestes der hierher gehörigen Verfahren sei das von OBREGIA besprochen, das darauf beruht, daß man den Objektträger mit einer in Alkohol und Xylol unlöslichen, in Wasser löslichen Klebemasse beschickt, auf dieser die Schnitte ordnet, dann das Paraffin durch Xylol löst und dieses durch absoluten Alkohol fortschafft. Nun übergießt man den Objektträger mit Celloidin, läßt trocknen und überträgt in Wasser. Dann löst sich der Klebestoff und das Celloidinhäutchen mit den in ihm eingebetteten Schnitten wird frei. Als Klebestoff empfiehlt OBREGIA ein Zuckerdextringemisch, das man sich so herstellt, daß man 3 Teile eines dicken Sirups von Kandiszucker, 1 Teil einer konzentrierten wässerigen Dextrinlösung und 2 Teile 95%igen Alkohols mischt. Mit dieser Mischung beschickt man den Objektträger in dünner Schicht und läßt 24 Stunden im Brutschrank trocknen. Auf die nun immer noch klebrigen Platten werden die Schnitte gut angedrückt, dann löst man das Paraffin in Xylol, überträgt in absoluten Alkohol und aus diesem in ein Gemisch von Alkohol und Äther aa. Jetzt übergießt man den noch feuchten Objektträger mit einer 1%igen Lösung von Celloidin oder Photoxylin in Alkoholäther, läßt den Überschuß ablaufen, trocknet einige Minuten, überträgt für einige Minuten in 70—80%igen Alkohol und daraus in eine größere Schale mit Wasser. Sehr bald löst sich dann das Häutchen ab, eventuell muß man etwas mit der Pinzette nachhelfen. Die Methode ist sehr bequem und zuverlässig, hat aber den Übelstand, daß es oft schwer fällt, die Schnitte gut gestreckt zu erhalten. Deshalb empfehlen wir folgende kleine Abänderung. Man verdünne die oben erwähnte Zuckerdextrinlösung mit dem gleichen Teil destillierten Wassers, beschicke damit den Objektträger, ordne darauf die Schnitte, strecke sie, lasse trocknen und verfahre dann weiter genau so wie oben.

Literatur: ALLEGER (Proc. Amer. Micr. Soc., Bd. 15, 1894), ALTMANN (Studien über die Zelle, H. 1, Leipzig 1886), derselbe (Die Elementarorganismen, 2. Aufl., Leipzig 1894), BORN und WIEGER (Zeitschr. Wiss. Mikr., Bd. 2, 1885), DUVAL (Journ. de l'Anat., Bd. 27, 1891), EISEN (Zeitschr. Wiss. Mikr., Bd. 14, 1897), FLÖGEL (Zool. Anz., Bd. 6, 1883), FRENZEL (Ebenda, Bd. 6, 1883), derselbe (Arch. Mikr. Anat., Bd. 25 1885), GAULE (Arch. Physiol. 1881), GEBHARDT (Zeitschr. Wiss. Mikr., Bd. 14, 1897), GIESBRECHT (Zool. Anz., Bd. 4, 1881), GRAVIS (Zeitschr. Wiss. Mikr., Bd. 6, 1889), HEIDENHAIN (Ebenda, Bd. 22, 1905), HENNEGUY (Journ. de l'Anat., Bd. 27, 1891), KOSINSKI (Zeitschr. Wiss. Mikr., Bd. 15, 1898), KRAUS (Arch. Dermat. Syph., 1906), MAYER (Mitt. Zool. Stat. Neapel, Bd. 4, 1883), derselbe (LEE u. MAYER, Grundz., 3. Aufl., 1907), OBREGIA (Neurol. Centralbl., Bd. 9, 1890), OLT (Zeitschr. Wiss. Mikr., Bd. 23, 1906), RABL (Ebenda, Bd. 11, 1898), SCHÄLLIBAUM (Arch. Mikr. Anat., Bd. 22, 1883), STRASSER (Zeitschr. Wiss. Mikr., Bd. 4 u. 6, 1887 u. 1889), THRELFALL (Zool. Anz., Bd. 6, 1883), VAN WALSEM (Verh. Akad. Amsterdam, Bd. 7, 1899), VOSMAER und PEKELHARING (Ebenda, Bd. 6, 1898), WADDINGTON (Journ. Queckett. Micr. Club, Bd. 6, 1881).

Paraffinum liquidum, Paraffinöl, stellt die über 360° siedenden flüssigen Bestandteile des Erdöls dar, ein farbloses, dickflüssiges, neutrales Liquidum, das in Wasser ganz unlöslich, in Alkohol nur sehr wenig löslich ist und hauptsächlich aus Naphtenen besteht. Brechungsindex 1,4805.

Von STRANSKY und HARZ als Einschlußmedium empfohlen. Es soll empfindliche Farbstoffe gut konservieren. Die Präparate müssen vorher gut entwässert und mit Xylol durchtränkt sein. Eine Lösung von 1 Teil Jod in 100 Teilen Paraffinöl wird von HARZ als Einschlußmittel für Stärkekörner, Pollen, Sporen etc. empfohlen.

Literatur: HARZ (Zeitschr. Wiss. Mikr., Bd. 20, 1903), derselbe (Ebenda, Bd. 21, 1904), STRANSKY (Neurol. Centralbl., Bd. 20, 1901).

Paraformaldehyd siehe: Formaldehyd.

Paraldehyd,

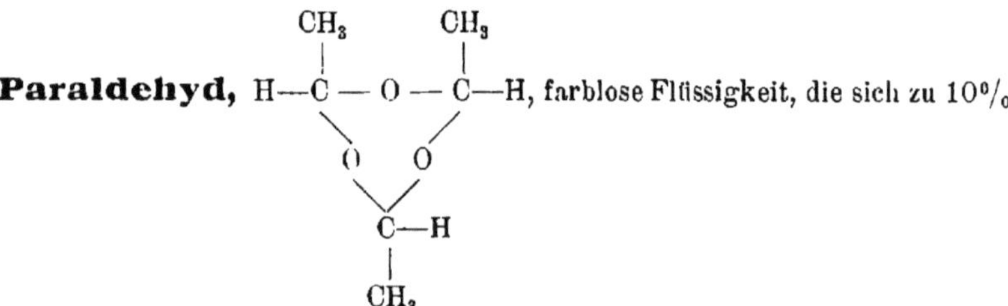

farblose Flüssigkeit, die sich zu 10% in Wasser löst und in warmem Wasser schwerer löslich ist als in kaltem. Bei 10° erstarrt er krystallinisch, bei 124° siedet er. Spez. Gew. 0,998. Er entsteht durch Einwirkung von Schwefelsäure oder Chlorwasserstoff auf Acetaldehyd bei Temperaturen über 0°.

Eine Mischung von Paraldehyd, Eucalyptol und Sandarak wird unter dem Namen Euparal von GILSON als Einschlußmedium empfohlen. Brechungsindex 1,483. Ebenso ein Gemisch von Paraldehyd und Eucalyptol.

Literatur: GILSON (La Cellule, Bd. 23, 1906).

Pararosanilin, Triamidotriphenylcarbinol: $C\begin{cases} C_6H_4 . NH_2 \\ C_6H_4 . NH_2 \\ C_6H_4 . NH_2 \\ OH \end{cases}$, findet sich immer als Verunreinigung in dem technischen Fuchsin. Es kann in Form farbloser, in Wasser schwer löslicher Blättchen durch Erhitzen von Anilin und Paratoluidin mit Arsensäure oder anderen Oxydationsmitteln dargestellt werden und bildet eine Reihe von Salzen, die sich vor den Rosanilinsalzen nur durch ihre etwas größere Wasserlöslichkeit auszeichnen. Technisch wird es bis jetzt noch nicht dargestellt.

Parasiten, tierische (mit Ausschluß der Blutparasiten). Die mikroskopische Untersuchung der tierischen Parasiten des Menschen und der Säugetiere hat sich neben bestimmten Entwicklungsstadien (Larven und Eiern) der schmarotzenden Würmer hauptsächlich mit den schmarotzenden Protozoen zu beschäftigen. Für das erfolgreiche Studium beider Parasitengruppen wird die mikroskopische Technik in ihrem ganzen Umfang beherrscht werden müssen. Denn da es sich um die Untersuchung tierischer Zellen handelt, haben die technischen Hilfsmittel, welche von Histologen und Zoologen angewandt werden, sämtlich ihre Bedeutung. Wenn sich infolgedessen im Prinzip für das Studium der tierischen Parasiten keine besonderen Vorschriften geben lassen, wie sie beispielsweise für pflanzliche Schmarotzer aus der Gruppe der Bacterien ausgebildet sind, so wird ein kurzer Hinweis auf den Gang der Untersuchung zur Überwindung der mannigfachen Schwierigkeiten nützlich sein.

Als selbstverständlich muß vorausgesetzt werden, daß die Morphologie der Parasiten auf ihren verschiedenen Entwicklungsstufen dem Untersucher ebenso vertraut ist, wie der Bau der Wirtsorgane, -gewebe und -zellen in seinen feineren

Einzelheiten. Unkenntnis in diesen Fragen hat ebenso häufig wie mangelhafte Präparationstechnik zu bedauerlichen Irrtümern geführt.

In erster Linie kommt für die Untersuchung tierischer Parasiten die Durchmusterung des lebensfrischen Materials in Betracht, die in vielen Fällen allein den Nachweis charakteristischer Strukturverhältnisse und bisweilen sehr auffallender Bewegungserscheinungen ermöglicht. Bei richtiger Blendenstellung und Anwendung der besten optischen Hilfsmittel (Apochromate) werden gerade die kleinsten und zartesten Parasitenformen ungefärbt am besten zwischen Wirtszellen erkannt. Daneben wird man sich in manchen Fällen mit Vorteil der Vitalfärbung (Methylenblau, Neutralrot) bedienen. Besonders das von CERTES angegebene Verfahren scheint mir empfehlenswert. Danach läßt man einen kleinen Tropfen alkoholische Methylenblaulösung auf einem reinen Objektträger verdunsten und breitet neben dem sich sofort bildenden Methylenblauniederschlag die zu untersuchende Flüssigkeit derartig auf dem Objektträger aus, daß beide sich nur in einer Randzone decken. Dann löst sich allmählich das Methylenblau und färbt die zelligen Elemente, ohne daß ihre Struktur durch Beimengung differenter Lösungsmittel (Wasser, Alkohol) leidet. Wird das Untersuchungsmaterial in seinem ganzen Umfang auf dem Niederschlag von Methylenblau verteilt, so stören die Farbstoffkrystalle ebenso wie die zu intensive Farbstoffaufnahme.

Die frische Untersuchung erfordert besondere Vorsichtsmaßregeln, um eine Schädigung der Parasiten durch Druck des Deckglases, Eintrocknen oder durch Zusatz von Flüssigkeiten zu vermeiden. Flüssiges oder halbflüssiges Material ist nach vorsichtiger Ausbreitung auf dem Objektträger zunächst mit schwachen Trockenlinsen zu untersuchen, um festzustellen, ob größere Körper (Cysten, Eier) vorhanden sind, welche durch das Deckglas zerquetscht werden könnten. Will man die Möglichkeit einer Quetschung und das Eintrocknen gleichzeitig verhindern, so untersucht man im hängenden Tropfen mit Vaselinabschluß. Als Regel ist diese Methode jedoch nicht zu empfehlen, da der hängende Tropfen nur in seinem Randteile mit Immersionslinsen durchmustert werden kann. So wertvoll seine Anwendung auch aus den oben genannten Gründen sowie zur Feststellung von Eigenbewegungen ist, so kann man doch auf dem plangeschliffenen Objektträger eine größere Menge von Material in dünnster Schicht bei stärksten Vergrößerungen durchsuchen. Die Umrandung des Deckgläschens mit Wachs gibt die Möglichkeit, auch hier die Verdunstung beliebig lange zu verhindern; will man ein derartiges Präparat nachträglich fixieren und färben, so gelingt es leicht, den Wachsrand mit scharfem Skalpell loszulösen, das Deckglas vom Objektträger wagrecht abzuziehen und auf diese Weise zwei Ausstrichpräparate zu gewinnen, deren weitere Behandlung unten beschrieben ist.

Der Zusatz von körperfremden Flüssigkeiten (Wasser, Kochsalzlösung) wird, wenn irgend möglich, vermieden. Wo die Organsäfte sehr spärlich sind, hilft man sich durch Zusatz von Blut, Blutserum oder Kammerflüssigkeit des Wirtes. In besonderen Fällen kann zur Untersuchung von Darmparasiten eine Eiweißlösung (Hühnereiweiß 30 *ccm*, Kochsalz 1 *g*, in 200 *ccm* Wasser gelöst) dienen.

Unter Umständen wird die Beobachtung bei der Körpertemperatur des betreffenden Wirtstieres im Wärmemikroskop oder auf dem erwärmbaren Objektträger vorgenommen werden müssen. Beide Vorrichtungen haben aber bisher zur sicheren Feststellung von tierischen Parasiten nur geringe Vorteile gezeigt; jedenfalls scheinen die meisten Arten eine geringe Abkühlung besser zu vertragen, als zu weitgehende, stundenlange Erwärmung.

Zur Ergänzung der Beobachtungen am frischen Material muß in allen Fällen die Untersuchung des fixierten Materials vorgenommen werden. Hierfür hat sich in erster Linie die Fixierung von Ausstrichpräparaten bewährt, welche viel schneller und unter Umständen schonender die nachträgliche Färbung gestatten als Schnittpräparate. Da fast alle Organsäfte, in welchen tierische Parasiten vorkommen, verhältnismäßig reich an Eiweißsubstanzen sind, so genügt es in der Regel, dieses Körpereiweiß zur Fällung zu bringen, um dann die Präparate in beliebiger Weise weiter behandeln zu können. In Ausnahmefällen kann man durch Zusatz von Eiweißlösung die Parasiten fest an die Deckgläschen fixieren.

Beim Ausbreiten des Materials ist sehr vorsichtig vorzugehen. Man streicht mit einem Stück des betreffenden Organs über ein sorgfältig gereinigtes Deckgläschen hinweg und wirft das Ausstrichpräparat auf eine Schale mit Fixierungsflüssigkeit. Zur Fixierung kann entweder der Alcohol absolutus, Alkoholeisessig oder heißer Sublimatalkohol dienen; zur Färbung benutze ich entweder Hämatoxylinfarben, nach Alkohol- und Sublimatfixierung die ROMANOWSKYsche Färbungsmethode, die Eisenhämatoxylinmethode nach HEIDENHAIN oder das BIONDIsche Dreifarbgemisch.

Der größte Prozentsatz aller tierischen Parasiten findet sich im Magendarmkanal oder in seinen Anhangsdrüsen. Demnächst ist bei den Wirbeltieren die Muskulatur häufig der Sitz von Schmarotzern, welche aber in der Mehrzahl zu den Würmern gehören und in der Regel vermöge ihrer Größe schon makroskopisch nachweisbar sind; hier wird nur zur Feststellung der Art die mikroskopische Untersuchung der vorsichtig mit Nadeln herauspräparierten Wurmcysten erfolgen müssen. Die Anwesenheit schmarotzender Würmer im Respirationsapparat höherer Wirbeltiere verrät sich gewöhnlich schon durch makroskopische Veränderungen (Verdichtung und Färbung des Lungengewebes); an den Kiemen der Fische erkennt man Protozoencysten, Würmer und blutsaugende Krebse mit dem bloßen Auge oder bei Lupenvergrößerung. Im Urogenitalsystem schmarotzende Parasiten oder deren Dauerformen werden mit den Ausscheidungen entleert und sind durch Sedimentierung derselben zu gewinnen. Tierische Hautparasiten oder durch dieselben hervorgerufene Hautveränderungen sind — bis auf die noch besonders zu besprechenden Milben — bei höheren Wirtstieren fast sämtlich mit bloßem Auge erkennbar; nur Schlamm und Wasser bewohnende Tiere werden von mikroskopischen Ectoparasiten heimgesucht, die dann ähnlich wie Darmparasiten nachgewiesen werden.

Der Nachweis von Parasiten des Darmtractus ist bei lebenden Wirtstieren in erster Linie in den Ausscheidungen möglich. Die Untersuchung auf tierische Parasiten hat dementsprechend mit der Untersuchung der Excrete des Darmkanals zu beginnen. Dieselben müssen in der Regel verdünnt werden, um eine mikroskopische Untersuchung im hängenden Tropfen zu ermöglichen.

Zur Ausscheidung gelangen entweder Dauerformen, welche dazu bestimmt sowie durch ihren Bau in den Stand gesetzt sind, unter ungünstigen und für ihre Entwicklung ungeeigneten Verhältnissen lebensfähig zu bleiben, oder aber Formen, welche außerhalb des Wirtskörpers absterben. Handelt es sich um den Nachweis von Dauerformen, so können das entweder Cysten von Protozoen oder Eier von Eingeweidewürmern sein. In beiden Fällen genügt es, wenn der Darminhalt mit Wasser so weit verdünnt wird, daß die Verdünnung dem bloßen Auge völlig durchsichtig erscheint. Sind Dauercysten oder Eier in größerer Zahl in den Entleerungen vorhanden, so wird sich schon bei schwacher Vergrößerung ihre Anwesenheit im Präparat nachweisen lassen. In anderen Fällen muß besonders bei Wurminfektion die Untersuchung häufig wiederholt werden; insbesondere sollten zu verschiedenen Tageszeiten und von verschiedenen Teilen der Ausscheidungen Proben entnommen werden.

Der Ungeübte wird gelegentlich im Zweifel darüber sein, ob er Coccidiencysten oder Entozoeneier vor sich hat. Größe und Form können ganz ähnlich sein. Am sichersten geht man, wenn man in der feuchten Kammer oder auf Agarplatten bei Luftzutritt die Entwicklung beobachtet, die bei Entozoeneiern die Umwandlung in einen Embryo, bei Coccidiencysten den Zerfall in Sporen bewirkt.

Die Aufbewahrung von Darminhalt oder Darmwand in der feuchten Kammer führt zu sehr lästigen Fäulniserscheinungen. Wenn auch die auftretende Bacterien- und Schimmelpilzwucherung die normale Reifung der Cysten nicht stört, so empfiehlt sich doch eine Einschränkung derselben. Am wirksamsten geschieht das durch Zusatz einer wässerigen Kaliumbichromatlösung, welche die Sporenreifung von Coccidium cuniculi selbst als 5- bis 10%ige Lösung nicht beeinträchtigt.

Parasiten des Enddarmes können vom lebenden Wirt in Ermangelung von Kot durch Ausspülung des Enddarmes mit indifferenten Flüssigkeiten gewonnen werden. Bei kleineren Wassertieren (Fröschen o. dgl.) kann man eine Tropfpipette mit der Glasspitze in den After einführen, einige Tropfen NaCl-Lösung in den Darm spritzen und durch Ansaugen sofort eine Parasitenaufschwemmung entnehmen.

Nach Eingeben alkalischer Abführmittel treten bei Säugetieren, vor allem beim Menschen, in höheren Darmabschnitten vorhandene Parasiten in vermehrter Anzahl in den Stuhl über.

Handelt es sich jedoch darum, in der Schleimhaut und im Inhalt des Darmes zartere Lebensformen zu untersuchen, so wird man sorgfältig jeden Zusatz vermeiden müssen, welcher den Bau derselben zerstören könnte. Diese vorsichtige Behandlung erfordern vor allem die Protozoen, von denen Amöben, Flagellaten, Ciliaten oder Sporozoen im Darminhalt vorkommen können. Bei Untersuchung dieser Organismen wird man sich nach Möglichkeit schleimige Bestandteile des Stuhles auswählen. In solchen Fällen ist die Untersuchung im hängenden Tropfen nur zur Kontrolle der Eigenbewegungen empfehlenswert, im übrigen die Untersuchung auf dem plangeschliffenen Objektträger vorzuziehen. Das Auflegen der Deckgläschen muß dann besonders vorsichtig erfolgen, eventuell unter Zuhilfenahme von Wachsfüßchen, damit der ausgeübte Druck die Parasiten nicht zerquetschen kann. Zur Orientierung wird eine mittelstarke Vergrößerung anzuwenden sein, um die verdächtigen Partien aufzusuchen. Für die Feststellung von Bewegungen genügt es in der Regel, die Untersuchung in einem warmen Zimmer auszuführen, da erfahrungsmäßig auf diese Organismen die Abkühlung lange nicht so ungünstig einwirkt wie eine eventuell zu weitgehende Erwärmung.

Untersucht man diese frischen Präparate mit Öl Immersion, welche zur Erkennung der Bewegungsorganellen unentbehrlich ist, so müssen sie vorher mit Wachs umrandet werden, da sonst durch das Heben und Senken des Tubus auch das durch eine Ölschicht mit dem Objektiv verbundene Deckglas bewegt wird und Strömungen im Präparat erzeugt; auch verhindert der Wachsrand gleichzeitig störende Verdunstungserscheinungen.

Bei der Sektion wird man vor allem pathologisch veränderte Stellen des Darmes aufsuchen und an denselben sowohl den Darminhalt wie auch die Darmwand gesondert auf das Vorhandensein von Parasiten prüfen. Sind derartige Stellen nicht vorhanden und ist doch der Verdacht auf tierische Darmschmarotzer gelenkt, so wird es sich empfehlen, von verschiedenen Stellen des Darmkanales Proben zu entnehmen, da Parasiten sich auf ganz bestimmte Darmabschnitte beschränken können; so ist es bekannt, daß die Dysenterieamöben fast ausschließlich im Dickdarm vorkommen und auch hier unter Umständen nur in kleinen Abscessen innerhalb der Darmwand gefunden werden. Andere Parasiten, wie beispielsweise das Coccidium cuniculi, kommen vorwiegend im Dünndarm oder im Wurmfortsatz vor und zeigen hier vor allen Dingen im Anfangsstadium der akuten Erkrankung den charakteristischen Zerfall in Sichelkeime, während in späteren Stadien die Dauercysten auch im Enddarm und häufig besonders lange im Blinddarm nachgewiesen werden können.

Wenn auch für den Nachweis der tierischen Parasiten frische Präparate meist genügen, so ist es doch für eingehenderes Studium ihres Baues unbedingt erforderlich, gefärbte Dauerpräparate herzustellen. Das Untersuchungsmaterial kann zu diesem Zweck entweder in größeren Stücken fixiert und geschnitten oder aber zur Herstellung von Ausstrichpräparaten verwandt werden.

Am schonendsten wirkt bei dünnen Ausstrichen des Darminhaltes auf Deckgläschen die Fixierung mit Osmiumsäure, in Lösung oder Dampfform, und das Flemmingsche Gemisch. Für die Fixierung von Coccidien wird durch Schaudinn erwärmter Sublimatalkohol empfohlen, welcher sicher in allen Fällen, in welchen es sich um Fixierung feinerer Kernstrukturen handelt, den Vorzug verdient, obgleich die Schwierigkeiten nicht gering sind, bei dickschaligen Cysten eine gute Färbung zu erzielen.

Ich habe häufig dann gerade noch durch die Anwendung von Alkoholeisessig oder Pikrinessigsäure nach Boveri verhältnismäßig gute Resultate erreicht. Selbstverständlich muß in beiden Fällen der Färbung ein Auswaschen der Präparate vorausgehen, und zwar nach Fixierung mit Osmiumsäure in Wasser, nach

Fixierung mit Alkoholeisessig und Pikrinessigsäure in Alkohol, nach Fixierung mit Sublimatalkohol in Jodalkohol und Alkohol. Die leichte Braunfärbung nach Fixierung mit Osmiumsäure gestattet eventuell eine Durchmusterung der ungefärbten Präparate. Die weitere Behandlung erfolgt bei den letzteren am besten in der Weise, daß ein Tropfen verdünnten Glycerins mit schwachem Farbstoffgehalt an den Deckglasrand gesetzt wird und nun vorsichtig das Eindringen des Glycerins und des Farbstoffes zwischen Deckgläschen und Objektträger abgewartet wird. Durch die Verdunstung des Wassers steigert sich dann so allmählich der Glyceringehalt, daß Schrumpfungen noch am ehesten vermieden werden. Derartige Präparate können dann in der üblichen Weise mit Asphaltlack umrandet jahrelang aufgehoben werden. Die Deckglasausstriche, welche mit Alkoholeisessig und Sublimatalkohol fixiert sind, vertragen sämtliche Färbungsarten in derselben Weise wie aufgeklebte Schnitte. Sie können daher beliebig gefärbt werden; für die meisten Zwecke erschien Hämatoxylinfärbung nach DELAFIELD, die Eisenhämatoxylinfärbung oder Carbolthioninfärbung ausreichend. — Will man feine Schnitte vom Darminhalt herstellen, so empfiehlt es sich, mit einem Skalpell erbsengroße Tropfen in Sublimatalkohol oder Alkoholeisessig fallen zu lassen; dieselben gerinnen hier augenblicklich zu kleinen Kugeln und können dann ohne Schwierigkeit eingebettet und in feinste Serienschnitte zerlegt werden. Natürlich ist auch die Fixierung von Teilen der erkrankten Darmwand zur späteren Herstellung von Schnittpräparaten in jedem Falle wünschenswert.

Dasselbe Verfahren wird bei der Untersuchung des Inhalts der übrigen Schleimhäute auf das Vorhandensein tierischer Parasiten einzuschlagen sein und gilt schließlich auch für die Untersuchung sämtlicher Organe, bei denen zunächst pathologisch veränderte Stellen, Abscesse oder dergleichen im frischen Präparat auf das Vorhandensein von Parasiten zu prüfen sind. Besonders häufig ist bekanntlich die Leber der Sitz solcher Infektionen, und zwar finden sich hier ebenso leicht Wurmcysten wie Amöbenabscesse oder Coccidienherde.

Nächst dem Magendarmkanal und seinen Anhangsorganen ist das Muskelgewebe häufig der Sitz von Parasiten: außer makroskopisch wahrnehmbaren Wurminfektionen kommen bei Säugetieren und Vögeln, seltener bei Reptilien Sarcosporidienschläuche vor, welche sehr verschieden starke Veränderungen des Muskelgewebes hervorbringen können.

Bei Kaltblütern, besonders bei Fischen findet man in den Muskelbündeln Myxosporidien. Meist fallen alle diese Muskelparasiten durch ihre weißliche Färbung bei der Sektion auf; Zupf- und Quetschpräparate gestatten bei schwacher oder mittelstarker Vergrößerung ihre Bestimmung; dieselbe ist auch in getrockneten Muskeln nach Aufhellen in verdünnter Kalilauge möglich.

Lungenparasiten sind entweder im Auswurf, im Schleim der Luftwege oder im Zupf- und Schnittpräparat veränderter Lungenteile nachweisbar.

Nach diesem kurzen Hinweis auf die Organe und Gewebe, in welchen tierische Parasiten (abgesehen vom Blut) mit einfachen Methoden nachgewiesen werden können, sollen die für den mikroskopischen Nachweis der wichtigsten Parasiten bewährten Verfahren kurz aufgezählt werden. Es ist selbstverständlich, daß diese Aufzählung nicht erschöpfend sein kann.

I. Parasitische Rhizopoden.

A. Amöben: 1. Frische Untersuchung in Speichel, Darmschleim oder Absceßeiter; Zusatz von physiologischer Kochsalzlösung steigert die Beweglichkeit, besonders der menschlichen Dysenterieamöben.

2. Fixierung feuchter Ausstrichpräparate in Osmiumdämpfen zur Erhaltung der Amöboidform.

3. Fixierung feuchter Ausstrichpräparate in heißem Sublimatalkohol; zum Studium der Kerne Eisenhämatoxylinfärbung nach HEIDENHAIN; durch Beizen und

Färben bei 54° (je 10 Minuten im Paraffinschrank) läßt sich das Verfahren sehr beschleunigen.

4. Fixierung von kleinen Schleimtropfen, Leberabsceßeiter sowie infizierter Darm- und Leberstücke in Sublimatalkohol. Paraffinschnitte. Färbung nach HEIDENHAIN und nach BORREL (Magentarot-Pikroindigcarmin, besonders nach Fixierung in ZENKERscher Flüssigkeit empfohlen).

5. MALLORY empfiehlt zur leichteren Erkennung der Amöben in Gewebsschnitten das folgende Verfahren: Paraffinschnitte nach Alkoholfixierung in gesättigter wässeriger Thioninlösung 15—20 Minuten färben; auswaschen in Wasser; differenzieren in 2%iger wässeriger Oxalsäurelösung $^1/_2$—1 Minute; abwaschen in Wasser. Entwässern in Alkohol, Xylolaufhellung. Das Verfahren verdient Nachprüfung; ich erhielt bisher nicht die von MALLORY abgebildeten Farbengegensätze (Amöben sollen leuchtend rot, Gewebskerne leuchtend blau werden); es ist jedoch möglich, daß die Beschaffenheit des Farbstoffes schwankt und auch das Alter des Schnittmateriales von Einfluß ist. Auch DOPTER (1905), welcher statt wässeriger Thioninlösung NICOLLEs Carbolthioninlösung verwendet und mit der Differenzierung in Oxalsäurelösung aufhört, wenn der Amöbenkern eine rotviolette Färbung angenommen hat, rühmt die Methode für diagnostische Zwecke. MALLORY selbst beschränkt später (1904) seine Empfehlung auf die Untersuchung von Leberabscessen, deren Inhalt in 95%igem Alkohol gehärtet, in stecknadelkopfgroßen Stücken gefärbt und zerzupft schon mit starken Trockenlinsen die roten Amöbenkerne vom blauen Hintergrund abstechend erkennen ließ. Bei der Untersuchung von Faeces soll störend wirken, daß hier verschiedene Substanzen das Thionin in rötlichen Krystallen niederschlagen und so zu Verwechslungen verleiten.

Der Nachweis der Dysenterieamöben ist häufig nicht leicht, da die Zahl der ausgeschiedenen Amöben schwankt. Man kann nur in den blutig schleimigen Entleerungen Dysenteriekranker darauf rechnen, zahlreiche Amöben zu finden, hier gelingt der Nachweis aber unter Umständen auch noch, nachdem der blutige Schleim an Wäsche angetrocknet war, wenn die Eintrocknung nicht zu weit gegangen ist. In Leberabscessen sucht man im Eiter häufig vergeblich nach Amöben, während sie nach ROGERS (1902) in der Absceßwand stets nachgewiesen werden können. Für die Erforschung der in bezug auf Bau und Entwicklung nur mangelhaft bekannten Dysenterieamöben muß man sich durch die Übertragung auf Katzen frisches Untersuchungsmaterial sichern. Dies gelingt am besten durch Einreiben amöbenhaltiger Schleimpartikelchen in die Dickdarmschleimhaut vom Anus aus. Betreffs der Amöbenzüchtung ist zu bemerken, daß dieselbe auf keimfreiem Nährboden bisher nie gelang. Dieselbe ist nur möglich, wenn man gleichzeitig Bacterien überträgt, welche den Amöben als Futter dienen können. Aber auch auf diese Weise gelang bisher niemals die Züchtung parasitischer, sondern nur diejenige freilebender Amöben.

B. Cnido-sporidien. Dieselben wurden ursprünglich den Sporozoen angegliedert, neuerdings durch LÜHE als besondere Protozoenklasse neben die Rhizopoden gestellt. Das regelmäßige Vorkommen amöboider Entwicklungsformen scheint mir die Einreihung in die Klasse der Rhizopoden zu rechtfertigen, unter welchen sie durch die besondere Art ihrer Vermehrung und Dauerformen freilich eine Sonderstellung einnehmen. Bisher sind ausschließlich parasitisch lebende Vertreter bekannt.

Die Untersuchung erfolgt wie bei *A.*

Die hartschaligen Dauerformen (Cnidosporen) fixiert man mit Alkoholeisessig, Pikrinessigsäure oder heißem Sublimatalkohol in Schnitt- oder Ausstrichpräparaten. Die Polkapseln der Cnidosporen färben sich stark mit Anilinfarben (Gentianaviolett, Carbolthionin). Die für die Ordnung charakteristischen Polkapseln sind an einem oder beiden Sporenenden meist (z. B. bei allen Myxosporidien) schon im frischen Präparat als birnförmige stark lichtbrechende Körper erkennbar; sie schließen einen spiralig aufgerollten Polfaden ein, welcher gleichfalls meist frisch, deutlicher nach Einwirkung von Jodwasser erkennbar wird; bei den sehr kleinen Sporen der Mikrosporidien werden die Polkapseln erst nach Einwirkung starker Säuren erkennbar.*

Ausgestoßen werden die Polfäden normalerweise nach Einwirkung der Verdauungssäfte geeigneter Wirtstiere; künstlich kann man bei verschiedenen Arten durch längere Aufbewahrung in Wasser den Faden zur Entfaltung bringen, in beiden Fällen auch bei getrockneten und jahrelang aufbewahrten Sporen; schneller wirken starke Säuren oder Alkalien. Nach GURLEY gelingt es auch an Alkoholmaterial, die Fäden durch Zusatz von Schwefelsäure und Jodwasser zum Austritt zu bringen.

Zum Studium der Kernverhältnisse wird FLEMMINGsches Gemisch und nachfolgende Safraninfärbung durch THELOHAN, Sublimatalkohol und Hämatoxylinfärbung durch SCHRÖDER empfohlen. SCHRÖDER und SCHUBERG empfehlen das in Alkohol konservierte Material 2—3 Tage im Wärmeschrank bei 56° mit Boraxcarmin zu färben, Schnitte 12 Stunden mit 0,01%iger Lösung von triphenylrosanilintrisulphosaurem Natrium in gesättigter wässeriger Pikrinsäurelösung zu behandeln; sie erreichten mit dieser von BLOCHMANN empfohlenen Abänderung der VAN GIESONschen Färbung, daß Sporenschalen gelb, Sporoplasma und Polkapseln grün, Kerne rot gefärbt wurden.

C. Mycetozoen: Vielfach zu den Protophyten gerechnete Protisten; am bekanntesten ist unter den parasitischen Formen der Erreger der Kohlhernie, Plasmodiophora brassicae.

Für das Studium der vegetativen Formen und ihres Verhaltens zu den pflanzlichen Wirtszellen empfiehlt NAVASCHIN, die Erde eines Mistbeetes durch Einlegen kranker Kohlwurzeln zu infizieren und während des Sommers mehrmals Kohlsamen in dieselbe Erde säen. Kleine Stückchen der frisch erkrankten Kohlwurzeln fixiert er 20—24 Stunden in starker FLEMMINGscher Lösung. Die 2—3 μ dicken Schnittserien färbt er mit Safranin Gentianaviolett, entwässert mit Alkohol und überträgt in eine gesättigte Lösung von Orange in Nelkenöl, das mit Xylol oder Cedernholzöl entfernt wird. LOEWENTHAL (03) und v. PROWAZEK (04) fixierten außerdem mit heißem Sublimatalkohol und wandten beide vorwiegend Eisenhämatoxylin nach HEIDENHAIN, letzterer auch Azureosin (GIEMSA) an.

II. Parasitische Flagellaten (mit Ausschluß der Blutflagellaten).

1. Frische Untersuchung der ectoparasitisch lebenden Formen in Wasser, der Endoparasiten in Organsaft im hängenden Tropfen oder auf gewöhnlichen Objektträgern nach Wachsumrandung.

2. Frische Untersuchung bei Dunkelfeldbeleuchtung mit dem REICHERTschen Objekttisch oder dem LEITZschen Hohlspiegelkondensor erleichtert Feststellung der Geißelzahl und Bewegung; mehrere Arten der Gattungen Trichomonas, Trichomastix, Bodo, Lamblia vertragen Verdünnung des Darminhalts mit physiologischer Kochsalzlösung.

3. Fixierung und Färbung gelingt am besten in Ausstrichpräparaten; nur bei großer Zahl können sie auf Schnittpräparaten studiert werden. Kerne und Geißeln können nicht immer an demselben Präparat studiert werden; für Kernuntersuchungen empfiehlt sich Fixierung der feuchten Ausstriche in heißem Sublimatalkohol, danach Eisenhämatoxylinfärbung. Manche Flagellaten verlieren hierbei die Geißeln, während sie bei Trocknung der Ausstriche und Alkoholfixierung erhalten bleiben.

Die Geißelfärbung kann mit Eisenhämatoxylin nach HEIDENHAIN und mit Tanninbeize nach LÖFFLER (s. Geißelfärbung) erfolgen. Sicherer und

* Anmerkung bei der Korrektur: Über die Technik der Mikrosporidienuntersuchung sind inzwischen wichtige Angaben von STEMPEL (Arch. f. Protistenkunde, Bd. XVI) und SCHUBERG (Arb. a. d. kais. Reichsgesundheitsamte, Bd. XXXIII, 1910) veröffentlicht worden.

schöner gelingt sie mit dem ROMANOWSKYschen Verfahren. Noch kräftiger als das für diese Färbung bequemste und für die meisten Zwecke sehr bewährte Azureosin nach GIEMSA (s. Abschnitt Blutparasiten) wirkt das folgende unter Benutzung der von ZIEMANN und NOCHT veröffentlichten Vorschriften seit 10 Jahren von mir erprobte Verfahren; offenbar besitzt das frisch hergestellte Gemisch für die Geißeldarstellung besonders gute färberische Eigenschaften.

Ich benutze für die ROMANOWSKYsche Färbung Eosin extra BA Höchst, Methylenblau med. puriss. Höchst und polychrome Methylenblaulösung nach UNNA; sämtlich von GRÜBLER & Co., Leipzig, bezogen.

Für den Gebrauch stelle ich mir hieraus her:

ROMANOWSKYsche Lösung I: Eosin extra BA 1 : 1000 in hoher Flasche, aus welcher leicht mit einer Vollpipette *2 ccm* entnommen werden können.

ROMANOWSKYsche Lösung II: 1% Methylenblaulösung 1 Teil, z. B. *10 ccm*, polychromes Methylenblau nach UNNA, 2 Teile, z. B. *20 ccm*.

Letzteres Gemisch wird in einer kleinen Tropfflasche aufbewahrt und ist wenige Tage nach der Herstellung — dann aber unbegrenzt — haltbar. Auf der Flasche muß vermerkt werden, wie viel Tropfen auf *1 ccm* gehen; bei den von mir verwandten Tropfflaschen sind 13—14 Tropfen = *1 ccm*.

Bei der ersten Verwendung neuer Lösungen füllt man in 3 Glasschälchen je *2 ccm* der Lösung I, setzt 6, 7, bzw. 8 Tropfen der Lösung II zu und legt in jedes Schälchen ein Deckgläschen, mit der bestrichenen Seite nach unten. Der Erfolg der Färbung kann nach 20—30 Minuten durch Untersuchung des in Wasser abgespülten Präparates mit einer starken Trockenlinse kontrolliert werden. Ist die rotviolette Färbung der Kerne und Geißeln nicht eingetreten, so können ohne Schaden einige Tropfen der Methylenblaumischung zugefügt und das Präparat in demselben Schälchen weiter gefärbt werden. — Da das polychrome Methylenblau ein Zersetzungspräparat ist, kann dasselbe nicht immer in gleicher Zusammensetzung geliefert werden. Es kann deshalb vorkommen, daß an Stelle der Eosinlösung 1 : 1000 eine Lösung 1 : 2000 oder 1 : 3000 verwendet werden muß.

In dem Gemisch tritt regelmäßig ein Niederschlag ein, welcher in keiner Weise stört, sondern im Gegenteil ein Zeichen dafür ist, daß sich die Farbstoffe in dem günstigen Zustande der Schwebefällung befinden, in welcher sie am wirksamsten sind. Um zu vermeiden, daß die bestrichene Seite des Deckgläschens durch diese Niederschläge verunreinigt wird, läßt man dasselbe mit der bestrichenen Seite nach unten auf der Flüssigkeit schwimmen, unmittelbar nach der Mischung, ehe die Bildung eines metallisch glänzenden Häutchens auf der Oberfläche erfolgt.

Der Erfolg der Färbung ist in geringen Grenzen von der Temperatur des Raumes, von der Dauer der Färbung und von der Beschaffenheit der Präparate abhängig. Die Kerne der verschiedenen Parasiten färben sich nicht gleichmäßig schnell, man muß deshalb für jedes Objekt das beste Mischungsverhältnis feststellen.

Da es nun sehr zeitraubend wäre, in jedem Falle das Färbungsoptimum abzupassen, empfiehlt es sich häufig, von vornherein zu überfärben; man erreicht dann in jedem Falle die rotviolette Färbung der Geißeln und Kerne und kann mit Leichtigkeit die zu dunkle Färbung der übrigen Bestandteile durch Auswaschen mit sehr schwacher Eosinlösung beseitigen. Zu diesem Zweck fügt man zu einem Glas Wasser einen Kubikzentimeter der Eosinlösung 1 : 1000, ergreift das Deckgläschen mit einer Deckglaspinzette, taucht es für kurze Zeit in das durch Eosin schwach rosa gefärbte Wasser ein und spült es danach sofort in reinem Wasser ab. Die Entfärbung muß fortwährend unter dem Mikroskop kontrolliert werden.

Die ROMANOWSKY-Färbung ist in ihren verschiedenen Verwendungsarten als Azur II nach GIEMSA, in der von ARGUTINSKY empfohlenen (Malariastudien, Archiv für mikroskopische Anatomie, Bd. 59, 1901 und Bd. 61, 1902) und in der oben angegebenen 1900 veröffentlichten Vorschrift sowohl nach Alkohol-, wie nach Sublimat- und Osmiumsäure-Fixierungen anwendbar. Das ergibt sich sowohl aus ARGUTINSKYs Veröffentlichungen, wie aus meinen eigenen Erfahrungen. Ich kann mich deshalb dem von P. SCHMIDT (Archiv für mikroskopische Anatomie, Bd. 72, 1908) wiedergegebenen Urteil GIEMSAs („Eine typische ROMANOWSKY-GIEMSA-Färbung läßt sich nach Osmiumhärtung überhaupt nicht erzielen“) nicht anschließen.

Die Geißelfärbung verträgt ebenso wie die Kernfärbung nach ROMANOWSKY keine Nachbehandlung mit Alkohol; die Präparate müssen deshalb wie Blutpräparate (s. diese) durch Lufttrocknung entwässert werden. Sie können trocken aufbewahrt oder nach 24stündigem Trocknen in eingedicktem Cedernöl oder säurefreiem Canadabalsam aufbewahrt werden. Ich besitze Flagellatenpräparate, deren ROMANOWSKY-Färbung nach 10 Jahren auch in Canadabalsam nicht gelitten hat.

Für Ausstrich- und Schnittpräparate, welche durch Lufttrocknung nicht schonend entwässert werden können, ist, wie GIESMA und SCHUBERG mitteilen, die Entwässerung mit Aceton vorzunehmen. Der Erfolg ist, wie ich bestätigen kann, ein vorzüglicher; siehe auch Artikel „Blutparasiten“, pag. 156.

Auch das von MOORE und BREINL empfohlene Verfahren (s. Blutparasiten) kann beim Darmflagellaten Anwendung finden.

III. Sporozoen (mit Ausschluß der Hämosporidien, s. diese).

A. Gregarinen.

1. Frische Untersuchung im Saft der Wirtsorgane auf Objektträger nach Wachsumrandung.

2. Ausstrichpräparate. Vegetative Formen feucht fixieren mit heißem Sublimatalkohol; Dauerformen mit Alkoholeisessig.

3. Entwicklungsfähige Cysten: bei Lupenvergrößerung oder mit bloßem Auge als kleine Kügelchen erkennbar, isoliert man aus Kot oder infizierten Organen mit Nadeln oder nach Herstellung von Aufschwemmungen mit Pipetten in Uhrschälchen mit Süß- oder Seewasser, je nach der Herkunft der Wirtstiere. Gregarinencysten aus Landbewohnern reifen auch auf Objektträgern, welche mit feuchtem Fließpapier belegt sind oder auf Scheiben von Holzkohle in feuchter Kammer. Verschiedene Entwicklungsstufen der Cysten werden in heißem Sublimatalkohol fixiert und in Serienschnitte (Paraffin) zerlegt. Alaun- oder Eisenhämatoxylinfärbung. Bestimmung nach der Form der unbeweglichen Dauersporen.

B. Coccidien.

1. und 2. wie bei *A.*

3. Beobachtung der für Artbestimmung maßgebenden Sporenbildung auf Agar-Agar oder in 1—10%iger Kaliumbichromatlösung, welche Fäulnis hindert, Sporenbildung widerstandsfähiger Coccidien nicht aufhält. Dauerformen des Coccidium oviforme aus Kaninchenleber zeigen noch normale Sporenbildung nach Fixierung der Deckglasausstriche in Pikrinessigsäure; zur Abtötung sind Alkoholeisessig oder heißer Sublimatalkohol erforderlich.

C. Sarcosporidien.

1. Zupfpräparat verdächtiger Muskeln oder Cysten in physiologischer Kochsalzlösung, Kammerwasser oder Blutserum der betreffenden Tierart.

2. Ausstrichpräparate von Cysteninhalt feucht fixieren in heißem Sublimatalkohol; Hämatoxylin oder GIEMSA-Färbung.

3. Schnittpräparate nach Konservierung in Sublimatalkohol mit Hämatoxylin-VAN GIESON färben.

IV. Parasitische Ciliaten.

1. Frische Untersuchung in Darmschleim eventuell nach Zusatz von physiologischer Kochsalzlösung.

Zur Verlangsamung der Wimperbewegung empfiehlt STATKEWITCH (1905) Zusatz von Semen Psyllii oder Alga Caragaheen für freilebende Ciliaten; einen entsprechenden Zusatz von Alga Caragaheen in physiologischer Na Cl-Lösung wendet LÜHE (1909) an, um Bewegungen parasitischer Formen zu verlangsamen.

2. Ausstrichpräparate feucht mit heißem Sublimatalkohol fixieren; zur Kernfärbung Hämatoxylin- oder Carminpräparate. Wimperfärbung mit Eisenhämatoxylin nach HEIDENHAIN; die Färbungsdauer kann durch Erwärmung der Beize und Farbe auf 54° (je 10 Minuten im Paraffinschrank), wie GURWITSCH vorschlägt, erheblich beschleunigt werden. Bei Darstellung der Wimpern muß man Kern und Protoplasma stark überfärbt lassen.

Zur Färbung der Wimpern empfiehlt SCHUBERG GOLGIsche Methode, LÖFFLERsche Methode ohne Trocknung und Erhitzung sowie zum Studium der Oberflächenstruktur Dahlia-Brechweinstein-Tannin. Diese beim Studium freilebender Ciliaten bewährten Verfahren dürften auch für parasitische Formen verwendbar sein.

3. Schnittpräparate von Darmschleimtropfen oder kleinen Darmwandstücken nach Konservierung in heißem Sublimatalkohol.

V. Parasitische Würmer.

(Fixierung für histologische und embryologische Zwecke siehe Artikel: Würmer.)

a) Nachweis und Fixierung von Eiern:

1. Untersuchung von Kot, Darminhalt, Urinsediment, Sputum bezüglich Trachealschleim in frischem Präparat, wenn nötig nach Verdünnung mit Wasser (fester Kot).

2. Herstellung von Deckglasausstrichen, falls Eier reichlich vorhanden. Fixierung der feuchten Ausstriche in heißem Glycerinalkohol nach LOOS (Alkohol 70%, Glycerin 5, im Wasserbad auf 90° erhitzt). Einlegen in Glasklotz mit Glycerinalkohol, Erneuern und allmähliches Verdunstenlassen des Glycerinalkohols, bis die Ausstriche in reinem Glycerin liegen. Auftropfen von verflüssigter Glyceringelatine (s. diese) auf warmen Objektträger. Auflegen der Deckglasausstriche auf den flüssigen Gelatinetropfen. Nach Erstarrung umranden mit Goldgrund oder Wachs. Eier sind ungefärbt leichter auffindbar und natürlicher erhalten als nach Färbung, die mir bei Ankylostomumeiern am besten nach Alkohol-Eisessigfixierung und Hämatoxylinfärbung gelang.

3. Bei spärlichem Vorhandensein von Eiern wäscht man besser nach der von LOOS gegebenen Vorschrift den Kot mit Wasser aus, entnimmt mit der Pipette 1 Teil von dem Bodensatz und konserviert in 10 Teilen heißem Glycerinalkohol. Nach einigen Stunden abgießen der Flüssigkeit, auffüllen von frischem Glycerinalkohol; Verdunstenlassen des Alkohols; übertragen des in reinem Glycerin liegenden Sediments mit Pipette in 1 Tropfen Glyceringelatine.

4. Beobachtung der Eireifung auf 1%igem Agar (Agar-Agar 1,0, Aq. dest. 100,0) in Petrischalen; dieselben müssen in feuchter Kammer bei 18—25° aufbewahrt werden. Durch Anlegen kleiner Vertiefungen, in welchen sich Kondenswasser ansammelt, kann man frei gewordene Larven anlocken und ihren Nachweis erleichtern. Manche Larven (z. B. von Ankylostomum duodenale) suchen auch die nur spärlich zur Entwicklung gelangenden Bacterienkolonien auf und lassen sich hier leichter finden.

b) Fixierung und Färbung von kleinen Würmern und Wurmlarven.

1. In Darmschleim oder Organsäfte befindliche kleine Würmer werden wie Ausstrichpräparate behandelt; feucht in Alkoholessig fixierte, nach Auswaschen der Essigsäure in Wasser gebracht, in Alauncochenille 24—40 Stunden durchgefärbt und vorsichtig unter dem Mikroskop in schwach mit Essigsäure angesäuertem Alkohol, 50%, entfärbt. Einbettung in Canadabalsam oder, falls eine feste Cuticula Schrumpfungen fürchten läßt, überführen durch Alkoholglycerin in Glyceringelatine.

2. Im Kot oder auf der Agarplatte entwickelte kleinste Würmer werden mit Saugpipetten (Präpariermikroskop) aus der Aufschwemmung herausgefischt und in Glasklotz mit Alkoholeisessig gespritzt. Färbung und Aufhellung im Glasklotz wie bei *a)*.

VI. Parasitische Gliederfüßer.

Fixierung für histologische Zwecke s. Artikel: Arthropoden.

Fixierung der blutsaugenden Gliederfüßer s. Artikel: Blutparasiten.

A. Ectoparasiten:

1. Darstellung des Chitingerüstes: BRAUN empfiehlt Maceration der in Alkohol abgetöteten, allmählich in Wasser überführten Tiere in 10%iger Kalilauge.

bei Zimmertemperatur oder Erwärmung (40—50—90° C). Sobald das Objekt beginnt durchscheinend zu werden, entfernt man die Lauge durch mit wenig Essigsäure angesäuertes Wasser; Wechseln des letzteren bis die Stücke bei schwacher Vergrößerung im Uhrschälchen hell und klar erscheinen. Vorsichtiges Ausbreiten der Tiere und Strecken der Extremitäten unter dem Präpariermikroskop mit feinem Pinsel auf Objektträger. Auflegen eines Deckgläschens mit Stützleisten. Zusatz steigenden Alkohols vom Rande her. Überführen in Glyceringelatine durch Alkoholglycerin oder — nach Chitinfärbung (s. Chitin) — durch Nelkenöl in Canadabalsam.

2. Darstellung der Organe: Gute Fixierung ist nur nach Zerschneiden oder Zerzupfen des Chitinmantels möglich, was bei sehr kleinen Arten unter dem Präpariermikroskop vorgenommen wird. Man fixiere dann mit heißem Sublimatalkohol oder FLEMMINGschem Gemisch.

B. Krätzmilben.

Die Anwesenheit der Krätzmilbe Sarcoptes scabiei erkennt man beim Menschen hauptsächlich an den Kratznarben, welche durch die Anwesenheit des Parasiten bedingt werden. Häufig ist es nicht möglich, die charakteristischen Milbengänge aufzufinden, insbesondere zu Beginn der Erkrankung und wenn im Verlauf derselben die entzündlichen Erscheinungen sehr ausgeprägt sind. Für die Erkennung der Krankheit ist die Lokalisation der Veränderungen von Wichtigkeit. Man findet am regelmäßigsten die Hände, die Achselfalte sowie die Innenfläche der Handgelenke, die Außenfläche des Ellenbogengelenkes erkrankt. Hier wird man unter günstigen Bedingungen erkennen, daß die im Umfang von 1—2 *mm* zerwühlte Epidermis oberflächlich verletzt ist und von hier aus einen Gang nachweisen, der schief nach abwärts reicht, 1—2 *cm* lang werden kann, von Stelle zu Stelle punktiert ist und so aussieht, als ob unter die Epidermis eine Nadel vorgeschoben sei. Am Ende dieses Ganges befindet sich eine Abrundung, wo als ein gelblichweißes, glänzendes, hervorragendes Pünktchen die weibliche Milbe liegt, während der Gang durch die gelblichen Eier und schwarze Punkte ausgefüllt ist. Die Milben sind nicht an der zerklüfteten Seite des Ganges zu suchen, sondern am knopfförmigen Ende.

KAPOSI empfiehlt mittelst der Spitze eines feinen Messers oder mit einer nicht federnden Stahlnadel knapp neben dem gelblich-weißen Endpunkte einzustechen und den Inhalt herauszuheben. Für die Untersuchung des Milbenganges ist die Entfernung der erkrankten Hautpartie mit der Schere und die Untersuchung dieses Hautstückes unter dem Mikroskop bei schwacher Vergrößerung anzuraten. Für die Fixierung kommt in erster Linie Pikrinessigsäure oder Pikrinschwefelsäure in Frage.

Bei Tieren erzeugen die Krätzmilben häufig einen mit dicken Borken bedeckten Ausschlag; bei Ratten warzenartige Hautwucherungen. Zum Nachweis zerzupft man Borkenstücke in 10%iger Kalilauge und behandelt die Präparate wie bei VI. *A.* 1. beschrieben. Schnittpräparate, welche in Pikrinessigsäure konserviert waren, gestatten nach Durchfärbung des Hautstückes mit Alauncochenille eine Gegenfärbung der erst nach dem Schneiden färbbaren Milben.

Literatur: AWERINZEW (Arch. Mikr. Anat., Bd. 59, 1901), BRAUN und LÜHE (Leitfaden zur Untersuchung tierischer Parasiten. Würzburg 1909), DOFLEIN (Protozoenkunde, Jena 1910), KAPOSI (Pathologie und Therapie Hautkrankheiten, 5. Aufl., Berlin und Wien 1899), LAVERAN (C. R. Soc. Biol. Paris, 1900), LEE und MAYER (Grundzüge), LOOS (MENSE, Handbuch der Tropenkrankheiten, Leipzig 1905), MALLORY und WRIGHT (Pathological Techn. 1904), MOORE und BREINL (Ann. of Trop. Med. Parasit., Bd. 1, 1907), PFEIFFER (Die Protozoen als Krankheitserreger, Jena 1891), PROWAZEK (Taschenbuch Mikr. Technik. Protistenuntersuchungen, Leipzig 1909), SCHAUDINN (Zool. Jhb., Bd. 13, 1900), derselbe (Arb. Gesundheitsamt, Bd. 18 und 19, 1902 und 1903), SCHRÖDER (Arch. Protistenk., Bd. 9, 1907), SCHUBERG (Ebenda, Bd. 6, 1905), derselbe u. SCHROEDER (Ebenda), STARKEVITSCH (Ebenda, Bd. 5, 1905), v. WASIELEWSKI (Sporozoenkunde, Jena 1896), derselbe (Studien zur Kenntnis pathogener Protozoen, H. 1 und 2, Leipzig 1904 und 1908), derselbe und SENN (Zeitschr. Hyg., Bd. 33, 1900).

v. Wasielewski, Heidelberg.

Pariser Violett, Syn. Benzylviolett, Methylviolett 6 B, Violett 5 B, Gemenge von Pentamethylbenzylpararosanilin- und Hexamethylpararosanilinchlorhydrat. Dem Methylviolett sehr ähnlich und aus diesem durch Behandlung mit Benzylchlorid entstehend. Je höher das Produkt benzyliert ist, mit um so mehr B wird es bezeichnet. Durch Mischen von dem höchst benzylierten Violett 6 B mit Methylviolett entstehen dann die Produkte Methylviolett 2 B, 4 B, 5 B, 6 B.

Parmablau, Syn. für Anilinblau R.

Patentblau, Triphenylmethanfarbstoff (Höchst), der durch Kondensation von m-Oxybenzaldehyd mit Diäthylanilin (Patentblau V. N.) oder Äthylbenzylanilin (Patentblau A) und Sulfurierung entsteht. Kommt als Natrium- oder Kalksalz in den Handel als Ersatz für Indigcarmin. Kupferrotes, in Wasser leicht, in Alkohol schwer lösliches Pulver. Die wässerige Lösung färbt sich mit Salzsäure grün, mit Natronlauge bleibt sie unverändert.

Nach JANSSENS soll es in alkoholischer, angesäuerter Lösung besondere Affinität zu cuticularisiertem Zellplasma haben.

Literatur: JANSSENS (Cellule, Bd. 9, 1893).

Pectinverbindungen siehe: Zellmembranen, pflanzliche.

Pelletierin, $C_8H_{15}NO$, ein Alkaloid aus der Rinde des Granatbaumes. Farblose Flüssigkeit vom spez. Gew. 0,988 bei 0°. In Alkohol und Äther leicht löslich, in Chloroform sehr leicht löslich. Vom kalten Wasser werden 23 Teile gelöst; die Lösung hat stark alkalische Reaktion.

Pelletierin, das in der praktischen Medizin als wurmtreibendes Mittel Verwendung gefunden hat, dient in der Mikrotechnik in 4%iger Lösung zum Narkotisieren von Gastropoden (SCHÖNLEIN) (s. auch Mollusken).

Literatur: SCHÖNLEIN (Zeitschr. Biol., Bd. 9. 1892). *Mosse,* Berlin.

Pentase siehe: Enzyme.

Pepsin siehe: Verdauung als histologische Methode.

Perényi'sche Flüssigkeit siehe: Salpetersäuregemische.

Pericardium siehe: Herz.

Peridinin siehe: Chromatophorenfarbstoffe der Pflanzen.

Peritoneum. Zur Darstellung der Grenzen der Endothelzellen behandelt man das Peritoneum mit Lösungen von Silbernitrat oder anderen Silbersalzen. KOLOSSOW bindet das Mesenterium über ein Glasrohr und spannt es durch Aufblasen an. Zunächst wird mit destilliertem Wasser abgespült und dann für einige Sekunden in eine 0,1—0,25%ige Lösung des Silbersalzes oder in eine Mischung von gleichen Teilen 1%igen Silbernitrats und 2%iger Osmiumsäure übertragen; nachdem das Präparat mehrmals in destilliertem Wasser abgespült ist, wird es in absolutem Alkohol fixiert. KOLOSSOW hat auch eine besondere Methode für das Endothel der serösen Häute ausgearbeitet. Nachdem die Präparate in physiologischer Kochsalzlösung abgespült sind, werden sie für 10—15 Minuten in folgende Lösung eingelegt: Osmiumsäure 1—2 *g*, konzentrierte Salpetersäure 2 *ccm*, absoluter Alkohol 50 *ccm* und destilliertes Wasser 50 *ccm*. Die Reduktion erfolgt dann unmittelbar nachher ebenso lange in: destilliertes Wasser 45 *ccm*, 85%iger Alkohol 10 *ccm*, Glycerin 5 *ccm*, Tannin und Pyrogallussäure je 3 *g*. Nach der Reduktion gelangen sie nochmals für 5 Minuten in 0,25%ige Osmiumsäure, werden mit Wasser abgespült und in Alkohol übertragen. PARDI spritzt bei jungen Hunden und Katzen ZENKERsche Flüssigkeit durch die Bauchdecken in die Peritonealhöhle und legt dann das ganze Tier noch für 1/2 Stunde in dieselbe Lösung. Hierauf wird das Omentum herausgenommen und in Zenker noch nachfixiert. Ganz ähnlich verfährt MARTINOFF.

Zur Versilberung des Endothels des Zwerchfells bedient sich MUSCATELLO der LUDWIGschen Methode. Der Bauch eines durch Nackenstich getöteten Kaninchens wird im cranialen Drittel durch einen Querschnitt in zwei Teile zerlegt. Das dadurch im oberen Drittel freigelegte Zwerchfell wird zunächst mit destilliertem Wasser und dann im Dunkeln einige Minuten lang mit 1%iger Silbernitratlösung berieselt, wieder abgespült und mehrfach mit Alkohol begossen.

REGAUD und DUBREUIL spülen das mit seiner Darmschlinge aufgesteckte Mesenterium zunächst mit physiologischer Kochsalzlösung ab und übertragen dann für 2—3 Minuten in frisch bereitete 1%ige Protargollösung. Nach nochmaligem raschen Abspülen in Kochsalzlösung wird in Alkohol oder 1%iger Osmiumsäure fixiert. Statt der einfachen Protargollösung kann man auch eine frisch bereitete Mischung von gleichen Teilen 1%iger Protargol- und 1%iger Osmiumsäurelösung benutzen. Die Präparate werden in gewöhnlicher Weise am Licht reduziert und können beliebig nachgefärbt werden.

HOFFMANN behandelt das frische Peritoneum des Frosches zunächst 1/2 Stunde mit Citronensaft und legt dann ebenso lange in 1/2%iges Goldchlorid ein. Zur Reduktion gelangt das Präparat 1—2 Tage in 5%ige Ameisensäure mit 1% Methylalkohol und dann in Glycerin mit 10% Ameisensäure.

Zur Isolation des Endothels bringt MUSCATELLO das Peritoneum in Zusammenhang mit der Muskulatur für 12—18 Stunden bei 37° in MÜLLERsche Flüssigkeit. Streicht man dann mit dem Skalpell über die Serosa, so kann man das Endothel in großen Fetzen entfernen, in Säurefuchsin oder Pikrocarmin färben und in Kaliumacetat konservieren.

Zur Darstellung der Membrana limitans bringt man wie oben für 2 Tage in Müller, dann für 1 Tag in 40—50%igen Alkohol. Man kann nun das Endothel mit dem Pinsel oder einem starken Wasserstrahl entfernen und die Grenzmembran abziehen.

Zur Färbung der Peritonealnerven ist vor allem die vitale Methylenblaumethode geeignet. RAMSTRÖM lobt für diesen Zweck auch die SIHLERsche Hämatoxylinmethode (siehe Muskeln, quergestreifte).

Literatur: HOFFMANN (Sitzungsber. Akad. Wiss. Wien, Bd. 95, 1888), KOLOSSOW (Arch. Mikr. Anat., Bd. 42. 1893). MARTINOFF (Int. Monatsschr. Anat., Bd. 24, 1907), MUSCATELLO (Arch. Pathol. Anat., Bd. 142, 1885), PARDI (Int. Monatsschr. Anat., Bd. 22. 1905), RAMSTRÖM (Anat. Hefte, Bd. 29, 1905), REGAUD und DUBREUIL (C. R. Assoc. Anat. 1903).

Pest. Der Erreger der Bubonenpest wurde 1894 gleichzeitig von KITASATO und von YERSIN bei einer Pestepidemie in Hongkong entdeckt. Er erscheint in Ausstrichpräparaten, die von frischen Leichenteilen an Pest gestorbener Menschen oder Tiere angefertigt sind, in der Regel als ein kurzes, plumpes, an den beiden Enden gleichmäßig abgerundetes, an den beiden Seitenflächen leicht gebauchtes Stäbchen, das sich bei der Färbung an den beiden Endpolen stärker färbt als in der Mitte (Polfärbung). Die Größe wechselt; nach ALBRECHT und GHON ist die Länge durchschnittlich 1,5—1,75 μ und oft etwas mehr, die Breite 0,5—0,7 μ. Neben der typischen ovalen Form, die für die Diagnose in erster Linie in Betracht kommt, findet man eine Reihe anderer Formen. Insbesondere ist der Längendurchmesser sehr wechselnd und wir finden daher bald kurzovale Formen (Cokkentypus), bald lange Stäbchen (Stäbchentypus). Alle diese Formen sieht man in den verschiedensten Organen bei den Pestleichen sowie in den Se- und Excreten der Pestkranken, also im Ausstrich aus Bubonen, aus Blut, Sputum usw., ferner aber auch in Präparaten aus Reinkulturen. Aber auch andere Abweichungen in der Form der Pestbacillen kommen vor; namentlich blasse, unregelmäßig begrenzte, bauchig aufgetriebene, bläschen- oder scheibenförmige, gequollene, oft hefezellenähnliche Gebilde, die den Farbstoff nur schwach, meist nur in der Randzone aufnehmen. Oft sieht man alle Übergänge von den normalen Pestbacillen zu diesen Gebilden, die nach ALBRECHT und GHON als Degenerations- und Involutionsformen aufzufassen sind. Besonders häufig finden sie sich in Leichen, die einige Zeit bei höherer Außentemperatur gelegen haben; sie treten aber auch im lebenden Organismus auf, um so zahlreicher, je älter der Pestprozeß ist, bei akuten Fällen vor allem im primären Bubo. Diese Neigung der Pestbacillen, Involutionsformen zu bilden, ist differentialdiagnostisch von Bedeutung. Auch in Präparaten von Reinkulturen findet man alle diese Formen, häufig auch Scheinfäden, an denen eine Gliederung nicht sichtbar ist und die häufig auch plumper sind als die kurzen Formen. Die Zusammensetzung des Nährbodens ist dabei von großer Bedeutung; namentlich auf ungünstigen Nährböden, z. B. solchen mit hohem Kochsalzgehalt (HANKIN), treten Involutionsformen auf.

Zur Färbung von Blut- und Organsaftausstrichpräparaten empfiehlt GOTSCHLICH eine ganz momentane Einwirkung von unverdünnter ZIEHL-NEELSENscher Carbolfuchsinlösung und sofortigem nachherigen Abspülen mit reichlich Wasser. Oft gibt eine Vorbehandlung des Präparates mit $^1/_2$%iger Essigsäure cca. $^1/_2$ Minute lang (nach GAFFKY) mit nachfolgender Abspülung im Wasser und Färbung in der eben genannten Weise noch bessere Resultate. WEICHSELBAUM, KOLLE u. a. empfehlen dagegen Methylenblau zur Färbung. Will man bei Verwendung starker Farblösungen die centrale Lücke gut erhalten, so empfiehlt sich nach ZETTNOW Nachspülung mit Alkohol. Zur Erzielung einer besonders guten und sicheren Polfärbung halten es KOSSEL und OVERBECK für zweckmäßig, die Deckglasausstrichpräparate nicht nur in der üblichen Weise dreimal durch die Flamme zu ziehen, sondern vorsichtig etwas länger über der Flamme zu erhitzen. Nach diesen Autoren sind nämlich am geeignetsten zur Erzielung guter Polfärbung alle Methoden, welche die roten Blutkörperchen so fixieren, daß sie bei der Färbung mit alkalischen Methylenblaulösungen einen grünlichen Ton annehmen. Dieser Grad der Härtung wird am sichersten durch Einlegen der Präparate in absoluten Alkohol auf 25 Minuten oder nach SOBERNHEIM dadurch erreicht, daß man auf das lufttrockene Präparat etwas Alcohol absolutus aufgießt und nach kurzer Einwirkung wieder abgießt, worauf der Rest in der Flamme abgebrannt wird. Färbt man so fixierte Präparate $^1/_2$ Minute mit Boraxmethylenblau (Lösung von 2% Methylenblau in 5% Borax enthaltendem Wasser) oder 2—3 Minuten in alkalischer LÖFFLERscher Methylenblaulösung, so kann man stets auf das Zustandekommen der Polfärbung rechnen, besonders bei Ausstrichpräparaten aus dem infizierten Tierkörper, andeutungsweise auch bei Kulturausstrichen. Statt des Methylenblau kann man auch verdünnte Carbolfuchsinlösung oder Gentianaviolettlösung verwenden. Eine weitere Methode zur guten Erzielung der Polfärbung, die zunächst für Schnitte von KOSSEL und OVERBECK angegeben ist, ist weiter unten beschrieben.

Zur Färbung der Pestbacillen in Schnitten ist nach GAFFKY folgende Methode geeignet: Konservierung in Alkohol oder einem Gemisch von Eisessig 10,0, Chloroform 30,0 und Alkohol 96% 60, Einbettung in Paraffin, Schneiden, Färben in schwacher, wässeriger Methylenblaulösung 2—3 Stunden, dann schnell in absoluten Alkohol übertragen, Xylol, Balsam. Eine andere, gleichfalls von GAFFKY empfohlene Methode ist, den Schnitt 24 Stunden in konzentrierte Lösung von Fuchsin in Glycerin zu belassen, dann mit schwacher Essigsäure kurze Zeit zu entfärben, dann Alkohol, Xylol, Balsam. Zur Härtung wird absoluter Alkohol empfohlen. ALBRECHT und GHON haben zur Schnittfärbung das polychrome Methylenblau von UNNA mit oder ohne nachfolgende Differenzierung in Glycerinäthermischung angewendet.

KOSSEL und OVERBECK empfehlen Fixierung in Sublimatalkohol und Alkohol und Färben in einem Gemisch von Methylenblau und Eosin in alkalischer Lösung. Ihre Vorschrift lautet: Konzentrierte wässerige Methylenblaulösung (Methylenblau medicinale, Höchst) wird mit der zehnfachen Menge destillierten Wassers verdünnt und auf jeden Kubikzentimeter der konzentrierten Stammlösung werden 3 Tropfen einer 5%igen wässerigen Lösung von krystallisierter Soda hinzugefügt. Nun wird unter Umschütteln 1%ige wässerige Lösung von Eosin B A Extra Höchst tropfenweise zugesetzt. Auf jeden Kubikzentimeter der oben erwähnten Stammlösung kommen etwa 0,5—1,0 *ccm* Eosinlösung. Im Gegensatz zu der für die Chromatinfärbung nach ROMANOWSKY erforderlichen Farbmischung muß für den vorliegenden Zweck das Auftreten eines Niederschlages vermieden werden. — In diesem alkalischen Eosinmethylenblaugemisch bleiben die Schnitte etwa 2 Stunden, werden dann nach kurzem Abspülen in Wasser in sehr stark verdünnter Essigsäure differenziert, bis der Schnitt den Rosaeosinton zeigt, werden mit Wasser ausgewaschen und nun schnell in 70%igem, dann in absolutem Alkohol entwässert, in Xylol aufgehellt und in Öl eingebettet. In solchen Präparaten heben sich die Pestbacillen als dunkelblau-violette Stäbchen sehr gut von dem rosa gefärbten Untergrund ab und zeigen zuweilen schöne Polfärbung. Auch für Organsaftdeckglasausstrichpräparate, die in Alkohol fixiert sind, eignet sich die Methode vorzüglich. Sie ist nach KOSSEL und OVERBECK vor allen Dingen bei der Untersuchung des Blutes von pestkranken Menschen zu empfehlen, weil in sorgfältig hergestellten Präparaten selbst der einzelne Pestbacillus wegen der Kontrastfärbung leicht zu entdecken ist. Die erforderliche Dauer der Färbung beträgt für Deckglasausstrichpräparate nur einige Minuten. Bei der Färbung nach GRAM werden die Pestbacillen entfärbt.

Mit der von M. NEISSER zur Diphtheriediagnose (s. dort) angegebenen Doppelfärbung gibt auch der Pestbacillus deutliche Doppelfärbung, bei der aber nur ganz feine Körnchen gefärbt erscheinen.

ZETTNOW hat an Präparaten, die nach der LÖFFLERschen Geißelfärbungsmethode behandelt waren, an dem Pestbacillus eine Kapsel nachgewiesen, doch ist der Nachweis schwierig, namentlich in Kulturpräparaten. Am besten tritt die Kapsel noch hervor (auch bei gewöhnlicher Färbung, aber bei sehr vorsichtiger Trocknung und Fixierung) bei Präparaten aus dem Peritonealexsudat von Meerschweinchen und Mäusen.

ALBRECHT und GHON erhielten schöne Kapselfärbung mit einer von PITTFIELD für die Geißelfärbung angegebenen Methode. Die in dünnen Schichten ausgestrichenen und vorsichtig fixierten Präparate werden mit einem Farbgemisch gefärbt, das unmittelbar vor dem Gebrauch aus gleichen Teilen der folgenden Lösungen hergestellt ist: I. Solut. alumin. conc. 1,0, konzentrierter Gentianaviolettalkohol 10,0. II. Acid. tannic. 1,0, Aq. dest. 10,0. Die Färbung geschieht unter leichtem Erwärmen und nachheriger kurzer Differenzierung in verdünntem Alkohol oder verdünnter Essigsäure. Die schwach gefärbten oder ganz farblosen Kapseln heben sich dann sehr deutlich von dem stark tingierten Bacillenleib ab.

Eigenbewegung der Pestbacillen wurde von der Deutschen Kommission (die 1896/97 zum Studium der Pest nach Bombay entsandt worden war), von ALBRECHT und GHON, KORSCH und OVERBECK nicht beobachtet, in Übereinstimmung mit YERSIN, aber im Gegensatz zu den ursprünglichen Angaben KITASATOS. Dementsprechend konnten auch Geißelfäden weder von der Deutschen Kommission, noch von ALBRECHT und GHON jemals nachgewiesen werden.

Ebenso konnten einige Angaben über Sporenbildung nicht bestätigt werden.

Da noch einige Bacterien, vor allem Hühnercholera, Schweineseuche, selten Bact. coli u. a., Polfärbung aufweisen und unter ausschließlicher Berücksichtigung des morphologischen Verhaltens differentialdiagnostische Schwierigkeiten bieten würden, sind auch die kulturellen Eigenschaften von größter Bedeutung. Als charakteristisch gelten cca. 36 Stunden alte oberflächliche Kolonien auf Gelatine. Dieselben stellen warzenförmige, stark lichtbrechende Gebilde dar, die häufig einen sehr zarten, unregelmäßig gezackten Saum haben. Nach KLEIN erhält man bereits nach 24 Stunden sehr charakteristische Bilder durch Klatschpräparate. Auch KOSSEL und OVERBECK bestätigen, daß solche Klatschpräparate, welche sorgfältig an der Luft getrocknet, in der Flamme fixiert, gefärbt und nach dem Abspülen unter Vermeidung des Abtupfens durch Absaugen mit Fließpapier von Waschwasser befreit sind, oft feinste, in landkartenartiger Zeichnung angeordnete Kolonien in großer Zahl zu einer Zeit aufweisen, wo mit 60facher Vergrößerung an den meisten Stellen Wachstum überhaupt noch nicht zu sehen ist. Diese kleinen, oft nur aus 50—100 Bacillen zusammengesetzten Kolonien haben eine charakteristische, unregelmäßige Gestalt und scheinen oft ganz oder teilweise aus wirren, nicht in einzelne Bacillen abgeteilten Fadenschlingen zu bestehen. Auch in späteren Stadien bietet das Klatschpräparat ein gutes Abbild der älteren Kolonie, welche aus einem von dichten Bacillenmassen gebildeten Centrum und einem zarten, unregelmäßig gebuchteten Rand besteht. Die dem Pestbacillus morphologisch ähnlichen Bacterien bilden derartige Kolonien nicht.

Daß sich auf stark kochsalzhaltigem Agar (2,5—3,5%) bei Körpertemperatur innerhalb 24—48 Stunden sehr charakteristische Involutionsformen bilden, ist bereits erwähnt. MATZUSCHITA hält dieselben für diagnostisch verwertbar, eine Ansicht, die KOSSEL und OVERBECK u. a. teilen.

Als charakteristische Wuchsform sei schließlich noch erwähnt, daß der Pestbacillus in Bouillon oft zu langen Ketten von stark abgerundeten, fast cokkenartigen Einzelindividuen auswächst, welche sich als zarte Flocken zu Boden senken und die darüber befindliche Flüssigkeit klar lassen.

Die zur Prüfung des Blutserums eines unter verdächtigen Erscheinungen erkrankten oder erkrankt gewesenen Menschen in der üblichen Weise ausführbare Agglutinationsprobe ist nach KOSSEL und OVERBECK nur makroskopisch zu beurteilen.

Literatur: ALBRECHT und GHON (Denkschr. Akad. Wiss. 1898 u. 1900), DIEUDONNÉ (Pest, in KOLLE-WASSERMANNS Handb. d. pathog. Mikroorganismen), GAFFKY, R. PFEIFFER, STICKER und DIEUDONNÉ (Arb. Gesundheitsamt, Bd. 16), GOTSCHLICH (Zeitschr. Hyg., Bd. 35), KOLLE (Deutsch. Med. Wochenschr. 1897). ausführliche Literatur bei KOSSEL und OVERBECK (Arb. Gesundheitsamt, Bd. 18, 1901). *Heymann*, Breslau.

Petroleumäther, ein Destillationsprodukt des Petroleums, das im wesentlichen aus Hexan und Pentan besteht. Farblose, leicht bewegliche, bei 50 bis 60° siedende Flüssigkeit, die außerordentlich leicht entzündlich ist (daher große Vorsicht in bezug auf offene Flammen!). In Wasser ist er unlöslich, löst sich ungefähr in drei Teilen 90%igen Alkohols und in jedem Verhältnis in Äther, Chloroform, Schwefelkohlenstoff und fetten Ölen. Da er am Licht leicht oxydiert, soll er in dunklen Flaschen aufbewahrt werden.

Petroläther ist ein vorzügliches Lösungsmittel für Paraffin und daher als Intermedium sehr zu empfehlen. Außerdem hat er die gute Eigenschaft, osmiertes Fett gar nicht zu lösen.

Petrunkewitsch'sche Flüssigkeit, Fixationslösung, bestehend aus einer Mischung von 300 *ccm* Wasser, 200 *ccm* abs. Alkohol, 90 *ccm* Eisessig und 10 *ccm* Salpetersäure, in der Sublimat bis zur Sättigung gelöst ist.

Pflanzenfarbstoffe. Unter diesem Namen soll hier eine Anzahl wenig benutzter, von verschiedenen Autoren vorgeschlagener Farbstoffe aufgeführt werden, die zu färberischen Zwecken dem Pflanzenreich entnommen sind.

LAWSON TAIT hat zuerst zum Färben wässerige oder alkoholische Extrakte von Rotkohl benutzt. FLESCH hat später den Farbstoff rein dargestellt, indem er das Extrakt mit Lösung von Bleiacetat ausfällte und dann mit Schwefelwasserstoff das Bleisalz fortschaffte. Der Farbstoff soll nach diesem Autor eine starke Metachromasie zeigen, er färbt am frischen Präparat den Kern grün und das Protoplasma rot.

FOL stellt durch Extraktion mit 10%iger Alaunlösung aus schwarzen Johannisbeeren ein Ribesin dar, es soll besonders Alkoholpräparate sehr gut, ähnlich wie Hämatoxylin, färben.

LAVDOWSKY versetzt den frisch ausgepreßten Saft von Heidelbeeren mit zwei Teilen destillierten Wassers und einigen Kubikzentimetern 90%igen Alkohols, läßt kurze Zeit kochen und filtriert warm. Die entstehende rote Farblösung, von LAVDOWSKY Myrtillus genannt, gibt eine sehr gute, aber nicht haltbare Kernfärbung. Man kann auch die Schnitte nach der Färbung für kurze Zeit in eine wässerige Lösung von Bleinitrat übertragen und erhält dann violett gefärbte Kerne.

CLAUDIUS stellt sich seine Farbstoffe aus den dunkelviolett gefärbten Blumenblättern von Georginen oder aus Brombeeren, Johannisbeeren, Kirschen, Holunderbeeren etc. her. Die betreffenden Pflanzenteile werden mehrmals mit frischen Portionen Alkohol ausgekocht. Das gesammelte Extrakt wird abgekocht, filtriert und der Alkohol durch Eindampfen verjagt. Man verdünnt dann so, daß auf 100 *g* Rohsubstanz 100 *ccm* wässerige Farblösung kommt, der man noch 1 *ccm* 25%ige Schwefelsäure und 10 Tropfen Carbolsäure zusetzt. Man erzielt so einen guten Kernfarbstoff, den man noch mit Pikrinsäure versetzen kann. So nimmt man z. B. auf 100 *ccm* schwefelsaures Holunderbeerrot 5 *ccm* konzentrierte wässerige Pikrinsäure. Eine sehr gute Doppelfärbung für Bacterien erhält man, wenn man zunächst 1—2 Minuten mit einer 2‰igen wässerigen Lösung von Methylviolett färbt, in Wasser abspült und dann 2 Minuten in Pikrinsäure-Holunderbeerrot färbt, in absoluten Alkohol überträgt und differenziert in Nelkenöl, dann Xylol, Balsam.

Escomel rühmt außerordentlich einen wässerigen Auszug aus den Samen von Opuntia tinctoria. Die Schnitte werden 5—10 Minuten darin gefärbt und dann in Glycerin differenziert. Man erhält eine vorzüglich elektive Färbung des Plasmas, die sich vor allem zur Untersuchung der Muskelstruktur wertvoll erweist.

Literatur: Claudius (Centralbl. Bakt., Bd. 5, 1899), Escomel (Bull. Mém. Soc. Anat. Paris, 1908), Flescu (Zeitschr. Wiss. Mikr., Bd. 1, 1884), Lavdowsky (Arch. Mikr. Anat., Bd. 23, 1884), Lawson Tait (Journ. of Anat., Bd. 9, 1875).

Phaeophycaceen siehe: Centrosomen pflanzlicher Zellen, siehe auch Chromatophorenfarbstoffe der Pflanzen.

Phenol siehe: Carbolsäure.

Phenylenbraun, Syn. für Bismarckbraun.

Phenylhydrazin, $C_6H_5—NH—NH_2$, farblose Krystallmasse, die bei 23° zu einem farblosen Öle schmilzt. Spez. Gew. 1,091 bei 21°. In kaltem Wasser sehr schwer, in Alkohol und Äther leicht löslich. Phenylhydrazin ist ein wichtiges Reagens auf Aldehyde und Ketone, mit denen es unter Wasseraustritt Hydrazone bildet. Mit einem Überschuß von Phenylhydrazin in verdünnter essigsaurer Lösung erwärmt bilden Monosaccharide (Monosen) einen Niederschlag, ein Osazon, von charakteristischem Schmelzpunkte.

Van der Spek und Unna verwenden u. a. auch Phenylhydrazin bei der Darstellung der Plasma- und Mastzellen, und zwar in wässeriger, besonders aber in 10%iger alkoholischer Lösung.

Literatur: Van der Spek u. Unna (Mon. Prakt. Derm., Bd. 13, 1891). *Mosse*, Berlin.

Phenylsalicylat $C_6H_4\langle{}^{OH}_{CO.OC_6H_5}$, rhombische, in Alkohol zu 10%, in Äther zu 33% lösliche, in Wasser fast unlösliche Krystalle. Sie schmelzen bei 42,5°.

Diese unter dem Namen Salol arzneilich viel benutzte esterartige Verbindung wird zusammen mit Campher, Sandarak und Propylalkohol von Gilson als Einschlußmedium empfohlen. Brechungsindex 1,536.

Literatur: Gilson (Cellule, Bd. 23, 1906).

Phloridzin siehe: Glykoside.

Phloroglucin, $C_6H_3(OH)_3$, symmetrisches Trioxybenzol, entsteht durch Kalischmelze aus vielen Harzen und Balsamen; auch durch Sauerstoffaufnahme aus niederen Phenolen, besonders aus Resorcin.

Phloroglucin krystallisiert mit zwei Molekülen Wasser in großen, an der Luft verwitternden Prismen. Es schmilzt bei 218° und sublimiert unzersetzt. Es löst sich in Wasser, Alkohol und Äther. Die wässerige Lösung, die deutlich süß schmeckt, gibt mit Bleizuckerlösung eine flockige weiße Fällung; mit etwas Eisenchlorid entsteht eine violette Färbung.

Phloroglucin reagiert bald als Phenol

$$CH\langle{}^{C(OH)\;CH}_{C(OH)\;CH}\rangle C(OH),$$

bald als Triketon

$$CH_2\langle{}^{CO\;CH_2}_{CO\;CH_2}\rangle CO$$

(Triketohexamethylen); beide Formen scheinen „tautomer“ zu sein.

Phloroglucin verbindet sich bei Gegenwart von Mineralsäuren mit vielen Aldehyden zu schwer löslichen Verbindungen, die häufig intensiv und charakteristisch gefärbt sind. Darauf beruht die Farbenreaktion, die Phloroglucin mit Pentosen (Holzfaser) gibt. *Neuberg,* Berlin.

Das Phloroglucin ist durch ANDEER in die Mikrotechnik eingeführt worden als Zusatzmittel zu Entkalkungsflüssigkeiten. Näheres siehe bei Knochen und Zähne, vgl. auch Zucker in pflanzlichen Geweben, Zellmembranen, pflanzliche und Eiweißstoffe der Pflanzenzelle.

Phloxin siehe: Eosin.

Phosphor. Zum Nachweis von Phosphor in den Geweben bringen LILIENFELD und MONTI Schnitte von frischem oder in Alkohol fixiertem Material für einige Minuten bis mehrere Stunden in eine Lösung von molybdänsaurem Ammoniak. Die Schnitte werden dann gründlich ausgewaschen, solange bis Pyrogallol keine Verfärbung des Waschwassers mehr gibt und in eine 20%ige Lösung von Pyrogallol für einige Minuten übertragen, dann Auswaschen in Wasser, Alkohol, Xylol, Balsam. An phosphorreichen Stellen entsteht Braun- bis Schwarzfärbung.

HEINE behandelt Celloidinschnitte 15 Minuten im Reagensrohr mit einer Lösung von molybdänsaurem Ammoniak, gießt dann ab und wäscht mehrmals mit Wasser aus. Sodann wird für 10—15 Minuten gesättigte Zinnchlorürlösung aufgegossen, mit Alkohol ausgewaschen, Öl, Balsam. Ähnlich wird nach POLANI der Phosphor am besten in pflanzlichen Geweben nachgewiesen.

MACALLUM geht ähnlich vor, benutzt aber als Reduktionsmittel nicht Zinnchlorür, sondern eine 1—4%ige wässerige Lösung von salzsaurem Phenylhydrazin.

Literatur: HEINE (Zeitschr. Physiol. Chem., Bd. 22, 1896), LILIENFELD und MONTI (Ebenda, Bd. 17, 1892), MACALLUM (Proc. Roy. Soc., Bd. 63, 1898), POLANI (Malpighia. Bd. 9, 1900), derselbe (Atti R. Istit. Botan. Univ. Pavia, 1900), SOLLA (Naturw. Rundschau, Jg. 21, 1906).

Phosphormolybdänsäure, $2 H_3PO_3 + 24 MoO_3$, gelbe, leicht in Wasser lösliche Prismen. Phosphormolybdänsäure, nach ZIMMERMANN zweckmäßig in 10%iger Lösung angewandt, ist Fällungsmittel für Proteinstoffe, sowie für Alkaloide. Siehe Eiweißstoffe der Pflanzenzelle. Im übrigen hat die Säure in der mikroskopischen Technik vor allem in Verbindung mit Hämatoxylin Verwendung gefunden, von MALLORY zur Tinktion des Nervensystems (siehe Hämatoxylin), sowie von RIBBERT zur Darstellung der Bindegewebsfibrillen. SARGENT geht etwas anders wie MALLORY vor; das Nervensystem wird in 10%iger Formollösung fixiert, in 5%iger Formollösung aufgehoben, in Wasser abgewaschen, für 24 Stunden in 5%ige Kupfersulfatlösung gelegt; es wird in Paraffin eingebettet, die Schnitte kommen 15—30 Minuten in eine Lösung, bestehend aus 1 *ccm* 10%iger Phosphormolybdänsäurelösung, 1 *g* krystallisiertes Hämatoxylin, 10 *g* Chloralhydrat, 400 *ccm* Wasser. Um die Gliafasern von den Zellfortsätzen zu trennen, differenziert FISCHER nach der Färbung mit Phosphormolybdänsäurehämatoxylin mit einer schwachen Lithiumcarbonatlösung. Siehe ferner unten bei Phosphorwolframsäure die Bindegewebsfärbung nach MALLORY.

Dann benutzt BERKLEY die Phosphormolybdänsäure zur Darstellung der Lebernerven. Er fixiert in MÜLLERscher Lösung, dann in Osmiumbichromat und setzt dann je 2 Tropfen einer 10%igen Phosphormolybdänsäurelösung zum Silberbade nach GOLGI.

THOMÉ färbt Schnitte von Lymphknoten nach Fixation in ZENKERscher Flüssigkeit, Alkohol oder Sublimat mit folgender Lösung: krystallisiertes Hämatoxylin 1,75, destilliertes Wasser 200, 10%ige Phosphormolybdänsäure 10,0, krystallisierte Carbolsäure 5,0.

Über die Darstellung der Knochenelemente durch Färbung mit Thionin und Differenzierung mit Phosphormolybdänsäure siehe bei Knochen und Zähne.

Literatur: BERKLEY (HOPKINS Hosp. Rep., Bd. 6, 1897), FISCHER (Neurol. Centralbl., 1902), MALLORY (Anat. Anz., Bd. 6, 1891), RIBBERT (Centralbl. Pathol. Anat., Bd. 8, 1896), SARGENT (Anat. Anz., Bd. 15, 1898), THOMÉ (Jena. Zeitschr. Nat., 1902). *Mosse,* Berlin.

Phosphorsäure, Acidum phosphoricum, dreibasische Phosphorsäure, Orthophosphorsäure, H_3PO_4, wird entweder durch Digerieren von Knochenasche mit Schwefelsäure (Ac. phosphoricum ex ossibus) oder durch Zerfließenlassen von Phosphor in feuchter Luft erhalten (Ac. phosphoricum e phosphoro). Sie bildet farblose, rhombische Krystalle, die bei 38,6° schmelzen, leicht an der Luft zerfließen und auch in Alkohol leicht löslich sind. Die offizinelle Phosphorsäure ist eine 25%ige wässerige Lösung der krystallisierten Säure. Die Phosphorsäure koaguliert im Gegensatz zur Metaphosphorsäure Eiweißlösungen nicht.

Die Phosphorsäure ist in der Mikrotechnik bis jetzt nur zum Entkalken benutzt worden. (Näheres siehe Knochen und Zähne.)

Phosphorwolframsäure. Verbindungen der Wolfram- und Phosphorsäure in Form von krystallisierten Salzen. Wie die Phosphormolybdänsäure dient die Phosphorwolframsäure als Reagens auf Alkaloide.

Auch ihre Verwendung in der mikroskopischen Technik erfolgt zu denselben Zwecken, wie die Phosphormolybdänsäure. Siehe Hämatoxylin, ferner Knochen und Zähne. Die Phosphorwolframsäure ist von MALLORY zu verschiedenen Zwecken in der Technik verwandt worden: 1900 geht er zur Darstellung der Neuroglia folgendermaßen vor: die Gewebsstücke kommen für wenigstens 4 Tage in eine 4%ige wässerige Lösung von Formaldehyd (10% Formol); dann 4 Tage oder länger in eine gesättigte wässerige Pikrinsäurelösung, dann 4 Tage im Brütofen in eine 5%ige wässerige Lösung von doppeltchromsaurem Ammoniak, die jeden Tag zu wechseln ist. Die Celloidinschnitte kommen für 15—30 Minuten in eine 1/2%ige wässerige Lösung von übermangansaurem Kali, werden in Wasser ausgewaschen, dann für 15—30 Minuten in eine 1%ige wässerige Oxalsäurelösung übertragen, in Wasser ausgewaschen und 12—24 Stunden oder länger gefärbt in einer Lösung von 0,1 Hämatoxylin, 80 Wasser, 20 10%ige wässerige Lösung Phosphorwolframsäure (MERCK), 0,2 Wasserstoffsuperoxyd. Dann wird rasch in Wasser ausgewaschen, in 95%igem Alkohol schnell entwässert etc. Sollen jetzt nur die Neurogliafasern dargestellt werden, so kommen die Schnitte 5—10 Minuten in eine 30%ige alkoholische Eisenchloridlösung.

MALLORY färbt ferner (03) Bindegewebe mit Phosphorwolframsäurehämatoxylin nach Fixation in ZENKERscher Flüssigkeit — zur Darstellung bisher unbekannter Fasern. Paraffinschnitte von ebenso fixierten Stücken färbt MALLORY ferner folgendermaßen: 5—20 Minuten in 1%iger wässeriger Lösung von Säurefuchsin, schnelles Auswaschen in Wasser. Überführen für 5 Minuten oder länger in eine 1%ige wässerige Lösung von Phosphormolybdänsäure, schnelles Auswaschen in Wasser, Färben 1—5 Minuten in folgender Mischung: wasserlösliches Anilinblau (GRÜBLER) 0,5, Orange G (GRÜBLER) 2,0, Oxalsäure 2,0, Wasser 100,0, Auswaschen in Wasser, Alkohol etc.

1905 modifiziert MALLORY dieses Verfahren wie folgt: Fixation in ZENKERscher Flüssigkeit, die Schnitte kommen 5 Minuten oder länger in 0,1%ige wässerige Säurefuchsinlösung, dann sofort für mindestens 20 Minuten in: Anilinblau, wasserlösliche (GRÜBLER) 0,5, Orange G (GRÜBLER) 2,0, 1%ige wässerige Phosphormolybdänsäurelösung 100,0, dann direkt in 95%igen Alkohol, etc.

JACKSON färbt Knochenmark nach Fixation in ZENKERscher oder GILSONscher Flüssigkeit: die Schnitte kommen in Fuchsin oder Erythrosin, dann 15 bis 30 Minuten in 1/2%ige wässerige Lösung von Kal. hypermangan., dann nach Abspülen in Wasser 10—20 Minuten in 1%ige Oxalsäurelösung, nach Wasser dann 6—12 Stunden in krystallisiertes Hämatoxylin 0,1, 10%ige wässerige Phosphorwolframsäurelösung 20 *ccm*, Wasser 80 *ccm*, Wasserstoffsuperoxyd 0,2 *ccm*. Differenziert wird in 1%iger Eisenalaunlösung.

Etwas anders geht COCA bei der Färbung der „Fibroglia"-Fibrillen des Hühnerembryos vor. Fixation in ZENKERscher Flüssigkeit, Paraffinschnitte kommen 10—20 Minuten in 1/4%ige wässerige Kaliumpermanganatlösung, in Wasser, dann 1—2 Stunden in 5%ige wässerige Oxalsäurelösung, wiederholt in Wasser, dann

24—48 Stunden in folgende Mischung: Gereifte 10%ige Hämatoxylinlösung in 96%igem Alkohol 1 *ccm*, Wasser von 60° 80 *ccm*, 10%ige wässerige Lösung von Phosphorwolframsäure (MERCK) 20 *ccm*, 0,25%ige wässerige Kaliumpermanganatlösung, Wasser etc.

Literatur: COCA (Arch. Pathol. Anat., Bd. 186, 1906), JACKSON (Arch. Anat., 1904), MALLORY (Journ. of Exper. Med., Bd. 5, 1900), derselbe (Journ. of Med. Research, Boston 1903 u. 1905). *Mosse,* Berlin.

Photoxylin siehe: Celloidin.

Phycocyan, Phycoerythrin, Phycophaein, Phycoxanthin siehe: Chromatophorenfarbstoffe der Pflanzen.

Physiologische Kochsalzlösung siehe: Beobachtungsflüssigkeiten, indifferente.

Pialyn siehe: Enzyme.

Pigment. Zur Fortschaffung des Pigments aus mikroskopischen Präparaten bedient man sich entweder starker Oxydationsmittel oder Reduktionsmittel oder schließlich Lösungsmittel.

Zur ersten Gattung gehört vor allem das Chlor in statu nascendi, wie es bei der Einwirkung von Salzsäure auf chlorsaures Kali erhalten wird. Man gießt auf einige Krystalle dieses Salzes 2 oder 3 Tropfen Salzsäure und, sobald sich Chlor zu entwickeln beginnt, 70%igen Alkohol darauf. In diese Mischung eingelegt, wird das Pigment im Laufe von 1—2 Tagen zerstört. Auch chlorhaltige Flüssigkeiten, wie Eau de Javelle und Eau de Labarraque, können dem gleichen Zwecke dienen. Ein sehr energisches Oxydationsmittel ist ferner die Chlorsäure. GRYNFELD und MESTREZAT stellen sich dieselbe folgendermaßen her. Man löse 50 *g* Bariumchlorat in 70 *ccm* destilliertem Wasser und 8,5 *ccm* konzentrierte Schwefelsäure (66° Be) in 40 *ccm* destilliertem Wasser und gieße beide Lösungen zusammen. Nach 48 Stunden hebt man die über dem Niederschlag von Bariumsulfat stehende Flüssigkeit ab und hat so eine 20%ige Lösung von Chlorsäure, die man unter Lichtabschluß in gut verschlossener Flasche aufbewahren kann. Zur Depigmentation fügt man 2 *ccm* der Lösung zu 15 *ccm* 95%igem Alkohol zu und läßt die Schnitte darin bei 42° 10 Stunden verweilen. Noch rascher verläuft die Depigmentation, wenn man dieser Lösung etwas Salzsäure zufügt, wahrscheinlich durch Bildung von Überchlorsäure. Man nehme auf 20 *ccm* 95%igen Alkohol und 2—3 *ccm* Chlorsäurelösung 1 *ccm* Salzsäure. Natürlich kann man sich auch der käuflichen (MERCK) Chlorsäurelösung bedienen.

Ganz ähnlich wie Chlor wirkt Brom in wässeriger Lösung. Von anderen Oxydationsmitteln kommen zum Bleichen des Pigments noch zur Verwendung das Wasserstoffsuperoxyd (in 3—10%iger Lösung), das Kaliumpermanganat (die Objekte müssen dann natürlich durch ein Reduktionsmittel wieder entfärbt werden ([wie Oxalsäure, Chromogen etc.]) und die Peroxyde und Persulfate des Natriums, Ammoniums und Magnesiums.

Von Reduktionsmitteln ist hauptsächlich die schweflige Säure zu erwähnen in alkoholischer Lösung.

Lösungsmittel für viele Pigmente bilden die Mineralsäuren, Salzsäure und Salpetersäure und auch die Natronlauge. Meist verwendet man die Säuren und auch die Lauge zu diesem Zwecke in alkoholischer Lösung.

Bei Schnitten kann man diese Entpigmentierungsmittel entweder auf den entparaffinierten oder, was schonender ist, auf den noch von Paraffin umschlossenen Schnitt einwirken lassen.

Pikrinsäure oder Trinitrophenol, $C_6H_2(NO_2)_3OH$, wird in der Technik durch Lösen von Carbolsäure (Phenol) in konzentrierter Schwefelsäure und Erhitzen der so erhaltenen Phenolsulfosäure mit konzentrierter Salpetersäure gewonnen; die rohe Säure wird mit Natriumcarbonat neutralisiert, das Natriumpikrat aus der heißen Lösung durch Eintragen von Natriumcarbonat ausgefällt und daraus durch verdünnte Schwefelsäure die Pikrinsäure wieder frei gemacht. Sie krystallisiert in hellgelben Blättern, läßt sich sublimieren, schmeckt äußerst bitter, reagiert sauer, ist giftig, färbt Seide und Wolle ohne Beize dauerhaft gelb und explodiert nicht durch Schlag. Löslich: schwer in kaltem Wasser (100 Teile lösen bei 15—20° etwa $1^1/_4$ Teil), leicht in heißem; ferner (nach eigenen Ermittlungen) ziemlich leicht in Alkohol (100 *ccm* absoluter lösen bei 25° C reichlich 7 *g*), noch leichter in Benzol, Toluol und Xylol (von diesem lösen 100 *ccm* etwa 14 *g*), dagegen viel weniger leicht in Äther (je nach seinem Wassergehalt löst er 1—4%). Mikrotechnisch dient sie zum Fixieren (s. unten) und zum Färben. Von den Salzen, die wohl alle stark explosibel sind, werden mikrotechnisch zum Färben verwandt in erster Linie das Ammoniumpikrat, aber auch das Magnesiumpikrat (MAYER), Calciumpikrat (WHITE), Lithiumpikrat (ORTH) und Natriumpikrat (LÖWENTHAL), ferner zum Versilbern das Silberpikrat (ALFEROW).

Verwendung der Pikrinsäure zum Fixieren. In wässeriger Lösung muß sie stark angewandt werden, da schwache Lösungen macerieren; man nimmt also entweder die sogenannte gesättigte oder der Gleichmäßigkeit halber besser eine 1%ige (oder $^1/_2$%ige, MAYER) und läßt die Objekte nach ihrer Größe darin 1 Minute bis 24 Stunden oder auch länger. Sie wirkt sehr rasch und dringt auch relativ gut in die Tiefe, geht aber mit den Geweben keine stabile Verbindung ein, da sie sich mit Alkohol (auch mit Wasser) wieder ganz daraus entfernen läßt, härtet daher nicht. Mithin ist es schädlich, sie mit Wasser auszuwaschen, vielmehr wende man gleich Alkohol von 70% an, vermeide auch später zum Färben wässerige Gemische, mit Ausnahme vielleicht solcher, die selber etwas härten (Hämalaun etc.). Bei gewöhnlicher Temperatur dauert das Auswaschen dichter Gewebe sehr lange: rascher geht es im Brutschrank (FOL) oder bei Zusatz von etwas Lithiumcarbonat (in wässeriger Lösung), weil sich dann das leicht lösliche Lithiumpikrat bildet (JELINEK); übrigens ist zum Färben mit Carmalaun oder Paracarmin die völlige Entfernung der Pikrinsäure nicht nötig.

Für Seetiere ist mitunter die konzentrierte Lösung der Pikrinsäure in Seewasser gut (GIESBRECHT), desgleichen mit einem geringen Zusatz von Osmium- und Essigsäure.

In alkoholischer Lösung ist die Pikrinsäure bisher nur vereinzelt angewandt worden, und es ist auch nicht sicher, wie weit die Resultate der Fixierung der Säure oder dem Alkohol zuzuschreiben sind.

Pikrinsäuregemische. Im Gemisch mit anderen Fixiermitteln wird die Pikrinsäure viel gebraucht: so mit Formol, Platinchlorid. Sublimat oder Osmiumsäure, aber auch mit Essig-, Salpeter-, Salz-, Schwefelsäure etc. Diese, wie überhaupt wohl alle Gemische dringen aber nicht als solche in die Gewebe ein, sondern von ihren Komponenten gelangen die einen tiefer als die anderen; so wandert z. B. im Gemische mit Osmiumsäure die Pikrinsäure sehr viel tiefer als die Osmiumsäure, die sich fast ganz auf die Oberfläche beschränkt.

Die wässerige Lösung der Pikrinsäure dient ferner zum Auswaschen der Chromsäure aus den Geweben (KORSCHELT) oder zum Entkalken (s. Bd. 1, pag. 728), wozu sich übrigens auch die alkoholische Lösung verwenden läßt; zum Macerieren von Epithelien und Muskeln wird von GAGE eine $^1/_{10}$%ige Lösung in Drittelalkohol empfohlen.

Pikrinessigsäure. 1. Nach BOVERI: Konzentrierte wässerige Lösung von Pikrinsäure 100, Wasser 200, Essigsäure 3 Raumteile. Für die Eier von *Ascaris* und Echinodermen. Auswaschen mit Alkohol von 70%. — 2. Nach DAVIDOFF: Konzentrierte wässerige Lösung von Pikrinsäure 3, Essigsäure 1 Raumteil. Für die Eier von Tunicaten. Nachbehandlung ebenso. — 3. Nach BOUIN: Konzentrierte wässerige Lösung von Pikrinsäure 15, Formol 5, Essigsäure 1 Teil. Für die Hoden von *Cavia*. Nachbehandlung vom Autor nicht angegeben; wahrscheinlich Auswaschen mit Alkohol von 60%.

Pikrinchromsäure. 1. nach FOL: Konzentrierte Lösung von Pikrinsäure in Wasser 10, 1%ige Chromsäurelösung 25, Wasser 65 Raumteile. Auswaschen mit fast kochendem Wasser, später mit Alkohol. — 2. Nach LO BIANCO: Gleiche Raumteile von Pikrinschwefelsäure und 1%iger Chromsäurelösung.

Pikrinchromsalpetersäure nach RAWITZ: Pikrinsalpetersäure 1, 1%ige Chromsäurelösung 4 Raumteile. Nach 24 Stunden mit 70%igem Alkohol auszuwaschen. Für Zellteilungen bei *Salamandra*.

Pikrinosmiumessigsäure nach VOM RATH: Konzentrierte wässerige Lösung von Pikrinsäure 100, 2%ige Lösung von Osmiumsäure 6, Essigsäure 1 Raumteil. Kleine, leicht permeable Objekte bleiben nur 1/4—1 Stunde, große 24 bis 48 Stunden in diesem Gemisch; dann direkt in Alkohol von 75%. Färben in toto (am besten warm) mit Safranin in 30%igem Alkohol oder mit Boraxcarmin etc., Färben der Schnitte mit „Hämatoxylin".

Pikrinosmiumsalpetersäure nach RAWITZ: Pikrinsalpetersäure 6, 2%ige Lösung von Osmiumsäure 1 Raumteil. Nach 1/2—3 Stunden Auswaschen mit 70%igem Alkohol. Für sehr zarte Gewebe.

Pikrinplatinchloridessigsäure nach VOM RATH: Konzentrierte wässerige Lösung von Pikrinsäure 200 *ccm*, Platinchlorid 1 *g* (in 10 *ccm* Wasser gelöst), Essigsäure 2 *ccm*. (Hierzu 12 oder 25 *ccm* einer 2%igen Lösung von Osmiumsäure = Pikrinosmiumplatinchloridessigsäure). Kleine Objekte sind oft schon in 1/4 Stunde fixiert, große erst nach Tagen; hierbei ist die Flüssigkeit zu wechseln. Auswaschen mit Alkohol von 75%, von 95% und 100%, dann recht lange färben mit „Hämatoxylin" oder Eisenhämatoxylin. Oder: Abspülen mit Methylalkohol, dann auf 12—24 Stunden Einlegen in recht unreinen Holzessig (oder 20%ige wässerige Lösung von Tannin), wieder Abspülen mit Methylalkohol, Übertragen in Alkohol von 75%, 95% und 100%; im 95%igen müssen die Objekte so lange verweilen, bis der öfter gewechselte Alkohol farblos bleibt. Nachfärbung meist unnötig.

Pikrinsublimatessigsäure, Pikrinsublimatosmiumsäure und Pikrinsublimatosmiumessigsäure (alle drei nach VOM RATH), s. bei Sublimat, desgleichen RABLs Gemisch von **Pikrinsäure und Sublimat.**

Über die Gemische mit **Formol** s. Bd. I, pag. 488 und oben bei Pikrinessigsäure.

Pikrinsalpetersäure nach MAYER: Wasser 100, Salpetersäure von 25% N_2O_5 5 Raumteile, dazu Pikrinsäure bis zur Sättigung. Auswaschen mit 70%igem Alkohol oder rascher (nach LIST) mit 90%igem Alkohol, dem 2% Salpetersäure zugesetzt worden sind. Dieses und das folgende Gemisch haben vor der Pikrinschwefelsäure das voraus, daß sie in kalkhaltigen Geweben keinen Gips niederschlagen; speziell die Pikrinsalpetersäure vereinigt die guten Eigenschaften ihrer beiden Komponenten als Fixiermittel.

Pikrinsalzsäure nach MAYER: Wasser 100, Salzsäure von 25% HCl 8 Raumteile, dazu Pikrinsäure bis zur Sättigung. Auswaschen mit 70%igem Alkohol.

Pikrinschwefelsäure. Dieses vor zwei Dezennien sehr gerühmte, neuerdings aber ziemlich in Vergessenheit geratene Fixiermittel existiert in mehreren Varianten. KLEINENBERG nämlich fügt zu 100 Raumteilen einer gesättigten Pikrinsäurelösung in Wasser 2 Raumteile Schwefelsäure, filtriert vom reichlichen Niederschlag ab und verdünnt das Filtrat mit dem dreifachen Volumen Wasser. Ferner empfiehlt er den Zusatz von so viel Kreosot aus Buchenholzteer, wie sich lösen will, oder auch von 2% Chlornatrium, um Schrumpfungen (bei den Wurmlarven) zu vermeiden. Das Kreosot soll Schwellungen verhüten. Nach FOL läßt sich dies durch Zusatz von 1/3 Volum 1%iger Chromsäure erzielen. — WISTINGHAUSEN hingegen fügt zu 100 Vol. gesättigter Lösung von Pikrinsäure 300 Vol. Wasser und 2 Vol. Schwefelsäure, behält also alle Pikrinsäure im Gemisch. — MAYER mischt 100 Vol. destilliertes Wasser mit 2 Vol. konzentrierter Schwefelsäure und löst darin Pikrinsäure bis zur Sättigung (etwa 1/4%). Aus dieser konzentrierten Pikrinschwefelsäure wird durch Verdünnen mit dem dreifachen Quantum Wasser die gewöhnliche erhalten. — LANGENBECK endlich verfährt wie KLEINENBERG, nimmt aber zum Lösen der Pikrinsäure Seewasser.

Von obigen Gemischen wird gewöhnlich das von KLEINENBERG angewandt, das starke MAYERsche nur für spezielle Objekte, besonders Arthropoden. Das Umgekehrte dürfte aber richtiger sein. Die Objekte läßt man in beiden Fällen 3 oder mehr Stunden in der Flüssigkeit, bringt sie dann auf 5—6 Stunden in Alkohol von 70%, endlich in solchen von

90%, der so oft gewechselt wird, bis die gelbe Farbe ganz oder beinahe verschwunden ist. Warmer Alkohol zieht die Säure viel rascher aus als kalter. Das Auswaschen mit Wasser ist zu verwerfen.

Die Vorzüge der Pikrinschwefelsäure bestehen darin, daß sie die Gewebe sehr rasch tötet, sehr gut eindringt, sich aus den Geweben mit Alkohol völlig entfernen läßt (viel leichter als die reine Pikrinsäure) und sie auch für die Färbung in geeignetem Zustande erhält. Sie hat aber wohl noch größere Nachteile (die Schwefelsäure bringt bei Vertebraten das Bindegewebe zum Quellen; aus Geweben mit viel Kalk löst sie diesen und schlägt ihn dann als Gyps darin nieder etc.), ist daher für feinere Untersuchungen nicht empfehlenswert. Sie wird auch wohl im Gemisch mit Chromsäure, Essigsäure, Kaliumbichromat, Osmiumsäure und Sublimat angewandt.

Literatur: Lee und Mayer (Grundzüge, 3. Aufl., 1907, pag. 54ff., etc.). vom Rath (Anat. Anz., Bd. 11, 1895). *Mayer,* Neapel.

Pikroammoniakcarmin siehe: Carmin.

Pikrocarmin siehe: Carmin.

Pikrofuchsin siehe: Säurefuchsin.

Pikrolithioncarmin siehe: Carmin.

Pikromagnesiacarmin siehe: Carmin.

Pikronigrosin siehe: Nigrosin.

Pilocarpin. Das Pilocarpin ist ein in den Blättern von Pilocarpus pennatifolius, einer brasilianischen Rutacee, vorkommendes Alkaloid, aus welchen es durch Extraktion mittelst ammoniakalischen Alkohols erhalten wird. Es bildet eine alkalische, in Wasser wenig lösliche, halbflüssige Masse, die mit Säuren krystallisierbare Salze liefert. Unter den letzteren ist das Pilocarpinum hydrochloricum das wichtigste. Es stellt farblose, hygroskopische, schwach sauer reagierende, in Wasser und Alkohol leicht lösliche Krystalle dar. Das salpetersaure Salz ist schwerer löslich.

Das Pilocarpin wird in der experimentellen Physiologie und Histologie vielfach benutzt, um die Absonderungstätigkeit mancher Drüsen anzuregen, z. B. Speicheldrüsen, Pancreas, Schweißdrüsen. Man gibt gewöhnlich ein bis mehrere Kubikzentimeter einer 0,1%igen Lösung des salzsauren Salzes subcutan oder intravenös. Die Verabreichung sehr großer Dosen, über 0,1 *g*, wirkt dagegen lähmend auf die secretorischen Fasern (vgl. auch Alkaloide).

Pilze. Im Gegensatz zu den Myxomyceten (s. diese) oder Schleimpilzen stehen die Hyphomyceten oder Fadenpilze, auch Eumyceten genannt, welche immer oder wenigstens während des größten Teiles ihrer Entwicklung eine schlauchförmige, dünnere oder dickere Membran besitzen, die ein meist farbloses Plasma mit einem oder vielen Zellkernen, auch Fetttröpfchen, aber nie Stärkekörner einschließt. Da sie auch kein Chlorophyll besitzen, ernähren sie sich nie autotroph, sondern sind stets Parasiten oder Saprophyten. Im folgenden sollen in der Reihenfolge ihrer systematischen Stellung die Untersuchungsmethoden der auf faulenden organischen Stoffen auftretenden Fadenpilze, der sogenannten Schimmelpilze, ebenso wie der sich eng anschließenden tierparasitären Formen geschildert werden. Ferner erschien es im Hinblick auf die Häufigkeit ihres Auftretens bei den zur mikroskopischen Untersuchung gelangenden Objekten zweckentsprechend, in aller Kürze auch auf ihre Systematik und Entwicklungsgeschichte hinzuweisen.

Bei den den Algen am nächsten stehenden Phycomyceten ist es zu einer Scheidewandbildung im allgemeinen noch nicht gekommen, sondern das ganze Mycel des Pilzes stellt eine einzige Zelle dar. Die Fortpflanzung ist geschlechtlich oder ungeschlechtlich. Bei der ersten Unterklasse, den Oomyceten, geschieht die ungeschlechtliche Fortpflanzung fast stets mittelst Schwärmsporen mit 1 oder 2 Geißeln, die geschlechtliche durch weibliche Oogonien und männliche Antheridien, in denen bei der niedrigsten Gruppe, den Monoblepharoideen (Monoblepharis an faulenden Stoffen im Wasser), noch wohl entwickelte Spermatozoiden erzeugt werden, während sonst Befruchtungsschläuche aus den Antheridien in die Oogonien wachsen und die männlichen Elemente, zumal den Zellkern, hinüberführen. Hierher gehören die überall im Wasser auf faulenden Organismen lebenden, sie mit einer weißen Wolke überziehenden Saprolegniaceen Achlya, Saprolegnia. Nach wenigen Tagen kann man sich leicht jederzeit Saprolegnia verschaffen, wenn man eine tote Fliege in Wasser wirft, am besten aus einem Tümpel oder Aquarium (meist aber auch schon in Leitungswasser), oder noch besser auf Mehlwürmern (Larven von Tenebrio molitor). Die Einzelheiten der Entwicklung (Schwärmsporenbildung, Anlage von Oogonien und Antheridien) werden dann am Hängetropfen in der feuchten Kammer beobachtet. Nahe verwandt sind ihnen neben den auch starke Pflanzentumoren verursachenden, intercellular lebenden Chytridiaceen die lebende Insekten befallenden und tötenden Entomophtoraceen, deren bekanntester Vertreter Empusa muscae im Herbst den Stubenfliegenschimmel verursacht. Die Myceläste brechen aus dem Hinterleib hervor und erzeugen Conidien, welche weithin abgeschleudert werden. Sie keimen leicht auf der Bauchhaut gesunder Fliegen, dringen in die Haut ein, bilden durch Sprossung rundliche Zellen, die sich im Blut verbreiten und so eine neue Infektion hervorrufen. Die gleichfalls hierher gehörenden Peronosporeen bilden die Hauptmasse des Schimmels auf lebenden Blättern, von denen die wichtigste die Kartoffelkrankheit Phytophtora infestans; während den Schimmel auf der Blattepidermis die Sporangienträger bilden, werden im Innern des Blattes bei den meisten Formen, aber nicht bei der Kartoffelkrankheit, die Sexualorgane nebst den sehr dickwandigen Oosporen gebildet. Ihr schneller Nachweis geschieht, indem man die Stücke einige Minuten in Alkohol kocht, dann in Salpetersäure bringt, bis das Kochen aufhört, und in destilliertem Wasser auswäscht, schließlich nochmals in Alkohol kocht (BERLESE). Für die vielfach studierten Befruchtungsvorgänge dient Chromessigsäure, da das Osmium der FLEMMINGschen Lösung das ölreiche Plasma zu sehr schwärzt, zur Färbung FLEMMINGS drei Farben.

Zu der zweiten Unterklasse der Phycomyceten, den Zygomyceten, gehören einige der gewöhnlichsten Schimmelpilze. Die ungeschlechtliche Fortpflanzung geschieht durch unbewegliche Sporen, die in relativ großen Sporangien gebildet werden, die meist seltene sexuelle Fortpflanzung durch gleichwertige Gametenzellen, die zur Zygosporenbildung zusammentreten. Ein Stückchen feuchten Brotes unter Luftabschluß unter die Glasglocke gebracht, ist in wenigen Tagen mit einem dicken weißen bis bräunlichen Filz von Mucor mucedo-(Sporen oval) Sporangienträgern 2—3 *cm* oder Mucor racemosus-(Sporen rundlich) Sporangienträgern 1 *cm* bedeckt, an dem sich schon makroskopisch leicht sichtbar die Sporangienträger mit kugelig angeschwollener Spitze (das Sporangium) erheben, daher „Keulenschimmel". Im Untersuchungswasser des mikroskopischen Präparates zerfließt das reife Sporangium schnell, indem es die dunklen Sporen, in farblosem Schleim eingebettet, entläßt, während an der Wand feine Nadeln oxalsauren Kalks sichtbar werden. Das unreife Sporangium zerfließt bei einiger Vorsicht nicht; es ist anfangs gegen den Sporangienträger nicht abgesetzt und ist dann meist schöne Plasmaströmung in longitudinaler Richtung in der Wandschicht zu sehen. Später setzt er sich durch eine vorgewölbte Wand (Columella) ab. Die Zygosporenbildung geschieht, und zwar relativ selten, auf dem für Mucorkultur überhaupt sehr günstigen Nährboden, feuchten Mist; sie sind dann als schwarze Punkte zu erkennen und können durch Ausschlemmen isoliert werden. Über andere Kulturangaben vgl. BAINIER (Ann. d. Sc. Natur. Bot. Ser. VI, Bd. 11). Verbreitet ist auch Mucor stolonifer, der sich mit bogigen Ausläufern etwa wie eine Erdbeere ausbreitet. Als Mucor corymbifer wird ein dem Mucor racemosus ähnlicher von SIEBEL aus dem Pfropf des menschlichen Gehörganges beschrieben, wie auch eine allgemeine Mucormycose beim Menschen vorzukommen scheint. — Andere Zygomyceten wie Phycomyces nitens, Philobolus etc. auf frischem Mist. Über Membran der Mucorineen vgl. MANGIN (Journ. de Bot., Bd. 13. 1899).

Die Ascomyceten haben ein typisch septiertes Mycel und bilden ihre Hauptfruchtform in Sporangien, die die Form des Ascus oder Sporenschlauches besitzen, der im Inneren eine bestimmte Anzahl von Sporen (n × 2, meist 8) entwickelt. Der Bildung der Asci gehen eigentümliche Bildungen, „fertile Hyphen", voraus, die in den meisten Fällen in Beziehung zu Befruchtungsvorgängen gebracht werden konnten. Für die schwierige Fixierung dieser Vorgänge ebenso wie die der Kernteilung und Sporenbildung im Ascus hat sich neben FLEMMING ($^1/_2$ stark + $^1/_2$ Wasser) und FLEMMINGscher Färbung das MERKELsche Gemisch bewährt (HARPER). — Vielfach treten als Nebenfruchtform Conidien auf, die die wesentlichsten Elemente der Schimmelpilze bilden und von denen teilweise (Fungi imperfecti) ihre Zugehörigkeit zu bestimmten Acusformen noch nicht nachgewiesen ist. Bei den einfachsten Formen, den Exoasci, entstehen die Asci frei am Mycel; hierher gehören die in den schleimigen Zersetzungen der Holzgewächse auftretenden Endomycesarten, wie die pflanzenparasitären, vielfach Tumoren verursachenden Exoascus- und Taphrinaarten (Kräuselkrankheit der Pfirsiche, Narrentasche der Pflaumen). Schließlich gehören hierher wahrscheinlich auch die meisten Hefepilze (s. Hefe).

Bei den meisten Ascomyceten sind aber die fertilen ascustragenden Hyphen von sterilen Hyphen umschlossen, Carpoasci, nach deren Beschaffenheit diese eingeteilt werden in solche mit rings festschließender Hülle (Peritecien), bei denen die Sporen bei der Reife erst durch Verwesung der Hülle frei werden, Perisporiaceen. Außer den ausschließlich auf der Oberfläche pflanzlicher Organe wachsenden Erysipheen, „dem Mehltau" (beim Mehltau des Weines in Europa nur die Conidienformen als Oidium Tuckeri bekannt), gehören hierher die saprophytischen Perisporieen, deren Conidien als die gemeinsten Schimmelpilze auf feuchten Vegetabilien, auf Früchten, Brot usw. auftreten, auf letzterem meist später als Mucor (s. oben). Der „Gießkannenschimmel" Aspergillus (Eurotium herbariorum) und der „Pinsel- oder Brotschimmel" Penicillium (glaucum oder crustaceum), beide blaugrün, sind makroskopisch schwer, mikroskopisch sofort zu unterscheiden. Während beim Gießkannenschimmel auf der kugeligen Endanschwellung des unverzweigten aufrechten Trägers zahlreiche flaschenförmige Zellen aufsitzen, die fortgesetzt an ihrer Spitze kettenförmig zusammenhängende, radial ausstrahlende Conidienreihen abgliedern, ist der Conidienträger des Pinselschimmels pinselartig verzweigt und jeder Endast scheidet erst die Conidienketten ab. Die Untersuchung wird besonders bei älterem Material durch die massenhafte Bildung der Sporen, die die Luft stark adhärieren, erschwert, doch genügt zur Vertreibung der Luft meist Zusatz von Alkohol zum Präparat oder auch sehr vorsichtiges Aufkochen unter dem Deckglas. Die Peritecien treten nur bei Eurotium einigermaßen häufig — im Innern verschimmelten Brotes, auf feucht liegenden gepreßten Pflanzen — als orangegelbe Pünktchen auf; in ihnen sind bei der Reife die Sporen schon frei und die Ascusschläuche nicht mehr zu erkennen. Außer dem blaugrünen Aspergillus herbariorum ist noch relativ häufig der dunkelbraune A. niger. Blaugrau ist A. fumigatus, ockergelb A. ochroceus. Da die meisten Aspergillen ein Temperaturoptimum gegen 30° haben, sind sie gleichzeitig meist tierparasitär, am häufigsten fumigatus im Gehörgang des Menschen und in der Lunge zumal von Tauben.

Bei den übrigen Unterklassen der Carpoasci, den Pyrenomyceten, Discomyceten und Tuberaceen öffnen sich überall die Peritecien mehr oder weniger regelmäßig. Außer den vielfach auf Insekten auftretenden Isariaconidien, zu denen die auf toten Insekten lebenden Cordycepsperitecien gehören, sind tierparasitäre oder typische Schimmelpilze nicht bekannt.

Von wahrscheinlich durchgehends zu den Ascomyceten gehörenden isolierten Conidienformen (Fungi imperfecti, s. oben) werden ihrer Form nach einige wichtige Gruppen unterschieden, die jedoch oft Übergänge untereinander aufweisen. Auch werden von den einzelnen Autoren unter den gleichen Gattungsnamen verschiedene Formen verstanden. Im allgemeinen werden als Oidien Mycelien bezeichnet, die basipetal an unverzweigten Trägern hyaline Sporen abschnüren, die sich bald voneinander trennen. Weiter werden aber darunter überhaupt Mycelien verstanden, die die Tendenz haben, zahlreiche Querwände zu bilden, die einzelnen Glieder abzurunden und leicht in sie zu zerfallen, eine Erscheinung, die bei fast allen Pilzgruppen vorkommt und als Chlamydosporenbildung bezeichnet wird. Diese Sporen vermehren sich oft weiter durch einfache Querteilung. Oidium lactis bildet die Hauptmasse der festen gelblichen Decke auf dicker Milch, ist aber auch sonst als zarter, schneeweißer Überzug auf Brot, Mist, faulen Früchten etc. sehr häufig. Der Pilz hat schwache Gärwirkung und ist nicht pathogen. Pathogen ist dagegen der früher mit Oidium lactis identifizierte Oidium (Trychophyton) tonsurans, die Glanzflechte hervorrufend, der, auf Agar-agar und Blutserum bei Körperwärme kultiviert, weißliche, in der Tiefe gelbliche Rasen bildet. Höchst wahrscheinlich entsprechen die klinisch verschiedenen Fälle des Herpes verschiedenen Pilzrassen. — Oidium Schönleinii ist die Ursache des Favus, er bildet in seinem natürlichen Vorkommen auf der Haut eine von Oidium lactis kaum zu unterscheidende Form, ist aber bei Körperwärme auf Agar, Blutserum, Gelatine etc. kultiviert, durch seine Vorliebe ausgezeichnet, in tieferen Schichten des Substrats zu wachsen, und sind vor allem die moosartigen Ausläufer charakteristisch. Die Farbe der Kultur ist anfangs grauweiß, später gelblich. Die Kultur des Oidium (Microsporon) furfur, die Ursache der Pityriasis versicolor, scheint noch nicht gelungen zu sein. — Gleichfalls als Oidium wird der leicht kultivierbare Pilz angesehen, der die Piedra, Knotenbildung der Haare, hervorruft. Er hat die Neigung, auf der Oberfläche der Kultur gefaltete und gewulstete Auflagerungen zu bilden. Die Form der Monilia unterscheidet sich dadurch von Oidium, daß die Conidienträger verzweigt und rasig wachsen und die gleichfalls hyalinen Sporen die Tendenz haben, länger im Verband zu bleiben. Die Sporen vermehren sich hier oft durch hefeartige Sprossungen. Monilia candida, das in der Natur als weiße Schicht auf frischem Kuhmist und süßen, saftigen Früchten auftritt, ruft, in Würze überführt, unter reichlicher Hefesprossung, die mit Saccharomyces cerevisiae große Ähnlichkeit hat, Alkoholgärung hervor. Sehr ähnlich der Monilia candida ist der Soorpilz, auch Oidium albicans genannt, der auf Schleimhäuten, hauptsächlich der Mundschleimhaut der Säuglinge, die charakteristische Affektion hervorruft. Er ist auf üblichem Nährboden als weiße Kolonien zu kultivieren, auf Kartoffeln, Rüben, Melonen, Milch, gelatinisierter Bierwürze etc. Wachstumfördernd sind schwache Alkalescenz und reichlicher Sauerstoffzutritt. Je nach den Nährstoffen ist er sehr veränderlich in seiner Hyphenbildung und Hefensprossung. — Monilia cinerea und fructigena, der gewöhnliche Schimmel der Kirschen und Äpfel, graue oder bräunliche Belege bildend, gehören zu einer Sclerotinia. — Botrytis werden Conidienformen genannt, bei denen die Fruchthyphen an der Spitze in kurze, dicht stehende Äste geteilt sind, denen die einzelligen Sporen aufsitzen. Botrytis cinerea, auf Trauben und anderen faulenden Pflanzenteilen häufig, vielleicht zu Sclerotinea fuckeliana auf Weinblättern und Ranken gehörig. Tierparasitär ist Botrytis bassiana, die Muscardinenkrankheit der Seidenraupe verursachend. Auch Oidium tonsurans wird von einigen Autoren als Botrytis tonsurans hierher gestellt. — Die vielen den obigen ähnlichen Conidienformen, wie Torula, Verticillium etc., scheinen nicht tierparasitär aufzutreten.

Die Hämibasidii und Basidiomyceten bilden nie Sporen innerhalb von Sporangien oder Asci, auch scheint eine eigentlich sexuelle Fortpflanzung nicht vorzukommen. Die einzigen Vertreter dieser Gruppe sind die phytoparasitären Brandpilze oder Ustilagineen. Sie bilden in der Pflanze als Abschluß ihres parasitären Lebens Brandsporen, indem das Mycel durch Querwände in sich stark verdickende Zellen zerfällt: Chlamydosporen (siehe Oidien). Die Brandsporen keimen in Nährlösung (in der Natur auf Mist etc.), also in saprophytischer Lebensweise, zu Conidienträgern, die reichlich Conidien abschnüren und sie unter günstigen Lebensbedingungen hefeartig vermehren. Durch das Eindringen in die junge Nährpflanze kehren sie zur parasitären Lebensweise zurück und ihr Mycel wächst mit der Pflanze bis zur Brandsporenbildung mit (s. oben).

Bei den Basidomyceten, die die höchstentwickelten Pilze enthalten, ist die Conidienbildung die Hauptfruchtform geworden, und zwar auf Conidienträgern (Basidie) von ganz bestimmter Form, Größe und Sporenzahl, meist 4, ausnahmsweise 6 oder 8. Je nachdem die Basidie geteilt ist, so daß jeder Abschnitt eine Spore trägt oder ungeteilt ist, werden Proto- und Automyceten unterschieden. Tierparasitäre oder typische Schimmelpilze kommen nicht vor. Zu den Protobasidiomyceten gehören die auf sehr vielen Pflanzen in den mannigfachsten Arten auftretenden Rostpilze, Uredineen, Rost des Getreides, der Stachelbeere etc. Zu den Autobasidiomyceten gehören u. a. der Hausschwamm und alle Hutpilze, die Agaricinen. Vgl. auch Artikel: Myxomyceten, Hefe und Strahlenpilz Actinomyces.

Als Nährlösung zu Reinkulturen für Pilze kommen außer den schon bei Hefe genannten, hier auch vielfach anzuwendenden, noch Dekokte aus den vom Pilz im natürlichen Vorkommen bewohnten Substraten in Betracht.

Bei Mistbewohnenden stellt man sich den Dekokt am haltbarsten her, wenn man Mist mit Wasser aufrührt, kocht, filtriert und das Filtrat 24 Stunden im Dampfbade läßt. — Sehr brauchbar ist in vielen Fallen auch ein kalter Auszug von getrockneten Früchten, wie Rosinen, Birnen, Pflaumen. Er wird klar abfiltriert und bis auf Sirupdicke eingedampft. Er hält sich jahrelang unverändert und kann nach Bedarf mit gut ausgekochtem Wasser verdünnt werden. Reagiert die Flüssigkeit sauer, so wird unter Umständen mit Ammoniak neutralisiert. Sehr gut ist auch oft gekochter und filtrierter Citronensaft. Sein Säuregehalt verhindert die Entwicklung von Infusorien und ist hauptsächlich nur Penicillium crustaceum in solchen Kulturen zu fürchten. Die Art der Kultur ist die für Bacterien übliche, resp. mit den bei Hefe (s. dort) geschilderten Modifikationen.

Literatur: Berlese (Jhb. Wiss. Bot., Bd. 31, 1900), Flügge (Mikroorganismen, 3. Aufl., Berlin 1896), Harper (Jhb. Wiss. Bot., Bd. 30, 1899), Strasburger (Gr. Bot., 4. Aufl., 1897).

Magnus, Berlin.

Pinksalz siehe: Zinnammoniumchlorid.

Piperidin siehe: Alkaloide.

Piperin, $C_{17}H_{19}NO_3$, ein Alkaloid in den Früchten von Piper nigrum, sowie denjenigen von Piper longum. Prismen, die in kaltem Wasser fast unlöslich, in Alkohol und Äther leicht löslich sind.

Piperin wird von Madan als Medium zur Untersuchung empfohlen, und zwar in einem Gemisch von 4 Teilen Piperin und 1 Teil Canadabalsam vom Inden 1,657.

Literatur: Madan (Journ. Roy. Micr. Soc. 1898). *Mosse,* Berlin.

Placenta. Zur Fixation des Placentargewebes spielt die Müllersche Flüssigkeit auch in der neuesten Zeit noch eine ziemlich große Rolle (Heinrichs, Peters, Paladino), daneben verwenden Strahl, van Beneden, Nolf, Vernhaut Pikrinschwefelsäure, Klebs Sublimat, van Beneden, Bonnet und Maximow Hermannsche oder Flemmingsche Flüssigkeit, der letztere auch mit Vorliebe Podwyssotzkysche oder Zenkersche Lösung. Die Flemmingsche Flüssigkeit gibt nach van Cauwenberghe für die menschliche Placenta weitaus die besten Resultate, besonders in Verbindung mit der Bendaschen Postchromierung. Er läßt die Stücke 8 Tage in Flemming, 1 Stunde waschen, 24 Stunden in Holzessig mit 1% Chromsäure, 24 Stunden in 2%iges Bichromat und ebenso lang waschen. Auch das Formol ist zur Fixation des Placentargewebes vielfach benutzt worden, so von Siegenbeck van Heukelom in 10%iger, von Paladino in 5%iger, von Bonnet in 4%iger Lösung.

Zur Demonstration des Stäbchensaums der Chorionzotten eignet sich nach HOFBAUER vor allem Fixation in Osmiumessigsäure und in CARNOYscher Flüssigkeit. Die Schaumstruktur des Protoplasmas des Zottenmantels kommt am besten zur Anschauung nach Fixation in Müller oder Carnoy oder Alkoholformalin. Die Körnerzellen des Zottenstromas erscheinen am besten nach Färbung in Eisenalaunhämatoxylin oder bei Färbung frischen Materials mit Neutralrot (HOFBAUER).

Zum Nachweis von Fett und Glycogen dienen die üblichen Methoden (MELISSENOS, TENKINSON, HOFBAUER). Für den Eisennachweis empfiehlt HOFBAUER vor allem die HALLsche Methode (siehe Eisen).

TESSATI will mittelst der Golgimethode und der Schnittvergoldung nach APÁTHY (siehe Neurofibrillen) in der Placenta Nerven dargestellt haben, doch handelt es sich nach BUCURA da nicht um Nerven, sondern Bindegewebsfasern.

Will man bei kleinen Säugern die Entwicklung der Placenta untersuchen, so ist nach MAXIMOW am besten nach Eröffnung der Bauchhöhle das Mesometrium mit den in ihm verlaufenden Gefäßen sorgfältig abzubinden, dann wird eine jede Eikammer von beiden Seiten abgebunden und in die körperwarme Fixationslösung, am besten eignet sich ZENKERsche Flüssigkeit, eingelegt. Nachdem nach ungefähr 5 Minuten die Uteruswand etwas hart geworden ist, schneidet man aus dem antimesometralen Teil ein Stück heraus, um der Flüssigkeit auch Eingang ins Innere zu verschaffen. Um eine bessere Schnittfläche zu erreichen, wird später im Alkohol alles Überflüssige, besonders die Uterusmuscularis entfernt.

Zur Färbung der Schnitte empfiehlt STRAHL Safranin, MAXIMOW Hämatoxylin-Eosin oder Safranin-Lichtgrün, PALADINO eine Mischung von Biebricher Scharlach- und Alaunhämatoxylin.

Literatur: BONNET (Anat. Hefte, Bd. 16, 1901), BUCURA (Zeitschr. Heilk., Bd. 28, 1907), HEINRICIUS (Arch. Mikr. Anat., Bd. 33, 1889), HOFBAUER (Sitzungsber. Akad. Wiss. Wien, Bd. 112, 1903), derselbe (Verh. Anat. Ges. Jena 1904), KLEBS (Arch. Mikr. Anat., Bd. 37, 1891), MAXIMOW (Ebenda, Bd. 51 u. 56, 1897 u. 1900), MELISSENOS (Ebenda, Bd. 67, 1905), NOLF (Arch. de Biol., Bd. 14, 1895), PALADINO (Arch. Ital. Biol., Bd. 31, 1899), PETERS (Über die Einbettung des menschlichen Eies. Leipzig 1899), SIEGENBECK VAN HEUKELOM (Arch. Anat. 1898), STRAHL (Ebenda, 1889), TENKINSON (Brit. Med. Journ. 1904), TESSATI (Annal. di Ostetr., Bd. 27, 1905), VAN BENEDEN (Anat. Anz., Bd. 16, 1899), VAN CAUWENBERGHE (Arch. de Biol., Bd. 23, 1906), VERNHAUT (Anat. Hefte, II. 14, 1894).

Plasmaströmung pflanzlicher Objekte. Zur Demonstration der jedem lebenden Plasma zukommenden Fähigkeit der Eigenbewegung sind nur relativ wenig Objekte durch die Stärke ihrer Bewegung geeignet. Auch hier ist die rasche Bewegung oft keine normale, sondern der Ausdruck gesteigerter Zelltätigkeit als Reaktion auf irgend welche äußeren störenden Einflüsse. Bei den zellhautumrindeten Protoplasten der pflanzlichen Zellen unterscheidet man in der Hauptsache zwei Arten in der Bewegung, Circulation und Rotation. Bei der Circulation strömen einzelne Plasmapartien in verschiedener Richtung, oft dicht nebeneinander her. Meist durchsetzen, vom plasmatischen Wandbeleg (Protoplasmaschlauch) ausgehend, feine und feinste Plasmastränge den mit Zellsaft erfüllten Saftraum, besonders zahlreich in der Richtung zum Zellkern. Hauptsächlich auf ihnen ist die Bewegung an den aneinander vorübergleitenden körnigen Plasmaeinschlüssen deutlich. Bei längerer Beobachtung sieht man auch oft einzelne Plasmastränge verschwinden, andere sich bilden und gleichzeitig den Kern mit fortgeführt werden. — Als bestes Demonstrationsobjekt dienen die Staubfädenhaare in den Blüten der im Freien in allen botanischen Gärten kultivierten Tradescantia virginica, am besten in Knospen kurz vor dem Aufblühen. Blütezeit Ende Mai bis Juli. Oder auch der Blüten der häufig und leicht im Zimmer kultivierten, aber meist nur im Warmhaus blühenden Tradescantia cerebrina mit grüner und T. discolor mit roter Blattunterseite. Als recht guter Ersatz bei nicht blühenden Pflanzen dienen Randhaare junger Blattscheiden, besonders von Tr. virginica. Weiter sind empfehlenswert die Haare jüngster Triebe vom Kürbis, die mit dem Rasiermesser vorsichtig mit noch etwas anhaftender Blattepidermis abgetrennt werden müssen.

Bei der Rotation bewegt sich das Plasma ausschließlich in einer Richtung in einem in sich selbst zurückkehrenden Strome, und zwar immer in der Längsrichtung der Zelle. Die beiden entgegengerichteten Ströme grenzen nicht unmittelbar aneinander, sondern sind durch einen Streifen ruhenden Plasmas, dem Interferenzstreifen, getrennt. Von den in Betracht kommenden Objekten haben den mächtigsten und schnellsten Strom die jüngsten Gliederzellen der Characäengattung Nitella (vgl. Algen, Kultur der). Als Ersatz können dienen die unberindeten jüngsten Haarzellen von Chara oder ihre Keimlinge. Die Strömung, die Zellkerne und Stachelkugeln mit sich führt (siehe Characäen), findet hier unterhalb der in Ruhe befindlichen reihenweise angeordneten Chlorophyllkörner statt, zwischen denen sich der Rand des Interferenzstreifens durch eine spiralig gedrehte chlorophyllfreie Linie markiert, entsprechend der auch bei anderen Objekten zu beobachtenden etwas schiefen Stromrichtung. In Zellen, die schon etwas gelitten haben, werden auch oft die Chlorophyllkörner mitgerissen, die dann eine eigentümliche, sehr schnelle Rotation zeigen. Schöne Objekte sind auch die jungen steifen Wurzelhaare von Wasserpflanzen, vom Froschbiß, Hydrocharis morsus ranae (leicht im Aquarium kultivierbar) und der amerikanischen Hydrocharidäe Trianaea bogotensis, stets in botanischen Gärten. Es muß hier zur Beobachtung die ganze Wurzelspitze im Wasser unter das Deckglas gebracht werden. In sehr jungen Haaren findet noch Circulationsströmung statt, die sich erst beim Älterwerden in Rotation verwandelt, so daß alle Übergänge vorhanden sind. Erst durch den Wundreiz bei Verletzung und nach einiger Zeit (bis 5 Minuten) zu rascher Rotationsströmung, die auch alle Chlorophyllkörner mitreißt, werden angeregt die großen Mesophyllzellen der Blätter von Valisneria spiralis und die Blattzellen von Elodea canadensis Wasserpest, beide leicht im Zimmeraquarium kultivierbar. Während die letzteren so durchsichtig sind, daß sie direkt nach Abtrennung vom Sproß beobachtet werden können, erfordern erstere eine geringe Präparation. Ein Flächenschnitt wird hergestellt mit dem Rasiermesser, nachdem man das lange Blatt quer über dem Zeigefinger straff gespannt hat; dann wird er mit der Blattepidermis nach unten auf den Objektträger gebracht.

Die Intensität der Protoplasmaströmung ist sehr abhängig von äußeren Bedingungen, so tritt sie in kälterer Jahreszeit öfter erst nach längerem Aufenthalt im warmen Zimmer ein: ebenso wie eine „Kältestarre“ gibt es vor dem Absterben der Zelle auch eine „Wärmestarre“. Das genaue Studium über die Beeinflussung durch Wärme (Schäffer), Licht, Anwesenheit von Sauerstoff (Ritter) und anderer Gase (Samassa), Elektrizität (Hörmann) etc. ist von verschiedener Seite in Angriff genommen und dient meist Nitella als Versuchsobjekt. Da die Plasmaströmung ein gutes Kriterium für den Lebenszustand der Zellen bildet, dient sie vielfach (zumal Haare von Tradescantia) als geeignetes Objekt zum Studium der Absterbeerscheinungen bei schädlichen Einflüssen zumal von Giften (Bokorny, Klemm). Es können hierbei ähnliche Erscheinungen auftreten wie bei den „Aggregationen“ in den Digestionshaaren von Drosera. Nach Fütterung mit Fleisch und anderen Stoffen findet in den Zellen der Tentakel lebhafte Circulationsströmung statt, durch die die ursprünglich einzige große Mittelvacuole allmählich in viele kleine zerspalten wird. Nach dem Aufhören der Reizung geht die Erscheinung wieder zurück (de Vries). Über die Bewegungen der Chlorophyllkörner durch Licht vgl. Chromatophoren.

Literatur: Bokorny (Jhb. Wiss. Bot., Bd. 20, 1889), Halbfleisch (Ebenda, Bd. 24, 1892). Hörmann (Studien über d. Protoplasmaströmung bei Characeen. Jena 1898). Klemm (Jhb. Wiss. Bot., Bd. 27. 1895), Ritter (Flora, Bd. 86, 1899), Samassa (Verh. Nat. Med. Ver. Heidelberg, N. F., Bd. 6, 1898), Schäfer (Flora, Bd. 85, 1898), Strasburger (Gr. Bot. Prakt., 4. Aufl., 1897), de Vriese (Bot. Zeitschr. 1886).

Schöne Protoplasmaströmung läßt sich bei nicht zellhautumrindeten Zellen, besonders bei vielen Protozoen, beobachten. Sie äußert sich im einfachsten Falle in einer gegenseitigen Verschiebung der Plasmapartikelchen. Mit ihr kann eine Formveränderung verbunden sein durch Ausstreckung amöboider Fortsätze, die, falls sie nach einer Richtung stattfinden, zur Ortsveränderung führt. In diesem Falle ist bereits eine regelmäßigere Strömung zu beobachten, so zwar, daß in dem vorwärts fließenden Plasmaarm, dem Lobopodium, dem körnerfreien Ectoplasma vom Hinterende aus das körnerreiche Endoplasma folgt, in seiner Achse nach vorn fortströmt, am Vorderende des Lobopodiums fontänenartig nach der Seite umbiegt und nach hinten wieder abfließt (Rhumbler). Zur Demonstration ist jede lobose Amöbe geeignet. Material beschafft man sich durch ein paar Tage Stehenlassen von feuchten Fucus- und Agarstengeln. Meist ist es die Amoeba limax. Oder durch Aufstellen von Schlammboden eines Teiches in Kulturgläsern, wo meist in 8—14 Tagen die kleinen weißen Pünktchen der großen Pelomyxa an der Wand heraufkriechen. Die Lobopodien können ebenso wenig wie die Filipodien, das sind sehr lange und sehr spitze Lobopodien der stets mit Schale versehenen filosen Amöben, verschmelzen. Dies ist der Fall bei den feinen Pseudopodien der Rhizopoden, die ein feinstes Netzwerk bilden, auf dem ganz entsprechend der Circulation in behäuteten Zellen eine lebhafte Körnerströmung in allen Richtungen stattfindet. Als Demonstrationsobjekt sind noch am leichtesten zu beschaffen die beschalten Foraminiferen des Meeres, lebend z. B. aus der Station von Rovigno stets erhältlich. Noch typischer ist die Körnerströmung bei den Heliozoen, wo auf den Strahlen stets lebhafte Strömung stattfindet. Heliozoum oder auch das schon mit bloßem Auge erkennbare Actinosphärium sind meist nach kurzem Suchen auf dem Boden von mit Teichschlamm und Wasser beschickten Kulturgefäßen zu finden. Über die Bewegung der Plasmodien vgl. Myxomyceten.

Literatur: Lang (Protozoen, Jena 1901), Rhumbler (Arch. Entwickl.-Mech., Bd. 7, 1889).

Magnus, Berlin.

Plasmaverbindungen pflanzlicher Zellen. Die pflanzlichen Zellen stehen an den verdünnten Stellen (Tüpfel, Poren) sowohl ihrer Membranen als auch oft an nicht verdünnten Stellen durch sie hindurch mit Plasmafortsätzen (Plasmodesmen Strasburgers) miteinander in unmittelbarer Verbindung. Unmittelbar im Leben sichtbar sind dieselben bei den Algenkolonien Volvox' innerhalb der Gallerte (geeignetes Demonstrationsobjekt). Bei höheren Pflanzen gelingt der unmittelbare Nachweis im Endosperm einiger Palmensamen (zumal bei Phytelephas macrocarpa, Steinnüsse, vegetabilisches Elfenbein). Sehr dünne Schnitte längere Zeit in stark verdünnter Lösung von Methylviolett oder Safranin lassen die Plasmaverbindungen als dünne, homogene Plasmastränge scharf hervortreten (Kohl). Auch hier werden nur die in Bündeln zusammenliegenden (aggregierten), Tüpfel durchsetzenden sichtbar, die zerstreut liegenden Plasmastränge (solitäre) ebenso wie die Plasmastränge aller übrigen Pflanzen erst auf Quellungspräparaten. Geeignete Objekte sind Moose (Mnium affine, Selaginella martense), Epidermis der Blätter oder Rindenparenchym von Viscum album (Mispel), sekundäre Rinde (Phanerogamen), Siebröhren von Wistaria (Glycinie), Samen der Brechnuß (Strychnos nux vomica). Außer etwa den Moosen müssen die Objekte vorher fixiert werden.

a) Frische dünne Schnitte gelangen in 1%ige Osmiumsäure, werden abgespült und für 20—30 Minuten in Jodjodkalium (0,2% Jod + 1,64% Jodkalium) gebracht.

b) Zweistündige Fixierung in Nemecs Pikrinschwefelsäure (siehe Fibrillen in Pflanzenzellen), besonders zur Entwicklungsgeschichte der Plasmodesmen geeignet.

c) Unter Umständen Jodkalium allein, z. B. Endosperm von Tamus. — Es sind immer mehrere Fixierungen anzuwenden, da die Bilder dann oft sehr verschieden (dick, dünn, homogen, körnig, stäbchenartig) ausfallen. Nicht mit Erfolg verwendbar sind Chromosmiumessigsäure, Carnoy, Chromessigsäure. — Die fixierten Objekte werden am zweckmäßigsten direkt in die quellende Flüssigkeit 2 bis 50%ige Schwefelsäure (75% für Moose) gebracht und verbleiben dort von mindestens ½ Stunde bis einem ganzen Tag (so bei Moosblättern). Gefärbt werden die Schnitte 5 Minuten oder länger in 25%iger mit Jod und 1 Tropfen Meyerscher Pyoctaninlösung (Pyoct. coeruleum von C. Merck ist ein sehr reines Methylviolett), in Wasser im Verhältnis 1 : 30 versetzter Schwefelsäure (Strasburger). Die Plasmaverbindungen entstehen erst nachträglich in den angelegten Zellwänden, regenerieren sich aber nach ihrer Ablösung durch Plasmolyse (s. diese) nicht wieder.

---

* Im Sommer ziemlich in jedem Teich als stecknadelkopfgroße, sich lebhaft bewegende (rollende) Kugeln zu erlangen.

Literatur: Kohl (Ber. Deutsch. Bot. Ges., 1900), Strasburger (Jhb. Wiss. Bot., Bd. 36, 1901), vgl. auch Hill (Ann. Bot., 15, 1901), Kienitz-Gerloff (Berl. Bot. Ges., 1902), Wulff (Öster. Bot. Zeitschr., Bd. 56, 1906). *Magnus*, Berlin.

Plasmazellen. Der Name Plasmazellen wurde 1875 zuerst von Waldeyer für eine besondere Gruppe von Zellen des Bindegewebes in Vorschlag gebracht, die sich im Gegensatz zu den von Virchow, Cohnheim und Ranvier charakterisierten protoplasmaarmen, platten Bindegewebszellen durch besonderen Protoplasmareichtum auszeichneten. Diese Waldeyersche Gruppe umfaßte — wie sich durch später (1892) von Waldeyer und mir ausgeführte (nicht publizierte) Untersuchungen herausstellte — der Hauptsache nach Ehrlichsche Mastzellen, daneben aber noch andere Zellenarten, wie die der Zwischensubstanz des Hodens, die der Steiß- und Carotidendrüsen, der Nebennieren, des Corpus luteum und der Decidua, die von den Mastzellen verschieden waren und deren zum Teil völlig disparate Natur heutzutage erkannt ist. Inzwischen hatte ich bei vielen pathologischen Prozessen der Haut mittelst einer besonderen Färbemethode Zellen entdeckt, welche durch ihren Protoplasmareichtum ausgezeichnet waren, und für dieselben in Anlehnung an die Waldeyersche Definition den Namen Plasmazellen vorgeschlagen. Die Berechtigung dieser Benennung wurde von Waldeyer 1895 anerkannt. „Die Unnaschen Plasmazellen entsprechen aber sehr wohl der Definition, welche ich damals (1875) von der Plasmazelle gab, der Erkenntnis, welcher ich Ausdruck geben wollte, daß wir außer den protoplasmaarmen Zellen im Bindegewebe noch protoplasmareiche, in anderen Formen auftretende zu unterscheiden und zu beachten hätten. Die Bezeichnung, welche Unna gab, muß ich daher als durchaus berechtigt anerkennen.“ (Waldeyer.)

Da außerdem für das Hauptkontingent der Waldeyerschen Gruppe sich der Ehrlichsche Name: Mastzellen inzwischen eingebürgert hatte, gab Waldeyer (95) seinen älteren Begriff: Plasmazellen auf und eventuell für eine Definition frei.

Diese neue Definition gab ich auf Grund meiner ausgedehnten, in der Histopathologie der Haut (Hirschwald 1894) niedergelegten Erfahrungen 1892 folgendermaßen: „Die Plasmazellen* sind im großen und ganzen als einseitig hypertrophische Bindegewebszellen zu definieren, in denen der körnige Bestandteil des Protoplasmas maximal vermehrt ist. Mit dieser Vermehrung geht eine Abrundung der Form Hand in Hand, die Ausläufer des Spongioplasmas werden eingezogen, es entstehen rundliche, ovale oder bei Einschluß in collagene Spalten oder komprimierte Herde: kubische Gestalten. Der Kern ist gewöhnlich schön oval, liegt häufig an einem Ende der Zelle, erscheint bei der „Protoplasmafärbung“ als hellerer Fleck in der dunkelblauen Zelle, bei Kernfärbung aber oder ungenügender Protoplasmafärbung zeigt er ein grobbalkiges Chromatinnetz mit einer Reihe sehr großer, stark tingibler Chromatinkörner oder bei stärkerer Entfärbung nur die letzteren. Das Protoplasma ist bei manchen durchweg blauschwarz gefärbt, an anderen fällt aber die blaue Farbe stellenweise aus, man sieht das leere, violett gefärbte Spongioplasmanetz der Zellen und bemerkt, daß die Reste der blauen Farbe an feinen Punkten, an Körnchen haften. Mitosen finden sich in den Plasmazellen sehr selten, dagegen häufig und in den größeren fast immer eine Reihe sehr gleichartiger, ovaler, zuweilen facettierter Kerne; ich halte sie für amitotisch entstanden.

Die Plasmazellen liegen in rundlichen oder eckigen Hohlräumen des collagenen Gewebes und werden nicht durch Fortsätze miteinander verbunden (außer etwa im Momente der Teilung). Sie haben keine Beziehung zur Genese des fibrillären Gewebes und stellen sich damit in Gegensatz zu den großen Spindel- und Spinnenzellen des Bindegewebes, welche nur wenig körniges Protoplasma um den Kern aufweisen, dafür aber eine Hypertrophie des Spongioplasmas und der Zellenausläufer zeigen. Nur diese Bindegewebszellen zeigen eine Beziehung zur Entstehung der collagenen Zwischensubstanz.

Die so definierte Plasmazelle ist nun ein ebenso häufiger wie wichtiger Bestandteil der zelligen Infiltration bei einer großen Anzahl von Hautkrankheiten, und, wie die seitherige Erfahrung gelehrt hat, auch der Krankheiten der übrigen Gewebe. Sie verdienen unsere Aufmerksamkeit in noch höherem Grade als die Mastzellen, da sie das Muttergewebe einer Reihe von wichtigen Degenerationsprodukten darstellen, mit einem Worte, in der Geschichte vieler (Haut-)Krankheiten histologisch eine große Rolle spielen.**

Zur Erläuterung dieser Definition muß ich zunächst daran erinnern, daß nach meiner Auffassung im Protoplasma aller Bindegewebs- und Epithelzellen, wenn man von allen Einschlüssen (Granula Ehrlichs und Altmanns, Fett, Pigment etc.) absieht, noch zwei wichtige, morphologisch und tinktoriell verschiedene Substanzen zu unterscheiden sind: „das wabige Spongioplasma und das amorph-körnige Granoplasma“, welche in pathologisch vergrößerten Zellen, jede für sich, in vermehrtem Maßstabe ausgebildet sein können. Ich definiere

* Unna, Über die Bedeutung der Plasmazellen für die Genese der Geschwülste der Haut, der Granulome und anderer Hautkrankheiten. (Berl. Klin. Wochenschr., 1892, Nr. 49.)

** Ich setze den Wortlaut der ersten Definition meiner Plasmazellen hierher, da sie heute, nach 17 Jahren, noch Wort für Wort zu Recht besteht und zugleich aus ihr hervorgeht, daß alle später von v. Marschalkó angegebenen Kriterien der Plasmazellen bereits von mir von Anfang an richtig gewürdigt wurden.

die Plasmazelle als: die allein an Granoplasma extrem reiche Bindegewebszelle. Die Plasmazellen mit ihrem Übermaß an Granoplasma bilden aber nur das eine Extrem hypertrophischer Bindegewebszellen, das andere wird von den an großwabigem Spongioplasma reichen, großen Fibroblasten und Plattenzellen gebildet. Wie die Plasmazellen den wichtigsten cellulären Bestandteil der Granulome, so bilden die Fibroblasten denjenigen der fibrösen Tumoren. Zwischen beiden Extremen gibt es alle nur erdenklichen Übergänge durch Zellen, welche neben den Fortsätzen der Fibroblasten mehr oder minder reichlich Granoplasma angehäuft enthalten. Es hat hiernach keinen Sinn, irgend welche Übergangszellen, auch wenn sie viel Granoplasma enthalten, als Typus der Plasmazellen hinzustellen, ebenso wenig wie diejenigen Zellen, welche schon wieder einen Teil ihres Granoplasmas verloren haben, während die übrigen Eigenschaften der Plasmazellen ihnen erhalten geblieben sind.* Dieser Verlust an Granoplasma, welcher an vielen Zellen der Plasmome nahezu regulär vorkommt, findet meistens in der Art statt, daß nur einzelne granoplasmahaltige Waben granoplasmafrei werden; gerade an diesen partiell atrophischen Plasmazellen tritt das wabige Gerüst des Spongioplasmas, welches den Plasmazellen so wenig abgeht wie den Zellen überhaupt, am deutlichsten hervor.

Mit der Bezeichnung „amorph-körnig“ für die wesentliche Struktur des Granoplasmas hoffe ich definitiv das Mißverständnis gewisser jüngerer Autoren zu beseitigen, welche das „körnige“ Protoplasma immer in Vergleich zu ziehen suchen mit den Granula Ehrlichs, obwohl ich seit den ersten Publikationen die Plasmazellen so scharf wie möglich von den Mastzellen Ehrlichs trennte; viel zutreffender ist es, das Granoplasma als ein „körniges Protoplasma“ im Sinne alter und neuer Autoren zu bezeichnen, da es im Gegensatz zu allen Einschlüssen selbst ein Teil des Protoplasmas ist.

Einer weiteren Erläuterung bedarf das Wort „Protoplasmafärbung“. Diese trat seinerzeit den bis dahin gebräuchlichen Kernfärbungen gegenüber, gleichzeitig als Gegensatz und Ergänzung, so daß eine extreme „Protoplasmafärbung“, wie sie z. B. eine starke Entfärbung des mit polychromer Methylenblaulösung gefärbten Präparates ergibt**, neben stark gefärbtem Granoplasma die Kerne bis auf das Kernkörperchen vollständig entfärbt zeigt. Nach dem damaligen Stande der Technik war eine Protoplasmafärbung in der Tat unvollkommen, wenn die Kerne sich stark gefärbt zeigten. Später lehrte ich durch eine neue Technik (polychr. Methylenblaulösung, Entfärbung in nicht angesäuerter Orceinlösung und andere Methoden) Granoplasma und Kernchromatin gleichzeitig maximal gefärbt darzustellen.***

Nicht bloß die Teilung der Plasmazellen, welche nachweislich selten durch Mitose, meistens wohl amitotisch vor sich geht, liefert eine Brut kleiner Plasmazellen, welche durch einen relativ großen, central liegenden Kern und einen schmalen, stark tingibeln, sonst aber normal geformten Protoplasmasaum charakterisiert sind, sondern auch der Abbau derselben.

Dieser besteht in der Auswaschung von Granoplasma und der Abbröckelung ganzer granoplasmahaltiger Waben, so daß diese Art kleiner Plasmazellen einen ganz unregelmäßigen, zackigen Protoplasmasaum aufweist. Beide Arten hatte ich, da sie von Plasmazellen abstammen, als Plasmatochterzellen bezeichnet, schlug aber später vor, der Genauigkeit halber, als „Plasmatochterzellen“ nur die durch Teilung entstandenen, kleinen Plasmazellen zu bezeichnen, dagegen die durch Abbröckelung entstandenen kleinen Plasmazellen als „atrophische Plasmazellen“. Besonders die letztere Form — der angenagten Plasmazellen — bildet einen regelmäßigen Bestand der meisten Granulome und trifft zusammen mit dem Befund feiner und grober Protoplasmabröckel in den umgebenden Lymphspalten. Die Granoplasmareste bei diesen abgebauten Plasmazellen sind anscheinend allen Autoren entgangen, und die scheinbar freien Kerne derselben ließen daher eine Deutung als Leucocytenkerne zu; vieles, was als „kleinzellige Infiltration“ beschrieben wurde, gehört hierher.

Sehr interessante Modifikationen erleiden die Plasmazellen unter dem Einfluß des Ödems und der hyalinen Degeneration. Bei beiden Prozessen verändert sich nur das Granoplasma, während das Wabengerüst des Spongioplasmas erhalten bleibt. Durch ersteres entstehen großblasige „Schaumzellen“†, durch letztere die hyalinen Zellen, welche in Haufen von hyalinen Kugeln zerfallen.

Was die Herkunft der Plasmazellen betrifft, so ergibt die mikroskopische Untersuchung bisher nur die histiogene Abstammung als die einzig mögliche Auffassung, da an geeigneten Präparaten (Ulcus molle, Initialsclerose, Rhinosclerom, Rhinophym, Acne) alle wünschenswerten Übergänge zwischen Plasmazellen und anderen Formen von Bindegewebszellen auftreten. Die von einer Reihe neuerer Autoren vorgeschlagene hämatogene Auffassung (sogenannte Lymphocytentheorie) entbehrt noch jeder faktischen mikroskopischen Begründung,

---

* Solchergestalt sind die von v. Marschalkó unzweckmäßigerweise als Haupttypus von Plasmazellen aufgestellten Zellen mit centralem, granoplasmafreiem Hofe. Diese sehr häufig vorkommenden perinucleär granoplasmafreien Zellen haben die Höhe der Plasmazellenbildung bereits überschritten.

** Siehe Histopathologie, Tafel Fig. 1.

*** Histopathologie, Tafel Fig. 2.

† Noch viel größere Schaumzellen stellen die stark ödematösen Spindelzellen dar.

da eine Auswanderung von Plasmazellen aus dem Blute in die Gewebe der Plasmome — analog der leicht nachweisbaren Emigration polynucleärer Leucocyten, z. B. im Granulationsgewebe — bisher nicht geglückt ist.

Das Vorkommen der Plasmazellen als pathologische Abkömmlinge der Bindegewebszellen ist nicht an die Haut gebunden. Die meisten chronischen Entzündungen und Tumoren der übrigen Organe liefern sie unter denselben Umständen und zum Teil in besonders mächtiger Ausbildung, z. B. die Schleimhäute.

Es ist daher selbstverständlich, daß sie auch in den Lymphdrüsen, in der Milz und im Knochenmark unter pathologischen Verhältnissen vorkommen.

Da die Definition der Plasmazellen als in extremer Weise mit Granoplasma erfüllter Bindegewebszellen völlig auf der des Granoplasmas beruht, so hängt die Auffassung dieser Zellen in letzter Instanz von der mehr oder minder guten Darstellung des Granoplasmas ab; diese ist aber bisher eine rein tinktorielle. Daher ist das erste und unerläßliche Erfordernis für jede wissenschaftliche Untersuchung über Plasmazellen die Beherrschung der Granoplasmafärbung. Wer an das Studium derselben herantritt, ohne sich vorher klar gemacht zu haben, daß das Granoplasma (ein Paranucleoproteid) zu allen Metallsalzen und gerbenden Säuren eine starke chemische Affinität besitzt, mithin durch fast alle gebräuchlichen Fixationsmittel hochgradig verändert wird und weder in seiner Struktur noch in seiner tinktoriellen Qualität als solches erhalten bleibt, der wird bei Außerachtlassung der folgenden Kautelen zu histologischen Bildern gelangen, welche zu ganz unnatürlichen Erklärungsversuchen führen. Das vollkommene Übersehen der Plasmazellen in den letzten Jahrzehnten ist ebensowohl auf die Unkenntnis dieser Kautelen zurückzuführen, wie die Unklarheit über ihre Herkunft (sogenannte Lymphocytentheorie in den Plasmazellen von Jadassohn, Neisser und v. Marschalkó) und über ihre weiteren Schicksale in neuerer Zeit auf eine mangelhafte Beherrschung derselben. Um Übergänge zu sehen, muß man eben alles Granoplasma gut färben können.

Die dem lebenden oder toten Gewebe entnommenen Teile müssen in einem absolut reinen Glasgefäße direkt und möglichst rasch in absolutem Alkohol fixiert und gehärtet werden, am besten so, daß man sie in kleinen Stücken auf einen Wattebausch legt, der mit absolutem Alkohol getränkt ist. Nach ein- bis zweimal 24 Stunden kommen die Stücke in eine stark verdünnte Celloidinlösung und nach 24—48 Stunden (je nach der Dicke der Stücke kürzer oder länger) in die gebräuchliche, dicke Celloidinlösung, wo sie längere Zeit, mindestens aber 24 Stunden in der Wärme verweilen. Die zum Verschluß der Präparatengläser gebrauchten frischen Korke, ebenso wie die zum Aufkleben beim Schneiden dienenden frischen Holz- oder Korkstücke müssen stets vor dem Gebrauch einige Stunden in 2%iger Sodalösung zur Extraktion und Neutralisierung der in ihnen enthaltenen Gerbsäure ausgekocht werden. Das Aufkleben der Stücke auf die Klötze geschieht so, daß man zuerst einen Tropfen dicker Celloidinlösung auf letztere bringt, die Stücke richtig aufsetzt und sofort mit der Celloidinlösung reichlich bedeckt. Nach $^1/_2$—$^3/_4$ Stunde sind dieselben lufttrocken und kommen auf mindestens 1 Stunde in verdünnten Alkohol zum Ausziehen des Äthers, wo sie aber auch tagelang verweilen können. In bezug auf diesen Alkohol gilt ebenfalls, daß derselbe absolut rein sein muß und nicht vorher in Berührung mit Gerbstoffen oder Metallsalzen gewesen sein darf. Die Schnitte erhalten eine Dicke von $7^1/_2$—$12^1/_2$ μ, werden mittelst Pinsels vom Messer abgehoben und später am besten mittelst Platinnadeln weitergebracht. Zum Feuchthalten auf dem Messer dient absolut reiner verdünnter Alkohol. Eine Entfernung des Celloidins aus den Schnitten vor der Granoplasmafärbung ist im allgemeinen ratsam, leider nicht immer (Abscesse, Bläschen) möglich. Die Schnitte kommen aus dem Alkohol in Wasser und dann direkt in die Farblösungen.

A. Färbung der großen Plasmazellen und des Granoplasmas überhaupt.

I. Pol. Methylenblaulösung — n Orceinmethode.

1. Polychrome Methylenblaulösung (Grübler) 10 Minuten. 2. In Wasser gut abspülen. 3. Schnitt auf dem Spatel mit Fließpapier vom Wasserüberschuß befreien. 4. 1%ige Orceinlösung (Grübler) ohne Säurezusatz 15 Minuten. Nach dieser Zeit muß alles Collagen eine schön braune Farbe angenommen haben, ohne daß die Granoplasmafärbung gelitten hat; andernfalls ist das Orcein nicht gut

und würde bei längerer Färbungsdauer das Granoplasma entfärben. 5. Alcohol absolutus bis 2 Minuten, solange Methylenblau noch reichlich abgegeben wird. 6. Bergamottöl, Balsam.

II. Pol. Methylenblaulösung — Glycerinäthermethode mit langer Entfärbung.

1. Polychrome Methylenblaulösung (GRÜBLER) 2 Minuten. 2. In Wasser gut abspülen. 3. Glycerinäthermischung (GRÜBLER) 1 Teil auf 4 Teile Wasser 1 bis 2 Minuten. Je dicker der Schnitt ist und je mehr Collagen derselbe enthält, um so länger kann er in der Glycerinäthermischung verweilen. 4. In Wasser sehr gut (etwa 2—5 Minuten) abspülen. 5. Alc. abs., Bergamottöl, Balsam.

III. Carbol + Pyronin + Methylgrünmethode (von UNNA modifizierte PAPPENHEIMsche Methode).

1. Carbol + Pyronin + Methylgrünmischung (GRÜBLER) 5—10 (!) Minuten warm, bei 30—40° im Reagiergläschen, am besten im Wasserbade. 2. Schnitt möglichst rasch durch Eintauchen des Reagiergläschens in kaltes Wasser abkühlen. 3. Schnitt aus der Farbflotte mit Platindraht herausnehmen und in Wasser abspülen. 4. Alcoh. absol., Bergamottöl, Balsam.

Bei diesen drei Färbungen muß das Granoplasma durchweg dunkel gefärbt und deutlich amorph körnig, wie ein pulveriger Niederschlag aussehen; hat derselbe ein mattes und diffuses Aussehen, so ist die Färbung mißglückt. Diese Färbungen sind aber nur dort zu verwerten, wo sich das Granoplasma in relativ großen Mengen vorfindet. Wo dasselbe atrophisch, in Auflösung begriffen, auf dem Transport in den Lymphwegen befindlich ist und wo das freigelegte Spongioplasma und dessen Reste deutlich mitgefärbt werden sollen, genügen obige Methoden nicht. In diesen Fällen, also z. B. speziell bei der Untersuchung der kleinen Plasmatochterzellen und atrophischen Plasmazellen, treten die folgenden Methoden dafür ein.

B. Färbung der kleinen Plasmazellen (Plasmatochterzellen und atrophische Plasmazellen), der Granoplasmareste und des Spongioplasmas überhaupt.

I. Pol. Methylenblaulösung — Glycerinäthermethode mit kurzer Entfärbung.

1. Polychrome Methylenblaulösung (GRÜBLER) 2 Minuten. 2. In Wasser gut abspülen. 3. Glycerinäthermischung (GRÜBLER) 1 Teil auf 4 Teile Wasser $^1/_2$ Minute. 4. In Wasser sehr gut, cca. 2 Minuten, abspülen. 5. Alcoh. absol., Bergamottöl, Balsam.

II. Pol. Methylenblaulösung — Anilin + Alaunmethode.

Bei dieser Methode muß — wie bei allen Anilinentfärbungsmethoden — stets das Celloidin vor der Färbung entfernt werden; die Methode paßt also nicht für sehr brüchige Schnitte.

1. Entfernung des Celloidins in Alkohol + Äther, Abspülung in Alcohol absol. und zuletzt in Wasser. 2. Polychrome Methylenblaulösung (GRÜBLER) 5 Minuten. 3. In Wasser gut abspülen. 4. Auf dem Spatel mit Fließpapier gut abtrocknen. 5. Durch rasche Senkung des Spatels den Schnitt in die Mitte einer Alkohol-Xylolmischung (2 Teile Alkohol auf 3 Teile Xylol) eintauchen, so daß er rasch fortgespült wird und ihn bis zur Entwässerung (1 Minute) darin lassen. 6. In Xylol vom Alkohol befreien, cca. 1 Minute. 7. In der Anilin + Alaunmischung entfärben, 5—10 (!) Minuten. Die Mischung wird dargestellt, indem in ein Glas mit Anilinöl gepulverter Alaun 1—2 Finger breit hoch geschichtet wird. Das überstehende Anilinöl nimmt langsam Anilinsulfat auf und entfärbt um so

stärker, je älter die Mischung ist. Letztere wird durch Zugabe von frischem Anilinöl zu dem alten Alaun erneuert. Eine Modifikation dieser ausgezeichnet milden Entfärbung bildet diejenige in Anilin + Alaun + Orange. Hierzu gibt man auf einen Trichter mit einem Wattepfropf eine Messerspitze Orange und filtriert die Anilin + Alaunmischung hindurch, welche sich dabei mit Orange sättigt. 8. Xylol, Balsam.

III. Pol. Methylenblaulösung — Carbol + Pyronin + Methylgrünmethode.

1. Pol. Methylenblaulösung (Grübler) 2 Minuten. 2. In Wasser abspülen. 3. Carbol + Pyronin + Methylgrünmischung (Grübler) 20 Minuten, warm, im Reagiergläschen. 4. Rasch abkühlen (s. Methode A, 3). 5. Wasser, Alcohol absol., Bergamottöl, Balsam. *Unna*, Hamburg.

Plasmodiophora siehe: Myxomyceten.

Plasmolyse pflanzlicher Zellen. Die pflanzlichen Protoplasten liegen mit ihrem sehr dünnen Protoplasmaschlauch, der den Zellsaft umschließt, der sie einhüllenden Zellhaut fest an unter einem Druck (Turgor), der oft 3, ja bis 20 Atmosphären beträgt und eine nicht unbeträchtliche Dehnung der Zellhaut hervorruft. Die Möglichkeit, durch wasserentziehende Mittel den Zellsaft zu verringern, so den Druck aufzuheben und die Loslösung des Protoplasten von der Wand herbeizuführen, ist für viele botanische mikroskopische Untersuchungen von großer Bedeutung. Als wasserentziehende Mittel kommen natürlich nur für den Protoplasten ungiftige Mittel in Betracht. Es sind dies neutrale Salze, wie zumal Kalisalpeter oder auch Kochsalz, oder organische Verbindungen, wie Rohrzucker oder Glycerin. Durch Zusatz eines indifferenten Farbstoffes, etwa Eosins, kann öfters ein klareres Bild erzielt werden. Als gewöhnlich ausreichende und unschädliche Konzentration wäre 4%ige Salpeterlösung oder 15%ige Rohrzuckerlösung zu empfehlen. Durch Wasserzusatz kann, wenn der Protoplast unversehrt, die Plasmolyse wieder rückgängig gemacht werden. Flüssigkeitsdurchtritt durch den Protoplasten, Aufhören des osmotischen Druckes und damit plasmolytische Erscheinungen können auch durch andere, meist schädigende Einwirkungen hervorgerufen werden, z. B. Elektrizität sowie jedes langsame Absterben, das mit starken Contractionen des Plasmakörpers verbunden ist (Klemm). Zur Demonstration kommen möglichst resistente Objekte in Betracht, z. B. Spirogyrazellen, andrerseits Zellen, welche durch ihren natürlich gefärbten Zellsaft deutlich die Loslösung des Protoplasmaschlauches von der Zellwand erkennen lassen, wie die violetten Staubfädenhaare von Tradescantia virginica (vgl. Eiweißstoffe der Pflanzenzelle, Schluß) oder die rotvioletten Epidermiszellen der Blattunterseite von Tradescantia discolor, die durch leichte Sichtbarkeit der ersten Anfänge der Plasmolyse ebenso wie durch ihre Resistenz zu Untersuchungen über den osmotischen Druck sehr geeignet sind, ähnlich wie auch die Blattstiele von Curcuma rubricaulis und die Blattschuppen von Begonia manicata (De Vries, Israel). — Die Plasmolyse wird angewandt außer zur Bestimmung des osmotischen Druckes zur Freipräparierung des Protoplasten aus der Zellhaut, indem z. B. das plasmolysierte Gewebe mit Nadeln zerrissen wird, wobei immer einige unversehrte Protoplasten heraustreten (Klerker), zur Loslösung einzelner Stücke vom Protoplasten, die häufig bei schneller Plasmolyse eintritt, wobei dann das Verhalten kernhaltiger und kernfreier Stücke in bezug auf Neubildung, Assimilation usw. untersucht werden kann (Klebs, Townsend), zur Demonstration der gewissen Selbständigkeit der inneren Vacuolenhaut, Tonoplast, nach Abtötung des Plasmas (anormale Plasmolyse), z. B. bei Spirogyra mit durch Eosin gefärbte 10%ige Kalisalpeterlösung, die gleichzeitig den getöteten Protoplasten rotfärbt (De Vries) — und zum Studium ähnlicher Erscheinungen. — Die Fixierung der Plasmolyse, die zum Festhalten gewisser schnell vorübergehender Stadien sehr zweckdienlich wäre, ist nur schwer zu erreichen, da beim Fixieren oft ein Ausdehnen und Platzen oder andrerseits eine starke Zunahme der Plasmolyse einzutreten pflegt, wie überhaupt pflanzliche Objekte bei der Fixierung sehr oft etwas plasmolysiert werden. Am besten hat sich noch bei plasmolysierten Wurzelspitzen konzentrierte wässerige Pikrinsäure und 3%ige kochende Essigsäure bewährt (ZIMMERMANN).

Literatur: PFEFFER (Pflanzenphysiol., 2. Aufl., Bd. 1), DE VRIES (Jhb. Wiss. Bot., Bd. 16, 1886), KLEBS (Arb. Tüb. Inst., Bd. 2, 1888), TOWNSEND (Jhb. Wiss. Bot., Bd. 30, 1897), KLEMM (Jhb. Wiss. Bot., Bd. 28, 1895), ZIMMERMANN (Zeitschr. Wiss. Mikr., Bd. 9, 1892).

Magnus, Berlin.

Platinchlorid, Platinchlorwasserstoffsäure, H_2PtCl_6, bildet braunrote, in Wasser sehr leicht mit tiefgelber Farbe lösliche Krystalle. Am besten hält man sich eine 10%ige Lösung in einer dunklen Flasche vorrätig. Dünnere Lösungen (1/2%) kann man getrost bei Lichtzutritt aufbewahren. Im allgemeinen wird Platinchlorid mit Vorliebe für zarte Objekte, wie die Retina, für deren Fixation es im Gemisch mit Chromsäure 1870 von MERKEL in die Technik eingeführt wurde, Keimscheiben, junge Embryonen (OLT), und feine Untersuchungen, zumal über Kernstruktur, heute jedoch fast nur noch in seinen Gemischen benutzt.

Für sich allein fixiert die etwa 1/3%ige Lösung in 12—24 Stunden kleine Stücke gut durch. So verwendet RABL die 1/4—1/3%ige Lösung in der Wärme 3—4 Stunden lang für Salamanderlarven. Die 1/3%ige Lösung benutzen ferner HOLL für die Retina, die Geschmacksorgane, die Untersuchung der Eireifung beim Hühnchen, RETTERER für Knorpel und reticuliertes Gewebe, HAMANN für das sich teilende Acanthocephalenei. MANN empfiehlt es für die Nervenzellen in 1/2 bis 1/4%iger Lösung. Für feine Untersuchungen, Mitosen, benutzt RABL noch schwächere Lösungen von 1/10—1/8% für 24 Stunden. Die Präparate sind aber nicht haltbar. In dieser Stärke empfiehlt es FELIX für Hühnerembryonen, findet aber dabei beeinträchtigte Färbbarkeit. Noch geringere Konzentrationen benutzt MUNSON für das Ei und Ovar von Limulus, nämlich eine nur 1/40%ige Lösung 24—48 Stunden lang.

Besondere Bedeutung hat das Platinchlorid als bestes Fixationsmittel für den Sehpurpur gewonnen. STERN benutzt für die Dunkelretina des Frosches eine 2,5%ige Lösung für 12—24 Stunden, die Außenglieder der Stäbchen sind auf den Schnitten intensiv orange gefärbt.

Die Nachbehandlung erfordert sehr sorgfältiges Auswaschen mit Wasser, dann folgt die Entwässerung mit Alkohol. Vereinzelt wurden auch wohl ganz zarte dünne Objekte, die nur kurze Zeit mit Platinchlorid in Berührung waren, direkt in den Alkohol übertragen.

Nach FISCHER fällt das Platinchlorid in 5%iger Lösung alle von ihm untersuchten Eiweißkörper, nur das Pepton in unvollkommener Weise. LÖWIT findet in den Leucoblasten das Nucleolin oder Pyrenin schlechter durch 0,1—0,3%iges Platinchlorid fixiert als in den Erythroblasten, MARQUES sieht durch Platinchlorid das Hämoglobin im Amphibienknochenmark nicht natürlich erhalten; auch nach LÖWIT wird das Hämoglobin bei Platinchloridfixation extrahiert. WASIELEWSKI findet durch 10%iges Platinchlorid das Protoplasma der Pflanzenzelle netzig, aber nicht geschrumpft; es scheint ein Teil des Cytoplasmas gelöst zu werden. Dagegen lieferte es vorzügliche Bilder und Färbbarkeit des Kinoplasmas. EISEN erwähnt ebenfalls, daß Platinchlorid das Plasma ruiniere. Im allgemeinen findet man auch angegeben, daß das Chromatin ein wenig schrumpfe. Einige Worte bedarf die Bedeutung der Platinchloridfixation und des Platinchloridgehaltes der Gemische für die Färbbarkeit der Präparate. FISCHER stellt es zu den totalen Farbfeinden, d. h. auch die geringsten auswaschbaren Spuren erschweren die Färbung noch merklich. Auf solche Reste dürften wohl die mannigfachen Angaben über schlechte Färbbarkeit der Platinchloridpräparate zurückgehen. Dem gegenüber muß aber darauf hingewiesen werden, daß gründlich ausgewaschene Präparate ganz vorzügliche Färbungen geben, besonders vom Chromatin. Viele Gemische verdanken geradezu die leichte und brillante Färbbarkeit der Präparate ihrem Platinchloridgehalt, sofern die Objekte hinreichend lange gewässert werden.

Platinchloridgemische:

Platinchlorid mit Essigsäure oder Ameisensäure: R. KRAUSE benutzt für Kaninchen- und Schweinsembryonen ein Gemisch von 0,2 Teilen Essigsäure auf 100 Teilen 1%iger Platinchloridlösung und findet die Färbbarkeit der so fixierten Präparate sehr gut. LAVDOWSKY empfiehlt für die Darstellung von Kernstrukturen 15—30 Teile 1%iges Platinchlorid mit 1/2—1 Teil Essig- oder Ameisensäure.

Platinchlorid, Essigsäure und Formol vereinigt RETTERER für Ossificationspräparate u. a.: er fixiert 6—12 Stunden lang in je 50 Teile 1%iger Platinchloridlösung und Formol und 3 Teilen Essigsäure. Nachbehandlung: Auswaschen, Entwässern.

Platinchlorid, Essigsäure, Formol und Pikrinsäure gibt LONGO als modifiziertes BOUINsches Gemisch an: 20 Teile 1%iges Platinchlorid, 20 Teile konzentrierte wässerige Pikrinsäure, 10 Teile Formol, 5 Teile Essigsäure. Er empfiehlt diese Lösung für Chromatolysestudien am Pflanzenzellenkern.

Platinchlorid, Pikrinsäure, Sublimat, Chromsäure nach PACAUT ist zusammengesetzt aus Pikrinsäure und Sublimat, gesättigte wässerige Lösung 100 *ccm*, Chromsäure 16,5%ige wässerige Lösung 2,5 *ccm*, Platinchlorid 3%ige wässerige Lösung 3 *ccm*.

Platinchlorid, Osmiumtetroxyd, Kaliumbichromat, Essigsäure oder Ameisensäure s. Bd. I, pag. 233.

Platinchlorid und Chromsäure s. Bd. I, pag. 224.

Platinchlorid, Chromsäure, Essigsäure s. Bd. I, pag. 224.

Platinchlorid, Iridiumchlorid und Essigsäure s. Bd. I, pag. 710.

Platinchlorid mit Pikrinsäure und Essigsäure s. pag. 401.

Platinchlorid mit Pikrinsäure, Essigsäure und Osmiumtetroxyd s. pag. 401.

Platinchlorid, Osmiumtetroxyd, Essigsäure, Sublimat s. Sublimat.

Platinchlorid, Osmiumtetroxyd, Essigsäure und Chromsäure s. pag. 348.

Platinchlorid, Osmiumtetroxyd, Chromsäure und Ameisensäure s. pag. 348.

Platinchlorid mit Sublimat s. Sublimat.

Platinchlorid, Sublimat, Alkohol, Eisessig nach HOFFMANN besteht aus 10 Teilen 1%igen Platinchlorids, 3 Teilen konzentrierten wässerigen Sublimats, 5 Teilen Alcoh. absolut., 1 Teil Eisessig. Angegeben für Collembolen.

Platinchlorid und einige seiner Gemische, z. B. das MERKELsche Platinchlorid-Chromsäuregemisch, sind zuweilen im zweifachen Verfahren zur Verhinderung des Nachschwärzens der Osmiumpräparate benutzt worden: so empfiehlt BERGH 1/3%ige Lösung zur Nachbehandlung von Lumbricuseiern, die wenige Minuten mit FLEMMINGscher Flüssigkeit fixiert worden waren, auf etwa 2—3mal so lange Zeit; MUNSON das gleiche Verfahren für das Ei von Limulus (siehe auch unter Osmiumtetroxyd pag. 334.

Platinchlorid in 1%iger Lösung wendet nach voraufgegangener Hitzestarre durch siedendes Wasser BÜRGER bei Rhinoderma an.

Literatur: BERGH (Zeitschr. Wiss. Zool., Bd. 50, 1890), BÜRGER (Ebenda, Bd. 82, 1905), EISEN (Zeitschr. Wiss. Mikr., Bd. 14, 1897), FELIX (Festschr. NAEGELI-KÖLLIKER 1891), FISCHER (Protoplasma etc. 1899), HAMANN (Jena. Zeitschr. Nat., Bd. 25, 1890), HOFFMANN (Zeitschr. Wiss. Zool., Bd. 89, 1908), HOLL (Sitzungsber. Ak. Wiss. Wien, Bd. 92, 95 und 99, 1885, 1887 und 1890), R. KRAUSE (Arch. Mikr. Anat., Bd. 35, 1890), LAVDOWSKY (Anat. Hefte, Bd. 4, 1897), LÖWIT (Anat. Anz., Bd 6, 1891), derselbe (Arch. Mikr. Anat., Bd. 38, 1891), LONGO (Ann. Ist. Bot. Roma, Bd. 9, 1899), MANN (Zeitschr. Wiss. Mikr., Bd. 11, 1894), MARQUES (Inaug.-Diss. Dorpat 1892), MERKEL (Macula lutea 1870), MUNSON (Journ. of Morph., Bd. 15, 1898), OLT (Zeitschr. Wiss. Zool., Bd. 55, 1893), PACAUT und VIGIER (Arch. d'Anat. Micr., Bd. 8, 1906), RABL (Morph. Jbb., Bd. 10 und 12, 1884 und 1886), derselbe (Anat. Anz., Bd. 4, 1889), RETTERER (C. R. Soc. Biol. Paris, Bd. 51, 1899), derselbe (Journ. de l'Anat. 36. Jahrg., 1900), STERN (Arch. Ophthalmol., Bd. 61, 1905), v. WASIELEWSKI (Zeitschr. Wiss. Mikr., Bd. 16, 1899).

Platinchlorid-Essig-Osmiumsäure. Dieses Gemisch ward von FR. HERMANN angegeben und ist nach Analogie der starken FLEMMINGschen Flüssigkeit in der Weise zusammengesetzt, daß die 1%ige Chromsäure durch eine 1%ige Platinchloridlösung ersetzt ist. Das Präparat, das im Handel unter dem Namen Platinchlorid geht, ist Platinchlorwasserstoffsäure, H_2PtCl_6, nicht $PtCl_4$. Diese sehr hygroskopische, an der Luft zerfließliche Säure bildet u. a. mit organischen Basen sehr schwer lösliche Verbindungen, eine Eigenschaft, die für ihre Wirksamkeit als Fixierungsflüssigkeit gewiß von Bedeutung ist. Diese Platinchlorwasserstoffsäure hat seinerzeit HERMANN zur Herstellung seines Gemisches verwendet, und, da nirgends auf dem Unterschied zwischen dem sogenannten Platinchlorid des Handels und dem eigentlichen $PtCl_4$ hingewiesen wird, ist wohl anzunehmen, daß die Säure es ist, auf die sich allgemein die Untersuchungen über die Wirkungsweise des „Platinchlorids“ beziehen.

Die HERMANNsche Flüssigkeit besteht also aus 15 Teilen 1%iger Platinchlorwasserstoffsäurelösung, 4 Teilen einer 2%igen Osmiumtetroxydlösung und 1 Teil Eisessig. Für Salamandra (Kaltblüter) hat HERMANN seinerzeit empfohlen, nur halb so viel Osmiumsäurelösung zu nehmen, jedoch hat man bei Amphibien auch bis zu 2 Vol. 2%iger Osmiumtetroxydlösung auf 2 Vol. 1%iger Platinchloridlösung und 1 Vol. Eisessig angewandt, was zum mindesten eine Verschwendung von Osmiumsäure ist. Beim Fixieren durch Injektion in die Blutgefäße kann man mit dem vierten Teil Osmiumsäure der HERMANNschen Vorschrift befriedigende Resultate erzielen, wenn es sich nicht um die Darstellung größerer Fettmengen handelt. Für Untersuchungen der mesenchymatischen Gewebe scheint es mir vorteilhaft, etwas weniger als die angegebenen 5% Eisessig zu verwenden, etwa 1—3%. Da Platinchlorid nach FISCHERs Untersuchungen ein absolut farbenfeindlicher Stoff ist, müssen mit dem Gemisch fixierte Objekte gründlich ausgewaschen werden, was um so unbedenklicher geschehen kann, als das Gemisch mit allen in Betracht kommenden Stoffen in Wasser unlösliche Fällungen liefert.

Das HERMANNsche Gemisch ist allseitig als ein ausgezeichnetes Fixierungsmittel, sowohl für den Zelleuleib wie für den Kern, befunden worden. Seine Vorzüge verdankt es größtenteils der Osmiumsäure, teilt aber naturgemäß auch mit anderen Osmiumgemengen die Nachteile des langsamen Eindringens und der Zonenwirkung. Es empfiehlt sich daher, nur kleine Stücke der Gewebe in das Gemisch zu bringen, mit derberen Grenzschichten versehene, wenn ein Aufschneiden derselben nicht angängig ist, um die Lagebeziehungen der Elemente nicht zu stören, mit einer feinen Nadel vielfach anzustechen.

In der Flüssigkeit können die Objekte Stunden bis Wochen, auch Monate verweilen, ohne für manche Färbungen (Holzessig, Safranin) untauglich zu werden, indes werden sie mit der Zeit sehr mürbe.

Während das Gemisch den Zellleib nach TELLYESNICKYs Untersuchungen ebenso gut fixiert, wie das FLEMMINGsche, liefert es, weil die Chromsäurewirkung fortfällt, vielfach klarere Bilder der Kernstruktur. Besonders schön gelangen die achromatischen Elemente der Zellteilungsfiguren zur Darstellung, sowohl bei Tierwie bei Pflanzenzellen.

Mit dem HERMANNschen Gemisch fixiertes Material kann durch rohen (möglichst unreinen, schmierigen) Holzessig im Stück gefärbt werden und liefert mit Safranin-Gentiana-Orange sehr schöne Bilder, ebenso mit der kapriziösen von F. HERMANN angegebenen Färbung mit Anilin-Safranin und Gentiana. Eine Färbung der Stücke nicht zu alten Materials mit Alaun-Cochenille oder Cochenille-Eisenalaun liefert ausgezeichnete Resultate und die BENDA-M. HEIDENHAINsche Eisenhämatoxylinfärbung läßt sich schön an so fixiertem Material vornehmen. Auch andere Hämatoxylin- und Carminfärbungen geben bei frischem Material brauchbare Resultate, entschieden bessere als bei mit FLEMMINGscher Flüssigkeit konserviertem. Zur Fixation von vitalen Neutralrotfärbungen hat GOLOVINE das Gemisch mit gutem Erfolg verwandt.

Literatur: HERMANN (Ergeb. der Anat. und Entwicklungsgesch., Bd. 2, 1893), FISCHER (Fixierung, Färbung und Bau der Protoplasma, Jena 1899), TELLYESNICKY (Arch. Mikr. Anat., Bd. 52, 1898), v. WASIELEWSKI (Zeitschr. Wiss. Mikr., Bd. 16, 1899), GOLOVINE (Zeitschr. Wiss. Mikr., Bd. 19, 1902). *Spuler,* Erlangen.

Platinchlorür, $PtCl_2$. Bei manchen Autoren findet man die Angabe, daß sie zur Fixation Platinchlorür verwenden. Es ist das jedenfalls eine irrtümliche Angabe, da dieses Salz weder in Wasser noch in Alkohol, sondern nur in heißer Salzsäure löslich ist. Es wird sich wohl in allen diesen Fällen um das Chlorid, d. h. Platinchlorwasserstoffsäure handeln.

Platinnitrat. ROSSI fixiert kleine Stücke vom Centralnervensystem in einer 2%igen Lösung von Platinnitrat 24—48 Stunden und überträgt dann in 0,5%ige Goldchloridlösung. Nach kurzem Auswaschen in destilliertem Wasser wird 24 Stunden in 1%iger Ameisensäure im Dunkeln reduziert, ausgewaschen, entwässert und in Paraffin eingebettet.

Literatur: ROSSI (Névrave, Bd. 6, 1904).

Plattenkompressorium siehe: Lebendes Objekt und Experimentell-embryologische Methoden.

Pleura. Man kann die Pleura pulmonalis von der Lungenoberfläche abziehen, auf Kork oder Wachsplatten aufspannen und dann in beliebiger Weise fixieren und als Flächenpräparat verarbeiten oder einbetten und schneiden. In Flächenpräparaten erhält man eine gute Übersicht über die Anordnung des elastischen Gewebes mittelst der WEIGERTschen Elastinmethode (MÜLLER, LINSER). Glatte Muskeln findet man in der Säugerpleura am besten entwickelt beim Meerschwein, weniger gut bei der Katze (FAVARO). Die Nerven der Pleura färben sich leicht nach intraarterieller Methylenblauinfusion (ROMANOFF).

Literatur: FAVARO (Att. Mem. Acc. Sc. Lett. Art. Padova, N. S., Bd. 24, 1908), LINSER (Anat. Hefte, Bd. 13, 1900), MÜLLER (Arch. Mikr. Anat., Bd. 69, 1907), ROMANOFF (Inaug.-Diss. Tomsk, 1904).

Podwyssozkysches Gemisch, eine Mischung von 15 *ccm* einer 0,5%igen Sublimatlösung in 1%iger Chromsäure, 4 *ccm* 2%ige Osmiumsäure und 6—8 Tropfen Essigsäure.

Poiriers Blau, ein alkohollösliches Anilinblau französischer Provenienz.

Polarisationsmikroskop. Zusammengesetztes Mikroskop mit Polarisationseinrichtung, zur Untersuchung der Doppelbrechung (Anisotropie) mikroskopischer Objekte. Nicht zu verwechseln mit dem in der Mineralogie und Physik verwendeten NÖRRENBERGschen Polarisationsmikroskope, welches zur Darstellung der Interferenzfarben-Ringsysteme von dünnen oder schwach lichtbrechenden Krystallplatten in konvergentem Lichte dient. Die Polarisationseinrichtung des gewöhnlichen, zu histologischen Zwecken verwendeten Polarisationsmikroskopes besteht im wesentlichen aus einem unter dem Objekttische angebrachten Polarisator und einem gewöhnlich am Okulare angebrachten Analysator. Als Polarisator dient ein NICOLsches Prisma, dessen Fassung entweder in die Schiebhülse einer Cylinderblendung eingeschoben oder mittelst eines tellerförmigen Ansatzes in den Diaphragmenträger des Kondensors eingehängt wird (Fig. 93). Im ersteren Falle wird am oberen Ende der Fassung gerne eine kleine halbkugelige Kondensorlinse angebracht, deren plane Frontfläche in die Objekttischebene zu liegen kommt. Im zweiten Falle können über dem Nicol noch die gewöhnlichen Diaphragmen sowie Gyps- oder Glimmerplättchen eingelegt werden. Als Analysatorprisma wird, der geringen Länge und des größeren Gesichtsfeldes wegen, gewöhnlich ein HARTNACK-PRAZMOWSKIsches Prisma verwendet, welches drehbar in einer Hülse mit eine Gradteilung tragendem Teilkreise und Zeiger über der Okularlinse des Okulares (nach TALBOT) und gewöhnlich mit diesem drehbar angebracht ist (Fig. 94). In dem Analysatorokulare ist öfter, die Schwingungsebene des Analysators bezeichnend, ein einfacher Faden oder aber ein Fadenkreuz angebracht. Diese können mit dem Teilkreise des Okulares leicht auch zu (beiläufigen) Winkelmessungen an mikroskopischen Objekten (Krystallen) benützt werden. In dem Analysatorokulare von ABBE ist der eigentümliche (s. unten) Analysator zwischen Okular- und Kollektivlinse unmittelbar über der Blendung im Okulare angebracht. Hierdurch wird die bei der TALBOTschen Anordnung mehr minder starke Einschränkung des Sehfeldes vermieden.

Das NICOLsche Prisma ist bekanntlich aus einem reinen Doppelspat-Rhomboeder durch Abspalten eines etwa $3^1/_4$mal so langen als dicken prismatischen Stückes hergestellt, das weiters in folgender Weise behandelt wird: Die Neigung der Endflächen gegen die Seitenkanten wird durch Abschleifen von 72° auf 68° gebracht und sodann das Prisma durch einen Schnitt, welcher auf den Endflächen und der Ebene der Längsachse und krystallographischen Hauptachse senkrecht steht, in zwei Hälften zerlegt. Nachdem die so entstandenen Schnittflächen poliert worden sind, werden die beiden Teile wieder in ihrer früheren Lage mit Canadabalsam vom Brechungsexponenten 1,548 zusammengekittet. Durch diese Anordnung wird erreicht, daß der in dem negativ doppeltbrechenden Kalkspate stärker abgelenkte ordinäre Strahl unter einem größeren als dem Grenzwinkel auf die Canadabalsamschichte auftrifft und somit daselbst total reflektiert und seitlich abgelenkt wird, während am anderen Ende des Prismas nur der im Hauptschnitte (Ebene der kurzen Diagonalen und Endrhomben des Prismas) schwingende extraordinäre Strahl in der Richtung des eingetretenen Strahles weiter-

Fig. 94.

Fig. 93.

geht. Solche Prismen geben eine mittlere Zone polarisierten Lichtes von etwa 29° Ausdehnung, deren Mitte jedoch excentrisch gelegen ist.

Bei dem sogenannten verkürzten NICOLschen Prisma von STEEG und REUTER werden die Neigungswinkel der Endflächen nicht abgeschliffen und ist die Schnittfläche gegen jene um 84° geneigt. Als Kitt wird ein Harz vom Brechungsexponenten 1.5 (Kopaivabalsam) verwendet. Die Größe des Gesichtsfeldes beträgt etwa 24°, das Verhältnis der Länge zur Dicke des Prismas ist 2,83.

Bei dem NICOLschen Prisma mit geraden Endflächen derselben Firma sind die Endflächen senkrecht zu den Seitenkanten angeschliffen und die Schnittfläche ist unter 75° gegen jene geneigt. Der Kitt ist vom Brechungsexponenten 1,525. Das Gesichtsfeld hat eine symmetrische Lage und eine Öffnung von 27°, das Verhältnis der Länge zur Dicke des Prismas ist 3,75.

Das HARTNACK-PRAZMOWSKIsche Prisma ist das für Analysatorokulare meist verwendete. Die Schnittfläche ist senkrecht zur krystallographischen Hauptachse des Doppelspat-Rhomboeders angelegt und die beiden Endflächen stehen senkrecht auf der Längsachse des Prismas. Die beiden Hälften sind mit Leinöl zusammengekittet. Der Öffnungswinkel kann bei längeren solchen Prismen bis über 41° gebracht werden. Gewöhnlich begnügt man sich mit einer polarisierten Zone von 35° Öffnung, wobei der Neigungswinkel der Schnittfläche gegen die

Endflächen 74° und das Verhältnis der Länge zur Dicke 3,51 beträgt oder mit noch kürzeren Prismen. Die polarisierte Zone ist nicht ganz gleichmäßig zur Längsachse gelagert.

Der Analysator des ABBEschen Analysatorokulares besteht aus einer Kombination eines Doppelspatprismas von 60° mit zwei symmetrisch angekitteten leichten Flintglasprismen von je cca. 30°. Durch diese passend gewählte Kombination wird erreicht, daß der ordentliche Strahl ohne Ablenkung und Dispersion gerade hindurchtritt, während der außerordentliche stark seitlich abgelenkt wird und unter Verwendung des als Diaphragma angebrachten Okulardeckels nicht mehr ins Auge des Beobachters gelangt. In Fig. 95 sind die besprochenen Prismentypen in Längsschnitten dargestellt. Andere Typen finden in Polarisationsmikroskopen selten Anwendung.

Kaum minder wichtig für die praktische Verwendung des Polarisationsmikroskopes als der optische Teil ist als mechanischer Teil der drehbare Objekttisch zum Auflegen und Drehen der Präparate um die optische Achse des Mikroskopes zwischen den in bestimmter Stellung orientierten feststehenden Nicols (Polarisator und Analysator). An den großen mineralogischen Stativen ist zu diesem Zwecke ausnahmslos ein drehbarer, mit Teilkreis versehener Objekttisch angebracht oder es können auch die in bestimmte Stellungen zu einander gebrachten beiden Nicols gleichzeitig in gleichem Sinne gemeinsam gedreht werden. Bei den gewöhnlich für histologische Untersuchungen verwendeten größeren Instrumenten ist oft der ganze Oberteil des Mikroskopes auf dem Fuße und über dem Beleuchtungsapparate um die optische Achse drehbar. Ist auch diese Einrichtung nicht vorhanden, dann muß man sich mit einfachen drehbaren Objekttischeinsätzen behelfen oder im Notfalle — bei schwachen Vergrößerungen — die Drehung aus freier Hand versuchen oder — ganz darauf verzichten. Die drehbaren Einsätze, welche auf den Objekttisch aufgesteckt werden, sind meist recht mangelhaft centriert, was schon bei mittelstarken Vergrößerungen sehr unangenehm bemerkbar wird, auch ist die Fixierung des Objektträgers meist sehr unvollkommen oder gar nicht möglich. Wo hingegen der ganze Oberteil des Mikroskopes um die optische Achse drehbar ist, läßt sich eine sehr vollkommene Einrichtung zur Drehung des Präparates im Kreise zwischen den feststehenden orientierten Nicols mit Beibehaltung genauester Centrierung bei allen Vergrößerungen in folgender, zuerst von ROLLETT zu histologischen Zwecken verwendeter Weise ausführen: Ein Analysatorprisma in Fassung wird an dem horizontalen Arme eines besonderen Statives, das auch mit dem Fuße des Mikroskopes verbunden sein kann, knapp über dem Okulare des Mikroskopes frei gehalten. Dieser Arm ist seitlich auslegbar und für verschieden hohe Einstellungen des Tubus in der Höhe verstellbar. Der

Fig. 95.

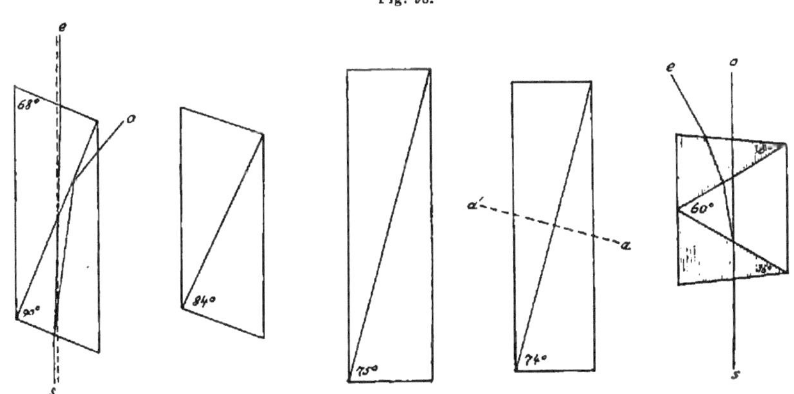

Polarisator ist in den Blendungsträger des Beleuchtungsapparates eingesetzt: somit kann jetzt der ganze Oberteil des Mikroskopes, Objekttisch mit Präparat, Tubus mit Objektiv und Okular in vollständig unverändert bleibender Centrierung zwischen den in bestimmter Weise eingestellten NICOLschen Prismen im Kreise um die optische Achse des Mikroskopes gedreht werden. Durch Anbringung eines Teilkreises unter dem Objekttische und eines Zeigers an diesem kann die Einrichtung vervollständigt werden. ROLLETT hat zur Abstufung der Helligkeit des einfallenden Lichtes unter dem Polarisator noch ein zweites NICOLsches Prisma angebracht. Die erwähnte Einrichtung ist für feinere Untersuchungen mit dem Polarisationsmikroskope, namentlich unter Verwendung stärkerer Vergrößerungen, außerordentlich zu empfehlen und ROLLETT hat schon vorgeschlagen, in Hinkunft die Polarisationsapparate für die Mikroskope nach den angeführten Grundsätzen zu bauen. Auf Anregung EBNERs hat dann A. FROMME in Wien eine sehr vollkommene und zweckmäßige derartige Einrichtung ausgeführt.

Für feinere Untersuchungen (s. unten und „Technik der Untersuchung tierischer Gewebe im polarisierten Lichte") mit Hilfe der Interferenzfarben dünner, sogenannter „verzögernder" Gyps- oder Glimmerplättchen bedarf man endlich noch einiger solcher zum Einlegen zwischen Polarisator und Objekt, entweder in den Blendungsträger des Beleuchtungsapparates oder in die Fassung des Polarisators oder endlich in den Unterteil des drehbaren Objekttischeinsatzes. Eine Sammlung von vier Gypsplättchen, welche bei gekreuzten Nicols Rot I. bis IV. Ordnung geben, und von vier Glimmerplättchen verschiedener Helligkeit ist von MOHL zusammengestellt worden und wird von den optischen Werkstätten billig geliefert. Mit zwei parallel den optischen Achsen gespaltenen Gypsplättchen von 0,05 und von 0,10 *mm* Dicke, welche bei gekreuzten Nicols Rot I. und II. Ordnung geben, wird man für die meisten Untersuchungen völlig ausreichen.

Wirkungsweise des Polarisationsmikroskops. Bekanntlich sind die durch die Doppelbrechung aus einem eingetretenen Strahlenbündel im Kalkspate entstandenen beiden Strahlenbündel linear und entgegengesetzt polarisiert: Die Schwingungen der Ätherteilchen finden für die Fortpflanzung der extraordinären *(eo)* Strahlen im „Hauptschnitte" (Ebene durch die Richtung des Strahles parallel der optischen Achse des Krystalles), für die Fortpflanzung der ordinären *(o)* Strahlen rechtwinklig dazu statt. Aus dem Polarisator gelangt nur ungefähr die Hälfte des eingedrungenen Lichtes in derselben Richtung weiter, da der ordinäre Strahl durch die totale Reflexion an der Canadabalsamschichte des Prismas seitlich abgelenkt wird. Steht der Analysator so, daß die Schwingungsebene seines extraordinären Strahles der Schwingungsebene des vom Polarisator kommenden Lichtes genau parallel gerichtet ist („parallele Nicols"), so wird dieses vollkommen hindurchgelassen: das Gesichtsfeld erscheint im Maximum der Helligkeit. Wird der Analysator (oder Polarisator) von dieser Stellung aus um 90° gedreht („gekreuzte Nicols"), so daß die Schwingungsebene seines ordinären Strahles der Schwingungsebene des vom Polarisator kommenden Lichtes parallel ist, so wird dieses im Sinne des ordinären Strahles des Analysators gebrochen und total seitlich reflektiert: das Gesichtsfeld erscheint im Maximum der Dunkelheit. In Zwischenstellungen, in denen die Schwingungsebenen der (hindurchgelassenen) extraordinären Strahlen beider Nicols (Schwingungsebenen der Nicols) einen beliebigen Winkel α miteinander bilden, wird ein Teil des Lichtes hindurchgelassen, ein Teil total reflektiert, und zwar ist in jeder Stellung die Intensität des hindurchgelassenen Lichtes $I_1 = I \cdot \cos \alpha$. — Aus der Theorie ergibt sich weiter leicht folgendes:

Wird ein doppeltbrechender Körper zwischen die gekreuzten NICOLschen Prismen gebracht (gewöhnliche einfache Untersuchung auf Doppelbrechung), so erscheint derselbe bei Verwendung von weißem Lichte zur Beleuchtung im allgemeinen im dunklen Sehfelde im Maximum der Helligkeit, wenn die (auf einander senkrechten Schwingungsebenen der beiden in ihm durch die Doppelbrechung gebildeten Strahlen unter Winkeln von 45° zu den (auf einander senkrechten) Schwingungsebenen der beiden Nicols stehen; hingegen erscheint der Körper im dunklen Sehfelde im Maximum seiner Dunkelheit, wenn die Richtungen der Schwingungsebenen der beiden in ihm durch die Doppelbrechung gebildeten Strahlen mit den Richtungen der Schwingungsebenen der beiden Nicols zusammenfallen: Ein doppeltbrechender Körper muß daher, zwischen den gekreuzten NICOLschen Prismen einmal im Kreise um 360° gedreht, bei je um 45° von einander verschiedenen Stellungen abwechselnd viermal hell und viermal dunkel erscheinen. In den Zwischenstellungen finden alle Übergänge vom Maximum der Helligkeit zum Maximum der Dunkelheit statt. Nur wenn der Körper so auf dem Objektträger liegt, daß hierbei die Richtung einer optischen Achse in die Richtung der Achse des Mikroskopes fällt, erscheint auch ein doppeltbrechender Körper wie eine isotrope Substanz: in allen Azimuthen dunkel (siehe auch „Technik d. Unters. etc.").

Da die beiden durch die Doppelbrechung in einem doppeltbrechenden Körper entstandenen Strahlen denselben mit verschiedener Geschwindigkeit durchlaufen, entsteht zwischen ihnen ein von der Dicke des Körpers und der Wellenlänge des Lichtes abhängiger Gangunterschied, welcher, sobald die beiden Strahlen durch die Wirkung des Analysators zur Interferenz kommen, bei Verwendung von weißem Lichte zur Entstehung von Interferenzfarben Anlaß geben muß; und zwar erscheint jede bestimmte Wellenlänge (oder Farbe des Spektrums) bei gekreuzten Nicols und einem Azimuth von 45° der Schwingungsebenen des Körpers gegen die der Nicols im Maximum der Helligkeit, wenn der eine der durch die Doppelbrechung entstandenen Strahlen dem anderen um ein ungerades Vielfaches einer halben Wellenlänge vorausgeeilt ist, hingegen im Maximum der Dunkelheit, wenn der eine dem anderen um ein gerades Vielfaches einer halben Wellenlänge vorausgeeilt ist.

Bei parallelen Nicols und einem Azimuth von 45° der Schwingungsebenen des doppeltbrechenden Körpers gegen die der Nicols erscheint umgekehrt jede bestimmte Wellenlänge im Maximum der Helligkeit, wenn der eine der beiden Strahlen dem anderen um ein gerades Vielfaches einer halben Wellenlänge vorausgeeilt ist, hingegen im Maximum der Dunkelheit, wenn der eine dem anderen um ein ungerades Vielfaches der halben Wellenlänge vorausgeeilt ist. Die Interferenzfarben erreichen die Maxima ihrer Intensität (bei gekreuzten Nicols) und Sättigung (bei parallelen Nicols), wenn die Schwingungsebenen der im anisotropen Körper entstandenen beiden Strahlen mit denen der Nicols Winkel von 45° einschließen. Aus dem Gesagten folgt, daß die bei gekreuzten Nicols entstehende Interferenzfarbe der bei parallelen entstehenden genau komplementär gefärbt erscheinen muß.

Bringt man zwischen die gekreuzten (oder parallelen) NICOLschen Prismen ein Gypsplättchen von bestimmter Interferenzfarbe, z. B. dem vielfach verwendeten Rot I. Ordnung (s. oben), so wird diese Farbe sofort eine Veränderung zeigen, wenn über die Gypsplatte ein anderer (zu untersuchender) doppeltbrechender Körper gebracht wird: es ist klar, daß ein solcher als Verdickung der Gypsplatte wirkt, wenn die Schwingungsrichtungen der beiden durch Doppelbrechung in ihm entstandenen Strahlen parallel denen der Gypsplatte so orientiert werden, daß der im Gyps sich schneller fortpflanzende Strahl sich auch in dem zu untersuchenden Körper schneller fortpflanzt („Additionslage"): die Interferenzfarbe wird „steigen", d. h. der eines dickeren Plättchens entsprechend werden. Wenn hingegen die Schwingungsrichtungen der beiden Strahlen des anisotropen Körpers parallel denen der Gypsplatte so orientiert werden, daß der im Gyps sich schneller fortpflanzende Strahl sich in dem zu untersuchenden Körper langsamer fortpflanzt („Subtraktionslage"), so ist die Wirkung die einer Verdünnung der Gypsplatte, die Interferenzfarbe „sinkt", d. h. sie wird der eines dünneren Plättchens entsprechend. Das Rot I. Ordnung ist eine für solche Untersuchungen sehr geeignete „Übergangsfarbe", indem schon bei ganz geringer Verdickung der Gypsplatte ein dunkles Purpur, bei geringer Verdünnung ein Gelblichbraun an seine Stelle tritt. Bilden die Schwingungsrichtungen des zu untersuchenden Körpers mit denen der Gypsplatte Winkel von 45°, so bleibt die Farbe des Grundes unverändert (weiter siehe auch „Technik d. Untersuchung etc.").

In der nachstehenden kleinen Tabelle sind die Interferenzfarben I. bis VI. Ordnung nach ROLLETT samt den entsprechenden Dicken der Gypsplättchen in Millimetern (der Farbenbezeichnung vorgesetzt) für gekreuzte NICOLsche Prismen verzeichnet (bei parallelen Nicols treten, wie oben erwähnt, die komplementären Farbentöne auf).

I. Ordnung.

0	Schwarz.
0,02	Dunkel lavendelgrau.
0,022	Heller lavendelgrau.
0,024	Sehr hell lavendelgrau.
0,025	Bläulichweiß.
0,027	Grünlichweiß.
0,029	Gelblichweiß.
0,03	Blaß strohgelb.
0,04	Braungelb.
0,048	Orange (470).
0,051	Rot (490).

II. Ordnung.

0,053	Purpur (515).
0,056	Violett (545).
0,059	Indigo (565).
0,065	Himmelblau (600).
0,07	Heller himmelblau.
0,076	Sehr hell blaugrün.
0,08	Hellgrün.
0,085	Gelbgrün.
0,09	Gelb (435).
0,096	Hell orange (465).
0,1	Rot (490).

III. Ordnung.

0,11	Purpur (520).
	Violett (550).
0,12	Blau (570).
0.13	Meergrün (600).
	Grün (640, 442).
0,14	Blaß gelbgrün (675, 465).
	Falbes Gelb (482).
0.15	Rot (495).

IV. Ordnung.

0,16	Purpur (515).
	Graublau (560, 431).
	Meergrün (575, 444).
0,2	Grün-Graugrün (600, 462).
	Graurot (650, 500).

V. Ordnung.

0,25	Matt blaugrün (575, 468).
	Matt fleischrot (625, 510, 432).

VI. Ordnung.

0,3	Matt blaugrün (570, 482).

Bei spektraler Zerlegung der Interferenzfarben müssen den durch Interferenz ausgelöschten und an Intensität verminderten Wellenlängen dunkle Streifen (MÜLLERsche Streifen) im Spektrum entsprechen. In der vorstehenden Tabelle bezeichnen die den Farbenbezeichnungen vom Rot I. Ordnung aufwärts in Klammern nachgesetzten Zahlen die Lagen der Mitten der Interferenzstreifen im Spektrum nach ROLLETT (Wellenlängen in Milliontelmillimetern). Bei Verdickung der Platte wandert der Streifen vom violetten gegen das rote, bei Verdünnung vom roten gegen das violette Ende des Spektrums. Die Zahl der Interferenzstreifen nimmt mit wachsender Dicke des Krystalles und Steigen der Interferenzfarbe zu und die Streifen verteilen sich immer gleichmäßiger über das ganze Spektrum. Hierdurch bekommen die Interferenzfarben höherer Ordnung immer weißlichere Töne, bis schließlich, wenn das Spektrum etwa 9 Interferenzstreifen aufweist, nur mehr Weiß wahrgenommen wird.

Auf der spektralen Zerlegung der durch Krystallplatten erzeugten Interferenzfarben und der Benutzung der erwähnten Interferenzstreifen beruht der Spektropolarisator (Polarispektromikroskop) von ROLLETT. Dieses weiterhin von DIPPEL und ABBE modifizierte Instrument, welches ersterer schon als ein gewichtiges Hilfsmittel der mikroskopischen Forschung bezeichnete, dient in ausgezeichneter Weise zur Erkennung geringer Grade und geringer Unterschiede der Doppelbrechung mikroskopischer Objekte und zur genauen Bestimmung derselben nach der Lage und Verschiebung des Interferenzstreifens im Spektrum sowie zur leichten Bestimmung der Richtungen der Elastizitätsachsen aus der Additions- und Subtraktionslage (näheres siehe unter „Technik der Untersuchung etc."); es kann ferner anstatt des ENGELMANNschen Mikrospektralobjektives und des HARTNACKschen Beleuchtungsapparates für monochromatisches Licht (vgl. den Artikel: Mikrospektroskopie) verwendet werden. Leider ist der Spektropolarisator verhältnismäßig wenig in Gebrauch.

In der jetzt gewöhnlich (von ZEISS) ausgeführten Modifikation des Instrumentes von DIPPEL und ABBE ist es in der nachstehenden Fig. 96 im Längsschnitte dargestellt. Es wird in passender Weise, in der Höhe mittelst Zahntriebes verstellbar, horizontal unter dem Objekttische angebracht und das Licht, am besten Sonnenlicht mittelst eines Uhrwerksheliostaten, wird in horizontaler Richtung zunächst auf den Polarisator *Po* in die Richtung des Spaltrohres *Sp*—*C* geleitet.

Als Polarisator dient das HARTNACK-PRAZMOWSKIsche Prisma *Po*, welches in dem Zapfen *z* mittels der Kurbel *k* leicht aus- und gegen den Arm *a* wieder eingelegt werden kann. Zwischen dem Polarisator *Po* und dem regulierbaren Spalte *Sp* (vgl. den Artikel: Mikrospektroskopie) ist das verzögernde Gypsplättchen *G* (Rot I. oder II. Ordnung; der Interferenzstreifen des letzteren ist schärfer begrenzt) mittels eines aufsteckbaren Ringes befestigt. Aus der achromatischen Kollimatorlinse *C* gelangt das vom Spalte kommende Licht durch die zwei Flintglasprismen *PP* und weiter spektral zerlegt nach *O*. Hier wird ein nach Bedarf schwächeres oder stärkeres Mikroskopobjektiv (bis zu etwa 6 *mm* Brennweite her-

Fig. 96.

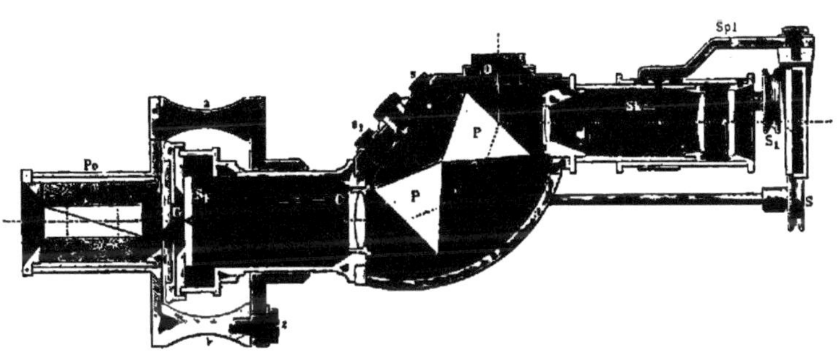

ab) angeschraubt, welches das Spektrum scharf in die Objektebene projiziert. Von dem vermittelst eines am Arme *Spl* angebrachten Spiegels oder besser durch eine Lampe direkt erleuchteten Skalenrohre *Sk* wird gleichzeitig eine ANGSTRÖMsche Skala scharf in die Objektebene projiziert, welche direkt die Wellenlängen in den einzelnen Teilen des Spektrums abzulesen gestattet. Mittels der Schraube *S* kann der Apparat unter dem Objekttische und damit das Spektrum im Gesichtsfelde von rechts nach links (in der Längsrichtung des Spektrums), mittels der Schraube S_1 von vorn nach hinten verschoben (centriert) werden. Als Okular des Mikroskopes wird ein gewöhnliches Analysatorokular verwendet. — Bei der ursprünglichen einfacheren Einrichtung des Polarispektromikroskopes von ROLLETT war ein Prismensystem für gerade Durchsicht und ein bestimmtes Objektiv zur Projektion des Spektrums in die Objektebene in Verwendung; die Gypsplatte war zwischen dieser Linse und dem Präparate angebracht und ein Skalenrohr fehlte.

Die Anordnung der optischen Teile des Spektropolarisators zum Gebrauche ist folgende: Polarisator und Analysator sind gekreuzt, die Richtung des Spaltes steht unter 45° zu den Schwingungsebenen der beiden; desgleichen die Schwingungsebenen der beiden durch die Doppelbrechung im Gyps entstandenen Strahlen, und zwar derart, daß die Schwingungsrichtung des in der Gypsplatte stärker gebrochenen Strahles (größte Elastizitätsachse) parallel dem Spalte, die Schwingungsrichtung des in der Gypsplatte schwächer gebrochenen Strahles (kleine Elastizitätsachse) senkrecht auf der Richtung des Spaltes steht. (Weiteres siehe unter „Technik der Untersuchung tierischer Gewebe im polarisierten Lichte".)

Literatur: Ambronn (Anleitung zur Benutzung des Polarisationsmikroskopes bei histologischen Untersuchungen, Leipzig, Robolsky, 1892). Dippel (Handbuch der allgemeinen Mikroskopie, Braunschweig, Vieweg). v. Ebner (Zeitschr. Wiss. Mikr., Bd. 9, 1892). Feussner (Zeitschr. Instrumentenk., 4. Jg., 1884). Rollett (Ebenda, 1. Jg., 1881), derselbe (Denkschr. Akad. Wiss. Wien. Bd. 58, 1891), derselbe (Sitzungsber. Akad. Wiss. Wien, Bd. 77, 1878), Weinschenk (Anleitung zum Gebrauch des Polarisationsmikroskopes, Freiburg i. B., Herder, 2. Auflage, 1906).
Zoth, Graz.

Technik der Untersuchung tierischer Gewebe im polarisierten Lichte. Die Untersuchung tierischer Gewebe im polarisierten Lichte, welche wohl weitaus nicht in dem Umfange geübt wird, wie sie es verdient, wird nicht allein zu dem Zwecke vorgenommen, um in der Anisotropie eines Objektes und dessen besonderem Verhalten bei der Untersuchung im polarisierten Lichte neue Merkmale für das betreffende Gewebe festzustellen, sondern sie kann unter Umständen auch mit Vorteil dazu verwendet werden, anisotrope Gewebsteile — selbst am frischen Objekte — in einer Reinheit und Klarheit zur Darstellung zu bringen, die von keiner anderen (z. B. Färbungs- oder Imprägnations-)Methode übertroffen wird. Ja es wäre nicht ausgeschlossen, daß in irgend einem Falle Strukturelemente, welche sonst weder durch ihr Brechungsvermögen oder ihre Lichtabsorption, noch durch ihre Färbbarkeit gut zu differenzieren wären, erst durch den Nachweis ihrer Anisotropie überhaupt sicher nachgewiesen werden könnten. Bei Untersuchungen mit dem Polarisationsmikroskope ist es, namentlich auch wegen der notwendigerweise schon durch die Wirkung der Nicolschen Prismen auftretenden bedeutenden Lichtverluste, mehr als sonst notwendig, alles falsche Licht sowohl von unten als von oben her möglichst zu vermeiden. Ein genügend breiter, vor dem Mikroskope aufgestellter schwarzer Schirm, welcher bis in die Scheitelhöhe des Beobachters reicht und unten nur einen Ausschnitt für das auf den Spiegel einfallende Tageslicht trägt, wird meist schon ausreichen. Besonders sorgfältig muß falsches Licht auch bei Verwendung des Spektropolarisators von allen Seiten abgehalten werden. — Bei feineren Untersuchungen stört manchmal in lästiger Weise eine — für gewöhnlich kaum auffallende — geringere oder stärkere Anisotropie der Objektivsysteme (auch der Kondensoren). Von derselben kann man sich leicht durch Drehen des Objektives am Tubus zwischen gekreuzten Nicols und über der Gypsplatte überzeugen. Es ist natürlich am besten, auf die Verwendung solcher — gar nicht so seltener und sonst ganz guter — Objektive bei feineren Untersuchungen im polarisierten Lichte zu verzichten.

Die nunmehr zu besprechenden Methoden der Untersuchung tierischer Gewebe im polarisierten Lichte setzen zum Verständnisse die Kenntnis des vorstehenden Artikels „Polarisationsmikroskop“ und sowie dieser der Grundzüge der physikalischen Polarisationslehre voraus.

Einfache Untersuchung auf Doppelbrechung; Verhalten isotroper und anisotroper Substanzen. Nachdem das Objekt bei parallelen Nicols in die Mitte des Gesichtsfeldes eingestellt worden ist, wird der Analysator um 90° gedreht, so daß das Gesichtsfeld die größte Dunkelheit erreicht. Es ist zweckmäßig, den Teilkreis des Analysators und die Nicols stets so zu justieren, daß in dieser Stellung der Analysator auf dem Nullstriche des Teilkreises einspielt und seine Schwingungsebene sagittal, die des Polarisators also quer (frontal) zum Beobachter liegt. In dieser (gekreuzten) Stellung verbleiben die beiden Nicols während der Untersuchung. Auf dem drehbaren Objekttische wird nun das Präparat langsam im Kreise um volle 360° herumgedreht. Erscheint der untersuchte Körper hierbei viermal im Maximum der Helligkeit (heller) und viermal im Maximum der Dunkelheit (dunkler), welche Stellungen um je 45° von einander verschieden sind, so ist er doppeltbrechend. Außer den hierbei an den doppeltbrechenden Objekten mehr oder weniger deutlich auftretenden Interferenzfarben können bei komplizierteren Strukturen noch weitere besondere Erscheinungen beobachtet werden (s. unten). Bei schwachen Graden von Anisotropie oder sehr dünnen Objekten ist auch die auftretende Erhellung sehr gering.

Zeigt der Körper die eben als charakteristisch beschriebene Erscheinung nicht, sondern bleibt er bei einer vollen Umdrehung um 360° zwischen den gekreuzten Nicols in allen Azimuten gleich dunkel im dunklen Sehfelde, so sind folgende drei Möglichkeiten zu berücksichtigen:

a) Der Körper ist anisotrop, aber zufällig so gelagert, daß die Richtung der optischen Achse seiner sämtlichen anisotropen Teilchen mit der Richtung der optischen Achse des Mikroskopes übereinstimmt. In dieser Richtung gesehen, verhält er sich wie ein einfachbrechender (isotroper) Körper. In einem solchen Falle muß man versuchen, den Körper auf dem Objektträger in eine andere Lage zur optischen Achse des Mikroskopes zu bringen oder anders aufzupräparieren und die Untersuchung wiederholen.

b) Der Körper ist isotrop. Auch bei Veränderungen seiner Lage zur optischen Achse des Mikroskopes bleibt er bei vollen Drehungen im Kreise zwischen gekreuzten Nicols stets vollkommen dunkel.

c) Der Körper ist anisotrop, jedoch nur in sehr geringem Grade, oder er kommt in zu dünner Schichte zur Untersuchung. In diesem Falle muß zur Untersuchung mit dem verzögernden Gypsplättchen übergegangen werden.

Liegen viele, bestimmt gleichartige Elemente im Gesichtsfelde unregelmäßig zerstreut neben und über einander, wie z. B. in Krystallisations- oder in Isolations- und Zupfpräparaten, so kann das Drehen des Präparates im Kreise, wie leicht ersichtlich, füglich entfallen. Es wird dabei auch kaum je die Entscheidung über die oben unter *a, b, c* angeführten Möglichkeiten in Frage kommen.

Untersuchung mit dem verzögernden Gypsplättchen. Das verzögernde Gypsplättchen, für die meisten Zwecke am besten ein solches von Rot I. Ordnung, wird bei gekreuzten NICOLschen Prismen über dem Polarisator eingelegt und so zurechtgedreht, daß das Gesichtsfeld das Rot I. Ordnung im Maximum der Intensität zeigt. Das Gypsplättchen liegt dann eben so, daß seine Schwingungsebenen (Elastizitätsachsen) unter Winkeln von 45° zu den Schwingungsebenen der beiden Nicols orientiert sind. Für genauere Untersuchungen ist es noch notwendig, die Richtung der größten und der kleinsten Elastizitätsachse der Gypsplatte (I. und II. Mittellinie) von einander zu unterscheiden. Zu diesem Zwecke wird die unter 45° zwischen den Nicols orientierte Gypsplatte durch Neigen ein wenig um die eine oder andere Mittellinie gedreht. Bei Drehung um die erste Mittellinie steigt die Interferenzfarbe, bei Drehung um die zweite Mittellinie sinkt sie. Diese Richtungen kann man sich zweckmäßig ein- für allemal an der Fassung des Gypsplättchens bezeichnen. Die erste Mittellinie (größte Elastizitätsachse, Schwingungsrichtung des stärker gebrochenen Strahles im Gyps) wird bei Untersuchungen, wo es auf ihre Lage ankommt (s. unten), unter + 45° (von oben gesehen nach rechts bei der früher angegebenen normalen Stellung der gekreuzten Nicols) eingestellt; die dazu senkrechte Richtung (315°) der zweiten Mittellinie wird dann auch mit — 45° bezeichnet.

Nachdem also das Gypsplättchen richtig auf das Maximum des Rot I. Ordnung eingestellt ist, wird das zu untersuchende Objekt wieder auf den drehbaren Objekttisch gebracht und einmal im Kreise um 360° gedreht. Wenn es anisotrop ist, muß es im allgemeinen bei dieser Drehung zweimal in Additionslage und zweimal in Subtraktionslage zur Gypsplatte kommen, während es in den vier dazwischen liegenden Stellungen in der Farbe des Gypsgrundes erscheint, also zum Beispiele bei Azimuten von 0°, + 90°, 180°, 270° (— 90°) in der Farbe des Grundes, Rot I. Ordnung: bei + 45° und 225° (— 135°) in Additionslage: Steigen der Farbe, z. B. Violett II. Ordnung; bei + 135° und 315° (— 45°) in Subtraktionslage: Sinken der Farbe, z. B. Braungelb I. Ordnung (vgl. Artikel „Polarisationsmikroskop"). Auch über dem verzögernden Gypsplättchen werden bei komplizierteren Strukturen noch weitere besondere Erscheinungen als Folgen eben dieser Strukturverhältnisse beobachtet.

Anstatt des Gypsplättchens I. Ordnung können auch solche anderer Farben I. und II. Ordnung verwendet werden. Dies wird jedoch höchst selten erforderlich sein. DIPPEL empfiehlt namentlich neben dem Rot I. das Übergangsviolett II. Ordnung, MOHL für sehr schwach doppeltbrechende Körper Glimmerplättchen, welche dem Sehfelde eben eine mäßig graublaue Erhellung verleihen, und über denen die Zunahme und Verminderung der Helligkeit des Körpers beim Drehen beobachtet wird. Mit dem erwähnten oder einem ihm nahekommenden Gypsplättchen findet man jedoch, wie gesagt, für die meisten Untersuchungen tierischer Gewebe sein Auslangen. Ein feiner Beobachter wird sich bei der Wahl seines Gypsplättchens nach der individuellen Farbenempfindlichkeit seines Auges richten können.

Genauere Feststellung der optischen Eigenschaften anisotroper organischer Elemente. Hierbei handelt es sich um die Bestimmung des optisch einachsigen oder zweiachsigen und des positiven oder negativen Charakters der Doppelbrechung, um die Feststellung der Richtung der optischen Achse oder der Ebene der optischen Achsen und der Lage der Elastizitätsachsen bei optisch zweiachsigen Körpern. Bei den am meisten verbreiteten optisch einachsigen tierischen Geweben, die in zwei oder drei deutlich zu unterscheidenden Richtungen des Raumes entwickelt sind, fällt die optische Achse gewöhnlich mit einer dieser Richtungen (achsiale, radiale oder tangentiale Richtung) zusammen; bei den selteneren optisch zweiachsigen organisierten Elementen, die in ähnlicher Weise räumlich entwickelt sind, fallen die beiden optischen Achsen meist in eine Ebene, deren Richtung durch die Längs- und eine Querdimension oder durch die zwei Querdimensionen bestimmt ist. Sehr selten werden an organischen Gebilden schiefe Richtungen der einen oder der beiden optischen Achsen beobachtet.

Wenn es von einem optisch einachsigen tierischen Gewebe, das in der angedeuteten Weise räumlich entwickelt ist, so daß sich eine Längsrichtung von den darauf senkrechten Querschnitten deutlich unterscheiden läßt, heißt, die optische Achse stehe achsial oder tangential, oder von einem optisch zweiachsigen ähnlich entwickelten Gewebe, die Ebene der optischen Achsen liege im Querschnitte oder im diametralen oder im tangentialen Längsschnitte, so heißt das, daß das betreffende Gewebe oder Gewebselement aus kleinsten Teilchen zusammengesetzt zu denken ist, deren jedes eine achsiale, radiale oder tangentiale Achse (bei optisch einachsigen) besitzt, oder deren jedes eine im Querschnitte oder im diametralen oder im tangentialen Längsschnitte liegende Achsenebene (bei optisch zweiachsigen) besitzt. Hieraus lassen sich alle die mannigfachen und oft sehr komplizierten Erscheinungen ableiten, welche an verschieden gebauten organischen Objekten bei verschiedenen Lagen der optischen Achsen und verschiedenem Charakter der Doppelbrechung im Polarisationsmikroskope zu beobachten sind.

Schon die Bestimmung der optisch-einachsigen oder optisch-zweiachsigen Beschaffenheit kann mitunter Schwierigkeiten bereiten. Wenn jedoch, was der häufigste Fall ist, die Richtung der optischen Achse eines einachsigen Körpers mit einer der kenntlichen drei Hauptdimensionen des Objektes zusammenfällt, dann wird sich bei Aufpräparierung des Objektes in drei diesen Hauptdimensionen entsprechenden Lagen unschwer eine Lage finden lassen, in welcher die optische Achse des Objektes in die Richtung der optischen Achse des Mikroskopes fällt, und der Körper sich dann (bei nicht zu großer Flächenausdehnung) wie ein einfachbrechender oder isotroper verhalten, das heißt bei Drehung um 360° zwischen den gekreuzten Nicols in allen Azimuten gleich dunkel oder über der Gypsplatte stets in der Farbe des Grundes erscheinen. Ein solches Verhalten zeigen die Querschnitte der meisten faserigen anisotropen tierischen Gewebselemente, wegen der zumeist achsialen Lage ihrer optischen Achse. — Bei zweiachsiger Beschaffenheit des Objektes treten hingegen in allen Lagen zur Achse des Mikroskopes Interferenzfarben, beziehungsweise Veränderungen der Helligkeit des Objektes beim Drehen im Kreise zwischen den gekreuzten NICOLschen Prismen auf.

Im nachstehenden soll die Art und Weise der genaueren Feststellung der besonderen optischen Eigenschaften anisotroper organischer Elementarteile auf Grund der im Polarisationsmikroskope zu beobachtenden Erscheinungen, welche Feststellung bei komplizierten Strukturen mitunter große Schwierigkeiten bereiten kann, nur an einem der einfachsten Beispiele, welches zugleich einen unter den tierischen Geweben häufig vorkommenden Fall repräsentiert, nämlich an dem soliden, optisch-einachsigen Cylinder, und zwar für die drei verschiedenen Hauptlagen der optischen Achsen, für das Querschnitts- und Längsschnittsbild übersichtlich dargestellt werden.

I. Querschnitt (Flächenansicht).

A. Optische Achse achsial.

Zwischen gekreuzten Nicols in allen Azimuten dunkel, bei nicht zu großer Ausdehnung des Querschnittes. Sonst nur die Mitte ganz dunkel, weiter dunkles Kreuz, parallel den Nicols, ähnlich wie bei einachsigen, senkrecht zur Achse geschliffenen Krystallplatten.

B. Optische Achse radial.

Dunkles Kreuz zwischen gekreuzten Nicols, die zwischenliegenden Quadranten in Interferenzfarben erhellt. Auf der Gypsplatte: Rotes Kreuz, parallel den Nicols; in abwechselnden Quadranten Additions- und Subtraktionsfarben.

C. Optische Achse tangential.

Dunkles Kreuz zwischen gekreuzten Nicols, die zwischenliegenden Quadranten in Interferenzfragen erhellt. Auf der Gypsplatte: Rotes Kreuz; in abwechselnden, den bei radialer Achse entgegengesetzten Quadranten Subtraktions- und Additionsfarben.

II. Längsschnitt (Seitenansicht).

A. Optische Achse achsial.

Der Cylinder erscheint in Orientierung unter $\pm 45^0$ vom Rande gegen die Mitte in parallelen steigenden Interferenzfarbenstreifen, die gegen die Mitte immer breiter werden; in der Mitte selbst ein breiter Längsstreifen der höchsten Interferenzfarbe. Auf der Gypsplatte: *a)* Positiver Charakter der Doppelbrechung: In der Orientierung unter $+ 45^0$ steigen die in Addition befindlichen Interferenzfarben vom Rande gegen die Mitte. In der Orientierung unter $- 45^0$ sinken die in Subtraktion befindlichen Interferenzfarben vom Rande an bis dahin, wo sich die Farbe des Objektes und des Gypsgrundes löschen; von da an steigen sie, die Mitte zeigt die höchste Farbe. *b)* Negativer Charakter der Doppelbrechung: Vertauschung der Interferenzfarben, Subtraktionsfarben unter $+ 45^0$, Additionsfarben unter $- 45^0$, sonst dieselben Erscheinungen.

B. Optische Achse radial.

Der Cylinder erscheint in Orientierung unter $\pm 45^0$ vom Rande gegen die Mitte in steigenden Interferenzfarbenstreifen, die aber weiter wieder bis zu einem dunklen, die Mitte des Cylinders einnehmenden Längsstreifen sinken. Auf der Gypsplatte: *a)* Positiver Charakter der Doppelbrechung: In der Orientierung unter $+ 45^0$ zeigt sich, in Subtraktionslage, vom Rande gegen die Mitte zuerst Sinken, dann rasches Steigen, dann wieder Sinken und endlich Steigen der Interferenzfarbe bis zur Mitte; in der Orientierung unter $- 45^0$, in Additionslage, rasches Steigen der Interferenzfarbe vom Rande aus, dann Sinken bis zur Mitte, in welcher ein Streifen in der Farbe des Grundes erscheint. — *b)* Negativer Charakter der Doppelbrechung: Vertauschung der Interferenzfarben, Additionsfarben unter $+ 45^0$, Subtraktionsfarben unter $- 45^0$, sonst dieselben Erscheinungen.

C. Optische Achse tangential.

Beide Ränder des Cylinders in Orientierung unter ± 45° dunkel; von da an Steigen der Interferenzfarben gegen die Mitte. In der Mitte selbst ein breiter Streifen der höchsten Interferenzfarbe. Auf der Gypsplatte: *a)* Positiver Charakter der Doppelbrechung: In der Orientierung unter + 45° sinken die in Subtraktion befindlichen Interferenzfarben vom Rande gegen die Mitte, ähnlich wie bei achsialer Achse unter —45°. Die Ränder des Cylinders erscheinen in der Farbe des Grundes. In der Orientierung unter — 45° steigen die in Addition befindlichen Interferenzfarben vom Rande gegen die Mitte. — *b)* Negativer Charakter der Doppelbrechung: Vertauschung der Interferenzfarben, Additionsfarben unter + 45°, Subtraktionsfarben unter —45°.

Untersuchung der Doppelbrechung mit dem Spektropolarisator. Die Anordnung der optischen Teile des Spektropolarisators zum Gebrauche desselben ist im Artikel „Polarisationsmikroskop" unter „Spektropolarisator" auseinandergesetzt. Ebenso ist bereits erwähnt, daß zur Beleuchtung des Spaltes am besten mittels eines Uhrwerks-Heliostaten reflektiertes Sonnenlicht, zur Beleuchtung der Skala am besten direktes Lampenlicht zu verwenden ist und die Abblendung alles falschen Lichtes sehr vollkommen sein muß. Sollen Messungen im Spektrum vorgenommen werden, so hat man sich zu überzeugen, daß der Teilstrich 0,589 der Angströmschen Skala genau mit der D-Linie zusammenfällt. Sollte dies nicht der Fall sein, so kann es leicht durch vorsichtiges Verstellen der beiden Schräubchen s und s_1 des Spektropolarisators (Artikel „Polarisationsmikroskop", Fig. 96) erreicht werden. — Nachdem das auf den drehbaren Objekttisch gebrachte Objekt eingestellt ist, wird durch Heben oder Senken des Spektropolarisators das Spektrum mit dem Interferenzstreifen der Gypsplatte scharf in die Objektebene eingestellt und zunächst so verschoben, daß sich das Objekt gerade mitten auf dem dunklen Interferenzstreifen befindet. Man dreht nunmehr das Objekt auf dem drehbaren Objekttische (oder mit dem ganzen Oberteile des Mikroskopes, ohne den Analysator mitzudrehen) im Kreise um 360°: bleibt es in allen Azimuten dunkel, so ist es isotrop, leuchtet es dagegen in zwei um 90° von einander verschiedenen Stellungen in der durch den Interferenzstreifen ausgelöschten Spektralfarbe auf, so ist es doppeltbrechend. Es wirkt dann eben in der einen Stellung als Verdickung, in der darauf senkrechten als Verdünnung der Gypsplatte. Nunmehr wird das Spektrum unter dem auf das Maximum seiner Helligkeit über dem Interferenzstreifen eingestellten Objekte verschoben, und zwar einmal gegen das rote, das andere Mal gegen das violette Ende hin. Verdunkelt sich jetzt das anisotrope Objekt in einer vom Interferenzstreifen gegen das rote Ende des Spektrums zu gelegenen Farbenregion, so befindet es sich in Additionslage zur Gypsplatte und seine größere Elastizitätsachse ist der der Gypsplatte parallel gerichtet. Verdunkelt es sich jedoch in einer vom Interferenzstreifen gegen das violette Ende des Spektrums zu gelegenen Farbenregion, so befindet es sich in Subtraktionslage zur Gypsplatte und seine größere Elastizitätsachse ist der kleineren Elastizitätsachse der Gypsplatte parallel gerichtet. Die Größe der Verschiebung, welche notwendig ist, um die Verdunkelung hervorzurufen, läßt — bei gleicher Dicke — auf den Grad der Doppelbrechung schließen. — Kugelförmige Körper und Cylinderdurchschnitte mit radial und tangential angeordneten Elastizitätsachsen zeigen in Additionslage Verdunkelung der unter + 45° gelegenen (1. und 3.) Quadranten in gegen das Rot, der unter — 45° gelegenen (2. und 4.) Quadranten in gegen das Violett zu liegenden Farbenregionen; in Subtraktionslage umgekehrt Verdunkelung der unter + 45° gelegenen Quadranten in gegen das violette und der unter — 45° gelegenen Quadranten in gegen das rote Ende des Spektrums zu liegenden Farbenregionen. —

Anisotropie einfacher tierischer Gewebe. Dieselbe findet sich in allen Geweben mehr minder stark ausgebildet, welche infolge ihrer Wachstumsverhältnisse oder physiologischen Verrichtungen ungleichmäßigen und orientierten Spannungs- und Druckverhältnissen ausgesetzt sind, so namentlich in fibrillär entwickelten Elementarteilen, aber auch an Membranen und in geschichteten Zellenlagen. Von den einfachen Geweben der höheren Tiere zeigen Anisotropie: Gewebe der Bindesubstanzen, Muskelgewebe, Nervengewebe und Deckgewebe. Im nachstehenden sei eine kurze Übersicht der wichtigsten anisotropen Gewebe aufgeführt:

I. Bindesubstanzen.

Die Anisotropie des fibrillären Bindegewebes, des Knochens, des Knorpels, des Zahnbeines, des Hornhautgewebes ist auf die positiv einachsige Beschaffenheit der Bindegewebs-, Knochen-, Knorpel-, Zahnbein-, Hornhautfibrillen zurückzuführen. Die optische Achse liegt in der Längsrichtung der Fibrillen (axial). Durch die verschiedenartige Anordnung der Fibrillen in einzelnen Geweben (Knochen, Knorpel) können ziemlich verwickelte, mitunter schwierig zu erklärende Erscheinungen im polarisierten Lichte hervorgebracht werden. Die elastischen Fasern sind in ungedehntem Zustande nur in geringem Grade anisotrop, und zwar positiv einachsig, die optische Achse liegt axial. Die Linsenkapsel ist negativ einachsig, die optische Achse senkrecht zur Fläche orientiert.

II. Muskelgewebe.

Die glatten Muskelfasern sind positiv einachsig, die optische Achse liegt axial. Quergestreifte Muskelfasern: Sarkoplasma und Streifen I und E (nach ROLLETT) isotrop, die anisotropen Schichten Q, N und Z positiv einachsig, die optische Achse axial; Q am stärksten, N und Z schwächer doppeltbrechend. Im kontrahierten Muskel ist C isotrop, Q' anisotrop. Bei der Contraction tritt starkes Sinken der Doppelbrechung ein, so daß dadurch sogar die von der gleichzeitigen Verdickung der Faser bedingte Farbenänderung (über der Gypsplatte) weit überkompensiert wird. Auch in der Totenstarre nimmt die Doppelbrechung ab.

III. Nervengewebe.

Anisotrop sind die Markscheiden der markhaltigen Nervenfasern. Dieselben erweisen sich als positiv einachsig, mit radial gerichteten optischen Achsen. Die im Polarisationsmikroskope zu beobachtenden Erscheinungen sind demnach im wesentlichen die oben unter I B und II B für den Querschnitt und die Längsansicht des einachsigen Cylinders abgeleiteten. Das Entstehen und das Zugrundegehen der Markscheiden geht mit Veränderungen der Polarisationserscheinungen einher; diese können daher auch zum Studium der Entwicklung (AMBRONN und HELD) und der Degeneration (BRODMANN) der markhaltigen Nervenfasern dienen.

IV. Deckgewebe.

Geschichtete Plattenepithelien sind in den oberflächlichen Zelllagen negativ einachsig, in den tiefen positiv einachsig, die Achse ist senkrecht zur Oberfläche des Epithels gerichtet. Sehr stark anisotrop, wahrscheinlich optisch zweiachsig, sind die Hornzellen der Epidermis. Die Rindensubstanz markloser Haare ist positiv einachsig, die Achse axial gerichtet. In markhaltigen Haaren zeigen die den Markraum begrenzenden Schichten der Rindensubstanz ein Elastizitätsellipsoid mit radialer kürzester Achse. Der Nagel ist optisch zweiachsig, die größte Elastizitätsachse liegt annähernd in der Richtung der Längsachse, die kleinste senkrecht zur Oberfläche, die mittlere in der Querrichtung des Nagels. Das Trachealepithel erweist sich in den tieferen Schichten als optisch einachsig, die Achse ist senkrecht zur Oberfläche orientiert; in den höheren Schichten ist keine Doppelbrechung nachweisbar. Die Flimmerhaare selbst sind positiv einachsig, die Achse fällt mit der Längsrichtung des Haares zusammen. Die weichen Cylinderepithelien innerer Organe sind isotrop. Der Zahnschmelz ist negativ einachsig (noch nicht völlig ausgebildeter positiv), die optische Achse liegt in der Längsachse der Prismen. Die Schwänze von Spermatozoen sind positiv, der Kopf negativ einachsig.

In bezug auf die Einwirkungen von Dehnung, Pressung, Quellung, Schrumpfung und anderen Einflüssen auf die Doppelbrechung tierischer Gewebe und die Hypothesen zur Erklärung derselben (Micellar- und Spannungshypothese) kann hier nur auf die grundlegenden Untersuchungen von Ebner verwiesen werden.

Literatur: Ambronn (Anleit. z. Benutzung des Polarisationsmikroskopes etc., Leipzig 1892), derselbe und Held (Ber. Sächs. Ges. Wiss. 1895), Brodmann (Neurol. Centralbl., Bd. 19, 1900), Dippel (Handbuch), v. Ebner (Untersuchungen über die Ursachen der Anisotropie organischer Substanzen. Leipzig 1882), Engelmann (Arch. Ges. Physiol., Bd. 11, 1875), Müller (Zeitschr. Rat. Med., 3. Reihe, Bd. 10, 1861), Rollett (Zeitschr. Instrumentenk., Jg. 1, 1884), derselbe (Denkschr. Ak. Wiss. Wien. Bd. 58, 1891), Weinschenk (Anleit. z. Gebrauch des Polarisationsmikroskopes, 2. Aufl., Freiburg 1906). *Zoth*, Graz.

Polarisationsmikroskop. Anwendung für pflanzliche Gewebe. (Es können hier nur die hauptsächlich in Betracht kommenden Objekte und die Hauptliteratur erwähnt werden.)

1. Die Stärkekörner (s. diese) verhalten sich im polarisierten Licht wie Sphärokrystalle: sie zeigen bei gekreuzten Nicols auf hellem Grunde ein schwarzes Kreuz, dessen Arme in den Schwingungsrichtungen der Nicols stehen, und dessen Mittelpunkt im Kern des Kornes liegt. Central liegt er z. B. bei den centrisch gebauten Weizen- und Bohnenstärkekörnern, seitlich bei der excentrisch gebauten Kartoffelstärke. Die längere Achse des optischen Elastizitätsellipsoids ist radial, die kürzere tangential orientiert. — Die Doppelbrechung der Stärke beweist nicht ohne weiteres ihren sphärokrystallinischen Bau (Sphärokrystalle Arth. Mayer), sondern kann auch durch ihre verschiedene Dichtigkeit, bedingt durch die Art ihres Entstehens, erklärt werden (H. Fischer). Ganz entsprechend der Stärke verhalten sich die Inulin„sphärokrystalle“ (H. Fischer).

2. Alle cellulosehaltigen Zellmembranen sind doppelbrechend, ebenso die von ihnen abstammenden Schleime (z. B. Salep der Orchideenwurzeln), während die nur pektinhaltigen isotrop sind. So zeigen sich bei einem zarten Querschnitt durch Kiefernholz (Streichholz) bei gekreuzten Nicols, wenn der Schnitt so orientiert ist, daß die Wände der annähernd rechteckigen Zellen hell, die Ecken dunkel erscheinen, die primäre Wandung und das Grenzhäutchen hellleuchtend, die sekundären Verdickungsschichten grau, während die Mittellamelle ganz dunkel bleibt. — Das optische Elastizitätsellipsoid besitzt bei allen doppelbrechenden Membranen drei verschiedene Achsen, es kann parallel der Längsachse der Zellen liegen, liegt aber oft auch schräg zu ihr entsprechend der Tüpfelrichtung. — Es ist versucht worden, eine mikrotechnische Unterscheidung von Pflanzenfasern verschiedener Herkunft im polarisierten Licht zu begründen, doch wird dies sehr erschwert durch die ungleiche Dicke der Objekte. Im allgemeinen scheinen fettartige Einlagerungen den Grad der Doppelbrechungen herabzusetzen (Remec, dort auch übrige Literatur) — Cellulosemembranen, durch Chlorzinkjod gefärbt, zeigen sehr schönen Pleochroismus: Im polarisierten Lichte lassen sich die Farben der einzelnen Strahlen getrennt beobachten, während sie bei der gewöhnlichen Beobachtung als Mischfarben erscheinen.

Literatur: Ambronn (Anleit. z. Gebrauch des Polarisationsmikroskops 1892), kurz zusammengefaßt bei Strasburger (Gr. Bot. Prakt. 1901), Dippel (Mikroskop, 2. Aufl., Bd. 2. 1898), Remec (Sitzungsber. Ak. Wiss. Wien. Bd. 110, 1901). *Magnus*, Berlin.

Pollen. Die in den Staubfädenfächern der höheren Pflanzen enthaltenen männlichen Geschlechtsprodukte, die Pollenkörner, zeichnen sich vielfach durch eigentümliche Verdickungen der äußeren Membran, Exine, aus. Deren Studium gelingt am besten, falls nicht die gewöhnliche Einbettung mit Paraffin angewendet wird, wenn in Alkohol gehärtete Körner in einen Tropfen Gummilösung, der etwas Glycerin zugesetzt ist, gebracht werden. Der etwa auf ein Stückchen Holundermark befestigte Tropfen wird durch Austrocknen oder mehrstündiges Verweilen in absolutem Alkohol gehärtet und dann mit scharfem Rasiermesser leicht in sehr feine Teile zerlegt.

Die Pollenkörner enthalten meist einen größeren, locker gebauten vegetativen und einen kleineren, dichter strukturierten, in eine uhrglasförmige Zelle eingeschlossenen generativen Kern, der sich bei der Keimung entweder gleich oder nach dem Eintritt in den Pollenschlauch vor der Befruchtung teilt. — Bei vielen Pollenkörnern ist eine Keimung in Zuckerlösung leicht zu erreichen. Im Winter und Frühjahr sind hierfür am geeignetsten: Gartentulpen, Tradescantia in 1—3%iger, Narzisse (Narcissus poeticus) in 5%iger Zuckerlösung. Im Sommer Wickenarten (Lathyrus) in 15%iger Lösung. Besonders bei letzterem Objekt gelingt die Keimung so schnell (1 Stunde) und wächst der Pollenschlauch selbst so schnell, daß ein Vorwärtsschreiten unter dem Mikroskop auf der Teilung eines Okularmikrometers leicht verfolgt werden und die Abhängigkeit des Wachstums von Wärme usw. leicht festgestellt werden kann. Hierzu, besonders auch zum Studium des Chemotropismus, ist es zweckmäßig, der Zuckerlösung Gelatine, etwa 1,5% oder Agaragar, noch gerade erstarrend, zuzufügen. Die chemotropische Reizbarkeit wird dargetan durch das Hineinbringen der Narbe an eine Seite des Präparates oder eines Körnchens Diastase.

Literatur: Lidforss (Ber. Deutsch. Bot. Ges., Bd. 17, 1899). *Magnus,* Berlin.

Polychromes Methylenblau siehe: Methylenblau.

Ponceau 2 G, Azofarbstoff (Ludwigshafen, Berlin, Höchst). Rotes Pulver, das in Wasser und Alkohol leicht löslich ist. Die wässerige Lösung färbt sich bei Zusatz von Natronlauge mehr gelb, Salzsäure verändert sie nicht. In Schwefelsäure ist der Farbstoff mit kirschroter Farbe löslich. In der Wollfärberei in großem Maßstab zum Rotfärben in saurem Bade benutzt.

Nach Griesbach färbt Ponceau 2 G vor allem die Knochengrundsubstanz und das collagene Gewebe sehr präzise.

Ponceau 2 R, Syn. für Xylidinrot (Ludwigshafen, Berlin).

Von Griesbach zuerst benutzt und zur Färbung von Drüsen und Epithelzellen empfohlen.

Ponceau 3 RB, Syn. für Biebricher Scharlach (Berlin).

Ponceau 4 RB, Syn. für Crocein Scharlach 3 B (Berlin).

Ponceau 6 RB, Syn. für Crocein Scharlach 7 B (Berlin).

Ponceau S, Syn. für Biebricher Scharlach.

Von Curtis und Lemoult an Stelle von Diaminblau (s. dort) zur Bindegewebsfärbung empfohlen.

Pourpre française siehe: Orseille.

Primerose, Syn. für Eosin sprit löslich.

Primitivfibrillen siehe: Neurofibrillen.

Primula, Syn. für Dahlia.

Prismenrotator siehe: Experimentell-embryologische Methoden (Bd. I, pag. 385).

Pritchards Gemisch siehe: Amylalkohol.

Prodigiosin zur Färbung verkorkter Membranen siehe: Zellmembranen, pflanzliche.

Projektion nennt man das Hinwerfen eines reellen Bildes eines durchleuchteten oder beleuchteten Objekts von demselben aus mittelst Lichtstrahlen, die alle Punkte des Objektes, welche von einem anderen Punkt aus sichtbar oder bestrahlbar sind, mit diesem Lichtknotenpunkt verbinden.

Projektionen teilen sich in parallele und centrale, in natürliche und künstliche und in solche mittelst durchgehenden und auffallenden Lichtes.

Da die geringe durch die Sonnenbreite bedingte Neigung der Sonnenstrahlen zu einander die Schatten aller Objekte in der Eigengröße erscheinen läßt, wird diese natürliche Projektion, wie auch andere, bei denen nur eine unmerklich veränderte Bildgröße hervortritt, als eine Parallelprojektion betrachtet. Centralprojektionen dagegen sind solche mit centrisch verlaufenden Strahlen, bei denen eine merkliche Vergrößerung oder Verkleinerung im Bilde bewirkt wird. Reine Central- wie reine Parallelprojektionen sind unbekannt, fast reine beiderlei Art sind lichtschwach. Künstliche Lichtquellen, die der Projektion dienen, geben zunächst divergentes Licht, das, wenn sie klein sind, zu verschiedener Verwendung genügend homocentrisch ist.

Gegenstände in divergentes Licht gestellt, werfen Schatten, oder falls sie mehr oder weniger durchsichtig sind, nur Halbschatten, die sich im Durchmesser proportional der Entfernung vom Gegenstand vergrößern. Indessen zeigen einfache Schattenbilder, wie z. B. die einer Hand, in einigem Abstand vor einer Wand nur grobe Konturen.

In konvergentem Licht projiziert sich zwischen einem durchleuchteten Objekt und dem Lichtknotenpunkt ein aufrechtes, mit der Entfernung vom Objekt sich stetig verkleinerndes, hinter dem Knotenpunkt dagegen ein umgekehrtes, sich ebenso vergrößerndes Bild. Auf einer in den Gang der Strahlen eingestellten, undurchsichtigen, reflektierenden Fläche wird das Bild sichtbar, aber auch mit unscharfen Konturen.

Diese Unschärfe ist weniger auffallend an dem aufrechten Bild, da es immer eine verkleinerte Darstellung des Objektes abgibt, die deshalb selten in Anspruch genommen wird.

Das umgekehrte Bild dagegen, das mit steigender Vergrößerung an zunehmender Unschärfe leidet, erfährt eine Verbesserung durch die einfache Projektion mittelst einer Camera obscura, Lochcamera genannt, bei welcher eine kleine Öffnung in der Vorderwand als Lichtknotenpunkt, die Hinterwand als Projektionsfläche und die Seitenwände zum Ausschluß bildstörenden Lichtes dienen. Bei jeder Entfernung der Camera von dem Gegenstand und des Lichtknotenpunktes von der Projektionsebene fällt auf diese ein deutliches, aber lichtschwaches Bild des Objektes, dessen optische Schärfe und Lichtschwäche mit der Kleinheit der Öffnung zunehmen. Die Lochcamera wird jetzt nur gelegentlich in der Photographie, deren optische Grundlage sie bildet, benutzt. Indessen zum Nachzeichnen grober Umrisse von im Sonnenlicht befindlichen Gegenständen in beliebiger Entfernung und Vergrößerung ist die einfache Camera obscura, bzw. „Solarcamera“ gut verwendbar, denn mit der Lichtschwäche des Bildes steigert sich die Lichtempfindlichkeit des im Dunkeln gehaltenen Auges.

Durch Einsatz einer Sammellinse am Lichtknotenpunkt der Camera obscura läßt sich dieser in der Breite vervielfachen, die durchgelassene Lichtmenge dadurch stark vermehren und dementsprechend die optische Schärfe und die Helligkeit des Bildes weit erhöhen. Hierin wirkt die Linse als Objektiv. Die Projektion mittelst Objektive kann man die dioptrische nennen, da sie nach dem Gesetze der konjugierten Brennweiten erfolgt.

Die Helligkeit des projizierten Bildes wird außer durch das Objektiv durch Beleuchtungslinsen erhöht, die im Falle von durchsichtigen Abbildungen verschiedenster Gegenstände das Licht geradlinig durch dieselben auf das Objektiv konvergieren. Hierdurch kommt, wie bei der Lochcamera, eine geometrische Projektion zustande. Diese geometrische Projektion ist ohne die Hinzunahme der dioptrischen nur eine grobe und immer eine unzulängliche infolge der unvollkommenen Homocentrizität des Lichtes und der üblichen starken Vergrößerung des Bildes. Bei aller Projektion erfolgt mit vermehrtem Abstand des Bildes vom Lichtknotenpunkt eine Helligkeitsabnahme desselben, die sich infolge der Flächenvergrößerung und mit dieser wie das Quadrat der Entfernung vermehrt. Bei der dioptrischen Projektion ist im Gegensatz zu der einfach geometrischen mittelst der Lochcamera der Abstand des Bildes vom Lichtknotenpunkt immer ein durch die Brennweite und die Lage des Objektivs bestimmter.

Das erwähnte Grundgesetz der Dioptrik, das diesen Abstand regelt, lautet in einfachster und genauer Form $o : F = F : b$, wo die Strecken von dem beiderseitigen Hauptbrennpunkt aus bis zum Objekt o, bis zur Bildfläche b und F die

Brennweite der Linse bedeuten. Dasselbe gilt nicht weniger für Werte *o*, die in der Folge auch solche von *b* bedingen, welche innerhalb der Hauptbrennpunkte statt außerhalb derselben liegen und nur auf divergentes Licht, bzw. virtuelle Bilder bezug haben, und dient somit zur Berechnung sämtlicher optischen Abstände bei der Projektion, inklusive der „Linsendicke", d. h. der optischen Länge der Beleuchtungslinsen, bzw. Objektive, die einen Rest darstellt, der nach Abzug der vierfachen wirklichen oder „Hauptbrennweite" von der Summe der symmetrisch äquilibrierten „Doppelbrennweiten" übrig bleibt. Eine schematische Erläuterung des Gesetzes gibt Fig. 97, die die Hauptfälle der Dioptrik, die hier in Betracht kommen, veranschaulicht, nämlich die Vereinigung von parallelem Licht im Hauptbrennpunkt einer Linse und von divergentem Licht aus der doppelten Brennweite wieder in derselben Entfernung jenseits der Linse, ferner die Brechung von divergentem Licht aus der halben Brennweite, wie aus dem gleichseitigen Hauptbrennpunkt weniger divergent hervorgehend.

Da eine einfache Linse immer mit verschiedenen, die Deutlichkeit beeinträchtigenden Zeichen- und Farbenfehlern projiziert, wird dieselbe bei der Projektion durch ein korrigiertes Objektiv ersetzt, das je nach der Homocentrizität des

Fig. 97.

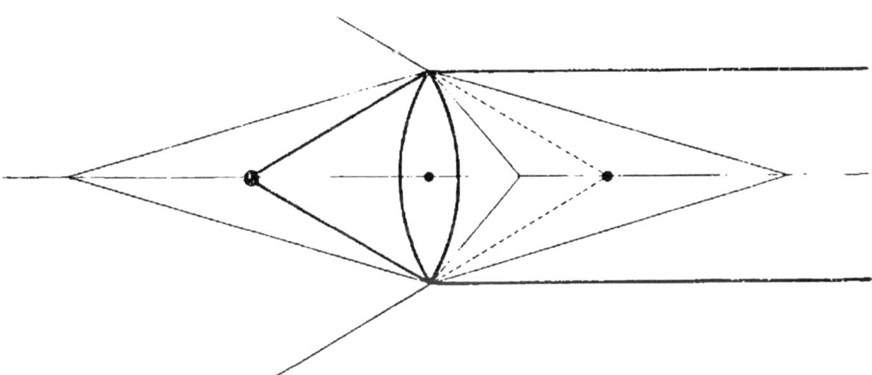

Lichtes einen verschiedenen Grad der optischen Korrektur besitzen muß, und oft als photographisches Objektiv aus zwei gleichen, zu beiden Seiten der Blendenebene (alle Blenden fallen fort) symmetrisch gelagerten Linsen, bzw. Einzelobjektiven besteht.

Die Art der Anwendung der Dioptrik in der Projektion hängt von der Größe und Beschaffenheit der Gegenstände derselben ab. Diese aber sind mehr oder weniger durchsichtige **Abbildungen**, die Schatten werfen und geeignete **Objekte** selbst.

Die Projektion der ersteren Art liefert Skiagramme in weiterem oder engerem Sinne, je nachdem auch Halbschatten wieder gegeben werden, und wird nach den am häufigsten verwendeten photographischen Diaphanien Diapositiv-Projektion genannt. Dieselbe vollzieht sich, wie schon oben dargelegt, vermittelst zweier optischer Systeme, die konaxial ineinandergreifen, eines Durchleuchtungssystems aus Lampe, Beleuchtungslinsen, Lichtknotenpunkt und Bildschirm bestehend, und eines dioptrischen Projektionssystems, das aus Gegenstand, Objektiv und Bildschirm besteht. Von der üblichen Projektion dieser Art gibt Fig. 98 eine Darstellung des Ganges der Lichtstrahlen in der Mitte und an der Peripherie ihres Verlaufes. Vor einer Lichtquelle von kleiner Ausdehnung stehen zwei plankonvexe Beleuchtungslinsen, die das divergierende Licht erst parallelisieren und dann durch das Diapositiv nach dem Lichtknotenpunkt konvergieren, vor dem ein Objektiv einerseits auf das Diapositiv, andrerseits auf den (in der Figur wenig) fernstehenden Bildschirm eingestellt ist.

Fig. 98 zeigt insbesondere die Funktion des Objektives in der Wiedervereinigung der Lichtstrahlen am Bildschirm, die sich an einzelnen Punkten des Diapositivs vorbei unter einem geringen, teils durch die Ausdehnung der Lichtquelle, teils durch die bedeutende sphärische Abweichung der Beleuchtungslinsen bedingten Winkel nach dem Schirm hin fortpflanzten, ferner die mittelst des Objektives bezwungene Verbreitung des Lichtknotenpunktes, welche durch die unvollkommene Homocentrizität des projizierenden Lichtes bedingt ist und schließlich die Verlegung des Objektives vom Lichtknotenpunkt hinweg, die es auch als Brennglas wirken läßt.

Durch die Verlegung des Objektivs nach innen von dem Lichtknotenpunkt wird dieser, wie ersichtlich, ebenfalls nach innen verlegt und infolgedessen die Bildvergrößerung erhöht. Das Objekt übernimmt hiermit die geometrische Projek-

Fig. 98.

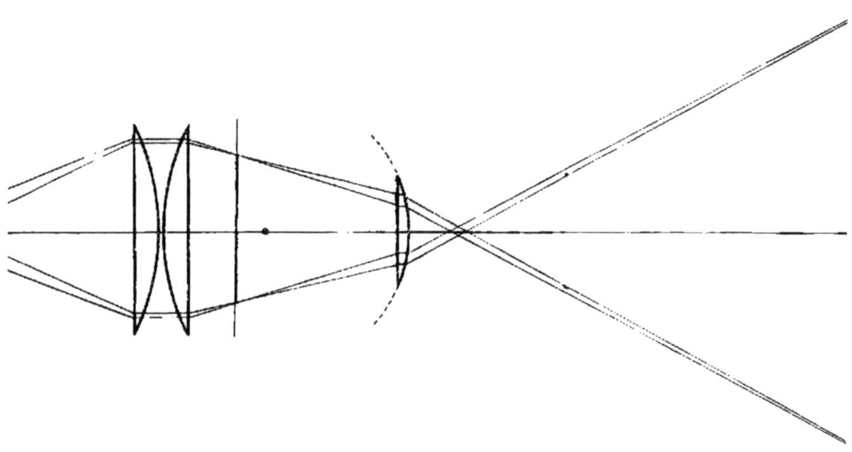

tion, die es fortan beherrscht. Durch Verstellungen des Objektivs dem Lichtknotenpunkt gegenüber paßt sich das Objektiv an verschiedene räumliche Verhältnisse an, und zwar innerhalb Grenzen, welche durch seine Brennweite und diejenige der Beleuchtungslinsen gegeben sind. Bei derselben Bildvergrößerung und Abstand des Objektivs vom Diapositiv wird, wenn die Lampe den Beleuchtungslinsen genähert wird, der Lichtknotenpunkt über das Objektiv hinaus verlegt. Diese Annäherung bewirkt gleichzeitig eine vermehrte Helligkeit des projizierten Bildes und eine Ausfüllung der Objektivöffnung, die u. a. alle Fehler der Centrierungen verringert und das Objektiv vor gefährlicher lokaler Erhitzung schützt. Hierbei findet sich empirisch leicht durch Verschiebung der Lampe ein Optimum der Helligkeit, bei dem der Lichtgewinn an der ersten Beleuchtungslinse dem Lichtverlust an der zweiten infolge auftretender Divergenz zwischen beiden die Wage hält.

Die Brennweite der Objektive für die Diapositivprojektion kann schon aus dem Grunde gleich der einer einzelnen der identischen, stark gewölbten Beleuchtungslinsen sein, da infolge der sphärischen Lichtabweichung erst bei einer Einstellung der Lampe etwas innerhalb der Brennweite der ihr nächstliegenden

Linse das von dieser peripher ausgehende Licht achsenparallel ist, worauf sodann die **Hauptmasse** der Lichtstrahlen erst außerhalb der Brennweite der zweiten Linse zusammenfallen. Es wird somit im konvergenten Lichtkegel immer Raum für das Diapositiv und das Objektiv, insofern als die Brennweiten des Objektivs und der Beleuchtungslinsen nicht allzu sehr differieren. Die Brennweite steigt zweckmäßigerweise von 18—32 *cm*, je nach der Größe des Diapositivs und dem Abstand des Bildschirms.

Die Korrektur eines für die Projektion geeigneten Objektivs betrifft bei annähernd punktförmigen Lichtquellen fast allein die Farbenfehler und die Distorsion. Die ersteren werden durch alle achromatischen Objektive, die letztere durch alle Doppelobjektive beseitigt. Für die Projektion von Diapositivbildern im Format 9×12 *cm*, welche geradlinige Gegenstände in größerer Ausdehnung im Bilde darstellen, ist ein Doppelobjektiv erforderlich. Objektive mit sehr vollkommener sphärischer Korrektion, wie die für die Momentphotographie, sind nur dort vorteilhaft, wo flächenhafte Lichtquellen benutzt werden; sie bedingen sonst infolge der vermehrten Glasflächen Reflexe und Lichtverlust.

Für die Durchleuchtung von Diapositiven unter Benutzung von annähernd punktförmigen wie auch von mehr ausgedehnten Lichtquellen erweisen sich zwei gleiche plankonvexe Linsen, deren gewölbte Seiten einander nicht ganz berühren, aus verschiedenen Gründen zweckentsprechend. Für diesen Zweck bestimmte Fabrikate kennzeichnen sich dadurch, daß ihre Durchmesser im Mittel zwei Drittel ihrer Brennweite für paralleles Licht, nach der üblichen Formel F/1,5 beträgt. Der Durchmesser der Linsen wird in erster Reihe durch die Größe der projizierten Diapositive bestimmt. Für das sich einbürgernde deutsche Format von 9×12, bzw. 12×12 *cm* sind Linsendurchmesser von 16 *cm*, für das englische von 8,5×8,5 *cm* solche von 10 *cm* notwendig. Noch ehe der konvergente Lichtkegel sich merklich verkleinert hat, wird das Diapositiv quer in den Gang der Strahlen gestellt.

Der Abstand der Beleuchtungslinsen von der Lichtquelle wird durch zwei entgegengesetzte Momente bestimmt, nämlich 1. die Aufnahme des Lampenlichtes unter zulässig größtem Kegelwinkel, der sich bei der Annäherung von Linsen mit der oben angegebenen Öffnung von F/1,5 zunehmend rasch vergrößert, 2. die Gefahr eines Bruches der dicken Glaskörper durch plötzliches einseitiges Erhitzen, die mit der Nähe derselben an der Lichtquelle verbunden ist. Bei der Anwendung größerer Beleuchtungslinsen erzielte MIETHE vermittelst eines vorgelagerten dünnen Konvexmeniscus einen genügenden Schutz gegen Hitze und ferner eine weitere Ausbeutung des Lichtes der Lampe, die nach Feststellungen seitens NEUHAUSS' das $2^1/_2$—3fache derjenigen mittelst zweilinsiger Kondensoren beträgt.

Die Objekte, welche **selbst** der Projektion dienen, teilen sich der Größe nach in makroskopische und mikroskopische. Der Zweck der Projektion ist hierbei entweder ein photographischer oder ein unmittelbar demonstrativer.

Projektionsfähige makroskopische Objekte sind durchsichtig und undurchsichtig. Undurchsichtige und bei kleinem Umfang auch durchsichtige Objekte werden mit Vorteil nur dann verwandt, wenn Diaphanabbildungen derselben, namentlich photographische Diapositive nicht zweckmäßig, bzw. farbenrichtig sind. In allen Fällen erfordern sie die stärkste Beleuchtung sowie auch weit vollkommenere Objektive als die Diapositivprojektion, da sie nur einen kleinen Bruchteil des auffallenden Lichtes, und zwar zerstreut reflektieren. Die Projektion ist dann eine rein dioptrische. Zur Herstellung einer genügenden Helligkeit des projizierten Gegenstandes hat man bisher allein Linsensysteme angewandt, die wie bei der Diapositivprojektion nur etwa 4—6% des Lampenlichtes aufnehmen. Im ZEISSschen Epidiaskop dagegen wird ein sphärischer Hohlspiegel koncentrisch zur negativen Kohle einer Bogenlampe und in bestimmte Nähe zur ringförmigen Flamme gestellt, der die Erzielung starken parallelen Lichtes und eine gleichmäßige Beleuchtung, bzw. Durchleuchtung der Objekte gestattet.

Mikroskopische Objekte müssen, um genügend helle Bilder abzugeben, durchsichtig sein. Eine bedeutende Durchsichtigkeit des Objekts und die Benutzung einer starken Lichtquelle verlangen schon schwache mikroskopische Objektive und lassen dann nur eine mäßige Linearvergrößerung erzielen.

Für die Beleuchtung mikroskopischer Objekte kann man mit Vorteil eine einfache Halbkugellinse mit vorliegender, abstufbarer Blende benutzen, die es gestattet, den Öffnungswinkel des Lichtkegels immer kleiner als denjenigen des benutzten Objektivs zu halten.

Vermittelst der Blende wird die Linse zum Teil vor Hitze geschützt und auch das Strukturbild im Gegensatz zum Farben-, bzw. Schattenbild des Objekts zur deutlichen Projektion gebracht. Einen besonderen Wärmeschutz bietet eine der Linse vorgelagerte schwache Eisenchloridlösung. Von der Halbkugellinse aus läßt sich das stärkste Licht auf kurze Zeit unmittelbar auf ein Präparat mit geringer Erhitzung verwenden, wenn durch eine geeignete Blende am Mikroskop das auffallende Licht auf das Sehfeld eingeschränkt wird. Die größte Verstärkung des Lichtes von ausgedehnteren nicht punktförmigen Lichtquellen wird ohne unmäßige Vergrößerung des Lichtöffnungswinkels durch die Verwendung eines spitzkelch-, bzw. kateniförmigen Spiegels von passender Größe und Öffnung erzielt. Zu demselben Zweck ist ein Trichter mit geraden Seitenwänden nur dann zulässig, wenn der Lichtkegelwinkel verbreitert werden darf. Die denkbar größte und vollkommenste Ausnutzung einer Lichtquelle zur Beleuchtung wird durch elliptische Hohlspiegel gegeben.

Die Projektion mikroskopischer Objekte zur Demonstration ließ sich mit den bisherigen Hilfsmitteln, insbesondere unter Anwendung von starkem elektrischen Bogenlicht, nur vermittelst schwacher, mitunter auch mittelstarker Objektive ausführen und bei Anwendung von Präparaten mit genügend hellen Partien, um eine unmäßige Verdunkelung des Zimmers zu vermeiden, nur für kleinere Räumlichkeiten ausreichend verwerten.

Zeichnungen auf durchsichtigen Schichten, wie Gelatine (von FRITSCH für Konstruktionen und schematische Darstellungen benutzt), bilden statt Diapositive einen oft vorteilhaften Ersatz für Originalvorführungen. Zum Gebrauch bei der Projektion von mikroskopischen Objekten wie von Diapositiven, namentlich aber für den raschen Übergang von der einen zur anderen, sind dreiteilige Beleuchtungslinsen mit Einstellvorrichtung für die dritte Linse vorteilhaft.

Für die mikrophotographische Projektion in Fällen, wo es sich hauptsächlich um ein Schattenbild bei schwacher Vergrößerung handelt, ist die Benutzung einer starken, annähernd punktförmigen Lichtquelle empfehlenswert, wie z. B. einer elektrischen Bogenlampe mit dünnen Kohlen und wenig Stromverbrauch. Solche Fälle bietet die Mikrophotographie bewegter Gegenstände (z. B. Puls, Stimmgabelschwingungen u. a. m.), auf senkrecht dazu bewegter Platte hinter einem Spalt, auf den die Grenzlinie zwischen Licht und Schatten fällt, im wahren Sinne eine Kinematographie. Um das übliche mikroskopische Beugungsbild der Objekte voll auszunutzen, muß der Öffnungswinkel des Beleuchtungskegels annähernd so groß, aber immer etwas kleiner als derjenige des Objektivs sein, jedoch mit Rücksicht namentlich auf die überaus große sphärische Abweichung für schiefes Licht aller Richtungen, für die das Objektiv bestkorrigiert sein muß, empfiehlt es sich, im Gegensatz zu der Diapositivprojektion (die sich annähernd homocentrischen gleichmäßigen Lichtes bedient) bei der Projektion von Objekten ein starkes Überwiegen der central durchgehenden Strahlen, auf denen das Strukturbild hauptsächlich beruht, herbeizuführen, und zwar in einfacher Weise durch die Anwendung nicht punktförmiger Lichtquellen und die Abblendung von oder der Verzicht auf naheliegende kugelförmige Beleuchtungsapparate.

Zur Demonstration von makroskopischen Objekten mit elektrischem Licht wurde die Camera obscura in verschiedener Weise, von DU BOIS-REYMOND namentlich für durchsichtige, von STRICKER namentlich für undurchsichtige Objekte ausgebildet.

Das von Zeiss (Jena) konstruierte Epidiaskop vereinigt beiderlei Art Projektion in gleich vollkommenem Maße. Mit demselben können 22 *cm* breite Gegenstände 9—14mal, kleinere Objekte mehr als doppelt soviel vergrößert werden. Der Projektionsapparat für große undurchsichtige oder in der Aufsicht abgebildete durchsichtige, bzw. für Diapositive von Seibert (Wetzlar) ist einem zweiten Zeissschen im wesentlichen gleich und fordert gegenüber dem Epidiaskop eine weit kleinere Stromstärke für die elektrische Bogenlampe sowie keine Kühlwasserleitung (Fig. 99). Ein neuer Apparat von Schmidt und Haensch (Berlin) erfüllt mittelst Prismengitter ähnliche Erfordernisse. Noch kompendiösere Apparate für die Projektion undurchsichtiger Objekte stellt Liesegang (Düsseldorf) her. Eine Reihe Projektionsapparate verschiedener Größe und Einrichtung genügen den Bedürfnissen der Diapositivprojektion allein, sie enthalten in der Mehrzahl der Fälle die Schuckertsche Bogenlampe. Lechner (Wien) baut einen großen Apparat, der den Vorzug einer Asbestauskleidung besitzt. Die Apparate von Rudolph-Winkel (Göttingen) und von Meissl (Berlin) zeichnen sich unter anderem durch Eleganz und handliche Einstellgriffe für die Kohlen der elektrischen Lampe aus. Für Auer-, Kalk- und Bogenlicht baut Oehmke (Berlin) Wechselapparate.

Etwas eingehender sei hier der in neuester Zeit von Leitz nach den Angaben von Kaiserling konstruierte Projektionsapparat beschrieben, der in der

Fig. 99.

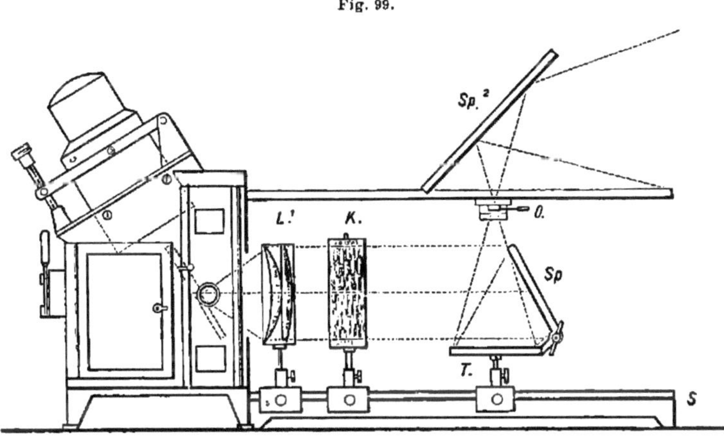

Tat als ein Universalapparat bezeichnet werden darf, insofern als er neben Mikroprojektion, diaskopische und episkopische Projektion, und zwar die beiden letzteren sowohl für stehende und liegende Objekte erlaubt und der Übergang von einer Projektionsart zur anderen sich durch wenige Handgriffe ermöglichen läßt. Unsere Abbildung zeigt den Apparat in der Stellung für Mikroprojektion (Fig. 100). Das den ganzen Apparat umhüllende Dunkeltuch ist fortgelassen. Die Lampe *(L)* ist für Gleichstrom eingerichtet und liefert bei 30 Ampère eine Lichtmenge von 10 500 Kerzen. Die Kohlen sind rechtwinkelig zueinander geordnet, die positive wagrecht, die negative senkrecht. Die Lampe läßt sich sowohl in der optischen Achse als auch beliebig in der Höhe verstellen, als auch durch den ganz links sichtbaren Winkel um 45°, als auch um eine vertikale Achse drehen. Links von der Lampe stehen auf demselben Halter zwei Sammellinsen (K_1 und K_2). Dann folgt nach rechts die auf den beiden Stützen *R* ruhende optische Bank *(B)*, die sich mit ihrem ganzen Aufbau seitlich ausklappen läßt. Auf der optischen Bank erkennt man von links nach rechts die große Wasserkammer (W_1) und eine dritte Sammellinse, mit welcher der Diapositivhalter verbunden ist, die kleine optische Bank B_1 mit Beleuchtungslinse, Irisblende, Kondensor und Objekttisch *(U)* und schließlich ganz rechts den Mikroskopträger *(S)* mit Objektivrevolver *(O)* und Okularrevolver (O_1), Mikrometerschraube *(M)* und Trieb. Will man zur diaskopischen Projektion übergehen, so legt man die kleine optische Bank zur Seite, entfernt Okular- und Objektivrevolver und schraubt an Stelle des letzteren das Projektionsobjektiv ein. Zur episkopischen Projektion wird der betreffende Gegenstand oder die Zeichnung auf den links sichtbaren Tisch gelegt, der durch das Handrad rechts in der Höhe verstellbar ist, dann wird die gesamte optische Bank ausgeklappt, die Lampe um 45° geneigt und das mit dem Spiegel G verbundene Objektiv Q eingeschaltet. Sollen stehende Präparate projiziert werden, so wird die Lampe, nachdem sie wieder horizontal gestellt ist, um ihre vertikale Achse um 45° und ebenso der Spiegel vor dem Projektionsobjektiv um 90° gedreht. Sollen größere Diapositive oder Schnitte, wie solche durch ein ganzes Gehirn, pro-

Fig. 100.

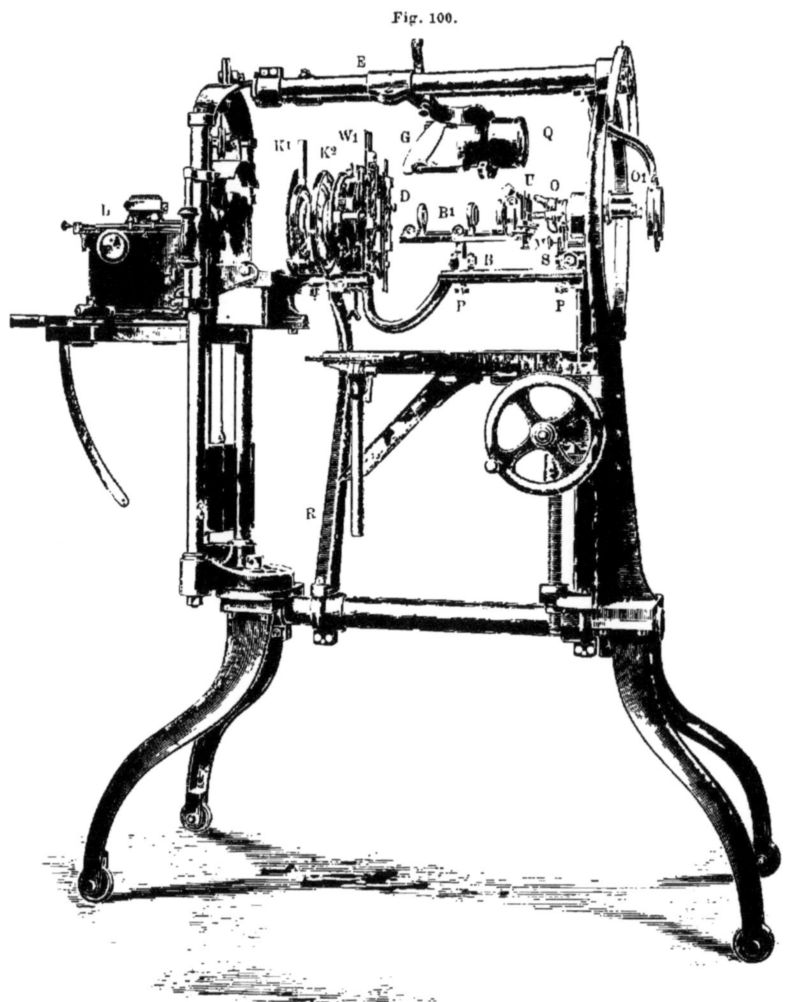

jiziert werden, so werden sie auf die in dem Tische angebrachte Linse gelegt (sie ist gewöhnlich durch eine Schutzplatte verdeckt), die Lampe wird ad maximum gesenkt und die Linse K_1 ausgeklappt. Die von der Lampe durch K_2 gehenden Strahlen werden dann von dem unterhalb des Tisches befindlichen Spiegel durch die Tischlinse und das Präparat zum Spiegel des Projektionsobjektives hingeschickt.

Projektionskinematographen stellt Heseriel (Berlin) her. Um die Projektion mit Benzinkalklicht zu vervollkommnen und gefahrlos zu machen, haben sich die Sauerstoffwerke Th. Elkan (Berlin) erfolgreich bemüht; eine besonders starke Petroleumlampe nebst dreiteiligem Lichtkondensor, einen zweckmäßigen Kalklichtbrenner und zerlegbare Schirmgestelle haben UNGER & HOFFMANN (Dresden) eingeführt. Ein Auerlicht ohne Glascylinder gibt das dauerhafte Mantelgewebe von BUTZE (Berlin).

Die Ausführung der Projektion ist vielfach mit einer Ablenkung der Aufmerksamkeit vom Apparat verbunden und erfordert eine vorherige wiederholte Einübung namentlich deswegen, weil man mit elementaren Kräften unter sonst ungewöhnlichen Umständen zu tun hat. Es erhitzt sich z. B. das Lampengehäuse fast immer stark und kann erwünschte Handgriffe erschweren. Namentlich durch Unterlassung einer allmählichen Vorwärmung kann eine Beleuchtungslinse zerspringen, eine Wasserkühlküvette, bzw. eine Kühlwasserleitung undicht werden. Bei dem Gebrauch des elektrischen Bogenlichtes kann ein Kurzschluß einer Netzleitung mit hoher Spannung zumal in der Nähe von entzündbarem Material entstehen, bei der Projektion von kinematographischen Celluloidfilms dieselben in Brand geraten.

Ganz besonders am Platze ist die Befolgung erhaltener Vorschriften bei der Verwendung von leicht flüchtigen Kohlenwasserstoffen wie auch von hochprozentigem Sauerstoff, der die Brennbarkeit von allen mit demselben durchsetzten oxydierbaren Körpern oft ungeahnt erhöht. Eine Quelle von Störungen bildet der Übergang von der Projektion mikroskopischer Objekte zu der von Diapositiven, der die bequemsten und darum sichersten Vorkehrungen erfordert.

Auch der Übergang von einem zum anderen Diapositivformat benötigt neben dem sonstigen Auswechseln der Bilder besondere Hilfsmittel, sowohl für die Schnelligkeit als auch die Sicherheit der Handhabung im verdunkelten Projektionsraum.

BEHRENS brachte z. B. am Apparat von RUDOLPH-WINKEL an den Diapositivschieberrahmen zwei Drehscheiben an, die das Einsetzen von zwei Bildern in zwei verschiedenen Formaten, die auch rasch hoch oder quer zu stellen sind, gestatten. MÜLLER fügt vier solche Drehscheiben für verschiedene Bildformate in eine große Drehscheibe ein. LECHNER bewirkt das oft lästige Herausnehmen der Bilder aus dem Diapositivrahmen durch Federn, die das Herausheben des schon projizierten Bildes erleichtern. PETZOLD schiebt die Bilder hintereinander längs einer Nut, die zu beiden Seiten des vor den Beleuchtungslinsen stehenden Rahmens verlängert ist. Für jedes Bildformat kommt vorzugsweise der einfache Rahmen zur Verwendung. SCHMIDT und HAENSCH verfertigen mehrfache Rähmchen für jedes Bildformat, die samt Diapositiv in einem am Apparat feststehenden Rahmen ein- und ausgewechselt werden. Im allgemeinen wurden bisher Schieberrahmen mit einzelnen Fächern bis zu vier hintereinander, je zwei für Hoch- und Querformat der Diapositive benutzt.

Der Bildschirm besteht vorzugsweise aus weißem baumwollenen Gewebe, das weniger hygroskopisch als Leinen ist und sicher länger rein hält. Eine wenig vornüber geneigte Schirmwand nimmt wenig Staub auf. Ein Anstrich von weißem Zaponlack, der das Gewebe ausfüllt und undurchsichtig macht, erhöht in merklichem Grad die Helligkeit der Bilder.

Für kleine Schirme genügt dickes weißes Papier. Ganz ebene, dauerhafte, vortrefflich reflektierende Flächen bieten Gyps- und Kalkwände; beiderlei Rohmaterial läßt sich in bewegliche Rahmen gießen und glätten.

Literatur: Vgl. R. NEUHAUS (Lehrbuch der Projektion, 1901). *Corel*, Berlin (ergänzt).

Prosobranchier siehe: Mollusken.

Prostata. Die Zusammensetzung der Prostata bringt mancherlei Schwierigkeiten für ihre histologische Bearbeitung mit sich. Vor allem ist es der starke Gehalt an Muskulatur und Bindegewebe, der eine sehr sorgfältige Einbettung erfordert, wenn man dünne Schnitte erhalten will. Auch erhält nicht jedes Fixationsmittel die Struktur der Muskulatur und des Epithels gleich gut. Nach den Untersuchungen von WALKER empfiehlt sich zur Fixation des Epithels FLEMMINGsche Flüssigkeit, 5%ige Sublimatlösung und vor allem eine 3%ige wässerige Lösung von Kaliumbichromat mit 5% Essigsäure; für die Muskulatur dagegen eignet sich mehr ZENKERsche Flüssigkeit und 5—7%iges Formol. Für die Totalfixation aller Teile leistet Sublimat das meiste. Formalin in 10%iger Lösung wird von SCHLACHTA benutzt.

Um den Secretionsprozeß an den Epithelzellen der Prostata zu studieren fixiert DE BONIS in dem ALTMANNschen Osmium-Bichromatgemisch und färbt die Schnitte nach der Methode von GALEOTTI (siehe Methylgrün).

REGNAULT empfiehlt zur Untersuchung der Prostatamuskulatur vor allem 90%igen Alkohol mit Zusatz von 10% Ameisensäure, LUSENA für den gleichen Zweck 4%iges Bichromat. Die sehr häufig auftretenden Concremente können die Herstellung der Schnitte nicht unwesentlich erschweren.

Zur färberischen Differenzierung der einzelnen Elemente leistet die van Gieson- und die Callejamethode Hervorragendes, ebenso die Eisenhämatoxylinmethode mit Nachfärbung in Rubin und den beiden eben erwähnten Methoden.

Die Lymphgefäße der Prostata lassen sich nach CAMMINITI durch Einstichinjektion mit HOYERscher ammoniakalischer Silberlösung (siehe Injektion der Blut- und Lymphgefäße) leicht zur Anschauung bringen.

Zur Darstellung der Prostatanerven eignet sich nach TIMOFEEW sowohl die vitale Methylenblau- als auch die Golgimethode.

Literatur: DE BONIS (Arch. Anat., 1907), CAMMINITI (Anat. Anz., Bd. 29, 1906), LUSENA (Ebenda, Bd. 11, 1896), REGNAULT (Journ. de l'Anat., Jg. 28, 1892), SCHLACHTA (Arch. Mikr. Anat., Bd. 64, 1904), TIMOFEEW (Anat. Anz., Bd. 11, 1896), WALKER (Arch. Anat., 1899).

Protagon findet sich in weiter Verbreitung im Nervensystem, vor allem in dem Myelin der Markscheiden. Es ist in Alkohol und Äther nur schwer löslich und bildet mit viel Wasser eine opalescierende Flüssigkeit. Es ist sehr leicht zersetzlich und liefert dabei Fettsäuren, Glycerinphosphorsäure und Zucker.

Mit Osmiumsäure schwärzt es sich nicht, auch nicht nach vorheriger Chromsalzbehandlung. Nach WLASSAK beruht das Zustandekommen der WEIGERTschen Markscheidenfärbung hauptsächlich auf der Anwesenheit des Protagons im Myelin.

Literatur: WLASSAK (Arch. Entw.-Mech., Bd. 6, 1898).

Protamine siehe: Zellchemie.

Protargol siehe: Silbermethoden.

Proteinstoffe und -krystalle siehe: Eiweißstoffe in Pflanzenzellen.

Proteolytische Enzyme siehe: Enzyme.

Protoplasma siehe: Granoplasma, Spongioplasma und Zellchemie.

Protozoen. Zunächst einige Angaben über die Gewinnung der besonders für den Anatomen und Physiologen wichtigen, allgemein bekannten Formen. Amöben kann man sich leicht aus jedem Tümpel verschaffen. Man findet sie in dem mit Pflanzendetritus gemischten Schlamm, in dem Schleim der sich an der Unterseite der Nymphaeenblätter ansetzt, ferner in dem Oscillarienfilz, der sich oberhalb des Wasserspiegels in Glasaquarien ansetzt (HÄCKER), in dem metallisch schillernde Häutchen, das Heu- oder Strobinfuse überzieht. Reich an Amöben sind ferner die Seewasseraquarien. Ein Tropfen der den Boden bedeckenden rotbraunen Massen enthält neben zahllosen Infusorien immer zahlreiche Amöben. Man kann sie auch gewinnen, wenn man algenreiches Wasser wochenlang in der Sonne stehen läßt, bis es übelriechend wird. Außerordentlich reich an Rhizopoden ist der Sphagnumrasen der Torfmoore, ferner das feuchte Felswände überziehende Moos. Die durch Auspressen solcher Massen gewonnenen Tiere kann man in größeren, mit Flußwasser gefüllten Schalen längere Zeit lebend erhalten. Um Amöben zu isolieren, stellt man das Gefäß an einen warmen Ort. Die Tiere kommen dann an die Oberfläche und das darunter befindliche Schmutzwasser kann abgelassen werden. SCHAUDINN (94) legt Deckgläser abends in die Aquarien ein und findet sie dann morgens mit Amöben besetzt. Amoeba terricola gewinnt man durch Übergießen von Gartenerde mit Wasser. Parasitisch lebende Amöben trifft man im oberen Dickdarm der Maus (Entamoeba muris), im Enddarm des Frosches (Entamoeba ranarum), im Enddarm von Eidechsen (Amoeba lacertae und diploidea), ganz besonders häufig aber im Enddarm frisch gefangener Küchenschaben (Amoeba blattae). Zur Züchtung von Amöben empfehlen sich Petrischalen, welche mit dem von Frosch angegebenen Nährboden beschickt sind: 0,5 *g* Agar, 10,0 *g* mehrfach sterilisiertes Fleischwasser und 90 *g* Leitungswasser.

Unter den Sporozoen kann man vor allem leicht Gregarinen gewinnen aus dem Darm zahlreicher Insekten, wie z. B. der Küchenschabe und des Mehlwurms (Gregarina blattarum und polymorpha). Die Samentaschen des Regenwurms enthalten fast immer reife Cysten von Monocystis lumbrici und in den Frühjahrsmonaten auch freie Gregarinen. Im Darm des Ohrwurms (Forficula) schmarotzt Clepsidrina ovata und ist hier im Juni reichlich zu finden.

Heliozoen (Actinosphaerium) finden sich meist mit Infusorien zusammen in gut bewachsenen Torfgräben und Tümpeln. Unter den Flagellaten trifft man Euglena besonders in den Frühjahrsmonaten fast in jedem Tümpel, seltener das koloniebildende Dinobryon. Von den parasitischen Flagellaten kann man Lamblia häufig im Kaninchendarm antreffen. Man muß die Darmzotten zerzupfen, um die Tiere zu gewinnen. Bodo erhält man, wenn man etwas Koth aus dem Enddarm einer Lacertide mit physiologischer Kochsalzlösung verdünnt. Trypanosomen findet man im Blut wilder Ratten, Hamster, Fledermäuse, auch bei Schleien und Karpfen.

Ciliate Infusorien kann man in bekannter Weise aus Heuinfusen gewinnen. Man übergießt eine Portion Heu in einem recht hohen Glascylinder mit Flußwasser und läßt sie tage- und wochenlang an der Sonne stehen, dann findet man in Massen Colpidium und Glaucoma. Nach 1—3 Wochen ist Colpidium am reichlichsten vorhanden, nach 5—6 Wochen verschwindet es und an seine Stelle tritt Chilomonas. Um sie zu kultivieren, empfiehlt TSUJITANI folgenden Nährboden. Man stellt sich einen Dekokt aus 20 *g* Stroh und 1 *l* Wasser her und setzt dazu 50 *ccm* Bouillon und 5 *g* Agar. Man läßt den Nährboden entweder schief in Reagensgläsern oder in Schalen erstarren, ritzt die Oberfläche an und bringt die Infusorien in das Kondenswasser. Fütterung mit lebenden oder toten Bacterien. Aus jeder übelriechenden Pfütze kann man Paramecium erhalten und in einer Heuabkochung züchten. Die Tiere bilden hier eine zusammenhängende Haut auf der Flüssigkeit. Um in größeren Aquarien Infusorien zu züchten, empfiehlt WADDINGTON, in dieselben kleine Zwiebackstückchen an Confervenfäden aufzuhängen. Es findet dann um dieselbe herum eine reiche Vegetation statt, in der die Infusorien prächtig gedeihen. Den viel benutzten Stentor findet man in gut bewachsenen Tümpeln außerordentlich häufig an den Stengeln von Wasserpflanzen sitzen, an welchen seine Kolonien einen weißen Pflaum bilden. Er läßt sich sehr leicht züchten und ist in bezug auf die Güte des Wassers nicht sehr wählerisch. Am bequemsten erhält man ihn, wenn man einen Aufguß auf Schlamm und faulende Blätter vom Grunde von Wassertümpeln macht. Man findet dann neben Stentor noch Spirostomum, und zwar zeigen sich beide abwechselnd in großen Mengen, das eine kommt, wenn der andere geht und umgekehrt. Sehr empfindlich dagegen sind die schönen Vorticellen, die sich an den gleichen Lokalitäten wie die vorigen finden. Ein anderer bequemerer Fundort für Infusorien ist die Froschoberhaut. Setzt man frisch gefangene oder auch schon längere Zeit in Gefangenschaft gehaltene Frösche in ein Glas mit reinem Wasser, so werfen sie bekanntermaßen die oberflächlichsten Epidermisschichten sehr bald ab. Auf diesen Epidermisfetzen nun wird man immer sehr reichlich Infusorien (Paramecium, Stylonichia etc.) finden. Ein sehr leicht zu erhaltendes, großes Infusor ist auch die im Enddarm des Frosches schmarotzende Opalina.

Bei der Lebenduntersuchung der Protozoen macht die große Beweglichkeit besonders der ciliaten Infusorien Schwierigkeiten. Man kann dieselbe auf verschiedene Weise hemmen. Einmal kann man in den die Tiere beherbergenden Flüssigkeitstropfen ein Stückchen ganz feinmaschiger Gaze, sehr feine Leinwand oder ausgezupftes Filtrierpapier legen, die Tiere sind dann in den einzelnen Maschen eingeschlossen und lassen sich bequemer beobachten. Ein anderes Mittel besteht darin, daß man die Tiere in ein zähflüssiges Liquidum bringt. Zu diesem Zwecke empfiehlt JENSEN 0,5—3%ige Gelatinelösungen, die man sich am besten aus dem Wasser, in dem die Tiere leben, bereitet. Dünnere Lösungen verlangsamen die Bewegungen der Tiere beträchtlich, ohne sie sonst irgendwie zu alterieren. So vermehrt sich Paramecium in einer 5%igen Lösung noch sehr stark. EISMOND (90) setzt dem die Tiere enthaltenden Wasser zu demselben Zweck Kirschgummi zu. BRAUN und LÜHE empfehlen Alga-Carrageen. Man läßt die Algen in einem Uhrschälchen mit Wasser oder Kochsalzlösung aufquellen und setzt ein wenig der gequollenen Masse vom Rande her unter dem Deckglas dem Präparat zu. STATKEWITSCH bringt 4—6 *g* derselben Alge, die vor dem Gebrauch in einer 1%igen

Lösung von Natriumcarbonat gut durchgewaschen sind und hängt sie in ein Mullsäckchen eingebunden in das Kulturglas (100 *ccm*). Nach cca. 3 Tagen sind die Bewegungen der Tiere stark verlangsamt. Schließlich kann man auch narkotische Mittel zur Lähmung der Tiere verwenden. z. B. Cocain (0,1‰), Antipyrin (1‰), Strychnin (0,1‰), Eserinsulfat (0,1‰).

Zahlreiche Fütterungsversuche sind mit Farbstoffen schon an Infusorien angestellt worden (EHRENBERG, MAX SCHULTZE, BRANDT). Um den Lauf dieser Körper durch den Organismus des Tieres festzustellen, hat man gefärbte, unlösliche Substanzen benutzt, z. B. fein geschlemmten Carmin oder Indigo.

Zur Lebendfärbung der Infusorien, die wohl gleichzeitig zuerst von BRANDT und CERTES ausgeführt worden ist, haben die verschiedensten Anilinfarben neben pflanzlichen Farbstoffen Verwendung gefunden. BRANDT benutzt Lösungen von Bismarckbraun von $^1/_{3000}$—$^1/_{5000}$, außerdem sehr dünne Lösungen von Alaunhämatoxylin. CERTES empfiehlt Chinoleinblau ($^1/_{25000}$), PRSHESMIZKY Methylenblau, Dahlia, Violett 5 B, Chrysoidin, Nigrosin und Jodgrün in Lösungen von $^1/_{10000}$ bis $^1/_{100000}$, PROWAZEK Neutralrot, SCHÜRMAYER Malachitgrün. Die mit Methylenblau gefärbten Tiere kann man einfach in Sublimat fixieren und dann in Glycerin konservieren. Über die Resultate, d. h. das, was sich bei dieser vitalen Färbung tingiert, sind die Angaben sehr verschieden. Nach BRANDT und CERTES färbt Bismarckbraun nur die Fettkörner, Hämatoxylin dagegen den Kern, und man kann durch Kombination beider vitale Doppelfärbung erzielen. Nach SCHÜRMAYER färbt Malachitgrün die lebende Zelle. (Siehe auch Artikel Vitalfärbung.)

Früher hat man Protozoen ausschließlich als Totalpräparate konserviert in Kaliumacetat, Glycerin, Nelkenöl (besonders von CATTANEO empfohlen) oder Balsam. In neuerer Zeit dagegen hat man sie auch vielfach nach Einbettung in Paraffin als Schnittpräparate verarbeitet. Natürlich macht die Einbettung so kleiner Präparate nicht unerhebliche Schwierigkeiten. Vor allem gilt es, die Organismen in größerer Zahl beisammen zu haben. Man kann zu diesem Zweck alle Manipulationen des Fixierens, Auswaschens, Färbens, Entwässerns und Einbettens in einem unten spitz zulaufenden Reagensrohr vornehmen, indem man eventuell mit Hilfe der Centrifuge vor jeder Manipulation die Tiere absetzen läßt. Nach dem Erstarren des Paraffins zerschlägt man das Rohr und hat die Tiere dann an der Spitze des Paraffinblockes zusammen. HOYER verwendet statt des Reagensglases kleine Glasröhren, die an einem Ende mit Pergamentpapier verschlossen sind. Man braucht dann nicht das Glas zu zersprengen, sondern entfernt einfach das Papier und stößt den Paraffinblock durch. Noch bequemer ist das SCHAUDINNsche Mikroaquarium (94) zu diesem Zweck. In einen Objektträger läßt man sich an einer Längsseite einen dreieckigen Ausschnitt machen. Indem man nun auf der Ober- und Unterseite je ein Deckglas mit Fischleim aufkittet, erhält man einen kleinen dreieckigen Spaltraum, in den man die in Alkohol befindlichen Tiere bringt. Einfüllen von absolutem Alkohol, Intermedium und Paraffin. Dann legt man in Wasser, das Paraffin erstarrt, gleichzeitig lösen sich die Deckgläser los und der Block wird frei. RYDER filtriert die Infusorien durch ganz dünne (0,05 *mm*), mit dem Mikrotom hergestellte Hollundermarkscheibchen. Er legt die letzteren auf ein komprimiertes Filtrierpapierpaket und bringt das Infusorienwasser tropfenweise auf das Plättchen auf. Die die Tiere so in großer Zahl enthaltenden Scheibchen können dann als Ganzes fixiert, gefärbt, entwässert, eingebettet und mikrotomiert werden.

Von den speziellen für die verschiedenen Klassen und Ordnungen der Protozoen angegebenen Methoden seien die folgenden genannt:

Rhizopoden: SCHAUDINN (93) empfiehlt für marine Rhizopoden Fixation in einem Gemisch von 1 Teil konzentrierten Sublimats und 2 Teilen absoluten Alkohols, für Amoeba crystalligera (94) eignet sich besser heißes konzentriertes Sublimat, HERMANNsche Flüssigkeit oder Pikrinschwefelsäure, für Amoeba binucleata (95) eine Mischung von 2 Teilen konzentrierten Sublimats und 1 Teil absoluten Alkohols. Die mit den Tieren besetzten Deckgläser (s. oben) werden in die Fixationslösung für ungefähr 10 Minuten eingelegt, dann in Wasser oder Alkohol ausgewaschen, in Hämatoxylin, Brasilin oder nach der FLEMMINGschen Dreifachmethode gefärbt. ZOGRAF fixiert Rhizopoden 2—4 Minuten in 0,2%iger Osmiumsäure und überträgt dann für 10 Minuten in zehnfach verdünnten rohen Holzessig, SCHEWIAKOFF fixiert ganz kurze Zeit in FLEMMINGscher Flüssigkeit. VAHLKAMPF verreibt ein wenig der Kahmhaut, die sich auf Strohinfus bildet, auf einem Objektträger, bringt denselben für 5—10 Minuten in die feuchte Kammer, damit sich die Amöben festsetzen und ausstrecken und übergießt ihn dann mit der heißen Fixationsflüssigkeit (absol. Alkohol oder Sublimat oder Zenker). Oder er legt Deckgläschen über Nacht auf die Kahmhaut und wirft sie dann in die heiße Fixationslösung und läßt sie einige Minuten darin. Die Reste der Kahmhaut entfernt man durch Abspülen unter der Wasserleitung. STEMPELL fixiert das in der Leibeshöhle von Daphnia longispina schmarotzende Polycarium in Formalin oder heißem Sublimatalkohol, Pikrinessigsäure oder PERENYIscher Flüssigkeit. Eine Mischung von 2 Teilen 0,5%iger Chromsäure und 3 Teilen 0,5%iger Osmiumsäure empfiehlt DRZEWECKI zur Fixation der im Regenwurmhoden schmarotzenden Amöben. SCHUBOTZ fixiert Amöben in 70%igem Jodalkohol oder in Flemming oder in einem Gemisch von gleichen Teilen konzentrierter Sublimatlösung und 95%igem Alkohol. Zur Färbung der Paraffinschnitte benutzt er Eisenalaun-Hämatoxylin, die FLEMMINGsche Dreifachfärbung und Hämatoxylin-Kaliumchromat. PÄHLER und SCHNITZLER fixieren Clepsidrina in HERMANNscher Flüssigkeit. Nach RHUMBLER leistet der 96%ige Alkohol zur Fixation kalkschaliger Foraminiferen mehr als FLEMMINGsche Flüssigkeit, SCHAUDINN (95) fixiert Calcituba in 1%iger Osmiumsäure oder einem Gemische von 1 Teil konzentrierten Sublimats und 2 Teilen absoluten Alkohols und entkalkt in schwach salzsaurem Alkohol. R. HERTWIG (76) fixiert Miliola mit 0,1—0,5%iger Chromsäure und färbt mit BEALEschem Carmin. Derselbe (79) fixiert Radiolarien mit 0,1%iger Osmiumsäure 2—3 Minuten, wäscht gut aus und färbt wie oben. BORGERT fixierte Radiolarien (Aulacantha) mit konzentriertem Sublimat mit 20—30% Essigsäure, auch gleiche Teile FLEMMINGscher Flüssigkeit und Eisessig leisten gute Dienste, verursachen jedoch Schrumpfung der äußeren Form. Färbung mit Salzsäurecarmin, Alkohol, Nelkenöl. In letzterem präpariert man die Centralkapsel mit feinen Nadeln heraus und bereitet dann für die Paraffineinbettung vor. KARAWAIEW bringt das gleiche Objekt zuerst in gleiche Teile Flemming und Eisessig, dann mehrere Tage in reine FLEMMINGsche Flüssigkeit. BRANDT (85) fixiert Heliozoen entweder in einem Gemisch von 1 Teil 70%igen Alkohols, 1 Teil Meerwasser und Jodtinktur bis zur deutlichen Gelbfärbung oder in 0,5—1%iger Chromsäure oder in Fluorwasserstoffsäure oder in 5—15%igem Sublimat in Seewasser. Bei letzterem wird zuerst in See-, dann in Süßwasser ausgewaschen, bei den anderen gleich in Süßwasser. 0,1%ige Osmiumsäure eignet sich auch ganz gut, erhält aber hauptsächlich nur die Form, DRAUER erhielt bei Actinosphaerium mit konzentriertem Sublimat, SASSAKI bei Gymnosphaera mit Pikrinessigsäure die besten Resultate.

Infusorien: Das klassische Fixationsmittel für Infusorien ist die Osmiumsäure entweder in wässeriger Lösung von 0,5—2% oder in Dampfform. CERTES (79) stülpt den Objektträger mit dem die Tiere enthaltenden minimalen Flüssigkeitstropfen rasch um und legt ihn auf eine etwas weithalsige Flasche mit 2%iger Osmiumsäure. Nach einer Einwirkung von mehreren Minuten bedeckt man das Präparat mit einem Deckglas und setzt an den Rand einen Tropfen der Färbeflüssigkeit, die besteht aus gleichen Teilen Wasser und Glycerin mit 1% Pikrocarmin. Die verdunstende Lösung muß durch neue ersetzt werden. Den Objektträger legt man am besten in die feuchte Kammer. Ist nach einigen Tagen die Lösung eingedrungen und sind die Tiere gefärbt, so saugt man ab und ersetzt durch Drittelglycerin. KORSCHELT und RIMSKY-KORSAKOW verwenden 1%ige, SAND 2%ige Osmiumsäure. Der letztere wäscht in schwach ammoniakalischem Wasser und bringt die Tiere unter das Deckglas in folgende Färbeflüssigkeit:

Wasser 80, 90%iger Alkohol 10, Glycerin 10, Eisessig 2, Methylgrün 0,5 *g*. Die verdunstende Flüssigkeit wird vom Deckglasrand her durch Glycerin ersetzt. Auch Osmiumgemische finden vielfach Verwendung, vor allem die FLEMMINGsche Flüssigkeit, so DOFLEIN für Centrochonopsis und LAUTERBORN für Flagellaten. SCHEWIAKOFF saugt die Tiere mit möglichst wenig Wasser in eine Capillare ein und bringt dieselbe für einen Moment in FLEMMINGsche Flüssigkeit oder 1%iges Osmium. Nach den ALTMANNschen Granulamethoden sind die Infusorien von PRSHESMIZKY und METZNER bearbeitet worden. Der letztere fixiert die in ganz dünner Schicht auf dem Deckglas ausgebreitete, die Tiere enthaltende Darmflüssigkeit in einem Gemisch von 7 Teilen konzentrierter Osmiumlösung in 1,5%iger Kochsalzlösung (es lösen sich cca. 5,5%) und 1 Teil konzentrierter wässeriger Bichromatlösung, dem man vor dem Gebrauch auf 12 *ccm* 2—4 Tropfen rauchender Salpetersäure zusetzt. Nach 2 Minuten überträgt man sie für weitere 10 bis 20 Minuten in die gleiche Lösung ohne Salpetersäure, dann auswaschen in mehrfach gewechseltem destilliertem Wasser, entwässern und färben mit Säurefuchsin nach ALTMANN. Nach MAIER leistet die FLEMMINGsche Flüssigkeit zur Darstellung plasmatischer Strukturen von ciliaten Infusorien vorzügliches. Er sedimentiert die fixierten Tiere durch Centrifugieren, überträgt sie mit einer Pipette in ein Glasrohr, das auf beiden Enden mit Farnkrautwolle verschlossen ist und bringt sie darin durch die Alkoholreihe in Chloroform und Paraffin.

Neben der Osmiumsäure wird dann in neuerer Zeit vor allem das Sublimat verwendet, das wohl für diesen Zweck zuerst DU PLESSIS benutzt hat. Er setzte dem Präparat einen Tropfen 2‰igen Sublimats zu, ließ eintrocknen und färbte mit Cochenilletinktur oder wässeriger Lösung von Nachtblau. ZOJA übergießt die Tiere in der Uhrschale mit der 3—4fachen Menge konzentrierter Sublimatlösung, läßt 15 Minuten stehen und bringt die Tiere mit der Pipette zuerst in Wasser, dann in steigenden Alkohol, Xylol und Paraffin. Nach BUNDLE ist konzentriertes Sublimat das beste Mittel für die Erhaltung der Wimpern. Auch JOHNSON lobt es als Fixativ für Stentor. HOYER fixiert Colpidium in einer Mischung von 1 Teil 5%igen Sublimats und 3 Teilen 3%igen Bichromats, gießt das Material in das mit der Lösung gefüllte Reagensrohr und läßt im Laufe einer Stunde absetzen, dann auswaschen mit Wasser, bis sich dasselbe nicht mehr gelb färbt, mittelst einer Pipette, steigender Alkohol, Xylol, Paraffin. LONGHI setzt zu 10 *ccm* einer 0,1%igen Lösung von Eserinsulfat 1 Tropfen einer 1%igen Sublimatlösung. MAIER fixiert in einer Mischung von 1 Teil absoluten Alkohol und 2 Teilen 5%igem Kochsalz-Sublimat. Dagegen erhielt THON mit Pikrinessigsäure bei Didinium viel bessere Resultate als mit Sublimat.

Für schmarotzende Infusorien aus dem Magen größerer Tiere empfehlen EBERLEIN und GÜNTHER Sublimatalkohol nach SCHAUDINN. Auch für Gregarinen ist die Sublimatfixation von CAULLERY und MESNIL bevorzugt worden. Von anderen Fixationsmitteln seien hier noch folgende erwähnt:

CATTANEO lobt außerordentlich Palladiumchlorid, Goldchlorid und Cadmiumchlorid in 1—3%iger wässeriger Lösung. Auch Kaliumquecksilberjodid (1—2%) und Silbernitrat (0,5—1%) gaben ihm gute Resultate. PFITZNER tötet die Tiere unter dem Deckglas ab, indem er um den Rand desselben mittelst des Pinsels einen Wall von konzentrierter Pikrinsäure zieht. Läßt man das Präparat mehrere Tage in der feuchten Kammer liegen, so sind die Tiere fixiert. Dann wird vorsichtig Wasser durchgesaugt, bis die Tiere farblos sind, Alauncarmin oder Hämatoxylin zugesetzt und wiederum mehrere Tage in die feuchte Kammer gelegt, dann auswaschen, durchsaugen von steigendem Alkohol, Nelkenöl, Xylol, Balsam. Konzentrierte wässerige Pikrinsäure wird auch von POPOFF für Carchesium gelobt. Er übergießt die Kolonie im Uhrschälchen plötzlich mit der warmen Lösung. JOHNSON fixiert in einer Mischung von 6 Teilen konzentrierter Pikrinsäure und 1 Teil Essigsäure. Pikrinschwefelsäure benutzt BLANC (100 Teile konzentrierte Pikrinsäure, 2 Teile Schwefelsäure und 600 Teile Wasser). Wenn Gelbfärbung eingetreten, wird in 80$^0/_0$igem Alkohol ausgewaschen, dann 96$^0/_0$iger Alkohol und färben in Safranin (5 *g* Safranin in 150 *ccm* absoluten Alkohols lösen, einige Tage stehen lassen und mit 75 *ccm* Wasser verdünnen), auswaschen in Alkohol, Nelkenöl, Balsam. ZOJA fixiert mit absolutem Alkohol und färbt dann 48 Stunden mit Biondilösung, EISMOND empfiehlt Chromessigsäure und RIMSKY-KORSAKOW 40$^0/_0$iges Formol, das die Form sehr gut erhalten soll. Zur gleichzeitigen Fixation und Färbung behandelt JOHNSON Stentor mit Methylgrün-Essigsäure oder SCHNEIDERschem Essigcarmin.

Zur Demonstration der contractilen Vacuole setzt JENNINGS die lebenden Tiere in chinesische Tusche. Man kann dann sehr gut den Austritt der hellen Vacuolenflüssigkeit in die dunkle Tusche beobachten.

Zur Sichtbarmachung der Cilien ist nach FOL Eisenchlorid ein bisher unübertroffenes Mittel. Er verdünnt die Tinct. Ferri perchlorati der englischen Pharmakopöe mit dem 5—10fachen Volum 70$^0/_0$igen Alkohols. WADDINGTON setzt neben den Tropfen mit den Tieren einen Tropfen 25$^0/_0$ige Tanninlösung in Glycerin. Sobald die Tropfen zusammenfließen, erstarren die Cilien, während die Tiere noch weiter leben. Zu dem gleichen Zweck setzt SCHEWIAKOFF dem Präparat 2 Tropfen einer 3—5$^0/_0$igen Sodalösung zu und läßt $^1/_4$—$^1/_2$ Stunde offen stehen. MAIER benutzt die gleiche Lösung, nachdem er die Tiere unter dem Deckglas durch Osmiumdämpfe getötet hat. Zur Schnittfärbung leistet Eisenhämatoxylin in dieser Beziehung ganz hervorragendes. NERESHEIMER empfiehlt eine Mischung von 20 Teilen 8$^0/_0$igem Formalin, 20 Teilen 2$^0/_0$igem Kaliumbichromat und 1 Teil Essigsäure zur Fixation von Stentor. Der Mischung wird kurz vor dem Gebrauch 1 Tropfen 1$^0/_0$ige Osmiumsäure zugesetzt. Zur Färbung der nervösen Organellen empfiehlt er die MALLORYsche Säurefuchsin-Anilinblau-Orangemethode (s. Anilinblau). Es färben sich die Kerne rot, das Endoplasma blau, die Myonemen rot, die Rippenstreifen rot und jene Organellen erscheinen in Form eines violetten, peripheren Fibrillensystems. Zur Untersuchung basaler Strukturen der Cilien fixiert SCHUBERG die Infusorien in einer Mischung von 5 Teilen 2$^0/_0$iger Kaliumbichromat- und 1 Teil 1$^0/_0$iger Osmiumsäurelösung. Nach mehreren Minuten oder Stunden werden die Objekte unter Zuhilfenahme einer Centrifuge ausgewaschen und gefärbt in einer Lösung von 0,3—1 *g* Dahlia in 80 *ccm* Wasser und 20 *ccm* Essigsäure. Nach sorgfältigem Auswaschen wird in 10$^0/_0$ige Tanninlösung übertragen, wiederum ausgewaschen und in 3$^0/_0$ige Brechweinsteinlösung übertragen, durch Alkohol und Xylol in Canadabalsam übergeführt und durch Klopfen auf das Deckglas die Tiere zersprengt. Man kann auch die Objekte aus der Fixationslösung in 1$^0/_0$iges Silbernitrat übertragen und so Golgipräparate gewinnen, welche unter dem Deckglas in Balsam aufbewahrt werden können und die Cilien außerordentlich deutlich zeigen. Auch die LÖFFLERsche Geißelfärbung (s. dort) liefert nach Fixation der Tiere durch Osmiumdämpfe gute Resultate. Man saugt die einzelnen Flüssigkeiten unter dem Deckglas durch.

Literatur: BLANC (Zool. Anz., Bd. 6, 1883), BORGERT (Zool. Jhb., Bd. 14. 1900), BRANDT (Biol. Centralbl., Bd. 2, 1881), derselbe (Fauna Flora Golf Neapel, Bd. 13, 1885), BRAUER (Zeitschr. Wiss. Zool., Bd. 58, 1894), BRAUN und LÜHE (Leitfaden der Untersuchungen der tierischen Parasiten, Würzburg 1908), BÜTSCHLI (Protozoen in BRONNS Klassen und Ordnungen des Tierreiches, Leipzig 1880—1892), BUNDLE (Zeitschr. Wiss. Zool., Bd. 60, 1895), CATTANEO (Boll. Scientif. 1883), CAULLERY und MESNIL (Arch. d'Anat. Micr., Bd. 3, 1900), CERTES (C. R. Ac. Sc. Paris, Bd. 88, 1879), derselbe (Zool. Anz., Bd. 4, 1881), DOFLEIN (Zool. Jhb., Bd. 10, 1897), DRZEWEZKI (Arch. Protistenk., Bd. 3, 1904), EBERLEIN (Zeitschr. Wiss. Zool., Bd. 59, 1895), EISMOND (Zool. Anz., Bd. 13, 1890), FOL (Lehrbuch der vergleichenden mikroskopischen Anatomie, Leipzig 1896), FROSCH (Centralbl. Bact., Bd. 21, 1897), GÜNTHER (Zeitschrift Wiss. Zool., Bd. 65, 1899), HÄCKER (Praxis und Theorie der Zellen- und Befruchtungslehre, Jena 1899), HERTWIG (Jena. Zeitschr. Nat., Bd. 9 und 10, 1876), derselbe (Der Organismus der Radiolarien, Jena 1879), HOYER (Arch. Mikr. Anat., Bd. 54, 1899), JENNINGS (Zool. Anz., Bd. 27, 1904), JENSEN (Biol. Centralbl., Bd. 12, 1892), JOHNSON (Journ. of Morph., Bd. 8, 1893), KRAWAIEW (Zool. Anz., Bd. 18, 1895), KIRCHNER und BLOCHMANN (Die mikroskopische Pflanzen- und Tierwelt des Süßwassers, Braunschweig 1885), KORSCHELT (Zool. Anz., Bd. 5, 1882), LAUTERBORN (Zeitschr. Wiss. Zool., Bd. 59, 1895), LONGHI (Boll. Mus. Zool.

Comp. Genova 1892), MAIER (Inaug.-Diss. Tübingen 1902), derselbe (Arch. Protistenk., Bd. 2, 1903), METZNER (Zeitschr. Wiss. Zool., Bd. 70, 1901), NERESHEIMER (Arch. Protistenk., Bd. 2, 1903), PÄHLER (Ebenda, Bd. 4, 1904), PFITZNER (Morph. Jhb., Bd. 11, 1886), DU PLESSIS (VOGT und YUNG, Handb.), POPOFF (Zeitschr. Wiss. Zool., Bd. 89, 1908), PROWAZEK (Ebenda, Bd. 62, 1897), PRSHESMIZKY (Arb. Zool. Lab. Warschau 1894), RHUMBLER (Zeitschr. Wiss. Zool., Bd. 52, 1891), RIMSKY-KORSAKOW (Biol. Centralbl., Bd. 17, 1887), RYDER (Amer. Nat., Bd. 57, 1893), SAND (Ann. Soc. Belge Micr., Bd. 24, 1899), SASSAKI (Jena. Zeitschr. Nat., Bd. 28, 1893), SCHAUDINN (Zeitschr. Wiss. Zool., Bd. 57 und 59, 1893 und 1895), derselbe (Zeitschr. Wiss. Mikr., Bd. 11, 1894), derselbe (Sitz. Ak. Wiss. Berlin, Bd. 38, 1894). SCHEWIAKOFF (Morph. Jhb., Bd. 13, 1887), SCHNITZLER (Arch. Protistenk., Bd. 6, 1905), SCHUBERG (Ebenda), SCHUBOLZ (Ebenda), SCHÜRMAYER (Jena. Zeitschr. Nat., Bd. 24, 1890), STATKEWITSCH (Arch. Protistenk., Bd. 5, 1904), STEIN (Der Organismus der Infusionstiere, Leipzig 1859), STEMPELL (Arch. Protistenk., Bd. 2, 1903), THON (Arch. Protistenk., Bd. 5, 1904), TSUJITANI (Centralbl. Bact., Bd. 36, 1905), VAHLKAMPF (Arch. Protistenk., Bd. 5, 1904), WADDINGTON (Journ. Roy. Micr. Soc. 2, Bd. 3, 1883), ZAGRAP (C. R. Ac. Sc. Paris, Bd. 124, 1897), ZOJA (Boll. Scientif., 1892—1893).

Pteropoden siehe: Mollusken.

Ptyalin siehe: Enzyme.

Pulmonaten siehe: Mollusken.

Purpurin, Trioxyanthrachinon, $C_6 H_4 (CO)_2 . C_6 H (OH)_3$, neben dem Alizarin in der Wurzel von Rubia tinctorum (Krapp) enthalten, wird künstlich aus Alizarin durch Erhitzen mit Braunstein und Schwefelsäure oder durch Schmelzen der Alizarinpurpursulfosäure mit Kali gewonnen und aus heißer Alaunlösung, worin das Alizarin fast unlöslich ist, mehrere Male umkrystallisiert. Es bildet (mit 1 Molekül H_2O) orangegelbe oder (wasserfrei) rote Nadeln. Seine Lösung in Alkali ist violett, aber nicht lichtecht, wohl ist dies jedoch die Verbindung mit Tonerde.

Mikrotechnisch ist es bisher fast nur zur Färbung der Kerne gebraucht worden: RANVIER löst es in wässeriger Alaunlösung, GRENACHER in Alaun, der zu 1—3% in Glycerin gelöst ist. Nach MAYER ist die Färbung nicht stark genug. — Als Reagens auf unlösliche Kalksalze in den Geweben benutzen es GRANDIS und MAININI, indem sie die Schnitte 5—10 Minuten lang mit einer konzentrierten alkoholischen Lösung von Purpurin färben, auf einige Minuten in Normalsalzwasser bringen, gründlich mit Alkohol auswaschen und in Balsam untersuchen.

Mayer, Neapel.

Pyrenin siehe: Zellchemie.

Pyrenoid siehe: Chromatophoren.

Pyridin, $C_5 H_5 N$, ein Benzol, bei dem eine CH-Gruppe durch das Stickstoffatom ersetzt ist, wird aus den flüchtigen Anteilen des Teers gewonnen und stellt eine farblose, höchst unangenehm riechende Flüssigkeit dar von stark alkalischer Reaktion und dem spez. Gew. 0,980 bei 15°. Siedepunkt bei 116,7°. Es ist in Wasser, Alkohol und Äther leicht löslich und ähnelt in seinem chemischen Verhalten dem Ammoniak, ist auch wie dieses ein gutes Lösungsmittel für Fette.

DE SOUZA hat das Pyridin als Härtungs-, resp. Fixationsmittel für das Nervensystem empfohlen. Es härtet, entwässert und hellt auf zu gleicher Zeit. Gehirne kleinerer Tiere werden nach einem Verweilen von 8 Tagen in Pyridin, am besten im Brutschrank, völlig gehärtet und entwässert. Die Form wird gut erhalten, die Färbbarkeit ist ebenfalls gut, doch leidet nach unserer Erfahrung, wohl durch die starke Alkalescenz des Mittels, die Zellstruktur ganz erheblich. Später ist dann das Pyridin von DONAGGIO, TOMASELLI u. a. zur Fixation, resp. Beizung für das Nervensystem behufs Darstellung der Neurofibrillen in weiterem Masse empfohlen worden. (Näheres s. Neurofibrillen.)

Auch zum Härten von Gefrierschnitten ist das Pyridin von GOODALL empfohlen worden, er entwässert sie nach der Färbung ebenfalls in Pyridin und schließt in Pyridinbalsam ein.

Nach ANDRIEZEN soll ein Gemisch von gleichen Teilen Xylol und Pyridin sich sehr gut zum Aufhellen von Golgipräparaten eignen. Die Schnitte werden nicht spröde und die Grundsubstanz dunkelt nicht so stark nach.

Nach MAYER ist jedoch diese Mischung für gefärbte Schnitte weniger geeignet, da sie viele Anilinfarben auszieht.

Literatur: ANDRIEZEN (Int. Monatsschr. Anat., Bd. 10, 1893). GOODALL (Brit. Med. Journ., 1893), MAYER (LEE und MAYER), DE SOUZA (C. R. Soc. Biol. Paris, Bd. 4, 1888).

Pyrogallussäure, Pyrogallol, Acidum pyrogallicum, $C_6H_3\left\{\begin{matrix}OH\\OH\\OH\end{matrix}\right.$ entsteht durch Erhitzen von Gallussäure und bildet farblose Nadeln, die sich zu cca. 60% in Wasser zu einer farblosen, neutral reagierenden Flüssigkeit lösen. Auch in Alkohol und Äther ist sie leicht löslich. Die wässerige Lösung färbt sich unter dem Einfluß von Licht und Luft braun und nimmt dabei durch Bildung von Essigsäure saure Reaktion an. Die Pyrogallussäure ist ein energisches Reduktionsmittel; aus den Salzen des Goldes, Silbers und Quecksilbers scheidet sie die Metalle ab. Auf ihrer Reduktionswirkung beruht ihre Anwendung als photographischer Entwickler. Eisenchloridlösung färbt sich unter Bildung von Eisenchlorür mit Pyrogallussäure rot und nach Neutralisation mit Calciumcarbonat blau.

Von der reduzierenden Kraft der Pyrogallussäure wird in der Mikrotechnik vielfach Gebrauch gemacht bei der Nachbehandlung von Präparaten, die mit Eisenchlorid, Osmiumsäure, Silbernitrat oder Goldchlorid behandelt worden sind. Man kann zu diesem Zwecke wässerige oder alkoholische Lösungen benutzen.

Pyronin, das Chlorid des Tetramethyl- (Pyronin G) oder Tetraäthyldiamidodiphenylmethans (Pyronin B) (Elberfeld). Grünglänzende Krystalle, die in Wasser und Alkohol mit roter Farbe und gelber Fluorescenz löslich sind. Die wässerige Lösung färbt sich mit Salzsäure hellorange, mit Natronlauge entsteht eine blaßrote Fällung.

Nach EHRLICH eignet sich das Pyronin als basischer Farbstoff zur Herstellung von neutralen Farbgemischen, z. B. in Verbindung mit Narcein und Methylgrün oder Narcein um Methylenblau. PAPPENHEIM benutzt es in Verbindung mit Methylgrün zur Färbung basophiler Elemente. Man gibt 3—4 Teile (Federmesserspitzen) Methylgrün und 1—2 Teile Pyronin in ein Reagensglas und dazu 2 bis 3 Finger breit destilliertes Wasser. Das deutlich blaue Gemisch muß auf Filtrierpapier einen Fleck mit violettroter Mitte und rein grüner Peripherie geben. Färbung 5 Minuten, kurzes Abspülen in Wasser und Differenzieren in Alkohol mit Zusatz von Resorcin.

Literatur: EHRLICH und LAZARUS (Die Anämie in NOTHNAGEL: Spezielle Pathologie und Therapie, Bd. 8, Wien 1898), PAPPENHEIM (Arch. Pathol. Anat., Bd. 157 und 166, 1899 und 1901), derselbe (Monatsh. Prakt. Derm., Bd. 33, 1901).

Pyrosin B, Syn. für Erythrosin.

Pyroxylin, Schießbaumwolle, wird gewonnen durch Behandlung von Baumwolle mit einer Mischung von Salpeter- und Schwefelsäure. Je nach der Art der Einwirkung entstehen verschiedene Produkte. Man hat zu unterscheiden zwischen der in Alkohol und Äther unlöslichen Schießbaumwolle und dem in einem Gemenge von Äther und wenig Alkohol löslichen Pyroxylin. Die Lösung heißt Kollodium, das, auf die Haut gebracht, durch Verdunsten des Äthers eine fest anhängende Schicht abgibt.

Ein besonders frei von Beimischungen hergestelltes lösliches Pyroxylin stellt das Celloidin dar (s. dort). *Mosse,* Berlin.

Q.

Quecksilber und **Quecksilberverbindungen** haben, vom Sublimat abgesehen, in der mikroskopischen Technik keine ausgedehnte Verwendung gefunden.

Das metallische Quecksilber, Hg, ist von silberweißer Farbe, hat starken Metallglanz, bei 0° das spez. Gew. 13,59, siedet bei 357° und verflüchtigt sich schon bei —13°. Das Quecksilber geht zwei Reihen von Verbindungen ein, die als Mercur**o**- und als Mercur**i**salze bezeichnet werden oder als Oxydul- und als Oxydverbindungen; in den ersteren tritt es ein-, in den zweiten zweiwertig auf. So ist Hg_2O Mercur**o**oxyd oder Quecksilberoxydul, HgO Mercur**i**oxyd oder Quecksilberoxyd. Die Oxydulverbindungen werden von Oxydationsmitteln in Oxydverbindungen, die Oxydverbindungen von Reduktionsmitteln in Oxydulverbindungen übergeführt.

Entsprechend der Verwendung in der Mikrotechnik sind hier außer dem Sublimat (das an besonderer Stelle abgehandelt wird) und dem Quecksilbercyanid nur folgende Verbindungen zu erwähnen:

Hydrargyrum oxydatum, Quecksilberoxyd, rotes Präcipitat, HgO, gelblich-rotes, in Wasser nur wenig, in verdünnter Salz- und Salpetersäure leicht lösliches Pulver, das in der praktischen Medizin ziemlich viel angewandt wird. Dieselben Lösungsverhältnisse zeigt das gelbe Präcipitat, das Hydrargyrum oxydatum via humida paratum, $Hg(OH)_2$.

Beide Salze sind von HARRIS zum Hämatoxylin zugesetzt worden, um es zu oxydieren (vgl. pag. 595). Es wird 1 *g* krystallisiertes Hämatoxylin in 10 *g* absoluten Alkohols gelöst, ebenso 20 *g* von Kalium- oder Ammoniumalaun unter Erwärmen in 200 *ccm* Aq. dest. Zu der Mischung beider Lösungen wird 0,5 *g* Quecksilberoxyd, rotes oder gelbes, hinzugefügt; die Mischung wird zum Sieden erhitzt, dann schnell abgekühlt. Die dunkelrote Flüssigkeit kann alsbald zum Färben benutzt werden. KODIS setzt Quecksilberoxyd zu Hämatoxylin 1, Molybdänsäure 1,5, Aq. 100.

Das metallische Quecksilber selbst hat JUCKUFF bei Untersuchungen über die Verbreitungsart subcutan beigebrachter, mit den Gewebssäften nicht mischbarer Flüssigkeiten im tierischen Organismus verwandt, und zwar benutzte er ein Quecksilberamalgam des WOODschen Metalls, das aus 4 Teilen Wismut, 2 Teilen Blei und je 1 Teil Zinn und Cadmium besteht und dessen Schmelzpunkt von 60,5° durch den Zusatz des Quecksilbers herabgesetzt wird.

Quecksilbersulfat-Äthylendiamin (Sublamin) dient in 5%iger Lösung nach KLINGMÜLLER und VEIEL als gutes Fixationsmittel an Stelle von Sublimat. Es werden Gefrierschnitte hergestellt oder es wird in steigendem Alkohol weiter gehärtet. Nach Sublaminhärtung können besonders auch Bacterienfärbungen mit Vorteil angewandt werden.

Literatur: Siehe Sublimat. Ferner HARRIS (Micr. Bull. 1898), derselbe (Zeitschr. Wiss. Mikr., Bd. 18, 1901), JUCKUFF (Arch. Experim. Pathol., Bd. 32), KLINGMÜLLER und VEIEL (Centralbl. Pathol. Anat. 1903), KODIS (Arch. Mikr. Anat. 1901). *Mosse,* Berlin.

Quecksilbercyanid, Hydrargyrum cyanatum, $Hg(CN)_2$), entsteht beim Lösen von gelbem Quecksilberoxyd in überschüssiger Blausäure und bildet farblose, glänzende Krystalle. Es ist in Wasser leicht löslich (bei 15° 16,5%), ebenso in Alkohol (in 90%igem Alkohol 10%). Mit Haloidsäuren zersetzt es sich unter Bildung von Blausäure. Die wässerige Lösung reagiert neutral. Kaustische Alkalien wirken auf die Lösung nicht ein. Chromsaure Salze und Ferricyankalium bilden in konzentrierter Lösung mit Cyanquecksilber Doppelverbindungen.

Es ist in konzentrierter wässeriger Lösung von KEISER als vorzügliches Fixationsmittel für Acanthocephalen empfohlen worden. KODIS fixiert kleine Stücke des Centralnervensystems einen bis mehrere Tage in derselben Lösung und überträgt dann für dieselbe Zeit in 10%iges Formol. Gefrierschnitte werden dann in der folgenden vierfach verdünnten Lösung gefärbt: Hämatoxylin 1 *g*, Molybdänsäureanhydrit (MERCK) 1,5 *g*, destilliertes Wasser 100 *ccm*, Wasserstoffsuperoxyd 0,5 *ccm*. Nach der Färbung auswaschen in Wasser und Kontrastfärbung in alkoholischer Lichtgrünlösung.

Literatur: KEISER (Biblioth. Zoolog., H. 7, 1891), KODIS (Arch. Mikr. Anat., Bd. 59, 1901).

Quittenschleim wird erhalten aus dem Samen von Cydonia vulgaris und stellt eine dicke, farblose Flüssigkeit dar. Von BORN und WIEGER ist er zum Aufkleben von Paraffinschnitten empfohlen worden. Man verdünnt 2 Teile Schleim mit 1 Teil Glycerin, setzt etwas Carbolsäure zu und rührt gut durch. Die Mischung wird in dünner Schicht auf den sorgfältig gereinigten Objektträger aufgetragen und mit Wasser überschichtet. Nach 20 Minuten langem Verweilen im Brutschrank sind die Schnitte fest. Nachdem das Paraffin durch Terpentinöl gelöst ist, müssen die Objektträger ½ Stunde in absolutem Alkohol verweilen, um den Schleim zu fällen. Der Schleim färbt sich nicht mit, löst sich aber in ammoniakalischen oder alkalischen Farblösungen. Man vermeide den Übergang aus starkem Alkohol direkt in Wasser, da sich sonst leicht die Schnitte ablösen.

Auch zum Lähmen von Infusorien ist Quittenschleim von STATKEWITSCH, ähnlich wie Kirschgummi, empfohlen worden.

R.

Rädertiere. Die Hauptschwierigkeit in der mikrotechnischen Bearbeitung der Rotatorien beruht auf dem Umstand, daß die Tiere bei der leisesten Berührung oder dem Zusatz differenter Flüssigkeiten sofort ihren Kopfteil mit dem Wimperapparat einziehen, sich zu formlosen Massen zusammenballen und so zur mikroskopischen Beobachtung unbrauchbar werden. Diesem Übelstand kann man auf verschiedene Weise abhelfen, einmal durch mechanische Mittel, indem man z. B. dem Wasser nach und nach Zuckersirup zusetzt (HARDY) oder Quittenschleim oder die Tiere mittelst irgend eines Mittels narkotisiert oder schließlich sie durch momentanes, blitzartiges Abtöten am Zurückziehen verhindert. Unter den narkotisierend wirkenden Mitteln steht das Cocain obenan. WEBER, PLATE und CONSER benutzen 2%ige Lösungen. DE ZOGRAF setzt den in wenig Wasser befindlichen Tieren tropfenweise 1%ige Lösungen zu. ROUSSELET mischt 3 Teile 2%igen Cocains, 1 Teil 90%igen Alkohols und 6 Teile Wasser und setzt von dieser Mischung dem die Tiere enthaltenden Wasser so lange zu, bis die Cilien nicht mehr schlagen. Ähnlich verfährt HLAVA. Nach GAST erweist sich für Apsilus das Cocain wirkungslos. BEAUCHAMP zieht für manche Species Stovain in einprozentiger Lösung dem Cocain vor. HOFER empfiehlt das Hydroxylamin in 0,1%iger Lösung; 10—15 Minuten, nachdem man die Tiere in diese Lösung eingesetzt hat, sind sie bewegungslos. VOGT und YUNG benutzen zur Abtötung der Rotatorien Strychnin, VOLK Wasserstoffsuperoxyd. Er setzt auf 1—3 *ccm* Wasser ungefähr 1 Tropfen einer 3%igen Lösung von Wasserstoffsuperoxyd zu. Man soll niemals stärkere Lösungen als unbedingt nötig wählen.

Bei vorsichtiger Anwendung einzelner dieser Mittel, vor allem des Cocains, leben die Tiere, wenn man sie in frisches Wasser bringt, weiter, man kann sie deshalb auch zur Lebendbeobachtung benutzen.

Um die Tiere in ausgestrecktem Zustand zu fixieren, bringt sie LENSSEN (Hydatina) mit ganz wenig Wasser in die Höhlung eines ausgeschliffenen Objektträgers, übergießt sie rasch mit einigen Tropfen fast bis zum Sieden erhitzter Sublimatessigsäure und senkt den Objektträger sofort in eine Schale mit kaltem Wasser. GAST benutzt (für Apsilus) in ähnlicher Weise Sublimatalkohol oder Pikrinsublimatessigsäure.

Von anderen Fixationsmitteln empfiehlt ZELINKA Sublimat oder er fixiert ½—1 Stunde im Dunkeln in 1%igem Goldchlorid und reduziert dann im Licht in ½%iger Ameisensäure. HOFER fixiert in Pikrinessigsäure, DE ZOGRAF setzt zu den durch Cocain narkotisierten Tieren eine ziemlich große Menge 0,2%iger Osmiumsäure, saugt die Flüssigkeit nach 1—2 Minuten wieder ab und ersetzt sie durch eine reichliche Menge von 10%igem rohem Holzessig. ROUSSELET gibt zu den nach seiner Methode gelähmten Tieren 1 Tropfen FLEMMINGsche Flüssigkeit oder 0,25%ige Osmiumsäure und wäscht dann sofort in mehrfach gewechseltem

Wasser aus. CONSER fixiert mit 20%igem Formol und behandelt dann mit 0,5%iger Chromsäure. HAMBURGER wäscht die nach der ROUSSELETschen Methode narkotisierten Tiere zuerst kurz in Wasser aus und fixiert dann in Sublimat oder Sublimatalkohol. HLAVA setzt zu der die ebenfalls nach ROUSSELET narkotisierten Tiere enthaltenden Uhrschale 1—4 Tropfen 0,5%ige Osmiumsäure und überträgt nach 1—5 Minuten in 5%iges Formalin oder in Pikrinalkohol (70%). Die nach letzterer Methode behandelten Tiere lassen sich sehr gut einbetten und schneiden.

Meistens wird man nach eventueller Färbung die Tiere als Totalpräparate aufhellen und in Balsam montieren. Man muß dabei mit dem Entwässern und Aufhellen recht vorsichtig vorgehen, um Schrumpfungen zu vermeiden. GAST empfiehlt zu diesem Zweck über reines Nelkenöl verschiedene Alkoholnelkenölmischungen, dann obenauf reinen absoluten Alkohol zu schichten und die entwässerten Tiere in den letzteren einzulegen. So findet eine ganz allmähliche Durchtränkung statt. ROUSSELET hebt die Tiere in 6%igem Formol auf.

Man kann aber auch die Tiere sehr wohl in Paraffin einbetten und schneiden (LENSSEN).

Embryologisches: JENNINGS empfiehlt zur Fixierung der trächtigen Weibchen FLEMMINGsche Flüssigkeit, LENSSEN konzentriertes Sublimat, beides nur Bruchteile einer Minute. Da die erstere Flüssigkeit zu stark schwärzt, muß man in diesem Fall nach einer der bekannten Methoden bleichen, dann die Eier unter dem Mikroskop frei präparieren und in Glycerin konservieren.

Literatur: BEAUCHAMP (Arch. de Zool. Expér., Bd. 4 [4], 1906), CONSER (Trans. Amer. Micr. Soc., Bd. 17, 1896), GAST (Zeitschr. Wiss. Zool., Bd. 67, 1900), HAMBURGER (Ebenda, Bd. 86, 1907), HARDY (Journ. Roy. Micr. Soc. 1889), HLAVA (Zeitschr. Wiss. Zool., Bd. 80, 1906), HOFER (Zeitschr. Wiss. Mikr., Bd. 7, 1890), JENNINGS (Bull. Mus. Comp. Zool. Harvard. Bd. 30, 1896), LENSSEN (Cellule, Bd. 14, 1898), PLATE (Zeitschr. Wiss. Zool., Bd. 49, 1889), ROUSSELET (Journ. Quekett Micr. Club, 2, Bd. 6. 1895). VOGT und YUNG (Lehrbuch der prakt. vergl. Anat., Braunschweig 1881), VOLK (Zool. Anz., Bd. 19, 1896), WEBER (Arch. de Biol., Bd. 8, 1888). ZELINKA (Zeitschr. Wiss. Zool., Bd. 14, 1889), DE ZOGRAF (R. Ac. Sc. Paris, Bd. 124, 1897).

Radiolarien siehe: Protozoen.

Raffinose siehe: Zucker in pflanzlichen Geweben.

Raphiden siehe: Calciumverbindungen in Pflanzenzellen.

Raspail'sche Reaktion siehe: Eiweißstoffe in Pflanzenzellen.

Rauracienne, Syn. für Echtrot.

Rekonstruktion. Mit der Einführung des Mikrotoms und besonders mit der Ausbildung der Schnittserientechnik hat eine neue Phase in der mikroskopischen Anatomie und Entwicklungsgeschichte begonnen; eine Fülle von Entdeckungen verdanken wir dieser Methodik. Indes konnte bei ihrer so ausgiebigen Verwendung die Gefahr nicht ausbleiben, daß man im steten Betrachten der Schnitte das körperliche Bild des untersuchten Gegenstandes aus den Augen verlor. Die plastischen Formen des Objekts, die ältere Forscher bei ihren Lupenbeobachtungen stets vor sich gehabt hatten, wurden mit der Verfeinerung der Technik unkenntlich, und wollte man sich nicht darauf beschränken, Beschreibungen von einzelnen Schnitten zu geben, so mußte man auf dem Wege der Rekonstruktion aus der Serie eine körperliche Anschauung des Objektes zu bekommen suchen.

Daß die Gewinnung eines solchen Bildes aus den Schnitten „im Kopf" ungemein schwer ist und oft genug zu falschen Ergebnissen geführt hat, ist bekannt und hat wohl jeder erfahren, der plastische Rekonstruktionen ausgeführt hat und anstatt des komplizierten Organes, das er sich im Geiste vorstellte, ein einfaches und völlig anders gestaltetes Modell erhielt. Daher haben sich seit Einführung der Schnitttechnik verschiedene Autoren bemüht, Verfahren zu ersinnen, welche es gestatten, auch aus den Schnitten die körperliche Form der Objekte in entsprechender Vergrößerung wieder aufzubauen.

An zwei Namen knüpfen sich hauptsächlich diese erfolgreichen Bestrebungen: HIS war der erste, der den gefährlichen Mangel der neuen Technik empfand und sich seiner zeichnerischen und plastischen Rekonstruktionsmethoden bediente; bald darauf empfahl BORN das Plattenmodellieren, welches den Vorteil besaß, unter möglichstem Ausschluß subjektiver Momente und ohne besonders schwierig zu sein, völlig einwandsfreie körperliche Modelle zu liefern. Endlich wurde das Feld von STRASSER, der viele noch neuerdings „neu“ erfundene Verfahren in Vorschlag brachte, KASCHTSCHENKO und anderen weiter ausgebaut. So entstand eine große Anzahl von Methoden und Modifikationen, von denen sich neuerdings allein die teilweise erheblich veränderten ersten Vorschläge von HIS und BORN sowie die graphische Isolierung KASCHTSCHENKOs als empfehlenswert erhielten.

Hier seien nur die wichtigsten Methoden wiedergegeben; eine vollständige Übersicht über dieselben bis Anfang 1906 findet sich in „Die Methoden der Rekonstruktion“ von KARL PETER, Jena, Fischer, 1906.

Einteilung der Methoden.

Die Rekonstruktionsmethoden sind in zwei Gruppen einzuteilen. Entweder liefern sie ein plastisches Modell des geschnittenen Objekts (dreidimensionale Methoden) oder zeichnerische Wiedergaben (zweidimensionale Methoden, Rekonstruktionen in der Fläche) einer Oberflächenansicht oder auch eines zur Schnittrichtung senkrecht oder schräg stehenden Durchschnittes.

Von vornherein wird ein von allen Seiten anzusehendes und demonstrables Modell unbestrittene Vorzüge vor einer Zeichnung, wenn sie auch noch so gut eine Ansicht wiedergibt, haben, zumal es auch über kompliziertere Verhältnisse leicht Auskunft zu geben vermag. Indes ist hervorzuheben, daß die zweidimensionalen Verfahren meist eine schnellere Ausführung des Gewünschten gestatten.

Bei der Wahl der einzuschlagenden Methode wird man also zur zeichnerischen Rekonstruktion seine Zuflucht nehmen, wenn es sich um einfachere Formen handelt; sonst wird man das zeitraubende Plattenmodellieren kaum umgehen können. Es ist also die BORNsche Plattenmodelliermethode, die ich vor allen anderen empfehle und die jetzt durchaus als die brauchbarste anerkannt ist. Neben dieser dürften als zeichnerische Verfahren KASCHTSCHENKOs graphische Isolierung und HIS' projektive Konstruktion gute Dienste leisten.

I. Vorbereitung des Objekts.

Die Natur der Rekonstruktionsmethoden bringt es mit sich, daß das Objekt in bestimmter Weise dazu vorbereitet werden muß. Zur Not läßt sich aus jeder Serie ein Modell herstellen, immerhin empfiehlt es sich, von jedem Objekt, das man rekonstruieren will, möglichst viele Lupenzeichnungen anzufertigen.

Die im folgenden zu beschreibenden Methoden der zeichnerischen oder plastischen Rekonstruktion beruhen auf demselben Prinzipe: die einzelnen Schnitte oder Teile derselben (Linien, Punkte) werden als erheblich vergrößerte Bilder unter Berücksichtigung des richtigen Abstandes (Schnittdicke mal Vergrößerung) wieder auf- resp. nebeneinander gesetzt, um so das vergrößerte Abbild des Objekts zu erhalten.

Dabei empfiehlt es sich nun häufig, eine bestimmte Schnittrichtung zu wählen, also die Objekte zur Schnittebene des Messers zu orientieren. Einige Methoden verlangen eine bestimmte Richtung, bei anderen ist dies gleichgültiger, doch wird man wohl stets einer der drei Hauptachsen parallel schneiden.

Weiterhin stellt es sich heraus, daß ein erforderlich genaues Aufeinanderpassen der einzelnen Bilder ohne bestimmte Marken nicht möglich ist; unliebsame seitliche Verschiebungen oder Drehungen der Schnittbilder kann die geübteste Hand nicht vermeiden. Die Objekte müssen also mit Richtzeichen versehen werden, um diesem Fehler abzuhelfen.

1. Herstellung der Serie.

Stückfärbung und Einbetten in Paraffin erleichtern die Anwendung unseres Verfahrens erheblich; doch ist Schnittfärbung und Celloidineinschließung nicht ausgeschlossen.

Die Behandlung der Schnittserie ist die übliche. Die Serie muß absolut lückenlos sein (eventuell muß man die ausgefallenen Schnitte nach Lage und Dicke genau kennen), und auch die Schnittdicke muß bekannt sein. Man wählt praktisch die gebräuchlichen Dicken von 5, 10, 12, 15, 20 etc. μ. Um eine genaue vergrößerte Wiedergabe aller Verhältnisse zu gestatten, dürfen die Schnitte nicht gefaltet, zerrissen oder zusammengeschoben sein, kurz alle Fehler bei Anfertigung der Serie rächen sich schwer bei der Rekonstruktion, man benutze bloß tadellose Schnittreihen!

2. Methoden des Orientierens.

Das Orientieren kann vor, während und nach dem Einbetten vorgenommen werden.

Am sichersten geschieht das Orientieren des Objekts während des Einbettens in der BORN-PETERschen Glaskammer (s. unten) oder einem ähnlichen Apparate.

HIS bestimmte früher die Schnittrichtung erst im Schnitt durch Eintragen markanter Punkte, deren Entfernung er unter Berücksichtigung der Schnittdicke berechnete, in das vergrößerte Oberflächenbild, — ein Verfahren, das sich bei unbekannter Schnittrichtung einer Serie sehr empfiehlt.

Das Orientieren im Block, der, auf dem Objekttisch festgeschmolzen, in die gewünschte Richtung gebracht werden soll, wird nur bei Verwendung des durchsichtigen Celloidins mit einigermaßen annehmbarer Genauigkeit erfolgen können.

Orientierung vor der Paraffineinbettung in durchsichtigem Vorharz wird empfohlen besonders bei kleinen kugeligen Objekten (Insekteneier).

Das Ei wird in dickem Vorharz (Nelkenölkollodium) auf geripptem Papier, Linnen oder Glas unter dem Mikroskop in die gewünschte Stellung gebracht und in derselben auf der Unterlage festgeklebt, indem man das Ganze in Xylol stellt, darauf folgt Einbettung. Vom Block löst man die Unterlage ab und schneidet senkrecht zu dieser Fläche (PATTEN, WOODWORTH, DREWS, HOFMANN). YATSU benutzt als Unterlage zurechtgeschnittene Stückchen von Ulva, die miteingebettet und geschnitten werden können und so eine Art von Richtlinie abgeben.

3. Die Richtzeichen.

Die Notwendigkeit der Richtzeichen wurde oben auseinandergesetzt.

Auf verschiedenen Wegen suchten die Autoren ein exakteres Aufeinanderpassen zu erreichen. Schon die entsprechend vergrößerte Profilkontur gab einigen Anhalt, solche Fehler zu vermeiden und die Schnitte in richtiger Lage zueinander zu orientieren (s. unten, bes. SCHAPERS Methode). Noch bessere Resultate lieferte ein anderes Verfahren. STRASSER, KASCHTSCHENKO und BORN verfielen darauf, an dem Block, der das Objekt einschließt, senkrecht zur Schnittrichtung stehende Linien, Flächen oder Platten anzubringen. Diese erscheinen in jedem Schnitte an genau der gleichen Stelle als Punkte oder Striche und gestatten, wenn man beim Zusammenfügen der Bilder diese Marken wieder übereinanderstellt, ein absolut fehlerfreies Orientieren der Figuren zueinander, die nun genau so liegen, wie die einzelnen Schnitte im unzerschnittenen Objekt gelegen hatten: Methode der Definierlinien, Richtlinien resp. -ebenen.

Theoretisch genügen zwei Punkte oder eine Linie und ein Punkt, um einen Schnitt zu einem anderen ihm parallelen zu orientieren; praktisch wird man eine größere Anzahl solcher Merkpunkte nicht umgehen können und wird mehrere Linien oder eine Linie mit mehreren bestimmt gelegenen Punkten benutzen.

Die älteren Methoden: Einschmelzen eines Streifens Millimeterpapier (STRASSER) oder einer Platte CALBERLAscher Eiweißmasse in den Block (BORN, übrigens eine sehr exakte Methode) u. a., über welche STRASSER (1887) Bericht erstattet, haben den neueren Verfahren weichen müssen, die ich hier also allein berücksichtige. Sie bestehen darin, daß man am Block eine Ebene mit parallelen Leisten oder Furchen oder mehrere Ebenen senkrecht zur Schnittrichtung herstellt.

Man erhält dann im Schnitt entweder eine Linie mit Zacken in unregelmäßigen Abständen, aber stets an derselben Stelle, oder mehrere sich schneidende Gerade. Wichtig sind zur Vermeidung der Verschiebungen die Eckpunkte der Zacken oder Linien. Man wird der Linie mit den Zacken den Vorzug geben, da diese Merkmale auf der ganzen Linie, also auch dem Präparat benachbart liegen, während die Scheitel der Winkel, in denen sich die Geraden schneiden, naturgemäß vom Objekt am weitesten entfernt liegen. Bei Benutzung starker Vergrößerungen ist aber eine möglichste Nähe der Definierpunkte ein Erfordernis ersten Ranges.

Ist es möglich, diese Marken im Objekt selbst anzubringen, so genügen dessen Konturen zu ihrer Sichtbarmachung; liegen sie entfernt in der Einbettungsmasse, so müssen die Ebenen einen Anstrich erhalten, der die Linie auch im aufgehellten paraffinbefreiten Schnitt kenntlich macht.

Die einfachste Methode, welche eine überaus feine Orientierung des Objektes während des Einbettens gestattet und zugleich exakte Definierlinien liefert, also zwei Manipulationen, die sonst getrennt ausgeführt werden müssen, auf eine zurückführt, ist das

Verfahren von Born-Peter zur Herstellung von Richtlinien,

welches ich mit Angabe verschiedener praktischer Winke beschreibe, die dem Leser vielleicht überflüssig erscheinen, demjenigen aber, der sich der Methode bedienen will, wohl nicht unwillkommen sein dürften. Das dabei in Anwendung kommende Prinzip ist übrigens bereits von STRASSER erwähnt worden.

Unsere Methode besitzt den Vorteil, daß das früher gebrauchte Instrumentarium der Definierverfahren (Klapptisch, Orthostat, Ritzer etc.) wegfällt; sie schließt sich direkt an die gewöhnliche Art an, in welcher Paraffinblöcke gegossen werden und ist in gleicher Weise für Paraffin wie für Celloidin anwendbar. Der Apparat besteht nur aus einer bestimmt adjustierten, mit Ritzen versehenen Grundplatte und zwei Neapler Rähmchen. In der durch dieselben gebildeten Kammer wird das Objekt, während das Paraffin flüssig ist, genau orientiert. Der erhaltene parallelopipedische Block (Würfel) besitzt gleich nach dem Ablösen eine mit leistenartig herausstehenden Richtlinien besetzte Richtebene, die senkrecht zu vier Seiten des Blockes steht (s. Fig. 101).

Als Material der Instrumente benützen wir jetzt ausschließlich Glas, da die Firma ZEISS in Jena Platten und Winkel in mustergültiger Weise hergestellt. Entsprechend der exakten Ausführung kosten „BORN-PETERs Richtplatten mit Winkeln" 40 Mark. Billigere Metallinstrumente — das Einritzen der Linien, das für Glas die Herstellung einer besonderen Maschine nötig machte, ist hier leicht auszuführen — gestatten keine genaue Orientierung und machen auch oft beim Ablösen des Blockes Schwierigkeiten, so daß Glas trotz seiner Zerbrechlichkeit und des schlechten Wärmeleitungsvermögens, das sich beim Festwerden des Blockes unangenehm fühlbar macht, vorgezogen werden muß.

Das Instrumentarium besteht also:

1. aus einer runden (oder quadratischen) Glasplatte von 6 *cm* Durchmesser und etwa 2 *mm* Dicke, die auf 3 unten gerauhten Füßchen steht. In der Mitte ihrer Oberseite ist ein Quadrat von 2 *cm* Seitenfläche eingraviert; ein mittleres Feld dieses Quadrates, das von einer Seite zur anderen reicht und 1 *cm* Breite hat, ist mit eingeritzten Linien versehen, die untereinander streng parallel,

zu zwei Seiten des Quadrates senkrecht stehen. Ihre Zahl beträgt etwa 16, ihr Abstand $^1/_2$—$^3/_4$ *mm*; letztere soll in der ganzen Länge der Furche gleich sein. Die **Unterseite** der Platte enthält ein breit eingeritztes Quadrat von tief schwarzen Linien, das genau dem auf der Oberseite befindlichen entspricht. Dasselbe wird von einem doppelten Kreuz ebensolcher breiter dunkler Linien durchzogen.

Die angegebenen Maße sind die der gebräuchlichen Platte; natürlich können sie beliebig variiert werden.

2. Die **Rahmen**, ebenfalls aus Glas, besitzen durchaus exakt rechte Winkel und gerade Kanten. Ihr kurzer Arm ist innen 2, außen 3 *cm*, der lange 3 resp. 4 *cm* lang, ihre Höhe beträgt 1,5 *cm*.

Gebrauch bei Paraffineinbettung.

Grundplatte und Winkel werden vor dem Gebrauche sorgfältig mit Alcoh. absol. und dann mit Chloroform gereinigt, mit einem ganz kleinen Tropfen

Fig. 101.

Die Figur zeigt das Instrumentarium zum Born-Peterschen Verfahren: rechts die Richtplatte mit den Ritzen, links die Winkel; in der Mitte ist die Kammer gebrauchsfertig zusammengesetzt. An der Richtplatte lehnt ein Paraffinblock mit zwei eingeschmolzenen Objekten, die durch die Definierfläche durchschimmern. Die Photographien zu Fig. 101 u. 103 verdanke ich der Güte des Herrn Professor Schaper.

einer Mischung von Alcoh. absol. und Glycerin aa. eingerieben und erwärmt. Ich stelle den Apparat in der Glasschale, in welcher die Einbettung vorgenommen werden soll, auf einige Zeit in den Wärmeschrank, bis er etwa die Temperatur des flüssigen Paraffins (50°) erlangt hat.

In die Ritzen der kalten Platte dringt das heiße Paraffin nicht ein; ist der Apparat zu heiß, so läßt er leicht das eingegossene Paraffin ausfließen.

Hierauf stellt man die Schale auf ein Lupenstativ und paßt die Rahmen so auf die Platte, daß ihre Innenränder genau mit dem Quadrat von 2 *cm* Seitenfläche zusammenfallen und so eine rechtwinkelige Kammer gebildet wird (s. Fig. 101).

Darauf wird Paraffin von 68—70° in die Kammer eingegossen und das Objekt mittelst angewärmten Sieblöffels in dieselbe übertragen.

Kälteres Paraffin füllt die Ritzen nicht aus, während bei höherer Temperatur das Loslösen des Blocks von der Platte schwierig sein kann.

Es ist nun leicht, nach den schwarzen Linien auf der Unterseite der Platte dem Objekt die gewünschte Lage zu geben. Dabei ist natürlich zu beachten, daß die Ritzen der Platte, die übrigens im flüssigen Paraffin unsichtbar werden und später die Leisten des Blockes liefern, senkrecht zur Schnittebene laufen; die zu ihnen senkrecht stehenden Linien geben die Schnittrichtung an.

Die Kammer bleibt genügend warm, um ein oder mehrere Objekte, eventuell unter Lupe oder Mikroskop, genau zu orientieren; man kann auch jetzt noch das Erwärmen der Glasschale fortsetzen. Hält das Objekt nicht von selbst die gewünschte Lage inne, so fixiere man es mit einer erwärmten Knopfsonde, bis es durch das von unten her erstarrende Paraffin befestigt worden ist. Man kann dasselbe auch, wenn es auf der Kante stehen soll (Sagittalserien von Embryonen), an einen der Ränder, auf welchen die Ritzen senkrecht stehen, anlehnen; damit das Objekt in den Bereich der Ritzen fällt, schiebe man den betreffenden Winkel vorher etwas in die Kammer herein.

Nach vollendeter Orientierung wird kaltes Wasser in die Glasschale eingelassen.

Jetzt wird das Festwerden des Blockes überwacht, indem man seine Oberfläche immer mit heißem Spatel flüssig hält und den beim Erstarren des Paraffins entstehenden Defekt durch Zufließenlassen von neuem deckt. Das letztere darf nicht zu heiß sein, da sich sonst zu viel Luftblasen im Block ansammeln. Man kürze diesen Prozeß, der etwa 10—15 Minuten in Anspruch nimmt, ja nicht ab: auf langsamer Arbeit beruht wesentlich das Gelingen der Operation. Auch nach erfolgtem Festwerden lasse man den Block noch längere Zeit im Wasser, um über seine Festigkeit völlig sicher zu sein.

Unterbricht man das Erstarren zu früh, so zieht das noch schrumpfende Paraffin, das nur von der Oberfläche her sich kontrahieren soll, alle Seiten des Blockes konkav ein, auch die untere Fläche mit den Leisten, die dann natürlich als Richtfläche unbrauchbar wird.

Der Block löst sich gewöhnlich leicht von Platte und Winkeln los; ist dies nicht der Fall, hatten die Apparate oder das Paraffin nicht die richtige Temperatur oder war die Reinigung zu oberflächlich, so führt oft längeres Liegenlassen in Wasser (1 Stunde und mehr) zum Ziele; sonst ist die Prozedur als mißlungen zu betrachten. Der Block muß unter Erwärmen von den Instrumenten losgeschmolzen und die Einbettung wiederholt werden, ein Fall, der bei genauer Beobachtung der hier gegebenen Regeln nicht eintreffen dürfte.

Der so erhaltene Block (s. Fig. 101) ist völlig homogen, ohne Luftblasen und weist 5 glatte, spiegelnde Flächen auf. Auf der Grundfläche, an der das Objekt richtig orientiert durchschimmert (Objektfläche), stehen scharfe parallele Leisten genau senkrecht zu 2 Seitenflächen, welche als Fußfläche benutzt werden. Die Leisten entsprechen genau den Ritzen der Glasplatte und stellen eine ebenso elegante und brauchbare wie leicht gewonnene Definierebene dar.

Weiterbehandlung des Blockes.

Die Richtebene muß nun, um im Schnitt deutlich zu sein, angestrichen werden (s. unten).

Nach dem Anstreichen wird der Block zurechtgeschnitten. Die bei der Einbettung entstandenen überhängenden Ränder der Fußfläche werden entfernt, ebenso alles überflüssige Paraffin.

Dann tauche man den Block auf einen Moment in Paraffin von der Sorte, die man zur Einbettung benutzte, das auf 75° erhitzt wurde, und wiederhole dies nach Erstarrung dieser Schicht, bis die Richtebene genügend eingehüllt ist. Natürlich muß dabei die Fußfläche des Blocks vor dem Eintauchen geschützt werden. Dieser sekundäre Paraffinüberzug, den KASCHTSCHENKO zuerst empfahl, schützt die Definierlinie beim Schneiden.

Der Objekttisch des Mikrotoms wird jetzt mit einem mehrere Millimeter dicken Paraffinüberzug versehen, dieser erwärmt und sogleich mit dem definitiv festgestellten Mikrotommesser eine Ebene auf ihm geschnitten (die Erwärmung schützt das Messer). Auf diese Fläche setze man den Block auf, und zwar so, daß die Richtfläche senkrecht zur Messerschneide steht: dann liegen auch Definierebene und Richtlinie senkrecht zur Schnittfläche.

Der Paraffinblock wird sodann auf dem Objekttisch festgeschmolzen: in seine Fußfläche, die auf dem Tische ruht, ist eine kleine Rinne geschnitten worden, an deren Ausgang ein kleiner Tropfen überhitzten Paraffins gesetzt wird, welcher die Kerbe sofort ausfüllt und die Fläche fest auf den Objekthalter kittet.

Sodann schneide man den Block. Die

Behandlung der Schnitte

ist die übliche. Das Paraffin wird ausgelöst und ein Deckglas übergedeckt.

Neben jedem Schnitt nahe dem Objekt liegt dann die scharfe schwarze Definierlinie, mit den Zacken nach außen gerichtet (cf. Fig. 102).

Gebrauch bei Celloidineinbettung.

Für Celloidineinbettung werden die Glaswinkel richtig auf die Grundplatte aufgesetzt (s. o.) und auf derselben befestigt. Einfließenlassen von wenigen Tropfen Schellackfixativ in die Spalten zwischen den Rähmchen verhindert jedes Ausfließen von Celloidin. Die Prozedur des Eindickens nehme man recht langsam vor! Bei dem Einsetzen des Apparates mit der fast festen Einbettungsmasse in 80%igen Alkohol löst sich das Fixativ, Platte und Winkel fallen ab

Fig. 102.

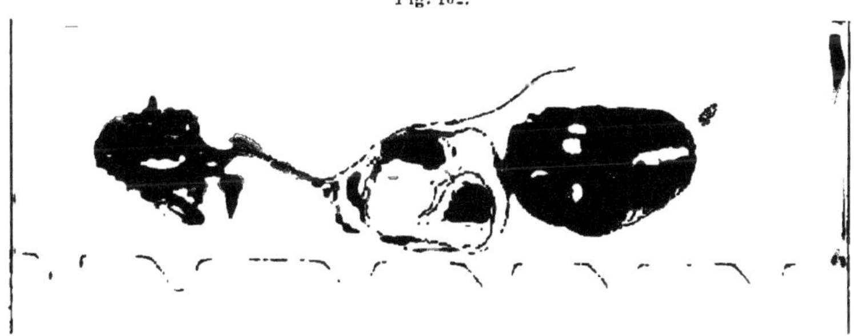

Schnitt durch einen Eidechsenembryo mit Definierebene.

und man erhält einen Celloidinblock mit einer mit Leisten versehenen Richtebene, die ganz der des Paraffinwürfels gleicht.

Als Methode zur Herstellung der Richtlinien ist die beschriebene wohl die einfachste und exakteste: sie bringt — dies ist ein Hauptvorteil — die Linien nahe ans Objekt heran, gestattet aber auch, wenn es wünschenswert erscheint, dieselben weiter entfernt zu halten, indem man das Objekt erst bei Beginn des Erstarrens des Paraffins in die Kammer einbringt.

Einzig unmöglich ist, die Definierebene ins Objekt hineinzuverlegen, wie es bei Rekonstruktion großer Organe nötig wäre. In praxi wird man zwar wohl stets das Objekt so weit zerschneiden können, daß die Ebene noch nahe genug an den zu modellierenden Teilen steht — eventuell lassen sich die Linien noch beim Zeichnen verschieben (s. unten) —, doch kann man in diesem Falle auch zu anderen Methoden greifen, unter denen das ältere BORNsche Verfahren den Vorzug verdient.

Übrigens hat WILSON durch eine Modifikation die kostspielige Grundplatte überflüssig zu machen gesucht: er benutzt unseren Einbettungsapparat mit glatter Platte und orientiert nach den schwarzen Linien auf deren Unterseite vorher in 1%iger Osmiumsäure aufgehängt fixierte und mit Paraffin durchtränkte Nervenfasern, deren überhängende Enden durch die Winkel befestigt werden. Der ausgelöste Block besitzt neben dem Objekt 2—3 senkrechte schwarze Fasern als Richtlinien und braucht natürlich nicht angestrichen zu werden. Ich möchte daran zweifeln, ob diese Fäden auch bei stärkeren Vergrößerungen ein genügend exakter

Ersatz für unsere Definierlinien sind; keineswegs ist das Verfahren einfacher, da bei unserer Methode die Richtfläche beim Einbetten ohne weitere Prozesse geliefert wird. NEUMAYER legt eingebettete osmierte Nervenfasern in die Ritzen des mit einer Richtebene versehenen Paraffin- oder Celloidinblocks ein.

Andere Methoden des Anbringens von Definierflächen.

Wie erwähnt, werden beim Definierverfahren Ebenen am Block senkrecht zur Schnittrichtung angebracht, die eventuell ein System von parallelen Ritzen erhalten. Eine ganze Reihe von Instrumenten sind ersonnen worden, um diesen Aufgaben zu genügen.

1. Zum Herstellen der Flächen dienen die „**Beschneider**", wie sie KASCHTSCHENKO, BORN, STRASSER, ETERNOD, J. SCHAFFER, SUZUKI konstruiert haben. Entweder werden sie am Mikrotom befestigt, wobei dessen Messer selbst die Arbeit des Schneidens übernimmt (KASCHTSCHENKO gab „Beschneider" an für Mikrotome mit Schlittenführung oder senkrechter Hebung: SCHANZE, JUNG, BECKER; SUZUKI für solche mit senkrechter Mikrometerschraube: MIEHE, SCHANZE), oder sie bestehen aus einer einfachen (SCHAFFER) oder komplizierten (ETERNOD) Guillotine, die an dem Block, welcher auf dem vom Mikrotom abgenommenen Objekttisch befestigt ist, senkrecht zu dessen Grundfläche Ebenen schneidet. Falls man keinen drehbaren Objekttisch (BORN s. unten) besitzt, kann man sich dieser Instrumente mit Vorteil bedienen.

KASCHTSCHENKOs und SUZUKIs Apparate werden an Stelle des Tisches in den Objekthalter eingeklemmt; der Objekttisch wird durch den Beschneider gesteckt, steht so senkrecht zu seiner früheren Richtung und trägt den Block, an dem jetzt — ebenfalls senkrecht zur späteren Schnittrichtung — unter Drehung des Objekttisches beliebig viele Flächen mittelst des Mikrotommessers geschnitten werden können.

2. „**Ritzer**", welche die Ebene mit parallelen Furchen versehen, sind ebenfalls mehrere im Gebrauch, jetzt wohl nur solche, die am Mikrotommesser selbst befestigt werden können; doch sind solche Instrumente auch an den Guillotinen SCHAFFERs oder ETERNODs anzubringen. Es sind Metallrechen, deren scharfe, spitze Zähnchen im Paraffin (oder Celloidin) ebenso scharfe Furchen einritzen. KEIBEL hat einen solchen Apparat angegeben; BORNs Ritzer kann an Messer von verschiedener Breite angepaßt werden und ist zurückklappbar, ALEXANDERs und ROETHIGs Instrument erlaubt auch bei schräggestelltem Messer Ritzen in Celloidinblöcke einzuschneiden.

Die empfehlenswerteste Methode ist also

Borns altes Verfahren.

BORN schloß das Objekt in einen Paraffinwürfel ein, den er auf die mit festgestelltem Messer angeschnittene Paraffinfläche eines länglich rechteckigen, um 90° drehbaren Objekttisches („Klapptisch") stellte und so anschmolz, daß die Objektfläche, die senkrecht zur Grundfläche steht, nach Umklappen des Tisches nach oben zu liegen kommt.

Der Block ist am besten nach unserer Methode herzustellen, eventuell unter Benützung von Metallinstrumenten.

BORN brauchte früher dazu besondere „Orthostaten": rechteckige Metallwinkel, auf deren einen Schenkel das Objekt richtig orientiert angeschmolzen wurde; der andere Schenkel wurde auf den Mikrotomtisch gestellt, zu dessen Ebene das Objekt nun auch richtig gelagert war. Der Block wurde festgeschmolzen und das Instrument durch Erhitzen entfernt.

Darauf wird der Tisch um 90° umgeklappt, die Objektebene mit dem Mikrotommesser bis an, resp. in das Objekt geschnitten, das Messer gehoben, der Ritzer an demselben befestigt, die Ebene mittelst der Messerführung geritzt und die rauhe Oberfläche der zwischen den Furchen stehenden Leisten nochmals mit dem Mikrotommesser geebnet.

Nach Zurückklappen des Tisches erhält man eine zur Schnittebene senkrecht stehende Definierfläche, die in bekannter Weise angestrichen und weiter behandelt wird.

Nachteile dieses Verfahrens sind seine Umständlichkeit und die Erfahrung, daß auch nach längerer Übung die Ritzen leicht zu weit vom Objekt entfernt bleiben oder dasselbe unliebsam verletzen; der Abstand von demselben ist nicht leicht zu berechnen. Immerhin ist diese Methode für die wenigen Fälle, in denen man die Ebene ins Objekt verlegen will, die einfachste und brauchbarste; die so gewonnenen Richtlinien sind ebenfalls scharf und zeigen Zacken, die mit dem Scheitel nach dem Objekt liegen.

Die weitere Behandlung der Richtebene

ist bei Besprechung der BORN-PETERschen Methode beschrieben worden. Es müssen nur noch einige Vorschriften über das Sichtbarmachen der Richtebenen folgen.

Bei Celloidinschnitten genügt eine Färbung mit Hämatoxylin oder Pikrinsäure, um den gekerbten Rand des Celloidinmantels sichtbar zu machen; auch haftet auf dem etwas abgetrockneten Block gut der Schuhblack „Nubian Waterproof Blacking“, der in wenigen Minuten trocknet und eine zarte Richtlinie abgibt.

Paraffinblöcke bestreicht man mit demselben Lack, bevor man den sekundären Paraffinüberzug gibt. Die Schnitte werden vor dem Auslösen des Paraffins in Alcoh. absol. getaucht und können nachgefärbt werden. Bei lange dauernden Färbungen (Elastin), wie sie für die Rekonstruktion allerdings selten in Anwendung kommen, hält der Lack nicht; hier streiche man nach KASCHTSCHENKO Ölfarbe mit Xylol verdünnt auf. Auch Ruß in Zaponlack verrieben gibt gute Resultate.

Über EYCLESHYMERs und POHLMANNs Verfahren des Anbringens von Richtzeichen an Celloidinblöcken s. PETERs Methoden der Rekonstruktion.

Zeichnen der Schnitte.

Das Zeichnen der Schnitte ist, wenn möglich, mittelst des Projektionsapparates vorzunehmen, der ein großes Gesichtsfeld fast ohne Verzerrungen gibt. Er übertrifft den „Embryographen“ von HIS und andere Apparate, die schwerer zu handhaben sind, bedeutend.

Unbequem ist bei Projektionsapparaten das Zeichnen auf senkrechter Fläche, was durch Spiegelvorrichtungen (BARDEEN) vermieden werden kann. Sehr gut ist hier der neue EDINGERsche Apparat zu verwenden, der auf horizontaler Platte zu zeichnen gestattet.

Ausgezeichnet ist auch die von POHLMANN konstruierte Zeichentafel, die gleichzeitig mehrere Kopien der Zeichnung liefert.

Man zeichne bei berechneter Vergrößerung die interessierenden Gebilde des Schnittes, am besten so viel wie möglich, um später nichts nachtragen zu müssen; es ist ja nicht nötig, alles Gezeichnete auszuschneiden, und bei Verwendung von Kopierstiften kann man mehrere Modelle aus einer Zeichnung anfertigen; nur für graphische Isolierung nach KASCHTSCHENKO beschränke man sich auf das notwendigste.

Genau verfolge man die Richtlinie, natürlich bloß ihren Innenkontur, da der Außenrand der Dicke der aufgetragenen Farbschicht entsprechend wechselt. Ist sie, was bei dicken Schnitten vorkommen kann, umgefallen und stellt ein breiteres gezacktes Band dar, so muß man beide Grenzlinien angeben.

Ändern sich die Verhältnisse nur unmerklich von Schnitt zu Schnitt, so braucht man nicht jeden Schnitt zu modellieren; man zeichne nur jeden zweiten oder dritten, muß aber dann dies anmerken. Ebenso notiere man ausgefallene Schnitte.

II. Technik der Rekonstruktionsverfahren.

A. Zeichnerische Rekonstruktion.

1. His' projektive Konstruktion.

Die älteste Methode, die angegeben wurde, um aus einer Schnittserie ein plastisches Bild zu gewinnen, stellt die projektive Konstruktion von HIS vor; sie ist bei Anwendung von Definierlinien auch jetzt noch sehr zu empfehlen.

Dieses Verfahren gestattet Schnittbilder des Objektes, deren Flächen senkrecht zur Schnittebene der Serien liegen, in beliebiger Anzahl herzustellen und so dasselbe zeichnerisch durchzuarbeiten, wodurch man einen außerordentlich genauen Einblick in den Bau des Embryos gewinnt; derselbe kann im Anschluß daran frei modelliert werden (s. unten).

Hier ist besonders ein vorheriges Zeichnen des Objektes in verschiedenen Lagen, eventuell noch im flüssigen Paraffin vonnöten.

„Die Ausführung dieser Rekonstruktion beruht auf sehr einfachen Grundsätzen (HIS, 1880). Ein Papierblatt wird in parallele Zonen eingeteilt, derart, daß jede Zone gemäß der angewandten Vergrößerung einer Schnittdicke entspricht. Die Distanzen der einzuzeichnenden Teile von den Grundlinien" (Richtlinien, siehe unten) „werden für jeden einzelnen Schnitt ausgemessen und an entsprechender Stelle in die Projektionsstelle eingetragen." Die Verbindung der so gewonnenen Grenzpunkte ergibt eine Konturzeichnung der Organe im gewünschten Schnitt, z. B. Medianschnitt. Die Weite des Abstandes der einzelnen parallelen Zonen ergibt sich aus Schnittdicke und Vergrößerung. Die Maße entnimmt man den Zeichnungen der Schnitte, als Unterlage benützt man am besten Millimeterpapiere.

Zur richtigen Orientierung — ich bleibe beim Beispiel des Meridianschnittes — verwendet man entweder eine entsprechend vergrößerte Profilzeichnung oder eine Richtlinie (KASCHTSCHENKOs Reihenprojektion).

1. Im ersteren Falle trägt man die gemessenen Abstände der Organpunkte einfach auf der die Lage des Schnittes betreffenden Linie einer auf Millimeterpapier aufgeklebten Pause der Profilzeichnung ein. Für Frontalschnitte benutzt man eine Senkrechte als Mediane zur Orientierung.

2. Ist die Serie mit Richtlinien versehen, so kann man zwei Wege einschlagen.

a) Profilkonstruktion mit Aufhebung der Drehung der Medianebene. Man verlängert in einfachen Fällen die Mediane der Schnittzeichnung bis an die Definierlinie, bestimmt den Abstand der auf diesen Graden gelegenen Grenzpunkte der geschnittenen Organe von der Definierlinie und trägt diese Punkte auf die horizontalen Linien von Millimeterpapier auf, eine vertikale Linie als Richtebene benutzend. Eine genauere Rekonstruktion erfordert aber ein komplizierteres Verfahren, das KASCHTSCHENKO beschrieb (s. PETERs Methoden der Rekonstruktion).

Man erhält so zugleich im Medianschnitt die Außenkonturen des Körpers selbst und die Umrisse der in ihm gelegenen Organe. Allerdings wird die meist gekrümmte Mittelebene auf diese Weise als gerade Fläche projiziert und Organe, die auf dem Medianschnitt des Embryo selbst nur schräg getroffen wären (Chorda), sind in ganzer Länge dargestellt.

Für stark gekrümmte Embryonen ist diese Methode nicht anwendbar.

b) Will man diese Biegung der Medianebene vermeiden, so messe man den Winkel, in welchem im ersten Schnittbild die verlängerte Mediane die Definierlinie schneidet und trage von den folgenden Zeichnungen nur das ein, was sich auf einer Geraden befindet, die vom gleichen Punkt der Richtlinie im gleichen Winkel abgeht.

In ähnlicher Weise lassen sich Frontalansichten der Organe, auch schräge Bilder anfertigen; vorteilhaft ist hierfür das Beschneiden des Objektes ringsherum, damit die verlängerte Schnittlinie der Zeichnung stets auf eine Richtlinie auftrifft: natürlich kann man sie winklig abgeknickt auch bis an eine gezackte Definierlinie fortführen.

Auch anderen Zwecken kann die projektive Konstruktion dienen, BEHSE stellte mittelst derselben aus Schnittserien Karten des Augenhintergrundes her.

Wenn man mehrere parallele Ebenen in der gleichen Weise zeichnerisch rekonstruiert und diese Rekonstruktionsbilder aufeinander legt, so ist es auch möglich, plastische Ansichten durch geeignete Schattierung zu geben: doch ist statt dieses sehr umständlichen Verfahrens KASCHTSCHENKOS graphische Isolierung mehr zu empfehlen.

Dieselben Methoden der projektiven Konstruktion erfand übrigens von HIS unabhängig KRIEGER, und WOODWORTH hat sie neuerdings modifiziert. Er umgeht das Zeichnen der Schnitte ganz, benutzt die senkrecht stehende Mediane als Richtlinie und trägt seitlich von ihr die vom Schnitt direkt mit dem Okularmikrometer abgelesenen Maße in entsprechender Vergrößerung und dem bestimmten Abstand auf. Natürlich ist dies nur bei völlig symmetrischen Organen anwendbar.

2. Kaschtschenkos graphische Isolierung.

Eine plastische Anschauung einfacher körperlicher Verhältnisse gewannen viele Forscher schon aus den Serien durch „Pauskombination“: Sie zeichneten die interessierenden Teile der Schnitte auf durchsichtiges Papier und hielten diese Umrißbilder richtig angeordnet ans Licht, wodurch eine Anzahl von Konturen sichtbar wurde, die zu einem Bild vereinigt eine Aufsicht des Organes gaben, oder zeichneten die Umrisse gleich in der nötigen Orientierung auf ein Blatt Papier in einander (FRORIEP, DOHRN, STÖHR, K. SCHAFFER; STRASSERS „Frontansicht“, KASCHTSCHENKOS „Flächenprojektion“). Diese Methode hat KASCHTSCHENKO modifiziert und ausgebildet, durch Anbringung von Definierlinien verfeinert und unter dem Namen der „graphischen Isolierung“ beschrieben.

Der zu schneidende Block muß für diese Art der Rekonstruktion mit Richtebenen versehen werden.

Die Konturen der zu isolierenden Organe werden in beliebiger, nicht zu hoher Vergrößerung auf ein Blatt Papier so übereinander gezeichnet, daß sich die Definierlinien genau decken. Dadurch entsteht ein System von um- und nebeneinander stehenden Linien, die nun entsprechend schattiert die Aufsicht des Organes senkrecht zur Schnittebene geben. Um das Kurvensystem nicht zu sehr zu komplizieren, zeichne man nicht zu viel von jedem Schnitt und gebe jede fünfte oder zehnte Linie mit besonderer Farbe an.

Auch hier bedient man sich beim Zeichnen mit Vorteil des Projektionsapparates mit seinem großen Gesichtsfeld und wird so, selbst wenn die Richtlinie weit von dem Organ entfernt liegt, meist eine umständliche „komplizierte Isolierung“ (Verschiebung von Schnitt und Zeichnung und Benutzung eines in beiden Gesichtsfeldern sichtbaren Konturs als Definierlinie) vermeiden können.

Die graphische Isolierung besitzt den Fehler aller zweidimensionalen Methoden, nur eine Ansicht zu geben; legt man die Schnittrichtung übrigens nicht völlig parallel einer der Hauptachsen, so erhält man oft ein instruktiveres Bild in Schrägansicht. Die gewöhnlich gefertigten Querschnittserien sind nur selten zu verwenden.

Ferner erfordert dies Verfahren beim Schattieren des Liniensystems einen nicht gewöhnlichen Grad von Zeichentalent und trägt so ein bedeutendes subjektives Moment in die Methode; natürlich muß bei diesem Plastischgestalten der Zeichnung die Schnittdicke mit berücksichtigt werden.

Einigermaßen komplizierte Gebilde lassen sich mittelst dieser Methode kaum wiedergeben; doch ist sie wegen ihrer schnellen Ausführbarkeit sehr zu empfehlen, besonders beim Studium des Verlaufes und der Verzweigungen dünner Gebilde, wie Nerven und Gefäße, welche etwas spröde Objekte für das Plattenmodellieren sind.

TUR zeichnet in ähnlicher Weise Keimscheiben, nach dem Primitivknoten orientiert, ineinander und berechnet so das Wachstum der Keime.

B. Diagramme.

Einen anderen Weg, körperliche Vorstellungen aus Schnitten zu gewinnen, hat STRASSER angegeben, und nach ihm sind JUSTESEN und VOSMAER auf denselben Gedanken verfallen. Man kann auch die ausgezeichneten Schnitte genau orientiert schnell nacheinander dem Auge entgegenbringen, so daß der Beschauer durch die Folge der sich verändernden Konturen einen körperlichen Eindruck des Gegenstandes erhält; natürlich ist dies nur ein Hilfsmittel für plastische Anschauung und kein Ersatz für ein Modell.

Plattendiagramme.

Plattendiagramme, die hintereinander aufgereiht von der Seite gesehen einen Einblick in den körperlichen Bau der Objekte gestatten, hat STRASSER warm empfohlen. Er reiht die Platten mit den Zeichnungen richtig orientiert auf Fäden auf; der Minimalabstand entspricht wieder der Schnittdicke, kann aber beliebig vergrößert werden durch Verschiebung der Zeichnungen, so daß auch die inneren Teile der Schnitte sichtbar werden.

VOSMAER zeichnet seine Schnitte mit lithographischer Kreide auf transparentes Celloidin, das leicht mit der Schere in die gewünschte Form geschnitten werden kann. Diese durchscheinenden Platten steckt er hintereinander in einen Metallrahmen, der an den Seiten offen ist, so daß die durchscheinenden Konturen ein körperliches Bild seines Objektes geben.

Die allein empfehlenswerte Form der Diagramme ist die der Glasmodelle. HIS und KERR zeichnen auf Glas. KERR benutzt Mattglas, auf dem er mit Farbstiften oder Wasserfarben malt. Das schnell hergestellte Diagramm wird dadurch durchsichtig, daß man zwischen die Platten Nelkenöl einfließen läßt; HIS und DIXON zeichnen mit Glastinte auf glattem Glas.

Stroboskopische Betrachtung des Diagramms.

JUSTESEN heftet seine Zeichnungen aufeinander, STRASSER hält sie noch durch zwischengefügte Streifen in der der Vergrößerung und Schnittdicke entsprechenden Entfernung, beim Durchblättern dieses Buches erhält man einen Einblick in die Konturveränderungen des gezeichneten Organs.

C. Plastische Rekonstruktionsmethoden.

Von den plastischen Rekonstruktionsmethoden möchte ich erst die

1. freie Modellierung nach His

erwähnen.

HIS stellt aus Wachs oder Ton frei nach dem Objekt ein Modell in bestimmter Vergrößerung her. Genaue Kontrolle gaben ihm neben den zahlreichen Lupenzeichnungen des Embryo seine Profilkonstruktionen; mit dem Tasterzirkel vermochte er auch Entfernungen von markanten Punkten, deren Abstand beim Messen des Schnittes unter Berücksichtigung der Schnittdicke berechnet wurde, exakt anzugeben und so ein naturgetreues Abbild seines Objektes anzufertigen. Doch verlangt diese Methode, mittelst welcher der Autor seine in der ganzen Welt verbreiteten plastischen Serien der Entwicklung des Hühnchens, des Menschen modelliert hat, ein seltenes technisches Können des Arbeiters und schließt, da nur einzelne Punkte und nicht wie bei dem Plattenverfahren, alle Punkte der Schnittkonturen objektiv gegeben werden, beträchtliche Fehlerquellen ein, die nur ein äußerst eingehendes, allerdings sehr nützliches Durcharbeiten des Objektes ausschließen kann. So hat dies Verfahren wohl überall der

2. Plattenmodelliermethode (Born)

weichen müssen, die sich allgemeiner Benutzung erfreut.

Ihr Prinzip formuliert Born selbst (1900) folgendermaßen:

„Aus jedem Schnitte einer gleichmäßigen Serie werden die Teile, die man plastisch rekonstruieren will, in einer bestimmten Vergrößerung auf Platten aufgezeichnet, die ebensovielmal dicker als die Schnitte der Serie sind, wie die Flächenvergrößerung beträgt. Die interessierenden Teile werden dann aus den Platten herausgeschnitten und die Ausschnitte der Reihenfolge nach aufeinander geklebt. Geschieht dies in der richtigen Weise — ohne seitliche Verschiebungen —, so muß, nachdem die Stufen zwischen den Rändern der Platten geglättet sind, ein in allen drei Dimensionen richtig vergrößertes plastisches Abbild des durch die Schnittserie zerlegten Objektes herauskommen.“

Man erkennt also einmal, daß dies Verfahren ein beliebig vergrößertes Modell auf völlig einwandfrei objektivem Wege liefert, das zerschnitten, geöffnet, kurz wie das Objekt selbst „präpariert“ werden kann und selbst Einblick in die verwickeltsten Verhältnisse gestattet, und ersieht sodann aus der Notwendigkeit eines exakten Aufeinanderpassens der Plattenausschnitte, daß das Anbringen einer Definierebene ein wichtiges Erfordernis ist.

Es ist nötig, die einzelnen Prozeduren genauer zu besprechen.

Zeichnen.

Über das Zeichnen der Schnitte ist dem früher Gesagten nichts Wesentliches hinzuzufügen. Ist nur jeder zweite oder dritte Schnitt gezeichnet, so walze man die Platten zwei- bis dreimal so dick wie die übrigen; an Stelle eines ausgefallenen Schnittes zeichne man einen Nachbarschnitt doppelt (oder walze seine Platte in doppelter Stärke).

Man gibt die Konturen entweder auf den fertigen Wachsplatten mit weichem Bleistift an oder, was entschieden vorzuziehen ist, auf Papier, das später den Platten einverleibt wird.

Bei der

Wahl der Vergrößerung

beachte man einmal, daß sehr kleine Gebilde, z. B. feine Spalten, beim Modellieren kaum darzustellen sind, andrerseits, daß sich dickere Platten von 2,5 *mm* und mehr Höhe schlecht walzen und schwierig ausschneiden lassen. Doch wähle man die Vergrößerung so hoch wie möglich: Das Modell kann dadurch nur an Deutlichkeit gewinnen. Ich schneide meine Serien gewöhnlich 10 μ stark und modelliere bei 50-, 100-, 150facher Vergrößerung.

Der Projektionsapparat gibt wohl stets ein genügend großes Gesichtsfeld, um mindestens 3 Zacken der Richtlinie zeichnen zu können; man wird sich kaum genötigt sehen, das Bild zu verschieben und Definierlinie und Objekt durch sekundäre, in beiden Gesichtsfeldern sichtbare Konturen in richtige Lage zu einander zu bringen.

Liegt die Definierlinie zu weit vom Objekt entfernt, so läßt sie sich auf den Zeichnungen auch ohne Fehler für die Rekonstruktion unter Benutzung von parallelen, an beiden Kanten mit gleicher Maßeinteilung versehenen Linealen demselben nach Wunsch nähern; natürlich dürfen die Endpunkte der Zacken dabei nicht seitlich verschoben werden. Man vermeidet so das umständliche Herstellen allzu großer Platten.

Herstellung der Platten.

Als Material der Platten hat sich nur das von Born zuerst verwandte gelbe Wachs erhalten (1 *kg* davon kostet 3,20 bis 3,50 M.). Andere Surrogate, wie Pappe (Karton, BROMANN), Bleche, Glas, haben dasselbe trotz seiner Undurchsichtigkeit und seines Preises nicht verdrängen können.

Früher goß BORN die Wachstafeln auf heißem Wasser, ihre Dicke aus dem Gewicht des verbrauchten Wachses berechnend. Diese Methode wurde bald durch das Auswalzen der Platten verdrängt.

Jetzt werden nach STRASSER-BORN nur Wachs-Papierplatten gewalzt, welche durch das auf einer oder auf beiden Seiten anhaftende Papier fester und elastischer geworden sind als das reine Wachs. Solche Tafeln sind bei GRÜBLER in Leipzig käuflich zu erhalten; doch sind diese Platten nur klein, und ihre Benutzung kommt, da man von ihnen stets nur einen geringen Ausschnitt braucht und den Rest nicht verwerten kann, teuer zu stehen. Deshalb stelle man sie sich

Fig. 103.

Instrumentarium zum Plattenwalzen. In der Mitte der Lithographierstein mit den Messingstreifen und der Walze. Rechts ein Apparat zum Anwärmen der letzteren. Links ein Tiegel mit Wachs, davor ein Glas mit Terpentinöl und dem Borstenpinsel.

besser selbst her, wobei sich das beim Ausschneiden ausfallende Wachs stets von neuem verwenden läßt.

Die Platten werden auf einem Lithographierstein zwischen Metallstreifen von bestimmter Dicke ausgewalzt. Nebenstehende Fig. 103 zeigt das Instrumentarium, das zum Gebrauch nötig ist. Es besteht in folgendem:

1. Ein großer, glatter, ausrangierter Lithographierstein, wie er bei jedem Lithographen für wenige Mark zu haben ist.

2. Eine eiserne Walze, sehr genau gedreht, von 4 *cm* Durchmesser und 30—40 *cm* Länge, deren Achse sich jederseits in den umgebogenen Enden eines eisernen Bügels dreht, welcher 1 *cm* von der Walze entfernt läuft. An den Bügelenden sitzen die hölzernen Handgriffe. Derartige Walzen sind zu haben beim Mechaniker Kleinert, Breslau, Breitestraße, zum Preise von 15 Mark (30 *cm* Länge) und 16 Mark (40 *cm* Länge).

3. Eine Serie von Messingstreifenpaaren (ebendaselbst pro Paar für 1,75 Mark zu erhalten) von 50 *cm* Länge, 1,5 *cm* Breite und von verschiedener Dicke. Ihre Stärke gibt die Höhe der zu walzenden Platte an; ein Satz von 0,5 bis 0,6—1,0—1,2—1,5 1,75—2,0—2,25 *mm* wird bei den üblichen Schnittdicken und den gebräuchlichen Vergrößerungen ausreichen.

4. Ein Gestell zum Erhitzen der Walze (s. Fig. 103). Unter der Walze läuft ein mit Löchern versehenes Rohr, das mit der Gasleitung in Verbindung gesetzt wird.

5. Ein Tiegel mit Kelle auf einem Dreifuß, in dem das Wachs flüssig erhalten wird.

6. Ein Glasgefäß mit breitem Borstenpinsel für Terpentin.

7. Ein breiter Horn- oder Holzspatel zum Reinigen des Steines.

Für das im folgenden beschriebene Verfahren fertige man die Zeichnungen am besten auf schlechtem, ungeleimtem Zeitungspapier, das sich mit Terpentinöl gut durchtränkt. Auch Florpapier empfiehlt sich. Man schneide alle überflüssigen Papierränder weg, kann auch mehrere Zeichnungen auf einem Blatt anbringen und zugleich walzen.

Vor Beginn des Walzens erwärmt man den Lithographierstein (durch Überfahren mit einer Bunsenflamme, Stellen vor einen Gasofen u. a.), da die ersten Platten auf kalter Grundlage springen und mißraten.

Der erwärmte Stein wird mittelst eines breiten Borstenpinsels mit Terpentinöl bestrichen, das Papier mit der Zeichnung nach der Unterlage zu aufgelegt und mit der Hand glatt gedrückt, bis es mit Terpentinöl ganz durchtränkt ist. Die beiden Messingstreifen, welche der Dicke der zu erhaltenden Platte entsprechen (bei einer Schnittdicke von z. B. 10 μ und 100facher Vergrößerung beträgt die Höhe der Platte $100 \times 10 = 1000\,\mu = 1\,mm$), werden ebenfalls mit dem Öl bestrichen und zu beiden Seiten des Papiers auf den Stein gelegt. Die Umgebung der Zeichnung wird nochmals, um später das überflüssige Wachs leichter entfernen zu können, stark befeuchtet.

Dann gieße man Wachs, das in einem Tiegel über einem Dreifuß flüssig erhalten wird, möglichst gleichmäßig verteilend auf das Papier. Man übt sich bald darauf ein, mit einem Male nicht mehr oder weniger Wachs zu nehmen, als zu der betreffenden Platte nötig ist. Das aufgegossene Wachs darf nicht zu heiß sein, da die Platte in diesem Falle zu langsam fest wird und Luftblasen enthalten kann; es darf also nicht rauchen.

Hierauf läßt man das Wachs etwas abkühlen, bis es eben noch flüssig ist, eventuell durch Fächeln das Festwerden beschleunigend; hat das Wachs gerade die richtige Temperatur, so ist dies unnötig.

Auf diese Platte legt man ein Stück Florpapier von der Größe der Zeichnung — sind die Platten sehr dünn, so kann man dieses zweite Papierblatt entbehren, — und fährt mit der erhitzten Walze über das Wachs hin, anfangs leicht, dann immer kräftiger drückend, bis die Walze direkt auf den Metallstreifen entlang gleitet und die Oberfläche der Platte völlig glatt ist. Das überflüssige Wachs wird dabei an den beiden freien Flächen herausgedrängt; ist die Tafel stellenweise zu dünn, so wird frisches Material zugegossen. So läßt sich ohne Schwierigkeit eine Wachspapierplatte von genau bestimmter Dicke erhalten.

Darauf umschneidet man die Platte an der Grenze des Papiers mit einem Holzspatel, hebt sie, während sie noch halbweich ist, vom Stein vorsichtig ab und setzt sie zwischen Fließpapier einige Stunden gelindem Druck aus: man bedeckt die aufeinander geschichteten, durch Fließpapier getrennten Platten mit einem Brett. Die Platten werden dann einzeln zum Trocknen gelegt, wobei die eventuell durch das Terpentinöl unkenntlich gewordene Zeichnung durch Verdunsten desselben wieder deutlich hervortritt.

Der Stein wird sofort von den Wachsresten befreit, die von dem mit Terpentin befeuchteten Stein sich leicht entfernen lassen und zu dem flüssigen Wachs zurückgebracht werden, wird gereinigt und von neuem befeuchtet.

Diese Prozedur des Walzens geht schneller vor sich als das Lesen derselben, so daß ein gut eingearbeiteter Diener 25 und mehr Platten in einer Stunde anfertigen kann.

Fleischmann und Pohlmann empfehlen Metallplatten als Ersatz für den Lithographierstein, die sich leicht anwärmen lassen; auch die Messingstreifen werden durch andere Hilfsmittel ersetzt.

Ausschneiden der Platten.

Mit dem Ausschneiden der völlig trockenen Platten kann schon, falls sie nicht zu dick sind, am Tage nach dem Walzen begonnen werden. Es geschieht mit ganz kurzen, schmalen, scharfen Messern (abgeschliffene Skalpelle) auf Holz oder Glas (SCHAPER). Auch kann man dazu eine Nähmaschine (GAGE), eventuell mit elektrisch erhitztem Platindraht benutzen (MARK).

Zuerst schneide man im Innern der Zeichnung gelegene Hohlräume aus und lasse zwischen Teilen, die isoliert stehen oder nicht fest genug zusammenhängen, provisorische Wachsstreifen (Brücken) stehen, welche beim Zusammenfügen des Modells entfernt werden. Das Aufzeichnen dieser Brücken nehme man anfangs vor dem Ausschneiden vor, da jede einigermaßen komplizierte Platte ein oft ebenso verwickeltes Brückensystem tragen muß, das beim Schneiden selbst gar nicht übersehen werden kann. Außerdem ist es vorteilhaft, diese Verbindungsstreifen an aufeinander folgenden Platten in verschiedener Richtung anzulegen, damit sich nicht die Brücken beim Aufeinandersetzen der Ausschnitte decken und etwa einen Teil des Modells in ganzer Höhe verbergen.

Ebenso verbindet man die Definierlinie durch 2—3 Brücken mit dem Objekt und läßt an ihrer Innenseite einen fingerbreiten Streifen stehen, damit die Orientierungsmarken nach außen zu liegen kommen und nicht durch Brücken die Einsicht in dieselben gestört wird.

Einige Ungenauigkeiten sind beim Ausschneiden nicht zu vermeiden; so wird man z. B. dünne Epithelstreifen verdicken müssen, um ihnen eine gewisse Festigkeit zu verleihen u. a.

Zusammenfügen der Ausschnitte.

Die ausgeschnittenen Platten werden nun so aufeinander gelegt, daß die Wachsstreifen mit den Richtlinien und Zacken genau senkrecht übereinander fallen, ohne irgend welche Drehung oder seitliche Verschiebung. Natürlich kontrolliert man zugleich das exakte Aufeinanderpassen der Zeichnungsausschnitte und wird sich bei kleinen, oft nicht zu vermeidenden Ungleichheiten mehr nach dem Präparat als nach der Ebene richten.

Ich pflege die sämtlichen Ausschnitte des Modells, einen auf den andern passend, erst einmal genau übereinander zu schichten, und zwar aus zwei Gründen:

Erstens messe ich die Höhe des Plattenhaufens nach und finde so, ob sie der theoretisch berechneten Modellhöhe entspricht. Meist erhält man einen etwas größeren Betrag: die beim Schneiden aufgeworfenen Ränder der Platten drängen die Ausschnitte etwas voneinander ab, ein stumpfes Messer und zu festes Papier verstärken diesen Fehler, der sich durch mehrstündige Beschwerung der aufgeschichteten Platten mit einer belasteten Glasplatte völlig heben läßt.

SCHAPER verringert ihn durch Abziehen des Papiers von der ausgeschnittenen Wachsplatte, wobei man allerdings der oft orientierenden Bleistiftkontur verlustig geht.

Zweitens wird die Definierebene, wenn etwa 5 zu 5 Ausschnitte unabhängig verarbeitet und verschmolzen werden, infolge kleiner unvermeidlicher Abweichungen beim definitiven Aufbau nie eine gerade Fläche bilden, sondern immer mehr oder weniger gezackt sein: das erste Plattenpaket ist um ein Geringes nach der einen. das andere nach der anderen Seite geneigt, so daß das Objekt schwer zu korrigende wellenförmige Außenkonturen zeigen kann. Legt man aber sämtliche Platten vorläufig aufeinander, so läßt sich eine völlige Geradheit der Richtfläche ohne weiteres herstellen, eventuell mit Hilfe eines rechten Winkels. Ist dies geschehen, so verlöte ich den ganzen Stoß oberflächlich durch Durchstechen des Wachsstreifens, der die Definierlinie trägt, mit heißem Spatel und kann jetzt einzelne Partien nach Wunsch voneinander trennen, ohne fürchten zu müssen, daß sie später schlecht aufeinander passen.

Von Wichtigkeit ist ferner der Umstand, ob man die Platten mit der Zeichnung nach oben von 1—x oder von x—1 aufeinander legt, da die beiden so entstandenen Modelle Spiegelbilder voneinander darstellen. Ebenso erhält man symmetrische Bilder, wenn man z. B. die Schnittrichtung eines Embryos statt von Kopf zu Schwanz von Schwanz zu Kopf nimmt, oder wenn durch Umdrehen des Papiers beim Walzen die Zeichnung nach dem Wachs zu statt nach dem Stein zu liegt.

Im allgemeinen, bei symmetrischen Organen ist dies nicht von Wichtigkeit, doch ist beim Übersehen dieses Umstandes schon manchesmal zum Erstaunen des Modelleurs z. B. eine Dextrocardie entstanden. Man beachte deshalb, daß der Projektionsapparat ein dem Objekt symmetrisches Bild entwirft — aufrecht oder in der Fläche gedreht, je nachdem man mit oder ohne Okular arbeitet —, daß das Mikroskop aber nur in der Fläche umkehrt. Man lege also die das Spiegelbild tragenden Platten mit der Bildseite nach oben in umgekehrter Reihenfolge aufeinander, als man geschnitten hat. Ist z. B. ein Embryo in der Richtung von Kopf zu Schwanz geschnitten worden, so lege man die Zeichnung der Kopfspitze zu unterst und häufe auf diese die weiter caudal gelegenen Platten. Man erhält so das Spiegelbild des gezeichneten Spiegelbildes und wird beim Umstülpen des Modells ein richtig gelagertes Abbild des Objektes gewinnen.

Besitzt die Serie keine Definierlinie, ist man genötigt, nach bereits vorliegenden Schnitten zu rekonstruieren, so nehme man die Medianlinie, bei symmetrischen Gebilden den Außenkontur, eine Profilzeichnung u. ä. zu Hilfe. Hier ist zur Vermeidung gröberer Verschiebungen doppelt anzuraten, erst die gesamten Platten aufeinander zu schichten, um einen Gesamteindruck von dem Modell zu erhalten; minimale seitliche Verschiebungen oder Drehungen, die beim Aufeinanderlegen zweier Ausschnitte selbst bei Beachtung aller im Objekt befindlichen Merkmale nicht zu vermeiden sind, führen in der Häufung oft zu sichtbaren und so leicht korrigierbaren Abweichungen.

Vollendung des Modells.

Das durch Aufschichten der einzelnen Ausschnitte erhaltene Modell zeigt entsprechend den einzelnen Platten treppenförmige Grenzflächen. Um es dem Objekt ähnlicher zu machen, muß man diese Unebenheiten ausgleichen. Im Prinzip füllt man mit dem Material der vorstehenden Kanten die Rinnen aus; in praxi wird man mit dem glättenden Spatel stets etwas Wachs mitgeben müssen.

Sofort nach dem Aufeinanderschichten der Platten verlöte ich erst die Richtebene mit den anhängenden Wachsstreifen, um die Lagerung der einzelnen Platten möglichst zu fixieren.

Gestattet es das zu fertigende Modell — ist es nicht zu kompliziert — so glätte ich es im ganzen ohne Teilzerlegung, da geringe Konturverschiebungen am ehesten auf diese Weise wahrgenommen werden können. Ist dies nicht möglich, so bearbeite man beliebige Partien für sich.

Als Handwerkzeug bediene man sich zungenförmiger und knopfförmiger, verschieden gebogener, an den Rändern nicht schneidender Spatel.

Man verschmelze zusammengehörige Ausschnitte durch Zwischengießen von heißem Wachs, entfernt die Brücken sobald sie überflüssig geworden sind, bald hier, bald da eine wegschneidend und glätte die „Stufen" mit nicht zu heißem Spatel. Um eine Stelle nicht zu sehr zu erweichen, wechsle man oft in der Arbeit mit verschiedenen Teilen ab. So vereinigt man die einzelnen Tafeln zu einem Ganzen, verkittet für sich bearbeitete Teilstücke miteinander und glättet sie im ganzen. Zuletzt wird die Definierebene entfernt.

Man fürchte nicht, durch das Ausgleichen der Stufen zu viel zu tun; die festen Wachspapierplatten verhindern übergroße Eingriffe und die entstandenen Fehler übertreffen nie die bei der Fixation, Härtung, Schneiden etc. hervorgebrachten. Modelliert man dünne, flach gegen die Schnittfläche gebogene Platten (Epithelhauben), so kann es vorkommen, daß die Wachsstreifen durch Zwischenräume getrennt sind, da man beim Zeichnen nur den mittleren, dicken Teil der Lamellen wiedergibt. Dann sieht man sich sogar gezwungen, durch Zugabe von viel Wachs die Lücken auszufüllen.

Während dieser Operationen vereinfachen sich die anfangs unentwirrbar scheinenden Formen sichtlich und schließlich entsteht ein in einfachen und ruhigen Konturen so klar aussehendes Modell, daß man sich oft wundert, wie man an der Rekonstruktion aus der Serie „im Kopfe“ scheitern konnte!

Schließlich kann man das fertige Modell noch im ganzen glätten, indem man es mit breitem heißen Spatel oder mit terpentingetränktem Pinsel bearbeitet, durch die Bunsenflamme zieht u. ä. m. Je einfacher es aussieht, desto mehr gibt es die Form des Objektes wieder und desto mehr erleichtert es das Studium, das nicht durch unwesentliche zufällige Unebenheiten abgelenkt wird.

Ein Anstrich des Modells ist sehr zu empfehlen, da die durch die Platten hervorgerufene Streifung oft störend wirkt. Tempera- sowie Ölfarben haften beide auf dem Wachs.

Oft ist es nicht ratsam, das Modell zu einem einheitlichen Ganzen zu verschmelzen, wenn man einige der Schnittflächen zur Anschauung bringen will. Dies läßt sich aber auch später noch erreichen, indem man das Modell in beliebigen Richtungen in Stücke zerlegt, die ja leicht wieder aneinander gesetzt werden können. Bei Hohlorganen schneide man Fenster aus den Wänden, um Einsicht in die Binnenräume zu gewinnen. All dies kann man mit dünnen heißen Messern, mittelst einer mit Terpentin gefärbten Visitenkarte, mit Seidenfaden oder Drähten geschehen. SCHAPER benutzt hierfür einen elektrisch erhitzten Draht.

Sind einige Stücke nicht oder nicht fest genug miteinander verbunden, so ersetze man die zuletzt entfernten Brücken durch Drähte, deren heißgemachte Enden in bestimmte Stellen der Wachswände gebohrt werden. Auch kann man einzelne Teile herausnehmbar und wieder einfügbar gestalten. Meist leisten hier eingeschmolzene Nadeln oder Nägel, die aus einer Schnittfläche herausstehend in eine Vertiefung der gegenüberliegenden passen, den nötigen Dienst des Zusammenhaltens. Eleganter ist es, an Stelle dieser Löcher Messingröhrchen zu benutzen, Fenster durch federnde Angeln zu befestigen und was dergleichen Sachen mehr sind. NEUMAYER empfiehlt zur Befestigung dieser Schaniere eine Mischung von Gyps und Gummi arabicum.

NEUMAYER gibt dem Modell zur Befestigung einen Überzug von Knochenleim oder Emaillack.

Schapers Methode.

Eine Modifikation des BORNschen Verfahrens hat SCHAPER angegeben. Er umgeht die Herstellung von Definierlinien ganz und benutzt zur Orientierung die aus Pappe herausgeschnittene entsprechend vergrößerte Profilkontur des Embryo oder einzelner Teile desselben als „Lehre“, in welche er die ausgeschnittenen Wachsplatten einpaßt. Zwei in der Medianlinie der Schnitte gelegene Marken, die eine in der medianen Rückenlinie, die andere etwa an der ventralen Commissur des Rückenmarks — Rückenpunkt und Medianpunkt — sind mit den zu modellierenden Organen beim Ausschneiden der Platten durch Brücken verbunden worden. Diese Punkte fallen beim Einpassen der Platten aufeinander in die Ebene der Lehre, der erstere direkt an die Profilkontur, der andere ventral davon und gestatten ein richtiges Orientieren, das durch die Angabe der Schnittrichtung, welche senkrecht zur medianen stehen muß und früher festgestellt wurde, völlig exakt wird.

Diese Methode verlangt also eine genaue Profilzeichnung des Objektes und leistet bei geraden Embryonen, die einen nicht gekrümmten Mediankontur besitzen, Gutes. Sie empfiehlt sich für große Organe, z. B. Gehirne, die aus praktischen

Gründen ein Einschließen in die Definierkammer nicht gestatten. Doch ist sie verschiedenen Einschränkungen unterworfen. Die meisten Embryonen sind gewunden und besitzen keinen geraden Rückenkontur, der herausgeschnittenen Organen völlig fehlt; auch wird es Schwierigkeiten haben, wenn man keine Schnitte opfern will, das Objekt genau senkrecht zur Mittelebene schneiden.

Von Plattenmodelliermethoden, die anderes Material als Wachs verwenden, sei hier noch zweier Erwähnung getan.

Gages Löschpapiermodelle.

Nach GAGE berechnet man die Dicke von Löschpapierblättern, indem man 40 Blatt zusammennimmt, eine Ecke in heißes Paraffin taucht, zusammendrückt und mißt.

Die Zeichnung wird mit Schere, Messer oder Nähmaschine ausgeschnitten. Jedes zehnte und hundertste Blatt sind farbig. Die Blätter werden in richtiger Weise aufeinander geschichtet, mit Nadeln und Drähten befestigt, geglättet und paraffiniert.

GAGE rühmt diesen Modellen leichte Herstellung, Leichtigkeit und Dauerhaftigkeit nach.

Selenkas Verfahren des Metallausgießens.

SELENKA zeichnet die Schnitte auf Papier und läßt dies vom Buchbinder auf Pappdeckel von bestimmter Dicke aufkleben. Derselbe schneidet auch die zu rekonstruierenden Teile aus der Pappe heraus, so daß jede Tafel ein Negativ der zu modellierenden Partien darstellt.

Diese Scheiben klebt SELENKA aufeinander und gießt die Hohlräume mit WOODschem Metall aus. Den Metallkern, einen positiven Abguß des Organs in bestimmter Vergrößerung, erhält er durch Aufweichen der Pappe in Wasser. Das Modell kann zersägt und mit heißem Spatel geglättet werden.

Natürlich versagt diese Methode bei einigermaßen komplizierten Verhältnissen, da die angegebenen Hilfsmittel, alle auszugießenden Räume, die eventuell isoliert liegen, durch herausgeschnittene Kanäle zu verbinden, doch nur in beschränktem Maße anwendbar sind.

Literatur: ALEXANDER (Zeitschr. Wiss. Mikr., Bd. 14 und 15, 1897 und 1898), BARDEEN (JOHN HOPKINS Bull., Bd. 12, 1901), BEHSE (Arch. Ophthalm., Bd. 67, 1907), BORN (Morph. Jhb., Bd. 12, 1876), derselbe (Arch. Mikr. Anat., Bd. 22, 1883), derselbe (Zeitschr. Wiss. Mikr., Bd. 5, 1888), derselbe (in BÖHM und OPPEL Taschenbuch, 4. Aufl., 1900), derselbe und PETER (Zeitschr. Wiss. Mikr., Bd. 15, 1898), BROMANN (Anat. Hefte, Bd. 11, 1899), DIXON (Trans. Dublin Soc., Bd. 6, 1896), DOHRN (Mitt. Zool. Stat. Neapel, Bd. 6, 1885), DREW (Zool. Anz., Bd. 23, 1900), EDINGER (Zeitschr. Wiss. Mikr., Bd. 24, 1907), ÉTERNOD (Anat. Hefte, Bd. 15, 1898), EYCLESHYMER (Amer. Nat., Bd. 26, 1892), FLEISCHMANN (Zeitschr. Wiss. Mikr., Bd. 21, 1905), FOL (Lehrbuch), FRORIEP (Arch. Anat. 1887), GAGE (Anat. Record, Bd. 1, 1907), HIS (Untersuchungen erste Anlage Wirbeltierleibes, Leipzig 1868), derselbe (Anat. menschlicher Embryonen, Leipzig 1880—1885), derselbe (Anat. Anz., Bd. 2, 1887), derselbe (Entwicklung des menschlichen Gehirns, Leipzig 1904), HOFFMANN (Zeitschr. Wiss. Mikr., Bd. 15 und 17, 1898 und 1901), JORDAN (Ebenda, Bd. 16, 1900), KASCHTSCHENKO (Arch. Anat. 1886), derselbe (Anat. Anz., Bd. 2, 1887), derselbe (Zeitschr. Wiss. Mikr., Bd. 4 und 5, 1887 und 1888), KEIBEL (Ebenda, Bd. 11, 1894), KERR (Quart. Journ. Micr. Sc., Bd. 45, 1902), KRIEGER (Zool. Anz. 1878), LEE und MAYER (Grundzüge), MARK (Amer. Anat. Journ., Bd. 6, 1907), MÜLLER (Morph. Jhb., Bd 35, 1906), NEUMAYER (Festschr. KUPFFER 1899), derselbe (Zeitschr. Wiss. Mikr., Bd. 24, 1907), NOWACK (Ebenda, Bd. 15, 1898), PATTEN (Ebenda, Bd. 11, 1894), PETER (Morph. Jbb., Bd. 25, 1898), derselbe (Verh. Anat. Ges. Tübingen 1899), derselbe (Zeitschr. Wiss. Mikr., Bd. 22, 1905), derselbe (Die Method. d. Rekonstrukt. 1906), POHLMANN (Zeitschr. Wiss. Mikr., Bd. 23, 1906), RÖTHIG (Handb. Embryol. Technik, Wiesbaden 1904), SCHAFFER, K. (Zeitschr. Wiss. Mikr., Bd. 8, 1890), SCHAFFER, J. (Ebenda, Bd. 16, 1899), SCHAPER (Ebenda, Bd. 13 und 21, 1897 und 1904), SELENKA (Sitzungsber. Physik. Med. Soc. Erlangen 1886), STÖHR (Zeitschr. Wiss. Zool., Bd. 33, 1877), STRASSER (Zeitschr. Wiss. Mikr., Bd. 3 und 4, 1886 und 1887), derselbe (Anat. Anz., Bd. 2, 1887), SUZUKI (Anat. Anz., Bd. 14, 1898), TUR (Bibl. Anat., Bd. 10, 1902), VOSMAER (Anat. Anz., Bd. 16, 1899), WEBER (Bibl. Anat., Bd. 11, 1902), WILSON (Zeitschr. Wiss. Mikr., Bd. 17, 1901), WOODWORTH (Ebenda, Bd. 11 und 14, 1894 und 1897), YATSU (Journ. of Appl. Micr., Bd. 6, 1906). *Peter*, Greifswald.

Reservecellulose siehe: Zellmembranen, pflanzliche.

Resorcin, $C_6H_4 \left| \begin{array}{l} OH \\ OH \end{array} \right.$, entsteht durch Schmelzen von Benzoldisulfosäuren mit Natronhydrat und stellt farblose, bei 112° schmelzende und in Wasser,

Alkohol und Äther leicht lösliche Nadeln dar von neutraler Reaktion. Mit Eisenchlorid gibt es eine violette Färbung. Das Resorcin des Handels enthält meistens kleine Mengen Phenol und Thioresorcin. Es ist von den drei isomeren Dioxybenzolen (Brenzkatechin und Hydrochinon) das am wenigsten giftige. Das Resorcin spielt in der Farbtechnik eine große Rolle, mit Phtalsäureanhydrid erhitzt liefert es Fluorescein, mit Wasserstoffsuperoxyd in ammoniakalischer Lösung Resorcinblau. WEIGERT hat durch Kochen von Resorcin und Fuchsin in wässeriger Lösung mit Eisenchlorid einen Farbstoff für elastische Fasern dargestellt (Resorcinfuchsin) und MICHAELIS hat gezeigt, daß man ähnliche Farbstoffe erhält, wenn man bei diesem Prozeß entweder das Fuchsin durch andere basische Farbstoffe, wie z. B. Safranin, oder ungefärbte aromatische Basen oder das Resorcin durch andere Phenole (Orcin, Pyrogallol, Orthokresol) ersetzt. Das Eisenchlorid spielt dabei nur die Rolle eines Oxydans und kann durch beliebige andere Oxydationsmittel ersetzt werden. FISCHER hat vorgeschlagen, solche Farbstoffe als Fuchselin oder Safranelin zu bezeichnen. (Näheres siehe Elastin.)

In der Mikrotechnik ist außerdem das Resorcin von UNNA und seinen Schülern in ausgedehnter Weise als Entfärbungsmittel für Methylenblaupräparate benutzt worden entweder in 5%iger wässeriger oder in 1%iger alkoholischer Lösung. Nach IHL ist das Resorcin ein gutes Reagens auf Lignin, das letztere wird von einer alkoholischen Lösung auf Zusatz von Salz- oder Schwefelsäure blauviolett gefärbt. NABIAS verwendet es zur Reduktion von Goldpräparaten, DÖLLKEN zur Härtung von Formalinpräparaten (s. Formalin).

Resorcinblau, Syn. für Lakmoid.

Resorcinfuchsin siehe: Elastin.

Resorcingelb, Syn. für Lakmoid.

Resorcinsafranin siehe: Resorcin.

Retina siehe: Sehorgan.

Rhizopoden siehe: Protozoen.

Rhodamin. Mit dem Namen Rhodamine faßt man eine Gruppe von roten Farbstoffen basischer Natur zusammen, welche die Phtaleine des Metamidophenols und seiner Derivate darstellen. Die beiden wichtigsten sind das Rhodamin B und Rhodamin S.

Rhodamin B,

$$C \begin{cases} \diagup C_6H_3 - N(C_2H_5)_2 \\ \quad\quad > O \\ = C_6H_3 = N(C_2H_5)_2Cl \\ \diagdown C_6H_4 . COOH \end{cases}$$

(Ludwigshafen). Es kommt in den Handel in Form blauroter oder grünlicher Krystalle, die sich in Wasser oder Alkohol leicht mit blauroter Farbe und starker Fluorescenz lösen. Natronlauge fällt die Farbbase in roten Flocken aus. Salzsäure macht die Lösung mehr gelb.

Rhodamin S,

$$C \begin{cases} \diagup C_6H_3 - N(C_2H_5)_2 \\ \quad\quad > O \\ = C_6H_3 - N(C_2H_5)_2Cl \\ \diagdown C_2H_4 . COOH \end{cases}$$

(Ludwigshafen, Elberfeld). Grüne Krystalle, die sich in Wasser oder Alkohol mit fuchsinroter Farbe und gelber Fluorescenz lösen. Reaktionen wie vorher. Rhodamin B wird hauptsächlich für Wolle und Seide in neutralem oder saurem Bade benutzt, Rhodamin S ist einer der wichtigsten roten Farbstoffe für Baumwolle, die es ungebeizt sehr echt färbt.

Rhodamin wird von GRIESBACH in Verbindung mit Osmiumsäure zur gleichzeitigen Färbung und Fixierung der Blutelemente benutzt. Er mischt 1%ige Osmiumsäure und konzentrierte wässerige Rhodaminlösung in verschiedenen Verhältnissen. Auch Doppelfärbungen von Rhodamin und Methylengrün lassen sich in dieser Weise ausführen. EHRLICH rühmt das Rhodamin zur Herstellung neutraler Farbgemische und ROSEN benutzt es zur Doppelfärbung mit Methylenblau.

Rhodophycaeen. Zur Fixierung wird empfohlen FLEMMINGsches Gemisch in folgender Zusammensetzung: 1%ige Chromsäure 30 *ccm*, 1%ige Essigsäure 5 *ccm*, 1%ige Osmiumsäure 5 *ccm* — alles in Meerwasser. Vgl. auch pflanzliche Kernteilung.

Literatur: DAVIS (Ber. Deutsch. Bot. Ges., Bd. 16, 1898). *Magnus*, Berlin.

Ribesin siehe: Pflanzenfarbstoffe.

Ringer'sche Lösung siehe: Beobachtungsflüssigkeiten, indifferente.

Ripart'- und Petit'sche Flüssigkeit siehe: Kupferacetat.

Ricinusöl, Kastoröl, Oleum Ricini, aus den Samen von Ricinus communis, einer ostindischen Euphorbiacee, gewonnen. Dickflüssiges, fast farbloses Öl, rechts drehend, spez. Gew. bei 15° 0,9615, Brechungsexponent 1,481. In absolutem Alkohol ist es in jedem Verhältnis, in 90%igem Alkohol zu 20—25% löslich.

Das Ricinusöl hat in der Mikrotechnik mannigfache Verwendung gefunden, so als Einschlußmittel an Stelle von Glycerin, als Klebemittel mit Kollodium zusammen (Bd. I, pag. 796), zur Herstellung des künstlichen Hollundermarks (Bd. I, pag. 626), zur Injektion mit nachfolgender Osmiumbehandlung und Korrosion (nach ALTMANN [Bd. I, pag. 688]), mit 3 Teilen Xylol vermischt zum Aufbewahren von Celloidinblöcken.

Roccellin, Syn. für Echtrot.

Rohrzucker (Saccharose) siehe: Zucker in pflanzlichen Geweben; siehe auch Plasmolyse.

Rosanilinbase, $C \begin{cases} C_6H_3 \langle {CH_3 \atop NH_2} \\ C_6H_4 . NH_2 \\ C_6H_4 . NH_2 \\ OH \end{cases}$. Sie wird erhalten durch Behandlung von Rosanilinsalzen in heißer Lösung mit Alkalien und stellt in Wasser schwer, in Alkohol leichter lösliche farblose Blättchen dar. Durch Reduktionsmittel wird sie in Leukanilin verwandelt, mit Säuren bildet sie gefärbte Salze (siehe Fuchsin).

GRIESBACH mischt Rosanilinbase mit Pikrinschwefelsäure oder FLEMMINGscher Lösung und erhält dann beim Erwärmen eine schön rot gefärbte Flüssigkeit, welche gleichzeitig färbt und fixiert.

Rosazurin (Elberfeld), rotbrauner Disazofarbstoff, der sich in Wasser mit kirschroter, in Schwefelsäure mit blauer Farbe löst. Die wässerige Lösung wird durch Zusatz von Natronlauge nicht verändert, mit Salzsäure bildet sich ein violetter Niederschlag.

Rose B à l'eau, Syn. für Erythrosin.

Rose bengale siehe: Bengalrosa.

Rosein, Syn. für Fuchsin.

Rosolsäure, zuerst von RUNGE im Jahre 1834 durch Einwirkung von Kalk auf rohe Carbolsäure, später von KOLBE durch Erhitzen von Phenol mit Oxalsäure und Schwefelsäure dargestellt. CARO lehrte dann den Zusammenhang zwischen Rosolsäure und Rosanilin kennen. Rosolsäure, $C \begin{cases} C_6H_4 \langle {CH_3 \atop OH} \\ C_6H_4 . OH \\ C_6H_4 = O \end{cases}$, bildet grüne, in Wasser unlösliche, in Alkohol mit gelbroter, in Alkalien mit roter Farbe lösliche Krystalle. Die Pararosolsäure, $C \begin{cases} C_6H_4 OH \\ C_6H_4 . OH \\ C_6H_4 . = O \end{cases}$, verhält sich ganz ähnlich. Erstere kommt im unreinen Zustand im Handel als Corallin, letztere als Aurin vor. Beide Säuren können aus Rosanilin, resp. Pararosanilin durch Behandlung mit salpetriger Säure erhalten werden und ebenso in jene durch Behandlung mit Ammoniak übergeführt werden.

Rotation des Protoplasmas siehe: Plasmaströmung.

Rotatorien siehe: Rädertiere.

Rotholz siehe: Fernambukholz.

Rotkohlfarbstoff siehe: Pflanzenfarbstoffe.

Rotlaufbacillus, Bacillus rhusiopathiae suis (Kitt). Der Bacillus des Schweinerotlaufs färbt sich leicht mit den wässerigen Lösungen der gebräuchlichen Anilinfarben. Er färbt sich auch nach der Gramschen Methode. Für die leichtere Auffindung der zarten Schweinerotlaufbacillen ist die Gramsche Färbung besonders zu empfehlen. Schnitte färbt man am besten nach der Gramschen Methode. Schöne Präparate erhält man nach Vorfärbung der Schnitte mit Pikrocarmin und nachheriger Behandlung nach der Gramschen Methode.

Literatur: Löffler (Arb. Gesundheitsamt 1886, Bd. 1), Kitt (Bacterienkunde und patholog. Mikroskopie, 1895). *Künnemann*, Hannover.

Rotzbacillus, Bacillus mallei. Der Rotzbacillus färbt sich zwar auch mit den wässerigen Lösungen der gebräuchlichen verschiedenen Anilinfarben, jedoch so wenig intensiv, daß ihre Anwendung nicht vorteilhaft ist; auch die Gramsche Methode ist nicht zu verwenden. Bessere Färbungen als die einfach wässerigen Lösungen geben alkalische Farblösungen. Häufig genügt die Färbung mit der Löfflerschen Methylenblaulösung, die aus 30 *ccm* gesättigter alkoholischer Methylenblaulösung und 100 *ccm* wässeriger, 0,01%iger Kalilauge besteht. Am besten färbt man aber mit Anilinwassergentianaviolett, bzw. Fuchsin, dem die gleiche Menge Kalilauge 1 : 10.000 oder $^1/_2$%ige Lösung von Liqu. Ammonii caustic. zugesetzt ist. Wird das Präparat dann 1 Sekunde in eine 1%ige Essigsäure getaucht, der so viel einer wässerigen Lösung von Tropaeolin 00 zugesetzt wurde, daß sie eine rheinweingelbe Farbe angenommen hat, so erhält man recht klare Präparate, da das Zellprotoplasma dann ganz, die Kerne etwas entfärbt sind, während die Bacillen ihre Farbe beibehalten. Nach dieser von Löffler angegebenen Methode verfährt man folgendermaßen:

1. Färben 5 Minuten lang mit Anilinwassergentianaviolett oder Anilinwasserfuchsin, dem in gleicher Menge Kalilaugelösung 1 : 10.000 oder $^1/_2$%ige Lösung von Liqu. Ammonii caustic. zugesetzt ist.
2. Abspülen 1 Sekunde in 1%iger Essigsäurelösung, der Tropaeolin 00 in wässeriger Lösung bis zur rheinweingelben Färbung beigemischt ist.
3. Abspülen schnell in destilliertem Wasser.

Da die Kalilauge mit Gentianaviolett und Fuchsin nach einiger Zeit Niederschläge bildet, so muß die Herstellung der Farbflüssigkeit unmittelbar vor dem Gebrauch erfolgen. Statt dieser Farblösungen kann auch die Löfflersche Methylenblaulösung Verwendung finden. Dieselbe hat den Vorzug, daß sie sich unbeschränkt haltbar und gebrauchsfähig erhält.

Schnitte färbt man nach derselben Methode, jedoch muß die Anilinwassergentiana-, bzw. Fuchsinlösung länger, $^1/_4$—$^1/_2$ Stunde, einwirken. Für die Differenzierung der Schnitte eignet sich besser als die Essigsäuretropaeolinlösung eine Lösung aus: 10 *ccm* Aqu. destill. mit Zusatz von 2 Tropfen konzentrierter schwefliger Säure und 1 Tropfen 5%iger Oxalsäure. Vorteilhaft ist es noch, wenn die Schnitte vor der Färbung einige Minuten in Kalilauge 1 : 10.000 gelegen haben. Die Zeitdauer der Behandlung der Schnitte in Farblösung und in dem Entfärbegemisch hängt von der Dicke der Schnitte ab und muß daher ausprobiert werden.

Kühne hat die von ihm angegebene Färbemethode auch für die Färbung der Rotzbacillen in Schnitten empfohlen. Die Schnitte werden $^1/_2$—2 Stunden mit Carbolmethylenblau (1,5 Methylenblau, 10,0 Alcohol absolut., 100,0 5%iges Carbolwasser) gefärbt, dann abgespült in einer Lösung von kohlensaurem Lithion (6 bis 8 Tropfen einer konzentrierten Lösung von Lithion. carbonic. auf 10 *ccm* Wasser). Nachdem die Schnitte dann 3—5 Minuten in Wasser und darauf kurz in absoluten Alkohol eingetaucht waren, werden sie in Methylenblauanilinöl (eine Messerspitze voll Methylenblau wird in 10 *ccm* Anilinöl verrieben und hiervon zu reinem

Anilinöl soviel zugesetzt, bis ein bestimmter Farbenton vorhanden ist) übertragen und darauf einige Minuten in reines Anilinöl, dann in Tereben, Xylol und Canadabalsam.

Literatur: Löffler (Arb. Gesundheitsamt 1886, Bd. 1), Kühne (Praktische Anleitung zum mikroskopischen Nachweis der Bacterien im tierischen Gewebe).

Künnemann, Hannover.

Rouge français, eine Mischung von Orange II und Echtrot.

Rouge neutre, Syn. für Neutralrot.

Rubeosin, Abkömmling des Fluoresceins, der nicht im Handel ist.

Rubidin, Syn. für Echtrot.

Rubin, Syn. für Fuchsin (Berlin).

Rubin S, Syn. für Säurefuchsin (Berlin).

Ruffini'sche Körperchen siehe: Nervenendigungen, sensible freie.

Ruß, fein verteilter Kohlenstoff. Der käufliche Kienruß ist für mikrotechnische Zwecke gewöhnlich nicht fein genug, am besten stellt man ihn sich selbst durch Verbrennen von Terpentinöl oder Campher her. In einiger Entfernung wird über die Flamme eine Metall- oder Glasplatte gehalten, an welcher sich der Ruß absetzt.

Rutheniumrot, ammoniakalisches Rutheniumsesquichlorid, Ru_2Cl_6, löslich in Wasser, unlöslich in Alkohol. Alkalien geben in der wässerigen Lösung einen Niederschlag, verdünnte Mineralsäuren entfärben sie. Die wässerigen Lösungen zersetzen sich am Licht unter Bildung von Rutheniumsesquioxyd. Das Rutheniumrot hat die Eigenschaften eines basischen Farbstoffs. (Sehr teuer: 0,1 *g* 3 Mark.)

Von Joly dargestellt, wurde es von Mangin in die botanische Mikrotechnik eingeführt; er rühmt es in sehr dünner Lösung (0,01—0,02%) als vorzügliches Färbungsmittel für pflanzlichen Schleim. Eisen hat es dann zur Färbung der achromatischen Spindel empfohlen. Er löst den Körper in einer Mischung von 80 Teilen Wasser, 10 Teilen absoluten Alkohols und 10 Teilen Glycerin. Färbung zunächst 5 Minuten in 1%igem Thionin in 10%igem Alkohol oder 12—24 Stunden in sehr verdünnter Thioninlösung, kurz in Wasser abspülen und differenzieren mit wenigen Tropfen Rutheniumlösung unter dem Mikroskop, absoluter Alkohol, Bergamottöl, Xylol, Balsam. Chromosomen blau, Spindel rot.

Literatur: Eisen (Zeitschr. Wiss. Mikr., Bd. 14, 1897), Joly (C. R. Ac. Sc. Paris, Bd. 115, 1892), Mangin (Ebenda, Bd. 116, 1893).

Rutheniumtetroxyd, RuO_4, Überrutheniumsäure, eine goldgelbe krystallinische Masse, die schon bei 25,5° schmilzt und sich langsam mit gleicher Farbe in Wasser löst. Diese Lösung stößt Dämpfe aus, deren Wirkung Ranvier studiert hat. Sie wirken sehr stark reduzierend und schwärzen unterschiedslos alle Gewebeteile auch bei kurzer Einwirkungsdauer; sie dringen nur sehr schwer in die Gewebe ein. Ranvier hat das Rutheniumtetroxyd mit Osmiumtetroxyd kombiniert; die nach 12 Stunden Osmiumräucherung ungeschwärzten Becherzellen der Froschpharynxschleimhaut treten nach 3—4 Minuten langer Wirkung des Rutheniumdampfes intensiv geschwärzt sehr deutlich hervor.

Literatur: Ranvier (C. R. Ac. Sc. Paris, Bd. 78, 1887). *Poll*, Berlin.

S.

Saccharomyceten siehe: Hefe.

Saccharose (Rohrzucker) siehe: Zucker in pflanzlichen Geweben.

Säurebraun, Syn. für Echtbraun.

Säurefuchsin, Syn. Fuchsin S, Rubin S, Säurerubin, Acid Magenta, Gemische der Natrium- und Ammoniumsalze der Rosanilin- und Pararosanilintrisulfosäure (Ludwigshafen). Durch Behandlung von Fuchsin mit rauchender Schwefelsäure entstehen die Rosanilinsulfosäuren, welche zunächst in die Kalk- und dann in die Natronsalze übergeführt werden. Die neutralen Salze der lebhaft rot gefärbten Säure sind farblos, die sauren dagegen ebenfalls rot gefärbt.

$$C \begin{cases} C_6H_3 \langle {NH_2 \atop SO_3Na} \\ C_6H_3 \langle {NH_2 \atop SO_3Na} \\ C_6N_3 \langle {NH_2 \atop SO_3Na} \end{cases}$$

Versetzt man eine Säurefuchsinlösung mit Natronlauge, so entfärbt sie sich fast völlig. Mit Salzsäure tritt keine Veränderung ein, in Schwefelsäure löst sich der Farbstoff mit gelber Farbe. Das Säurefuchsin kommt entweder in Form eines rotbraunen Pulvers oder metallisch glänzender Körner (Rubin S) in den Handel. Es ist in Wasser sehr leicht (cca. 20%), in Alkohol dagegen viel weniger leicht löslich.

In der Färberei wird das Säurefuchsin ausschließlich in saurem Bade benützt. Man setzt demselben 20—30% schwefelsaures Natron und 2—4% Schwefelsäure zu und erhitzt während des Färbeprozesses bis zum Kochen. Für Baumwolle ist es nicht verwendbar, ebenso wegen seiner Empfindlichkeit gegen Alkalien nicht für Waren, die gewalkt werden sollen.

In die histologische Technik ist das Säurefuchsin durch Ehrlich eingeführt worden und seit dieser Zeit einer der am meisten verwendeten sauren Farbstoffe, besonders wegen seiner großen Verwandtschaft zum Bindegewebe. Es ist ein vorzüglicher Protoplasmafarbstoff und zur Gegenfärbung nach blauen, grünen und schwarzen Kernfärbungen hervorragend geeignet. Man löst es zu diesem Zweck zu 0,05—0,1% in Wasser oder dünnem Alkohol. Es färbt sehr rasch und intensiv, jedoch läßt sich eine Überfärbung wegen der großen Empfindlichkeit des Farbstoffes gegen Alkalien schon durch Leitungswasser korrigieren.

Ein gutes Differenzierungsmittel für Säurefuchsin ist auch die Pikrinsäure in wässeriger oder alkoholischer Lösung. Diese Eigenschaft benutzte Altmann bei seiner Granulafärbung. Man kann dann das Säurefuchsin direkt in wässeriger Pikrinsäure lösen und dieses Gemisch, wie das van Gieson tut, zum Nachfärben von Hämatoxylin- oder Gentianaviolettpräparaten verwenden. Er setzt zu 100 *ccm* einer konzentrierten wässerigen Pikrinsäure 5 *ccm* 1%igen Säurefuchsins; Hansen nimmt in denselben Proportionen 2%iges Säurefuchsin und setzt zu 9 *ccm* der

Mischung 1 Tropfen 2%iger Essigsäure, WEIGERT (04) mischt 10 *ccm* 1%ige Säurefuchsinlösung und 100 *ccm* Pikrinsäurelösung, SCHAFFER löst 1 *g* Säurefuchsin in 1000 *ccm* Pikrinsäurelösung. APÁTHY nimmt an Stelle der Pikrinsäure ihr Ammoniumsalz und löst darin 1% Säurefuchsin. Mit allen diesen Mischungen färbt sich das Bindegewebe leuchtend rot, Muskulatur und Protoplasma dagegen gelb. Das APÁTHYsche Gemisch soll nach OEDER die neugebildete Zahnbeingrundsubstanz hochrot, das Bindegewebe mehr blaurot färben.

Das Säurefuchsin ist ferner in zahlreichen Farbgemischen als Plasmafarbstoff enthalten, vor allem in dem EHRLICHschen Triacidgemisch und seiner Abänderung durch HEIDENHAIN-BIONDI. Auch hier färbt es vor allem das Bindegewebe, dann aber auch die achromatischen Spindelfäden, die Centralkörper, die Nucleolen und manche Granulationen des Zellkörpers. GALEOTTI dagegen benutzt in seiner Dreifachfärbung das Säurefuchsin als Chromatinfarbstoff (näheres siehe im Artikel Methylgrün). Ferner wären hier zu nennen die Zweifarbengemische von Säurefuchsin und Orange G (siehe Orange G), das Bergonzinische Gemisch (siehe Goldorange), das BÜHLERsche Gemisch (siehe Anilinblau) u. a. m. Unter dem Namen Mélange tetrachrome empfiehlt DELAMARE eine Mischung von gleichen Teilen einer Lösung von 1 *g* Orcein in 50 *ccm* absolutem Alkohol und 1 *ccm* Salzsäure und zweitens eines Gemisches von 2 *ccm* EHRLICHschem Hämatoxylin, 1 *ccm* konzentrierter wässeriger Säurefuchsinlösung und 200 *ccm* konzentrierter wässeriger Pikrinsäure. Färbung 20—30 Minuten, auswaschen in leicht angesäuertem, dann in gewöhnlichem Wasser. Alkohol, Xylol, Balsam. Kerne violett, Protoplasma und Muskulatur gelb, collagenes Gewebe rot, elastisches schwarz.

Eine ausgedehnte Anwendung hat der Farbstoff des weiteren auch in der Färbungstechnik des Nervensystems seit dem Vorgang von WEIGERT und KUPFFER gefunden. WEIGERT (82) benutzte es früher zur Markscheidenfärbung. Er färbt die Schnitte in konzentrierter Säurefuchsinlösung und differenziert in alkoholischer Kalilauge (1 *g* Kalium caust. auf 100 *ccm* absoluten Alkohol). Die Methode wird jetzt wohl kaum mehr angewandt. KUPFFER hat uns gelehrt, mit Säurefuchsin die Fibrillen des Achsencylinders in ausgezeichneter Weise zu färben (näheres siehe Artikel Neurofibrillen). Aber auch zur Darstellung der Gliafasern hat der Farbstoff Verwendung gefunden. KULTSCHITZKY fixiert die Centralorgane 2—3 Monate in seiner Fixationsflüssigkeit (vgl. Bd. I, pag. 234) und färbt die Schnitte von dem nicht eingebetteten Material in einer mit gleichen Teilen 2%iger Essigsäure verdünnten konzentrierten Pikrinsäure, der auf 200 *ccm* Mischung 0,25 *g* Rubin zugesetzt sind. Auswaschen in Alkohol. Geringe Abänderungen dieser Methode rühren von POPOW und BURCHARDT her. Der erstere verwendet 1%ige Rubinlösung mit etwas Jodtinktur oder 3%ige alkoholische Pikrinsäure, die mit Rubin gesättigt ist. BURCHARDT färbt die Kerne zuerst mit Methylviolett und überträgt dann in eine Mischung von 9 Teilen $^1/_2$%iger wässeriger Pikrinsäure und 1 Teil konzentrierter wässeriger Rubinlösung.

Literatur: BURCHARDT (Cellule, Bd. 20, 1897), DELAMARE (C. R. Soc. Biol. Paris, 1905), EHRLICH (Zeitschr. Klin. Med., Bd. 1, 1880), HANSEN (Anat. Anz., Bd. 15, 1898), KULTSCHITZKY (Ebenda, Bd. 8, 1892), KUPFFER (Sitzungsber. Ak. Wiss. München, Bd. 13, 1884), OEDER (Jena. Zeitschr. Nat., Bd. 41, 1906), POPOW (Zeitschr. Wiss. Mikr., Bd. 13, 1896), SCHAFFER (Zeitschr. Wiss. Zool., Bd. 66, 1899), VAN GIESON (Trans. Amer. Micr. Soc., Bd. 19, 1898), WEIGERT (Centralbl. Med. Wiss., Bd. 20, 1882), derselbe (Zeitschr. Wiss. Mikr., Bd. 21, 1904).

Säuregelb, Syn. für Echtgelb (Berlin).

Säurerubin, Syn. für Säurefuchsin.

Säureviolett. Unter diesem Namen kommen die Natronsalze der Sulfosäuren verschiedener, hauptsächlich benzylierter Abkömmlinge des Methylvioletts und ähnlicher Farbkörper in den Handel. So ist z. B. das Säureviolett 2 B (Ludwigshafen) das Natronsalz der Sulfosäure des Methylvioletts, das Säureviolett 4 B N (Ludwigshafen) das Natronsalz der Sulfosäure des Pentamethylbenzylpararosanilins, das Säureviolett 4 RS das Natronsalz der Dimethylrosanilintrisulfosäure. Es sind das alles blaue oder violette Pulver, die in Wasser und Alkohol mit der gleichen, in Schwefelsäure mit gelber oder brauner Farbe löslich sind. Mit Natronlauge tritt meist Entfärbung der wässerigen Lösung ein.

In ihrem färberischen Verhalten sind sie dem ihnen nahe verwandten Säurefuchsin sehr ähnlich.

Safflor, die getrockneten Blumenblätter von Carthamus tinctorius L. Sie enthalten einen roten Farbstoff, das Carthamin, einen gelben Farbstoff, das Safflorgelb und daneben Eiweißstoffe, Wachs, Kieselsäure etc. Das Safflorgelb, die Hauptmasse des Safflorfarbstoffs, ist in Wasser und Alkohol leicht löslich, das Carthamin ist in Wasser kaum, in Alkohol etwas leichter löslich.

In früherer Zeit fand der Safflor zum Rotfärben von Baumwolle und Seide starke Anwendung, heute wird er wohl nur noch zum Färben von Schminken benutzt. Von botanischer Seite werden alkoholische Safflorextrakte zur Färbung von Holz- und Bastgewebe empfohlen.

S a f r a n e l i n siehe: Elastin.

Safranin. Unter der Bezeichnung Safranin faßt man eine Gruppe zu den Azinen gehöriger Farbstoffe mit mindestens drei Kohlenwasserstoffkernen zusammen, die sich dadurch auszeichnen, daß sie 4 Atome Stickstoff enthalten. Sie entstehen beim Behandeln von Amidoderivaten des Toluols mit Oxydationsmitteln, besitzen stark basischen Charakter und bilden drei Reihen von Salzen, von denen die Monacide zum Unterschied von den übrigen Azinen wie die Base rot, die Diacide blau und die Triacide grün gefärbt sind. Durch Reduktion gehen sie unter Aufnahme von zwei Wasserstoffatomen in Leucokörper über. Die Bildung von Safranin wurde zuerst von PERKIN im Jahre 1868 bei der Darstellung des Mauveins beobachtet. Safranine bilden sich durch Erhitzen von Indaminen mit primären Monaminen, durch Einwirkung von Aminen auf Amidoazokörper und durch Oxydation von Paradiamin mit Monamin.

Das einfachste Safranin ist das Phenosafranin, das durch Oxydation von 1 Molekül Paraphenylendiamin und 2 Molekülen Anilin entsteht. Ihm kommt als salzsaures Salz nach WITT folgende Formel zu:

N

H_2N … $+ 1\ H_2O$

N

Cl

NH_2

Das Tolusafraninchlorid unterscheidet sich von den vorigen durch den Besitz von zwei oder vielleicht auch drei Methylgruppen. Es wird erhalten durch Oxydation von gleichen Molekülen Paratoluylendiamin und Ortholuidin zu dem Indamin und Kondensation desselben mit Anilin oder Toluidin. Die Handelsmarken Safranin T (Ludwigshafen), Safranin extra G (Berlin), Safranin konz. (Höchst), Safranin FF extra Nr. 0 (Elberfeld) stellen Gemische von Tolusafranin und Phenosafranin dar. Es sind braunrote, in Alkohol leicht, in Wasser schwerer (0,6%) mit roter Farbe und gelbroter Fluorescenz lösliche Pulver. In Schwefelsäure lösen sie sich mit grüner Farbe, die beim Verdünnen durch Blau in Rot übergeht. Die wässerige Lösung färbt sich mit Salzsäure blauviolett, mit Ammoniak bleibt sie unverändert, mit Natronlauge entsteht ein brauner Niederschlag.

In der Färberei viel benutzt, doch nicht lichtecht. Wolle wird in neutralem oder saurem Bad gefärbt, Baumwolle zuerst mit Tannin und Brechweinstein gebeizt und dann im warmen neutralen Bad gefärbt.

Das Safranin ist von E. HERMANN in die Mikrotechnik eingeführt und vor allem durch die Empfehlung von FLEMMING und PFITZNER bekannt geworden. Es ist ein ganz vorzüglicher Kernfarbstoff, der aber in seiner Handhabung wohl wegen der verschiedenartigen in den Handel gebrachten Produkte nicht selten Mißerfolge gibt. Meistens wird empfohlen, das Safranin in konzentrierter alkoholischer Lösung vorrätig zu halten und vor dem Gebrauch mit Wasser zu verdünnen. FLEMMING löst in absolutem Alkohol und verdünnt mit der Hälfte Wasser, BLANC löst 5 *g* Safranin in 15 *ccm* absoluten Alkohols und verdünnt mit der Hälfte Wasser, NIKIFOROW verwendet konzentrierte wässerige Lösung, KOSSINSKY 0,5%ige schwach alkoholische Lösung. Am meisten im Gebrauch sind jedoch die mit Anilin versetzten Lösungen; so löst BABES Safranin im Überschuß in 2%igem Anilinwasser, erwärmt auf 60° und filtriert noch warm, HERMANN löst 1 *g* Safranin in 10 *ccm* absoluten Alkohols und 90 *ccm* Anilinwasser, ZWARDEMAKER färbt in einer konzentrierten alkoholischen Lösung, die er mit gleichen Teilen Anilinwasser verdünnt, ebenso LEE. DEFLANDRE stellt sich eine 1%ige Stammlösung in absolutem Alkohol her und vermischt sie mit gleichen Teilen destillierten Wassers und Anilinwassers. MOREL und DALOUS rühmen die nach dem Vorgang von OHLMACHER und WERMSEL hergestellten Formalinlösungen: 1 *g* Safranin wird in 10 *ccm* absoluten Alkohols gelöst und mit 90 *ccm* 4%igen Formalins verdünnt. Safranin färbt sehr rasch, doch läßt man gewöhnlich nach dem Vorgang von FLEMMING die Schnitte über Nacht in der Lösung. Zum Differenzieren der überfärbten Schnitte wird gewöhnlich Alkohol von 90 oder mehr Prozent benutzt. Häufig aber dauert die Differenzierung dann außerordentlich lange oder geht nicht vorwärts, so daß man sich genötigt sieht, den Alkohol mit Salzsäure anzusäuern. Geschieht das letztere nicht ganz vorsichtig, so entweicht die Farbe im Moment aus dem Schnitt oder die Färbung wird ungleich. Deshalb raten wir, dem Alkohol tropfenweise einen etwa mit 1% Salzsäure angesäuerten Alkohol zuzusetzen. FLEMMING verwendet absoluten Alkohol mit 0,5% Salzsäure, PODWYSSOZKI differenziert in alkoholischer Pikrinsäure, ADAMKIEWICZ in wässeriger, sehr stark verdünnter Salpetersäure, MC CLURE in ganz schwacher Essigsäure. Man kann auch Safraninpräparate oft mit sehr gutem Erfolg nach der GRAMschen Methode mit Jodjodkalium differenzieren (BABES) oder durch einen zweiten sauren Farbstoff. Dazu eignet sich nach BENDA am besten das Lichtgrün oder Säureviolett. Er färbt zunächst 24 Stunden in Safranin (nach BABES) und differenziert dann vorsichtig $^1/_4$—$^1/_2$ Minute in einer 1%igen Lösung von Lichtgrün in 96%igem Alkohol. Ganz ähnlich verfährt MC CLURE. MAXIMOW hat diese Methode etwas modifiziert. Er behandelt Hermannschnitte zuerst mit einer hellrosafarbigen Lösung von Kaliumpermanganat, bis sie ockerfarben sind, spült in Wasser ab und entfärbt in dem PALschen Säuregemisch. Dann färbt er $^1/_2$ Stunde in konzentrierter wässeriger Lösung von Safranin und behandelt $1^1/_2$—2 Minuten mit einer 0.25%igen alkoholischen Lösung von Lichtgrün oder Säureviolett, bis keine dunklen Wolken mehr abgehen, absoluter Alkohol, Xylol, Balsam. WILCOX verwendet statt des Lichtgrüns Viktoriagrün, CIAGLINSKY wässerige Lösung von Anilinblau. NIKIFOROW färbt Müllerschnitte des Centralnervensystems (die Präparate dürfen nicht ausgewaschen und eingebettet sein) 24 Stunden in Safranin, wäscht in Alkohol aus, bis die graue Substanz deutlich wird und überträgt sie in 0,2%iges Goldchlorid oder in 0,1%iges Platinchlorid, bis die graue Substanz einen Stich ins Violette bekommt, dann Alkohol, Nelkenöl, Xylol und Balsam.

FEDERICI mischt 60 *ccm* heiß gesättigte Lösung von Safranin O mit 20 *ccm* einer heiß gesättigten Lösung von Lichtgrün. Der Niederschlag wird abfiltriert, das Filtrat stellt die Lösung A dar; der Filterrückstand wird mehrmals mit Wasser gewaschen und in 50 *ccm* Alkohol gelöst: Lösung B. Dann mischt man 40 Teile MAYERsches Hämalaun, 40 Teile Lösung A und 20 Teile Lösung B. In dieser Mischung werden die Schnitte 1—3 Stunden gefärbt und kommen für einige Sekunden in 1%ige Eisenalaunlösung, dann in destilliertes Wasser und darauf sofort in absoluten Alkohol. Sobald rote Farbwolken abgehen und die Farbe des Schnittes in grün umschlägt, wird in Bergamottöl aufgehellt und in Canadabalsam übertragen. Kerne blau, Protoplasma blaugrau, Mastzellenkörner rot, Schleim rosa. (Über die Doppelfärbungen mit Hämatoxylin vgl. Hämatein.)

Von großer Bedeutung ist dann die Kombination von Safranin und Gentianaviolett geworden, wie sie zuerst von BRAZZOLA empfohlen worden ist. Durch HERMANN ist die Methode weiter ausgebildet worden. Er färbt die Schnitte von Hermannmaterial 24—48 Stunden in seiner oben erwähnten Safraninlösung, differenziert in Salzsäurealkohol und färbt 3—5 Minuten mit Gentianaviolett (5 *ccm* einer konzentrierten alkoholischen Lösung auf 100 *ccm* Anilinwasser). Dann wird 1—3 Stunden mit Jodjodkalium behandelt und in Alkohol differenziert, bis die Schnitte violett werden. Eine weitere Ausbildung erfuhr dann diese Kombination durch FLEMMING (siehe FLEMMINGsche Dreifachbehandlung). MOREL und DALOUS haben an Stelle des Gentianavioletts das Viktoriablau eingeführt. Man stellt sich von letzterem eine 1%ige Lösung in 80 *ccm* 4%igem Formalin und 20 *ccm* Alkohol her, färbt die Schnitte darin 10—15 Sekunden, behandelt mit Jodjodkalium, differenziert in Alkohol und färbt 2 Minuten in einer 1%igen Lösung von Safranin in 4%igem Formalin. Nachdem die Präparate in Alkohol gewaschen sind, werden sie in einer Mischung von gleichen Teilen Alkohol und Zimtöl differenziert, in absolutem Alkohol ausgewaschen und durch Xylol in Balsam gebracht. BONNEY verwendet statt des Gentianavioletts eine konzentrierte wässerige Lösung von Methylviolett. Färbung der Schnitte (Flemming- oder Hermannmaterial) 1 Stunde lang in konzentrierter wässeriger Safraninlösung, abwaschen in Wasser, nachfärben 15 Minuten lang in Methylviolett, abwaschen in Wasser und trocknen des Objektträgers um die Schnitte herum. Dann wird der Schnitt mit einer Lösung von Orange G in Aceton so lange abgespült, bis er leicht rot erscheint, abspülen mit reinem Aceton, Xylol, Balsam. Die Orangelösung stellt man sich so her, daß man in reines Aceton so lange von einer konzentrierten wässerigen Orangelösung eintropft, als sich der entstehende Niederschlag beim Umschütteln noch löst.

CURTIS stellt aus dem Safranin des Handels, dem salzsauren Salz, die Safraninbase dar. Er setzt zu 100 *ccm* einer 1%igen wässerigen Safraninlösung 0,2—0,3 *g* Kaliumcarbonat und schüttelt die Lösung mit Chloroform. Die Safraninbase wird dabei von letzterem gelöst, man läßt absetzen, dekantiert, läßt das Chloroform verdunsten und löst den Rückstand in Wasser. Die so erhaltene Lösung von basischem Safranin färbt bedeutend rascher und distinkter wie gewöhnliche Lösungen.

Über die Färbung von elastischen Fasern, Knorpel und Schleim vgl. die betreffenden Artikel.

Literatur: ADAMKIEWICZ (Sitzungsber. Ak. Wiss. Wien, Bd. 89, 1884), BABES (Arch. Pathol. Anat., Bd. 105, 1888), BENDA (Arch. Physiol. 1891), derselbe (Zeitschr. Wiss. Mikr., Bd. 8, 1892), BLANC (Zool. Anz, Bd. 6. 1883). BRAZZOLA (Mem. Acc. Sc. Bologna, Bd. 8 und 9, 1888), CIAGLINSKI (Zeitschr. Wiss. Mikr., Bd. 8, 1891), CURTIS (C. R. Soc. Biol. Paris, Bd. 40. 1906), DEFLANDRE (Journ. de l'Anat., Bd. 40, 1904), FEDERICI (Anat. Anz., Bd. 29, 1906), FLEMMING (Arch. Mikr. Anat., Bd. 19. 1881), derselbe (Zeitschr. Wiss. Mikr., Bd. 1, 1884), KOSSINSKY (Wratsch 1888). LEE (LEE und MAYER. Grundzüge), MAXIMOW (Arch. Mikr. Anat., Bd. 51, 1897), Mc CLURE (Zool. Jhb., Bd. 11, 1897), MOREL und DALOUS (zit. nach DE ROUVILLE, Manuel de Technique Micr. Paris 1907), NIKIFOROW (Zeitschr. Wiss. Mikr., Bd. 5, 1888), PFITZNER (Morph. Jhb., Bd. 6, 1880), PODWYSSOZKI (Beitr. Pathol. Anat., Bd. 1, 1886). WILCOX (Bull. Mus. Comp. Zool. Harvard, Bd. 27. 1895). ZWARDEMAKER (Zeitschr. Wiss. Mikr., Bd. 4, 1887).

Safrosin, Syn. für Eosinscharlach.

Salicin siehe: Glycoside.

Salicylaldehyd, Acidum salicylosum, salicylige Säure, Orthooxybenzaldehyd, $C_6H_4\left\{\begin{matrix}OH\\COH\end{matrix}\right.$, findet sich in den Blüten und Blättern vieler Pflanzen (Spiraea ulmaria, Paeonia offic. u. a.) und kann durch Oxydation von Salicin erhalten werden. Er stellt eine farblose, ölige Flüssigkeit von 1,725 spez. Gew. dar, die bei 96° siedet und bei —20° erstarrt und in Wasser leicht mit neutraler Reaktion löslich ist. Eisenchlorid färbt die Lösung violett.

KRASSER fixiert Chromatophoren in einer 1%igen alkoholischen Lösung 24 Stunden lang.

Literatur: KRASSER (Bot. Centralbl., Bd. 52, 1892).

Salicylsäure, Acidum salicylicum, Orthooxybenzoesäure, findet sich neben ihrem Aldehyd in vielen Pflanzen, vor allem in Spiraeaarten. Sie wird heute ausschließlich nach dem Vorgang von KOLBE aus Phenol, resp. aus Phenolnatrium dargestellt, indem man letzteres bei 100—250° durch Kohlendioxyd in salicylsaures Natron überführt. Die Säure krystallisiert in farblosen Nadeln, die sich bei 15° zu 0,22%, bei 50° zu 0,8%, bei 75° zu 2,5% in Wasser lösen. Viel leichter ist sie in Alkohol (1:2), Äther, Aceton, Chloroform und Glycerin löslich. Eisenoxydsalze färben die Salicylsäurelösungen noch in großer Verdünnung violett. Kupfersulfat grün. Die Säure bildet zwei Reihen von Salzen, von denen die neutralen durch Sättigen der Säure mit Carbonaten, die sauren durch Einwirkung ätzender Alkalien gebildet werden.

Die antiseptischen Eigenschaften der Salicylsäure werden auch in der Mikrotechnik vielfach zum Konservieren von Geweben und Farblösungen empfohlen. Die Salicylsäure ist ein geschätztes Macerationsmittel (s. dort). Von M. HEIDENHAIN ist sie in konzentrierter Lösung in Drittelalkohol auch als Fixationsmittel für das Darmepithel empfohlen worden.

Literatur: M. HEIDENHAIN (Arch. Mikr. Anat., Bd. 54, 1899).

Salpetersäure, Acidum nitricum, HNO_3. Salze dieser Säure, Nitrate genannt, finden sich in der Natur, so der Natron- und Kalisalpeter, die durch Zersetzung aus stickstoffhaltiger organischer Materie hervorgegangen sind. Synthetisch entsteht Salpetersäure bei längerem Durchschlagen elektrischer Induktionsfunken durch wasserdampfhaltige Luft. $H_2O + 2N + 5O = 2HNO_3$. Demgemäß findet sich Ammoniumnitrat bisweilen (nach elektrischen Entladungen) in der Atmosphäre.

Technisch wird Salpetersäure durch Destillation von Natriumnitrat und Schwefelsäure dargestellt, indem man die Reagenzien im Mengenverhältnis der folgenden Gleichung aufeinander wirken läßt: $NaNO_3 + H_2SO_4 = NaHSO_4 + HNO_3$, neuerdings auch auf elektrischem Wege (s. oben) durch Verbrennung von Luft in einem Flammenbogen ($2N + 5O = N_2O_5$) und Absorption der entstandenen Stickoxyde durch Kalk (Kalksalpeter).

Konzentrierte reine Salpetersäure ist eine farblose Flüssigkeit, die an der Luft stark raucht; sie hat das spez. Gew. 1,54 bei 0°. Bei gewöhnlicher Temperatur färbt sich reineSalpetersäure, namentlich im Sonnenlicht, bald gelb. Diese Färbung beruht auf einem partiellen Zerfall der Säure in Wasser, Sauerstoff und Stickoxyd. $2HNO_3 = H_2O + O + 2NO_2$. Diese Zersetzung wird bei einer Erhitzung der Salpetersäuredämpfe auf 260° vollständig. Bei —40° erstarrt die konzentrierte Salpetersäure zu einer blättrig-krystallinischen Masse.

Die gewöhnliche konzentrierte Salpetersäure des Handels enthält 68% HNO_3; sie siedet unzersetzt bei 121° und hat bei 15° das spez. Gew. 1,414. Von einem Gehalt an Stickoxyd läßt sie sich durch Einleiten eines Luftstromes befreien, wobei sie farblos wird.

Salpetersäure ist eine der stärksten Säuren, die wir haben; sie oxydiert die meisten elementaren Metalloide, wie Schwefel, Phosphor, Jod und Kohlenstoff, zu den höchsten Sauerstoffstufen, den zugehörigen Säuren, resp. deren Anhydriden. Ebenso verwandelt sie fast alle Metalle in Nitrate oder Oxyde, mit Ausnahme der Edelmetalle Platin und Gold. Auch letztere vermag sie im Vereine mit sarker Salzsäure zu lösen. Die Wirkung dieser Mischung, des sogenannten Königswassers, beruht auf einem Gehalt an freiem Chlor und Stickstoffoxychlorid (Nitrosylchlorid): $HNO_3 + 3HCl = 2H_2O + NOCl + 2Cl$.

Die Salpetersäure ist allgemein ein starkes Oxydationsmittel, das auch organische Substanzen kräftig angreift, z. B. Farbstoffe bleicht. Hierbei wird die Salpetersäure selbst zu niederen Oxydationsstufen, den Stickoxyden NO und NO_2, reduziert.

Gewisse Metalle vermögen verdünnte Salpetersäure noch weiter zu reduzieren, so Zinn zu Hydroxylamin: $HNO_3 + 6\,H = 5\,H_2O + NH_2.OH$; Zink reduziert Salpetersäure zu Ammoniak: $HNO_3 + 8\,H = 3\,H_2O + NH_3$, Aluminium hat in alkalischer Lösung den gleichen Effekt.

Die salpetersauren Salze sind meist normal, d. h. in der Formel $X.NO_3$ zusammengesetzt und in Wasser leicht löslich; nur einige basische Nitrate, z. B. das des Wismuts (Bismuthum subnitricum), sind wasserunlöslich.

Rauchende rote Salpetersäure ist eine konzentrierte Salpetersäure, die reichliche Mengen Stickstoffdioxyds (NO_2) gelöst enthält, das an der Luft zum Teil unter starker Rauchentwicklung entweicht (Acidum nitricum fumans); sie hat meist ein spez. Gew. von 1,5—1,54. Sie wird durch Destillation von gewöhnlicher Salpetersäure mit viel konzentrierter Schwefelsäure dargestellt; sie kann auch (nach VANINO) durch Lösen von Paraformaldehyd in konzentrierter Salpetersäure: $4\,HNO_3 + (CH_2O) = 3\,H_2O + CO_2 + 4\,NO_2$ gewonnen werden.

Rauchende rote Salpetersäure wirkt noch stärker oxydierend als die gewöhnliche.

Erkennung der Salpetersäure: 1. Eine Lösung von Diphenylamin in konzentrierter Schwefelsäure färbt sich auf Zusatz von Salpetersäure intensiv blau. 2. Die Lösung eines salpetersauren Salzes, das mit einigen Tropfen frischbereiteter Ferrosulfatlösung versetzt ist, gibt bei vorsichtigem Überschichten mit konzentrierter Schwefelsäure an der Berührungsfläche einen braunen, bei großer Verdünnung amethystfarbenen Ring. (Diese Reaktion kommt auch den Salzen der salpetrigen Säure (HNO_2) und den meisten Stickoxyden zu.

Neuberg, Berlin.

Salpetersäure als Fixationsmittel.

Nach TELLYESNICZKY benutzten schon KEUFFEL 1810 und RUSCONI im Jahre 1836 die Salpetersäure. In die moderne Mikrotechnik führte sie ALTMANN ein, nachdem sie bereits längere Zeit im HISschen Laboratorium im Gebrauch gewesen war.

Nirgends ist die bei mikroskopisch-technischen Angaben übliche Ungenauigkeit größer als bei den Mitteilungen über den Stärkegrad der zur Herstellung der jeweils gebrauchten Verdünnungen benutzten Salpetersäure. Nur ganz vereinzelt trifft man auf die Angabe des spezifischen Gewichtes der Stammlösung. FOL benutzt die konzentrierte Salpetersäure der chemischen Laboratorien mit 1,5 spez. Gew.; BÖHM und OPPEL die 70%ige Säure vom spez. Gew. 1,40. Diese kommt dem Gehalt der üblichen konzentrierten Salpetersäure des Handels ziemlich nahe und dürfte, wo genaue Bezeichnungen fehlen, meist benutzt worden sein.

Die Salpetersäurefixation ist von sehr vielen Seiten für die allerverschiedensten Organe empfohlen worden. Bedeutung hat sie für die embryologische Technik, zumal die Präparation von Eiern und Keimscheiben, und ähnliche besonders zarte Objekte, wie die Retina, erlangt; für diese ist sie wohl zuerst von MICHAELIS 1842 benutzt worden. Man nimmt im allgemeinen eine 2—5%ige wässerige Lösung bei gewöhnlicher Temperatur, und zwar nicht länger als 6—8 Stunden. Diese Zeitdauer genügt für mittelgroße Stücke vollkommen, da die Säure sehr leicht die Gewebe durchdringt. Die Angaben über den für spezielle Zwecke geeigneten Stärkegrad schwanken in weiten Grenzen. Nach ALTMANN erhält man mit 3—3,5%iger Salpetersäure vom spez. Gew. 1,02 die überhaupt zuverlässigsten Bilder unter allen Fixationsmitteln vom Bau protoplasmatischer Objekte. Auf Embryonen läßt er sie 1/4—4 Stunden einwirken. Er warnt vor den stärkeren Lösungen. LEE findet dagegen die 3—3,5%ige Säure zu schwach, auch MAYER fixiert z. B. Decapodeneier mit 5%iger Lösung. TELLYESNICZKY kommt genau zu dem entgegengesetzten Resultat; er findet die 3%ige Säure zu stark für histiologische Zwecke.

Die ALTMANNsche 3,5%ige Salpetersäure empfehlen BIRNBACHER für die Fischretina: Fixationsdauer 6 Stunden, dann 6 Stunden lang auswaschen, Entwässerung; DIMMER für die menschliche Retina 5—6 Stunden lang: die faltenlos fixierte Netzhaut faltet sich zuweilen bei der Alkoholnachbehandlung; MERK für meroblastische, große holoblastische Eier und Amphibien- und Fischembryonen; Fixationsdauer 3—4 Stunden, Nachbehandlung mit starkem Alkohol.

3%ige Salpetersäure erwähnt VAN BENEDEN zur Fixation der zerzupften Ascariseischläuche mit nachfolgendem Auswaschen und Alkoholbehandlung; diese Methode gibt aber nur bis zur Copulation, also bis zu dem Zeitpunkte gute Resultate, wo das wirkliche Fixationshindernis, die dicke Eimembran, noch nicht vorhanden ist. KOSTANECKI und SIEDLECKI benutzen sie ebenfalls für das Ascarisei, zum Studium des Verhaltens des Centrosoms zum Protoplasma. OLT fixiert das Ei und junge Keime des Bitterlings 3 Minuten lang mit dieser Lösung, bringt dann die Objekte in 5%ige Alaunlösung, dann in Wasser; PIERSOL fixiert junge Kaninchenembryonen, MITROPHANOW Hühnerkeimscheiben, R. KRAUSE Leber mit der gleichen Lösung.

Schwächere Konzentrationen benutzt CHIEVITZ, der das Auge aus dem Kopf des Frosches unter einer Lösung mit 2,5% Anhydridgehalt präpariert; die dazu notwendige Zeit reicht zur Fixation der Retina aus; er wäscht, abweichend von vielen anderen Autoren, in Wasser aus und behandelt mit 80%igem Alkohol weiter.

KOSTANECKI und WIERZEJSKI fixieren für feinste Zellenstudien mit gutem Resultat in 1,5—2%iger Salpetersäure. CLOETTA wendet für den Vogeldarm eine 3%ige Säure an, die aus einer Stammlösung von 1,18% spez. Gew. mit 32% Säurehydrat nach STÖHR bereitet wurde; Fixationsdauer 5 Stunden, Nachbehandlung mit Alkohol.

Stärkere Lösungen sind andrerseits mindestens ebenso häufig empfohlen worden. Eine 3—4%ige ist von ENGELMANN für die Retina, eine 3—5%ige von LOEWENTHAL für die Oxyurisspermiogenese, eine 4%ige von STOSS für Schafsembryonen zum Studium der Entwicklung der Verdauungsorgane und von KEIBEL für Schweineembryonen angegeben worden. DRASCH macht sich bei der Anwendung einer 5%igen Salpetersäure beim Studium der Giftdrüsen in der Salamanderhaut zugleich mit der fixierenden die leicht macerierende Wirkung zunutze, so daß er brauchbar fixierte, isolierte Drüsen erhält. 10%ige Salpetersäure dient RABL-RÜCKHARDT zur Fixation von Knochenfischkeimen $^1/_4$ Stunde lang; der von den Hüllen befreite Embryo gelangt dann noch auf 1 Stunde in die gleiche Lösung hinein; Nachbehandlung erfolgt mit 1—2%iger Alaunlösung. Die gleiche Konzentration wird vielfach von HIS und seinen Schülern angewandt; HOFFMANN fixiert Hühnerkeimscheiben 10 Minuten lang darin, dann läßt sich der Keim sehr leicht vom Dotter ablösen, die Dotterhaut abziehen; Nachbehandlung mit 2%iger Alaunlösung, dann mit Alkohol; ZUMSTEIN behandelt mit 10%iger Salpetersäure fixierte Maulwurfsembryonen mit Pikrinalkohol nach. MINOT gibt als Schnellfixationsmethode für kleine Stücke an: Einlegen in konzentrierter Salpetersäure 1 Teil, Wasser 9 Teile, d. h. also eine 10%ige Lösung, für 3—5 Minuten, fließendes Wasser auf 15—20 Minuten, 30%iger Alkohol auf 10 Minuten, 50%iger Alkohol 1 Stunde, 70%iger Alkohol mehrere Tage lang unter Erneuerung, bis er sich nicht mehr braun färbt. Auch FOL rät für die Gewebe zur Anwendung 10%iger Salpetersäure. 40—50%iger Salpetersäure hat sich FLEMMING nach TELLYESNICZKY bedient für die Eier einzelner Wirbellosen, und der konzentrierten Säure gar BOEHMIG zur Fixation der Muskeln und des Parenchyms von Rhabdocoelen.

Bei der Nachbehandlung der Salpetersäurepräparate ist nach ALTMANN Wasser zu vermeiden, da die Objekte rasch zerfallen, daher dieses Verfahren eine

Isolationsmethode darstellt. Man bringt die Stück für Fixationszwecke direkt in 70%igen Alkohol, entwässert mit steigendem Alkohol und bettet dann in der üblichen Weise ein. Die Nachbehandlung mit Alaunlösungen ist schon bei den Fixationsvorschriften RABL-RÜCKHARDTs, HOFFMANNs, OLTs erwähnt worden. GORONOWITSCH steigt mit der Konzentration der Alaunlösung bis zu 5% an; er bringt, allerdings für Totalansichten, Keimscheiben 3 Minuten in 5%ige Säure, 1 Stunde in 5%ige Alaunlösung und dann in 10%iges Glycerin mit etwas Sublimat. Eine starke Alaunlösung benutzt auch GAGE zur Aufbewahrung von Muskelfasern, die mit 20%iger Salpetersäure isoliert wurden.

Von den Nachbehandlungsverfahren mit anderen Fixationsmitteln nach Salpetersäurefixierung ist der Zusatz von Pikrinsäure zum Alkohol schon erwähnt (ZUMSTEIN). Besonders häufig sind hierzu die Chromsäure und die chromsauren Salze herangezogen worden. Nach dem Vorgang von BENDA, der erst mit 10%iger Salpetersäure fixiert und die Stücke, z. B. die Retina, auf 2—3 Tage unmittelbar mit Lösungen von Kaliumbichromat in steigender Konzentration oder mit MÜLLERscher Flüssigkeit nachbehandelt (s. Mitochondria), haben HENNEBERG und KASTSCHENKO besonders für Oberflächenbilder von Embryonen die zweite, AUBERTIN für die Kolbenhaare und UNGER für die Milchdrüse die erste Methode angewandt, und zwar dieser Nachbehandlung mit 5%igem Kaliumbichromat. ANGELUCCI fixiert in 3%iger Säure ½—3 Stunden lang und behandelt 10 Tage mit MÜLLERscher Flüssigkeit nach. KAZZANDER erhält die besten Ossificationspräparate nach Fixation in Salpetersäure und Nachbehandlung mit 1%iger Chromsäure. H. VIRCHOW findet die Form der Sehzellen in der Retina von Hatteria nach Fixation in 3%iger Salpetersäure und darauf folgender Behandlung mit MÜLLERscher Flüssigkeit weitaus besser erhalten als an osmiertem Material! — Über die Bedeutung der Chromsalznachbehandlung s. chromsaure Salze, Bd. 1, pag. 229.

Auch KALLIUS empfiehlt die Nachbehandlung von Retinapräparaten aus Salpetersäure mit Kaliumbichromat. Eine kombinierte Nachbehandlung von Alkoholmaterial zuerst mit 5—10%iger Salpetersäure 24 Stunden, sodann mit 2%igem Kaliumbichromat 5—6 Tage hat BENDA für Neuroglia (s. dort) und glatte Muskulatur angegeben: sie ist von MORIYA für das Myocard benutzt worden. In ähnlicher Weise behandelt KEDA für die Darstellung der Centrosomen und Basalkörperchen die Nebenhoden nach Fixation mit Alkohol-Formol 100:10 zuerst mit Salpetersäure (1:10), dann mit 3%iger Kaliumbichromatlösung, dann mit 1%iger Chromsäure nach, dann folgt Auswaschen und Entwässern.

Auch mit Osmiumtetroxyd ist Salpetersäurematerial nachbehandelt worden; so von REID die Aalhaut je 24 Stunden mit 10%iger Salpetersäure und 1%igem Osmiumtetroxyd und von UNGER die Milchdrüse mit 10%iger Salpetersäure und 0,5—1%igem Osmiumtetroxyd.

Nach TELLYESNICZKY zerstören die 5%igen und die noch stärkeren Lösungen die Kerne in den oberflächlichen Schichten, und zwar je stärker sie sind, desto intensiver und ausgedehnter, im Innern der Stücke dagegen ist die Kernfixation eine recht brauchbare. Bei den schwächeren Lösungen fehlt die oberflächliche Kernzerstörung. Er empfiehlt als besten Stärkegrad die 2—2,5%ige Lösung. Das Protoplasma der Zelle ist aber auch dann nicht tadellos in seiner Gesamtheit erhalten. Auch v. WASIELEWSKI, der eine 3%ige Lösung der 68%igen käuflichen Säure, also eine etwa 2%ige, untersuchte, findet bei brauchbarer Kernfixation der Pflanzenzelle das Cytoplasma „dünn“. Einzelne Plasmaderivate und einige Secrete, wie das Colloid der Thyreoidea verändert die Salpetersäure und zerstört sie schließlich (BOLAU). Nach FISCHER ist sie ein launisches Fällungsmittel, deren Fällungen oft im Überschuß wieder sich auflösen. „Man wird daher nach Salpetersäurefixierungen recht schwankende Bilder zu erwarten haben.“ Nach BÖHM und OPPEL löst sie bei längerer Wirkung und auch bei stärkeren Konzentrationen in kurzer Zeit das Chromatin auf. Daher ist vor Ausdehnung der Salpetersäurefixierung etwa über die Dauer von 6 Stunden hinaus bei mittelgroßen Stücken zu warnen. Auf diese Bedeutung der Säure als Lösungsmittel hat BETHE bei der Darstellung seines Molybdänsäureverfahrens (s. Neurofibrillen) hingewiesen; man müsse sich ihrer bedienen, um Strukturen, die andere unkenntlich machen oder verdecken, zu beseitigen; in diesem Sinne als differentielles Fixationsmittel nach V. APÁTHY wendet er sie dann auch zur Fortschaffung der basophilen Nervenzellensubstanz an.

Die Salpetersäure zeichnet sich durch ihre vielseitigen, oft sehr schätzenswerten Nebenwirkungen aus; sie schafft gleichzeitig mit der Fixation störende Pigmente, Kalk aus dem Gewebe fort, erweicht chitinöse Teile, entchromt, korrodiert und maceriert in vielfach verwendbarer Weise. Da die Stücke in der verdünnten Lösung weich bleiben, so sind Präparationen und Isolationen am fixierten Objekt leicht ausführbar.

Literatur: ALTMANN (Arch. Anat. 1881), ANGELLUCCI (Unters. Naturl. Mensch., Bd. 14, 1890), APÁTHY (Mikrotechnik, I, 1896). AUBERTIN (Arch. Mikr. Anat., Bd. 47, 1896), VAN BENEDEN (Arch. de Biol., Bd. 4, 1883), BETHE (Zeitschr. Wiss. Mikr., Bd. 17, 1900), BIRNBACHER (Arch. Ophthalm., Bd. 40, 1894), BOEHMIG (Zeitschr. Wiss. Zool., Bd. 43, 1886), BÖHM und OPPEL (Taschenbuch 1896), BOLAU (Inaug.-Diss., Jena 1899), CLOETTA (Arch. Mikr. Anat., Bd. 41, 1893), CHIEVITZ (Arch. Anat. Suppl. 1889), DIMMER (Beitr. z. Anat. u. Physiol. d. Macul. lutea des Menschen, Leipzig und Wien 1894), DRASCH (Arch. Anat. 1894), ENGELMANN (Verh. Koninkl. Akad. van Wetensch. te Amsterdam 1884), derselbe (Arch. Ges. Physiol., Bd. 35, 1885, s. a. VAN GENDEREN Stort, Arch. Ophth., Bd. 30, 1887), FISCHER (Protoplasma 1899, pag. 9), FOL (Lehrbuch 1896), GAGE (Proc. Amer. Soc. Micr., Bd. 11, 1889), GORONOWITSCH (Morph. Jhb., Bd. 10, 1884), HENNEBERG (Anat. Hefte, H. 41, 1899), HIS (Arch. Anat. 1887), HOFFMANN (Arch. Mikr. Anat., Bd. 41, 1894), KALLIUS (Ergebn. Anat., Bd. 12, 1903), KASTSCHENKO (Arch. Mikr. Anat., Bd. 30, 1887), KAZZANDER (Anat Anz., Bd. 18, 1900), KEIBEL (Morph. Arb., Bd. 2, 1893), KOSTANECKI und SIEDLECKI (Arch. Mikr. Anat., Bd. 48, 1896), KOSTANECKI und WIECZEJSKI (Ebenda, Bd. 47, 1896), KRAUSE (Arch. Mikr. Anat., Bd. 42, 1893), LEE (LEE und MAYER, Grundzüge), LOEWENTHAL (Int. Monatsschr. Anat. Physiol., Bd. 6, 1889), MAYER (LEE und MAYER, Grundzüge), MERK (Denkschr. Ak. Wiss. Wien, Bd. 53, 1887), MICHAELIS (Nova acta nat. cur. Acad. Leop. Carol. 1842, Bd. 19), MINOT (Zeitschr. Wiss. Mikr., Bd. 3, 1886), MITROPHANOW (Anat. Hefte, Bd. 12, 1899), MORIYA (Anat. Anz., Bd. 24, 1904), OLT (Zeitschr. Wiss. Zool., Bd. 55, 1893), PIERSOL (Ebenda, Bd. 47, 1888), RABL-RÜCKHARD (Arch. Anat. 1882), REID (Phil. Trans., Bd. 85, 1894), STOSS (Deutsch. Zeitschr. Tiermed., Bd. 19, 1892), TELLYESNICZKY (Arch. Mikr. Anat., Bd. 52, 1898), UNGER (Anat. Hefte, Bd. 10, 1898), VIRCHOW (Sitzungsber. Ges. Naturfreunde, Berlin, Jg. 1901), derselbe (Verh. Physiol. Ges. Berlin, Jg. 1900 (1901), v. WASIELEWKI (Zeitschrift Wiss. Mikr., Bd. 16, 1899), ZUMSTEIN (Anat. Hefte, Bd. 10, 1898).

Poll, Berlin.

Salpetersäuregemische. Entsprechend dem Charakter der Salpetersäure als starker Mineralsäure neigen ihre Gemische in hohem Grade zu erheblichen chemischen Umsetzungen, so daß wir über die Natur des eigentlich fixierend wirkenden Agens oft im Unklaren bleiben. Besonders energische Umsetzungen spielen sich ab, wenn die übrigen Komponenten des Gemisches auch sonst schon bei der Berührung mit organischen Substanzen leicht veränderliche Verbindungen sind, wie z. B. die Chromsäure. LEE und MAYERs Bezeichnung derartiger Fixationsgemische als „irrationell“ gründet sich auf derartige Bedenken.

Chromsalpetersäure ist indessen sowohl in wässeriger als alkoholischer Lösung ein geschätztes und sehr oft gebrauchtes Fixationsmittel; zumal da sie mit der fixierenden zugleich eine entkalkende, chitinerweichende, pigmentzerstörende Wirkung verbindet. BURKHARDT benutzt ein solches Gemisch für Eidechsen- und Amphibienköpfe; GRAF fixiert die Excretionsorgane von Nephelis vulgaris in $^1/_{100}\%$iger Chromsalpetersäure (ohne nähere Angabe) und behandelt mit $^1/_2\%$iger nach. ZANDER fixiert in dem Entkalkungsgemisch von SEILER, das aus 70 Teilen 1%iger Chromsäure, 3 Teilen Salpetersäure und 200 Teilen Wasser besteht. HESSE benutzt dieses Gemisch für Molluskenaugen und Cephalopodenretina.

Alkoholische Chromsalpetersäure ist als PERÉNYIsches Gemisch eine wohlbekannte Flüssigkeit geworden: es besteht aus 4 Teilen 10%iger Salpetersäure, 3 Teilen Alkohol (absolutus), 3 Teilen $^1/_2\%$iger Chromsäure; nach TELLYESNICZKY aus 30 Teilen Alkohol, 4 Teilen Salpetersäure, 0,1 Teil Chromsäure, 100 Teilen Wasser; LEE und MAYER nehmen 90%igen Alkohol; absoluter erweist sich als besser. Mittelgroße Stücke bleiben darin einige (3—4) Stunden und kommen dann sogleich in Alkohol. Das Gemisch verändert sich bald unter Violett- bis Grünfärbung. Nach MAYER besteht es dann im wesentlichen aus einem Alkohol von höchstens 30% mit etwa 4% Salpetersäure. Nach ihm kommt man bequemer zu dem gleichen Ziel mit dem von ihm angegebenen sauren Alkohol; auch MICHEL ersetzt das Gemisch für Anneliden durch Alkohol mit reichlich 3% Salpetersäure. MAYER weist auf Mißerfolge bei der Fixation von Blattideneiern hin (CHOLODKOVSKY), die auch WHEELER und HEYMONS ähnlich beurteilen wie MAYER. Die Zahl der ungünstigen Urteile aus der Literatur läßt sich leicht vermehren; indessen hat sich eine große Reihe von Beobachtern des Mittels für die allerverschiedensten Zwecke bedient, zum Teil mit dem besten Erfolge, so daß man häufig genug die Angabe trifft, das Perényigemisch sei das einzig brauchbare Fixationsmittel gewesen, häufig wird auf die entkalkende Wirkung als schätzbaren Nebeneffekt hingewiesen, allerdings werden auch Fehler erwähnt, z. B. die geringe Quellung, indessen zeigt die folgende noch sehr lückenhafte Reihe, daß sich das Gemisch einen weiten Kreis erobert hat. SPEMANN benutzt es für Froschlarven, BUTSCHINSKY für Eier von Gebia littoralis, und zwar kochend heiß, DICKEL für das Bienenei, KOSTANECKI für Eier von Myzostoma glabrum und von Mactra, KLINKOWSTRÖM für das Studium der Eireifung und Befruchtungserscheinungen von Prostheceraeus vittatus, VOLTZENLOGEL für Ascariden, UNGER für Nematodeneier, besonders für Centrosom und Strahlungen, während er das Chromatin nicht gut färbbar findet, NEDZWEZKI für Hühnerembryonen 15 Minuten lang, RÖMER für die Entwicklung der Haare und Schuppen, FRENZEL für den Darmkanal und die Leber der Crustaceen, HENCHMANN für Larven von Limax maximus zum Studium der Gehirnentwicklung 2—3 Minuten lang, PETRUNKEWITSCH für das Herz von Agelastica (REDT.) alni L., LEFEVRE für Perophora, KUCZINSKY für BRUNNERsche Drüsen, KINGSLEY für das Auge von Crangon vulgaris, HALPERN für die Bauchmark von Astacus, MONTGOMERY für Holothurien (für feinere Strukturen nicht brauchbar), HENTSCHEL für Spinnenaugen, SCHWANGERT für Lepidoptereneier, v. REITZENSTEIN für Periplanetaembryonen, JOSEPH für Amphioxus, GERAULD für Candina arcuata, MC MURRICH für Actinien, denen er es plötzlich in den Mund einspritzte, ½ Stunde lang, POCHE für Trypsanosomen, KATHARINER für die Untersuchung des Giftzahnersatzes bei Schlangen, GUILLERMOND für die Chromatinstrukturen der Cyanophyceen, BECKER für die Darstellung der Geschmacksorgane in den Zungenpapillen, SAUER neben dem Carnoygemisch für das Nierenepithel. Auf 55° erwärmtes Perényigemisch wendet MAYER für Larven und Puppen nach der Eröffnung der Chitinhülle an.

Perényigemisch mit Sublimat zusammen wendet RAMSCH mit Erfolg bei Cypridina an. Ein ähnliches Gemisch hat SCHAK angegeben, bestehend aus 300 Teilen Wasser, 10 Teilen Salpetersäure, 150 Teilen 10%igen Alkohol und 150 Teilen 2%iger Chromsäure; ferner für Chilopodengewebe DUBOSQ: gleiche Teile 1%iger Chromsäure, 1%iger Salpetersäure und 95%igen Alkohols. Durch Zusatz einer Spur Osmiumsäure hat GEDOELST das Gemisch zur Darstellung des Neurokeratinnetzes der markhaltigen Nervenfasern modifiziert. Salpetersäure zu 5% in Alkohol dient LUGARO zur Fixation des Nervensystems für die NISSLsche Methode.

Salpetersäure in Aceton zu 1% gelöst, wendet derselbe Autor zur Fixation der Neurofibrillen an. Nach 2 Tagen wird in mehrfach gewechseltem Aceton ausgewaschen und durch Acetonxylol eingebettet.

Salpetersäure-Chromsäure-Osmiumtetroxyd siehe: Osmiumtetroxyd.

Salpetersäure-Alkohol-Osmiumtetroxyd siehe: Osmiumtetroxyd.

Salpetersäure-Alkohol siehe: Alkoholgemische.

Salpetersäure-Pikrinsäure siehe: Pikrinsäure.

Salpetersäure-Pikrinsäure-Osmiumtetroxyd siehe: Pikrinsäure.

Salpetersäure-Pikrinsäure-Chromsäure siehe: Pikrinsäure.

Salpetersäure-Sublimat siehe: Sublimat.

Salpetersäure-Sublimat-Alkohol siehe: Sublimat.

Salpetersäure-Sublimat-Alkohol-Essigsäure siehe: Sublimat.

Salpetersäure-Sublimat-Alkohol-Chromsäure siehe: Sublimat.

Salpetersäure-Sublimat-Alkohol-Pikrinsäure siehe: Sublimat.

Salpetersäure-Sublimat-Essigsäure-Kochsalz-Alaun siehe: Sublimat.

Salpetersäure - Sublimat - Essigsäure - Alkohol - Kochsalz siehe: Sublimat.

Salpetersäure-Osmiumtetroxyd siehe: Osmiumtetroxyd.

Salpetersäure-Salzsäure siehe: Königswasser.

Salpetersäure zum Entkalken siehe: Knochen und Zähne.

Salpetersäure zum Macerieren siehe: Macerationsmethoden.

Salpetersäure zum Entpigmentieren siehe: Pigment.

Salpetersäure zum Erweichen von Chitin siehe: Chitin.

Literatur: BECKER (Jena. Zeitschr. Nat. Bd. 43. 1908), BURKHARDT (Zeitschr. Wiss. Zool., Bd. 52, 1891), BUTSCHINSKY (Zool. Anz., Bd. 17, 1894), CHOLODKOWSKY (Mém. Acad. St.-Pétersburg. Bd. 38, 1891), DICKEL (Zeitschr. Wiss. Zool., Bd. 77. 1904), DUBOSQ (Arch. de Zool. Exp. [3]. Bd. 6, 1899), FRENZEL (Zool. Anz., Jg. 1882), derselbe (Arch. Mikr. Anat., Bd. 25, 1885), GEDOELST (Cellule, Bd. 5, 1899), GERAULD (Bull. Mus. Comp. Zool. M. Harvard Coll., Bd. 29, 1896), GRAF (Jena. Zeitschr. Nat. Bd. 28. 1893), GUILLERMOND (Rev. Gén. de Bot., Bd. 18, 1906), HALPERN (Arb. Zool. Inst. Wien, Bd. 14. 1903), HENCHMANN (Bull. Micr. Compl. Zool. Cambridge, Bd. 20, 1890), HENTSCHEL (Zool. Jhb., Bd. 12, 1899), HESSE (Zeitschr. Wiss. Zool., Bd. 68. 1900), HEYMONS (Zool. Jahresb. f. 1893, 1895), JOSEPH (Arb. Zool. Inst. Wien. Bd. 12. 1900). KATHARINER (Zool. Jhb., Bd. 10. 1897). KINGSLEY (Journ. of Morph., Bd. 1, 1887), KOSTANECKI (Arch. Mikr. Anat., Bd. 64, 1904). KUCZINSKY (Int. Monatsschr. Anat. Phys., Bd. 37, 1890). LEE und MAYER (Grundzüge 1901), LEFEVRE (Journ. of Morph., Bd. 14, 1899), LUGARO (Arch. Ital. de Biol., Bd. 44, 1905), derselbe (Riv. Patol. Nerv. Ment., 10. Jg., 1905), MAYER (Zool. Jahresber. 1891), derselbe (Jena. Zeitschr. Nat., Bd. 29, 1895), derselbe (Bull. Mus. Comp. Zool. Harvard, Bd. 29, 1890). MICHEL (Bull. Soc. Franc. Belg., Bd. 31, 1899), MONTGOMERY (Zool. Jhb., Bd. 10, 1897). Mc. MURRICH (Journ. of Morph., Bd. 3, 1889), NEDZWEZKI (Arb. Physiol. Med. Ges., Moskau 1896), PERÉNYI (Zool. Anz. 1882). PETRUNKEWITSCH (Zool. Anz.. Bd. 21, 1898), POCHE (Arb. Zool. Inst. Wien, Bd. 14, 1903). RAMSCH (Ebenda, Bd. 16, 1906), v. REITZENSTEIN (Zool. Jhb., Bd. 21, 1904). RÖMER (Jena. Zeitschr. Nat., Bd. 30, 1896), SAUER (Arch. Mikr. Anat., Bd. 46, 1895). SCHAK (Zeitschr. Wiss. Mikr., Bd. 13, 1896), SCHWANGART (Zeitschr. Wiss. Zool., Bd. 76, 1904), SEILER (zitiert nach FOLS Lehrbuch 1896), SPEMANN (Zool. Jhb., Bd. 11, 1898), TELLYESNICZKY (Arch. Mikr. Anat., Bd. 52, 1898), VOLTZENLOGEL (Zool. Jhb., Bd. 16, 1902), WHEELER (Journ. of Morph., Bd. 3, 1889), ZANDER (Zeitschr. Wiss. Mikr.. Bd. 15, 1898). *Poll*, Berlin.

Salzsäure, HCl (Acidum hydrochloricum, Chlorwasserstoff). Chlorwasserstoffsaure Salze, die sogenannten Chloride, sind in der Natur weit verbreitet; das bekannteste derselben, das Kochsalz, dient im großen zur Darstellung der Salzsäure, indem man es mit Schwefelsäure zerlegt:

$$2\,NaCl + H_2SO_4 = Na_2SO_4 + 2\,HCl$$ (Nebenprodukt der Sodafabrikation).

Synthetisch entsteht Chlorwasserstoff, wenn seine Komponenten, Wasserstoff und Chlor, gasförmig zusammengebracht werden.

Das gebildete Chlorwasserstoffgas löst sich außerordentlich leicht in Wasser, das bei gewöhnlicher Temperatur davon etwa 450 Teile, bei 0° mehr als 500 Teile absorbiert.

Eine solche gesättigte Lösung von Chlorwasserstoffgas in Wasser heißt Salzsäure. Die bei 15° gesättigte Lösung hat das spez. Gew. 1,212 und enthält 42,9% HCl.

Die rauchende Salzsäure des Handels enthält cca. 38 Teile HCl und hat das spez. Gew. 1,19. Die rohe Salzsäure, Acidum hydrochloricum crudum, enthält 30—33% HCl, daneben noch kleine Mengen von schwefliger Säure, Schwefelsäure, Chlor, Tonerde, Eisen und oft auch Arsen. Die offizinelle reine Salzsäure hat cca. 25% HCl und soll frei von Arsen sein.

Die Salze der Chlorwasserstoffsäure sind zum Teil in Wasser löslich, wie die der Alkalien, Erdalkalien und vieler Metalle, einige aber darin unlöslich, resp. schwer löslich, nämlich die des Silbers, Quecksilberoxyduls und des Bleies.

Der Nachweis der Salzsäure erfolgt durch Silbernitratlösung, die damit einen weißen, käsigen Niederschlag erzeugt, der in Ammoniak löslich ist und sich beim Stehen am Licht violett bis schwarz färbt. *Neuberg*, Berlin.

Die Salzsäure wird in der Mikrotechnik vielfach benutzt. Da sie ein gutes Lösungsmittel für viele von uns benutzte Farbstoffe ist, findet sie als Differenzierungsmittel sowohl für Carmin- und Hämatoxylin- wie auch vor allem für Anilinfärbungen die ausgedehnteste Verwendung meist in der Form des Salzsäurealkohols, 70- oder 90%iger Alkohol mit 1—3% Salzsäure. Salzsäure ist ein vorzügliches Macerations- und ein geschätztes Entkalkungsmittel. Hier wird sie meist nicht allein, sondern in Verbindung mit anderen Agenzien benutzt, welche die starke Quellung, die die Säure allein hervorruft, verhindern sollen, wie Alkohol, Chromsäure, Phloroglucin etc. Als Fixationsmittel eignet sich die Salzsäure gar nicht, da sie besonders auf den Kern destruierend einwirkt und, wie gesagt, enorme Quellung des Bindegewebes hervorruft.

Salzsäurealkohol siehe: Salzsäure.

Salzsäurecarmin siehe: Carmin.

Samenblasen und Samenleiter. Zur Fixation sind empfohlen worden: absoluter Alkohol (SPANGARO, STEINER), konzentriertes Sublimat (AKUTSU, ILLING, PETERSEN), 5%iges Sublimat (SPANGARO), ZENKERsche Flüssigkeit (KOLSTER), FLEMMINGsche Flüssigkeit (LIMON, AKUTSU), Kaliumbichromatformol (AKUTSU), BOUINsche Flüssigkeit (LIMON), 10%iges Formalin (SPANGARO). Das letztere wird auch von PETERSEN bevorzugt, der eingehende technische Angaben macht. Er sticht bei menschlichen Leichen möglichst bald post mortem einen 14 *cm* langen Trokart vom After aus durch die vordere Rectalwand in das Bindegewebe zwischen den beiden Samenblasen und injiziert 50—75 *ccm* 20%iges Formalin. Dann wird die Blase durch einen Katheter mit derselben Lösung gefüllt und der Penis abgebunden. Nach der Herausnahme wird direkt in 95%igen Alkohol übertragen.

Die Samenblasen des Frosches fixiert TRETJAKOFF in Sublimatessigsäure.

Zur Färbung empfiehlt LIMON Safranin-Lichtgrün und Eisenalaunhämatoxylin, PETERSEN vor allem Eisen- und Chromhämatein nach HANSEN mit Nachfärbung in Eosin oder noch besser in Rubin S (1‰).

Zur Untersuchung des Pigmentgehaltes der Samenblase fixiert MAAS in 95%igem Alkohol, legt dünne Rasiermesserschnitte noch 24 Stunden in absoluten Alkohol und hellt sie in Origanumöl auf. AKUTSU färbt zum gleichen Zweck mit Eisenalaunhämatoxylin, das Pigment färbt sich damit tief schwarz. Es gibt keine Eisenreaktion, wohl aber, wenigstens das intracellulär gelegene, Fettreaktion mit Osmium und Fettfarbstoffen.

Literatur: AKUTSU (Arch. Pathol. Anat., Bd. 168, 1902), derselbe (Arch. Ges. Physiol., Bd. 96, 1903), ILLING (Arch. Mikr. Anat., Bd. 66, 1905), KOLSTER (Ebenda, Bd. 60, 1902), LIMON (Journ. de l'Anat., Bd. 37, 1901), MAAS (Arch. Mikr. Anat., Bd. 34, 1889), PETERSEN (Anat. Hefte, Bd. 34, 1907), SPANGARO (Ebenda, Bd. 18, 1901), STEINER (Arch. Mikr. Anat., Bd. 40, 1892), TRETJAKOFF (Int. Monatsschr. Anat., Bd. 20, 1903).

Sandarak, Resina Sandaraca, ein aus Callitris quadrivalvis, einer nordafrikanischen Cupressinee, gewonnenes Harz, das in gelblichweißen, durchscheinenden Körnern in den Handel kommt. Es enthält hauptsächlich zwei Säuren, die Sandarakolsäure und die Callitrolsäure. Es schmilzt bei 150° und ist in heißem Alkohol (1 : 4), in Terpentinöl, Äther, Amylalkohol, Aceton und Schwefelkohlenstoff völlig löslich.

Der Sandarak besitzt ein geringeres Brechungsvermögen als der Canadabalsam und ist in alkoholischer Lösung als Einschlußmittel empfohlen worden, doch hat er sich wenig Eingang verschafft.

Sandelholzöl, Oleum ligni santali, wird aus dem Holze des ostindischen Sandelbaumes (Santalum album) gewonnen und stellt ein dickflüssiges, gelbes Öl dar, das sich in 90—95%igem Alkohol in jedem Verhältnis löst und Celloidin nicht angreift. Sein Brechungsindex ist 1,510. Es besteht im wesentlichen aus Santalol und Santalal.

Von NEELSEN und SCHIEFFERDECKER ist das Öl als Aufhellungsmittel und Intermedium für Paraffin empfohlen worden.

Sarcolemma siehe: Muskeln, quergestreifte.

Sarcosporidien siehe: Parasiten, tierische.

Sauerstoffnachweis durch Bacterienmethode. Die Eigenschaft gewisser Bacterienschwärmer, wenn sie durch Sauerstoffmangel zur Ruhe gekommen sind, bei Zutritt auch nur kleiner Mengen Sauerstoff sich lebhaft zu bewegen, hat zu ihrer Anwendung zum Studium geringer Sauerstoffausscheidungen geführt (ENGELMANN). Werden z. B. die sich lebhaft bewegenden Schwärmer aus einer Reinkultur von Bacterium Thermo aus Aufguß auf Heu, halbierten Erbsen oder Fleisch in Wasser unter das Deckglas gebracht, so hört sehr bald die Bewegung auf. Wird aber ein grüner Algenfaden, z. B. Spirogyra, mit hineingebracht, dauert an den grünen Partien im Licht durch den bei der Kohlenstoffassimilation frei werdenden Sauerstoff die Bewegung fort. Ein Mikrospektralobjektiv (ZEISS), das ein reales Spektrum in die Ebene des Präparates entwirft, gestattet dann, aus der Intensität der Bewegung auf die Assimilationsgröße in den einzelnen Spektralbezirken Schlüsse zu ziehen. Auch Leuchtbacterien sind ein empfindliches Reagens auf freien Sauerstoff, da sie nur bei seiner Anwesenheit, und zwar noch in den geringsten Spuren, aufleuchten (BEYERINK). Sie ermöglichen z. B. den Nachweis von O durch die Assimilation isolierter Chloroplasten. Sie sind fast stets aus frischen Seefischen oder auch rohem Fleisch zu züchten, das mit 3%iger Kochsalzlösung zum Teil übergossen wird (MOHLISCH).

Literatur: BEYERINK (K. Akad. Wet., Amsterd. 1901), ENGELMANN (Bot. Zeitschr. 1881 und Arch. Ges. Physiol., Bd. 27 u. 29), MOHLISCH (Bot. Zeitschr., Bd. 62, 1904). *Magnus*, Berlin.

Scharlach R siehe: Fett.

Schellack, das gereinigte Harz verschiedener Mimosa- und Ficusarten Ostindiens, das infolge des Stiches der Lackschildlaus ausquillt. Dunkelbraune bis hellgelbe (gebleichter Schellack) Harzmassen, die in Alkohol, Alkalien, Borax, Aceton, Salzsäure, Essigsäure und Xylol löslich sind. Die alkoholischen Lösungen sind gewöhnlich trüb; um sie zu klären, gibt man etwas Benzol zu und schüttelt ordentlich durch. Es scheidet sich dann über der trüben eine ganz klare Lösung ab. Durch längeres Kochen mit Natronlauge geht der Schellack in eine dickflüssige, in Alkohol und Äther leicht lösliche Masse über.

Der in der Technik so viel benutzte Schellack hat auch in der Mikrotechnik Verwendung gefunden, z. B. zum Einbetten und späteren Schleifen von Hartgebilden (siehe Knochen und Zähne), als Injektions- und Klebemasse und anderes mehr.

Schießbaumwolle siehe: Celloidin und Kollodium.

Schilddrüse. Bei der mikrotechnischen Bearbeitung der Schilddrüse handelt es sich im wesentlichen um zwei Hauptpunkte: tadellose Fixierung der Epithelzellen und gute Erhaltung des colloiden Inhaltes der Follikel nebst färberischem Nachweis des Colloids. Beide Momente lassen sich nicht immer miteinander vereinigen.

Wenn wir von den älteren Angaben absehen, so scheint für die tadellose Erhaltung des Follikelepithels das Sublimat die besten Dienste zu leisten. Es fixieren LANGENDORFF und ANDERSSON in konzentriertem Sublimat, HÜRTHLE und FARNER in Sublimatessigsäure (Sublimat 3 *g*, Eisessig 3 *ccm*, Wasser 100 *ccm*), KOHN in Sublimatalkohol oder Pikrinsublimat, FARNER und LAZZATO in ZENKERscher Flüssigkeit. Die Sublimatfixation hat aber, wie dies LANGENDORFF zuerst betont hat, den großen Übelstand, daß sie das Colloid zur Schrumpfung bringt. Das kann am sichersten vermieden werden durch Verwendung von Osmiumsäure und Osmiumgemischen. So empfiehlt LANGENDORFF eine modifizierte FLEMMINGsche Flüssigkeit (1%ige Chromsäure 25 *ccm*, 1%ige Osmiumsäure 10 *ccm*, Eisessig 1,5 *ccm*) 1—3 Stunden, HÜRTHLE und KOHN FLEMMINGsche Flüssigkeit, ANDERSSON dieselbe oder ALTMANNsches Osmiumbichromat, GALEOTTI HERMANNsche Lösung. Zur Fixation der Nebenschilddrüsen benutzt PETERSEN Alkohol.

Um jede Schrumpfung zu vermeiden, fixiert SCHMID 24 Stunden im Dunkeln in Osmiumessigsäure nach FOL, wäscht mehrere Stunden in mehrfach gewechseltem Wasser aus, bringt in steigenden Alkohol bis 96%, dann $^1/_4$ Stunde in kaltes und ebenso lang in warmes Toluol und $^1/_2$ Stunde in Paraffin. Auf die schnelle Ausführung der Paraffineinbettung wird dabei großes Gewicht gelegt. Von anderen Fixationsmethoden sind noch gelegentlich Alkohol (FARNER und GUTKNECHT), 10%iges Formol und Kaliumbichromat empfohlen worden.

Als Färbungsmethoden eignen sich für Sublimatpräparate vor allem Hämatoxylin kombiniert mit Eosin oder Orange, VAN GIESON-Färbung und BIONDI, für Osmiumpräparate Safranin-Gentianaviolett. Bei dieser Methode färbt sich das Colloid tief violett, bei der BIONDI-Färbung orangerot. GALEOTTI behandelt nach seiner Färbungsmethode (siehe Methylgrün).

Um das Colloid in den Lymphgefäßen der Schilddrüse nachzuweisen, legen VASSALE und DI BRAZZA die frischen Drüsenstückchen 10—15 Tage in VASSALEsches Hämatoxylin-Orange (5 *g* Chromalaun und 1 *g* arsenige Säure werden in 100 *ccm* Wasser gelöst und je 0,2 *g* Hämatoxylin und Orange zugesetzt. Nach 4 Wochen ist die Lösung verwendbar). Dann kommen sie in Alkohol, der so lange gewechselt wird, als er sich noch gelb färbt. Celloidineinbettung. Schnitte für mehrere Stunden in eine Mischung von 1 Teil MILLONschem Reagens und 2 Teilen Glycerin, dann in reines Glycerin, Wasser, Alkohol, Carbolxylol, Balsam.

Zur Anregung der Secretion kann man nach SPANGARO den Tieren längere Zeit hohe Dosen von Jodsalzen und Thyreoidin geben. Man findet dann die Follikel stark erweitert und die Colloidmenge beträchtlich vermehrt.

Zur Untersuchung der Lymphgefäße machen REGAUD und PETITJEAU Einstichinjektionen mit dem RENAUTschen Gemisch: 1 Teil 1%iger Silbernitratlösung wird vermischt mit 4 Teilen einer Mischung von 8 Teilen konzentrierter Pikrinsäure und 2 Teilen 1%iger Osmiumsäure. Nach der Injektion wird die Drüse in 80%igem Alkohol gehärtet. Nicht zu dünne Rasiermesserschnitte werden dem Licht ausgesetzt, in Nelkenöl aufgehellt und in Balsam eingeschlossen.

Die Nerven der Schilddrüse hat PEREMESCHKO zuerst durch Maceration in Holzessig, dann POINCARÉ durch Behandlung mit verdünnter Essigsäure mit Fuchsinzusatz dargestellt. Neuere Untersuchungen (ANDERSSON und CRISAFULLI) haben gezeigt, daß vor allem die GOLGI-Methode in der CAJALschen Modifikation zu ihrer Darstellung gute Dienste leistet. SACERDOTTI läßt die Stücke 3—4 Wochen in Osmiumbichromat liegen und wäscht dann so lange in halbgesättigter, wässeriger Kupfersulfatlösung aus, bis kein Niederschlag mehr entsteht. Dann wieder 5 bis 6 Tage in Osmiumbichromat und dann in die Silberlösung.

Literatur: ANDERSSON (Arch. Anat., 1894), CRISAFULLI (Bull. Acc. Gioenia, Catania, N. S. 1892), FARNER (Arch. Pathol. Anat., Bd. 143, 1896), GALEOTTI (Arch. Mikr. Anat., Bd. 48, 1896), GUTKNECHT (Arch. Pathol. Anat., Bd. 99, 1885), HÜRTHLE (Arch. Ges. Physiol., Bd. 56, 1894), KOHN (Arch. Mikr. Anat., Bd. 44, 1894), LANGENDORFF (Arch. Physiol., 1889), LAZZATO (Lo Sperimentale, Bd. 58, 1904), PEREMESCHKO (Zeitschr. Wiss. Zool., Bd. 17, 1867), PETERSEN (Arch. Pathol. Anat., Bd. 174, 1903), POINCARÉ (Journ. de l'Anat., 1875), REGAUD und PETITJEAU (Bibl. Anat., Bd. 14, 1905), SACERDOTTI (Int. Monatsschr. Anat., Bd. 11, 1894), SCHMID (Arch. Mikr. Anat., Bd. 47, 1896), VASSALE e DI BRAZZA (Riv. Sper. Freniat., Bd. 20, 1894).

Schleime, pflanzliche. Die pflanzlichen Schleime, inklusive Gummi, stehen ihrem chemischen Verhalten nach in engster Beziehung zu den Membranstoffen der Zelle. Die Cellulose-Pektin-Kalloseschleime zeigen das gleiche Verhalten wie die entsprechenden Membranstoffe gegen Reagenzien und Färbemittel. Häufig kommen auch gemischte Schleime vor. Wundgummi gibt oft die Reaktion verholzter Membranen (siehe Zellmembranen der Pflanzenzelle). Sie sind alle in Wasser quellbar, müssen daher in Alkohol oder Glycerin untersucht werden, denen dann, um eine langsame Quellung herbeizuführen, langsam Wasser zugefügt wird. Sollen sie gefärbt werden, müssen sie vorher fixiert werden in Bleiacetat, Quecksilberacetat (dann nicht im sauren Bade färben), Eisenvitriol, Sublimat usw., doch unterliegt die Wirkungsweise selbst bei nah verwandten Pflanzen großen Schwankungen. (Näheres siehe bei MANGIN, Bull. d. l. Soc. d. France, Bd. 41, 1894; STRASBURGER, Gr. Pract., 4. Aufl., 1902.) Zur Färbung der schleimigen Gallertscheiden der Conjugaten werden schwache wässerige Lösungen von Safranin, Methylenblau, Methylviolett und Vesuvin empfohlen. Zu ihrer Sichtbarmachung kann auch fein verriebene chinesische Tusche dem Untersuchungswasser beigemischt werden.

Im Schleime der Jamswurzeln (Dioscoraea japonica und Batatas) soll Mucin vertreten sein und im wesentlichen in seinen Eigenschaften mit dem tierischen Mucin übereinstimmen. Dieses Mucin löst sich schwer in 2%igem Ätzkali, in starken Mineralsäuren und konzentrierter Essigsäure. Es wird nicht angegriffen von künstlichem Magensaft, leicht aber von alkalischer Trypsinlösung. Konzentrierte Schwefelsäure der Essigsäuresolution zugesetzt, veranlaßt Violettfärbung. Es gibt Xanthoproteinreaktion und Biuretreaktion, und reduziert MILLONS Reagens. (Nach Strasburger Practicum.)

Literatur: ISHII (Univ. Coll. of Agric. Bull., Bd. 2, pag. 97, Tokio 1894), KLEBS (Unt. d. bot. Inst. Tübingen, Bd. 1). *Magnus*, Berlin.

Schleimfärbung. Das Vorhandensein schleimigen Secretes in Zellen und Ausführgängen tierischer Drüsen ist auch ohne Anwendung spezifischer Färbmethoden nachweisbar: durch verdünnte Essigsäure wird auf Schnitten von frischen Drüsen und Schleimhäuten eine intensive Trübung des Schleimes bewirkt, die in konzentrierten Lösungen nicht schwindet; in alkalischen Flüssigkeiten löst sich dagegen der Schleim, und so werden die Schleimzellen hell und durchsichtig. Jedoch gibt es Modifikationen des Schleimes, die durch Essigsäure nicht gefällt werden (z. B. der Magenschleim nach EBNER). Ferner lassen sich dünne Schnitte von frischem Materiale nur schwer herstellen, die Trübung des Secretes in den Zellen durch die Essigsäure ist nicht scharf umgrenzt, und der übrige Zellkörper quillt auf. Endlich ist die Reaktion an konserviertem Materiale nicht mehr ausführbar, da der Schleim bereits gefällt ist.

Bei weitem besser und bequemer lassen sich Bildung und Ausscheidung des Schleimes mit Hilfe von Färbgemischen studieren, die ihn intensiv und charakteristisch tingieren, denn sie gestatten das Studium dieser Vorgänge an gut fixierten Elementen, sehr dünnen Schnitten und bei scharfer Differenzierung der Zellbestandteile. Allerdings ermöglicht auch diese Methode keine sichere Unterscheidung der von den Chemikern nachgewiesenen Schleimarten, da nur ausnahmsweise durch differente Färbung einzelne abweichende Zustände des Secretes, z. B. in den Mastdarmdrüsen, hervortreten. Mithin kann von einem mikrochemischen Reagens auf Schleim bisher keine Rede sein. Zum Färben dienen entweder Teerfarbstoffe oder ganz bestimmte Gemische von Carmin oder Hämatoxylin mit anderen Stoffen, seltener einige Metalle (Einzelheiten s. unten).

Wesentlich für die distinkte Färbung des Schleimes ist die Fixierung der Gewebe. Soll überhaupt nur die Gegenwart von Schleim konstatiert werden, so genügt Alkohol. Besser wirken Sublimatlösungen, noch besser die Gemische von FLEMMING und HERMANN; speziell zur Erhaltung der Schleimkörner in der Zelle wird Pikrinsäure empfohlen.

Von Teerfarbstoffen eignen sich zur Schleimfärbung nur die basischen. Ihre Verwertbarkeit nach dieser Richtung hin wurde von H. HOYER 1890 eingehend geprüft. Eine sehr intensive und meist zuverlässige Färbung lieferten ihm Phenylenbraun (Bismarckbraun, Vesuvin), Methylenblau etc.; leider differiert dabei der Farbton nur durch größere Intensität von dem der anderen Bestandteile der Zelle. Dagegen ergab es sich, daß mehrere schwefelhaltige Indamine, besonders das Thionin, Toluidinblau, Amethyst, den Schleim nicht nur intensiv färben, sondern außerdem an den mit Sublimat fixierten Objekten eine auffällige Metachromasie zeigen (Schleim rotviolett, die übrigen Bestandteile blau in verschiedener Intensität). Zwar tingieren dieselben Stoffe auch die Grundsubstanz des Knorpels, die Körner der Mastzellen und amyloid entartete Organteile ganz ähnlich, indessen sind diese Gebilde ja von schleimhaltigen Elementen leicht zu unterscheiden. Ein ernsthafter Mangel des Thionins etc. dagegen ist es, daß in einzelnen Fällen, wo die Anwesenheit von Schleim kaum einem Zweifel unterliegt, negative Resultate damit erhalten werden, z. B. an den Becherzellen im Oesophagus von *Rana*.

Hoyer fixiert die Objekte in 5%iger Lösung von Sublimat 3—12 Stunden lang, spült sie mit Wasser ab und überträgt sie in Alkohol von 90—96%, der mehrmals gewechselt wird. (Die Behandlung mit Jod vermeidet er absichtlich, weil dieses die Färbung stark beeinträchtigt.) Nach Entwässerung in absolutem Alkohol gelangen sie auf 3—6 Stunden in Chloroform, auf 1—2 Stunden in Chloroform mit geschmolzenem Paraffin in gleichem Volum, schließlich auf 3—6 Stunden in reines Paraffin, das während dieser Zeit mehrmals gewechselt wird. Die Schnittserien werden mit Drittelalkohol auf Glimmerplatten aufgeklebt, getrocknet, durch Xylol, Chloroform, 96%igen Alkohol, Sublimatlösung (je 1 Minute lang) geführt, mit Wasser oder Alkohol kurz abgespült und nun in die Farblösung (auf 5 *ccm* Wasser 2 oder 3 Tropfen gesättigter wässeriger Lösung von Thionin) gebracht; nach der Färbung werden sie in 96%igem Alkohol abgespült, in einem anderen Schälchen voll gleich starken oder absoluten Alkohols 1—2 Minuten lang entwässert, in einer Mischung aus 4 Teilen Thymianöl und 1 Teil Nelkenöl aufgehellt, in etwas eingedicktem Cedernholzöl oder Terpentinöl untersucht und erst später in Balsam eingeschlossen. Die Färbung ist aber in spätestens einigen Monaten bereits ganz verblaßt; auch die von R. Krause, Unna, P. Mayer u. a. Autoren vorgeschlagenen Abänderungen der Methode liefern kein erfreulicheres Resultat.

Hoyers Vermutungen über die chemische Ursache der metachromatischen Schleimfärbung durch Thionin siehe in der 1. Aufl., pag. 1202 u. 1208. Es soll sich dabei um organische Calciumsalze handeln.

Von anderen Teerfarbstoffen seien außer dem Toluidinblau, das dem Thionin in seiner Wirkung gleichkommt, das Safranin und Unnas polychromes Methylenblau als besonders brauchbar erwähnt. (Ausführlicheres hierüber siehe in der 1. Aufl., pag. 1206.)

Über die Verwendbarkeit des Hämatoxylins und Carmins stellte P. Mayer die ersten genaueren Untersuchungen an und erörterte dabei zugleich die Wirksamkeit der Teerfarbstoffe. Nach ihm färben nur solche Lösungen von Hämateintonerde den Schleim sicher, die relativ geringe Quantitäten von Tonerdesalzen enthalten; solche mit einem bedeutenderen Überschuß von Alaun oder mit Zusatz von Säuren geben keine elektive Schleimfärbung. Mayer empfiehlt speziell sein Muchämatein (s. Bd. 1, pag. 596) sowie von den Carmingemischen sein Mucicarmin (s. Bd. 1, pag. 170). Beide Präparate können in alkoholischen und wässerigen Lösungen verschiedener Konzentration in Anwendung gebracht werden und liefern befriedigende Resultate auch nach verschiedener Fixation der Objekte. Die reinsten und klarsten Bilder erhält man mit schwachen Lösungen (von 0,1—0,2% Gehalt an Carmin oder Hämatein) an Schnitten von Material aus Alkohol oder Sublimat. Eine ausreichende Färbung erfolgt meist schon nach wenigen Minuten. In der Regel wird nur der Schleim gefärbt. Zur Tinktion der Kerne kann Carmalaun oder Hämalaun dienen, aber sie muß vorher erfolgen; auch läßt sich zu weiterer Kontrastfärbung dem Carm- oder Hämalaun $^1/_{20}$—$^1/_5$ Volum der Lösung von 0,1 Indigocarmin in 50 *ccm* Wasser oder 5%iger Alaunlösung zusetzen. Stets muß der Alaun wieder gut ausgewaschen werden, bevor man zur Schleimfärbung übergeht. Die Tinktionen mit Muchämatein oder Mucicarmin sind sehr charakteristisch und in Balsamen absolut haltbar, besonders die mit Mucicarmin; nur durch Säuren, Alaun und andere Tonerdesalze werden sie schnell vernichtet. Aber ein chemisches Reagens auf Schleim bilden Mayers Präparate ebensowenig wie die oben erwähnten Teerfarbstoffe.

Orcein haben zur Schleimfärbung Schaffer und Zimmermann angewandt.

Die Färbung des Schleimes mit Eisen auf Schnitten gelingt nach Podwisotzky mit einer Lösung von Ferrosulfat, nach Mayer mit einer schwachen Lösung von Eisenacetat, nach List mit einer Lösung von Eisenchlorid, die mit Salzsäure angesäuert ist; hinterher wird sie durch Gallussäure geschwärzt oder durch Ferrocyankalium gebläut.

Überruthensäure. Ranvier räuchert die Rachenschleimhaut von Fröschen erst 10 bis 12 Stunden lang mit Osmiumsäure, dann 3 Minuten lang mit Überruthensäure; das „Mucigen" der Becherzellen färbt sich schwarz.

Literatur: Siehe vor allem die äußerst eingehende Darstellung von Hoyer (1. Auflage dieses Werkes, pag. 1197—1210), ferner v. Ebner (Köllikers Handb. der Gewebelehre, 6. Aufl., Bd. 3, 1899), Hoyer (Arch. Mikr. Anat., Bd. 36, 1890), Lee und Mayer (Grundriß,

3. Aufl., 1907). MAYER (Mitt. Zool. Stat. Neapel, Bd. 12, 1896), PODWISOTZKY (Inaug.-Diss. Dorpat, 1878), SCHAFFER (Sitzungsber. Ak. Wiss. Wien, Bd. 100 u. 106, 1891 u. 1897), ZIMMERMANN (Arch. Mikr. Anat., Bd. 52, 1898). *Mayer*, Neapel.

Schlemmkreide, gemahlene Kreide, aus der durch Schlemmen alle gröberen Partikelchen entfernt sind, ist ein vorzügliches Mittel, um Objektträger, Glasplatten und -scheiben mechanisch zu säubern (siehe Deckgläser).

Schmirgel, Smirgel, Lapis smiridis, besteht aus krystallisierter Tonerde und dient wegen seiner Härte zum Schleifen von Edelsteinen, Metallen, Glas etc. Die beste Sorte ist der Naxosschmirgel. Die Handelsware ist meist ein Gemenge von Granaten, Quarz, Eisenglanz, Eisenschlacke etc. Er kommt in Form von mehr oder weniger feinem Pulver oder auf Papier oder Leinwand (Schmirgelpapier) aufgetragen in den Handel.

In der Mikrotechnik dient er zum Schleifen von Hartgebilden (siehe Knochen und Zähne).

Schnecke siehe: Gehörorgan.

Schnittpräparate pflanzlicher sehr harter oder verkohlter Objekte. 1. Lassen sich auch selbst harte Samenschalen mit dem Rasiermesser noch schneiden, wenn man sich auf sehr kleine und dünne Stücke beschränkt, wird man unter Umständen doch zum Schleifen seine Zuflucht nehmen müssen. Es geschieht dies am besten nach der Methode von HÖHNEL und EHRENBAUM, auch ist das Durchtränken mit Canadabalsam oft zweckmäßig (siehe Knochen und Zähne).

2. Verkohlte Pflanzenreste, zumal prähistorische Funde, sind im allgemeinen so bröckelig, daß dem Schneiden ein Einbetten in einer bindenden Substanz vorhergehen muß. Samen werden hierzu mit Canadabalsam durchtränkt. Hölzer werden vorsichtig auf dem Platinblech verascht, die noch zusammenhängende Asche in heißes Paraffin übertragen und erkalten gelassen. Die Schnitte durch das Paraffin werden bis zum Schmelzen erwärmt, dann durch Xylol das Paraffin entfernt und in Canadabalsam eingeschlossen. Besonders auf Querschnitten zeigt die Asche aufs beste die Struktur des Holzes (WITTMACK und BUCHWALD).

3. Reste von Braunkohlenhölzern werden für einige Minuten in absoluten Alkohol gebracht, dann in geschmolzenes Bienenwachs überführt. Die Schnitte durch das erhärtete Material werden in Glycerin untersucht, dem einige Tropfen Alkohol zugefügt sind (GOTHAN).

Literatur: GOTHAN (Nat. Wochenschr., Nr. 3, 1904). WITTMACK und BUCHWALD (Ber. Deutsch. Bot. Ges., Bd. 20, 1902). *Magnus*, Berlin.

Schnittstrecker siehe: Paraffinschnitte, Anfertigung derselben.

Schüttelmethode zur Isolierung von Blastomeren siehe: Experimentell-embryologische Technik.

SCHWANNsche Scheide siehe: Nervenfasern, SCHWANNsche Scheide derselben.

Schwedisches Grün, SCHEELEsches Grün, Kupferarsenit, $CuHAsO_3$, entsteht durch Fällung von Kupfervitriol mit arsenigsaurem Kalium. Diese Reaktion benutzt ROBIN zur Herstellung einer grünen Injektionsmasse.

Schwefel. Der Schwefel kommt in den Handel entweder in krystallinischen Stangen oder als feines Pulver, Schwefelblumen, das durch Sublimation erhalten wird. Beide unterscheiden sich dadurch, daß ersterer in Schwefelkohlenstoff vollständig, letzterer wegen seines hohen Gehalts an amorphem Schwefel nur sehr unvollständig löslich ist. Beide enthalten noch Spuren von Schwefelsäure, Arsen und Selen, welche durch Behandlung von Ammoniak entfernt werden (Sulfur depuratum). Der präzipitierte Schwefel, Sulfur praecipitatum, wird erhalten durch Zerlegung der Polysulfide mittelst Salzsäure. Er ist in Schwefelkohlenstoff völlig löslich. Der Schwefel ist unlöslich in Wasser, fast unlöslich in Glycerin, wird dagegen von vielen anderen Solventien gelöst. Nach PAYEN löst sich Stangenschwefel bei 15° in absolutem Alkohol zu 0,12%, in Äther zu 0,19%, in Chloroform zu 1,2%, in Terpentinöl zu 1,35%, in Benzol zu 1,79%, in einer Mischung von gleichen Teilen der beiden letzteren zu 2,19%, in Petroleum zu 2,77%, in Schwefelkohlenstoff zu 38,70%. Kali- und Natronlauge und in geringerem Maße auch Ammoniak lösen den Schwefel in der Wärme unter Bildung von Polysulfiden und Thiosulfat, konzentrierte Mineralsäuren führen ihn in Schwefelsäure über. Auch in warmem Eisessig ist Schwefel löslich.

Schwefelammonium, $NH_4 . SH$, stellt in wässeriger Lösung eine farblose, sich bald gelb färbende Flüssigkeit dar, die entsteht durch Sättigung von Liquor ammonii caust. mit Schwefelwasserstoff. Sie soll in gut verschlossenen Gefäßen aufbewahrt werden, da sie sich sonst bald unter Schwefelabscheidung zersetzt.

Das Schwefelammonium vermag bekanntlich aus Metallsalzlösung Schwefelmetalle abzuscheiden. Diese Eigenschaft wird auch in der Mikrotechnik vielfach benutzt bei der Imprägnation mit Gold- und Silbersalzen, vor allem aber bei der Erkennung des Eisens in den Geweben (siehe Eisen).

Schwefelbacterien. Der Schwefel ist in den Schwefelbacterien in halbweichen Tropfen enthalten und wird (nach dem Abtöten durch Schwefelsäure oder Eintrocknen) gelöst bis auf einen geringen Rest in schwefligsaurem Natron oder Schwefelkohlenstoff. Werden die schwefelhaltigen Organismen in konzentriertes Glycerin gebracht, scheidet sich der Schwefel langsam in monoklinen Krystallen aus (Hinze). Mit Nitroprussidnatrium färbt sich der Schwefel rot (Gola).

Zum Studium des Baues (die größte ist Beggiatoa mirabilis der Kieler Bucht) werden sie fixiert in Flemming oder Merkel, eventuell mikrotomiert und gefärbt mit Hämatoxylin. Im Plasma sind dann 1. zahlreiche rote „Chromatinkörner" (also kein Kern), 2. Körnchen Kohlenhydrats, das durch Jod bläulich-bräunlich gefärbt wird (Hinze).

Kultur der Süßwasserformen, ausgehend von einem aus dem Sumpf geholten Wasserrhizom (etwa Butomus) in 3—5 Liter Wasser, denen ein paar Gramm Gyps zugesetzt sind. Reinkultur der Purpurbacterien gelang Molisch.

Literatur: Gola (Malpighia, Bd. 16, 1902), Hinze (Ber. Deutsch. Bot. Ges. 1901—1903), Molisch (Die Purpurbacterien. Jena 1907), Winogradsky (Beitr. z. Morph. u. Physiol. d. Schwefelbacterien, II. 1, 1888). *Magnus*, Berlin.

Schwefelkohlenstoff, Kohlendisulfid, Schwefelalkohol, CS_2, wird dargestellt durch Überleiten von Schwefeldampf über glühende Kohlen und stellt eine wasserhelle, eigentümlich, in frischem Zustand nicht sehr unangenehm riechende Flüssigkeit von spez. Gew. 1,272 dar. Siedepunkt bei 46°, Brechungsindex 1,628. Er ist in Wasser nur zu 0,1% löslich, leicht löslich dagegen in Alkohol, Äther, Anilin und fetten Ölen. Er wird von Mineralsäuren nicht angegriffen und ist ein ausgezeichnetes Lösungsmittel für Phosphor, Schwefel, Jod, Öle, Harze, Fette, Paraffin etc.

Der Schwefelkohlenstoff hat stark fäulniswidrige Eigenschaften, an Luft und Licht nimmt er allmählich eine gelbe Farbe und sehr unangenehmen Geruch an.

Der Schwefelkohlenstoff verdankt seinem großen Lösungsvermögen für Fette und Paraffin seine Anwendung in der Mikrotechnik, so dient er als Entfettungsmittel für Knochen und als Intermedium bei der Paraffineinbettung. Der hohe Brechungsindex, der noch durch Sättigung mit Schwefel (1,750) oder Phosphor (1,950) gesteigert werden kann, kann für den Einschluß mancher mikroskopischer Objekte von Nutzen werden.

Schwefelsäure (Acidum sulfuricum), H_2SO_4. Diese schon seit altersher bekannte und wichtigste aller Säuren wurde früher durch Erhitzen von Eisenvitriol (Nordhäuser Schwefelsäure) gewonnen, bis dieses Verfahren durch den Kammerprozeß verdrängt wurde. Bei diesem wird Schwefel oder schwefelhaltiges Mineral bei Luftzutritt zu schwefliger Säure (SO_2) verbrannt, die dann durch Salpetersäure, resp. Stickoxyd zu Schwefelsäure oxydiert wird (englische Schwefelsäure).

Neuerdings wird die Schwefelsäure vielfach nach einer anderen Methode, mit Hilfe des Kontaktverfahrens (von Klemens Winckler), dargestellt. Das

Prinzip desselben ist, daß eine sauerstoffübertragende (Kontakt-) Substanz (Platin, Eisenoxyd etc.) die Vereinigung von schwefliger Säure und Sauerstoff zu Schwefelsäureanhydrid ($SO_2 + O = SO_3$) bewirkt, das mit Wasser sofort in Schwefelsäure übergeht.

Acidum sulfuricum purum oder destillatum des Handels ist der oberhalb 330° siedende Anteil der rohen englischen Schwefelsäure. Diese Säure hat das spez. Gew. 1,842 bei 12° und enthält durchschnittlich $1^1/_2$% Wasser.

Reine wasserfreie Schwefelsäure gewinnt man durch Ausfrieren der vorigen, wobei sie sich in Krystallen vom Schmelzpunkt +10,5° abscheidet und dann genau der Formel H_2SO_4 entspricht; leichter erhält man sie aus SO_3 und der berechneten Menge Wasser. Sie hat bei 15° das spez. Gew. 1,8372, entwickelt schon bei 40° weiße Dämpfe von SO_3, während bei 330° wieder die Säure mit einem Gehalt von $1^1/_2$% H_2O überdestilliert.

Konzentrierte Schwefelsäure ist eine ölige, dicke Flüssigkeit; sie besitzt eine große Affinität zu Wasser, welche auf die Tendenz zur Bildung von Hydraten, wie $H_2SO_4 + H_2O$ und $H_2SO_4 + 2\,H_2O$ etc., zurückzuführen ist. Die Vereinigung mit Wasser erfolgt unter erheblicher Wärmeentwicklung, die ein Sieden der Flüssigkeit veranlassen und sogar explosionsartige Erscheinungen bewirken kann. Deshalb muß man beim Mischen stets die Vorsicht gebrauchen, die Säure in kleinen Mengen ins Wasser fließen zu lassen und niemals umgekehrt zu verfahren.

Die energisch wasserentziehende Wirkung der Schwefelsäure bedingt auch ihr Verhalten zu vielen organischen Verbindungen. Indem sie diesen die Elemente des Wassers — d. h. Sauerstoff und Wasserstoff — entzieht, verwandelt sie dieselben in Kohle oder dunkle, kohlenstoffreiche Gebilde. Hierauf beruht die Schwärzung von Zucker, Holz, Papier etc. durch konzentrierte Schwefelsäure.

Auf Substanzen, die sich in einem abgeschlossenen Raume über konzentrierter Schwefelsäure befinden, wirkt sie austrocknend (Exsiccator).

Die Schwefelsäure ist eine sehr starke Säure, die fast alle organischen und anorganischen Säuren aus deren Salzen verdrängt. Dagegen wird sie durch einige Metalle oder Metalloide, wie Kupfer, Quecksilber, Kohle, Schwefel, Phosphor etc., unter Reduktion zu schwefliger Säure zerlegt. Sie löst fast alle Metalle auf, mit Ausnahme von Blei und den Edelmetallen Gold und Platin.

Die schwefelsauren Salze oder Sulfate sind größtenteils wasserlöslich, sehr schwer löslich ist schwefelsaures Blei, fast oder ganz unlöslich sind die Sulfate der Erdalkalien (Ca, Sr, Ba). Das Verhalten der letzteren dient zur Erkennung der Schwefelsäure, die mit allen löslichen Bariumsalzen einen weißen, pulverigen Niederschlag erzeugt. *Neuberg*, Berlin.

Die Schwefelsäure hat in der Mikrotechnik unter den Mineralsäuren wohl die geringste Verwendung gefunden, als Entkalkungsmittel ist sie natürlich untauglich, dagegen findet sie beschränkte Verwendung als Macerationsmittel besonders für epidermoidale Gebilde (pag. 46). Auch manchen Fixationsmitteln, wie Chromsäure oder Pikrinsäure, wird sie in geringen Mengen zugesetzt. In der technischen Färberei wird dagegen die Schwefelsäure in größtem Maßstab benutzt, vor allem in der Wollfärberei zum Ansäuern der mit saueren Farbstoffen hergestellten Farbbädern. Welche Rolle die Schwefelsäure dabei spielt, ist mit Sicherheit noch nicht festgestellt. Gewöhnlich nimmt man an, daß sie aus dem saueren Farbstoff, d. h. dem Alkalisalz einer Farbsäure, die letztere frei mache, die sich dann auf chemischem oder mechanischem Wege mit der Faser verbinde.

Schwefelwasserstoff, H_2S, wird erhalten, indem man, meist in dem KIPPschen Gasentwicklungsapparat, ein Schwefelmetall, Schwefeleisen oder Schwefelantimon, mit Salzsäure übergießt. Leitet man das entstehende Gas in abgekochtes, destilliertes Wasser ein, so absorbiert dasselbe bis zu seinem dreifachen Volumen den Schwefelwasserstoff (Schwefelwasserstoffwasser, Aqua hydrosulfurata). In noch höherem Maße wird das Gas von Alkohol absorbiert. Die Reaktion dieser Flüssigkeiten ist schwach sauer. In schlecht verschlossenen Gefäßen findet sehr bald eine Zersetzung unter Abscheidung von Schwefel statt. Der Schwefelwasserstoff hat den Charakter einer schwachen zweibasischen Säure, seine wichtigste Eigenschaft ist die, aus Metallsalzlösung unlösliche Schwefelmetalle abzuscheiden. Auf dieser Eigenschaft beruht auch seine Verwendung in der Mikrotechnik. (Näheres siehe Bleiformiat und Golgimethode.)

Schweflige Säure, Acidum sulfurosum, H_2SO_3, entsteht durch Verbrennen von Schwefel oder durch Erhitzen von Kupfer oder Schwefel mit englischer Schwefelsäure und Überleiten des entstandenen Schwefeldioxyds in Wasser. 1 Vol. Wasser nimmt ungefähr 43 Vol., 1 Vol. Alkohol 115 Vol. auf. Die wässerige schweflige Säure ist eine starksaure, stechend riechende Flüssigkeit, die aus der Luft oder oxydierenden Agenzien begierig Sauerstoff aufnimmt und in Schwefelsäure übergeht. Sie ist deshalb ein vorzügliches Reduktions- und Bleichmittel. Die Säure bildet Salze, Sulfite, die beim Zusatz einer Säure leicht unter Abspaltung von schwefliger Säure zerfallen.

Die reduzierende Wirkung der schwefligen Säure wird in der Mikrotechnik vielfach zum Bleichen benutzt, so für Osmium- und Hämatoxylinpräparate. Sie dient ferner als geschätztes Entkalkungs- und Macerationsmittel und ist auch als Fixationsmittel in alkoholischer Lösung gerühmt worden.

Schweineseuchebacillus, Bacillus suisepticus. Die Bacillen der Schweineseuche färben sich gut mit den gebräuchlichen wässerigen Lösungen der Anilinfarben. Dabei zeigen sie nicht selten in ihren centralen Teilen eine ungefärbte Stelle, so daß die Pole der Bacterien stärker gefärbt erscheinen als die Mitte. Sind die Bacterien sehr stark gefärbt, so sind sie gleichmäßig gefärbt und zeigen eine ungefärbte centrale Mitte nicht. Nach der GRAMschen Methode färben sich die Bacillen der Schweineseuche nicht. Schnitte färbt man nach den für die Färbung von Bacterien in Schnitten angegebenen Methoden. *Künnemann*, Hannover.

Schweinfurtergrün, $(CH_3—CO.O)_2Cu + 3Cu(As_2O_3)_2$. Krystallinisches, in Wasser unlösliches Pulver. Mit Wasser gekocht, zersetzt es sich unter Essigsäureabspaltung und färbt sich braun.

Das Schweinfurtergrün wird in der Mikrotechnik zur Herstellung opaker grüner Injektionsmassen benutzt (siehe Injektion der Blut- und Lymphgefäße).

Schweißdrüsen. Zur Fixation der Schweißdrüsen bevorzugt HEYNOLD MÜLLERsche Flüssigkeit oder 2%iges Ammoniumbichromat oder 0,5%ige Osmiumsäure. RANVIER fixiert kleine Hautstückchen 24 Stunden lang in 1%iger Osmiumsäure oder Alkohol, oder er injiziert die Osmiumsäure subcutan. UNNA empfiehlt zu demselben Zweck, speziell zur Darstellung des Fettes in den Epithelzellen, seine Methode der sekundären Osmierung. Kleine Hautstücke kommen 24 Stunden lang bei Bruttemperatur in 1%ige wässerige Pikrinsäure, der man 1‰ Salpetersäure und 1% Gerbsäure und eventuell noch 5% Essigsäure zusetzt. Sie werden dann möglichst rasch in Alkohol entwässert und in Celloidin eingebettet. Die Osmierung der Schnitte erfolgt in 1%iger Osmiumsäure mit Zusatz von 1% Alaun.

Beim Menschen finden sich die meisten Schweißdrüsen in der Achselhöhle, in der Vola manus und in der Planta pedis. Die größten Schweißdrüsen finden sich in der Achselhöhle und der nächsten Umgebung des Afters. Die günstigsten Objekte für die Untersuchung der Schweißdrüsen bilden die Katzenpfote und die Rüsselscheibe des Schweines (LUCHSINGER). Zur künstlichen Erregung der Secretion eignen sich vor allen Pilocarpin, Muscarin, Nicotin und Physostigmin.

Zur Isolierung der Schweißdrüsen kann man kleine Hautstückchen in verdünnter MÜLLERscher Flüssigkeit, in dünner Essigsäure oder durch anhaltendes Kochen in Salzsäurealkohol (1%) macerieren (HEYNOLD).

Zur Darstellung der Nerven der Schweißdrüsen empfiehlt RANVIER (1887) seine Goldmethoden, SFAMENI die Vergoldung nach FISCHER oder LÖWIT, ARNSTEIN die vitale Methylenblaufärbung.

Literatur: Arnstein (Anat. Anz.. Bd. 10. 1895), Heynold (Arch. Pathol. Anat., Bd. 61, 1874), Luchsinger (Schweißabsonderung in Hermann, Handbuch der Physiologie, Bd. 5, Leipzig 1881), Ranvier (C. R. Ac. Sc. Paris, Bd. 89. 1879). derselbe (Journ. de Microgr. 1887), derselbe (Le mécanisme de la sécrétion. Paris 1887), Sfameni (Arch. Ital. Biol., Bd. 29, 1898), Unna (Deutsche Medizinalzeitung 1898).

Seewasser, künstliches, siehe: Experimentell-embryologische Technik.

Sehne. Zur Fixation der Sehne eignet sich neben Alkohol vor allen Dingen Pikrinsublimat (Retterer) und Osmiumsäure. Ranvier empfiehlt die letztere auch zur interstitiellen Injektion in die Sehnensubstanz. Um Quer- und Längsschnitte anzufertigen, bettet man am besten in Celloidin ein. Die alte Methode, getrocknete Sehnen größerer Tiere (Kalb) zu Querschnitten zu benutzen, liefert ebenfalls ganz gute Bilder. Am meisten aber empfiehlt es sich, die frische Sehne eines großen Schlachttieres auf dem Gefriermikrotom zu schneiden und die Schnitte in Hämalaun zu färben.

Als Macerationsflüssigkeiten für die Sehne zur Darstellung der Fibrillen und Fibrillenbündel leisten Müllersche Flüssigkeit, Barytwasser, Kalkwasser gute Dienste.

Um ganz dünne Sehnen zur Beobachtung im lebenden Zustand zu gewinnen, schneidet man den Schwanz einer weißen Maus oder Ratte in mehrere Stücke. Man kann dann die dünnen Sehnen mit einer Pinzette leicht zwischen Haut und Knochen herausziehen. Auch die kleinen, dünnen Sehnchen an den Zehen der Froschpfote geben sehr gute Bilder.

Zur Darstellung der Sehnenzellen eignet sich die Maceration solcher dünner Sehnen in Alauncarmin (Dogiel, 87), Böhmerschem Hämatoxylin oder carminsaurem (1—2%) Natron vorzüglich. Man kann sie in diesen Flüssigkeiten wochen- und monatelang liegen lassen und untersucht in Glycerin. Auch Vergoldung nach Löwit gibt oft gute Bilder. Ranvier empfiehlt zu demselben Zweck 24stündige Fixation in 1%iger Osmiumsäure, Färben ebenso lang in Pikrocarmin und Untersuchung in Glycerin mit 1% Ameisensäure.

Das die sekundären Bündel umgebende Endothel kann man durch Versilberung dünner Sehnen deutlich machen. Man erhält dann auch gleichzeitig negative Bilder der Sehnenkörperchen.

Zur Darstellung der Sehnennerven und der nervösen Endkörperchen eignen sich die verschiedenen Goldmethoden, Goldchlorid-Arsensäure (Golgi und Marchi, siehe Bd. I, pag. 538), ähnlich auch Cattaneo (siehe Bd. I, pag. 542); Ciaccio bringt Amphibiensehnen bis zum Durchsichtigwerden in 0,1%ige Salzsäure oder in 0,2%ige Essigsäure, dann 5 Minuten in 1‰iges Goldchloridkalium, dann wieder 24 Stunden im Dunkeln in die Säure und 2—4 Stunden in die Sonne. Sind sie violett geworden, so kommen sie auf 24 Stunden in 0,1%ige Osmiumsäure und werden in mit etwas Ameisensäure versetztem Glycerin aufbewahrt. Auch mittelst der Neurofibrillenmethode von Cajal (siehe Neurofibrillen) lassen sich die Sehnennerven sehr gut darstellen (Dogiel, 06).

Literatur: Behrens, Kossel und Schiefferdecker (Gewebelehre. I. Abt., Braunschweig 1891), Cattaneo (Arch. It. Biol., Bd. 10, 1888). Ciaccio (Mem. Acc. Sc. Bologna [4], Bd. 10, 1890), Dogiel (Anat. Anz., Bd. 2. 1887). derselbe (Arch. Mikr. Anat., Bd. 67, 1906), Golgi (Mem. Acc. Sc. Torino, Bd. 32. 1880), Marchi (Arch. per le Sc. Med., Bd. 5, 1882), Ranvier (Technisches Lehrbuch), Retterer (C. R. Soc. Biol. Paris, Bd. 5, 1898).

Seife als Einbettungsmasse siehe: Glycerinseife, Natronseife und Paraffin.

Seignettesalz siehe: Kalium-Natriumtartrat.

Secretgranula siehe: Drüsen.

Serum siehe: Blutserum.

Siebröhren der Pflanzen. Die eiweißleitenden Elemente der Pflanzen können mit normaler Verteilung des Inhalts nur studiert werden, wenn unverletzte, mit der Mutterpflanze in Verbindung stehende Sprossen durch etwa 5 Minuten langes Eintauchen in siedendes Wasser getötet werden. So fixiertes Material wird entweder direkt untersucht oder noch in Alkohol gehärtet. Während so behandeltes Material die ganzen Siebröhren mit feinkörnigem Inhalt erfüllt zeigt, enthalten die in Alkohol oder einer anderen Fixierungsflüssigkeit fixierten Präparate einen Schleimfaden in der Längsrichtung ausgespannt, der sich nach den Siebplatten zu erheblich verdickt. Über die Färbung der callushaltigen Siebplatten und Doppelfärbungen vgl. Zellmembrane, pflanzliche: Callose.

Literatur: Alfr. Fischer (Ber. Deutsch. Bot. Ges. 1885 u. 1886). *Magnus*, Berlin.

Silbermethoden. I. Eigenschaften der in der mikroskopischen Technik gebräuchlichen Silberverbindungen. 1. Argentum nitricum, Silbernitrat, salpetersaures Silber, Höllenstein, $AgNO_3$, wird dargestellt durch Lösen von Silber in verdünnter Salpetersäure. Das Salz bildet farblose Tafeln des rhombischen Systems vom spez. Gew. 4,32—4,35. Schmelzpunkt 189°. Im Handel meist in Form von weißen, glänzenden oder grauweißen Stäbchen (Lapis infernalis) erhältlich. Höllenstein ist sehr leicht in Wasser löslich; es lösen 100 Teile Wasser bei 0° 121,9, bei 19,5° 227,3, bei 54° 500, bei 85° 714,0, bei 110° 1111 $AgNO_3$. Die wässerige Lösung reagiert neutral; Salzsäure fällt schon aus sehr verdünnten Lösungen weißes, in Ammoniak lösliches, in Salpetersäure unlösliches Chlorsilber, Schwefelwasserstoff schwarzes Schwefelsilber. Auch in Alkohol und Äther ist das Salz löslich; 1 Teil löst sich in 4 Teilen Weingeist.

Argentum nitricum zeichnet sich durch seine leichte Reduzierbarkeit aus, besonders organischen Substanzen gegenüber; ferner wird es von den meisten Metallen reduziert. In reinem Zustand ist es dem Licht gegenüber absolut beständig, so daß es nicht nötig ist, das Salz oder seine Lösungen in dunklen Flaschen aufzubewahren. Dagegen werden organische Stoffe durch Silbernitrat, dem Lichte ausgesetzt, geschwärzt.

Das Salz findet für photographische Zwecke Verwendung, indem Lösungen von salpetersaurem Silber als Positivbäder sowie im Kollodiumverfahren als sogenannte Negativsilberbäder dienen. In der praktischen Medizin wird es äußerlich und innerlich angewandt.

2. Argentum jodatum, Silberjodid, Jodsilber, AgJ, schweres, hellgelbes Pulver vom spez. Gew. 5,67 bei 0°, in Wasser und Alkohol unlöslich, in Ammoniak schwer löslich, leicht löslich dagegen in Jodwasserstoffsäure, in konzentrierten Lösungen von Alkali- und Erdalkalijodiden. Im direkten Sonnenlicht wird reines Jodsilber nicht verändert, dagegen wenn es in einer Collodiumschicht oder in einem ähnlichen Medium fein verteilt ist. Jodsilber hat in der praktischen Photographie ausgedehnte Verwendung gefunden.

3. Argentum lacticum, Actol s. Bd. 1, pag. 9.

4. Argentum citricum, citronensaures Silber, Itrol, $C_6H_5O_7$-Ag_3, in Wasser schwer, in Ammoniak leichter lösliches Pulver, auch in der praktischen Medizin angewandt.

5. Silberacetat, essigsaures Silber, $C_2H_3O_2$-Ag, weiße, perlmutterglänzende Blättchen oder Nadeln vom spez. Gew. 3,128 bei 15°, in 98 Teilen kalten Wassers bei 14° löslich.

6. Silberpikrat, pikrinsaures Silber, $C_6H_2(NO_2)_3OAg + {}^1/_2 H_2O + 1 H_2O$, feine, glänzende Nädelchen, die in 170 Teilen Wasser von 6° löslich sind.

7. Argentamin s. Bd. 1, pag. 58.

8. Protargol, eine Silbereiweißverbindung, 8,3% Silber enthaltend, ein gelbliches, leicht in Wasser lösliches Pulver. Die Lösung gibt weder mit Kochsalz noch Eiweiß, Säuren und Alkalien Niederschläge.

9. Kolloides Silber, Argentum colloidale, kommt zum Zwecke der Injektion in der praktischen Medizin als Argoferment (Heyden) und als Elektrargol (Clin) in den Handel.

II. **Übersicht über die histologischen und bacteriologischen Silbermethoden.** Aus Gründen der Übersichtlichkeit wird es am zweckmäßigsten sein, die Besprechung der in der mikroskopischen Technik bisher angewandten Silbermethoden in der Weise vorzunehmen, daß wir unterscheiden wollen zwischen Silbermethoden am nicht fixierten und denen am fixierten Objekte. Zu den ersteren würden auch die Injektionen von Silbersalzlösungen zum Zwecke der Gefäßuntersuchung, zu den letzteren auch die GOLGIsche Methode gehören. Da indessen beiden Untersuchungsmethoden besondere Kapitel in diesem Buche gewidmet sind, genügt es, an dieser Stelle auf die betreffenden Aufsätze (Injektion der Blut- und Lymphgefäße Bd. 1, pag. 634, GOLGIsche Methode Bd. 1, pag. 551, Knochen und Zähne Bd. 1, pag. 724) zu verweisen. Anhangsweise werden dann die bacteriologischen Silbermethoden zu erwähnen sein.

a) Silbermethoden am nicht fixierten Objekte. Der erste Autor, der eine Silbermethode angewandt und damit überhaupt ein neues Prinzip in die histologische Technik, das der Metallimprägnation, eingeführt hat, war KRAUSE im Jahre 1844. Es hat sicherlich auch heute noch Interesse, den Autor selbst zu hören — zumal da neuerdings L. LANDOIS in einem Aufsatz über die Geschichte der Metallimprägnation (Arch. Mikr. Anat., 1902, Bd. 61) des KRAUSEschen Anteils an der Entwicklung dieser Methode nicht Erwähnung tut. KRAUSE schreibt: „Legt man ein Stück dicke Epidermis in eine Auflösung von salpetersaurem Silber bis zur vollständigen Durchdringung und setzt es dem Lichte aus, so färben sich die freien Flächen braunschwarz, und trägt man diese ab, so findet man das Innere des Oberhautstückes noch von weißer Farbe, aus Schnittchen dieser scheinbar unveränderten Epidermissubstanz kann mit Wasser ein durch Salzsäure fällbarer Auszug nicht mehr erhalten werden. Die Schnittchen schwärzen sich aber im Lichte; an ihnen zeigt sich unter dem Mikroskope und bei Behandlung mit Essigsäure das Gewebe der Epidermis ganz unverändert, nur sieht man an der Außenseite der größeren Zellen, besonders da, wo sie zusammenstoßen, sehr dunkle Körnchen von $^1/_{1500}$—$^1/_{1000}$''' Durchmesser, ohne Zweifel Chlorsilber und reduziertes Silber. Behandelt man die Schnittchen, bevor sie sich völlig geschwärzt haben, mit kaustischem Ammoniak, so erhält man in diesen die bekannte Reaktion auf Salzsäure und die Ablagerung zwischen den Zellen erscheint geringer an Masse. Die Ablagerung ist überhaupt am stärksten in der tiefen Schicht der Epidermis und in den Ausführungsgängen der Schweißdrüsen, zeigt sich aber auch an der Hornschicht und ist hier feinkörniger. Bei der Färbung der Epidermis durch lange fortgesetzten inneren Gebrauch des Höllensteins wird vermutlich ein Silbersalz bis in das Cytoblastem der tiefen Schicht und die die Epidermis durchdringende Flüssigkeit geführt und hier durch das Licht verändert."

Und weiter heißt es (pag. 156): „Bemerkenswert ist, daß die Auflösung des salpetersauren Silbers die in ihr eingeweichte Epidermis in ihrer ganzen Dicke durchdringt, die des salpetersauren Kali aber nicht; es läßt sich nur daraus erklären, daß die Epidermissubstanz das Silber aus seiner Verbindung mit der Salpetersäure ausscheidet, so daß diese frei wird und bei ihrem allmählichen tieferen Eindringen in die Masse der Oberhaut auch den noch unzersetzten Anteilen der Solution den Weg zwischen die Epidermiszellen bahnt."

Das Verdienst, die Silberbehandlung dann weiterhin zu einer anatomischen Methode gemacht zu haben, gebührt v. RECKLINGHAUSEN (60). Allerdings hatten schon einige Jahre vorher FLINZER bei COCCIUS (54) und HIS (56) durch Ätzung der Cornea Niederschläge in derselben hervorgerufen. Aber v. RECKLINGHAUSEN hat, wie er ausdrücklich (63) hervorhebt, die Silberbehandlung zu einer anatomischen Methode dadurch gemacht, „daß er einerseits äußerst schwache Silberlösungen angewandt habe, andrerseits nicht in situ die tierischen Teile behandelt oder wenigstens das Epithel vorher entfernt habe". So erhielt er Bilder, die ihm zur Empfehlung des Silbers als einer Methode zur Sichtbarmachung der Kittsubstanz zwischen Endo- und Epithelien sowie der bindegewebigen Grundsubstanz berechtigte.

In der ersten Arbeit v. RECKLINGHAUSENs aus dem Jahre 1860, betitelt: „Eine Methode, mikroskopisch hohle und solide Gebilde von einander zu unterscheiden", heißt es: „Legt man frische oder besser noch getrocknete tierische Teile in schwache Lösungen von Höllenstein, bringt sie dann in eine dünne Kochsalzlösung und setzt sie hierauf der Einwirkung des Lichtes aus, so erhält man einen feinen, dichten, schwarzen Silberniederschlag in denjenigen Teilen, welche wesentlich wässerige Lösungen enthalten, wohingegen solidere Substanzen (Intercellularsubstanzen) nur zerstreute Körner oder eine diffuse Färbung zeigen, ja fast unverändert bleiben können." Die Lösungen, die v. RECKLINGHAUSEN anwandte, waren 1 : 400—500.

TOMMASI, der die Lymphgefäße des Hodens auf Veranlassung v. RECKLINGHAUSENs untersuchte (63), führt die Rasiermesserschnitte in einer Silberlösung von 1:400 hin und her, höchstens 1 Minute, hebt sie in konzentrierter Essigsäure auf, nachdem ihm ein Teil des Wassers durch 24stündiges Liegen in starkem Alkohol entzogen ist; später werden die Präparate unter Abschluß des Lichtes in Glycerin oder Chlorcalcium aufbewahrt.

Im Jahre 1864 machte FROMANN die Beobachtung, daß Achsencylinder unter Einwirkung von Höllenstein dunkle Querstreifen zeigen — Linien, die heute allgemein nach ihrem Entdecker benannt werden.

MÜLLER (67) untersucht die Hornhaut durch Behandlung mit Silbersalpeter, verbunden mit einer nachträglichen Behandlung in Jodsilber. W. REISSIG hatte gefunden, daß Silbersalpeter in Verbindung mit Jodsilber dem Lichte ausgesetzt, einen gelben Niederschlag erzeuge. Auf Veranlassung von EBERTH probierte er das Verfahren und hatte gute Erfolge bei der Behandlung der Lymphgefäße, der Epithelzeichnung der Gefäße, der intra- und extracellulären Zeichnung der Cornea; hierbei blieben die Kerne unversehrt, ein Vorteil gegen die einfache Silbermethode. Die Objekte wurden im Dunkeln in eine 1%ige Höllensteinlösung 2—3 Minuten gelegt, hierauf wurde eine kleine Quantität 1%ige Jodsilberlösung (chemisch rein, mit einer geringen Menge Jodkalium aufgelöst) zu der Höllensteinlösung gegossen, das Präparat mehrmals in der gelbgefärbten Flüssigkeit hin und her geschwenkt, in destilliertem Wasser abgewaschen, dann in einer 1‰igen Höllensteinlösung mehrere Tage lang dem Lichte ausgesetzt und in Alkohol gehärtet.

RANVIER (68) legt das ganze Auge in eine 1‰ige Silbernitratlösung bis es undurchsichtig wird, entfernt das Epithel, wäscht im destillierten Wasser, setzt es dem Sonnenlicht aus, wäscht dann mit einer 1‰igen Goldchloridlösung und untersucht in Glycerin. Es ist dies also die Kombination einer Silber- und einer Goldmethode.

LEGROS (68) bringt die Objekte, um das Nachdunkeln zu verhüten, in eine Lösung von unterschwefligsaurem Natron, und zwar nur für kurze Zeit; dann wird in Wasser ausgewaschen.

ROBINSKI (69) verwendet Lösungen von 1 : 500—1 : 1000, in denen er die Gewebe ½ Minute lang dem Licht aussetzt.

ROUGET (73) bringt die Gewebe wiederholt 3—5 Sekunden lang in eine Lösung 1 : 760—1000, wobei er jedesmal vorher mit Wasser abspült; die Präparate werden in Glycerin gebracht und dem Lichte ausgesetzt. Dann kommen die Präparate noch 2—3 Stunden in eine Mischung von Ammoniakcarmin, Glycerin und Alkohol. Auf diese Weise sollen Zellgrenzen und Zellsubstanz gleich nach der Silberbehandlung deutlich erscheinen.

Von EBERTH (74) wird die Silberbehandlung mit Hämatoxylinfärbung kombiniert. Bei seinen Untersuchungen über die Entzündung der Cornea legt er diese zuerst in eine 0,5—1%ige Höllensteinlösung, wäscht aus und färbt dann 1—3 Stunden mit Hämatoxylin.

Während die bisher erwähnten Autoren sich des Höllensteins bedienten, zieht ALFÉROW (74) organische Silbersalze vor; er verwendet Silberpikrat, -acetat, -citrat und besonders -laktat in einer Lösung von 1 : 800, wobei je 10—15 Tropfen der freien Säure zugefügt werden.

Im Jahre 1875 gibt dann RANVIER in seinem Lehrbuch der Histologie ausführliche Vorschriften über die Silberbehandlung. Er nennt die Silberimprägnation ein Verfahren, das bei richtiger Anwendung die besten Resultate gebe. Das Silbernitrat könne entweder in Lösung oder — seltener — in Substanz angewandt werden.

Die Anwendung des festen Silbernitrats kann für die Cornea und das Bindegewebe, dagegen nicht für das Epithel statthaben. Für die Cornea z. B. verfährt man folgendermaßen: Ist das Auge herausgenommen, so fährt man mit einem Stück Höllenstein schnell über die vordere Fläche der Membran in situ. Die Cornea wird losgetrennt und in destilliertes Wasser gelegt; das Epithel wird mit dem Pinsel entfernt. Das Silbernitrat wird von der die Cornea tränkenden Gewebsflüssigkeit gelöst, durchsetzt die Epithelschicht und reduziert sich in dem fibrillären Gewebe, das nach Einwirkung des Lichtes gefärbt wird. Die Zellen dagegen werden von dem Silber verschont und bleiben ungefärbt.

Bei der Anwendung des Silbernitrats in Lösung müssen eine Anzahl Vorsichtsmaßregeln gebraucht werden. So muß z. B. eine Membran wie das Netz über den Rand einer Porzellanschale ausgespannt werden, dann muß sie zur Entfernung von Albuminaten und von Blut mit Wasser abgespült werden, worauf man sie in direktem Sonnenlicht oder wenigstens bei sehr hellem Licht mit einer Silbernitratlösung 1 : 300—1 : 500 bespült, und zwar unter beständiger Bewegung. Sowie das Gewebe weiß wird und dann einen schwärzlich grauen Ton bekommt, wird die Membran abgelöst und in destilliertes Wasser gebracht, um sie gut auszuwaschen. Dann wird das Objekt auf einen Objektträger gebracht und kann in Glycerin untersucht werden, das gut konserviert, durchsichtig macht und nur die schwarzen Silberlinien hervortreten läßt. Man kann das Präparat auch trocken aufheben. Die Membran wird so auf einen Objektträger ausgespannt, daß das imprägnierte Epithel mit dem Glas in Kontakt tritt. Alsdann wird vor der vollständigen Eintrocknung die Membran mit einer Pinzette entfernt. Die Epithelzellen bleiben mit ihrem intercellulären Kitt auf dem Objektträger hängen. Bedeckt man mit einem Deckgläschen und umrandet mit Paraffin, so erhält man ein Dauerpräparat. Um in Canadabalsam aufzubewahren, muß man die Membran, so lange sie noch aufgespannt ist, in gewöhnlichen, hiernach in absoluten Alkohol legen. Nach der Entwässerung bringt man sie auf einen Objektträger, läßt den Alkohol verdunsten, bis die Oberfläche ein mattes Aussehen bekommt. Dann macht man durch einen Tropfen Nelken- oder Terpentinöl durchsichtig, setzt den Canadabalsam zu und bedeckt mit einem Deckglase. — Es kann auch das mit Silber imprägnierte Gewebe noch mit Goldchlorid in 1‰iger Lösung behandelt werden (s. oben).

Auf diese Weise sieht man die Zellen durch Linien voneinander getrennt, die mehr oder weniger dunkelbraun, resp. bei nachträglicher Goldchloridbehandlung violett gefärbt sind. Zur Sichtbarmachung der Kerne benutzt RANVIER eine Pikrocarminlösung, in der er mehrere Stunden färbt.

Abweichend von den soeben geschilderten Verfahren kann man nach RANVIER z. B. das Mesenterium des Frosches auch in situ untersuchen.

Durch Anwendung des Silbernitrates bei der Untersuchung der markhaltigen Nervenfasern erhielt RANVIER Einblick in wichtige Einzelheiten ihrer Struktur. Er bringt zwei Verfahren in Anwendung; entweder werden die dünnen Nerven in die Lösung eingetaucht oder die voluminösen Nerven in der Lösung zerzupft. Bei dem ersten Verfahren, das z. B. bei den N. thoracici in Betracht kommt, werden die isolierten Nerven zunächst mit destilliertem Wasser, dann mit einer 3‰igen Silbernitratlösung bespült, unter deren Einfluß die Nervenfäden starr werden. Sie werden dann an beiden Enden durchschnitten, in die Silberlösung gebracht, in der man sie 5—20 Minuten dem Tageslicht aussetzt, dann in destilliertem Wasser gewaschen und in Wasser oder, wenn sie konserviert werden sollen, in Glycerin untersucht. Auf diese Weise entdeckte RANVIER die nach ihm benannten kleinen Kreuze. — Das zweite Verfahren wendet RANVIER bei voluminösen Nerven, z. B. dem N. ischiadicus der Versuchstiere, an.

FOURNEUX und HERRMANN (75) waschen oberflächlich in einer 3‰igen Silbernitratlösung, bringen die Membranen dann längere Zeit in ein Bad von einer schwächeren Lösung, dann in Alkohol. Ferner schlagen sie die Verwendung künstlichen Lichtes vor.

An Stelle des Silbernitrats verwendet HOYER (76) eine Lösung von salpetersaurem Silberammoniak. Er setzt einer Höllensteinlösung von bestimmter Konzentration so viel Ammoniak zu, daß der gefällte Niederschlag sich wieder zu lösen beginnt; die Lösung wird dann so verdünnt, daß sie 0,75—0,5% Höllenstein enthält.

Eosin und Silber wird von RENAUT (77) kombiniert. Nach der Versilberung färbt er bei der Untersuchung der Sehnenzellen mit Eosin nach.

Besondere Kautschukringe zum Aufspannen der Haut und anderer Objekte werden von G. und F. E. HOGGAN (79) angewandt, die im übrigen die Silber- mit der Goldimprägnation vereinigen.

v. THANHOFFER (80) betropft die Gewebe nach der Silberbehandlung mit 2%igem essigsauren Wasser unter Belichtung der Objekte; sein Schüler KRAUSS reduziert in einer hellroten Lösung von übermangansaurem Kali; ein anderer Schüler OPPITZ bringt die Objekte nach der Behandlung mit Silbernitrat in eine $^1/_4$—$^1/_2$%ige Lösung von Zinnchlorid, in der die Reduktion schnell stattfindet.

SATTLER (82) verwendet den Höllenstein in Substanz bei der Untersuchung der Epithelien; nachdem die zu untersuchende Fläche bestrichen ist, wird sie in mit Essig- oder Ameisensäure angesäuertem Wasser dem Licht einige Minuten lang ausgesetzt.

Um die Chloride der Seetiere vor der Silberbehandlung zu entfernen, wäscht HARMER (84) vorher in 3%iger Kalisalpeterlösung in destilliertem Wasser aus; Loxosoma und Pedicellina wurden durch halbstündiges Verweilen in der Lösung nicht getötet. Tiere, die in dieser Lösung sterben, kommen in $4^1/_2$%ige Lösung von Natriumsulfat. Nach der Versilberung kann mit Osmiumsäure und Pikrocarmin behandelt werden.

Über die Darstellung der elastischen Fasern nach MARTINOTTI (88) siehe Bd. 1, pag. 293.

Als beste Methode der Versilberung, bei der die Kerne gut konserviert werden, empfiehlt DEKHUYZEN (89) Abspülen des Froschmesenteriums nebst Darmschleife in einer 1,3%igen Kalisalpeterlösung, Überführen in eine $^1/_4$%ige Silbernitratlösung, die 3% Salpetersäure enthält, für 3—6 Minuten, dann in 3%ige Salpetersäure einige Minuten; in 96%igem Alkohol wird alsdann der Darm abgeschnitten, das Mesenterium wird in Nelkenöl in einem Uhrgläschen, das auf weißem Papier liegend, dem Licht möglichst ausgesetzt ist, einige Minuten gelassen. Die Kerne können dann mit Alaun-Hämatoxylin, Safranin oder Methylgrün gefärbt werden.

Über die Behandlung des Peritoneum mit Silbernitrat nach dem Verfahren von KOLOSSOW (93) vgl. Peritoneum.

GEROTA (97) wendet bei seinen Untersuchungen über die Anatomie und Physiologie der Harnblase eine Doppelimprägnation mit Silbernitrat und Goldchlorid an. Er reduziert mit einer fixierenden Hydrochinonlösung (je 2 *ccm* einer Lösung A: krystallisiertes schwefelsaures Natrium 10 *g*, destilliertes Wasser 15 *ccm*, Hydrochinon 1,5 *g* und einer Lösung B: Kaliumcarbonat 15 *g*, destilliertes Wasser 150 *ccm* werden mit 10 Teilen Wasser vermischt), bis das Gewebsstück dunkelbraun bis schwarz erscheint, hierauf wird mit Wasser ausgewaschen und 5 Minuten lang in einer Lösung von unterschwefligsaurem Natron fixiert, in Glycerin oder Canadabalsam eingeschlossen.

GEROTA empfiehlt diese Fixierung mit unterschwefligsaurem Natron vor allem die mit Silber + Gold behandelten Präparate. Ist die Reduktion zu stark geworden, so kann das Präparat in einer Cyankaliumlösung 1 : 25 wieder aufgehellt werden.

BERGH (99) stellt die Zellgrenzen der Blutgefäße der Anneliden durch Versilberung dar. Zunächst wurden einfache Lösungen (Silbernitrat-acetat) benutzt. Die besten Resultate werden erhalten bei Benutzung einer Mischung gleicher Teile einer 1%igen Lösung von Silbernitrat und einer 1%igen Lösung von Salpetersäure oder des FISCHELschen Gemisches, bestehend aus 50 Teilen 1%igen Silbernitrats, 25 Teilen Ameisensäure, 25 Teilen destillierten Wassers. Die Objekte blieben längere Zeit, eine Woche oder mehr, im Dunkeln.

SIMARRO (00) gibt eine neue Untersuchungsmethode des Nervensystems, beruhend auf Imprägnation mit Silbersalzen, an. Diese Methode beruht auf denselben Prinzipien, wie die Photographie bei ihrer Anwendung des Chlor-, Brom- und Jodsilbers. Der Vorgang ist folgender: Zunächst müssen die Gewebe mit einem Brom- oder Jodsalz durchtränkt werden, so daß sich Brom- oder Jodsilber bildet, nun wird in Celloidin eingebettet und im Dunkeln geschnitten; die Schnitte werden dem Licht ausgesetzt und das Bild durch einen Entwickler, z. B. Pyrogallussäure oder Hydrochinon, hervorgerufen; hierauf wird in unterschwefligsaurem Natron fixiert, ausgewaschen, woran sich eine Doppelfärbung mit Carmin, Anilinfarben, Hämatoxylin etc. anschließen kann; aufgehellt wird in Bergamottöl, Terpentin oder Carbolxylol. Über Einzelheiten der Methode ist in der „Zeitschrift für wissenschaftliche Mikroskopie", Bd. 18, 1902, nachzulesen; hier ist nur noch hervorzuheben, daß die Injektion des Brom- oder Jodsalzes tagelang fortgesetzt wurde.*

Über die Untersuchung des Hodens durch REGAUD (01) mit Hilfe einer Silbermethode vgl. Bd. 1, pag. 625.

REGAUD und POLICARD (03) verwenden zur Untersuchung von Schlangenniere u. a. eine Injektion der RENAUTschen Mischung in die Aorta (3 Volumteile einer Mischung von 75 Volumteilen einer gesättigten wässerigen Pikrinsäurelösung und von 25 Volumteilen einer 1%igen wässerigen Osmiumsäurelösung und 1 Volumteil einer 1%igen wässerigen Höllensteinlösung), ferner Zerzupfung in 1%iger wässeriger Protargollösung.

REGAUD und DUBREUIL verwenden (03) zur Versilberung seröser Membranen eine frisch bereitete 1%ige Protargollösung, zum Teil zu gleichen Teilen mit 1%iger Osmiumsäurelösung, härten dann in Alkohol etc.

Zur Darstellung der v. KUPFERschen Sternzellen der Leber benutzt E. COHN (04) eine Injektion von 1 *g* kolloidalen Silbers in 5 *ccm* destillierten Wassers gelöst in die Randvenen des Kaninchenohrs. Ebenso gehen SCHILLING und BRÖTZ vor.

b) Silbermethoden am fixierten Objekte. R. HERTWIG (80) fixiert Seetiere in verdünnter Osmiumsäure, wäscht in destilliertem Wasser aus, bis das Spülwasser nur noch geringe Niederschläge mit Silberlösung gibt, und läßt dann eine 1%ige Höllensteinlösung etwa 6 Minuten einwirken.

SALGE und STOELTZNER (99) behandeln Schnitte vom rhachitischen Knochen folgendermaßen: 3 Minuten lang Verweilen in einer 0,5%igen Argentum nitricum-Lösung, Abspülen in destilliertem Wasser, Übertragen auf 1 Minute in eine 5%ige Bromnatriumlösung, erneutes Abspülen in destilliertem Wasser, Entwick-

---

* Es darf vielleicht an dieser Stelle erwähnt werden, daß Referent ähnliche Versuche vorgenommen hat im Anschluß an die Ausbildung seiner weiter unten zu referierenden Methoden, Markscheiden und Nervenzellen durch Silberimprägnation darzustellen. Es wurden die verschiedensten Silbersalze sowohl subcutan wie intravenös Kaninchen injiziert, in der Hoffnung, durch nachträgliche Anwendung von Reduktionsmitteln bestimmte Bestandteile der nervösen Apparate zu versilbern. In einigen Fällen gelang es in der Tat, eine makroskopisch deutliche Schwarzfärbung der grauen Substanz der Centralorgane hervorzurufen. Die weitere Verfolgung des Planes scheiterte aber daran, daß es nicht gelang, ein geeignetes Fixationsmittel ausfindig zu machen. Auch neuerdings mit colloidalem Silber angestellte Versuche blieben ohne Erfolg.

lung in Amidol, dem photographischen Entwickler. Uranverstärkung der gesilberten Präparate war sehr brauchbar.

MOSSE (00) benutzt folgende Silbermethoden zur Darstellung einzelner Teile des Nervensystems: 1. der chromatischen Substanz der Nervenzellen: Fixation nach CARNOY; Paraffineinbettung; die aufgeklebten Schnitte kommen für cca. 1 Minute in eine 1—2%ige Lösung von Argentamin (siehe Bd. 1, pag. 58); Abspülen in destilliertem Wasser, Überführen in eine 10%ige Pyrogallollösung, bis die graue Substanz einen bräunlichen Farbenton annimmt.

2. der Markscheiden: Fixation in MÜLLERscher Flüssigkeit, Alkohol, Celloidineinbettung; die Schnitte kommen 24 Stunden in MÜLLERsche Flüssigkeit, dann 10 Minuten in eine 1—2%ige Lösung von Argentamin; Abspülen in Wasser, Reduktion in 10%iger Pyrogallollösung, bis die Schnitte ganz schwarz werden; Abspülen in Wasser; Differenzierung nach PAL etc.

Nach einem recht komplizierten Verfahren stellt FAJERSZTAJN (01) die Achsencylinder dar; es muß hier auf das Original verwiesen werden. Siehe ferner Nervenfaser (Achsencylinder) sowie Neurofibrillen.

STOELTZNER bringt, um verkalktes Gewebe hervortreten zu lassen, die Schnitte aus destilliertem Wasser für 5 Minuten in ein Schälchen mit destilliertem Wasser und einigen Tropfen einer Höllensteinlösung, dann in destilliertes Wasser, dann in eine dünne Pyrogallollösung. Auch Blei, Kobalt, Kupfer und Eisen haben Affinität zum verkalkten Gewebe (05).

Anhang: Die Silbermethoden in der Bacteriologie. Der erste Autor, der eine Silbermethode bei der Darstellung von Geißeln in Anwendung brachte, war VAN ERMENGEM (93); über seine Methode s. Bd. 1, pag. 514. Diese Methode ist von HINTERBERGER (00) modifiziert worden.

Weiterhin hat ZETTNOW (99) eine Silbermethode zu demselben Zwecke ausgebildet. Einmal benutzt er das Silbernitrat zur Verstärkung der bei der Goldmethode erhaltenen Präparate; dann aber empfiehlt er folgende Silbermethode: Zu einer gesättigten Lösung von Silbersulfat, das man sich aus Silbernitrit durch Zusatz von Magnesium- oder Natriumsulfat herstellt und zu der etwa 4 *g* auf 500 *ccm* Wasser genommen werden, wird eine beliebige Menge der käuflichen 30%igen wässerigen Äthylaminlösung gesetzt, so lange, als der sich zunächst bildende Niederschlag wieder auflöst. Zu dieser Lösung wird Silbersulfat von neuem hinzugefügt; man erhält so eine klare, farblose Lösung. 4—5 Tropfen dieser Lösung werden auf das vorher gebeizte Bacterienpräparat gebracht und dieses bis zur kräftigen Dampfbildung erwärmt. Verstärkung des Präparates kann mit Gold- oder Quecksilberchlorid vorgenommen werden (vergl. Bd. 1, pag. 515).

WELCKE (99) benutzt folgende Methode: das fixierte und gebeizte Präparat wird mit einer Silberoxyd-Ammoniaklösung bis zur Dampfbildung erwärmt bis nach 2—3 Minuten Bräunung eintritt: Eintauchen in eine 1%ige Sublimatlösung eine Viertelminute; Abwaschen, Absaugen der Flüssigkeit; zweite Einwirkung der Silberoxyd-Ammoniaklösung 1—3 Minuten; Abspülen, Absaugen, Reduktion mit dem Rodinal- oder Metol-Entwickler, eine Viertelminute; Abspülen, Trocknen.

YAMAMATO verwendet die Silberimprägnation zur Unterscheidung der Lepra- und Tuberkelbacillen (08). Die Präparate werden in 5%iger Silbernitratlösung bei 55—60° C 10 Minuten lang erwärmt, dann 5 Minuten lang reduziert in einer Lösung von 2 *g* Pyrogallussäure, 1 *g* Tannin in 100 *g* Aq. dest. Tuberkelbacillen schwarz, Leprabacillen hell. Silbernegativ sind ferner Milzbrandbacillen, die Kapseln des Milzbrandbacillus und des Diplococcus pneumoniae, silberpositiv Colibacillen.

Siehe ferner Syphilisspirochaete, pag. 532.

III. Theoretisches über die Silbermethoden. Darüber, daß die Mehrzahl, wenn nicht alle Silbermethoden, zu den Metallimprägnationen zu rechnen sind, besteht wohl kaum ein Zweifel. Man kann sich z. B. leicht an den mit der

Argentamin-Pyrogallolmethode dargestellten Markscheiden überzeugen, daß es sich um die Ablagerung eines feinverteilten Niederschlages handelt. Dieser Nachweis gelingt naturgemäß am leichtesten an den kleineren und kleinsten Markscheiden; sie scheinen — mit starken Vergrößerungen betrachtet — aus feinen Körnelungen zu bestehen. Natürlich geht mit dieser Imprägnierung, wie dies auch für die Goldmethoden gilt, auch oft eine richtige Tinktion des Gewebes Hand in Hand.

Diese Definition der Imprägnation ist wohl diejenige, die sich der meisten Anerkennung erfreut. So sagt GIERKE in seinem Aufsatz „Färberei zu mikroskopischen Zwecken" („Zeitschrift für wissenschaftliche Mikroskopie", Bd. 2, 1885), daß man unter „Imprägnation" die Schwängerung der Gewebe mit kleinen Partikelchen im Gegensatz zur Färbung mit gelösten Stoffen verstehe, wobei er gleichzeitig erwähnt, daß es ihm nicht bekannt sei, wann und durch wen zuerst der Unterschied zwischen Tinktions- und Imprägnationsmethoden aufgestellt sei. Er fährt dann weiterhin fort, der wesentlichste Unterschied gegen die Tinktionsmethoden sei darin begründet, daß die aufgenommenen Metallverbindungen sich nicht mit anderen zugeführten Stoffen in unlöslicher Form verbinden und so einen Niederschlag bilden, sondern durch besondere Agenzien reduziert und so in Form eines metallischen Niederschlages in den Geweben ausgeschieden werden. Einen zweiten Unterschied sieht GIERKE darin, daß Gewebssubstanzen und Metallsalz eine Verbindung bilden, aus der dann das Metall durch Reduktion ausgeschieden wird.

Noch etwas prägnanter drückt sich APÁTHY aus. Er versteht („Zeitschrift für wissenschaftliche Mikroskopie", Bd. 9, 1892) unter Imprägnierung die Differenzierung bestimmter Stellen im Gewebe durch loco entstandenen feinkörnigen Niederschlag, also eine Färbung durch eingelagerte Körnchen, welche schon mit dem Mikroskop nachweisbar wird. „Je feinkörniger und konstanter, resp. bestimmter lokalisiert der Niederschlag ist, um so gelungener die Imprägnierung. Die imprägnierten Stellen sind undurchsichtig. In der Wirklichkeit kommen natürlich auch verschiedene Übergänge zwischen Tinktion und Imprägnierung vor und oft wird es wohl kaum möglich sein, in einem gegebenen Fall zu unterscheiden, um welche es sich handelt."

Aber welcher Art ist nun der Niederschlag bei der Silberimprägnierung? So viel ist von vornherein sicher, daß die Reduktion des Silbersalzes, das die Gewebe durchdrungen hat, und die in dem einen Fall durch das Sonnenlicht, im anderen durch chemische Mittel erfolgt, sich als solche für unser Auge durch die Schwärzung oder Bräunung des Gewebes offenbart. RABL hat Untersuchungen darüber angestellt, welcher Art der Niederschlag bei der Behandlung der Gewebe mit Argentum nitricum ist. Während die ältere Anschauung die ist, daß sich das Silbernitrat mit dem Eiweiß des Gewebes zu einem Silberalbuminat verbindet, aus dem sich unter dem Einfluß des Lichtes eine Silberverbindung in Form kleiner Kügelchen ausscheidet, hält RABL es auch für möglich, daß sich das Silbersalz mit dem Albumin durch Zusammenlagerung der Moleküle zu einem Silbernitrat-Eiweiß verbindet. Er konnte zeigen, daß der Niederschlag sich in thioschwefelsaurem Natron löst, daß es sich also nicht um metallisches Silber, sondern vielmehr um eine Verbindung desselben, wahrscheinlich ein Oxydationsprodukt handelt.

Wichtige Beiträge zu diesen Fragen haben dann die Untersuchungen von ACHARD und AYNAUD geliefert. Diese Autoren nehmen an, daß die Silberimprägnation der Gewebe zustande kommt durch den Gehalt an Kochsalz; es bildet sich ein Niederschlag von Chlorsilber, der durch das Licht geschwärzt wird. Entzieht man den Geweben durch eine Glaubersalz- oder Zuckerlösung das Chlornatrium, so wird die Imprägnation unmöglich. Um die Bildung des Niederschlages hervorzurufen, kann man verschiedene Silberverbindungen anwenden. Die Gewebe dürfen nicht zu stark eiweißhaltig sein; wahrscheinlich verhindert das Eiweiß das Eindringen der Silberlösungen zwischen die Zellen. ACHARD und AYNAUD zeigten ferner, daß die Imprägnation der Kittlinien zwischen den Endothelien der serösen Häute auch auf andere Weise zustande kommen kann. Die Gewebe können z. B. in eine Lösung von rotem Blutlaugensalz und dann in eine Eisensulfatlösung gebracht werden oder in eine Jodkaliumlösung, dann in eine Palladiumchloridlösung; es bildet sich Palladiumjodid etc.

Dies sind in großen Zügen die Ergebnisse der Untersuchungen der beiden französischen Autoren, die die Fragen über das Zustandekommen der Silberimprägnation zu einem gewissen Abschluß gebracht haben.

Literatur: Achard und Aynaud (C. R. Ac. Sc., Paris 1906, C. R. Soc. Biol., Paris 1906, Arch. Médecin. Expérim. 1907), Alférow (Arch. de Physiol., 1874), Bergh (Anat. Hefte 1899), Brötz (Frankfurt. Zeitschr. Pathol. 1909), Cohn (Beitr. Pathol. Anat. 1904), Dekhuyzen (Anat. Anz. 1889), Eberth (Unters. d. pathol. Inst., Zürich 1874), Fajersztajn (Neurol. Centralbl. 1901), Flinzer (De argenti nitrici usu etc., Diss. 1854), Frommann (Arch. Pathol. Anat. 1864), Gerota (Arch. Anat. Physiol. 1897), Harmer (Mitt. Zool. Stat. Neapel 1884), R. Hertwig (Jena. Zeitschr. Nat. 1880), Hinterberger (Centralbl. Bact. 1900), His (Beiträge zur normalen und pathologischen Histologie der Cornea, Basel 1856), derselbe (Arch. Pathol. Anat. 1861), G. u. F. E. Hoggan (Journ. de l'Anat. et Physiol. 1879), Hoyer (Arch. Mikr. Anat., 1876), Krause (in Wagners Handwörterbuch der Physiologie, Bd. 2, 1844, pag. 119 u. 156), Legros (Journ. de l'Anat. et Physiol., 1868), Mosse (Deutsch. Med. Wochenschr. 1900), derselbe (Arch. Mikr. Anat. 1901), Müller (Arch. Pathol. Anat. 1867), Rabl (Sitzungsber. Akad. Wiss. Wien 1893), Ranvier (Traité technique), derselbe (Journ. de l'Anat. et Physiol., 1868), Regaud und Dubreuil (C. R. Assoc. des Anat. V, 1903), Regaud und Policard (Arch. d'Anat. Micr., 1903), v. Recklinghausen (Arch. Pathol. Anat. 1860), derselbe (Die Lymphgefäße und ihre Beziehungen zum Bindegewebe, Berlin 1862), derselbe (Arch. Pathol. Anat. 1863), Robinski (Arch. de Physiol., 1869), Rouget (Arch. de Physiol., 1873), Salge und Stoeltzner (Verh. Ges. Charitéärzte, Berlin 1899, Berl. Klin. Wochenschr. 1900), Schilling (Arch. Pathol. Anat. 1909), Simarro (ref. in Zeitschrift Wiss. Mikr., 1902), Stoeltzner (Arch. Pathol. Anat. 1905), v. Thanhoffer (Das Mikroskop, 1880), Tommasi (Arch. Pathol. Anat. 1863), Tourneux und Herrmann (Journ. de l'Anat. et de Physiol., 1876), Welcke (Arch. Klin. Chir., 1899), Yamamato (Centralbl. Bact., Bd. 47 und 48, 1908), Zettnow (Zeitschr. Hyg. 1899).

Weitere Literatur siehe bei Golgische Methode, Knochen und Zähne, Injektion der Blut- und Lymphgefäße, Peritoneum, Nervenfaser (Achsencylinder), Elastin, Geißelfärbung.

Die Arbeiten bis zum Jahre 1882 sind fast vollständig in dem Gierkeschen Aufsatze „Färberei zu mikroskopischen Zwecken", Zeitschr. Wiss. Mikr., Bd. 1, 1884, referiert.

Mosse, Berlin.

Silberpikrat siehe: Pikrinsäure.

Sinigrin (myronsaures Kali) siehe: Glycoside.

Siphonophoren siehe: Coelenteraten.

Smaragdgrün, Syn. für Brillantgrün (Elberfeld).

Sodacarmin siehe: Carmin.

Sodawasser siehe: Kohlensäure.

Solanin siehe: Glycoside.

Solferino, Syn. für Fuchsin.

Solidgrün O in Teig, ein Nitrosofarbstoff, der durch Einwirkung von salpetriger Säure auf Resorcin entsteht (Höchst). Braunes oder gelbes Pulver, das in Wasser schwer, in Alkohol leichter löslich ist. Färbt mit Eisen gebeizte Zeuge grün.

Von Platner zuerst zur Färbung des Achsencylinders und des Neurokeratins von mit Liquor ferri fixierten Nerven benutzt. Es liefert aber auch in alkoholischer Lösung nach Beizung der Schnitte in Eisenalaun eine recht gute Kernfärbung (vgl. Nervenfaser, Achsencylinder). Pfeiffer v. Wellheim fixiert in Flemming, behandelt zuerst in eisenchloridhaltigem Alkohol und dann mit alkoholischer Solidgrünlösung. Differenzieren in Salzsäurealkohol. Nachfärben mit alkoholischem Magdalarot.

Literatur: Pfeiffer v. Wellheim (Pringsheims Jhb., Bd. 26, 1894), Platner (Zeitschr. Wiss. Mikr., Bd. 6, 1889).

Spartein siehe: Alkaloide.

Speichel, künstlicher, s. pag. 55.

Speicheldrüsen siehe: Drüsen.

Spektropolarisator siehe: Polarisationsmikroskop.

Sperma (forensisch). Bei gerichtsärztlichen Untersuchungen auf Sperma ist nur der mikroskopische Nachweis von Spermatozoen entscheidend, da die anderen mikroskopischen Elemente des Samens (Krystalle, Epithelzellen) nicht von spezifischer Bedeutung sind. Und zwar ist stets der Nachweis vollständiger Spermatozoen anzustreben, da bloße Bruchstücke, isolierte Köpfchen und Schwänzchen durch Gebilde anderer Art vorgetäuscht werden.

Neben dem Spermatozoennachweis und ihn unterstützend kann die von FLORENCE angegebene „Sperminprobe" Verwendung finden. Ein Tropfen der betreffenden Masse oder der Macerationsflüssigkeit (s. u.) wird auf dem Objektträger mit einem Tropfen Jodjodkaliumlösung vermischt; empfohlen wird von FLORENCE speziell eine Lösung von 1,65 *g* Jodkalium und 2,54 *g* Jod auf 30 *g* Wasser. Entstammt die untersuchte Flüssigkeit menschlichem Sperma, so bilden sich sofort zahlreiche Krystalle, die in ihrer Form an Häminkrystalle erinnern. Nur selten bleibt die Reaktion auch bei sicheren Spermaflecken aus, besonders scheint dies der Fall zu sein, wenn Sperma mit Blut vermischt ist. Eine spezifische Reaktion auf menschliches Sperma stellt diese Probe, die sehr oft gelingt, wenn der Spermatozoennachweis nicht mehr möglich ist, leider nicht dar. Auch tierisches Sperma, Vaginal-Uterinschleim, faulende Organe verschiedener Art geben die Reaktion. Es scheint, daß sie dem Cholin angehört und überall eintritt, wo Lecithin sich in einer bestimmten Stufe des Zerfalls befindet, einer Stufe, die im Sperma physiologisch vorhanden ist, in anderen lecithinhaltenden Stoffen aber erst durch die Fäulnis herbeigeführt wird. Damit hängt es wohl zusammen, daß die Reaktion bei anderen Substanzen als Sperma schwieriger eintritt und nicht so reichliche Krystalle liefert.

Einem noch nicht genauer bekannten Bestandteil des Prostatasecrets gehört eine neue mikrochemische Probe an, die Barberio-Reaktion, deren Spezifizität noch zu prüfen ist. Ein Tropfen der Flüssigkeit wird auf dem Objektträger mit einem Tropfen gesättigter wässeriger Pikrinsäurelösung versetzt, sehr bald bildet sich an der Berührungsstelle eine helle weiße bis hellgelbe Trübung; bei mikroskopischer Betrachtung zeigt sie sich zusammengesetzt aus stark gelben und lichtbrechenden Krystallen, die vorwiegend in der Gestalt kleiner rhombischer Nädelchen, aber auch in mehr rundlicher Form erscheinen.

Zum Spermatozoennachweis selbst kann die zu untersuchende Substanz, wenn es sich um feuchte Massen handelt, direkt — rein oder verdünnt — auf den Objektträger gebracht werden. Handelt es sich um angetrocknete Flecke, so müssen diese erst erweicht werden. Mitunter genügt es schon, den Fleck mit Wasser zu befeuchten, dann mittelst eines Glasstabes gegen den Objektträger anzudrücken und die auf diesen gelangende trübe Flüssigkeit zu durchmustern. Gelingt der Nachweis so nicht, so wird ein Stück aus der Mitte des Fleckes heraus- und in Streifen geschnitten und diese je nach dem Grade der Eintrocknung minuten- oder stundenlang in möglichst wenig Leitungswasser oder physiologischer Kochsalzlösung maceriert; die mit dem Glasstab alsdann ausgedrückte trübe Flüssigkeit unter das Mikroskop gebracht; zur Aufhellung kann hier etwas 5%ige Essigsäure zugesetzt werden. Statt des Wassers ist verdünnte Ammoniaklösung empfohlen worden oder der Zusatz von Salzsäure (1 Tropfen auf 40 *ccm*), um die Aufquellung und den Zerfall der Spermatozoen zu verhindern. Der Zusatz von Färbungsmitteln ist im allgemeinen entbehrlich; die Herstellung gefärbter Deckglas-Trockenpräparate sogar bedenklich, weil dabei durch Verzerrung auch aus anderen Gebilden Formen entstehen können, die Spermatozoen sehr ähnlich sind.

Literatur: Die gesamte wesentliche Literatur ist kürzlich erschöpfend zusammengefaßt worden in P. FRAENCKELS Vortrag über den gegenwärtigen Stand des forensischen Spermanachweises auf der 24. Hauptversammlung des Preußischen Medizinalbeamtenvereins. (Beilage zur Zeitschr. f. Medizinalbeamte, 1907). Seitdem erschien noch: CORIN und STOCKIS (Ann. Soc. Méd. Leg. de Belgique, 1908). Sie empfehlen eine Färbung der Spermatozoen im ungefärbt bleibenden Gewebe durch 0,5%ige ammoniakalische Erythrosinlösung. Die Methode scheint gute Resultate zu geben. *Straßmann*, Berlin.

Spermatozoiden der Pflanzen. Für die Fixierung der ausgebildeten pflanzlichen Spermatozoiden, z. B. der Farne und Moosprothallien und Characaeen, hat sich die Anwendung von Osmiumdämpfen bewährt. Man bringt sie zu diesem Zweck in einem flach ausgebreiteten Tropfen auf einen Objektträger, der umgekehrt auf eine flache Schale gelegt wird, in der sich ein- oder mehrprozentige Osmiumsäure befindet. Gefärbt wird mit Jodgrün-Fuchsin (siehe Pflanzliche Kernteilung). Der vordere Abschnitt des Bandes nebst den Cilien, z. B. der Characaeen, ist dann intensiv rot, der folgende längste Abschnitt des Bandes blau, der hintere, etwas angeschwollene Teil des Körpers wiederum rot, doch nicht so intensiv wie der vordere Abschnitt gefärbt (Belajeff, Strasburger). Daß dieser blau gefärbte Abschnitt dem Kern entspricht (nucleinhaltig ist), wird durch Eintragen lebender Spermatozoiden in eine Fuchsin-Glaubersalzlösung gezeigt (100 *g* Glaubersalz pro analysi (Merk), 1 *g* Eisessig, 100 *g* Wasser mit Zusatz von etwas Fuchsin S). Die gleichen Teile wie vorher werden jetzt rot gefärbt, während der mittlere Teil, ohne sich zu färben, stark aufquillt. Umgekehrt kann bei Zusatz von Methylgrün statt Fuchsin S der mittlere quellende Teil gefärbt werden, während das übrige ungefärbt bleibt (Zacharias).

Literatur: Belajeff (Flora 1894, Ergänzungsband), Strasburger (Histol. Beiträge, Bd. 4. 1892 und Gr. Bot. Prakt., 4. Aufl., 1902), Zacharias (Ber. Deutsch. Bot. Ges., Bd. 19, 1901).

Magnus, Berlin.

Spermien. Zum Studium der Bewegungserscheinungen der Spermien der Wirbeltiere wird das Sperma dem Hoden oder besser noch dem Vas deferens, resp. dem Nebenhoden entnommen und mit physiologischer Kochsalzlösung von 0,6—0,75% oder Humor aqueus (dem Auge des Tieres, von welchem das Sperma stammt, entnommen); M. Schultze verwandte Jodserum. Zur Untersuchung der lebenden Samenkörper der Insekten empfiehlt sich die Hämolymphe des Tieres oder auch das von Bütschli angegebene Eiweißgemisch (Auflösung von 1 Vol. Hühnereiweiß in 8 Vol. Aqu. dest. mit Zusatz von 1 Vol. Kochsalzlösung von 5%). Bei Fischen gewinnt man das Sperma einfach durch Ausdrücken des Milchners und untersucht es in Wasser.

Das beste Fixierungsmittel der Spermien ist Osmiumsäure. Man setzt der spermienhaltigen Flüssigkeit einige Tropfen einer 1%igen Lösung der Säure hinzu oder fixiert besser noch durch Osmiumsäuredämpfe, indem man diese auf die im hängenden Tropfen befindlichen Spermien etwa 10 Minuten einwirken läßt, bis eine leichte Bräunung der Flüssigkeit eingetreten ist. Die durch Zusatz von 1%iger Osmiumsäure fixierten Präparate lassen sich in der Flüssigkeit längere Zeit konservieren, wenn man ein Stückchen Campher hinzutut.

Andere Fixierungsmittel, wie Sublimatlösungen, Flemmingsche, Hermannsche Lösung u. a. wendet man am besten nur auf Organe an, welche spermahaltig sind, wie Hoden, Nebenhoden, Receptaculum seminis. Derartige fixierte Organstücke können dann mit dem Mikrotom geschnitten, gefärbt und in Balsam eingebettet werden. Als Färbemittel leistet Eisenhämatoxylin gute Dienste. Für spermienhaltige Flüssigkeitsmengen empfehlen sich die genannten Fixierungsmittel aber nicht, da durch ihre Einwirkung die Spermien in diesen häufig zu Klumpen zusammengeballt werden und auch in ihrer Tinktionsfähigkeit Einbuße erleiden. Gerade der Umstand, daß bei einfacher Osmiumbehandlung des frischen Objektes sogleich alle Farbstoffe in Anwendung gezogen werden können, ist bei diesen Objekten ein großer Vorteil der Osmiumsäure.

Eine sehr zu empfehlende Untersuchungs- und Aufbewahrungsmethode der Spermien ist die Anfertigung von Deckglastrockenpräparaten, sogenannten Ausstrichpräparaten. Man verfährt dabei in derselben Weise, wie es bei bacteriologischen und Blutuntersuchungen üblich ist. Von der Flüssigkeit, welche mit den durch Osmiumsäuredämpfe fixierten Samenkörpern versehen und nach der Fixierung mit destilliertem Wasser verdünnt ist, wird ein Tropfen auf das zuvor angehauchte Deckgläschen gebracht und hier in dünner Schicht verteilt. Diese dünne Schicht läßt man zunächst an der Luft antrocknen. Die Samenkörper müssen stets zuvor fixiert sein, da die zarten Formen, z. B. die der Fische, den Prozeß des Eintrocknens sonst nicht vertragen, quellen und bisweilen bis auf Reste zerstört werden. Sodann werden die Deckgläschen vorsichtig und schnell einige Male durch eine Spiritusflamme gezogen. Nach der Abkühlung legt man die Gläschen mit den bestrichenen Flächen nach unten auf die Farbstofflösung und läßt diese einwirken. Je nach dem Objekt und der Lösung werden die Präparate schnell mit destilliertem Wasser abgespült oder auch nicht. Sodann läßt man sie wieder an der Luft trocknen, zieht sie wieder vorsichtig durch die Flamme, um den letzten Rest von Flüssigkeit zu entfernen, und bettet sie einfach in Xylolbalsam ein. Wenn man unter Beobachtung dieser Kautelen verfährt, wird die Form auch der zarteren Gebilde recht gut konserviert. MEVES fixiert die Ausstrichpräparate durch Einwirken von Sublimatlösung oder Osmiumsäure.

Zur Herstellung von Macerationen der Spermien dienen wässerige Kochsalzlösungen von 0,6—3%. Die besten Resultate erhält man, wenn man die Macerationen unter dem Deckglase in folgender Weise vornimmt: Mit einer Instillationspipette wird von dem mit der Macerationsflüssigkeit versetzten Sperma ein Tropfen auf den Objektträger gebracht, mit dem Deckgläschen bedeckt und durch einen Wachsring hermetisch abgeschlossen. Nach 1—2 Tagen pflegt dann ein Zerfall der Körper eingetreten zu sein. Diese Methode bietet zugleich den Vorteil, daß sich die Spermien infolge der Flächenattraktion von vornherein an die Glasflächen dicht anlegen und daher in ihrer ganzen Ausdehnung leicht zu übersehen sind. Zugleich scheint die Flächenattraktion den Zerfall zu unterstützen und zu beschleunigen. Auch werden die zerlegten Fasern hierbei meist in ihrer natürlichen Zusammenlagerung nebeneinander fixiert. Es ist bei diesen Deckglasmacerationen nur darauf zu achten, daß die Präparate nicht zu lange liegen, da sie gewöhnlich bald, vor allem bei den zarteren Formen, undeutlich werden. Die Neigung zum Zerfall in diesen Macerationen ist bei den Tierarten sehr verschieden.

Auch durch Einwirkung von 1%iger Essigsäure ist ein faseriger Zerfall der Geißel zu erzielen, aber nur an Hodenpräparaten. Bei Spermien aus dem Nebenhoden und Vas deferens leistet oft die Fäulnismaceration gute Dienste.

Zur Färbung dienen Anilinfarben, besonders intensiv färbende wie Gentianaviolett, Dahlia, Methylgrün (gelöst in 0,1—0,3%iger Essigsäure), EHRLICH-BIONDIsche Lösung, Methylenazur-Eosin nach ROMANOWSKY-GIEMSA, ferner Alauncarmin, Hämatoxylin und Eisenhämatoxylin.

Bei Tinktion der Deckglasmacerationen verfährt man in folgender Weise: Der Wachsring wird an zwei gegenüberliegenden Rändern mit einer Nadel entfernt. Sodann bringt man von der 0,5—1%igen wässerigen Farbstofflösung (Gentianaviolett) mit dem Glasstabe an den einen freien Rand einen Tropfen und saugt ihn von dem anderen Rande aus vermittelst Fließpapiers vorsichtig und langsam durch das Präparat hindurch, bis eine deutliche intensive Färbung der Teile eingetreten ist. Von Wichtigkeit ist, daß der Farbstoff recht langsam das Präparat durchsickert, da sonst bei kleinen Spermienformen die meisten herausgeschwemmt, bei den langen Formen dagegen die Fasern zu unregelmäßigen Gewirren zusammengeknäuelt werden. Wo es angeht, läßt man daher besser ohne Anwendung des Fließpapiers die Färbeflüssigkeit an den schräg gestellten Objektträgern langsam hindurchlaufen. Ist genügende Färbung eingetreten, so legt man auf das Präparat ein Stück Fließpapier, so daß gleichzeitig von allen Seiten die überstehende Flüssigkeit aufgesogen wird. Alsdann bedeckt man das Präparat nochmals mit einem reinen Stück Fließpapier und drückt durch dasselbe hindurch mit dem Daumennagel das Deckgläschen vorsichtig, aber doch kräftig gegen den Objektträger an. Diese Prozedur hat den Zweck, die Flüssigkeit zwischen Objektträger und Deckgläschen möglichst dünn zu machen, so daß die Samenkörper möglichst in einer Horizontalebene ihrer ganzen Länge nach ausgebreitet sind. Nur dann ist es möglich, ähnlich wie bei einem Bacterienpräparat das Farbenbild bei Anwendung des

ABBEschen Beleuchtungsapparates und stärkster Vergrößerung voll zur Geltung zu bringen.

Ist dies geschehen, so vervollständigt man wieder den Wachsring, und das Präparat ist für die Untersuchung fertig.

Bei diesen Macerationen ist es Hauptbedingung, daß die Präparate durchaus sauber und reinlich hergestellt sind und eine jede Verunreinigung vermieden wurde. Ferner muß man die Mischung der Flüssigkeiten so abpassen, daß die Samenkörper isoliert liegen, was bei den langschwänzigen Formen nicht immer gelingt. Die Untersuchung muß nach Herstellung des Präparates sogleich vorgenommen werden, da derartig behandelte Präparate sich nur wenige Tage halten. Nach 1—2 Tagen ist häufig an den mit Gentianaviolett tingierten, in Wasser unter dem Deckglas eingeschlossenen Präparaten eine Differenzierung der Färbung insofern eingetreten, als manche Teile der Spermien den Farbstoff abgegeben, andere dagegen ihn zurückbehalten haben.

G. RETZIUS färbte die Spermien von Wirbeltieren und Wirbellosen nach Fixierung mit Osmiumsäure vermittelst Rosanilin und konservierte die Präparate in konzentrierter Lösung von essigsaurem Kali, eine Methode, welche schon 1881 von ihm erprobt war und welche auch mir bei vielfacher Anwendung gute Resultate ergeben hat. Wie RETZIUS hervorhebt, färbt das Rosanilin protoplasmatische Teile, die sonst nur schwer sichtbar werden, und erhält sich, wenigstens anfangs, die Tinktion in dem Kali aceticum; nach längerem Liegen tritt allerdings ein Verblassen der Farbe nicht selten ein. Diese Methode bietet für die mikroskopische Untersuchung den Vorteil, daß die gefärbten, oft zarten Spermienformen, im Gegensatz zu den in Balsam eingeschlossenen Balsampräparaten, feucht in einem weniger stark lichtbrechenden Medium liegen.

Literatur: E. BALLOWITZ (Arch. Mikr. Anat., Bd. 32 u. 36, 1888 u. 1890), derselbe (Zeitschr. Wiss. Zool., Bd. 50, 1890), K. BALLOWITZ (Int. Monatsschr. Anat. Physiol., Bd. 11. 1894). BÜTSCHLI (Zeitschr. Wiss. Zool., Bd. 21, 1871), JENSEN (Arch. Mikr. Anat., Bd. 30. 1887). MEVES (Arch. Mikr. Anat., 1899), PICTET (Mitt. Zool. Stat. Neapel. Bd. 10), RETZIUS (Biol. Unters., 1881), derselbe (Ebenda. N. F., Bd. 11. 1904). *Ballowitz*, Münster.

Sphärozoen siehe: Protozoen.

Spirogyra siehe: Conjugaten.

Spongien siehe: Coelenteraten.

Spongioplasma. In dem Spongioplasma, welches die formgebende Masse jeder Zelle bildet, hat die neuere Färbetechnik Züge kennen und vereinigen gelehrt, welche in der früheren Darstellung LEYDIGS vom Spongioplasma und in BÜTSCHLIS Wabenlehre des Protoplasmas ein getrenntes Dasein führten und — wie es schien — unvereinbar waren.

Ein jedem zugängliches Material, das gewöhnliche Granulationsgewebe, zeigt in seinen ödematösen Partien das eine, völlig flüssige Extrem der Bindegewebszellen, die Schaumzelle*, welche BÜTSCHLIS Postulaten entspricht und in seinen festeren, sich in Narbengewebe umwandelnden Partien die Plattenzellen, welche ein badeschwammartiges Gerüst aufweisen und damit den ursprünglichen Typus von LEYDIGS Spongioplasma verwirklichen. Zwischen beiden Extremen vermittelt eine Reihe anderer und bekannterer Zellformen, die sogenannten Spindelzellen, mit wenigen und Spinnenzellen mit vielen Ausläufern, in welchen die formgebende Masse und die Ausläufer aus grob- oder feinwabigem Spongioplasma bestehen.

Die Schaumzellen mit großwabigem Bau und flüssigem Wabeninhalt sind trotz ihrer abnormen Größe schwer färbbar, daher schwierig sichtbar zu machen und aus diesem Grunde noch viel zu wenig bekannt und untersucht. Sie sind je nach der Form der Bindegewebszellen, aus denen sie durch Zellenödem entstanden sind, entweder kuglig oder in die Länge gezogen, spindelförmig, dickbäuchig, mit breiten, spitz endenden Ausläufern. Häufig nehmen sie gewaltige Dimensionen an und fließen auch leicht zu riesigen Zellenmassen zusammen, welche in formloser Weise die aufgetriebenen Gewebsspalten erfüllen und — ähnlich wie die Xanthomzellenmassen — nur durch die regelmäßig verteilten Kerne ihre Herkunft aus einzelnen Schaumzellen erkennen lassen. Indem sie ganz allein aus kugligen, serumerfüllten Hohlräumen sich aufbauen, entsprechen sie genau den Anforderungen BÜTSCHLIS, nach dem

* Die Schaumzellen kommen in vielen ödematösen Geweben vor. HAMMERSCHLAG hat sie vom Milzbrandödem, BUCK von der Pyrogalloldermatitis beschrieben.

sowohl der Vacuoleninhalt wie die Wabenwände eines solchen in labilem Gleichgewicht befindlichen Gebildes flüssig sein müssen. Sie besitzen also etwa die Struktur des Seifenschaumes.

Die Spindelzellen und Spinnenzellen sind wesentlich derberer Natur und leichter färbbar, die Waben sind kleiner und unregelmäßig, das Spongioplasma der Wabenwände ist fester. Die Ausläufer zeigen in ihrem dickeren Teile noch einen feinwabigen Bau, am Ende verwandeln sie sich bereits in solide Fäden.

Die Plattenzellen, welche die Grundlage des vorläufigen Narbengewebes bilden, sind noch bedeutend fester. Das Spongioplasma wiegt in ihnen weit über den Inhalt der spärlichen Waben vor und bildet meistens Platten von trapezoider Form, von denen sekundär kleinere Platten und fädige Fortsätze abgehen. Wegen der hier festeren Konsistenz des Spongioplasmas öffnen sich die Waben vielfach nach außen mit konkaven Rändern, wie beim Badeschwamm, ohne Schaden für den Zusammenhang der Zelle und ohne daß — wie beim Seifenschaum und der Schaumzelle — das Spongioplasma über der geplatzten Vacuole wieder zusammenfließt.

Soweit der Wabeninhalt flüssig ist (Hyaloplasma Leydigs), läßt er sich durch Färbung nicht darstellen. Aber soweit in ihm ein amorphkörniges Granoplasma niedergeschlagen ist, nimmt er an der leichten Färbbarkeit des letzteren teil. Die früheren Färbungen des Spongioplasmas waren mithin solche des in den Waben eingeschlossenen Granoplasmas* und gelangen um so besser, je dichter die Ansammlung des letzteren war. Bei maximaler Erfüllung der Waben mit Granoplasma, in den Plasmazellen, ist die wabige Struktur der Bindegewebszelle zunächst verdeckt, tritt aber um so deutlicher hervor, wenn aus einem Teil einer solchen Zelle das Granoplasma ausgewaschen ist oder wenn das Granoplasma allein unter Erhaltenbleiben des Spongioplasmas sich in hyaline Kugeln verwandelt hat.

Man färbt die Schaumzellen — und das Spongioplasma überhaupt —, indem man die Celloidinschnitte des in Alcohol absol. gehärteten Gewebes zuerst mit der für den Elastinnachweis gebräuchlichen angesäuerten Orceinlösung behandelt, dann mit der polychromen Methylenblaulösung färbt und mit nicht angesäuerter Orceinlösung entfärbt. Das Spongioplasma kontrastiert dann braun gegenüber der blauen Kern- und Granoplasmafärbung. Bei dieser Methode dient das saure Orcein einmal als Beize für eine basische Farbe und einmal als Färbemittel unter partieller Entfärbung derselben basischen Farbe und Umfärbung des Spongioplasmas.

Methode I.

1. Saure Orceinlösung (wie für Elastin) eine Nacht.
2. In Alkohol gut abspülen (wenigstens 10 Minuten), um Niederschläge zu vermeiden.
3. Wasser.
4. Polychrome Methylenblaulösung 2 Minuten.
5. Wasser.
6. Auf dem Spatel den Schnitt vom Wasserüberschuß befreien.
7. Nicht angesäuerte Orceinlösung 5 Minuten.
8. Alkohol, Öl, Balsam.

Eine zweite Methode, auch eine Kombination von sonst bekannten Methoden, welche aber zwei basische Farben benutzt, besteht in einer Vorfärbung der Schnitte mit polychromer Methylenblaulösung und Nach- resp. Umfärbung mit Carbol-Pyronin-Methylgrün-Mischung nach Pappenheim-Unna. Das Spongioplasma der Schaumzellen nimmt, indem das Pyronin das Methylenblau verdrängt und zugleich vom Carbolzusatz gebeizt wird, eine rosa Farbe an.

Methode II.

1. Polychrome Methylenblaulösung 2 Minuten.
2. In Wasser abspülen.
3. Carbol + Pyronin + Methylgrün-Mischung (Grübler) 20 Minuten in der Wärme (Wasserbad von 37—40°) im Reagierglas.
4. Reagierglas schnell unter kaltem Wasserstrahl abspülen.
5. Schnitt mit Platinöse herausnehmen und in Wasser abspülen.
6. Alkohol, Öl, Balsam.

---

* Siehe den Artikel: Granoplasma.

Neuerdings hat es sich gelegentlich einer Analyse der Komponenten der polychromen Methylenblaulösung herausgestellt, daß das darin enthaltene Methylenviolett (Bernthsen) der für die Färbung des Spongioplasmas hauptsächlich in Betracht kommende Faktor ist, so daß eine an Methylenviolett reichere Lösung von Azurcarbonat der polychromen Methylenblaulösung in der ersten der angegebenen Methoden mit Vorteil substituiert wird.

Die hierbei benutzte Azurmischung hat folgende Zusammensetzung:

Azurcarbonat (Giemsa)	0,25
Kalicarbonat	0,25
Methylenviolett (Bernthsen)	1,0
Aqua destillata und Glycerin aa. partes aequales ad .	100,0

Methode III.

1. Angesäuerte Orceinlösung eine Nacht.
2. Alkohol zum Abspülen; Wasser.
3. Azurmischung 15 Minuten; Wasser.
4. Nicht angesäuerte Orceinlösung 5 Minuten.
5. In Alkohol kurz abspülen.
6. Öl, Balsam.

Diese dritte Methode kann dann noch für besondere Fälle zweckmäßig modifiziert werden. So ändert man bei sehr geringen Mengen von Schaumzellen die Reihenfolge der Farben.

Methode IV.

1. Angesäuerte Orceinlösung eine Nacht.
2. Alkohol zum Abspülen.
3. Nicht angesäuerte Orceinlösung 5 Minuten.
4. Alkohol zum Abspülen; Wasser.
5. Azurmischung 15 Minuten; Wasser.
6. Alkohol, Öl, Balsam.

In solchen Fällen, wo man zu bestimmten Zwecken (z. B. zum Photographieren) das Spongioplasma noch dunkler gefärbt erhalten will, als es diese beiden Methoden geben, empfehle ich, in die Methode III noch eine Vorfärbung (und zugleich Beizung) mit dem kürzlich von mir für die Epithelfaserung angegebenen Triacid einzuschieben, ohne die für jenen Zweck notwendige Safraninfärbung folgen zu lassen. Die Formel würde mithin lauten:

Methode V.

1. Angesäuerte Orceinlösung eine Nacht.
2. Alkohol zum Abspülen; Wasser.
3. Wasserblau + Orcein + Eosin-Mischung* (Grübler) 3 Minuten; Wasser.
4. Azurmischung 15 Minuten; Wasser.
5. Nicht angesäuerte Orceinlösung 5—10 Minuten.
6. Alkohol, Öl, Balsam.

Es ist sehr zu wünschen, daß die schwierige Tinktionstechnik des Spongioplasmas in Zukunft die Forscher mehr als bisher beschäftigen möge, da in einer guten und leichten Darstellung des Spongioplasmas, als des wesentlichsten Teiles des Protoplasmas, die Lösung der wichtigsten Fragen der Zellenkunde, sowohl der Lehre vom Zellenbau wie derjenigen von den Intercellularsubstanzen, begründet liegt.

Literatur: Buck (Monatsh. Prakt. Derm., Bd. 21, 1895), Bütschli (Unters. über mikr. Schäume etc., Leipzig 1892), Hammerschlag (Monatsh. Prakt. Derm., Bd. 21. 1895), Leydig (Zelle und Gewebe. Bonn 1885), Unna (Deutsch. Medizinal-Ztg. 1895 u. 1902), derselbe (Monatsh. Prakt. Derm., Bd. 36 u. 38. 1903 u. 1904). *Unna*, Hamburg.

* Unter diesem Namen bei Grübler vorrätig. Siehe auch Artikel: Granoplasma.

Sporozoen siehe: Parasiten, tierische.

Spritblau, Syn. für Gentianablau (Elberfeld, Ludwigshafen).

Spriteosin, Syn. für Eosin, spirituslöslich.

Sproßpilze siehe: Hefe.

Sputum. Um sich die für die mikroskopische Untersuchung des Auswurfs geeigneten Teile auszuwählen, bedient man sich mit Vorteil Teller, deren Boden ganz oder zur Hälfte geschwärzt sind. Die Untersuchung erfolgt zunächst im frischen Präparat in der Weise, daß das zu untersuchende Teilchen mit einer Nadel, mit einer Pinzette oder einem Spatel auf den Objektträger gebracht und mit einem Deckglase bedeckt wird. Selten ist es nötig, eine Verdünnung des Sputums mit physiologischer Kochsalzlösung vorzunehmen. Die Untersuchung wird zunächst mit schwachen, dann mit stärkeren Vergrößerungen vorgenommen.

Zusatz von 1%iger Essigsäure zum Sputum macht den vorher durchsichtigen Schleim trübe und macht den Kern der Leucocyten deutlicher sichtbar.

Färbung des Sputums wird in der Weise vorgenommen, daß eine dünne Schicht entweder auf dem Objektträger oder auf dem Deckglase ausgestrichen und lufttrocken gemacht wird. Dann wird der Objektträger oder das Deckglas, um das Präparat zu fixieren, dreimal durch die Flamme gezogen. ISRAELS DE JONG fixiert in 1%iger Chromsäure und färbt 2½—3 Minuten mit UNNAschem polychromen Methylenblau, mit darauffolgender Differenzierung mit 90%igem Alkohol, ferner mit Hämatoxylin-(DELAFIELD)-Eosin und verschiedenen Eosinmethylenblaugemischen. Besondere Kästen zur Fixation von Objektträgern benutzt C. RITTER; in die Kästen wird Formol oder Osmiumsäure gegossen.

Vorschriften zur Färbung der eosinophilen Zellen rühren von FUCHS und von TEICHMÜLLER her. FUCHS färbt 2 Minuten in einer 0,5%igen alkoholisch-wässerigen Eosinlösung, entfärbt in 50%igem Alkohol und färbt mit Methylenblau nach. TEICHMÜLLER beschickt Objektträger, die nach der Fixation über der Flamme noch warm in eine 0,5%ige alkoholische Eosinlösung kommen und dort wenigstens 5 Minuten bleiben. Abspülen in Wasser; Nachfärben in konzentrierter wässeriger Methylenblaulösung 2 Minuten lang.

Einfach und sicher ist die Färbung mit dem neutralen Eosinmethylenblau nach JENNER-MAY-GRÜNWALD nach Fixation mit Methylalkohol.

Zur Untersuchung auf elastische Fasern, die durch 10%ige Kalilauge aufgequellt werden, gibt SAHLI ein Verfahren an, das er besonders empfiehlt, wenn die Fasern wegen ihrer Spärlichkeit nicht ohne weitere Vorbereitung gefunden werden können. In einem Porzellanschälchen werden cca. 10 *ccm* Sputum unter Umrühren mit der gleichen Menge 10%iger Kalilauge gekocht. Ist das Sputum hierdurch in eine homogene Masse verwandelt, so wird es mit der vierfachen Menge Wasser verdünnt, umgeschüttelt und in einem Spitzglase stehen gelassen. Die Fasern setzen sich zu Boden und können mittelst einer Pipette unter das Mikroskop gebracht werden.

Die Färbung der elastischen Fasern kann entweder nach TAENZER-UNNA oder nach WEIGERT geschehen (vgl. Bd. 1, pag. 294). Nach MAY wird mit Orcein so gefärbt, daß das mit der gleichen Menge 10%iger Kalilauge vermengte Sputum bis zur Lösung erhitzt wird, dann wird centrifugiert, dekantiert und mit 2 *ccm* Orceinlösung versetzt. Dann wird so lange tropfenweise Salzsäure zugesetzt, bis die Lösung rot wird; sie wird dann für 3—5 Minuten in kochendes Wasser gebracht und mit Salzsäurealkohol entfärbt. Elastische Fasern braunrot bis violett, alle anderen Fasern entfärbt.

Mit der WEIGERTschen Lösung wird nach L. MICHAELIS so gefärbt, daß zwei Objektträger, auf denen das Sputum verstrichen ist, in ein Gefäß mit der Lösung für ½ Stunde kommen, mit Wasser abgespült und mit 3%igem Salzsäurealkohol behandelt werden, bis sie farblos werden. Es wird dann Cedernöl auf dem Objektträger ausgebreitet und, ohne mit einem Deckglase zu bedecken, mit schwacher Vergrößerung untersucht. Elastische Fasern dunkelviolett. B. FISCHER hat mit dieser Methode gute Erfolge erzielt.

Um die CHARCOT-LEYDENschen Krystalle zum Zweck farbenanalytischer Untersuchung zu färben, kann EHRLICHsches Triacid sowie Thionin genommen werden (H. STRAUSS). Zur Herstellung von Dauerpräparaten von ihnen fixiert LENHARTZ 5 Minuten in 5%iger Sublimatlösung oder 1/2 Stunde in absolutem Alkohol und färbt in schwach fuchsinhaltigem Alkohol.

Auf Bacterien wird nach allgemeinen Regeln untersucht. SMITH färbt nach GRAM mit Nachfärbung mit Eosin und LÖFFLERS Methylenblau. Siehe ferner Tuberkelbacillus.

Um zellige Elemente, die in Ausstrichpräparaten oft zugrunde gehen, besser zu erhalten, kann man nach GABRITSCHEWSKY das Sptum auch fixieren (in Alkohol, FLEMMINGscher Lösung, Chromessigsäure, Pikrinsäure, konzentrierte Sublimatlösung), einbetten, schneiden und mit Safranin, Alauncarmin, Hämatoxylineosin färben.

Die Dunkelfeldbeleuchtung des Sputums wurde von A. NEUMANN vorgenommen; so fand er besonders bei Asthma bronchiale Gebilde, die er für losgelöste Flimmerhaare hält.

Literatur: FISCHER (Münch. Med. Wochenschr. 1902), FUCHS (Deutsch. Arch. Klin. Med. 1899), GABRITSCHEWSKY (Deutsch. Med. Wochenschr. 1891), ISRAELS DE JONG (Thèse de Paris 1907), LENHARTZ (Mikroskopie u. Chemie am Krankenbette, 1907), MAY (Deutsch. Arch. Klin. Med. 1899), MICHAELIS (Deutsch. Med. Wochenschr. 1901), NEUMANN (Zentralbl. Physiol. 1909) RITTER (Zeitschr. Wiss. Mikr. 1898), SAHLI (Klinische Untersuchungsmethoden, 1909), SMITH (Boston Med. Journ. 1902), STRAUSS (Berlin. Klin. Wochenschr. 1900), TEICHMÜLLER (Deutsch. Arch. Klin. Med. 1899).

Mosse, Berlin.

Stabilit, rote, homogene, feste Masse, welche schwach nach Kautschuk riecht. In der Elektrotechnik vielfach als Isoliermittel benutzt. Die von den elektrotechnischen Firmen zu beziehenden Platten oder Stangen lassen sich leicht zersägen.

Wegen seiner Unlöslichkeit in Wasser und Alkohol und Widerstandsfähigkeit gegen die meisten Reagenzien ist er von JELINECK zum Aufkleben von Celloidinblöcken empfohlen worden.

Literatur: JELINECK (Zeitschr. Wiss. Mikr., Bd. 11, 1894).

Stärke oder Amylum, ein Polysaccharid $(C_6 H_{10} O_5)_n$, findet sich in den Zellen höherer Pflanzen in mannigfaltiger, aber für jede Pflanze sehr charakteristischer Gestalt vor. Die wichtigste Reaktion der Stärke ist die Blaufärbung durch Jod. Eine reine Blaufärbung erhält man jedoch nur aus sehr verdünnten Lösungen, am besten, wenn man sich unmittelbar vor dem Gebrauch eine wässerige Jodlösung in der Weise herstellt, daß man einige Tropfen beliebig alter alkoholischer Jodlösung in einige Kubikzentimeter destillierten Wassers gießt. Eine schön veilchenblaue Färbung erhält man auch, wenn man Jodsplitter in den Beobachtungstropfen zwischen die Stärkekörner streut. Die Färbung beginnt alsbald im Umkreis dieser Splitter. Die schärfste Reaktion liefert jedoch, wenn auch eine Färbung von violettbraun bis dunkelschwarzbraun, das gewöhnlich angewandte Jodjodkalium in folgender Zusammensetzung: 0,5 *g* Jodkalium, 1 *g* Jod in wenig Wasser auf 100 *ccm* Wasser verdünnt und über dem ausgeschiedenen Jod aufbewahrt (ARTH. MEYER). Die Mischung wird besonders zum Nachweis kleiner Stärkemengen etwa in Chlorophyllkörnern gebraucht, eventuell nachdem das Präparat durch Chloralhydrat aufgehellt wurde (vgl. Chromatophoren). Gute Dauerpräparate erhält man, wenn man durch Eintrocknen alkoholischer Jodlösungen die Stärkekörner stark überfärbt und in Canadabalsam einschließt. In einigen Tagen löst der Balsam (nicht rektifiziert) die anfänglich dunklen Wolken völlig heraus, so daß nur noch die Stärke rotbraun gefärbt bleibt (H. FISCHER). Die Stärkekörner enthalten im allgemeinen zwei Modifikationen α- und β-Amylose. Letztere ist in Wasser von 100° löslich, sie bedingt die Blaufärbung durch Jod, erstere erst bei

158° und färbt sich mit Jod nur rötlich. Gewisse Stärkekörner enthalten, und dann oft in großer Menge, Amylodextrin, das in Wasser von 60° leicht gelöst wird und sich beim Erkalten nicht wieder abscheidet. Es ist ein Zwischenprodukt der Verwandlung der Stärke in Dextrin und Maltose. Die weinrote Färbung durch Jod macht es leicht erkenntlich (z. B. Stärkekörner von Sorghum vulgare glutinosum = Klebhirse und Stärke in Siebröhren). Weiter ist für die Stärkekörner charakteristisch ihre Quellbarkeit in Wasser, die beim Austrocknen wieder rückgängig gemacht wird und ihre Verquellung (Kleisterbildung) in Wasser von über 60° (durch Übergang der β-Amylose in zähflüssige Tropfen), die nicht wieder rückgängig gemacht werden kann. Ebenso verquellen die Stärkekörner in Kalilauge. Während dieser Quellung tritt besonders deutlich die Struktur der Stärkekörner hervor. Sie besitzen immer eine Schichtung um einen koncentrischen oder excentrischen Kern, bedingt durch den verschiedenen Wassergehalt der einzelnen Schichten. Ihre radiäre Struktur tritt meist unter dem Einfluß von Reagenzien hervor und ist z. B. bei Kartoffelstärkekörnern zu erkennen, wenn dieselben eine Zeit lang mit verdünnter Säure behandelt wurden und dann im Wasser quellen (ARTH. MEYER). Die Schichtungen treten besonders schön bei Versilberung hervor. Getrocknete Stärkekörner (etwa bei 50°) werden mit einigen Tropfen 5%iger Silbernitratlösung stark befeuchtet und zur Reduktion möglichst intensiv beleuchtet. Die weniger dichten Schichten zeigen einen körnigen Silberniederschlag oder sind grau gefärbt. Die getrockneten Präparate können in Canadabalsam eingeschlossen werden (CORRENS). Besser soll noch nach Verstärkung durch Sublimatbromkalilösung, Silbernitrat mit Hydrochinonentwicklung wirken (vgl. GOLGI-Methode Bd. 1, pag. 551, FISCHER). Ebenso kann durch Färbung mit Anilinfarben die Schichtung deutlich gemacht werden, z. B. durch Gentianaviolett oder durch Eisenhämatoxylin usw. (SALTER, H. FISCHER). Oder man bringt mit Methylviolett gefärbte Körner in stark verdünnte Calciumnitratlösung (MEYER).

Die Stärkekörner der Rot- und Braunalgen, die sogenannten Florideen- und Phäophycäenstärke verhält sich gegen Jod etwas anders (KOLKWITZ, BÜTSCHLI, HANSTEEN).

Über Fixierung und Färbung zum Studium der Bildung innerhalb der Leucoplasten vgl. Chromatophoren. Über ihr Verhalten im polarisierten Licht vgl. Polarisationsmikroskop.

Verwandt mit den Stärkekörnern sind die Paramylumkörner in Euglenen und anderen niederen Organismen. Sie zeigen deutlich Schichtung, werden aber durch Jod nicht gefärbt und quellen erst in 60%iger Kalilauge (KLEBS).

Literatur: BÜTSCHLI (Verh. Nat. Med. Ver., Heidelberg, N. F., Bd. 4, 1903), CORRENS (Jhb. Wiss. Bot., Bd. 23, 1892), H. FISCHER (Beiheft z. Bot. Centralbl., Bd. 13 und 18 1902 und 1905), HANSTEEN (Jhb. Wiss. Bot. 1900), KLEBS (Unters. Bot. Inst. Tübingen, Bd. 1) KOLKWITZ (Wiss. Mitt. Helgol., Bd. 6), MEYER (Untersuchung über die Stärkekörner, 1895) SALTER (Jhb. Wiss. Bot., Bd. 32, 1898).

Magnus, Berlin.

Staphylocokken. Unter Staphylocokken versteht man traubenartig angeordnete Verbände von Cokken. Diese Art des Wachstums, das darauf beruht, daß die Teilungsebenen bei der Fortpflanzung in zwei Richtungen des Raumes liegen, kommt bei sehr zahlreichen, überall verbreiteten Arten vor. Die wichtigste ist der Staphylococcus pyogenes mit seinen drei Unterarten aureus, albus und citreus, der häufigste Erreger von Eiterungen auf der Haut und in den inneren Organen, einschließlich des Knochensystems. Er findet sich jedoch auch bei ganz gesunden Menschen auf der Mundschleimhaut und gelegentlich auf der normalen Haut.

Der Nachweis von Staphylocokken im ungefärbten Eiterpräparat ist meist schwer. Leichter gelingt er durch Färbung mit verdünnter Farblösung. (Fuchsin, Methylenblau). Doch ist es auch hierbei möglich, die Staphylocokken zwischen den gleichfalls stark gefärbten Eiterkörperchen zu übersehen. Weit besseren Einblick bieten GRAM-Präparate, besonders wenn man dieselben noch mit Fuchsin oder Eosin nachfärbt. Die Staphylocokken sind nach GRAM färbbar.

Zur Schnittfärbung eignet sich auch am besten die GRAM-Färbung mit Pikrocarminvorfärbung.

Bezüglich der kulturellen mikroskopischen Eigentümlichkeiten des Staphylococcus pyogenes ist zu erwähnen, daß er auf Gelatine weiße (dann je nach der Varietät mehr gelblich werdende), runde Kolonien bildet, die nur eine mäßige Größe erreichen, die Gelatine schnell verflüssigen und sich bei 60facher Vergrößerung als scharfrandige, dunkle, grobkörnige Gebilde darstellen. Auf der Agarplatte bei höherer Temperatur werden sie größer, saftiger und dunkler. Manche pathogene Staphylocokken bilden Hämolysin. Auf Blutagar zeigen die Kolonien daher einen hellen Hof.

Literatur: FLÜGGE (Mikroorganismen), GÜNTHER (Einführung in das Studium der Bacteriologie), HEIM (Technik der Bacteriologie), MIGULA (Systematik der Bacterien).

Heymann, Breslau.

Steapsin siehe: Enzyme.

Stovain, das Chlorhydrat des Benzoesäureesters des Äthyldimethylammoniopropanols. Weißes Pulver, das in Wasser und Methylalkohol leicht löslich ist. In neuester Zeit als lokales Anästheticum sehr viel benutzt, da es weniger toxisch wirkt als Cocain.

Von BEAUCHAMP ist das Stovain in 1%iger Lösung zum Narkotisieren von Rotatorien empfohlen worden.

Streptobacillen des Ulcus molle. Die von DUCREY zuerst im Secrete des Ulcus molle, später von KREFTING im Eiter des virulenten Bubo als Erreger beschriebenen Bacillen, Stäbchen von etwa 1,48 μ Länge, 0,5 μ Breite, kurz und gedrungen, an den Ecken abgerundet, intracellulär gelagert, färben sich gut in alkoholischen Lösungen von Fuchsin, Methylviolett und Gentianaviolett. KREFTING empfiehlt als besonders geeignet SAHLIS Boraxmethylenblau (16,0 5%ige Boraxlösung, 20,0 gesättigte, wässerige Methylenblaulösung, 24,0 Aq. destill.).

UNNA wies später einen stets in Kettenform angeordneten, nur ausnahmsweise in Eiterkörperchen gelegenen „Streptobacillus" in Schnitten des Ulcus molle nach, der $1^1/_4$—2 μ Länge, $^1/_3$ μ Breite aufweist und an den Ecken nicht abgerundet ist. QUINQUAUD und NICOLLE, PETERSEN und BUSCHKE bestätigten UNNAS Streptobacillenbefunde. Die Identität des DUCREY-KREFTINGschen und des UNNAschen Bacillus wurde von UNNA, der die Differenzen in der Größe der Struktur auf verschiedene Entwicklungsstadien zurückführt, von DUCREY selbst, CHEINISSE, COLOMBINI und BUSCHKE als sicher anerkannt, während für PETERSEN ihre Identität nicht als erwiesen gilt.

Für Secretaufstriche kommt neben obigen Färbungen noch UNNAS polychromes Methylenblau und PAPPENHEIMS Methylgrün-Pyronin in Betracht (FISCHER).

UNNA stellt den Streptobacillus in Schnitten auf folgende Weise dar:

1. Behandlung der aus Alkoholhärtung kommenden Schnitte in folgendermaßen zusammengesetzter Methylenblaulösung: Methylenblau, Kalii carbon. aa. 1,0, Aq. dest. 100,0, Spiritus 20,0, M. Coque ad remanens 100,0, adde Methylenblau, Boracis aa. 1,0 in Aq. dest. 100,0. Soluta misce.
2. Abtrocknen der überfärbten Schnitte auf dem Objektträger mit Löschpapier.
3. Entfärben einige Sekunden in UNNAS Glycerinäthermischung (von SCHUCHARDT in Görlitz).
4. Erneutes Abtrocknen.
5. Alc. absol., Bergamottöl, Canadabalsam.

PETERSEN färbt 24 Stunden in obiger Methylenblaulösung, entfärbt 3 Minuten in Anilinöl und läßt die Schnitte dann 2 Stunden in Anilinöl-Xylol aa. Er unterläßt ganz die Anwendung von Alkohol und trocknet die Schnitte zwischen den einzelnen Prozeduren wie UNNA mit Fließpapier.

Audry färbt die aus Alkoholhärtung kommenden Schnitte mehrere Minuten in Sahlis Boraxmethylenblau (s. oben), bringt die Schnitte dann in konzentrierte wässerige Tanninlösung, hierauf in Alkohol und Bergamottöl.

Loth empfiehlt (aus Unnas Laboratorium) für Schnitte aus Formolhärtung (2—24 Stunden) und Nachbehandlung in Alkohol und Celloidineinbettung.

A. 1. Polychromes Methylenblau (Grübler) 5 Minuten. 2. Abwaschen in Wasser. 3. Entfärben in verdünnter Glycerinäthermischung. 4. Gründliches Abspülen in Wasser. 5. 80%iger Alkohol, Alkoholäther, Alcoh. absol., Öl, Balsam.

B. 1. und 2. wie bei *A.* 3. 1 Minute in 1%iger Lösung von rotem Blutlaugensalz. 4. Abwaschen in Wasser. 5. Alcoh. absol., dann auf dem Objektträger: 6. Trocknen und Entfärben in 1%igem salzsaurem Anilinöl. 7. Alkohol, Xylol, Balsam.

C. 1. und 2. wie bei *A.* 3. Entfärben in Tannin-Orangelösung (Grübler), bis die Schnitte gelb werden. 4. Auswaschen in Wasser. 5. Alkohol, Öl, Balsam.

A. gibt neben der Bacillenfärbung eine besonders gute Färbung der Plasma- und Bindegewebszellen.

B. gestattet ein besonders gutes Hervortreten der Bacillenketten auf diffus blaßblauem Grunde.

Bei *C* erscheinen die Bacillen blau auf gelbem Grunde, die Kerne sind gleichfalls gefärbt.

Pappenheims Methylgrün-Pyronin wird in Unnas Modifikation folgendermaßen für Schnitte verwendet (cf. Bloch).

1. Carbol-Pyronin-Methylgrün (Grübler) 5—10 Minuten im Reagenzgläschen im Wasserbad von 30—40°. 2. Schnitte möglichst rasch durch Eintauchen des Reagenzgläschens in kaltes Wasser abkühlen. 3. Schnitt aus dem Gläschen herausnehmen und in Wasser abspülen. 4. Alcoh. absol., Bergamottöl, Balsam. Dieser Färbung läßt sich auch eine 2 Minuten dauernde Anwendung des polychromen Methylenblau mit nachfolgender Wasserabspülung vorausschicken.

Besançon, Griffon und Le Sourds Kulturversuche des Streptobacillus auf Kaninchenblutagar haben durch Tomaschewski, Davis, Fischer, Lipschütz und Serra Bestätigung erhalten. Außer dem Kaninchenblut ist auch das Menschenblut als Agarzusatz geeignet.

Literatur: Audry (Monatsh. Prakt. Derm., Bd. 20, 1895), Besançon, Griffon u. Le Sourd (Ann. de Dermat. 1901), Bloch (Unnas Lehren, Berlin 1908), Buschke (Verh. V. Kongr. Deutsch. Dermat. Ges. 1896), Cheinisse (Ann. de Dermat. 1854), Colombini (Giorn. Ital. Mal. Ven. Pelle), Davis (Journ. Med. Record 1903), Ducrey (Verh. III. Int. Dermat.-Kongr. Paris 1889), derselbe (Monatsh. Prakt. Dermat., Bd. 9 u. 21, 1889 u. 1898), Fischer (Dermat. Zeitschr. 1903), Krefting (Arch. Dermat., Bd. 24, 1892), Lipschütz (Arch. Dermat. Bd. 26, 1905), Loth (Monatsh. Prakt. Dermat., Bd. 26, 1898), Petersen (Centralbl. Bact., Bd. 13, 1893), Quinquaud u. Nicolle (Ann. Dermat. 1892), Serra (Dermat. Zeitschr. 1907), Tomaschewski (Zeitschr. Hyg. 1903), Unna (Monatsh. Dermat., Bd. 14 u. 21, 1892 u. 1895), v. Zeissl (Centralbl. Bact., Bd. 31, 1902).

Julinsberg, Posen.

Streptocokken. Unter Streptococcus versteht man einen Micrococcus, dessen Individuen sich bei der Vermehrung derartig aneinander lagern, daß sie Ketten von verschiedener Länge bilden. Bei einzelnen Arten sind die Ketten gestreckt, bei anderen stark gewunden. Besonders bilden die frisch aus menschlichen Krankheitsprozessen gezüchteten Streptocokken in Bouillon häufig lange Ketten von mehr als 8 Cokkenpaaren, so daß sie v. Lingelsheim Str. pyogenes longus nannte. Außer bei Krankheitsprozessen (Abscessen, Furunkeln, Erysipel [Rosc], Anginen, Bronchiolitiden und pneumonischen Affektionen, Peritonitiden, bei eitriger Otitis und Meningitis, Knochen- und Knochenhauterkrankungen usf. finden sie sich, allerdings meist kürzere Formen, regelmäßig auf der normalen Schleimhaut des Mundes und der Nase. Bei pyämischen Erkrankungen können sie häufig im Blut nachgewiesen werden, namentlich bei Scharlach, bei Nierenerkrankungen gelegentlich im Harn.

Die pyogenen Streptocokken sind meist runde Zellen, deren Durchmesser im ungefärbten Präparat 0,5—0,1 μ, im gefärbten 0,3—0,7 μ lang erscheint. Sie stellen oft sehr lange Ketten dar, die sich unter dem Mikroskop mitunter schon bei Benützung einer schwächeren Vergrößerung (cca. 60fachen) im gefärbten Präparat auffinden lassen. Zur Beobachtung der Streptocokken in Reinkultur eignet sich der hängende Tropfen, in dem sich die Streptocokken als unbewegliche Mikroorganismen erweisen. In Präparaten von auf festen Nährböden gewachsenen Streptocokken ist die kettenförmige Aneinanderreihung der Cokken häufig sehr wenig ausgeprägt; sie tritt aber sehr deutlich in Präparaten aus Bouillon hervor. Im Tierkörper sind sie häufig nur zu zweien gelagert und dann im mikroskopischen Präparat nicht ohne weiteres zu diagnostizieren. Zum Nachweis in Eiter, Blut u. dgl. genügt zumeist ein ungefärbtes Präparat nicht, sondern hierfür ist meist die Färbung des Materials erforderlich. Dieselbe gelingt leicht mit den gewöhnlichen Anilinfarben, z. B. 10fach verdünnter ZIEHLscher Lösung 1 Minute lang. Auch nach der GRAMschen Methode sind sie leicht färbbar. Eiterpräparate färbt man am besten nach GRAM und schickt eine Gegenfärbung mit Eosin oder Fuchsin nach; Fuchsinfärbung allein hebt oft die spärlichen Streptocokken nicht genügend hervor und kann zu Irrtümern Veranlassung geben. Einzelne Arten weisen im Tierkörper deutliche Kapseln auf.

Nach UNNA eignet sich zur Färbung der Cokken im Eiter, besonders Furunkeleiter, folgende Farblösung: Methylenblau 0,1, Spir. sapon. kal. 0.2, Aq. dest. 100,0.

Für die in den Fäces magendarmkranker Säuglinge bei gewissen Affektionen auftretenden Streptocokken hat ESCHERICH eine besondere Färbetechnik angegeben. Man braucht für dieselbe 1. Gentianaviolett 5,0 *g*, 1/2 Stunde in 200 *g* Wasser gekocht und filtriert (lange brauchbar), 2. Alcohol absolut. 11,0 *g*, Anilinöl 3,0 *g* gemischt (lange brauchbar), 3. Jodi puri 1,0, Kal. jodat. 2,0, Aq. dest. 60,0, 4. Anilin-Xylol aa. 5. Reines Xylol.

Die Färbung geschieht so, daß man aus Lösung 1 und 2 im Verhältnis von $8^1/_2$ und $1^1/_2$ eine Farbe frisch herstellt und auf die, auf einem Objektträger dünnverstrichenen und angetrockneten Fäces auftropft, einige Sekunden darauf beläßt und dann mit Fließpapier durch leichtes Ausdrücken desselben abtupft. Nun gießt man die Jodkalilösung darüber, die sofort wieder abzutupfen ist. Sodann wird die Anilin-Xylollösung darauf gegeben und durch Drehen des Objektträgers bewirkt, daß dieselbe über das Präparat hin- und herrieselt, wobei man die Lösung so lange erneuert, bis sie keine blaue Farbe mehr annimmt. Jetzt folgt einmalige Abspülung mit reinem Xylol, Trocknung mit Fließpapier und Nachfärbung mit einer zu gleichen Teilen Alkohol versetzten konzentrierten alkoholischen Fuchsinlösung.

In Organschnitten sind die Streptocokken leicht durch die GRAMsche Färbung nachweisbar. Zur Vorfärbung des Gewebes eignet sich Pikrocarmin. Die Konservierung und Einbettung des Materials erfolgt nach den üblichen Methoden, letztere am besten in Paraffin.

Was schließlich die kulturellen mikroskopischen Eigenschaften der Streptocokken anlangt, so bilden sie auf Gelatine kleine, weiße, undurchsichtige Kolonien, die wenig charakteristisch sind. Auf Agarplatten erscheinen die tiefliegenden Kolonien bei 60facher Vergrößerung rund oder oval, mit glattem, scharfem Rand, völlig homogen, ziemlich undurchsichtig. Auf der Oberfläche bilden sie sehr charakteristische feine, tautröpfchenähnliche Kolonien.

In Bouillonkulturen haben die Streptocokken ein makroskopisch sehr verschiedenes Wachstum. Bald trüben sie die Nährflüssigkeit völlig, bald lassen sie sie klar und bilden nur einen krümeligen oder flockigen Niederschlag.

Sehr häufig bilden sich in Bouillon ganz besonders lange Ketten aus, die, nach GRAM gefärbt, außerordentlich schöne Bilder ergeben können.

Literatur: FLÜGGE (Mikroorganismen), GÜNTHER (Einführung in das Studium der Bacteriologie), HEIM (Technik der Bacteriologie), KOLLE-HETSCH (Die experimentelle Bacteriologie und die Infektionskrankheiten, Wien 1908), KURTH (Arb. kais. Gesundheitsamt, Bd. 7, 1891), VON LINGELSHEIM (Zeitschr. Hyg., Bd. 10, 1891; Bd. 12, 1892), MIGULA (Bacteriensystematik).

Heymann, Breslau.

Strontiumbichromat siehe: Chromsaure Salze.

Strontiumchlorid, $SrCl_2 + 6 H_2O$, farblose, nadelförmige, hygroskopische Krystalle, die in Wasser und Alkohol leicht löslich sind.

Von MAYER zur Herstellung von Carmin- und Hämateinlösungen empfohlen.

Strychnin. Das Strychnin findet sich an Apfelsäure gebunden in den verschiedensten Strychnosarten, vor allem in den Samen von Strychnos nux vomica, aus denen es durch Auskochen mit verdünntem Alkohol gewonnen wird. Verwendung findet es in der Form des salpetersauren Salzes, Strychninum nitricum, $C_{21}H_{22}N_2O_2$, HNO_3. Farblose Nadeln von intensiv bitterem Geschmack, die mit neutraler Reaktion zu etwas über 1% in Wasser und Alkohol löslich sind. Spuren von Strychnin liefern mit starker Schwefelsäure und Kaliumbichromat intensive Blaufärbung.

Das Strychnin bewirkt bekanntlich eine starke Erhöhung der Reflexerregbarkeit, so daß die leiseste Berührung starke Krämpfe hervorruft. Die gewöhnliche Dose für ein Kaninchen beträgt ungefähr $^1/_4$ *ccm* einer 1%igen Lösung. Nach WOLFF soll nach subcutaner Injektion geringer Mengen von Strychnin die vitale Färbung mit Methylenblau viel leichter gelingen. SCHÜRMAYER benutzt Strychninlösungen von 0,1‰ zur Lähmung von Infusorien.

Literatur: SCHÜRMAYER (Jena. Zeitschr. Nat., Bd. 24, 1890), WOLFF (Arch. Anat., 1902).

Styrax, Storax, wird erhalten aus der Rinde von Liquidambar orientale. Im Handel finden sich zwei Arten, flüssiger und pulverförmiger Styrax. Für die Mikrotechnik kommt nur der erstere in Frage, der eine zähe, dicke graue Masse von unangenehmem Geruch darstellt. Zur Reinigung löst man ihn nach WITT in Äther und behandelt mit geschmolzenem Chlorcalcium, es resultiert dann eine tiefbraune dicke Flüssigkeit, deren wesentliche Bestandteile sind: Styracin, zwei Storesine, ein Harz und zwei Zimtsäureester. Behandelt man den gereinigten Styrax wiederholt mit Petroleumäther, so erhält man nach dem Abdestillieren des letzteren ein farbloses Öl und ein festes, dunkelbraunes Harz. Dieses letztere wird in Benzol gelöst, der Lösung setzt man so lange Petroleumbenzin zu, bis sie weingelb wird, filtriert und destilliert das Filtrat. Man erhält dann ein fast farbloses Harz, das von WITT als Styresin bezeichnet wird.

Der gereinigte Styrax ist von VAN HEURCK als Einschlußmedium für Diatomeen wegen seines hohen Brechungsindex (1,582) empfohlen worden. Als Lösungsmittel empfiehlt WITT Terpentinöl, DEBES Xylol, Benzol, Toluol oder Benzin, MARSSON Monobromnaphthalin. Nach FRANCOTTE eignet er sich auch sehr gut für histologische Präparate, besonders für solche, welche photographiert werden sollen.

Literatur: DEBES (Hedwigia, Bd. 24, 1885), FRANCOTTE (Bull. Soc. Belge Micr., Bd. 13, 1887), VAN HEURCK (Bull. Soc. Belge Micr., Bd. 10, 1884), MARSSON (Zeitschr. Wiss. Mikr., Bd. 5, 1888), WITT (Zeitschr. Wiss. Mikr., Bd. 3, 1886).

Styron, Zimtalkohol, Phenylallylalkohol, $C_6H_5 . CH = CH - CH_2 . OH$, aus dem Styracin gewonnen, bildet farblose, angenehm riechende Nadeln, die bei 33° schmelzen, in Wasser schwer, in Alkohol und Äther leicht löslich sind.

Von UNNA zum Differenzieren von Methylenblaupräparaten empfohlen. (Näheres siehe Mastzellen.)

Sublimat. Mit diesem Namen wird allgemein das Hydrargyrum bichloratum, das Quecksilbersublimat, $HgCl_2$, bezeichnet. Es bildet farblose Krystalle, die im Verhältnis 1:16 in Wasser, im Verhältnis von 1:4 in Alkohol (abs.) und Äther löslich sind. Die wässerige Lösung des neutralen Salzes reagiert sauer, weil ein Teil des Körpers hydrolytisch gespalten wird. Haltbarer ist konzentrierte wässerige Sublimatlösung bei Kochsalzzusatz. Dabei entsteht ein Quecksilber-Natriumdoppelsalz, das sich in für uns wesentlichen Punkten vom Sublimat unterscheidet. Durch Jod (in alkoholischer Lösung) oder Jodkali wird das Quecksilberbichlorid in das in Wasser schwer, in Alkohol leicht, ebenso in Jodkalilösung leichtlösliche Quecksilberjodid übergeführt, und zwar nicht nur das freie Sublimat, sondern auch das chemisch mit den Gewebebestandteilen verbundene, wobei auch bei Jodkaliüberschuß die gefällten Eiweißkörper etc. teilweise wieder löslich werden. Was bei der Fixierung der Gewebe entsteht, sind Verbindungen des Sublimats mit den genuinen Eiweißkörpern, Albumosen etc., die zumeist, bei schwächerer Konzentration des Sublimats speziell in saurer Lösung, in Wasser und Alkohol unlöslich sind. Das Chlornatriumquecksilberdoppelsalz, wie es in den mit physiologischer Kochsalzlösung angefertigten Sublimatlösungen vorliegt, bildet dagegen zumeist wasserlösliche Verbindungen; um eine genügende Fällung zu erzielen, muß also bei diesen Lösungen ein Sublimatüberschuß vorhanden sein und wird ein ansehnlicher Aciditätsgrad sich sehr vorteilhaft erweisen.* Diese Verhältnisse kommen bei dem Salzgehalt der Gewebe namentlich für schwächere Sublimatlösungen sehr in Betracht.

Das Quecksilbersublimat ward schon vor langer Zeit in der Konservierungstechnik benützt, so von KEUFFEL (10) und HARTING (59). Eine allgemeine Anwendung zur Fixierung mikroskopischer Strukturen ward durch A. LANG (78) veranlaßt, die in neuerer Zeit einen mächtigen Impuls durch M. HEIDENHAINS Empfehlung erhielt, so daß Sublimat und Sublimatgemische auch jetzt noch zu den am meisten verwandten Fixierungsflüssigkeiten gehören. Trotzdem vor einer Reihe von Jahren das Sublimat, in wässeriger und namentlich alkoholischer Lösung, aber auch in vielen Gemischen, sehr in Mißkredit gekommen war, so sehr, daß es von verschiedenen Autoren als entbehrliches Mittel bezeichnet worden ist, ist es, namentlich mit Essigsäurezusatz und in Verbindung mit Kali bichromicum und anderen Stoffen, bei vielen Objekten auch in neuester Zeit als bestes Konservierungsmittel befunden worden.

A. FISCHER rechnet das Sublimat zu den Nucleinsäure, Serumalbumin und Deuteroalbumose fällenden Mitteln, deren Fällungen in Wasser ganz unlöslich sind, und meint, es könne jedenfalls sehr zahlreiche Artefakte herbeiführen. K. TELLYESNICZKY traf bei Anwendung des Sublimats ein außerordentliches Zusammenschrumpfen des Plasmas an, wobei die Kerne ziemlich regelmäßig sind und zur diffusen, dunklen Färbung neigen. Von der Masse des Plasmas fehlt gewöhnlich sehr viel, die Kernmasse scheint unversehrt zu sein. Schon vor ihm hat BOLLES LEE in seinem Vademecum eindringlich vor dem Sublimat gewarnt, und noch früher ein so feiner Techniker wie C. RABL geurteilt, daß reine Sublimatlösung die Embryonen stets stark verschrumpfen mache. Auch M. HEIDENHAIN, der einst das Sublimat so warm empfohlen, hat in neuerer Zeit „weniger günstige Resultate“ damit gehabt und eigenartige Schrumpfungen erhalten und dann bei Hoden das Mittel unbrauchbar gefunden; er glaubt, daß „ein Teil Zellensubstanz mit dem Sublimat in Lösung geht“. v. WASIELEWSKI hält Sublimat nicht für so unbrauchbar wie TELLYESNICZKY, wohl aber für „durchaus entbehrlich“, da es keinen speziellen Vorzug aufweise, namentlich aber den Zellenleib schlecht fixiere. Hervorzuheben sind die sehr schlechten Resultate, die Sublimat für das Zellprotoplasma der Nieren- und Sexualzellen zeigt, wo ihm ein so zweifelhaftes Mittel wie Formol noch überlegen ist.

Über die Anwendung von Sublimat (allein oder in Gemischen) zur Fixierung von vitalen Neutralrotfärbungen (E. GOLOWIN) siehe pag. 597.

Wir halten es nicht für angebracht, die bisher angeführten Anwendungsformen von wässeriger Sublimatlösung ausführlicher zu besprechen. Es empfiehlt sich eben nach dem Stand unserer Kenntnisse nicht, diese Lösungen allgemeiner anzuwenden, da sie weit hinter der Sublimatessigsäure zurückstehen, und diese fast in allen Fällen anwendbar ist, wo wegen der Färbung andere Salze oder Säuren nicht verwandt werden sollen. Für Blutdeckglaspräparate, wofür sie ja

* Versetzt man eine filtrierte, klare Eiweißlösung mit wässeriger Sublimatlösung, so entsteht ein weißer, voluminöser Niederschlag von Sublimateiweiß, der sich auf Zusatz von Kochsalzlösung sofort vollständig löst. Gibt man zu der mit Kochsalz versetzten Eiweißlösung Sublimat, so entsteht keine Fällung und ebensowenig, wenn man der Eiweißlösung eine Sublimat-Kochsalzlösung zufügt. Bei der minimalen Löslichkeit von Kochsalz in Alkohol (abs.) ist es zwecklos, mit alkoholischer Sublimatlösung Versuche anzustellen. Die beweisenden Versuche verdanke ich der Liebenswürdigkeit von Herrn Prof. C. PAAL.

auch schon empfohlen wurde, haben wir alkoholische Sublimatlösung für gut befunden.

KULTSCHITZKYs Meinung, „das Fixieren muß so kurze Zeit als möglich dauern", gilt in erster Linie für Sublimat. Sind die Stücke „durch", so kann ein längeres Verweilen nur Niederschläge erzeugen oder zu Schrumpfungen, Zerstörungen feinster Strukturen führen, absolut nichts nützen, da die Verbindungen mit dem Quecksilbersalz sofort quantitativ eintreten.

Eine genauere Darlegung verlangt die Nachbehandlung von Objekten, zu deren Fixierung Sublimat ausschließlich oder in Gemischen verwendet worden ist. Da zumeist konzentrierte oder doch starke Lösungen des Salzes benützt werden, so entstehen in den Geweben krystalline Niederschläge, namentlich nach längerem Verweilen in der Fixierungsflüssigkeit. Dabei kann es sich um einfache Sublimatkrystalle, wie in den histologischen Werken allgemein angenommen wurde, nicht handeln, da sie sich trotz der leichten Lösbarkeit des Sublimats in Alkohol mit diesem nicht entfernen lassen. Diese Krystalle könnten durch Umsetzung des Quecksilberbichlorids mit den in den Geweben enthaltenen Alkaliphosphaten entstehen, auch die Bildung anderer schwer löslicher, basischer, krystalliner Quecksilbersalze ist nicht ausgeschlossen.

Zur Entfernung dieser Niederschläge dienen alkoholische Jod- oder (wässerige) Jodkali-, resp. Jodjodkalilösungen. Jodkali entfernt nicht nur das Sublimat und die krystallin ausgeschiedenen Quecksilberverbindungen, sondern löst auch einen Teil der Sublimateiweißfällungen, das Gleiche tun Jodjodkalilösungen. Auch für Jodlösungen in verdünnterem Alkohol ist das in gewissem Grade anzunehmen. Es ergibt sich daraus, daß es unangebracht ist, mit dem Jodzusatz zu beginnen, bevor die Objekte, von besonderen Fällen abgesehen, stufenweise — höchstens von 10 zu 10% steigend, wenn tadellose Härtungen erzielt werden sollen, — in 70–80%igen Alkohol übergeführt sind. Zunächst kann man reichlich Jod zufügen, später aber stets nur kleinere Mengen, bis keine Entfärbung der Jodlösung mehr eintritt. Hat man zu viel Jod zugesetzt, so ist es eine recht langweilige Sache, dieses mit Alkohol wieder zu entfernen, und dies muß geschehen, will man die Färbbarkeit der Objekte, namentlich für die meisten Anilinfarbstoffe, und die Haltbarkeit der Färbungen nicht beeinträchtigen. Um durch ein chemisches Verfahren das Jod zu entfernen, hat M. HEIDENHAIN (08) Natriumthiosulfat empfohlen. Eine 2·5%ige wässerige Stammlösung wird für den Gebrauch zur Behandlung der Schnitte, auch wenn sie von jodierten Stücken stammen, zehnmal mit Wasser verdünnt; in wenigen Minuten ist der Entjodungsprozeß beendet. Es ist auch geraten worden, erst nach der Einbettung die Entfernung der Niederschläge vorzunehmen. Während dieselben während der Alkoholhärtung keine in Betracht kommende Störung der Strukturen verursachen, machen sie bei der Paraffineinbettung — wohl wegen ihres durch den absoluten Alkohol nicht entfernbaren Krystallwassers — starke Schrumpfungen und sind auch störend und schädlich, wenn feine Schnitte angefertigt werden sollen. Wir können danach vor dem Einbetten unjodierter Präparate in Paraffin nur warnen.

Angewandt worden ist das wässerige Sublimat zumeist in konzentrierter, resp. übersättigter Lösung; bald kalt, bald heiß (LANG). Für Würmer ist es wiederholt besonders empfohlen worden (V. WAGNER für Myzostoma; MONTGOMERY für Nemertinen), heiß angewandt führt es z. B. bei Schnecken eine Abtötung in gestrecktem Zustande herbei. BRAUER hat es für Gymnophionenembryonen insoferne für gut befunden, als sich diese leichter vom Dotter lösen ließen, nicht aber was die Konservierung anlangt.

Sehr viel schwächere Lösungen hat JOUHAUD (05) für menschliches Blut genügend gefunden, für normales Blut fast immer 1 : 100. Zur Färbung von Wirbeltier-(Selachier)Nervenzellen mit Thionin konserviert PIGHINI mit konzentrierter Sublimatlösung.

Bessere Resultate geben im allgemeinen alkoholische Lösungen, namentlich bei Protozoen und bei Tieren mit starken cuticulären Hüllen, z. B. Nematoden und Arthropoden, für welche sie viel angewandt worden sind und ganz brauchbare Bilder liefern, speziell wenn sie heiß (bis 60°) angewandt werden. Auch für Pflanzen sind sie nützlich befunden worden, so für Zellkernkrystalloide.

v. WASIELEWSKI fand konzentrierte alkoholische Sublimatlösung brauchbar für Kerne, Spindelfasern, ziemlich schlecht für Protoplasma, eine Lösung in 70%igem Alkohol besser als eine in absolutem.

Eine nur sehr wenig Sublimat enthaltende Mischung, konz. wässer. Sublimatlösung 5 + 96%iger Alkohol 95 verwandte PIETSCHMANN (05) für Asteriden. Für Rhizopoden gibt F. SCHAUDINN (93) Subl. konz. wässer. 1 + Alcoh. absol. 2 an, für Coccidien (00) noch mehr Sublimat: Subl. konz. wässer. 2 + Alcoh. absol. 1. Beide Mischungen bewähren sich auch für Insekten. Etwas weniger Alkohol enthält PROWAZEKs Vorschrift für heiße Fixation von nassem Aufstrich größerer Spirochäte-Arten, nämlich: Subl. konz. wässer. 2 + 90%iger Alkohol 1. Nur sehr wenig Alkohol benutzte RÖTHIG vor Kresofuchsinfärbung: Subl. konz. wässer. 9 + 95%iger Alkohol 1.

Die Sublimatkochsalzlösung ist entweder so bereitet worden, daß eine 0,5—0,75%ige Kochsalzlösung mit dem schweren Metallsalz kalt gesättigt wurde, wobei sich 9% lösen, oder man hat heiß gesättigte Lösungen hergestellt. Über die chemische Natur dieser Lösung und ihr Verhalten zum Eiweiß haben wir uns schon oben geäußert. Auch das Doppelsalz stellt ein starkes Zellgift dar, das schneller eindringt als das Quecksilbersalz, da es zumeist wasserlösliche Verbindungen bildet, also nicht durch die Fällungen am Vordringen gehindert wird. Auch weniger Sublimat, so 5% für Protozoen, ist versucht worden. Konzentrierte Sublimatlösung mit 0·5% Kochsalz zu gleichen Teilen mit absolutem Alkohol dient für Wirbellose als Fixierungsmittel zur Nachvergoldung nach v. APÁTHY (siehe pag. 292).

Die Zahl der Mischungen, in denen Sublimat einen Bestandteil neben Eiweiß fällenden Salzen und Säuren bildet, ist nicht gering. Wir wollen zunächst die Sublimatsäuregemische, dann die mit Salzen, darauf die Kombinationen mit Säuren und Salzen besprechen, schließlich solche mit anderen Stoffen.

1. Sublimat-Essigsäure. Der Zusatz von Essigsäure bewirkt vor allem eine energischere Fällung der Eiweißarten und verhindert, daß Kochsalz oder (in der weiteren Behandlung) Jodkali die entstandenen Niederschläge wieder löse. Ferner dringt die Flüssigkeit bedeutend rascher ein und die nucleinsäurehaltigen Elemente des Kernes erfahren eine gute Fixation durch die organische Säure (KULTSCHITZKY).

Die Anwendung dieser Mischung ist schon alt — A. LANG hat sie 1878, durch eine Angabe BLANCHARDs angeregt, zuerst für Turbellarien empfohlen nach der Formel: 100 Aqua dest., 6—10 Kochsalz, 5—8 Acid. acet. glac., 4—12 Sublimat — die Konzentration der beiden Reagenzien ist eine bei den einzelnen Autoren außerordentlich wechselnde, von 1 Teil Sublimat und 2 Teilen Essigsäure auf 300 Wasser, wie PACINI angegeben, bis zu 2 Teilen konzentrierter wässeriger Sublimatlösung + 1 Teil Eisessig (LO BIANCO für Seetiere). Ebenso ist bald Wasser, bald physiologische Kochsalzlösung verwendet worden. BOLLES LEE empfiehlt konzentrierte wässerige Sublimatlösung mit 5% Eisessig für Seetiere, A. E. v. SMIRNOW diese Mischung für Leguminosenkeime, H. IORIS für Neuroblasten (4—6 Stunden). Bei diesen wird man von Essigsäure bis zu 5% auch bei längerem Verweilen der Objekte in der Lösung kaum Schädigung zu erwarten haben, für nicht schwer durchdringliche Gewebe von Süßwasser- und Wirbeltieren scheint es mir besser, nicht höher als bis zu höchstens 3% Eisessig zu gehen. Sind aber die Objekte durch besonders derbe Schichten gegen die Reagenzien geschützt, wie bei Ascariseiern, oder muß eine besonders rasche Fixation erzielt werden, wie bei Nieren, so kann es vorteilhaft sein, die Essigsäure bis zu 25% (LANG,

VAN BENEDEN, V. DAVIDOFF) zu steigern, dann aber die Objekte nur kurze Zeit ihrer Einwirkung auszusetzen.

Die Konzentration der Sublimatlösung kann ohne merkliche Differenzen im Resultate ebenfalls variiert werden, doch ist zumeist konzentrierte Lösung angewandt worden. Die Verwendung von physiologischer Kochsalzlösung bietet kaum Vorteile, da in stark saurer Lösung auch bei Anwesenheit von Kochsalz die Sublimateiweiß- etc. Verbindungen ausfallen und die Essigsäure für eine rasche Abtötung der Gewebe sorgt. — Als Beispiele nicht schon erwähnter empfohlener Mischungsverhältnisse seien angeführt: CHOLODKOWSKY: konz. Sublimat + 0,5% Eisessig (für Dipterenlarven, heiß angewandt); KOLSTER: konz. Sublimat in 0,5%iger NaCl-Lösung + 1% Eisessig; HEIN: konz. Sublimat in Seewasser + 2% Eisessig (für Echinodermenentwicklungsstadien): OXNER: konz. Sublimat + 3% Eisessig (für die Kolbenzellen der Fischepidermis: BÉGUIN: konz. Sublimat + 10% Eisessig (für Reptiliendarm (1/2 Stunde lang): BORGERT: konz. Sublimat + 18—25% Eisessig (für Centralkapseln von Aulacanthen.

Sublimat-Essigsäure-Formol. Will man mit dem EHRLICH-BIONDIschen Triacidgemisch färben, so stören in der ZENKERschen Flüssigkeit die Bestandteile der MÜLLERschen Flüssigkeit. Daher habe ich seit vielen Jahren einer 3%igen bis konzentrierten Sublimatlösung 1% Eisessig und 10% Formol, letzteres unmittelbar vor dem Gebrauch, zugegeben, und damit namentlich fürs Blut — bei der entstehenden Verbindung des Formaldehyds mit dem Hämoglobin wohl zu verstehen — recht gute Resultate erzielt. Dieses und ähnliche Gemenge sind seither, zum Teil unabhängig, von verschiedenen Autoren angewandt und empfohlen worden, so von COX in der Zusammensetzung von gesättigtem Sublimat 30, Formol 10, Eisessig 5 für Granula der Ganglienzellen, wobei die Konzentration der Essigsäure sehr stark genommen ist (über 10%!). Der Autor bemerkt ausdrücklich, daß diese Flüssigkeit die Sublimat-Osmium-Essigsäuregemische nicht erreiche an Güte der erhaltenen Bilder. Ich glaube, daß man bei leicht durchdringlichen Objekten mit erheblich weniger Formol, als oben angegeben, 0,5—4%, bessere Erfahrungen machen wird.* FLINT fand Sublimat-Essigsäure sehr vorteilhaft zur späteren Stückverdauung.

2. Sublimat-Alkohol-Essigsäure. Für schwerdurchdringliche Objekte sowie Arthropoden, Nematoden ist es vorzuziehen, statt wässeriger alkoholische Sublimatlösung mit Essigsäure zu verwenden, doch ist die Kombination, in schwächeren Konzentrationen, auch für zarte Gewebe und auch für pflanzliche Objekte gut befunden worden; VOM RATH (95) hat auf 200 Alcoh. absol. 1 Sublimat und 2 Eisessig genommen, mir scheint es besser, mehr Sublimat, etwa 3—5%, zu nehmen, auch von 2—3% Essigsäure sah ich bei Alkoholsublimat keine schädlichen Folgen. — Von Mischungsverhältnissen führe ich an: LAPP: Sublimat konz. 50 + Alc. abs. 50 + Eisessig 2 (für Floh, 50—60° warm gebraucht; von anderer Seite für Ascarishoden und Eierstock); v. APÁTHY: 2% Sublimat und 5% Essigsäure in 40%igem Alkohol (für Würmer, Insekten); WOLTERECK: Sublimat konz. 10 + 80%iger Alc. 10 + Eisessig 2 (für Trochophoralarven); v. LENHOSSÉK (1897): Sublimat konz. 75 + Alc. Abs. 25 + Eisessig 5 (besonders für Mitosen in Säugerhoden, 24 Stunden bei 30—35° Wärme, jedoch erhielt REGAUD bei warmer Anwendung enorme Schrumpfung; auch für Cyanophyceen ward das Gemisch gut befunden; MINGAZZINI: Sublimat konz. 2 + Alc. abs. 1 + Eisessig 1 (für Darmepithel des Huhns [!], auch für dickschalige Stadien von Ascariseiern, für frühe Stadien mit weniger Alc. und Eisessig angewandt).

Auch Sublimat-Alkohol-Eisessig ist mit Zusatz geringer Mengen von Formol angewandt worden, so von WOLTERECK (s. oben).

---

* Namentlich beim Fixieren durch Injektion, interstitielle oder besser arterielle, empfiehlt es sich, mit nicht zu starker Essigsäure und mit nicht über 1% Formol zu arbeiten. bei allen Fixierungsflüssigkeiten.

3. Sublimat-Chloroform-Alkohol-Essigsäure. OHLMACHER fixiert Stücke des Centralnervensystems in Alc. absol. 80, Chloroform 15, Eisessig 5, Sublimat 20 und bringt sie nach $^1/_4$—$^1/_2$stündigem Verweilen in 80%igen Alkohol, dem er später Jod zusetzt.

4. Sublimat-Trichloressigsäure-Essigsäure. M. HEIDENHAIN (08) hat seit vielen Jahren mit einem Gemisch von konz. Sublimat 100 + Trichloressigsäure 2 + Eisessig 1, namentlich bei drüsigen und lymphatischen Organen, Amphibienlarven, Embryonen, gute Resultate erzielt, besonders gute Bindegewebsblaufärbung mit Vanadiumhämatoxylin; er bringt die Objekte aus der Fixierungsflüssigkeit direkt in mindestens 90%igen Alkohol.

5. Sublimat-Ameisensäure. RUFFINI (05) konserviert für die Darstellung der Nervenscheide durch Vergoldung bestimmte kleine Gewebsstücke mindestens $^1/_2$ Stunde in frisch bereitetem Gemisch von Sublimat konz. 34 + 10%ige Ameisensäure 66.

6. Sublimat-Pikrinsäure und verwandte Gemische. C. RABL (94) empfahl für ältere Embryonen eine Mischung von konzentrierter wässeriger Sublimatlösung 1, konzentrierter wässeriger Pikrinsäure 1, destilliertem Wasser 2; die Objekte werden dann, je nach ihrer Größe, einige Stunden bis 2 Tage gewaschen, mit ganz schwachem beginnend, in Alkohol bis 80—90% übergeführt, dann jodiert. v. EBNER hat dieses Gemisch für Geschmacksknospen verwendet; MANN (94) gibt an: konzentriertes Sublimat in physiologischer Kochsalzlösung 100 + 1 Pikrinsäure, wozu eventuell noch 1 Tannin. TELLYESNICZKY hält diese Mischungen, besonders die MANNsche mit Tannin, für sehr unglücklich und meint, daß auch die Zugabe von 1% Essigsäure in der VOM RATHschen Pikrin-Sublimatessigsäure (konzentrierte wässerige Pikrinsäure, konzentrierte wässerige Sublimatlösung, am besten in physiologischer Kochsalzlösung, aa. + 1% Eisessig) nicht imstande sei, die plasmazerstörenden Wirkungen des Pikrinsäuresublimats aufzuheben; auch v. WASIELEWSKI weiß wenig Gutes diesen nachzusagen. Dagegen ist nur anzuführen, daß von so gewiegten Technikern wie RABL und VOM RATH angegebene Flüssigkeiten doch auch gewisse Vorzüge haben müssen und SCHAFFER die unverdünnte Mischung von Pikrinsäure und Sublimat in der Weise mit gutem Erfolg angewandt hat, daß er die Objekte aus ihr direkt in Alkohol brachte, wie das auch VOM RATH empfohlen hat, und dann mit Jodtinktur und Lithioncarbonat Sublimat und Pikrinsäure entfernte. Die Konservierung der Kerne durch diese rasch eindringende Flüssigkeit ist eine recht gute. HERZOG (02) fand die Linse des Auges nach Anwendung von Pikrin-Sublimatessigsäure fast stets geplatzt.

Für Stützsubstanzen der Wirbeltiere leistet die Kombination mit Essigsäure entschieden Gutes, ich pflege dabei 1—2% Essigsäure zuzufügen. So fixierte Objekte können ohne Schaden energisch ausgewaschen werden. Sehr angenehm ist es, daß kleinere Mengen von Kalksalzen durch das Gemisch gut entfernt werden, natürlich wird man des Sublimats wegen die Stücke nicht zu lang in der Flüssigkeit lassen, sondern sie in Pikrinsäure mit Essig- oder besser Salpetersäure zur eventuellen weiteren Entkalkung übertragen. Die Färbung mit Carmin, Cochenille und Hämatoxylinfarben gibt nach diesem Gemisch schöne, wohl differenzierte Resultate.

Von Mischungsverhältnissen der Sublimat-Pikrinsäure seien noch angeführt: v. LENHOSSEK: Sublimat konz. und Pikrinsäure konz. aa. (für Spinalganglienzellen); IMHOF: Sublimat konz., Pikrinsäure konz., Aqua dest. aa. (für Vogelrückenmark). Von Sublimat-Pikrinsäure-Essigsäuregemischen: VÖLKER: Sublimat konz. und Pikrinsäure konz. aa. + 5% Eisessig (Corpus luteum des Ziesels [Spermophil. citill.], wenn länger als 24 Stunden angewandt, tritt Schrumpfung ein); v. LENHOSSEK (07): Sublimat konz. 75 + 50%igen Alc. 25 + Essigsäure konz. 5 + Pikrinsäure bis zur Sättigung (für Hühnerembryonen [Amnionmuskulatur]).

Formolzusatz hat MANN empfohlen: Sublimat 2,5 *g* + Pikrinsäure 1,0 + Formol 10 *ccm* + Aqua dest. 100,0 *ccm*; auch nach der Formel: Sublimat konz.

10 + Pikrinsäure konz. 10 + Formol 10 und BRANCA (99): Warm gesättigte Sublimatlösung auf krystallisierter Pikrinsäure im Überschuß aufbewahrt 300, dazu kurz vor dem Gebrauch: Formol 50 + Eisessig 5 (für zarte Objekte, 24 Stunden fixieren; für Knochen empfohlen von RETTERER).

Eine zweizeitliche Anwendung von Sublimat-Essigsäure und Pikrinsäure empfehlen BÖHM und OPPEL angelegentlich für Reptilieneier in der Weise, daß die Eier 2—3 Stunden in Sublimateisessig (5% von letzterem) kommen, dann auf 2 bis 12—24 Stunden in konzentrierte wässerige Pikrinsäurelösung. Sie werden jetzt geschält und in 70%igen Alkohol übertragen. Die Konservierung sei tadellos.

Das RABLsche Gemisch läßt ZILLIACUS 24 Stunden einwirken, wäscht dann 1 Stunde in fließendem Wasser und legt darauf die Objekte 2—3 Tage in konzentrierte wässerige Pikrinsäurelösung, um nach kurzem Abwaschen durch Hämalaunfärbung und Nachbehandlung mit 1%iger Soda makroskopisch die Grenzen zwischen geschichtetem Platten- und Cylinderepithel sichtbar zu machen.

Sublimat-Pikrin-Schwefelsäure. Neben Sublimatessigsäure und konzentrierter wässeriger Sublimatlösung hat LANG für marine Gastraeaden und Würmer eine konzentrierte Lösung von Sublimat in Pikrinschwefelsäure mit Zusatz von 0—5% Eisessig empfohlen.

Sublimat-Pikrin-Chrom-Platinchlorwasserstoffsäure. Von PACAUT (05) angegeben: Sublimat konz., Pikrinsäure konz. wässerig aa. 100 + 16,5%ige wässerige Chromsäure 2,5 + 3%ige Platinchlorwasserstoffsäure 3 (für Molluskenepithel und Speicheldrüsen).

7. Sublimat-Platinchlorwasserstoffsäure und Säurekombinationen derselben. C. RABL fand, daß ein Gemenge von 1 Teil 1%iger wässeriger, sogenannter „Platinchlorid"lösung, 1 Teil konzentrierter wässeriger Sublimatlösung und 2 Teilen destillierten Wassers eine Flüssigkeit bildet, die jüngere Embryonen vorzüglich fixiert; „in den meisten Fällen kann von einer Schrumpfung überhaupt keine Rede sein". Weniger Sublimat könne man nehmen, aber nicht weniger Platinchlorid, eher mehr, bis zu 2%. Auch bei einem so empfindlichen Organ wie die Niere bewährt sich das Gemenge. Für Hydrachniden ist es heiß (wohl 60°) angewandt worden.

Sublimat-Platinchlorwasserstoff-Essig(Ameisen-)säure. BOUIN fügte zu 1%igem Platinchlorid 20 konzentriertes wässeriges Sublimat 10 und Essig- oder Ameisensäure 2—5; eine Modifikation dieser Flüssigkeit mit Formolzusatz haben M. und P. BOUIN (98) nach folgender Formel angegeben: 1%iges Platinchlorid 20 + konz. wässeriges Sublimat 10 + Formol 10 + Ameisensäure 5. Die erste BOUINsche Mischung hat R. W. HOFFMANN für die schwer zu konservierenden Collembolen in dieser Modifikation angewandt: 1%iges Platinchlorid 10 + konz. wässeriges Sublimat 5 + Alc. abs. 5 + Eisessig 1 (einige Minuten bei 60°, dann kalt 2,5—3 Stunden).

8. Sublimat-Salpetersäure und Säurekombinationen derselben. KOSTANECKI und SIEDLECKI verwenden für Ascaris eine Mischung von konzentrierter wässeriger Sublimatlösung und 3%iger Salpetersäure aa. Sie härten dann in von 30% an steigendem Alkohol und geben Jod zu. Auch bei Knochenfischen (Linsenregeneration und Epidermiskolbenzellen, mit doppelter Menge Salpetersäure, M. OXNER) hat sich dies Gemenge bewährt. VAN GEHUCHTEN und NELIS konservierten Spinalganglienzellen in dem von GILSON angegebenen Gemenge von 46° Salpetersäure 15, Eisessig 4 *ccm*, Sublimat 20 *g*, 60%iger Alkohol 100 *ccm*, Aqua dest. 880 eine halbe Stunde. Nach halbstündigem Waschen kamen die Objekte direkt in 90%igen Jodalkohol. Modifiziert gebrauchte CARAZZI diese Flüssigkeit für grüne Austern, indem er zu 1000 *ccm* einer 1%igen Kochsalzlösung 20 *g* Sublimat, in 100 *ccm* 70%igen Alkohols gelöst, 15 *ccm* konzentrierter Salpetersäure und 5 *ccm* Eisessig zusetzte. PETRUNKEWITSCH verwendet ein mit Sublimat gesättigtes Gemisch von Aqua dest. 300 + Alc. abs. 200 + Eisessig 90 + Salpetersäure 10; es hat sich dies für Arthropoden und Vertebraten bewährt. RUBASCHKIN rühmt es als bestes für Fur-

chungsstadien von Tritoneiern, bei denen sich nach seiner Anwendung (3—5 Stunden, dann einige Stunden auswaschen) die Eihüllen gut entfernen lassen.

Speziell für Amphioxus empfehlen v. APÁTHY und BOEKE mit einer Lösung von 1 Sublimat und 4 Salpetersäure in 100 Wasser 24 Stunden zu fixieren und dann auszuwaschen oder mit einer 6% Sublimat und 4% Salpetersäure enthaltenden wässerigen Lösung 20 Stunden zu fixieren und mit 96%igem Alkohol auszuwaschen.

9. Sublimat-Chromsäure und Säurekombinationen derselben. LO BIANCO gibt 2 Vol. einer konzentrierten wässerigen Sublimatlösung und 1 Vol. einer 1%igen Chromsäure zusammen; die Mischung wird für kleinere Objekte, speziell Amphibieneier, Reptilienkeimscheiben und Embryonen, empfohlen; auch für Molluskenembryonen.

Sublimat-Chrom-Essigsäure-Formol. In neuester Zeit hat sich für Eier (Embryonen) von Amphibien, Reptilien und Vögeln sehr bewährt die von NOVAK angegebene Kombination von Sublimat konz. 150 + 1%ige Chromsäure 150 + Wasser 135 + Eisessig 15 + Formol 50.

Sublimat-Jodsäure. LAVDOWSKY bezeichnet als ein ausgezeichnetes Mittel zur Untersuchung des dritten Blutelementes 2%ige Jodsäure und konzentrierte wässerige Sublimatlösung aa. „Es quellen nämlich die roten Blutkörperchen hierdurch nur sehr langsam auf, auch verblassen und platzen sie bedeutend langsamer wie vorhin, die nucleoide Substanz erscheint in ihnen nicht, dagegen treten gerade die Blutplättchen jetzt prächtig hervor“; dieses Zitat besagt genug!

10. Sublimat-Kali bichromicum hat BENSLEY (96) für Magendrüsen empfohlen in der Zusammensetzung: alkoholischer Sublimatlösung 1 Teil, 2%iger wässeriger Kali bichromicum-Lösung 1 Teil. — Da Sublimat in seinen Mischungen die Kerne, besonders das Chromatin gut fixiert, Kalibichromat das Protoplasma, so erscheint dieses Gemenge für kleinste Objekte, bei denen die Schnelligkeit des Eindringens nicht in Betracht kommt, und wenn die Einwirkung einer Säure (speziell auch Essigsäure) vermieden werden soll, rationell.

LANE bringt zur Untersuchung der LANGERHANSschen Inseln des Pancreas kleinste Gewebsstückchen auf 2 Stunden in 3,5%ige wässerige Kali bichromicum-Lösung und konzentrierte Sublimatlösung in 95%igem Alkohol aa. und härtet in steigendem Alkohol; NICKIFOROW-FOÀ benutzen Sublimat konzentriert in 0,6%iger Kochsalzlösung und 5%ige Kaliumbichromatlösung aa.; MARRASSINI für Nebenniere, 4%iges wässeriges Kali bichromicum und nur 2%iges wässeriges Sublimat aa.; für Blutplättchen wird, nach WLASSOW, 3%ige Kochsalzlösung 4 *g* + konzentriertes Sublimat 2 Tropfen + 5%iges Kali bichromicum 1 Tropfen empfohlen. H. HOYER hat für das Infusor Colpidium colpoda Steinii als das beste ein Gemisch von 1 Teil 5%iger wässeriger Sublimatlösung + 2 Teilen einer 2%igen wässerigen Kaliumbichromatlösung befunden, betont indes, daß dieses Mischungsverhältnis nur für diese Spezies das Optimum sei.

Eine gute Erhaltung der Zymogenkörnchen in der Magenschleimhaut erzielte HARVEY durch ein Gemenge aus gleichen Teilen von konzentriertem wässerigem Sublimat, 3% Kali bichrom., Formol und Wasser.

Über die Behandlung mit Kalium bichromicum vorbehandelter Stücke nervöser Centralorgane mit $^1/_4$—$^1/_2$%iger Sublimatlösung nach GOLGI siehe Bd. 1, pag. 559.

Sublimat-Kalium bichromicum-Kalium chromicum hat COX zur Fixierung und Darstellung der Elemente des Centralnervensystems gebraucht nach der Formel: 5%iges Kalium bichrom. 20, 5%iges Sublimat 20, 8%iges Kal. monochrom. 16, Aq. dest. 30—40; siehe das Nähere Bd. 1, pag. 563.

Sublimat-Cuprum sulfuricum. Nach LO BIANCO: 10%ige wässerige Cuprum sulfuricum-Lösung 100 + konzentrierte wässerige Sublimatlösung 10.

11. Sublimat-MÜLLERsche Flüssigkeit. P. FOÀ hat MÜLLERsche Flüssigkeit + 2% Sublimat, blutwarm angewandt, fürs Blut der Säuger (sodann mit seinem Safranin-Hämatoxylingemisch gefärbt), TIRELLI fürs Centralnervensystem der Warmblüter (Spinalggl. vom Hund) empfohlen.

Um Typhusbacillen im Gewebe zu färben, konserviert FOÀ mit seinem Gemisch; 5%iges Sublimat, wie im ZENKERschen Gemisch, verwendet L. BÜRGER, um dann Kapselfärbungen an Bacterien auszuführen. Zur Darstellung der Struktur der Zellen der LANGERHANSschen Pancreasinseln bewährte sich auch diese Kombination, auch für die Mamma lieferte sie J. ARNOLD gute Resultate.

MÜLLERscher Flüssigkeit mit 5% Sublimat fügte K. HELLY (03) keinen Eisessig, aber 5% Formol zu und erhielt dadurch, speziell für amphophile und neutrophile Granulationen der Leucocyten, ein ausgezeichnetes Konservierungsmittel, das sehr rasch eindringt. Er empfiehlt auch (siehe unter 14.), diese Flüssigkeit nicht über 6 Stunden einwirken zu lassen, eventuell mit MÜLLERscher Flüssigkeit nachzubehandeln und gründlich auszuwaschen. Will man ein noch rascheres Eindringen erhalten, so empfiehlt es sich, bis 10% Formol zuzusetzen, aber dann nur möglichst die Einwirkungszeit abzukürzen.

Müller-Formol-Osmiumsäure. Neuestens hat A. MAXIMOW zu der HELLYschen Flüssigkeit — die man nicht als Zenkerformol bezeichnen sollte, denn die Essigsäure ist ein sehr wesentlicher Bestandteil der ZENKERschen Kombination —, die er mit 10% Formol verwendet, 10% einer 2%igen Osmiumsäurelösung zugefügt und bei Lichtabschluß mit derselben sehr gute Resultate, speziell ein rasches und tiefes Eindringen der Osmiumsäure erzielt. Man kann für bestimmte Zwecke, speziell für die Osmierung, die Objekte auch 24 Stunden und länger in der Mischung belassen. RUBASCHKIN ist es gelungen, „auf diese Weise unter gewissen Umständen bei Säugetierembryonen mittelst der Eisenhämatoxylinfärbung die Chondriosomen in schönster Weise zur Darstellung zu bringen".

12. Sublimat-Osmiumtetroxyd. Es empfiehlt sich, die Osmiumsäure erst unmittelbar vor dem Gebrauch zuzusetzen. Nach BRAUN werden Anthozoen gut und gestreckt fixiert durch Übergießen einer erhitzten konzentrierten Seewasser-Sublimatlösung, der auf je 25 *ccm* 4—5 Tropfen einer 1%igen Osmiumsäurelösung zugefügt sind.

Um Wirbeltiernervengewebe nachträglich zu vergolden, hat v. APÁTHY empfohlen, dieselben in einem Gemisch von 1 Vol. in $\frac{1}{2}$%iger Kochsalzlösung gesättigter Sublimat- und 1 Vol. 1%iger Osmiumsäurelösung 24 Stunden zu fixieren, dann gründlich auszuwaschen und 12 Stunden in eine mit $\frac{1}{2}$% Jod versetzte 1%ige Jodkalilösung zu bringen. Über die Weiterbehandlung siehe pag. 292. Dies Gemisch leistete auch Gutes beim Centralnervensystem von Sipunculus, ferner zur Fixierung der Hautkolbenzellen der Gadiden, bei nicht unter 10 Stunden Dauer der Einwirkung.

MANN empfiehlt Sublimat konzentriert in physiologischer Kochsalzlösung und 1%ige Osmiumsäure aa., vor dem Gebrauch erst zu mischen. Für die Nervenenden im Entenschnabel hat SZYMONOWICZ unter anderem konzentrierte wässerige Sublimatlösung 12 Teile + 2%ige Osmiumsäure 2 Teile benutzt. Sehr viel Osmiumsäure, 2—4 *g* auf 100 konzentriertes Sublimat in 0,5%iger NaCl-Lösung verwendet KOLSTER fürs Centralnervensystem von Petromyzon.

Sublimat-Osmiumsäure-Wasserstoffsuperoxyd haben v. APÁTHY und BOEKE speziell für Amphioxus empfohlen nach der Formel: Sublimat 4 + Osmiumsäure 1 + H_2O_2 3—4 auf 100 Wasser.

13. Sublimat-Essig-Osmiumsäure und Kombinationen mit anderen Säuren. Nach A. FISCHERS Untersuchungen ist ein energisches Ansäuern der allerdings schon sauren Sublimatlösung bei der Kombinierung mit der nur in saurer Lösung energisch fällenden Osmiumsäure durchaus rationell. Einer Mischung von 30 Teilen konzentrierter wässeriger Sublimatlösung fügt COX (96) 10 Teile 1%iger Osmiumsäure und 5 Teile Eisessig zu zur Konservierung des Centralnervensystems, nachdem sich bei Versuchen an den Achsencylindern peripherer Nerven dieses Gemenge als das beste erwiesen neben einem zweiten, in dem die halbe Menge der Sublimatlösung durch 15 Teile 5%igen Platinchlorids ersetzt ist. Diese beiden osmiumsäurehaltigen Flüssigkeiten waren einer Sublimat-Formolessigsäure überlegen. Nach 2—3 Tagen sollen die Objekte ausgewaschen, dann in 70%igen Alkohol übertragen werden. Mir will ein 2 bis 3 Tage langes Ver-

weilen in 10%iger Essigsäure nicht unbedenklich erscheinen, auch glaube ich nicht, daß eine so starke Konzentration der teuren Platinchlorwasserstoffsäure zur Erzielung des Einflusses auf die Färbbarkeit notwendig ist — indes fehlen mir eigene Erfahrungen mit diesen Gemengen, die nach dem Schema der FLEMMINGschen starken Lösung gebildet sind. Weniger Essigsäure als COX, aber mehr Osmiumsäure benutzt TSCHASSOWNIKOW zur Fixierung von Pancreas durch arterielle Injektion, nämlich: Sublimat konz. in physiologischer NaCl-Lösung 30 + 2%iger Osmiumsäure 10 + Eisessig 1. Die FLEMMINGsche Lösung hat PODWYSSOZKI jun. schon 1886 unter Zufügung von Sublimat und erheblicher Verminderung ihres Essigsäuregehaltes für Drüsen, speziell für Leber modifiziert. Er beläßt die Objekte 3—4 Tage in folgender Flüssigkeit: $^1/_2$%ige wässerige Sublimatlösung mit 1% Chromsäure 15 + 2%iger Osmiumsäure 4 + Eisessig 6—8 Tropfen, dann werden sie gründlich ausgewaschen.

J. C. CORI kombinierte für junge Ammocoetes Sublimat mit einer modifizierten FLEMMINGschen Lösung in dem Mengenverhältnis: konzentrierte wässerige Sublimatlösung $^7/_8$ + Chromosmiumessigsäure mit nur 1‰ Osmiumsäure $^1/_8$, um eine erhöhte Färbbarkeit gegenüber mit der FLEMMINGschen Lösung (auch nur mit 1‰ Osmiumsäure) behandeltem Material zu erzielen.

Sublimat-Pikrinsäure-Osmium-Essigsäure. VOM RATH: Zu gleichen Teilen konzentrierter wässeriger Sublimat- und konzentrierter wässeriger Pikrinsäurelösung werden 10% einer 2%igen Osmiumsäure und 1% Eisessig zugefügt. Es ist dies ein infolge des Osmiumzusatzes auch das Protoplasma recht wohl konservierendes Gemisch, das in seinen Resultaten natürlich der Pikrin-Essig-Osmiumsäure sehr nahe steht (s. diese, pag. 401), indes die chromatischen Strukturen der Kerne besser erhält. Diese Fixierung läßt auch die Behandlung mit rohem Holzessig oder mit Tannin zu.

14. Sublimat-doppelchromsaures Kali-Essigsäure und verwandte Gemische. K. ZENKER (94) hat empfohlen, zur Fixierung der MÜLLERschen Flüssigkeit Sublimat und Eisessig zuzusetzen, so daß ein Gemisch von folgender Zusammensetzung entsteht: Sublimat 5,0, Kali bichrom. 2,5, Natr. sulf. 1,0, Eisessig 5, Aq. dest. 100,0. Diese Flüssigkeit verursache weder Quellung noch Schrumpfung der Gewebe, konserviere ausgezeichnet Plasma wie Kerne ruhender und sich teilender Zellen. Die so fixierten Objekte schneiden sich sehr gut nach Paraffineinbettung und geben vorzügliche Färbungen mit den Hämatoxylin- und Cochenillefarben, wenn gründlich — nach kurzem Aufenthalt in der Flüssigkeit — ausgewaschen, auch mit Carminfarben, von denen Pikrocarmin sich am sprödesten verhält; auch die in neuerer Zeit wieder von O. SCHULZE warm empfohlene Chromhämatoxylinfärbung gelingt gut nach dieser Fixierung.

Sowohl TELLYESNICZKY wie auch v. WASIELEWSKI haben die ZENKERsche Flüssigkeit als ausgezeichnet befunden, wenn sie auch nach WASIELEWSKIs Resultaten, die sich mit meinen Erfahrungen decken, für Pflanzengewebe nicht so Hervorragendes leistet wie für tierische. Sie hat sich rasch eine große Beliebtheit erworben; nachteilige Einwirkungen sind nur vereinzelt bekannt geworden, so bringt sie die Eiweißdrüse der Selachier (Nidamentalorgan) so zum Quellen, daß deren Hüllen gesprengt werden; von dem getadelten schlechten Eindringen bei dotterreichen Eiern habe ich nie etwas bemerkt. Durch Formolzusatz kann das Eindringen, wie schon längst bekannt, leicht beschleunigt werden.

Die Niederschläge, die sich bei, meist zum mindesten überflüssigem, längerem Verweilen der Objekte in ZENKERscher Flüssigkeit bilden, sind sehr schwer entfernbar; diesem Umstand ist es zuzuschreiben, daß vielfach versucht wurde, sie zu ersetzen. In neuester Zeit wird sie vielfach durch MÜLLERsche Flüssigkeit mit Formol verdrängt — ein Gemisch, das ihr nicht entfernt gleichkommt für die Erhaltung feinster Strukturen, namentlich der Kerne, durch Zusatz von bis zu 3% Eisessig aber wesentlich verbessert wird. TELLYESNICZKY meinte, daß Sublimat und Natr. sulfuricum keinerlei Bedeutung hätten und ohne Schaden wegbleiben könnten — dem vermag ich mich nicht anzuschließen. Auch die halb alkoholische Modifikation KULTSCHITZKYs (Kali bichrom. 2,0, Sublimat 0,25, 2%ige Essigsäure 50, Alkohol von 96% 50, nach einigen Tagen die Bichromatniederschläge abzufiltrieren), die weniger Sublimat und Essigsäure enthält, scheint mir nicht das Gleiche zu leisten. Die Modifikation DAHLGRENS (MÜLLERsche Flüssigkeit, konzentrierte wässerige Sublimatlösung aa. + 5% Eisessig) enthält wesentlich weniger Sublimat und gibt daher weniger Niederschläge.

Mir scheint es gut, für Wirbeltiergewebe im allgemeinen (für marine Organismen gilt dies nicht) weniger Eisessig zu nehmen, nur bis 3%, denn die Gewebe müssen längere Zeit in ZENKERscher Flüssigkeit verweilen, wenn es sich nicht um ganz kleine Stücke handelt, und da schadet eine konzentriertere Essigsäure, zumal doch für Gewebe von Warmblütern prinzipiell bei Blutwärme zu fixieren ist, jedoch sind die Objekte nie länger als 1 Stunde in der Wärme zu lassen.

Will man indessen die Niederschlagsbildung möglichst vermeiden, aber doch die Wirkung der MÜLLERschen Flüssigkeit für die Schneidbarkeit und gewisse Färbungen nicht missen, so empfiehlt es sich, wenn die Stücke „durch“ sind, dieselben in MÜLLERsche Flüssigkeit zu übertragen und dort noch längere Zeit zu belassen. So behandelt geben sie sehr schöne Eisenhämatoxylinmarkscheidenfärbungen. In den letzten Jahren habe ich sehr viel mit einer Modifikation der ZENKERschen Flüssigkeit (MÜLLERsche Flüssigkeit 700 + konzentrierte Sublimatlösung, ev. in 0,6%iger NaCl-Lösung 300 + Eisessig 10—30) gearbeitet und war mit dieser außerordentlich zufrieden, besonders auch bei Konservierung durch arterielle Injektion. Ich wasche die Stücke in fließendem Wasser 24 Stunden aus, überführe ganz langsam, von 5 zu 5° steigend, oder durch Überschichtung in 80—90%igen Alkohol und füge dann Jod zu. Die Entfernung des Sublimats und der anderen Quecksilbersalze durch das Jod erfordert bei größeren Stücken sehr lange Zeit, oft Wochen, ist aber einem Jodieren der Schnitte nach dem Einbetten in Paraffin unbedingt vorzuziehen, wie ich oben des näheren begründet habe. Sehr schöne Resultate, außerordentlich scharfe Zellgrenzen liefern injizierte Objekte, wenn der Injektionsgelatine unmittelbar vor der Verwendung bis zu 10% Formol zugesetzt worden ist und die Organstücke nach dem Erstarren der Masse durch die Bildung fester Formolgelatine in die oben angegebene Flüssigkeit kommen. Auch verwende ich die Flüssigkeit seit langer Zeit mit Zusatz (direkt vor dem Gebrauch) von 0,5—10% Formol und erhalte so ungemein scharfe, klare Bilder mit exakten Zellkonturen und eine vorzügliche Fixierung des Blutes; — mit Cochenilleeisenalaun im Stück gefärbt, Präparate wie Stahlstiche.

Anhangsweise sei die Kombination LAVDOWSKYs zur Fixation und Aufarbeitung alter Schnitte erwähnt: Chemisch reines Kali bichrom. 20—25 *g*, konzentrierte wässerige Sublimatlösung 5—10, 1%ige Essigsäure 500; eventuell noch 4—5 *ccm* Eisessig dazu. Halbverdünnt zum „Beleben alter Präparate, die mit Hämatoxylineisenlackmethoden, besonders der WEIGERTschen, die schönsten Bilder lieferten“. Daß altes Material durch die Behandlung mit Kalibichromat oder organischen Säuren, resp. mit beiden bedeutend an Färbbarkeit gewinnt, ist meines Wissens eine recht alte Erfahrung.

15. Sublimat-Jodtinktur-Formol. DOMINICI hat bei 37° gesättigte wässerige Sublimatlösung 20 Teile kombiniert mit 2 Teilen officin. Jodtinktur, der, nachdem sie filtriert ist, 2 Teile Formol zugefügt werden; bei einstündiger Einwirkung für Bindegewebszellen und Niere empfohlen.

16. Sublimat-Rohrzucker. STOELTZNER hat in der für Warmblütergewebe isotonischen, mit Sublimat gesättigten 4,5%igen Rohrzuckerlösung eine Mischung gefunden, die das Volumen der Organe so gut wie unverändert läßt.

Literatur: v. APÁTHY (Mitt. Zool. Stat. Neapel, Bd. 12, 1896), BÖHM und OPPEL (Taschenb. der mikr. Technik, 4. Aufl.), BRAUN (Zool. Anz., Bd. 9, 1886), M. et P. BOUIN (Bibliogr. Anat., Bd. 6, 1898), BRANCA (Journ. de l'Anat., Bd. 35, 1899), CARAZZI (Mitt. Zool. Stat. Neapel, Bd. 12, 1896). CORI (Arb. Zool. Inst. Wien, Bd. 16, 1906). COX (Anat. Hefte, H. 31), derselbe (Arch. Mikr. Anat., Bd. 37, 1891), DAHLGREN (Anat. Anz., Bd. 13, 1897),

v. EBNER (Sitzungsber. Akad. Wiss. Wien, Bd. 106, 1897), DOMINICI (Fol. Haemat., Jahrg. 2, 1905), FISCHER (Anat. Anz., Bd. 9 u. 10), FOÀ (Festschr. R. VIRCH. 1891), VAN GEHUCHTEN und NELIS (Cellule, Bd. 14, 1898), HEIDENHAIN (Festschr. f. A. v. KÖLLIKER), derselbe (Zeitschr. Wiss. Mikr., Bd. 25, 1908). HELLY (Ebenda, Bd. 20, 1903), HERZOG (Arch. Mikr. Anat., Bd. 60, 1902). HOFFMANN (Zeitschr. Wiss. Zool., Bd. 89, 1908), KOSTANECKI (Arch. Mikr. Anat., Bd. 48, 1897), KULTSCHITZKY (Zeitschr. Wiss. Mikr., Bd. 4, 1887), derselbe (Arch. Mikr. Anat., Bd. 49, 1897). LANG (Zool. Anz. 1878), derselbe (Ebenda, 1879), LAVDOWSKY (Zeitschr. Wiss. Mikr., Bd. 10, 1893), derselbe (Ebenda, Bd. 17, 1900), LENHOSSEK (Arch. Mikr. Anat., Bd. 51, 1897), LO BIANCO (Zeitschr. Wiss. Mikr., Bd. 13, 1896). MANN (Ebenda, Bd. 11, 1894), MAXIMOW Ebenda, Bd. 26, 1909), OHLMACHER (Centralbl. Nervenheilk. Psych. 1899). PACAUT (et VIGIER) (Arch. d'Anat. Microsc., Bd. 8, 1906), PIETSCHMANN (Arb. Zool. Inst. Wien, Bd. 16, 1905), PODWYSSOZKI jun. (Beitr. Pathol. Anat., Bd. 1, 1886), PROWAZEK (Zeitschr. Wiss. Mikr., Bd. 23, 1906), RABL (Ebenda, Bd. 11, 1894), VOM RATH (Anat. Anz., Bd. 11, 1895), RÖTHIG (Arch. Mikr. Anat., Bd. 36, 1900), RUFFINI (Zeitschr. Wiss. Zool., Bd. 79, 1905), SCHAEFER (Wien. Klin. Wochenschr., Nr. 45, 1896). SCHAUDINN (Zeitschr. Wiss. Zool., Bd. 57, 1893), derselbe (Zool. Jhb., Bd. 13, 1900), SCHIMKEWITSCH (Zeitschr. Wiss. Zool., Bd. 61, 1896), SCHULTZE (Zeitschr. Wiss. Mikr., Bd. 21, 1904). STOELTZNER (Ebenda, Bd. 23, 1906), SZYMONOWICZ (Arch. Mikr. Anat., Bd. 48, 1896), TELLYESNICZKY (Ebenda, Bd. 52, 1898), v. WASIELEWSKI (Zeitschr. Wiss. Mikr., Bd. 16, 1899). ZENKER (Münch. Med. Wochenschr., Nr. 27, 1894), ZILLIACUS (Utbredningen af skif-och cylinder-epitelet i männeckans strupfno-vud under olika åldrar, Helsingfors 1905). *Spuler*, Erlangen.

Subtraktionsfarben siehe: Polarisationsmikroskop.

Sudan III, Cerasinrot, ein Disazofarbstoff, der durch Einwirkung von Amidoazobenzol auf β-Naphtol erhalten wird. Braunes Pulver, das in Wasser unlöslich, in Alkohol und Fetten leicht löslich ist.

Von DADDI zur Fettfärbung in alkoholischer Lösung empfohlen. (Näheres s. Fett.)

Syphilisspirochaete (Spirochaeta pallida SCHAUDINN-HOFFMANN). Die Spirochaeta pallida SCHAUDINN, deren Rolle als Erreger der Syphilis heute außer Zweifel steht, ist von anderen Spirochaeten nach SCHAUDINN durch folgende Eigenschaften schon als lebendes Objekt unterscheidbar: durch ihre Zartheit, ihr geringes Lichtbrechungsvermögen vereinigt mit der charakteristischen Gestalt der Spirochaete. Diese letztere ist ausgezeichnet durch ihre engen, tiefen, regelmäßigen, meist zahlreichen (10—26) Windungen. Am lebenden Objekte erkennt man, daß die Spirale bei der Pallida präformiert ist, also auch bei Stillstand besteht, während andere Spirochaeten sich in der Ruhe meist der geraden Linie nähern.

Die Untersuchung des ungefärbten Präparates erfolgt auf glattem gesäubertem Objektträger mit aufgelegtem Deckglas. Der capillare Raum zwischen Deckglas und Objektträger genügt ihren Bewegungen, Abschluß des Deckglas durch Vaseline und Umrandung mittelst Wachskerze. Untersuchung im verdunkelten Raume bei künstlicher Beleuchtung (BEER). Die Untersuchung am lebenden Objekt von SCHAUDINN und seinem Mitarbeiter HOFFMANN in ihren ersten Veröffentlichungen vielfach angewendet, bietet genügende Charakteristika, eine fragliche Spirochaete als Pallida festzustellen. Maße der Pallida nach HOFFMANN: Fadendicke kaum $^1/_4$ μ, Tiefe der Windungen 1—1,5 μ, Länge derselben durchschnittlich 1—1,2 μ. Das Verhältnis zwischen Tiefe und Länge der Windungen 1—1,2 : 1—1,5 finden sich bei keiner anderen oberflächlich schmarotzenden Spirochaetenart.

Ein bequemes und schnelles Auffinden der Spirochaeta pallida ermöglicht die Dunkelfeldbeleuchtung (SIEDENKOPF und ZSIGMONDY), die LANDSTEINER und MUCHA zuerst für die Pallida verwandten. Sie arbeiteten mit einem Kondensor von REICHERT; Lichtquelle war eine 20 Ampère-Bogenlampe; als zweckmäßige Linsenkombination erwies sich ihnen REICHERT Nr. 5 (Objektiv) mit Kompensationsokular Nr. 18. Die gleiche Apparatur empfiehlt EITNER, HOFFMANN und BEER benutzten den ZEISSschen Apparat zur Dunkelfeldbeleuchtung mit dem Apochromaten 2 *mm*, 1,3 Apertur und die Kompensationsokulare 4—18. Ferner empfehlen die Dunkelfeldbeleuchtung LIEBERMANN, ARNING und KLEIN. Genaue Angaben über den Apparat von LEITZ-COGIT bei GASTON und LEVADITI-ROCHÉ.

Eine wesentliche Erleichterung für die Praxis bedeutet BURRIs Tuscheverfahren: Verdünnen einer Platinöse des Secrets (eventuell unter Zusatz einer Platinöse Wasser) mit einer Platinöse flüssiger chinesischer Tusche (von GÜNTHER und WAGNER). An der Luft trocknen lassen nach Verteilen des Gemisches (ohne Erwärmen). Untersuchung mittelst Ölimmersion mit oder ohne Deckglas. BURRIs Tuscheverfahren ist für die Praxis die bequemste und schnellste Methode.

Eine vitale Färbung der Pallida gibt MANDELBAUM an: Das Reizserum (cf. später) in Form des hängenden Tropfens auf das Deckgläschen gebracht wird mit einer Platinöse LOEFFLERs Methylenblau und einer Öse $^1/_{10}$ Normalnatronlauge versetzt. Die Pallida blaßblau gefärbt, läßt sich am Rande des Tropfens gut beobachten.

Färbung der Pallida im Ausstrich: Das Material wird gewonnen durch Lymphdrüsenpunktion, Abstriche syphilitischer Organe, am häufigsten von syphilitischen Haut- und Schleimhautläsionen. Empfehlenswert ist HOFFMANNs Reizserumtechnik: Reibung der oberflächlich sorgfältig gereinigten Läsion mit einer Platinöse, worauf reichlich Serum hervorquillt. THALMANN betupft mit Alkohol, um den Serumstrom zu vermehren, TÖRÖK und SCHATTELESZ legen zu demselben Zwecke nach Abreiben mit Seife, Alkohol und Äther in Salzlösung getauchte Tampons auf.

Für den Nachweis der Pallida im Blute sind verschiedene Verfahren vorgeschlagen: NOEGGERATH und STAEHELIN vermischen das Blut mit Essigsäure und benutzen nach Centrifugieren das Sediment zum Ausstrichpräparat. NATTAN-LARIER und BERGERON lassen Hämolyse durch Zusatz von Aq. dest. eintreten, centrifugieren, streichen das Sediment aus, fixieren dasselbe durch Alkohol-Äther und färben nach VAN ERMENGHEN oder mit HEIDENHAINs Eisenhämatoxylin. RAVAUT und PONSELLE üben ein nur bei Syph. hered. bisher erfolgreiches Verfahren aus: Sie lassen Blut in Aq. dest. tropfen und behandeln das in der Flüssigkeit sich bildende Gerinnsel zusammengeballt nach LEVADITI (cf. später). Kritische Zusammenstellung der Bluntuntersuchungsmethoden bei LE SOURD und PAGNIEZ.

Die lufttrocken gewordenen dünnen Ausstriche wurden (für die GIEMSA-Färbung) ursprünglich 10 Minuten in Alcoh. abs. fixiert. Nach HOFFMANN kann diese Fixation ganz unterbleiben. Schon SCHAUDINN empfahl als geeignetes Fixationsmittel Osmiumdämpfe. HOFFMANN und HALLE rühmen, um dickere Schnitte mit Erfolg färben zu können, die Fixation nach WEIDENREICH: Gereinigte Objektträger werden den Dämpfen von 5 *ccm* 1%iger Osmiumsäure + 10 gtt. Eisessig ausgesetzt, und zwar für 2 Minuten; es erfolgt Ausstrich und Fixation desselben 1—2 Minuten in obigen Dämpfen, dann kommen die Präparate, eventuell nach vorsichtigem Trocknen, für 1 Minute in sehr dünne schwach hellrote Kaliumpermanganatlösung; es folgt Abspülen in Wasser, Trocknen mit Fließpapier. An Stelle der Osmiumsäure empfiehlt FRANK SCHULZ die Fixation in Formalindämpfen.

KRAUS behandelt die nach HOFFMANN-HALLE angefertigten Präparate, da diese häufig Farbstoffniederschläge zeigen, $^1/_2$ Minute mit 30%iger wässeriger Tanninlösung nach. HAMM empfiehlt Fixation in den Dämpfen einer Lösung von Osmiumtetroxyd in 1%iger Chromsäure in der von ihm angegebenen Osmiumröhre (nachdem die Objektträger vor dem Beschicken den Dämpfen ausgesetzt sind) 20 bis 40 Sekunden. Den Zusatz von Eisessig und die Anwendung von Kaliumpermanganat hält er für überflüssig.

Nachdem SCHAUDINN und HOFFMANN ursprünglich ihre Präparate 16 bis 24 Stunden in folgender GIEMSA-Lösung gefärbt hatten: Mischung von 12 Teilen GIEMSAs Eosinlösung (2,5 *ccm* 1%ige Eosinlösung auf 500 *ccm* Wasser), 3 Teile Azur I (Lösung 1 : 1000), 3 Teile Azur II (Lösung 0,8—1000), empfehlen sie später das von GIEMSA selbst angegebene Verfahren mit folgender Stammlösung: Azur II-Eosin 3,0 *g*, Azur II 0,8 *g*, Glycerin chemisch rein (MERCK) 250,0 *g*, Methylalkohol (KAHLBAUM) 250,0 *g*. Stammlösung bei GRÜBLER erhältlich. Fixation der dünnen Ausstriche 15—20 Minuten in Alcoh. abs., Abtupfen mit Fließpapier; Verdünnung der Farblösung mit Aq. dest. in einem weiten graduierten Reagensglas unter Umschütteln (1 gtt. der Farblösung auf je 1 *ccm* Wasser), wobei man die Farblösung aus einer Tropfflasche hinzufließen läßt. Übergießen der Präparate ohne jeden Verzug mit der soeben verdünnten Lösung; Färbedauer 1 Stunde; Abwaschen in scharfem Wasserstrahl, Abtupfen mit Fließpapier, trocknen lassen, Canadabalsam. Man setzt zweckmäßig dem Wasser, ehe man es mit dem Farbstoff mischt, Kaliumcarbonat (1—10 gtt. einer 1‰igen Lösung) zu.

Einige Autoren versuchten, durch Anwendung heißer GIEMSA-Lösung die Färbung zu beschleunigen und intensiver zu gestalten. PREIS übergießt die Objektträger 3—4mal hintereinander mit einer Lösung von 20 gtt. GIEMSA-Stammlösung auf 10 *ccm* Aq. dest. und erwärmt jedesmal unter Vermeidung von Aufkochen bis zur Dampfentwicklung: die Färbung ist beendet, wenn die roten Blutkörperchen bei schwacher Vergrößerung intensiv rosarot erscheinen; Abspülen in Wasser etc. FORESTS Intensivfärbung an mittelst Osmiumsäure oder Formalin fixierten Präparaten erfolgt 12—16 Stunden in einer Lösung von 10—15 gtt. GIEMSA-Lösung auf 10 *ccm* Aq. dest. Während der letzten halben Stunde wird die Farblösung bis zum Dampfen erwärmt. Abspülen 2 Minuten in fließendem Wasser etc. SCHERESCHEWSKY stellt die dünn bestrichenen Objektträger noch feucht in eine HAMMsche Osmiumröhre, läßt sie dort einige Minuten, dann lufttrocken werden; dreimaliges Durchziehen durch die Flamme und Legen auf eine FORNETsche Färbebank. Im sauberen Reagensglas werden 10 *ccm* 0,5%iger Glycerinlösung mit 13 Tropfen alter GIEMSA-Lösung (Tropfglas) bis zum Sieden erhitzt und wenn in der Lösung keine Fällung eintritt — andernfalls ist sie unbrauchbar — sogleich über den Ausstrich gegossen. 2—3 Minuten färben, eventuell Färbung wiederholen. GIEMSAS Schnellfärbung: Fixation der lufttrockenen Objektträgerpräparate durch Hindurchziehen durch die Flamme (eventuell Alkoholfixation). Übergießen mit frisch hergestelltem GIEMSA-Gemisch (10 gtt. Farblösung auf 20 *ccm* Wasser). Erwärmen bis zur Dampfbildung; nach 1/4 Minute abgießen. Viermalige Wiederholung, beim letzten Male die Farblösung 1 Minute wirken lassen; Abspülen.

Unter den ROMANOWSKY-Färbungen ist nächst der von GIEMSA für die Pallidafärbung die von MARINO zweifellos die gebräuchlichste. MARINOS Blau wird folgendermaßen hergestellt: Eine Lösung von je 0,5 Methylenblau und Azur in 100,0 Wasser wird mit 100 *ccm* einer 0,5%igen Lösung von kohlensaurem Natron versetzt. Nach 24—48stündigem Aufenthalt im Brutofen fügt man eine wässerige Eosinlösung hinzu, deren Titer je nach der Qualität des Methylenblaus von 0,1 bis 0,3% schwankt. Nach Filtration erhält man ein in Wasser und Methylalkohol lösliches Pulver: MARINOS Blau (erhältlich bei MALLÉQUI & Co., Paris). Man löst direkt vor dem Gebrauch 0,04 MARINO-Blau in 20 *ccm* Methylalkohol und gießt davon auf den getrockneten, nicht fixierten Ausstrich; nach 3 Minuten fügt man dasselbe Volumen 0,005%ige wässerige Eosinlösung hinzu, nach weiteren 2 Minuten abwaschen in fließendem Wasser, trocknen, montieren (LEVY-BING, GASTON, BOTELLI).

In England und Amerika wird vielfach zur Färbung der Spirochaete pallida LEISHMANNS Modifikation der ROMANOWSKY-Färbung verwendet (BUNCH, RICHARDS und HUNT, DUDGEON). DUDGEON färbt 30 Minuten mit einer 1%igen Lösung von LEISHMANN-Pulver (GRÜBLER) in Methylalkohol und bringt dann auf den Objektträger ein doppelt so großes Volumen Wasser; nach 6 Minuten abgießen, aufgießen von Aq. dest., nach 1 Minute absaugen des Wassers, trocknen.

Die ursprüngliche ROMANOWSKY-Färbung wenden BABES und PANEA mit Erfolg an; ebenso GIEMSAS Lösung II Eosin mit Azur.

NEISSER empfiehlt eine von DE JONGE (Batavia) angegebene Methode, die eine Kombination der LEISHMANN- und GIEMSA-Färbung darstellt: Objektträgerausstrich. 15 gtt. mittelst Pipette von: Azur II 0,16, Eosin 0,1, Äthylalkohol 100,0 und sogleich danach 30 gtt. Aq. dest. Sorgfältig mischen; färben 1 Stunde; abspülen im Wasserstrahl.

MANAHAN verwendet WRIGHTS Blutfärbemischung: 0,5 getrocknetes Methylenblaueosinpräcipitat gelöst in 100 *ccm* Methylalkohol (MERCK). Nach Filtration fügt man zu 30 *ccm* des Filtrates 10 *ccm* Methylalkohol. Bedecken des Deckglaspräparates mit der Flüssigkeit; nach 1 Minute tropfenweises Hinzufügen von Wasser, bis ein metallisches Häutchen sich bildet (meist 4 gtt.) Nach 5 Minuten abwaschen in Wasser, trocknen.

SIMONELLI und BANDI färben nach MAY-GRÜNWALD: In je 1 *l* Wasser wird 1 *g* Eosin (GRÜBLER) und 1 *g* Methylenblau (Höchst) gelöst. Die gemischten Lösungen bleiben 2—3 Tage stehen, dann Filtration. Lösen des getrockneten Filterrückstandes in Methylalkohol (gesättigte Lösung). Färbung der luftgetrockneten Präparate 4—10 Sekunden. Abspülen in Wasser etc.

MAY färbt die Präparate in einer 0,25%igen Lösung von eosinsaurem Methylenblau in Methylalkohol. Nach 1 Minute abspülen mit Aq. dest. und ohne zu trocknen, 1 gtt. einer 0,5%igen Methylenazurlösung zutropfen lassen; 2—4 Minuten darauf abspülen, trocknen.

SABOLOTNY bringt die frischen Ausstriche in 5%ige Carbolsäure und färbt dann ¼ Stunde unter Erwärmen nach GIEMSA.

NICOLAS, FAVRE und ANDRE färben die nicht fixierten Ausstriche 18—24 Stunden in Azur II-Lösung (1 : 1000) 5 *ccm*, Eosinlösung 1 : 1000) 10 *ccm*, Wasser 40 *ccm* und bringen sie nach dem Abwaschen für 1—2 Minuten in 5%ige Tanninlösung; nochmaliges Waschen, trocknen.

MAC NEAL färbt ¾—1 Minute in Methylviolett (BERNTHSEN) 0,25, Methylenblau med. 0,1, Eosingelb 0,2, Methylalkohol 100,0 und legt die Ausstriche dann für 1—2 Minuten in 10 *ccm* einer Natriumcarbonatlösung (1 : 20.000).

Die Methode GOLDHORNS, die auch von Mc KEE gerühmt wird, ist folgende: 1,0 Lithioncarbonat wird in 200 *ccm* Wasser gelöst, dem 2,0 Methylenblau (MERKS medicinale) zugesetzt werden. Erhitzen im Wasserbad bis sich reichlich polychromes Methylenblau gebildet hat. Filtration. Die Hälfte der Flüssigkeit abgekühlt mit 5%iger Essigsäure, leicht angesäuert und dann der übrigen alkalischen Hälfte wieder zugesetzt. Vorsichtige Zugabe einer ½%igen Eosinlösung, bis eine filtrierte Probe hellblaue Farbe und leichte Fluorescenz ergibt. Nach einigen Stunden-Filtration und Lösen des getrockneten Präparates in Methylalkohol zu 1%. Nach zweitägigem Stehen nochmalige Filtration. Färben der nicht fixierten Präparate einige Sekunden.

Von den genannten Färbungen gibt die nach GIEMSA der Pallida einen deutlich roten Farbenton, der, da die anderen Spirochaeten sich blau tingieren, neben den morphologischen Eigenschaften ein gutes Charakteristikum der Pallida darstellt. Mit MARINOs Blau gefärbt nimmt die Pallida einen orangerosafarbenen Ton an.

MANAHANS und GOLDHORNs Färbung lassen die Spirochaeta pallida purpurn erscheinen. Die Tinktionen mit erwärmter GIEMSA-Lösung vertiefen den roten Ton der Pallida.

Kombinationen der GIEMSA-Färbung mit anderen Farbstoffen, die zum Teil als Beize dienen, empfehlen BERGER und LOEFFLER.

BERGER: *a)* Auf die lufttrockenen, 5—10 Minuten in Alcoh. abs. fixierten Objektträger kommen 5 gtt. LÖFFLERS Methylenblau (oder Carbolgentianaviolettlösung), dazu noch ½ Minute 3 gtt. Azur II-Lösung, nach einer weiteren ½ Minute 6 gtt. GIEMSA-Lösung. Nach 2 Minuten abspülen, trocknen. *b)* Die wie bei *a)* fixierten Präparate werden mit einigen Tropfen Azur II-Lösung nach GIEMSA 1 Minute vorbehandelt; abspülen mit Leitungswasser, abtrocknen und kurz durch die Flamme ziehen. Darauf färben 3—5 Minuten mit Dahliälösung (4 *ccm* konzentrierte alkoholische Dahlialösung auf 20 *ccm* Aq. dest., abspülen mit Leitungswasser, trocknen etc. Eine wässerige alkoholische Lösung von Gentianaviolett in der gleichen Konzentration wirkt ähnlich.

LÖFFLER bringt auf das in Alkohol-Äther fixierte Präparat 3 gtt. einer 0,5%igen Lösung von Natrium arsenicosum, dazu 1 gtt. einer 0,5%igen Malachitgrünkrystalle-Chlorzinkdoppelsalz (Höchst)-Lösung, erwärmt bis zur Dampfbildung und spült nach 1 Minute mit kräftigem Wasserstrahl ab. Dann bringt er in ein Reagensglas 5 *ccm* einer ½%igen Glycerinlösung, läßt 5—10 gtt. der käuflichen GIEMSA-Lösung zutropfen, erhitzt bis zum Sieden und gießt die Flüssigkeit über das Deckglas. Nach 1—5 Minuten abgießen und mit kräftigem Wasserstrahl abspülen.

Daß die Spirochaeta pallida sich auch mit einfachen Farbstoffen darstellen läßt, hatten schon SCHAUDINN und seine Mitarbeiter HOFFMANN und GONDER gezeigt. Sie empfehlen neben Fuchsin speziell Anilinwassergentianaviolett (24 Stunden). HERXHEIMER färbt in heißgesättigter filtrierter Gentianaviolettlösung 15 Minuten; durch Erhitzen kann man schon in ½ Minute eine ausreichende Färbung erzielen. OPPENHEIM und SACHS übergießen die lufttrockenen Deckgläschen ohne

Fixation mit einer alkoholischen Carbolgentianaviolettlösung (5%ige wässerige Carbollösung 100 *ccm*, konzentrierte alkoholische Gentianaviolettlösung 10 *ccm*), erhitzen vorsichtig über dem Bunsenbrenner bis deutliche Dampfwolken aufsteigen, und spülen mit Wasser ab. MAC LENNAN färbt mit Aceton-Gentianaviolett (1 Teil gesättigte Aceton-Gentianaviolettlösung mit 3 Teilen Wasser) und Glycerinfuchsinlösung. PLÖGER färbt ohne vorherige Fixation 1 Minute in CZAPLEWSKYs Carbolgentianaviolettlösung (10%ige alkoholische konzentrierte Gentianaviolettlösung in $2^1/_2$% Carbolsäure). EHRLICH und LENARTOWICZ empfehlen neben Gentianaviolett LÖFFLERs Methylenblau 15—30 Minuten, Methylenblau 1,5 gelöst in Alcoh. abs. 10,0, dazu 5%iges Carbolwasser 100,0; ZIEHLsche Fuchsinlösung $^1/_2$—1 Minute; Thionin-Carbollösung, Dahlia-Carbollösung. Am besten scheint ihnen ZIEHLsche Lösung und Carbolgentianaviolett. FUSCO legt die in Alcoh. abs. fixierten Präparate für 5 Minuten in 5%ige wässerige Chromsäurelösung, die als Beize dient, danach Färbung mit einer einfachen gesättigten Lösung von Gentianaviolett oder Methylenblau.

Eine Reihe von Autoren hat Fuchsinfärbungen für die Pallida angegeben: REITMANN: Fixation dünn bestrichener lufttrockener Deckgläschen 10 Minuten in Alcoh. absol.; Überführen durch Aq. dest. auf 5 Minuten in 2%ige Phosphorwolframsäure. Gründliches Abspülen dieser Beize durch Aq. dest. und 70%igen Alkohol, dann durch Aq. dest., Abtrocknen der nicht beschickten Fläche, Färben in der in der bacteriologischen Technik üblichen Carbolfuchsinlösung unter Erwärmen über der Flamme bis zur intensiven Dampfbildung, Abspülen in Leitungswasser, Schwenken in Alkohol 70%; Waschen in Wasser, Trocknen, Montieren. PROCA und VASILESCU: Färbung der in Alkohol fixierten Präparate mit dem von GINO DE ROSSI für die Geißelfärbung empfohlenen Farbstoff: Carbolsäure 5,0, Tannin 40,0 gelöst in Aq. dest. 100,0. Dazu 2,5 basisches Fuchsin gelöst in 100,0 Alcoh. absol. Diese Lösung, die als Beize dient, soll 10 Minuten einwirken. Abspülen, Trocknen, Färben 5 Minuten in konzentrierter alkohol. Gentianaviolettlösung 10,0, Carbolsäure 5,0, Aq. dest. 100,0. Waschen, Trocknen, Montieren. BORREL und BURNET färben die lufttrockenen und fixierten Präparate mit Carbolfuchsin nach vorheriger Beizung mit Tannin. VOLPINO und FONTANAs Färbung ist eine Modifikation der NICOLLE-MORAXschen Methode zur Darstellung der Bacteriengeißeln: Auf die bestrichenen Deckgläser wird 1 Tropfen einer 20%igen wässerigen Lösung von Weinsäure gegossen, 2—3 Minuten bis zur Entwicklung von Dämpfen erwärmt, dann die Säure abgegossen, rasch gewaschen und mit ZIEHLs Fuchsin unter Erwärmen 2—3 Minuten gefärbt.

Gleichfalls eine Fuchsinfärbung stellt die schon von SCHAUDINN zur Darstellung der Geißeln der Pallida empfohlene LÖFFLERsche Geißelfärbung dar (cf. Kapitel Geißelfärbung). Dasselbe soll nach MULZER die BUNGEsche Beize leisten (cf. Artikel Geißelfärbung).

DAVIDSOHN erhielt gute Resultate mit Kresylechtviolett, indem er $^1/_2$ bis 4 Stunden in einer frisch bereiteten, filtrierten Lösung färbt. HERXHEIMER und HÜBNER empfehlen Nilblau und Capriblau 1 : 1000; Färbungsdauer 16—24 Stunden, mit ersterem färben sich die Pallidae scharf dunkelblau, mit letzterem grau. GRADLE bereitet 3 Lösungen: *a)* rectif. GRÜBLERs Methylenblau 0,5, kohlensaures Kalium 0,5, Aq. dest. 50,0; *b)* Cyankalium 1,0, Wasser 50,0; *c)* Jodkalium 1%ige wässerige Lösung. Mischen gleicher Quanta der drei Lösungen. Färbedauer 1 Minute.

Die unten folgenden Darstellungsmethoden der Sp. pallida mittelst Silber im Schnitt veranlaßten zu Versuchen, auch im Ausstrich mittelst ähnlicher Methoden die Pallida sichtbar zu machen. STERN stellt die mit dem Reizserum beschickten Objektträger für einige Stunden in einen auf 37° eingestellten Brutschrank und setzt sie dann im durchsichtigen Glase in 10%iger wässeriger Arg. nitr.-Lösung dem diffusen Tageslichte (nicht Sonnenlicht) aus; nach eintretender Bräunung abwaschen. MULZER gebraucht mit Erfolg zur Darstellung der Geißeln der Pallida eine von WELCKE angegebene Methode (cf. Silbermethoden). Er stellt die für diese Darstellung erforderliche Silberoxydammoniaklösung so dar, daß er einer 4%igen Arg. nitr.-Lösung so lange Ammoniak zusetzt, bis sich der entstehende Niederschlag gerade löst. Den im Original empfohlenen Rodinalentwickler benutzt er in einer Verdünnung von 20:100. COMANDONs Verfahren, nachgebildet der LEVADITI-Methode, ist folgendes: Vermischen des Abstrichs mit einer 50%igen wässerigen Albuminlösung, dann auf dem Deckglas verteilen und über der Flamme fixieren. Das Präparat in 10%igem Arg. nitr. dem Tageslicht aussetzen, bis eine braune, stellenweise schwarze Färbung erreicht ist (bei guter Sonne 5 Minuten); leicht in Wasser abwaschen. Mit 5%iger Pyrogalluslösung oder besser einem photographischen Entwickler behandeln, bis die Farbe genügend dunkel ist; Waschen, Trocknen, Montieren.

Die erste sichere Darstellung der Pallida im Gewebe ist VOLPINO gelungen. Spätere Mitteilungen darüber wurden von BERTARELLI, VOLPINO und BOVERO veröffentlicht. Die für Schnitte angegebene Methode ist folgende: Dünne Schnitte (unter 5 µ Dicke) bleiben 24—68 Stunden in 0,2—0,5%igem Silbernitrat; Abwaschen in Wasser; 1/4 Stunde in VAN ERMENGHEMs Flüssigkeit (Tannin 3,0, Gallussäure 5,0, essigsaures Natrium 10,0, Aq. dest. 350,0); Zurückbringen der Schnitte in die obige Silbernitratlösung, dort verweilen, bis sie bräunlich-gelb geworden sind; Waschen in Wasser, Entwässern in Alcoh. absol.; Balsam. Das neue BERTARELLI-VOLPINO-Verfahren wird am ganzen Stück ausgeführt: Fixation kleiner Stückchen, die 0,6—0,7 *mm* Dicke nicht überschreiten dürfen, in Alkohol 96%, 3—4tägiges Verweilen in folgendem Silbernitratbad: Arg. nitricum 1,5, Aq. dest. 50,0, Alkohol 96% 50,0, reine Essigsäure 4—5 gtt. Erneuern des Silberbades, sobald sich Niederschläge bilden. Mehrfaches sorgsames Auswaschen in Aq. dest. 24 Stunden bei Zimmertemperatur in dem Reduktor von VAN ERMENGHEM: erforderlichenfalls den trübe gewordenen Reduktor wechseln. Sorgsames Waschen in Wasser; Alkohol, Chloroform, Paraffin. Schnitte von 3—7 µ.

Die bisher beste Methode zur Darstellung der Spirochaeta pallida in Schnitten stellt das von LEVADITI der RAMON Y CAJALschen Methode zur Imprägnation der Nervenfibrillen nachgebildete Verfahren dar: Fixation sehr kleiner Organstücke 24 Stunden in 10%igem Formalin. Härtung 24 Stunden in 96%igem Alkohol. Waschen in Wasser, bis die Stücke zu Boden sinken. Imprägnieren in 1,5 bis 3%iger wässeriger Arg. nitricum-Lösung bei 38° 3—5 Tage; nach kurzem Waschen in Wasser 24—48 Stunden bei Zimmertemperatur in: Acidi pyrogallici 4,0, Formoli 5 *ccm*, Aq. dest. 100,0; Waschen in Aq. dest., Alcoh. absol., Xylol, Paraffin, Schnitte von höchstens 5 µ Dicke. Nachfärbung: *a)* nach GIEMSA: einige Minuten in unverdünnter GIEMSA-Lösung, Waschen in Wasser; Differenzieren in Alcoh. absol., dem einige Tropfen Nelkenöl beigemischt sind, Aufhellen in Bergamottöl, Xylol, Balsam; *b)* mit Toluidinblau: Färben in einer konzentrierten Lösung von Toluidinblau, Differenzieren in Alkohol, dem einige Tropfen UNNAs Glycerinäthermischung beigegeben sind, Bergamottöl, Xylol, Balsam. *c)* Neutralrot-Methylenblau (MANOUÉLIAN): Die Schnitte zunächst mit 1%iger Methylenblaulösung behandeln, Waschen in Wasser, Färben in einer halbgesättigten Lösung von Neutralrot, Differenzieren in Alcoh. absol.; Xylol, Balsam.

LEVADITI und MANOUÉLIANs Methode: Fixation von Stücken von 1—2 *mm* Dicke in 10%igem Formol 24—48 Stunden. Waschen in Aq. dest., bis die Stücke zu Boden sinken. Imprägnieren in Pyridin 10,0, Solutio arg. nitr. 1% 90,0 2—3 Stunden bei Zimmertemperatur, dann 3—5 Stunden bei 50—55°. Waschen in Aq. dest. und reduzieren mehrere Stunden in Pyridin 17,0, Aceton 10,0, Solutio acidi pyrogallici 4% 90,0. Alkohol, Xylol, Paraffin. Schnitte von höchstens 5 µ Dicke. Nachfärben in UNNAs polychromen Methylenblau oder Toluidinblau mit Differenzieren in Glycerinäther.

Die BIELSCHOFSKYsche Methode zur Darstellung der Nervenfibrillen wurde von M. JULIUSBERG und KAISER zur Imprägnierung der Sp. pallida in Gefrierschnitte zum Teil mit Erfolg angewendet. PETRESCO setzt kleine Stücke in diffusem Licht nach vorheriger Fixation in Alkohol je 2 Tage Lösungen von Arg. nitricum von 0,25, 0,65 1% und dann Alcoh. absol., Xylol, Paraffin.

Von den genannten Silbermethoden ist das erste Verfahren von LEVADITI das gebräuchlichste und befriedigendste. Die Autoren raten im allgemeinen mit den Maximalzeiten LEVADITIs zu arbeiten. Die oben angegebenen Nachfärbungen sind nicht unbedingt notwendig.

Einige Autoren machen weitere Vorschläge zur Nachfärbung: HÜBSCHMANN empfiehlt Nachfärbung der Schnitte mit Safranin und Thionin in konzentrierter wässeriger Lösung. SCHLIMPERT bringt die Paraffinschnitte der Silberpräparate nach Entparaffinierung in eine verdünnte Neutralrot- oder Carbolfuchsinlösung (1:20), es folgt (bei Carbolfuchsinschnitten 1 Minute differenzieren in ½%iger Essigsäure) Alcoh. absol., Xylol, Balsam. SAKURANE erwähnt auf Vorschlag SCHINDLERS eine konzentrierte wässerige Lösung von Brillantgrün extra. Er läßt den Pyridinzusatz der Arg. nitr.-Lösung der LEVADITI-MANOUÉLIANschen Methode weg und imprägniert die in Formol fixierten, dann für 1 Tag in Alkohol 96% gehaltenen —2 *mm* dicken Scheiben nach Auswaschen in Wasser in 1,5%ige Silbernitratlösung 3—4 Stunden bei Zimmertemperatur, dann 3—6 Stunden bei 38°. Dann Reduktion über Nacht in Pyrogallol-Aceton-Pyridin. Schnelle Einbettung in Paraffin. VERSÉ färbt mit 1%iger Jodgrünlösung nach, differenziert durch kurzes Eintauchen in 75%igen Alkohol, entwässert in Aceton, hellt mit Nelken- oder Origanumöl auf.

HERXHEIMER gab an, daß ihm einmal der Befund einer Spirochaete pallida im Schnitt nach prolongierter Färbung mit Nilblau gelungen sei, doch erwiesen sich die Silbermethoden als die allein brauchbaren, bis es SCHMORL gelang, auch mittelst GIEMSA-Färbung gelungene Schnittpräparate darzustellen. SCHMORL fixiert die Präparate in 4%igem Formalin und fertigt von nicht ausgewässertem Material dünne Gefrierschnitte an. Auffangen der Schnitte in Aq. dest. oder Formalinlösung, Färben in Giemsalösung (1 gtt. der Stammlösung auf 1 *ccm* Wasser) 5—24 Stunden. Nach der ersten Stunde muß eine neue Färbflotte genommen werden. Die Schnitte müssen einen tiefdunkelrotviolettblauen Farbenton zeigen. Die Schnitte kommen nach kurzem Abspülen in Wasser oder direkt in eine konzentrierte Lösung von Kalialaun. Dort kurzer Aufenthalt. Kurzes Verweilen in Aq. dest. und Einschluß in Glyceringelatine. Oder die gefärbten Schnitte werden abgespült, eventuell unter Weglassen von Kalialaun an der Luft getrocknet, aufgehellt in Xylol und in neutralem Balsam oder Cedernholzöl eingeschlossen.

Literatur: ARNING und KLEIN (Deutsch. Med. Wochenschr., 1907), BABES und PANEA (Berl. Klin. Wochenschr., 1905), BEER (Deutsch. Med. Wochenschr., 1906), derselbe (Münch. Med. Wochenschr., 1907), BERGER (Ebenda, 1906), derselbe (Dermat. Zeitschr., 1906), BERTARELLI, VOLPINO, BOVERI (Centralbl. Bact., Bd. 40 u. 41, 1906), BORREL und BURNET (C. R. Soc. Biol. Paris, 1906), BOTELLI (Bull. Soc. Dermat., 1908), BUNCH (Brit. Journ. of Dermat., 1905), BURRI, Das Tuscheverfahren (Jena 1909), BUSHNELL (Lancet, 1905), COMANDON (Bull. Soc. de Dermat., 1908), DAVIDSOHN (Berl. Klin. Wochenschr., 1905), DUDGEON (Lancet, 1905 und 2906), EHRLICH und LENARTOWICZ (Wiener Med. Wochenschr., 1908), EITNER (Münch. Med. Wochenschr., 1907), FOREST (Centralbl. Bact., 1906), FUSCO (La Nuova Riv. Clin. Terap., 1906), GASTON (Bull. Soc. de Dermat., 1908; Presse Méd., 1908), GIEMSA (Deutsch. Med. Wochenschr., 2905), derselbe (Centralbl. Bact., Bd. 137, 1904), derselbe (Deutsch. Med. Wochenschr., 1907), GOLDHORN (Journ. of Exp. Med., Bd. 8, 1906), GRADLE (Journ. of Amer. Med. Assoc., Bd. 50, 1908), HAMM (Centralbl. Bact., 1907), HERXHEIMER (Münch. Med. Wochenschr., 1905), HERXHEIMER und HÜBNER (Deutsch. Med. Wochenschr., 1905), HOFFMANN (9. Congr. Deutsch. Dermat. Ges., 1907), HOFFMANN und HALLE (Münch. Med. Wochenschr., 1906), HÜBSCHMANN (Berl. Klin. Wochenschr., 1906), JULIUSBERG (Arch. Dermat., 1907), MC KEE (New York Med. Journ., 1906), KRAUS (Münch. Med. Wochenschr., 1906), LANDSTEINER und MUCHA (Wien. Klin. Wochenschr., 1906), dieselben (Arch. Dermat., Bd. 87, 1907), MAC LENNAN (The Glasgow Med. Journ., 1906), derselbe (Brit. Med. Journ., 1906), LEVADITI (C. R. Soc. Biol. Paris, Bd. 59, 1905), derselbe (Ann. del l'Inst. PASTEUR, 1906), LEVADITI und MANOUÉLIAN (C. R. Soc. Biol. Paris, Bd. 60, 1906), LEVADITI und ROCHÉ (La Syphilis, Paris 1909), LÉVY-BING (Le microorganisme de la Syphilis, Paris 1907), LIEBERMANN (Wratsch, Nr. 23, 1908), LÖFFLER (Deutsch. Med. Wochenschr., Nr. 169, 1907), MANAHAN (Boston Med. Surg. Journ., 1906), MANDELBAUM (Münch. Med. Wochenschr., 1907), MARINO (Ann. de l'Inst. PASTEUR, 1904 u. 1905), MAY (Münch. Med. Wochenschr., 1906), MULZER (Arch. Dermat., Bd. 79, 1906), NATTAN-LARIER und BERGERON (Presse Méd., 1906), MC NEAL (Journ. Amer. Med. Ass., Bd. 1, 1907), NEISSER (Deutsch. Med. Wochenschr., 1907), NICOLAS, FAVRE und ANDRÉ (Lyon Méd., 1905), NOEGGERATH und STAEHELIN (Münch. Med. Wochenschr., 1905), OPPENHEIM und SACHS (Deutsche Med. Wochenschrift, 1905), Petrescu (C. R. Soc. Biol. Paris, Bd. 59, 1905), Plöger (Münch. Med. Wochenschrift, 1905), Preis (Wien. Med. Presse, 1906), Proca und Vasilescu (C. R. Soc. Biol. Paris, Bd. 58, 1905), Ravaut und Ponselle (Gaz. Hôpit., 1906), Reitmann (Deutsch. Med. Wochenschr., 1905), Richards und Hunt (Lancet, 1905 u. 1906), Rosenberger (Amer. Journ. Med. Sc., Bd. 131, 1906), Russel (Journ. Amer. Med. Ass., 1905), Sabolotny (Wratsch, Nr. 11, 1907), Sakurane (Arch. Dermat., Bd. 82, 1906), Schaudinn (Deutsch. Med. Wochenschr., 1905), Schaudinn und Hoffmann (Arb. Gesundheitsamt, 1905), dieselben (Berl. Klin. Wochenschr., 1905), dieselben (Deutsch. Med. Wochenschr., 1905), Schereschewsky (Centralbl. Bact., Bd. 45, 1907), Schlimpert (Deutsch. Med. Wochenschr., 1906), Schmorl (Ebenda, 1907), Simonelli und Baudi (Centralbl. Bact., Bd. 40, 1906), Sobernheim (Spirillosen in Kolle-Wassermanns Handb. der Mikroorg., Ergänzungsband, 1907), Le Sourd und Pagniez (Ann. de Dermat., 1907), Stern (Berl. Klin. Wochenschr., 1907), Thalmann (Die Syphilis, 1906). Török und Schattelesz (Orvosi Hetilap, Nr. 30, 1907), Volpino (Deutsch. Med. Wochenschr., 1907), derselbe (Giorn. Acad. Med. Torino, 1905), Volpino und Fontana (Centralbl. Bact., Bd. 42, 1906), Versé (Med. Klin., 1906), Weidenreich (Fol. Haemat., Nr. 1, 1906), Welke (Arch. Klin. Chir., Bd. 59, 1899), Zabel (Med. Klin., 1907).

Juliusberg, Posen.

T.

Talgdrüsen. Zur Untersuchung der Talgdrüsen fixiert RANVIER kleine Stückchen der Gesichtshaut 24 Stunden in 1%iger Osmiumsäure oder in MÜLLERscher Flüssigkeit. ALTMANN bedient sich ebenfalls der reinen Osmiumsäure oder seines Osmiumbichromatgemisches, DELBANCO der FLEMMINGschen Flüssigkeit, BAUER fixiert in konzentrierter Sublimatlösung oder in Alkohol. Zum Studium der Fettsecretion empfiehlt ALTMANN die Präputialdrüsen, die Analdrüsen von Kaninchen und Meerschweinchen und die Bürzeldrüse der Vögel. Zur Fixation der letzteren benutzt STERN 10%iges Formalin und färbt die Gefrierschnitte mit Scharlach oder behandelt mit 1%iger Osmiumsäure. LUNGHETTI fixiert in 70%igem Alkohol, Sublimat, Zenker oder Flemming.

Zur Färbung empfiehlt DELBANCO Safranin mit nachfolgender Beizung in Tannin und Nachfärben in Wasserblau (siehe Collagen).

Zur Untersuchung der Ohrschmalzdrüsen empfiehlt STÖHR besonders Fixation des knorpeligen Gehörganges von Neugeborenen in absolutem Alkohol, PISSOT verwendet für den gleichen Zweck ZENKERsche Flüssigkeit. (Vgl. auch den Artikel Schweißdrüsen.)

Literatur: ALTMANN (Arch. Anat., Suppl., 1889), derselbe (Die Elementarorganismen, 2. Aufl., Leipzig 1894), BAUER (Morph. Arb., Bd. 3, 1894), DELBANCO (Verh. Anat. Ges. 1904), LUNGHETTI (Arch. Mikr. Anat., Bd. 69, 1907), PISSOT (Thèse, Paris 1899), RANVIER (Journ. de Microgr., Bd. 10. 1886), STERN (Arch. Mikr. Anat., Bd. 66, 1905), STÖHR (Lehrbuch der Histologie, 8. Aufl., Jena 1898).

Tannin, Gerbsäure, Gallusgerbsäure, Digallussäure, Acidum tannic., $\left.\begin{matrix} C_6H_2(OH)_3—CO \\ C_6H_2(OH)_3—CO \end{matrix}\right\} O$, findet sich hauptsächlich in den durch den Stich verschiedener Gallwespen an den Früchten und Zweigen mancher Quercusarten hervorgerufenen Galläpfeln. Es bildet ein farbloses oder schwach gelbliches Pulver, das sich beim Stehen am Licht braun färbt und löst sich in Wasser zu 100%, in absolutem Alkohol zu 50%, in Glycerin zu 12%; in Äther, Chloroform, Benzol und ätherischen Ölen ist es unlöslich. Die Lösung reagiert sauer. Mit Eisenoxydsalzen bildet die Gerbsäure einen schwarzblauen Niederschlag von gerbsaurem Eisenoxyd, ähnlich verhält sie sich zu den Salzen der Vanadinsäure. Die wässerige Lösung der Gerbsäure fällt Eiweiß, Stärke und Leim.

In der technischen Färberei wird das Tannin in ausgedehntem Maße als Beize verwandt, einmal, um Metalloxyde, wie Eisenoxyd, Zinnoxyd, Tonerde, in Form der unlöslichen Tannate auf der Faser zu fixieren; ferner bildet es mit basischen Farbstoffen unlösliche Farblacke, deren Entstehung durch die Anwesenheit eines Metalloxyds noch erleichtert wird, indem die überschüssige Säure als Metalltannat unschädlich gemacht wird. Baumwolle wird gewöhnlich zunächst mit Gerbsäure behandelt, dann wird die letztere durch Eisenchlorid fixiert. Bei der nun folgenden Färbung findet eine Zersetzung statt, ein Teil der Säure gibt mit der Farbbase den unlöslichen Lack, ein anderer bleibt an das Metalloxyd gebunden. Ein sehr beliebtes Fixationsmittel für Gerbsäure ist auch der Brechweinstein.

In der Mikrotechnik haben die wertvollen Eigenschaften der Gerbsäure mannigfache Verwendung gefunden. Was zunächst ihre Fähigkeit, mit Metallsalzen unlösliche Tannate zu bilden, anbetrifft, so hat man sie für Eisenchlorid und Ammoniumvanadat benutzt (s. dort). Aber auch für basische Farbstoffe ist das Tannin eine beliebte Beize; so beizt LAVERAN Methylenblaupräparate, UNNA Fuchsin, HARRIS Toluidinblau damit. Auch die Kombination von Gerbsäure und Metalloxyd als Beize hat Anklang gefunden. RAWITZ beizt Schnitte von Flemmingmaterial zunächst 24 Stunden in einer 20%igen Tanninlösung, spült in Wasser ab und überträgt in 1—2½%ige Lösung von Brechweinstein für 2—3 Stunden bei 40° oder 24 Stunden bei Zimmertemperatur, dann sorgfältig abspülen und färben in einer Lösung, die aus gleichen Teilen destillierten Wassers und konzentrierter alkoholischer Fuchsin- oder Methylenviolettlösung besteht. Dauer der Färbung 24 Stunden, flüchtig in Wasser abspülen und differenzieren in 96%igem Alkohol. Es färbt sich dann das Plasma mit dem basischen Farbstoff. ZEITLIN verwendet statt der 20%igen eine 10%ige Tanninlösung und säuert mit 1%iger Essigsäure an. Zur Färbung nimmt er konzentrierte wässerige Safraninlösung. Ausgedehnter Gebrauch von der beizenden Kraft des Tannins wird auch in der Technik der Geißelfärbung gemacht (s. dort). Nach ZETTNOW erhält man für diesen Zweck eine Universalbeize, wenn man zu einer frisch bereiteten, 35—45° warmen 5%igen Tanninlösung so lang 1%ige Lösung von Brechweinstein zusetzt, bis ein bleibender Niederschlag entsteht, der sich beim weiteren Erwärmen wieder löst. In der Kälte soll die Flüssigkeit opaleszieren, aber nicht undurchsichtig sein. Die Beize wird heiß angewandt. (Siehe auch Gerbstoffe in Pflanzen.)

Literatur: HARRIS (Philadelphia Med. Journ. 1898), LAVERAN (C. R. Soc. Biol. Paris 1899), RAWITZ (Sitzungsber. Ges. Nat. Fr., Berlin 1894), UNNA (Monatsh. Prakt. Derm., Bd. 20, 1895), ZEITLIN (Warschau. Universitätsnachrichten 1898), ZETTNOW (Zeitschr. Hyg., Bd. 30, 1899).

Tastkörperchen siehe: Nervenendkörperchen.

Taurin, $CH_2 . NH_2—CH_2—SO_3H$, Spaltungsprodukt der Taurocholsäure, findet sich im freien Zustande in Lunge und Niere des Rindes, im Blut von Haien und Rochen. Auch in den Excrementen ist es enthalten. Mikroskopisch ist es sehr leicht an den charakteristischen monoclinen wasserhellen Säulen zu erkennen.

Tellyesniczkysches Gemisch siehe: Chromsaure Salze.

Terpentin, der Harzsaft verschiedener Larixarten, Pinus maritima aus Frankreich, Pinus silvestris aus Rußland und Deutschland, Pinus strobus aus Amerika, Pinus larix aus Südtirol. Der gewöhnliche Terpentin stellt eine zähe, dickflüssige gelbliche Masse dar von saurer Reaktion. Er enthält Terpentinöl, Fichtenharz und Wasser. Der venetianische Terpentin (aus Pinus larix) ist frei von Wasser und völlig durchsichtig. Er ist klar in Terpentinöl, 80%igem Alkohol, Chloroform und Äther löslich.

Der Terpentin wird zur Herstellung von Deckglaskitten verwendet. Der venetianische Terpentin ist in alkoholischer Lösung von VOSSELER als Einschlußmittel empfohlen worden. Man mischt den käuflichen venetianischen Terpentin in einem hohen Cylinder mit dem gleichen Volum 96%igen Alkohols und läßt 3—4 Wochen stehen. SUCHANNEK verwendet absoluten Alkohol zur Lösung, der vorher durch gebrannten Kalk neutralisiert ist. (Siehe auch Bd. 1, pag. 285).

Literatur: SUCHANNEK (Zeitschr. Wiss. Mikr., Bd. 7, 1890), VOSSELER (Ebenda, Bd. 6, 1889).

Terpentinöl, Terpentinspiritus, Oleum terebinthinae, wird durch Destillation des Terpentins gewonnen. Es ist eine farblose, neutrale, intensiv riechende Flüssigkeit vom spez. Gew. 0,86, die in Wasser unlöslich, in absolutem Alkohol, Chloroform, Äther, Schwefelkohlenstoff, fetten und ätherischen Ölen in jedem Verhältnis löslich ist. Es ist ein vorzügliches Solvens für viele organische (Harze, Fette) und manche anorganische (Schwefel, Phosphor) Körper. An Luft und Licht nimmt es unter Sauerstoffaufnahme saure Reaktion an und wird dickflüssig (verharztes Terpentinöl). Der absorbierte Sauerstoff gibt die Reaktionen des Ozons. Das Terpentinöl besteht hauptsächlich aus Terpenen der Pinengruppe.

In der Mikrotechnik wird das Terpentinöl einmal als Intermedium zur Paraffineinbettung benutzt. doch steht es in dieser Beziehung dem Chloroform und Xylol bedeutend nach. Es löst osmiertes Fett sehr rasch und macht viele Objekte sehr brüchig. Ferner dient es als Lösungsmittel für viele Einschlußmittel, wie Canadabalsam, Dammarlack, Styrax etc. Es empfiehlt sich auch in dieser Hinsicht sehr wenig, da es den meisten Farben gefährlich wird.

Testobjekte, Herstellung, siehe: Diatomeen.

Tetanus. Die Tetanusbacillen, die Erreger des Wundstarrkrampfes, erscheinen in einige Tage alten Gelatinekulturen als feine, 2—4 μ lange, 0,3 bis 0,5 μ breite Stäbchen mit leicht abgerundeten Ecken. Ein Teil der Stäbchen liegt frei, andere sind in mehr oder weniger lange Fäden, meist von leicht bogenförmiger Krümmung, angeordnet, andere zeigen eine V-förmige oder parallele Lagerung. In älteren Kulturen (6—8 Tage) nimmt die Zahl der einzeln liegenden Bacillen ab, die der Fäden zu. In 10—14tägigen Kulturen lagern viele Bacillensporen, in noch älteren verschwinden Fäden und Bacillen, um das Feld ganz den Sporen zu überlassen. In Kulturen, die bei 37° gehalten werden, beginnt die Sporenbildung bereits nach 24—30 Stunden. Frühzeitige und reichliche Sporenbildung beobachtet man vor allem auf Blutserum und in zuckerfreier Bouillon. Die Spore ist eine runde Köpfchenspore von 1—1,5 μ Durchmesser. Sie sitzt am Ende und verleiht so dem Bacillus ein trommelschlegelähnliches Aussehen.

Die Tetanusbacillen besitzen eine deutliche, wenn auch wenig lebhafte Eigenbewegung; sie besitzen eine große Zahl (nach verschiedenen Angaben 8—10, 30, 50—100) von seitenständigen Geißeln, deren Färbung mit den verschiedenen Methoden der Geißelfärbung (s. diese) ausführbar ist. Die Färbung ist aber schwierig und gelingt nur bei Verwendung ganz junger Kulturen (12—16 Stunden).

Die Färbung der Tetanusbacillen gelingt leicht mit den gebräuchlichen Farbstoffen; bei Anwendung der GRAMschen Methode werden sie gefärbt.

Eine schöne Sporenfärbung erzielt man auf folgende Weise: Die reichlich beschickten Präparate werden sorgfältig fixiert (3—5mal durch die Flamme ziehen), sodann in frischer konzentrierter Anilinwasserfuchsinlösung, die bis zum Blasenspringen erhitzt wird, 3—4 Minuten lang gefärbt. (Die Farblösung wird so bereitet, daß man 100 *ccm* Wasser mit 5 *ccm* Anilinöl 5 Minuten lang schüttelt, filtriert und 11 *ccm* konzentrierter alkoholischer Fuchsinlösung zusetzt.) Sodann Entfärben durch kurzes Eintauchen nacheinander in absoluten Alkohol, in salzsauren Alkohol (100 *ccm* 90%igen Alkohol + 1 *ccm* konzentrierter Salzsäure) oder in 1%ige Essigsäure, schließlich in 60%igen Alkohol bis zur Mattrosafärbung. Nachfärben mit wässerigem Methylenblau 5—10 Sekunden lang.

Auch die EHRLICHsche Sporenfärbungsmethode ist gut anwendbar: Andauernde Färbung in erwärmter ZIEHLscher Lösung, Abspülen in 25%iger Schwefelsäure, Gegenfärbung mit Methylenblau 5—10 Sekunden.

Die Reinzüchtung des Tetanusbacillus ist nur unter streng anaëroben Bedingungen möglich. Weiteres über die geeigneten Züchtigungsmethoden siehe in den Handbüchern der bacteriologischen Technik. Auf der Gelatineplatte werden die Kolonien der Tetanusbacillen erst vom dritten Tage an sichtbar. Bei mikroskopischer Betrachtung gewahrt man eine kompaktere centrale Partie, von der aus dünne Fäden ausstrahlen. Bei manchen Tetanusstämmen zeigt die periphere Zone ein mehr starrstrahliges Gefüge.

In Agar ist das Wachstum ganz ähnlich. Makroskopisch erscheinen die Kolonien nach 1—2tägigem Aufenthalt im Brutschrank als feine Wölkchen, mikroskopisch als ein Gewirr feinster Fäden.

Der Tetanusbacillus findet sich sehr häufig im Straßenstaub, in der Gartenerde, aber auch innerhalb der menschlichen Wohnungen, z. B. in den Dielenritzen usf. Sein Nachweis gelingt aber hier nur auf dem Wege des Tierversuchs (Mäuse und Meerschweinchen). Auch für den Nachweis von Tetanusbacillen beim Erkrankten (Wundsecret, Gewebsstückchen aus der Umgebung der Wunde, etwaige Fremdkörper in der Wunde) ist stets das Tierexperiment heranzuziehen, da in der Mehrzahl der Fälle auch an der Eingangspforte nur sehr wenige Bacillen vorhanden sind. Gelegentlich gelingt aber auch der mikroskopische Nachweis in Eiterausstrichpräparaten.

Literatur: FLÜGGE (Mikroorganismen), GÜNTHER (Einführung in das Studium der Bacteriologie), KITASATO (Zeitschr. Hyg., Bd. 7, 1889), MIGULA (Bacteriensystematik), NICOLAIER (Beiträge zur Ätiologie des Wundstarrkrampfes, Inaug.-Diss., Göttingen 1885), PEPPLER (Centralbl. Bact. 1901), v. LINGELSHEIM (Tetanus in KOLLE-WASSERMANN, Handbuch d. pathog. Mikrorg., Bd. 2). *Heymann*, Breslau.

Tetrachlorkohlenstoff, Tetrachlormethan, Carboneum chloratum, CCl_4. Farblose, ätherisch riechende Flüssigkeit, die bei 78° siedet und bei 15° ein spez. Gew. von 1,599 besitzt. Unlöslich in Wasser, löslich in Alkohol.

Von PLEČNIK und PRANTER ist der Tetrachlorkohlenstoff als Intermedium für die Paraffineinbettung empfohlen worden. Er löst Paraffin besser als Chloroform, aber nicht so gut wie Schwefelkohlenstoff, ist aber weniger feuergefährlich als letzterer. CURTIS rühmt vor allem die gute Schneidbarkeit bindegewebsreicher Organe bei der Verwendung des Tetrachlorkohlenstoffs als Intermedium. Er entwässert in Aceton, überträgt in Cedernöl und aus diesem in Tetrachlorkohlenstoff.

Thalliumsulfat, Tl_2SO_4, bildet rhombische, farblose, in Wasser leicht lösliche Krystalle. Durch lösliche Chlorverbindungen wird aus seiner Lösung unlösliches Thalliumchlorür abgeschieden.

Auf der letzteren Eigenschaft beruht die Verwendung des Thalliumsulfats zum Nachweis von Chlor in Pflanzen (SCHIMPER). In die Mikrotechnik ist es durch HEGLER eingeführt worden, der eine konzentrierte Lösung in dünnem Alkohol zum Nachweis verholzter Pflanzenteile empfohlen hat. Dieselben färben sich darin dunkelgelb.

Unter dem Namen Thallinbraun benutzt BURCHARDT eine 5—10%ige wässerige Lösung von Thalliumsulfat zur Kernfärbung. Die Lösung muß erst einige Monate am Licht stehen, um gehörige Färbekraft zu erlangen. Bei Überfärbung kann man durch schwach mit Salzsäure angesäuertes Wasser oder Alkohol differenzieren.

Literatur: BURCHARDT (Centralbl. Pathol. Anat., Bd. 5, 1894), HEGLER (Ebenda), SCHIMPER (Flora 1890).

Theobromin siehe: Alkaloide.
Thermoregulator siehe: Paraffin.
Thermostat siehe: Paraffin.

Thiazinrot, Azofarbstoff, welcher aus Dehydrothiotoluidinsulfosäure gewonnen wird und in den Marken G und R in den Handel kommt (Ludwigshafen). Braunes Pulver, in Wasser leicht mit fuchsinroter Farbe löslich. Die wässerige Lösung bleibt nach Zusatz von Natronlauge unverändert, Salzsäure gibt rotviolette Fällung. In der technischen Färberei zum Färben von Baumwolle in kochendem, mit Glaubersalz versetztem Bade verwandt.

Der Farbstoff ist von HEIDENHAIN in die Mikrotechnik eingeführt und besonders in Verbindung mit Toluidinblau empfohlen worden. (Näheres siehe Neutralfärbungen.)

Thionin, LAUTHs Violett, ein Thiazin, Amidodiphenylthiazim (GEIGY),

$$H_2N \cdot C_6H_3\langle{}^{S}_{N}\rangle C_6H_3 \cdot NH \cdot Cl$$

entsteht durch Oxydation von salzsaurem Paraphenylendiamin bei Gegenwart von Schwefelwasserstoff. Es kommt als Chlorhydrat in den Handel und bildet metallisch glänzende Nadeln, die in Wasser mit blauvioletter Farbe ziemlich schwer. in Alkohol leicht löslich sind. Die wässerige Lösung färbt sich mit Salzsäure blau; mit Natronlauge entsteht ein brauner Niederschlag.

Das Thionin ist als basischer Farbstoff und sehr naher Verwandter des Methylenblaus ein sehr guter Kernfarbstoff. Man benutzt es gewöhnlich in stark verdünnter (1 : 1000) wässeriger Lösung, auch schwach alkoholische, carbolsäurehaltige und alkalische Lösungen kommen zur Verwendung. MOREL und DALOUS empfehlen eine 0,5%ige Lösung in 4%igem Formalin.

Thioninlösungen färben sehr rasch. Zur Differenzierung benutzt man 80- bis 90%igen Alkohol, in dem die Farbe stark auszieht.

Das Thionin, von EHRLICH in die Mikrotechnik eingeführt, hat vielfach Verwendung zur Färbung der Schollen in den Nervenzellen gefunden. Nach HARRIS soll es auch gleich dem Methylenblau das lebende Nervengewebe färben, doch steht es in dieser Beziehung, wie auch EHRLICH, der vor langer Zeit auf diese Eigenschaft aufmerksam gemacht hat, selbst angibt, dem Methylenblau weit nach.

NICOLLE benutzt zur Bacterienfärbung eine Mischung von 100 Teilen einprozentigen Carbolwassers und 10 Teilen konzentrierter alkoholischer (50%) Thioninlösung. Färbung 2—5 Minuten, Abspülen in Wasser, Alkohol, Xylol, Balsam. v. MARSCHALKÓ empfiehlt zur Färbung der Plasmazellen eine konzentrierte wässerige Thioninlösung, der er auf 30 *ccm* 100 *ccm* 0,5‰iger Kalilauge zusetzt. Entfärben mit Salzsäurealkohol. EISEN benutzt das Thionin in 1%iger Lösung in 10%igem Alkohol zur Vorfärbung für Rutheniumrot (näheres siehe dort) und GRABERG kombiniert es mit Bordeaux und Methylgrün zu einer Dreifachfärbung. (Näheres siehe Bordeaux.) Über die Thioninpikrinmethode von SCHMORL vgl. Bd. 1, pag. 748. Zur Nachfärbung eignet sich Eosin oder Orange. VIGNOLO-LUTATI färbt 3 Minuten in der Thioninlösung von NICOLLE, spült rasch in 90%igem Alkohol ab und überträgt in eine dünne Lösung von Eosin in absolutem Alkohol. KOPSCH rühmt das Thionin als Färbungsmittel für die Thrombocytenkerne. Er färbt die Trockenpräparate kurze Zeit in konzentrierter wässeriger Thioninlösung, spült in Wasser ab, überträgt in halbgesättigte wässerige Pikrinsäure, spült wieder ab, trocknet und schließt in Balsam ein. MOREL und DALOUS färben zuerst in Eosin BA extra (Hoechst), und zwar in einer 1%igen Lösung in 4%igem Formalin, spülen in Alkohol ab und übertragen in eine Mischung von 2 Teilen 0,5%igem Thionin und 1 Teil 0,5%igem Methylenblau, beide in 4%igem Formalin gelöst. Nach der Färbung wird kurze Zeit mit 1%iger Essigsäure behandelt und rasch entwässert.

Die Hauptbedeutung des Thionins aber liegt in seiner von EHRLICH entdeckten Eigenschaft, gewisse Substanzen metachromatisch zu färben, über welche man das Nähere in den Artikeln Amyloidentartung, Metachromasie und Schleimfärbung findet.

Den vielen wertvollen Eigenschaften des Farbstoffs steht eine sehr unangenehme gegenüber, die Färbung blaßt nämlich schon nach kurzer Zeit gänzlich aus.

Literatur: EHRLICH (Deutsch. Med. Wochenschr. 1886), HARRIS (Philadelph. Med. Journ. 1898), KOPSCH (Int. Monatschr. Anat., Bd. 23, 1906), v. MARSCHALKÓ (Arch. Derm. Syph., Bd. 30, 1895), MOREL und DALOUS (zit. nach DE ROUVILLEX, MANUEL), NICOLLE (Ann. Inst. PASTEUR, Bd. 9, 1895), VIGNOLO-LUTATI (Arch. Derm. Syph., Bd. 57, 1901).

Thymol, Thymiansäure, Thymiancampher, $C_6H_3\begin{cases}CH_3\\C_3H_7\\OH\end{cases}$, Methylisopropylphenol, es findet sich im Thymianöl und wird aus demselben durch Behandeln mit Natronlauge und Zerlegen des gebildeten Thymolnatriums mit Salzsäure erhalten. Es bildet farblose, bei 50° schmelzende und bei 100° verdampfende Krystalle von angenehmem Geruch. In Wasser ist das Thymol höchstens zu 0,1%, in Glycerin zu 0,8% löslich. Leicht löslich ist es in Alkohol (aa.), Äther, Ölen und Alkalien. Mit äquivalenten Mengen Chloralhydrat, Phenol oder Campher zusammengebracht, bildet es ein flüssiges Gemisch. Alkoholische Thymollösungen reagieren neutral.

Das Thymol findet wegen seiner antiseptischen Eigenschaften auch in der Mikrotechnik vielfach Anwendung zur Konservierung leicht verderblicher Farbstofflösungen, Injektionsmassen etc. Meist genügt es, in die betreffende Flüssigkeit einige Thymolkrystalle zu werfen oder sie auf die festen Massen zu legen.

Thymus. Zur mikrotechnischen Bearbeitung der Thymus eignen sich die meisten jener Methoden, welche in den Artikeln Lymphatische Organe, Lymphdrüsen und Milz beschrieben worden sind. Speziell für die Thymus sind noch folgende Detailangaben zu erwähnen: WATNEY hat in seinen berühmten Untersuchungen über den Bau der Thymus hauptsächlich sein Material tagelang mit 0,15—0,25%iger Chromsäure oder wochen- und monatelang mit Kaliumbichromat behandelt. Außerdem fixiert er wenige Stunden in 0,5%igem Goldchlorid und überträgt dann für 10—15 Tage in gleiche Teile 0,5%iger Osmiumsäure und 0,2%iger Chromsäure oder in Methylalkohol. Färbung in Alaunhämatoxylin oder Brasilholzextrakt mit Alaun. Maceriert wurde die Thymus in 0,1%iger Osmiumsäure oder mehrere Wochen lang in dünner Bichromatlösung mit Eosinzusatz.

PRENANT fixiert embryonale Thymus in Flemming, SULTAN in Alkohol oder Müller, Alkohol wird auch von WALLISCH benutzt. SCHEDEL fixiert Thymus von Katze, Ziege und Kalb ebenfalls in Flemming. Für Amphibienthymus empfiehlt MAURER Chromessigsäure, Pikrinschwefel- oder Pikrinosmiumsäure, VER EECKE HERMANNsche Flüssigkeit. Zur Untersuchung der Thymusentwicklung fixieren SOULIER und VERDUN Embryonen von Kaninchen und Maulwurf in Pikrinschwefelsäure oder Müller, BEARD Selachierembryonen in Pikrinsäure, Platinchlorid oder Sublimat, SCHAFFER Ammocoetes in Alkohol. HAMMAR (08) fixiert Thymus von Teleostiern vor allem in Tellyesniczky und Flemming. Thymus (05) von Säugern, Vögeln und Amphibien in Flemming, Tellyesniczky, Carnoy, Formalin-Pikrinsäure, 5%igem Sublimat, STÖHR Thymus von Menschen und Amphibien in Zenker oder 2%igem Formalin. Für Reptilien- und Amphibienthymus empfiehlt PENSA Flemming oder Hermann. CIACCIO für Vogelthymus Bouin und eine Mischung von Formalin, Chromsäure und Essigsäure, WEISSENBERG für das gleiche Objekt Tellyesniczky oder Flemming, CHEVAL für die Hundethymus Bouin.

Als Färbung wird allgemein zur Hervorhebung der HASSALLschen Körperchen Alaunhämatoxylin oder Hämalaun mit Nachfärbung in Eosin oder ein Gemisch von Eosin und Aurantia (SOULIÉ und VERDUN) empfohlen. Für Flemming- und Hermannpräparate ist Safranin vorzuziehen. NUSSBAUM und MACHOWSKI erhielten auch mit der Biondifärbung gute Resultate. Speziell zur Darstellung der HASSALLschen Körperchen fixiert AFANASSIEW Thymus von Kaninchen und Kalb in Ammoniummonochromat, wäscht gut in Wasser aus und überträgt in Alkohol. Rasiermesserschnitte werden dann gut ausgepinselt und zuerst in Alaunhämatoxylin, dann in ammoniakalischem Eosin gefärbt. Zur guten Unterscheidung von Leuco- und Erythrocyten färbt BEARD mit Pikrocarmin. HAMMAR empfiehlt vor allem die MALLORYsche Säurefuchsin-Orange-Anilinblaufärbung (s. Anilinblau).

Literatur: AFANASSIEW (Arch. Mikr. Anat., Bd. 14, 1877), BEARD (Anat. Anz., Bd. 18, 1900), CHEVAL (Bibl. Anat., Bd. 17, 1908), CIACCIE (Anat. Anz., Bd. 29, 1906), HAMMAR (Anat. Anz., Bd. 27, 1905), derselbe (Arch. Mikr. Anat., Bd. 73, 1908), MAURER (Morph. Jhb., Bd. 13, 1888), NUSSBAUM und MACHOWSKI (Anat. Anz., Bd. 11, 1902), PENSA (Ebenda, Bd. 27, 1905), PRENANT (Cellule, Bd. 10, 1894), SCHAFFER (Sitzungsber. Ak. Wiss. Wien, Bd. 103, 1894). SCHEDEL (Arch. Mikr. Anat., Bd. 24, 1885), SOULIE u. VERDUN (Journ. de l'Anat., Jg. 33, 1897), STÖHR (Anat. Hefte, Bd. 31, 1906), derselbe (Sitzungsber. Physik. Med. Ges. Würzburg 1905), SULTAN (Arch. Pathol. Anat., Bd. 144, 1896), VER EECKE (Bull. Ac. Med. Belgique, S. 4, Bd. 13, 1899), WALLISCH (Arch. Mikr. Anat., Bd. 63. 1903), WATNEY (Phil. Trans. 1882), WEISSENBERG (Arch. Mikr. Anat., Bd. 70, 1907).

Thrombase siehe: Enzyme.

Thrombocyten siehe: Blut.

Thymianöl entsteht bei der Destillation des blühenden Krautes von Thymus vulgaris. Das rohe Öl ist rot (Ol. Thymi rubr.), das rektifizierte stellt eine farblose, dünne Flüssigkeit (Ol. Thymi alb. rectificat.) von angenehmem Geruch dar. Es löst sich in $^1/_2$—1 Teil Alkohol von 90% und greift Celloidin nicht an. In Wasser ist es etwas löslich. Spez. Gew. bei 15° 0,92. Es besteht im wesentlichen aus dem Gemenge eines Terpens mit Cymol und Thymol. Von letzterem kann es bis zu 50% enthalten.

Das Thymianöl wird in Amerika vielfach als Intermedium für Celloidinschnitte benutzt, auch in Mischung mit anderen Ölen. Es hat nach VAN GIESON den Nachteil, daß es Hämatoxylin angreift. BUMPUS hat es zur Aufhellung von Celloidinblöcken empfohlen. FISH nimmt zu dem gleichen Zweck eine Mischung von 3 Teilen Ol. Thymi rubr. und 1 Teil Ricinusöl. Die Blöcke können in dieser Mischung beliebig lange liegen und die Mischung dient auch zur Befeuchtung des Messers.

Literatur: BUMPUS (Amer. Nat., Bd. 26, 1892), FISH (Proc. Amer. Micr. Soc., 1893), VAN GIESON (Amer. Month. Micr. Journ., Bd. 8, 1887).

Tolubalsam, Balsamum tolutanum, der Harzsaft einer südamerikanischen Papilionacee, Toluiferum Balsamum. Gelbbraune, dickliche, angenehm riechende Flüssigkeit, die an der Luft eintrocknet. Brechungsindex 1,640. Leicht löslich in 90%igem Alkohol, Äther, Chloroform, Aceton. Er enthält hauptsächlich ein Harz, dann einen flüchtigen Kohlenwasserstoff (Tolen) und wechselnde Mengen freier Benzoe- und Zimtsäure.

Wegen seines hohen Brechungsindex hat der Tolubalsam, in Chloroform gelöst, vielfach als Einschlußmedium, besonders für Diatomeen Verwendung gefunden. CARNOY empfiehlt als Deckglaskitt eine Mischung von 2 Teilen Tolubalsam, 1 Teil Canadabalsam und 2 Teilen konzentrierter Schellacklösung in Chloroform. Das Ganze wird mit Chloroform verdünnt.

Toluidinblau. $(CH_3)_2N . C_6H_3\langle{}^{S}_{N}\rangle C_7H_5 . NH . HCl$, ein dem Thionin und Methylenblau sehr nahe verwandtes Thiazin, es entsteht wie letzteres aus Thiosulfosäure, nur daß zur Oxydation statt Dimethylanilin Toluidin und Chromat verwandt wird. Kommt als salzsaures Salz in den Handel (Höchst, Ludwigshafen, Berlin). Dunkelgrünes Pulver, das in Wasser mit blauer, in Alkohol mit meergrüner, in Schwefelsäure mit gelbgrüner Farbe löslich ist. Die wässerige Lösung gibt mit Natronlauge einen schmutzigvioletten Niederschlag, mit Salzsäure bleibt sie unverändert.

Das Toluidinblau gleicht in seinen Eigenschaften dem Thionin außerordentlich. Es ist wie dieses ein sehr guter Kernfarbstoff, der manche Stoffe stark metachromatisch färbt. Die Anwendungsweise ist dieselbe wie dort. Gewöhnlich benutzt man Lösungen von 0,3—1%. Es ist in neuerer Zeit besonders durch die Empfehlung von LENHOSSÉK zur Färbung von Nervenzellen stark in Aufnahme gekommen. Nach HARRIS (98) soll es sich noch besser als Methylenblau zur vitalen Nervenfärbung eignen. Er benutzt zur Färbung auf dem Objektträger eine Mischung von 2 Teilen 1‰iger Toluidinblaulösung in physiologischer Kochsalzlösung, 1 Teil $^1/_4$%iger Ammoniumchloridlösung und 1 Teil Eiweiß. Fixation in Ammoniummolybdat oder konzentriertem Ferrocyankalium mit etwas Osmiumsäure. Die Gewebe sollen sich blau, die Achsencylinder rot färben. LENHOSSÉK färbt Schnitte des centralen Nervensystems mit konzentrierter wässeriger Toluidinblaulösung, färbt momentan mit Erythrosinlösung nach und differenziert in Alkohol. MANN färbt zuerst mit 1%iger Eosinlösung, dann mit 0,5%iger Toluidinblaulösung. PRINCE benutzt zur Blutfärbung eine Mischung von 24 Teilen konzentrierter wässeriger Toluidinblaulösung, 1 Teil konzentrierter wässeriger Säurefuchsinlösung und 2 Teilen 2%iger wässeriger Eosinlösung. CIACCIO verreibt 1 *g* Toluidinblau, 0,2 *g* Orange G und 0,1 *g* Eosin mit einigen Tropfen Glycerin und setzt nach und nach 50 *ccm* Methylalkohol und dann die gleiche Menge Glycerin zu. Zur Färbung verdünnt man diese Stammlösung mit destilliertem Wasser. HARRIS (00) verwendet das Toluidinblau auch zu 1—2% in konzentrierter wässeriger Carbolsäure gelöst, Differenzieren in 15fach mit Wasser verdünntem Glycerinäther oder (98) er verwendet zur Achsencylinderfärbung an Müllermaterial eine 1%ige wässerige Toluidinblaulösung mit 1% Borax und differenziert in konzentrierter wässeriger Tanninlösung oder Alkohol mit 1% Oxalsäure.

Über die Verwendung des Toluidinblaus zur Knorpelfärbung vgl. Knorpel, zur Schleimfärbung vgl. Schleimfärbung, zur Färbung der Nervenfibrillen vgl. Neurofibrillen. Vgl. auch Metachromasie.

Literatur: CIACCIO (Mon. Zool. Ital., Jg. 18, 1908), HARRIS (Philadelph. Med. Journ. 1898), derselbe (Ebenda, 1900), LENHOSSÉK (Neurol. Centralbl., Bd. 17, 1898), MANN (Zeitschrift Wiss. Mikr., Bd. 11, 1894), PRINCE (Micr. Bull. 1898).

Toluol (Methylbenzol), $C_6H_5 . CH_3$, findet sich im Steinkohlenteeröl und entsteht durch trockene Destillation vieler Harze, z. B. des Tolubalsams. Es bildet einen dem Benzol ähnlichen, aber schon dickflüssigeren Kohlenwasserstoff, der bei 110° siedet und bei 15° das spez. Gew. 0,8720 bei 20° 0,8656 hat. Es bleibt im Gegensatz zu Benzol bis zu Temperaturen von —28° flüssig und wird durch große Hitze (Durchleiten durch ein glühendes Rohr) in Naphtalin, Anthracen und andere hochsiedende Kohlenwasserstoffe verwandelt.

Das Toluol des Handels enthält, ähnlich wie Benzol das Thiophen, etwas Thiotolen (α- und β-Methylthiophen), das durch seinen Schwefelgehalt oder an der Violettfärbung mit Phenanthrenchinon und Eisessig erkannt wird.

Neuberg, Berlin.

Toluol ist von HOLL zuerst als Intermedium für Paraffin empfohlen und seit dieser Zeit auch vielfach für diesen Zweck benutzt worden. In bezug auf seine Lösungsfähigkeit für Paraffin steht es zwischen dem Chloroform und Benzol. Es löst bei 20° cca. 10% Paraffin von 58° Schmelzpunkt.

In Verbindung mit Alkohol und Äther wird es auch als Intermedium für die kombinierte Paraffin-Celloidineinbettung von FIELD und MARTIN und SAMASSA in Anwendung gezogen.

Tränendrüse siehe: Auge.

Traganth, ein Gummi, das aus verschiedenen kleinasiatischen Astragalusarten ausschwitzt, in blätterigen oder hornartigen Stücken in den Handel kommt und 8—10% lösliche (Arabin) und 60—70% quellbare Bestandteile (Traganthin) enthält. Es wird ähnlich dem arabischen Gummi als Klebe- und Bindemittel benutzt. In der Mikrotechnik dient es wie jenes als Einbettungsmasse und zum Lähmen von Infusorien, auch zum Aufkleben von Diatomeen ist es in gesättigter Lösung empfohlen worden. Eine Mischung von 5 *g* Traganth, 2 *ccm* Glycerin und 100 *ccm* destilliertem Wasser wird von PICK als Linimentum exsiccans bezeichnet und von FISCHEL zum Aufkleben von Celloidinschnitten empfohlen.

Transparentseife siehe: Glycerinseife.

Transpiration der Pflanzen siehe: Kobaltprobe.

Transsudate siehe: Blut.

Traubenzucker, $C_6H_{12}O_6 + H_2O$, Dextrose, Glucose, findet sich in weiter Verbreitung im Pflanzenreich und neben Lävulose auch im Tierreich, in Blut, Lymphe und Harn. Gelblich weiße, krystallinische Masse, die sich bei 15° zu 100% in Wasser und zu 2% in 85%igem Alkohol löst. Die wässerige Lösung ist rechtsdrehend, beim Stehen nimmt das Drehungsvermögen ab. Traubenzucker reduziert die Lösungen der edlen Metalle und scheidet aus alkalischer Kupfersulfatlösung beim Erwärmen rotes Kupferoxydul ab.

Dextrose ist, ähnlich wie Lävulose als Einschlußmedium empfohlen worden. FABRE-DOMERGUE mischt 10 Teile Zuckersirup (spez. Gew. 1,2) mit 2 Teilen Methylalkohol und 1 Teil Glycerin, löst darin Campher bis zur Sättigung und neutralisiert mit Natriumcarbonat. BRUN löst 4 Teile Dextrose in einem Gemisch von 14 Teilen destilliertem Wasser, 1 Teil Campherspiritus und 1 Teil Glycerin. Filtrieren.

Traumaticin, eine Lösung von Guttapercha in Chloroform. Zu ihrer Herstellung übergießt man 1 Teil gereinigte, getrocknete und zerschnittene Guttapercha mit 10 Teilen Chloroform, erwärmt so lang auf 30—40°, bis die Lösung erfolgt ist und koliert. Man setzt dann noch so viel Chloroform zu, bis die Masse die Konsistenz eines dünnen Sirups hat.

Das Traumaticin ist zuerst von ALTMANN zum Aufkleben von Paraffinschnitten benutzt worden (vgl. Bd. 1, pag. 33). Später haben es VOSMAER und PEKELHARING für denselben Zweck wieder empfohlen. Wenn man die Lösung sehr stark mit Chloroform verdünnt, soll sich das feine Guttaperchahäutchen nicht mitfärben.

Literatur: VOSMAER und PEKELHARING (Verh. Ak. Wet. Amsterdam, Deel 6, 1898).

Trematoden siehe: Würmer.

Triacid siehe: Blut, auch EHRLICH-BIONDI-R. HEIDENHAINsche Farblösung.

Trichloressigsäure, Acidum trichloraceticum, $CCl_3 - CO.OH$, entsteht durch Einwirkung von rauchender Salpetersäure auf Chloralhydrat. Sie bildet farblose, außerordentlich hygroskopische Krystalle, die in Wasser, Alkohol und Äther sehr leicht löslich sind.

Die Trichloressigsäure ist in $5^0/_0$iger wässeriger Lösung von PARTSCH als vorzügliches Entkalkungsmittel empfohlen und von uns vielfach als solches erprobt worden. (Näheres s. Bd. 1, pag. 731.)

In neuerer Zeit ist sie von HOLMGREN als Fixationsmittel für Nervenzellen in $5^0/_0$iger wässeriger Lösung empfohlen worden. Dauer der Fixation 8 bis höchstens 24 Stunden, Entwässern in steigendem Alkohol, Paraffineinbettung. Färbung der 2—3 μ dicken Schnitte mit der WEIGERTschen Elastinfärbung. Auch HEIDENHAIN empfiehlt die Trichloressigsäure in $5^0/_0$iger Lösung als Fixationsmittel besonders für Kurszwecke, sie fällt alle Eiweiße, dringt leicht auch in relativ große Stücke ein und bedingt eine sehr gute Färbbarkeit. Nach der Fixation muß man in absoluten Alkohol direkt übertragen, denselben anfangs öfter wechseln und die Stücke recht lange (Monate) darin belassen. Vergl. auch Uransalze.

Literatur: HEIDENHAIN (Zeitschr. Wiss. Mikr., Bd. 22, 1905), HOLMGREN (Anat. Hefte, Bd. 18, 1901).

Trichlormilchsäure, $CCl_3 - CH(OH) - CO.OH$, entsteht durch Digestion von Chloralcyanhydrat mit rauchender Salzsäure und bildet farblose Prismen, die in Wasser, Alkohol und Äther leicht löslich sind. Durch ätzende Alkalien wird sie in Chloroform und Ameisensäure zerlegt.

Von HOLMGREN in $5^0/_0$iger Lösung als Fixationsmittel für spinale Nervenzellen und Pancreas empfohlen. Sie soll das „Trophospongium" noch schöner zeigen als Trichloressigsäure.

Literatur: HOLMGREN (Anat. Anz.. Bd. 20, 1902).

Tropaeolin O, Syn. für Chrysoin (CASSELLA).

NIKIFOROFF benutzt zur Färbung der Recurrensspirillen eine Mischung von 10 Teilen konzentrierter wässeriger Methylenblaulösung, 5 Teilen $1^0/_0$iger alkoholischer Tropaeolinlösung und 2 Tropfen $1^0/_{00}$iger Kalilauge.

Tropaeolin OO, Syn. für Orange IV (CASSELLA).

Tropaeolin OOO, Nr. 1 und Nr. 2, Syn. für Orange I, resp. II.

Von MÖRNER und WOLTERS zur Färbung des Knorpels benutzt. (Näheres siehe Knorpel.)

Trophospongien (HOLMGREN), Apparato reticolare (GOLGI), Binnennetz (KOPSCH), Centrophormien (BALLOWITZ), Ringreihen (FÜRST). Die Technik der unter diesen verschiedenen Bezeichnungen in den verschiedensten Körperzellen beschriebenen netzförmigen Bildungen soll hier im Zusammenhang abgehandelt werden, ohne daß wir damit auch für die Identität derselben eintreten wollen. Sie lassen sich mit den verschiedensten Imprägnations- und Färbungsmethoden darstellen. GOLGI, der sie zuerst in den Nervenzellen von Vögeln beschrieb, bediente sich zu ihrer Darstellung einer leichten Abänderung seiner raschen Chromsilbermethode, ferner seiner Verjüngungsmethode. Seine Schüler

VERATTI, NEGRI und GEMELLI haben diese Methode nicht unwesentlich abgeändert. Mittelst dieser abgeänderten Methode wurden sie in den Knorpelzellen von PENSA, in den Speicheldrüsen von NEGRI, im Pancreas von KÖLLIKER und NEGRI und an anderen Orten nachgewiesen. Über die Details dieser Methode vergleiche man den Artikel GOLGIsche Methode (Bd. 1, pag. 574).

Aber auch andere Silberimprägnationsmethoden können an geeignetem Material Netzstrukturen demonstrieren. So hat CAJAL in den Nervenzellen junger Tiere den Apparato reticolare auf folgende Weise dargestellt: Fixation 24 Stunden in 10%igem Formalin, 4 Stunden auswaschen in fließendem Wasser, einlegen für 3—5 Tage in 1,5—3%ige Silbernitratlösung und Reduktion in 1%iger Pyrogallussäure mit Zusatz von 5% Formalin. MERTON konnte das Netzwerk in den Ganglienzellen von Thetys leporina mittelst der Bielschowskymethode darstellen (vgl. Neurofibrillen).

Auch Vergoldung kann die Netzstrukturen zur Anschauung bringen. MERTON fixiert die Ganglien von Thetys in HERMANNscher Flüssigkeit und vergoldet die Schnitte nach der Methode von NABIAS. Sie kommen für 10 Minuten in 3%ige Tanninlösung, dann nach Abspülen für die gleiche Zeit in 5%ige Brechweinsteinlösung, werden wiederum abgespült und kommen für 10 Minuten in 1%ige Goldchloridlösung. Die Reduktion erfolgt in Anilinwasser.

Später hat dann KOPSCH eine einfache Methode zur Darstellung des Binnennetzes angegeben. Er bringt einige Spinalganglien in wenige Kubikzentimeter 2%ige Osmiumsäure für einige Tage und fügt ab und zu einige Tropfen frischer Lösung zu. Über den Zeitpunkt, in welchem die Schwärzung eintritt, haben MISCH und vor allem SJÖVALL genauere Untersuchungen angestellt; nach dem letzteren hängt das ganz von der Temperatur ab. Bei 35° tritt das Netz schon nach 2 bis 3 Tagen auf, bei 23° erst nach 7—10 Tagen und bei 5—7° lassen sich selbst nach Monaten noch keine Netze darstellen. Das Temperaturoptimum liegt bei 23°, höhere Temperaturen ergeben leicht zu starke Schwärzung. Am sichersten gelingt die Darstellung des Netzes nach SJÖVALL nach folgender Methode. Das Material wird im Dunkeln in frischem Formalin fixiert, ausgewaschen und für 2 Tage bei 35° in 2%ige Osmiumsäure übertragen. Die Stärke des Formalins (25%—100%), die Dauer der Fixation (8 Stunden und länger) und die Dauer des Auswaschens (4 Stunden und länger) muß für jedes Material ausprobiert werden. KOPSCH und MISCH betonen außerdem die absolute Frische des Materials, höchstens eine Stunde nach dem Tode.

Die in vielen Zellarten beschriebenen, wohl zuerst von NANSEN gesehenen Kanälchen lassen sich mit allen möglichen Fixations- und Färbungsmethoden darstellen und sind vor allem von HOLMGREN studiert worden. Er fixiert 24 Stunden in 5%iger Trichloressigsäure oder in 5%iger Trichlormilchsäure oder in letzterer mit Zusatz von 5% Salzsäure und überträgt in steigenden Alkohol von 50% aufwärts. Färbung der Paraffinschnitte in verdünntem WEIGERTschen Resorcinfuchsin 24 Stunden, eventuell Nachfärbung in alkoholischem Boraxcarmin. Doch ist nach des Autors eigener Angabe sowohl Fixation als Färbung in ihrem Gelingen großen Schwankungen unterworfen. Außer diesen speziellen Methoden benutzt er noch zur Fixation CARNOYsche Flüssigkeit und Sublimat-Pikrinsäure, zur Färbung Eisenalaun-Hämatoxylin und Thiazinrot-Toluidinblau. STUDNIČKA fixiert Ganglien von Cyclostomen in Perenyi und färbt mit Eisenalaun-Hämatoxylin, BETHE behandelt nach seiner Neurofibrillenmethode (siehe dort), PEWSNER-NEUFELD benutzt dieselbe Methode oder fixiert nach BENDA 24 Stunden in 10%iger Salpetersäure und überträgt für 12 Stunden 2,5%ige Lösung von Kaliumbichromat, dann 24 Stunden auswaschen und entwässern. Färbung der Schnitte mit Eisenalaun-Hämatoxylin, und zwar auf dem Wasserbad 1—2 Minuten 2,5%iger Eisenalaun, auswaschen, dann ebensolange Hämatoxylin, dann differenzieren und nachfärben mit Erythrosin. HENSCHEN fixiert in Sublimat-Pikrinsäure und färbt mit Eisenalaun-Hämatoxylin und dann mit Säurefuchsin-Orange nach. SMIRNOW fixiert Nervensystem vom menschlichen Embryo in FLEMMINGscher Flüssigkeit und färbt die Schnitte in Safranin oder in basischem Fuchsin und Malachitgrün. Auch mit einer abgeänderten Golgimethode konnte er die Kanälchen darstellen.

BALLOWITZ färbt seine Centrophormien ebenfalls mittelst Eisenalaun-Hämatoxylin. Er schneidet die Hornhaut des eben getöteten Tieres heraus, stülpt sie mit der Innenfläche nach außen über die Fingerkuppe und taucht sie in konzentrierte Sublimatlösung, die einen Zusatz von 5% Essigsäure hat. Nach 5 bis 10 Minuten läßt sich das hintere Epithel loslösen. Ganz ähnlich verfährt TOTSUKA. FÜRST benutzt zum Nachweis seiner Ringbildungen in den Nervenzellen älterer Lachsembryonen (90 Tage und darüber) vor allem Fixation in PERENYIscher Flüssigkeit, sie färben sich mit Eisenalaun-Hämatoxylin tief schwarz.

Literatur: BALLOWITZ (Arch. Mikr. Anat., Bd. 56. 1900). CAJAL (Trav. Lab. Rech. Biol. Univ. Madrid. Bd. 5, 1907). FÜRST (Anat. Anz.. Bd. 18. 1900). derselbe (Anat. Hefte, Bd. 19, 1902). GEMELLI (Boll. Soc. Med. Chir. Pavia, 1900). GOLGI (Ebenda, 1898), derselbe (Arch. Ital. Biol.. Bd. 30 u. 31, 1898 u. 1899), derselbe (C. R. Soc. Biol., Paris 1899), derselbe (Verh. Anat. Ges. Pavia, 1900). derselbe (C. R. Assoc. Anat. Lyon. 1901). HENSCHEN (Anat. Anz., Bd. 24, 1904). HOLMGREN (Anat. Anz., Bd. 16, 17, 18. 20. 21 u. 22, 1899, 1900, 1900, 1902, 1902, 1903). derselbe (Anat. Hefte. Bd. 12 u. 15. 1899 u. 1900), derselbe (Arch. Mikr. Anat., Bd. 60, 1902), KÖLLIKER (Verh. Physik. Med. Ges. Würzburg. N. F., Bd. 34, 1902), KOPSCH (Sitzungsber. Ak. Wiss. Berlin, Bd. 40, 1902), MERTON (Anat. Anz., Bd. 30, 1907), MISCH (Int. Monatsschr. Anat., Bd. 20, 1903), NANSEN (Bergens Mus. Aarsberet, 1886), NEGRI (Boll. Soc. Med. Chir. Pavia, 1899), derselbe (Verh. Anat. Ges. Pavia, 1900), PENSA (Boll. Soc. Med. Chir. Pavia, 1899 u. 1901). derselbe (Rend. Istit. Lomb. Sc. Lett., Ser. 2, Bd. 34. 1901), PEWSNER-NEUFELD (Anat. Anz., Bd. 23, 1903), SJÖVALL (Anat. Hefte, Bd. 30, 1905). SMIRNOW (Arch. Mikr. Anat., Bd. 59, 1902), STUDNIČKA (Anat. Anz.. Bd. 16, 1900). derselbe (Sitzungsber. Böhm. Ges. Wiss. Prag, Bd. 16, 1900), TOTSUKA (Int. Monatsschr. Anat., Bd. 19, 1902), VERATTI (Anat. Anz., Bd. 15. 1899), derselbe (Rend. Istit. Lomb. Sc. Lett., Bd. 19, 1902).

Trypanosomen siehe: Blutparasiten.

Trypsin siehe: Verdauung als histologische Methode, siehe auch Enzyme.

Tuberkelbacillen. I. Allgemeine morphologische, biologische, chemische Eigenschaften der menschlichen Tuberkelbacillen. Die Tuberkelbacillen, die Erreger der menschlichen Tuberkulose, sind überaus feine Stäbchen von 1,6—3,5 μ Länge. Sie sind selten ganz gerade gestreckt, meist zeigen sie leichte Knickungen oder Biegungen. Oft erscheinen die Bacillen, wenigstens in gefärbten Präparaten, gegliedert, aus einzelnen Körnchen zusammengesetzt, so daß rosenkranzartige Formen entstehen. Im frischen tuberkulösen Gewebe liegen sie meist einzeln oder zu zweien — dann gewöhnlich unter spitzem Winkel gekreuzt oder parallel dicht nebeneinander — beisammen, im zellenarmen, in Verkäsung begriffenen Gewebe dagegen findet man sie oft in großen Mengen zusammenliegend, so daß solche Stellen durch die besondere Färbung der Tuberkelbacillen oft schon mit schwacher Vergrößerung kenntlich sind.

Eigenbeweglichkeit besitzt der Tuberkelbacillus nicht. Nur HAWTHORN gibt an, bei Tuberkelbacillen, die er in einer bestimmten Peptonnährflüssigkeit (20 *g* Pepton, 7 *g* Seesalz auf 1 *l* Wasser) züchtete, in der sie sich außerordentlich schnell, schon nach 24—48 Stunden entwickelten, lebhafte Beweglichkeit beobachtet zu haben. Die Kultivierung gelingt am besten auf Blutserum oder Glycerinagar (Agar mit 6% Glycerinzusatz): Hierbei bilden sich nach 2—3 Wochen grauweiße trockene Schuppen. Das Temperaturoptimum für das Wachstum der Bacillen liegt zwischen 37° und 38° C; bei einer Temperatur unter 30° und über 42° wächst der Bacillus nicht.

Die Kulturen müssen, wenn sie virulent bleiben sollen, sorgfältig vor Licht geschützt werden; diffuses Tageslicht tötet, wie KOCH gezeigt hat, Kulturen, die dicht am Fenster aufgestellt sind, in 5—7 Tagen ab, direktes Sonnenlicht erheblich schneller, nämlich in einigen Stunden, oft sogar schon in wenigen Minuten. Nach KATTENBRACKER werden Reinkulturen durch nur 1 Minute lange elektrische Bestrahlung und bei nur 5 Ampère Strommenge getötet oder stark in ihrer Wachstumsfähigkeit gehemmt; die bacterizide Kraft des Eisenlichtbogens ist nach CHATIN,

ALFRED und NICOLAU gegenüber dem Tuberkelbacillus noch 8,4mal so groß wie die des gewöhnlichen Lichtbogens. Gesteigerter Druck, selbst solcher von 500 Atmosphären übt weder auf die biologischen Eigenschaften noch auf die Virulenz des Bacillus einen nennenswerten Einfluß aus (KRAUSE). Tabaksrauch hemmt die Vermehrung der Tuberkelbacillen, hebt ihre Entwicklung manchmal sogar ganz auf; diese Wirkung ist nicht dem Nicotin, sondern anderen Verbrennungsprodukten zuzuschreiben (DUNON). TH. SMITH fand, daß in destilliertem Wasser, physiologischer Kochsalzlösung, Fleischbrühe und Milch von 60° C Tuberkelbacillen binnen 15 bis 20 Minuten, die Mehrzahl schon binnen 5—10 Minuten abgetötet werden, daß aber die Haut, welche sich auf 60° warmer Milch bildet, noch nach 60 Minuten lebende Tuberkelbacillen enthalten kann. E. BENDIX gewann aus Tuberkelbacillenmasse Osazon, das sich durch seinen Schmelzpunkt, durch die Orcinsalzsäureprobe und spektroskopisch als wirkliche Pentose kennzeichnete. DIETRICH und LIEBERMEISTER fanden, daß in jungen (5tägigen) kaum sichtbar angegangenen Tuberkelbacillenkulturen die Naphtholblaureaktion an den Polen der Bacillen rasch und deutlich eintritt, während sie in älteren Kulturen ausbleibt. Bekanntlich gab EHRLICH bereits 1884 in seiner Arbeit „das Sauerstoffbedürfnis des Organismus" an, wie aus einer Mischung von Dimethylparaphenylendiamin und α-Naphthol in schwach alkalischer Lösung bei Gegenwart von aktivem Sauerstoff ein Kondensations- und Oxydationsprodukt entsteht: das Naphtholblau. Fügt man nun zu einem Hängetropfen einer Kultur ein Tröpfchen einer cca. 1%igen Lösung von Dimethylparaphenylendiamin und dann eine Lösung von α-Naphthol in 1%iger Sodalösung, so tritt bald diese stellenweise Blaufärbung ein: die Reaktion bleibt dagegen aus, wenn man das mit dem Tropfen beschickte Deckgläschen direkt auf einen gewöhnlichen Objektträger legt, also den Kontakt mit der Luft ausschließt. Folglich besteht, wie die Autoren schließen, die Rolle dieser blau gefärbten Partien nicht darin, daß sie Sauerstoff abgeben, sondern daß sie den molekularen Sauerstoff der Luft aktivieren, als Sauerstoffüberträger funktionieren. Der Tuberkelbacillus besitzt ferner nach FERMI ein kräftiges Verzuckerungsvermögen (Reduktion FEHLINGscher Lösung), eine Eigenschaft, die er übrigens mit allen Streptothrixarten teilt. Über das spezifische Gewicht des Tuberkelbacillus geben die Angaben auseinander: nach DILG beträgt es 1,01—1,08, dagegen nach STIGELL durchschnittlich 1,118.

II. Tinktorielle Eigenschaften der Tuberkelbacillen. Säurefestigkeit.

In ihrem färberischen Verhalten, das im folgenden näher besprochen werden soll, unterscheiden sich die Tuberkelbacillen, die überhaupt große Resistenz gegen äußere Einflüsse zeigen, insofern von allen anderen Bacterienarten, als sie die Tinktion durch die üblichen basischen Anilinfarbstoffe schwer annehmen, wenn sie aber einmal gefärbt sind, den Farbstoff wiederum bedeutend fester zurückhalten, d. h. sich dann auch den Entfärbungsmitteln, Alkohol und Säure, gegenüber schwerer zugänglich zeigen als alles übrige im Präparat Befindliche, auch als alle anderen Bacterien, eine Tatsache, die zuerst von EHRLICH festgestellt worden ist.

Man muß deshalb, um in einem Präparat etwa vorhandene Tuberkelbacillen sicher zur Darstellung zu bringen, den betreffenden Farbstoff besonders intensiv einwirken lassen.

Dieses ganz eigenartige Verhalten der Tuberkelbacillen erfordert zwar einerseits eine etwas umständliche Färbeprozedur, gibt aber auf der anderen Seite dem Forscher wie dem Arzte fast ausnahmslos die Möglichkeit, im einzelnen Fall mit Sicherheit zu entscheiden, ob er Tuberkelbacillen vor sich hat oder nicht.

Die eigentümlichen tinktoriellen Eigenschaften der Tuberkelbacillen und insbesondere ihre Säurefestigkeit führen neuere Autoren, KLEBS, UNNA, KOCH, auf einen beträchtlichen Fettgehalt der Bacillenleiber zurück. Zuerst stellte HAMMERSCHLAG fest, daß der Tuberkelbacillus im Gegensatz zu anderen Bacterienarten einen hohen Prozentsatz durch Äther und Alkohol extrahierbarer Substanzen enthält. Sodann berechneten DE SCHWEINITZ und DORSET, daß die Trockensubstanz des Tuberkelbacillus zu 37% aus Fett, und zwar hauptsächlich Palmitinsäureglycerid bestehe. Unna hat übrigens durch Behandlung von Tuberkelbacillenkulturen mit Osmiumsäure den großen Fettgehalt der Bacillen makroskopisch kenntlich gemacht. Koch wies zwei ungesättigte Fettsäuren in dem Tuberkelbacillus nach; die eine ist in verdünntem Alkohol löslich und leicht durch Natronlauge verseifbar, die andere dagegen löst sich nur in siedendem absoluten Alkohol oder Äther und ist sehr schwer verseifbar. Beide nehmen zwar die spezifische Tuberkelbacillenfärbung an; da aber durch die Behandlung mit Säure und Alkohol die erste Fettsäure gelöst wird, so bleibt nur die zweite, in kaltem Alkohol unlösliche zurück, und diese ist der eigentliche Träger der Tuberkelbacillenfärbung. Nach Ciaccio kann die Säurefestigkeit der Tuberkelbacillen nicht auf die Fettsäuren bezogen werden, da die säurefesten Bacterien durch verdünnte basische Anilinfarben, welche ja die Fettsäuren färben, nicht gefärbt werden und da andrerseits mit Alkohol, Äther und Xylol entfettete Bacterien die Färbeeigenschaften der nicht vorbehandelten Tuberkelbacillen aufweisen. Dorset und Emery fanden in den Leibern von Tuberkelbacillen zwei Arten wasserlöslicher Substanzen: ein Teil des Ätherextraktes läßt sich mit den üblichen Methoden nicht verseifen und besitzt viele den höheren Alkoholen der aliphatischen Reihe eigentümlichen Charakteristika. Dieser Alkohol ist vollkommen säurefest und nach Annahme der Autoren beruhen wahrscheinlich die charakteristischen färberischen Eigenschaften der Tuberkelbacillen auf seiner Anwesenheit in ihnen. Der andere Teil des Ätherextraktes läßt sich leicht verseifen und besteht wiederum aus mehreren verschiedenen Substanzen.

Sodann ist von Klein und etwas später von Marmorek der interessante Nachweis geführt worden, daß ganz jung gewachsene Tuberkelbacillen nicht säure- und alkoholfest sind; Marmorek erklärt diese Tatsache dadurch, daß der junge Tuberkelbacillus noch nicht mit jener Fett- und Wachshülle umgeben sei, welche einerseits es den gewöhnlichen basischen Farbstoffen unmöglich mache, mit dem Protoplasma des Tuberkelbacillus in Berührung zu kommen, und andrerseits die Säure und den Alkohol daran hindern, den einmal eingedrungenen Farbstoff wieder zu entziehen. Die Wahrscheinlichkeit, daß Tuberkelbacillen in ihren ersten Jugendformen durch Säuren leicht entfärbt werden und daß so die jüngsten Bacillen unserer Beobachtung entgehen, hatte schon lange vorher Ehrlich betont.

Ferner ist es Borrel gelungen, den Tuberkelbacillen künstlich die Säure- und Alkoholfestigkeit zu nehmen: durch längeres Einwirken von warmem Xylol konnte den Tuberkelbacillen eine wachsartige Masse entzogen werden, welche säure- und alkoholfest war, während die behandelten Tuberkelbacillen diese Eigenschaft eingebüßt hatten, wohl aber noch die Fähigkeit besaßen, Tuberkel zu erzeugen. Schon vorher hatte Koch darauf hingewiesen, daß man durch Extraktionsmittel die Tuberkelbacillen ihrer spezifischen Färbbarkeit berauben kann.

Nach Sciallero enthalten die Tuberkelbacillen eine Fettsubstanz, welche stark toxisch ist und die spezifische Färbung des Bacillus aufnimmt; wird diese Substanz ausgezogen, dann färbt sich der Bacillus nicht mehr in der spezifischen Weise, sondern er nimmt das gewöhnliche Methylenblau auf.

Osmiumsäure, Sudan III und Scharlachrot zeigen nach Ritchie die Anwesenheit von fett- oder wachsartigen Substanzen im Tuberkelbacillus an, jedoch wurden die Bacillen von den Fettfarbstoffen in Ausstrichpräparaten nicht gefärbt, sondern nur in Kulturen. Säure- und alkoholfest bleiben die Bacillen auch nach Behandlung mit kochendem Äther, kochendem Chloroform, kochendem Chloroformäther, Alkohol und Chloralhydrat; auch durch Behandlung mit Eau de Javelle oder mit 50%igem Liq. sodae wurde die Säurebeständigkeit nicht verändert. Dagegen verlieren die Bacillen die Säurefestigkeit nach Behandlung mit kochendem Toluol sowie nach längerem Behandeln mit kochendem Benzol oder kochender Aronsonscher Mischung (Alcohol abs. 25 *ccm*, Äther 125 *ccm*, Salzsäure 1 *ccm*).

Die Tuberkelbacillen behalten trotz jahrelanger Fäulnis und trotz Einwirkens der verschiedensten Agenzien ihre Färbbarkeit bei; Sabrazès stellte nämlich fest, daß in faulenden, ganz zerflossenen Sputen, die in Flaschen mit Korkstöpsel aufbewahrt wurden, drei Jahre hindurch Bacillen nachweisbar waren. In einem Taschentuche, an dem mehrere Monate bacillenhaltiges Sputum gesessen hatte, gelang der Bacillennachweis leicht nach Wiederaufweichung der Sputumflecke mit etwas Wasser. Dieselben positiven Resultate wurden mit Sputen erzielt, die lange Zeit mit Urin, künstlichem Magensaft, Alkohol, Essig, Sublimatlösung, Carbolsäure, Borsäure, Kupfersulfat, Tanninlösung vermischt waren. Die gewöhnlichen Desinfektionsmittel für Sputen, wie Essigsäure, Anilinwasser, Alkohol, Sublimat, Kupferlösung beeinflussen den Nachweis nicht. Dagegen wird die Färbung der Tuberkelbacillen völlig aufgehoben durch Salpetersäure, Salzsäure, Schwefelsäure, Oxalsäure in konzentriertem Zustande, 1%ige Osmiumsäure, übermangansaures Kali (4 : 100), wässerige Zinndichlorid- und salpetersaure Wismutlösung, schwefelsaures Ammonium und Molybdänreagens. Durch reines Kreolin und Lysol, die ja häufig zum Auffangen der Sputen dienen, wird der Nachweis der Bacillen direkt erschwert, resp. unmöglich gemacht. Bemerkenswert ist, daß einige Reagenzien, z. B. das Ferricyankalium, insofern Veranlassung zu Verwechslungen im mikroskopischen Präparat geben können, als sie in Verbindung mit dem ZIEHL-NEELSENschen Farbstoff rote Krystallnadeln bilden, welche mit rotgefärbten Tuberkelbacillen eine gewisse Ähnlichkeit besitzen.

III. Die verschiedenen Farbgemische für Tuberkelbacillen.

Die ursprüngliche Färbemethode, die KOCH zuerst anwandte, als es ihm im Beginn seiner Forschung darauf ankam, in Schnitten von jungen grauen Lungentuberkeln frisch getöteter Tiere etwaige konstant vorkommende Bacterien nachzuweisen, war die folgende: Der Schnitt oder das Trockenpräparat kam auf 24 Stunden bei gewöhnlicher Zimmertemperatur, resp. auf $^1/_2$—1 Stunde bei 40° C in ein Gemisch von 200 *ccm* Aq. dest., 1 *ccm* gesättigter alkoholischer Methylenblaulösung, 0,2 *ccm* 10%iger Kalilauge.

Das auf diese Weise dunkelblau gefärbte Präparat wurde zunächst in Wasser abgespült und gelangte für $^1/_4$ Stunde in eine gesättigte wässerige Lösung von Vesuvin (Bismarckbraun); nach abermaligem Abspülen in Wasser wurde es sodann in absoluten Alkohol überführt, um schließlich nach der Aufhellung in Balsam eingeschlossen zu werden. Auf diese Weise konstatiert KOCH zuerst in solchen Schnitten das regelmäßige Vorkommen von feinen stäbchenartigen Gebilden — den Tuberkelbacillen —, die blau geblieben waren, während die übrigen Bacterien und die Gewebskerne die braune Farbe angenommen hatten.

Es muß an dieser Stelle erwähnt werden, daß ganz kurze Zeit nach der ersten KOCHschen Veröffentlichung BAUMGARTEN unabhängig von KOCH im tuberkulösen Gewebe mittelst Aufhellung der Präparate durch sehr verdünnte Kalioder Natronlauge Bacillen nachwies, die sich als identisch mit den KOCHschen herausstellten.

Noch im selben Jahre (1882) publizierte EHRLICH die Herstellungsweise seiner Anilinwasserfarbstofflösungen, die, ursprünglich für die Färbung der Tuberkelbacillen konstruiert, seitdem für die Bacterienfärbung überhaupt eine fundamentale Bedeutung gewonnen haben. EHRLICH erkannte nämlich, daß das Färbungsvermögen und die Färbungsintensität der wässerigalkoholischen Lösungen durch den Zusatz von Anilinwasser erheblich gesteigert werden kann. Wie EHRLICH annimmt, „inkrustiert sich die Bacillenhülle allmählich mit den Stoffwechselprodukten des Bacillus, die ihre Durchgängigkeit immer mehr und mehr herabsetzen. ... Das Anilin spielt eine doppelte Funktion, indem es einerseits die Bacillenhülle durchgängiger macht, andrerseits sich mit dem Pigment zu der für die Brillanz der Färbung nötigen Doppelverbindung paart." Die damals von EHRLICH angegebene und seither noch immer zur Tuberkelbacillenfärbung vielfach angewendete Lösung, die eine Mischung einer gesättigten wässerigen Anilinlösung und einer gesättigten alkoholischen Farblösung darstellt, wird auf folgende Weise bereitet: Man schüttelt 4 *ccm* Anilin (Anilinöl) mit 100 *ccm* destilliertem Wasser etwa 5 Minuten lang stark, filtriert dann die Flüssigkeit durch ein mit destilliertem Wasser vollständig angefeuchtetes Filter und setzt zu dem Filtrat, das ganz klar sein muß und Anilinwasser genannt wird, nach WEIGERT am besten 11 *ccm* einer gesättigten alkoholischen Fuchsinlösung, schüttelt die Mischung einige Male und läßt sie dann einige Stunden ruhig stehen, damit sich die Farbstoffniederschläge zu Boden setzen. Schon nach 6—10 Stunden hat sich die Lösung so weit geklärt, daß sie benutzt werden kann; man entnimmt dann mit einer Pipette jedesmal aus den oberen Schichten der Flüssigkeit so viel Farblösung, als für das betreffende Präparat nötig ist und läßt die Flasche selbst, in der die Lösung enthalten ist, nach Möglichkeit ruhig stehen, um nicht die abgesetzten Farbstoffniederschläge wieder aufzuwirbeln. Die EHRLICHsche Lösung gibt die schönsten farbenkräftigsten Bilder, wenn sie gleich in den ersten Tagen nach ihrer Herstellung verwandt wird, und der Verfasser, der selbst Jahre hindurch mit derselben gearbeitet hat, möchte diesen Zeitpunkt als den geeignetsten für all die

Fälle empfehlen, in denen es darauf ankommt, ganz vereinzelte Tuberkelbacillen in einem Präparat mit Sicherheit zu färben.

Für weniger diffizile Zwecke kann man die Lösung auch ganz gut noch 8—10 Tage nach ihrer Herstellung verwenden; später aber wird sie allmählich mißfarbig und ist nicht mehr zu gebrauchen. Präparate, die mit dem oben angegebenen Fuchsinanilinwassergemisch gefärbt sind, werden nachher am besten mit einer Methylenblaulösung gegengefärbt, wie weiter unten noch genauer geschildert werden soll. Statt der Fuchsinlösung kann man aber genau dieselbe Menge von gesättigter alkoholischer Gentianaviolett- oder Methylviolettlösung zu dem Anilinwasser zusetzen, nur wird man dann als Kontrastfarbe keine blaue, sondern eine braune Färbung, am besten Bismarckbraun wählen.

Bald nach Publikation der EHRLICHschen Methode kam eine neue Lösung zur Färbung von Tuberkelbacillen, die sogenannte ZIEHLsche Lösung, in Gebrauch. Sie wird in der Weise dargestellt, daß man 10 *ccm* einer gesättigten alkoholischen Fuchsinlösung mit 100 *ccm* einer 5%igen wässerigen Carbolsäurelösung vermischt. Nach GÜNTHER, der übrigens betont, daß man zur Herstellung dieser Carbolsäurelösung destilliertes Wasser verwenden muß, trägt die ZIEHLsche Lösung ihren Namen insofern mit Unrecht, als ZIEHL ursprünglich eine Mischung einer 2%igen alkoholischen Methylviolettlösung mit Carbolsäurelösung angegeben hat und erst NEELSEN 1885 statt der Methylviolettlösung die Fuchsinlösung einführte.

Das Carbolfuchsin, das heute in Deutschland bei den Praktikern fast ausschließlich für die Tuberkelbacillenfärbung verwandt wird, hat allerdings vor der EHRLICHschen Lösung den einen Vorzug, daß es dauernd haltbar und infolgedessen jederzeit gebrauchsfertig käuflich zu beziehen ist. Es steht aber die Carbolfuchsinlösung, wie der Verfasser wiederholt feststellte, einmal an Intensität und Sicherheit der Färbung hinter der EHRLICHschen Lösung zurück; außerdem hat sie, wie GÜNTHER hervorhebt, die unangenehme Eigentümlichkeit, die Präparate mit größeren oder kleineren rundlichen Farbstoffflecken zu bedecken, die sich durch das nachfolgende Abspülen in Wasser schwer oder gar nicht entfernen lassen.

Diese beiden Farblösungen, die EHRLICHsche und die ZIEHL-NEELSENsche, werden heutzutage für die Tuberkelbacillenfärbung ausschließlich angewandt. Nach M. OGAWA lassen sich Tuberkelbacillen (sowie auch Leprabacillen) durch eine Mischung von Fuchsin mit Kreosot-, Campher-, Menthol-, Terpentinwasser ebenso gut färben wie durch die bisherigen Methoden. Die besten Resultate sollen von ihm mit Kreosotfuchsin erzielt sein.

Der Tuberkelbacillus ist auch nach der GRAMschen Methode färbbar, doch müssen nach dem oben Auseinandergesetzten die Präparate länger und intensiver mit der Farblösung behandelt werden, als dies bei anderen leichter färbbaren Bacterien erforderlich ist.

Der Vollständigkeit wegen sei noch erwähnt, daß UNNA eine Methode angegeben hat, Tuberkelbacillen im Gewebe mit Jod braun zu färben, die aber für den Praktiker wenig in Betracht kommt.

IV. Die Tuberkelbacillenfärbung in Organschnitten.

Nachdem wir im vorstehenden die allgemeinen Grundprinzipien der Tuberkelbacillenfärbung sowie die wichtigsten Farblösungen, die für ihre Tinktion Verwendung finden, kennen gelernt haben, soll nunmehr geschildert werden, wie im einzelnen Fall der Nachweis der Tuberkelbacillen, d. h. die Vorbehandlung, Färbung, Entfärbung und Nachfärbung der Präparate am besten geschieht.

Wenn es nur darauf ankommt, in einem frisch vom Lebenden oder von der Leiche entnommenen Organstückchen etwa vorhandene Tuberkelbacillen möglichst schnell nachzuweisen, ohne daß irgendwelche feinere histologische Detail- oder gar Serienschnittuntersuchung notwendig ist, so kann man mit dem Gefriermikrotom frische Schnitte anfertigen und diese (ähnlich wie Celloidinschnitte) folgendermaßen weiterbehandeln: Die Schnitte kommen für 24 Stunden bei Zimmertemperatur oder für 2 Stunden bei Brutschranktemperatur in die EHRLICHsche Anilinwasserfuchsinlösung, werden dann, nachdem sie in Wasser abgespült, für einige Sekunden in 3%igen Salzsäurealkohol gelegt, wiederum in Wasser oder dünnem (55%igem) Alkohol abgespült und in verdünnter Methylenblaulösung nachgefärbt, bis sie einen dunkelblauen Farbton angenommen haben; nach abermaligem Abspülen in Wasser oder dünnem Alkohol (je nachdem die Methylenblaulösung eine wässerige oder schwach alkoholische war) werden sie in absolutem Alkohol entwässert und, nachdem sie in Xylol aufgehellt sind, in Canadabalsam eingeschlossen.

GÜNTHER sagt, daß in Schnitten, die auf diese Weise behandelt sind, namentlich wenn statt der Salzsäure eine 25%ige wässerige Salpetersäurelösung als Entfärbungsmittel verwandt war, die Tuberkelbacillenfärbung oft nicht haltbar ist und in kürzerer oder längerer Zeit, in „Stunden, Tagen bis Wochen" wieder verschwindet.* Um in solchen Schnitten eine dauernd haltbare Tuberkelbacillenfärbung zu erzielen, kann man sich nach GÜNTHERS Rat zweckmäßig der UNNAschen Antrockungsmethode bedienen. Die in der EHRLICHschen Flüssigkeit 24 Stunden bei Zimmertemperatur oder 2 Stunden im Brutschrank gefärbten Schnitte kommen für etwa 10 Minuten in Wasser zur vorläufigen Entfernung überflüssigen Farbstoffes, sodann entweder auf 2 Minuten in 20%ige wässerige Salpetersäurelösung, auf 1/2 Minute in absoluten Alkohol und sodann in mehrmals erneutes Wasser oder auf 2 Minuten in 3%igen Salzsäurealkohol und darauf in öfter zu wechselndes Wasser. Nunmehr werden die Schnitte zugleich mit einer kleinen Quantität Wasser mit einem Spatel auf den Objektträger übertragen und dieser, nachdem das Wasser sorgfältig mit Fließpapier abgetupft ist, so lange erhitzt, bis der Schnitt leicht glänzend wird. Durch dieses starke Erhitzen werden die letzten Spuren von Säure aus dem Schnitte entfernt. Nachdem der Objektträger abgekühlt ist, wird der Schnitt in Xylolbalsam eingeschlossen. In solchen Präparaten ist dann die Tuberkelbacillenfärbung dauernd haltbar, da, wie UNNA nachgewiesen, das allmähliche Verschwinden der Tuberkelbacillenfärbung durch die sonst möglicherweise im Schnitt zurückgebliebenen Spuren der Entfärbungssäure hervorgerufen wird. Wie leicht ersichtlich, wird aber durch die starke Erhitzung des trockenen Schnittes die Gewebsstruktur derart zerstört, daß die UNNAsche Methode, sobald man mit der Aufsuchung von Tuberkelbacillen auch irgendwelche histologische Untersuchung des Präparates verbinden will, nicht zu verwenden ist und daß es aus diesem Grunde auch wenig Zweck hat, eine Nachfärbung der doch schon zerstörten Gewebskerne anzuschließen.

In allen Fällen, in denen es neben der Tuberkelbacillendarstellung auch auf Untersuchung der feineren pathologisch-anatomischen Details auf dünnen Schnitten ankommt oder in denen gar die Anfertigung und Färbung von Serienschnitten notwendig ist, kommt man natürlich mit der bisher beschriebenen Technik nicht aus, sondern man muß dann das Material, das in Schnitte zerlegt werden soll, fixieren und einbetten.

Die Fixierung geschieht nach der recht ausgedehnten Erfahrung des Verfassers am besten in absolutem Alkohol. Man wirft zwar dem Alcohol absolutus als Fixationsmittel meistens vor, daß er einerseits, indem er dem Gewebe zu plötzlich Wasser entziehe und eine rapide Koagulation der Eiweißstoffe bewirke, oft eine starke Schrumpfung und Entstellung der Zellen hervorrufe, andrerseits, daß er überhaupt nur kleinere, höchstens 5 *mm* im Durchmesser betragende Objekte fixieren könne und bei größeren die centralen Schichten unfixiert lasse, weil er infolge der eintretenden Eiweißkoagulation nur in die peripheren eindringen könne. Der Verfasser hat im Laufe mehrerer Jahre tausende von Objekten,

* Der Verfasser kann zu dieser Frage hier keine Stellung nehmen, da er nie einzelne Schnitte in dieser Weise behandelt hat; er wird seine Methode, die ihm stets gute Resultate und eine noch nach 7 und 8 Jahren tadellos erhaltene Tuberkelbacillenfärbung geliefert hat, weiter unten eingehend beschreiben.

die weit mehr als 5 *mm*, oft 2—3 *cm* im Durchmesser betrugen, zum Zwecke der Darstellung von Tuberkelbacillen in absolutem Alkohol fixiert und ausnahmslos eine schöne gleichmäßige Schnittkonsistenz, tadellose Tuberkelbacillenfärbung und gute histologische Strukturbilder erhalten.

Vor einiger Zeit wurden von italienischen Autoren, D'ARRIGO und STAMPACCHIA, zwei Fixierungsmittel speziell für Organstücke, in denen Tuberkelbacillen gefärbt werden sollen, angegeben; die eine dieser Mischungen besteht aus 95%igem Alkohol 100 *ccm*, Pyrogallussäure 2 *g*. Diese Lösung muß unmittelbar vor dem Gebrauche hergestellt werden, damit der Alkohol nicht Zeit hat, sich zu schwärzen. Vorher müssen die Stücke in Wasser gut abgewaschen und dann mit Fließpapier abgetrocknet werden, da sowohl durch Blut als durch Wasser die Lösung sehr schnell schwarz wird. In dieser nach zwei Tagen zu erneuernden Flüssigkeit bleiben die Stücke 4 Tage, sodann kommen sie so lange in alle paar Tage zu wechselnden 95%igen Alkohol, bis derselbe sich nicht schwärzt, schließlich in absoluten Alkohol, Chloroform, Paraffin. Die andere von den genannten Autoren angegebene Fixationsflüssigkeit, die die Gewebe gut konservieren und die Färbung der Tuberkelbacillen erleichtern soll, aber nur für kleine Stücke verwendbar ist, ist die von HAYEM zur Fixierung des Blutes empfohlene Mischung: Schwefelsaures Natron 2,50 *g*, Chlornatrium 0,50 *g*, Sublimat 0,25 *g*, Aq. dest. 100 *g*.

In dieser Flüssigkeit bleiben die Stücke 24 Stunden bei 37° C (im Thermostaten), werden einige Stunden gründlich in fließendem Wasser gewaschen, kommen in gewöhnlichen Alkohol, dem etwas Jodtinktur zugesetzt ist, und schließlich in absoluten Alkohol, Chloroform, Paraffin.

Der Verfasser erwähnt diese beiden Fixierungsflüssigkeiten der Vollständigkeit wegen, ohne sie selbst nachgeprüft zu haben. Schließlich kann ja keine Methode besser als gut sein, und der absolute Alkohol ist ein einfaches und bei richtiger Anwendung, wie gesagt, ausgezeichnetes Fixationsmittel.

Ich lege die Objekte sofort nach der Entnahme aus dem Körper in den absoluten Alkohol, erneuere denselben dann zunächst nach 3 Stunden, sodann am zweiten Tag und endlich noch einmal am dritten Tag. Nur wenn die Stücke ganz besonders groß sind, oder wenn sehr viele Stücke in ein kleineres Gefäß kommen mußten, lasse ich dieselben noch einen Tag länger im abermals erneuerten absoluten Alkohol. Andernfalls gieße ich am dritten Tag vorsichtig etwas Alkohol ab und dafür allmählich, alle $\frac{1}{2}$ Stunde, tropfenweise etwas Chloroform hinzu, so daß schließlich die Stücke bis zum nächsten Tage in einer Mischung bleiben, die etwa zur Hälfte aus absolutem Alkohol und zur anderen Hälfte aus Chloroform besteht. Sind nach 24 Stunden die anfangs schwimmenden Stücke alle zu Boden gesunken, so wird nunmehr die ganze Flüssigkeit abgegossen und durch reines Chloroform ersetzt. In diesem bleiben die Präparate je nach der Größe 24 bis 48 Stunden (im letzteren Falle ist das Chloroform nach 24 Stunden zu wechseln); sodann wird der gesamte Inhalt des Gefäßes in eine Schale mit geschmolzenem weichen Paraffin (Schmelzpunkt 42°) gegossen, so daß sich nun die Präparate in einem Gemisch von Chloroform und weichem Paraffin befinden. Während der nächsten Stunden entweicht nun das Chloroform allmählich und nach 20—24 Stunden werden die Präparate mit angewärmter Pinzette in eine Schale mit geschmolzenem harten Paraffin (Schmelzpunkt 58°) übertragen. In diesem bleiben sie je nach ihrer Größe 3—6 Stunden, um dann schließlich darin eingebettet zu werden.

Bei dieser Gelegenheit möchte ich betonen, daß ich von den beiden allgemein gebräuchlichen Einbettungsmethoden, der Celloidin- und Paraffinmethode, für unsere Zwecke nur die letztere für empfehlenswert halte; die Celloidineinbettung ist umständlicher, langwieriger, unzuverlässiger, und man erhält bei ihrer Anwendung nicht so dünne Schnitte und so feine histologische Strukturbilder wie mit der Paraffinmethode. Bei den pathologischen Anatomen hat freilich, insbesondere auch für tuberkulöse Organe, die Celloidineinbettung eine gewisse Souveränität erlangt, ohne daß indessen ein Grund dafür einzusehen wäre; denn der Vorwurf, den man der Paraffinmethode in dieser Beziehung macht, daß sich die Tuberkelbacillenfärbung in solchen Präparaten nicht lange halte und nach einiger Zeit verschwände, ist sicher — eine gute Technik vorausgesetzt — unbegründet.

Die 5—10—15 μ dünnen Paraffinschnitte werden auf einen mit einem feinen hauchartigen Überzug von Eiweißglycerin bestrichenen und mit einer Schicht destillierten Wassers bedeckten Objektträger übertragen. Dieser kommt, nachdem die Schnitte sich geglättet haben und man das überschüssige Wasser hat abfließen lassen, für mindestens 48 Stunden, besser aber noch einige Tage länger in den Brutschrank. Erst nachdem die Objektträger ganz trocken geworden sind — keinesfalls vor zwei Tagen —, werden sie zunächst in Xylol, welches das Paraffin löst, dann in absoluten Alkohol und in Wasser übertragen. In jeder dieser Flüssigkeiten lasse ich die Objektträger 1—2 Minuten und tropfe nunmehr, nachdem von der Unterseite das Wasser vollständig entfernt ist, mit einer Pipette so viel von dem EHRLICHschen Anilinwasserfuchsin auf, daß alle auf dem Objektträger befindlichen Schnitte vollständig von der Farblösung bedeckt sind. Sodann ziehe ich den Objektträger 2—3mal vorsichtig langsam durch die Flamme, bis die Fuchsinlösung so erwärmt ist, daß ein leichter Dampf aufsteigt, gieße dann die Farbflüssigkeit von dem Objektträger ab, warte 1—2 Minuten, bis derselbe erkaltet ist, spüle ihn in Wasser ab und tropfe, abermals mit einer Pipette, auf den Schnitt Salzsäurealkohol (100 *ccm* 70⁰/₀igen Alkohols, 3 *ccm* Salzsäure), indem ich durch leichtes Hin- und Herneigen des Objektträgers dafür sorge, daß der Salzsäurealkohol mit allen Teilen des Präparates in gleichmäßige Berührung kommt. Sind die Schnitte, nachdem der Salzsäurealkohol etwa 1 Minute eingewirkt hat, noch nicht vollständig entfärbt, so gieße ich denselben ab, spüle das Präparat nochmals in Wasser ab und behandle es abermals mit dem Salzsäurealkohol; es tritt dann gewöhnlich sofort eine vollständige Entfärbung ein. Eine Ausnahme machen natürlich Schnitte, die so dicht gelagerte Massen von Tuberkelbacillen enthalten, daß diese schon mit bloßem Auge als rotgefärbte Flecken erscheinen, die natürlich durch den Salzsäurealkohol nicht verschwinden. Die entfärbten Schnitte werden, nachdem sie gründlich in Wasser abgespült sind, einige Minuten in einer filtrierten alkalischen Methylenblaulösung nachgefärbt; sie werden in dieser leicht überfärbt und nehmen eine dunkelblaue Farbe an; wenn sie dann aber in Wasser abgespült und zur Entwässerung in den absoluten Alkohol übertragen sind, so geht in diesem immer ein Teil des Methylenblau wieder heraus, so daß die Schnitte nun einen schönen himmelblauen Farbenton bekommen. Nachdem sie dann in Xylol aufgehellt sind, werden sie in Canadabalsam eingeschlossen. Man erzielt, wenn man die eben angegebenen Vorschriften genau befolgt, eine sichere, schnelle, haltbare Tuberkelbacillendarstellung mit guter Kontrastfärbung. Die Methode erfordert freilich einige Übung, insbesondere sind plötzliche Temperaturübergänge, die immer eine Schädigung der Gewebsstruktur hervorrufen, sowie vor allem ein Verbrennen der Präparate beim Erhitzen der Fuchsinlösung zu vermeiden. Aber daß diese Gefahren mit Sicherheit zu vermeiden sind, beweist die Erfahrung des Verfassers, der viele tausend Serienschnitte von überdies ziemlich diffizilem Material (Säugetieruterus mit ganz jungen Fruchtblasen im Innern, Placenten, embryonale Gewebe und Organe, Haut, Auge, große hyperplastische Tonsillen usw.) in der oben beschriebenen Weise mit durchaus zufriedenstellendem Erfolge behandelt hat. TARCHETTI rät, statt der Entfärbung durch Mineralsäuren die Entfärbung mit Pikrinsäure (in konzentrierter alkoholischer Lösung) vorzunehmen, da die Pikrinsäure durch ihre Gelbfärbung der Gewebe eine hinreichende Kontrastfärbung gibt, die jede weitere Gegenfärbung überflüssig macht.

V. Der Tuberkelbacillennachweis in flüssigen Medien (Sputum, Urin usw.).

Soll ein Sputum auf Tuberkelbacillen untersucht werden, so gießt man dasselbe zweckmäßig auf einen schwarzen Teller und entnimmt mit der Spitze des eben ausgeglühten und wieder erkalteten Platindrahtes aus einer rein eiterigen Partie ein Teilchen, am besten, wenn irgend vorhanden, ein kleines käsiges Bröckchen, streicht das Material in möglichst dünner Schicht auf einem rein geputzten Deckglase aus und läßt es bei gewöhnlicher Temperatur an der Luft antrocknen. Ist das Präparat lufttrocken, so erfaßt man das Deckglas mit der CORNETschen Pinzette und zieht es, um es zu fixieren, 2—3mal durch die Flamme, tropft dann, so viel als nötig ist, um das Deckglas ganz zu bedecken, von der EHRLICHschen Flüssigkeit herauf und erwärmt dieselbe, indem man das Deckglas mit der Pinzette vorsichtig über die Flamme hält, zweimal, bis Dampf aufsteigt, resp. bis sich eben Bläschen auf der Flüssigkeit zu bilden beginnen, läßt dann wieder erkalten, spült in Wasser ab, entfärbt in salzsaurem Alkohol, spült abermals sorgfältig in Wasser ab, färbt in Methylenblau 1—2 Minuten nach, spült auch jetzt wieder ab und kann nun, wie GÜNTHER rät, nach dem Trocknen noch mehrmals durch die Flamme ziehen, um durch Verjagung der letzten Säurereste die Tuberkelbacillenfärbung dauernd haltbar zu machen. Schließlich kann das Präparat in Canadabalsam eingeschlossen werden.

Gerade für Ausstrichpräparate wird statt der Anilinwasserfuchsinlösung von den Praktikern fast ausschließlich das Carbolfuchsingemisch benutzt.

Ebenfalls für praktische Zwecke findet zur schnelleren Färbung von Ausstrichpräparaten die von B. FRÄNKEL empfohlene Methode Anwendung. Sie beruht darauf, daß bei dem Ausstrichpräparat die Entfärbung und Kontrastfärbung in einer Prozedur vereinigt wird. Das mit dem Fuchsingemisch gefärbte Präparat wird, nachdem es erkaltet und in Wasser abgespült ist, mit einer schwefelsauren, respektive salpetersauren Methylenblaulösung nachbehandelt, und zwar besteht die Lösung entweder aus 50 Aq. dest., 30 Alkohol, 20 Acid. nitric., Methylenblaulösung bis zur Sättigung — oder aus Aq. dest. 100,0, Acid. sulfur. 25,0, Methylenblau 2,0.

In einer dieser Lösungen (häufiger ist die letztere in Gebrauch) bleibt das Präparat 3—5 Minuten, wird dann in Wasser abgespült und getrocknet: es muß jetzt blau erscheinen und darf keine größeren roten Flecke mehr zeigen, sonst muß es nochmals 1—2 Minuten mit der Lösung behandelt werden. Ist das Präparat, nachdem es in Wasser abgespült war, wieder trocken geworden und einige Male durch die Flamme gezogen, so wird es in Canadabalsam eingeschlossen.

Von CZAPLEWSKI wurde eine Modifikation der Tuberkelbacillendarstellung speziell für Deckglaspräparate vorgeschlagen, die sich aber nicht eingebürgert hat. CZAPLEWSKI riet nämlich, da er meinte, daß durch die starke Mineralsäure (Salzsäure, Salpetersäure, Schwefelsäure) ein Teil der Tuberkelbacillen wieder entfärbt werde und so dem Untersucher entgehen könne, statt der Säure Fluorescin anzuwenden; nach der Färbung in der Carbolfuchsinlösung soll man zunächst die überschüssige Farblösung abtropfen lassen, das Deckglas dann 6—10mal in eine konzentrierte alkoholische Lösung von gelbem Fluorescein, die Methylenblau im Überschuß enthält, eintauchen und schließlich noch einmal in konzentrierter alkoholischer Methylenblaulösung nachfärben; nachdem man die Präparate schnell in Wasser abgespült und wieder getrocknet hat, schließt man sie in Canadabalsam ein. Das BARBERIOsche Verfahren, dem die Diazotierung des basischen Fuchsins durch salpetrige Säure zugrunde liegt, will die Störung der Färbung durch konzentrierte Säuren beseitigen und differenziert daher nach Färbung mit Carbolfuchsin und Abspülen in Wasser durch salpetrige Säure (10 *ccm* einer Lösung $NaNO_2$) 1 : 20.000, der ein Tropfen verdünnter Salzsäure hinzugefügt wird: Auswaschen und Gegenfärbung mit Methylenblau. — Eine Methode, welche außer großer Schnelligkeit noch den Vorzug haben soll, die Wiederentfärbung der Bacillen, die durch Mineralsäuren bisweilen hervorgerufen wird, unmöglich zu machen, gab PELTRISOT an: Das Sputumpräparat wird zunächst durch Phenolfuchsin 1—2 Minuten lang bei 70° gefärbt, sodann mit folgender Mischung behandelt: 1 *ccm* Methylenblau in alkoholischer Lösung $\frac{1}{10}$, 9 *ccm* reines Aceton, 10 *ccm* Natronlösung $\frac{1}{10.000}$. Hierbei dient das entfärbende Aceton gleichzeitig als Auflösungsmittel des Methylenblau.

Sind in einem Sputum nur vereinzelte Tuberkelbacillen vorhanden oder stößt der Nachweis der Bacillen auf Schwierigkeiten, so kann man sich eines der verschiedenen Anreicherungsverfahren bedienen. Bei den meisten dieser Verfahren wird das Sputum zunächst homogenisiert und dann sedimentiert. Die Homogenisierung kann nun bewirkt werden durch Auflösung des Schleimes und der Eiweißkörper, durch chemische Mittel, verdünnte heiße Natronlauge (Biedert), Boraxborsäurelösung (Stroschein), Carbol oder durch Ausfällung (mittelst Hitze) der Schleim- und Eiweißsubstanzen oder durch mechanische Zerreißung, respektive Verdauung des Schleimes. Bei der Biedertschen Homogenisierung mit heißer Natronlauge soll die Färbbarkeit der Bacillen erheblich leiden. de Lannoise und Girard lösen Schleim und Eiterkörperchen durch sich entwickelndes Chlor binnen 30 Minuten, indem sie das Sputum mit der 10fachen Menge von verdünntem Eau de Javelle schütteln; dann wird centrifugiert, das Chlor durch Behandlung mit Natronlauge gebunden, wiederum centrifugiert und der Bodensatz untersucht. Dahmen suchte den Schleim durch mechanische Zerreißung (15 Minuten langes Kochen und folgendes heftiges Schütteln) zu zerstören, Ilkewitsch durch Koagulieren des mit Wasser in einem Mörser fein zerriebenen Schleimes mittelst Essigsäure, Amann durch starkes Schütteln des mit 4 Vol. destillierten Wassers und 1 *ccm* Chloroform versetzten Sputums in einem hohen Cylinder mit sauberen Bleischroten, dann nochmals Verdünnen mit destilliertem Wasser, Schütteln und Sedimentieren in U-förmigen Röhren mit verschieden weiten Schenkeln. Philipp erreichte eine Zerstörung des Schleimes auf fermentativem Wege durch Stehenlassen des Sputums in feuchter Atmosphäre bei 36—39°, Spengler durch Zusatz von gleichen Teilen lauwarmen, durch Soda alkalisierten Wassers mit 0,1—1,0 Pancreatinpulver und 0,1—1,0 Carbol und darauffolgende 24stündige Verbringung in den Brutschrank zwecks Verdauung; die Zellkerne und alle Bacterien, also auch die Tuberkelbacillen, sind dann noch unverdaut im Sediment enthalten und leicht nachzuweisen. Auch d'Arrigo und Stampacchia haben eine ähnliche Methode angegeben, um wenige in einem Sputum vorhandene Tuberkelbacillen, die durch große Schleimmassen verdeckt und der Färbungsflüssigkeit nicht zugänglich sind, leicht zur Auffindung zu bringen: in ein reines Reagensröhrchen werden 4—5 Sputumballen gebracht und das Gläschen bis reichlich zur Hälfte mit Ranvierschem Drittelalkohol angefüllt; sodann wird das Röhrchen, das mehrmals umzuschütteln ist, mit einem Wattepfropf verschlossen und 24 Stunden lang im Brutschrank bei 37° oder 3 Stunden lang bei 50° C gehalten. Der Drittelalkohol zerstört den Schleim und fixiert die Zellen und Bacillen, welche auf den Boden des Röhrchens sinken. In einem so behandelten Auswurf kann man nach Angabe der genannten Autoren noch nach Jahren die Tuberkelbacillen färben; ein einziges gut angefertigtes Präparat soll zu der Entscheidung genügen, ob in dem betreffenden Sputum Tuberkelbacillen vorhanden sind oder nicht (? der Verfasser).

Der Vollständigkeit wegen erwähnen wir noch eine Methode der mikroskopischen Sputumuntersuchung von Ad. Schmidt, der das Sputum wie ein Organstück behandelt, es in Alkohol härtet, in Schnitte zerlegt und diese färbt. Diese Methode ist von Gabritschewsky speziell für den Nachweis von Tuberkelbacillen empfohlen worden. Jochmann nahm eine biologische Anreicherung der im Sputum enthaltenen Tuberkelbacillen vor, indem er 10 *ccm* Sputum im Spitzglase mit 20 *ccm* folgender Nährlösung: 5 *g* Nährstoff Heyden, 5 *g* Kochsalz, 30 *g* Glycerin, 1000 *ccm* destilliertes Wasser, 5 *ccm* Krystallsoda-Normallösung versetzte, 24 Stunden im Brutofen stehen und dann nach van Ketel 10 *ccm* Wasser mit 6 *ccm* Acid. carbol. liquefact. und 10—15 *ccm* Sputum 1 Minute stark schüttelt, nach Zusatz von Wasser nochmals schüttelt und in einem Spitzglase sedimentieren ließ. — Nach Menzi lassen sich im Sputum Tuberkelbacillen mit dem Hesse-Agar in wenigen Tagen bedeutend anreichern, und zwar konnte eine Vermehrung schon nach den ersten 24 Stunden bemerkt werden, zu einem bedeutenderen Auswachsen der Bacillen kam es aber erst in den folgenden Tagen und Bacterienzöpfe bildeten sich erst allmählich. Je bacillenreicher und frischer das Untersuchungsmaterial war, desto schöner wurden die mikroskopisch kleinen Bacillenkolonien. Dagegen bot für schon etwas ältere Sputa der Hesse-Agar keinen Vorteil vor der direkten mikroskopischen Untersuchung. Nach Menzis Überzeugung bildet sicher nicht der Schleim des Sputums allein das wesentliche Agens bei der Bacillenanreicherung, sondern der Zusatz von Nährstoff Heyden spielt eine bedeutende Rolle. Daß aber das Verfahren den Tierversuch nicht zu ersetzen vermag, geht daraus hervor, daß er unter 4 Sputen tuberkulöser Individuen, von denen 3 mikroskopisch reichlich Bacillen nachweisen ließen, das vierte dagegen nicht, auch durch Hesse-Platten nur in 3 Fällen eine Vermehrung der Bacillen fand.

im vierten nicht, während auch in diesem Falle der Tierversuch noch ein positives Resultat ergab. — Nach dem Nebelschen Verfahren versetzt man das Sputum mit der 8- bis 10fachen Menge klaren Kalkwassers, schüttelt um, centrifugiert nach vollständiger Homogenisierung cca. 2 Minuten lang und erhält so einen kompakten scharf begrenzten und festsitzenden Bodensatz, gibt die über dem Sedimente stehende Flüssigkeit in einen keimdichten Berkefeld-Filterbecher, der seinerseits in ein mit trockenem lockeren Gyps gefülltes Becherglas eingesetzt ist; der durch Filtration erhaltene Rückstand wird durch Platinpinsel oder Gummiwischer, eventuell unter Zusatz eines Tröpfchens Wasser auf das Deckglas übertragen und in der üblichen Weise untersucht. Die mit Kalkwasser behandelten Tuberkelbacillen erscheinen nach der gewöhnlichen Färbung mikroskopisch als vollkommen gleichmäßig tingierte, scharf begrenzte, relativ kräftige Stäbchen, ebenso bleiben die weniger resistenten für die prognostische und therapeutische Beurteilung des Prozesses bisweilen nicht unwesentlichen Bacterien wie Streptocokken, Pneumocokken, Staphylocokken, Tetragenus etc. sehr gut erhalten, wie aus den nach Gram gefärbten Präparaten hervorgeht. — Eine bequeme und vollständige Homogenisierung des Sputums erzielt man angeblich nach Hempel ohne jeden Zusatz durch Temperatureinwirkung von 69—75° C und durch öfteres Schütteln während des Erwärmens. In dem dann durch Centrifugieren gewonnenen Sediment sind die Tuberkelbacillen tatsächlich angereichert, bzw. abgesetzt. Ein anderes Anreicherungsverfahren, durch das zugleich das Sputum sofort desinfiziert und die Keime ohne Beeinträchtigung ihrer Färbbarkeit abgetötet werden, besteht darin, daß zu dem mittelst Wärme homogenisierten Sputum Acid. carbol. liquefact. zugesetzt wird, bis eine 4%ige Lösung entsteht, und dann centrifugiert wird. Endlich kann das durch Wärme homogenisierte Sputum durch Salzsäure angesäuert und mittelst Brückeschem Reagens gefällt werden. Das so entstehende äußerst feine staubförmige Sediment enthält alle Bacillen, während die darüber stehende Flüssigkeit vollkommen klar und bacillenfrei ist. — Nach Dilg endlich ist es praktisch am zweckmäßigsten, den Auswurf mit Hilfe einiger Tropfen Ammoniak zu homogenisieren, dann mit einem gleichen Volumen 25%iger Kochsalzlösung zu mischen und nun direkt auszuschleudern. Eine derartige Mischung des Sputums besitzt stets die erforderliche Schwere, so daß die Tuberkelbacillen nach oben wandern und dort nachzuweisen sind. (Spez. Gew. der Kochsalzlösung 1,190.) Man bringt dann die auf einem Objektträger lufttrocken gewordene centrifugierte Probe in 96%igem Alkohol in einen Jungschen Färbeapparat, übergießt sie aus dem Alkohol direkt mit Carbolfuchsin, erwärmt 5 Minuten, spült mit Ebnerscher Lösung ab und überfärbt mit wässeriger Neumethylenblaulösung.

Der Verfasser enthält sich jeden Urteils über Qualität und Zweckmäßigkeit aller angeführten Verfahren zur Anreicherung des Tuberkelbacillus und bemerkt an dieser Stelle nur, daß nach seinen Erfahrungen und den Feststellungen von C. Fränkel bereits ein einziger virulenter Tuberkelbacillus im Meerschweinversuch ein positives Resultat gibt. Was die Frage der Bedeutung der verschiedenen Tuberkelbacillenformen im Sputum anbelangt, so erklärt Brown, daß kurze Bacillen einen lebhafteren Zerstörungsprozeß andeuten und daß haufenförmige Anordnung häufiger bei schwereren Fällen vorkommt. Auch Collina nimmt an, daß die Länge des Bacillus der Schwere der Krankheit umgekehrt proportional sei und daß die büschelförmige Anordnung der Bacillen, unabhängig von Form und Länge ein Zeichen für die Zerstörung des Lungengewebes ist. Ebenso erklärt Mircoli, daß die kurzen und dicken Formen für einen ungünstigen Verlauf sprechen, dagegen das Vorkommen in Kettenform im eben entleerten Sputum auf einen günstigen Verlauf der Infektion hindeutet. Endlich fand auch Chiesi in den schweren Fällen von Lungentuberkulose die Bacillen kurz, dick und leicht färbbar, in den weniger schweren dagegen weniger gut färbbar und mit deutlichen morphologischen Veränderungen.

Koch hatte anfangs geglaubt, daß die Tuberkelbacillen sowohl in der künstlichen Kultur wie im Tierkörper Sporen bilden, und zwar meinte er, die in gefärbten Präparaten in den Tuberkelbacillen so häufig aufzufindenden ungefärbten Lücken (die der Gliederung des Bacillus entsprechen) als Sporen ansprechen zu dürfen. Indessen dürfte einerseits der Umstand, daß es bisher nicht gelungen ist, diese Lücken irgendwie zu färben, andrerseits die von Kitasato festgestellte Tatsache, daß die oft in phthisischem Sputum vorhandenen, derartige Lücken aufweisenden Tuberkelbacillen gewöhnlich zum größten Teile abgestorbene Gebilde sind, gegen die Deutung dieser Lücken als Sporen sprechen.

Neuerdings beschreibt Betegh wieder Sporen in Tuberkelbacillen, und zwar erklärt er, daß die früher von Spengler als Involutionsformen des Bacillus gedeuteten Tuberkelbacillensplitter sowie die von Much mit der modifizierten Grammethode nachgewiesenen Granula vollkommen identisch sind mit den von ihm mit der „b-Tolinfärbung“ dargestellten Gebilden; er hat dieselben in allen säurefesten Bacillen gefunden, spricht sie mit Sicherheit als Sporen an und behauptet, durch seine Methode die verschiedenen Arten von Tuberkelbacillen und sonstigen säurefesten Bacillen differentialdiagnostisch färben zu können. Die Wachshülle des Bacillus soll sich rot färben, die „Sporen“ schwarzblau. Nach lufttrockenem

Fixieren über der Flamme wird mit 2—3 Tropfen 15%iger HNO_3-Lösung behandelt, nach abermaligem Erhitzen und Abspülen mit LÖFFLERschem Methylenblau und Carbolfuchsin aa. gefärbt wieder Erhitzen, Abwaschen, Entfärben mit 60%igem Alkohol, Abwaschen, Trocknen, Canadabalsam. Sputumpräparate färbt er noch mit Malachitgrünlösung nach.

Ebenso wie im Sputum lassen sich natürlich auch im abgestrichenen Gewebssaft tuberkulös erkrankter Organe, im Wundsecret tuberkulöser Wunden usw. Tuberkelbacillen durch die oben angegebenen Färbungsmethoden nachweisen.

Im Urin sind Tuberkelbacillen bei Tuberkulose des Harnapparates meist nur spärlich vorhanden. Man muß daher centrifugieren oder den Harn 24 Stunden lang in einem Spitzglase vollständig sedimentieren lassen und dann eine größere Zahl von Deckglastrockenpräparaten, am besten mit dem EHRLICHschen Anilinwasserfuchsingemisch färben und in der oben für die Sputumpräparate angegebenen Weise weiter behandeln.

Sind im Urinsediment Tuberkelbacillen in größerer Menge vorhanden, so soll durch HESSE-Platten eine deutliche Vermehrung zu konstatieren sein, haben sich dagegen mikroskopisch nur wenige Bacillen nachweisen lassen, so soll mit Klatschpräparaten meist keine Vermehrung zu verfolgen sein.

Während nach der Ansicht von FOURNIER und BEAUFUMÉ die gewöhnliche Färbemethode zur Unterscheidung von Tuberkelbacillen und Smegmabacillen im Urin vollständig genügt, empfiehlt FORSSELL, zur Sicherung dieser Diagnose die Urinsedimentpräparate mit 50%igem Acetonalkohol abzuspülen, welcher Smegmabacillen nach Färbung mit Carbolfuchsin und Behandlung mit 25%iger Salpetersäure in 3 Minuten entfärbt, Tuberkelbacillen nicht. Nach TREVITHICK endlich gelingt der Nachweis von Tuberkelbacillen im Urin leicht, wenn man das centrifugierte Sediment wiederholt mit destilliertem Wasser behandelt, um die Harnsalze auszuwaschen und nach nochmaligem Centrifugieren den Bodensatz untersucht.

Der Nachweis von Tuberkelbacillen im Stuhl ist besonders bei Kindern von Wichtigkeit, da Kindersputa sehr schwierig zu bekommen sind. Zu diesem Zwecke isolierte LEPAGE die Bacillen nach der NUBIUSschen Methode: Schütteln der Fäcalmassen mit 40%igem Alkohol, Zusatz von etwas Äther, nach dessen Verdunstung sich an der Oberfläche der Flüssigkeit ein Schleier bildet, der die eventuell vorhandenen Bacillen enthält. Zwecks Nachweises weniger Tuberkelbacillen im Liquor cerebrospinalis empfiehlt JEMMA nach dem von NATTAN-LARRIER und GRIFFON angegebenen Verfahren die Spinalflüssigkeit in die Milchdrüse säugender Meerschweinchen 2—3 Tage nach dem Wurfe zu injizieren: Die Tuberkelbacillen vermehren sich schnell in der Drüse und konnten in 3 untersuchten Fällen von tuberkulöser Meningitis stets nach wenigen Tagen im Milchsecret aufgefunden worden.

In großen Exsudaten, bei welchen in einer voluminösen Flüssigkeitsmenge meist nur eine geringe Anzahl Tuberkelbacillen vorhanden sind, werden die eingeschlossenen Bacillen am besten nach JOUSSET mit Hilfe der Inoskopie (ἴς, ἰνός = Fibrin), d. h. durch ein Mittel befreit, welches das Fibrin und Zellenprotoplasma auflöst, die Bacillen aber in ihrer Gestalt und Färbbarkeit nicht angreift. Die von der Exsudatflüssigkeit filtrierten und mit destilliertem Wasser gewaschenen Gerinnsel werden mit folgender Verdauungsflüssigkeit: Pepsin 1—2 *g*, Glycerin pur., Acid. hydrochlor. aa. 10,0 *ccm*, Natr. fluorat. 3 *g*, Aq. dest. 1000 *g* versetzt und 3 Stunden bei 38° im Brutschrank gehalten; hierauf wird centrifugiert und der Bodensatz mikroskopisch untersucht.

Tuberkelbacillen im kreisenden Blut, und zwar sowohl bei tuberkulösen Menschen als bei experimenteller Tierinfektion häufig nachgewiesen zu haben behaupten BESANÇON, GRIFFON et PHILIBERT: sie lösten das Blutgerinnsel wieder, auf, d. h. homogenisierten es, centrifugierten diese Flüssigkeit stark und wiesen im Sediment die etwa vorhandenen Tuberkelbacillen durch Färbung nach.

Auch für den Nachweis der Tuberkelbacillen im Urin, Spinalflüssigkeit, Blut, Exsudaten, Knocheneiter usw. wird in zweifelhaften Fällen nach Ansicht des Verfassers der Tierversuch nicht entbehrlich sein.

VI. Der Pleomorphismus des Tuberkelbacillus.

Der Tuberkelbacillus erscheint nicht immer als kleines kurzes Stäbchen, sondern bisweilen in mannigfachen verlängerten und verzweigten Formen, so daß viele Autoren dem Erreger der Tuberkulose eine höhere Stellung im System einräumen zu müssen meinen. Schon 1884 traf PETRONE bei einem Fall von tuberkulöser Meningitis im Exsudat mehrere Entwicklungsstadien des Bacillus an. Sodann betonte METSCHNIKOFF, „daß der Tuberkelbacillus nicht ein Endstadium, sondern nur einen Zustand im Entwicklungscyclus einer Fadenbacterie repräsentiert", „daß die Tuberkelbacterien zu Fäden auszuwachsen imstande sind". Er konstatierte sehr stark verlängerte, an beiden Enden mehr oder weniger stark angeschwollene Bacillen, so daß schließlich eine verzweigte Kolonie entsteht, deren Zweige gewöhnlich an ihrem freien Ende beulenförmig angeschwollen sind. Er schlägt, weil sich die „Tuberkelbacterien" durch sehr feste Umhüllung auszeichnen, die Bezeichnung „Sclerothrix" für das Genus und Sclerothrix Kochii für die Species der Tuberkelbacterien vor. Auch MAFUCCI konstatierte die pleomorphen (verzweigten, knospenden) Formen des Tuberkelbacillus und faßte sie als zur Kategorie der normalen Involutionserscheinungen gehörige Entwicklungsstufen der Bacterien auf. ROUX und NOCARD sowie KLEIN fanden dann Ähnliches. FISCHEL beobachtete in Reinkulturen von Tuberkelbacillen dendritisch verästelte sowie birnförmig angeschwollene Bacillen und kam auf Grund der auffälligen Ähnlichkeit der Kulturen von Actinomyces und Tuberkelbacillen zum Schlusse: „Der Tuberkelbacillus ist kein Bacillus im Sinne der Morphologie . . . sondern in seiner saprophytischen Form wahrscheinlich einer höheren pleomorphen Pilzgattung angehörig." Sodann nennen FISCHEL und HÜPPE „die sogenannten Tubelkelbacillen nur die parasitische Anpassungsform eines pilzartigen, pleomorphen Microbion". COPPEN JONES konstatierte im nekrotisch erweichten Inhalt tuberkulöser Cavernen kolbenförmige und verzweigte Bildungen: er faßt die Erreger der Tuberkulose und Actinomycose ebenfalls als „verzweigte Fadenpilze und nicht als Schizomyceten im engeren Sinne des Wortes" auf und schlägt als Gattungsnamen des „Tuberkelpilzes" Tuberculomyces vor. Ganz gleiches konstatierte HAYO BRUNS. Auch LEHMANN rechnet den Erreger der Tuberkulose zu den Mycobacterien; KRUSE reiht ihn den Streptothricheen an. BABES und LEVADITI fanden in Kaninchengehirnen 30 Tage nach Infektion mit wenig virulenten menschlichen Tubelkelbacillen strahlig gestaltete Herde, bestehend aus langgliederigen, verzweigten und an ihrem freien Ende kolbig verdickten Bacillen. FRIEDRICH, der Kaninchen Tuberkelbacillen von der Carotis dextra aus in die linke Herzkammer injizierte, fand bei gewöhnlicher Tuberkelbacillenfärbung (nach KOCH-EHRLICH, ZIEHL-NEELSEN) nur Infiltrationsherde, dagegen erhielt er nach einer Vorfärbung mit Viktoriablau und Differenzierung mit Alkalien, aber nur in der Zeit vom 15.—30. Tage nach der Injektion, in Niere, Gehirn und Iris „die Bacillen inmitten eines schönen Kranzes strahlig angeordneter und so gestalteter Keulen oder Kolben, wie wir sie als für Actinomycose charakteristisch anzusehen pflegen". LOEB fand, daß, wenn zu der Tuberkelbacillen-Nährbouillon 6% Glycerin, 1% Pepton, 2—4% Kochsalz zugesetzt wurden, die Bacillen spärliches Wachstum und vereinzelte verzweigte Formen zeigten, die als degenerative aufzufassen sind.

PIERY et MANDOUL sahen sowohl in Kulturen als im Auswurf sehr verschiedene Formen der Bacillen: sie unterscheiden kurze und lange homogene Formen sowie kurze und lange moniliforme (granulierte) wie Könchenketten aussehende Bildungen. KOSSEL, WEBER, HEUSS berichten, in Kulturen von Perlsuchtbacillen, die ohnehin im Vergleich zu den schlanken gleichmäßigen menschlichen Bacillen dickere, unregelmäßig gestaltete, den Farbstoff ungleichmäßig aufnehmende Gebilde seien, häufig keulenförmige oder gekörnte Formen gefunden zu haben. MC BRYDE fand die Tuberkelbacillen an solchen Stellen des Nährbodens, wo geschmolzenes Paraffin gegossen war, zu ganz langen Fäden ausgewachsen, die wie aufgereihte Perlenketten aussahen. COLLINA unterscheidet im Sputum kurze Formen, von denen einige dick und fast gerade, andere wieder dünn und mehr oder weniger gekrümmt sind, und ferner lange Formen, die einmal regelmäßig gestaltet, dann wieder verzweigt sind, bisweilen auch zerbröckelt wie granuliert aussehen. FROMME fand die Strahlenbildung in Nierenschnitten am schönsten an rundlichen Haufen von Tuberkelbacillen, und zwar besonders bei Anwendung der reinen Eosinfärbung (Blutkörperchenfärbung). An Stellen, wo starke Reaktion des umgebenden Gewebes vorhanden war, fehlte die Strahlenbildung. Bei Anwendung der Carbolfuchsinfärbung fanden sich um die Bacillenherden bisweilen rote Tropfen, an anderen Bacillenrasen lagen die Bacillenherde in einer rotgefärbten Masse; in einigen Rasen hatten die am Rande gelegenen büschelförmig ausstrahlenden Stäbchen die Carbolfuchsinfärbung angenommen.

Endlich soll hier noch erwähnt werden, daß nicht nur aus morphologischen, sondern auch aus chemischen Gründen die Zugehörigkeit des Tuberkelbacillus zu den Streptothrixarten behauptet wird: FERMI erblickt in dem starken Verzuckerungsvermögen (vgl. pag. 547) des Tuberkelbacillus ein neues Zeichen der Verwandtschaft zu den Streptothricheen.

Der Verfasser hält alle diese Kolben- und Strahlenherdbildungen sowie mannigfachen Verzweigungen, die er gelegentlich seiner Studien über Schildkrötentuberkulose (s. nächstes Kapitel) überaus zahlreich, aufs schönste ausgeprägt gefunden und eingehend beschrieben hat, für Rückbildungsformen, für reine Degenerationsgebilde des Tuberkelbacillus. Der Verfasser will auch nicht unerwähnt lassen, daß die Bildung verzweigter Fäden und Keulen keine dem Tuberkelbacillus resp. den säurefesten Bacillen allein zukommende Fähigkeit ist, daß vielmehr gleiche und ähnliche Bildungen als degenerative Formen schon bei den verschiedensten pathogenen Bacterien konstatiert worden sind, so beim Diphtheriebacillus, Milzbrandbacillus, Rotzbacillus, Choleravibrio, endlich auch beim echten Actinomyces. Der Verfasser hält diese „pleomorphen" Formen für ganz vergängliche Bildungen und sieht, wie er schon früher ausgesprochen, ihretwegen keine Berechtigung, dem Tuberkelbacillus seine alte Stellung im System zu entziehen.

VII. Tuberkelbacillen außer dem KOCHschen Bacillus und tuberkelbacillenähnliche Bacillen.

Zum Schlusse muß noch erwähnt werden, daß eine Reihe von anderen Bacillen ein ähnliches tinktorielles Verhalten zeigt als der KOCHsche Tuberkelbacillus, nämlich:

1. die anderen Tuberkelbacillen, abgesehen vom KOCHschen Bacillus;
2. der Leprabacillus;
3. die säurefesten Bacillen.

In die engste Gruppe des Tuberkelbacillus gehören außer dem ihm in seinem morphologischen, kulturellen und biologischen Verhalten durchaus gleichenden Perlsuchtbacillus noch 2 Formen, nämlich der Schildkrötentuberkelbacillus und der Hühnertuberkelbacillus. Der Schildkrötentuberkelbacillus, 1903 vom Verfasser in spontaner Lungentuberkulose großer Seeschildkröten gefunden, reingezüchtet und eingehend studiert, ist in seiner Form und in seinen bei 37° gezüchteten Kulturen vom menschlichen Tuberkelbacillus bzw. Perlsuchtbacillus völlig ununterscheidbar. Man sieht auch beim Schildkrötentuberkelbacillus gerade verlaufende, kommaförmig gebogene, geschwungene oder geknickte Stäbchen, wie sie in jeder vom Menschen stammenden Reinkultur und auch fast in jedem tuberkulösen Sputum nebeneinander zu finden sind; die Länge der einzelnen Bacillen schwankt in den verschiedenen Kulturen und in ein und derselben Kultur nicht unerheblich, etwa zwischen 1,6 und 4,5 μ, gerade wie in der tuberkulösen Schildkrötenlunge selbst und wie es für die meisten Repräsentanten der Gruppe des Tuberkelbacillus, insbesondere für den KOCHschen Bacillus selbst, seit lange bekannt ist. In entwickelten Kulturen ist stets eine vollständige Alkohol- und Säurefestigkeit aller Bacillenindividuen zu konstatieren; nur in ganz jungen Reinkulturen (der Verfasser beobachtete es in 5- und 7tägigen primären Glycerinagarkulturen) begegnet man zwischen den in der unendlichen Mehrzahl vorhandenen, dunkelrot gebliebenen, d. h. säurefesten Bacillen auch einigen Stäbchen, die nur blaßrosa gefärbt bleiben, und anderen, die sogar eine schwach blaue Kontrastfärbung (mit Methylenblau) annehmen. Bekanntlich haben EHRLICH und später KLEIN und MARMOREK für die menschlichen Tuberkelbacillen nachgewiesen, daß dieselben in ihren ersten Stadien noch nicht säurefest sind. In älteren (etwa 8 Wochen alten) Kulturen der Schildkrötentuberkulose treten dann die bekannten und bei allen Tuberkelbacillenarten beobachteten Involutionsformen auf: Stäbchen, die mit roten endständigen, mittelständigen oder auch perlschnurartig aufgereihten Körnchen oder Kügelchen besetzt sind. Noch später treten verzweigte und zu langen Körnchenfäden ausgewachsene Formen auf. Bringt man aber in solchem Zustande befindliches Kulturmaterial auf frischen Nährboden, so findet man nach einigen Tagen wieder ausschließlich homogen gefärbte vollsaftige Stäbchen. Genau dieselben Involutionsformen der Schildkrötentuberkelbacillen, die in künstlichen Kulturen bei Erschöpfung des Nährbodens auftreten, wurden auch in den tuberkulösen Schildkrötenlungen selbst in absterbenden (in Verkäsung begriffenen) Gewebsbezirken beobachtet; offenbar sind diese Formen stets ein Ausdruck dafür, daß das jeweilige Nährsubstrat der Bacillen ein unzureichendes ist oder die sonstigen Existenzbedingungen schlechte sind. Ferner finden sich — ebenfalls in verkäsenden Lungenbezirken — dichte Bacillenherde, die in ihrer eigentümlichen Form an das Bild des Caput medusae erinnern: von einem infolge der ungeheuer dichten Bacillenlagerung homogen rot erscheinenden Centrum strahlen radiär in unregelmäßiger Anordnung sich schlängelnde und miteinander verfilzende langausgewachsene Bacillenfäden aus. Oder man sieht ein dichtes Gewirr mit mittel- und endständigen, leuchtend roten Kügelchen besetzter, langer, verzweigter Bacillenfäden; zwischen denselben liegen unregelmäßig säurefeste Keulen, hellrosa bis dunkelrot gefärbt. Endlich findet man auch stets nur im nekrotischen oder wenigstens in Nekrose begriffenen Gewebe in großer Anzahl und in schönster Ausgeprägtheit typische strahlige Herde, die vollkommen wie actinomycotische aussehen: das Centrum der Strahlenherde wird von einem dichten Rasen zu Fäden ausgewachsener Tuberkelbacillen gebildet; von diesem centralen Bacillenrasen strahlen peripherwärts nach allen Richtungen große keulen- resp. birnförmige Gebilde aus, die vollständig säurefest sind. Zwischen diesen Keulen schlingen sich, von dem centralen Bacillenrasen ausgehend, lange, gewellte, rosenkranzförmige, oft echte Verzweigungen zeigende Tuberkelbacillen. Die zweite Form, die aufs engste zum Kochschen Bacillus gehört, ist der Bacillus der Hühnertuberkulose.

Freilich nimmt, wie der Verfasser an Ausstrichpräparaten von Reinkulturen feststellte, der Hühnertuberkelbacillus den Farbstoff beträchtlich leichter an als der Bacillus der Säugetiertuberkulose und zeigt auch nicht denselben Grad von Säurefestigkeit wie dieser. Hühnertuberkelbacillen werden nämlich durch das Ehrlichsche Anilinwasserfuchsingemisch schon bei gewöhnlicher Zimmertemperatur in $^1/_4$ Minute gefärbt und verlieren durch 3%igen salzsauren Alkohol sofort wieder alle Farbe; auch wenn man die Ehrlichsche Flüssigkeit in der oben beschriebenen Weise in der Hitze hat einwirken lassen, so werden durch kurze Behandlung mit salzsaurem Alkohol fast alle Bacillen sofort wieder vollständig entfärbt, nur vereinzelte Gruppen von Bacillen behalten im Ausstrichpräparat der Reinkultur eine schwache Färbung. Man wird mit Hilfe dieses verschiedenen tinktoriellen Verhaltens in zweifelhaften Fällen immer in der Lage sein, den Bacillus der Hühnertuberkulose von dem der Säugetiertuberkulose zu unterscheiden, und eine Verwechslung wird praktisch um so weniger vorkommen können, als die Hühner gegen Säugetiertuberkelbacillen und umgekehrt fast alle Säugetiere gegen Hühnertuberkulose fast vollständig refraktär sind. Übrigens ist die Reinkultur der Hühnertuberkulose durch ihr feuchtes schleimiges Aussehen sofort von den bisher geschilderten Formen unterscheidbar.

Auch der Leprabacillus steht in seinem färberischen Verhalten dem Tuberkelbacillus nahe; doch läßt auch er sich leichter färben und zeigt nicht denselben Grad von Säurefestigkeit, verhält sich also ganz ähnlich wie der Hühnertuberkelbacillus. Baumgarten betrachtet das verschiedene Verhalten des Tuberkelbacillus und des Leprabacillus bei der Behandlung mit einfachen wässerigen Fuchsinlösungen als ein wichtiges Unterscheidungsmerkmal beider Bacillen: während sich auf diese Weise die Tuberkelbacillen noch nicht färben, nehmen die Leprabacillen schon bei Zimmertemperatur in kurzer Zeit den Farbstoff an. Neisser gibt die Weigertsche Kernfärbung als die Differentialfärbung des Leprabacillus gegenüber dem Tuberkelbacillus an. Unna stellte fest, daß auch die Leprabacillen, ebenso wie wir dies oben bei den Tuberkelbacillen hervorhoben, Fett enthalten und glaubte auch, die freilich im Vergleiche zum Tuberkelbacillus bedeutend geringere Säurefestigkeit des Leprabacillus auf diesen Fettgehalt beziehen zu müssen. Der Verfasser hat wiederholt lepröses Material, insbesondere lepröse Hoden, die in der oben für die Tuberkelbacillendarstellung angegebenen Weise fixiert und eingebettet waren, bearbeitet und sich überzeugt, daß man mit dieser Methode auch eine ausgezeichnete haltbare Färbung der Leprabacillen erzielt, nur muß man die Entfärbung im salzsauren Alkohol abkürzen, d. h. diesen nur etwa die Hälfte der oben angegebenen Zeit einwirken lassen und hierauf wiederholt in Wasser abspülen, damit alle Säure herausgeht. Man erhält so die farbenprächtigsten Bilder und findet auf jedem Schnitt Hunderttausende in Haufen beieinander liegender, leuchtend rot gefärbter Leprabacillen. Auch der Leprabacillus läßt sich übrigens ebenso wie der Tuberkelbacillus nach der GRAMschen Methode darstellen, und UNNA ist es gelungen, auch ihn, ebenso wie den Tuberkelbacillus, mit Jod braun zu färben.

Die seinerzeit von BABES und CZAPLEWSKI beschriebenen, aus den Organen Leprakranker gezüchteten Bacterien unterscheiden sich von dem echten Leprabacillus, mit dem sie wahrscheinlich nicht identisch sind, durch ihre mangelhafte Säureresistenz und zeigen Ähnlichkeit mit den Diphtheriebacillen.

Nach KEDROWSKI, dem angeblich die Kultur von Lepraerregern in 3 Fällen gelang, zeigen die gezüchteten Bacillen nur zum Teil die den Leprabacillen aus dem menschlichen Körper eigentümliche Widerstandskraft gegen Entfärbung durch Mineralsäuren nach Carbolfuchsintinktion. Solange die Kulturen nicht älter als 10 bis 14 Stunden waren, waren die Bacillen säureresistent, in älteren Kulturen dagegen nahmen fast alle die Gegenfärbung an und nur in einzelnen ließen sich die rötlichen ultrachromatischen Körner von BABES wahrnehmen. KEDROWSKI erklärt, daß die nach ihren morphologischen Kennzeichen von BABES der Gruppe der Diphtherideen zugeteilten Leprabacillen auf Grund ihrer Entwicklungsgeschichte vielmehr zu den Cladothrix, Streptothrix, Actinomyces gehören. Nur ausnahmsweise (Kulturen von BORDONI-UFFREDUZZI und GIANTURCO) bewahren die Lepraerreger in künstlichen Kulturen die Säurefestigkeit. Eine interessante Differenzierungsmethode zwischen Lepra- und Tuberkelbacillen gibt YAMAMOTO an: Lufttrocken gewordene und über der Flamme fixierte Lepra- bzw. Tuberkelbacillen-Ausstrichpräparate werden 10 Minuten lang in 5%iger Silbernitratlösung bei 60° erwärmt, 5 Minuten lang in die Reduzierungslösung (Acid. pyrogallici 2,0, Acid. tannic. 1,0, Aq. dest. ad 100,0) gebracht und, nachdem der schwarze Niederschlag entfernt ist, getrocknet und in Canadabalsam eingeschlossen. In dem goldbraun gefärbten Gesichtsfelde sind dann die Tubelkelbacillen tiefschwarz tingiert, während die Leprabacillen durchsichtig und hell erscheinen.

Von den sogenannten Säurefesten erwähnen wir zunächst den Smegmabacillus.

Auch die Smegmabacillen, von ALVAREZ und TAVEL bei gesunden Menschen im Smegma praeputiale, zwischen den großen und kleinen Labien, am Anus sowie in der Schenkelbeuge und zwischen den Zehen aufgefundene und dann von MATTERSTOCK bestätigte kurze Stäbchenformen, verhalten sich tinktoriell den Tuberkelbacillen ähnlich und dürften — namentlich wo ein Verdacht auf Urogenitaltuberkulose vorliegt — bisweilen mit diesen verwechselt werden. Es ist daher zweckmäßig, die äußeren Genitalien vor der Entnahme des Urins sorgfältig zu reinigen oder denselben durch sterilen Katheter zu entnehmen. Übrigens geht aus den Untersuchungen von GRETHE, BUNGE und TRAUTENROTH und HONSELL hervor, daß die Alkohol- und Säurefestigkeit der Smegmabacillen doch meistens geringer als die der Tuberkelbacillen ist: so sollen die gefärbten Smegmabacillen durch salzsauren Alkohol in 3 Minuten, durch absoluten Alkohol meist schon in 1 Minute wieder entfärbt werden, während Tuberkelbacillen zu dieser Zeit stets noch die Farbe bewahren.

Auch NENCKI und PODCZASKI betonen, daß der Smegmabacillus zwar auch säurefest, aber gegen Alkohol lange nicht so resistent ist als der Tuberkelbacillus.

PAPPENHEIM fand in einem gangränösen Lungenabsceß ziemlich säurefeste Bacillen, die intra vitam auch im Sputum vorhanden gewesen waren und die er ihrem tinktoriellen Verhalten nach für „Smegmabacillen oder eine diesen äußerst nahe verwandte Varietät" hält.

PETRI isolierte einen ziemlich säure- und alkoholfesten Bacillus aus der Butter, der aber bedeutend kürzer und dicker als der Tuberkelbacillus ist und daher mit diesem kaum verwechselt werden kann. Auch tinktoriell verhält sich der Butterbacillus im Ausstrichpräparat der Reinkultur lange nicht so säurefest wie der Tuberkelbacillus.

Ein weiterer ziemlich säurefester, mit dem eben erwähnten nicht identischer Bacillus wurde von KORN in der Butter gefunden.

Ferner fand MOELLER auf mehreren als Viehfutter benutzten Gräsern zwei Formen von schlanken, mikroskopisch vom Tuberkelbacillus angeblich oft kaum unterscheidbaren Stäbchen (von ihm Timotheebacillus und Grasbacillus II genannt), die sich „bei den gebräuchlichen Färbungsmethoden" wie der Tuberkelbacillus verhalten sollen.

Auch ist noch zu erwähnen, daß schon 1884 von ZAHN und später wieder von LICHTENSTEIN im Sputum und dann von LAABS im Mundspeichel sowie im Zungen- und Zahnbelag bei nicht tuberkulösen Individuen säurefeste, den Tuberkelbacillen sehr ähnliche Bacillen gefunden wurden.

Es scheint also auch bei Sputumuntersuchungen Vorsicht geboten, wenn auf den Bacillenbefund allein hin die Diagnose: Tuberkulose aufgebaut werden soll, und es dürfte hin und wieder ein zweifelhafter Fall vorkommen, in dem der tinktorielle Nachweis säurefester Bacillen nicht genügt und in dem man dann den Tierversuch nicht entbehren kann.

In den letzten 10 Jahren sind weitere säurefeste Bacillenformen der verschiedensten Provenienz in großer Anzahl aufgefunden worden. Am interessantesten und genauesten studiert sind die aus dem Kaltblüterkörper gezüchteten, so der MOELLERsche Blindschleichenbacillus, der BATAILLONsche Karpfenbacillus, die Froschbacillen usw. Übrigens scheinen die säurefesten Mikroben wirklich zu den ubiquitären zu gehören, denn BARANNIKOW fand sie nicht nur in der Milch, auf den Säugwarzen der Kühe und der Ammen, in der Kuhpockenlymphe, im Harn, in der Harnblase, in den Ureteren und Nebennieren, sogar bei Totgeborenen, sondern sogar in den Wasserleitungen usw. Zum Schlusse soll noch erwähnt werden, daß BORGEAUD glaubt, eine Zwischenform zwischen den Tuberkelbacillen und den Säurefesten bei einem von ihm beobachteten Fall von Enteritis des Rindes aufgefunden zu haben: morphologisch und in seinen Färbereaktionen glich nämlich der aufgefundene Bacillus völlig dem KOCHschen, dagegen zeigte das Rind keine Tuberkulose, obwohl Schnitte massenhaft Bacillen zeigten, in einer den Leprabacillen ähnlichen Zusammenlagerung.

Nach Ansicht des Verfassers ist auch dieser Bacillus lediglich zu den gewöhnlichen säurefesten Saprophyten zu rechnen, deren Zahl heute schon eine ganz ungeheuer große ist.

Literatur: ALVAREZ und TAVEL (Arch. Physiol., 1885), D'ARRIGO und STAMPACCHIA (Centralbl. Bact., Bd. 23, 1898). BABES (Arch. Méd. Expérim., 1897), BARANNIKOW (Congr. Russ. Ärzte, 1902). BARBERIO (Phys. Mathem. Abt. Wiss. Akad. Neapel), BAUMGARTEN (Centralbl. Med. Wiss., 1882), derselbe (Zeitschr. Wiss. Mikr., Bd. 1, 1884), BENDIX (Deutsch. Med. Wochenschrift, 1901), BESANÇON, GRIFFON et PHILIBERT (C. R. Soc. Biol., Paris, 1903), v. BETEGH (Centralbl. Bact., 1908), BIEDER (Berl. Klin. Wochenschr., 1886), BORGEAUD (Schweiz. Arch. Tierheilk., H. 5, 1905), BROWN (Journ. Amer. Med. Ass., 1903), Mc BRYDE (Ind. Departm. of Agricult. U. S. A., 1904), BUNGE und TRAUTENROTH (Fort. Med., 1896), CHATIN und NICOLAU (C. R. Acad. Sc. Paris, 1903), CHIESI (Gaz. degli Osped., 1904), CIACCIO (C. R. Soc. Biol., Paris, Bd. 60), COLLINA (Progresso Medico, 1905). CZAPLEWSKI (Centralbl. Bact., Bd. 23), derselbe (Die Unters. d. Ausw. auf Tuberkelbac., Jena 1891), derselbe (Mitt. aus Dr. BREHMERS Heilanst. Wiesbaden, 1890), DIETRICH und LIEBERMEISTER (Centralbl. Bact., 1902), DILG (Ebenda, Bd. 35, 1904), DORSET und

Emery (U. S. Bur. of Anim. Ind.), Dixon (Dent. Cosmos, 1902), Ehrlich (Deutsch. Med. Wochenschr., 1882), derselbe (Charité-Annal., Bd. 11, 1884), Fermi (Riforma Med., XXI, 3), Fischel (Unters. üb. d. Morph. u. Biol. d. Tub. cor. Braumüller, Wien 1893), Forsell (Deutsch. Zeitschr. Chir., Bd. 66. 1903), Fournier et Beaufumé (C. R. Soc. Biol., Paris, 1902), Fränkel (Berl. Klin. Wochenschr., 1884), Frenkel und Bronstein (Ebenda, Nr. 33, 1901), Friedmann (Beitr. Pathol. Anat., Bd. 28, 1900), derselbe (Zeitschr. Klin. Med.. Bd. 43, 1901), derselbe (Zeitschr. Tub., Bd. 4, 1903), derselbe (Centralbl. Bact., Bd, 34, 1903), Friedrich (Deutsch. Med. Wochenschr.. 1897), Fromme (Inaug.-Diss., Gießen 1903), Gabritschewski (Deutsch. Med. Wochenschr., 1891), Gemma (Riv. Clin. Psichiatr., Nr. 6, 1903), Grethe (Fort. Med., 1896), Günther (Deutsch. Med. Wochenschr., 1897), derselbe (Einführung in das Studium der Bacteriologie, Leipzig 1898). Hammerschlag (Baumgartens bacteriolog. Jahresber., 1889 u. 1891). Hawthorn (Cult. homog. du bac. de la tub. en eau pept.). Honsell (Arb. Path. Inst. Tübingen, Bd. 2, 1896), Jochmann (Hyg. Rundsch., Bd. 12, 1902), Jousset (Nouv. méd. pour isoler le bac. de Koch des humeurs de l'organisme.), Kattenbracker (Deutsch. Zeitschr. Chir., Bd. 62, 1902), Kedrowski (Zeitschr. Hyg., Bd. 37). van Ketel (Arch. Hyg., Bd. 15), Kitasato (Zeitschr. Hyg., Bd. 11. 1892), Klebs (Centralbl. Bact., 1. Abt., Bd. 20, 1896), Klein (Ebenda, Bd. 28), Koch (Berl. Klin. Wochenschr., 1882), derselbe (Mitt. Gesundh., 1884), derselbe (Verh. X. Int. Med. Kongr. Berlin 1890, Bd. 1), derselbe (Deutsch. Med. Wochenschr., 1897), Korn (Centralbl. Bact., Bd. 25. 1899). Kossel, Weber, Heuss (Arb. Reichs-Ges.-A.), Krause (Centralbl. Bact., 1902), Kruse (In Flügges „Mikroorganismen", 3. Aufl., Bd. 2). Laabs (Inaug.-Diss. Freiburg i. Br. 1894), Lepage (Thèse Bordeaux 1906), Lichtenstein (Zeitschr. Tub., Bd. 3, 1902), Loeb (Trans. Chicago Patholog. Soc., 1902). Maffucci (Zeitschr. Hyg., Bd. 11), Marmorek (Zeitschr. Tub., Bd. 1), Matterstock (Verh. Physik. Med. Ges. Würzburg, 1885), Menzi (Zeitschr. Hyg., Bd. 39), Metschnikoff (Ann. de l'Inst. Past., 1888), derselbe (Arch. de Pathol., Bd. 113, 1888), Mircoli (Gaz. degli Osp. Clin.. Bd. 49, 1905). Moeller (Therap. Mon., 1898), derselbe (Centralbl. Bact., Bd. 25, 1899), Nebel (Arch. Hyg., Bd. 47, 1903), Neelsen (Fort. Med., 1885), Neisser (Breslauer Ärztl. Zeitschr., 1879), Nencki und Podczaski (Gazetta lekarska. 1901). Ogawa (Mitt. Med. Ges. Tokio, Bd. 17, 1903), Pappenheim (Berl. Klin. Wochenschr., 1898), Peltrisot (Bull. des Sc. Pharmacol., T. 8. 1903), Petri (Deutsch. Med. Wochenschr., 1897), derselbe (Arb. Gesundh., Bd. 14, 1898), Piery et Mandoul (C. R. Soc. Biol., Paris, 1904), Ritchie (Journ. of Pathol. and. Bact., Vol. 10. 1905). Sabrazès (Ann. de l'Inst. Past.), Schmidt (Centralbl. Klin. Med., 1891), de Schweidnitz und Dorset (Centralbl. Bact., Bd. 19, 1896), Sciallero (Ann. Instit. Maragl. Nr. 1, 1904), Smith (Zeitschr. Hyg.. Bd. 34, 1900), Spengler (Ebenda, Bd. 18, 1894). derselbe (Deutsch. Med. Wochenschr., 1895). derselbe (Zeitschr. Hyg., Bd. 49, 1905), Stigell (Centralbl. Bact., Bd. 45, 1908), Stroschein (Mitt. aus Brehmers Heilanst., 1889). Tarchetti (Gaz. degli Osped. Clin., Nr. 67), Treirthick (Brit. Med. Journ., Nr. 2244). Unna (Deutsch. Medizinalzeitung, 1896), derselbe (Monatsh. Prakt. Derm., 1885). derselbe (Centralbl. Bact., Bd. 3 u. 12, 1888 u. 1891), Weigert (Deutsche Med. Wochenschr.. 1885). Yamamoto (Eine Silberimprägnationsmethode zur Untersch. f. Lepra- und Tuberkelbacillen, 1908), Zahn (Inaug.-Diss., Tübingen 1884), Ziehl (Deutsche Med. Wochenschr., 1882). *Friedmann*, Berlin.

Tuchrot B. Primärer Disazofarbstoff, der durch Einwirkung von Amidoazotoluol auf α-Naphtolsulfosäure entsteht (Elberfeld). Rotbraunes Pulver, das in Wasser und Alkohol mit roter, in Schwefelsäure mit schwarzblauer Farbe löslich ist. Die wässerige Lösung färbt sich mit Natronlauge schwarzblau, mit Salzsäure entsteht ein roter Niederschlag. Färbt chromgebeizte Wolle rot.

Tunicaten. Die mikrotechnische Bearbeitung der Tunicaten bietet im großen und ganzen keine besonderen Schwierigkeiten.

Copelatae. Lo Bianco fixiert Appendicularien 5 Minuten lang in Chromessigsäure. Seeliger benutzt für den gleichen Zweck Formol; für die Darstellung der Muskelkerne fand er vorteilhafter Sublimat oder Platinchloridgemische.

Monascidien. Lo Bianco betäubt die ausgestreckten Tiere (Clavellina und Perophora) zuerst 3—12 Stunden in 1%oigem Chloralhydrat, tötet sie dann in Chromessigsäure und überträgt noch für 30 Minuten in 1%ige Chromsäure. Bei der Nachbehandlung mit Alkohol müssen die Tiere vom Munde aus injiziert werden. Ascidia und Rhopalaea können auch so betäubt werden, daß man 1%ige Chromsäure tropfenweise auf das Seewasser gießt und mit Chromsäure tötet. Für Ciona empfiehlt er in gleicher Weise Chromessigsäure. Ebenso verfährt Schultze für das gleiche Objekt. Die Betäubung wird dann unterbrochen, wenn die Siphonenränder nicht mehr empfindlich sind. Fixiert wird dann in Sublimat. Für das Ganglion eignet sich besser Flemming oder Sublimatessigsäure (2 Teile konzentriertes wässeriges Sublimat und 1 Teil Essigsäure von 49%). Nach Hunter gibt Hermannsche Flüssigkeit für denselben Zweck (Cynthia) vorzügliche Resultate; Fixation

2 Stunden lang oder Sublimat bis zu 6 Stunden. DAHLGRÜN fixiert die Excretionsorgane in 10%igem Formol oder in Sublimateisessig. Sublimatgemische empfiehlt auch FERNANDEZ für das Herz. LORLEBERG legt bei narkotisierten Tieren das Ganglion möglichst frei und fixiert in Formol (1 : 10). Die Stücke kommen für 1/2 Stunde in 0,5%ige Ameisensäure, dann 1 Stunde in 1%iges Goldchlorid im Dunkeln, dann Reduktion in derselben Ameisensäure im diffusen Tageslicht. Auswaschen in destilliertem Wasser, entwässern, einbetten. Oder die frischen Objekte wurden nach der Methode von KODIS (siehe Quecksilbercyanid) behandelt. Man kann dabei auch in Formol fixiertes Material benutzen.

Synascidien. Von den zusammengesetzten Ascidien tötet LO BIANCO die gelatinösen Formen in warmem Sublimat und überträgt für 30 Minuten in einprozentige Chromsäure, konsistentere Formen dagegen werden zuerst durch Chloralhydrat betäubt und dann in Alkohol fixiert. VAN BENEDEN taucht die ausgestreckten Tiere für 2—6 Minuten in Eisessig und überträgt sie dann in öfter zu wechselnden 50%igen Alkohol. RITTER fixiert Synascidien in Pikrinschwefelsäure oder Chromessigsäure. LEFEVRE in konzentriertem Sublimat mit 20% Eisessig oder noch besser nicht über 10 Minuten in PERÉNJIscher Flüssigkeit. CAULLERY setzt dem Seewasser tropfenweise 5%iges Cocain zu und fixiert die betäubten Tiere mit Flemming oder Eisessig. OKA fixiert Botrylliden in heißem Sublimat.

Ascidiae salpaeformes. LO BIANCO fixiert Pyrosomen 1/4 Stunde lang in 50%igem Alkohol mit 5% Salzsäure und überträgt dann in 60%igen und nach und nach in stärkeren Alkohol.

Desmomyaria. Zur Fixation der harten Salpen empfiehlt LO BIANCO 10%ige Essigsäure, für halbweiche Formen 1%ige Chromsäure mit 5% Essigsäure oder Pikrinschwefelsäure, für ganz weiche Formen ein Gemisch von 10 Teilen 1%iger Chromsäure, 1 Teil Formol und 9 Teilen Seewasser, 1/2—1 Stunde, dann steigender Alkohol.

Cyclomyaria. Dolioliden behandelt LO BIANCO ebenso wie weiche Salpen oder er fixiert sie in seinem Kupfersulfat-Sublimatgemisch (10 Teile 10%iges Kupfersulfat und 1 Teil konzentriertes Sublimat).

Embryologisches. Zur Fixation der für experimentelle Zwecke so vielfach benutzten Ascidieneier empfiehlt FLODERUS Sublimatessigsäure nach LANG oder ein Gemisch von 3 Teilen konzentrierter Pikrinsäure und 1 Teil Eisessig. MAURICE und SCHULGIN fixieren den zerschnittenen Ascidienstock in halbverdünnter Pikrinschwefelsäure 12 Stunden und übertragen in steigenden Alkohol. Die isolierten Eier werden in Boraxcarmin und einer dünnen, mit Essigsäure etwas angesäuerten alkoholischen (70%) Lösung von Bleu de Lyon durchgefärbt und möglichst rasch durch die Alkohole in Paraffin gebracht. Nach CRAMPTON ist die halbgesättigte Pikrinsäure mit 1—2% Eisessig das beste Fixativ für reife Ascidieneier. Bei Sublimatfixation soll sich der Dotter zu stark mitfärben. KOROTNEFF fixiert Eier von Pyrosoma zunächst 30 Minuten in halbgesättigtem Seewassersublimat, wäscht aus und legt sie dann noch für 1 Stunde in Perénji. Den Dotter löst er in 5%igem Formalin. SAMASSA fixiert die Eier von Ciona mit gleichen Teilen Glycerin, Eisessig und Wasser nach WILSON, nach CASTLE ist für diesen Zweck Perénji vorzuziehen (20 Minuten, dann 70%iger Alkohol), für Larven leistet Pikrinsalpetersäure bessere Dienste. DAVIDOFF empfiehlt für die Eier von Distaplia ein Gemisch von 3 Teilen konzentrierten Sublimats und 1 Teil Eisessig (1/2 bis 1 Stunde) oder 3 Teilen konzentrierter Pikrinsäure und 1 Teil Eisessig (3 bis 4 Stunden). Die erstere Mischung ist schon früher von SALENSKY für Eier und Embryonen von Diplosoma erprobt worden. Um die Grenzen der Follikelzellen deutlich zu machen, zerzupft MORGAN die frischen Ovarien von Ascidien in sehr verdünnter Osmiumsäure, wäscht in destilliertem Wasser aus und legt für je 1/2 Stunde in 1%iges Silbernitrat und 2%ige Essigsäure ein. Dann läßt er im Sonnenlicht reduzieren und bettet in gewöhnlicher Weise ein. Zur Untersuchung der Metamorphose bringt KUPELWIESER die freischwimmenden Larven in Gläser, die mit Kollodium ausgegossen waren. Die sich festsetzenden Tiere können dann mit der Kollodiumhaut ohne jede Verletzung vom Glas abgelöst werden. Zur Betäubung empfiehlt sich tropfenweiser Zusatz von Chloralhydrat zum Seewasser, zur Fixation Flemming oder Hermann.

Literatur: Castle (Bull. Mus. Comp. Zool. Harvard, Bd. 27, 1896), Caullery (Bull. Soc. France Belgique, Bd. 27, 1895), Crampton (Journ. of Morph., Bd. 15, Suppl., 1899), Dahlgrün (Arch. Mikr. Anat., Bd. 58, 1901), Davidoff (Mitt. Zool. Stat. Neapel, Bd. 16, 1899), Fernandez (Jena. Zeitschr. Nat., Bd. 39, 1904), Floderus (Zeitschr. Wiss. Zool., Bd. 61, 1896), Hunter (Zool. Bull., Bd. 2, 1898), Korotneff (Mitt. Zool. Stat. Neapel, Bd. 17, 1905), Kupelwieser (Zoologica, H. 47, 1906), Lee und Mayer (Grundzüge), Lefevre (Journ. of Morph., Bd. 14, 1899), Lo Bianco (Mitt. Zool. Stat. Neapel, Bd. 9, 1890), Lorleberg (Zeitschr. Wiss. Zool., Bd. 88, 1907), Maurice und Schulgin (Ann. Sc. Nat. Zool., S. 4, Bd. 17, 1885), Oka (Zeitschr. Wiss. Zool., Bd. 54, 1892), Ritter (Journ. of Morph., Bd. 12, 1896), Salensky (Mitt. Zool. Stat. Neapel, Bd. 11, 1894), Samassa (Arch. Mikr. Anat., Bd. 44, 1894), Seeliger (Zeitschrift Wiss. Zool., Bd. 67, 1900), Schultze (Jena. Zeitschr. Nat., Bd. 33, 1899).

Turbellarien siehe: Würmer.

Tusche als Injektionsmasse siehe Bd. 1, pag. 659.

Typhusbacillen siehe: Abdominaltyphus.

Tyrosin, $C_6H_4 \left\{ \begin{array}{l} OH \\ C_2H_3(NH_2)—COOH \end{array} \right.$, findet sich unter pathologischen Umständen in Leber, Milz, Harn, Sputum und entsteht bei der Pancreasverdauung und Fäulnis der Eiweißkörper. Zu seiner Erkennung dient die eigentümliche Krystallform, büschel- oder garbenförmig angeordnete weiße, seidenglänzende Krystallnadeln. Mikrochemisch läßt es sich durch die Schererische Probe nachweisen. Man verdampft die zu untersuchende Probe auf dem Platinblech mit Salpetersäure von 1,2 spez. Gew. Der tiefgelbe Rückstand wird mit Natronlauge rotgelb und beim Verdunsten schwarz. Sehr empfindlich ist die Reaktion von R. Hoffmann. Man versetzt die zu untersuchende Flüssigkeit mit salpetersaurem Quecksilberoxyd, erwärmt, setzt etwas verdünnte rote Salpetersäure zu und erwärmt nochmals. Es bildet sich dann eine dunkelrote Flüssigkeit und ein ebensolcher Niederschlag. Nach Unna ist Millons Reagens das beste Reagens auf Tyrosin. Man vermischt dasselbe mit gleichen Teilen Wasser und setzt ein Fünftel des Volums Glycerin zu. Die Schnitte verweilen in dieser Lösung $^1/_4$—$^1/_2$ Stunde, kommen dann in $25^0/_0$ige Salpetersäure und durch Alkohol in Öl und Balsam. Während die Gewebe im allgemeinen gelb bis hellbraun erscheinen, sind die tyrosinhaltigen Teile rot gefärbt.

Literatur: Unna (Monatsh. Prakt. Derm., Bd. 47, 1908).

U.

Überosmiumsäure siehe: Osmiumtetroxyd.

Überruthensäure siehe: Rutheniumtetroxyd.

Ulcus molle siehe: Streptobacillen des Ulcus molle.

Ultramarin, ein Doppelsilicat von Natrium und Aluminium in Verbindung mit Natriumsulfid, wird erhalten durch Glühen eines Gemenges von Ton, Quarzsand, Soda, Schwefel und Kolophonium. Es ist in Wasser und Alkohol ganz unlöslich, auch gegen Alkalien sehr beständig. Mineralsäuren scheiden aus ihm Kieselsäure und Schwefel ab.

Das Ultramarin dient in der Mikrotechnik zur Herstellung blauer opaker Injektionsmassen (vgl. Injektion der Blut- und Lymphgefäße).

Urancarmin siehe: Carmin.

Uransalze. Das zur Gruppe des Molybdäns gehörige Uran bildet zwei Reihen von Salzen, Urano- und Urani- oder Uranylverbindungen, je nachdem es als vier- oder sechswertiges Element auftritt. Für die Mikrotechnik sind nur das Uraniacetat und -nitrat von Bedeutung.

Uraniacetat, $(CH_3-CO.O)_2UO_2 + 3H_2O$, krystallisiert in gelben Oktaedern, die in Wasser leicht löslich sind. Die wässerige Lösung zersetzt sich am Licht.

Uraninitrat, $UO_2(NO_3)_2 + 6H_2O$, bildet gelbgrüne Prismen, die in Wasser, Alkohol und Äther leicht löslich sind.

Beide Salze haben Verwendung als Fixationsmittel gefunden entweder für sich allein (SCHENK) oder in Verbindung mit Osmiumsäure. KOLOSSOW setzt zu einer 2—3%igen wässerigen Lösung eines der beiden Salze 0,5% Osmiumsäure. FRIEDENTHAL und POLL empfehlen ein Gemisch von gleichen Teilen konzentrierter wässeriger Lösung von Uraniacetat, 50%iger Lösung von Trichloressigsäure und destilliertem Wasser. Nach der Fixation auswaschen in fließendem Wasser. Das Gemisch entkalkt gleichzeitig.

Auch als Beizmittel für Carmin- und Hämatoxylinpräparate haben die beiden Salze eine beschränkte Verwendung gefunden (vgl. Bd. 1, pag. 169 u. 602).

Literatur: FRIEDENTHAL und POLL (Sitzungsber. Ges. Nat. Fr., Berlin 1907), KOLOSSOW (Zeitschr. Wiss. Mikr., Bd. 5, 1888), SCHENK (Mitt. Embryol. Inst. Wien, Bd. 2, 1882).

Uterus. Die mächtige Entwicklung der Muskulatur innerhalb der Uteruswand bringt es mit sich, daß bei größeren Tieren die Fixationsflüssigkeit nur langsam in das Innere vordringt, so langsam, daß das Epithel bereits maceriert sein kann, bevor das Fixativ an es herantritt. Um diesem Übelstand zu begegnen, kann man einmal die Fixationslösung vom äußeren Muttermund oder von der Tube aus injizieren. Dieses Verfahren bedingt jedoch in vielen Fällen eine Verletzung des Epithels. Man wird deshalb lieber die Lösung von den zuführenden Gefäßen (Aa. uterin. resp. hypogastrica) injizieren, jedenfalls die idealste Fixationsmethode. Läßt sich eine solche Injektion aber nicht ausführen, so bleibt weiter nichts übrig, als das Organ zu eröffnen und in die Fixationslösung einzulegen. Diese Eröffnung geschieht gewöhnlich durch einen Längsschnitt in der Mitte der vorderen oder hinteren Wand vom Fundus bis zum äußeren Muttermunde.

Nur bei kleineren Tieren etwa bis zum Meerschweinchen hinauf läßt sich noch der Uterus unaufgeschnitten mit Erfolg konservieren.

Als Fixationslösung wird man für den Uterus großer Tiere und des Menschen möglichst leicht eindringende Mittel wählen. In neuerer Zeit erfreut sich das Formol in 4—10%iger wässeriger Lösung einer großen Beliebtheit (BERTELSMANN, WERTH und GRUSDOW, FRÄNKEL, PICK, WOLTKE, KEIFFER, NATONSON). Früher hat man sich zu diesem Zweck fast allgemein der MÜLLERschen Flüssigkeit bedient, welche auch heute noch in der mikrotechnischen Bearbeitung des Uterus eine große Rolle spielt. Man soll dabei ein Bewegen der Flüssigkeit möglichst vermeiden, da sonst das Epithel leicht abgespült wird. In den ersten Tagen darf die Flüssigkeit, deren Menge gleich von Anfang an recht groß gewählt wird, nicht gewechselt werden (MANDL). Auch die Kombination von Müller und Formol in der Form der ORTHschen Mischung (vgl. Bd. 1, pag. 232) liefert gute Resultate (STOLPER, HERRMANN). Von manchen Seiten ist auch der absolute Alkohol für den Uterus empfohlen worden (WOLTKE, WYDER, DÜVELIUS, LANDAU und ABEL). Material, welches durch Auskratzung des Uterus gewonnen wurde, fixiert man nach WORMSER am besten in Pikrinalkohol 3—12 Stunden (konzentrierte wässerige Pikrinsäure 30 Teile, 95%igen Alkohol 65 Teile).

DÜHRSSEN fixiert in 10%iger Salpetersäure und chromiert dann nach dem Vorgang von BENDA in MÜLLERscher Flüssigkeit. Den Uterus kleiner Tiere kann man in toto in Pikrinschwefelsäure (RATHKE), Formol (FRÄNKEL), HERMANNscher oder FLEMMINGscher Flüssigkeit (NOLF) fixieren. Besonders die letztere Flüssigkeit leistet vorzügliche Dienste, wenn man auf ganz junge Embryonalstadien fahndet. Sublimat ohne weitere Zusätze scheint ein für das Uterusgewebe wenig geeignetes Fixationsmittel zu sein (von BEILING benutzt), dagegen erhält man nach unserer Erfahrung mit ZENKERscher Flüssigkeit ganz ausgezeichnete Resultate, vor allem auch für das Uterusepithel. Nach SOBOTTA soll dieses Mittel auch frühere Entwicklungsstadien der Eier (nach der Furchung) ausgezeichnet konservieren. Pikrinschwefelsäure benutzt STRAHL für den puerperalen Uterus.

Als Einbettungsmethode eignet sich die Celloidineinbettung vor allem für größere Uteri dann, wenn es darauf ankommt, Übersichtsschnitte durch das ganze Organ oder größere Teile desselben zu gewinnen. Für kleinere Uteri und kleine Stückchen größerer ist die Paraffineinbettung am Platz. Man soll aber nach BEILING nur Paraffin von 48—50° verwenden; nimmt man Paraffin von höherem Schmelzpunkt, so wird die Muskulatur zu hart.

Als diejenige Färbemethode, welche die meisten Bestandteile des Organs gut darstellt und vorzüglich differenziert, ist die Giesonfärbung zu bezeichnen, die besonders schön Muskulatur und Bindegewebe gegeneinander abhebt (FIEUX). Für das Epithel ist besonders die Eisenhämatoxylinfärbung zur Sichtbarmachung der Kittleisten und Centrosomen zu empfehlen. Für die besonders häufig am äußeren Muttermund sich findenden großen Schleimdrüsen färbt man am besten mit einem guten BÖHMERschen oder EHRLICHschen Hämatoxylin oder MAYERschen Muchämatein vor und mit der GIESONschen Pikrinfuchsinmischung nach. Um die Grenze zwischen Cylinder- und Plattenepithel auch schon makroskopisch sichtbar zu machen, bedient sich BJÖRKENHEIM der Methode von ZILLIACUS (siehe Flimmerepithel).

Zur Sichtbarmachung der elastischen Fasern hat DÜHRSSEN Gefrierschnitte von Material aus 0,2%iger Chromsäure mit Fuchsin nach UNNA oder Safranin nach MARTINOTTI gefärbt. Außerordentlich klare und prächtige Präparate erhält man mit der WEIGERTschen Färbung mit Resorcinfuchsin (WOLTKE, PICK). Man schickt am besten eine Färbung in Alauncarmin voraus, abspülen in Wasser, färben

$\frac{1}{2}$—1 Stunde in der WEIGERTschen Lösung, kurz abspülen in 95%igem Alkohol und Wasser, nachfärben cca. 1 Minute in Pikrinfuchsin, abspülen in Wasser und entwässern in Alkohol etc. (PICK).

Zur Isolation der Muskelfasern dient meist Kalilauge; BERTELSMANN legt altes Alkoholmaterial zu diesem Zweck 1—2 Tage in 30%ige Salpetersäure ein.

Zur Darstellung der Nerven des Uterus eignet sich vorzüglich die rasche Golgimethode, 24—30 Stunden in Osmiumbichromat (KÖSTLIN, v. GAWRONSKY, LABHARDT), KALISCHER empfiehlt Färbung auf dem Objektträger in 0,1- bis 0,2%iger Methylenblaulösung, PATENKO injiziert interstitiell eine 0,1—0,5%ige Lösung von Goldchlorid oder Osmiumsäure und zerzupft dann kleine Stückchen, STSCHERBAKOW behandelt nach der LÖWITschen Goldmethode und bettet in Paraffin ein. KEIFFER (08) verwandte die CAJALsche Neurofibrillenmethode.

Über die Injektion der Uterusgefäße vergleiche man vor allem die Arbeiten von FREDET. Über Bearbeitung von ausgekratztem Material siehe Bd. 1, pag. 522.

Literatur: BEILING (Arch. Mikr. Anat., Bd. 67. 1904), BERTELSMANN (Arch. Gynäk., Bd. 50. 1895). BJÖRKENHEIM (Anat. Anz., Bd. 28, 1906), derselbe (Anat. Hefte, Bd. 35, 1908), DÜHRSSEN (Arch. Gynäk., Bd. 41, 1891), DÜVELIUS (Zeitschr. Geburtsh. Gynäk., Bd. 10, 1884), FIEUX (Journ. de l'Anat., 35. Jg., 1899), FRÄNKEL (Arch. Gynäk., Bd. 55, 1898), FREDET (Journ. de l'Anat., 35. Jg., 1898), v. GAWRONSKY (Centralbl. Gynäk., 18. Jg., 1894), KALISCHER (Sitzungsber. Akad. Berlin 1894), KEIFFER (Bull Ac. Méd. Belgique 1903), derselbe (Bull. Soc. d'Obst., Paris 1908), KÖSTLIN (Fort. Med., 12. Jg., 1894), LABHARDT (Arch. Gynäk., Bd. 80, 1906), LANDAU und ABEL (Arch. Gynäk., Bd. 38, 1890), MANDL (Ebenda, Bd. 52, 1896), NATANSON (Anat. Anz., Bd. 29, 1906). PATENKO (Centralbl. Gynäk., 4. Jg., 1880). PICK (Sammlung Klin. Vortr., N. F., Nr. 283. 1900), RATHKE (Arch. Pathol. Anat., Bd. 142, 1895), SOBOTTA (Arch. Mikr. Anat., Bd. 61, 1902), STOLPER und HERRMANN (Ebenda, Bd. 63, 1904). STRAHL (Proc. Ak. Amsterdam, Bd. 14. 1906). STSCHERBAKOW (Inaug.-Diss., Berlin 1907), WERTH und GRUSDOW (Arch. Gynäk., Bd. 55, 1898). WOLTKE (Beitr. Pathol. Anat., Bd. 27, 1900). WORMSER (Arch. Gynäk., Bd. 69, 1903). WYDER (Ebenda, Bd. 13, 1878).

V.

Vagina. Für die Untersuchung der Vaginalschleimhaut können die meisten der auch für die äußere Haut benutzten Methoden Anwendung finden und sehe man dort das Nähere ein. Zum Studium des elastischen Gewebes empfiehlt sich Orcein oder noch besser die WEIGERTsche Färbung mit Nachfärbung in Pikrinfuchsin oder Vorfärbung in Alaun- und Lithioncarmin (OBERMÜLLER), zur Darstellung des collagenen Gewebes die MALLORYsche Färbung und die Verdauung mit Pancreassaft (BJÖRKENHEIM), zum Nachweis des Keratins die Verdauung in Pepsin nach UNNA-JOSEPH (BJÖRKENHEIM).

Zur Färbung der Nerven bevorzugt ARONSON vitale Injektion von Methylenblau, KALISCHER Einlegen der Schleimhaut in 0,1—0,2%ige Methylenblaulösung, WORTHMANN färbt Rasiermesserschnitte auf dem Objektträger nach DOGIEL, CHRSCHTSCHONOWITSCH behandelt mit Goldchlorid und Weinsäure (vgl. Bd. 1, pag. 535), KÖSTLIN stellt sie mittelst der GOLGI-Methode dar (24 Stunden in Osmiumbichromat).

Literatur: ARONSON (Inaug.-Diss., Berlin, 1896), BJÖRKENHEIM (Anat. Hefte, Bd. 35, 1906), CHRSCHTSCHONOWITSCH (Sitzungsber. Ak. Wiss. Wien, Bd. 63, 1871), KALISCHER (Sitzungsber. Ak. Wiss. Berlin 1894), KÖSTLIN (Fort. Med., Jg. 12, 1894), OBERMÜLLER (Beitr. Pathol. Anat., Bd. 27, 1900), WORTHMANN (Arch. Mikr. Anat., Bd 68, 1906).

Vanadiumverbindungen. Von ihnen haben in der Mikrotechnik das Vanadiumchlorid und das Ammoniumsalz der Vanadinsäure eine sehr beschränkte Anwendung gefunden.

Von den drei existierenden Chloriden des Vanadiums bildet das Vanadiumdichlorid, VCl_2, grüne, leicht zerfließliche Krystalle, die in Wasser unter Bildung von salzsaurem Vanadiumoxydul leicht mit blauer Farbe löslich sind. In Alkohol lösen sie sich leicht mit blauer, in Äther mit grüner Farbe. Ganz ähnlich verhalten sich die roten Krystalle des Vanadiumtrichlorids, VCl_3. Die höchste Chloridstufe endlich, das Vanadiumtetrachlorid, stellt eine braunrote Flüssigkeit dar, welche sich unter Bildung von Tetroxyd in Wasser mit blauer Farbe löst.

Die Vanadinsäure bildet Salze, die den Meta-, Ortho- und Pyrophosphaten entsprechen, von denen aber nur die Metavanadate einigermaßen konstant sind, aus ihren Lösungen werden sie durch Gerbsäure blauschwarz, durch Silbernitrat gelb ausgefällt. Ammoniumvanadat, NH_4VO_3, ist ein in Wasser unlösliches, krystallinisches Pulver. Ein wasserlösliches Salz erhält man nach BERZELIUS, wenn man Vanadinsäure in starkem Ammoniak löst und langsam verdunsten läßt. Ein Ammoniumdivanadat erhält man, wenn man zu der Lösung des letzteren so lange Eisessig zusetzt, bis sie sich gelb färbt. Es resultieren dann hellrote, in Wasser lösliche, in Alkohol unlösliche Krystalle.

Das Vanadiumchlorid (wohl das Dichlorid) ist zuerst von KRAUSE für die Retina empfohlen worden. Er behandelt dieselbe zunächst mit einer 2%igen wässerigen Lösung des Salzes, dann mit 2%iger Pyrogallussäure. Ähnlich geht

AZOULAY vor, nur benutzt er statt des Chlorids das Ammoniumvanadat in 1%iger Lösung und dann 5%iges Tannin. Die Vanadiumverbindungen bilden mit Hämatoxylin blau gefärbte Lacke. Diese Eigenschaft ist zuerst von WOLTERS, später von HEIDENHAIN und COHN benutzt worden. (Näheres s. Bd. 1, pag. 604.) CIACCIO ersetzt in der HEIDENHAINschen Eisenalaun-Hämatoxylinmethode den Eisenalaun durch eine 5%ige Lösung von Vanadiumchlorid.

Literatur: AZOULAY (C. R. Soc. Biol. Paris, Bd. 1, 1884), CIACCIO (Mon. Zool. Ital. Jg. 18, 1907), HEIDENHAIN und COHN (Anat. Hefte, Bd. 5, 1895), KRAUSE (Int. Monatsschr. Anat., Bd. 1, 1884), WOLTERS (Zeitschr. Wiss. Mikr., Bd. 7, 1891), derselbe (Arch. Derm. Syph., 1892).

Vanillin siehe: Zellmembrane, pflanzliche.

Vaseline, ein Weichparaffin, das aus den Rückständen bei der Petroleumdestillation gewonnen wird. Es schmilzt zwischen 30 und 40°, besitzt eine festweiche, salbenartige Konsistenz und ist von neutraler Reaktion.

Die Vaseline findet in der Mikrotechnik zum Einfetten von Instrumenten, Mikrotomschlitten und -bahnen etc. Anwendung.

Vegetationspunkt der Pflanzen siehe: Aufhellen pflanzlicher Gewebe.

Venetianische Seife, Marseiller Seife, Sapo venetus, eine Natronölseife, die in Frankreich und Italien aus Natronlauge und den schlechten Sorten von Olivenöl bereitet wird. Es ist eine feste, weiße, trockene Seife, welche in warmem Wasser oder Alkohol völlig löslich ist.

NISSL hat seiner Methylenblaulösung eine Spur von venetianischer Seife zugesetzt.

Venetianischer Terpentin siehe: Terpentin.

Verdauung, künstliche, als histologische Methode beruht darauf, daß die im tierischen Körper und in der Pflanze vorkommenden Enzyme die einzelnen Gewebsbestandteile in verschiedenem Grade oder in verschiedener Zeit auflösen, und daß sie dadurch zur gesonderten Darstellung eines oder mehrerer Bestandteile benutzt werden können. Bisher sind für histologische Zwecke nur verwendet worden: Pepsin, Trypsin (= Pancreatin), Papayotin und Bromelin. Auch die Versuche mit den Stoffwechselprodukten verschiedener Bacterien können hierher gerechnet werden.

Angaben über die Wirkung des Magensaftes auf einzelne Gewebe, namentlich Muskeln, finden sich schon in der ersten Hälfte des 19. Jahrhunderts, zuerst wohl (nach SCHWANN. Mikroskopische Untersuchungen usw., 1839, pag. 162) bei PURKINJE, dann bei FRERICHS (WAGNERS Handwörterbuch der Physiologie, Artikel: Verdauung, Bd. 3, 1. Abt., 1846, pag. 814, mit Abbildung). Die erste Anwendung der Verdauungsflüssigkeiten für histologische Untersuchungen geschah durch ROLLETT (57), welcher den Magensaft 1857 zum Studium des Aufbaues der quergestreiften Muskelfasern und 1858 zur Deutlichmachung der elastischen Fasern und der Kerne in der Sehne anwandte, und durch LECONTE und FAIVRE, welche bei ihren Untersuchungen über das Nervensystem des Blutegels auch prüften, welche Wirkung der Magen- und Pancreassaft auf Nervenfasern und -zellen ausübt und inwieweit diese Flüssigkeiten zur isolierten Darstellung dieser Gewebselemente brauchbar sind.

Ganz allgemein ist folgendes zu bemerken: Die Wirkung einzelner Enzyme auf manche Gewebsbestandteile steht auch heute noch nicht ganz fest. Der Wirkungsgrad der Enzyme ist verschieden je nach der Tierart, nach dem physiologischen Zustande des Ausgangsmateriales, nach der Zeit, welche seit dem Tode verstrichen ist, nach der Art der Extraktion und nach der Aufbewahrungsweise. Man tut daher stets gut, sich durch Probeverdauungen (s. später) über die Wirksamkeit der anzuwendenden Enzyme Gewißheit zu verschaffen.

Exaktes Arbeiten ist bei diesen Methoden noch mehr notwendig als sonst in der histologischen Technik!

1. **Pepsin** ist ein Enzym des Magensaftes, welches seine Wirksamkeit in saurer Lösung entfaltet.

Die Verdauungsfähigkeit eines Magensaftes hängt wesentlich von der Menge des Pepsins ab, ist bei einem bestimmten Gehalt am größten, wird jedoch bei Zunahme oder

Abnahme des Gehaltes kleiner. Hundepepsin ist wirksamer als Schweine- oder Rinderpepsin. Die Geschwindigkeit der Verdauung ist auch in gewissen Grenzen abhängig von der Art der angewandten Säure und von ihrer Konzentration. Bei Anwendung von Salzsäure schwankt das Optimum der Wirkung auf verschiedene Stoffe zwischen einem Säuregehalt von 0,08% und 0,25%, und es wird als mittlerer Wert allgemein 0,1—0,2% angegeben. Die für die Wirkung günstigste Temperatur liegt etwa bei 40° C; niedrige Temperaturen vermindern nur die Geschwindigkeit der Verdauung, und selbst eine Temperatur von 0° C hebt sie nicht vollständig auf. In einer angesäuerten Lösung wird das Pepsin bei Erwärmung auf 65° rasch zerstört, während es im trockenen Zustande auf über 100° C erhitzt werden kann, ohne seine physiologische Wirkung zu verlieren.

Angesäuerte Pepsinlösungen bringen native und geronnene Eiweißkörper zum Aufquellen und lösen sie dann auf. Die collagene Substanz des Bindegewebes, Knorpels und Knochens sowie das Mucin wird schneller, das Elastin langsamer verdaut. Das Nuclein wird gar nicht oder nur sehr langsam gelöst, das Keratin, Neurokeratin und Chitin wird nicht angegriffen; ebenso wird Fett nicht verändert. Auch auf Kohlehydrate ist das Pepsin unwirksam.

Für histologische Untersuchungen kommt es bei der Pepsinverdauung vielfach auf zeitliche Unterschiede an, meist darauf, in welcher Reihenfolge die Gewebe gelöst werden; am Ende einer wirksamen Verdauung bleibt nur das Verhornte übrig nebst dem Nuclein der Kerne (Kühne).

Durch vorhergehende Einwirkung anderer Flüssigkeiten auf die Gewebe wird die Wirkungsweise des Pepsins teilweise verändert.

Vorbehandlung mit Alkohol macht die Gewebe leichter verdaulich (Bikfalvi, Ewald); Erhärtung der Organe in Chromsäure macht sie nach Bikfalvi und Witkowski (88, pag. 157) unlöslich (nach letzterem auch die Erhärtung in Chromsäuresalzen), während nach Ewald das Resultat für collagene Fasern verschieden ist, je nachdem die Chromsäure im Hellen oder im Dunkeln eingewirkt hat. (Genaueres s. pag. 574.) Fixierung in 0,5%iger Osmiumsäure macht die collagenen Fasern sehr schwer löslich, die elastischen Fasern unlöslich (Ewald, s. auch pag. 574), Fixierung in einem Gemisch von 10 Teilen 2%igem doppeltchromsaurem Kali und 2 Teilen 1%iger Osmiumsäure macht Nerven fast unverdaulich (Gedoelst, 87). Nach Fixierung in Pikrinsäure sind collagene Fasern unverdaulich, elastische Fasern vielleicht leichter verdaulich als vorher (Ewald). An Nerven von Säugetieren wird durch Kochen mit Alkohol und Benzol sowie durch Äther das Bindegewebe so verändert, daß es durch Magensaft nicht völlig zerstört wird (Kühne und Chittenden).

Über Unterschiede in der Verdaulichkeit der Gewebe verschiedener Tiere finde ich nur die Angabe von Stirling, daß die Haut des Hundes weit leichter verdaulich ist als diejenige des Menschen.

Über die Wirkung des Magensaftes auf die Bestandteile der Pflanzenzellen liegen ausführliche Angaben von Frank Schwarz vor (s. Original).

Die Wirksamkeit der zu verwendenden Pepsinlösung ist womöglich durch eine Verdauungsprobe zu prüfen. Man benutzt dazu am bequemsten Fibrin, welches durch Schlagen frisch gelassenen Rinderblutes erhalten und in fließendem Wasser ausgewaschen wird, bis es vollkommen weiß aussieht; es kann, nachdem es stark ausgepreßt ist, in Glycerin eingelegt und fast beliebig lange aufbewahrt werden. Eine Flocke dieses Fibrins (vom anhaftenden Glycerin durch langes Auswässern befreit) soll von einer gut wirkenden Pepsinlösung bei Körpertemperatur in kurzer Zeit verdaut werden; es empfiehlt sich jedoch, das Fibrin nur abgekocht zu verwenden.

Mit Vorteil kann man sich bei der Probeverdauung auch des Grütznerschen Carminfibrins, welches ebenso wie das vorhergehende von Dr. G. Grübler, Dresden-Plauen, fertig bezogen werden kann, bedienen. Mit fortschreitender Verdauung des Fibrins löst sich auch die entsprechende Carminmenge. So zeigt der Eintritt der Färbung der Flüssigkeit die Wirksamkeit, die Stärke der Färbung die Kraft der angewandten Verdauungslösung an.

Die Angaben über die Darstellung der Pepsinlösungen schwanken beträchtlich bei den verschiedenen Autoren. Teilweise sind unmittelbar die verschiedensten Präparate des Handels benutzt worden; teilweise finden sich besondere Vorschriften angegeben. Von den letzteren sind für histologische Untersuchungen folgende empfohlen worden:

α) Beale schreibt vor, den aus den Drüsen des Schweinemagens ausgepreßten Saft rasch auf Glasplatten zu trocknen, zu pulverisieren und in Glasflaschen aufzubewahren. Er hält sich Jahre lang. 1 Teil löst 125 Teile koaguliertes Eiweiß auf. Für den Gebrauch löst man das Pulver in destilliertem Wasser auf und filtriert oder löst es in Glycerin. Man läßt dann die Flüssigkeit einige Stunden lang bei 37° C einwirken.

β) Tillmanns (76) gibt aus dem Ludwigschen Laboratorium folgende Darstellung an: Der Magen eines frisch getöteten Hundes wird 24 Stunden in destilliertem Wasser auf Eis aufgehoben; dann wird die Schleimhaut möglichst rein abgewaschen, von der Submucosa und Muscularis sorgfältig abpräpariert und in kleinste Stückchen zerschnitten. Diese werden für mehrere Tage in Glycerin übertragen. Die Wirkung ist desto besser, je weniger Glycerin man nimmt, und je länger es mit den Schleimhautstücken in Berührung bleibt. Vom abfiltrierten Glycerinauszug nimmt man 10—12 Tropfen zu etwa 35 *ccm* einer 0,1 bis 0,2%igen Salzsäurelösung.

γ) W. Kühne (78) empfiehlt, für zarte Objekte anstatt der Salzsäure eine Oxalsäure von 0,3% zu verwenden, welche auf je 100 *ccm* mit 1 *ccm* bestem Pepsin-Glycerin versetzt wird.

δ) Smith (83) empfiehlt aus dem Kühneschen Laboratorium folgendes Verfahren zur Darstellung eines besonderen wirksamen Präparates. Er digeriert die abpräparierte grob zerschnittene Schleimhaut eines frischen Schweinemagens in 0,4%iger Salzsäure (auf 132 *g* Schleimhaut nimmt er 5 *l* Säure) bei 40° C 6 Stunden lang. Die Lösung filtriert fast klar und verdaut eine vorher erwärmte Flocke rohen Fibrins momentan, nach Verdünnung mit der 100fachen Menge 0,2%iger Salzsäure in 3½ Minuten. Für die Darstellung der Pepsin-Oxalsäure wird die unverdünnte Verdauungslösung auf fließendem Wasser dialysiert, bis die saure Reaktion und das Chlor verschwindet und dann die so erhaltene neutrale Pepsinlösung mit 0,3%iger Oxalsäure versetzt.

ε) Bikfalvi löst je 1 *g* mit Alkohol behandelter und getrockneter Magenschleimhaut in 20 *ccm* 0,5—1%iger Salzsäure bei Brutwärme und erhält nach 3—4 Stunden das Filtrat als eine kräftige Verdauungslösung.

ζ) Gedoelst (87) läßt die Schleimhaut eines Kälber-Labmagens 24 Stunden in destilliertem Wasser macerieren, filtriert dann sorgfältig und vermischt das Filtrat mit 3 Vol. einer 0,2%igen Salzsäure.

η) Kühne und Chittenden (90) benutzten Magensaft, welchen sie durch Selbstverdauung von 1 Teil Schleimhaut des Schweinemagens mit 20 Teilen 4%iger Salzsäure erhalten und in der Kälte mäßig thymolisiert aufbewahren. Außerdem verwenden sie auch (Ebenda, pag. 316) Glycerinmischungen von ⅓ und ⅕ Pepsinglycerin (aus einer selbst dargestellten gesättigten Pepsinglycerinlösung bereitet). Mit Ausnahme der letzten, gesättigten Mischung verdauen alle gekochtes Fibrin fast momentan. Thymolisieren schadet dem Verdauungsvermögen nichts und macht die Lösungen sehr lange haltbar.

ϑ) Behn arbeitete anfangs mit einer gut verdauenden Pepsinlösung, welche er sich nach der Vorschrift von Hoppe-Seyler (Handbuch der physiologisch und pathologisch-chemischen Analyse 1883) aus der abpräparierten Magenschleimhaut (von Schwein, Kalb, Katze) frisch dargestellt hatte. Später benutzte er konservierte Präparate des Handels, nämlich Pepsinum siccum (des Arzneibuches für das Deutsche Reich), Pepsinum concentratum Laugenbeck, Vinum pepsini (des Arzneibuches für das Deutsche Reich) und Vinum pepsini Blell, letztere zwei gute haltbare Glycerinextrakte. Schließlich wandte er aus äußeren Gründen fast ausschließlich folgende Lösung an: Vinum pepsini Blell 4 Teile, officinelle Salzsäure 2 Teile, destilliertes Wasser 125 Teile. Das Pepsin. concentr. Langenbeck scheint kein reines Pepsinpräparat, sondern mit Trypsin vermischt zu sein. Die konservierten Präparate des Handels verdauen nicht so vollkommen wie frische Extrakte der Magenschleimhaut.

ι) Zacharias (98) bereitet den Magensaft nach der Vorschrift von Klug. Dieser setzt 5 *g* getrockneter Magenschleimhaut mit 200 *ccm* 0,3%igen Salzsäure einer 24 Stunden währenden Verdauung aus und filtriert dann; der Rückstand kann noch mehrfach in der gleichen Weise behandelt werden, und es sind die späteren Auszüge teilweise wirksamer als der erste. Die Wirksamkeit des ersten Auszuges kann dadurch gesteigert werden, daß man ihn vor dem Gebrauch einer 24stündigen Selbstverdauung unterwirft.

Bei der Leichtigkeit, mit welcher sich jetzt durch die von Pawlow angewandten Operationsverfahren große Mengen reinen Magensaftes aus Magenfisteln erhalten lassen, liegt der Gedanke nahe, für Verdauungsversuche künftighin diesen Magensaft unmittelbar oder wenigstens als Ausgangsmaterial für die Darstellung kräftig wirkender Pepsinlösungen zu benutzen.

Die Pepsinverdauung hat bisher einerseits als „unterbrochene (fraktionierte)“ Verdauung zur Aufhellung injizierter oder nicht injizierter Gewebe gedient, um auch dickere Schnitte von ihnen leichter durchsichtig zu machen, oder zu Untersuchungen über die Anordnung, den Aufbau und die Entwicklung der elastischen Fasern; andrerseits sind vollkommen zu Ende geführte („maximale“) Verdauungen, namentlich für Forschungen über die Bestandteile der Kerne, über das Neurokeratin und über die keratinhaltigen Elemente verwendet worden.

Die Wirkung der Pepsinverdauung auf verschiedene frische Gewebe überhaupt prüfte BURG an einem mit 0,2% Salzsäure versetzten Glycerinauszug eines Hundemagens bei 38° C. Er fand, daß durch die ungefähr gleiche Pepsinmenge Knorpel-, Fett-, Muskel- und Bindegewebe nach 14—24 Stunden, elastisches Gewebe und Nervengebe erst nach mehreren Tagen zerstört wird, während unentkalkter Knochen fast unverändert bleibe (s. dagegen SMITH).

A. Fraktionierte Verdauung.

a) Zum Aufweichen und Aufquellen überhaupt, und namentlich zur Sichtbarmachung der elastischen Fasern. ROLLETT (58) benutzt den künstlichen Magensaft zur Deutlichmachung der elastischen Fasern und Kerne in der Sehne. STIRLING spannt ein Stück Haut auf einen Glasring und verdaut es 4—6 Stunden lang in einem 0,2% Salzsäure enthaltenden Glycerinpepsin, das er alle 2 Stunden erneuert. Dann wird das Stück mit kaltem Wasser abgespült und für 24 Stunden in destilliertes Wasser übertragen, wo es um das 4—6fache aufquillt. Darauf werden Schnitte gemacht, gefärbt, oder in chromsaurem Kali gehärtet usw. Das gleiche Verfahren wendet er auch für Stücke an, deren Gefäße mit wässeriger Berlinerblaulösung maximal injiziert sind. TILLMANNS (76) und GASKELL benutzen ein ähnliches Verfahren für das Studium der mit Berlinerblaulösung durch Einstich injizierten Lymphgefäße der Synovialmembranen und des Kehldeckels. Die Gewebsstücke werden bei 38—40° C mehrere Stunden bis Tage verdaut; bei längerer Dauer Wechsel der Flüssigkeit. Dann wäscht man sorgfältig aus, kann einbetten, schneiden und färben. Die collagenen Fasern sind zerstört oder wenigstens stark gequollen, die zelligen Gebilde sind erhalten oder teilweise zerstört, die Kerne und elastischen Fasern treten sehr deutlich hervor. UNNA (83, 1) hat zur Darstellung des Gerüstes der elastischen Fasern in der menschlichen Haut ebenfalls allmähliche Verdauung der Cutis mittelst Pepsinsalzsäure angewandt; nach dem Auswaschen überfärbt er mit Eosinhämatoxylin und entfärbt durch Eintauchen in Eisessig. MANN empfiehlt zur Demonstration der elastischen Fasern in der Lunge, Haut usw. dicke Gefriermikrotomschnitte zunächst für 10 Minuten in Alkohol zu übertragen, dann für 12 Stunden in eine Orceinlösung (Orcein 1 *g*, Salzsäure 1 *ccm*, Wasser 10 *ccm*, Alcoh. abs. 90 *ccm*) einzulegen und schließlich bei 37° C in Pepsinsalzsäure zu verdauen.

b) Zum Studium der Grundsubstanz des Knochens und Knorpels. BROESIKE (82, 86) benutzte wiederholt unter anderen Methoden auch diejenige der Pepsinverdauung zur Isolierung der Grenzscheiden des Knochenkanalsystems. SMITH prüfte mit derselben Methode (s. Methoden der Darstellung) diese Gebilde auf ihre Ähnlichkeit mit keratinartigen Substanzen. BROESIKE arbeitete dabei zuerst (82) mit einem Pepsin des Handels, stellte sich dann aber für seine zweite Untersuchungsreihe (86) das Pepsin nach der Vorschrift von SMITH selbst dar und fand dieses sehr viel wirksamer. MORAWITZ findet, daß sich an dünnen Schnitten vom Rippenknorpel älterer Individuen bei Behandlung mit einer Lösung von 0,5%iger Salzsäure und Pepsinum purum bei 40° C die Chondrinballen nach cca. 12 bis 24 Stunden gelöst haben.

c) Zum Studium des Baues und der Entwicklung der elastischen Fasern. PFEUFFER untersuchte mit einer Pepsin-Glycerinlösung (Zusatz von 0·3%iger Oxalsäure nach KÜHNE) die Veränderungen, welche die elastischen Fasern verschiedenen Alters unter dem Einflusse der Verdauung teilweise bei Zimmertemperatur, teilweise bei 40—42° C erleiden. EWALD wiederholte und erweiterte diese Versuche. Er benutzt als Säuren 0,2%ige Salzsäure oder 0,33%ige Oxalsäure und versetzt je 100 *ccm* verdünnter Säure mit 2 *ccm* aus Schweinemagen bereitetem Pepsinglycerin. Die Pepsin-Oxalsäure wirkt etwas langsamer und gibt Niederschläge von feinsten Krystallen (oxalsaurer Kalk?) auf dem Präparat. Er verdaut bei 40° C oder bei Zimmertemperatur, oder erst warm, dann kalt und kombiniert auch Trypsin- und Pepsinverdauung (nacheinander!). Präparate aus Alkohol sind etwas leichter verdaulich als frische. Nach Fixierung kleiner Stücke elastischer Bänder in 0,5%iger Osmiumsäure (24—48 Stunden lang) und Auswaschen in destilliertem Wasser löst sich das Bindegewebe sehr schwer in Pepsin (erst nach 5—6 Tagen) und die elastischen Fasern werden gar nicht angegriffen (auch nach 14 Tagen nicht). Nachfolgende Trypsinverdauung wirkt dann aber ganz rapid. Nach 14tägiger Fixierung in 0,03%iger Chromsäurelösung im Dunklen und Auswaschen wird die Verdaulichkeit nicht verändert, nach gleicher Fixierung im Hellen und Auswaschen sind die collagenen Fasern in Pepsin unverdaulich, die elastischen Fasern verdaulich. Fixierung in MÜLLERscher Lösung hat keinen wesentlichen Einfluß auf die Verdaulichkeit. Fixierung in konzentrierter wässeriger Pikrinsäurelösung mit mehrtägigem Auswaschen in Wasser macht die elastischen Fasern verdaulich, die collagenen nicht. MALL (91, 92) hat ebenfalls die Veränderungen der elastischen Fasern sowie diejenige der Sehne untersucht. Er benutzte drei Verfahren. Entweder er verfütterte die Gewebe einem Hunde und tötete das Tier einige Stunden später; die Sehnenfasern waren dabei nicht schneller gelöst als die elastischen Fasern. Oder er benutzte einen durch Extraktion der Schleimhaut mit Glycerin und Ansäuern mit verdünnter Salzsäure hergestellten Verdauungssaft; oder er benutzte käufliche Pepsine, welche er fast alle brauchbar fand. In den künstlichen Säften löst sich die Sehne viel rascher als das elastische Gewebe und als das Reticulum. KUSKOW sucht mit diesem Verfahren einen Zusammenhang der sich entwickelnden elastischen Fasern mit den Zellkernen bei Embryonen nachzuweisen. Er breitet Schnitte (nicht über 5 μ dick) aus dem in 85%igem Alkohol gehärteten Nackenband in Wasser aus, überträgt sie in eine frisch bereitete Lösung von 0,1 Teil offizinellen Pepsins in 20 Teilen 3%iger* Oxalsäure für 10—40 Minuten bei Zimmertemperatur. Dann spült er sie wieder in Wasser aus, färbt die Kerne 24 Stunden in Ammoniakcarmin, differenziert in schwacher Essigsäure, spült in Wasser ab und überträgt entweder unmittelbar oder erst nach 1—3stündiger Behandlung mit konzentrierter Pikrinsäurelösung in Glycerin.

d) Zum Studium einiger anderer Gebilde. LECONTE und FAIVRE isolierten durch 10 Minuten lange Einwirkung von Magensaft beim Blutegel Nervenfasern und Nervenzellen nebst Ausläufern und Anastomosen. ANDREJEVIC benutzte die Verdauung zur Entscheidung der Frage, ob die Gallencapillaren eine Membrana propria besitzen; er injizierte die Gallengänge mit Berlinerblauleim, löste die Leberzellen durch Verdauung und untersuchte dann Stückchen des isolierten blauen Geästes. KRAUS verwendet unter anderem auch Verdauung in Pepsinlösung als Vorbehandlung zur Isolation der MEISSNERschen Tastkörperchen. THANHOFER untersuchte die Struktur des Sarcolemms (Fußmuskeln von Hydrophilus piceus) mit der Pepsinverdauung. Entweder gab er in einen Tüllbeutel eingenähte Muskeln in den Magen eines Magenfistelhundes und untersuchte nach mehreren Stunden; oder er verdaute in künstlichem Magensaft im Verdauungsofen oder im Sommer zwischen zwei Uhrgläsern bei Zimmertemperatur und untersuchte nach 1/2 bis 1 Stunde. Er unterscheidet auf Grund dieser Versuche zwei Schichten am Sarcolemm. BIKFALVI verdaut Organschnitte und zieht frische Gewebe vor, da die Zellen schwerer aufgelöst werden; bei Alkoholpräparaten bleiben meist nur die Kerne übrig. In Chromsäure erhärtete Organe sind in Pepsin unverdaulich. Als Verdauungszeit gibt er 1/2—1 Stunde an. Bei einem Salzsäuregehalt der Pepsinlösung von 0,1% werden im Knorpel die Fibrillen dargestellt; bei 0,5—1% Salzsäuregehalt wird das Bindegewebe gelöst. die Zellen und die Drüsenschläuche werden isoliert. so Knorpel-, Knochen-, Epithel-, Nerven-. Drüsen-, Muskelzellen. Färben mit Pikrocarmin entweder nach dem Verdauen oder vorher. Verdauungs-

---

* 3% ist auf jeden Fall zu stark und steht vielleicht infolge eines Druckfehlers anstatt 0,3%. SPALTEHOLZ.

flüssigkeit durch Auswaschen oder Abtupfen entfernt, dann Einlegen in Glycerin. BARNES benutzte die Pepsinverdauung zur Isolierung der Trichinen. Er bringt ein erbsengroßes Stück eines trichinösen Muskels in ein Glas mit 0,2 *g* Pepsin, 8 *g* Wasser und ein Minimum Salzsäure und verdaut es bei Körpertemperatur unter zeitweisem Schütteln bis zum Auflösen (cca. 3 Stunden). Dann gießt er den Inhalt in ein Glas, so daß die Trichinen sich zu Boden setzen, hebt dann unter dem Mikroskop einzelne Tiere heraus, überträgt sie in klares Wasser und untersucht sie auf gewärmtem Objektträger oder legt sie in Glycerin ein. RAUSCH gibt an, daß sich das Stratum corneum der menschlichen Fußsohlenhaut sehr gut durch 1—2tägige Verdauung mit Pepsinlösung bei Körpertemperatur abmacerieren läßt. Er färbt die Hornzellen alsdann zum Studium ihres Reliefs (Methode siehe bei Artikel „Maceration" unter: Wasserstoffsuperoxyd). Nach BONGARDT kann man gröbere Tracheenstämme einheimischer Lampyriden durch künstlichen Magensaft bei 40° C isolieren.

B. Maximale Verdauung.

a) Zur Untersuchung der Zellbestandteile, besonders der Nucleine. MIESCHER isoliert die Kerne der Eiterzellen dadurch, daß er die Zellen nach mehrfacher längerer Behandlung mit warmem Alkohol in angesäuerter Pepsinlösung (aus Schweinemagen) 18—24 Stunden lang bei zweimaligem Wechsel der Lösung verdaut. Die Kerne sind dann ohne eine Spur von Protoplasmaresten sowie leicht geschrumpft. ZACHARIAS (81) verdaut mit einem Gemisch von 1 Vol. Glycerinextrakt von Schweinemagen und 3 Vol. 0,2%iger Salzsäure Pflanzenzellen (Tradescantia etc.) und findet bei ihnen, daß ruhende und sich bildende Kerne ebenso wie die roten Froschblutkörperchen einen auch durch mehrstündige Verdauung bei 40° C nicht mehr veränderlichen Körper enthalten, welcher dem MIESCHERschen Nuclein zu gleichen scheint. WITKOWSKY (82, 83 2) untersuchte verschiedene Ganglienzellen, normale und pathologische, auf das Vorkommen der Nucleine: er fand, daß sich verschiedene Zellarten und -individuen verschieden verhalten. MATTIROLO und BUSCALIONI wenden die Verdauung (Hundepepsin) an, um zu entscheiden, ob die Auskleidung der Intercellularräume von Pflanzen plasmatischer Natur sind oder nicht. LILIENFELD benutzt zur Untersuchung der Blutplättchen ein klar filtriertes, mit 10 *ccm* rauchender Salzsäure auf 1 Liter Wasser bereitetes Extrakt aus Schweinemagen, welches er ungefähr alle 2 Tage frisch herstellte. Er verdaut entweder im hängenden Tropfen bei 35—40° C 10 Minuten bis 48 Stunden oder in der feuchten Kammer, eventuell auf dem heizbaren Objekttisch. FRANK SCHWARZ wendet ein Gemisch von 1 Vol. Pepsinglycerin und 3 Vol. 0,2%iger Salzsäure an, um an frischem oder in Alkohol fixiertem Pflanzengewebe die einzelnen Bestandteile der Zellkerne, des Cytoplasmas und der Chlorophyllkörner zu untersuchen. HEINE unterwirft Salamanderspermatozoenköpfe einer Verdauung in Pepsinsalzsäure (erhalten durch Verreiben von frisch abpräparierter Schleimhaut des Schweinemagens mit 0,8%iger Salzsäure) bei 40° C und findet sie nach 1—1½ Stunden völlig ausgelaugt. ZACHARIAS (96) gibt dagegen an, daß bei den von ihm ausgeführten Verdauungsversuchen das „Kernnuclein" weder quillt, noch sich löst. Lediglich gewisse Eiweißstoffe geben in Lösung, können demnach durch dieses Verfahren mikrochemisch vom Kernnuclein scharf unterschieden werden. In einer späteren Arbeit (98) erweitert und bestätigt er diese Angaben nach Versuchen mit Lachssperma, Spermatozoen von Triton taeniatus und Epidermiszellen von Arum italicum. Teilweise arbeitete er mit einer Verdauungsflüssigkeit, welche nach der Vorschrift von KLUG (siehe pag. 572) frisch bereitet war und in 100 *ccm* Wasser 1 *ccm* Lösung von 0,01 Pepsin sowie 5 *ccm* Normalsalzsäure (also im ganzen 0,18 *g* Salzsäure) enthielt; ihre Wirksamkeit nahm allmählich ab. Teilweise benutzte er ein Gemisch von 1 Vol. Glycerinextrakt vom Schweinemagen und 3 Vol. 0,28%iger Salzsäure. In den Nucleolen findet er kein Nuclein (im Gegensatz zu anderen, siehe Original). Er führt aus, daß die Pepsinverdauung durchaus nicht als allgemeines Reagens auf Zellkerne betrachtet werden darf; sie ist nur ein Reagens auf bestimmte, in den meisten untersuchten Zellkernen nachgewiesene Substanzen. NEMEC benutzt Pepsinglycerin (nach den Angaben von ZACHARIAS hergestellt) zu cytologischen Untersuchungen an ruhenden und sich teilenden Pflanzenzellen; er verarbeitet teils frisches, teils fixiertes Material. KOPSCH studierte die Natur der Innenkörper („Kerne") der Thrombocyten mittelst Verdauung durch Pepsinsalzsäure. Er setzte zu einem frischen Blutpräparate an den linken Rand des Deckglases tropfenweise Pepsinsalzsäure (Pepsinglycerin von GRÜBLER 100 *ccm*, Salzsäure 1 *ccm*), während am rechten Rand durch Fließpapier der Überschuß von Flüssigkeit abgesaugt wird. Nach einiger Zeit bleibt nur der Kern zurück. Dann wird mit Wasser ausgewaschen, absoluter Alkohol zugesetzt und schließlich mit Methylgrün gefärbt.

b) Zur Untersuchung des Verhornungsprozesses und seiner Produkte. WALDEYER benutzte ein nach KÜHNE dargestelltes Pepsinextrakt zur Isolation der letzten Formelemente der Haarrinde. UNNA (83 2, 97) hat wiederholt Verdauungsmethoden zur Untersuchung des Verhornungsprozesses angewandt. Er findet, daß bei genügend langer Verdauung der ganze Zelleninhalt der Hornzellen zerstört wird und nur leere Hülsen von horniger Substanz und melonen- oder gurkenähnlicher, langgestreckter Form zurückbleiben. In der zweiten Arbeit (97) gibt er eine Reihe besonderer Vorschriften: 1. soll man möglichst feine Schnitte machen, und zwar senkrecht zur größten Fläche der Hornzellen; 2. ist die Temperatur von 40—41° C genau einzuhalten; sinkt sie um 1—3° C, so wird die Verdauung unverhältnismäßig verlangsamt; 3. in Alkohol gehärteter Zellinhalt verdaut sich ebenso gut wie frischer: 4. vorausgehende Entfettung beschleunigt die Verdauung, ist aber nicht absolut notwendig; 5. Pepsinsalzsäure ist für Hornzellen mehr zu empfehlen als Pancreatin oder Papayotin. Die Objekte werden in Alkohol rasch gehärtet, in Celloidin eingebettet und geschnitten. Die Schnitte werden in Ätheralkohol von Celloidin befreit und kommen durch Alkohol und Wasser in die Verdauungslösung (Wasser 100 Teile, Salzsäure 1 Teil, Pepsin 0,5 Teile). Nach 12 Stunden bis 4 Tagen oder länger spült man die Schnitte mit Wasser ab, trocknet sie gut ausgebreitet am Objektträger an, färbt warm 1 Minute mit polychromer Methylenblaulösung, fixiert mit 1%iger Lösung von rotem Blutlaugensalz, trocknet wieder ab, entfärbt mit salzsaurem Alkohol, hellt in Bergamottöl auf und schließt in Balsam ein. BEHN untersucht ebenfalls die Verteilung des Keratins in den Hornzellen mit 4—10stündiger Verdauung durch Pepsinlösungen (s. vorn) bei 37—40° C, dann wäscht er stark aus und färbt verschiedentlich. GÜNTHER benutzt eine 2—3tägige Einwirkung eines Pepsin-Salzsäure-Glyceringemisches bei 40° C zur Isolation der Zellen der inneren Wurzelscheide. Die Haare werden dann kurz abgewaschen und es wird in einem Tropfen Wasser auf dem Objektträger durch leichtes Reiben mit der Nadel die Wurzelscheide abgelöst und zerzupft. Die angetrockneten Zellen werden mit Hämatoxylin gefärbt. WEIDENREICH wendet für das Studium der Verhornung der menschlichen Oberhaut auch die Pepsinverdauung an und verdaut ganze Stücke oder Schnitte in der von UNNA angegebenen Lösung bei 42° C 12 Stunden bis 8 Tage oder länger. Bei Stückverdauung wäscht er nach einigen Tagen, ehe der Zellverband zu sehr gelockert ist, aus, härtet in Alkohol und schneidet dann. Bei der Schnittverdauung lösen sich trotz sorgfältiger Entfettung der Objektträger die Schnitte los. Dieser Mißstand läßt sich meist verhüten, wenn man die Pepsinlösung tropfenweise nach Entfernung des Paraffins auf die Schnitte bringt und die Objektträger wagrecht in einer feuchten Kammer in den Brutofen bringt. Die Schnitte werden schließlich in Hämalaun oder in HEIDENHAINschem Eisenhämatoxylin gefärbt.

BJÖRKENHEIM hat Schnitte menschlicher Uteri der Pepsinverdauung unterworfen, um zu untersuchen, ob das Epithel keratinisiert war oder nicht. Er ist dabei in folgender Weise verfahren: Die auf den Objektträger mit Wasser aufgeklebten Schnitte werden nach Entfernung des Paraffins und nach Entfettung in Benzin (gewöhnlich 6—7 Tage) für 24 Stunden in Barytwasser übertragen, dann gründlich mit Wasser abgespült und bei 37—40° C in die Verdauungsflüssigkeit ($^1/_2$% Lösung von Pepsinum LANGENBECK in 1%iger Salzsäurelösung) eingelegt. Nachdem alles verdaut zu sein scheint (1—6 Tage), werden sie in Wasser ausgewaschen, mit Fließpapier abgetrocknet, in erwärmtem polychromen Methylenblau 1 Minute gefärbt, dann wieder mit Fließpapier abgetrocknet, mit 1%iger wässeriger roter Blutlaugensalzlösung übergossen, erneut mit Fließpapier abgetrocknet und durch Salzsäurealkohol in Bergamottöl und Balsam überführt.

MASUR hat die Pepsinverdauung zum Studium der Natur der Schmelzpulpafasern benutzt (näheres siehe unten bei Trypsin).

c) Zur Darstellung des Neurokeratins und zur Untersuchung anderer Gerüstsubstanzen des Nervensystems. EWALD und KÜHNE (77 2) fanden, daß bei Verdauung der markhaltigen Nervenfasern, der grauen Substanz des Rückenmarkes und der Retina ein netzartig angeordnetes Fasergerüst (Neurokeratin) übrig bleibt, welches in Pepsin und Trypsin unverdaulich und in Natronlauge unlöslich ist. PERTIK, welcher mit nach HOPPE-SEYLERS Vorschrift immer frisch bereitetem Magenschleimhaut- oder Pancreasextrakt arbeitete und stets wenigstens 12 Stunden bei Zimmertemperatur verdaute, kam dagegen teilweise zu anderen Befunden über das Neurokeratingerüst. RETZIUS untersuchte die Stützfasern der Retina mit einer 4—5stündigen Verdauung durch Pepsin (nach EWALD und KÜHNE) bei 38—40° C. Er fand sie blasser und undeutlicher, die übrigen Gewebsbestandteile jedoch nicht merklich verändert. WITKOWSKY (83 1) vergleicht die Verdaulichkeit des in Alkohol gehärteten Gehirns und Rückenmarks vom Erwachsenen und vom Embryo und findet, daß sie mit fortschreitender Markbildung abnimmt. GEDOELST (87, 89) verdaut zur Darstellung des Neurokeratingerüstes Frosch- und Kaninchennerven, die in physiologischer Spannung befestigt sind, bei 40° C bis zu 16 Stunden lang in einer Pepsinlösung (Bereitung siehe vorn), fixiert sie dann in einem Gemisch von 10 Teilen 2%igen doppeltchromsauren Kalis und 2 Teilen 1%iger Osmiumsäure und zerzupft dann oder macht mit dem Mikrotom Längsschnitte. JOSEPH kann die Angabe von EWALD und KÜHNE, daß das Neurokeratingerüst der Verdauung Widerstand leiste, nicht bestätigen; der entfettete Nerv erwies sich ihm keinem Verdauungsgemisch (ohne nähere Angabe, SPALTEHOLZ) gegenüber als widerstandsfähig. KÜHNE und CHITTENDEN kommen auf Grund erneuter und weiter ausgreifender Versuche zu einer Bestätigung und Erweiterung der Angaben von EWALD und KÜHNE. Über die von ihnen benutzten Magensäfte siehe vorn. Sie verdauen Frosch- und Säugetiernerven bei 37—41° C in lose verkorkten Probiergläsern 24 Stunden bis 7 Wochen und mehr und schütteln öfters vorsichtig um. Zum Schluß färben sie eventuell mit DELAFIELDS Hämatoxylin und schließen dann ein. Sie verdauen entweder vor oder nach der Entfernung des Markes durch Kochen mit Alkohol oder Benzol sowie durch Äther und wenden folgende Arten der Verdauung an: 1. mit Magensaft, 2. mit Pancreassaft, 3. nach vorhergehendem Kochen der Schnitte in Wasser mit Pancreassaft oder 4. nach vorhergehender Behandlung mit Magensaft oder verdünnter Salzsäure Verdauung mit Pancreassaft. Nerven, welche vor der Entmarkung in Pepsin verdaut sind, werden allmählich in Celloidin übertragen, geschnitten und dann erst kurze Zeit in absoluten Alkohol gehalten, um darauf (zur Entmarkung) in Benzol gekocht zu werden; dann kommen sie in kaltes Benzol, kurze Zeit in absoluten Alkohol, verdünnten Alkohol, Wasser, Glycerin. Durch die Entmarkungsmittel wird bei Säugetieren das Bindegewebe so verändert, daß es auch durch Magensaft, selbst nach voraufgehendem Kochen mit Wasser und durch die unter 3 und 4 aufgeführten Arten der Trypsinverdauung nicht völlig zerstört wird.

d) Zum Zwecke der Korrosion. BRÖDEL hat die mit gefärbten Celloidinmassen injizierten Blut- und Harnwege der Nieren durch Verdauen in einer Lösung von 1 Teil Pepsin in 3000 Teilen 0,3—0,5%iger Salzsäure isoliert. Die Verdauung war in 4 oder 5 Tagen bis 2 Wochen vollzogen. Dann wurden die

Präparate ausgewaschen und in Glycerin aufbewahrt, dem einige Tropfen Carbolsäure zugesetzt waren.

2. **Trypsin** (Pancreatin) ist ein Enzym des Pancreassaftes, welches besonders in schwach alkalischer Lösung (am günstigsten in einer 0,2—0,4%igen Sodalösung) wirksam ist, aber auch in neutraler oder ganz schwach saurer (bis 0,05% Salzsäure enthaltender) Lösung seine Verdauungskraft entwickelt. Die Wirkung ist am stärksten bei 37—40° C, sie wird bei Erwärmung der Lösung auf 50° C zerstört, bei Abkühlung auf niedrigere Temperaturen (Zimmerwärme) jedoch nur verlangsamt, nicht vernichtet.

Beim höheren Wirbeltier lösen alkalische Trypsinlösungen Eiweißkörper ohne vorheriges Aufquellen sowie Nucleine, Mucin, Leim und elastisches Gewebe; collagenes Gewebe, reticuliertes Gewebe, Chitin, Hornsubstanz, Fett und Kohlehydrate werden nicht nachweisbar verändert.

Vorausgehende Behandlung der Gewebe mit anderen Flüssigkeiten ändert zum Teil diese Reaktionen.

So verändert die Vorbehandlung der Gewebe mit wässerigen Lösungen von Chromsäuresalzen (1/30%) die Verdaulichkeit der elastischen Fasern nicht, wenn diese Lösungen bis zu 14 Tagen im Dunkeln eingewirkt haben und im Dunkeln ausgewaschen worden sind, während die Einwirkung im Hellen teilweise oder vollständige Unverdaulichkeit dieser Fasern zur Folge hat (Ewald). 1%ige Chromsäurelösung verändert bei 1- bis 8tägiger Einwirkung auf die Retina (vom Frosch) deren Verdaulichkeit nicht (Retzius). Einlegen in Müllersche Lösung hat für elastische Fasern (Ewald) auch bei jahrelanger Dauer keinen wesentlichen Einfluß auf die Verdaulichkeit. Die Behandlung mit Osmiumsäurelösungen hebt bei der Retina vom Frosch (Retzius), beim Sarcolemm und verwandten Membranen sowie bei den Belegzellen des Kaninchenmagens (Chittenden, 79 2) die Verdaulichkeit auf, setzt sie bei den Pancreaszellen (Chittenden, 79 2), bei der Descemetschen Membran (Sasse) und bei der Linsenkapsel (Schirmer) herab, erleichtert sie dagegen bei den elastischen Fasern (Ewald) sowie bei der Sehne und dem reticulierten Gewebe (Mall, 91, 92). Fixirung der Nerven in einem Gemisch von 2%igem Kaliumbichromat (10 Teile) und 1%iger Osmiumsäure (2 Teile) macht sie fast ganz unverdaulich (Gedoelst, 87). Das Einlegen der Gewebe in dünne Sublimatlösungen hat keinen Einfluß auf die Verdaulichkeit (Hoehl, 97). Die Vorbehandlung mit Alkohol verlangsamt die Wirkung des Trypsins nach Chittenden (79 2) auf den Inhalt der Muskelfaser (und das Sarcolemm), beschleunigt sie nach Ewald auf elastische Fasern, ändert sie aber sonst nicht qualitativ [Ewald und Kühne (77 1). Chittenden (79 2), Hoyer, Ewald, Frank Schwarz, Flint (00)]. Das im frischen Zustande unverdauliche collagene Gewebe der Schwanzsehnen der Maus und des Kaninchens wird nach Ewald und Kühne (77 1) durch Trypsin stets gelöst, wenn es vorher durch Säuren gequollen oder durch Wasser von 70° C zum Schrumpfen gebracht ist; das gilt jedoch nicht für das Bindegewebe von Säugetiernerven, wenn diese vorher zur Entfernung ihres Myelins mit Alkohol und Benzol gekocht oder mit Äther behandelt sind (Kühne und Chittenden). Das collagene Gewebe des Lig. nuchae vom Ochsen wird dagegen nach Ewald (pag. 14) auch durch eine 24stündige Behandlung mit 0.2%iger Salzsäure nicht verdaulich für eine 24stündige Trypsinwirkung, und Mall (91, 92) gibt ganz allgemein an, daß Sehne und reticuliertes Gewebe auch durch längere Behandlung mit ½%iger Salzsäure (20 Stunden) oder Essigsäure (4 Monate) bei nachfolgendem Auswaschen in fließendem Wasser (24 Stunden lang) ihr Verhalten gegen Trypsin nicht ändern. Nach Chittenden (79 2) und Ewald werden Bindegewebsfasern in Trypsin auch dann verdaulich, wenn sie zuerst in Osmiumsäure behandelt und dann in Wasser gekocht worden sind; nach der gleichen Behandlung wird die Linsenkapsel (Schirmer) merklich leichter gelöst, als ohne nachheriges Kochen, während die Membranae propriae der Drüsen, das Sarcolemm und die Descemetsche Membran (s. auch oben) ganz unverdaulich bleiben.

Die Gewebe verschiedener Tierspezies verhalten sich gegen Trypsin teilweise verschieden.

Die Angaben weichen jedoch zum Teil voneinander ab; während Ewald fand, daß frische Sehnenfasern vom Frosch viel leichter verdaulich sind als Sehnen von der Maus, und daß sie durch 24stündige Behandlung zerstört werden, sah Mall (91, 92) an Froschsehnen auch bei 3tägiger Einwirkung von Pancreatinlösung keine Verdauung eintreten. Über die Unterschiede, welche nach Säurebehandlung zwischen dem Bindegewebe der Maus und des Kaninchens (Ewald und Kühne, 77 1) sowie demjenigen des Ochsen (Ewald) auftreten, s. oben. Von Myxine glutinosa L. berichtet Maas ein durchaus abweichendes Verhalten, insofern als 24stündige Trypsineinwirkung bei 4—8° C alle zelligen Bestandteile zerstört und nur das Bindegewebsgerüst übrig läßt, während umgekehrt eine 2stündige Einwirkung bei 37—42° C alle bindegewebigen Bestandteile löst, alle zelligen dagegen noch erhalten zeigt (letztere werden nach 4—5 Stunden ebenfalls gelöst). Ebenso wird nach

SUNDVIK das Bindegewebe der Fische (und kaltblütiger Wirbeltiere überhaupt) von Trypsin leicht in der Wärme gelöst; er mußte daher die Verdauungsmethode bedeutend modifizieren (noch nicht veröffentlicht).

An Pflanzenzellen hat besonders FRANK SCHWARZ die Einwirkung des Trypsins auf die einzelnen Bestandteile des Protoplasmas und des Kernes studiert.

Die Trypsinlösungen mußten früher besonders nach V. WITTICHS (69) oder KÜHNES (s. unten) Vorschriften selbst dargestellt werden. Jetzt benutzt man wohl meistens die käuflichen, Pancreatinum siccum oder ähnlich benannten Präparate, welche je nach der Herkunft und Darstellungsweise (s. Einleitung) von verschiedener Wirksamkeit sind; sie sind am vorteilhaftesten im Exsiccator über Schwefelsäure aufzubewahren.

Es empfiehlt sich auf jeden Fall, die Wirksamkeit der zu verwendenden Trypsinlösung durch eine Probeverdauung festzustellen. Man benutzt dazu am bequemsten ungekochtes Rinderfibrin (s. darüber bei Pepsin). Eine Flocke desselben soll von einer gut wirkenden Trypsinlösung bei 37—40° C in kurzer Zeit ohne Fäulniserscheinungen gelöst werden.

Um Fäulniserscheinungen vollständig auszuschließen, muß man besondere Sorgfalt auf sterile Instrumente und Gefäße legen und der Trypsinlösung während der Verdauung etwas Thymol, Chloroform, Toluol oder Äther zusetzen.

Die Trypsinverdauung ist zwar bereits von LECONTE und FAIVRE benutzt worden, scheint aber dann erst wieder durch W. KÜHNE und seine Schüler für histologische Zwecke Anwendung gefunden zu haben.

Sie hat hauptsächlich gedient zur Erforschung der Bindesubstanzen, Glashäute, Membranae propriae, des Sarcolemms und ähnlicher Gebilde sowohl in ihrer mikrochemischen Zusammensetzung und in ihrer Anordnung, als auch in ihren Beziehungen zu anderen Gewebselementen.

Methoden: *a)* W. KÜHNE empfiehlt einen Alkohol-Ätherauszug aus Rinderpancreas, welcher getrocknet unbegrenzt haltbar ist. 1 Gewichtsteil desselben wird mit 5—10 Teilen einer Salicylsäurelösung von 1 auf 1000 Wasser 3—4 Stunden lang bei 40° C erhalten, warm durch Leinwand und dann nach dem Erkalten durch Papier filtriert. Eine neutrale oder alkalische Lösung ist erst aus dieser sauren herzustellen. Er verdaute dünne Schnitte oder Schichten frischen oder mit Alkohol vorbehandelten Gewebes entweder im Probierglas oder auf dem Objektträger in einer feuchten Kammer bei 37—40° C auf dem Wasserbade und betrachtete die Stücke dann ungefärbt unter dem Mikroskop. EWALD und KÜHNE (77 1. 2) isolierten mit dieser Methode aus Sehnen, Milz, Lymphdrüsen, Cornea, Knorpel, Leber und Muskeln die unverdaulichen parallel oder netzförmig angeordneten Bindegewebsfibrillen, fanden dagegen die elastischen Fasern leicht verdaulich. Die Epithelialgewebe sind leicht löslich bis auf die verhornten Teile; letzteren steht nahe das auch in Pepsin unverdauliche „Neurokeratingerüst" der nervösen Organe. Sogenannte strukturlose Membranen (DESCEMETsche Membran, Membrana propria des Pancreas, Linsenkapsel, Sarcolemm) werden leicht gelöst. Mit der gleichen Methode prüfte dann FRORIEP die Angaben über das Sarcolemm, gelangte aber zu entgegengesetzten Resultaten. CHITTENDEN (79 2) wiederholte und erweiterte darauf auf Veranlassung KÜHNES die Untersuchungen über das Sarcolemm, die Membranae propriae und Glashäute. Er arbeitete nur mit neutraler oder alkalischer (0,3% Soda enthaltender) Trypsinlösung und setzte 1% Thymol in alkoholischer Lösung zu. Die Wirksamkeit des Saftes war verschieden je nach dem verwendeten Trockenpancreas; am schlechtesten wirke ein Präparat, bei dessen Darstellung die zerriebenen Drüsen nicht sofort in sehr bedeutende Mengen Alkohol gebracht waren. 1 *kg* Drüsenbrei soll erst in 12, dann zur zweiten Extraktion in 8 *l* absoluten Alkohol gebracht werden. Er bestätigte dabei die Angaben von EWALD und KÜHNE (s. dagegen HOEHL, 98) und prüfte die Einwirkung verschiedener Vorbehandlung (s. vorn) auf die Verdaulichkeit. SASSE untersuchte mit denselben Methoden von neuem die DESCEMETsche Membran vom

Frosch, Kaninchen, Schwein und Rind. Er fand sie frisch und nach Alkoholbehandlung leicht verdaulich, viel schwerer oft nach Kochen in Wasser; wurden ganze Hornhäute gekocht und dann verdaut, so blieb als unlöslicher Rest der DESCEMETschen Membran ein dünnes Häutchen über. SCHIRMER wiederholte und erweiterte die Untersuchungen EWALD und KÜHNES (s. oben) über die Kapsel normaler und pathologischer Linsen und gelangte im wesentlichen zu denselben Resultaten (s. auch Einleitung). Für Untersuchungen an den Retinastäbchen und -zapfen benutzten die Trypsinverdauung CHITTENDEN (79 1) und AYRES. BARDEEN hat an Muskeln von Wirbeltieren mit Vorteil die Verdauung in Pancreatinlösung nach vorausgegangener Fixierung in Osmiumsäure oder nach Imprägnierung mit Goldchlorid zum Studium der Beziehungen zwischen Nervenfasern, Sarcolemm und Nervenendigung angewandt.

Zum Studium der Grundsubstanz des hyalinen Knorpels wandte TILLMANNS (77) die im wesentlichen gleiche Methode an; er verdaute feine Schnitte in neutraler oder leicht alkalischer Lösung 20—24 Stunden lang, behandelte sie dann eventuell noch 1—6 Tage lang mit 10%iger Kochsalzlösung und untersuchte sie ungefärbt oder nach Färbung in Carmin, Hämatoxylin oder Pikrocarmin. KOLSTER untersuchte später mit dem gleichen Verfahren den Netzknorpel (Ohrknorpel vom Kaninchen): er mußte die Schnitte bis zu 6 und mehr Tagen bei 40° C verdauen, um die elastischen Fasern zum Verschwinden zu bringen; dann eventuell Nachbehandlung mit Barytwasser, 10%iger Kochsalzlösung und chromsaurer Ammoniaklösung. Er zog ungefärbte Präparate vor und legte sie in essigsaures Kali ein. MORAWITZ findet, daß an dünnen Schnitten vom Rippenknorpel älterer Leute die Chondrinballen auch durch künstlichen Pancreassaft (Pancreatin MERCK) herausgelöst werden.

Zur Untersuchung der Grundsubstanz des Knochengewebes (Darstellung der Grenzscheiden der Knochenkanälchen) verdaut DE BURGH BIRCH Knochenschnitte, welche in 1%iger Chromsäure mit Zusatz von Salpetersäure entkalkt, in Alkohol nachgehärtet, 24 Stunden in Gummilösung eingelegt und mit dem Gefriermikrotom geschnitten worden sind, in einem Gemisch von 1 *ccm* Glycerinextrakt des Hundepancreas (nach V. WITTICH bereitet) und 19 *ccm* 1%iger Lösung von doppeltkohlensaurem Natron. SMITH verdaute entkalkte Knochenschnitte mit Trypsinlösung (nach KÜHNES Vorschrift) zur Entscheidung der Frage nach dem Vorkommen von Keratin in diesem Gewebe und führte zugleich Kontrollverdauungen an Haaren und Epidermis aus. ORTH empfiehlt zur Demonstration der fibrillären Struktur der Knochengrundsubstanz Schnitte des mit V. EBNERS salzsäurehaltiger Kochsalzlösung entkalkten Knochens nach dem Auswaschen noch einige Tage mit KÜHNES salicylsäurehaltiger Trypsinlösung bei 37° C zu verdauen, dann mit Wasser auszuschütteln und in Wasser zu untersuchen. Ebenso rät er die Trypsinverdauung an für die Darstellung der Fibrillen in der Grundsubstanz des hyalinen Knorpels.

Zur Untersuchung der Struktur der elastischen Fasern des Lig. nuchae vom Ochsen und Kalb bediente sich PFEUFFER ebenfalls einer nach KÜHNES Vorschrift hergestellten salicylsauren Trypsinlösung, welche aber nicht ganz so energisch wirkte, wie nach KÜHNES Angaben zu erwarten war. Er verdaute teils kalt, teils warm und verglich auch damit die Wirkung auf Elastin. Die Anwendung alkalischer Lösung ergab eine bedeutende Beschleunigung der Auflösungserscheinungen. EWALD wiederholte und erweiterte diese Untersuchungen auf breitester Basis. Die Trypsinlösungen stellt er nach KÜHNES Vorschrift dar und macht dabei (pag. 5) auch genaue Angaben über die von KÜHNE ausgearbeitete Darstellungsmethode des Trockenpancreas.

Es wird möglichst frisches Rinderpancreas von anhaftendem Fett und Bindegewebe gereinigt, dann mit der Fleischhackmaschine zerkleinert und der erhaltene Brei gewogen. Darauf werden dreimal so viel Kubikzentimeter absoluten Alkohols zugesetzt, als der Brei Gramm wiegt, und diese ganze Masse bleibt 8 Tage stehen unter täglichem mehrfachen Umrühren. Dann wird der Alkohol durch Leinwand möglichst abgepreßt; die fest zusammenbackende Masse wird fein zerpflückt und nochmals in absoluten Alkohol, den dritten

Teil der zuerst angewendeten Menge, gebracht und darin unter wiederholtem Umrühren 4 Tage stehen gelassen. Darauf wird der Alkohol wieder abgepreßt, die Masse wieder zerteilt und nun für 2 Tage in Äther gebracht, und zwar so, daß auf je 1 *kg* des ursprünglichen frischen Pancreasbreies 1 *l* Äther kommt. Alsdann wird der Äther durch Abgießen und Auspressen entfernt und das Präparat in einen Ätherextraktionsapparat mit Rückflußkühler übertragen, in welchem es noch etwa 12 Stunden durch fortwährend frisch abdestillierten Äther extrahiert wird. Das nach dem Abdunsten erhaltene Trockenpancreaspräparat dient zur Herstellung des künstlichen Saftes (s. oben) und kann beliebig lange aufbewahrt werden, ohne seine verdauenden Eigenschaften einzubüßen. Für die Verdauung müssen die Gläser sterilisiert und die zu verwendenden Instrumente sorgfältig gereinigt werden; dann tritt auch bei tagelanger Verdauung fast niemals störende Bacterienentwicklung auf. Außerdem empfiehlt sich der Zusatz eines Stückes Thymol (nicht der Lösung) zur Verdauungsflüssigkeit. Ferner ist es ratsam, die Trypsinlösung vor dem Gebrauche erst einige Tage (mit von Thymol durchtränktem Fließpapier bedeckt) stehen zu lassen; es scheiden sich dann immer größere Mengen von Tyrosin aus, welche sonst die Präparate mit einem so dichten Filz von Krystallen überziehen können, daß die Beobachtung gestört wird.

Die Lösung wird erst kurz vor dem Gebrauch mit kohlensaurem Natron schwach alkalisch gemacht; sie verdaut eine vorher auf 40° C erwärmte Flocke nicht gekochten Fibrins in 3 Minuten bis auf Spuren. EWALD verdaut bei 40° C oder bei Zimmertemperatur, manchmal auch beide Arten nacheinander. Die alkalische Lösung wirkt schneller als die neutrale, diese wieder schneller als die saure; bei stärkerem Alkaligehalt nimmt die Wirkung wieder ab. Über die beobachtete Einwirkung verschiedener Reagenzien usw. auf die Verdaulichkeit siehe vorn.

Die Angaben von EWALD und KÜHNE (78) über die Unverdaulichkeit des Neurokeratingerüstes veranlaßten mehrere Nachuntersuchungen mit im wesentlichen gleichen Methoden durch PERTIK, RETZIUS, GEDOELST (87); letzterer Autor benutzte ein nach der Methode von WALDSTEIN und WEBER aus Schweinepancreas hergestelltes Präparat, verdaute Froschnerven in neutraler Lösung bei 40° C bis zu 16 Stunden und fixierte sie nachträglich in einem Gemisch von 2%igem doppeltchromsauren Kali (10 Teilen) und 1%iger Osmiumsäure (1 Teil). KÜHNE wandte dann in einer späteren Arbeit (KÜHNE und CHITTENDEN) zu einer erneuten Untersuchung des Neurokeratingerüstes wiederholt die Trypsinverdauung an. Auch JOSEPH und KOELLIKER bedienten sich dieser Methoden für den gleichen Zweck, kamen aber teilweise zu anderen Resultaten als EWALD und KÜHNE.

Zur Darstellung des Keratins in den Zellen der Epidermis benutzte UNNA (97) ebenfalls Trypsin, fand es aber für diesen Zweck nicht so geeignet wie die Pepsinsalzsäure.

FRANK SCHWARZ bediente sich bei seinen Untersuchungen an Pflanzenzellen über die Zusammensetzung des Protoplasmas und des Kernes ebenfalls der nach KÜHNEs Vorschrift bereiteten salicylsauren Trypsinlösung.

b) P. SCHIEFFERDECKER benutzte die Trypsinwirkung zur Isolierung von Epithelzellen. Er sättigt einige Kubikzentimeter destillierten Wassers mit „Pancreatinum siccum von Dr. WITTE in Rostock i. M.“, filtriert und läßt in dieser Lösung Stücke frischer Haut bei Körpertemperatur oder etwas niedrigerer Wärme 3—4 Stunden lang verdauen. Dann lassen sich Epidermiszellen leicht abschaben und vollständig voneinander isolieren; die Kerne sind deutlich erkennbar, die Stacheln der Stachelzellen sehr schön erhalten. RAUSCH empfiehlt zur Isolierung der Hornzellen der menschlichen Epidermis (Fußsohle) ebenfalls Pancreatin: Trypsin (welcher Unterschied? SPALTEHOLZ) sei nicht gut zu gebrauchen. Das Relief der Hornzellen ist nach Pancreatinverdauung (nicht nach Trypsin!?) sehr gut erhalten. Über die Färbung der isolierten Zellen siehe bei: Macerationsmethoden unter: Wassersoffsuperoxyd.

c) H. HOYER verdaut in schwach alkalischer Trypsinlösung Gefriermikrotomschnitte frischer Mesenterialdrüsen vom Hund mindestens 24 Stunden lang oder 0,1—0,02 *mm* dicke Schnitte von Lymphdrüsen, die in Alkohol gehärtet waren, bis zur Isolation des Reticulums (cca. $^1/_2$ Stunde lang) auf Objektträgern bei Zimmertemperatur. Die Schnitte werden dann vorsichtig mit Wasser gereinigt, auf dem Objektträger angetrocknet, in einer wässerigen Hämatoxylinlösung gefärbt, wieder getrocknet und so aufgehoben.

d) MALLs (91, 92) Methode schließt sich unmittelbar an die vorige an. Er benutzt Pancreatintrockenpräparate des Handels und versetzt sie stets mit dem Zweifachen ihres Gewichtes von doppeltkohlensaurem Natron und etwa mit der 10—20fachen Menge Wasser. In dieser Lösung läßt er Gefriermikrotomschnitte frischer Organe bei 37° C verdauen, schüttelt sie dann in einem Probierglas mit Wasser aus, breitet sie auf einem Objektträger aus und läßt sie auf ihm eintrocknen. Dann befeuchtet er sie mit einem Tropfen einer Lösung, welche 10 *g* Pikrinsäure, 150 *ccm* absoluten Alkohols und 300 *ccm* Wasser enthält, und läßt wiederum trocknen. Darauf bedeckt er den Schnitt mit einigen Tropfen folgender Lösung: Säurefuchsin 10 *g*, absoluter Alkohol 30 *ccm* und Wasser 66 *ccm* und läßt ihn etwa $^1/_2$ Stunde stehen. Dann wird die überschüssige Fuchsinlösung abgegossen, der Objektträger für kurze Zeit in die erwähnte Pikrinsäurelösung zurückgebracht und darauf in absoluten Alkohol übertragen. Schließlich Xylol, Canadabalsam. MALL untersuchte mit dieser Methode das elastische, collagene und reticulierte Gewebe und studierte die Verteilung der letzten beiden in den verschiedenen Organen, zuletzt (00) in einer besonderen Arbeit in der Milz. MALL hat später (06) die Trypsinverdauung auch zum Studium des Verhaltens der feineren Lebergefäße benutzt. Zu diesem Zwecke injiziert er die Vena portae und die Venae hepaticae mit verschieden gefärbten Celloidinmassen und härtet alsdann die Leber in Alkohol. Darauf zerlegt er ein Gewebsstück in sehr dicke Serienschnitte und verdaut diese eine Reihe von Tagen bei 37° C in einer Pancreatinlösung. Dann werden die Scheiben in Glycerin aufgehoben.

e) SPALTEHOLZ verwendet im Gegensatz zu MALL nur sorgfältig fixiertes Material. Als Fixierungsmittel dient besonders Alkohol von steigender Konzentration (von 50% ab), oder (nach HOEHL) eine Mischung von 100 Teilen 33%igen Alkohols und 1 Teil gesättigter Sublimatlösung, in welcher die Gewebe bis 24 Stunden verbleiben können und aus welcher sie für je 24 Stunden in Alkohol von 50, 60, 70, 80, 90, 96 und 100% gebracht werden. Anfangs verdaute SPALTEHOLZ größere Organstücke im ganzen, welche erst nach der Verdauung in Paraffin eingebettet, geschnitten und gefärbt wurden, veranlaßte dann aber HOEHL (97), Versuche über Verdauung der auf dem Objektträger aufgeklebten Schnitte zu machen und ein entsprechendes Verfahren auszuarbeiten. Diese Methode der „Schnittverdauung" hat der „Stückverdauung" gegenüber Nachteile und Vorteile (über beide Methoden siehe besonders HOEHL 97, pag. 136 und SPALTEHOLZ, pag. 376). Die „Stückverdauung" gestattet dicke Schnitte zu machen, in welchen Membranen u. dgl. auf größere Strecken sichtbar sind, während man bei der „Schnittverdauung" wohl kaum über eine Schnittdicke von 10 μ hinausgehen kann, da sonst bei der Verdauung und beim Auswaschen leicht Teile des lockeren Netzwerkes fortgespült werden; letzteres ist aber bei der Stückverdauung wenigstens im Innern des Organes fast ausgeschlossen. Andrerseits verlieren zwar gut fixierte Präparate, welche im Stück verdaut sind, weniger leicht die Form und zeigen im Innern keine solche Verlagerung ihrer Elemente, wie frisch verdaute Gewebe, aber lassen doch bisweilen die Orientierung schwierig oder unmöglich erscheinen. Bei Anwendung der „Schnittverdauung" dagegen ist die Orientierung viel sicherer möglich, da man an demselben Organstück, an Schnitten desselben Paraffinblockes noch andere Methoden zur Anwendung bringen kann; von Parallelserien (je eine aus jedem zweiten Schnitt) kann man die eine verdauen und die andere zu Kontrollfärbungen verschiedener Art benutzen (CLARK pag. 105). Die Notwendigkeit, für exakte Resultate die Präparate vor der Verdauung sorgfältig entfetten zu müssen, bedingt einen weiteren Nachteil der Stückverdauung, da bei dieser die Organstücke tage- oder wochenlang im SOXHLETschen Apparat mit Äther extrahiert werden müssen. Die Nachteile der Schnittverdauung werden in manchen Fällen mit Erfolg dadurch vermieden, daß die Schnitte in die Verdauungslösung gebracht werden, ohne das Paraffin zu entfernen (JACKSON, s. auch unten).

Für die Stückverdauung werden Organstücke längere Zeit mit Äther entfettet (siehe vorher), alsdann ein oder mehrere Tage in Pancreatinlösung (s. unten) verdaut und in fließendem Wasser ausgewaschen; das Verfahren muß bei sehr fetthaltigen Organen ein- oder mehrfach wiederholt werden. Einbettung in Paraffin.

Für die Schnittverdauung werden Paraffinschnitte nicht über 10 μ, am besten nur 6 μ dick mit sterilisiertem destillierten Wasser auf den sorgfältig vollkommen fettfrei gemachten Objektträger gebracht und nach Absaugung des überschüssigen Wassers auf mehrere Stunden in den auf 37° C temperierten Thermostaten gebracht. Dann wird das Paraffin durch Xylol aufgelöst und letzteres durch absoluten Alkohol ausgewaschen. Nun kommen die Objektträger in ein gut schließendes Gefäß mit Benzin (oder mit Chloroform, welches absolut nicht feuergefährlich ist) und werden hier je nach dem Fettgehalt des Organes 24—72 Stunden bei einer Temperatur von cca. 37° C belassen. Nach dieser Zeit werden die Präparate erst in absoluten, dann in 90%igen, dann in 70%igen Alkohol und dann für 10—20 Minuten in fließendes Wasser gebracht. Darauf werden sie in eine 0,3%ige wässerige Sodalösung, welcher auf je ungefähr 100 *ccm* eine Messerspitze Trockenpancreatins (zu empfehlen ist: Pancreatinum siccum depuratum von Dr. G. GRÜBLER, Dresden-Plauen) zugesetzt ist, übertragen und bleiben hier bei einer Temperatur von 24—37° C 10—24 Stunden oder länger. Um Fäulniskeime möglichst fern zu halten, sterilisiert man die zu verwendenden Gefäße und Instrumente und fügt der Verdauungsflüssigkeit einige Kubikzentimeter Chloroform zu. Nach der Verdauung werden die Präparate 10—20 Minuten vorsichtig in fließendem Wasser ausgewaschen, dann nach M. HEIDENHAIN in Eisenoxydammonsulfat gebeizt und mit Hämatoxylin gefärbt und (ohne weitere Differenzierung) in der üblichen Weise in Balsam eingeschlossen.

In einem solchen Präparate bleiben außer keratin- oder neurokeratinhaltigen Gewebselementen nur die collagenen und reticulierten Fasern übrig; für diese ist die Trypsinverdauung eine sichere chemische Reaktion.

Die Präparate erfordern besondere Vorsicht, wenn man Objektive mit geringem freien Objektabstand benutzt, da sie durch Druck auf das Deckglas leicht teilweise zerstört werden können.

JACKSON hat festgestellt, daß man Paraffinschnitte auch erfolgreich verdauen kann, ohne vorher das Paraffin zu entfernen, nur dauert der Prozeß etwas länger (1—4 Tage). Schnittdicke 5—10 μ. Die verdauten Schnitte werden (im Paraffin) mit Eisenhämatoxylin (1 Tag Eisenalaun, 1 Tag Hämatoxylin) gefärbt. Dann kann das Paraffin entfernt werden oder man kann die Schnitte nach gründlicher Trocknung direkt in Balsam einschließen, ohne das Paraffin zu entfernen. Allerdings sind die Präparate nicht so sauber, wie die nach der gewöhnlichen Methode hergestellten, aber selbst die zartesten Fasern, die sonst leicht fortschwimmen, bleiben erhalten.

SPALTEHOLZ, sowie HOEHL (97, 98, 00), RUEHLE, CLARK und WALKER benutzten diese Methode für die Untersuchung der feineren Anordnung der Bindegewebsfasern und ihrer Beziehungen zu den Bindegewebs-, Muskel- und Epithelzellen in verschiedenen Organen. HENNEBERG bediente sich der Methode zum Studium des Bindegewebes der glatten Muskulatur, DIMITROVA für das Bindegewebe des Corpus pineale. Die Methoden von MALL und von SPALTEHOLZ wendeten vergleichsweise an für die Untersuchung der Nebenniere FLINT (00) und für diejenige der menschlichen Milz KYES. ERDMANN studierte mit der HOEHLschen Methode der Schnittverdauung das Bindegewebe normaler und pathologisch veränderter Lebern, GUTMANN das Bindegewebsfasergerüst der Iris, LEHRELL, der aus dem Alkohol direkt in die Verdauungsflüssigkeit (Aq. dest. 100,0, Pancreat. sicc. GRÜBLER

0,3, Natrium carbonicum 0,3) überträgt, dasjenige der Milz; letzterer gibt an, daß 10 μ dicke Schnitte in 1—2 Stunden verdaut werden und daß sich gute Färbungen des verdauten Gerüstes mit Fuchsin oder VAN GIESONS Flüssigkeit erzielen lassen. JACKSON untersuchte mit der Trypsin-Schnittverdauung (s. auch oben) das Knochenmark und gibt dabei an, daß Entkalkungsgemische, welche Salpetersäure enthalten, eine nachfolgende Trypsinverdauung nicht erlauben. BJÖRKENHEIM hat die Trypsinverdauung in ausgedehntem Maße zur Untersuchung der Schleimhaut im Uterovaginalkanal des Weibes benutzt. Er hat dafür die HOEHLsche Methode der Schnittverdauung in folgender Weise modifiziert. Die mit den Schnitten beschickten Objektträger kommen für 6—7 Tage in Benzin, dann in Alcoh. absol. dann in 96%igen Alkohol, werden einige Minuten mit Wasser abgespült und nach KOLSTER für 24 Stunden in Barytwasser übertragen (um die Schnitte etwas aufzulockern und dadurch die Verdauung zu erleichtern); darauf werden sie in fließendem Wasser abgespült und alsdann in die Verdauungsflüssigkeit (1%ige Sodalösung 40—45 *ccm*, eine Messerspitze Pancreatinum siccum dep. GRÜBLER) übertragen und darin bei 35—37° C 6 Stunden bis einige Tage verdaut. Darauf folgt vorsichtige Übertragung in destilliertes Wasser für einige Stunden, Färbung in MALLORYS Hämatoxylin (5—6 Minuten), vorsichtiges Spülen in destilliertem Wasser, absoluter Alkohol usw., Balsam. Schnittdicke am besten 6—8 μ. Schnitte von fetalen Uteri halten kaum eine 6stündige Verdauung aus, während Schnitte von greisenhaften Weibern bis zu 6 Tagen brauchen, um klar verdaut zu sein. MASUR hat die Verdauungsmethoden zum Studium der Schmelzpulpa verwandt. Er benutzte dazu die HOEHLsche Schnittverdauungsmethode und arbeitete mit folgenden Lösungen: Trypsin sicc. 0,25 *g* 0,3%ige Lösung von Natr. carbon. 150,0 g; Pancreatinglycerin 10,0 *g*, 0,3%ige Lösung von Natr. carbon. 100,0 *g*; Pepsinglycerin 10,0 *g*, 0,2%ige Salzsäure 100,0 *g*; Papayotin 1,5 *g*, 0,3%ige Lösung von Natr. carbon. 100,0 *g*. Zeit der Verdauung schwankt zwischen 1/4 und 24 Stunden. Nachträgliche Färbung der Präparate, besonders nach MALLORY. MAAS benutzte neben anderen Methoden auch die Trypsinverdauung zu Untersuchungen über die Anordnung und das mikrochemische Verhalten des Bindegewebes im Darm von Myxine glutinosa L. (s. auch pag. 578), SUNDVIK untersuchte mit einer modifizierten (noch nicht veröffentlichten) Trypsinverdauungsmethode das Bindegewebe des Fischdarmes (s. auch pag. 579).

f) FLINT (02, 03) hat auf Anregung von SPALTEHOLZ die Methode der „Stückverdauung" wieder aufgenommen und weiter ausgebildet, um an dickeren Stücken und Schnitten die räumlichen Verhältnisse des Bindegewebes studieren, sowie Fasern und Membranen auf längere Strecken verfolgen zu können. Dies gelingt dann sehr gut mit dem stereoskopischen Mikroskop bei durchfallendem oder auffallendem Licht. Er verwendet ebenfalls nur fixiertes Material und bevorzugt dabei VAN GEHUCHTENS Gemisch (Eisessig 10, Chloroform 30, absoluter Alkohol 60 Teile), da dies die nachfolgende Entfettung erleichtert. Formalin, Chromsäure und ihre Salze, sowie Osmiumsäure sind dazu ungeeignet, da sie die Gewebe unverdaulich machen. Aus dem Organ werden Stücke nicht dicker als 3 *mm* mit parallelen Schnitten herausgeschnitten, in steigendem Alkohol gehärtet, dann in Äther übertragen und in einer Extraktionshülle aus Fließpapier in einen SOXHLETschen mit Äther beschickten Extraktionsapparat mit Rückflußkühler gebracht, um in ihm 5—6 Tage fortgesetzt von Fett extrahiert zu werden. Beim Gebrauch des Apparates ist große Vorsicht geboten (SPALTEHOLZ), da sich trotz aller Vorsicht leicht Ätherdämpfe entwickeln, oder da der Ätherkolben platzen und eine Entzündung der Ätherdämpfe erfolgen kann, wenn eine Flamme in der Nähe ist. Am sichersten ist es, den Apparat unter einen geschlossenen Abzug zu stellen und die Erwärmung ohne offene Flamme durch circulierende Wasserdämpfe oder heißes Wasser oder durch eine elektrische Heizplatte vorzunehmen oder nach FLINT dadurch, daß man eine Glühlampe entsprechender Größe in einen eng anschließenden Cylinder aus Asbestpappe bringt und den Ätherkolben darauf setzt. Nach ungefähr einer Woche nimmt man das Gewebe heraus, überträgt es allmählich in Alkohol von sinkender Konzentration, wäscht es dann 24 Stunden in fließendem Wasser aus und bringt es in die Verdauungslösung (siehe bei *e*), welche alle 48 Stunden erneuert werden muß. Man muß dabei durch Streifen von dickem Papier oder andere geeignete Mittel Sorge dafür tragen, daß die Gewebsstücke weder auf den Boden sinken, noch an der Oberfläche schwimmen. Zur Entfernung des schwer extrahierbaren Fettes muß die Extraktion und die Verdauung mindestens noch einmal, eventuell noch öfter (3—4mal) wiederholt werden. Verschiedene Organe verhalten sich dabei verschieden. Am leichtesten lassen sich Schilddrüse, Milz, Lymphknoten und Lungen verdauen, viel schwieriger Pancreas und Nebennieren. Die Methode ist dabei für normales und pathologisches Gewebe gleich brauchbar. Wenn man sich unter dem Mikroskop davon überzeugt hat, daß die Zellreste verdaut sind, wäscht man das Gewebe in destilliertem Wasser aus und überträgt es in Glycerin. Sind die Stücke untersucht, gezeichnet usw., so können sie entweder in Paraffin eingebettet, in dünne Schnitte zerlegt und in Eisenhämatoxylin, Nigrosin, MALLORYs Gemisch oder Anilinblau gefärbt oder in Celloidin übertragen, in dickere Schnitte zerlegt und mit einer 8%igen Lösung von Säurefuchsin gefärbt werden, welche bei verlängertem Auswaschen in Alkohol das Celloidin farblos erscheinen läßt. Die Methode erfordert eine längere Zeit, mindestens wohl einen Monat, bisweilen ein Vierteljahr.

g) MOSER hat die Trypsinverdauung zur Darstellung embryonaler Skelete, bzw. der Ossificationskerne benutzt. Die Methode, welche prachtvolle Resultate gibt, eignet sich besonders für die jüngeren Stadien aus der Phase des Auftretens der Knochenkerne und ist besonders wertvoll dadurch, daß die äußere Form und die gesamte Topographie erhalten bleibt. Man kann ganze Embryonen oder Teilstücke verarbeiten. Die frischen, oder am zweckmäßigsten in Alkohol gehärteten Objekte werden zunächst mehrere Stunden gewässert und kommen dann sofort in die Verdauungsflüssigkeit (Trypsin. siccum GRÜBLER cca. 1—2 Messerspitzen in ca. 50 *ccm* einer 0,3%igen Lösung von Kalium carbonicum) bei 30—40° C; größere und in Formalin gehärtete Embryonen werden vor dem Einlegen in die Verdauungslösung zunächst einige Stunden in 0,3—3%iger Sodalösung bei 35° C gebeizt. Bei längerer Dauer des Verdauungsprozesses ist der Trypsinlösung etwas Chloroform zuzusetzen. Je nach der Größe und der Härtungsart beansprucht die Verdauung einige Stunden bis einige Tage. Die Verdauungsintensität läßt sich je nach Bedarf beeinflussen durch Veränderung der Trypsindosis und der Temperatur (s. Einleitung). Frisches Material wird leichter verdaut als gehärtetes. Durch die Verdauung werden die Weichteile allmählich durchsichtig und nehmen einen gelblichen Ton an, während die undurchsichtigen Ossificationskerne als rein weiß sich sehr deutlich abheben. Werden einige Stellen rascher verdaut als die anderen, so können die zuerst fertigen Teile mit Formol (cca. 5—10 Minuten) fixiert werden; wird dann das Objekt weiter verdaut, so werden diese Stellen nicht oder nur ganz wenig mehr betroffen. Nach Beendigung der Verdauung läßt man Brunnenwasser zufließen und wäscht aus, dann kommen die Objekte in 4%iges Formol, dann in steigenden Alkohol (30—70%). Dann kann man die Präparate unaufgehellt in 70%igen Alkohol auf dunkler Glasplatte in vierkantigen Gläsern aufbewahren oder vollkommen entwässern und in Toluol durchsichtig machen. Sollen die Skelete gefärbt werden, so verwendet man am einfachsten Hämalaun und differenziert mit angesäuertem Alkohol (0,75—1%ige Salzsäure in Alkohol von 70%); dann Auswaschen in 70%igem Alkohol, Entwässern, Aufhellen. Es lassen sich auch kompliziertere Färbungsmethoden zur Trennung von Knorpel und Knochensystem anwenden.

3. Papayotin (Papain) ist ein dem Trypsin nahestehendes pflanzliches Enzym, welches in verschiedenen Organen, besonders in den Früchten des Melonenbaumes, Carica papaya, enthalten ist und welches bei alkalischer Reaktion schneller als bei neutraler Eiweißstoffe verdaut. (Genaueres siehe: EMMERLING, Berichte d. deutschen chemischen Ges., 35. Jg., 1902, Bd. 1, pag. 695).

Mall (91, pag. 302. 92, pag. 174) scheint es zuerst angewandt zu haben. Er benutzte ein käufliches Präparat und erwähnt, daß es Pepton und fast eine Reinkultur großer Bacillen enthielt. In alkalischer Lösung wirkt Papayotin auf Bindegewebe sehr ähnlich wie Trypsin, es verdaut in 1—3 Tagen die elastischen Fasern, löst aber nicht collagenes oder reticuliertes Gewebe. Sterilisiertes Papayotin verdaut gar nicht. Die isolierten Bacillen verdauen ebenfalls sehr kräftig, aber nicht so kräftig wie das Papayotin. Mall schreibt deshalb die verdauende Wirkung des Papayotin nicht den Bacillen allein zu. Vorbehandlung mit Essigsäure beschleunigt die Verdauung, vorhergehende Sterilisierung der Gewebe verzögert sie. Unna (97) versuchte zur Darstellung des Keratins in den Zellen der menschlichen Epidermis ebenfalls Papayotin, fand es aber weniger geeignet als Pepsinsalzsäure.

Rausch lobt Papayotin als ein sehr gutes Mittel, um die Hornzellen der menschlichen Epidermis (Fußsohle) zu isolieren und um ihr Relief darzustellen. Über Färbung derselben siehe bei: Macerationsmethoden unter: Wasserstoffsuperoxyd. Auch Masur hat es angewandt (s. oben bei Trypsin).

4. Bromelin ist ein Enzym, welches im Saft der Ananas enthalten ist. Es ist nach Mall (92, pag. 174, Anm.) sehr kräftig und wirkt auf Bindegewebe ebenso wie Pepsin.

5. Bacterielle Enzyme sind je nach der Herkunft von sehr verschiedener Wirkung.

Mall (91, pag. 303, 92, pag. 175) untersuchte die Wirkung einer größeren Anzahl von Bacterien auf sterile Stücke von Sehne, reticuliertem Gewebe und elastischem Gewebe und fand eine große Reihe der Bacterien unwirksam. Einige von ihnen (z. B. Bacillus pyocyaneus, Spirillum Finkler & Prior) zerstörten dagegen das elastische Gewebe nach verschieden langer Zeit. Genaueres im Original.

Hierher gehört wohl auch die Wirkung der Fäulnis. Schwalbe (pag. 250) untersuchte den Einfluß der Fäulnis auf die elastischen Fasern des Ligamentum nuchae. Ewald (pag. 23) macht ebenfalls Angaben über die Wirkung der Fäulnis auf Bindegewebe. Bei starker Fäulnis und Bacterienentwicklung zeigte sich collagenes Gewebe in Wasser noch nach 7 Wochen, in $^1/_2$ $^0/_0$iger Kochsalzlösung noch nach Monaten, ja selbst Jahren erhalten, während das elastische Gewebe verschwunden war. Mall (91, pag. 308 und 319. 92. pag. 179 und 189) studierte ihre Wirkung auf die Bindesubstanzen. Sehnen erhalten sich bei 37° C oder bei Zimmertemperatur Monate, ja selbst Jahre lang, ohne zu zerfallen. wenn das Wasser von Zeit zu Zeit gewechselt wird. Ähnliches gilt vom reticulierten Gewebe. Unter anderen Verhältnissen werden sie ebenso wie das elastische Gewebe zerstört, und zwar in verschieden langer Zeit, je nach der speziellen Versuchsanordnung. Genaueres siehe Original.

Literatur: Andrejevic (Sitzungsber. Ak. Wiss. Wien, Bd. 43, I. Abt.. 1861), Ayres (Unters. Physiol. Inst. Heidelberg, Bd. 2, 1879), Bardeen (Anat. Anz., Bd. 23, 1903), Barnes (Journ. Roy. Micr. Soc.. 1893), Beale (Arch. of Med., Bd. 1, 1858), Behn (Arch. Mikr. Anat., Bd. 39, 1892), Bikfalvi (Centralbl. Med. Wiss., 1883), Björkenheim (Anat. Hefte, Bd. 35, 1907), Bongardt (Zeitschr. Wiss. Zool., Bd. 75, 1903). Brödel (Proc. Assoc. Amer. Anat., 1900), Broesike (Arch. Mikr. Anat.. Bd. 21. 1882), derselbe (Ebenda, Bd. 26, 1886), Burg (Inaug.-Diss., Greifswald 1876), De Burgh Birch (Centralbl. Med. Wiss., 1879), Chittenden (Unters. Physiol. Inst. Heidelberg, Bd. 2. 1879). derselbe (Ebenda, Bd. 3, 1879), Clark (Arch. Anat., 1898), Dimitrova (Thèse de doctorat de Nancy 1901 und Névraxe, 1901, Bd. 2), Erdmann (Deutsch. Arch. Klin. Med.. Bd. 74. 1902), Ewald (Zeitschr. Biol., Bd. 26. 1890), Ewald und Kühne (Verh. Nat.-Med. Ver. Heidelberg. N. F., Bd. 1, 1877), dieselben (Ebenda, N. F., Bd. 1, 1877), Flint (Anat. Anz., Bd. 16, 1899), derselbe (Johns Hopkins Hosp. Rep., Bd. 9 [Contributions to the Science of Medicine, dedicated to W. H. Welch], 1900), derselbe (Johns Hopkins Hosp. Bull., Bd. 13, 1902). derselbe (Arch. Anat., 1903), Froriep (Arch. Anat., 1878), Gaskell (Arb. Physiol. Anst. Leipzig, 11. Jg., 1876). Gedoelst (Cellule, Bd. 3, 1887). derselbe (Ebenda, Bd. 5. 1889), Gutmann (Zeitschr. Augenheilk., Bd. 10, 1903), Günther (Inaug.-Diss., Berlin 1895), Heine (Zeitschr. Physiol. Chem.. Bd. 21, 1896), Henneberg (Anat. Hefte, Bd. 14, 1900), Hoehl (Arch. Anat., 1897), derselbe (Anat. Anz., Bd. 14, 1898), derselbe (Ebenda, Bd. 17, 1900), Hoyer (Arch. Mikr. Anat., Bd. 34, 1889), Jackson (Arch. Anat., 1904). Joseph (Sitzungsber. Ak. Wiss., Berlin 1888, 2. Halbband), Klug (Arch. Ges. Physiol.. Bd. 60. 1895), Kölliker (Handb. d. Gewebelehre, 6. Aufl., Bd. 2, 1893), Kolster (Arch. Mikr. Anat., Bd. 29. 1887), Kopsch (Int. Monatsschr. Anat. Physiol., Bd. 21, 1905), Kraus (Sitzungsber. Ak. Wiss. Wien, Bd. 78, 3. Abt., 1879), Kühne (Unters. Physiol. Inst. Heidelberg, Bd. 1, 1878). Kühne und Chittenden (Zeitschr. Biol., Bd. 26, 1890). Kuskow (Arch. Mikr. Anat., Bd. 30, 1887), Kyes (Amer. Journ. Anat., Bd. 1, 1901). Leconte und Faivre (Arch. Génér. Méd., 5. série, Bd. 10, 1857). Lehrell (Int. Monatsschr. Anat. Physiol., Bd. 20, 1903), Lilienfeld (Arch. Physiol., 1892), Maas (Festschr. C. v. Kupffer. 1899), Mall (Abh. Sächs. Ges. Wiss., Bd. 17, 1891), derselbe (Johns Hopkins Hosp. Rep., Bd. 1, 1892, [Übersetzung der vorhergehenden Abhandlung mit Zusätzen]), derselbe (Zeitschr. Morph. Anthrop., Bd. 2, 1900), derselbe (Amer. Journ. Anat., Bd. 5, 1906), Mann (Physiological Histology. Oxford 1902), Masur (Anat. Hefte, Bd. 35, 1907), Mattirolo und Buscalioni (Referat in: Zeitschr. Wiss. Mikr., Bd. 7, 1890), Miescher (Hoppe-Seylers medizin.-chemische Untersuchungen, Heft 4, 1871, wieder abgedruckt in: Die histochem. und physiol. Arbeiten von F. MIESCHER, Bd. 2, 1897), MORAWITZ (Arch. Mikr. Anat., Bd. 60, 1902), MOSER (Anat. Anz., Bd. 28, 1906), NEMEC (Beitr. Wiss. Bot., Bd. 4, 1900), ORTH (Kursus der normalen Histologie, 5. Aufl., 1888), PERTIK (Arch. Mikr. Anat., Bd. 19, 1881), PFEIFFER (Ebenda, Bd. 16, 1879), RAUSCH (Monatsh. Prakt. Dermat., Bd. 24, 1897), RETZIUS (Biol. Unters., Bd. 1, 1881), ROLLET (Sitzungsb. Ak. Wiss. Wien, Bd. 24, 1857), derselbe (Ebenda, Bd. 30, 1858), RÜHLE (Arch. Anat., 1897), SASSE (Unters. Physiol. Inst. Heidelberg, Bd. 2, 1879), SCHIEFFERDECKER (Zeitschr. Wiss. Mikr., Bd. 3, 1886), SCHIRMER (Arch. Ophthalm., Bd. 35, 1, 1889), SCHWARZ (COHNS Beitr., Bd. 5, 1892), SMITH (Zeitschr. Biol., Bd. 19, 1883), SPALTEHOLZ (Arch. Anat., Suppl., 1897), STIRLING (Sitz. Sächs. Ges. Wiss., Bd. 27, abgedruckt in: Arb. Physiol. Anst. Leipzig, Jg. 10, 1875), SUNDVIK (Anat. Anz., Bd. 30, 1907), THANHOFFER (Arch. Mikr. Anat., Bd. 21, 1882), TILLMANNS (Ebenda; Bd. 12, 1876), derselbe (Arch. Anat., 1877), UNNA (Monatssh. Prakt. Derm., Bd. 2, 1883), derselbe (Handbuch der spez. Pathologie u. Therapie, herausg. v. ZIEMSSEN, Bd. 14, Leipzig 1883, pag. 32), derselbe (Monatssh. Prakt. Derm., Bd. 24, 1897), WALDEYER (Festg. f. HENLE, 1882), WALDSTEIN und WEBER (Arch. de Physiol., 2. série, Bd. 10, 1882), WALKER (Arch. Anat., 1899), WEIDENREICH (Arch. Mikr. Anat., Bd. 56, 1900), WITKOWSKI (Arch. Psych. Nerv., Bd. 13, 1882), derselbe (Ebenda, Bd. 14, 1883), v. WITTICH (Arch. Ges. Physiol., Bd. 2, 1869), ZACHARIAS (Bot. Zeitschr., Jg. 39, 1881), derselbe (Ber. Deutsch. Bot. Ges., Bd. 14, 1896), derselbe (Ebenda, Bd. 16, 1898).

Spalteholz, Leipzig.

Vergolden siehe: Goldmethoden.

Verholzung siehe: Zellmembranen, pflanzliche.

Verhornung siehe Haut.

Verkalkung ist Infiltration (Ablagerung, Einlagerung, Import) von Kalk in ein Gewebe. Petrificatio bedeutet Versteinerung eines Teiles und erfolgt, wenigstens innerhalb des menschlichen Körpers gewöhnlich durch Kalkeinlagerung; insofern entsprechen sich Verkalkung und Petrification und können für einander gebraucht werden. Inkrustation, Inkrustierung = Überziehen mit einer Kruste, d. h. auf eine Oberfläche schlagen sich aus einer vorübergehenden Flüssigkeit Salze (Kalksalze, aber oft auch andere Salze, z. B. Urate) in fester Form nieder und bilden so eine Kruste. Ossification = Bildung von Knochengewebe mit allen seinen Eigenschaften (Knochenkörperchen, kalkhaltige Intercellularsubstanz etc.); Ossification ist also entweder Neubildung von Knochengewebe oder Umwandlung eines vorher vorhandenen Gewebes in Knochengewebe. Verkalkung dagegen bedingt keine Umwandlung des Gewebes, letzteres wird vielmehr erhalten und zeigt nach künstlicher Entfernung der Kalksalze die frühere Struktur; verkalkter Knorpel bleibt immer Knorpel und ist nicht Knochengewebe. Verkreidung (Kreide = Calciumcarbonat) bezeichnet die Verkalkung durch kohlensauren Kalk. Die im menschlichen Körper auftretenden Verkalkungen geschehen außer durch kohlensauren Kalk auch durch phosphorsauren und oxalsauren Kalk (oft sind den Kalksalzen Spuren Magnesiasalze beigemischt). Da jedoch die Unterscheidung dieser Kalksalze erst durch eine chemische Untersuchung bewirkt wird, so ist es wohl statthaft, Verkreidung einfach für Verkalkung zu gebrauchen.

Steine (z. B. Gallensteine, Harnsteine u. a.) werden im menschlichen Körper gebildet, indem in einem freien Raume (Gallenblase, Nierenbecken, Harnblase etc.) von einer Flüssigkeit eine feste (steinerne) Masse sich ausscheidet, zusammenschießt (= Concretio, Lithiasis). Aber auch verkalkte Gewebe werden Steine genannt, z. B. Lungensteine = verkalkte tuberkulöse Herde der Lunge, Uterussteine = verkalkte Uterusmyome, Venensteine = verkalkte Thromben, Lithopädion = verkalkter Fetus.

Die Anwesenheit von Kalk in einem Gewebe wird makroskopisch erkennbar durch:

1. die harte Konsistenz,
2. die gelbweiße Farbe.

Selbst sehr kleine Mengen eingelagerten Kalkes (siehe z. B. die Verkalkungen in der Nierenrinde) sind makroskopisch wahrzunehmen. Jedoch kann es sich auch ereignen, daß erst beim Schneiden im Innern eines konservierten Stückes (z. B. eines alten Lungenherdes) eine verkalkte Stelle angetroffen wird, welche vorher nicht bemerkt worden war.

Der Kalk ist doppeltbrechend, erscheint mikroskopisch stark lichtbrechend, im durchfallenden Licht dunkel, im auffallenden Licht hell weiß-glänzend und amorph, fein- oder grobkörnig, krümmelig, schollig oder bandförmig, jedenfalls stets eckig (Fettkörnchen sind gleichfalls stark lichtbrechend, jedoch rundlich). Verkalkte Gewebe können frisch mit dem Rasiermesser, in einzelnen Fällen auch mit Schere, Doppelmesser, Gefriermikrotom (z. B. Kalkinfarkt der Niere, verkalktes Lungengewebe, verkalkte Ganglienzellen usw.) geschnitten und untersucht werden. Daß es sich wirklich um Kalk handelt, wird durch Zusatz von Säuren (am besten 2%ige Salzsäure) erwiesen, letztere lösen, bisweilen recht langsam, den Kalk auf. Kohlensaurer Kalk entwickelt unter der Einwirkung von Säuren Gasblasen, phosphorsaurer Kalk nicht. Zusatz von Schwefelsäure zum Kalk liefert Gypskrystalle.

Kalk färbt sich mit allen alaunhaltigen Farbstoffen, vor allem Alaunhämatoxylin und Alauncarmin, sehr intensiv. Bei Färbung mit Alaunhämatoxylin wird der Kalk blaurötlich. Metalle (z. B. Silber, Eisen) haben eine starke Affinität zu verkalktem Gewebe (cf. Stöltzner, Arch. Pathol. Anat, Bd. 180, pag. 362) und können daher zum Nachweis Verwendung finden. Die Schnitte kommen aus Aq. destill. auf 5 Minuten in ein zweites Schälchen mit Aq. destill. + einige Tropfen einer Arg. nitric.-Lösung. Nach Abspülen in Aq. destill. Übertragung in eine dünne Lösung von z. B. Pyrogallol, in dieser tritt augenblicklich die Silberfärbung der verkalkten Stellen hervor.

Für den Nachweis phosphorsauren Kalkes gibt v. Kossa folgende Vorschrift:

Die Präparate werden in Formol, Sublimat oder Alkohol (nicht in Müllerscher Flüssigkeit oder anderen chromhaltigen, kalklösenden Flüssigkeiten) fixiert und werden eingebettet (Paraffin, Celloidin) oder nicht eingebettet verarbeitet.

Die Schnitte kommen:

1. In Silberlösung (1—5%ige Lösung von Arg. nitric.) in hellem Tageslicht 30—60 Minuten.

2. Auswaschen in Aq. destill. Entfernung des überschüssigen Silbersalzes durch Eintauchen der Schnitte in eine 5%ige Lösung von unterschwefligsaurem Natron.

3. Die Kerne werden mit Alauncarmin vorgefärbt oder mit Safranin nachgefärbt.

4. Glycerin oder Entwässerung, Balsam.

Der Kalk wird tiefschwarz gefärbt.

Geringste Spuren von Kalk werden nach Leutert auf folgende Weise erkannt:

1. Färbung (der nicht in Paraffin eingebetteten Objekte) in konzentrierter alkoholischer Hämateinlösung 1/4 Stunde.

2. Auswaschen in Leitungswasser 1/4 Stunde.

3. Färbung in 1%iger wässeriger Safraninlösung 5—8 Sekunden.

4. Abspülen in Wasser.

5. Alkohol, Öl, Balsam.

Der Kalk wird tief stahlblau, die Kerne leuchtend rot.

Zum Zwecke genauerer Untersuchung verkalkter Gewebe bedarf es der Fixierung und Entkalkung. Oft bleibt es in den pathologischen Fällen zunächst zweifelhaft, ob Ossification oder Petrification vorliegt (vgl. sogen. Osteome des Rückenmarks, Verkalkungen der Arterien und der Herzklappen, der Pleura, des Pericards u. a. m.); da jedoch bei beiden Zuständen eine Entfernung des Kalkes nötig wird, ist die Behandlung die gleiche: das Gewebe wird entkalkt.

Die Methoden der Entkalkung sind bereits sehr ausführlich in diesem Werke (cf. „Knochen und Zähne“) mitgeteilt worden, so daß sich eine Wiederholung an dieser Stelle erübrigt. Ebendort ist die weitere Behandlung entkalkter Objekte angegeben.

Die Behauptung, daß sich gleichzeitig mit dem Kalk intra vitam Eisen ablagert, erscheint nicht genügend gestützt (Hueck); die Reaktionen mit Turnbull- und

Berlinerblau können als farbenschöne und exakte Reaktionen auf Kalk Anwendung finden, wenn man die kalkhaltigen Gewebe nach STÖTZNERs Angaben zuvor mit einem Eisensalz imprägniert.

Verkalkung wird häufig angetroffen in den Nieren, an allerlei abgestorbenen Teilen, in der Media der Arterien, in Geschwülsten, im Knorpel, in elastischen Fasern.

Literatur: HUECK (Arb. Pathol. Inst., Tübingen 1908). v. KOSSA (Beitr. Pathol. Anat., Bd. 29, 1901), LEUTERT (Fort. Med., Bd. 13). *Oestreich*, Berlin.

Vert d'Usèbe, Syn. Aldehydgrün.

Viktoriablau kommt in den Marken B und 4 R in den Handel und ist entweder das Chlorhydrat des Phenyltetra- (B) oder Phenylpentamethyltriamido-α-naphtyldiphenylcarbidrids (4 R) (Ludwigshafen). Es stellt bronzeglänzende Körner oder ein Pulver dar, das in Wasser mit blauvioletter Farbe schwer, in Alkohol leicht löslich ist. In der wässerigen Lösung entsteht auf Zusatz von Salzsäure oder Natronlauge Fällung.

Färbt in saurem Bade.

Das Viktoriablau ist von LUSTGARTEN in die Mikrotechnik eingeführt worden. Er benutzt es in wässeriger oder alkoholischer Lösung zur Färbung der elastischen Fasern an Flemmingpräparaten. Differenzieren in Alkohol oder nach GRAM. Es ist ein guter Schleimfarbstoff. KUCZYNSKI färbt Darmschnitte mit einer 0,5%igen Lösung in 1%iger Essigsäure. Beim Differenzieren mit Alkohol geben alle Gewebsbestandteile mit Ausnahme des Schleims die Farbe ab. LEE rühmt das Viktoriablau als Kernfarbstoff, er behandelt Hermannpräparate zuerst 15 Minuten mit Jodtinktur, färbt dann 18 Stunden in konzentrierter wässeriger Lösung von Viktoriablau, dann 10 Minuten in konzentriertem wässerigen Orange, dann ebenso lange in ½%igem Säurefuchsin, Alkohol, Öl, Balsam. ANGLADE und MOREL benutzen eine konzentrierte Lösung von Viktoriablau zur Färbung der Neuroglia (s. dort), ANGLADE und LATREILLE eine 1%ige Lösung zur Färbung der elastischen Fasern.

Literatur: ANGLADE und MOREL (Rev. Neurol., Bd. 9, 1901), ANGLADE und LATREILLE (Journ. de Méd. 1908), LEE (Cellule, Bd. 11, 1895), LUSTGARTEN (Wien. Med. Jhb. 1886), KUCZYNSKI (Int. Monatsschr. Anat., Bd. 7, 1890).

Viktoriagrün, Syn. Neusolidgrün BB, ein dem Malachitgrün nahestehender Triphenylmethanfarbstoff (Ludwigshafen). Metallisch glänzendes, grünes Krystallpulver, in Wasser schwer, in Alkohol leicht mit grüner, in Schwefelsäure mit gelber Farbe löslich. Die wässerige Lösung färbt sich mit Salzsäure gelbgrün, mit Natronlauge rotgelb.

Von WILCOX an Stelle von Lichtgrün zur Doppelfärbung mit Safranin benutzt (siehe Safranin).

Viridin, Syn. für Alkaligrün.

Vitale Färbung, intravitale Färbung, Färbung intra vitam, Lebendfärbung.

Definition. Mit diesen Ausdrücken wird im allgemeinen jede Methode des Färbens histologischer Elemente bezeichnet, welche erzielt wurde, ohne daß das betreffende Tier vorher getötet und ohne daß es vorher mit irgend einem anderen Körper als dem Farbstoffe selbst behandelt worden war. Ob es sich dabei auch um eine Färbung „lebender" Zellelemente handelt, bleibt dabei ganz hingestellt. So spricht man z. B. auch von einer „vitalen" Färbung der Nervenfasern mit Methylenblau, obzwar es zweifelhaft ist, ob dieser Farbstoff wirklich auch unter allen Umständen den lebenden und völlig normalen Nerven färbt. Eine scharfe Definition des Begriffes einer „vitalen" Färbung und demzufolge auch eine Einschränkung der Zulässigkeit der Anwendungsweise dieser Bezeichnung läßt sich allerdings kaum geben, und zwar deshalb nicht, weil man ein absolut sicheres, morphologisches Merkmal des „Lebens" histologischer Elemente nicht anzugeben vermag. Am zweckentsprechendsten dürfte es daher sein, unter den obigen Ausdrücken jene Färbungsarten zu verstehen, welche am lebenden Tiere mit Erfolg vorgenommen und von diesem, ohne ersichtlichen Schaden, längere Zeit hindurch ertragen werden können. Nur jene Fälle, bei welchen diese Bedingungen erfüllt sind, sollen hier des näheren besprochen werden.

Geschichtliches. Die Geschichte der intravitalen Färbung reicht jedenfalls in viel ältere Zeiten zurück als die der Färbung abgetöteter Gewebe. Schon die Körperbemalungen, die wir bei fast allen Naturvölkern antreffen, gehören ja eigentlich auch in dieses Gebiet. Abgesehen von diesem, auf den eigenen Körper angewendeten Gebrauche haben gewiß industrielle und sonstige ökonomische Momente frühzeitig das Augenmerk auf diese Methode gelenkt. So berichtet PILLIET, daß er aus einer Conférence des Marquis TSENG erfahren habe, daß die Chinesen schon seit den ältesten Zeiten das Verfahren der Lebendfärbung der Gewebe gekannt haben. Es konnte natürlich nicht fehlen, daß eine so interessante Erscheinung, wie es die Aufnahme von Farbstoffen von Seite der lebenden Gewebe ist, auch das Interesse der Naturforscher an sich zog. So beschäftigte man sich denn auch mindestens schon im 16. Jahrhundert n. Chr. mit dieser Methode: M. LASSUS gibt — ich verdanke diese Angabe Herrn Prof. S. MAYER — in seinem Buche „Essai ou discours historique et critique sur les découvertes faites en Anatomie par les Anciens et par les Modernes“ (Paris 1783), pag. 74, an: „ANTOINE MISAUD, Médecin de Paris, observa que la garance avoit la propriété de rougir les os des animaux nourris avec cette plante“; das Werk von MISAUD selbst zitiert er folgendermaßen: „Memorabilium utilium ac jucundorum Centuriae novem, auctore ANTON. MIZALDO, Lutetiae 1567; die zitierte Stelle findet sich in Cent. 7, Art. 91, Fol. 104. — In dieser Anwendung der Eigenschaft des Krapps, lebende, neu sich bildende Knochen rot zu färben, haben wir die ersten (bekannten) Anfänge der Benutzung der vitalen Färbemethode von naturwissenschaftlicher Seite zu erblicken. Diese Methode selbst ist dann bekanntlich in ausgiebiger Weise zum Studium des Knochenwachstums benutzt worden, systematisch freilich erst vom 18. Jahrhundert an. Abgesehen von den Versuchen von RUTHERFORD und GIBSON waren es namentlich BELCHIER (1736) und DUHAMEL (1741—1743), die sie zuerst mit bedeutendem und dauernd beachtet gebliebenem Erfolge anwandten. Von weiteren Autoren, die sich dieser Methode bedienten, wären noch u. a. FLOURENS, SERRES, DOYÈRE, unter den Deutschen LIEBERKÜHN und KÖLLIKER zu nennen (vgl. die Angaben HECKELS und GIERCKES).

Die heute so in glänzender Weise ausgebildete Methode des Färbens fixierter Gewebe verdankt ihren Aufschwung bekanntlich in erster Linie den ihrerzeit Aufsehen erregenden Versuchen GERLACHS (1858) mit Färbung der Gewebe durch Carminlösungen. Aber auch diese Versuche waren eigentlich durch solche mit intravitaler Färbung angeregt worden. Diese wurden an Pflanzen ausgeführt und es sind hier namentlich diejenigen von S. G. OSBORNE (1856) interessant, welcher Weizen in Carminlösung wachsen ließ und dann Färbung der Gewebe beobachtete. GERLACH selbst versuchte lebende tierische Gewebe zu tingieren, erhielt jedoch keine positiven Resultate. Die steigenden Erfolge der Färbemethoden abgetöteter Gewebe haben dann die Anwendung der intravitalen Färbung zu histologischen Zwecken für eine Zeitlang fast ganz in den Hintergrund gedrängt. Dagegen ward sie während dessen von den Physiologen mit Erfolg benutzt. Die erste Anregung hierzu gab die von BICHAT ausgesprochene Ansicht, daß das organische Leben durch zwei Bewegungen repräsentiert sei, von welchen die eine zersetzend, die andere neubildend auf die Gewebe einwirke (in weiterer Verfolgung dieser Idee ward behauptet, daß jedes Lebewesen sich nach etwa 7 Jahren ganz umbilde und so ein förmlich neues Gebilde repräsentiere). In der intravitalen Färbung glaubte man ein Mittel zu haben, die Dauer dieser Bewegungsvorgänge zu bestimmen. MAGENDIE trat diesen Anschauungen entgegen, hervorhebend, daß die Krappmoleküle nach einer bestimmten Zeit im Körper zerlegt würden, ohne notwendigerweise Veränderungen des Gewebes, in welchem sie enthalten waren, herbeizuführen. — Mit besonderem Erfolg ward jedoch diese Methode — allerdings nicht immer in der hier definierten Anwendungsart — zum Studium der Absorptions- und Secretionsvorgänge benutzt, und hier wurden Resultate erzielt, die neben ihrer Wichtigkeit für die Physiologie auch für die Histologie bedeutsam waren. So hat, um einige Beispiele anzuführen, 1841 DUJARDIN mit Hilfe der Carminmethode gefunden, daß gewisse, namentlich ciliate Infusorien im Gegensatze zu anderen, welche von ihrer ganzen Körperoberfläche aus absorbieren, das Carmin nur von einem ganz bestimmten Punkte, einem förmlichen Munde, aus aufnehmen. Mit außerordentlichem Erfolge ward ferner die intravitale Färbemethode zum Studium der Nierensecretion bei Wirbeltieren angewendet. Es seien hier nur die Namen R. HEIDENHAIN, CHRZONSZCZEWSKY, WITTICH genannt. In ähnlicher Weise auf Wirbellose angewendet, ermöglichte sie die genauere Feststellung von Funktionen gewisser Organe, so der MALPIGHIschen Gefäße, der Venenanhänge der Cephalopoden u. dgl. (EISIG, KOWALEWSKY, P. MAYER, METSCHNIKOFF, SCHINDLER, SCHNEIDER, SOLGER u. a.). Erhöhtes Interesse von Seite der histologischen Forschung hat sich dieser Methode in neuerer Zeit wieder zugewendet, seitdem einmal durch die bekannte Lehre ALTMANNs den Granulis der Zelle größere Beachtung geschenkt wurde; namentlich aber seitdem P. EHRLICH, den allerdings weniger histologische als vielmehr physiologische und chemische Motive leiteten, die Methode in zielbewußter Weise auszuarbeiten suchte. Bezüglich der seitdem erschienenen Arbeiten sei auf die Angaben bei S. MAYER, GALEOTTI und FISCHEL verwiesen.

Auf die pflanzliche Zelle, die hier (ebensowenig wie Bacterien) nicht näher berücksichtigt werden kann, wurde diese Methode in systematischer Weise zuerst von PFEFFER angewendet. (Näheres siehe unter Intravitale Färbung pflanzlicher Zellen.)

In gewissem Sinne ihr verwandt sind endlich auch jene Versuche, bei welchen farbige Körnchen selbst zur Aufnahme von Seite der Zellen gebracht werden, um z. B. die Frage zu prüfen, wie geformte Nahrungsbestandteile in und durch den Körper gelangen; oder wie die Bewegungsvorgänge der Körnchen des Protoplasmas („Körnchenströmung") ablaufen: oder endlich um bestimmte Zellformen durch die Farbkorneinlagerung scharf zu kennzeichnen und bei ihrer Wanderung im Körper zu verfolgen (Versuche an Leucocyten mit Zinnober, Tusche und dergleichen). Auch Körperflüssigkeiten suchte man durch Verfütterung von Farbstoffen zu tingieren, um dann ihre Bewegung besser verfolgen zu können (Versuche von BOUISSON). Diese Methoden sollen jedoch hier, weil der gegebenen Wortdefinition nicht strenge entsprechend, außer Betracht bleiben.

Untersuchungsmaterial. Die intravitale Färbemethode ward bereits auf ein sehr ausgedehntes Material angewendet. Sie wurde mit Erfolg bei Bacterien, Pflanzenzellen, Protozoen und zahlreichen Arten der Metazoen angewendet. Als Objekte sind namentlich solche zu wählen, welche eine Untersuchung des gefärbten Gewebes womöglich am lebenden Tiere selbst gestatten, also besonders kleine, eventuell durchsichtige Seetiere oder Larven; ferner solche, deren Zellen nicht zu klein sind. Die großzelligen Amphibien und ihre Larven dürften unter den Metazoen das günstigste Material repräsentieren.

Methodik. Die zur Verwendung gelangenden Farbstoffe können dem Tierkörper in Substanz oder in Lösung (Wasser oder physiologische Kochsalzlösung) einverleibt werden, und zwar durch Einführung per os (oder per anum) oder durch Injektion in die Peritonealhöhle, in Lymphräume, unter die Haut, in Blutgefäße, in die Nachbarschaft der zu färbenden Gebilde usw. Die einfachste Methode ist die, die Tiere direkt in die Farblösung hineinzusetzen. Diese verschiedene Anwendungsweise der Farbstoffe ist für den erzielten Effekt durchaus nicht gleichgültig: Ein Farbstoff, der aus der Lösung direkt von den Epidermiszellen absorbiert wird, kann eine andere Wirkung ausüben, wenn er denselben Zellen erst durch die Gewebssäfte zugeführt wurde. Oder er wirkt von der Epidermis aus überhaupt nicht, wohl aber vom Darme aus (z. B. Safranin bei Amphibien).

Was die Konzentration der angewendeten Lösungen betrifft, so läßt sich im allgemeinen nur sagen, daß sie viel geringgradiger ist als bei der Färbung fixierter Gewebe. Sie muß in jedem Einzelfalle des näheren erst bestimmt werden, was ja sehr leicht möglich ist. Auch hier spielt die Anwendungsart eine Rolle: Für Injektionen müssen in der Regel stärkere Lösungen angewendet werden als für die Aufnahme der Farbkörper von der Körperoberfläche aus. Mit Verdünnungen von 1 : 100.000, ja bis zu Millionsteln reicht man aus, um so mehr, als es eine allgemeine Regel ist, daß der Farbstoff aus solchen, noch so schwachen Lösungen allmählich ausgezogen und im Gewebe aufgespeichert wird und dann sehr distinkte und klare Bilder liefert. Setzt man dagegen ein Tier sofort in eine sehr starke Lösung des Farbstoffes, so kann dies entweder schädlich auf das Leben des Tieres einwirken oder zum mindesten allzu intensive und daher wenig klare Färbung zur Folge haben. Eine sehr starke Lösung von Bismarckbraun z. B. kann Amphibienlarven baldigst töten oder mindestens in einen Zustand absoluter Bewegungslosigkeit versetzen; die Granula in den Zellen sind dann sehr intensiv gefärbt und außerdem werden zahlreiche Krystallnadeln ausgefällt, so daß das histologische Bild bei weitem nicht so klar ist wie nach längerer Einwirkung einer für das Tier ganz unschädlichen, aber doch alle diese Effekte, wenn auch in geringerem Grade, hervorrufenden Lösung einer viel geringeren Konzentration.

Selbstverständlich wechseln auch die Färbungsresultate mit der Verschiedenheit der Objekte der Färbung.

Die Untersuchung der gefärbten Gewebe soll, wenn möglich, direkt am lebenden Tiere vorgenommen oder wenigstens unmittelbar nach der Entnahme aus dem Tiere ausgeführt werden. Die Untersuchung am lebenden Tiere gelingt, wenn sie überhaupt möglich ist, leicht, weil die einmal eingetretene vitale Färbung auch nach Einbringen des Tieres in ungefärbtes Wasser, in welchem ja die Untersuchung vorgenommen werden muß, nicht schwindet. Ist diese Untersuchungsweise nicht möglich, so muß das betreffende Objekt aus dem Körper mit aller Vorsicht entfernt und sofort in indifferenten Zusatzflüssigkeiten untersucht werden.

Farbstoffe. Vom histologischen (nicht chemischen, siehe Overton) Standpunkte aus lassen sich die Farbstoffe ihrer Wirkung auf lebende Gewebe nach am einfachsten in drei Gruppen anordnen.

Die einen verhalten sich ganz indifferent, die Gewebe werden von ihnen, auch bei längerer Einwirkung der Farblösung, nicht gefärbt und auch nicht anderweitig beeinflußt. Dabei können die Gewebsflüssigkeiten selbst, und dadurch auch das Gewebe im ganzen, mehr oder minder den Farbenton der Lösung annehmen; sie verlieren ihn jedoch sehr bald, wenn das Objekt in reines Wasser (ohne Farbzusatz) gebracht wird. Größere, an einem und demselben Objekte durchgeführte Untersuchungsreihen sind bisher nur an Echinodermeneiern, an Cladoceren und an Amphibienlarven durchgeführt worden (Fischel). Trotz der Verschiedenheit dieser Untersuchungsobjekte ergab sich hinsichtlich der Einwirkungsart der Farbstoffe im allgemeinen eine ganz auffällige Übereinstimmung.

Ungefärbt und ungeschädigt können diese, und wohl auch noch zahlreiche andere Objekte, in den Lösungen folgender Farbstoffe (in der im Handel käuflichen Form!) lange Zeit gehalten werden: Acetinblau, Alkaliblau, Alizarinblau, Anilinblau, Azoblau; Bairischblau, Bleu de Lyon, Bordeaux R; Capriblau (Amphibien), Cörulein, Congorot, Croceinscharlach; Diamantfuchsin; Echtblau B. A, Echtrot, Eosin; Fluorescin, Fuchsin S; Helianthin; Indulin; Janusgrün, Jodgrün, Magentarot; Nigrosin; Orange, Orcein, Orseille; Phloxin, Ponceau, Pyronin; Quinoleinblau; Rhodamin, Roccelline, Rosanilin (Base und Chlorhydrat), Rose bengale; Safranin, Safranin B extra, Säuregelb; Tartrazin, Tropaeolin, Trypanrot; Uranin; Wasserblau. Die Eigenart des Tieres, sowie die Art der Einwirkung des Farbstoffes spielen jedoch hier wie bei den übrigen Farbgruppen eine wichtige Rolle. Rotatorien z. B. werden (nach SCHOLTZ) durch Congorot, teilweile wenigstens, mit Erfolg intravital gefärbt; nach GALEOTTI werden durch denselben und noch durch einige andere von den genannten Farbstoffen — nach Injektion in die Bauchhöhle — bei erwachsenen Amphibien gewisse Granulaarten gefärbt, dasselbe gilt vom Janusgrün (MICHAELIS). Überhaupt ist zu beachten, daß bei verschiedenen Objekten und bei verschiedener Untersuchungsart (Konzentration, Einverleibungsart des Farbstoffes) die Grenzen zwischen den hier unterschiedenen drei Gruppen, soweit sie nicht durch gewisse, später zu erwähnende chemische Gesetze fest bestimmt sind, einigermaßen variieren, demnach die Wirkungen ein und desselben Farbstoffes verschiedene sein können.

Zur zweiten Gruppe kann man jene Farbstoffe rechnen, welche, allerdings in verschiedenem Grade, für lebende Organismen giftig sind, dabei die Gewebe entweder ungefärbt lassen oder aber auch mehr oder minder zu färben vermögen. Doch ist in letzterem Falle der Färbungseffekt wesentlich verschieden von demjenigen der zur dritten Gruppe gehörenden vital färbenden Stoffe: die Färbung ist zumeist eine diffuse oder ganz ungleichmäßige; Zellgranula können gefärbt sein, doch kaum in jener typischen Art wie bei den vital färbenden Stoffen. Im allgemeinen erweisen sich als giftig: Acridinorange, Anilgrün, Anilingelb, Anilinviolett, Auramin; Baslerblau, Benzylblau, BINDSCHEDLERsches Grün, Brasilin, Brillantgrün; Capriblau, Chinolinblau (Cladoceren), Chrysoidin, Corallin, Cyanin; Dahlia; Gentianaviolett, Goldorange; Hofmannsviolett; Krystallviolett (für Cladoceren fast indifferent); LAUTHsches Violett; Magdalarot (für Cladoceren fast indifferent), Malachitgrün, Metanilgelb, Methylgrün, Methylviolett; Naphtylamingelb; Pfauenblau; Regina-, Rubinviolett; Säurebraun; Viktoriablau. Bei Injektion in die Bauchhöhle erwachsener Tiere können (nach Angabe GALEOTTIs) auch einzelne der hier in der ersten Gruppe aufgezählten Farbstoffe, wenn sie in stärkerer Lösung (0,75—1%) verwendet werden, giftig wirken, und auch einzelne Granula färben. Es ist wahrscheinlich, daß es sich in diesen Fällen um absterbende oder bereits abgestorbene Gebilde handelt. Die Angabe, daß die „Widerstandskraft" der Zellen desto größer sei, je giftiger ein Körper ist, bedarf noch einer näheren Prüfung. Neben Farbstoffen, welche wahrscheinlich für alle Tierarten giftig sind (z. B. einige der Violettfarben, BINDSCHEDLERsches Grün u. a. m.), gibt es auch solche, welche es nur für gewisse Tiere sind. So z. B. wirken manche Rosanilinderivate auf Echinodermeneier besonders giftig (FISCHEL); Cyanin erweist sich für Leucocyten und Protozoen (CERTES) weniger (wenn überhaupt) giftig als für andere Organismen.

Zur dritten und letzten Gruppe sind hier jene Farbstoffe zusammengefaßt, welche sich in ganz vorzüglicher Weise und wohl auch ganz allgemein zur intravitalen Färbung eignen. Diese Farbstoffe sind:

1. Methylenblau, besonders in Form des Methylenblaurektifikat, $(CH_3)_2 N-C_6H_3 <{}^{S}_{N}> C_6H_3-N.(CH_3)_2$ (mit Cl am N). Es wird auch in stärkerer Lösung gut vertragen und von gewissen Zellelementen festgehalten. Doch wird es an Eignung zur intravitalen Färbung im allgemeinen von den nachfolgenden Farbstoffen übertroffen. (Die Verwendung des Methylenblau speziell als Nervenfärbungsmittel wird an anderer Stelle besprochen).

2. Bismarckbraun (Vesuvin, Manchesterbraun, Phenylenbraun), $C_6H_4 < {N=N-C_6H_3(NH_2)_2 \atop N=N-C_6H_3(NH_2)_2}$. In starker Lösung kann es schädlich wirken, schwache Lösungen können dagegen längere Zeit ohne Schaden ertragen werden und genügend intensive Färbung hervorrufen, welche Färbung nur langsam schwindet.

3. Neutralrot, $(CH_3)_2N-C_6H_3\left\langle\begin{matrix}N\\N\end{matrix}\right\rangle CH_3 . C_6H_2 . NH_2$. Dieser von EHRLICH zuerst angewendete, zur Gruppe der Eurhodine gehörende Farbstoff scheint der geeignetste zur intravitalen Färbung zu sein. Es wird sehr gut vertragen, liefert sehr schöne und distinkte Bilder und wird (nach vollzogener Färbung) durch lange Zeit vom Organismus festgehalten.

Das dem Neutralrot sehr nahe stehende Neutralviolett, $(CH_3)_2N-C_6H_3\left\langle\begin{matrix}N\\N\end{matrix}\right\rangle C_6H_3 . NH_2$, färbt zwar ähnlich, dürfte sich aber im allgemeinen kaum so gut bewähren wie Neutralrot, da es weniger gut vertragen und behalten zu werden scheint.

4. An Eignung kommt dagegen dem Neutralrot sehr nahe das Nilblau, ein Oxazin, $(CH_3)_2N . C_6H_3 \left\langle\begin{matrix}O\\N\end{matrix}\right\rangle C_{10}H_5 . NH_2$; und zwar sowohl als Nilblauchlorhydrat wie auch als Nilblausulfat. Doch werden beide Farben von dem einmal gefärbten Tiere (in reinem Wasser) leichter abgegeben als das Neutralrot. Beide Farbstoffe sind ferner nicht so unschädlich wie das Neutralrot und sie dürfen nur in Lösungen von sehr geringer Konzentration verwendet werden. Ganz besonders gilt dies vom Nilblauchlorhydrat.

Cl

Außer diesen zur intravitalen Färbung wohl geeignetsten Farbstoffen können eventuell auch noch andere gute Dienste leisten; es hängt dies sehr vom Material ab. So wurden z. B. mit Erfolg zur Färbung intra vitam verwendet: Wässerige Hämatoxylinlösung bei Amöben und Heliozoen (BRANDT); Cyanin (Chinolinblau) bei Infusorien (CERTES); Congorot bei Spongien (LOISEL) und Rotatorien (SCHOLTZ); Janusgrün bei Amphibien (MICHAELIS); Safranin (HÖBER), Thionin, Toluidinblau, Methylenazur (EHRLICH), Azur II (ARNOLD), Orange, Tropaeolin, Lackmus (LOISEL); Dahlia, Eosin, Gentianaviolett, Anilinschwarz u. a. m. können unter gewissen Bedingungen und in einzelnen Fällen vielleicht auch brauchbare Resultate liefern, doch wohl — nach den vorliegenden Angaben — kaum jemals so gute wie die zuerst genannten Farbstoffe.

5. Eine besondere Stellung nimmt das Alizarin ein, das 1,2-Dioxyanthrachinon $C_6H_4\left\langle\begin{matrix}CO\\CO\end{matrix}\right\rangle C_6H_2(OH)_2$; es ist der Hauptbestandteil des Farbstoffes der Krappwurzel, Rubia tinctorum, in welcher es in Form eines Glycosids, der Ruberythrinsäure, vorkommt. Bei den — bereits eingangs erwähnten — Krappfütterungen stellt es das färbende Prinzip dar. Nach neueren Unteruchungen (SCHREIBER) kann es hierbei nicht bloß zur Tinktion des neugebildeten, sondern auch des fertigen Knochens kommen.

Eine eigenartige Reaktion dieses Körpers hat in jüngster Zeit FISCHEL ermittelt: Mit Lösungen von Alizarinum siccum oder sublimatum vermag man bei Entomostraken, insbesondere bei Cladoceren, die Nerven vital und spezifisch zu färben.* Diese Färbung kann auch dann eintreten, wenn die Muskeln durch gewisse chemische Agenzien gelähmt wurden; sie kann andrerseits unter der Einwirkung anderer Agenzien ausbleiben, auch wenn diese letzteren keine ersichtliche Störung der normalen Funktionen bewirken. Die Vitalität dieser Färbung beweist der Umstand, daß die Färbung der Nerven das Weiterleben der Tiere nicht verhindert. Ihre Spezifität kann beeinflußt werden: Durch Zusatz einer minimalen Menge

* Technik: Nervenfärbung ist schon erzielbar, wenn man einfach zu dem Wasser, in welchem die Tiere leben, etwas Alizarinpulver gibt: oder man setzt in siedendes Wasser Alizarin im Überschusse zu, läßt noch eine Zeitlang aufkochen und filtriert später; nach dem völligen Erkalten der Lösung setzt man von ihr mindestens das gleiche Volumen dem Wasser zu, in welchem man die Tiere hält.

von Alkali vermag man außer den Nerven auch noch die Kiemen zu färben — bis auf einen besonderen Lappen derselben; diesen — und zwar nur ihn — kann man wiederum spezifisch färben, wenn man die Alizarinfärbung leicht ansäuert.

Dieses eigenartige Verhalten des Alizarins ist für die theoretische Auffassung der Färbung von besonderer Wichtigkeit.

Färbungseffekte. Charakteristisch für die intravitale Färbung ist die Annahme des Farbstoffes lediglich von Seite gewisser Gebilde des Zellleibs. Es liegen allerdings sowohl für die Pflanzenzelle (CAMPBELL), als auch für Protozoen und einige Metazoen (vgl. die bezüglichen Referate und eigenen Resultate bei PRZESMICKY und PROWAZEK) Angaben vor, nach welchen auch der lebende Kern mit manchen Stoffen färbbar sein soll. Bei Pflanzen und Protozoen (wenigstens für einige Arten der letzteren, aber — was bemerkenswert ist — wohl nur hinsichtlich ihres Macronucleus) soll dies also angeblich möglich sein; bei Metazoen aber handelt es sich unserer Meinung nach sicherlich entweder nur um eine einfache, diffuse Durchtränkung der Kernflüssigkeit mit der Farblösung oder aber überhaupt um keine Färbung des lebenden oder ungeschädigten Kernes. Wenn z. B. BETHE angibt, daß sich bei lebenden Ctenophoren die Kerne der Zellen der Ruderplättchen färben, so ist es sehr wohl möglich, daß hier eine Färbung des toten oder absterbenden Kernes vorlag. Denn wenn auch die Wimpern der Zelle schlagen, so ist damit noch nicht erwiesen, daß der Kern noch „lebt", im Gegenteile, es ist aus anderweitigen Versuchen bekannt, daß die Cilien der Flimmerzellen auch dann noch lange Zeit hindurch schlagen können, wenn sie vom Kerne und dem größten Teile des zugehörigen Zellleibes vollkommen getrennt sind. (Ähnliche Einwände sind gegenüber den Angaben über Kernfärbung bei Protozoen am Platze.) Daß die von SCHINDLER behauptete Kernfärbung bei Insekten eine vitale ist, hat schon KOWALEWSKY mit Recht bestritten, und die für Spongien geltenden Angaben (LOISEL) bedürfen noch einer näheren Prüfung. In keinem Falle liegt aber jene distinkte Färbung ganz bestimmter Elemente wie im Zellleib vor, es handelt sich nur um eine diffuse Tingierung, welche z. B. die Chromatinschleifen nicht hervorhebt.

Was sich nun im Zellleibe färbt, das sind zunächst regelmäßig kreisrund geformte Gebilde, die man als Granula bezeichnet, und die ohne Vitalfärbung an der lebenden Zelle entweder gar nicht oder nur undeutlich hervortreten. Es scheint, daß diese Granula entweder von verschiedener chemischer Natur oder von verschiedener chemischer Reaktion sind, denn sie verhalten sich verschiedenen Farbstoffen gegenüber (oder zu verschiedenen Zeiten) nicht in gleicher Weise. Das tritt auch deutlich hervor, wenn man mit zwei oder mehr Farbstoffen färbt, also eine Doppel- oder Mehrfachfärbung — durch gleichzeitige oder sukzessive Einwirkung der Stoffe — ausführt. Oft tritt dann eine besondere Elektivität der verschiedenen Granulaarten klar zutage.

Bei der vitalen Nervenfärbung durch Methylenblau und Alizarin handelt es sich um das Hervortreten von unregelmäßig geformten und verschieden großen Körnchen und Schollen oder langgestreckten Gebilden.

Außer diesen Körpern nehmen auch noch andere, in der ungefärbten lebenden Zelle mehr oder weniger sichtbare Elemente die Farben an. So z. B. manche Pigmentkörnchen, von Flüssigkeit erfüllte Vacuolen, eigentümliche Körnchen in und zwischen quergestreiften Muskelfasern, schollenartige Gebilde im Knorpel und im Bindegewebe, besonders der Kiemen, sowie die verschiedenartigsten Einschlüsse des Zellleibs Die Form und Färbung dieser Gebilde variiert naturgemäß außerordentlich.

Sehr eigentümliche fadenartige Elemente sind von MICHAELIS in Drüsenzellen dargestellt worden. Doch ist es wahrscheinlich, daß sie aus Körnchen zusammengesetzt sind, daß also auch hier eine Granulafärbung vorliegt. Ähnliche Fäden beobachtete KOWALEWSKY nach Injektion von 1%iger Indigocarminlösung in den Zellen der Harnkanälchen von Astacus; wahrscheinlich jedoch sind es hier die reihenartig angeordneten Farbkörnchen selbst.

Bei einigen Farbstoffen (Bismarckbraun, Nilblausulfat und -chlorhydrat) kommt es neben der Färbung von Zellelementen oft auch noch zu einer Abscheidung farbiger Krystallnadeln in und zwischen den Zellen (FISCHEL). Diese Nadeln können beim Bismarckbraun eine bedeutende Größe aufweisen. Ihre Zahl, Form und Anordnung ist in den verschiedenen Zellarten eine verschiedene; doch beeinträchtigen sie, auch wenn sie in großer Zahl ausgeschieden werden, die normalen Funktionen in keiner ersichtlichen Weise. Nach Anwendung von Indigocarmin wurde die Ausscheidung blauer Krystalle unter den Zellen der Harnkanälchen bei Astacus (KOWALEWSKY), sowie in den MALPIGHIschen Gefäßen der Insekten und in den Ausscheidungszellen des BOJANUSschen Organs (SCHNEIDER, KOWALEWSKY) beobachtet.

Was die Natur der sich färbenden Gebilde betrifft, so ist zunächst zweifellos, daß viele von ihnen nur „tote" Elemente darstellen, also z. B. Abfallsprodukte des Stoffwechsels, Nahrungsbestandteile, Dotterelemente, in lebenden Leucocyten die durch Phagocytose aufgenommenen Substanzen eiweißartiger Natur oder Bacterien (PLATO) u. a. m. Viele von ihnen mögen vielleicht auch durch die Einwirkung des Farbstoffes selbst erst entstehen, also nicht in dieser Gestalt und Art in der normalen Zelle präformiert enthalten sein, sondern ausgefällte abgestorbene (oder absterbende) Körper darstellen. Möglich ist es auch, daß es sich hierbei, wie HEIDENHAIN glaubt, nur um Wabenräume oder Vacuolen handelt, welche entweder schon normalerweise bestanden und erst hinterdrein angefärbt wurden, oder aber durch „innere Secretion" nach der intravitalen Einführung des Farbstoffes entstanden. Diese Erklärung scheint mir aber, wenn überhaupt, nur für einen Teil der vital färbbaren Gebilde zulässig zu sein. — Jene erwähnten Krystallnadeln endlich sind wohl Gebilde, welche aus der Farblösung durch die Einwirkung gewisser in den lebenden Geweben enthaltenen chemischen Körper ausgefällt werden. — Alle diese Körper repräsentieren also zumeist keine integrierenden Bestandteile der lebenden Zelle, sondern nur zeitweilig und in wechselnder Art und Gestalt in ihr vorhandene Gebilde.

Neben ihnen aber finden sich in Form der „Granula" Elemente, denen ein anderer Charakter zuzuschreiben ist. Sie sind einmal präformiert in der Zelle enthalten; sie finden sich ferner konstant und in anscheinend unveränderlicher Form im Zellleib vor; sie weisen den Farbstoffen gegenüber eine viel hochgradigere Elektivität auf als die anderen Gebilde, und finden sich endlich in einzelnen Zellarten in typischer Form und Anordnung vor. Sie stellen also jedenfalls einen integrierenden Bestandteil des Zellleibs dar, und bilden zum Teile vielleicht auch einen Teil des „lebenden" Protoplasmas. Da sich jene besonders hervorgehobenen Farbstoffe bei allen mit ihnen untersuchten Tieren als positiv wirkend erwiesen haben, so scheint in diesen mit ihnen färbbaren Granulis ein allen tierischen Plasmaarten gemeinsamer Bestandteil vorzuliegen.

Es muß in jedem Einzelfalle versucht werden, diese voneinander wesentlich verschiedenen Gruppen von Zellelementen wohl voneinander zu sondern, was allerdings nicht immer leicht oder möglich sein dürfte. Ein sicheres Merkmal für das „Leben" dieser morphologischen Elemente läßt sich eben nicht angeben. Die Möglichkeit einer echten Lebendfärbung kann jedoch kaum bestritten werden, vieles spricht für ihre Wahrscheinlichkeit. Sicher ist jedenfalls, daß auch intensive intravitale Färbung die Lebensfunktionen nicht hindert, selbst wenn sie monatelang anhält; Zellteilungen und Regenerationen gehen ungehindert von statten, ebenso die Weiterentwicklung von Eiern und Embryonen (FISCHEL). Secrete brauchen — und dies ist besonders wichtig, da man leicht geneigt ist, die Granula in den Drüsenzellen als gefärbte Secretionsprodukte aufzufassen — durch die Färbung nicht beeinflußt zu werden. Besonders deutlich lehren dies Beobachtungen von OXNER. Metanemertinen, welche vital (mit Methylenblau und Neutralrot) gefärbt waren, secernierten ungefärbten Schleim, obzwar ihre Schleimzellen viele vital gefärbte Granula enthielten. Hinsichtlich der Funktionen innerhalb der gefärbten Zellen selbst ist besonders eine Angabe von APÁTHY von Interesse. Bei Hirudineen beobachtete er oft, wie sich einzellige Drüsen entleerten, und dann zerflossen die (gefärbten) Granula „zu einem blaugefärbten Schleim, offenbar wollten sie mich davon überzeugen, wie sehr solche „Bioblasten“ das eigentlich Lebendige in der Zelle sind“.

Diese Bemerkung führt uns zu der Frage, wie sich jene intravital färbbaren Granula zu den mit den ALTMANNschen Fixier- und Färbemethoden darstellbaren, nach der Lehre dieses Autors so bedeutungsvollen Elementen („Bioblasten“) verhalten. Ein entsprechender Vergleich, der natürlich mit den beiden Methoden an derselben Zellart durchgeführt werden müßte, steht noch aus. Es ist aber zu erwarten, daß er eine wenigstens partielle Analogie zwischen den mit der ALTMANNschen und den mit der intravitalen Methode darstellbaren Granulis ergeben wird. So z. B. ist das Bild, das quergestreifte Muskelfasern bei diesen beiden Methoden liefern, ein sehr ähnliches, und es ist ferner auffällig, daß bei beiden Methoden keine Färbung des Zellkernes (wie im Zellleib) auftritt.

Ergänzend sei auch noch der Anschauung ARNOLDs über das Wesen der intravital färbbaren Granula Erwähnung getan. Sie sollen nach diesem Autor, zum größeren Teile wenigstens, zu Strukturelementen der Zellen in Beziehung stehen und körnige Ausscheidungsprodukte der von ARNOLD angenommenen „Plasmosomen“ darstellen. Sie sollen nicht nur untereinander, sondern auch mit Strukturelementen, z. B. Fäden in der Zellsubstanz, zusammenhängen und in letztere eingebettet sein. Die Angaben bedürfen noch einer genaueren Prüfung. — Auch ARNOLD hält die vital färbbaren Granula für wichtigen Funktionen dienende Strukturelemente, die besonders bei lebhafter Funktion der Zellen hervortreten, während in ruhenden Zellen eine mehr fädige Struktur vorherrschen soll.

Im ganzen läßt sich heute als sicher nur der Satz vertreten, daß die mit der intravitalen Färbemethode darstellbaren besonderen Granula ein ständiges, in einigen Fällen das hervortretendste Bauelement in der Zellarchitektur repräsentieren, also Gebilde von vitaler Bedeutung, und, wenn auch keine Elementarorganismen (im Sinne ALTMANNs), so doch wahrscheinlich Elementarorgane der Zelle vorstellen. Diese Ermittelung ist um so wichtiger, als man in jüngster Zeit durch das Studium fixierter Objekte veranlaßt wurde, den granulären Inhaltseinschlüssen der Zelle etwas mehr Bedeutung, als es bisher geschah, beizulegen. So sagt MEVES ausdrücklich, die Fadenbaulehre FLEMMINGs müsse insofern eine Einschränkung erfahren, als das Chondriom auch körnige Strukturen enthalten kann.

Gibt es nun kein Mittel, die intravital erhaltenen Bilder auch zu fixieren? Es wurde manches versucht, um diesen Zweck zu erreichen, besonders da es gelungen ist, für Methylenblau, Gentianaviolett u. a. m. fixierende Flüssigkeiten zu ermitteln. Aber in allen diesen Fällen handelt es sich nicht um vitale Färbungen, denn hier tingieren sich auch die Kerne. Das Ausbleiben der Kernfärbung (Granulafärbung) kann aber — bei Metazoen wenigstens — gerade als das histologische Charakteristikon einer gelungenen intravitalen Färbung bezeichnet werden. Und es ist vielleicht von vornherein als aussichtslos zu bezeichnen, ein Mittel zu suchen, das eine vitale Färbung dauernd fixieren sollte. So wurde (besonders für Methylenblau) Nachbehandlung mit Jodjodkalium, Pikrinsäureammoniak und Glycerin, Ammonium- und Natriummolybdat, Ammoniumosmiummolybdat (MAYER, MARTINOTTI, BETHE, DOGIEL u. a.), für Bismarckbraun 2%ige Chromsäure, für Neutralrot die verschiedensten Fixierungsmittel, wie Chromsäure, Kalium und Natrium bichromicum mit nachfolgender Behandlung mit Ammoniumpikrat und Ammoniummolybdat (GOLOVINE) empfohlen; ich habe die verschiedensten Flüssigkeiten daraufhin versucht: die Resultate sind durchwegs unbefriedigende. Eine dauernde Erhaltung des reinen Bildes der vitalen Färbung ist nicht zu erreichen, das Resultat solcher Versuche ist — mit den bisherigen Methoden wenigstens — sogar oft früher oder später dasjenige, welches man bei direkter Einwirkung der Farbstoffe auf die toten (aber vorher nicht fixierten) Gewebe erhält. Diese Wirkung ist dadurch gekennzeichnet, daß sich jetzt gerade der Kern, und zwar intensiv, diffus färbt, während die Granula des Zellleibes zumeist ganz ungefärbt erscheinen — also eine totale Umkehr des früheren histologischen Bildes.

Im Verlaufe des Absterbens der Zellen werden Änderungen der Farbentöne der Granula — wahrscheinlich infolge ihrer sich ändernden chemischen Reaktion — beobachtet. Das verschiedene Verhalten von Kern und Zellleib deutet auf einen tiefgehenden chemischen Unterschied zwischen beiden und auf eine Umkehr desselben nach Eintritt des Todes der Zelle hin. — Nach dem Tode färben übrigens alle, auch die der lebenden Zelle gegenüber indifferenten Farbstoffe, wie schon GERLACH an einem schönen Versuche zeigen konnte: Exemplare von Ascaris acuminata, die in einer sonst indifferenten Farblösung sterben, tingieren ihre Gewebe sehr bald intensiv; die in solchen abgestorbenen Tieren vorhandenen Eier und Embryonen aber leben und entwickeln sich lange Zeit weiter, bleiben aber während dessen, weil lebend, ungefärbt in dem gefärbten toten Muttertier. — Es kann der Eintritt der vitalen Färbung mit den oben als für sie besonders gezeichneten Stoffen geradezu als Indikator des „Lebens" der Gewebe (oder der Erhaltung eines für das Leben charakteristischen physikalisch-chemischen Zustandes derselben) bezeichnet werden. Gilt dies aber auch von Geweben und Zellen, so ist man doch nicht berechtigt, aus dem Ausfalle von Färbungsversuchen dieser Art im Speziellen anzugeben, welcher von den gefärbten Bestandteilen des Zellleibes dem lebenden Protoplasma und welcher toten Inhaltseinschlüssen desselben entspricht. In diesem Sinne kann eine „vital-letale" Färbungsmethode (RŮŽIČKA) nicht anerkannt werden.

Physikalisch-Chemisches über die intravitale Färbung.

Die physikalische Ursache der vitalen Färbung ist nicht vollständig klargelegt, wenn auch wohl der Diffusion die Hauptrolle dabei zufällt. Man kann sich vorstellen, daß der Farbstoff teils entsprechend dem Konzentrationsgefälle durch Diffusion in die Zellen eindringt, teils samt seinem Lösungsmittel von den Zellen selbst eintransportiert wird; „innerhalb der Zellen verbreitet er sich wesentlich durch Diffusion auf die verschiedenen Zellbestandteile, die je nach ihrer verschiedenen Beschaffenheit verschieden gute Lösungsmittel für ihn darstellen ... Die Granula sind offenbar ein brillantes Lösungsmittel und entsprechend einem hohen Teilungskoeffizienten zwischen ihnen und dem Protoplasma ... sammelt sich viel Farbstoff in den Granula an" (HÖBER). RHUMBLER erscheint die Annahme prüfungswert, daß der Protoplasmaleib der Zellen die einzelnen Farbstoffteilchen mit seiner Oberflächenschicht auf Grund gewisser Importgesetze einzeln in sich hineinzieht „und daß dann durch Diffusion im Außenmedium die von dem Protoplasmaleib weggenommenen Farbteilchen stets durch neue ersetzt werden, so daß die Farbstoffaufnahme von Seite der Zelloberfläche so lange fortgesetzt im Gange bleibt, als noch Farbstoffteilchen durch Diffusion (im Außenwasser, also nicht Diffusion im Zellleib) an die Zelloberflächen herangebracht werden". EHRLICH hat auch die Ansicht ausgesprochen, daß diese Oberflächen von Poren durchsetzt oder als Siebe von verschiedener Maschenweite zu denken seien. Von dem Verhältnisse zwischen dieser Porengröße (bzw. Maschenweite) und der Größe des Farbkornes solle es dann mit abhängen, ob und wieviel Farbstoff ein Gewebe aufzunehmen vermag.

In chemischer Hinsicht wäre zunächst zu betonen, daß es sich bei der intravitalen Färbung der Granula nicht um einen einfachen Niederschlag oder um eine einfache Adsorption an der Oberfläche, sondern zumeist wohl um eine Lösung des Farbstoffes in einer besonderen, fettartigen, flüssigen oder festen Substanz handelt. Doch mögen bei der Färbung der übrigen so verschiedenartigen Zelleinschlüsse auch andere Momente in Frage kommen.

Die Beziehung zwischen der chemischen Konstitution der Farbstoffe und ihrer Aufnahme von Seite der lebenden Zelle betreffend seien zunächst jene Sätze hier angegeben, welche sich aus dem Verhalten von Amphibienlarven (FISCHEL) zu den hier in drei Gruppen zusammengefaßten Farbstoffen ergaben: Nur basische Farbstoffe, keine sauren, werden von der lebenden Zelle zur Granulafärbung angenommen, und zwar solche basische Farbstoffe, welche entweder den einfachen Ammoniakrest NH_2 enthalten, oder einen solchen, in welchem der Wasserstoff durch ein der fetten Reihe angehöriges Alkoholradikal (Methyl oder Äthyl) vertreten ist; der Eintritt von Methyl ruft entweder das Färbungsvermögen erst hervor oder verstärkt ein schon vorhandenes; im Gegensatze hierzu geht denjenigen basischen Farbstoffen das Färbungsvermögen ab, welche an Stelle des einfachen Ammoniakrestes oder neben $N(CH_3)_2$ einen Anilinrest enthalten.

Die Bedingungen der Farbstoffaufnahme von Seite der Zelle hat OVERTON* näher zu ermitteln versucht. Er kam hierbei zu folgenden Resultaten: Sämtliche basischen Anilinfarben in der Form ihrer käuflichen Salze werden von der lebenden Pflanzen- und Tierzelle äußerst leicht aufgenommen. Die Sulfosäurefarbstoffe dagegen werden der großen Mehrzahl nach gar nicht, Methylorange und die Tropaeoline sehr viel langsamer als die basischen Anilinfarben aufgenommen. Die Salze der basischen Anilinfarben gelangen in unzersetzter Form in die lebende Zelle. Die osmotischen Eigenschaften der letzteren beruhen auf einer Imprägnierung der Plasmahaut durch Cholesterine und Lecithine und dem auswählenden Lösungsvermögen dieser beiden Körper für die verschiedenen Verbindungen: Alle käuflichen Salze der basischen Anilinfarben sind in diesen beiden Stoffen löslich, während die Sulfosäurefarbstoffe (mit wenigen Ausnahmen) völlig unlöslich in ihnen sind. Die gespeicherten Farbstoffe sind in den Zellen in Form einer starren Lösung vorhanden. Die Speicherung ist nichts anderes als die Verteilung der Farbstoffe zwischen einem flüssigen und festen Lösungsmittel, wobei das letztere das viel größere Lösungsvermögen für die betreffenden Farbstoffe besitzt. Alle aromatischen Öle, welche größere Mengen von Phenolen oder Aldehyden (z. B. über 25%) enthalten, speichern die Farbstoffe, während solche aromatische Öle, welche zum größten Teil aus Terpenen oder einem Gemisch von Terpenen, Phenoläthern, Estern u. dgl. bestehen, kein solches Speicherungsvermögen aufweisen.

Gegen die Anschauung OVERTONs von der für die Vitalfärbung wichtigen Rolle der Lipoide hat HEIDENHAIN schwerwiegende Gründe angeführt, nach denen es „für die OVERTONsche Theorie im Bereiche der Mikroskopie einstweilen keine Anhaltspunkte“ gibt.

Für die Theorie der vitalen Färbung scheint HEIDENHAIN vor allem die Möglichkeit der gegenseitigen chemischen Beeinflussung der Farben und der in der Gewebslymphe enthaltenen Eiweiße wichtig zu sein. Hierbei wird ein Teil der Farbbase frei, gliedert sich an das Eiweiß an und wird von ihm in Lösung gehalten. Für diese Anschauung läßt sich im Detail auch das erwiesene verschiedene Verhalten saurer und basischer Anilinfarben gegenüber dem Eiweiß, das spezielle Verhalten verschiedener Eiweiße gegenüber ein und derselben Farbbase u. a. m. anführen. — Dem vermuteten Prozeß der physikalischen Lösung der Farbe im Plasma (EHRLICH) könne nur eine geringe Rolle zugeschrieben werden. Wohl aber dem Momente der „inneren Secretion“ (s. oben).

Nach den Untersuchungen RUHLANDs und besonders HÖBERs ist zwar der von OVERTON aufgestellte Satz, daß die Vitalfarben im Gegensatze zu den nicht vital färbenden Stoffen lipoidlöslich sind, im allgemeinen richtig, doch gibt es einige Ausnahmen. Den Tatsachen entspricht, wie HÖBER findet, am besten der schon aus FISCHELs Versuchen erschlossene Satz, daß basische, nicht saure, Farbstoffe vital färben.

* OVERTONs Angaben über das Verhalten der lebenden Zelle zu den einzelnen Farbstoffen weichen zum Teile von der hier gegebenen Darstellung ab. Diese letztere wurde deshalb beibehalten, weil sie die für den Histologen allein wichtige nähere morphologische Wirkungsweise der Farbstoffe, und zwar auch noch an einem bestimmten, genau untersuchten Objekte berücksichtigt. OVERTON gibt überhaupt nicht näher an, auf welche speziellen Objekte sich seine Angaben beziehen — daß alle Pflanzen- und Tierzellen in gleicher Weise auf die verschiedenen Farbstoffe reagieren, ist doch gewiß sehr fraglich — und er unterscheidet auch nicht die verschiedenen (histologischen) Wirkungsweisen der Farben, sondern spricht nur davon, ob letztere „aufgenommen“ werden oder nicht. Für den Histologen ist aber gerade die besondere Art dieser Aufnahme von Wichtigkeit; eine Aufnahme, die lediglich in einer einfachen Lösung der Farbe in der Gewebsflüssigkeit besteht, oder die das Tier schädigt, ist für ihn wertlos. Für OVERTON war natürlich eine besondere Unterscheidung dieser dem Histologen wichtigen Umstände nicht notwendig, da seine Untersuchung zu rein chemischen Zwecken unternommen wurde.

In jüngster Zeit hat GOLDMANN auch in dieser Hinsicht eine Ausnahme ermittelt. Er erzielte bei Säugetieren sehr schöne Vitalfärbungen durch Pyrrhol- und Isanaminblau, rasche, aber nicht anhaltende Färbung durch Trypanblau; die beiden letzterwähnten Farbstoffe sind aber sauer.

BEAUCHAMP betont, daß die Vitalfärbung nicht nur von der besonderen Art der gefärbten Elemente, sondern, und hauptsächlich, von dem Milieu abhänge, in welchem sich diese Elemente befinden. Die elektrischen Eigenschaften der colloidalen Lösungen sollen hierbei eine wichtige Rolle spielen und die elektive Färbung solle nicht nur von der Verschiedenheit der physikalischen Lösungsfähigkeit (OVERTON), sondern auch von den elektrostatischen Eigenschaften der Zellgebilde abhängen.

Für gewisse Arten der Vitalfärbung (Methylenblau) ist als chemische Vorbedingung die Möglichkeit der wechselweisen Reduktion und Oxydation des Farbkörpers notwendig. Durch Reduktion tritt zunächst Umwandlung in den sogenannten Leucokörper, hierauf Reoxydation in den gefärbten Oxykörper ein. Auf diese Reaktion muß daher Sauerstoffsättigung der Gewebe, ferner der Alkalescenzgrad der Gewebssäfte von Einfluß sein. Zu beachten ist auch, daß nach EHRLICH der Oxykörper schwerer als der Leucokörper diffundiert, wodurch es zu relativer Speicherung kommen kann. — Um die Umwandlung eines Leucokörpers in einen farbigen Oxykörper durch den in den Zellgranulis enthaltenen Sauerstoff handelt es sich wohl auch bei dem eigenartigen Verhalten des Paraphenylendiamins: Wird dieser farblose Körper unter die Haut injiziert, so färben sich die Granula in gewissen Drüsen braun (GRUNERT).

Wenn nun auch die Vitalfärbung durch das „Leben“ mehr oder minder bedingt und ohne dieses nicht möglich ist, so ist es dennoch unter Umständen gewiß auch möglich, eine „Vitalfärbung“ an Geweben zu erhalten, die toten Tieren entstammen; der Bedingungskomplex, der zur Vitalfärbung notwendig ist, kann sich eben unter Umständen noch eine Zeit lang nach eingetretenem Tode des Tieres in den Geweben erhalten. Streng genommen liegt also hier eine postmortale („postvitale“) Färbung vor. Entsprechend den sehr bald eintretenden postmortalen Umsetzungen tritt auch eine Veränderung dieser Färbung ein, wenn sie sich nicht schon von vornherein etwas von der wirklich vitalen Färbung unterscheidet. Die Möglichkeit einer derartigen Färbung läßt sich (für Methylenblau) mittelst guten Durchfrierens der Gewebe sogar für mehrere Tage erreichen.

Der eigenartige physikalische und chemische Zustand der Gewebe, auf Grund dessen erst die Vitalfärbung entstehen kann, läßt sich bis zu einem gewissen Grade beeinflussen. So vermag man — und dies ist ein für die Technik der Färbung wichtiger Umstand — eine reinere und intensivere Vitalfärbung der Granula zu erzielen, wenn man die Färbung im Dunkeln vornimmt (L. LOEB, FISCHEL). Der ungünstige Einfluß des diffusen Tageslichtes ist wahrscheinlich den physiologisch überhaupt aktiveren, kurzwelligen Strahlen zuzuschreiben. Die langwelligen Strahlen dagegen scheinen für die Vitalfärbung mehr oder weniger indifferent zu sein (FISCHEL). — Eine weitere Beeinflussung ist auf chemischem Wege möglich. Durch Vorbehandlung von Cladoceren, z. B. mit gewissen Chemikalien, läßt sich die Alizarinnervenfärbung unterdrücken, und zwar auch in Fällen, bei welchen eine funktionelle Beeinflussung der Nerven anscheinend nicht stattgefunden hat (FISCHEL).

Leistungsfähigkeit der intravitalen Färbemethode.

Die intravitale Färbemethode kann histologisch und physiologisch wertvolle Resultate ergeben. In ersterer Hinsicht kann sie bei allen Zellarten Inhaltseinschlüsse des Zellleibs deutlicher ersichtlich machen, die verschiedene Art und Zahl der Granula in verschiedenen Zellarten, und damit morphologische Unterschiede und spezifische Zellen, kennen lehren; die Verfolgung der Schicksale von in der Eizelle enthaltenen Granula während der Weiterentwicklung des Eies, bzw. von ganzen Zellgruppen während der Embryonalentwicklung und im späteren Leben des Tieres ermöglichen u. a. m. Prinzipiell wichtig erscheint vor allem die Tatsache, daß man mit der vitalen Färbung auch spezifische Unterschiede hervorzuheben vermag, die bei anderer Untersuchungsart nicht zu ermitteln sind. So ist es bisher schon gelungen, eine spezifische Färbung der Nerven zu erzielen und besondere Zellarten mitten unter gleichartig erscheinenden Zellen nachzuweisen (FISCHEL). In Zusammenhang damit steht es, daß man mit dieser Methode auch zeigen konnte, daß die Struktur der Zellen auch von ihrer jeweiligen Funktion beeinflußt wird, daß es also einen funktionellen Strukturwechsel gibt (ARNOLD, FISCHEL). — In physiologischer Hinsicht wäre zu erwähnen, daß man sie bis zu einem gewissen Grade als Indikator für das „Leben" der Zellen und Gewebe benutzen kann, daß sie ferner zur näheren Bestimmung der Funktion von Zellen und ganzen Organen, zur Ermittlung der Ablagerungsstätten von in den Organismus eingeführten oder in ihm erzeugten Stoffen; zur Bestimmung der Art des Knochenwachstums; zur Bestimmung der verschiedenen chemischen Reaktion von Zellen und Zellbestandteilen; zum Studium der Secretions- und Resorptionsverhältnisse und ähnlichem mehr dienen kann und auch bereits gedient hat. Besonders ihre Verwendung in vergleichend-histologischer und -physiologischer Richtung dürfte zur Ermittlung vieler neuer und wertvoller Tatsachen führen.

(Vgl. auch Intravitale Färbung pflanzlicher Gewebe.)

Literatur (es sind nicht alle in Betracht kommenden Arbeiten hier angegeben, doch ist mit Hilfe derselben eine vollständige Orientierung leicht zu erreichen): ALTMANN (Die Elementarorganismen. Leipzig 1894), APÁTHY (Zeitschr. Wiss. Mikr., Bd. 9, 1892), ARNOLD (Arch. Pathol. Anat., Bd. 159, 1900). derselbe (Arch. Mikr. Anat., Bd. 54, 1900), derselbe (Anat. Anz., Bd. 31, 1907), derselbe (Arch. Pathol. Anat., Bd. 194, 1908). BEAUCHAMP (L'année biologique, 11. 1909), BENDA (Verh. Berlin. Physiol. Ges., Arch. Physiol. 1899), BETHE (Biol. Centralbl., Bd. 15, 1895). BOUISSON (R. Ac. Sc. Paris. Bd. 18, 1844). BRANDT (Biol. Centralbl., Bd. 1, 1881), CAMPBELL (Unters. Bot. Inst. Tübingen, II, Bd. 3, 1888), CERTES (Zool. Anz., Bd. 4, 1881), CHRZONSZCZEWSKY (Arch. Pathol. Anat., Bd. 31 u. 35, 1864 u. 1866), DOGIEL (Arch. Mikr. Anat., Bd. 85, 1890), EHRLICH (Das Sauerstoffbedürfnis des Organismus, Berlin 1885), derselbe (Deutsch. Med. Wochenschr. 1886), derselbe (Biol. Centralbl., Bd. 6, 1886/87). derselbe (Farbenanalytische Untersuchungen zur Histologie und Klinik des Blutes, Berlin 1891), derselbe (Allgem. Med. Centralbl. 1894), EHRLICH und LAZARUS (Normale und pathol. Histologie des Blutes, aus: NOTHNAGEL. Spez. Pathol. u. Therapie, Bd. 8, 1898). FISCHEL (Anat. Hefte, H. 37 u. 52, 1899 u. 1901). derselbe (Unters. über vitale Färbung bei Süßwassertieren, Leipzig, W. Klinkhardt, 1908), derselbe (Zeitschr. Wiss. Mikr., Bd. 25. 1908). derselbe (Centralbl. Physiol., Bd. 22, 1908). GALEOTTI (Zeitschr. Wiss. Mikr., Bd. 11, 1894). GERLACH (Mikroskop. Studien aus dem Gebiete der menschl. Morphol., Erlangen 1858), GIERKE (Zeitschr. Wiss. Mikr., Bd. 1. 1884), GOLDMANN (Beitr. klin. Chirurgie, 64, 1909), GOLOVINE (Ebenda. Bd. 19, 1902). GRUNERT (Ber. Ophthalmol. Ges., Wiesbaden 1904), R. HEIDENHAIN (Arch. Mikr. Anat., Bd. 10. 1874), M. HEIDENHAIN (Handb. d. Anat. d. Menschen, 14. Lfg., Jena 1907), HECKEL (Journ. de l'Anat. 1875), HERTWIG (Jena. Zeitschr. Nat., Bd. 24, 1890), HÖBER (Arch. Ges. Pathol., Bd. 86, 1901). derselbe (Physik. Chemie d. Zelle u. d. Gewebe, Leipzig 1902). derselbe (Biochem. Zeitschr., 30, 1909), KOWALEWSKY (Biol. Centralbl., Bd. 6, 1886), derselbe (Ebenda, Bd. 9. 1889), KRAUSE (Anat. Anz., Bd. 24, 1904), LOEB (Arch. Entw.-Mech., Bd. 23. 1907). LOISEL (R. Soc. Biol. 1897), derselbe (Journ. de l'Anat., Bd. 34. 1898), MARTINOTTI (Zeitschr. Wiss. Mikr., Bd. 5, 1888), P. MAYER (Fauna Flora Golf Neapel, Bd. 6. 1882), S. MAYER (Zeitschr. Wiss. Mikr., Bd. 2, 1889), derselbe (Sitzungsber. Nat. Med. Ver. „Lotos". Prag 1896), MEVES (Anat. Anz., Bd. 31, 1907), MICHAELIS (Arch. Mikr. Anat., Bd. 54, 1900), MITROPHANOW (Biol. Centralbl., Bd. 9, 1887—1890), OVERTON (Jhb. Wiss Bot., Bd. 34. 1900), OXNER (Bull. de l'Inst. Oceanograph., Monaco 1908), PFEFFER (Unters. Bot. Inst. Tübingen, II, Bd. 2, 1886). PILLIET (Journ. de Microgr., Bd. 12, 1888), PLATO (Arch. Mikr. Anat. Bd. 56. 1900). PROWAZEK (Zeitschr. Wiss. Zool., Bd. 83, 1897). derselbe (Arb. Zool. Inst. Wien, Bd. 11. 1899), PRZESMYCKI (Biol. Centralbl., Bd. 17, 1897), derselbe (Sitz. Ges. Morph. Phys., München 1899). RHUMBLER (Ergebn. Anat., Bd. 8, 1898). RUHLAND (Jahrb. wiss. Botanik, 46, 1908), RŮŽIČKA (Arch. Ges. Physiol., Bd. 107, 1905), derselbe (Zeitschr. Wiss. Mikr., Bd. 22. 1905), SCHINDLER (Zeitschr. Wiss. Zool., Bd. 30. 1878). SCHOLZ (Centralbl. Med. Wiss., Bd. 24, 1886), SCHREIBER (Ergebn. Pathol Anat., Bd. 1, 1904), SCHULTZE (Anat. Anz., Bd. 2, 1887), SOLGER (Zool. Anz. 1881), WITTICH (Arch. Mikr. Anat., Bd. 11, 1875).

Fischel, Prag.

Vitale Färbung pflanzlicher Zellen. Unter dem Namen der Lebendfärbung werden die Erscheinung der Aufnahme und Speicherung von Anilinfarben aus sehr verdünnten Lösungen in der Zelle zusammengefaßt, ohne daß sie eine Färbung im eigentlichen Sinne darstellen, vielmehr werden die Farbstoffe ähnlich einer Reihe anderer in sehr verdünnter Lösung unschädlicher Stoffe, zumal Ammoncarbonat, Antipyrin und Coffein durch gewisse in der Zelle enthaltene Stoffe, vornehmlich Gerbstoff, Phloroglucin im Plasma oder Zellsaft zur Ausfällung gebracht. Auf diese Weise kann eine ganze Menge gespeichert werden. So hat sich diese Methode als sehr fruchtbar, mehr für das Studium der diosmotischen Eigenschaften der Zelle als zur Kenntlichmachung bestimmter Zellbestandteile erwiesen, wie auch die Versuche, die Zellen lebend zu färben (z. B. Kernteilung in Tradescantiahaaren mit Methylviolett, Dahlia und Mauvein aus 0,001—0,002%iger Lösung [CAMPBELL]), zu wesentlichen Resultaten nicht geführt haben und wahrscheinlich erst in absterbenden Zellen stattfindet (dagegen Lebendfärbung der Stachelkugeln der Nitellen s. unter Characeen). Alle Lebendfärbungen haben in Anbetracht der sehr schwachen Lösungen in sehr viel Flüssigkeit ½—1 Liter zu geschehen. (Vgl. im übrigen den vorhergehenden Artikel.) Methylorange kann in 0,01%iger Lösung auch zur Prüfung auf die alkalische oder saure Reaktion in der Zelle verwendet werden, da bei Säuren eine scharf hervortretende rotbraune Färbung erscheint. — Die Speicherung ist abhängig von den obengenannten fällenden Stoffen; so kann z. B. die eine Pflanze Methylblau und Bismarckbraun, die andere aber nur ersteres speichern.

Zur Demonstration sind zu empfehlen Entengrütze (Lemna minor), die man auf einer 0,0005%igen Lösung von Methylenblau schwimmen läßt. Die Speicherung wird direkt durch die Färbung der Würzelchen merklich. Ein Sproß von Elodea entfärbt eine gleiche Lösung in kurzer Zeit. Einzelheiten lassen sich am besten bei jungen Wurzelhaaren von Trianea bogotensis verfolgen. In einer 0,0001%igen Methylviolettlösung beginnt sich schon nach wenigen Minuten das strömende Plasma (s. Protoplasmabewegung) zu färben und man kann erkennen, daß es von den körnigen Einschlüssen aufgenommen ist, dann beginnt sich auch der Zellsaft zu färben, aber bald zeigen kleine Plasmavacuolen, daß die Zelle zu leiden beginnt und sie ist nur durch rasches Übertragen in reines Wasser am Leben zu erhalten. Hier wird ebenso wie auch in allen übrigen Fällen der Farbstoff in kurzer Zeit vom Plasma ausgeschieden, während ihn der Zellsaft energisch festhält. — In 0,001—0,0005%iger Methylenblaulösung hat sich der Zellsaft nach 1—4 Stunden intensiv gefärbt und farbige krystallinische Niederschläge treten auf, während das Plasma ungefärbt bleibt. Nach 4—6 Tagen hat sich der Zellsaft entfärbt und enthält nur noch die Ausscheidungen, die durch 0,01% Citronsäure in etwa 6 Stunden fast völlig entfernt werden. — Sehr geeignet für intravitale Färbung ist die Bierhefe. Mit Neutralrot färben sich die Körnchen der Vacuolen intensiv (KÜSTER). Aus wässerigen Lösungen soll die Hefe ohne abzusterben außer anderen Farbstoffen besonders Fuchsin bis 8% des eigenen Gewichts und Malachitgrün bis 5% aufzunehmen imstande sein (ROSENSTIEHL). Von höheren Pilzen werden besonders Trichophyten als geeignet zur Vitalfärbung mit Neutralrot gefunden (PLATO und GUTH). — Pilze und Bacterien lassen sich auch lebend färben durch den ausgeschiedenen Farbstoff gewisser kultivierter Pilze, z. B. durch das von Bacterium violaceum ausgeschiedene „Violacein“ und durch den dunkelgrünen Farbstoff von Fusarium polymorphum, durch den die zusammen kultivierte Mucorinee Morteriella reticulata intravital gefärbt wurde (MATRUCHOT).

Vgl. Artikel: Fibrillen in Pflanzenzellen.

Literatur: CAMPBELL (Unters. Bot. Inst. Tübingen, Bd. 2, 1886), KÜSTER (Biol. Centralbl., Bd. 18, 1898), MATRUCHOT (C. R. Ac. Sc. Paris. T. 127, 1898), PFEFFER (Unters. Bot. Inst. Tübingen, Bd. 2. 1886), derselbe (Pflanzenphysiologie. Bd. 1. 1897, dort gesamte Literatur), PLATO und GUTH (Zeitschr. Hyg. Infekt., Bd. 38. 1901), ROSENSTIEHL (Compt. Rend., T. 129, 1902).

Magnus, Berlin.

Volutin wird ein eigenartiger Reservestoff, wahrscheinlich eine Nucleinverbindung genannt, der vielfach in Bacterien aber auch sonst in niederen Pflanzen vorkommt (A. MEYER). Er wird am besten nachgewiesen nach 10 Minuten langer Fixierung mit Formol durch Färbung mit EHRLICHs Methylenblau (GRÜBLER) 1 : 10 und Differenzierung mit Schwefelsäure, die dem Präparat seitlich zugesetzt wird.

Literatur: A. MEYER (Bot. Zeitschr., Bd. 62, 1904). *Magnus*, Berlin.

Volvocineen siehe: Plasmaverbindungen pflanzlicher Zellen.

W.

Wachs. Das aus den Bienenwaben gewonnene Wachs stellt eine gelbe, zähe Masse dar, deren Schmelzpunkt bei 64° liegt. Es enthält außer zusammengesetzten Äthern, freien Säuren (Cerotin- und Melissinsäure) noch 14% paraffinartige Kohlenwasserstoffe. In Wasser und kaltem Alkohol ist es unlöslich, in kochendem Alkohol, Äther und Benzol teilweise, in Chloroform, Schwefelkohlenstoff und Terpentinöl völlig löslich. Durch längeres Liegen an der Sonne wird das Wachs gebleicht, weißes Wachs, wobei sich sein Schmelzpunkt ungefähr um 1° erhöht.

In der Mikrotechnik findet es vielfache Anwendung zur Herstellung von Korrosionsmassen, Deckglaskitten, Platten zur plastischen Rekonstruktion, wohl auch als Zusatz zum Paraffin. (Siehe auch Öle, pflanzliche.)

Walrath, Spermaceti, Cetaceum, wird aus dem im Körper vieler Waltiere sich findenden Öle gewonnen und stellt eine weiße, blättrig krystallinische, neutrale Masse dar, welche bei cca. 50° schmilzt. Es ist in Wasser unlöslich, wenig löslich in Alkohol, leicht in Äther, Chloroform und Schwefelkohlenstoff. Seinen Hauptbestandteil bilden zusammengesetzte Äther der Palmitin-, Stearin-, Laurin- und Myristinsäure.

In der Mikrotechnik wird Walrath in seltenen Fällen als Zusatz zum Paraffin und zu Korrosionsmassen benutzt.

Wässern siehe: Auswaschen.

Waschen siehe: Auswaschen.

Wasserblau, ein wasserlösliches Anilinblau (Elberfeld, Ludwigshafen, Höchst), das wie das Bleu de Lyon und andere Sorten von Anilinblau ein recht guter Protoplasmafarbstoff ist und als solcher von MITROPHANOW empfohlen wurde. Vor allem aber ist es von UNNA und seiner Schule in Verbindung mit Safranin und Orcein zur Färbung des Collagens und der Epithelfasern benutzt worden. (Näheres siehe Collagen und Haut). BETTENDORF färbt Sublimatmaterial von Distomum zunächst 10 Minuten in Eosin, spült in Wasser ab und überträgt in eine Lösung von Wasserblau in konzentrierter wässeriger Pikrinsäure 5 bis 15 Minuten, dann Wasser, Alkohol, Xylol, Balsam.

Wasserglas siehe: Natriumsilikat.

Wasserstoffsuperoxyd, H_2O_2, wird erhalten durch Zerlegen von Bariumsuperoxyd mit Schwefelsäure. In konzentrierter wässeriger Lösung stellt es eine farb- und geruchlose, sauer reagierende und ätzend wirkende Flüssigkeit dar, die unter —30° erstarrt. Es ist in Alkohol und Äther löslich. Das Wasserstoffsuperoxyd ist ein vorzügliches Oxydationsmittel, es vermag organische Farbstoffe zu bleichen, manche Oxydule in Oxyde, Sulfide in Sulfate zu verwandeln etc. Es kann aber auch umgekehrt reduzierend wirken und aus Metalloxyden unter lebhafter Sauerstoffentwicklung das Metall frei machen.

In der Mikrotechnik wird das Wasserstoffsuperoxyd vielfach als Oxydationsmittel zum Bleichen von Pigmenten, zum Entfärben von Osmium- und Chrompräparaten und zur künstlichen Reifung von Farblösungen benutzt.

Weinmost als Nährboden für Hefen und Schimmelpilze siehe: Hefe.

Weinsäure, Weinsteinsäure, Rechtsweinsäure, Acidum tartaricum, $C_2H_2(OH)_2 \left\{ \begin{array}{l} CO.OH \\ CO.OH \end{array} \right.$, aus Weinstein dargestellt, bildet große monokline Krystalle, die bei 10° in Wasser zu 125,7%, bei 20° zu 139,4%, in absolutem Alkohol zu 25%, in Äther zu 0,4% löslich sind. Sie schmilzt bei 170° und verwandelt sich dabei in die hygroskopische Metaweinsäure.

Die Weinsäure dient als schwache organische Säure hauptsächlich als Reduktionsmittel bei der Vergoldung, kann aber auch mit Vorteil zum Ansäuern mancher Farblösungen (EHRLICH-BIONDI) und zum Differenzieren von Hämatoxylinpräparaten Verwendung finden.

Widalsche Reaktion. Die WIDALsche Reaktion gründet sich auf die im Jahre 1896 von GRUBER und DURHAM und wenige Tage später von PFEIFFER und KOLLE beschriebenen, als Agglutinine bezeichneten Stoffe im Immunserum.

Das Agglutinationsphänomen besteht darin, daß in Bacterienaufschwemmungen beim Zusatz wirksamer Verdünnungen eines für die verwendete Bacterienart spezifischen Immunserums eine Zusammenballung der Bacterien eintritt. Wenn man den Vorgang z. B. bei Choleravibrionen unter dem Mikroskop betrachtet, dann sieht man, daß unmittelbar nach der Beigabe des Choleraserums die Vibrionen ihre Beweglichkeit einbüßen, und sich zu kleinen, allmählich immer größer werdenden Häufchen zusammenlegen. Anfangs sieht man zwischen den einzelnen Häufchen hie und da noch bewegliche Vibrionen. Diese treten bald an ein Häufchen heran und können sich dann nicht mehr trennen. Sie führen schlängelnde Bewegungen aus, die sich eventuell dem ganzen Haufen mitteilen: es sieht aus, als ob sie sich loszureißen versuchten. Bald hören auch diese Bewegungen auf, und das hinzugetretene Bacterium liegt still und mit den anderen eng verbunden da. Diese Häufchenbildung hat zu der Bezeichnung „Agglutination" geführt. Auch bei schwacher Vergrößerung ist im hängenden Tropfen das Bild agglutinierter Bacterien sehr typisch, „landkartenähnlich, inselähnlich".

Verteilt man Bacterien im Reagensglas gleichmäßig in einer wirksamen Verdünnung spezifischen Serums, so sieht man nach einiger Zeit mit dem bloßen Auge (eventuell Lupe) die Zusammenballung eintreten, indem sich eine mehr oder minder feine Körnelung einstellt. Steht das Röhrchen längere Zeit, so setzen sich die agglutinierten Bacterien als Bodensatz nieder, während die Flüssigkeit darüber klar wird. Diese Eigenschaft kommt aber nicht nur künstlichem Immunserum zu, sondern auch dem Serum von Individuen, die an der betreffenden Krankheit leiden oder sie unlängst überstanden haben. Daher kann das Agglutinationsphänomen zu zwei verschiedenen diagnostischen Zwecken verwandt werden: erstens zur Identifizierung zweifelhafter Bacterien durch bekanntes spezifisches Immunserum oder zur Prüfung des Blutserums eines Kranken auf sein Verhalten gegenüber bestimmten Bacterien, z. B. Typhus, Paratyphus, Cholera usw. (WIDALsche Reaktion im engeren Sinne). Zur Diagnose des Abdominaltyphus schreibt die „Anleitung für die bacteriologische Feststellung des Typhus für die zur Bekämpfung des Typhus eingerichteten Untersuchungsämter im Südwesten des Reichs" die Verwendung der Agglutinationsprobe in folgender Form vor.

1. Zur Bestimmung einer verdächtigen Kolonie oder Reinkultur.

a) Vorläufige Prüfung im hängenden Tropfen bei schwacher Vergrößerung (sogenannte Probeagglutination, s. unten: Agglutinationsprobe bei Cholera asiatica) mit dem spezifischen, möglichst hochwertigen Serum in einer Verdünnung **1:100** (0,8%ige Kochsalzlösung) muß sofort oder spätestens nach 20 Minuten (Brutschrank 37°) deutliche Häufchenbildung eintreten.

b) Bestimmungen der Agglutinierbarkeit im Reagensgläschen oder Uhrschälchen.

Das Testserum wird 1:100, 1:500, 1:1000, 1:2000 verdünnt (physiologische Kochsalzlösung); von diesen Verdünnungen wird je 1 *ccm* in Reagensgläschen gegeben und je eine Öse der zu prüfenden Kultur (18—24stündige Agarkultur) sorgfältig darin verrieben. Spätestens nach 3 Stunden Brutschrank (37°) Besichtigung, und zwar am besten so, daß man die Röhrchen schräg hält, wird von unten nach oben mit dem von der Zimmerdecke reflektierten Tageslicht betrachtet, eventuell mit schwacher Lupenvergrößerung.

Notwendige Kontrollversuche: 1. Die zu prüfende Kultur mit normalem Serum derselben Tierart, von der das Testserum stammt, somit mit physiologischer Kochsalzlösung allein. 2. Eine sichere Typhusreinkultur mit dem Testserum.

2. Zur Prüfung des Serums eines typhusverdächtigen Menschen.

Blutentnahme und Gewinnung des Serums usw. siehe in den Spezialbüchern der Immunitätstechnik.

Mikroskopische Agglutinationsprobe: In je einem auf ein Deckglas gebrachten Tropfen der Verdünnung des Serums 1:50 und 1:100 wird von einer Typhuskultur (10—24stündige Agarkultur), sowie von einer Paratyphus-B-Kultur (eventuell auch von Paratyphus A) etwas verrieben; Betrachtung im hängenden Tropfen (auf dem hohlen Objektträger muß das Deckglas durch den Vaselinrand luftdicht abgeschlossen sein).

[Anstatt einer lebenden 10—24stündigen Typhuskultur können auch die abgetöteten, konservierten Typhus- und Paratyphusaufschwemmungen benutzt werden, die unter dem Namen FICKERsches Diagnostikum von MERCK-Darmstadt zu beziehen sind. Anmerkung des Verfassers.]

Makroskopische Agglutinationsprobe: In einer Verdünnung des zu prüfenden Serums von 1:100 im Reagensglase wird eine Öse der Typhuskultur sorgfältig verrieben. Untersuchung nach 3 Stunden Brutschrank.

Prüfung der Reaktion: Die Agglutination ist auch bei den makroskopischen Proben stets durch das Mikroskop zu kontrollieren. Sind in jedem Gesichtsfeld reichlich Häufchen, selbst neben noch vereinzelten Bacterien, so ist die Reaktion als positiv zu bezeichnen. Ist nur die Verdünnung 1:50 positiv, 1:100 aber negativ, so ist der Fall bis zur Wiederholung der Untersuchung nach einigen Tagen als verdächtig anzusehen.

Der Agglutinationsversuch bei Cholera ist nach Anlage 7 der Anweisung zur Bekämpfung der Cholera folgendermaßen anzustellen:

a) im hängenden Tropfen bei schwacher Vergrößerung. Es ist die untere Verdünnung des Serums mit 0,8%iger (behufs völliger Klärung 2mal durch gehärtete Filter filtrierter) Kochsalzlösung zu benutzen, bei welcher die Testkultur augenblicklich zur Haufenbildung gebracht wird, und im zweiten Tropfen das 5fache dieser Dosis.*

Es muß mit dem spezifischen Serum in diesen beiden Konzentrationen sofort, spätestens aber während der nächsten 20 Minuten nach Aufbewahrung im Brutschranke bei 37° deutliche Häufchenbildung eintreten. Zur Kontrolle ist von den zu prüfenden Bacterien ein hängender Tropfen mit einer 10mal so starken Konzentration von normalem Serum derselben Tierart, von welcher das Testserum stammt, herzustellen und zu untersuchen. Bei diesem Untersuchungsverfahren ist zu berücksichtigen, daß es Vibrionenarten gibt, welche sich im hängenden Tropfen so schwer verreiben lassen, daß leicht Häufchenbildung vorgetäuscht wird.

b) Quantitative Bestimmung der Agglutinierbarkeit. Mit dem Testserum werden durch Vermischen mit 0,8%iger (behufs völliger Klärung 2mal durch gehärtete Filter filtrierter) Kochsalzlösung Verdünnungen im Verhältnisse von 1:50, 1:100, 1:500, 1:1000 und 1:2000 hergestellt. Von diesen Verdünnungen wird je 1 *ccm* in Reagensröhrchen gefüllt und je eine Öse der zu prüfenden Agarkultur darin verrieben und durch Schütteln gleichmäßig

---

* Kaninchenserum muß mindestens einen Agglutinationstiter von 1:2000, Pferdeserum einen solchen von 1:5000 haben. Die für die vorläufige Agglutinationsprobe in Frage kommenden Konzentrationen werden auf den Röhrchen bei der Abgabe von seiten des Instituts für Infektionskrankheiten vermerkt. Falls Trockenserum benutzt wird, ist dieses für jeden Tag der Untersuchung aus neuen Röhrchen zu entnehmen.

verteilt. Nach einstündigem Verweilen im Brutschranke bei 37° werden die Röhrchen herausgenommen und besichtigt, und zwar am besten so, daß man sie schräg hält und von unten nach oben mit dem von der Zimmerdecke zurückgeworfenen Tageslichte bei schwacher Lupenvergrößerung betrachtet. Der Ausfall des Versuches ist nur dann als beweisend anzusehen, wenn unzweifelhafte Haufenbildung (Agglutination) in einer regelrechten Stufenfolge bis annähernd zur Grenze des Titers erfolgt ist.

Bei jeder Untersuchung müssen Kontrollversuche angestellt werden, und zwar:

1. mit der verdächtigen Kultur und mit normalem Serum derselben Tierart, aber in 10fach stärkerer Konzentration;

2. mit derselben Kultur und mit der Verdünnungsflüssigkeit;

3. mit einer bekannten Cholerakultur von gleichem Alter wie die zu untersuchende Kultur, und mit dem Testserum.

Bei Anstellung der Agglutinationsproben mit sehr jungen, wenige Stunden alten, frisch aus dem Körper gezüchteten Cholerakulturen tritt in der 0,8%igen Kochsalzlösung auch ohne Zusatz von spezifischem Serum unter Umständen eine sogenannte Pseudo-Agglutination ein. In solchen Fällen ist die Probe mit der Kultur zu wiederholen, nachdem sie im ganzen mindestens 15 Stunden bei 37° gestanden hatte.

Literatur: Wassermann-Kolle (Handbuch der pathogenen Mikroorganismen), Kraus-Levaditi (Handbuch der Technik der Immunitätsforschung). *Heymann,* Breslau.

Wismutjodid-Jodkalium. Zur Herstellung dieses empfindlichen Reagens auf Alkaloide löst man 80 *g* basisches Wismutnitrat in 200 *ccm* Salpetersäure (spez. Gew. 1,8) und 272 *g* Jodkalium in wenig Wasser. Man gießt die erste Lösung langsam und unter Umschütteln in die zweite, wobei sich der entstehende braune Niederschlag zu einer gelben Flüssigkeit löst. Der sich bildende Salpeter wird durch Abkühlen auskrystallisiert und entfernt.

Meyer empfiehlt dieses Reagens zur Fixation von Volvox (12 Stunden).

Literatur: Meyer (Bot. Zeitschr. 1906).

Wollschwarz, Disazofarbstoff, der durch Einwirkung von Amidoazobenzolsulfosäure auf Paratolyl-β-naphthylamin entsteht (Berlin, Ludwigshafen). Blauschwarzes Pulver, in Wasser mit violetter Farbe, in Schwefelsäure mit blauer Farbe löslich. Die wässerige Lösung gibt mit Natronlauge violetten, mit Salzsäure rotvioletten Niederschlag.

Das Wollschwarz wird in wässeriger oder alkoholischer Lösung von Löffler zur Geißelfärbung benutzt. (Näheres siehe Geißelfärbung.)

Würmer. Turbellarien. Zur Fixation der Turbellarien hat sich, besonders durch die Untersuchungen von Lang angeregt, das Sublimat allein oder in Gemischen den ersten Platz erobert. Er fixiert Planarien in einer 6—10%igen Kochsalzlösung, welche 3—12% Sublimat enthält und der man 6—8% Eisessig und eventuell noch 0,5% Alaun zusetzt. Sie wird von Vogt und Yung für Mesostomum und von Braun für Rhabdocoelen angewendet. Der letztere setzt der Flüssigkeit eventuell auf 3 Teile noch 1 Teil 1%iger Osmiumsäure zu. Um Verzerrungen zu vermeiden, erwärmt er die Flüssigkeit bis zum Kochen und übergießt die ausgestreckten Tiere damit. Lang hat dann auch noch ein zweites Fixativ, mit dem er ebenfalls gute Resultate erhielt, so hergestellt, daß er zu Pikrinschwefelsäure 5% Eisessig setzt und in dieser Flüssigkeit Sublimat bis zur Sättigung löst. Reines Sublimat wird empfohlen von Böhmig für Plagiostomiden, von Lippitsch für Derostomum, von Wagner für Microstomeen, von Graff (91) für Convoluta roscoffensis und für Landplanarien, von Lo Bianco für marine Turbellarien. Die beiden letzteren wenden auch das Fixativ heiß an, Lo Bianco gießt die Tiere dann aber sofort in viel kaltes Wasser und überträgt sie in Alkohol. Gerühmt wird für Turbellarien auch die Kennelsche Flüssigkeit, eine konzentrierte Lösung von Sublimat in 50%iger Salpetersäure. Man darf dieselbe aber nur einige Minuten einwirken lassen und behandelt dann noch ½ Stunde in konzentriertem wässerigen Sublimat nach (Woodworth). Chichkoff hat für Süßwasserdendrocölen die Langsche und Kennelsche Lösung kombiniert, er mischt 6 Teile 2%igen Sublimats, 4 Teile 15%iger Essigsäure, 2 Teile Salpetersäure, 8 Teile 14%igen Chlornatriums und 1 Teil 2%igen Alauns. Osmium und seine Gemische erfreuen sich für den vorliegenden Zweck keiner großen Beliebtheit, sie sollen nach LIPPITSCH die Epithelzellen deformieren, nur GRAFF lobt die FLEMMINGsche Lösung für manche acöle Turbellarien. Pikrinschwefelsäure empfehlen BÖHMIG und WEYGANDT, Pikrinessigsäure HOFER zur Anfertigung von Totalpräparaten, Salpetersäure (25%) VOIGT für Planaria, 70%igen Alkohol mit 4% Eisessig KLINKOWSTRÖM für Prostheceraeus. Um die Tiere gut ausgestreckt zu erhalten, kann man sie nach HOFER betäuben, indem man sie 10—15 Minuten in eine 1/2%ige Lösung von Hydroxylamin setzt, dann zwischen zwei Deckgläsern abplattet und fixiert. OESTERGREN empfiehlt zur Betäubung Ätherwasser, dessen Äthergehalt vorsichtig gesteigert wird.

Für die Darstellung des Nervensystems empfiehlt GRAFF die Methode von DELAGE. Fixation in gleichen Teilen einer starken ammoniakalischen Carminlösung und 1%iger Osmiumsäure (Filtrieren). Vergoldung nach der LÖWITschen Methode. Nach MONTI ergibt die rasche Golgimethode sehr gute Bilder, besonders des peripheren Nervensystems (4—5 Tage in Osmiumbichromat).

Für das Studium des Auges der Turbellarien fixiert JÄNICHEN 1—2 Stunden in Pikrinschwefelsäure. Durchfärben in Boraxcarmin. Die Schnitte kommen auf dem Wärmeschrank 10 Minuten in Osmiumsäure und dann ebenso lang in Holzessig. Das Pigment wird mit Wasserstoffsuperoxyd gebleicht.

Embryologisches: Um Sperma von Turbellarien zu erhalten, zerquetscht REPIACHOFF die lebenden Tiere, setzt etwas 2%ige Osmiumsäure und nach einigen Sekunden BEALEsches Carmin zu. Die Eireifung, Befruchtung und Furchung der Turbellarien ist besonders eingehend an den Polycladen studiert worden. Genaue Vorschriften hat VAN DER STRICHT für Thysanozoon gegeben. Die Laichzeit beginnt in Neapel Ende April. Man schneidet die Tiere in Stücke und fixiert diese in toto oder die durch leichten Druck herausgepreßten Eier 10 Tage bis mehrere Wochen in Hermann. Im absoluten Alkohol dürfen sie bei einmaligem Wechsel nur 2 Minuten bleiben, sonst werden sie zu hart. Man fügt den in einer kleinen Portion Alkohol liegenden Eiern tropfenweise Chloroform zu und führt, sobald sie zu Boden sinken, in reines Chloroform über. Ähnliche Bilder erhält man auch bei Leptoplana und Cycloporus. FRANCOTTE fixiert dieselben in Hermann nur so lange, bis die opaken Granula nicht mehr wahrzunehmen sind, und wäscht dann im Uhrschälchen in einer Mischung von 90%igem Alkohol 15, Glycerin 15 und Wasser 70 aus. Zur Einbettung empfiehlt sich die kombinierte Celloidinparaffinmethode. Will man in toto färben, so kann man jenem Gemisch 0,1% Methylgrün oder 0,3% Thionin mit 1 Tropfen Essigsäure zusetzen. Auch Farbmischungen sind zu empfehlen, z. B. 0,1% Orange, 0,01% Säurefuchsin und 0,01% Methylgrün mit 1 Tropfen Essigsäure. Von anderen Polycladen empfiehlt VAN NAME Planocera eustylochus. Er fixiert in konzentriertem Sublimat mit 2% Essigsäure oder 1,5% Salpetersäure oder in konzentrierter Pikrinsäure mit 1% Essigsäure (24 Stunden). Die Eier werden in Aquarien im März und April abgelegt. Wenige Stunden nach der Eiablage wird der erste Richtungskörper ausgestoßen, nach 12—15 Stunden setzt die erste Teilung ein. Für die Eier von Süßwasserplanarien empfiehlt IJIMA die Eikapseln in 2%iger Salpetersäure zu eröffnen, die nach 1/2 Stunde durch 70%igen, dann 95%igen Alkohol und Glycerin ersetzt wird. BRESSLAU fixiert die Eier von Mesostomum am besten in Kaliumbichromatessigsäure nach TELLYESNICZKY. Für die jüngsten Stadien wendet er die Lösung kalt, für die älteren heiß (70—80°) an. Einwirkung 10—12 Stunden. MATTIESEN reißt mit Nadeln unter Wasser den Kokon von Planaria torva an und übergießt dann mit fast kochender Sublimatlösung. In späteren Stadien empfiehlt es sich, den Kokon ganz zu zerreißen und die Embryonen mit der Pipette herauszunehmen.

Trematoden. Auch für die Fixation der Trematoden wird in weitaus den meisten Fällen Sublimat empfohlen, so von HOFMANN (konzentriert heiß) für Distomum 5 Minuten, ebenso von LO BIANCO, von MACLAREN für Diplectanum (kochend), LANDER für Hemiurus; LOOS fixiert die in der menschlichen Pfortader schmarotzende Bilharzia so, daß er das Blut in dünner Schicht in einer Glasschale mit dunklem Grunde ausbreitet, die Parasiten heraussucht, in physiologischer Kochsalzlösung abspült, auf dem Objektträger mittelst Pinsels ausstreckt und mit heißer (50—60°) 1%iger Sublimatlösung in 70%igem Alkohol betropft. WALTER fixiert Monostomen in 5%igem Sublimat mit 2% Eisessig. VOGT und YUNG ziehen für Distomum die LANGsche Sublimat-Kochsalz-Eisessig-Alaunmischung vor. Für die Cuticula soll sich 0,5%ige Osmiumsäure besser erweisen. Den Darmkanal kann man mit einer in den Saugnapf eingeführten Capillare injizieren. Zur Sichtbarmachung der Nerven hellt man die Tiere auf, indem man sie bis zu 24 Stunden in eine 20%ige Sodalösung überträgt. BETTENDORF empfiehlt für Nerven- und Sinneszellen die rasche Golgimethode oder die Methylenblaufärbung; die angeschnittenen Tiere werden auf dem Objektträger mit 0,1%iger Methylenblaukochsalzlösung benetzt, sie färben sich manchmal schon nach 1 Stunde. Für Paraffinschnitte von Sublimatmaterial ist besonders Doppelfärbung mit Eosin-Wasserblau zu empfehlen. (Näheres siehe bei Wasserblau.) Von anderen Fixativen wird noch benutzt FLEMMINGsche Flüssigkeit von WRIGHT und MACALLUM für Sphyranura, von MÜHLING halb verdünnte Pikrinsalpetersäure mit 2% Eisessig.

Um dem lästigen Verkrümmen der Tiere vorzubeugen, kann man sie während der Fixation zwischen Deckglas und Objektträger leicht komprimieren. LOOS streckt muskelstarke Arten auf einer Glasplatte mittelst zweier Pinsel und tropft gleichzeitig Sublimatlösung auf oder er bringt den wurmhaltigen Darmschleim in ein zu einem Drittel mit physiologischer Kochsalzlösung gefülltes Reagensglas, schüttelt tüchtig, setzt rasch ungefähr die Hälfte konzentrierte Sublimatlösung zu und schüttelt nochmals.

Dicyemiden soll man nach VOGT und YUNG in 0,1—1%iger Osmiumsäure fixieren, sorgfältig auswaschen und färben in Glycerin, dem man 10% Ameisensäure und etwas BEALEsches Carmin zusetzt. Aufheben in Glycerinameisensäure. SAINT-HILAIRE fixiert mit Flemming, Sublimatalkohol und Zenker und färbt mit Eisenalaunhämatoxylin oder EHRLICH-BIONDIschem Gemisch. Man kann die Tiere auch intravital mit Neutralrot oder Methylenblau färben. Es färben sich dann die Körner der Belegzellen intensiv, die Bläschen der Achsenzelle nur ganz schwach. Auch Maceration in Süßwasser läßt manche Details hervortreten.

Embryologisches: Die frühesten Embryonalstadien von Distomum gewinnt man, wenn man die ganzen Tiere fixiert und schneidet. Man kann auch die Eier durch Zerzupfen isolieren. Die Eikapsel wird durch 5%ige Kalilauge erweicht und durch Druck gesprengt (HECKERT). GOLDSCHMIDT tötet die Eier von Polystomum in kochendem Wasser, kühlt rasch ab und überträgt sie dann in ein Gemisch von 4 Teilen 95%igen Alkohol und 1 Teil 43%iger Essigsäure. Nach der Fixation wird in 50%igem Alkohol ausgewaschen und recht vorsichtig in die höheren Alkohole übertragen. Auch für die Cercarien ist warme (35—40°) konzentrierte Sublimatlösung das beste Fixativ (SCHWARZE). HALKIN fixiert Eier und Larven von Polystomum in konzentriertem Sublimat mit 5% Essigsäure eine halbe Stunde lang. Im Alkohol wird die Eischale angestochen, bei älteren Stadien kann sie durch verdünntes Eau de Javelle erweicht werden (1 : 7).

Cestoden. Zur Totalfixation der oft sehr langen Cestoden bedient man sich am besten einer mit Paraffin ausgegossenen großen flachen Glasschale. In ihr wird der vorher gut mit physiologischer Kochsalzlösung abgespülte Wurm ausgebreitet, mit Igelstacheln festgesteckt und mit dem Fixativ übergossen. Einer anderen Methode bedient sich KÖHLER, er wickelt den Wurm um eine Glasplatte herum und fixiert ihn dann. LOOSS faßt den Wurm am Hinterende mit einer Pinzette und schwenkt ihn so lange in einer großen Schale mit 2%iger Sublimatlösung, bis er sich nicht mehr kontrahiert. Zur Aufbewahrung, resp. zum Transport der aus dem Kot entnommenen und gut mit Kochsalzlösung abgespülten Würmer empfiehlt sich physiologische Kochsalzlösung mit Zusatz von etwas Hühnereiweiß. Wird dieselbe warm gehalten, so bleiben die Tiere tagelang lebensfähig. LÖNNBERG empfiehlt 3—4%ige Peptonlösung in 0,9%iger Kochsalzlösung. Zur Fixation empfehlen

VOGT und YUNG für Taenia schwache Sublimatlösung 5—10 Minuten, KÖHLER 5%iges Sublimat 2—3 Stunden, DE FILIPPI gab Sublimat schlechte Resultate, er zieht konzentrierte wässerige Pikrinsäure (7 Stunden) vor; WILL fixiert Caryophyllaeus in Flemming und reduziert in Holzessig, VOGT und YUNG empfehlen für das Studium der Cuticula Fixation der Taenien in 5%iger Osmiumsäure. KÖHLER hat die in Sublimat fixierten Würmer noch nachträglich osmiert, indem er aus 70%igem Alkohol für 3 Stunden in Wasser und 24 Stunden in 0,25%ige Osmiumsäure überträgt, 2 Stunden auswäscht und mit Holzessig nachbehandelt.

Zur Weiterbearbeitung kann man entweder die einzelnen Proglottiden in toto färben mit Boraxcarmin, Paracarmin, Alaunhämatoxylin, dann aufhellen und in Canadabalsam montieren, oder man bettet in Paraffin ein und färbt im Schnitt mit Hämatoxylin, Orange etc.

Zum Studium der Excretionskanäle eignen sich ganz vorzüglich Injektionspräparate, die man mit einem zur Capillare ausgezogenen Glasrohr vornimmt. Man sucht sich mit der Lupe einen Längskanal auf, sticht die Capillare ein und bläst mit dem Munde die Injektionsmasse (Berlinerblau) ein, und zwar der Klappen wegen von vorn nach hinten. Ähnlich verfährt man auch zur Injektion des Uterus. Man sticht zunächst unter der Lupe einen der Vorderäste desselben mit einer in Berlinerblau getauchten Nadel an. Nun bringt man die betreffende Proglottis in Wasser und sucht durch vorsichtiges Streichen mit dem Pinsel die Eier aus der entstandenen Öffnung herauszupressen. Ist dies geschehen, so führt man in dieselbe, durch ihre blaue Farbe leicht wieder zu findende Öffnung die Capillare ein und injiziert wie oben (SOMMER).

Die Golgimethode ergibt für die Bearbeitung der Cestoden vorzügliche Resultate, man kann mit ihr nicht nur die Nerven, sondern auch die Muskulatur und Excretionsorgane sehr gut darstellen (ZERNECKE, BLOCHMANN). TOWER hat für Moniecia mit Erfolg auch die vitale Methylenblaufärbung in Anwendung gebracht. Er bringt kurze Stücke der Würmer in 1‰ige Methylenblaulösung in Leitungswasser, der er auf 60 *ccm* 40 *ccm* einer Mischung von Eiweiß und Leitungswasser zusetzt. Auch Fixation 1—3 *cm* langer Stücke der Würmer in Pikrinessigplatinchlorid (VOM RATH) und Nachbehandlung in Holzessig ergibt für das Studium des Nervensystems gute Bilder.

Embryologisches: Die frühen Stadien der Embryonalentwicklung der Cestoden erhält man gewöhnlich so, daß man entsprechende Proglottiden zerschneidet oder zerzupft und die Eier aus dem Fruchtbehälter mit Nadeln oder durch Schütteln isoliert. Bei Bothriocephalus, der die Eier sehr frühzeitig ablegt, braucht man nur die frisch aus dem Darm entleerten Tiere in reines Wasser zu bringen, wo dann die Eier bald in großen Massen abgelegt werden. Die durch häufiges Schlemmen gereinigten Eier kann man in öfter gewechseltem Wasser zur vollen Entwicklung bringen (SCHAUINSLAND). Fixation in 1—2%iger Osmiumsäure oder konzentrierter Sublimatlösung. Vor der Färbung muß der Deckel entfernt werden, sonst dringt die Lösung nicht ein. VAN BENEDEN fixiert die Eier von Taenien 1 Stunde in 1%iger Osmiumsäure, behandelt dann ebenso lang mit 30%igem Alkohol, wäscht in Wasser und färbt 2—3 Tage in Pikrocarmin. Bei älteren Embryonen muß man vor der Färbung die Chitinhülle sprengen, indem man unter dem Deckglas so lange Flüssigkeit absaugt, bis dieser Effekt eintritt. Zur Fixation von Cysticerken empfiehlt BARTELS PERÉNYIsche Flüssigkeit, konzentriertes Sublimat oder 2,5%iges Formol. RÖSSLER hängt sie so auf, daß der Scolex nach unten hängt, und bringt sie so in konzentrierte Sublimatlösung. Man erhält dadurch die Körperwand gespannt.

Nemertinen. Da sich die Nemertinen bei der Fixation stark contrahieren, so müssen sie entweder ganz plötzlich abgetötet oder vor der Fixation narkotisiert werden. Zu letzterem Zweck empfiehlt LO BIANCO 0,1%ige Lösung von Chloralhydrat in Seewasser (6—12 Stunden) oder Zufügen einer 1—2%igen Cocainlösung. DENDY verwendet ½ Stunde lang Chloroformdampf, OESTERGREN bringt die Tiere zunächst in schwächere, dann in stärkere Lösungen von Äther in Seewasser. Als Fixativ für Nemertinen eignet sich nach LEE am meisten das Sublimat, kalt mit 1% Essigsäure. Kleinere Tiere kann man ganz konservieren, größere muß man in Stücke schneiden. Für letztere empfiehlt sich auch Abtötung in kochendem Wasser. Warme und heiße konzentrierte Sublimatlösung verwenden BÜRGER und MONTGOMERY. Ersterer übergießt die Tiere mit der heißen Lösung und bringt sie nach einigen Minuten in 70%igen Alkohol. MONTGOMERY erwärmt für kleinere Formen die Lösung nur auf 40°. Für größere Formen empfiehlt sich mehr eine konzentrierte alkoholische (50%) Sublimatlösung. Für Kernstrukturen ergeben FLEMMINGsche und HERMANNsche, für Cilien PERÉNJIsche Flüssigkeit bessere Resultate. DENDY konserviert die narkotisierten Würmer in starkem Alkohol, COE fixiert einige Minuten in 0,5%igem Formol oder in 2%igem Formol oder in 50%igem Alkohol und überträgt in schwachen Alkohol. Auch 24stündige Fixation in 2%iger Chromsäure ist zu empfehlen.

Auch für die Nemertinen ergibt die vitale Methylenblaufärbung gute Resultate zur Darstellung des Nervensystems. BÜRGER injiziert die Tiere mit einer 0,5%igen Methylenblaulösung in 0,5%iger Kochsalzlösung und läßt sie bis zum Eintritt der Färbung (6—12 Stunden) auf feuchtem Fließpapier liegen.

Als Macerationsmittel eignen sich 0,2%iges Formol (COE), Drittelalkohol und Osmiumessigsäure (gleiche Teile 0,05%ige Osmiumsäure und 0,2%ige Essigsäure, BÜRGER).

Embryologisches. Die Eier der getrennt geschlechtlichen Nemertinen lassen sich leicht künstlich befruchten, ein besonders günstiges Objekt für das Studium der Centralkörper bilden die Eier von Cerebratulus marginatus (KOSTANECKI). 5 Minuten nach der Befruchtung bilden sich die Richtungsspindeln. KOSTANECKI fixiert die Eier vor allem in PERÉNJIscher Flüssigkeit und in Sublimatessigsäure, COE in der letzteren (2—3% Eisessig) oder in Pikrinessigsäure 5 Stunden. Um möglichst viel Eier dicht beisammen zu haben, hüllt man sie in ein Stückchen abgehäutete Froschepidermis ein.

Nematoden. Für die Fixation der Nematoden ist eine Betäubung meist nicht nötig, will man das Verkrümmen und Einrollen vermeiden, so fixiere man die Tiere an beiden Enden mit Igelstacheln oder quetsche sie vorsichtig zwischen zwei Glasplatten. Bei manchen Formen kommt man dadurch zum Ziel, daß man sie für wenige Minuten in Wasser von 42—45° einlegt und dann sofort fixiert. LANGERON tötet sich stark contrahierende Nematoden in 5%igem Formol und ersetzt es nach und nach durch Lactophenol, in dem die Tiere auch konserviert werden. Sehr oft setzt die starke Cuticula dem Eindringen der Lösungen großen Widerstand entgegen. Man wird deshalb, wenn angängig, die Körperwand des an beiden Enden festgesteckten Tieres vor der Fixation, am besten seitlich, schlitzen. Oder man legt zunächst das ganze Tier in die Fixationslösung ein für kürzere Zeit, ungefähr 1/2 Stunde, zerschneidet dann und läßt die Stücke noch 24 Stunden in der Lösung verweilen. Schließlich kann man auch zunächst für kürzere Zeit in starke Essigsäure oder stark essigsäurehaltiges Sublimat und dann in reines Sublimat einlegen. Das letztere spielt bei der Fixation der Nematoden eine große Rolle, so fixiert STROESE Strongylus, nachdem der Wurm in Stücke geschnitten 5—20 Minuten in konzentriertem Sublimat, längeres Liegenlassen empfiehlt sich nur für die Muskulatur. EHLERS fixiert Oxyuris 5 Minuten in heißem, konzentriertem Sublimat. GOLOWIN legt größere Nematoden zunächst 1/2—2 Stunden ganz in konzentriertes Sublimat mit 25% Eisessig, zerschneidet dann und überträgt für weitere 24 Stunden in reines Sublimat. Bei sehr dicker Cuticula bringt man zuerst 1/2 Minute in Eisessig, dann mehrere Stunden in Sublimat mit 20% Eisessig und schließlich über Nacht in reines Sublimat. Von anderen Fixativen empfiehlt VEJDOWSKY 0,5%ige Chromsäure für Gordius (24 Stunden), VOLTZENLOGEL 1%ige Chromsäure oder Perénji für Ascaris, AUGSTEIN Pikrinsalpetersäure für Strongylus, GRAHAM FLEMMINGsche Flüssigkeit für Trichina, dieselbe benutzt ZUR STRASSEN für Bradynema. LOOSS zieht heißen (80—90°) 70%igen Alkohol allen anderen Mitteln zur Fixation der Nematoden vor. Zur leichteren Unterscheidung von tierischem und pflanzlichem Gewebe in den von Heterodera erzeugten Gallen eignet sich nach TISCHLER ganz hervorragend die Schnittfärbung nach dem FLEMMINGschen Dreifachverfahren. Bei der Paraffineinbettung muß man, um Schrumpfungen zu vermeiden, außerordentlich vorsichtig verfahren. Nach HESSE soll sich letztere dabei gar nicht vermeiden lassen und er empfiehlt deshalb für alle Fälle Celloidineinbettung.

Für die vielfach untersuchten Muskeln der Leibeswand scheint MÜLLERsche Flüssigkeit sehr geeignet zu sein, BÜTSCHLI läßt die Tiere 1/2 Jahr darin liegen, die Muskeln lassen sich dann leicht zerzupfen, ergeben aber eingebettet auch gute Schnittpräparate. APÁTHY steckt Ascaris an beiden Enden fest, schlitzt das Tier seitlich der Länge nach auf, läßt 3 Tage und länger bei öfterem Wechsel in Müller liegen. Die einzelnen Muskelzellen lassen sich dann durch Schütteln leicht isolieren.

Zur Untersuchung des Nervensystems fixiert HESSE Ascaris entweder in Sublimat oder Flemming oder 0,5—1%iger Chromsäure. Einbettung in Celloidin. GOLDSCHMIDT schneidet zum Studium der Sinnesorgane von Ascaris dem lebenden Wurm Vorder- und Hinterende ab und fixiert in konzentrierter Sublimatlösung mit 2% Essigsäure. Stückfärbung nach der HEIDENHAINschen Chromhämatoxylinmethode ergab besonders gute Resultate.

Um Trichinen leicht in den Muskeln aufzufinden, empfiehlt GRAHAM, die letzteren 2 Tage in 2%iger Essigsäure zu macerieren und dann in Essigcarmin zu färben. Nach BARNES kann man sie durch dreistündiges Behandeln mit Pepsinsalzsäure bei 37° isolieren und lebend untersuchen.

Embryologisches. Seit den klassischen Untersuchungen VAN BENEDENS und BOVERIS ist das Ei der Nematoden, speziell das von Ascaris megalocephala das bedeutsamste Objekt für die Untersuchung der Reifung, Befruchtung und Teilung des tierischen Eies geworden und bildet heute ein unentbehrliches Kurs- und Demonstrationsobjekt. Das Material kann man sich leicht aus jedem größeren Pferdeschlachthaus verschaffen. Die aus dem Darm des Pferdes genommenen Tiere halten sich unter günstigen Bedingungen 1—2 Tage am Leben. Am besten transportiert man sie in einem größeren, mit Darminhalt gefüllten Gefäß, das möglichst warm (37—40°) gehalten werden soll. HULA empfiehlt den Transport in einem abgebundenen Stück des Pferdedarmes selbst. Die herausgenommenen Würmer werden durch Abspülen gereinigt und in einer Präparierschale an beiden Enden mit Nadeln fixiert. Die Männchen erkennt man leicht an den aus dem hinteren Körperende hervorragenden Spiculis. Nachdem die Körperwand der Länge nach gespalten und durch Nadeln befestigt ist, wird der Darm entfernt und das Gewirr der Eiröhren etwas gelöst. Kommt es nur auf die Untersuchung von Befruchtungs- und Furchungsstadien an, so werden die beiden Uteri ungefähr 5 bis 8 *cm* weit vor ihrer Vereinigung mit je einem Seidenfaden abgebunden (Vorsicht, damit der Schlauch nicht platzt). Dann schneidet man die Vagina mit einem Stückchen der umgebenden Körperwand heraus und hängt das ganze Präparat in der Fixationslösung auf. Die Eier von Ascaris werden kurz nach der Befruchtung, sobald sie sich mit ihrer dicken Schale umgeben haben, abgelegt, man muß deshalb, um Teilungsstadien zu erhalten, den Uterus noch 6—24 Stunden nach der Herausnahme in der feuchten Kammer, am besten bei Bruttemperatur, liegen lassen und wird dann von der Vagina nach oben alle möglichen Stadien in chronologischer Folge vorfinden. ZOJA legt die Uteri nicht in die feuchte Kammer, sondern hängt sie in 50%igem Alkohol auf. Zur Fixation der Ascariseier sind eine große Zahl von Flüssigkeiten angegeben worden, von welchen nach unseren Erfahrungen die Alkoholeisessiggemische die konstantesten Resultate ergeben. VAN BENEDEN und NEYT fixieren die isolierten Eier 5—20 Minuten in gleichen Teilen absolutem Alkohol und Eisessig, V. ERLANGER nimmt 4 Teile 95%igen Alkohol und 1 Teil Eisessig, CARNOY 1 Teil Eisessig auf 3 Teile Alkohol und HERLA nur 1 Teil Eisessig auf 5 Teile Alkohol, ebenso ZOJA. VAN GEHUCHTEN fixiert in dem CARNOYschen Alkohol-Chloroform-Eisessig (6 : 3 : 1). CARNOY und LEBRUN haben dieses vorzügliche Gemisch später so abgeändert, daß sie die drei Komponenten zu gleichen Teilen mischen und die Mischung mit Sublimat sättigen. BONNEVIE empfiehlt für die Eier von Ascaris lumbricoides 95 Teile 70%igen Alkohol und 5 Teile Essigsäure. BOVERI benutzte bei seinen Untersuchungen hauptsächlich eine Pikrinessigsäure (konzentrierte wässerige Pikrinsäure 1 Teil und Wasser 2 Teile mit 1% Eisessig) und wäscht in 70%igem Alkohol aus oder er taucht die Eiröhren in kochenden absoluten Alkohol mit 1% Eisessig. Pikrinessigsäure verwendet auch HERTWIG, dann SPEMAN für Strongylus. Nach MEYER ist es jedoch für diesen Zweck unbrauchbar, er empfiehlt PERÉNJI. Sublimat ist hauptsächlich von KOSTANECKI und SIEDLECKI empfohlen, sie verwenden es entweder rein in konzentrierter Lösung oder zu gleichen Teilen mit 3%iger Salpetersäure vermischt oder schließlich gleiche Teile konzentriertes Sublimat, 3%ige Salpetersäure und absoluten Alkohol. TRETJAKOFF fixiert für das Stadium der Bildung des ersten Richtungskörpers in einer Mischung von konzentrierter Sublimatlösung 60 Teile, absoluten Alkohol 15 Teile, Essigsäure 15 Teile, für spätere Stadien konzentrierte Sublimatlösung 50 Teile, absoluten Alkohol 25 Teile, Essigsäure 25 Teile. Sublimatessigsäure wird von NUSSBAUM für die Eier von Rhabditis nigrovenosa empfohlen, physiologische Kochsalzlösung mit Zusatz von 2% Essigsäure von MARTINI für die Eier von Cucullanus. FÜRST hat eine größere Anzahl von Fixativen auf ihre Brauchbarkeit untersucht und die meisten brauchbar gefunden, eine Ausnahme macht das Formol. KULTSCHITZKY empfiehlt eine Mischung von 1 Teil Alcoh. absol. und 3 Teile Aether aceticus. ZACHARIAS setzt einer Mischung von 40 *ccm* absoluten Alkohols und 10 *ccm* Eisessig 20—30 Tropfen 1%ige Osmiumsäure zu. VOM RATH und HÄCKER empfehlen 24stündige Behandlung mit Platinchlorid-Osmium-Essigsäure und Nachbehandlung je 24 Stunden in rohem Holzessig und Methylalkohol. Nach unseren Erfahrungen ergab die konstantesten Resultate der CARNOYsche Alkohol-Chloroform-Eisessig mit oder ohne Sublimat. Der Kuriosität halber sei noch die Angabe von MOSZKOWSKI angeführt, der die Eiröhren zur Fixation mehrere Wochen in 70%igem Alkohol liegen läßt. Um beschalte Ascariseier auch mit schwerer eindringenden Flüssigkeiten fixieren zu können, bringt sie ARTOM in größeren Massen aus dem Uterus auf das Gefriermikrotom und macht 30 μ dicke Schnitte, die er sofort in das betreffende Fixationsmittel überführt. Als solches bewährte sich vor allem Flemming. Die Eier müssen danach in Terpentinöl gebleicht werden und können mit Boraxcarmin oder Hämatoxylin durchgefärbt werden. Will man Totalpräparate der Eier anfertigen, so überträgt man die in einem Alkoholeisessiggemisch fixierten Eier resp. Uteri in eine Mischung von 3 Teilen Glycerin und 1 Teil konzentrierter wässeriger Lösung von Bismarckbraun oder Malachitgrün (VAN BENEDEN) oder in eine Lösung von 0,25 *g* Malachitgrün und 0,25 *g* Bismarckbraun in 100 *ccm* 10%igem Glycerin für 24 Stunden. Die Überfärbung wird korrigiert durch verdünntes Glycerin, das schwach mit Essigsäure angesäuert ist. Die Überführung in reines Glycerin muß sehr vorsichtig geschehen. Um eine völlige Entfärbung der Präparate mit der Zeit zu vermeiden, kann man dem Glycerin etwas Bismarckbraun zusetzen. BOVERI färbt die nach seiner Methode fixierten und in 70%igem Alkohol ausgewaschenen Eier in alkoholischem Boraxcarmin durch. Nach der Behandlung mit salzsaurem Alkohol kommen sie in eine Mischung von 1 Teil Glycerin und 3 Teilen absoluten Alkohol. Den letzteren läßt man dann nach und nach verdunsten. V. ERLANGER färbt in 10%igem Glycerin, in dem gleiche Teile Jodgrün und Bismarckbraun oder 2 Teile Jodgrün und 1 Teil Bismarckbraun gelöst sind. Außerordentlich schöne Resultate erhält man, wenn man die Eiröhren in Paraffin einbettet und in Schnitte zerlegt. Die Einbettung muß außerordentlich vorsichtig vorgenommen werden, da sonst die Eier stark schrumpfen. Zur Färbung leistet die HEIDEN-

HAINsche Eisenhämatoxylinmethode mit oder ohne Vorfärbung in Bordeaux Unübertreffliches. Die Schnitte dürfen nicht zu dünn sein, nicht unter 10 μ. MARTINI zerzupft kleine Nematoden zur Herstellung von Totalpräparaten der Embryonen mit einer Spur Kochsalzlösung auf dem Deckglas, verteilt die Fragmente gut und wartet so lange, bis sich an den Rändern die ersten Spuren der Eintrocknung zeigen. Dann läßt er das Deckglas, Schichtseite nach unten, auf der Fixationslösung (Sublimat und Sublimatgemische) schwimmen und überführt in 50%igen Alkohol. Es bleiben auch bei der Weiterbehandlung genügend Embryonen haften. Färbung mit Hämalaun. Zum Studium der Spermatogenese fixiert HERTWIG Ascarishoden in Pikrinessigsäure und schwacher FLEMMINGscher Flüssigkeit, die aber nach BRAUER von HERMANNscher Flüssigkeit weit übertroffen werden. Bei Sagitta fand STEVENS beide ungeeignet, hier gab nur konzentriertes Sublimat mit 2—5% Essigsäure gute Resultate. SCHULER fixiert Ascarishoden in Sublimatalkohol (gleiche Teile absoluter Alkohol und konzentrierte Sublimatlösung mit 2% Essigsäure, ferner in Pikrinessigsäure und Zenker).

Acantocephalen. Für Acantocephalen empfiehlt KEISER Fixation 5 bis 30 Minuten in Sublimateisessig (Sublimat 10 *g*, Eisessig 3 *ccm*, Wasser 300 *ccm*) oder eine konzentrierte Lösung von Quecksilberacetat mit einigen Tropfen Eisessig oder schließlich am besten in konzentriertem wässerigen Quecksilbercyanid 50—60 Minuten, dann 70%iger Alkohol. Alle werden bei einer Temperatur von 45—50° angewandt. Sehr vorsichtige Paraffineinbettung mit Benzol als Intermedium. Um Echinorhynchus völlig ausgestreckt zu erhalten, übergießt HAMANN den eben aus dem Darm entnommenen Wurm mit konzentrierter Sublimatlösung oder Alkohol, der etwas Platinchlorid enthält. Für Furchungsstadien eignet sich besser FLEMMINGsche Flüssigkeit oder 0.3%iges Platinchlorid. SAEFTIGEN erhält die Tiere ausgestreckt, indem er sie langsam, mit 1%iger Osmiumsäure oder ebenso starker Chromsäure abtötet.

Polychaeten. Sowohl für die freilebenden Formen der Polychaeten, als auch für die Tubicolen empfiehlt es sich, vor der Fixation eine Betäubung der Tiere vorzunehmen. Das geschieht nach LO BIANCO entweder so, daß man die Tiere in Seewasser bringt, dem man 5% absoluten Alkohol zusetzt (EISIG nimmt für Capitelliden 1 Teil 70%igen Alkohol und 9 Teilen Seewasser), oder man setzt 0,1% Chloralhydrat zu, oder man bringt die Tiere in kohlensäurehaltiges Wasser. VOGT und YUNG empfehlen, nach LO BIANCO, auf die Oberfläche des Wassers etwas 1%ige Chromsäure zu gießen. Nach OESTERGREN bildet eine konzentrierte Lösung von Äther in Süß- resp. Seewasser ein vorzügliches Betäubungsmittel für Polychaeten. Man verwendet es entweder rein oder mit Wasser verdünnt. Als Fixationsmittel benutzt LO BIANCO Alkohol (70%) oder ein Gemisch von Kupfersulfat und Sublimat (Alciope) oder konzentriertes Sublimat (Tomopteris) oder 1%ige Chromsäure. Die letztere gibt aber nach LEE für histologische Zwecke keine guten Resultate, besser ist Sublimat, das auch EISIG für Capitelliden, EHLERS (93) für Arenicola (heiß), JOURDAN für Eunice empfiehlt. 1%ige Osmiumsäure wird von FRAIPONT für Polygordius und von JOURDAN für Eunice gerühmt. ORLANDI fixiert Maldaniden in Flemming oder Zenker, Hermann gab schlechte Resultate. LEWIS fixiert Maldaniden in VOM RATHS Pikrinosmiumplatinchloridessigsäure 8 Tage, wäscht in Methylalkohol aus und behandelt dann 48 Stunden mit Holzessig nach. Er konnte so Centrosomen in den Nervenzellen nachweisen. Sublimat ergibt häufiger Schrumpfung des Zellprotoplasmas. Die Darmanhänge von Hermione und Aphrodite fixiert SAINT-HILAIRE in Sublimat-Essigsäure, Flemming und Tellyesniczky mit Formol. Färbung der Schnitte mit Hämatoxylin-Congorot. Zur Untersuchung der Stützsubstanz des Nervensystems verwendet WAWRZIK Material, das in Alkohol, Sublimat oder Osmium fixiert ist, färbt in alkoholischem Carmin nach MAYER und legt in Glycerin ein. JOSEPH erhielt die besten Resultate, ganz ungeschrumpfte Achsencylinder, nur bei Fixation mit konzentrierter Kochsalzsublimatlösung, außerdem leistet noch das Gemisch von

ERIK MÜLLER gute Dienste (3%iges Kaliumbichromat 3 Teile, Formol 1 Teil). Auch die vitale Methylenblaufärbung ist von RETZIUS und LANGDON mit Erfolg für das Studium des Nervensystems verwendet worden; der letztere injiziert Nereis eine starke Methylenblaulösung in die Leibeshöhle und legt das Tier in Seewasser einige Stunden ins Dunkle. Zur Untersuchung des Auges empfiehlt HESSE Fixation in konzentriertem Sublimat oder Sublimateisessig (Sublimat 3—12 *g*, Kochsalz 6—10 *g*, Eisessig 6—8 *ccm*, Wasser 100). Will man freilebende Polychaeten in toto einbetten und schneiden, so tut man gut, sie eine Zeitlang in reinem Seewasser zu halten, da sonst der Darm häufig mit Sand gefüllt ist.

Embryologisches. Ein seit der Publikation von WHEELER häufig untersuchtes Material sind die Eier von Myzostoma, ein auf Comatuliden schmarotzender kleiner Polychaete. Nach HÄCKER (99) vollzieht man die Befruchtung so, daß man möglichst große und dunkle Exemplare im Uhrschälchen mit zwei Nadeln zerzupft, die Gewebsfetzen entfernt und frisches Seewasser zusetzt. Nach 1 bis 2 Stunden ist die Befruchtung vollzogen. Er bringt die sehr kleinen Eier mit einer Pipette in kleine Näpfchen, die man sich aus Ulvablättern zurecht schneidet, und setzt einige Tropfen FLEMMINGscher Flüssigkeit zu. Dann entfernt man das Fixativ und überträgt die Näpfchen mit den an ihm festklebenden Eiern in 70%igen Alkohol und weiter bis in Paraffin. WHEELER empfiehlt schwache FLEMMINGsche Flüssigkeit und Färbung der Schnitte mit Eisenhämatoxylin und Orange. KOSTANECKI erhielt die besten Resultate mit PERÉNJIscher Flüssigkeit, sie stellt die achromatische Substanz in tadelloser Weise dar. Brauchbare Resultate ergibt auch 3%ige Salpetersäure. EISIG fixiert Eier und Larven von Capitelliden ½ Stunde in 5%igem Seewassersublimat, dem er 25% Eisessig zusetzt. Um bei älteren Larven das Verkrümmen zu vermeiden, muß man sie erst dadurch narkotisieren, daß man dem die Larven enthaltenden Seewasser einige Tropfen 2%iger Cocainlösung zusetzt. Totalpräparate werden in MAYERschem Hämacalcium mit Zusatz von 5% Eisessig gefärbt und dann in 70%igem Alkohol mit 2% Aluminiumnitrat differenziert. Die in Stücke geschnittene Eigallerte von Arenicola differenziert CHILD in Pikrinschwefelsäure und Pikrinessigsäure und überträgt dann in steigenden Alkohol bis 80%. In Wasser gebracht, quillt die Gallerte auf und die Eier lassen sich leicht entfernen. Pikrinsäure empfiehlt auch MEAD (96) für die Eier von Chaetopterus, vor allem für die Darstellung der Sphäre. Sublimatessigsäure wirkt hier destruktiv. Für Oberflächenpräparate eignet sich PERÉNJIsche, für Zellstrukturen schwache FLEMMINGsche Flüssigkeit. VON WISTINGHAUSEN empfiehlt ebenfalls Pikrinschwefelsäure, aber mit 3 Teilen Wasser verdünnt für Eier von Nereis 1—2 Stunden, ältere Embryonen behandelt man besser eine Stunde lang mit einer Mischung von 1%iger Osmiumsäure 1,5, 1%iger Chromsäure 25, 2%igem Eisessig 5, Wasser 70. Für Totalpräparate tötet er die Eier in gleichen Teilen Glycerin, Wasser und Essigsäure und hebt sie auch darin auf. WILSON hat dagegen bei dem gleichen Objekt mit Pikrinschwefelsäure schlechte Resultate erhalten, er empfielt FLEMMINGsche und PERÉNJIsche Flüssigkeit. Pikrinschwefelsäure wird andrerseits wieder gelobt von KLEINENBERG für die Larven von Lopadorhynchus, Pikrinessigsäure von MAYER (3 Teile konzentrierte Pikrinsäure, 1 Teil Eisessig) für dasselbe Objekt, von KORSCHELT für die Larven von Ophryotrocha (Vorschrift von BOVERI). HÄCKER (94) fixiert Polychaetenlarven in Pikrinsäureplatinchlorid (VOM RATH). MAYER fixiert die Larven von Polygordius und Lopadorhynchus in einem Gemisch von 10 Teilen 10%iger Kupfersulfatlösung und 1 Teil konzentrierter Sublimatlösung oder 5—10 Minuten lang in einer Mischung von 3 Teilen konzentrierter Sublimatlösung und 1 Teil Eisessig. Kombinierte Einbettung in Photoxylin und Paraffin.

Oligochaeten. Für die mikrotechnische Bearbeitung der terricolen Oligochaeten ist der Umstand, daß der Darm dieser Tiere fast immer mit harten, unschneidbaren Massen (Erde, Sand) gefüllt ist, ein großer Übelstand, dem man auf verschiedene Weise begegnen kann. GOEHLICH setzt die Würmer für 2—3 Tage in eine zugedeckte Schale, auf deren Boden sich einige Tropfen Wasser befinden. Die Exkremente müssen sorgfältig entfernt werden. Nach der angegebenen Zeit ist der Darm meist leer. Sicherer ist die Methode von VOGT und YUNG, sie bringen die sorgfältig gewaschenen Würmer in ein Gefäß mit Kaffeesatz. Nach einigen Tagen haben die Tiere dann ihren Darm von allen erdigen Partikeln entleert und an ihrer Stelle mit schneidbarem Kaffeesatz gefüllt. KÜCKENTHAL nimmt an Stelle des letzteren kleine angefeuchtete Filtrierpapierschnitzel und JOEST hält die Würmer einige Tage in feuchter Leinwand.

Da sich die Tiere bei der Fixation stark contrahieren und verkrümmen, tut man gut, sie vorher zu narkotisieren, und verwendet zu diesem Zweck am besten Chloroform. CERFONTAINE bringt sie in eine flache, zugedeckte Schale mit Wasser und stellt in eine Ecke ein Uhrschälchen mit Chloroform, COLLIN gibt in das Wasser ein Stückchen mit Chloroform getränktes Filtrierpapier. Auch Alkohol wird von CERFONTAINE empfohlen, er bedeckt die Würmer mit einer 0,5 *cm* hohen Wasserschicht, legt Fließpapier darauf und träufelt etwas starken Alkohol auf, GUNGL verwendet direkt 10%igen Alkohol. KÜKENTHAL narkotisiert in einer 1‰igen Chloralhydratlösung und CERFONTAINE injiziert zur Immobilisation 2 *ccm* einer 0,2%igen Curarelösung in die Leibeshöhle und legt den Wurm in Wasser. Nach 1/4 Stunde ist er unbeweglich. Für Limicolen eignet sich zur Betäubung 0,1%iges Hydroxylamin (HOFER, 20—30 Minuten) oder 5%iger Alkohol (ATHESTON).

Als Fixationsmittel für Lumbricus empfiehlt KÜKENTHAL 70%igen Alkohol oder Sublimat, CERFONTAINE FLEMMINGsche Flüssigkeit, VOGT und YUNG Chromsäure oder Pikrinsäure, COLLIN gleiche Teile 70%igen Alkohol und konzentriertes Sublimat, GUNGL Perényi, Sublimatalkohol und eine Mischung von 4 Teilen Formol und 1 Teil 3%iges Kaliumbichromat, UHDE konzentriertes heißes Sublimat, das aber nicht immer gute Resultate gibt, dasselbe Mittel benutzt VON WAGNER für Lumbriculus. UHDE tötet den Wurm zunächst durch Übergießen mit kochendem Wasser, spannt ihn auf eine Korkplatte auf und fixiert ihn 8 Stunden lang mit verdünnter Pikrinschwefelsäure (1/3). HOFER fixiert Nais 10 Minuten in Pikrinessigsäure oder in Osmiumsäure, HAASE Tubifex durch Übergießen mit heißem (70—80°) konzentriertem Sublimat, ATHESTON Dero in absolutem Alkohol, BRODE dasselbe Objekt in heißem Sublimat, 1%iger Osmiumsäure oder HERMANNscher Flüssigkeit, GALLOWAY empfiehlt dafür Sublimatessigsäure (1%) oder Pikrinschwefelsäure.

Zur Untersuchung des Blutgefäßsystems verwendet BERGH eine Mischung von gleichen Teilen 1%igen Silbernitrats und 1%iger Salpetersäure oder das Gemisch von FISCHEL (1%iges Silbernitrat 50, Ameisensäure 25, Wasser 25). Man läßt die Objekte darin 1—2 Wochen im Dunkeln und reduziert dann kleine Stücke am Licht. Meeresformen müssen vor der Versilberung zur Entfernung des Kochsalzes mit 5%iger Salpetersäure behandelt werden. Zur Untersuchung der Blutgefäße in vivo eignen sich vor allem die durchsichtigen Naiden, wie Stylaria und Chaetogaster. Um das Capillargefäßsystem des Lumbricusdarmes auf natürlichem Wege zu injizieren, taucht PERRIER den chloroformierten Wurm in schwache Chromsäure. Es ziehen sich dann die Hautgefäße zusammen, das Blut wird in die Gefäße des Darmes getrieben und füllt dieselben prall.

Das vielfach untersuchte Nervensystem des Regenwurms legt KÜKENTHAL so frei, daß er den chloralisierten Wurm auf dem Rücken aufschneidet, mit Kakteenstacheln aufsteckt und für 10—12 Tage in 10%ige Salpetersäure legt, Auswaschen in Wasser und Einlegen 15 Minuten in 1%iges mit einer Spur Salzsäure angesäuertes Goldchlorid, wieder Auswaschen und Reduzieren in 5%iger Ameisensäure. Man kann mit der Spritzflasche Darm und Muskulatur entfernen und durch Alkohol und Terpentin in Balsam übertragen. Außer der von BRODE auch für Dero benutzten Vergoldung ist dann die rasche Golgimethode mit großem Erfolg für das Nervensystem der Oligochaeten in Anwendung gezogen worden

(LENHOSSÉK, SMIRNOW, RETZIUS; Näheres vgl. Bd. I, pag. 573). Auch die Methylenblaufärbung hat in dieser Beziehung gute Resultate ergeben (BRODE). Man injiziert am besten dünne Methylenblaulösung so lange, bis das Tier die Mundhöhle vorstülpt. Nach cca. 10 Minuten kann man dann aufschneiden, die zu untersuchenden Teile freilegen (die Haut wird ausgespannt) und in die feuchte Kammer bringen. Von Zeit zu Zeit wird kontrolliert und schließlich mit Ammoniummolybdat oder -pikrat fixiert. FRIEDLÄNDER fixiert zur Untersuchung des Nervensystems Lumbriciden in 1%iger Osmiumsäure und reduziert dann in verdünntem Holzessig (1/3). Nach JOSEPH werden die Achsencylinder nur bei Fixation in konzentrierter Kochsalzsublimatlösung ohne Schrumpfung erhalten.

Zur Isolation der Cuticula eignet sich nach ATHESTON am besten Pepsin-Oxalsäure nach KUSKOW (siehe pag. 574). Zur Untersuchung der Kalkdrüsen von Lumbricus fixiert SAINT-HILAIRE in Flemming, Sublimat und Kaliumbichromat mit Osmiumsäure.

Embryologisches. Zum Studium der Spermatogenese von Lumbricus fixiert CALKINS das 9.—18. Segment 30 Minuten in Hermann oder er zerzupft die Samenblase des geschlechtsreifen Tieres in derselben Flüssigkeit, wäscht nach 10 Minuten in Wasser aus, überträgt in steigenden Alkohol und färbt das auf dem Objektträger angetrocknete Präparat. DEPDOLLA fixiert zum gleichen Zweck in Flemming und behandelt dann weiter nach der BENDAschen Mitochondrienmethode (siehe Mitochondrien). KLEINENBERG fixiert die Eier von Lumbricus 3 bis mehr Stunden in seiner Pikrinschwefelsäure, auch Osmiumsäure in Dampfform gibt gute Resultate. Nach WILSON ist die PERÉNYIsche Flüssigkeit das einzige Mittel, das Lumbricuseier ohne Schrumpfung fixiert. Jüngere Stadien muß man, am besten in Glycerin, vom Eiweiß ablösen.

Gephyreen. Auch für die Gephyreen muß man ähnliche Vorsichtsmaßregeln anwenden wie für die Oligochaeten, man muß durch längeren Aufenthalt in reinem Seewasser den Darm seines Inhaltes zu entleeren suchen und die Tiere vor der Fixation betäuben. Für den letzteren Zweck empfiehlt sich Zusatz von Alkohol zum Seewasser (WARD, CORI, METALNIKOFF), Tabaksrauch (CORI für Phoronis), Chloroform (VOGT und YUNG für Sipunculus, 0,1%iges Chloralhydrat in Seewasser [LO BIANCO]), Cocain in 1%iger Lösung (MACK für Sipunculus), CORI fixiert Phoronis, auf Glasplatten mit Pinseln ausgestreckt, mit Flemming, APEL tötet Priapuliden zuerst durch langsames Erwärmen des Wassers auf 40°, dann fixiert er in 0,3%iger Chromsäure oder Pikrinschwefelsäure, METALNIKOFF injiziert Sublimatosmium nach APÁTHY oder GILSONsches Gemisch in die Leibeshöhle von Sipunculus, legt ihn für einige Zeit ein, zerschneidet und läßt wiederum liegen.

Embryologisches. GRIFFIN fixiert Embryonen von Thalassema in Pikrinessigsäure, GEROULD die Eier und Embryonen von Phascolosoma in einer Mischung von 3 Teilen 5%iger Sublimatlösung in Seewasser und 1 Teil Eisessig. Die Larven müssen vor der Fixation durch Chloralhydrat betäubt werden.

Hirudineen. Zur Betäubung der Hirudineen empfiehlt HOFER 1/2—2stündiges Einlegen in Hydroxylamin, sie sind dann völlig ausgestreckt, GRAF (97) tötet Nephelis mit Tabaksdekokt ab, MAYER in schwachem Alkohol mit Jod, CSIKY chloroformiert Hirudo, LEE narkotisiert Nephelis in kohlensaurem Wasser oder tötet mit Citronensaft ab. LEE fixiert mit Flemming, GRAF mit Pikrinsäure oder Pikrinschwefelsäure (Nephelis), WHITMANN mit Sublimat, BOLSIUS in frisch bereitetem GILSONschen Gemisch (Hämopis, Nephelis, Clepsine). Für letztere ist nach GRAF (97) eine Mischung von 9 Teilen konzentrierter Pikrinsäure und 1 Teil Formol das beste Fixativ.

Zum Studium der Sehorgane fixiert MAYER die in schwachem Jodalkohol abgetöteten Hirudineen in Pikrinschwefelsäure und legt dann in 1%ige Osmiumsäure bis zur Bräunung ein, Durchfärben in Boraxcarmin, beim Ausziehen mit Salzsäurealkohol bleicht das Pigment aus. CSIKY stellt die Nervenendigung in der

Magenmuskulatur so dar, daß er vom Mund aus Citronensäure einspritzt und an beiden Enden abbindet. Dann wird der Magen herauspräpariert und nachdem das Epithel abpräpariert ist, in Wasser abgespült, für 20 Minuten in 1%iges Goldchlorid übertragen und im Dunkeln in 25%iger Ameisensäure reduziert.

BRISTOL maceriert 24—36 Stunden in 20%iger Salpetersäure oder HALLERschem Gemisch (Eisessig 1, Glycerin 1, Wasser 2). Man kann dann die Nerven leicht präparieren und in Boraxcarmin färben oder vergolden. Zur Untersuchung der Punktsubstanz im Bauchstrang von Glossiphonia und Nephelis fixiert MENCL in einer Mischung von gleichen Teilen konzentrierter Sublimatlösung und Wasser mit Zusatz von 1‰ Chromsäure und etwas Essigsäure. Färbung der Schnitte in Eisenhämatoxylin. PÉREZ und GENDRE fixieren Ichthyabdelliden zur Darstellung der nervösen Stützsubstanz in der BORRELschen Mischung (Osmiumsäure 2 *g*, Platinchlorid 2 *g*, Chromsäure 3 *g*, Essigsäure 20 *ccm*, Wasser 350). Die Schnitte werden in 1%iger Magentarotlösung 30—60 Minuten lang gefärbt und in Pikroindigcarmin differenziert bis zu 30 Minuten lang. Das Neuroglianetz färbt sich intensiv rot. (Über die Methoden von APÁTHY und BETHE zur Darstellung der Neurofibrillen in den Ganglien der Hirudineen vgl. pag. 294.)

Zur Injektion der Gefäße legt man nach VOGT und YUNG ein Seitengefäß in der Länge von 1—2 *cm* frei, bringt das Tier für einige Tage ins Wasser, um die Contractilität der Gefäße zu vermindern, und injiziert mittelst einer feinen Glascapillare.

Embryologisches. WHITMANN fixiert die Eier von Clepsine für Schnittpräparate 15—30 Minuten in 0,1%iger Osmiumsäure, für Oberflächenbilder 5 bis 10 Stunden in Chromsäure; APÁTHY empfiehlt für das gleiche Objekt Fixation 12—14 Stunden in einer Mischung von gleichen Teilen konzentriertem Sublimat, konzentrierter Pikrinsäure und 15%iger Essigsäure und überträgt sie direkt in 95%igen Alkohol, dann in Jodalkohol. Für Oberflächenbilder empfiehlt sich Alkoholessigsäure ($^3/_1$) oder Sublimat mit 20% Essigsäure. BÜRGER (02) fixiert Eier und junge Embryonen von Clepsine in verdünnter FLEMMINGscher Flüssigkeit, ältere Embryonen und junge Tiere in heißer Sublimatlösung und 10%iger Salpetersäure. SUKATSCHOFF empfiehlt mehr die Chromessigsäure, aber nur für Totalpräparate, für Schnittpräparate dagegen konzentrierte Sublimatlösung mit Zusatz von 3—5% Salpetersäure. Fixation 6 Stunden.

Literatur: APÁTHY (Zeitschr. Wiss. Mikr., Bd. 10, 1893), APEL (Zeitschr. Wiss. Zool., Bd. 62. 1896), ARTOM (Zeitschr. Wiss. Mikr., Bd. 25, 1908), ATHESTON (Anat. Anz., Bd. 16, 1899), AUGSTEIN (Arch. Naturgesch., Bd. 60, 1894). BARNES (Amer. Month. Micr. Journ., Bd. 14, 1893), BARTELS (Zool. Jhb., Bd. 16. 1902), BERGH (Anat. Hefte, H. 45, 1899), BETTENDORF (Zool. Jhb., Bd. 10. 1897). BLOCHMANN (Biol. Centralbl., Bd. 15, 1895), BOEHMIG (Zeitschr. Wiss. Zool., Bd. 51. 1890), BOLSIUS (Cellule, Bd. 7, 1891), BONNEVIE (Jena. Zeitschr. Nat., Bd. 41. 1906), BOVERI (Jena. Zeitschr. Nat., Bd. 21, 1887). derselbe (Zellenstudien, Jena. 1888,90), BRAUER (Arch. Mikr. Anat., Bd. 42, 1893), BRAUN (Arch. Naturk. Livlands, Bd. 10, 1885), BRESSLAU (Zeitschr. Wiss. Zool., Bd. 76, 1904), BRISTOL (Journ. of Morph., Bd. 15, 1898). BRODE (Ebenda, Bd. 14. 1898). BÜRGER (Fauna Flora Neapel, Bd. 22. 1895). derselbe (Zeitschr. Wiss. Zool., Bd. 72, 1902), BÜTSCHLI (Festschr. LEUCKART, 1892), CALKINS (Journ. of Morph., Bd. 11, 1895), CARNOY (Cellule, Bd. 3, 1887), CARNOY und LEBRUN (Ebenda, Bd. 13, 1897). CERFONTAINE (Arch. de Biol., Bd. 10, 1890). CHICHKOFF (Ebenda, Bd. 12, 1891), CHILD (Zool. Bull., Bd. 1, 1897), COE (Trans. Connecticut Ac. Sc., Bd. 9, 1895). COLLIN (Zeitschr. Wiss. Zool., Bd. 46, 1888), CORI (Ebenda, Bd. 51, 1890). CSIKY (Int. Monatsschr. Anat., Bd. 14, 1897), DENDY (Proc. Roy. Soc. Victoria, N. S., Bd. 3. 1891), DEPDOLLA (Zool. Anz., Bd. 28, 1905), EHLERS (Zeitschr. Wiss. Zool., Bd. 53, Suppl. 1893). derselbe (Arch. Naturgesch., Bd. 65, 1899), EISIG (Fauna Flora Neapel, Bd. 16, 1887), derselbe (Mitt. Zool. Stat. Neapel, Bd. 13, 1898), VON ERLANGER (Arch. Mikr. Anat., Bd. 49, 1897). DE FILIPPI (Atti Acc. Lincei, Bd. 7, 1894), FRAIPONT (Fauna Flora Neapel, Bd. 14, 1887), FRANCOTTE (Arch. Zool. Expér., Bd. 6, 1898), FRIEDLÄNDER (Zeitschr. Wiss. Zool., Bd. 47, 1888), GALLOWAY (Bull. Mus. Comp. Anat. Harvard, Bd. 35, 1899), GEROULD (Zool. Jhb., Bd. 23, 1906), GOLDSCHMIDT (Ebenda, Bd. 18, 1903), derselbe (Zeitschr. Wiss. Zool., Bd. 71, 1902), GOLOWIN (Mém. Univ. Kazan, 1891). GRAF (Organisation der Turbellaria acoela, Leipzig 1891), derselbe (Jena. Zeitschr. Nat., Bd. 28, 1893), GRAF (States Hosp. Bull., 1897), GRAHAM (Arch. Mikr. Anat., Bd. 50, 1897), GREHLICH (SCHNEIDER Beitr., Bd. 2, 1888), GRIFFIN (Journ. of Morph., Bd. 15, 1899), GUNGL (Arb. Zool. Inst. Wien, Bd. 15, 1904), HAASE (Zeitschr. Wiss. Zool., Bd. 65, 1898), HÄCKER (Zool. Jhb., Bd. 8. 1894), derselbe

(Praxis und Theorie der Zellen- und Befruchtungslehre, Jena. 1899), HALKIN (Arch. de Biol., Bd. 18, 1902), HAMAN (Jena. Zeitschr. Nat., Bd. 25, 1890), HECKERT (Bibl. Zool., H. 4, 1889), HERLA (Arch. de Biol., Bd. 13, 1895), HERTWIG (Arch. Mikr. Anat., Bd. 36, 1890), HESSE (Zeitschrift Wiss. Zool., Bd. 54, 1892), HOFER (Zeitschr. Wiss. Mikr., Bd. 7, 1890), HOFMANN (Zool. Jhb., Bd. 12, 1899), JÄNICHEN (Zeitschr. Wiss. Zool., Bd. 62, 1896), JIJIMA (Ebenda, Bd. 40, 1884), JOSEPH (Arb. Zool. Inst. Wien, Bd. 13, 1902), JOURDAN (Annal. Sc. Nat. Zool., 1887), KEISER (Bibl. Zool., H. 7, 1891), KENNEL (Zool. Jhb., Bd. 3, 1888), KLEINENBERG (Quart. Journ. Micr. Sc., Bd. 19, 1879), derselbe (Zeitschr. Wiss. Zool., Bd. 44, 1886), KLINKOWSTRÖM (Arch. Mikr. Anat., Bd. 48, 1897), KÖHLER (Zeitschr. Wiss. Zool., Bd. 57, 1894), KORSCHELT (Ebenda, Bd. 60, 1895), KOSTANECKI (Bull. Ac. Cracovie, 1902), derselbe (Arch. Mikr. Anat., Bd. 51, 1898), KOSTANECKI und SIEDLECKI (Ebenda, Bd. 48, 1896), KÜKENTHAL (Zeitschr. Wiss. Zool., Bd. 45, 1887), derselbe (Vers. Deutsch. Nat. Wiesbaden, 1897), KULTSCHITZKY (Arch. Mikr. Anat., Bd. 31, 1888), LAUDER (Bull. Mus. Comp. Zool. Harvard, Bd. 45. 1904). LANG (Zool. Anz., Bd. 1, 1878), LANGDON (Journ. Comp. Neurol., Bd. 10, 1900), LANGERAU (C. R. Soc. Biol. Paris, Bd. 38, 1905). LEE (Rév. Zool. Suisse. Bd. 4, 1888). derselbe (LEE und MAYER, Grundzüge), LEWIS (Anat. Anz., Bd. 12. 1896), LIPPITSCH (Zeitschr. Wiss. Zool., Bd. 49, 1889), LO BIANCO (Mitt. Zool. Stat. Neapel, Bd. 9, 1890), LÖNNBERG (Centralbl. Bact., Bd. 11, 1892), LOOS (Arch. Mikr. Anat., Bd. 46, 1895). derselbe (Zool. Anz., Bd. 24, 1901), MACK (Arb. Zool. Inst. Wien, Bd. 13, 1900/02), MACLEAN (Jena. Zeitschr. Nat., Bd. 38, 1904), MARTINI (Zeitschr. Wiss. Zool., Bd. 74. 1903). derselbe (Ebenda, Bd. 86, 1907), MATTHIESEN (Ebenda, Bd. 77, 1904), MAYER (Zool. Jhb., Bd. 5, 1892), MEAD (Journ. of Morph., Bd. 10, 1895), MENCL (Zeitschr. Wiss. Zool., Bd. 89, 1908), METALNIKOFF (Zeitschr. Wiss. Zool., Bd. 68, 1900), MAYER (Mitt. Zool. Neapel, Bd. 14, 1901), MEYER (Jena. Zeitschr. Nat., Bd. 29, 1895), MONTGOMERY (Zool. Jhb., Bd. 10, 1897), MONTI (Arch. Ital. Biol., Bd. 27, 1897), MOSZKOWSKI (Arch. Mikr. Anat., Bd. 59, 1901), MÜHLING (Arch. Naturgesch., Jg. 64, 1898), NUSSBAUM (Arch. Mikr. Anat., Bd. 59, 1902), ORLANDI (Boll. Mus. Zool. Genova, 1898), PÉREZ und GENDRE (C. R. Soc. Biol. Paris, Bd. 58, 1905), PERRIER (Arch. Zool. Expér., Bd. 3 u. 11, 1874 u. 1881), REPIACHOFF (Zeitschr. Wiss. Zool., Bd. 56. 1893, RÖSSLER (Zool. Jhb., Bd. 16, 1902), SAEFTIGEN (Morph. Jhb., Bd. 10, 1884), SAINT-HILAIRE (Trav. Soc. Imp. Nat. St. Pétersbourg, Bd. 33 u. 34. 1903), SCHAUINSLAND (Jena. Zeitschr. Nat., Bd. 19, 1886), SCHEBEN (Zeitschr. Wiss. Zool., Bd. 79. 1905), SCHWARZE (Ebenda, Bd. 43, 1885), SPEMANN (Zool. Jhb., Bd. 8, 1894), STEVENS (Ebenda. Bd. 18, 1903), ZUR STRASSEN (Zeitschr. Wiss. Zool., Bd. 54, 1892), STRÖSE (Inaug.-Diss. Rostock, 1891), derselbe (Deutsch. Zeitschr. Tiermed., Bd. 18, 1891), SUKATSCHOFF (Zeitschr. Wiss. Zool., Bd. 73, 1903), TISCHLER (Ber. Deutsch. Bot. Ges., Bd. 19. 1901), TOWER (Zool. Jhb., Bd. 13, 1900), TRETJAKOFF (Arch. Mikr. Anat., Bd. 65, 1905), UHDE (Zeitschr. Wiss. Zool., Bd. 43. 1886), derselbe (Ebenda, Bd. 61, 1896), VAN BENEDEN (Arch. de Biol., Bd. 2, 1884), derselbe (Recherches sur la maturation et la fécondation de l'oeuf, Bruxelles 1883), VAN BENEDEN und NEYT (Bull. Ac. Belgique, Sér. 3, Bd. 14, 1887), VAN DER STRICHT (Arch. de Biol., Bd. 15, 1898), VAN GEHUCHTEN (Anat. Anz., Bd. 3, 1888), VAN NAME (Trans. Ac. Sc. Connecticut, 1899). VEJDOWSKY (Zeitschr. Wiss. Zool., Bd. 57, 1894), VOGT und YUNG (Lehrbuch), VOIGT (Verh. Nat. Ver. Bonn, Jg. 53, 1896), VOLTZENLOGEL (Zool. Jhb., Bd. 16. 1902), v. WAGNER (Zool. Jhb., Bd. 4, 1890). derselbe (Ebenda, Bd. 13, 1900), WALTER (Zeitschr. Wiss. Zool., Bd. 56, 1893), WARD (Bull. Mus. Comp. Zool. Harvard, Bd. 21. 1891), WAWRZIK (Inaug.-Diss. Breslau, 1893), WEYGANDT (Zeitschr. Wiss. Zool., Bd. 88, 1907), WHEELER (Journ. of Morph., Bd. 10, 1895), WHITMANN (Quart. Journ. Micr. Soc., Bd. 18. 1878). WILL (Zeitschr. Wiss. Zool., Bd. 56. 1893), WILSON (Journ. of Morph., Bd. 1, 1887), derselbe (Ebenda. Bd. 6, 1892), VON WISTINGHAUSEN (Mitt. Zool. Stat. Neapel, Bd. 10, 1891), WOODWORTH (Bull. Mus. Comp. Zool. Harvard. Bd. 21, 1891), WRIGHT und MACALLUM (Journ. of Morph., Bd. 1, 1887), ZERNECKE (Zool. Jhb., Bd. 9, 1895), ZOJA (Arch. Mikr. Anat., Bd. 47. 1896).

Wundreiz bei Pflanzen vgl. Kernteilung, pflanzliche, und Plasmaströmung.

X.

Xanthin, $\begin{array}{l} HN - C = N \\ \;|\qquad\;\; | \qquad\quad\;\; \diagdown \\ CO \quad C - NH \diagup \\ \;|\qquad\;\; \| \\ HN - CH \end{array} CO$, entsteht bei der Pancreasverdauung und findet sich normalerweise in vielen Drüsen, im Harn, besonders in manchen Harnsteinen. Es ist in Wasser fast unlöslich, leicht löslich in Ätzalkalien und Ammoniak. Versetzt man eine Probe mit Chlorwasser und Salpetersäure, verdampft und setzt den Rückstand Ammoniakdämpfen aus, so färbt sich Xanthin rosenrot. (Siehe auch Alkaloide und Zellchemie.)

Xanthophyle siehe: Chromatophorenfarbstoffe der Pflanzen.

Xanthoproteinreaktion siehe: Eiweißstoffe, pflanzliche.

Xylidinrot, Syn. Ponceau 2 R, Monazofarbstoff, der durch Einwirkung von Xylidin auf β-Naphtoldisulfosäure entsteht (Höchst, Berlin, Ludwigshafen). Braunrotes Pulver, das in Wasser mit dunkelroter, in Schwefelsäure mit mehr kirschroter Farbe löslich ist. Salzsäure und Natronlauge verändern die wässerige Lösung nicht.

Xylidinorange, Syn. Brillantorange R, Scharlach R, Orange N, dem vorigen nahe verwandt, entsteht durch Einwirkung von Xylidin auf β-Naphtolsulfosäure. Hellrotes Pulver, in Wasser mit gelbroter, in Schwefelsäure mit kirschroter Farbe löslich. Die wässerige Lösung bleibt mit Natronlauge unverändert, mit Salzsäure entsteht ein braunroter Niederschlag.

Xylol, $C_6H_4(CH_3)_2$, Dimethylbenzol. Es existieren die drei von der Theorie vorausgesehenen Isomeren, die sich sämtlich in der bei 136—141° siedenden Fraktion des Steinkohlenteeröls finden. Es überwiegt hierin das Meta-Xylol.

a) Orthoxylol, [Benzolring mit CH_3, CH_3 in Orthostellung], siedet rein bei 142—143°; es gibt bei der Oxydation Phtalsäure.

b) Metaxylol, [Benzolring mit CH_3, CH_3 in Metastellung], siedet bei 139,8°; es liefert bei der Oxydation Isophtalsäure. Spez. Gew. 0,878 bei 0°.

c) Paraxylol, $C_6H_4(CH_3)_2$ (1,4), siedet bei 136—137°; aus ihm entsteht bei der Oxydation Terephtalsäure. Es erstarrt im Kältegemisch zu monoklinen, prismatischen Krystallen, die bei +15° schmelzen. Spez. Gew. 0,8621 bei 19,5°.

Das gewöhnliche Xylol des Handels ist ein Gemisch der drei Isomeren von wechselnder Zusammensetzung. *Neuberg*, Berlin.

Das Xylol findet in der Mikrotechnik eine sehr ausgedehnte Verwendung als Intermedium für Paraffineinbettung und Canadabalsameinschluß. Für den ersteren Zweck eignet es sich ausgezeichnet, da es Paraffin sehr gut löst und nicht verschmiert, nur macht es bindegewebsreiche Organe etwas hart. Da das Xylol sehr wasserempfindlich ist, es mischt sich klar nur mit 96%igem Alkohol, so müssen die Objekte sehr gut entwässert sein. Sie werden ziemlich durchsichtig im Xylol und im allgemeinen schneller durchtränkt als z. B. von Chloroform; für kleine Objekte genügt schon ein Aufenthalt von 1 Stunde.

Als Intermedium für Canadabalsam ist das Xylol ebenfalls gut geeignet und wird heutzutage der Balsam wohl zum größten Teil in Xylol gelöst. Manche Farbstoffe zieht Xylol bei längerem Aufenthalt stark aus, das gilt vor allem für Pikrinsäure und in geringerem Maße auch für Säurefuchsin. Man soll sich deshalb hüten, derartige Präparate längere Zeit in Xylol aufzubewahren. Dagegen ist es für Hämatoxylinpräparate absolut unschädlich, so können WEIGERTsche Markscheidenpräparate wochen- und monatelang, ohne verändert zu werden, in Xylol liegen.

Um die Wasserempfindlichkeit des Xylols herunterzusetzen und Celloidinschnitte aus 90—94%igem Alkohol in Xylolbalsam übertragen zu können, hat man dem Xylol Zusätze von Carbolsäure, Anilin, Kreosot und Pyridin gemacht.

Z.

Zählkammer für Blutkörperchen siehe: Blut.

Zähne siehe: Knochen und Zähne.

Zeichnen und Zeichenapparate. Eine objektivierte Kontrolle von mikroskopisch Gesehenem in der Form einer Zeichnung wird gefordert durch das oft verwickelte Durcheinander der Objektteile im Präparat und begünstigt durch die Bau- und Gebrauchsart des Mikroskops. Das Zeichnen mikroskopischer Objekte besitzt dementsprechend drei bedeutende Vorzüge, die seiner Verwendung einen besonderen Vorteil verleihen, nämlich: 1. durch fortgesetzte Beobachtung eine subjektive sowohl wie eine objektive Kontrolle auszuführen, 2. Undeutliches in und neben der eingestellten Bildebene fortzulassen, 3. das beobachtete Objekt in seiner Gesamtform, bzw. seinem Verlauf durch ununterbrochen aufeinanderfolgende Einstellung einer Reihe optischer Ebenen darstellen zu können.

Alle diese Vorzüge besitzt es gegenüber der Photographie, den dritten insbesondere bei der Untersuchung von Gebilden bis über die Grenze des Mikroskopischen hinaus. Wird beispielsweise eine Rückenmarksvorderhornzelle schon durch das Schneiden in mehrere Scheiben zerlegt, so multiplizieren sich die optischen Querschnitte bei der mikroskopischen Beobachtung zu einer überaus großen Anzahl, die mit der Stärke und Apertur des Objektivs steigt. Diese optische Zerlegung des Materials, die bei geometrisch gebauten Objekten vorteilhaft, bei vielen anderen dagegen unvermeidlich und nachteilig sein kann, bedingt eine mit Verlust der Übersichtlichkeit einhergehende Vermehrung der Deutlichkeit der Einzelheiten im Bilde, die dann erst im Bewußtsein oder mit Hilfe von Zeichenapparaten zusammengefügt werden.

Das Zeichnen mikroskopischer Bilder vollzieht sich nach drei wesentlich verschiedenen Arten, die sich sämtlich vorteilhaft von der freien Handzeichnung makroskopischer Gegenstände dadurch unterscheiden, daß der Blick während des Zeichnens stetig am Objekt haftet. Bei der ersten und einfachsten Art des mikroskopischen Zeichnens vereinigt man im Gehirn mit dem Bildes des Objekts, welches in dem einen Auge entworfen wird, das von dem anderen Auge wahrgenommene Bild der fortschreitenden Zeichnung, bzw. Zeichenspitze. Bei der zweiten Zeichnungsart werden die beiden virtuellen Bilder mittelst Hilfsapparate am Mikroskop im Auge vereinigt. Bei der dritten Art wird ein reelles Bild des Objekts auf die Zeichenfläche projiziert und dort nachgezeichnet.

Die physiologische Fähigkeit, zwei je mit einem Auge gesehene, mehr oder weniger verschieden gestaltete Bilder, in unserem Falle das mikroskopische Sehfeld und die entstehende Zeichnung, streng zu vergleichen und zu einem Bilde zu vereinigen, ist bei verschiedenen Individuen in ungleichem Grade vorhanden. Es läßt sich annehmen, daß ein häufig einseitiger Gebrauch der Augen die Ausübung dieses Vermögens erschweren, eine habituelle Koordination dagegen dieselbe erleichtern kann. Die Ausübung des einfachen Handzeichnens wie des mikroskopischen Zeichnens überhaupt findet erst bei einem allgemeinen Ausgleich der Beleuchtungen von Objekt und Zeichenfläche statt, mit deren Vollkommenheit diejenige der Zeichnung wächst. Das Zeichnen ohne bildvereinigenden Hilfsapparat besitzt dadurch einen Vorteil, daß der Blick nach dem Objekt ohne Verlust an Deutlichkeit und Helligkeit auch ein das ganze Sehfeld übersehender, freier ist.

Bei der zweiten Art des mikroskopischen Zeichnens findet dicht oberhalb der Augenlinse des Okulars eine Spiegelung des einen seitlich liegenden Gegenstandes, sei derselbe Objekt oder Zeichenfläche, mit ins Auge statt. Es vollzieht sich dann auf der Netzhaut eine optische Vereinigung der beiden vor dem Auge noch virtuellen, symmetrisch zur Hauptebene gelagerten, sodann an der Retina übereinander projizierten reell werdenden Bilder des Objekts und der Zeichenfläche.

Der Spiegel befindet sich immer in schräger Richtung zur optischen Achse des Mikroskops im mittleren Niveau der Kreuzungen der aus dem Mikroskop unter mehr oder weniger großem Winkel (je nach der Stärke des Okulars) heraustretenden Strahlenbündel, welche diese Austrittspupille des Mikroskops in sich schließen, so daß die Pupille des Auges sich nicht mehr wie bei der einfachen mikroskopischen Beobachtung mit der genannten Austrittspupille deckt, sondern bei jeder Stellung des Auges innerhalb des sich ausbreitenden Strahlenkegels nur einen Teil des Gesamtbildes einläßt und somit den weitaus größeren Teil des mikroskopischen Gesichtsfeldes abschneidet, welches nach und nach ganz zu übersehen Verstellungen des Kopfes erfordert.

Von Wollaston wurde das erläuterte Prinzip mittelst einer Vorrichtung eingeführt, die seither unter dem Namen „Camera lucida" auch in anderen Formen bekannt, von ihm für das wagerechte stehende Mikroskop benutzt, im wesentlichen aus einem rechtwinklig gleichschenkligen Prisma besteht, dessen versilberte Hypotenuse, im Winkel von 45° zur optischen Achse des Mikroskops gestellt, die vom Okular kommenden Strahlenbündel nach oben in die Pupille des Auges wirft, deren Mitte sich in der Ebene der hinteren Prismafläche befindet. Es vereinigen sich dann in der Netzhaut des Auges das Spiegelbild des Objekts mit dem aufrechten Bilde der hinter dem Prisma vorbeigesehenen Zeichenfläche, bzw. Zeichnung.

Während diese letztere, die unmittelbar gesehen wird, ihre Deutlichkeit an und für sich behält, kommen in dem Gesamtbild außer einer Verschleierung des Objekts durch die helle Zeichenfläche die prismatischen Bildfehler zum Ausdruck, welche durch Brechung, durch Glasdicke und durch farbige Lichtdispersion verursacht werden. Da die letztgenannte verhältnismäßig klein ist, kann sie vernachlässigt werden, dagegen bedingen die ersteren grobe optische Fehler, die aber deshalb wenig merklich sind, weil die Dislokation der Augen- von der Mikroskoppupille in jedem Augenblick nur Strahlenbündel von kleiner Divergenz ins Auge treten läßt.

Einen Begriff der Wirkung der prismatischen Lichtbrechung quer zum Prisma wie der verschiedenen Glasdicke längs des Prismas geben die Fig. 104 und 105, in denen für Strahlen aus einem einzelnen Lichtkreuzungspunkt fortgesetzte punktierte Linien die stattfindenden Strahlenverschiebungen in dem Hauptquerschnitt, bzw. in zwei Längsschnitten eines reflektierenden Prismas und somit einen Verlust der Homocentrizität der Strahlen darstellen, der imstande ist, dem Gesamtbild seine Treue und je nach dem Umfang des auf einmal gesehenen Bruchteils auch seine Deutlichkeiten zu rauben. Die schrägen Strahlenverschiebungen außerhalb der dargestellten rechtwinklig zueinander liegenden Hauptschnittebenen, die das Gros der prismatischen Bildfehler ausmachen, setzen sich mit gewisser Annäherung aus dem in Fig. 104 und dem in Fig. 105 dargestellten Komponenten zusammen, sind also immer größer als diese allein und steigen bis zu der mittleren dazwischenliegenden schrägen Ebene an.

Das reflektierende Prisma WOLLASTONs ersetzte SÖMMERING durch eine einfache **Spiegelfläche** in der Form einer die Mitte der Austrittspupille ausfüllenden runden Metallscheibe, doch später fand eine Rückkehr zum Prisma seitens OBERHÄUSER statt, der die durch Glasdicke entstehenden Bildfehler möglichst klein hielt, und die zweite Verbesserung SÖMMERINGs, die in der konzentrischen Teilung der Mikroskoppupille und einer gleichmäßigen Beleuchtung des Gesichtsfeldes bestand, dadurch beibehielt, daß er das klein gehaltene Prisma in die Mitte der Mikroskoppupille stellte. Den SÖMMERINGschen Spiegel benutzte BEALE in der Form einer Rauchglasscheibe, welche die Pupille ganz ausfüllte, andere wandten in noch einfacherer Weise Deckgläschen an, welche die kleinen von der Glasdicke noch herrührenden Bildfehler ganz beseitigten.

Um das Mikroskop **nicht mehr wagrecht** gebrauchen zu müssen und die Zeichenfläche in ihrer Lage zwischen Beobachter und Mikroskopstativ doch beizubehalten, brachte OBERHÄUSER an einem Ende eines knieförmigen Tubus das Okular samt reflektierendem Prisma und in dem Knie ein größeres reflektierendes Prisma an, das beim Einfügen des zweiten Tubusendes in den Mikroskoptubus in

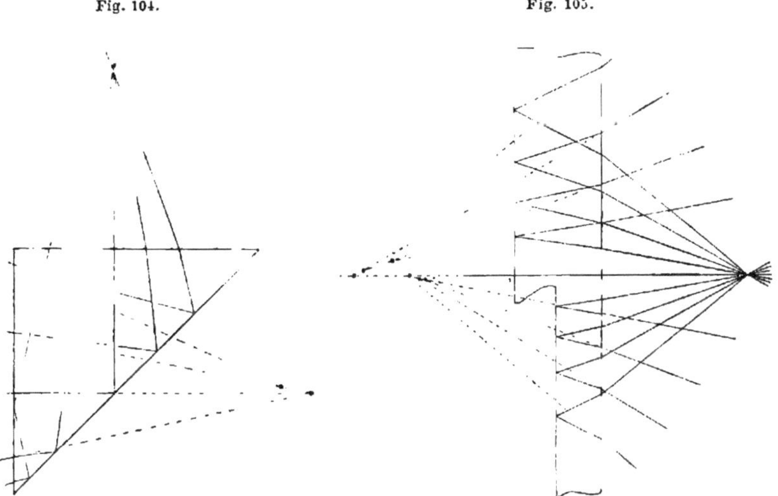

Fig. 104. Fig. 105.

dessen optischer Achse zu liegen kam. Um das Mikroskop auch in **senkrechter Stellung** benutzen zu können und das Objekt dabei **nicht erst durch das Zeichenprisma** sehen zu müssen, verwertete AMICI außer einem SÖMMERINGschen, hier durchlochten Spiegel ein reflektierendes Prisma, das die Blickrichtung nach der Zeichenfläche in schrägem Winkel ablenkte. Mit dem Ersatz des Prismas durch einen zweiten Planspiegel führte SEIBERT hierauf eine Vereinfachung und Verbesserung ein, während ZEISS unter Benutzung des WOLLASTONschen Prinzips eine Neukonstruktion mit zwei nicht mehr rechtwinkligen nebeneinanderstehenden Prismen einführte und LEITZ sich mit einem einzigen Prisma begnügte (siehe Fig. 106), das in neuerer Ausführung, rechtwinklig spitzwinklig geschnitten und ohne Zuhilfenahme von Versilberung, mit dem Zeichenokular in einer kompakten Fassung untergebracht ist.

Das gemeinsam Erforderliche bei den erwähnten Vorrichtungen für das Zeichnen bei **aufrecht- bzw. schräg stehendem Mikroskop** ist eine Zeichenfläche rechtwinklig zu der schräg abgelenkten Blickrichtung. Steht das Mikroskop aufrecht, so muß die Fläche um den im Zeichenapparat gegebenen Brechungswinkel der Blickrichtung zum Horizont geneigt sein, was bei seitlicher Lage der

Zeichenfläche höchst unbequem ist, dagegen bei einer Stellung jenseits des Mikroskops mehrere Vorzüge hat. Weicht die optische Achse des Mikroskops um den genannten Winkel von der Vertikalen ab, so kommt die Zeichenfläche wagerecht, normal zur Blickrichtung und zwischen Mikroskop und Beobachter zu liegen (s. Fig. 107).

Fig. 106.

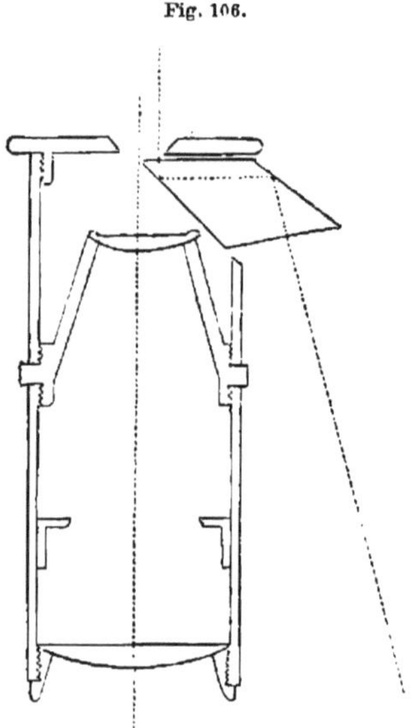

Um auch bei aufrechtem Mikroskop eine wagerechte Zeichenfläche ohne die sonst entstehende Bildverzerrung zu verwenden, konstruierte Abbe einen Zeichenapparat, dem außer der Camera lucida ein in Augenhöhe ange-

Fig. 107.

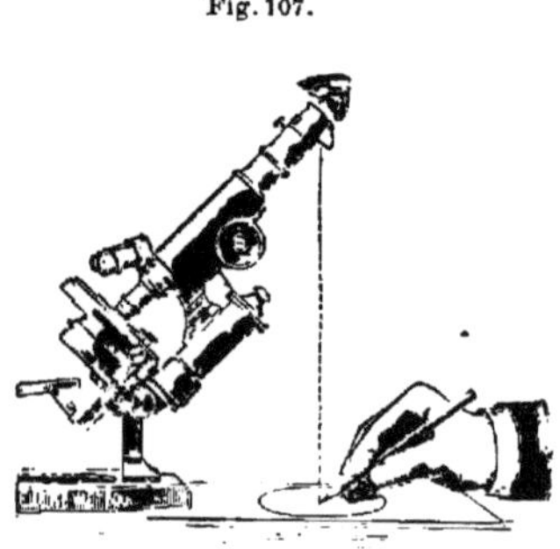

Fig. 108.

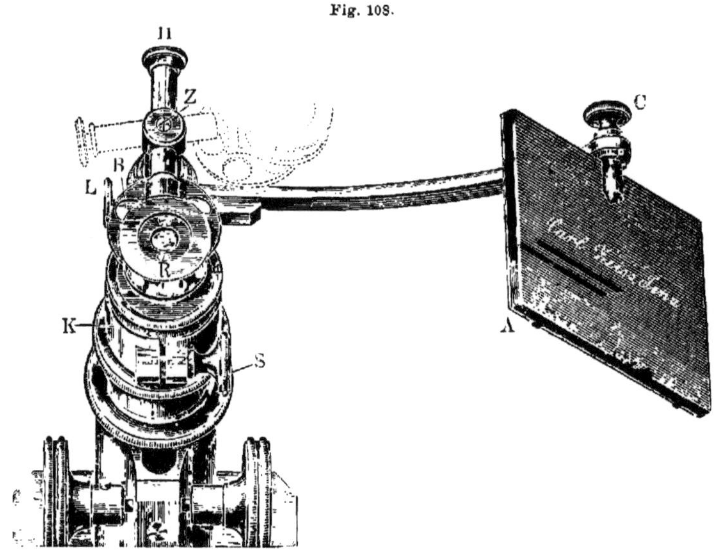

brachter seitlicher Spiegel angehört, der bei einer Stellung von 45° zum Horizont das erstrebte Ziel erreichen läßt (s. Fig. 108).

Dieser Apparat, wie auch zum Teil die vorher genannten, trägt abgestufte Rauchgläser zwischen Mikroskoppupille und Seitenspiegel sowie zwischen Auge und Okular, welche die gegenseitige Helligkeit der Bilder des Objekts und der Zeichenfläche ausgleichen lassen.

Das SÖMMERINGsche Prinzip der konzentrischen Pupillenteilung findet hierbei in dauerhafter Form dadurch Anwendung, daß ein aus zwei rechtwinkligen Prismen zusammengesetzter Glaswürfel zwischen den einander zugekehrten Hypotenusen eine in der Mitte mit kleiner runder Öffnung versehene Versilberung einschließt. Durch den Würfel und diese Öffnung wird das mikroskopische Bild des Objekts, durch das obere Prisma, vom Spiegel reflektiert, das Bild der Zeichenfläche vermittelt. Das Instrument ist der handlicheren Camera lucida von ZEISS

Fig. 109. Fig. 110.

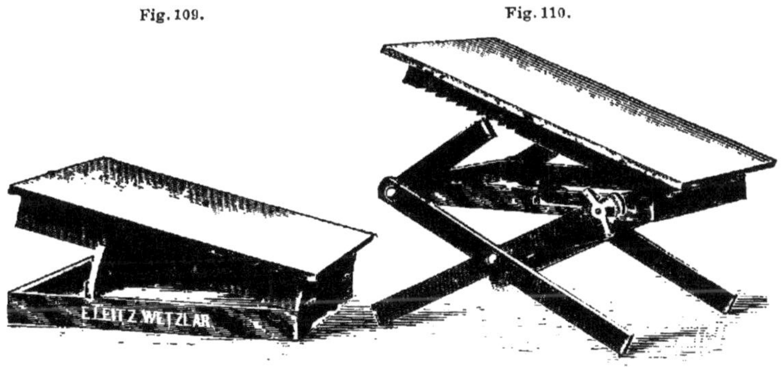

Fig. 111.

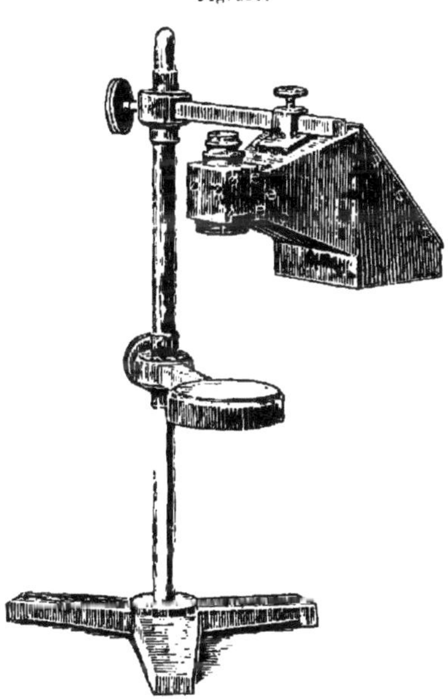

deshalb vorzuziehen, weil die Zeichenspitze außerhalb der Bildmitte weit deutlicher reflektiert wird.

Um bei aufrechtstehendem Mikroskop Prismen entbehrlich zu machen und eine nach vorn unten gerade Blickrichtung auf die Zeichenfläche zu gewinnen, läßt sich ein kleiner lichtdurchlässiger Silberspiegel aus Glas an der üblichen Stelle der Camera lucida doch weniger geneigt benutzen. Wenn außerdem die Lichtdurchlässigkeit des Spiegels von einer zur anderen Seite zunimmt, so vollzieht sich bei einer seitlichen Bewegung desselben eine Abschwächung der Helligkeit des einen und eine Verstärkung deren des anderen Bildes zugleich. Hierdurch stellt sich mit dem Ausgleich der beiden Helligkeiten das Optimum der Gesamtbeleuchtung unfehlbar ein. Geschieht das spielend leicht, so wird auch das bei dem mikroskopischen Zeichnen erste Ziel — nicht an den Apparat denken zu müssen, wie sonst im modernen Mikroskop verwirklicht ist — in weiterem Maße gewährt.

Zum Gebrauch mit diesen wie anderen Formen der Camera lucida eignen sich die Zeichentische von GIESENHAGEN und BERNARD (Fig. 109 u. 110).

Eine für größere Präparate bestimmte Camera lucida verbunden mit einem einfachen Mikroskop (s. Fig. 111) wurde von THOMA konstruiert, die mit einer Reihe von Linsenpaaren für Vergrößerungen bis zum Zehnfachen und durch Umkehrung für Verkleinerungen bis zu einem Sechstel ausgestattet ist. Durch auflegbare Hohl- als Augenlinsen entstehen ferner GALILEIsche Systeme, die namentlich für Augen, welche nicht leicht auf das Unendliche eingestellt werden können, vorteilhaft sind. Durch Höhenänderung des Abstandes am Stativ stellt man gleichzeitig auf Objekt und Zeichenfläche ein.

Ein vielen Anforderungen genügender allgemeiner Zeichenapparat von Behrens (Winkel) verbunden mit besonderem Mikroskop und Stativ ist auch für das Zeichnen größerer Präparate besonders geeignet.

Die dritte Zeichnungsart, bei der ein Bild des Objekts auf die Zeichenfläche projiziert wird, vermitteln die Edingerschen Konstruktionen (s. pag. 149), die für größere durchsichtige Präparate bestimmt sind. Das in einem wagerechten Tubus von einer nach außen verdunkelten Lampe ausgehende Licht wird mittelst zweier Sammellinsen und eines dazwischenliegenden um 45° geneigten Spiegels nach unten auf die Zeichenfläche geworfen. In dem senkrechten Lichtverlauf wird das Präparat zunächst durchleuchtet und dann durch ein weiter unten befindliches Objektiv auf die Zeichenfläche projiziert. Für Zeichnungen wie Wandtafeln von noch größerem Format lassen sich die verschiedenen Projektionsapparate für mikroskopische Präparate wie diejenigen für Diapositive ohneweiters verwenden (s. „Projektion").

Wie für andere Handfertigkeiten sind auch für das Zeichnen die Form und Geschicklichkeit, vornehmlich der rechten Hand nebst Handgelenk und Unterarm maßgebend. Von Vorteil sind schlanke Finger, biegsame Gelenke und empfindliche Haut, verbunden mit der allgemeinen körperlichen Fähigkeit, längere Zeit ruhig sitzen zu können. Eine Hauptbedingung bei der Ausübung des Zeichnens besonders während der demselben vorangehenden Stunde ist das Fernhalten von anstrengender Beschäftigung der Augen und der Arme. Was das Auge sonst anbetrifft, so dürfte Kurzsichtigkeit ein Vorzug sein, infolge der bei Myopen habituell genaueren Betrachtung von Einzelheiten deutlicher gesehenen Objekte. Von überaus großer Bedeutung, namentlich für die Zeichnung aller größerer Konturen, sowie für das Hintanhalten der Muskelermüdung sind die Unterstützungsflächen, welche die Last der Extremität aufnehmen und verteilen, da diese nur zum kleinen Teil der zeichnenden Hand zugemutet werden dürfte. Von Belang ist ferner die Möglichkeit leichter Armdrehungen, bzw. Rotierungen um die Längsachse, wie auch um die Mitte des Vorderarmes als Hypomochlion, indem solche Drehungen Schwenkungen von einer zur anderen Seite der Zeichnung leicht und sicher bewirken. Da bei dem Übergang von der einfachen mikroskopischen Beobachtung, bei der das Auge normalerweise auf Unendlich eingestellt ist, die Accommodation mit dem Zeichnen eintritt, so ist, um Überanstrengung zu vermeiden, der Abstand der Augen von der Zeichenfläche in der Blicklinie der individuellen Sehweite gleich zu setzen. Bei feststehender, bzw. sonst zweckmäßiger Lage der Zeichenfläche läßt sich das durch Monokel, bzw. kleine Linsen von geeigneter Stärke erzielen, die beim Gebrauch eines Zeichenapparates seitlich an diesen angebracht werden können. Die Lage und Höhe der Zeichenfläche und die Höhe des Sitzes am Mikroskoptisch sind auch den individuellen Körperverhältnissen wie der Mikroskophöhe anzupassen.

Die der Zeichenfläche oft gegebene Lage zur Seite des aufrechtstehenden Mikroskops läßt am Tischrand keine genügende Unterstützungsfläche frei für die Last des Armes und beeinträchtigt somit das freie Spiel der Hand. Es bildet dies einen Nachteil, der bei dem Gebrauch von Zeichenapparaten fortfallen kann, wenn diese eine Verlagerung der Zeichenfläche nach vorn, also jenseits des Mikroskops gestatten.

Das zu zeichnende Präparat bietet für das Zeichnen günstige Bedingungen, wenn es dünn, bzw. schwach gefärbt ist. Vereinzelt liegende kleine Gebilde, wie Bacterien u. dgl. m., werden dagegen vorzugsweise stark gefärbt. Beim Vorhandensein von ausgebreiteten dunklen Flächen im Bilde besteht eine Schwierigkeit darin, die Zeichenspitze im Auge zu behalten. Wenn wie bei der Darstellung vom Nervenfaserverlauf minutiöses Zeichnen nicht erforderlich ist, so läßt sich die störende Helligkeit der Zeichenfläche, die die Wahrnehmung der Zeichenspitze erschwert, dadurch beseitigen, daß man mit hellfarbigem Druckstift durch Kohlenpapier auf eine weiße Unterlage hindurchpaust.

Das zur Beleuchtung des Objektes und der Zeichenfläche beste Licht ist im allgemeinen Tageslicht. Die vorteilhafteste künstliche Lichtquelle ist ein kleiner, wenig Hitze gebender, möglichst niedrig gestellter Gasglühstrumpf, der zweckgemäß mit einem etwas nach unten gerichteten Reflektor, bzw. Lichtschirm und einem vor das Gesicht des Mikroskopierenden gestellten Wärmeschirm versehen ist. Unter Umständen kommt das sehr weiße NERNSTsche Glühlicht doch nur im Brennpunkt von Hohlspiegeln in Betracht. Äußerst ausgiebig und sonst vorteilhaft sind elliptische Hohlspiegel. Elektrisches Bogenlicht ist infolge seiner Ungleichmäßigkeit sowie der Lichtüberfülle im Zimmer im allgemeinen zu verwerfen. Zur Zeichnung feinster Einzelheiten käme es allenfalls wegen seiner absoluten Stärke wie auch wegen seines Reichtums an kurzwelligen Strahlen, sodann unter Anwendung eines Blaufilters in Frage. Beim Zeichnen ist es von wesentlicher Bedeutung, betreffs der Wiedererkennung von gefärbten Objekten nur eine Art künstlichen Lichtes von gleichmäßiger Gesamtfarbe, und zwar der des Tageslichts ähnlich, also möglichst „weiß" zu verwenden.

Künstliches Licht kann unter Umständen von praktischem Vorteil sein, wie bei dem Zeichnen kleinster Objekte, z. B. Bacteriengeißel, wo bei starker Vergrößerung das Gesichtsfeld nicht mehr hell bleibt, indem sich dann der Ausgleich der Beleuchtung der Zeichenfläche durch Regulierung des Zimmerlichtes einfach gestaltet. Ferner verringert sich dabei das in die Augen tretende Seitenlicht mit Vorteil, da die Größe der beiden Pupillen und infolgedessen die Menge des in das beobachtende Auge vom Mikroskop eintretenden, die Helligkeit des Objektes mitbestimmenden Lichtes von der Gesamtmenge, die sie erreicht, abhängt, zumal da die benutzte Pupille wenig zur Verschärfung des Bildes beiträgt, die die Mikroskoppupille schon bewirkt, vielmehr nur das dem Auge unmäßige Licht abblendet. Für Objekte von bedeutender Winkelgröße im Gesichtsfeld wird die Sehschärfe der Augen auch bei einer etwas gedämpften Beleuchtung durch die hierdurch bedingte Pupillenerweiterung nebst Adaption der Netzhautempfindlichkeit auf der Höhe, und zwar dauernd erhalten.

Die Dämpfung des seitlich in die Augen einfallenden Zimmerlichtes läßt sich am Tage durch die Anwendung von mattem Glas, bzw. Seidenpapier vor der Lichtquelle erzielen. Die Anbringung solcher Lichtdämpfer in Streifen am Fenster gestattet ferner die während des Zeichnens oft notwendige Abstufung der Beleuchtung des Objektes durch einfache Drehungen des mit einem Griff versehenen Mikroskopspiegels rasch und sicher auszuführen. Hierdurch umgeht man den Gebrauch des einen Satzes von Rauchglasscheiben in der Nähe der Pupillen, der je nach der Dicke eine Beeinträchtigung des Bildes, im vorliegenden Falle des Objektes, herbeiführen muß.

Der oben erwähnte Silberspiegel, der dasselbe noch einfacher und vorteilhafter erreichen läßt, ruft bei jedem neuen Ausgleich der Helligkeiten der beiden Sehfelder, der diesen die gleiche Deutlichkeit wieder verleiht, und zwar an beiden, eine Helligkeitsänderung und somit eine Veränderung der Gesamthelligkeit von dem halben Betrag derjenigen aller einseitig wirkenden Mittel hervor. Ohneweiters vermindert sich dadurch um so viel die jedesmalige Adaption der Netzhaut, die dem Auge die größte Sehschärfe nach dem Wechsel wieder verschafft und die Unannehmlichkeit aller Helligkeitsveränderungen abmildert.

Zum Ausgleich der Beleuchtung vom Objekt und Zeichenfläche dienen auch Rauch- bzw. Blauglasscheiben zwischen Mikroskopspiegel und Lichtkondensor, Verstellungen des letzteren gegen das Objekt, andrerseits Verdunklung, bzw. Aufhellung der Beleuchtung der Zeichenfläche, die sämtlich bei der anfänglichen Einstellung zur Verwendung kommen.

Zur Konzentration der Aufmerksamkeit, zur Erzielung der größten Sehschärfe und zur Schonung des Auges werden mit Vorteil Okularblenden mit rasch verkleinbarer Öffnung verwendet. (Meßblenden mit verstellbarem quadratischen Querschnitt nach EHRLICH, Kompensationsokulare mit Irisblende nach HIS, gewöhnliche HUYGHENsche Okulare mit Irisblende nach COWL). Solche Blenden sind nach Beiseiteschlagen der Camera lucida von besonderem Nutzen beim Aufsuchen einer zu zeichnenden Stelle im Präparat und auch zur Lichtabblendung, namentlich bei kleinen Objekten im hellen Gesichtsfelde, die wie Bacterien oft das stärkste Licht und größte Sehschärfe erfordern. Dagegen während des Zeichnens selbst, zumal bei Anwendung eines bildvereinigenden Apparates, fällt die Notwendigkeit einer Okularblende aus oben angegebenen Gründen fort.

Das Zeichnen mikroskopischer Objekte erfordert kein anderes Mikroskop als die einfache Beobachtung allein. Am Stativ ist jedoch ein Tubus von größerem als dem gewöhnlichen Querschnitt nebst weitem Okular von besonderem Vorteil, da sich hierdurch das Gesichtsfeld vermittelst Blendenöffnens rasch bis zu einer zwei- bzw. dreifachen der üblichen Ausdehnung vergrößern läßt.

Zur Wiedergabe von sehr breiten, bzw. langen Gebilden ist ein beweglicher Objekttisch insoweit vorteilhaft, als bei den Verschiebungen des Objektes die notwendig erfolgenden Verschiebungen der Zeichenfläche sich leicht parallel halten.

Ein Zeichentisch, bzw. -pult mit nach vorn steigender Neigung bietet die Gelegenheit, in der bei der freien Handzeichnung, bzw. beim Feinmalen üblichen Weise benutzt zu werden, indem man denselben jenseits des senkrecht stehenden Mikroskops stellt. Es lassen sich hierbei Veränderungen der Entfernung der Zeichenfläche vom Auge durch Vor- und Rückwärtsschieben des Pultes und somit die Verdeutlichung der Zeichenspitze bei verschiedener Sehweite wie auch durch Zuhilfenahme von Hilfslinsen Zeichnungen in verschiedenem Maßstab mit gleicher Sicherheit erzielen. Durch die Anwendung eines Zeichenapparates mit drehbarem seitlichen Spiegel. z. B. dem REICHERTschen Zeichenapparat mit Gradeinteilung wird in bequemer Weise eine Verzerrung des gezeichneten Bildes mit Sicherheit vermieden.

Das Zeichenmaterial besteht hauptsächlich aus mattglattem Papier und Karton und aus Graphit- wie farbigen Zeichenstiften von verschiedener Härte und zur leichteren Führung von ansehnlicher Länge und Dicke. Weniger oft werden Schreibfedern und dauerhafte Tinten benutzt. Für genaues Zeichnen ist eine Schreibfeder einem Bleistift vorzuziehen, da letzterer bald stumpf wird, sodann nicht mehr mit der gesehenen Spitze schreibt und ferner, indem das trockene Graphit immer nur grau glänzend, eine Schreibfeder dagegen, mit dunkler Tinte angefeuchtet, reflexlos schwarz erscheint und somit im hellen mikroskopischen Bilde des Objektes weit deutlicher ist.

Die Herstellung von Diaphanien, bzw. Diapositiven erfordert als Unterlage Glasplatten oder Gelatinefolien, die ersteren benötigen eine vorherige Überschichtung mit Gelatine, Eiweiß, weißem Schellack oder dergleichen mehr. Zur Herstellung einer Zeichnung als Diapositiv lassen sich mit Vorteil Bromsilbergelatineglasplatten verwenden, die eine matte, hellfarbige Oberfläche bieten, welche die feinste Zeichnung mit Bleistift, bzw. wasserunlöslicher Tinte aufnimmt, worauf das Bromsilber, das die weißliche Undurchsichtigkeit bedingt, durch ein Bad von thioschwefelsaurem Natron und darauffolgende Wasserbäder vollkommen entfernt werden kann.

Das Endresultat des mikroskopischen Zeichnens ist die Zeichnung, die sich immer einer Beurteilung unterzieht und eine zweckmäßige Aufbewahrung verdient. Das letztere verlangt von vornherein ein in Farbe und Festigkeit dauerhaftes Leinenpapier im Gegensatz zu dem geringen Holzpapier, das sich am Licht, namentlich an der Luft bräunt und brüchig wird. Zeichnungen für den Handgebrauch wie auch für dauernde Wandaufhängung sind gegen Fett, Staub und Feuchtigkeit durch Bestreichen mit verdünntem, durchsichtigen Zaponlack zu schützen.

Eine ganz genaue geometrische Wiedergabe eines mikroskopischen Gebildes im großen und im kleinen ist selten erforderlich, in diesem Falle aber darf bei Inanspruchnahme des ganzen Gesichtsfeldes des Mikroskops weder Zeichenapparat mit Prisma, bzw. Würfel, noch ein starkes Okular benutzt werden. Bei der Wiedergabe der Einzelheiten mikroskopischer Objekte fällt diese Einschränkung im allgemeinen fort.

Literatur: Behrens (Behrens, Kossel und Schiefferdecker) (Das Mikroskop), Carpenter (The Microscope and its Revelations, 6. ed., London 1881), Dippel (Das Mikroskop und seine Anwendung, 2. Aufl., Braunschweig 1882), Gage (The Microscope and microscopical Methods, 5. ed., Ithaca 1894), Naegeli und Schwendener (Das Mikroskop, 2. Aufl., Leipzig 1877), Zimmermann (Das Mikroskop, Wien 1895). *Corl*, Berlin.

Zellbrücken siehe: Intercellularbrücken und -Lücken.

Zellchemie. Die Chemie der Eiweißkörper beginnt erst eben der Chemie der Zelle selbst dienstbar gemacht zu werden. In den wenigsten Fällen ist es bisher gelungen, die aus pflanzlichen oder tierischen Zellkomplexen isolierten verschiedenartigen Eiweißkörper in der Zelle selbst oder in ihren Organen in Plasmazellkernen etc. zu lokalisieren. Andrerseits sind die bisher dargestellten Eiweißkörper nur Bruchstücke der komplizierten Verbindungen der lebenden Zelle. Mikrochemisch relativ einwandfrei verfügen wir eigentlich nur über Gruppenreaktionen von Eiweißstoffen (s. Eiweißstoffe der Pflanzenzelle), während kaum von der mikrochemischen Identifizierung auch nur eines speziellen Eiweißstoffes in der Zelle selbst gesprochen werden kann. Die mannigfachen Versuche, auf mikrochemischem Wege in die Zellchemie einzudringen, mußten sich bisher im wesentlichen darauf beschränken, die Unterschiede im Verhalten einzelner Plasmapartien gegeneinander festzustellen, entweder unter Verzicht jeder eigentlichen chemischen Analyse resp. Identifizierung mit makrochemisch dargestellten Eiweißkörpern (mikrochemische Reaktion morphologischer Natur) oder aber unter Zuhilfenahme makrochemischer Untersuchungen, wobei dann diese oder jene Eiweißkörper als Hauptbestandteile eines Zellorganes angesprochen wurden. Da nun aber für die meisten Eiweißkörper auch makroskopisch charakteristische Reaktionen fehlen, andrerseits in den sehr kleinen Objekten die Stoffe nur in großer Verdünnung enthalten sind, ist man gezwungen, alle unterscheidenden Merkmale heranzuziehen, die verschiedenen Grade der Fällbarkeit, der Löslichkeit in den verschiedensten Reagenzien und schließlich die Säuren- und Basenkapazität der Eiweißstoffe, welche in der Färbbarkeit mit Anilinfarben ihre Anwendung finden.

Auch der Umstand, daß einige Eiweißstoffe sich durch Gehalt an Phosphor und Eisen auszeichnen, wurde zum Nachweis dieser Stoffe verwendet. Um in dem Kern den für die Nucleinsäure charakteristischen Phosphor nachzuweisen, wurden die zu untersuchenden Objekte zunächst in eine Lösung von molybdänsaurem Ammon gebracht, das in salpetersaurer Lösung mit organischer Phosphorverbindung eine Fällung gibt, wenn aus demselben Phosphorsäure abgespalten wird. Diese Fällung, welche sofort am Ort ihrer Entstehung niedergeschlagen wird, kann dann durch Reduktion mit Pyrogallol sichtbar gemacht werden (Lilienfeld und Monti) oder auch durch Zinnchlorür, das eine glycerinhaltbare blaue Farbe gibt (Pollacci). Aus dem positiven Ausfall der Reaktion schlossen die Autoren auf die Anwesenheit von Phosphor. Daß diese Reaktion jedoch auch an sicher phosphorfreiem Eiweiß eintritt und mit Farbstoffeinlagerung auf gleiche Stufe zu stellen ist, wurde später gezeigt (Raciborski, Heine), so daß wir zum Phosphornachweis im Kern keine brauchbaren Reaktionen besitzen.

Zum Nachweis des organisch gebundenen „maskierten" Eisens im Kern werden diese organischen Verbindungen durch Alkohol, dem auf 100 Vol. 4 Vol. konzentrierte Schwefelsäure oder 3 Vol. Salpetersäure zugesetzt sind, zerstört, das Eisen wird sofort an Ort und Stelle gefällt und dann durch Ferrocyankali nachgewiesen; es soll vorwiegend im Chromatin, wenig in den Nucleolen vorhanden sein (Macallum). Dieser Nachweis ist jedoch mit großer Vorsicht aufzunehmen (Zimmermann), da Chromatin wie alle Metalle auch Eisen stark speichert (Gilson). Wenn sich die Kerne mancher Pflanzen mit Hämatein, resp. Hämatoxylin unter dem Einfluß der Luft allein leidlich färben, so soll dies durch die in der Pflanze vorhandene Tonerde bedingt sein (P. Mayer). Hierin wie in dem folgenden besonders *a)* und *b)* ist zu vergleichen das erst während des Druckes erschienene sehr ausführliche Sammelreferat von ZACHARIAS: „Die chemische Beschaffenheit von Protoplasma und Zellkern. Progressus rei botanicae, III. Bd., pag. 77—257, 1909.

a) Fällungsanalytische Methoden. Es mag hier von vornherein bemerkt werden, daß die für die makrochemischen Unterscheidungen der Eiweißverbindungen so wichtigen Fällungsmethoden gerade für mikrochemische Zwecke trotz mannigfacher Versuche so gut wie kein brauchbares Resultat geliefert haben. Es wird dies zum größten Teil dadurch bedingt, daß bekanntlich die Reaktion der Lösung ebenso wie die Anwesenheit von Salzen von wesentlichem Einfluß auf die Fällung von Eiweiß ist und wir z. B. wissen, daß die alkalische Reaktion, wie sie der Zellsaft häufig aufweist, die Fällbarkeit im allgemeinen herabdrückt. Etwas bessere Resultate liefern die von dem fixierungsanalytischen natürlich nicht scharf zu trennenden Methoden, das einmal gefällte Eiweiß wieder in Lösung zu bringen (s. unten). Der erste, der systematisch den Einfluß von Säuren auf die Zelle prüfte, war SCHWARZ, und sollen, um die Art seiner keineswegs einwandfreien Untersuchungen zu schildern, die Resultate hierher gestellt werden, welche er bei der Einwirkung von Salz- und Essigsäure auf den Kern erhielt:

Sehr verdünnte Säuren 0,2% (ähnlich bei 0,3%) Essigsäure oder 0,1% Salzsäure fixieren die Kerne, die Kernsubstanzen sind unlöslich und nicht quellbar, nur in der verdünnten Salzsäure können Fibrillen und Grundsubstanz ihr Volumen etwas vergrößern. In 50%iger Essigsäure bleibt nur das Chromatin unverändert, die übrigen Substanzen quellen mehr oder weniger stark.

Durch Eisessig werden die Kerne in eine durchsichtige Gallerte verwandelt, auch das Chromatin wird im Kern verteilt.

In 1%iger Salzsäure quellen Fibrillen und Grundsubstanz verschieden stark oder auch gar nicht. Das Chromatin ist anfangs immer unlöslich und unquellbar. Nucleolen und Membran quellen etwas, können sich schließlich lösen.

In 20%iger Salzsäure sind die Kerne anfangs fixiert, werden unter Verlust der deutlichen Struktur feinkörnig, Nucleolen und Membran bleiben erhalten.

Konzentrierte Salzsäure wirkt ähnlich wie Eisessig, manchmal werden die Kerne vollständig gelöst.

In freien Säuren ist das Chromatin der relativ widerstandsfähigste Körper, der jedoch durch hohe Konzentrationen ebenfalls zersetzt wird. Membran und Kernkörperchen quellen bei geringerer Konzentration leicht auf, können sich eventuell lösen.

b) Lösungsanalytische Methode. Die verschiedenen makrochemisch darstellbaren Eiweißkörper unterscheiden sich bekanntlich in ihren Löslichkeitsverhältnissen gegenüber Säuren, Alkalien, besonders den typisch eiweißlösenden Fermenten. Für das mikroskopische Objekt ist diese Eigenschaft im strengen mikrochemischen Sinne jedoch eigentlich nur zur Unterscheidung von sogenannten Nucleinen (Nucleoproteiden im chemischen Sinne, d. i. Verbindungen von eigentlichem Eiweiß von meist stark basischer Natur, wie Histonen, mit Nucleinsäure) und nicht Nuclein in Anwendung gekommen. — Denn die charakteristische Eigenschaft der Nucleoproteide, welche zu ihrer Entdeckung geführt hat und noch heute vielfach zu ihrer makrochemischen Darstellung benutzt wird, ist, daß sie bei Körpertemperatur mit Pepsinsalzsäure zusammengebracht im Gegensatz zu dem übrigen Eiweiß in ungelöster Form zurückbleiben. Da nun die Kerne hauptsächlich aus Nucleoproteiden bestehen [es besitzen z. B. die die Kernsubstanz enthaltenden Köpfe von Fischsperma 96% nucleinsaures Protein (MIESCHER) und in den Insekteneiern wächst proportional mit den Kernen der Gehalt an Nucleinbasen (TICHOMIROFF)], folgt, daß mit dieser Reaktion auch eine morphologische Unterscheidung der Kernsubstanz gegenüber dem übrigen Plasma erzielt werden kann.

So gut wie rein morphologisch sind die übrigen für die feine Zellenuntersuchung in Anwendung gekommenen Lösungsmethoden, die jedoch wegen ihrer voraussichtlich zum größten Teil chemischen Grundlage an dieser Stelle kurz erwähnt werden sollen. Bei allen diesen Versuchen erhält man im allgemeinen klare Bilder nur nach der Fällung mit Alkohol, bei der anfangs bekanntlich eine Koagulation nicht einzutreten pflegt, doch muß die Einwirkung, um die durch die schließliche Koagulation eintretende starke Veränderung der Löslichkeit zu vermeiden, möglichst kurz sein, höchstens 24 Stunden, und ist auch stets das frische Objekt zum Vergleich mit heranzuziehen.

Als wesentlichste Darstellungsweise des Nucleins und der Nucleinsäure haben wir ihre Unverdaulichkeit im künstlichen Magensaft kennen gelernt. In gleicher Weise geschieht ihre Unterscheidung gegen die übrigen Eiweißstoffe in der Mikrochemie. (Über die allgemeine Reaktion der Eiweißstoffe vgl. Artikel Eiweißstoffe der Pflanzenzelle, Bd. 1, pag. 290.) ZACHARIAS (98) gebraucht hier meist ein unmittelbar vor den Versuchen durch Vermischen von 1 Vol. Glycerinextrakt aus Schweinsmagen mit 3 Vol. Salzsäure von der Konzentration 0,28% HCl hergestelltes Präparat; die Wirksamkeit der Flüssigkeit wurde durch eine in Alkohol aufbewahrt gewesene Fibrinflocke geprüft. Von der nach längerer Verdauung mit diesem Extrakt noch übrig gebliebenen Substanz kann eine Nucleinnatur (resp. Plastin, s. unten) vermutet werden. Die von HEINE (96) angewandte (von ZACHARIAS angeführte) Methode der Verwendung künstlichen Magensaftes durch Verreiben von frisch abpräparierter Schweinsmagenhaut mit 0,8%iger HCl erscheint hingegen auch das Nuclein zu lösen und nur das Plastin unverändert zu erhalten. Die Angaben (MIESCHER 96), daß die Kernsubstanz bei Behandlung der Hodensubstanz mit einer Lösung von krystallisierter Galle oder taurocholsaurem Natrium und Chlorcalcium erhalten, das Protoplasma völlig gelöst wird, konnte von anderer Seite (ZACHARIAS) mit taurocholsaurem Natrium (GRÜBLER) und glycocholsaurem Natrium hergestellt aus Glycocholsäure in kohlensaurem Natrium nicht bestätigt werden. — Nach der Verdauung erscheinen die nucleinhaltigen Teile meist scharf differenziert; von besonders charakteristischem glänzenden Aussehen auch beim Quellen in 0,3%iger Essigsäure — beim Sperma wohl nicht, wie ZACHARIAS ursprünglich vermutete, auf einer Herauslösung des Protamins beruhend —, während die nicht nucleinhaltigen Substanzen ein verschwommenes Aussehen annehmen und die Nucleolen völlig verquellen.

Die „Nucleine“ sind in frischem Zustande löslich, eventuell nach Verdauung im künstlichen Magensaft, in 10%iger NaCl-Lösung, konzentrierter Na_2CO_3, verdünnter Kalilauge (ZACHARIAS); durch Alkoholbehandlung scheinen gewisse Eigentümlichkeiten der Nucleinsubstanz verloren zu gehen, denn mit solchem Material konnten keine sicheren Lösungserscheinungen mit 10%iger NaCl-Lösung, 1%iger Na_2HPO_4, 1%iger Na_2CO_3, 10%iger NH_4 erzielt werden (HEINE). So lösen sich auch z. B. die Chromatinkugeln in Phajuswurzeln in 0,5—1%iger Sodalösung, während die Lachsspermanucleinsäure nach Alkoholbehandlung in Sodalösung ihre Löslichkeit verliert (ZACHARIAS 98). Dies scheint jedenfalls, von anderen Gründen abgesehen, das Vorkommen freier Nucleinsäure, vermutet von LILIENFELD, auszuschließen (HEINE), wie sich überhaupt aus all diesen Untersuchungsmethoden ergibt, daß ein chemischer Unterschied in der Nucleinsubstanz des ruhenden und sich teilenden Kernes nicht vorhanden ist. Ein besonders charakteristisches Lösungsmittel des Nucleins ist eine Lösung von 10 *g* Glaubersalz pro Analyse MERCK, 1 *g* Essigsäure, 100 *g* Wasser (der noch etwas Methylgrün zugefügt werden kann) von ZACHARIAS nach MIESCHER angegeben, da im Gegensatz hierzu alle nichtnucleine Eiweißsubstanz besonders scharf hervortritt (z. B. Schwanz, Kopfspitzen und Mittelstück des Lachs- oder Tritonspermas gegenüber dem Kopfstück, oder Nucleolen, resp. Pflanzenpyrenoide gegenüber dem Kerngerüst), was durch einen Zusatz von Säurefuchsin (statt Methylgrün) noch verdeutlicht wird (s. unten). Welche Vorsicht jedoch bei solchen Versuchen und ihrer Deutung geboten, ergibt sich daraus, daß Köpfe von Stier- und ebenso Menschensperma gegenüber der Glaubersalzlösung sich durchaus passiv verhalten, wie überhaupt, wie hier gleich bemerkt sein mag, auch die sonst für Nuclein charakteristischen Färbungsreaktionen nicht eintreten, sie aber dennoch, wie die makrochemischen Untersuchungen zeigen, erhebliche Mengen von Nuclein enthalten (ZACHARIAS 01), vielleicht weil die Dichtigkeit der Substanz das Eindringen der Reagenzien verhindert.

Über die Lösung der mit FLEMMINGscher Flüssigkeit fixierten Objekte durch eine bis 50%ige Chromsäure, wie die Lösung in überhitzter Flüssigkeit (WISSELINGH 98, 99, 00) vgl. Conjugaten Bd. 1, pag. 257. Doch kann unter Umständen auch durch Einwirkung von Eau de Javelle auf in Alkohol fixierte Zellen Cytoplasma, Kernwandung und Kernkörperchen weggelöst werden und der Kernfaden gut sichtbar und dann in Bismarckbraun nachgefärbt werden (STRASBURGER). Hingewiesen werden mag hier auch auf die unförmliche Quellung, welche Chromosomen frischer Gewebe bei Koagulation durch heißes Wasser erleiden (WASIELEWSKI).

Die eigentliche unterscheidende Reaktion zwischen Nuclein und Plastin, das zuerst von J. REINKE (81) aus den Plasmodien von Aethalium septicum dargestellt wurde und in verdünnten Säuren und Alkalien unlöslich ist, besteht in der Löslichkeit des ersteren und Unlöslichkeit des letzteren in einer Salzsäure, welche auf 4 Vol. reiner konzentrierter HCl 3 Vol. Wasser enthält, ähnlich wirkt NaOH 1/10 normal 0,4% (HEINE), auch soll es nach der Verdauung im künstlichen Magensaft nicht wie Nuclein in 10%iger NaCl-Lösung verquellen (ZACHARIAS 87). Es bildet in der Zelle das Grundgerüst des ruhenden Kernes, weiter eine dünne, die Chromosomen umgebende Haut und tritt zum kleinen Teil auch in den Plasmastrahlungen und Verbindungsfasern auf (HEINE), wenn dieselben auch zum größten Teil plasmatischer Natur sind, da sie in Verdauungsflüssigkeit oder schon in 0,28 HCl gelöst werden (ZACHARIAS 02). Jedenfalls sind sie nicht nucleinhaltig, da sie in der Glaubersalzlösung besonders scharf hervortreten.

Es lag nahe, die für die Charaterisierung der Eiweißstoffe so wichtigen Löslichkeitsverhältnisse in Neutralsalzen direkt auf die Morphologie der Zellen in Anwendung zu bringen, ein Untersuchungsverfahren, das in ausführlicher Weise von SCHWARZ 1892 behandelt wurde. Wenn dennoch seine Resultate ziemlich allgemeinen Widerspruch erregt haben (ausführlich ZIMMERMANN 1896), so ist dies darin begründet, daß er einerseits durch die direkte Beeinflussung des lebenden Plasmas im wesentlichen Absterbeerscheinungen erhielt, andrerseits bei allen seinen Resultaten sich zu wenig Übereinstimmung zwischen den einzelnen Objekten ergeben haben. Daß übrigens in kritischer Weise angewandt (besonders mit beständigem Kontrollieren unter dem Mikroskop) diese Methoden des langsamen Absterbenlassens wohl tieferen Einblick gestatten können, zeigen z. B. die Versuche an Spirogyra mit Kaliumnitrat, Chloralhydrat und Phenollösung, wobei u. a. die Spindelfasern der Einwirkung des Chloralhydrats längeren Widerstand leisten als das übrige Plasma (WISSELINGH 1902). Da die SCHWARZschen Bezeichnungen vielfach Eingang in die Literatur gefunden haben, sollen die wesentlichsten, und zwar mit den einwandfreiesten Reaktionen — wohl zumeist Verdauungen mit Trypsin und Pepsin an frisch fixiertem Alkoholmaterial — gewonnenen Resultate hier angeführt werden. Die Chloroplasten bestehen aus in Pepsin und Trypsin unverdaulichen Chloroplastinfibrillen und verdaulichem dazwischen eingelagerten Metaxin, das schon in Wasser löslich ist. Die zur Isolierung und zur Identifizierung der Chloroplasten sonst noch vorgeschlagene (FISCHER 1897) Flußsäure quillt in 40%iger nichts, in 55%iger Lösung alles, ist daher hierzu ungeeignet (ZACHARIAS 1902). Im Zellkern sind nach SCHWARZ 5 Substanzen zu unterscheiden, das Amphipyrenin, das die Kernmembran bildet, das Pyrenin, die Substanz der Nucleolen, das Chromatin, die stark tinktionsfähige Substanz des Kerngerüstes, das Linin, das ein fibrilläres Gerüst im Kern bildet, und das Paralinin, das die Maschen dieses Gerüstwerkes ausfüllen soll. Die wichtigste Unterscheidung zwischen dem Chromatin und Pyrenin wäre die sehr leichte Verdaulichkeit des ersteren in Trypsin, im Gegensatz zu der viel schwereren Verdaulichkeit des letzteren. Ziemlich konzentriertes Kupfersulfat, ebenso wie eine Lösung von Ferrocyankalium und Essigsäure (1 Vol. 10%iger Blutlaugensalzlösung, 2 Vol. Wasser, 1/2 Vol. Eisessig) sollen das Chromatin allmählich in Lösung bringen, während die Nucleolen ungelöst bleiben. (Beides wurde nicht bestätigt von FISCHER 1896, der alle beide Teile ungelöst fand.) Diese beiden letzteren Reagenzien sollen auch zur Unterscheidung zwischen dem darin löslichen Chromatin und dem unlöslichen Linin gelten. Im Plasma soll nur ein hauptsächlicher Eiweißstoff Cytoplastin enthalten sein, das im wesentlichen mit den Reaktionen des Plastins (s. oben) übereinzustimmen scheint. Es wurde auch, allerdings mit negativem Resultat, versucht, die so unterschiedenen Substanzteile mit makrochemisch dargestellten zu identifizieren. Da sich das Cytoplastin, Chloroplastin, Chromatin, Linin, Pyrenin und Amphypyrenin bei künstlicher Magensaftverdauung nicht lösen, werden sie alle als Modifikationen des Nucleins angesehen, ohne mit einem bisher dargestellten übereinzustimmen. Ebenso lassen sich das verdauliche Metaxin und Paralinin nicht mit irgend einem Eiweißstoff identifizieren.

c) Färbungsanalytische Methoden. Die Einführung der Färbung in die mikroskopische Anatomie hatte ursprünglich ausschließlich den Zweck, die im ungefärbten Zustande nicht oder undeutlich zu unterscheidenden morphologischen Bestandteile in gefärbtem scharf hervortreten zu lassen. So fiel es zumal auf, daß die Zellkerne viel deutlicher sichtbar werden, da sie alle Farben intensiver wie das übrige Plasma zu speichern schienen. Später stellte sich dann heraus, daß dies einerseits nicht für alle Farben der Fall wäre, andrerseits nur gewisse Teile des Kernes den Farbstoff so begierig zu speichern vermögen. War auch hierin eigentlich bereits die Hauptfrage nach der Möglichkeit färbungsanalytischer mikrochemischer Reaktionen enthalten, nämlich, ob die besondere Färbbarkeit nur der Ausdruck größerer Dichtigkeit der Substanz oder sonstiger physikalischer Erscheinungen sei oder wirklich analysierbare chemische Unterschiede dokumentiere, so wurde diese Frage damals noch nicht gestellt, auch noch nicht im präzisen Sinne von FLEMMING, 1880, der, als er den intensiver färbbaren Teil des Kernes Chromatin nannte, mehr einen morphologischen als individualisiert chemischen Bestandteil charakterisierte. Nach MIESCHERS und KOSSELS Arbeiten über den Nucleingehalt der Kerne konnte allerdings bald das Chromatin als identisch mit den nucleinhaltigen Substanzen gesetzt werden. Den Schritt, die Farben wirklich als mikrochemische Reagenzien zu benutzen, tat wohl zuerst EHRLICH, als er den färberischen Differenzen bei den Blutuntersuchungen mit seiner Triacidmischung chemische Unterschiede zugrunde legte. Seit dieser Zeit wurden von der einen Seite immer mehr und mehr spezifische Affinitäten morphologischer Elemente zu bestimmten Farben festgestellt, und damit stillschweigend oder ausdrücklich die Möglichkeit anerkannt, chemisch gleichartiges gleich und unterschieden von chemisch Ungleichartigem zu färben. Von der anderen Seite wurde ebenso energisch bestritten, daß chemische Affinität überhaupt beim Färbevorgang im Spiel wäre, vielmehr behauptet, alle färberischen Unterschiede müßten physikalischen Differenzen zugeschrieben werden. Auf diese allgemeinen Färbungstheorien ist an anderen Stellen dieses Werkes (Bd. 1, pag. 436 ff.) eingegangen worden. Hier wird es sich im wesentlichen darum handeln, unter Berücksichtigung der gegenteiligen Einwände, die ausschließlich zu praktischen mikrochemischen Unterscheidungen angewandten Färbungsmethoden, zumal wenn sie zu makrochemisch charakterisierten Stoffen in Verbindung gebracht worden sind, zur Darstellung zu bringen, während diejenigen Methoden, bei denen es sich hauptsächlich nur um eine Verdeutlichung der Struktur handelt, ganz unberücksichtigt bleiben. Diese mikrochemischen Reaktionen werden, entsprechend den bisherigen Resultaten, ähnlich wie bei den lösungsanalytischen Methoden, im wesentlichen auf die Unterscheidung des Nucleins und Nichtnucleins resp. Chromatins und Nichtchromatins hinauslaufen.

Vorbehandlung. Lebende plasmatische Bestandteile zu färben gelingt bekanntlich nicht, sondern nur die Granula, die als tote Reservestoffe aufzufassen sind. Mikrochemische Schlüsse sind bisher aus diesen Färbungen nicht gezogen worden, doch mag in diesem Zusammenhang auf die Prüfung der Reaktion des Zellsaftes durch Methylorange hingewiesen werden. Erst beim Absterben der Zelle nimmt das Plasma und der Zellkern die Farben auf, jedoch verändern sich beim langsamen Absterben einerseits die chemischen Qualitäten erheblich, andrerseits wird auch das Bild in seiner Strukturierung sehr verwischt, so daß z. B. die Kerne meist völlig diffus gefärbt werden. Ist so zur mikrochemischen Reaktionsfärbung nicht schnell getötetes (fixiertes) Plasma ungeeignet, haben die Arbeiten HEIDENHAINS, der die Fällung von Eiweiß durch Farbsäuren untersuchte, Aussicht auf eine gleichzeitige Fixierung und Färbung und damit möglicherweise auf mikrochemische Unterscheidungen eröffnet. Aus diesem Grunde wird durch die Vorbehandlung eine schnelle Koagulation herbeizuführen sein. Sie wird aber auch deshalb erforderlich sein, weil im allgemeinen der hohe Wassergehalt der plasmatischen Teile der Farbe zu wenig angreifbare feste Substanz bietet und nur eine sehr diffuse Färbung zuläßt. Andrerseits ermöglicht erst ein bestimmter Wassergehalt den Eintritt der Farbstoffe und es wäre möglich, daß durch zu starke Wasserentziehung bei der Fixierung (Überfixierung) eine Färbung ausgeschlossen ist, doch wird wohl das hier in Betracht kommende Objekt immer schon durch das Wasser der Farblösung wieder gequollen werden. Bei einem von Natur zu dicht strukturierten Objekt hätte entsprechend die Vorbehandlung in Quellung zu bestehen. (Über Stiersperma vgl. oben.) So nehmen die Tuberkelbacillen Methylenblau erst nach Behandlung mit Kalilauge auf (vielleicht auch nur auf einer Verstärkung der Farben durch das Alkali beruhend) (FISCHER, 1898). Nur in den seltensten Fällen wird man die Koagulation des Objektes durch einfaches Auftrocknen vornehmen, weil dies ja zumeist mit einem langsamen Absterben verbunden ist. Ihm vorzuziehen wäre noch die Koagulation durch Hitze. — Für die Fällung auf nassem Wege, bei der die chemischen Eigenschaften des genuinen Eiweißes nicht verändert werden, steht nur das Aussalzen und Fällung durch Alkohol zur Verfügung; da ersteres durch das dabei eintretende langsame Absterben immer ausgeschlossen bleibt, bleibt nur die Fällung mit Alkohol übrig und sie ist auch in der Tat diejenige, welche bei mikrochemischen färbungsanalytischen Reaktionen die bei weitem empfehlenswerteste, vielleicht allein erlaubte Vorbehandlung ist. Dazu kommt, daß der Alkohol an und für sich die Färbekraft günstig zu beeinflussen scheint. Inwieweit die durch längeres Stehen unter Alkohol eintretende endgültige Koagulation der Eiweißstoffe auf das färberische Verhalten wirkt, scheint noch nicht untersucht zu sein. Weiter darf man nicht vergessen, daß ein Teil der Eiweißfällung durch Alkohol anfangs im Wasser, etwa der Farblösung, wieder löslich ist, falls die Eiweißstoffe nicht durch die Farbsalze rasch in unlösliche Verbindungen überführt werden. Deshalb mußte z. B. FISCHER Peptone mit Platinmetal fällen, was ihn dann bei der Färbung zu eigenartigen Schlußfolgerungen führte. Wird auch Formaldehyd (ähnlich Phenol und Lysol) gleichfalls als indifferent fällendes Mittel genannt, macht doch die Angabe FISCHERS, daß damit fixiertes Plasma der Wurzelzellen von Vicia Faba sich mit Methylgrün, dem spezifischen Chromatinstoff, färbe, dies zweifelhaft. Alle übrigen fällenden Reagenzien (Fixierung) verändern die natürlichen chemischen Eigenschaften, indem sie Acidalbumine, resp. Alkalialbumine bilden und sind für mikrochemische Zwecke unbrauchbar (sekundäres Färbungsvermögen). So auch für einwandfreie Versuche Essigsäure, Trichloressigsäure und Sublimat, obgleich sie verdünnt gebraucht eine relativ natürliche Färbbarkeit des Objektes hervorrufen, resp. dieselbe steigern können, während dieselbe von anderen Stoffen, zumal von Osmiumsäure, erheblich herabgedrückt wird. Als Beispiele besonderer Umstimmung mögen die mit Platinsalzen fixierten Objekte dienen (FISCHER, 1898), die sich fast alle mit Methylgrün durch Bildung von Methylgrünmetallsalzen intensiv färben (PAPPENHEIM). Ebenso sind für mikrochemische Zwecke im allgemeinen auch alle expressen chemischen Beizen, die bei der strukturellen Darstellung eine so große Rolle spielen, z. B. bei Hämatoxylinfärbung, zu verwerfen oder nur unter Berücksichtigung aller Nebenumstände mit äußerster Vorsicht zu gebrauchen; sie werden auch im allgemeinen zu entbehren sein, da ihr Wert ja in der Erzielung färberischer Echtheit, die hier entbehrlich, liegt. Dennoch ist es wohl denkbar, durch systematische Verstärkung der ohne Anwendung von Beizen gefundenen natürlichen schwachen chemischen Affinitäten, einwandfreie instruktivere Bilder zu erzielen und man könnte als Ideal hinstellen, für jeden chemisch individualisierten Körper der Zelle eine Beize und einen dazugehörigen Farbstoff aufzufinden.

α) Färbungen und Färbungsdifferenzen, welche für mikrochemische Zwecke unbrauchbar. Würden nur chemische Vorgänge Färbungen und Färbungsdifferenzen bestimmen, könnten aus solchen Unterschieden bei der Färbung geeignet vorbehandelten Materials direkt mikrochemische Schlüsse gezogen werden. Dies zu entscheiden, schien die Beobachtung am künstlichen Objekt an makrochemischen individualisierten Eiweißstoffen einwandfrei zu sein. Im wesentlichen überhaupt die Reaktionsfähigkeit, resp. Fällbarkeit des Eiweißes mit

Anilinfarben festzustellen war die Absicht HEIDENHAINs (s. Bd. 1, pag. 436 ff.), als er Eiweiß in Lösung mit Anilinfarben vorerst nur die der Sulfosäuregruppe zusammenbrachte. Nach ihm treten alle Eiweißkörper sowohl mit sauren als basischen Farbstoffen in Reaktion, entsprechend ihrer sauerbasischen Natur, und verhalten sich nur relativ indifferent gegenüber den Farbstoffen, die aus einer starken Säure und Base bestehen, wie Methylgrün und Toluidinblau. Wird auch vermutet, daß dies wohl von Seite der stärker sauren Nucleine und Nucleoproteide der Fall wäre (s. unten), konnte dies in praxi nur für die Nucleinsäure nachgewiesen werden. Ist dies auch bisher das einzige für mikrochemisch-analytische Zwecke brauchbare Resultat, scheinen nur auf diese Weise entgegen den Einwendungen FISCHERs, der schon früher ebenso wie BOGOMOLOW entsprechende Versuche angestellt und darin nur Aussalzungen und ähnliche physikalische Erscheinungen sehen wollte, die der festen Materie anhaftenden physikalischen Eigenschaften gerade zu vermeiden und einwandfreie chemische Unterschiede festzustellen zu sein.

Mehr den Vorgängen am festen mikroskopischen Präparat entsprechen allerdings die Versuche, Eiweißstoffe und Nucleine, resp. Nucleinsäuren in heterogene (saure und basische Farben) Farbgemische zu schütten (MALFATTI 1891, LILIENFELD 1893, ZACHARIAS 1893, FISCHER 1898). Die Nucleinsäure, resp. Nucleine färbten sich, wie vermutet, mit dem basischen Farbstoff, das Eiweiß mit dem sauren Farbstoff. Dennoch konnte FISCHER darauf hinweisen, daß auch hierbei physikalische Vorgänge mitsprechen könnten, andrerseits die unregelmäßigen Klumpen und Schollen des Präparates nicht zur Entscheidung geeignet wären. Er wandte dafür aus Lösungen mittelst der gewöhnlichen eiweißfällenden Stoffe gefällte Granula und Gerinnsel an, die bei bekannter chemischer Konstitution den physikalischen Eigenschaften verschiedener Größe und Dichtigkeit der Granula des mikroskopischen Präparates entsprechen. Mit auf diesen Versuchen fußen die Untersuchungen, die PAPPENHEIM 1901 systematisch an natürlichen Objekten vornahm. An der Hand beider Autoren zum wesentlichen sollen im folgenden die aus den physikalischen Unterschieden resultierenden Fehlerquellen der mikrochemischen Reaktionen bei den einzelnen Färbemethoden geprüft werden.

Entsprechend den Versuchen HEIDENHAINs färben sich mit wenigen Ausnahmen alle Granula und alle Gewebe mit allen Farben. Wenn dennoch bei Färbungen mit einem Farbstoff oder zwei gleichartigen Farbstoffen (zwei sauren oder zwei basischen), homogenes Gemisch, Differenzen auftreten, so sind sie nicht ohne weiteres als mikrochemisch verwertbare Unterschiede aufzufassen und können meist nur über gewisse mechanische Eigenschaften Auskunft geben. Sie sind durch den Grad der physikalischen Echtheit der Färbung gegenüber Lösungsmitteln bedingt, also der Ausdruck der Dichtigkeit des Objektes, beeinflußt durch das Lösungs-, resp. Entfärbungsmittel, das Diffusionsvermögen der Farbe, ihr dismotisches Äquivalent, Lösungskoeffizient etc. PAPPENHEIM geht wohl zu weit, wenn er ein direktes Verhältnis zwischen der Molekulargröße der Farbstoffe und den Poren des Substrats konstruiert, so zwar, daß die Farbe am besten an den Substraten haften bleibt, deren Molekularvolumen mit der Porenweite am besten übereinstimmt. Da helle (gelbe) Farbe allgemein kleines Molekularvolumen gegenüber den kompliziert gebauten dunklen Farbstoffen besitzt, macht er dann, um die Erscheinungen der Erythrophilie und Cyanophilie zu erklären, die weitere Hypothese, daß das Plasma kleinere Poren gegenüber dem weitporigen Kern besäße, Vorstellungen, die wohl entwicklungsfähig, aber ohne eigentliche zahlenmäßige Ausführungen noch ganz hypothetisch sind.

Wenn bei Färbungen mit einer Farbe aus konzentrierten Lösungen alles gleichmäßig angefärbt und dann durch ein Lösungsmittel ein Teil des Substrats wieder entfärbt wird, „regressive“ Färbungen, so haftet im allgemeinen der Farbstoff zuletzt an den dichtesten, resp. größten Zellelementen, so daß z. B. „basophile“ Kerngerüste mit gewissen dunkleren sauren Farben physikalisch echter gefärbt sind als alles andere. Das kann nach FISCHER ganz allgemein der Ausdruck dichterer Struktur sein oder wird nach der PAPPENHEIMschen Vorstellung bedingt durch die größeren Molekularinterstitien des Kernes. — Bei der ALTMANNschen Granulafärbung mit Säurefuchsin-Pikrinsäurealkohol wurde dies z. B. von FISCHER anschaulich demonstriert. Ebenso ist bei dem HEIDENHAINschen Eisenhämatoxylinverfahren, besonders zur Centrosomenfärbung, die aufeinanderfolgenden Entfärbungen der einzelnen Zellenelemente (folgende Reihenfolge wurde angegeben: Protoplasma, Linin, Lanthanin, Chromatin, Nucleolen, Centrosom) nur durch physikalische Eigenschaften bedingt, vermag aber für Hervorhebung und Festhaltung solcher geringer Dichtigkeitsdifferenzen hervorragende Dienste zu leisten. Umgekehrt braucht, wenn bei Färbung mit einer Farbe aus schwachen Lösungen gefärbt wird und der Färbeakt unterbrochen wird, „progressive Färbung", nicht, wie man annehmen könnte und es möglich ist, der intensiver gefärbte Teil der Zelle derjenige zu sein, der größere chemische Affinität zum Farbstoff besitzt, da ja das Lösungsmittel zugleich das Entfärbungsmittel darstellt, und man könnte sich zum Beispiel vorstellen (PAPPENHEIM), wie die Farbe mit kleinerem Molekularvolumen, ohne zu haften, leichter durch die weiteren Molekularinterstitien diffundieren könnte, während sie von den engeren festgehalten wird. So kann auch nicht zu mikrochemischen Schlüssen der Umstand veranlassen, daß sich der progressiv zuerst färbende Teil oft bei regressiver Färbung am spätesten entfärbt, da dies auch keineswegs immer geschieht (so färbt sich z. B. der Kern sehr schwer mit Indulin an und erweist sich nachher sogar glycerinecht). Es kann aber auch auf das Nichtvorhandensein chemischer Affinitäten durch leichtes Auswaschen im chemischen Entfärbungsmittel, z. B. angesäuerten Alkohol, nicht geschlossen werden, da ja der Grad der Zersetzlichkeit etwa gebildeter Eiweißfarbsalze nicht bekannt, wie sogar nicht aus leichter Auswaschbarkeit im physikalischen Lösungsmittel, wie z. B. das sicherlich mit dem Chromatin chemisch gebundene Methylgrün ganz besonders leicht mit Glycerin auswaschbar ist. — Ganz entsprechend den regressiven Färbungen mit einer Farbe ist auch den Succedanfärbungen mit zwei und mehr Farben im allgemeinen ein mikrochemischer Wert nicht zuzumessen. Bei der so häufig gebrauchten FLEMMINGschen Färbung ist es z. B., je nachdem zuerst mit Safranin oder Gentiana regressiv gefärbt wird, möglich, die Nucleolen und Kernteilungsfiguren rot oder blau zu färben, dann durch Nachfärbung mit dem anderen Farbstoff die übrigen dichteren Bestandteile entgegengesetzt zu färben, da die Molekularinterstitien der schon gefärbten Bestandteile verstopft und so der nachfolgenden Farbe der Eintritt verwehrt wird. Gibt auch diese Färbung bekanntlich strukturell besonders feine Nuancen, ist sie zu mikrochemischen Studien durchaus nicht verwertbar. — Bei der simultanen Färbung aus Gemischen zweier saurer und zweier basischer Farbstoffe (homogenen Gemischen) werden oft einzelne Zellstrukturen verschieden gefärbt. Es ist dies so zu erklären (FISCHER), daß jede Komponente eines Farbgemisches diffundiert mit der ihr eigentümlichen Diffusionsgeschwindigkeit und proportional ihrer Konzentration, wobei dann entweder der seiner Natur nach oder durch die höhere Konzentration schneller diffundierende Farbstoff die Granula schon gefärbt hat, wenn sie die langsam diffundierende Farbe erst mitfärbt oder wenn er von erheblich höherer Farbkraft (Deckkraft) die erste Farbe in ihnen überdeckt. So geschieht es z. B. bei der gebräuchlichen Methylgrünfuchsinfärbung.

Ähnlich wäre danach auch das früher durchaus als chemischer Vorgang angesehene AUERBACHsche Phänomen der Erytrophilie und Cyanophilie aufzufassen, daß sich nämlich aus einem rotblauen Gemisch zweier basischer Farbstoffe, wenn die Färbungen im richtigen Moment unterbrochen, progressiv behandelt werden, einerseits die Kerne cyanophil gegenüber dem erytrophilen Plasma, andrerseits die männlichen Sexualkerne cyanophil gegenüber den weiblichen erytrophilen verhalten. (Neben AUERBACH, ROSEN, SCHOTTLÄNDER für pflanzliche Organismen.) Es wäre dies also nur der Unterschied des dichter strukturierten gegenüber dem substanzärmeren Bestandteil (FISCHER). Nach der PAPPENHEIMschen Theorie wären die Kerne cyanophyl, färbten sich deshalb in dunklerer Farbe, weil sie weitporiger wären als die erytrophilen, und die Farbmoleküle höheren Molekularvolumens zurückbehalten könnten, z. B. Indulinfärbung der Kerne aus EHRLICHS Gemisch für eosinophile Granulation (Aurantia, Eosin, Indulin). In gleicher Weise wäre die erytrophile weitporiger als die xantophile Substanz. So meint er z. B., daß bei Bacillen, die sich aus einer Methylenblaufuchsinmischung rot färben, auf einen relativ engeren Bau geschlossen werden kann. Da es aber nach anderen Erfahrungen sehr wahrscheinlich ist, daß die männlichen Sexualkerne die gleiche Substanz enthalten wie die weiblichen und sie nur auf einen engeren Raum zusammengedrängt ist, ist nach dieser Theorie nicht einzusehen, wieso sich dann die ersteren gerade cyanophil, die letzteren erytrophil verhalten sollten, eine Überlegung, die in entsprechender Weise bei den cyanophilen generativen und erytrophylen vegetativen Pollenschlauchkernen anzustellen ist. Hat man so auch noch nicht über die physikalischen Voraussetzungen Klarheit gewonnen, stimmt man doch darin überein, daß solcher Kombinationsfärbung mit homogenen Gemischen chemische Bedeutung nicht beizulegen ist, sie jedoch für die Erschließung der allgemein physikalischen Konstitution von Bedeutung sein kann. Es würde danach also z. B. auch möglich sein, durch indifferente Vorbehandlung eine Veränderung der Cyanophilie und Erytrophilie zu erzielen. (Über Cyanophilie und Erytrophilie aus heterogenen Gemischen siehe nächsten Abschnitt.) Über die Metachromasie der Färbung gewisser Zellen und Zellbestandteile in anderen Nuancen, über deren chemische oder physikalische Deutung noch keine Klarheit gewonnen wurde, findet sich alles Wesentliche unter Mastzellen, und über die in Betracht kommenden Farben unter Metachromatie.

3) Färbungen und Färbungsdifferenzen, welche für mikrochemische Zwecke brauchbar sind. An eine einwandfreie mikrochemische Farbenreaktion ist theoretisch die Forderung zu stellen, daß ein chemisch individualisierter Körper ausschließlich durch die angewandten Farben gefärbt oder aber auch, daß alle Körper außer ihm die Farbe annehmen. Oder gibt man von vornherein zu, daß nur die mehr saure oder basische Natur des Körpers, oder besser Basen- und Säurenkapazität, entsprechend der sauerbasischen Natur des Eiweißes, zur Darstellung gebracht werden kann, müßte es Farben geben, welche nur Färbungen innerhalb eines bestimmten Intervalls der Acidität, resp. Basizität hervorriefen, oder es könnte Farben geben, welche metachromatisch durch ihre verschiedenen Nuancen den Grad der Acidität, resp. Basizität angeben. Für die metachromatisch färbenden Anilinfarben ist der Nachweis noch nicht gelungen. (Vgl. hingegen weiter unten über das Methylenazur.) Nicht ausgeschlossen wäre es auch mit Hilfe der „Indikatoren" (Methylorange, Lackmus, Phenolphthalein), der „Alkalimetrie" durch bestimmte Farbenänderungen nach der OSTWALDschen Theorie (1894) direkte Rückschlüsse nicht nur auf den Grad der Basizität, sondern auch auf „die Säurestärke" (Dissoziierung und Ionisierung) zu machen. Wir sind somit für die färbungsanalytischen Methoden auf Farben beschränkt, welche oberhalb oder unterhalb einer bestimmten Acidität oder Basizität des Substrats färben, und durch diese Färbungen somit nur imstande, über die Grenzwerte etwas Sicheres auszusagen. Aber auch diese Grenzwerte festzustellen, gestatten nur sehr wenige der bisher untersuchten Farbstoffe. Das oben erwähnte Resultat HEIDENHAINS, der makrochemisch zwischen gewöhnlichen Eiweißstoffen und Methylgrün keine Umsetzung, jedoch mit Nucleinsäure solche aus der Lösung ausfallende nucleinsaure Farbsalze erzielen konnte, haben in der mikroskopischen Technik schon seit längerer Zeit darin ihren Ausdruck gefunden, in dem Methylgrün einen spezifischen Farbstoff des Kerngerüsts, des Chromatins, resp. Nucleins zu sehen und ihn geradezu als dessen Reagens zu bezeichnen. Letzteres findet darin seine Berechtigung, daß in der Tat von allen in der Zelle vorkommenden Substanzen das Kernchromatin, dessen Nucleinnatur durch makrochemische und lösungsanalytische Untersuchungen dargetan, allein sauer genug ist, diesen ganz besonders konstituierten, schwer zer-

setzlichen Farbstoff zu dissoziieren und chemisch färberisch aufzunehmen (ebenso verhält sich das Casein, FISCHER, 98). Ist also nach den bisherigen Erfahrungen nur das Kernnuclein fähig, sich mit Methylgrün zu färben, wissen wir darum noch keineswegs, ob alles Nuclein sich mit Methylgrün färbt, sondern nur von einem Nuclein oberhalb einer gewissen Basenkapazität, und es ist nicht ohne weiteres zuzugeben, daß es kein Kernnuclein, von anderen in der Zelle sonst etwa vorkommenden Nucleoproteiden ganz abzusehen, unterhalb dieser Grenze gäbe, oder auch, daß diese Grenze einen wesentlichen chemischen Unterschied bedinge. In der Tat sind zwei vielleicht so zu deutende Tatsachen bekanntgegeben worden. Die Kerne der Ganglienzellen ebenso wie die der tierischen Eizelle (MOSSE, 02) und „das Chromatinkorn" der Malariaparasiten und anderer Protisten (PAPPENHEIM, 02) sind mit Methylgrün nicht zu färben, obgleich der Nucleingehalt zumal der ersteren Objekte als ziemlich sicher zu erachten ist. Ebenso verschmähen ja auch die stark nucleinhaltigen Bacterien Methylgrün. — Bei frischen Objekten wird zur Erzielung scharfer Bilder Methylgrün zweckmäßig in einer essigsauren Lösung 100 *g* Wasser—1 *g* reine konzentrierte Essigsäure angewandt. Es ist dabei nicht ohne weiteres ersichtlich, ob durch diesen Zusatz die Farbkraft entsprechend wie bei allen basischen Farben herabgesetzt werden soll oder ob die Nucleoproteide leichter ausfallen sollen, während die mannigfachen Eiweißkörper, nicht so sicher gefällt, oft in einem labilen Zustand zwischen Fällung und Wiederlösung sich befinden und deshalb nicht geeignete Adsorptionskräfte für die Färbung entfalten. — Umgekehrt wird durch Zusatz von 2 *ccm* einer konzentrierten wässerigen Boraxlösung auf 4 *ccm* 0,5%iges Methylgrün die Färbkraft des Methylgrüns so gesteigert, daß nunmehr alle Eiweißstoffe gefärbt werden. — Daß mit chemischen Beizen behandeltes Eiweiß, besonders mit Platinsalz, sich mit Methylgrün oft zu färben vermag, wurde schon erwähnt. — Durch Behandeln des Objektes mit 0,5%iger HCl wird anfänglich die Färbbarkeit des Nucleins erheblich gesteigert, während nach längerer Behandlung alles Plasma gefärbt wird. Zur Gegenfärbung gegen das Chromatin aus homogenen Gemischen ist Pyroninmethylgrün zu empfehlen (PAPPENHEIM, 02). — Während nun das Chromatin auch zugleich aus allen übrigen Farben, basischen und sauren, gefärbt wird (bedingt durch die Anwesenheit des „Oxychromatins" neben dem „Basichromatin" [HEIDENHAIN]), wird die reine Nucleinsäure durch keine sauren Farben gefärbt, besitzt also eine untere Grenze der Säurekapazität, die dem Nuclein fehlt. Die gleiche Grenze der völligen Unfärbbarkeit in sauren Farben ist auch für eine Reihe in der Zelle vorkommender Körper festgestellt worden. Da dieselben sich aber zugleich in allen basischen Farben außer dem Methylgrün färben, ist für sie zugleich eine obere Grenze ihrer Basenkapazität festgestellt. Es sind dies die Mastzellenkörner, das Protoplasma der Lymphocyten und Plasmazellen. Daß den ersteren vielleicht noch nebenbei ein besonderes chemisches Verhalten (gegen Rot aus Methylenblau) zukommt, soll weiterhin erwähnt werden.

Außer den EHRLICHschen, sogenannten eosinophilen Granulationen, welche gar nicht (PAPPENHEIM) oder wenigstens nur in konzentrierten Lösungen (FISCHER, 98) von basischen Farben gefärbt werden, lassen sich alle Zellbestandteile, die sich mit sauren Farben färben lassen, auch mehr oder weniger gut mit allen basischen färben, außer dem Methylgrün, wie Plastin, Astrosphäre, Plasmastrahlungen, Caryolinin = oxychromatischer Kernsaft. Daß Sphären- und Spindelreste keine Affinität mehr zu Bordeaux und Anilinblau haben sollen (PAPPENHEIM), mag hier Erwähnung finden. Die besondere Affinität des Viktoriablau, resp. Wasserblau zu elastischen Fasern (Methoden s. Collagen) wie des nahe verwandten Carminblau zum Ectoplasma, resp. Cuticularsubstanz wird erklärt durch den großen Komplex von Phenylgruppen, welche den basisch konstituierten Körpern ziemlich stark saure Eigenschaften verleihen (PAPPENHEIM), und ähnliche Gründe wirken vielleicht mit bei dem für das Elastin charakteristischen Orcein.

Haben so die Färbungen mit einzelnen Farben eigentlich nur in einem Falle eine mehr weniger Reaktionsfärbung (Methylgrün für Kernnuclein) und sonst nur sehr weite Grenzen für die Basen- und Säurenkapazität der einzelnen Stoffe geliefert, wird durch Färbung aus heterogenen, sauren und basischen, Farbgemischen die Möglichkeit viel feinerer Abstufung zur Erkennung der Acidität und Basizität geliefert, wenn auch hier die Fehlerquellen, die aus den gleichzeitigen, verschiedenen physikalischen Verhältnissen herrühren, in ähnlicher Weise, wie es für die homogenen Gemische geschildert, ungleich größer sind.

So ist z. B. der saure Farbstoff meist dem basischen gegenüber im Nachteil. Die verschiedene Granulagröße ist nicht außer acht zu lassen. So zeigten z. B. Säurefuchsinmethylenblau Albumosegranula in 1%iger Chromsäure gefällt, die sich eigentlich nur mit Säurefuchsin rot färben sollten, die kleinen Granula anfangs nur am Rande, später ganz blauviolett (FISCHER). (Möglicherweise auch der Farbstoff der neutralen Farbe s. u.)

Weiter ist der Einwurf FISCHERs nicht ganz außer acht zu lassen, daß die Kerne wohl eine schwache Abneigung gegen saure Farben besitzen, während sie von den basischen sofort gefärbt werden, daß aber die Färbung des Plasmas mit sauren Farben nur durch ihre schnellere Diffusionsfähigkeit zustande käme.

Viele von diesen Fehlerquellen lassen sich vermeiden, wenn man zu chemisch-elektiven Zwecken vor allen Dingen aus recht verdünnten wässerigen Lösungen färbt, was schon wegen der hohen Dissoziationskraft des Wassers Vorteile bietet. — Beim Zusammenbringen der Farbstoffe findet im allgemeinen eine chemische Verbindung, die Bildung eines neuen neutralen Farbstoffes, statt, der jedoch nur wasserlöslich ist, wenn der eine oder andere Farbstoff im geringen Überschuß vorhanden ist. Da der saure Farbstoff meist das schwächere Tinktionsvermögen besitzt, wird er meist im Überschuß zugesetzt, während z. B. bei der Methylenblaueosinmischung statt des besonders stark färbenden Eosins das basische Methylenblau im Überschuß vorhanden ist (PAPPENHEIM). So sind aus solchen Lösungen Färbungen mit drei Farbstoffen möglich: mit der Neutralfarbe und den im allgemeinen durch die Gewebe von ihm abgespaltenen ursprünglichen sauren und basischen Farbstoffen.

Wie sehr es aber bei solchen Mischungen auf die genaue Kenntnis der Farben ankommt, mag aus folgendem Beispiel ersichtlich sein (PAPPENHEIM): Mischt man eine konzentrierte Lösung von Methylenblau, dem salzsauren Salz einer schwefelhaltigen Farbbase, tropfenweise allmählich so weit mit einer konzentrierten Lösung von Säurefuchsin, dem Natronsalz der Rosanilinmonosulfosäure, bis der gebildete dichte Niederschlag des neutralen Farbstoffes eben wieder gelöst ist, wozu etwa 1 Vol. blauer und 5 Vol. roter Farblösung erforderlich sind, so bildet sich eine leicht lösliche triacide Verbindung des Methylenblau, bei der alle drei basischen Gruppen gesättigt sind; schon durch Überschuß von Wasser wird diese triacide Verbindung leicht in schwer lösliches monacides Methylenblau und die freie Rosanilinsulfosäure verwandelt. — In praktischer Hinsicht eignen sich zu solchen neutralen Gemischen von den Farbbasen nur diejenigen, welche die Ammoniumgruppen enthalten, wie Methylgrün, Methylenblau, Amethyst, Pyronin, Rhodamin etc., ungeeignet sind besonders Triphenylmethane (Fuchsin, Malachitgrün, Methylviolett, Vesuvin, Phosphin) und Indazine (Safranin, Neutralrot), von sauren Farbstoffen sind am besten geeignet möglichst stark diffundierende unechte und leicht lösliche Salze, Orangegelb, Narcein, Säurefuchsin. Von den übrigen kommt nur noch das Eosin in Betracht (PAPPENHEIM).

Aus solchen Gemischen reißen nun ganz allgemein die Kernnucleine, entsprechend ihrer voraussichtlich großen Basenkapazität, stets die sauren, das Plasma entsprechend etwa der HEIDENHAINschen Feststellung, daß die Säurekapazität des Serumalbumins größer als seine Basenkapazität, den sauren Farbstoff an sich. Methylenblausäurefuchsin je 0,1 *g* auf 100 *g* Wasser färbt das Kerngerüst (Spermatozoidenköpfe und Pflanzenzellen) blau, Plasma, Nucleolen (Spermatozoidenschwänze und Mittelstück) rot. Die Färbung ist nach 20stündiger Behandlung mit 0,3%iger Salzsäure und kurzem Auswaschen mit Wasser bei frischem und bei Alkoholmaterial viel intensiver, weil wahrscheinlich durch diese Behandlung Nucleinsäure selbst frei wird. — Nur wenn so das chemische Verhalten festgestellt, ist es angängig, etwa erst mit Methylenblau zu färben und dann zugleich mit Säurefuchsin eine saure Beize (Tannin) hinzuzufügen, wodurch meist nur die schwach basophilen Elemente verstärkt und nun das Methylenblau fester an ihnen haftet, während das übrige durch das Säurefuchsin gefärbt wird. Nicht zu empfehlen, um allgemeine Basizität, resp. Acidität eines Gewebes festzustellen, sind Gemische, welche als einzigen basischen Farbstoff nur das Methylgrün enthalten, wie z. B. das sonst sehr brauchbare EHRLICHsche Methylgrünorangesäurefuchsin oder in der BIONDIschen Modifikation, da ja damit nur Substanz von höchster Basenkapazität, nämlich wohl ausschließlich das Chromatin der Metazoen und Metaphyten festgestellt werden kann (PAPPENHEIM, MOSSE). Kann auch hier nicht auf die mehr klinischen Untersuchungen der einzelnen Zellengranulationen (siehe Blut, Blutparasiten und Mastzellen) eingegangen werden, muß doch auf die dabei in Erscheinung tretenden sogenannten neutrophilen Granulationen hingewiesen werden, die sich aus solchen Gemischen in der Farbe des Neutralstoffes färben und denen demnach wohl eine ziemlich gleichmäßige Säuren- und Basenkapazität zuzuschreiben ist. Ebenso das Chromatin der Nervenzellen (MOSSE). (Über den Zusammenhang der eosinophilen Granulationen mit ihrem Gehalt an basischem Histon vgl. KOSSEL, 94). Eine gewisse Beachtung hat in letzter Zeit zur Entscheidung mikrochemischer Fragen (NOCHTs Malariaplasmodien) die ROMANOWSKYsche Eosinmethylenblaumethode gefunden. Das hierbei zu verwendende Methylenblau muß schon enthalten (polychromes Methylenblau) oder es muß erst in ihm erzeugt werden: das Rot aus Methylenblau = Methylenazur, ein Farbstoff von bisher nicht aufgeklärter Konstitution. Das Neutralgemisch enthält also zwei Neufarben, Methylenblaueosin und Methylenazureosin. Mit Methylenazur färben sich nun mit großer Vorliebe elektiv besonders ausgezeichnete, sonst meist schwer färbbare basophile Substanzen, zumal die Kerngebilde der in diesem Gemisch sich blau färbenden Malariaplasmodien im Blute, weiter alle neutralen Granulationen, Mastzellenkörper, weiter Mucin und Pseudomucin, die degenierten „Nucleoide" und freie Blutplättchen. Dies wird vielleicht durch seine Konstitution bedingt, als Sulfonfarbstoff mit gewissen sauren Eigenschaften im Molekül. Alles das legt die Vermutung nahe, daß er als ein gutes Erkennungsmittel für Eiweißstoffe mit besonders schwacher Basen- und Säurekapazität dienen kann. Für Unterscheidungen von Eiweißstoffen mit starken Affinitäten zumal zur Unterscheidung zwischen Nuclein und Nichtnuclein scheint diese Färbemethode jedoch nicht geeignet zu sein. — Zu ihrer Differenzierung und zugleich zur Trennung schwacher basophiler und acidophiler Substanzen kann aber ein schon früher von EHRLICH empfohlenes Tracidgemisch dienen, das außer dem ausschließlich das Chromatin färbenden stark basischen Methylgrün einen schwächer basischen Farbstoff Pyronin und einen sauren Orange enthält. Mit ihm gelingt es außer dem Chromatin die verschiedenen acido- und basophilen Elemente des Plasmas und Zellkerns zu differenzieren. (PAPPENHEIM 1908.)

Laufen so auch, soweit bis jetzt zu sehen, die färbungsanalytischen mikrochemischen Reaktionen der Eiweißstoffe in der Zelle ausschließlich auf eine Feststellung saurer und basischer Affinitäten heraus, wird es vielleicht möglich sein, allein aus ihnen auch ohne Beziehung zum makrochemisch dargestellten Körper wichtige biochemische Folgerungen über die in der Zelle agierenden elektropositiven und negativen Kräfte abzuleiten.

Literatur: AUERBACH (Sitzungsber. Akad. Berlin 1890 u. 1891), BOGOMOLOW (Petersburg. Med. Wochenschr. 1894), FISCHER (Bau der Bacterien, Jena 1897), derselbe (Fixierung etc. des Protoplasma, Jena 1899), FLEMMING (Arch. Mikr. Anat., Bd. 18, 1880), GILSON (Brit. Assoc. Adv. Sc., Edinburgh 1892), HEIDENHAIN (Arch. Ges. Physiol., Bd. 90, 1902), derselbe (Plasma und Zelle, Jena 1907), HEINE (Zeitschr. Physiol. Chem., Bd. 21 u. 22, 1896), KOSSEL (Ebenda, Bd. 10, 1886), LILIENFELD (Arch. Anat. 1893), LILIENFELD und MONTI (Zeitschr. Physiol. Chem., Bd. 17, 1892), MACALLUM (Proc. Roy. Soc. London, Bd. 50, 1892), MALFATTI (Zeitschr. Physiol. Chem., Bd. 16, 1892), MAYER (Mitt. Zool. Stat. Neapel, Bd. 12, 1896), MIESCHER (Verh. Nat. Ges. Basel, Bd. 6, 1876), derselbe (Physiol. Untersuch. über d. Lachsmilch, Leipzig 1896), Mosse (Berlin. Klin. Wochenschr. 1902), derselbe (Festschr. Salkowski 1904), Pappenheim (Farbchemie, Berlin 1901), derselbe (Berlin. Klin. Wochenschr. 1902), derselbe (Fol. Haemat., Bd. 6, 1908), Pollacci (Malpighia, Bd. 8 u. 9, 1894), Raciborski (Bot. Zeitschr. 1893), Reinke (Unters. Bot. Inst. Göttingen. Bd. 2, 1881), Rosen (Cohns Beitr. Biol. Pflanz., Bd. 5, 1892), Schottländer (Ebenda, Bd. 6, 1894), Schwarz (Ebenda, Bd. 5, 1892), Tichomiroff (Zeitschr. Physiol. Chem., Bd. 9, 1885), van Wisselingh (Bot. Zeitschrift 1898, 1899 u. 1902), derselbe (Flora, Bd. 87, 1900), v. Wasielewski (Zeitschr. Wiss. Mikr., Bd. 16, 1898), Zacharias (Ber. Deutsch. Bot. Ges. 1893, 1896, 1898, 1901 u. 1902), derselbe (Abh. Nat. Ver. Hamburg, Bd. 16, 1900), Zimmermann (Morph. u. Physiol. d. Pflanzl. Zellkernes, Jena 1896), derselbe (Zeitschr. Wiss. Mikr., Bd. 12, 1896). *Magnus*, Berlin.

Zellmembrane, pflanzliche. 1. Membranstoffe. *a)* Cellulosenmembrane. Den Hauptbestandteil der meisten pflanzlichen Zellmembrane (mit Ausnahme der Pilze) bilden verschiedene unter dem Gesamtbegriff Cellulose zusammengefaßte Polysaccharide von der Formel $(C_{12}H_{20}O_{10})_x$. Ihr typisches Lösungsmittel ist Kupferoxydammoniak (Schweizers Reagens). Es wird am besten frisch hergestellt in fest schließendem Kolben, auf dessen Boden Kupferspäne gerade von konzentriertem Ammoniak bedeckt sind. Man läßt durch leichtes Neigen die Flüssigkeit wiederholt über die Späne fließen. (Ebenso kann ältere Flüssigkeit durch Gießen über Kupferspäne wieder aufgefrischt werden.) Die Flüssigkeit ist brauchbar, wenn sie Watte (ziemlich reine Cellulose) in kürzester Zeit löst. In dünnen, mit dieser Lösung behandelten Schnitten ist nach 3—4 Tagen (oft genügen auch 4—5 Stunden) alle Cellulose entfernt, außer daß sie noch in Spuren in den verholzten Zellwänden (s. unten) vorhanden ist. Man verdünne mit reinem Wasser oder wasche mit Ammoniak aus, wasche dann die nun leicht zerfallenden Schnitte aus mit (3—5%) essigsaurem Wasser, um alles Kupfersalz zu entfernen. Cellulosereaktion tritt nicht mehr ein. In konzentrierter Schwefelsäure löst sich die Cellulosemembran unter Verwandlung in Dextrose. Zur Darstellung der reinen Cellulose in den Zellwänden werden Schnitte in zugeschmolzenen Glasröhren im Ölbad entweder in Wasser auf 150° oder in Glycerin auf 300° erwärmt (Wisselingh 1898).

Werden nicht zu dünne Schnitte, möglichst aus stärkefreiem Gewebe, aus denen eventuell vorher das Protoplasma mit Javellescher Lauge entfernt war (dann gut auswaschen!), etwa 12 Stunden mit Kupferoxydammoniak behandelt, dann wiederholt in 10%iges Ammoniak übertragen, so entstehen im Innern der Zellen krystallähnliche Gebilde reiner Cellulose, die alle typischen Cellulosereaktionen aufweisen (Gilson, Strasburger).

Die Cellulosereaktionen sind: 1. das Verhalten gegen Jodreagenzien. Jodlösung färbt blau bis violett die durch Schwefelsäure, Phosphorsäure, Chlormetalle, unter Umständen auch durch konzentrierte alkoholische Kali- oder Natronlauge in Amyloid (Hydrocellulose) umgewandelte Cellulose. Man lege die zu untersuchenden Schnitte z. B. in Jodjodkalium und füge verdünnte Schwefelsäure 2:1 hinzu: intensive Blaufärbung. In dem am häufigsten gebrauchten, Cellulose violett färbenden Chlorzinkjod (s. Bd. 1, pag. 210) sind die beiden wirksamen Bestandteile vereint. Die Färbung ist in diesen Fällen nicht beständig. — Jodwasserstoffsäure rauchend färbt gleichfalls Cellulose, die Färbung bleibt beständig nach Zusatz von wenigen Tropfen jodierter Chlorcalciumlösung (Cutolo). Andere Jodreaktionen siehe bei Mangin 1888.

2. Färbung mit Azurfarbstoffen in saurem Bad, die immer am besten eintritt, wenn in den Schnitten die Cellulose durch konzentrierte Natron- oder Kalilauge in Hydrocellulose überführt wird und dann natürlich neutralisiert werden muß. Die wichtigsten Farben u. a. sind Orsellin B. B., Orseillerot A.

3. Im alkalischen Bad (u. a.) Congorot, Benzopurpurin, Brillantpurpurin. Congorot eignet sich besonders gut zur Färbung jugendlicher Cellulosemembrane; 24 Stunden in wässeriger Lösung (Mangin 1892, Strasburger). Hier jedoch wie bei den unterscheidenden Färbungen im folgenden ist zu betonen, daß, so wertvoll sie auch für Unterscheidungen und Nachweisungen im einzelnen, fast nie mit absoluter Sicherheit mikrochemische Schlüsse ziehen lassen, sowohl nicht aus der Farbenintensität auf die Quantität des Stoffes, noch überhaupt auf seine An-

wesenheit. So färbt z. B. das für Cellulose sehr charakteristische Congorot gereinigte Watte (fast reine Cellulose) schwächer, wie oft wenig cellulosehaltige Membranen und außer Cellulose unter Umständen auch Callose und Chitin (siehe unten) (WISSELINGH 1898, CHALON). Über Färbung der Cellulosefaser vergleiche auch unter Färbung Bd. 1, pag. 419.

In gleicher Weise wie gewöhnliche Cellulose verhält sich Reservecellulose, eine in Samen verbreitete, bei der Keimung sich auflösende Reservesubstanz, z. B. im Dattelendosperm (REISS, GRÜSS).

Alle gewöhnlichen nicht verholzten oder verkorkten Membrane enthalten neben der Cellulose eine zweite Gruppe wichtiger Stoffe, die Pektinverbindungen, die nach Entfernung der Cellulose durch Kupferoxydammoniak charakteristische Reaktionen geben, aber auch bei deren Anwesenheit den Membranen einige wichtige Reaktionen verleihen. Pektinstoffe lösen sich leicht nach vorhergehender Behandlung mit verdünnten Säuren in Alkalien.

So werden sie aus der Membran entfernt durch $^1/_2$stündiges Kochen in $2^0/_0$iger HCl, Auswaschen, dann langes Kochen in einer Lösung $2^0/_0$iger KOH und Auswaschen. Durch das Cellulose entfernende Kupferoxydammoniak werden alle Pektinverbindungen in Pektinsäuren verwandelt, die in Ammoniumoxalat lösbar sind. — Die Pektinverbindungen werden charakteristisch metachromatisch gefärbt im neutralen oder schwach angesäuerten Bad ($^1/_2$—$1^0/_0$ Essigsäure), hauptsächlich durch Safranin, Methylenblau, Bleu de nuit und krystallisiertes Naphtylenblau R. Während Safranin die plasmatischen Zellbestandteile, verholzte, verkorkte und cutinisierte Membranen kirschrot färbt, nehmen die Pektinverbindungen orangegelbe Färbung an. Methylenblau, Bleu de nuit färbt Pektin violett, während das übrige blau gefärbt wird, besonders scharf bei Naphtalinlicht (vgl. Metachromasie). Gefärbte Pektinverbindungen werden durch Alkohol, Glycerin oder Essigsäure schnell entfärbt, während die übrigen Zellbestandteile den Farbstoff fester halten. Hingegen ist unlöslich in Alkohol, Glycerin und Nelkenöl, also für Dauerpräparate sehr geeignet, das in Wasser lösliche prächtig rote Rutheniumrot (ammonikalisches Rutheniumsesquichlorid), welches ausschließlich pektinhaltige Membran intensiv färbt (vgl. TOBLER), ebenso die von Pektinverbindungen abstammenden Schleime, wie die der Malvaceen und Amygdaleen, Kirschgummi (s. Schleime, pflanzliche). Auch im neutralen Bad nicht Pektinstoffe, wohl aber verholzte oder verkorkte Membrane färben Säuregrün, Säurebraun usw., während Orseillerot A, Naphtolschwarz, Congorot Cellulose, aber nicht Pektin färben und sich so zu Doppelfärbungen eignen (s. auch unten) (MANGIN, 1890 und 1893, STRASBURGER). Der Gehalt der Zellmembran an Pektinstoffen bedingt auch ihre starke Anziehungskraft für Hämatoxylin, etwa Böhmer und Delafield, im Gegensatz zu den verholzten oder verkorkten Membranen, die ungefärbt oder schwach gefärbt bleiben, ebenso wie die unbehöften Membrantüpfel parenchymatischer Gewebe, die sich so sehr scharf von der übrigen Membran absetzen. Ebenso bedingt der Pektingehalt des Schließhauttorus der Hoftüpfel ihre intensive Färbung 1. in Hämatoxylin, 2. in Rutheniumrot (ZIMMERMANN, DIPPEL).

Hauptsächlich aus Pektinstoffen, anfänglich Pektinsäuren, später meist Kaliumpektat, besteht die Mittellamelle (Intercellularsubstanz) der Zellwände. Sie färbt sich mit den genannten Farbstoffen (zumal Rutheniumrot und Methylenblau zu empfehlen) gleich nach ihrem Auftreten (durch Spaltung der primären Wände) im Meristem, Calciumpektat wird zu ihrem Nachweis zweckmäßig in Pektinsäure verwandelt, indem durch Behandlung mit Salzsäure und Alkohol (1 : 3) etwa 24 Stunden der Kalk in Chlorcalcium übergeführt wird. Nach Entfernung der Pektinsäure durch Ammoniumoxalat (oder auch Ammoniak) (s. oben) trennen sich die Zellen leicht von einander (s. Macerationsverfahren pflanzlicher Gewebe) (E. ALLEN).

b) Verholzung. Wasserleitende Zellen (Tracheen, Tracheiden) und mechanische (Bast- und Steinzellen) sind oft in Kupferoxydammoniak unlöslich, dagegen löslich in konzentrierter Schwefel- und Chromsäure und Kalilauge und geben mit Jod usw. keine Reaktion. Sie werden als verholzt bezeichnet. Sie entstehen immer aus Cellulosemembran und können verholzt noch bis 60% Cellulose besitzen, die leicht nach Entfernung der Verholzung durch SCHULZsches Macerationsgemisch (s. Macerationsverfahren) oder JAVELLEsche Lauge (s. Aufhellung pflanzlicher Gewebe) nachgewiesen wird. Der die Unlöslichkeit in Kupferoxydammoniak bewirkende, bis jetzt hypothetische Stoff wird Lignin genannt. Verholzte Membranen weisen hauptsächlich mit Phenolen und freien Säuren einige charakteristische Farbenreaktionen auf. Durch Phloroglucin und HCl werden sie rot gefärbt: Dünne Schnitte werden mit Alkohol, in dem ein Körnchen Phloroglucin gelöst, dann mit HCl behandelt. Anilinsulfat (1%) und H_2SO_4 (ein Tropfen) färben sie intensiv gelb. Während diese Reaktionen bei Licht nicht haltbar, hält sich in Glyceringelatine oder Canadabalsam die Gelbfärbung mit Thalliumsulfat. Alkoholgehärtete Schnitte werden in einer frisch bereiteten konzentrierten Lösung 1 Vol. Thalliumsulfat + 1 Vol. H_2O + 1 Vol. absoluten Alkohol gefärbt (HEGLER). Unwichtiger: Indol und HCl kirschrot, Scatol und HCl violett (Fichtenspanreaktion der physiologischen Chemie). (Zur Demonstration: gewöhnliches holziges Zeitungspapier im Gegensatz zum holzfreien feinen Schreibpapier. WIESNER, ZIMMERMANN.) Diese Reaktionen werden bedingt durch die Anwesenheit eines Aldehyds, das aber nicht das das Holz gleichfalls konstant begleitende Vanillin, resp. ihr Glycosid (Coniferin, Abietin) ist. Die chromogene Substanz ist vielmehr das Hadromal, das mit der Cellulose wahrscheinlich eine chemische Verbindung, Hadromalcellulose, eingeht (CZAPEK). Da nach Zerstörung dieses Aldehyds durch Hydroxylamin (1/4—1 Stunde) die oben genannten Reaktionen nicht mehr eintreten, die Unlöslichkeit aber bleibt, ist das Aldehyd nicht der verholzende Stoff. So behandelte Membranen, natürlich ebenso wie nicht vorbehandelte, geben aber eine sehr charakteristische Reaktion mit übermangansaurem Kali. Nach 2—8 Minuten langer Behandlung mit 1%iger wässeriger Lösung, oberflächlichem Auswaschen in Wasser, Entfärben mit verdünntem HCl etwa 2 Minuten lang, werden nur die verholzten Elemente in Ammoniak schön weinrot, während die übrigen Zellen gelb bleiben (bei Dicotylen, resp. Coniferenholz dunkelbraungelb, während die übrigen Zellen weiß bleiben). Die Reaktion ist besonders scharf, da durch sie die plasmatischen Inhaltsgebilde zerstört werden (MÄULE).

MILLONsches Reagenz gibt Reaktionen, wie auch bei anderen Membranen, so namentlich bei den verholzten (besonders stark bei denen der Bromeliaceen), dies ist aber nicht einem Eiweiß- oder Plasmagehalt, sondern dem Tyrosin zuzuschreiben (CORRENS). Jodreagenzien färben die verholzten Membranen gelb. Über Gerbstoffgehalt nicht leitungsfähiger Holzzellen vgl. Gerbstoffe in Pflanzen.

Im Gegensatz zu den unverholzten Membranen nehmen die verholzten Membranen einige Farben an, resp. färben sich mit anderen Farbentönen. Es sind dieselben Farben, welche in der Färberei Wolle und Seide subjektiv, also ohne Hilfe von Beizen färben (VINASSA).

Von vielen charakteristischen Färbungen sind doch nur wenige haltbar. In wässeriger Fuchsinlösung (oder Säurefuchsin) werden Schnitte über eine Viertelstunde gefärbt, in Pikrinsäurelösung (ALTMANN) (1 Teil konzentrierte Pikrinsäure, 2 Teile Wasser mit Alkohol) gründlich ausgewaschen. — Anilinwassersafranin (1/2 konzentriert Safranin alkohollöslich + 1/2 Anilinwasser) färbt die verholzten Membranen kirschrot. Letztere in Säurealkohol leicht zu entfärben, während die verkorkten Wände gelbrot gefärbt bleiben. Auch Methylgrün gibt, wenn auch nicht so haltbare, doch sehr schnell charakteristische grünblaue Farbentöne. In Doppelfärbungen zur Andersfärbung der unverholzten Membran ist Methylgrün mit Hämatoxylin oder Rutheniumrot (s. oben) vorteilhaft zu kombinieren, während mit Safranin noch Methylblau, Berlinerblau (1 Stunde Färbung, Auswaschen mit Alkohol) empfohlen werden. Eine schöne Doppelfärbung gibt auch Solidgrün (verholzte) und Deltapurpurin (unverholzte Membran) (ZIMMERMANN, STRASBURGER).

c) Die verkorkten Membranen sind wie die verholzten in Kupferoxydammoniak unlöslich, aber gleichfalls unlöslich in konzentrierter Schwefel- und Chromsäure und Kalilauge; letztere färbt sie in der Kälte gelb, während in der Hitze zusammenhängende gelbe Tropfen entstehen. Im einzelnen wird unterschieden zwischen den eigentlich verkorkten Suberinlamellen der Wände (Demonstrationsobjekt: Flaschenkork von Quercus) und den cuticularisierten der Cuticula (Demonstrationsobjekt: Querschnitt durch das Blatt von Clivia nobilis oder Chlorophytum), die jedoch nur wenig differieren, nur daß letztere sich im allgemeinen schwächer färbt (WISSELINGH 1895). Der der Membran eingelagerte und die Verkorkung bedingende Stoff, das Suberin, resp. Cutin ist ein fettartiger Körper. So wird auch die Membran durch Osmiumsäure dunkel gebräunt bis geschwärzt, sie färbt sich intensiv, wenn auch langsam in Alkannatinktur (s. Öle, pflanzliche). So erklärt sich auch ihre charakteristische Färbung mit Chlorophyllfarbstoff (siehe Chromatophorenfarbstoffe der Pflanzen), während alle übrigen Zellwände ebenso wie in Alkannin ungefärbt bleiben.

Konzentrierte alkoholische Chlorophyllösung wird am besten hergestellt durch Zerreiben kleingeschnittener Blätter (Gras) mit Sand, dann läßt man absetzen und gießt ab. In durchscheinendem Licht ist die Lösung dunkelgrün, in auffallendem dunkelrot, sie ist im Dunkeln in fest verschlossenen Gläsern aufzubewahren und hält sich auch dann nicht lange. Zur Färbung genügt meist $^1/_2$ Stunde. Gewisse Vorteile (längere Haltbarkeit, schnellere und differente Färbung) bietet das Prodigiosin: Färbung 10 Minuten, Auswaschen in 95%igem Alkohol, Konservieren in Glyceringelatine oder Canadabalsam. Darstellung: Kulturen von Bacterium prodigiosum LEHM et NEM. (Bacillum prodigiosum FLÜGGE), käuflich bei KRAL in Prag, wird auf Kartoffelscheiben bei 25° 4—5 Tage kultiviert, die reichlichen Bacterienmassen in wenig 95%igen Alkohol gebracht und filtriert (ROSENBERG).

Gegen Anilinfarben verhalten sich verkorkte Zellen ähnlich den verholzten, färben sich jedoch öfters etwas schwerer und in anderen Tönen, z. B. in dem sehr empfehlenswerten Anilinwassersafranin (s. oben). — Sudan III färbt nur verkorkte stark, verholzte nicht oder sehr schwach, Cellulose gar nicht (BUSCALIONI). Ähnlich verhält sich Scharlach R (KROEMER).

d) Callose (= Callus). Als typischer Belag älterer Siebtüpfel, aber vielfach auch sonst verbreitet (Pollenschläuche, Pilzhyphen) findet sich die Callose, die unlöslich in Wasser, Alkohol, Kupferoxydammoniak, sich leicht in 1%igem Ätznatron oder Kali löst und durch starke Tinktionsfähigkeit gegen Corallin (Rosolsäure) und Anilinblau ausgezeichnet ist. Corallin wird zu 1% in einer cca. 30%igen Sodalösung angewandt. Anilinblau in verdünnter wässeriger Lösung. Beide werden in Glycerin differenziert, erstere kann auch vorher bei Überfärbung (nach ZIMMERMANN) in 4%iger Sodalösung ausgewaschen werden. Der eiweißhaltige Inhalt der Siebröhren wird, gegenüber dem Blau, zweckentsprechend mit Eosin gefärbt (s. Eiweißstoffe der Pflanzenzelle und Siebröhren).

e) Chitin. Viele Pilzmembranen und die Zellwände der Cyanophycaeen (Blaualgen) zeigen hohe Resistenz gegen Kupferoxydammoniak, Alkalien und Säuren und keine Cellulosereaktion mit Jodreagenzien. Dies wird von einigen Autoren der Anwesenheit von Chitin (oder chitinähnlicher Substanz) zugeschrieben. Zu seinem Nachweis werden die zu untersuchenden Hyphen in zugeschmolzenen Glasröhren in konzentrierter Kalilauge im Ölbad auf 160° erhitzt, nach Abkühlung untersucht in 90%igem Alkohol. Das Chitin ist dann in Mycosin überführt, das mit Jodjodkalium und sehr verdünnter Schwefelsäure rotviolett, mit Chlorzinkjod blauviolett gefärbt wird. Es ist löslich in $2^1/_2$%iger Salzsäure. Es färbt sich in Brillantblau in saurer, in Congorot in ammoniakalischer Lösung (WISSELINGH 1898, HEGLER 1901).

f) Die verschleimten Membranen in allen Übergängen von fester Konsistenz zu eigentlichem Schleim zeigen das Verhalten der festen Membranstoffe. Näheres s. Schleime, pflanzliche.

g) Die Zellwände der Laubmoose geben erst Cellulosereaktion nach Kochen mit Kalilauge, aber meist Reaktion mit MILLONs Reagens, bedingt durch Sphagnol, einen phenolähnlichem Körper (CZAPEK). — Auch in den Zellwänden der Peridineen scheint die Cellulose mit einem anderen Stoff imprägniert zu sein, da sie erst nach längerer Einwirkung von Schwefelsäure Reaktionen geben (SCHÜTT).

h) Anorganische Stoffe sind häufig älteren Membranen eingelagert, wie sie z. B. als Silikat einen Hauptbestandteil der Diatomeenschalen bilden. (Vgl. Diatomeen.) Sie werden sichtbar gemacht durch Veraschung auf dem Platinblech.

2. Membranwachstum. Zum Aufschluß über die Art der Bildung und des Wachstums der Membran lassen sich in einigen Fällen durch Farbstoffeinlagerungen bei lebenden Zellen Aufschlüsse erzielen. Die sich um isolierte Plasmaballen zerschnittener Vaucheriafäden bildenden Membrane werden in 1%iger Rohrzuckerlösung mit 0,01% Congorot im Entstehen scharf gefärbt, ebenso wie sich bei anderen Algen, in der gleichen Flüssigkeit kultiviert, die neugebildeten Schichten scharf gegen die alten abheben (KLEBS). — Bei Wurzelhaaren von Lepidiumkeimlingen, die ¼—½ Stunde in gleiche Lösung gebracht, dann im Dunkeln weiter kultiviert werden, entreißen die älteren den neu entstehenden Schichten den Farbstoff (ZACHARIAS). Umgekehrt werden bei folgendem Verfahren die älteren Membranen gefärbt, während die neugebildeten farblos bleiben: Von der im Mittelmeer sehr verbreiteten Siphonee Caulerpa werden kräftige Sprosse für sehr kurze Zeit in ein Gemisch von Seewasser und Süßwasser 1 : 2 getaucht, dem so viel Ferrocyankalium zugesetzt ist, daß die Lösung das spezifische Gewicht des Seewassers besitzt. Dann werden sie rasch in reinem Seewasser abgespült und für ½—2 Sekunden in ein See- und Süßwassergemisch 2 : 1 gebracht, dem einige Tropfen Eisenchlorid zugesetzt sind. In der Membran entsteht ein Niederschlag von Berlinerblau. (Ähnlich kann auch durch Ferrocyankalium und milchsaures Eisenoxydul TURNBULLS Blau hervorgerufen werden.) Wächst nun die Alge unter günstigen Bedingungen weiter, werden farblose den gefärbten Schichten apponiert (NOLL). — Zur Untersuchung der ersten Bildung der Membran bei der Teilung durch Spaltung der Verbindungsfasern eignet sich am besten in FLEMMINGscher Flüssigkeit fixiertes und in FLEMMINGschem Dreifarbengemisch gefärbtes Material (s. Kernteilung, pflanzliche). Auch die Entstehung neuer Lamellen in ihrem Verhältnis zum Plasma, die Bildung von Verdickungen, Membranbildung im Zellinnern usw. werden durch FLEMMINGsche Färbung sehr klar zum Ausdruck gebracht, indem der bräunliche Ton des Plasmas sich scharf von dem bläulichen „aktivierten Filarplasma" und dem Blau der jungen Cellulosemembran abhebt, während durch das Safranin die verschiedenen Qualitäten der Membran gut differenziert werden. Zur Fixierung solcher älteren Partien verdient jedoch Alkoholfixierung gegenüber der FLEMMINGschen, die oft ein gewisses Verquellen hervorruft, den Vorzug (STRASBURGER 1898).

3. Membranstruktur. Die feinere Struktur der Membran, die Streifungen und Querlamellierungen können durch verschiedene Ursachen bedingt sein. Handelt es sich nur um eine Skulptur, so wird dieselbe schärfer hervortreten, je differenter der Brechungsexponent des Untersuchungsmediums ist; je ähnlicher er ist, desto mehr werden sie verschwinden. Ein Medium von ziemlich gleichem Brechungsindex, wie Cellulose $^{n}D = 1{,}05$, ist Natriumsalicylat mit Nelkenöl. Darstellung: Setzt man zu 6 Tropfen Salicylat tropfenweise Nelkenöl hinzu, tritt etwa beim 20. Tropfen Trübung ein, die durch 1 Tropfen Salicylat wieder beseitigt wird (LENZ). Weiter wird es wenig Unterschied machen, ob die Objekte feucht oder trocken zur Beobachtung gelangen. Beruht die Membranstruktur dagegen auf ungleichem Wassergehalt der Schichten, so wird sie beim Austrocknen (bei 50—100°) mehr oder weniger verschwinden. Weiter speichern aus getrocknetem Zustand die wasserreichen Schichten mehr in Flüssigkeit gelöste Salze, die dann in einen gefärbten Niederschlag verwandelt werden können. So läßt man die ausgetrockneten Objekte für wenige Minuten mit 10%iger Lösung von Ferrocyankalium imbibieren, trocknet sie oberflächlich ab und taucht sie in Eisenchlorid-

lösung. Es entsteht Berlinerblau. Ebenso läßt sich durch Eintragen der Objekte in 2—5%ige Lösung von Silbernitrat, Übertragen in physiologische Kochsalzlösung und Belichten ein Niederschlag von Chlorsilber erzeugen. Für beide Methoden werden Bastfasern von Vinca und Nerium empfohlen. Schließlich können die Membrandifferenzierungen auch auf chemischen Unterschieden beruhen, die dann beim Austrocknen in gleicher Weise zu beobachten sein müssen. Hier werden dann auch geeignete Färbungen (s. oben) die Unterschiede noch deutlicher hervortreten lassen. In einigen Fällen ist Methylenblau oder Hämatoxylin besonders geeignet (CORRENS 1892).

Viel bestritten wird die Zuverlässigkeit der interessanten Methode WIESNERS, die vegetabilische Membran in feinste Strukturbestandteile: „Dermatosom" zu zerlegen, das „Zerstäubungsverfahren". Geeignete Objekte, z. B. Leinenfasern, werden für 14 Stunden in 1%ige Salzsäure gelegt, abgetrocknet und auf 50—60° erwärmt. Die Faser zerfällt dann schon nach leichtem Druck (WIESNER 1886).

Alle pflanzlichen Membrane sind doppelbrechend (vgl. Polarisationsmikroskop).

Literatur: ALLEN (Bot. Gazz., Bd. 32, 1901). BUSCALIONI (Bot. Centralbl., Bd. 76, 1898), CHALON (Bull. d. Soc. Roy. Bot. Belge. Bd. 37, 1898), CORRENS (Jhb. Wiss. Bot., Bd. 27, 1894), derselbe (Ebenda. Bd. 23, 1892), CUTOLO (L'orosi, 1897), CZAPEK (Zeitschr. Physiol. Chem., Bd. 28, 1899), derselbe (Flora, Bd. 86, 1899). DIPPEL (Das Mikroskop, Bd. 2, 2. Aufl., 1896), GILSON (La Cellule, Bd. 9, 1893), GRÜSS (Bibl. Bot., Bd. 39), HEGLER (Flora 1896), derselbe (Jhb. Wiss. Bot., Bd. 36, 1901), KLEBS (Untersuchungen des botanischen Institutes Tübingen, Bd. 2, 1887), KROEMER (Bibl. Bot., Bd. 59. 1903). LENZ (Zeitschr. Wiss. Bot., Bd. 11), MANGIN (Bull. de le Soc. Bot. de France, Bd. 35, 1888, ref. Zeitschr. Wiss. Mikr., Bd. 6), derselbe (Journ. Bot., 1892). derselbe (C. R. Ac. Sc. Paris. T. 111. Bd. 2, 1890, ref. Zeitschr. Wiss. Mikr., Bd. 7), derselbe (C. R. Ac. Sc. Paris. T. 116. 1893), MÄULE (Beitr. Wiss. Bot. v. FÜNFSTÜCK. 1901), NOLL (Abhandlung der Senckenberg. Naturforscher-Gesellschaft, Bd. 15, 1887). REISS (Landwirtsch. Jhb., Bd. 23. 1889), ROSENBERG (Zeitschr. Wiss. Mikr., Bd. 15, 1898). SCHÜTT (Bot. Zeitschr., Bd. 88. 1900), STRASBURGER (Gr. Bot. Prakt., Jena 1902), derselbe (Jhb. Wiss. Bot., Bd. 31. 1898), TOBLER (Zeitschr. Wiss. Mikr., Bd. 23. 1906). VINASSA (Zeitschr. Wiss. Mikr., Bd. 8, 1892). WIESNER (Sitzungsber. Ak. Wiss. Wien, Bd. 77, 1. 1878), derselbe (Ebenda. Bd. 93, 1. 1886), v. WISSELINGH (Jhb. Wiss. Bot., Bd. 31, 1898). derselbe (Arch. Nederl., Bd. 28. 1895). ZACHARIAS (Flora 1891). ZIMMERMANN (Zeitschr. Wiss. Mikr., Bd. 4, 1887), derselbe (Bot. Mikrotechn., Tübingen 1892).

Magnus, Berlin.

Zellsaftreaktionen siehe: Vitalfärbung pflanzlicher Zellen.
Zerstäubungsmethode siehe: Zellmembrane, pflanzliche.
Zimtöl siehe: Cassiaöl.

Zink. In den Geweben der Wirbeltiere findet sich Zink normalerweise wohl nur in ganz minimalen Spuren in der Leber, dagegen scheint es bei Wirbellosen nach den Untersuchungen von BRADLEY weiter verbreitet zu sein. Zu seinem mikrochemischen Nachweis behandeln MENDEL und BRADLEY die Schnitte 15 Minuten lang bei 50° mit einer 10%igen Lösung von Nitroprussidnatrium, waschen dann 15 Minuten in fließendem Wasser und übertragen in Kaliumsulfidlösung. Die zinkhaltigen Stellen färben sich vorübergehend rot.

Literatur: BRADLEY (Science, Bd. 19, 1904), MENDEL u. BRADLEY (Amer. Journ. Physiol., Bd. 14, 1905).

Zinkchlorid, Chlorzink, Zinkbutter, Zincum chloratum, $ZnCl_2$, bildet eine weiße, bröckelige, hygroskopische Masse. Es ist in dem dritten Teil seines Gewichtes Wasser und in gleichen Teilen Alkohol löslich mit stark saurer Reaktion.

Das Chlorzink hat früher in der makroskopischen Anatomie in ausgedehntem Maße zum Härten von Gehirnen in wässeriger Lösung gedient und wird auch heute noch zu diesem Zweck hie und da benutzt. Für mikroskopische Untersuchungen sind derartige Präparate absolut untauglich. Nur ganz vereinzelt wird das Chlorzink in der Mikrotechnik noch angewandt, so setzt FISH zu einem 2,5%igen Formol 0,75% Chlorzink und 1% Kochsalz zu und empfiehlt diese

Mischung zum Härten von Gehirnen. MAGINI ersetzt in der Golgimethode das Silbernitrat durch 0,1—1%ige Chlorzinklösung und will damit bessere Erfolge erzielt haben. GILSON empfiehlt zur Fixation der Spinndrüsen von Schmetterlingen eine Mischung von 5 *ccm* Eisessig, 5 *ccm* Salpetersäure, 20 *g* Chlorzink, 100 *ccm* Alkohol (80%) und 300 Teilen Wasser. (S. auch Chlorzinkjod.)

Literatur: FISH (Trans. Amer. Micr. Soc., Bd. 17, 1896), MAGINI (Bull. Ac. Med. Roma 1886), GILSON (Cellule, Bd. 6, 1890).

Zinkchromat siehe: Chromsaure Salze.

Zinkjodat, ZnJ_2, farblose, hygroskopische Krystalle, die in Wasser und Alkohol leicht löslich sind.

Durch Lösung von Zinkjodat in Glycerin erzielt man ein Einschlußmittel vom Brechungsindex 1,56.

Zinksulfat, Zinkvitriol, weißer Vitriol, Zincum sulfuricum, $ZnSO_4 + 7 H_2O$, bildet farblose, rhombische Säulen, welche in Wasser bei 20° zu 161,5% löslich, in absolutem Alkohol fast unlöslich sind. Die wässerige Lösung reagiert sauer.

Über die Verwendung des Zinksulfats als Fixiermittel vgl. Bd. 1, pag. 800.

Zinkweiß, Zinkoxyd, Zincum oxydatum venale, ZnO, weißes Pulver, in Wasser unlöslich, löslich in verdünnten Säuren. In der Technik wird es als Malerfarbe, in der Medizin zur Herstellung von Salben in ausgedehntem Maße benutzt.

Der als Zinkweißlack bezeichnete Deckglaskitt wird so hergestellt, daß man 28 *g* Dammarharz mit 28 *ccm* Benzol und 2 *g* Zinkweiß mit 2 *ccm* Benzol gut verreibt, dann gibt man die Hälfte der ersten Mischung tropfenweise zur zweiten, filtriert durch Nesseltuch und verdünnt mit Benzol. Einen guten Kitt zum Verschluß von Präparatengläsern erhält man nach DE GROOT folgendermaßen. In einer Porzellanschale werden 8 *g* Zinkweiß mit 2 *ccm* Wasser verrieben, dann 28 *ccm* Wasser und 4 *g* zerkleinerte Gelatine zugegeben und schwach bis zur Lösung erwärmt. Der Kitt wird warm mit dem Pinsel aufgetragen und die vorher erwärmte Platte aufgedrückt. Vor 2 Stunden (so lange braucht der Kitt ungefähr zum Trocknen) darf der Alkohol des Präparates den Kitt nicht benetzen. Sollen die Gläser geöffnet werden, so wird der Kitt einfach mit Wasser aufgeweicht.

Zinnchlorid, $SnCl_4$, Stannichlorid, Doppeltchlorzinn wird erhalten durch Erhitzen von Stanniol im Chlorstrom. Farblose, stark rauchende Flüssigkeit, die sich mit Wasser zu löslichen Hydraten verbindet. In dieser Form kommt es mit 5 Molekülen Wasser in den Handel als monokline farblose Prismen. Ihre wässerige Lösung zersetzt sich beim Kochen unter Bildung von Stannihydroxyd. Zinnchlorid wird in großem Maßstabe in der technischen Färberei zum Beizen von Baumwolle und Leinen gebraucht, und zwar meist nach Vorbeizung in Tannin, welches das Zinnsalz auf der Faser befestigt. Von Farbstoffen eignen sich für diese Behandlung hauptsächlich Blauholz, Gelbholz und basische Anilinfarben. Auch für Seide wird Zinnchlorid in großen Mengen benutzt zum Beschweren. Sie wird zunächst mit Zinnchloridlösung und dann mit einer Lösung von Natriumphosphat behandelt, wobei wahrscheinlich ein unlösliches basisches Salz entsteht.

Zinn-Ammoniumchlorid, $SnCl_4 + 2 NH_4Cl$, farblose Octaeder, die sich zu ungefähr 30% in Wasser lösen. Das Salz wurde früher unter dem Namen Pinksalz zum Beschweren, Pinken, der Seide benutzt. Jetzt ist es durch das Zinnchlorid fast völlig verdrängt.

DONAGGIO gießt eine 1%ige Hämatoxylinlösung in die gleiche Menge 20%ige Pinksalzlösung und färbt in diesem Gemisch Schnitte von Kaliumbichromatmaterial. Differenzieren nach PAL. BESTA fixiert Nervengewebe in einer Lösung von 4 *g* Pinksalz in 25 *ccm* Formalin und 100 *ccm* Wasser.

Zinnchlorür, Stannochlorid, Stannum chloratum crystallisatum, $SnCl_2 + 2H_2O$, entsteht durch Lösung von Zinn in konzentrierter Salzsäure und stellt farblose Prismen dar, die sich an der Luft bald zersetzen. Es ist in salzsäurehaltigem Wasser und Alkohol leicht löslich. Zinnchlorür vermag sehr energisch Sauerstoff aufzunehmen unter Bildung von Zinnchlorid und Zinnoxydchlorür.

Das Zinnchlorür spielt unter dem Namen Zinnsalz eine große Rolle als Beize in der praktischen Färberei, weniger für sich allein als in Verbindung mit anderen Beizen (Weinstein, Oxalsäure), um den damit erzeugten Farblacken ein feurigeres Aussehen zu geben. Seine Hauptverwendung findet es in der Färberei mit Cochenille und Katechu.

In der Mikrotechnik hat das Zinnchlorür bis jetzt hauptsächlich Verwendung als Reduktionsmittel für Metallimprägnationen gefunden.

Zinnfolie, dünn ausgewalztes Zinn, wie es zur Herstellung von Farbtuben und ähnlichem dient, ist von LIEBREICH empfohlen worden an Stelle von Klemmleber, um frische Organstücke einzuhüllen und zu schneiden. Die Zinnfolie soll sich dabei sehr leicht mitschneiden, ohne Schaden für das Messer.

Zinnober, Mercurisulfid, Hydrargyrum sulfuratum rubrum, HgS, findet sich entweder in der Natur oder wird aus Quecksilber, Schwefelblumen und Kalilauge dargestellt und bildet ein scharlachrotes Pulver, das in Wasser und Alkohol völlig unlöslich ist.

In der Mikrotechnik dient der Zinnober zur Herstellung roter, opaker Injektionsmassen.

Zucker in pflanzlichen Geweben. Traubenzucker, Glycose, Dextrose (z. B. Fruchtfleisch der Birne), wird noch am besten in seiner reduzierenden Wirkung auf FEHLINGsche Lösung erkannt, wenn auch bekanntlich eine große Anzahl anderer Stoffe, Phloroglucin, Aesculin, Gerbsäure etc. gleich reduzierend wirken. Folgende Methode ist empfehlenswert: Die Schnitte werden für einige Zeit in konzentrierte wässerige Kupferlösung gelegt, mit destilliertem Wasser abgespült und in eine siedende Lösung von Seignettesalz (weinsaures Kalinatrondoppelsalz) und Kalilauge je 10 *g* in 10 *g* Wasser getaucht (MEYER). Die zuckerführenden Zellen enthalten dann einen dichten roten Niederschlag des reduzierten Kupferoxyduls. Die optimale Dauer der Einwirkung der einzelnen Reagenzien wechselt mit dem Objekt. Bei dicken Objekten wird das Eindringen der Kupferlösung durch Anwendung der Luftpumpe beschleunigt (ROSING). Soll zu starke Erhitzung vermieden werden, können die Schnitte auch auf dem Objektträger in folgender Mischung bis zur Blasenbildung erhitzt werden: Es werden vermischt vor dem Gebrauch je 1 zu 2 Wasser, die sich getrennt lange haltenden 3 Stammlösungen 1. 35 *g* Kupfervitriol auf 1 *l*, 2. 173 *g* Seignettesalz auf 1 *l*, 3. 120 *g* Ätznatron auf 1 *l*. — Der Zuckernachweis mit α-Naphtol und Schwefelsäure hat gewisse Fehlerquellen (REINBOLD). — Phenylhydrazin und Essigsäure geben bei Zuckeranwesenheit Osazonkrystalle. Die Reagenzien werden je 1 : 10 in Glycerin gelöst und je 1 Tropfen zu den Schnitten ohne Wasser hinzugefügt. Die Reaktion tritt sehr langsam ein, kann aber durch $^1/_2$stündiges Kochen auf dem Wasserbad beschleunigt werden (SENFT).

Rohrzucker (Saccharose) (z. B. in der Zuckerrübe), ebenso Raffinose, reduzieren Fehling nicht, sondern erst nach ihrer Inversion in Glucose, am besten mit Hefeinvertin. Hefeinvertin wird für diesen Zweck brauchbar hergestellt, indem Preßhefe mit Wasser in dickem Brei etwa 12 Stunden bei 40° stehen bleibt und der Extrakt abgepreßt wird. Aus ihm wird mit Alkohol das Invertin gefällt

(HOFFMEISTER). Soll Rohrzucker neben Traubenzucker nachgewiesen werden, so muß erst letzterer reduziert, das Kupferoxydul durch Magnesiumchlorid entfernt und jetzt erst die Invertierung und der Nachweis vorgenommen werden (HOFFMEISTER).

Literatur: HOFFMEISTER (Jhb. Wiss. Bot., Bd. 31, 1899), A. MEYER (Ber. d. Deutsch. Bot. Ges., 1885), REINBOLD (Arch. Ges. Physiol. 1904), ROSING (Ber. d. Deutsch. Bot. Ges. 1908), SENFT (Sitzungsber. Ak. Wiss. Wien, Bd. 113, 1904), STRASBURGER (Gr. Bot. Prakt., 4. Aufl., 1902). *Magnus*, Berlin.

Zunge. Die mikrotechnische Bearbeitung der Zunge bietet des Besonderen nicht viel. Zur Fixation eignen sich die meisten unserer Fixationsmittel, die eine gute Erhaltung der Oberflächenepithelien gewährleisten, wie Alkohol, konzentriertes Sublimat, ZENKERsche, FLEMMINGsche und HERMANNsche Flüssigkeit, Bichromatessigsäure nach TELLYESNICZKY und ähnliche. Wir geben der ZENKERschen Flüssigkeit den Vorzug. Für Reptilienzungen empfiehlt v. SEILER vor allem konzentrierte Pikrinsäure. Die Paraffineinbettung ergibt überall gutes Schnittresultat, nur bei Tieren mit verhornten Papillen ist eine kombinierte (Celloidin-Paraffin) Einbettung anzuempfehlen. Als allgemeine Färbungsmethode für Übersichtsschnitte wüßten wir keine, welche der VAN GIESON-Färbung vorzuziehen sei (Kerne und Keratohyalin braun, Bindegewebe leuchtend rot, Muskelfasern und seröse Drüsenzellen gelb, muköse Drüsenzellen blau). Zu speziellen Untersuchungen über das Oberflächenepithel kommen die im Artikel Haut, über das Drüsenepithel die im Artikel Drüsen beschriebenen Methoden zur Anwendung.

Etwas eingehender müssen wir uns mit der Mikrotechnik der oft untersuchten Nervenendigungen innerhalb des Zungenepithels befassen. Zur Fixation der Papillae foliatae, circumvallatae und fungiformes geben Osmiumgemische wohl die besten Resultate, vor allem die FLEMMINGsche Flüssigkeit, die von HERMANN, SANDMEYER und v. EBNER verwendet worden ist. Der letztere empfiehlt auch Pikrinsublimat, HERMANN und MEYER konzentriertes Sublimat. GRABERG benutzt neben Sublimat und Pikrinsäuresublimat vor allem 4%iges Formalin und ferner eine Mischung von 80 *ccm* 2%iger Kupfersulfatlösung, 20 *ccm* konzentrierte Sublimatlösung und 2 *ccm* Essigsäure. Fixation 24 Stunden, Nachbehandlung in steigendem Alkohol. Die Schnitte werden am besten genau senkrecht zu den Blättern geführt, doch geben auch Flachschnitte instruktive Bilder. Zur Färbung eignet sich besonders Eisenhämatoxylin, Chromhämatoxylin und VAN GIESON, für Flemmingpräparate Safraningentianaviolett. GRABERG empfiehlt seine Vierfachfärbung (siehe Bordeaux). Zur Demonstration des Lymphraumes des primären Blattes der Papilla foliata führt DRASCH die Kanüle einer Pravazspritze längs des an der hinteren und inneren Seite jeder Papille verlaufenden Gefäßbündels ein und injiziert Höllensteinlösung. Ist die Injektion gelungen, so füllt sich die Papille prall. Die Endigung der Nerven in den Zungenpapillen ist früher vor allem mittelst Vergoldung, später mit der Golgi- und Methylenblaumethode untersucht worden. Zur Vergoldung hat DRASCH genaue Vorschriften gegeben. Er verwendet Tiere (Kaninchen und Hasen), die bei einer Temperatur von 4—6° 1—2 Tage nach dem Tode gelegen haben, schneidet die Papilla foliata recht flach ab und präpariert die anhaftende Mukulatur möglichst los. Er legt dann das Präparat mit dem Epithel nach unten für $^1/_2$—$^3/_4$ Stunden im Dunkeln in $^1/_2$%iges Goldchlorid. Ist die Papilla nach dieser Zeit zusammengerollt, so bringt er sie zur Reduktion in verdünnte Ameisensäure (1:5). Färbt sich die letztere nach einiger Zeit dunkelviolett, so kann man darauf rechnen, daß die Färbung gelungen ist. ROSENBERG vergoldet die Zungennerven nach der RANVIERschen Kochmethode oder nach der BERTOLIschen Methode. Die besten Resultate ergibt aber die HÉNOCQUEsche Methode in ihrer Modifikation von CYBULSKI, über die man näheres Bd. 1, pag. 539 findet. CECCHERELLI stellt die Nerven der Froschzunge mit Hilfe der RUFFINIschen Goldmethode dar. Der Golgimethode bedienen sich v. EBNER, FUSARI und PANASCI und LEN-

HOSSÉK, der letztere benutzt die doppelte Methode. Auch die CAJALsche Neurofibrillenmethode ergibt für das Studium der Zungennerven vorzügliche Resultate. Zur vitalen Färbung mittelst Methylenblau injiziert ARNSTEIN einem eben getöteten Kaninchen eine 4%ige Lösung des Farbstoffs. Nach 15—20 Minuten, wenn die Zunge wieder abgeblaßt ist, wird die Papille herausgeschnitten, zwischen Hollundermark in Schnitte zerlegt und die letzteren unter dem Mikroskop beobachtet, bis das Maximum der Färbung eingetreten ist. RÖSKE injiziert einem lebenden Kaninchen 15 *ccm* einer konzentrierten körperwarmen Methylenblaulösung in die Vena jugularis. Nach dem Tode des Tieres (10—15 Minuten nach der Injektion) werden kleine Stückchen der Zungenschleimhaut herausgeschnitten und nach BETHE fixiert.

Literatur: ARNSTEIN (Arch. Mikr. Anat., Bd. 2, 1903), CECCHERELLI (Arch. Ital. Anat., Bd. 2, 1903), DRASCH (Sitzungsber. Akad. Wiss. Wien, Bd. 87, 1883), v. EBNER (Ebenda, Bd. 106, 1897), FUSARI und PANASCI (Arch. Ital. Biol., Bd. 14, 1901). GRABERG (Morph. Arb., Bd. 8, 1898), derselbe (Anat. Hefte, Bd. 12, 1899), HERMANN (Ber. Ges. Wiss., Leipzig 1888), v. LENHOSSÉK (Verh. Physik. Med. Ges. Würzburg, N. F., Bd. 27, 1894), MEYER (Inaug.-Diss., Berlin 1896), RÖSKE (Inaug.-Diss., Berlin 1897), ROSENBERG (Sitzungsber. Akad. Wiss. Wien, Bd. 93/94, 1886), SANDMEYER (Arch. Physiol. 1895), v. SEILER (Arch. Mikr. Anat., Bd. 38, 1893).

Zusatzflüssigkeiten siehe: Beobachtungsflüssigkeiten.

Abkürzungen für chemische Fabriken.

Berlin . . . . Aktiengesellschaft für Anilinfabrikation, Berlin SO.
Cassella . . . . LEOPOLD CASSELLA & Co., Frankfurt a. M.
Durand . . . . L. DURAND, HUGUENIN & Co. in Basel.
Elberfeld . . . Farbenfabriken vorm. FRIEDRICH BAYER & Co., Elberfeld.
Gauhe . . . GAUHE & Co., Alizarinfabrik in Eitorf a. d. Sieg.
Geigy . . . . . JOH. RUDOLF GEIGY & SOHN in Basel.
Grübler . . . . Dr. G. GRÜBLER & Co., Leipzig.
Höchst . . . . Farbwerke vorm. MEISTER LUCIUS & BRÜNING in Höchst a. M.
Kalle . . . . KALLE & Co., Biebrich a. Rh.
Leonhardt . . . Farbwerke Mühlheim vorm. A. LEONHARDT & Co., Mühlheim a. M.
Ludwigshafen . Badische Anilin- und Sodafabrik in Ludwigshafen.
Merck . . . E. MERCK, Darmstadt.

Alphabetisches Verzeichnis

der

zitierten Autoren.

A.

B.

C.

D.

E.

F.

G.

H.

I. J.

K.

L.

M.

N.

O.

P.

Q.

R.

S.

T.

U.

V.

W.

Y.

Z.